珠江河口

治理开发研究

珠江水利科学研究院
水利部珠江河口海岸工程技术研究中心
陈文彪　陈上群　等 著

中国水利水电出版社
www.waterpub.com.cn

内 容 提 要

本书是珠江河口治理开发研究工作的总结，全书共12章。第1章为珠江河口基本情况介绍；第2、3、4章为珠江河口水沙运动和河床演变的基本规律；第5章为珠江河口当前存在的主要问题，河口治理研究沿革，治理方针原则和研究方法；第6、7、8章为珠江河口物理模型试验、数学模型模拟计算和遥感技术应用研究的理论基础及具体方法；第9、10、11、12章为珠江河口规划、治理、开发的建设和经验。本书收集了有关珠江河口的实测资料和有关单位、学者的论述，在此基础上较全面地阐述珠江河口水沙运动与河床演变的基本规律以及治理开发的研究方法，并结合珠江河口的治理开发建设和经验加以阐述。本书可作为从事水利、航道、地理地貌研究、开发和管理工作者参考用书，亦可供有关高等院校师生研究、学习参考用书。

图书在版编目（CIP）数据

珠江河口治理开发研究/陈文彪等著.—北京
中国水利水电出版社，2013.1
ISBN 978-7-5170-0532-2

Ⅰ.①珠. Ⅱ.①陈. Ⅲ.①珠江—河口—河道整治—研究 Ⅳ.①TV882.4

中国版本图书馆CIP数据核字（2013）第001603号

书　　名	**珠江河口治理开发研究**
作　　者	珠江水利科学研究院 水利部珠江河口海岸工程技术研究中心　陈文彪　陈上群　等著
出版发行	中国水利水电出版社（北京市海淀区玉渊潭南路1号D座　100038） 网址：www.waterpub.com.cn E-mail：sales@waterpub.com.cn 电话：(010)68367658（发行部）
经　　售	北京科水图书销售中心（零售） 电话：(010)88383994、63202643、68545874 全国各地新华书店和相关出版物销售网点
排　　版	北京金奥都科技发展中心
印　　刷	美航快速彩色印刷公司
规　　格	184mm×260mm　16开本　60印张　1423千字
版　　次	2013年1月第1版　2013年1月第1次印刷
定　　价	**240.00**元

前　　言

1979 年 10 月，珠江水利科学研究院（原珠江水利科学研究所）成立伊始，水利部就明确下达任务要求研究珠江流域在规划、治理、开发中所提出的需要解决的问题，重点是珠江河口问题；珠江水利委员会也明确要求珠江水利科学研究院的研究重点应放在珠江河口的规划、治理和开发方面。为此，水利部曾多次下达研究课题和研究经费，并在科研基础设施建设上给予了大力支持，使研究工作得以顺利开展。

遵照水利部和珠江水利委员会的工作要求，多年来珠江水利科学研究院在珠江河口规划、治理、开发方面开展了大量的研究工作，运用野外资料分析、潮汐物理模型试验、数学模型模拟计算及遥感技术应用等多种手段进行了研究，取得了丰硕的研究成果。本书总结了珠江水利科学研究院成立 33 年的研究成果。

本书共 12 章。第 1 章概述，着重介绍珠江河口的基本情况；第 2 章珠江河口水流动力特征；第 3 章珠江河口泥沙运动特征；第 4 章珠江河口河床演变特征，着重介绍珠江河口水流、泥沙及河床演变的基本规律；第 5 章珠江河口治理开发研究综述，着重介绍珠江河口当前存在的主要问题、治理开发历史沿革及治理的方针、原则和研究方法；第 6 章珠江河口潮流泥沙物理模型试验研究；第 7 章珠江河口潮流泥沙及含盐度耦合联解数学模型研究；第 8 章珠江河口遥感技术应用研究，着重介绍各种研究手段的基本理论和具体方法；第 9 章伶仃洋治理开发研究；第 10 章磨刀门治理开发研究；第 11 章黄茅海与鸡啼门治理开发研究；第 12 章珠江河口堤围建设，着重介绍珠江河口规划、治理、开发工程的建设与经验。

参加本书编写的有陈文彪、陈上群、徐峰俊、许祥向、王现方、林俊、吴天胜。由陈文彪担任主编，陈上群担任副主编，陈文彪负责全书统稿。王琳曾参加早期的编写策划。陈海娇负责全书的改正及部分章节的打印。限于水平，本书疏漏之处在所难免，衷心欢迎读者批评指正。

本书的出版得到水利部国际合作与科技司的支持和资助，谨此表示感谢。

编　者

2012 年 3 月

目　　录

绪　言

珠江是我国南方最大、中国第三大的河流，其长度和流域面积在我国七大江河中均居第四位，而水量则仅次于长江，居第二位；从单位面积产水量而言，则为全国之首，但沙量则较少，仅为长江的17%、黄河的7%，是一条水量大沙量少、河床较为稳定的良好河流。珠江河口是强径流、弱潮流的河口，具有“三江汇流、网河密布、八口出海”的独特特征，在我国七大江河中是独一无二的，其水流泥沙运动和河床演变受径流、潮流和波浪等的动力作用，并受网河区的诸多水道及八大出海口门的互动影响，情况十分复杂。

珠江河口三角洲地区自然资源丰富，土地肥沃，气候温和，雨量充沛，热量充足，地理位置优越，具有发展经济的良好条件。珠江河口农业十分发达，素有鱼米之香的盛誉；水果品种丰富，自古以来岭南佳果就闻名遐迩；工业发展迅速，特别是改革开放以来，工业迅速发展，在我国具有举足轻重的地位；交通发达，水运、公路、高速公路和高速铁路四通八达，人员来往和物流十分便捷；毗邻港澳，面临南海，是我国对外开放的重要窗口，具有发展经济的得天独厚的优越条件。2004年以来，广东、福建、江西、广西、海南、湖南、四川、云南、贵州等9个省（自治区）再加上香港和澳门两个特别行政区（简称为“9+2”）建立了“泛珠三角”超级经济圈，其面积占全国的1/3强，其经济实力更加强劲，已经形成了宽领域、多形式的区域合作新格局。“9+2”的联手发展，对提升泛珠三角区域的综合竞争力和国际影响力，具有广阔的发展前景。

珠江三角洲及泛珠三角经济的发展，与珠江河口的治理开发关系至为密切，必须使珠江河口的治理开发适应其经济发展的需要，才能确保经济的快速、稳定和持续的发展。当前，珠江河口仍存在着众多问题，障碍和制约着珠江三角洲乃至泛珠三角的经济发展，亟待研究和治理。主要问题是：洪、涝、潮、咸、旱、台风等自然灾害仍然威胁着河口三角洲地区人民生命财产的安全和经济遭受严重损失；河口不断淤积延伸，拦门沙不断淤积扩展，影响泄洪纳潮、潮排潮灌、生态环境和通航，甚至于影响网河区水沙分配及河势变化，以及河口萎缩；人类活动频繁、剧烈，特别是人为无序、超量挖掘床沙，造成河床下切，导致网河区和各口门水沙重新分配、河势变化、局部河道洪水位异常壅高、咸潮入侵加强等洪潮灾害；河道污染严重，水质性缺水问题日益突出，水环境、生态环境趋于恶化；大量滩涂的围垦开发，以及水体的严重污染，导致大量滩涂湿地的减少、萎缩，造成生态环境的破坏和经济上的巨大损失；河滩被严重侵占，由于多头管理，法制意识淡薄，使清除河障困难重重，影响河道泄洪，加重防洪压力，并影响网河区分流比的变化。

综合治理开发珠江河口，势在必行，迫在眉睫。历史上虽然曾对珠江河口进行过治理与开发，但大都停留在筑堤围垦，以后才发展到潮排潮灌、通航、发电、供水等方面，其规模都不大，又缺乏全面的治理规划和科学试验研究，由于长期受封建统治的束缚、近代帝国主义的侵略压迫和国内长时期的政治动乱所影响，使珠江河口治理的进展和经济的发展都十分缓慢。新中国成立以后，珠江河口的治理与开发进入了一个全新时代，综合治理与开发的思想意识、全面治理规划的开展、采用现代科学技术手段进行试验研究的深度，以及治理开发工程的规模等方面，都是过去任何时期所不能比拟的，在河口治理方面取得了很大成绩，在经济发展方面也是举世瞩目的。然而，由于珠江河口问题的复杂性、目前理论研究水平的欠成熟性、河口治理任务的艰巨性和长期性，以及珠江河口的现状与经济发展需要的不相适应性，仍迫切需要进行珠江河口的综合治理与开发工作。

水利部珠江水利委员会珠江水利科学研究院的前身珠江水利科学研究所自 1980 年 8 月成立以后，在围绕着珠江流域规划中的问题开展科学研究的同时，重点是对有关珠江河口治理开发中提出的问题进行研究，开展了大量有关珠江河口治理开发的研究工作，其中有多项被列为水利部的重点科研项目，多项获得国家、部、省级的科技进步奖，本书即为该院在珠江河口治理开发研究方面的系统总结，是该院技术人员的集体智慧和劳动的结晶。为了使该书内容尽可能全面，并提高其技术含量，我们对有关单位和学者在有关珠江河口方面的重要研究成果也加以收集和编纂，使该书更具完整性。

编写本书的目的，主要在于总结珠江河口治理开发的研究工作经验，以期今后的研究工作不断有所提高和有所发展，把珠江河口的治理开发工作推上一个新的台阶。为此，本书的编写遵循如下原则：①尽可能收集现场观测资料，以利于总结基本规律，并为今后的研究工作提供资料的依据；②尽可能阐述研究的工作方法，以期对今后的研究工作有所帮助；③尽可能提高到理论的高度认识问题，使认识具有科学性；④对与珠江河口治理开发有关的问题，尽可能做到内容全面、系统和完整，在总结以往工作的同时，尽可能选取新近内容，以适应新的发展需要；⑤尽可能反映珠江水利科学研究院在珠江河口治理开发的研究工作中，采用实测资料与遥感信息相结合的综合分析方法、数学模型的数值模拟计算方法，以及物理模型的试验研究方法等多种手段进行研究的特色；⑥水环境和生态环境问题是当今河口治理开发中的一个重要方面，但由于时间所限，本书未予涉及，留待后续工作进行。

根据上述编写原则，对本书各章节的重点内容概要介绍如下：

第 1 章概述。本章首先论述了一直有争论的珠江河口区和珠江三角洲的范围，指出珠江河口三角洲的流域面积为 26820km^2，行政区域包括广东省的广州市、深圳市、珠海市、东莞市、中山市、江门市和佛山市等 7 个市所管辖的范围，以及香港和澳门两个特别行政区。其次，阐述了珠江三角洲网河区的水系分布，说明其相互间密不可分的关系；然后分别就气象、地理地貌、地质土壤、自然灾害等方面较为详尽地对珠江河口三角洲地区的基本概况进行介绍。

第2章珠江河口水流动力特征。本章从径流、潮汐与潮流、余流、近岸海流、风暴潮与增水、波浪、柯里奥利斯力等方面阐述了珠江河口的水流动力特征，重点是径流、潮汐与潮流和波浪，这是作用于珠江河口区的主要动力；在内容上尽可能收集新近的现场实测资料，借以分析其基本特征和规律，并为今后进行研究工作提供依据；在阐述上注意计算方法的介绍，以供今后进行研究工作参考。此外，尽可能应用遥感技术通过对系列卫星影像信息的解释，分析各口门海区涨、落潮流的流势特征，是本章研究工作的一个特色。

第3章珠江河口泥沙运动特征。本章首先从河口泥沙来源、悬移质输沙量及其分配、含沙量分布、泥沙粒径分布等方面阐述珠江河口泥沙运动的基本特征和基本规律，然后对河口泥沙运动中的两大问题，即泥沙的絮凝沉速和潮汐水流挟沙能力结合珠江河口的特点进行阐述。在泥沙的基本特征和基本规律方面，注意尽可能收集至今为止的现场实测资料，据以进行分析，以期获得较全面的认识，并为今后的研究工作提供基础数据。其次，应用遥感技术通过对系列卫星影像提取表层悬沙含量的信息，获得了伶仃洋海区在洪水期和枯水期的多年平均含沙量的平面分布，据以探索其平面分布规律，这是一种新的尝试。

在泥沙絮凝沉降速度问题上，首先阐述了泥沙絮凝沉降的临界粒径，并指出珠江河口的悬移质在其沉降过程中存在着明显的絮凝作用，在分析河口的冲淤变化及工程泥沙问题时，必须考虑絮凝作用的影响。其次，重点介绍了珠江水利科学研究院对珠江口黏性细沙絮凝沉降的研究成果。此外，阐述了流动盐水中黏性细沙的絮凝沉降问题，并介绍现有的计算方法。

在潮汐水流挟沙能力问题上，首先介绍了珠江河口的经验、半经验公式，然后介绍南京水利科学研究院刘家驹研究的在风浪和潮流作用下淤泥质浅滩含沙量的计算公式，以及窦国仁等人研究的潮流和波浪作用下的挟沙能力研究成果，经珠江河口多年的实测资料与工程运用实践表明，至今为止，这些计算公式是较为适合的。

第4章珠江河口河床演变特征。本章分别就珠江三角洲的形成发育及主要影响因素、珠江河口滨线的推移、珠江河口河道冲淤演变、珠江河口沉积速率、珠江河口拦门沙的演变特征等方面加以阐述。

关于珠江三角洲的形成发育，许多学者曾做了研究，众说纷纭，本章做了综合介绍，并对其主要影响因素做了概括性分析。关于珠江河口滨线的推移，本章着重介绍了广州地理研究所黄镇国等人的研究成果，其研究较系统、全面和深入，对研究珠江河口滨线的推移甚有帮助。关于珠江河口河道冲淤演变，珠江水利科学研究院以及若干单位和学者曾做过分析研究，本章对其研究成果做了概括性的综合介绍。关于珠江河口的沉积速率，不少学者曾用不同方法做了研究，成果颇多，差别亦较大，众说纷纭，本章对各种方法做了概括性介绍，这对认识珠江河口的沉积发展及今后的研究工作会有所裨益。关于珠江河口拦门沙的演变特征，本章分别对伶仃洋拦门沙、磨刀门拦门沙、黄茅海拦门沙的演变加以阐述，并对影响拦门沙的形成和演变的主要因素结合珠江河口的具体条件进行分析和论述。

分析表明：珠江河口网河区在20世纪80年代以前，其河流段和过渡段的主槽常为淤积，滩地有冲有淤，潮流段则为槽淤滩淤，但自80年代以后，由于改革开放政策的推进，人类活动频繁、剧烈，尤其是人为无序、超量挖掘床沙，使河床普遍下切，改变了河道自然演变的规律，并且愈演愈烈，这给人们提出了一个值得关注的问题，是一个亟待采取对策的重要课题。

第5章珠江河口治理开发研究综述。本章首先阐述了珠江河口当前存在的主要问题，指出了这些问题与珠江三角洲的经济快速发展不相协调，是迫切需要研究和解决的问题。

其次，阐述了珠江河口治理开发的历史沿革。在新中国成立以前，历史上的各个朝代虽然对珠江河口的治理开发做了一些工作，但规模都不大，且未开展深入的研究工作；新中国成立以后，建立了治河管理机构，应用当代科学技术逐步开展了系统、深入的研究工作，并进行了规模较大的治理开发工程，取得了历史上任何时期都不能比拟的可喜成就，在研究工作上也是硕果累累，成绩喜人。

然后，阐述了珠江河口治理的方针、原则。根据国务院指示精神，结合珠江河口治理开发中存在的主要问题和珠江三角洲社会经济快速发展的需要，珠江水利委员会提出珠江河口的治理方针是：因势利导，统筹兼顾，全面规划，综合治理，治理与开发相结合，开发服从整治，以开发促进整治。治理的原则是：要有治理的科学性、治理的全面性、治理的现代性和治理的前瞻性。根据珠江河口各口门所处地理环境和水沙条件的差异，水流动力条件和冲淤特性及发展趋势的不同，以及存在问题的症结所在，阐述了各口门的治理规划布置原则。

最后，阐述了珠江河口治理开发研究的方法。根据珠江河口水域形态、水动力系统、水沙关系、八大口门和网河交织互动等的复杂性，以及其经济地位的重要性，在研究方法上提出了应用实测资料与遥感信息相结合进行综合分析、采用物理模型进行试验研究，以及采用一、二维联解数学模型进行数值模拟计算等多种手段进行，各种手段相互进行补充和相互印证，以期获得较全面、科学、可靠的认识，尽可能避免在河口治理与开发中出现失误而造成损失。这也是本书的一个重要特点所在。

第6章珠江河口潮流泥沙物理模型试验研究。本章是物理模型试验研究的理论基础。重点介绍了珠江河口八大出海口门潮汐整体物理模型，还介绍了在珠江河口治理开发研究中曾采用的局部定床清水模型、局部定床浑水模型和局部动床浑水模型。此外，还详细介绍了珠江水利科学研究院自主研究开发的模型测控系统和量测设备，其中测控系统包括早期采用的多口门横移式尾门生潮系统、潮汐箱生潮系统，以及最近采用的生潮与测控系统由中央监控机（上位机）、现场工控机（下位机）、变频调速器、潜水泵、水位仪、流速仪和工业现场总线等组成的分布式工业控制系统。

珠江水利科学研究院采用物理模型试验研究珠江河口治理与开发的有关问题，曾多项获得国家、部、省级的科技进步奖，其中珠江八大出海口门潮汐整体物理模型试验研究曾获水利部大禹奖二等奖，经水利部组织专家进行评审，认为整体上达到国际先进水平，其中变频调速控制泵群和光栅编码技术两项在潮汐模型的潮汐生成和水位控制方面达到国际领先水平。

第 7 章珠江河口潮流泥沙及含盐度耦合联解数学模型研究。本章是数学模型模拟计算的理论阐述，着重介绍珠江水利科学研究院在珠江河口耦合联解潮流泥沙数学模型研究、珠江河口耦合联解含盐度输移数学模型研究及珠江河口耦合联解数学模型可视化研究等方面的研究成果。

在潮流泥沙数学模型方面，根据珠江河口区域范围大、形态复杂及网河交错等特点，采用一维模型、二维模型及一、二维耦合联解模型进行计算，一维模型用以计算网河区水流和河床冲淤的平均情况，并为二维模型提供流量的边界条件；二维模型则用以计算口门区的水流和河床的冲淤分布情况，并以水位传给一维模型，实现一、二维方程的变量联解，从而构成河口区整体潮流、泥沙的耦合联解数学模型。含盐度输移数学模型的计算方法亦与此基本相同。

一维模型方程的离散采用四点加权 preissmann 固定网格隐式差分格式，计算采用三级联解法求解；二维模型采用贴体正交曲线坐标系下的数学变换，使计算网格与边界更能很好地贴合，以提高计算精度，方程的离散采用交错网格的 ADI 法，并用追赶法求解。这些，是该计算方法的特点所在。

在数学模型的可视化研究方面，在国内外前人研究工作的基础上，成功地研究开发了一套较完整的数据后处理软件包，其功能齐全，基本囊括了二维数学模型研究成果演示的各种手段，集成了制作、编辑、演示三大功能，并包括了遥感分析成果的演示在内；通用性强，可用于河口、海岸、治河、水运等二维水流、泥沙、水质数学模型研究成果的演示，也可用于水力模型研究成果的演示；仿真程度较高，画面生动、形象，显示效果好，使用简单方便，易于操作、应用。

上述研究成果，曾用于研究珠江河口逾百项的研究项目，都取得了较好的成果。该项研究成果，经水利部组织专家进行评审，认为整体上达到国际先进水平。

第 8 章珠江河口遥感技术应用研究。本章是遥感技术应用方法及其在珠江河口治理研究工作中应用的阐述。在阐述了遥感的定义、类型、特点及遥感影像的判读与分析方法以后，着重介绍遥感技术在珠江河口治理规划与治理工程中的应用研究。应用遥感技术的分析方法分析了珠江河口各口门区涨、落潮流水沙的输移特征、滩槽演变特征，以及建立了悬沙遥感定量关系式，据以分析各口门海区悬沙的表层含沙量分布规律，均获得良好效果。

遥感技术的应用，特别是现场实测资料与遥感信息相结合的分析方法，在珠江水利科学研究院已得到普遍采用，成为研究珠江河口治理与开发不可缺少的手段之一，其研究成果曾多次获得省、部级的科技进步奖，其中参与的“八五”国家重点科技项目（攻关）

《珠江口伶仃洋航道整治技术的研究》中的遥感分析专题被专家评审为达到国际同类先进水平。

第9章伶仃洋治理开发研究。本章阐述了伶仃洋的治理与开发研究工作及其成果，内容包括伶仃洋综合治理规划方案研究及其复核论证研究、航道整治研究、港口建设研究及已建港口回淤观测分析等。

关于伶仃洋综合治理规划方案的研究，介绍了在20世纪80~90年代初采用实测资料分析、物理模型试验、数学模型计算和遥感技术应用等多种手段进行研究的成果，其中物理模型采用伶仃洋整体模型和蕉门局部模型、洪奇门局部模型、横门局部模型等相互配合进行了不下30余种工程方案、3~6种水文组合的比较试验，最后选择了大喇叭治导线总体方案作为推荐方案。研究成果业经水利部批准，并获得水利部科技进步奖三等奖。

关于伶仃洋综合治理治导线规划方案复核论证研究，是由于上述研究成果限于当时各方面条件的不成熟，只限于研究伶仃洋局部范围以内，未能考虑珠江河口八大口门之间水流泥沙运动的相互影响，以及各口门治理方案之间的相互影响，未把珠江河口当成一个整体水系，以及珠江河口治导线规划方案当成一个整体规划方案进行研究。2003年珠江水利科学研究院成功建立了珠江河口八大出海口门潮汐整体物理模型，同年又完成了《珠江三角洲河口区潮流泥沙及含盐度耦合联解数学模型研究》，两项研究成果均通过了水利部组织的专家评审鉴定。此外，1998~2001年珠江水利委员会补测了珠江河口网河区及口门区的同步水文泥沙资料及水下地形资料。于是，应用多种手段把珠江河口当成一个整体系统来研究其综合治理规划方案，就成为可能。因此，有必要对前述研究成果进行复核论证。另外，近年来珠江河口出现了一些新问题，在网河区局部河道出现洪水位异常升高，造成防洪压力增大，也需要迫切进行深入研究；为了进一步完善珠江河口综合治理规划的研究工作，也需要进行一些补充试验研究。

复核论证采用了物理模型、数学模型、实测资料分析与遥感技术应用相结合的方法等多种手段进行研究，并介绍了物理模型的研究成果。由于复核论证要求所采用的水文组合有所不同，地形资料也有所不同，因此试验结果也与前述成果有一定的差异，无法进行对比，但重要的是两种试验结果总的变化趋势是一致的，基本规律并无差异。

关于航道整治研究，全面、系统、概要地介绍了由交通部天津水运工程科学研究所和广州港务局主持，有珠江水利科学研究院等8个单位参加的“八五”国家重点科技项目（攻关）《珠江口伶仃洋航道整治技术的研究》的研究成果。该项目采用现场勘测及资料整理分析、物理模型试验、数值模拟计算、水槽试验、遥感技术应用分析以及理论研究等多种手段进行研究，在伶仃洋出海航道选线的论证、分析研究的方法、第一手现场资料的积累等方面取得了丰硕的突破性研究成果，曾获交通部科技进步奖二等奖。

关于港口建设研究，简要介绍了珠江水利科学研究院在承担伶仃洋沿岸港口建设研究项目中具有代表性、较重大的研究成果，目的在于提供今后研究工作参考。

关于已建港口回淤观测分析，主要介绍了珠江水利科学研究院以伶仃洋的港口为主、结合其他珠江河口港口的回淤观测资料进行分析的研究成果。港口回淤量的计算是港口建设中必须研究的重要课题，但目前的计算方法往往不十分准确，港口回淤观测资料的积累及分析就显得十分重要，可据以检验计算方法的合理性和可靠性，使研究工作建立在坚实的基础之上。

第10章磨刀门治理开发研究。本章分别介绍了口门治理开发工程的研究、澳门附近水域治理规划方案研究及横洲口外治导线规划方案研究。

关于口门治理开发工程的研究，阐述了磨刀门口门存在的主要问题，口门治理开发的必要性、紧迫性及其任务，以及采用物理模型、数学模型、实测资料分析及遥感技术应用等多种手段对口门治理开发工程进行研究的成果。此外，还介绍了工程基本完成后治理开发工程的效果分析。分析表明，工程后所造成的变化，与研究成果预测的变化基本一致。可见，磨刀门治理开发工程总体上是成功的，取得了明显的经济效益、社会效益和生态效益，其研究成果曾获水利部科技术进步奖三等奖，并获第三届钱宁泥沙科学奖。

关于澳门附近水域治理规划方案的研究，在阐述了澳门附近水域河道组成、水文泥沙、河床演变等基本特征的基础上，介绍了采用物理模型与数学模型对其治理方案的比选研究及选择的较优方案，该研究成果获得了水利部的批准。

关于横洲口外治导线规划方案的研究，介绍了采用物理模型进行研究的成果，在方案比选的基础上选择了较优方案。

第11章黄茅海与鸡啼门治理开发研究。本章分别介绍了黄茅海综合治理规划方案研究、黄茅海航道整治研究，黄茅海港口建设研究及鸡啼门综合治理规划方案研究。

关于黄茅海综合治理规划方案的研究，介绍了采用物理模型、数学模型及遥感技术应用等多种手段进行研究的成果，在进行了治导线规划方案比选的基础上提出了优选方案。经珠江河口八大出海口门潮汐整体物理模型复核试验表明，该优选方案不失为较好的规划方案。

关于黄茅海航道整治的研究，主要是研究黄茅海出海航道整治方案，实现江海联运。本章主要阐述了依据多家有关研究单位对黄茅海海区的冲淤演变分析、黄茅海海区试验性挖槽成果分析以及数学模型、物理模型、遥感技术应用等研究成果。在对崖门出海航道的东线方案与西线方案进行比较分析后，认为从黄茅海的演变特征与发展趋势、航道的流速变化，以及疏浚挖槽的稳定性与回淤强度分析等方面着眼，东线方案优于西线方案。

关于黄茅海港口建设的研究，主要介绍了珠海港总体布局规划概况及高栏港区规划方案的研究，在采用物理模型试验确定了优选方案的基础上，进一步介绍了高栏港区规划调整后方案的数学模型与物理模型的研究，以及高栏港区规划方案的回淤计算分析，以论证规划方案的合理性。

关于鸡啼门综合治理规划方案的研究，在阐述了鸡啼门是以径流动力作用为主、浅海区以淤积为主，以及其水沙输移和滩槽演变特征后，介绍了采用数学模型和物理模型对治理规划的近期方案和远期方案进行研究的成果，研究表明治理规划近期方案中的优化方案是较为合理的方案，而对于远期方案则建议视近期方案的实施情况及延伸段和浅海区的动力变化趋势，以及及时观测海区水文、地形资料后，再作进一步的研究。

第12章珠江河口堤围建设。本章分别介绍了珠江河口的联围筑闸工程、堵海工程、滩涂围垦工程、海堤工程及水闸工程的建设。这些工程都是根据珠江河口的实际情况和特点而兴建的，具有珠江河口的特色。

珠江河口的联围筑闸工程是新中国成立后自20世纪50～60年代初期大范围、大规模地兴起的，现已无大的联围筑闸工程。本章首先介绍了西、北江三角洲、东江三角洲及口门区的主要堤围概况，然后根据实测资料分析论述了联围筑闸对水流的影响及对河床冲淤的影响。

珠江河口的堵海工程是1958年进行的白藤堵海工程。本章首先介绍堵海工程的概况及引发的问题，然后介绍了根据实测资料分析论述堵海工程对水流及河床变化的影响，以及河湖分家后对水流及河床变化的影响。由此说明：采用以河湖分家为主要措施的整治方案是消除白藤堵海遗留的问题，取得防洪、排涝、引淡、防咸、防风、围垦造田和交通航运等最大综合效益的有效办法。

珠江河口的滩涂围垦工程分别介绍了珠江河口滩涂资源的分布及其发育概况、滩涂资源的质量评价、滩涂资源的围垦开发及围垦工程的技术经验。珠江河口对滩涂资源的围垦开发具有2000多年的历史，积累了丰富的经验，本章对这些经验进行了总结与论述。

珠江河口的海堤工程分别介绍了珠江河口海堤的地质条件、海堤的防潮（洪）标准及级别、海堤断面型式的选择、海堤的施工、海堤的软基处理、海堤的防浪措施及海堤的堵口合龙。本章以介绍珠江河口地区的经验为主，适当介绍国内其他河口的成功经验，以资参考。

珠江河口的水闸工程主要介绍了由珠江河口地区工程技术人员试验成功、现已在珠江河口地区广泛推广应用的浮运水闸，就浮运水闸的设计和施工做了较完整的阐述。

要实现维护河流健康，建设绿色珠江，任重而道远。珠江河口的治理开发是长期的任务，治理开发的研究工作，需要不断深入、持续地进行，要与时俱进，以科学发展观为指导，不断有所创新、有所发展。由于珠江河口是世界上最复杂的河口之一，加之水文泥沙、河道地形等实测资料的缺乏，以往的研究工作还难以深入，且限于水平，认识难免片面，书中的缺点和错误在所难免，衷心希望读者批评指正。

本书的编写，得到了水利部国际合作与科技司的大力支持和资助；在本书的编写中，除采用编写者的研究成果外，大量引用了珠江水利科学研究院有关研究室的研究成果，还引用了一些单位和学者的研究成果。在此一并表示感谢！

第1章　概　　述

1.1　河口区范围及网河分布

1.1.1　河口区范围

河口的定义还没有统一的认识，《泥沙手册》(1992)[1]将河口区分为近口段、河口段及口外滨海段三个河段。在多年平均径流量和海口断面多年平均潮差的组合情况下，潮流界以上至潮区界为近口段；潮流界以下至海口断面为河口段；在海口断面以下为口外滨海段。这个定义与苏联 И. В. 萨菲依洛夫（1952）的定义基本一致，与黄胜（1964）“根据径流与潮流两种力量的强弱对比，将河口区分为以径流作用为主的称为河口河流段，以潮流作用为主的称为河口潮流段，在以上两河段之间的径流与潮流两种力量相互消长的河段称为过渡段”❶ 相比，也基本一致。黄胜还提出了潮汐河口的定义有广义和狭义两种解释，前者包括入海河道下游受潮汐影响的河段，后者则仅指入海河道下游受潮流影响的河段。由此，我们认为狭义的定义即为《泥沙手册》所指的河口段及口外滨海段，或黄胜所指的过渡段和潮流段。

珠江由西江、北江、东江及入注三角洲诸河如深圳河、茅洲河、绥福河、沙河、增江、南岗河、流溪河、高明河、沙坪河、潭江等组成（见表1-1），分经虎门、蕉门、洪奇门、横门、磨刀门、鸡啼门、虎跳门和崖门等八个口门流入南海，受南海潮汐的影响，各河流的潮区界和潮流界长短不同，见表1-2所示[2]：

表1-1　　　　珠 江 水 系

河流	源地	河口	全长(km)	源地—下游					下游—河口(三角洲段)		
				下游界	长度(km)	集水面积(km^2)	平均坡降(‰)	落差(m)	长度(km)	集水面积(km^2)	平均坡降(‰)
西江	云南曲靖市马雄山	广东珠海市磨刀门	2214	三水县思贤滘西口	2075	353120	0.58		139	8370	-0.048
北江	江西信丰县大茅山	广东广州市番禺区沙公堡	573	三水县思贤滘东口	468	46710	0.26	305	105		0.0534
东江	江西寻乌县桠髻岭	广东广州市黄埔新港	562	东莞市石龙镇	520	27040	0.39	440	42	1380	0.00047
直注珠江三角洲诸河	深圳河、茅洲河、绥福河、沙河、增江、南岗河、流溪河、高明河、沙坪河、潭江									17070*	

* 含属于深圳河集水面积的九龙半岛421.26km^2，澳门半岛18km^2，不含岸外岛屿面积。

❶ 黄胜，潮汐河口问题讲义，南京水利科学研究所，1964年6月。

表 1-2 珠江河口潮区界和潮流界

河流	潮区上界（距口门 km）	潮区下界（距口门 km）	潮流上界（距口门 km）	潮流下界（距口门 km）
西江	梧州—德庆（300）	外海（55）	三榕峡（160）	口门（0）
北江	芦苞—马房（130）	三善滘（43）	三水—马房（90）	口门（0）
东江	铁岗（90）	大盛—新家浦（40）	石龙—下南（60）	泗盛、大盛、东莞围（2~10）
流溪河	江村—蚌湖（90）	老鸦岗（70）	老鸦岗—江村（80）	黄埔—石围塘（39~60）

珠江河口为扇形三角洲河口，在三角洲上汊道纷繁，河网纵横交错，相互沟通，大小汊道数以千计，在我国大江大河的河口中是绝无仅有的。

与河口的定义认识一样，对珠江三角洲的范围也存在着认识不一致。主要有以下几种看法[3]：

1. “古三角洲”和“现代三角洲”

曾昭璇（1981）认为，从地貌学观点看，珠江三角的范围，西到肇庆三榕峡、北到清远演阳峡、东到博罗田螺峡为古三角洲。因为北江出飞来峡后分出 6 条汊道，西江出三榕峡后放射状分汊为 4 条古洪泛水道，而东江出田螺峡后也分汊为放射状河道，由此构成古三角洲。东江在石龙以下，西、北江在三水以下都形成泥沙堆积、河道分汊，构成现代三角洲。

2. “广义的三角洲”和“狭义的三角洲”

廖远祺、范锦春（1981）认为，“在地理区划上广义的珠江三角洲的范围为西江在三榕峡以下，北江在飞来峡以下，东江在观音阁以下。狭义的珠江三角洲范围是西、北江自佛山市三水区思贤滘以下，东江自东莞市石龙以下，称为网河区，总面积约 11300km^2。”

3. “大三角洲”和“小三角洲”

由于农业区划、水利规划、经济区规划等的需要，有大三角洲和小三角洲之分。如广东省综合农业区划（1980.3）中的珠江三角洲不仅包括平原，还延伸到西、北、东江下游的沿江平原及其外缘的丘陵地区，其范围包括佛山地区全部、广州市南部四县一郊、惠阳地区南部五县市、肇庆地区东部三县市、韶关地区清远市、深圳市及珠海市，共 23 个县（市郊）、7 个市。有的不包括清远市，总面积为 3.5 万 km^2（国家农业区划委员会珠江三角洲农业发展战略研究组，1982.9）。有的则不包括从化县和惠东县（广东省计划委员会农业处，1980）。在珠江三角洲经济区规划研究（1995）中，珠江三角洲“按大三角洲计算，包括广州、深圳、珠海、东莞、中山、江门、佛山和惠州市的惠城区、惠阳、惠东、博罗、肇庆的端州区、鼎湖区、高要、四会，面积为 41569km^2”[4]。小三角洲则为珠江三角洲的平原区或堤围区。

由上可见，所谓古三角洲、广义的三角洲和大三角洲，各家看法差别较大；而所谓现代三角洲、狭义的三角洲和小三角洲，差别则较小。广州地理研究所张仲英等人（1983）认为三角洲是一个地貌学的名词，现代三角洲的概念应包括河口的陆上和水下沉积体系，其范围应综合考虑下列5个标志：①河口区潮流界以下，即河口段和口外海滨段；②动力条件为河流和海水的相互作用；③地貌类型为河积——海积平原；④水道特点为放射形网河系统；⑤沉积物为海陆交互的三角洲相。据此论证并认为珠江三角洲的范围应为东江自石龙以下，北江为三水以下，西江则为羚羊峡以下[2]。与此认识相近的有徐俊鸣（1973），他认为“西江三角洲开始于高要县羚羊峡东口；北江三角洲开始于三水县的芦苞，面积共1万多km^2”。中山大学地理系河口研究组（1977）亦认为西江羚羊峡以下、北江芦苞以下、东江石龙以下、流溪河江村以下和潭江开平以下的珠江平原，为珠江三角洲的范围，总面积大约为1万多km^2。中国科学院《中国自然地理》编辑委员会（1980）认为，“自西江羚羊峡、北江的芦苞和东江的石龙以下，河道开始分汊，进入珠江三角洲的范围，总面积约为1万多km^2”。赵焕庭（1975）也认为：“根据水文和地貌特征，珠江三角洲的内界为西江的羚羊峡、绥江的黄岗圩、北江的芦苞”。凡此种种，都与廖远祺、范锦春提出的狭义三角洲范围大致接近。

狭义的三角洲包括西、北江思贤滘以下的西北江三角洲和东江石龙以下的东江三角洲，以及入注珠江三角洲诸河的中小河流流域，总面积为26820km^2，其中西、北江三角洲面积为8370km^2，东江三角洲面积为1380km^2，入注珠江三角洲诸河中小河流面积为17070km^2，其中含九龙半岛421.26km^2，澳门半岛18km^2，总面积仅次于长江三角洲（面积约4万km^2）居第二位。行政区域包括广东省7个市所管辖的范围，即广州市、深圳市、珠海市、东莞市、中山市、江门市和佛山市。此外，还有香港和澳门两个特别行政区，这与《珠江流域三角洲综合利用规划报告》❶所指的7个市和18个县不同的是少了阳江、清远和龙门三个县市。

1.1.2 网河分布

珠江三角洲的网河分布如图1－1所示。西江与北江流至广东省佛山市三水区的河口镇附近，通过长约1.5 km的思贤滘水道相互沟通后，进入珠江三角洲网河区。西江主流自思贤滘折向南流，经过马口、甘竹，右岸有高明河、沙坪河汇入，左岸分支甘竹溪与北江下游顺德水道相通；西江流至南华，分为东、西两大水道，东支为东海水道，西支为主流，又称西海水道，经北街、外海、神湾走磨刀门入海，百顷头以下又称磨刀门水道。西海水道的左侧先后在逢源、潮莲分汊为古镇水道、荷塘水道、北街水道，至外海复又合而为一，南流至百顷头，再次分汊为磨刀门水道、荷麻溪、石板沙水道等，分别流经鸡啼门、虎跳门出海。西海水道在江门以下称江门水道，左侧分汊出睦州水道和虎坑水道，分别汇入磨刀门水道和虎跳门水道、泥湾水道；右侧有潭江汇入，与江门水道汇合后称为崖门水道，经崖门流出黄茅海。

东海水道自南华向东经容奇至板沙尾与北江下游顺德水道汇合，分别由蕉门、洪奇门、横门流入伶仃洋。沿程主要分汊河流有凫洲水道汇入磨刀门水道，顺德支流、桂洲水道、鸡鸭水道、小榄水道等汇入横门水道、洪奇门水道和蕉门水道。

---

❶ 水利部珠江水利委员会，珠江流域三角洲综合利用规划报告，1988年1月。

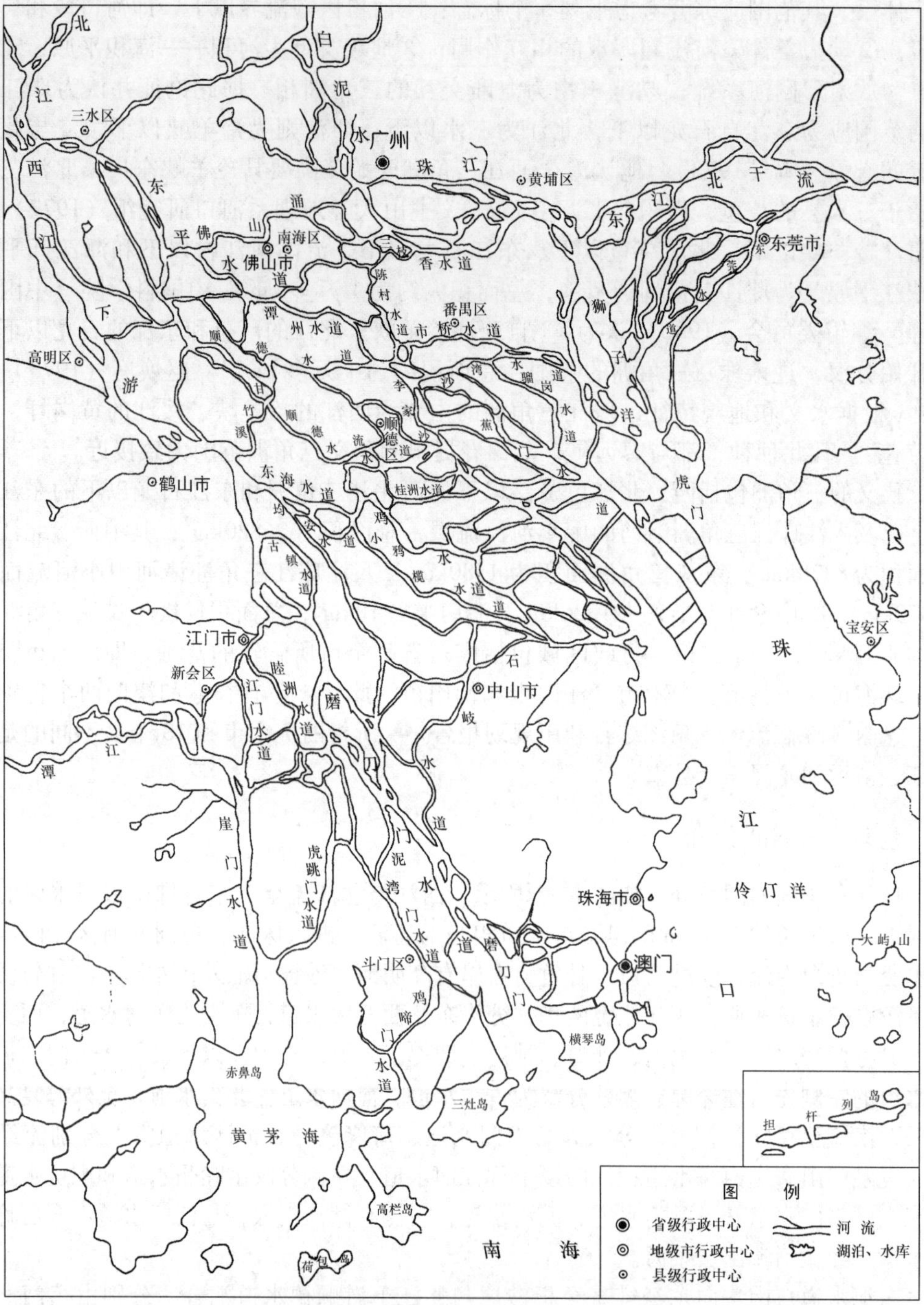

图1－1 珠江三角洲网河分布图

北江自思贤滘以下至三水区的西南镇，右岸分流为罗行冲，左岸分流为西南涌，与芦苞涌会于官窑，流入白坭水，至鸦岗汇入流溪河，南流至广州市区后分流为东河道（又称前航道）和南河道（又称后航道），至黄埔附近汇合，进入狮子洋出虎门流入伶仃洋。

自广州以下习惯称为珠江（又称珠江正干）。

北江干流经过西南镇、小塘至紫洞分为两股：左股为佛山水道，右股为顺德水道，在三多附近分流出潭洲水道。顺德水道主流经沙湾水道汇入狮子洋，走虎门出海。佛山水道主流汇入南河道经沥滘水道和三枝香水道汇入狮子洋，也走虎门出海。潭洲水道至登洲头左侧分出平洲水道，流经平洲镇，后与槽尾滘、三尾冲、二尾冲、陈村水道、三枝香水道等相交，至大尾角，部分水流往北走南河道流入广州市，部分水流则流入沥滘水道进入珠江正干。自思贤滘开始，北江干流经潭洲、平洲水道至广州，统称之为东平水道。

东江三角洲网河区自石龙开始，东江分为南北两大支，北支为东江主流，南支为东莞水道。两支水道之间又有中堂水道互相连接，并一再分流，形成网河，自成体系。东江主流右侧分出十字滘水道和菠萝滘水道，左侧分出倒运海水道和麻冲水道。东莞水道右侧分出中堂水道和洪屋涡水道，前者经倒运海水道与东江主流沟通，后者流回东莞水道汇合，也与倒运海水道沟通；左侧分出厚街水道，仍流回东莞水道相汇合。诸水道均汇入狮子洋，经虎门流入伶仃洋。

1.2　气　　象

珠江河口地处低纬亚热带地区，具有亚热带季风气候特征，气候温和，空气湿润，热量丰富，雨量充沛。同时，存在热带气旋、暴雨、低温阴雨、寒潮和干旱等灾害性天气。

1.2.1　气温

在河口区范围内各地各月平均气温列于表1－3。由表可见，各地气温相差不大，极端最高气温相差3℃左右，极端最低气温相差4℃左右，年平均气温则相差1℃左右。多年平均气温在21.4～22.8℃之间，以7、8月为最高，月平均气温为27.7～28.6℃，1月为最低，月平均气温为12.5～15.6℃，极端最高气温为35.7～38.7℃，极端最低为－1.3～3.0℃。据统计：每年气温高于30℃的出现天数为78.9～132.8d，高于35℃的出现天数为0.2～10.5d，0℃以下气温极少出现（见表1－4）。

表1－3　各月平均气温表　（单位：℃）

站名＼月份	1	2	3	4	5	6	7	8	9	10	11	12	极端最高	极端最低	全年平均	纪录年段
三水	12.5	14.1	17.6	21.8	25.4	27.2	28.6	28.2	26.7	23.0	18.1	13.7	37.9 (38.7)	－0.7 (0.7)	21.4 (21.7)	1957～1980
广州	13.4	14.2	17.7	21.8	25.7	27.2	28.3	28.2	27.0	23.8	19.7	15.2	38.7 (38.7)	0.0 (0.7)	21.8 (21.7)	1951～1970
顺德	13.1	14.3	18.0	22.0	25.9	27.4	28.7	28.4	27.0	23.7	19.6	15.2	36.5	1.1	22.0	1959～1970
东莞	13.4	15.0	18.0	22.2	25.5	27.2	28.2	28.0	26.7	23.6	20.0	15.7	37.9 (38.3)	－0.5	22.1 (22.8)	1957～1965

续表

站名＼月份	1	2	3	4	5	6	7	8	9	10	11	12	极端最高	极端最低	全年平均	纪录年段
深圳	14.1	15.0	18.3	22.2	25.8	27.3	28.2	27.7	26.7	23.7	19.9	15.8	36.7 (38.7)	0.2 (0.2)	22.0 (22.4)	* (1952~1997)
中山	13.2	14.4	18.2	22.4	25.7	27.3	28.4	28.1	26.7	23.4	18.9	14.9	37.5	-1.3	21.8	1955~1998
珠海	14.5	15.0	18.2	22.5	25.9	27.5	28.6	28.2	27.4	24.7	20.5	16.8	38.5	1.5	22.4	** 1961~1997
斗门	13.5	14.1	17.7	21.7	25.8	27.3	28.4	27.8	26.7	23.5	19.2	15.7	36.8	1.7	21.8	***
上川	14.6	15.3	18.5	22.4	26.3	27.5	28.3	27.9	27.1	24.3	20.8	16.7	35.7	3.0	22.5	*
香港	15.6	15.8	18.4	22.0	26.0	27.6	28.6	28.2	27.6	24.9	21.5	17.6	35.7	2.4	22.8	*

注 1. 表中有 * 者引自文献［5］。

2. 有 ** 者引自广东省航道勘测设计研究所等，珠江水系横门出海航道整治工程可行性研究报告，1994 年 4 月。

3. 有 *** 者引自河海大学海岸及海洋工程研究所等，西江崖门出海航道工程可行性研究（综合报告），1992 年 1 月。

4. 其余引自文献［6］。

表 1-4　　多年平均日最高（低）气温日数表　　（单位：d）

站名＼项目	日最高气温≥35℃	日最高气温≥30℃	日最低气温≤0℃
三水	6.7	120.8	
广州	6.1	132.8	0.1
顺德	2.6	116.1	
东莞	10.5	131.8	0.1
宝安	1.1	122.2	
中山	2.1	115.4	0.1
珠海	3.0	103.6	
上川	0.2	78.9	

1.2.2　气压

在河口区范围内，各地各月平均气压列于表 1-5。由表可见，各地年平均气压相差不大，在 1010.5~1012.5mbar 之间，相差 2mbar 左右。冬季气压较高，以 1 月为最高，在 1018.2~1020.6mbar 之间；夏季气压较低，以 7、8 月为最低，在 1002.4~1004.8mbar 之间。气压在地区上的变化为临滨海区（宝安、珠海、上川等站）较低，而远离滨海区（三水、顺德等站）则较高。

表 1-5 各月平均气压表 （单位：mbar）

站名＼月份	1	2	3	4	5	6	7	8	9	10	11	12	全年平均	纪录年段
三水	1020.2	1019.7	1015.6	1012.7	1007.7	1005.0	1004.1	1004.4	1007.8	1014.2	1017.9	1020.0	1012.4	1963～1970
广州	1020.3	1018.4	1015.5	1012.2	1002.9	1004.8	1004.3	1004.2	1007.4	1013.9	1017.3	1019.8	1012.2	1951～1970
顺德	1020.4	1019.4	1015.5	1012.9	1008.1	1005.1	1004.5	1004.2	1007.6	1014.1	1017.7	1019.8	1012.5	1960～1970
东莞	1018.7	1017.0	1014.3	1010.9	1006.3	1003.3	1002.4	1003.2	1005.2	1011.9	1015.6	1017.6	1010.5	1961～1965
宝安	1018.2	1016.6	1014.0	1011.0	1006.7	1003.8	1003.2	1003.1	1005.7	1012.3	1015.6	1017.6	1010.7	1954～1970
中山	1020.6	1018.9	1015.5	1012.7	1008.1	1005.2	1004.6	1004.8	1007.5	1014.2	1017.9	1019.6	1012.4	1955、1970
珠海	1019.6	1018.4	1015.2	1012.5	1007.7	1005.0	1003.8	1004.4	1006.8	1013.4	1016.8	1018.8	1011.9	1961～1970
上川	1018.5	1017.1	1013.9	1011.1	1006.7	1003.6	1003.0	1003.0	1005.7	1012.0	1015.4	1017.3	1010.6	1958～1970

1.2.3 湿度

在河口区范围内，各地各月平均相对湿度和绝对湿度列于表 1-6、表 1-7。由表可见，各地年平均相对湿度和绝对湿度相差都不大，前者为 78%～83%，相差 5%，后者为 22.0～23.5mbar，相差 1.5mbar。最大绝对湿度在 37.8～40.3mbar 之间，最小绝对湿度在 1.3～3.2mbar 之间。湿度在季节上的变化是夏季（6、7 月）最高，冬季（1 月）最低。因为冬季在强大而干燥的北方极地大陆气团控制下，湿度偏小；夏季沿海地区偏南气流十分活跃，带来充沛的水汽，故湿度较大。湿度在地区上的变化有临滨海区较高而远离滨海区较低的趋势。

表 1-6 各月平均相对湿度表 （单位:%）

站名＼月份	1	2	3	4	5	6	7	8	9	10	11	12	全年平均	纪录年段
三水	73	81	85	85	84	86	82	81	81	77	75	73	80	1957～1970
广州	69	78	83	84	85	86	84	83	80	72	69	68	78	1951～1970
番禺	73	80	84	86	86	87	83	83	81	76	72	70	80	1960～1997
顺德	76	82	85	85	84	85	82	83	82	79	79	78	82	1959～1970
东莞	68	77	81	82	84	84	83	84	84	77	75	73	79	1957～1965、1970
宝安	70	78	81	82	82	85	83	84	81	75	71	71	79	1953～1970
中山	78	84	85	84	85	86	83	84	84	82	80	80	83	1955～1998
珠海	73	82	85	86	83	85	81	81	77	73	72	73	79	1961～1997
斗门	77	82	87	86	86	85	82	84	82	78	73	74	82	***
上川	76	82	87	88	86	86	83	84	81	76	72	73	81	***

注 表中有 *** 者资料源自河海大学海岸及海洋工程研究所等，西江崖门出海航道工程可行性研究（综合报告），1992 年 1 月。

表 1-7 各月平均绝对湿度表 （单位：mbar）

站名＼月份	1	2	3	4	5	6	7	8	9	10	11	12	最大	最小	全年平均	纪录年段
三水	10.8	12.7	16.7	22.2	27.9	30.7	31.9	31.3	28.6	22.2	16.9	12.6	38.6	1.9	22.0	1961~1970
广州	10.7	12.8	16.9	22.4	28.0	30.8	32.3	31.7	28.1	21.7	16.6	12.5	39.4	1.3	22.1	1961~1970
顺德	11.8	13.5	17.4	22.7	28.2	31.1	32.4	31.9	29.2	23.5	18.1	13.6	38.6	2.7	22.8	1961~1970
东莞	10.2	13.4	16.3	22.0	27.5	30.9	31.6	31.6	29.6	23.4	17.7	12.9	39.0	2.6	22.3	1961~1965、1970
宝安	11.5	13.2	16.7	21.8	27.2	30.4	31.6	31.4	28.4	22.5	17.5	13.5	37.8	1.8	22.2	1961~1970
中山	12.1	13.8	17.7	22.8	28.4	31.3	32.1	31.9	29.3	23.8	18.4	14.4	40.3	2.5	23.0	1961~1970
珠海	12.4	14.2	17.6	23.1	28.3	31.3	32.2	31.8	28.8	23.6	18.5	14.8	38.6	1.7	23.1	1961~1970
上川	13.0	14.7	18.4	23.8	29.1	31.5	32.2	32.0	29.2	23.9	19.1	15.1	40.0	3.2	23.5	1961~1970

1.2.4 降水

在河口区范围内，各地各月平均降水量列于表 1-8。多年平均年降水量在 1600~2100mm 之间，各地降水量略有差别，一般是滨海地区降水量略大于距滨海较远地区。4~9月为雨水集中期，亦即汛期，其降水量占全年降水量的 81%~85%，7~9 月为台风暴雨期，并有雷暴雨。全年降水天数为 145~151d，降水天数约占全年的 40%，降水天数较多，其中大于 150mm/d 的暴雨天数为 0.3~0.6d。年总雨量最大为 2250~2850mm，最小为 1000mm 左右。一次连续最大降雨量为 403.6mm，历时为 44h40min（顺德县站 1965 年 9 月 27~29 日）。24h 最大降雨量的典型为 1979 年 9 月 23~24 日，整个三角洲降雨量在 300mm 左右。

表 1-8 各月平均降水量表 （单位：mm）

站名＼月份	1	2	3	4	5	6	7	8	9	10	11	12	全年平均	纪录年段
三水	42.7	65.6	98.0	157.4	263.6	295.8	206.3	225.8	203.3	59.5	41.3	18.3	1677.6 (1687)	1957~1970 (1957~1997)
广州	39.1	62.5	91.5	158.5	267.2	299.0	219.6	225.3	204.4	52.0	41.9	19.6	1680.5 (1620)	1951~1970 (1951~1997)
番禺	38.5	58.3	74.4	181.3	253.7	249.9	226.8	222.6	180.0	77.1	41.1	27.2	1030.9	1960~1984
顺德	33.1	56.1	69.4	165.9	241.1	275.1	197.9	295.3	216.2	49.6	42.7	14.9	1657.3	1959~1970
东莞	31.3	43.6	60.8	189.3	275.4	308.6	236.0	279.7	219.2	86.3	30.1	29.3	1789.9	*
深圳	28.4	45.2	57.4	133.2	241.6	337.9	318.5	347.1	262.7	97.6	32.3	25.0	1926.7 (1763)	* (1956~1997)
中山	32.7	57.1	60.2	140.1	247.5	301.7	220.1	241.9	218.8	54.3	42.1	17.3	1633.7 (1785)	1955~1970 (1955~1998)
新会	32.1	43.9	59.9	159.4	253.4	300.5	214.3	272.5	261.6	88.1	34.8	21.4	1714.9	*
珠海	26.2	49.2	57.9	126.3	191.7	399.7	252.4	298.0	278.1	91.9	27.0	17.0	1825.3 (2042.0)	1961、1970 (1961~1999)
上川	26.2	53.7	81.4	152.7	256.4	343.5	257.1	315.2	320.2	176.8	35.1	14.6	2032.8	1958~1970

注 表中有*者引自文献［5］。

1.2.5 风况

在河口区范围内，各地各月平均风速列于表1-9。由表可见，各地年平均风速相差较大，可达2倍左右，一般是临滨海区风速较大，离滨海较远则风速较小，年平均风速在1.9~4.0m/s。风速在季节上的变化是同一地方相差不大，多数地方是冬季较大，夏季较小，但有些地方规律性并不十分明显。

表1-9 各月平均风速表 （单位：m/s）

站名 \ 月份	1	2	3	4	5	6	7	8	9	10	11	12	全年平均	纪录年段
三水	3.1	3.2	2.9	2.6	2.4	2.2	2.5	2.2	2.4	2.5	2.9	3.0	2.7	1961~1970
广州	2.3	2.2	2.1	2.0	2.0	1.8	1.9	1.8	2.0	2.0	2.3	2.3	2.1	1951~1970
番禺	2.2	2.3	2.3	2.4	2.4	2.3	2.5	2.2	2.1	2.1	2.1	2.0	2.2	1960~1997
顺德	2.6	2.9	2.7	2.8	2.9	2.7	2.9	2.5	2.6	2.3	2.4	2.3	2.6	1961~1970
东莞	1.9	2.1	1.9	2.1	2.2	2.1	2.2	1.8	2.0	1.5	1.6	1.5	1.9	1961~1965、1970
深圳	3.5	3.6	3.4	3.1	2.8	2.5	2.3	2.2	2.6	3.0	3.4	3.3	3.0	1953~1970
中山	2.3	2.5	2.4	2.3	2.3	2.2	2.5	2.2	1.9	1.7	1.9	1.9	2.2	1955~1959 1965~1970
新会	2.5	2.5	2.3	2.3	2.2	2.1	2.4	2.1	2.3	2.5	2.5	2.4	2.3	*
珠海	3.5	3.4	3.3	3.8	3.9	3.7	3.9	3.2	3.7	3.7	3.7	3.2	3.6	1961~1970
斗门	5.1	4.8	3.9	3.7	3.5	3.6	3.7	3.2	3.4	4.1	4.7	4.5	4.0	*
上川	4.1	4.0	4.0	3.9	3.8	3.6	3.5	4.0	4.4	4.7	4.1	4.0	4.0	1958~1970

注 表中有*者引自文献[5]。

各地大风（≥8级风）日数一般也是滨海区较多，距滨海较远则较少，如三水、顺德等站为2~5.5d，番禺极少有8级风出现，而深圳、珠海一年内分别为9d和8.6d，上川甚至为16.2d（见表1-10）。

河口区风向一般是冬季由于北方强大而寒冷的极地大陆气团入侵，故盛行北风；另一方面由于受沿海海岸地形的影响，风向又常偏于东北到东之间。夏季整个气压场形势与冬季相反，西太平洋副热带高压气流北上，而印度洋西南湿气流又异常活跃，盛行风向主要以东南风和西南风为主。春、秋转换季节风向极不稳定，盛行风向比较零乱，但各地往往差别较大（见表1-11）。如中山站常风向为N，频率约为11%，强风向为N，最大风速为24m/s，次强风向为NE、SSN，最大风速为20m/s；珠海站常风向为N和SE，频率为16%，强风向为E，最大风速达25m/s，次强风向为SE、NNW，最大风速为24m/s；赤湾站常风向为E，频率为23%，其次为SE，频率为14%，强风向为SE，最大风速达30m/s，次强风向为W，最大风速为27m/s。各站风玫瑰图见图1-2，可见各地差别较大。

表 1-10　　各月平均大风（≥8 级）日数表　　（单位：d）

站名＼月份	1	2	3	4	5	6	7	8	9	10	11	12	全年	纪录年段
三水	0.1		0.1	0.1	0.8	0.7	0.9	1.7	0.8	0.1	0.1	0.1	5.5	1961～1970
广州	0.2	0.2	0.3	0.3	0.6	0.4	1.1	1.2	1.1	0.2	0.4	0.3	6.0	1951～1970
番禺	0.1	0.2	0.6	0.4	0.2	0.4	1.1	0.5	0.6	0.3	0.4	0.2	5.1	
顺德	0.1		0.1	0.1	0.2	0.4		0.6	0.5	0.1	0.1		2.1	1959～1970
东莞			0.2	0.3	0.5	1.3	0.8	0.8	1.2	0.2			5.3	1961～1965、1970
深圳	0.6	0.5	0.7	0.5	0.4	0.7	1.3	1.3	1.0	0.6	0.8	0.6	9.0	1953～1970
中山				0.2			0.8	1.0					2.0	1965～1970
珠海	0.1	0.1	0.1	0.2	0.2	0.6	2.5	1.6	1.7	1.0	0.2	0.3	8.6	**
斗门	1.9	1.8	1.4	1.5	0.5	1.1	1.5	1.9	0.9	1.5	1.4	1.5	17.0	***
上川	1.2	0.6	0.9	1.2	0.8	0.7	1.5	1.8	2.8	1.8	1.3	1.6	16.2	1958～1970

注　1. 表中番禺为≥6 级风，8 级风以上仅 1983 年 9 月出现过 1d，80 年代前无纪录。

2. 表中有 ** 者引自广东省航道勘测设计研究所等，珠江水系横门出海航道整治工程可行性研究报告，1994 年 4 月。

3. 有 *** 者引自河海大学海岸及海洋工程研究所等，西江崖门出海航道工程可行性研究（综合报告），1992 年 1 月。

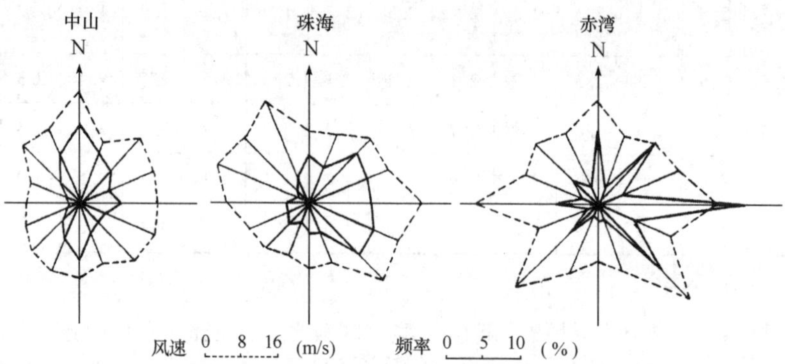

图 1-2　中山、珠海、赤湾站风玫瑰图

表 1-11　　各月最多风向及其频率表　　（单位:%）

站名	月份	1	2	3	4	5	6	7	8	9	10	11	12	全年平均	纪录年段
三水	风向	N	N	N	SE	C,SSE	SE	SE	C,SE	C,N	N	N	N	N	1961～1970
	频率	43	43	34	24	19,16	16	21	15,13	21,19	35	46	44	26	
广州	风向	N	N	C,N	C,SE	C,SE	C,SE	C,SE	C,SE	C,N	C,N	N	N	C,N	1951～1970
	频率	28	26	23,17	22,16	22,17	24,15	24,17	30,12	19,14	33,24	31	31	26,16	
番禺	风向	N	NNW	SE	SE	SE	SE、SSE	SE、SSE	SE	C(N)	N	N	N	C(N、SE)	1960～1997
	频率	17	16	12	17	16	16	16	11	12(10)	17	20	18	11(10)	

续表

站名＼月份		1	2	3	4	5	6	7	8	9	10	11	12	全年平均	纪录年段
顺德	风向	NNW	NNW	SE, NNW	SE	S	S	S	SE	NNW	NNW	NNW	NNW	NNW	1961～1970
	频率	29	26	14	23	20	20	25	12	13	18	24	26	14	
东莞	风向	N	N	C,E	E	S	S	S	C,E	C,E	C,NE	C,NE	C,N	C,E	1961～1965、1970
	频率	22	17	18,16	16	19	20	19	19,13	22,14	28,15	24,16	27,16	19,12	
宝安	风向	NNE	ESE	ESE	ESE	ESE	C,ESE	C,SW	C,ESE	C,NE	NNE, NE	NNE	NNE	ESE	1953～1970
	频率	23	23	30	32	23	21,16	23,13	28,11	22,14	20	25	27	18	
中山	风向	C,N	N	N C,NNW	C,S	C,S	C,S	S	S C,SSW	C,N	C,N	C,N	C,N	C,N	1955～1959 1965～1970
	频率	25,20	20	19,10	21,13	21,16	20,17	19	24,12	28,10	35,15	34,21	32,21	25,11	
珠海	风向	N	N	SE	SE	SE	SE	S	SE	SE	N,NNE	N	N	SE	1961～1970
	频率	25	17	20	32	25	18	19	16	13	14	30	31	16	
上川	风向	ENE	ENE	ENE	E	E	SW	SW	WSW	E	E	NE	ENE	ENE	1958～1970
	频率	22	26	27	26	18	17	14	13	19	22	28	23	18	

1.2.6 热带风暴(台风)

广东海岸带是我国热带风暴（台风）活动极为频繁的地区，据1949～1982年资料统计，影响广东沿海的热带风暴共发生443次，平均每年12.7次，其中登陆207次，平均每年6.1次，占我国（台湾省除外）热带风暴登陆总数的65%，居全国海岸带之首。珠江口岸段登陆热带风暴占全省的20%，平均每年1.2次。

表1－12为从1963～1985年共23年影响珠江口热带风暴出现频率的统计。由表可见，在出现127场对珠江口影响的热带风暴中，平均每年出现5～6次，最多为9次，出现时间最早是4月，7～9月为热带风暴盛行期，出现频率占全年的70%。每场热带风暴都伴随狂风暴雨，登陆前后最大风速多在30～40m/s，大于40m/s的占15%左右，有的最大风速达60m/s，具有巨大的破坏力，常常酿成灾害，并对海区的海洋动力条件产生重大影响。

表1－12　　影响珠江口台风出现频率统计表（1963～1985年）

项目＼月份	1	2	3	4	5	6	7	8	9	10	11	12
出现次数	0	0	0	2	3	14	30	29	30	13	4	2
频率（%）	0	0	0	1.57	2.36	11.02	23.60	22.83	23.60	10.24	3.15	1.57
年平均出现次数	0	0	0	0.09	0.13	0.61	1.30	1.26	1.30	0.57	0.17	0.09

1.2.7　蒸发、日照、雾日、霜日和雷暴日

1. 蒸发

在河口区范围内，水面蒸发多在 1200～1400mm 左右，其中广州站年水面蒸发量为 1600mm；陆地蒸发量在 800mm 左右。

2. 日照

珠江河口区日照历时较长，年日照时数一般在 1980～2150h 之间（见表 1－13）。日照时数在地区上的变化，一般为临近滨海区较大，而离滨海区较远则较小。其在季节上的变化一般是：夏季较大，因此时大陆前汛期已结束，转为副热带高压控制，天气晴热，阳光充足，日照时数为全年最大；春季进入雨季，阴雨日数增多，日照时数最少；秋季台风入侵频繁，带来狂风暴雨，日照时数亦少；冬季日照时数较春、秋季多，而少于夏季。

表 1－13　各月平均日照时数表　（单位：h）

站名＼月份	1	2	3	4	5	6	7	8	9	10	11	12	全年	纪录年段
三水	139.1	90.4	28.6	102.2	170.0	163.6	256.1	237.9	209.8	277.7	189.8	171.7	2036.9	1957～1970
顺德	149.9	94.3	96.7	105.7	125.7	165.9	241.3	225.3	206.0	215.7	179.5	158.0	1964.0	1959～1970
东莞	152.6	97.5	100.0	110.2	174.8	152.5	233.4	211.3	201.4	221.4	185.2	162.6	2002.9	1959～1970
宝安	167.2	113.5	126.3	154.3	204.5	184.8	245.4	230.8	212.5	238.4	209.8	193.3	2280.8	1954～1970
中山	144.9	90.2	93.4	115.5	172.8	159.9	233.2	212.7	199.3	214.4	181.9	161.7	1979.9	1955～1998
珠海	157.5	103.6	106.8	131.7	204.4	160.5	254.7	238.4	212.3	212.6	188.4	172.4	2143.3	1961～1970
上川	140.2	94.0	84.0	109.1	185.8	169.2	244.2	244.8	206.2	216.6	190.2	173.8	2058.1	1958～1970

3. 雾日

雾日各地相差较大，极不均匀，如表 1－14 所示，年平均最少为东莞，仅 2.1d，最多为上川岛，达到 17.3d，二者相差达 8 倍。雾的成因受局部地形影响较大，故在地区分布上无一定规律性。雾日在季节上的变化为冬、春季较多，夏、秋季较少。

4. 霜日

霜日各地相差也较大，如表 1－15 所示，年平均最少为珠海，仅 0.1d，最多为东莞和广州，达到 3.2d，二者相差 32 倍。从表中还可看到，临滨海区霜日较少，如珠海、上川、宝安分别为 0.1d、0.4d 和 1.3d，其他地区则较多。霜日常发生在冬季，尤以 1 月为最多。

5. 雷暴日

雷暴日各地相差不算大，如表 1－16 所示，年平均最少为珠海，约为 46.8d，最多为东莞，约为 83.4d，二者相差不到 2 倍。从表中还可看到，临滨海区雷暴日数较少，如珠海、上川、宝安分别为 46.8d、59.0d 和 69.8d，其他地区则较多。雷暴多发生于夏季，春、秋季也有雷暴，但远少于夏季。

表1-14　　**各月平均雾日数表**　　（单位：d）

站名＼月份	1	2	3	4	5	6	7	8	9	10	11	12	全年	纪录年段
三水	1.8	1.8	0.9	0.6		0.1				0.2	0.2	1.0	6.6	1961～1970
广州	0.8	0.6	1.2	0.7	0.2	0.1			0.1	0.1	0.5	0.5	4.8	1952～1970
顺德	1.8	0.8	1.4	0.6	0.1						0.6	0.7	6.0	1958～1970
东莞	0.5	0.2	0.8							0.3		0.3	2.1	1961～1965、1970
宝安	0.8	0.8	0.8	0.4	0.2	0.1		0.1	0.3	0.1	0.1	0.5	4.2	1953～1970
中山	3.5	1.7	1.5	1.2	0.3	0.2			0.5	1.3	2.2	2.8	15.2	1965～1970
珠海	0.8	1.2	1.7	0.7	0.1							0.3	4.8	1961～1970
上川	2.4	3.3	6.2	4.5								0.9	17.3	1958～1970

表1-15　　**各月平均霜日数表**　　（单位：d）

站名＼月份	11	12	1	2	全年	纪录年段
三水		0.1	1.5	0.4	2.0	1956～1970
广州	0.2	0.6	1.9	0.5	3.2	1951～1970
顺德		0.3	0.8	0.1	1.2	1958～1970
东莞		0.8	2.1	0.3	3.2	1956～1970
宝安		0.1	1.1	0.1	1.3	1952～1970
中山	0.2	0.5	2.3	0.1	3.1	1954～1998
珠海			0.1		0.1	1961～1970
上川			0.4		0.4	1957～1970

表1-16　　**各月平均雷暴日数表**　　（单位:d）

站名＼月份	1	2	3	4	5	6	7	8	9	10	11	12	全年	纪录年段
三水	0.1	0.1	2.0	6.6	11.0	15.4	13.6	15.4	6.4	1.6	0.1		72.3	1961～1970
广州	0.1	0.7	3.4	6.8	13.2	16.4	15.7	16.0	9.6	1.9	0.1		83.9	1952～1970
顺德	0.1	0.7	2.0	5.0	12.4	16.8	16.4	15.7	9.1	1.6	0.2		80.0	1958～1970
东莞		0.5	1.8	5.2	9.3	18.5	15.7	19.5	10.2	2.5	0.2		83.4	1961～1965、1970
宝安	0.2	0.6	2.6	4.2	9.4	13.7	12.7	15.3	9.2	1.8	0.1		69.8	1953～1970
中山	0.2	0.2	3.0	6.0	12.7	16.3	14.0	16.8	11.0	2.5	0.2		82.9	1965～1970
珠海	0.1	0.1	1.3	3.8	6.7	9.8	7.4	11.5	5.0	1.1			46.8	1961～1970
上川		0.6	2.7	5.1	8.0	10.5	10.2	10.8	9.5	1.5	0.1		59.0	1958～1970

1.2.8 灾害性天气

天气的变化影响国计民生，特别是灾害性天气，将会造成国民经济和人民生命财产的损失。这里所指的灾害性天气，仅限于对农业生产而言，即直接影响着当年农业产量的丰歉。广东的灾害性天气种类很多，主要有台风、暴雨、低温阴雨、“寒露风”、春秋干旱及寒潮、霜冻等。除台风已在前面有所阐述外，现就其他方面分述如下：

1. 暴雨

珠江河口区面临海洋，有着丰富的水汽来源，降水强度较大，暴雨出现较频繁。表1－17所示为日降水量大于或等于80mm的多年月平均暴雨日数，由表可见，全年平均暴雨日数各地相差不算大，最少为广州，约为2.2d，最多为上川岛，约为5.3d，二者相差2.4倍。暴雨日数有临滨海区较多（如上川、珠海、宝安）、其他地区较少的趋势。暴雨多发生于夏季，春末、秋初也常出现暴雨，但常少于夏季，这与夏季盛行台风有关。

2. 低温阴雨

冬末春初，在北方冷空气南下过程中，在广东省出现一种低温阴雨天气，珠江河口区也受其影响。这种天气，对早稻的育秧工作影响很大，常可导致程度不同的烂秧或死苗。表1－18所示为多年平均及最多、最少低温阴雨天数，由表可见，年平均天数各地相差不是很大，最少为上川11d，最多为三水28d，二者相差2.5倍，其中临滨海区明显偏少（如珠海、上川、保安），而远离滨海区则偏多（如三水、顺德），三角洲的顶部（三水）位于偏北位置，故低温阴雨天数最多，受害最重。

表1－17　　月平均暴雨日数表　　（单位：d）

站名＼月份	1	2	3	4	5	6	7	8	9	10	11	12	全年	纪录年段
三水				0.2	0.5	0.4	0.5	0.4	0.3	0.1	0.1	0.1	2.6	1952～1972
广州				0.2	0.4	0.4	0.4	0.5	0.3				2.2	1951～1972
番禺				0.3	0.3	0.3	0.6	0.4	0.5				2.4	1960～1972
顺德			0.1	0.3	0.6	0.6	0.4	0.6	0.5		0.1		3.2	1959～1972
东莞	0.1			0.3	0.7	0.5	0.2	0.7	0.5	0.1			3.1	1957～1972
宝安		0.1	0.1	0.1	0.6	0.9	0.6	0.7	0.9	0.1			4.1	1953～1972
中山				0.3	0.7	0.4	0.3	0.3	0.5	0.1	0.1		2.7	1955～1972
珠海				0.3	0.7	0.8	0.6	1.2	0.8	0.3			4.7	1961～1972
新会				0.3	0.6	0.3	0.4	0.3	0.8	0.1	0.1		2.9	1957～1972
上川				0.3	1.3	0.9	0.5	0.8	0.9	0.5	0.1		5.3	1958～1972

表1-18 年平均及最多、最少低温阴雨天数表 (单位:d)

站名＼项目	平均		最多		最少	
	天数	纪录年段	天数	出现年份	天数	出现年份
三水	28	1957~1972	46	1970	6	1966
广州	22	1951~1972	38	1969	3	1966
番禺	22	1960~1972	43	1969	3	1966
顺德	24	1960~1972	45	1969	3	1966
东莞	19	1956~1972	35	1969	0	1966
宝安	15	1953~1972	37	1969	0	1965、1966
中山	24	1955~1972	40	1969	3	1966
珠海	15	1959~1972	35	1969	0	1965、1966
新会	23	1957~1972	43	1969	0	1966
上川	11	1957~1972	32	1969	0	1964

3. 寒露风

每年寒露节气前后，由于冷空气南下而出现一种低温、干燥（有时阴雨）、吹较强北风的天气，群众称之为“寒露风”。它对于晚稻后期的生长、特别是抽穗扬花有很大的影响，造成包颈穗、不实粒和空粒显著增加，因而影响晚稻的产量。农谚云：“禾怕寒露风”，它是广东（尤其是广东北部地区）晚稻实现高产稳产的严重天气障碍。

表1-19 年平均寒露风、寒潮出现情况表

站名＼项目	寒露风		寒潮	
	出现日数（d）	纪录年段	出现次数（次）	纪录年段
三水	5.8	1957~1972	1.1	1956~1972
广州	3.5	1951~1972	1.0	1951~1972
番禺	4.9	1959~1972	0.7	1959~1972
顺德	5.1	1959~1972	0.7	1958~1972
东莞	4.6	1957~1972	0.7	1956~1972
宝安	4.0	1952~1972	0.7	1952~1972
中山	4.6	1954~1972	0.8	1955~1998
珠海	1.3	1961~1972	0.3	1955~1998
新会	4.9	1957~1972	0.6	1956~1972
上川	1.5	1958~1972	0.2	1957~1972

表1-19所示为年平均寒露风出现日数，由表可见，最少为珠海1.3d，最多为三水5.8d，二者相差4.5倍，一般是临滨海区较少（如珠海、上川），其他地区（特别是偏北部地区）较多。

4. 寒潮

每年冬季，从北方入侵广东的强大冷空气，在其活动过程中，带来强劲偏北风，急骤降温、暴冷或霜、冰、雪等，对冬种喜温作物产生冻害，造成严重损失，即为寒潮。

表1－19所示为寒潮的年平均出现次数，由表可见，出现最少的是上川、珠海，分别为0.2次和0.3次，出现最多的是三水和广州，分别为1.1次和1.0次，二者相差5.5倍，说明地区差别较大，临滨海区较少出现寒潮，而三角洲顶部的偏北部地区则较多出现寒潮。

5. 干旱

广东省是我国的多雨区之一，珠江河口区也不例外。然而在季风的影响下，降水有显著的季节变化，各月分配不匀，雨量变率大。在干季易出现季节性连旱，在雨季也可能出现间歇性干旱，而对农业生产影响较大的是春旱和秋旱，特别是旱期延至立春以后结束的冬春连旱。

每年春季的春耕、春种大忙时期，除气候的冷暖变化以外，春雨的丰歉及早迟对农业生产影响很大。春季若锋面雨少，即造成春旱。它不仅延误农时，增加生产投资，而且大大限制了丰富的热量资源的合理利用。

秋旱为每年9月末10月初，台风暴雨形成的雨季结束后迅速转入干季时，10月雨量骤减，其后3个月雨量更少，在雨季与干季交替的过渡时期可能出现的干旱。它对晚稻的生长产生重大影响。

表1－20所示为年平均春旱和秋旱的日数及其最长旱期日数。由表可见，多年平均春旱日数和秋旱日数各地相差都不算大，前者为35.3～53.5d，相差1.5倍；后者为31.9～46.1d，相差1.4倍。春旱和秋旱在地区的分布上极不均匀，无一定规律性；春旱的最长旱期一般大于秋旱的最长旱期。

表1－20 **年平均及最长旱期表** （单位：d）

项目 \ 站名	春旱（2～5月）（按20.0mm透雨）				秋旱（8～10月）（按40.0mm透雨）			
	平均	纪录年段	最长	出现年份	平均	纪录年段	最长	出现年份
三水	35.3	1957～1972	94	1963	43.3	1957～1972	105	1966
广州	37.5	1951～1972	103	1963	45.7	1952～1972	108	1966
番禺	44.8	1960～1972	127	1963	43.4	1959～1972	89	1966
顺德	43.6	1959～1972	121	1963	46.1	1959～1972	89	1966
东莞	37.5	1957～1972	103	1963	40.7	1957～1972	89	1966
宝安	48.4	1953～1972	121	1963	38.0	1952～1972	80	1969
中山	45.1	1955～1972	92	1963	42.8	1955～1972	90	1966
珠海	53.5	1961～1972	114	1963	45.1	1961～1972	89	1966
新会	41.8	1957～1972	69	1963、1970	44.9	1957～1972	89	1966
上川	51.9	1958～1972	114	1963	31.9	1958～1972	62	1966

1.3 地理地貌

1.3.1 地理

珠江河口区位于我国大陆的南部，地处北纬21°53′~23°10′、东经112°30′~114°10′之间，距北回归线以南约30~150km，面临浩瀚的南海。这里气候温和，阳光充足，物产丰富，素有鱼米之乡和花果飘香的美誉，具有一派海洋性亚热带特色的景观。

在河口区的北部，有广东省省会所在地——广州市，它是全省的政治、经济、文化中心和交通枢纽；在它的东部濒临南海处，有改革开放以来新兴的经济特区——深圳市和香港特别行政区；在它的南部濒临南海处又有改革开放以来新兴的经济特区——珠海市和澳门特别行政区；在它的东北、西北、中部和西部，有改革开放后发展起来的中等城市——东莞市、佛山市（其中有三水区、顺德区等）、广州市的番禺区、中山市和江门市等，它们有如繁星点缀着珠江三角洲，构成一座座城市群落，同众多的城镇连成一片，打破了城乡的界限。

在河口区内，交通四通八达，十分方便。区内网河纵横，相互沟通，水运十分畅通，沿河两岸及滨海区港口众多，改革开放后新建港口有如雨后春笋，尤其是广州水道至伶仃洋一线除扩建原有的广州港和黄埔港外，先后新建的港口有蛇口、赤湾、妈湾、新沙、沙角、南沙、九洲、中山、莲花山等大中型深水泊位30多个，还正在兴建的新港有珠海港、南沙港等，其中南沙港区一期工程兴建4个5万t级码头泊位，二期工程兴建2个10万t级集装箱专用泊位，并正在浚深拓宽广州至伶仃洋的出海航道，以利远洋海轮的通航，并提高其通航吨位，以便加强与世界各港埠的联系；公路方面有如蜘网，沟通着三角洲内各城镇，各河汊都建有桥梁，陆运非常畅通，尤其是改革开放以来，大规模兴起高速公路建设，短短10年间，相继崛起的广佛、广深、广三、佛开、深汕、广清、广珠等高速公路网络已将广州、佛山、深圳、江门、中山、珠海等珠江三角洲城市群落紧密地联成一体，大大地拉近了广州至各城市之间的距离；铁路方面，已通行的有广州—东莞—深圳—香港线、广州—佛山—三水线和广州—番禺—中山—珠海—澳门线；空运方面，广州、深圳、珠海、香港和澳门等都建有国际机场，在国内外大城市之间互有通航。正是由于这些交通网的发达，设施亦较先进，因而投资环境得到了改善，带来了经济的发展和兴旺。

珠江三角洲经济的迅猛发展，在广东省居于首位，在全国也占有领先地位，更重要的是与其地理位置的优越有关，它不仅是我国沿海地区之一，而且土地与港、澳相连，有如唇齿息息相关，互相支持、依存和发展，通过港、澳联系世界和引进投资，极大地促进了经济的发展，这种优越的地理条件是我国其他沿海地区所不能比拟的。

1.3.2 地貌

珠江河口区的地貌特征较为复杂，它不同于我国长江、黄河等大江大河的河口区，独具特色。其地貌类型大致可划分为山地丘陵、阶地残丘和平原网河等三种（见图1-3所示），分述如下：

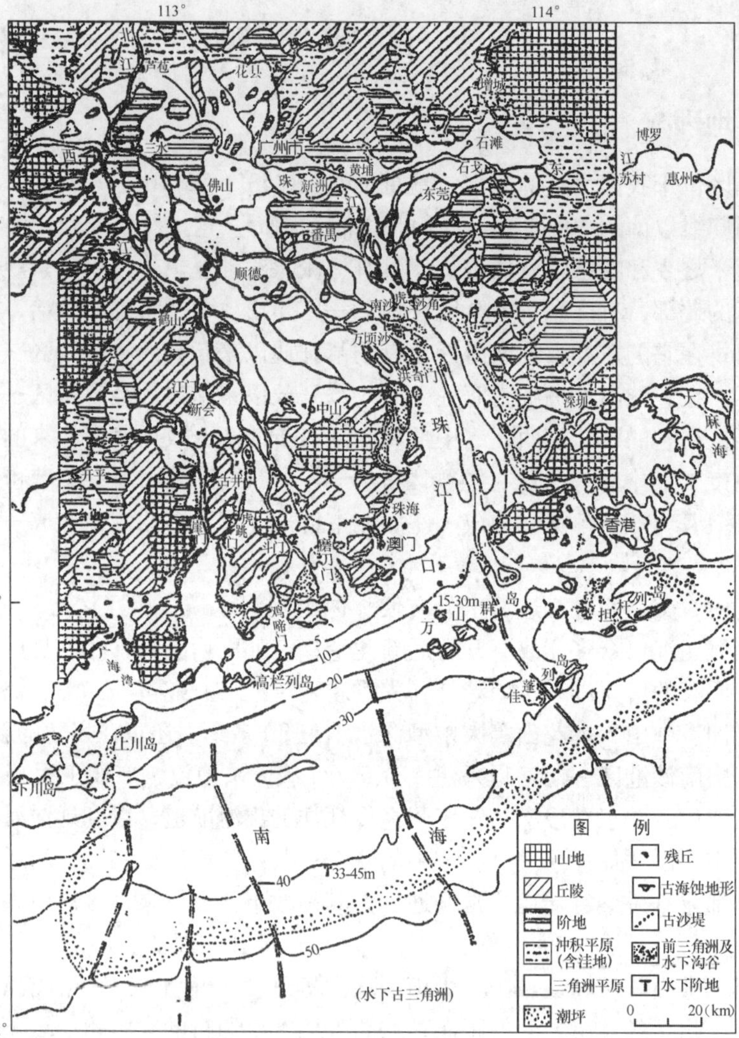

图 1－3 珠江河口区地貌图

1. 山地丘陵地貌

河口区三角洲边缘的东、西、北三面均为山地丘陵所环绕，南面向南海，外海又为众多大小的岛屿所环抱，整个珠江河口构成一个深入内陆的港湾。

河口区的东部有博罗的罗浮山（1281m），东莞的大岭山（530m）、白云嶂（1003m）、莲花山（509m）、马鞍山（329m），深圳的梧桐山（943m）、大茅山（376m）、羊台山（587m）、南头塘朗山（430m）、蛇口南山（336m）、九龙的大雾山（958m），以及香港的圆头山（375m）、炮台峰（583m）、大屿山（935m）等；西部有肇庆的鸡笼山（988m）、羚羊峡的栏柯山（904m），新会的圭峰山（442m）、古兜山（982m）、牛牯岭（397m），鹤山的皂幕山（805m），台山的铜鼓岭（782m）等；北面有广州附近的摩星岭、牛头山、白云山（372m），南海的西樵山（344m）以及清远附近的大罗山等；南部有中山的五桂山（581m）、大尖峰（278m）、云梯山（267m）、南山（412m），珠海的凤凰山（934m）、大镜山（437m）、黄扬山（591m）、湾仔白面将军（393m）、横琴岛脑背山（457m）、大万山岛（432m）、担杆列岛凤凰山（473m）等等，南部的丘陵山地一般延伸迫近海岸。

上述山地丘陵主要由古生代变质岩及燕山期花岗岩构成，西樵山则由新生代早期火山岩构成。这些山体的高程大多数在海拔600m以下，相对高度为100～300m，少数在600m以上。较高的山地丘陵一般有900～1000m、700～800m、500～550m、400～450m、300～350m、200～250m和100～120m等几级夷平面。L. Berry（1961）认为香港地区存在1000m、460～470m、230m、130m等几级夷平面。张虎男（1985）对东江下游夷平面的研究，认为900～1000m和700～800m两段夷平面形成于白垩纪晚期；500～550m、400～450m和300～350m的三级夷平面形成于老第三纪；200～220m和100～120m的两级夷平面则形成于新第三纪。这些夷平面在多年流水的侵蚀下，大都已切割得支离破碎，但在一些较大的山体，如五桂山、西樵山和广州附近的白云山等地区，还比较明显地保存下来两级夷平面。至于高程在250m以下的低丘陵，一般依附于山地和高丘陵，多呈孤丘，周围有古海蚀崖，为昔日河口湾中的小岛。珠江口的岛屿多为低丘陵，由花岗岩、中生代和新生代沉积岩，以及古生代变质岩构成[7]。

在珠江河口三角洲上存在的众多山地丘陵，据统计约有160多处，其面积约占珠江三角洲总面积的13.27%[8]，这是珠江河口区地貌特征的一大特色。这些山丘原来存在于古海湾中，在三角洲形成之前是古海湾中的孤岛，它的存在由于对水流产生绕流而有利于湾内细颗粒泥沙的沉积，因而加速了海滩的形成。当三角洲形成之后，这些孤岛便成为存在于三角洲中的山丘。现在存在于珠江口外海中众多大大小小的岛屿，随着珠江三角洲的向外海延伸和扩展，也将成为三角洲中的山丘。

2. 阶地残丘地貌

在珠江河口三角洲上广泛分布着几级阶地和残丘，其面积约占珠江三角洲总面积的6.13%[8]。对三角洲地区阶地的级数和成因，意见纷纭，至今尚无一致的认识。

曾昭璇的早期研究，认为存在两级阶地，其高程分别为35～45m和10～15m，靠近海岸的属海成，深入内陆的可能是陆成[9]。周业华则提出有35～45m、15～25m、7～12m及3～5m四级阶地❶。赵焕庭亦提到有40～50m、20～25m、12m和局部有5m四级台地或阶地❷。最近黄玉昆就整个华南沿海地区提出有60～80m、35～45m、20～25m、8～12m及3～5m共5级阶地存在，而且都是海成的[10]。可见，不仅各家对阶地划分的级数不同，而且划分的高程也不尽相同，对于阶地成因的认识也不一致。关于珠江三角洲地区阶地的级数及其成因是一个复杂的问题，必须经过调查研究和细致地分析才能解决，还有待进一步深入地分析研究。

赵焕庭在“西江磨刀门河口动力地貌”（南海海洋科学集刊，1982年第3集）中指出各级

---

❶ 周业华，珠江三角洲的地貌基本特征与发育过程，南海海岸地貌学论文集第一集，中国科学院南海海洋研究所，1975年。

❷ 赵焕庭等，西江磨刀门河口动力地貌，南海海洋科学集刊，1982年第3集。

阶地切削了前第四纪不同地质时代的地层岩石及不同类型的构造，其中年代较久远的80m级阶地被拗谷系切割得支离破碎，外貌像圆馒头状低丘群，唯有其顶面等高，沿三角洲西部的鹤山、江门、新会等地均可见到此情形。40～50m和20～25m两级阶地分布最广，且最先被研究，海姆［A. Heim（1929）］早就指出广州黄埔地区存在两级阶地，吴尚时（1935、1937）也研究了广州珠江河北石牌40～50m阶地、河南康乐20～25m阶地、番禺市桥20～25m及约40m级阶地，这两级阶地遍布于河口区周围、陆屿和岛屿上。5～10m级阶地零星分布于各地，如东莞厚街、珠海唐家、前山等地。河口区阶地前缘往往有海蚀遗迹，如古海蚀崖、古海蚀穴、古海蚀平台等。

以上为剥蚀——侵蚀阶地，在河口区内丘陵阶地向平原过渡地带，河流所经之处，第四纪时期发育有第一级河流堆积阶地和第二级基座阶地。第二级基座阶地分布于北江下游的大旺农场将军岗、三水河口镇的黄竹坑、西江下游的白坭，以及流溪河下游钟落潭等地，海拔25～35m，具有二元结构的冲积相砂砾层和红色砂土层，其上部砂土层多已受后期侵蚀破坏，下部砂砾层为褐黄、土黄色或黄灰色砂质卵砾、砾质粗砂、砂砾夹中粗砂层、砂层夹黏土透镜体等，并且交错层理，总厚为6～18m。第一级堆积阶地广泛分布于河口区的北部，如流溪河下游广花平原的一级堆积阶地，由花斑状粉砂黏土和砂砾层组成，其海拔较低，比河漫滩和三角洲平原仅高1～5m，前缘略有陡坎。广州市东北郊车陂河沿岸一级堆积阶地，其组成与上述相同，厚3～18m，^{14}C年龄为距今3.4万～1.6万年，属晚更新世中期的河流堆积。北江下游和西江下游的一级阶地，^{14}C年龄为距今1.8万～1.6万年，与河漫滩一起构成带状冲积平原，进入三角洲网河区后，连续渐变转化为埋藏阶地，以花斑状黏土层为代表[7]。

3. 平原网河地貌

在珠江河口三角洲上，具有平原网河地貌特征的面积约占珠江三角洲总面积的80.60%[8]，占居主体地位。其中高平原（指高程为0.5～0.9m的高围田和高沙田）约占51.4%，低平原（指高程为0.3～－0.3m的低围田和中沙田）约占25.2%，低洼积水地（指高程为－0.4～－0.7m的低沙田和塱田）约占6.2%，基水地（即桑基鱼塘或蔗基鱼塘、果基鱼塘）约占17.2%[8]。在三角洲上具有数以千计的网河分布，纵横交错，互相连通，且分散着众多的水基地，这是珠江河口区地貌特征的又一大特色，在我国大江大河的河口区中是独一无二的。

珠江河口三角洲早在新石器时代就有人类活动，在人类长期与自然界作斗争的过程中，不断地改造着大自然的面貌，在三角洲平原上出现了不少人工地貌类型。诸如在河流两岸建造了防洪大堤，并且在一片片沙洲上筑有堤围，新中国成立以后为了提高堤围的抗洪能力，大规模进行联围筑闸，将无数小围合并成大围，提高堤围的防洪标准，并控制支流，简化河系，整理堤系，缩短堤线，以利防守。现在，自思贤滘以下的珠江三角洲上具有10万亩以上的大堤围有16处，分别为榕塞大围、潼湖围、樵桑联围、中顺大围、白蕉联围、中珠联围、江新联围、樵白大围、南顺第二联围、顺德第一联围、南顺桑园围、齐杏联围、番顺联围、万顷沙围、民三联围、增博大围等。

在三角洲的中部，大致在顺德地区一带改造低洼地与沼泽地而造成的水基地，是将当地低洼地或沼泽地的地势略为深挖1m左右，面积在100～600m^{2}不等，形状大致呈方形或长方形，构成能蓄水养殖淡水鱼的鱼塘，而将挖出来的淤泥堆放在塘边四周，筑成一条高出地面1m左右，宽约3～5m不等，能种桑树或甘蔗或果树的塘基。这种人工改造成的养鱼种桑（或种甘蔗、荔枝、龙眼、香蕉等）的地形组合，当地称为“桑基鱼塘”或“蔗基鱼塘”、“果基鱼塘”，对发展当地经济起到良好的作用。这种水基地是珠江三角洲的一种特殊的土地类型，也是特有的一种人工地貌。

在三角洲的近海区，堆积性地貌十分发育，主要是呈带状分布的沙滩（或泥滩）和沙堤。沙滩或泥滩的面积随潮水位的涨落而变化，高潮时淹没于水下，低潮时又露出水面，称为潮间带或潮坪，其组成物质主要为粉砂质淤泥和淤泥质粉砂两类，潮流较强的环境则为粉砂和细砂，部分区域生长红树林群丛，大部分为不长植物的光滩。潮坪不断淤高和向海扩展。高潮位以上的滩地，由于长期受风的作用，往往形成次一级地形—沙堤或沙丘。这种沙滩地带是径流与潮流消能的地方，所以亦是泥沙强烈淤积的地区。此外，在一些临海或近海的低山丘陵区或残丘地点，往往发育着侵蚀地貌，主要是分布有代表过去海岸线位置的死海崖、海侵平台以及现代海浪形成的海崖、海蚀穴、海蚀平台和排石等地形[10]、[11]。

在珠江河口的口门外，普遍存在拦门沙，这是珠江河口口外海滨的一个重要地貌类型。如伶仃洋口门的拦门沙在大濠岛附近，长约60 km，呈内坡缓、外坡陡的形态，前者坡度约为0.2‰，后者约为1.5‰。磨刀门口外的拦门沙位于大井角喷射口外9220m，约为喷射口外超过6倍口门宽度的距离，长约15km，呈内坡缓、外坡陡的形态，前者坡度约为0.43‰～2.75‰，后者约为1.20‰～1.67‰，平面上拦门沙体的体积不对称，右侧较左侧规模较大，因受河槽地形的影响，底流总是偏向右侧之故。黄茅海的拦门沙位于海湾中间，上接主深槽，下接湾口与海峡深槽，水深为2.4～5.0m，南北纵向长约22 km，东西宽约6～8 km，面积约155 km^2，占海湾面积的28.9%，呈内坡陡、外坡缓的形态，坡度分别为0.69‰～0.81‰和0.57‰～1.0‰。

珠江河口口外滨海另一个重要地貌特征是众多岛屿林立。其中较大的岛屿有：黄茅海区有高栏岛、高栏列岛、荷包岛、三角山、大杧岛、大襟岛、上川岛、下川岛等；磨刀门口外有大林岛、小林岛、三灶岛、南水岛、大横琴岛、小横琴岛、九澳岛、路环岛、氹仔岛等；伶仃洋外海有三门列岛、担杆列岛、佳蓬列岛、外伶仃岛、万山群岛等。这些岛屿多成北东向排列，从香港经万山群岛至上川岛、下川岛形成一列弧形的列岛，有如口外屏障，亦是口外滨海下界的大致界线。

1.4 地质土壤

1.4.1 地质

1. 地质构造

珠江三角洲在地质发展史上迭经多次构造运动的影响，主要形成了华夏构造体系和纬向构造体系。此外，NW向的构造形迹亦相当显著。河口区位于南岭纬向构造带的南缘，属于新华夏系第二隆起带的一部分，其构造面貌是循古老的华夏系和纬向构造为基础演变造成的，受加里东至喜马拉雅各期地壳运动的影响，形成一系列的褶皱、向斜、背斜、断层构造及断陷盆地。区域性断裂系统主要有纬向、NE向和NW向三组，尤以NE向和NW向两组交叉，将地壳切割成大小不等的断块，构成区内构造格架的基础，见图1－4所示。

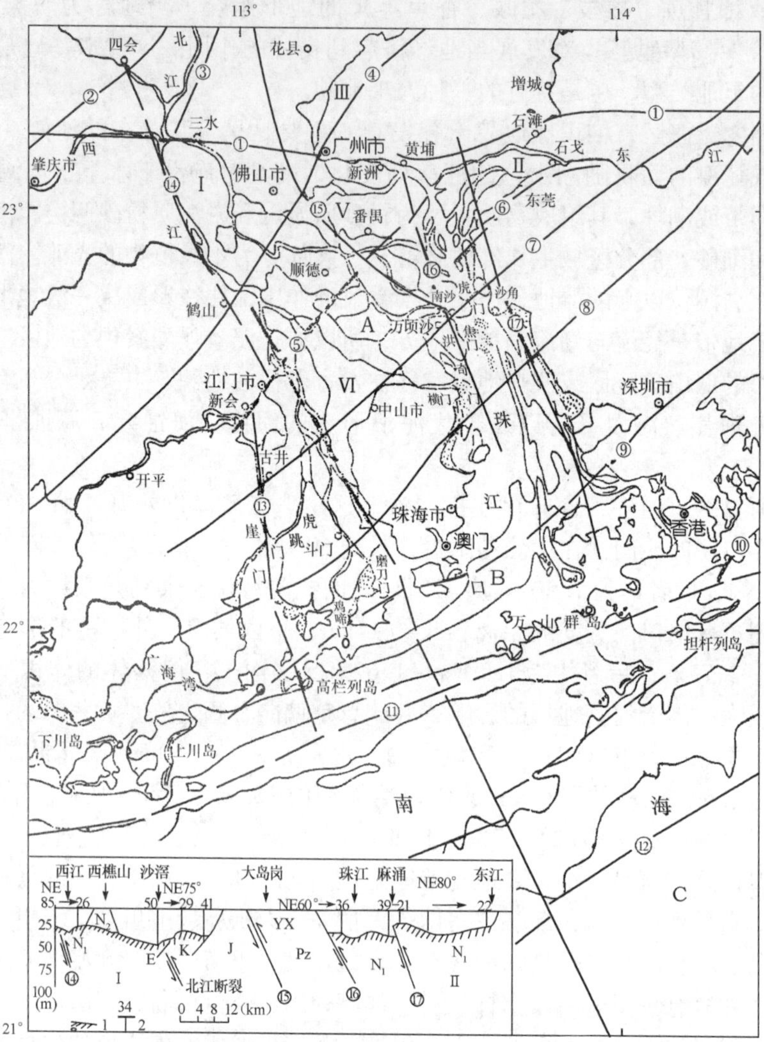

图1－4　珠江河口区的主要断裂构造

（1）纬向断裂[7]。河口区内有广州—罗浮山纬向断裂构造带，它位于23°10′N附近的肇庆—惠来纬向构造带的中段。肇庆—惠来构造带从广西进入广东，经肇庆、三水、广州、增城至惠来入海，是横亘广东省中部、河口三角洲北部的规模最大的东西向断裂构造带，在广东境内延伸达500 km。广州—罗浮山断裂构造带西起肇庆的西部，向东穿三水盆地，经过广州盆地北缘及东莞盆地北缘，至博罗县长宁附近，全长约160 km。该断裂构造带形成于加里东运动，后来在燕山运动时发生强烈断裂、褶皱和岩浆活动，沿断裂带南侧自西向东形成了三水—广州盆地和东莞盆地，同时堆积上白垩统。在该断裂构造带广州以东的东段，基本上是燕山期花岗岩体与中新生代盆地的分界线，北边为罗岗岩体和罗浮山岩体，南边为三水盆地东部和东莞盆地红层堆积及第四纪三角洲堆积。西段被从化—广州 NE 向断裂左旋切错之后，可能沿近 EW 向的官窑水道（西南涌）通过，成为三水盆地的基底断裂。再往西，循河口镇—广利断裂通过思贤滘水道。

此外，新令县潭江至中山市北部、珠江口横琴岛至桂山岛一带，均存在 E ~ W 向布格重力异常带，可能有纬向基底断裂。

（2）NE 向断裂[7]。河口区内存在 NE 向和 NNE 向断裂系，呈“多”字型构造，其出现晚于华夏系，约在中侏罗统，到中生代末的白垩纪至新生代的第三纪初期发展到高峰，部分至今仍在活动。NE 向断裂自北至南主要有：四会—肇庆—吴川断裂、北江断裂、新丰—从化—广州—恩平—阳江断裂、新会断裂、东莞断裂、河源—博罗—太平—五桂山北麓断裂、紫金—樟木头—五桂山南麓—广海断裂、永定—大埔—深圳—白角断裂和政和—海丰—蒲台断裂等，大致以 70 km 的间距斜贯本区，没入南海。NE 向断裂从中生代的左行压扭性逆断层，转变为新生代右行张扭性正断层，控制了大地形、区域性侵蚀和堆积的分布范围，其中四会—吴川断裂控制了珠江河口区的西北边界，从化—恩平断裂控制了广州市北部的龙归盆地和三水盆地的东南边界，博罗—太平断裂控制了东莞盆地的东南边界，樟木头—广海断裂控制了珠江三角洲南部低山丘陵的南边界，永定—深圳断裂控制深圳湾、横琴岛和三灶丘陵的走向。

NNE 向断裂主要有两条，即南彭—担杆列岛断裂（闽粤海滨断裂）和珠江口盆地北缘断裂带，这两条断裂带构成华南滨海断裂带，成为海陆构造分界线，是沿岸岛链带与陆架盆地的界线。该断裂的早期为压性或压扭性，新构造运动期间转为张性正断层，现代又以挤压为主，断裂深度大，超过 30 km，切穿地壳。断裂以北为新生代陆相断陷盆地，断裂以南为新生代渐新统晚期以末的海相沉积盆地，沿断裂带分布了一连串的中强地震，是比新华夏系更新更深的比较活跃的最新构造。

（3）NW 向断裂[7]。河口区内 NW 向断裂规模较小，延伸不长，切割很浅，形成时代也晚，常切错 NE 向断裂，以左行平移正断层为主。该断裂可能是在早期新华夏系配套构造基础上生成的，主要活动期为白垩纪至第三纪，延至近代，为继承性断裂构造，引起差异性断块升降，控制着珠江三角洲水系和堆积的发展。

NW 向断裂自西向东主要有：新会—崖门断裂、西江—磨刀门断裂、白坭—沙湾断裂、黄埔—黄阁—伶仃洋断裂、罗岗—南岗—太平—伶仃洋断裂、惠阳—通湖断裂等。其中崖门断裂自新会沿崖门水道入海，走向为 N5°W，长约 50 km。西江断裂与西江下游干道一致，从高要县的牛岷山向东南，经马口岗、龙池、潭滘山、了哥山、星槎、均安至磨刀门，隐伏于南海之下，总体走向为 N310° ~ 330°W，倾向 NE，倾角大于 70°，全长约 120 km。该断裂西侧为山地，东侧为三角洲平原，沿线断裂迹象明显。白泥—沙湾—万顷沙断裂自北江下游延伸，从蕉门出海，长约 100 km，走向大致为 N320°W，倾向 5°W，其下游万顷沙受断裂影响，自全新统以来成为沉积中心之一，沉积厚度 40 ~ 60m，沉积速率达 4. 8mm/a，比三角洲平原的其他地区要大。黄埔—化龙—黄阁—伶仃洋断裂和罗岗—南岗—太平—蛇口断裂走向为 N335°W，长达 100 km 以上，控制着黄埔港通海水道狮子洋和伶仃洋。

上述三组不同方向断裂的交叉，将地壳切割成菱形断块，沿断裂两侧发生差异性振荡运动，块状隆起为山地，块状断陷为盆地，构成棋盘状的地形格局，对三角洲的边界、基底地形起伏、古河道的发育和第四纪沉积厚度的变化均起着控制作用。珠江河口区纵向跨越三个较大的断块，即珠江三角洲盆地、万山隆起山地和珠江口盆地。

珠江三角洲盆地主要由以下几条断裂构造所控制：西北边为四会—肇庆断裂，西边为西江断裂，北边为广州—罗浮山断裂，东南边为博罗—太平—五桂山断裂。其周围的断块隆起有：西北面为鼎湖山断隆，西面为幕皂山、古兜山断隆，北面为白云山、罗浮山断隆，东南面为大岭山、五桂山断隆。其构造发展史为自晚侏罗统燕山运动第三幕发生，周围断块隆起升为高地，白垩纪中部凹陷形成盆地，至老第三纪盆地继续沉降，幅度较大，盆地基本定型，河湖相物质堆积其中，尚有火山活动和短暂的海侵。

在珠江三角洲盆地内外次级断裂将它及其相邻断块切割成次级的断块，产生次级的断隆和断陷，因而珠江三角洲盆地实际上由几个次级的小盆地及其间的小隆起组合而成的。它包含几个各自独立的小盆地，如三水盆地、龙归盆地、东莞盆地、新会盆地等，其间的块断隆起主要为番禺—顺德隆起。

三水盆地介于清远、四会、九江和佛山之间，被菱形块体的基底构造控制，其表层呈一近似 S ~ N 向的向斜构造，长约 90 km，宽 10 ~ 30 km，面积约 1800 km^2，基底是侏罗纪和石炭纪。龙归盆地位于广州市北效，处在 NE 向的从化—广州断裂带的西北侧，盆地轴向为 NE，面积约 250 km^2，红色岩系厚度 1100m，露头分布不连续，多被第四纪岩层覆盖。东莞盆地是一个 NEE 向的向斜构造，其基础是东江断块和狮子洋断块的并合，面积约 1800 km^2，其白垩纪和老第三纪红色岩系厚 3000m，第四纪厚约 40m。新会盆地是一个 NE 向的红色盆地，分布在潭江下游、新会县东部、江门市、番禺市南部，和中山市的大涌、石歧、张家边等以北的北部，其北界为 NE 向的新会断裂，南界为 NE 向的五桂山北麓断裂。盆地外围为古生代变质岩、中生代花岗岩，盆内堆积白垩纪和老第三纪红色岩系，其露头不多，沿潭江下游南北两岸、顺德—中山平原的南北两边有断续出露。第四纪覆盖层厚为 20 ~ 60m。新会盆地成为珠江三角洲中部平原和伶仃洋河口湾北部的发育基础，而三水盆地、广州盆地、龙归盆地和东莞盆地则为珠江三角洲北部的发育提供了广阔的空间。

番禺—顺德隆起主要分布在番禺的市桥、顺德的大良及龙江一带，由早古生代变质岩构成，横亘于三角洲中部，它被西江断裂、白泥—沙湾断裂、化龙—黄阁断裂和罗岗—太平断裂等几条 NW 向断裂分别切割，比较破碎，除市桥台地成片分布外，其余的均为低矮的孤丘，其隆起程度较差。该隆起区为珠江水系所穿过，同时遭受珠江河流的长期侵蚀和夷平，故基岩出露不高，也不连续。

万山隆起包括新会县南部，中山市南部，斗门县、珠海市和澳门全部，深圳市西部，香港西部和南部，珠江口全部岛屿（万山群岛等）和部分水域，其北面是珠江三角洲盆地，南面是珠江口盆地。它是由古生代变质岩和沉积岩、中生代花岗岩和火山岩构成的，未见白垩纪至第三纪。从它的岩性和地质时代看是同东西两端邻区一致的，说明它同东面深圳、香港和西面新会与台山县交界的隆起区，原本是一体，只是后来被 NW 向崖门断裂、西江断裂及 NE 向樟木头—五桂山南麓断裂、深圳—白角断裂、海丰—蒲台断裂切割成为几个小的隆起和凹陷。

珠江口盆地位于珠江口外南海北部大陆架的中部，北界为南海盆地北缘断裂带，东南边界大体沿200m水深线走向，盆地呈NEE向，同广东大陆岸线平行，面积约14.7万km^2，是一个新生代为主的沉积盆地，其沉积层主要由老第三纪和新第三纪的砂岩和泥岩组成，基底为古生代和中生代变质岩及中生代花岗岩，与广东大陆同属一大地构造单元。

珠江河口区最新构造运动较为强裂，主要表现为补偿式块断运动，近期补偿性升降较明显。在三角洲边缘和三角洲内五桂山区为拱状块断隆起，其余地区下沉；罗浮山断裂南盘下降，北盘上升，据1954～1965年的11年内广州附近水准测量表明两盘相对升降幅度每年平均达到3.6mm，顺德、南海年平均下沉速率为2.2mm，最大为4.2mm❶。

珠江河口区最新构造运动虽然较为强烈，但地震活动并不频繁，强度不高。本区位于华南地震区东南沿海地震亚区，地震活动水平属中强震，频度较低，在西北江三角洲及其西北缘邻区，即清远—广州—伶仃洋—磨刀门—江门—新兴区间基本地震烈度为Ⅶ度，其余地区为Ⅵ度。

2. 地层岩性

各时代地层及岩浆岩在珠江三角洲及其边缘地区出露的地层中，自老至新呈如下有序的分布（图1－5）：

（1）震旦纪。主要为片岩、片麻岩、混合片麻岩及石英岩，分布颇广，出露于三角洲东缘和三角洲内番禺、顺德、中山市的小榄一带，厚度大于720m。

（2）寒武纪。主要为海相砂岩、粉砂岩和页岩，分布于三角洲西缘、新会和江门一带丘陵，以及五桂山南麓神湾和中山市的三乡一带。

（3）泥盆纪。主要为石英砂岩、粉砂岩、砾岩、砂砾岩、页岩、砂页岩和薄层灰岩，分布于三角洲北缘清远、四会和高要一带丘陵，以及南部斗门、珠海三灶、南水岛、荷包岛、中山平岚和深圳一带丘陵，浅海相富含钙质碎屑岩夹碳酸盐岩沉积则见于南水岛。

（4）石炭纪。下部以炭质页岩、石英砂岩为主，上部为灰岩，主要分布于三角洲北缘、西北缘和广州西北郊，深圳市的北部和东部亦有出露。

（5）二叠纪。为炭质页岩、粉砂岩、薄层灰岩和煤层，仅见于三角洲北缘的广州以北。

（6）三叠纪。为砾岩、含砾砂岩、砂岩、页岩和煤层，分布于广州西北部的官窑、江村一带，以及伶仃洋的东北岸丘陵和深圳沿岸。

（7）侏罗纪。下部为砂岩、砾岩、页岩，中上部为酸性喷出岩、陆相砾岩和砂页岩夹层凝灰岩，分布颇广，常见于东莞、中山南部平岚铁炉山、深圳的布吉和东部莲塘至梧桐山一带，以及香港的石湖、大埔一带。

（8）白垩纪。为陆相砂砾岩、细砂岩、泥岩，局部有夹多层石膏，分布于三水—广州盆地、东莞盆地、斗门的竹银、大亚湾至珠江口沿岸，以及深圳、香港等地。

（9）第三纪。为陆相凝灰质砾岩、砂岩、夹页岩和泥灰岩，广泛分布于珠江三角洲，尤其是三水—广州、东莞诸盆地普遍有出露，三角洲中部的新会、顺德、番禺的大岗，中山的黄圃和象角，以及伶仃洋北边的沙角，西南部亦有零星分布。

---

❶ 水利部珠江水利委员会，珠江流域三角洲综合利用规划报告，1988年1月。

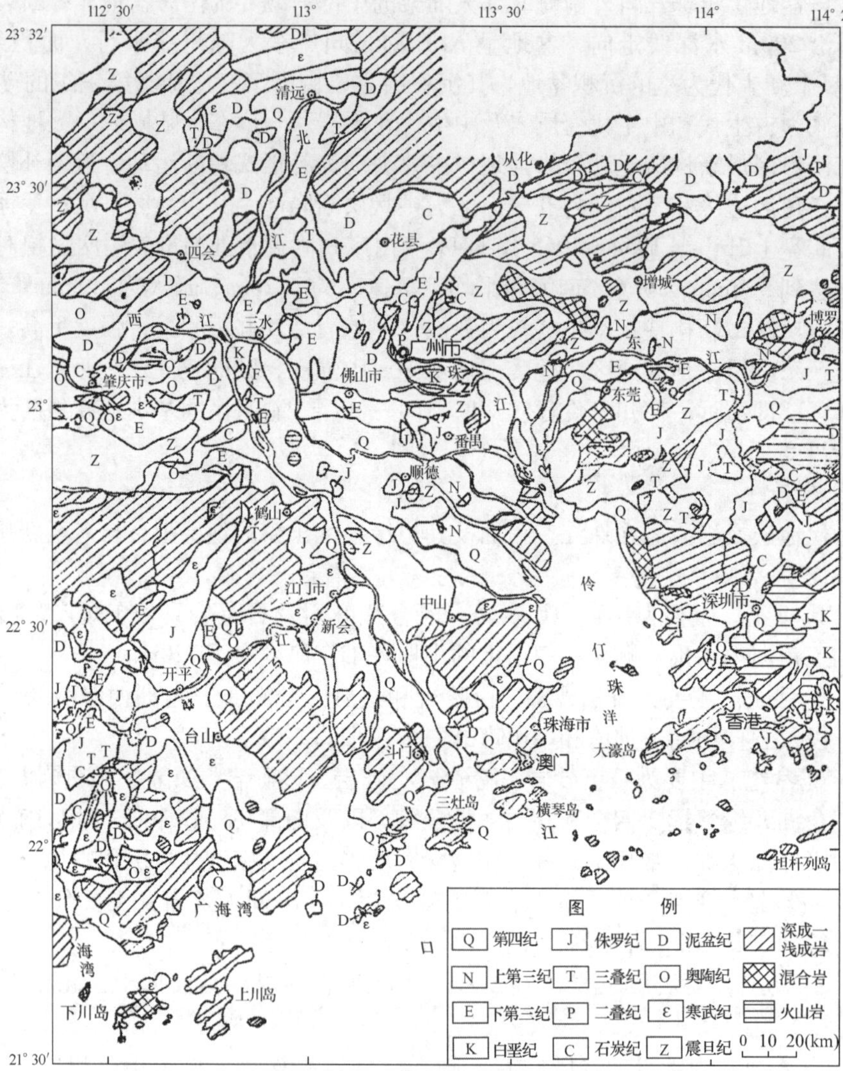

图 1－5　珠江河口区地层岩性图

（10）第四纪❶。珠江河口区第四纪堆积物类型有残积、坡积、洪积、冲积、海积以及混合类型等，在珠江三角洲分布较广泛。据^{11}C 测定表明，第四纪最早沉积于上更新统中期，距今约 4 万年。沉积厚度平均为 25.1m，其中西、北江三角洲为 25.6m，东江三角洲为 18.8m，厚度最大处是磨刀门右侧灯笼沙，为 63.6m。其沉积类型以河海交互相为主，广布于大部分地区，其余冲积洪积层分布于三角洲顶部和边缘，海相沉积层分布于海岸地带。第四纪表层水平方向岩性变化规律大致为：三角洲的顶部、边缘地带以及三角洲内丘陵地段以粗颗粒的砂层和砂性土为主；三角洲下部和近海地带以细粒的黏性土和淤泥

❶　黄胜，潮汐河口问题讲义，南京水利科学研究所，1964 年 6 月。

为多。垂直方向基本上存在由粗变细的三个沉积旋迴，反映了第四纪经历过三次海退到海侵的变化。其层序自下而上可分为6层：

1）上更新统中段石排组（Q_3^{2-1}）：属河流冲积相，分布较广，下部为灰白色黏土质粉细砂，上部为黄色砂砾和中粗砂，一般厚度为5~10m，最大厚度17m。

2）上更新统中段西南组（Q_3^{2-2}）：以海相深灰色粉砂质黏土为主，夹河流冲积相砂砾，层厚5~10m。

3）上更新统上段~下全新统三角组（Q_3^3~Q_4^1）：为河流冲积相或风化期的花斑黏土和砂砾层，一般层厚约5m，层位稳定，分布广泛。

4）中全新统下段横拦组（Q_4^{2-1}）：为以海相为主的深灰色淤泥和淤泥质粉细砂，夹河流冲积相中细砂，一般厚度为5~10m，以灯笼沙处最厚，为16.1m。

5）中全新统上段万顷沙组（Q_4^{2-2}）：为河流冲积相中细砂、砂砾、含砾淤泥和陆地风化形成的黏土，一般厚3~5m，灯笼沙处最厚，为26.7m。

6）上全新统灯笼沙组（Q_4^3）：属河海混合相，下部为深灰色粉砂质淤泥，上部为灰黄色粉砂质黏土，三角洲中部和南部厚7~8m，北部厚3~4m。

在岩浆岩方面，珠江河口区岩浆活动从加里东期开始至喜马拉雅期结束，曾多次侵入和喷出，第三纪又有玄武岩喷发[7]。

（1）侵入岩。各时期的侵入岩有：古生代加里东期侵入岩，为片麻状细粒花岗岩，已受区域变质，主要分布于三角洲东北部山地。印支期侵入岩，为细粒黑云母花岗岩，略有变质现象。燕山一期早、中侏罗统侵入岩，为石英二长岩和花岗闪长岩，分布于九龙半岛、大濠岛。燕山二期中侏罗统侵入岩，为石英闪长岩、二长花岗岩和花岗闪长岩，分布于三角洲南部低山丘陵、平岚、翠微、前山、南屏、牛筋顶、三灶，以及古兜山灯心坑等地。燕山三期晚侏罗统侵入岩，主要为灰白色中粗粒斑状黑云母花岗岩，分布最广，构成三角洲西部的古兜山岩体，出露面积约242 km^2；三角洲南部五桂山岩体，出露面积约270 km^2；伶仃洋东岸东莞水廉山岩体和深圳南头花岗岩体；珠江口的许多岛屿岩体，如淇澳岛、东澳岛、万山岛、外伶仃岛、担杆岛、横琴岛、高栏岛、荷包岛以及香港岛等的岩体。燕山四期早白垩统侵入岩以肉红色黑云母花岗岩为主，分布较广，主要为三角洲西部和南部，如古兜山鸡公髻岩体、新会古井岩体、台山赤溪铜鼓顶岩体、斗门黄杨山岩体、珠海北水岩体、凤凰山岩体、桂山岛垃圾尾岩体、深圳南头岩体等。燕山五期晚白垩地侵入岩为花岗斑岩和石英斑岩，常侵入于先期花岗岩中，构成复合岩体，如五桂山北部的长命水岩体、大肚岭岩体、南朗岩体、横门岩体等。

（2）喷出岩。珠江河口区内出露的喷出岩，多呈夹层产于中、新生代地层。印支期晚三叠纪喷出岩为灰白色或紫红色层凝灰岩，分布于深圳松岗等地。燕山期晚侏罗统喷出岩主要为流纹质凝灰熔岩、酸性晶屑凝灰岩、流纹斑岩、凝灰岩等，分布于九龙半岛东北部。燕山期早白垩统喷出岩以火山碎屑岩为主，由凝灰质或层凝灰质含砾砂岩、砾岩组成，偶有熔岩喷发，为流纹斑岩，分布于三水—广州盆地、深圳布吉和香港落马洲等地。喜马拉雅期早第三纪喷出岩以熔岩为主，在三水—广州盆地中存在玄武岩，在虎门口两边为凝灰质砂岩，在三角洲中北部的南海西樵山为凝灰岩。

（3）混合岩及混合花岗岩。根据广东省地质局的研究，认为广州—博罗区域的变质岩是不同程度混合岩化的结果，可划分为混合岩和混合花岗岩，时代属早古生代。分布在珠江河口区内的广州—增城、东江三角洲南部的虎门—厚街、五桂山北部的石歧和东部的北栅、内伶仃岛、伶仃洋东岸的宝安西乡等地者，统属广州—博罗混合岩区的一部分，其中以西乡乌石岩混合花岗岩带最大，出露面积约43 km^2。

1.4.2 土壤

1. 河口区三角洲自然土壤和耕作土壤[13]

自然土壤方面，在河口区三角洲内多为低山丘陵，其母岩主要是花岗岩、砂岩和页岩，呈红色至棕红色，其自然土壤多为砖红壤性红壤，土层深厚，剖面层次明显，富铝化作用也明显，土质黏重，透水性差，土温高，酸度大，肥力较低。在沿海地带分布有滨海盐土和滨海砂土。前者含盐度一般为0.3%～0.4%，重者为0.4%～0.7%，以氯化物为主，一般呈中性；后者多为固定或半固定砂土，一般不具盐渍化特征，呈酸性，多为灰白色或黄色。

耕作土壤方面，河口区三角洲内旱地土壤有基水地、黄泥土等类型。前者包括桑基、蔗基、草基和果基等，主要分布在顺德、南海、东莞、番禺、中山及广州等地；后者主要分布在丘陵坡麓及台地的低洼部位，一般土层深厚，养分含量较高，有一定的保水性，多呈酸性或中性。

由旱地土壤经长期种植水稻而形成的水稻土，广泛分布于三角洲内。水稻土以潮泥田、泥肉田和低塱田为主。潮泥田主要分布于河溪两岸的阶地上，肥力较高，是高产水稻土类型之一；泥肉田是经长期人为水耕熟化的高肥型水稻土，而低塱田则属低产田类型，分布于河溪两岸低洼处。此外，还有一种沙田区的水稻土，具有酸性和盐渍化特性，又称咸酸田，是在红树林沼泽土的基础上发育而成的，土壤中的红树林残体在不透气条件下分解产生大量硫化物，含硫量较高。

2. 三角洲滨海区海涂土壤[14]～[16]

本区海涂土壤是珠江径流挟带的泥沙和少量外海来沙（如伶仃洋仅占河流输沙量的1%）在河口湾水体作用下沉积发育而成的。当陆源物质被河流挟运到河口湾后，在海洋动力作用下，泥沙颗粒产生分选、滚圆和沉积，形成不同的水下沉积地形。这些沉积物是滨海水体下有机和无机物质长期聚积的产物，而潮流和海流带来的盐分在海涂土壤的形成中起着特殊的作用。

海涂土壤的形成过程是通过不断的淤积加高和海水浸渍作用的影响，逐渐由滨海相沉积母质向滨海盐土方向发育。最初构成滩地的物质在半咸水的沼泽中形成潮滩土，随着运移物质的不断输入，淤高至高潮滩后，部分滩地生长红树林和草本物，绿色植物参与成土作用，并形成酸性潮滩土和腐质潮滩上，不生长植物的白滩仍属潮滩土。由于人类活动的影响，通常是人为抛石筑基和人工输入泥浆以加高地面，使之适合耕种，再用潮灌继续淤高，从而又由低沙变中沙至高沙，土壤盐渍化程度也逐渐变低，并向水稻土方向发育。可见，海涂土壤的演变与滩地的发育和人为的参与是紧密相关的。

海涂土壤的分布如图1－6所示，潮滩沙土主要分布于输沙量较大的口门附近，其次是丘陵岸边，高程多在－2m以上。腐质潮滩土和酸性潮滩土一般为零星分布。前者主要见于潮间带上部紧靠沙田的一侧；后者仅分布于深圳湾茅洲河口的北侧。其余的潮滩土以蕉门、洪奇门、横门和磨刀门口外最为集中，这种地域分布特征与伶仃洋的西行余流和各门口泄流量及输沙量的大小有关。上述4个口门的泄流量占珠江8个口门总量的63.3%，输沙量占71.5%，这是海涂伸展快和面积大的主要原因。

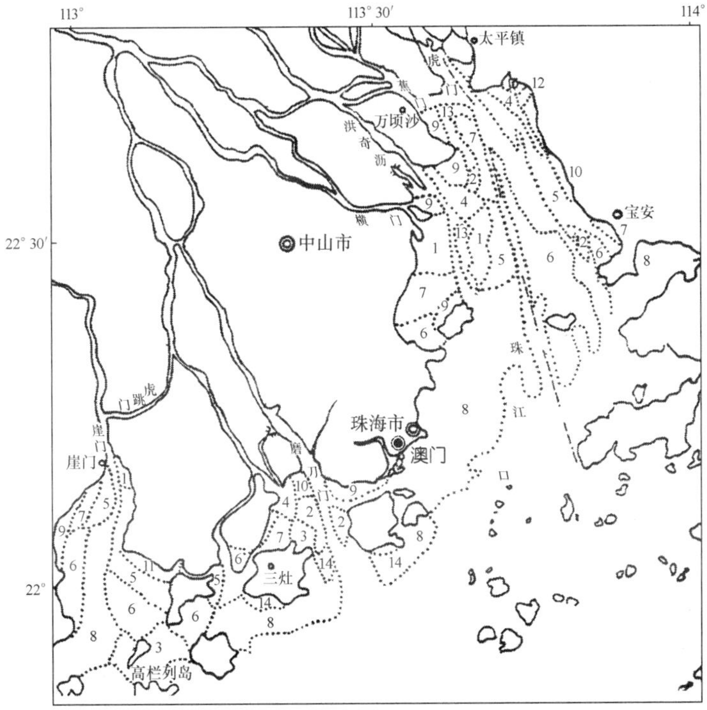

图1－6　珠江三角洲海涂土壤分布

珠江河口区海涂土壤有如下基本特性：

（1）质地较黏重。海涂土壤质地与陆源物质有关。珠江河口的陆源物质主要来自西、北江，在其流域范围内有大面积的石灰岩和页岩风化物，致使悬移质中黏粒和粉砂的含量较高，如磨刀门河口区悬移质中的含量达80%～90%，进入河口湾后在河海交互作用下沉积下来，故海涂土壤质地较黏重。表1－21为珠江河口海涂土壤的机械组成。由表可见，除少数地方出现潮滩沙土的物理性黏粒（<0.01mm）在12%以下外，其余大部地区为20%～82%，属于中壤土至黏土。其分布规律一般是离河口和主干道愈远，黏粒含量愈多，质地黏性愈重。但各口门受海岸地形、河流径流和海流影响的不同，其黏粒含量的增加程度有所差异，如崖门和磨刀门的西侧增加量较大，故质地较黏重。伶仃洋西北部海涂土壤质地黏性较轻，主要为粉质中壤土至粉质重壤土，而西南部则质地较黏重，一般为砂粉质轻黏土至黏粉质中黏土，也足以说明上述现象。另外，从质地剖面看，除泄洪道附近的上、下层质地有较大差异外，其余变化均小，如小于0.001mm黏粒含量的差异仅为3%左右。

表 1-21 海涂土壤的机械组成

剖面号	土壤名称	地　点	深度（cm）	各级颗粒（粒径：mm）含量（%）						
				1～3	0.05～1.00	0.01～0.05	0.005～0.01	0.001～0.005	<0.001	<0.01
岸 84	沙泥轻咸潮滩土	番禺新垦 17 涌外	0～12		51.0	16.0	11.0	7.0	15.0	33.0
			20～40		54.0	15.0	6.0	14.0	11.0	31.0
岸 186	沙泥中咸潮滩土	珠海鹤洲西南 3km	0～20		42.0	16.0	9.0	18.0	15.0	42.0
岸 148	沙泥重咸潮滩土	珠海大杧岛北 1.5km	0～20	2.0	53.0	25.0	7.0	8.0	5.0	20.0
岸 31	泥质轻咸潮滩土	中山马安北 5km	0～20		3.0	33.0	19.0	24.0	21.0	64.0
岸 21	泥质中咸潮滩土	宝安石围西南 4km	0～30		8.0	26.0	15.0	27.0	24.0	66.0
			30～60		4.0	21.0	14.0	31.0	30.0	75.0
岸 75	泥质重咸潮滩土	内伶仃岛东湾北 2km	0～15		4.8	24.0	22.0	32.0	17.2	71.2
岸 246	黏质中咸潮滩土	新会崖门渔业村东 3km	0～20		2.0	20.0	16.0	30.0	32.0	78.0
			20～40		9.7	17.0	9.3	33.0	31.0	73.3
岸 25	黏质重咸潮滩土	深圳粤海门东南 1km	0～30		3.0	15.0	16.0	32.0	34.0	82.0
岸 138		珠海香洲东南 2.5km	0～15		1.2	20.0	22.0	35.0	21.8	78.8
岸 62	泥质少腐质潮滩土	番禺新垦东南 4km	0～15		10.8	40.0	16.0	20.0	13.2	49.2
			15～30		2.8	38.0	20.0	24.0	15.2	59.2
岸 32	泥质中腐质潮滩土	宝安石围西南 1km	0～20		6.0	26.0	17.0	32.0	19.0	68.0
			20～50		3.0	30.0	20.0	30.0	17.0	67.0
岸 185	黏质少腐质潮滩土	斗门新东村东北 0.5km	0～20		15.0	7.0	15.0	32.0	31.0	78.0
			20～40		2.0	16.0	16.0	33.0	33.0	82.0
岸 33	黏质弱酸潮滩土	宝安石围东北 1.5km	0～11		1.0	20.0	18.0	31.0	30.0	79.0
			43～80		10.0	23.0	13.0	32.0	22.0	67.0
岸 63	细沙潮滩沙土	番禺新垦东 4km	0～15		86.0	2.0	2.0	4.0	6.0	12.0
岸 189	粗沙潮滩沙土	珠海三灶英表东 1.5km	0～20		93.0	3.0	1.0	0	3.0	4.0

（2）盐渍化明显。海涂土壤经常受海水浸渍，故盐分含量较高，如表1－22所示，全盐含量变化在0.10%～2.05%之间，盐分组成以Na^+和Cl^-为主。土壤盐分的含量与河口口门的径流量和潮流量的大小有关，一般是径流量较大的河口，其土壤盐分较低；而潮流量较大的河口则其含盐分较高。较低盐分土壤常见于磨刀门、洪奇门、横门和蕉门附近；较高盐分土壤则常见于深圳湾、唐家湾和崖门一带。在伶仃洋海区，南部海涂土壤的盐分高于中部，中部又高于北部，即盐分自南而北递减的规律很明显。另外，就剖面上的分布而言，其上下层的盐渍化程度有一定的差异，一般是底层高于表层，且质地愈黏，差异愈大。这表明盐分剖面与沉积物岩性和浸渍时间有关。

（3）养分较丰富。海涂土壤的养分主要来自陆地的运积物，其次为海洋带来和就地生物残体的聚积。由于珠江流域植被较好和基性火成岩或沉积岩分布较广，故海涂土壤含有较高的有机质和其他养分（见表1－23、表1－24）。由表可见：海涂土壤的有机质除潮滩沙土不足0.4%外，其余多在1.2%～3.0%之间，最高可达4.0%，一般表层略高于底层，其中腐质潮滩土的表层明显高于底层，而腐质潮滩土和酸性潮滩土的有机质含量明显高于其他类型土壤，这表明生长绿色植物（草类或红树林）的海涂土壤有显著的有机质积累作用。其次，全氮量和碱解氮多属中上水平，且一般与有机质含量呈正相关，这表明肥力状况是良好的。在磷、钾含量方面尚属丰富，其中速效钾含量相当高，大多在500ppm以上，高者可达1000ppm，东江三角洲海涂土壤的钾素较高一些，伶仃洋东滩海涂土壤的钾素含量，尤其是高速钾含量明显高于西滩，这与东江和茅洲河等流域有较大面积的花岗岩风化物分布有关。另外，微量元素含量也较高，除Mn外，其余微量元素均高于全国土壤平均含量，有效微量元素也较丰富（见表1－25、表1－26）。

（4）土壤多呈微碱性至碱性反应。由表1－23、表1－24可见，除轻度红树林潮滩盐土（轻酸性潮滩土）的pH（水）值为5.6，呈酸性反应外，海涂土壤一般呈微碱性至碱性反应，pH（水）值在7.3～8.7之间，且上下层之间差异不大，这是海涂土壤长期受海水浸渍的结果。由于各口门的来水来沙和河口水体的化学性质不同，造成各出海口门附近海涂土壤的pH值有所差异，如横门和洪奇沥口门外海涂土壤的pH值较高，一般在7.4～8.1之间，而蕉门和宝安茅洲河口外海涂土壤的pH值则较低，一般为6.0～7.2。其次，远离河流出海口门的海涂土壤pH值一般较高，普遍在8.1～8.6之间，且上下层差异很小，一般仅为0.1～0.2pH单位，这表明在化学性质较稳定的海水的长期浸渍下有使土壤呈碱性反应和上下层趋向一致的可能。

（5）覆盐基作用明显。珠江流域属潮湿亚热带气候，高温多雨，而岩石以脱硅富铝化作用占优势，其风化产物经淋溶和运移，最后沉积于口门外河口湾区，致使珠江河口的海涂土壤主要由SiO_2、Al_2O_3、Fe_2O_3、CaO、MgO等陆源物质组成（见表1－27）。由于河口湾水体为富含硅质的碱性环境，这使海涂土壤有明显的覆硅作用，故土壤的硅铝铁率（SiO_2/R_2O_3）较高，一般为6～19，通常自表层往下递增，这表明浸渍时间愈长，覆盐基作用愈明显。另外，黏土矿物鉴定表明，伶仃洋海涂土壤的黏土矿物以高岭石类（高岭石和多水高岭石）、三水铝石为主，次为伊利石和少量针铁矿等（见表1－28）；磨刀门口外灯笼沙附近的沙泥中咸潮滩土的黏土矿物为以高岭石、伊利石为主，次为三水铝石、埃洛石，还有少量的蛭石—绿泥石过渡矿物和石英伴存。以上表明珠江河口的海涂土壤中多

表 1-22 珠江河口海涂土壤(mmol/100g)和海水(mmol/L)的盐分组成

剖面号	土壤名称	地点	深度(cm)	全盐量(%)	离子组成						
					HCO_3^-	Cl^-	SO_4^{2-}	Ca^{2+}	Mg^{2+}	Na^+	K^+
岸 83	轻咸潮滩土	中山马鞍村东北 5km	0~20	0.17	0.51	2.14	0.04	0.23	0.25	2.33	0.13
			20~40	0.21	0.38	2.25	0.07	0.61	0.37	2.27	0.13
岸 69		中山大茅岛东北 3km	0~15	0.09	0.54	0.66	0.16	0.34		0.17	
岸 62		番禺新垦东南 4km	0~15	0.30	0.45	3.03	1.29	0.76		3.20	
岸 72		中山崖口东 3.8km	0~15	0.35	0.61	3.60	1.02	0.47		4.51	
岸 21	中咸潮滩土	宝安石围西南 4km	0~30	0.51	0.14	5.9		0.49		7.44	0.37
岸 22		宝安企岗西 3km	0~30	0.52	0.18	6.62		0.48	0.99	8.70	0.35
岸 59		中山灯笼山东南 5km	0~8	0.59	0.36	7.44	1.79	0.73		7.30	
岸 74	重咸潮滩土	珠海横洲岛西南 0.5km	0~15	2.05	0.93	22.36	2.87	1.58		26.41	
岸 25		深圳粤海门东南 4km	0~30	1.23	0.13	26.54		1.12	7.97	32.86	0.87
岸 23		深圳孖洲西南 5km	0~30	1.59	0.12	25.74		1.41	3.04	31.99	0.74
岸 66	少腐质潮滩土	中山马鞍村东 3km	0~20	0.08	0.67	0.13	0.08	0.43		0.25	
			20~24	0.09	0.55	0.28	0.39	0.42		0.38	
			24~70	0.10	0.46	0.60	0.45	0.40		0.78	
岸 32		宝安石围西南 1.2km	0~20	0.14	0.05	1.78		0.15	0.40	2.67	0.09
岸 65		番禺万顷沙东 3km	0~15	0.23	0.84	1.27	1.63	1.32		1.57	
岸 63	轻咸潮滩沙土	番禺新垦东南 4.2km	0~15	0.18							
岸水 10	海水	虎门	0~20	0.01	0.77	7.50	2.00	0.77	0.16	0.30	0.80
岸水 12		洪奇沥	0~20	0.03		2.12	0.35	1.95		2.02	
岸水 15		唐家湾	0~20	1.48	2.30	207.9	10.37	8.35		182.7	
岸水 9		深圳沙井	0~20	0.01	1.55	0.50		1.34		0.43	0.05

续表

剖面号	土壤名称	地 点	深度（cm）	全盐量（%）	离子组成						
					HCO_3^-	Cl^-	SO_4^{2-}	Ca^{2+}	Mg^{2+}	Na^+	K^+
岸179	滨海沙土	珠海横洲东南2km	0~20	0.29	0.05	3.57		0.16	0.44	4.55	0.13
			20~40	0.28							
岸185	轻咸潮滩土	珠海三板东南1.3km	0~20	0.25	0.25	4.99		0.49	0.69	5.61	0.18
			40~60	0.58							
岸259		台山斗斛独崖山东北2km	0~20	0.25	0.26	3.34	0.07	0.32	0.43	2.76	0.12
岸180	中咸潮滩土	珠海大杧洲西南13km	0~20	0.66	0.38	9.87		1.34	0.39	9.42	0.38
			40~60	0.39	0.44	6.44	0.05	0.45	0.37	6.40	0.20
岸190		斗门马山西南3km	0~20	0.46	0.46	7.40	0.27	0.65	0.55	6.00	0.23
岸147	重咸潮滩土	珠海大杧岛西北4km	0~20	1.90							
岸192		平沙前锋分场南1km	0~20	1.00	0.20	18.83		0.91	2.02	22.25	0.56
岸177	少腐质潮滩土	中山灯笼沙南3.5km	0~20	0.18	0.22	2.22		0.34	0.43	2.87	0.11
			20~40	0.23							
			40~60	0.11							
岸260	中腐质潮滩土	台山斗斛独崖山西南1.5km	0~20	0.95	0.25	12.99				9.67	0.34
岸021	海水	磨刀门	0~20	0.14	2.05	18.71	3.47	7.44	4.00	14.40	0.40
岸022		鸡啼门	0~20	2.00	2.00	297.00	17.54	2.00	57.40	230.80	5.60
岸024		崖门	0~20	0.60	1.96	87.91	4.90	5.60	18.20	73.90	1.86

表 1－23　伶仃洋海涂土壤主要养分含量状况

剖面号	土壤名称	地　点	深度（cm）	有机质（%）	全氮（%）	全磷（%）	全钾（%）	速效性（ppm）			pH（水）
								碱解氮	磷	钾	
岸 62	轻咸潮滩土	番禺新垦东南 4km	0～15	2.58	0.130	0.166	2.44		26	441	7.8
			15～50	2.38	0.130	0.183	2.44		27	668	8.0
			50～75	2.29	0.122	0.171	2.55		27	719	8.1
			75～100	2.23	0.120	0.162	2.38		22	546	7.9
岸 83		中山马鞍村东北 5km	0～20	1.94	0.096	0.147	1.76	63	15	360	8.7
			20～40	1.20	0.055	0.115	1.29	35	11	191	8.3
			40～60	1.24	0.044	0.123	1.41	33	12	183	8.3
岸 69		中山大茅岛东北 3km	0～15	1.32	0.082	0.135	1.77		22	196	8.6
岸 72		中山崖口东 3.8km	0～15	2.21	0.120	0.163	2.35		34	535	8.4
岸 21	中咸潮滩土	宝安石围西南 4km	0～30	2.27	0.125	0.138	2.85	69	20	890	8.3
			30～60	1.95	0.100	0.149	2.80	46	26	1039	8.1
			60～110	1.94	0.106	0.141	1.83	47	24	1015	8.2
岸 22		宝安企岗西 3km	0～30	2.11	0.111	0.143	2.76	56	31	910	8.7
岸 28		宝安安乐西南 4km	0～20	1.88	0.119	0.140	2.72	68	22	752	7.9
岸 59		中山灯笼山东南 5km	0～8	2.17	0.008	0.151	2.13		22	576	7.8
岸 74	重咸潮滩土	珠海横洲岛西南 0.5km	0～15	2.26	0.133	0.162	1.86		41	1228	8.1
岸 25		深圳粤海门东南 5km	0～30	2.05	0.124	0.150	2.83	77	56	686	8.2
岸 23		深圳孖洲西南 5km	0～30	2.33	0.106	0.142	2.78	56	27	1002	8.1
岸 139		珠海拱北东南 2km	0～15	2.09	0.106	0.160	2.19		44	1149	8.1
岸 66	少腐质潮滩土	中山马鞍村东 3 km	0～20	2.92	0.128	0.154	2.25		22	198	8.3
			20～24	2.28	0.096	0.146	2.21		13	196	8.0
			24～70	1.20	0.039	0.088	2.02		10	132	8.6

续表

剖面号	土壤名称	地　点	深度（cm）	有机质（%）	全氮（%）	全磷（%）	全钾（%）	速效性（ppm）			pH（水）
								碱解氮	磷	钾	
岸32	少腐质潮滩土	宝安石围西南1.2 km	0～20	3.14	0.187	0.123	2.80	121	16	529	6.7
			20～50	2.87	0.128	0.132	2.68	73	19	947	7.3
岸65		番禺万顷沙东3 km	0～15	2.98	0.148	0.204	2.49		18	790	7.6
			15～60	2.22	0.132	0.148	2.30		15	303	7.4
			60～90	1.45	0.069	0.118	1.59		15	167	8.1
岸33	轻酸性潮滩土	宝安石围1.6 km	0～11	3.60	0.214	0.135	2.67	148	30	424	5.6
			43～80	4.02	0.186	0.126	2.75		15	903	5.6
岸29	轻咸潮滩土	宝安坪洲岛东1 km	0～20	2.49	0.161	0.148	2.72	105	23	837	7.6
岸63		番禺新垦东南4.2km	0～15	0.33	0.022	0.097	1.19		7	161	8.5

表1－24　珠江三角洲西南部海涂土壤主要养分含量状况

剖面号	土壤名称	地　点	深度（cm）	有机质（%）	全氮（%）	全磷（%）	全钾（%）	速效性（ppm）			pH（水）
								碱解氮	磷	钾	
岸179	滨海沙土	珠海横洲东南2km	0～20	痕量	0.004	0.087	1.23	14	3	141	8.2
			20～40	痕量	0.010	0.081	1.17	7	2	133	8.2
			40～60	痕量	0.009	0.117	1.25	7	4	141	8.3
岸185	轻咸潮滩土	珠海三板东南1.3km	0～20	2.82	0.171	0.211	2.63	60	26	622	7.9
			20～40	2.45	0.149	0.186	2.63	50	22	705	8.0
			40～60	2.30	0.141	0.105	2.78	54	24	631	8.0
岸259		台山都斛独崖山东北2km	0～20	2.45	0.180	0.192	2.56	89	9	787	8.1
岸184		斗门白藤农场东1.3km	0～20	2.25	0.123	0.189	2.48	55	25	458	8.2

续表

剖面号	土壤名称	地　点	深度（cm）	有机质（%）	全氮（%）	全磷（%）	全钾（%）	速效性（ppm）			pH（水）
								碱解氮	磷	钾	
岸 180	中咸潮滩土	珠海大杧洲西南 3km	0～20	2.02	0.085	0.141	2.09	31	15	465	8.1
			20～40	1.82	0.084	0.148	2.07	32	19	434	8.4
			40～60	1.62	0.076	0.135	2.13	44	20	413	8.4
岸 247		新会崖南古州东南 3.5km	0～20	2.72	0.123	0.153	2.55	96	31	567	8.0
			20～40	2.47	0.113	0.179	2.61	96	42	453	8.0
			40～60	2.38	0.134	0.181	2.61	109	25	478	8.2
岸 140		珠海小横琴岛白沙栏北 2km	0～15	2.77	0.112	0.167	1.86		37	512	8.2
岸 190		斗门马山西南 3km	0～20	1.96	0.113	0.139	2.57	62	24	679	8.5
岸 186		斗门鹤洲西南 3.5km	0～20	1.28	0.080	0.101	1.96	81	25	401	8.1
岸 194		平沙二虎南 2.3km	0～20	2.23	0.122	0.139	2.27	63	26	889	8.5
岸 261		台山都斛崖山东南 1km	0～20	2.30	0.158	0.169	2.61	85	12	804	8.2
岸 263	重咸潮滩土	台山黄茅岛东 3km	0～13	2.80	0.166	0.163	2.47	89	11	1035	8.1
			13～30	2.49	0.143	0.161	3.22	80	11	1026	8.1
			30～60	2.49	0.130	0.157	2.58	80	19	1060	8.1
岸 143		澳门氹仔东 0.5km	0～15	2.60	0.134	0.162	2.36		5	1047	8.0
岸 145		珠海南水榨树湾东北 4km	0～20	2.04	0.152	0.127	2.24	49	32	919	8.2
岸 147		珠海大杧岛西北 4km	0～20	2.22	0.114	0.189	2.36	67	32	1095	8.2
岸 192		平沙前锋分场南 1km	0～20	3.05	0.192	0.166	2.30	95		521	8.3
岸 188		珠海大木酒北 500m	0～20	2.34	0.141	0.181	2.33	74	31	497	8.1
岸 187		珠海三灶梁家村西 800m	0～20	2.19	0.126	0.172	2.64	46	41	970	8.2
岸 177	少腐质潮滩土	中山灯笼沙南 3.5km	0～2	3.21	0.190	0.194	2.44	89	24	445	8.3
			2～22	2.99	0.170	0.190	2.42	81	25	282	8.0
			22～42	2.74	0.140	0.169	2.31	75	23	202	8.1
			42～62	0.71	0.035	0.102	1.44	31	11	81	8.8
岸 260	腐质潮滩土	台山斗斛独崖山西南 1.5km	0～22	3.61	0.239	0.199	2.63	111	19	670	7.9
			22～50	3.07	0.194	0.175	2.29	88	81	657	7.7
岸 142		珠海大横琴岛东南 500m	0～20	3.15	0.166	0.179	2.28		36	596	7.8

表 1－25　伶仃洋海涂土壤微营养元素含量状况(ppm)

剖面号	土壤名称	地　　点	深度(cm)	Mg	B		Cu		Mn		Zn		Mo
				全量	全量	有效量	全量	有效量	全量	有效量	全量	有效量	全量
岸 83	轻咸潮滩土	中山马鞍村东北 5km	0～20	8800	<0.3	*	37.0	*	892.5	*	225.0	*	<0.25
岸 28	中咸潮滩土	宝安安乐西南 4 km	0～20	8500	<0.3	*	17.8	*	630.0	*	745.0	*	<0.25
岸 74	重咸潮滩土	珠海横洲岛西南 0.5 km	0～15	28000	88.0	*	20.0	*	800.0	*	200.0	*	0.30
岸 25	重咸潮滩土	深圳粤海门东南 4 km	0～30	—	327.5	67.5	38.8	8.7	268.8	262.5	294.0	*	<1.00
			70～140	7200	<0.3	*	15.6	*	380.0	*	300.0	*	<0.25
岸 23	重咸潮滩土	深圳孖洲西南 5 km	0～30	7158	<0.3	*	28.8	*	549.2	*	625.0	*	<0.25
岸 139	重咸潮滩土	珠海拱北东南 2 km	0～15	30000	115.0	*	48.0	*	660.0	*	190.0	*	0.50
岸 65	少腐质潮滩土	番禺万顷沙东 3 km	0～15	33000	100.0	*	150.0	*	890.0	*	210.0	*	0.70
岸 33	轻酸性潮滩土	宝安石围东北 1.6 km	0～11	*	112.0	48.0	76.3	18.6	525.0	457.5	142.5	36.5	<1.00
			11～24	*	500.0	155.0	76.5	19.8	380.0	325.0	135.0	32.8	1.00
			24～43	*	815.0	245.0	40.0	20.0	285.0	285.5	85.0	30.5	1.00
			43～80	*	337.0	140.0	67.5	17.3	687.5	575.0	116.5	22.5	1.00

注　* 为没有测定。

表 1－26 珠江三角洲西南部海涂土壤微营养元素含量状况(ppm)

剖面号	土壤名称	地点	深度(cm)	B		Cu		Mn		Zn		Mo
				全量	有效量	全量	有效量	全量	有效量	全量	有效量	全量
岸 179	滨海沙土	珠海横洲东南 2 km	0～20	65.0	33.5	42.0	5.5	360.0	205.0	61.5	6.9	<2
岸 185	轻咸潮滩土	珠海三板东南 1.3km	0～20	200.0	55.0	125.0	5.0	525.0	525.0	115.0	20.0	<2
			20～40	215.0	40.0	110.0	5.0	820.0	575.9	92.5	17.5	5.0
			40～60	320.0	42.5	90.0	5.0	550.0	490.0	120.0	19.0	2.5
岸 180	中咸潮滩土	珠海杧洲西南 3km	0～20	590.0	75.5	75.0	5.7	340.0	28.0	120.0	1.5	<2
岸 237		珠海杧洲西 2.5km	0～11	10.0	*	40.0	*	396.0	*	60.0	*	<0.25
岸 145	强咸潮滩土	珠海南水榕树湾东北 3km	0～20	270.0	87.5	116.0	5.1	425.0	295.0	120.0	6.5	<2
岸 147		珠海大杧岛西北 4 km	0～20	210.0	77.5	90.0	5.5	650.0	395.0	157.5	28.5	<2
岸 192		平沙前锋分场南 1 km	0～20	170.0	65.0	75.0	5.2	515.0	500.0	103.5	22.5	2.5
岸 177	少腐质潮滩土	中山灯笼沙南 3.5km	0～2	50.0	40.0	52.5	4.3	515.0	500.0	70.0	38.0	<2
			2～20	44.5	32.0	48.5	7.5	370.0	220.0	102.0	21.0	<2
			20～40	70.0	30.0	51.6	5.1	725.0	410.0	146.5	22.5	<2

注 * 为没有测定。

为陆相矿物，缺少像海绿石和自生黄铁矿等海相矿物，海涂土壤有不同风化程度的黏土矿物并存的特征，反映了具有一定程度的地带性色彩。

表1-27 海涂土壤矿物含量分析结果

剖面号	土壤名称	地点	深度(cm)	SiO_2	$R_2O_3$①	CaO	MgO	MnO_2	SiO_2/R_2O_3
				%					
岸59	泥质中咸潮滩土	珠海淇澳大沙澳	0~8	59.83	25.74	3.35	1.63	0.04	10.12
			8~35	61.87	23.52	3.18	1.62	0.03	11.46
			35~70	69.12	19.10	3.27	1.40	0.03	13.89
岸65	沙泥少腐质潮滩土	番禺万顷沙东3km	0~15	51.39	35.16	2.34	0.72	0.14	6.37
			15~60	54.50	34.43	4.64	0.73	0.23	6.89
			60~90	61.04	23.32	2.96	0.74	0.26	6.89
岸66	沙泥少腐质潮滩土	中山马安村东3km	0~20	63.14	26.44	3.75	1.64	0.03	10.40
			20~24	66.92	23.72	4.38	1.41	0.02	12.29
			24~70	75.70	16.73	3.75	1.63	0.02	19.70
岸62	轻咸潮滩土	番禺新垦东南	0~15	53.41	33.09	3.75	1.80	0.04	7.03
			15~50	53.89	32.00	3.28	0.81	0.12	7.33
			50~75	56.49	30.57	3.88	0.79	0.13	8.05
			75~100	59.20	28.90	3.84	0.77	0.14	11.59

① $R_2O_3 = Fe_2O_3 + Al_2O_3$。

表1-28 伶仃洋浅层沉积物黏土矿物含量

区段	区段平均含量（%）					
	高岭石类		三水铝矿	伊利石	针铁矿*	伊利石/高岭石类
	高岭石	多水高岭石				
东滩	65.56		25.83	8.61		0.131
	40.56	25.00				
中滩	65.55		26.67	7.78		0.119
	44.44	21.11				
西滩（南段）	65.00		26.00	9.00		0.138
	35.50	29.50				

注 引自广州地理研究所。

* 在个别样品中偶见少量。

1.5 自然灾害

珠江河口由于地处亚热带地区，面临南海，地势低洼，常遭受各种自然灾害，主要有水灾、旱灾、风灾、涝灾、渍害、咸潮灾等，其中水灾是头等灾害，其发生频繁，影响范围广，损失严重。此外，地震亦是一种自然灾害，但对珠江河口三角洲地区来说，地震活动水平属中强震，频度较低，地震烈度在Ⅵ～Ⅶ度之间，地震灾害与其他灾害相比，其严重性较低。现将除地震灾害外的其他各种灾害分述如下。

1.5.1 水灾

水灾一般指洪水灾害和涝灾，这里先叙述洪灾，然后叙述涝灾。

珠江河口三角洲的洪水灾害十分严重，发生频繁，损失惨重。洪水主要来自西江、北江、东江三大水系的暴雨形成。一般有两类天气降雨：一类为锋面或静止锋面、西南低压槽类型的天气降雨，其特点是降雨覆盖面积广、强度大、历时长，常形成流域性洪水；另一类为受热带天气系统的热带低压、台风等形成的暴雨，其特点是雨区范围较小，强度大、历时短，一般形成区域性洪水。西江干流的红水河中游及支流柳江、桂江等处于静止锋活动地带，常发生暴雨，柳州地区北部和桂林地区中部是这种暴雨较集中的地区。北江流域的暴雨主要由静止锋西南低压槽及西南低空急流等天气造成，因地势的特点，使自北方下来的冷空气越过南岭后常在北江流域静止摆动，另一方面，来自南海的水汽经过三角洲平原地区向北江流域传送，两股气流相遇，使北江中下游成为暴雨高值区。东江流域的暴雨则以热带低压、台风雨为主，主要波及西江的郁江、东江及珠江三角洲，其中新丰江、西枝江和增江是东江流域的暴雨区。

由于各水系所处的地理位置、气候条件和地形地貌的不同，洪水出现时间的先后因而亦有差异。西江水系的洪水出现时间较早，约从4月下旬起发生，柳江则在6～7月，红水河在6～8月中旬，郁江为6月下旬至9月中旬。北江水系一般从4月起发生，东江水系则从6月起发生，台风暴雨发生于7～9月。如果西江、北江洪水遭遇，加上汛期同时发生台风暴潮，潮水顶托使洪水难于下泄，则洪水灾害更加严重。

西江与北江在思贤滘相互沟通，其洪水经思贤滘重新组合后进入三角洲网河区，由于两江每年发洪次数较多，常造成西江、北江两江洪峰相碰。据统计分析，西江、北江两江同一天发生年最大洪峰流量并在思贤滘遭遇的有11年，占1915～1979年总年数的17%[17]，可见西江、北江两江洪水有较多的遭遇机会。根据分析，其遭遇情况有4种：①两江特大洪水遭遇，如1959年洪水；②西江大洪水与北江一般洪水相遭遇，如1949年洪水；③北江大洪水与西江一般洪水相遭遇，如1931年洪水；④西江、北江两江较大洪水相遭遇，如1968、1947年洪水。其中1915年洪水为20世纪最大洪水，酿成了空前的灾难。

东江洪水经下游东江三角洲汇入狮子洋由虎门入海，基本上是自成系统，对西江、北江三角洲的洪水影响不大。

珠江流域自汉代以来已有水灾记载，珠江三角洲的水灾记载始见于唐代，据不完全统计，在唐代300年间（公元618～907年），水灾记录仅一次，在宋代320年间（公元960～1279年）水灾记录5次，平均每隔60多年发生1次，在元代90年间（公元1279～1368年），水灾记录14次，平均每隔6年多发生1次，在明代277年间（公元1368～1644年）水灾记录125次，平均每隔2年多发生1次，在清代268年间（公元1644～1911年），水灾记录181次，平均每隔1年多发生1次，在民国38年间（公元1912～1949年），水灾记录47次，平均不到1年就发生1次[18]。这个统计资料虽然未区分大、小水灾，但足以说明珠江三角洲的水灾有越来越频繁的趋势。另外，据文献记述，珠江三角洲曾发生洪灾超过50

万亩以上的次数，15 世纪 14 次，16 世纪 23 次，17 世纪 29 次，18 世纪 26 次，19 世纪 36 次，20 世纪 1915～1949 年的 35 年间，受灾农田超过 100 万亩以上有 22 次❶。同样说明洪灾越来越频繁和越严重的趋势。

历史上发生全流域大洪水灾害并殃及珠江河口三角洲的以清道光十三年（1833 年）及民国 4 年（1915 年）的洪水灾害最为严重，较大的洪水灾害还有明嘉靖十四年（1535 年）、民国 36 年（1947 年）和民国 38 年（1949 年）水灾。新中国成立后流域内发生较大洪灾的年份有 1957、1958、1959、1962、1966、1968、1970、1973、1974、1976、1982、1988、1994、1996、1997、1998、2005 年，其中对珠江河口三角洲造成重大损失的是 1982、1994 年和 1998 年洪水。

1833 年 5 月和 7 月，西江流域两次发大水，北江和东江也同时发大水，泛滥成流域性水灾，河口三角洲受灾的有广州、番禺、顺德、中山、珠海、南海、东莞等市县，广州城西地面水深约 2m，城中低洼处水深 3m 以上，高处地有近 1.5m，倒塌房屋及溺死者无数，南海县属堤围几乎全部溃决。顺德、广州均记载洪水“十旬始退”，“为数十年未有之灾异”，灾后“禾稼无收”，“民大饥”[13]，“待哺灾民就省城来广而计，已数十万户……”，足见洪水历时之长、损失之大。

1915 年洪水为 20 世纪最大的流域性水灾。是年自 6 月中旬起，在东经 102°10′～118°10′、北纬 21°30′～28°00′之间，珠江流域各地连下暴雨，并波及到流域以外的桂南、粤西沿海、韩江上游、湘江、赣江、闽江的一些支流，主要雨洪面积达 50 多万 km^2，珠江流域各江洪水位猛涨。西江梧州站 7 月 10 日洪水位为 27.07m，洪峰流量为 $54500m^3/s$，北江横石站 7 月 10 日洪水位为 24.96m，洪峰流量为 $21000m^3/s$，均达到 200 年一遇流量。东江流域也发生较大洪水。与此同时，又恰遇农历六月初一至初三（7 月 12～14 日）的朔望大潮相互顶托，造成了空前的流域性大水灾，史称“乙卯年大水”[3]。

这场西江、北江特大洪水同时遭遇，并与东江大洪水同时进入三角洲，又与朔望大潮顶托，造成珠江三角洲近 70% 的面积受淹。广州自 7 月 11 日起连续受淹 7 天，长堤水深 1.5m 以上，天字码头水深 1.9m，灯笼街、十三行、打铜街、桨栏街、十七甫、十八甫及西关一带，最深处为 3m，一般为 2m，最浅处也有近 1m，至 7 月 18 日洪水才开始退落。广州被淹后，泮塘一带倒塌房屋五六成，死亡数百人，尤其不幸的是，在水患严重之时，十三行忽遭大火，受火灾街道 25 条，焚毁商店 2000 多间，灾后发掘尸体千具。泮塘、上西关及十三行各街捡获尸体 210 具，小北门外有浮尸千余具。其悲惨情景，不忍目睹。

在河口三角洲内，堤围决口无数，房屋倒塌很多，人员死亡甚众。从 7 月 9 日起，有新会天河围内神仙坑大岭美围崩决近百米，南海县棠下涌乡南功围决口约 300m，附近文教乡小北围亦决口近 300m，三水县乐塘围决口约千米，顺德县紫溪围、同福围、和乐围、闲步围、马营围，东莞县东湖围、大湖围，三水县榕塞大围等均先后溃决。洪水灾害遍及珠江下游及三角洲 27 个县市，受灾面积 648 万亩，灾民 382 万人，死伤 10 多万人，其中珠江三角洲淹地 450 万亩（见图 1－7）[13]、[19]。此外，水灾期间广三铁路和粤汉铁路中断 1 个多月。

---

❶ 水利部珠江水利委员会，珠江流域三角洲综合利用规划报告，1988 年 1 月。

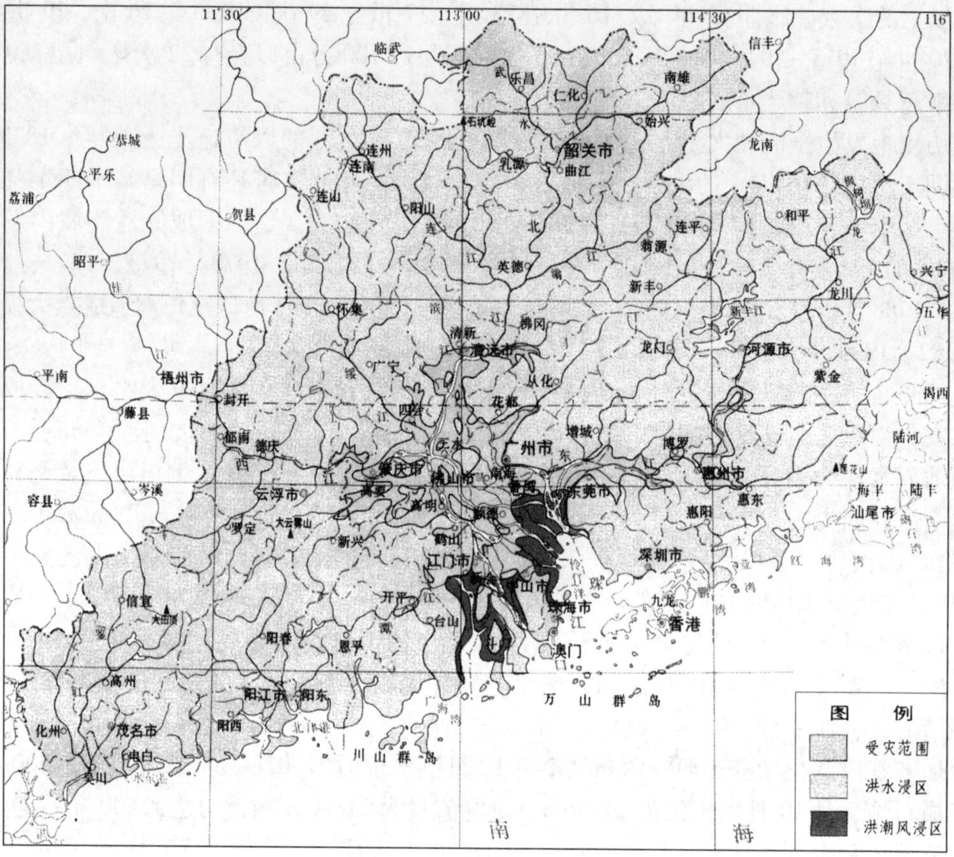

图 1－7 1915 年珠江三角洲（部分）水灾区域图

1947 年洪水又是一次西江、北江和东江同时发大水，是一场历时长并且又受大潮顶托的洪水。西江梧州站 6 月 14 日洪水位为 22.82m，洪峰流量为 $39700m^3/s$，东江博罗站 7 月洪水位为 14.15m，洪峰流量为 $9370m^3/s$，广州航道浮标厂 6 月 20 日出现最高水位 1.98m，仅次于 1915 年高潮位，灾情严重。广东省各江下游和珠江三角洲灾区遍及 45 个县。南海县在 6 月 10 日午时全围崩决，附近各乡顿成泽国。东莞石龙一带 30 km 范围以内基围全被冲崩，大片田地房屋被淹。三水、西南、芦苞一带一片汪洋，临江城镇被浸于水中，乡村仅见屋顶树梢。据当时广东省水灾紧急救济委员会统计，全省受灾耕地面积 1206 万余亩，受灾人口 422 万多人，被毁房屋 15 万多间，堤围决崩 1071 处、长 144.4 万 m，死亡 2.24 万人[13]。

1949 年新中国成立前夕发生的一场洪水，主要是由于西江中、上游暴雨形成的大洪水。西江梧州站 7 月 5 日洪水位为 25.52m，洪峰流量为 $48900m^3/s$，相当 50 年一遇流量，从 6 月 29 日至 7 月 9 日，流量均在 $40000m^3/s$ 以上，北江横石站 7 月 1 日虽出现洪峰流量 $11230m^3/s$，但历时短，7 月 6 日洪峰已过，未构成威胁。此场洪水量造成广西灾害惨重，但广东灾情也很严重。珠江三角洲的三水县所有网河一片汪洋，南海、顺德、新会各县所有堤围亦相继淹没，南海罗格围、鼎安围，顺德阜康围均损失惨重。南海县城自 6 月

26～28日晨，汾江水位突涨2.5m，28～29日晨又涨0.7m，涨势之速为百年所罕见，城内禅升平、汾宁等马路水深及膝，低处商店及街巷住户均遭水淹，石湾澜石、上沙、文沙一带尤为严重，水深没顶。顺德县阜康围7月1日下午决口约百米，围内尽成泽国，屋宇悉被水淹，灾民无家可归，灾情之惨重为数百年所仅见。据当年珠江水利工程总局统计，珠江三角洲地区受灾253万亩，受灾人口143万，损失稻谷3.55亿kg[13]。

新中国成立后1968年洪水是由于6月底西江中游地区锋面、西南低涡等天气的系统暴雨，使柳江、红水河先后发洪，西江洪水在黔江汇合后又与郁江洪水遭遇，形成西江较大洪水。梧州站6月29日洪峰流量为38900m^3/s，6月30日最高洪水位为23.93m，相当10年一遇洪水。北江流域也发生较大洪水，横石站6月24日实测洪峰流量为15000m^3/s，6月26日最高水位为23.02m，石角站6月27日最高洪水位为13.79m，实测洪峰流量为14900m^3/s，相当20年一遇洪水。石角站水位为新中国成立以来的最高值，且高于1915年洪水位。这场洪水造成浔江两岸近50万亩农田受淹，北江流域有18万亩农田受灾，但珠江三角洲由于广东省委指挥百万抗洪大军奋战1个月，使北江大堤和其他大部分堤围化险为夷，才得以保住了广州市和三角洲广大地区的安全，大大减轻了洪水灾害[3]。

1994年6月12～19日，西江、北江同时发生特大洪水，西江的梧州站6月19日7时洪峰水位为25.91m，超过警戒水位10.91m，为1915年以来最大洪水。北江的清远站6月19日22时洪峰水位为16.37m，超过警戒水位4.37m，比实测历史最高洪水位15.88m（1982年5月）还高0.49m；三水站6月20日4时洪峰水位为10.39m，高出警戒水位3.39m，为新中国成立以来实测最高水位。西、北江大洪水遭遇后进入珠江三角洲网河区，又遇大潮顶托，致使三角洲内中山、江门、顺德、南海、佛山、番禺等市均出现历史最高洪潮水位，且下降缓慢，高水位持续时间达10天以上。根据洪水频率分析，这场洪水在中下游沿江各站均为接近或超过50年一遇，其中西江梧州站最大洪峰流量为49200m^3/s，北江横石站最大洪峰流量为17500m^3/s。由于这场洪水暴雨面广、强度大、洪峰高、历时长、洪水来势猛、涨率大，又遇大潮顶托，水退缓慢，加之内涝严重，外洪与内涝并发，造成了严重的洪涝灾害。根据统计，广西受灾人口894万人，死亡226人，直接经济损失138亿元；广东受灾人口1254万人，死亡220人，直接经济损失146亿元，珠江三角洲损失则达231亿元[20]、[21]。同年7月17～26日，西江中下游及珠江三角洲又接踵出现30年一遇的大洪水，洪灾损失也相当严重[2]。

1998年6月13～28日，西江发生了20世纪第二大洪水，28日梧州站最高水位达26.51m，超警戒水位11.51m，比1915年最高水位仅低0.38m，27日实测最大流量为52900m^3/s，洪峰流量频率为超100年一遇，是新中国成立以来最大洪水。由于这场洪水峰高量大、历时长，虽未与北江洪水遭遇，但适逢农历初一至初三（6月24～26日）的天文大潮，洪潮相遇相互顶托叠加，使三角洲各站最高水位达到100～200年一遇，给三角洲带来严重灾害。据统计，这场洪水使广东（含珠江三角洲）52个县市受淹，受灾人口323.632万人，农作物受灾面积235万多亩，倒塌房屋1.8万间，冲毁桥涵508座，损坏水库42座，垮坝2座，损坏堤防43处，决口2km，死亡94人，直接经济损失51.595亿元。

1.5.2 涝灾和渍害

珠江河口三角洲地势低洼，全靠堤围防御洪水，当汛期受外江洪水或潮水包围时，适遇较大的降雨过程，将造成低洼地方积水而不能迅速向围外排泄，甚至产生闭流，因而造成堤围内大片地区的涝灾。河口三角洲易涝农田分为三种类型：一是三角洲边界受洪水影响为主的低塱田，田面高程为2~5m，约有150万亩；二是三角洲中部受洪潮混合影响的低围田，田面高程为0.7~2.5m，约有233万亩；三是滨海潮区的低沙田，田面高程为-0.8~0.1m，约有72万亩。以上三种易涝耕地共455万亩。

涝灾经常是伴随暴雨洪水、台风暴潮而产生的，几乎年年都有发生，对农业生产和工矿企业等的影响较大。新中国成立后最大的涝灾年是1964年，当年的几次台风暴潮造成河口三角洲空前的涝灾。5月28日，6402号台风在珠海、台山登陆，又适逢农历四月十七日中午高潮时风力最大，潮位普遍抬高。8月9日6411号台风由珠海登陆又恰逢农历七月二日大潮，各口门全部出现月最高潮位，其中崖门、虎跳门、泥湾门及虎门附近出现年最高潮位。9月5日6415号台风在珠海登陆后向西北方向移动，越过肇庆进入广西，使珠江口以西珠江三角洲内发生暴雨。由于3次台风暴潮带来的暴雨和外江的高潮位，造成了严重的涝灾，受灾面积315万亩。表1-29所示为珠江流域新中国成立后发生较大涝灾年份的统计[13]，由表可见，在全流域涝灾中以河口三角洲损失最严重，受灾面积最大。在11年的统计中，连续发生涝灾的年份有8年，其中1970~1975年为连续6年发生涝灾，可见，河口三角洲涝灾的发生甚为频繁，且常具有年年发生的连续性。

表1-29 新中国成立后较大涝灾年份统计 （单位：万亩）

年份	全流域	西江	北江	东江	三角洲
1957	177.37	17.34	10.83	60.30	88.90
1959	151.60	29.89	24.93	51.23	45.55
1961	234.57	24.42	39.89	39.96	130.30
1964	432.28	25.34	0.31	7.63	399.00
1965	298.49	20.39	13.00	3.36	261.74
1970	158.31	6.64	7.67	—	144.00
1971	226.38	12.58	8.60	—	205.20
1972	199.13	17.30	10.21	—	171.62
1973	187.43	14.95	15.66	5.45	151.37
1974	150.71	9.18	8.65	7.68	125.20
1975	318.80	7.37	5.69	12.44	293.30

珠江河口三角洲的渍害也比较普遍，是中国主要的渍害区，渍害低产主要分布在三角洲沿江、滨海低洼地区。沿江渍害比较严重的有佛山市三水区河口镇莘庄乡等处；滨海渍害严重的典型地区有新会县的睦州、大敖、礼乐等地，以及东莞市的南涂塱、台山市的海

婁、番禺区的横沥、中山市的大冲等地区。这些地区由于地势低洼，当汛期出现日雨量大于100mm的暴雨时，围外洪（潮）水位高，围内积水难于向外排泄，因而地下水位难于下降，使土壤过湿，影响农作物根系的正常发育或威胁农作物的存活，从而形成渍害。每年4月底至6月中旬前后的“龙舟水”流量大，退水缓慢，是水稻早造渍害的重要原因；8月底至10月初的“白露水”则常造成水稻晚造的渍害。珠江河口三角洲滨海地区的沙田成陆年代较近，网河纵横，地势低洼，田面标高在-0.8～+0.5m之间，尤其是低沙田常处于低潮位之下，一年中潮排机会极少，围内常形成闭流区，又常受围外水的倒灌、渗漏，使围内水量增多，地下水位升高，是造成渍害的又一重要因素。

渍害造成每亩减产100～150kg，有的甚至更多。目前珠江流域下游的渍害低产田已有29%左右进行了初步治理，主要措施是实施联围筑闸，洪涝分道，围内大搞排灌系统整治，蓄、截、泄结合、并以电排为主，辅以田间渠系整治等，大力降低地下水位[13]。

1.5.3 旱灾

珠江河口三角洲的旱灾在历史上是严重的，但自新中国成立以来，特别是1958年以来，由于兴修了许多山塘水库，建立了无数电动排灌站网，充分利用网河区丰富的水源，使大部分地区的旱灾获得了基本解决。

河口三角洲位于广东省的中部滨海地区，春季及夏初的降水主要来源于冷暖气团交绥的锋面雨，夏、秋季则主要是台风雨。如果在此期间长时间无雨或少雨，特别是在农事活动或农作物生长需水较多的关键时期缺少雨水，即将形成干旱，若无法采取措施获得水源进行补给，则将造成旱灾。对三角洲而言有春旱和秋旱，表1-30为广东省1951～1976年春、秋旱年景统计表。由表可见，中部地区（即珠江三角洲地区）春、秋旱年景的出现次数基本相同，说明二者的严重程度是相同的。

表1-30 广东省1951～1976年春、秋旱年景统计表

类别 \ 频次 \ 地区 / 程度		北部				中部（含三角洲）				东部沿海				西部沿海			
		无	轻	中	重	无	轻	中	重	无	轻	中	重	无	轻	中	重
春旱	年数	11	10	4	1	5	7	9	5	5	5	8	8	2	9	9	6
	占（%）	42	38	15	4	19	27	35	19	19	19	31	31	8	35	55	23
秋旱	年数	1	9	2	14	6	6	9	5	4	7	6	9	10	9	5	2
	占（%）	4	35	8	54	23	23	35	19	15	27	23	35	38	35	19	8

根据历史文献记载，广东省自明代以来有旱灾254次，其中大旱17次，小旱237次，约34年发生一次大旱，2～3年发生一次小旱。发生较大旱灾的年份为明代的1530、1595、1596、1628年，清代的1680、1681、1742、1786、1787、1830、1886、1902年，民国时期的1943年和1946年，以及新中国成立后的1955、1956、1960、1963、1977年[13]。1943年大旱，5月以前广州一带雨水稀少，到5月才有较多雨水，但已失农时，早稻秧苗枯死殆尽；台山县年初至谷雨都没有水插秧，至5月28日才降大雨，全县饿死

15万人，县城出现宰小孩卖人肉事件；新会县饿死3万多人。

1963年旱灾为新中国成立后最长的连续干旱期，从上年10月至当年5月无透雨，1~5月的总雨量是新中国成立后同期最小的一年，佛山、惠阳、汕头三地区普遍不足100mm，同期蒸发量为700~800mm以上，西江、北江、东江三江枯水严重，旱情为60年一遇，为空前未有的干旱年份，全省受灾面积1017万亩，其中三角洲受灾面积411.17万亩。

珠江河口三角洲新中国成立后旱灾较大的年份及受灾面积见表1-31。

表1-31 三角洲新中国成立后较大旱灾年份及受灾面积

年份	1954	1955	1956	1957	1960	1963	1977
受灾面积（万亩）	65.67	168.37	390.74	120.81	530.30	411.17	533.65

1.5.4 风灾和台风暴潮灾害

风灾主要是热带风暴（台风）造成的灾害。台风登陆后除带来暴雨造成水灾外，其巨大的风力还对国计民生造成很大的破坏性。通常距台风中心500~600 km处的风力可达6级，距台风中心200~300 km处的风力可达8级，距台风中心100~200 km处的风力可达10级以上，常见8级以上大风区大致为离海岸50 km以内的沿海区域。由于台风的风力大，故每年遭受台风破坏所造成的损失是严重的。

珠江河口三角洲的台风主要产生于西太平洋和南海，每年6~10月为台风盛行期，尤以8、9月最多。根据不完全的统计记载，从公元798年（唐贞元十四年）至1948年的1150年中，三角洲遭受台风灾害有326次（见表1-32），是全省发生台风灾害最多的地区。从1949~1980年的32年中，从珠江口登陆的台风有40次，台风从珠江口附近登陆平均每年有1.4次，最多的一年是1964年，登陆6次。

表1-32 广东省及珠江三角洲历年发生台风灾害统计表

岸段	农历月份												合计	五~九月		六~八月	
	一	二	三	四	五	六	七	八	九	十	十一	十二		次数	%	次数	%
粤西沿海（徐闻~阳江）	1	2		12	16	35	29	58	31	3	1	2	190	169	88.9	122	64.2
珠江三角洲（台山~惠东）		5	3	14	40	76	55	89	35	6			326	295	90.5	220	67.5
粤东沿海（海丰~饶平）		1		9	23	64	39	68	27	6	2		239	221	92.5	171	71.5
全省	1	8	3	34	75	161	112	183	85	15	3	5	685	616	89.9	456	66.6

注 1. 表列为公元798~1948年记载总次数，只统计记载有明确月份，同次台风灾害有多县记载只作一次。
2. 因一次台风灾害可波及几个岸段，故各岸段总和大于全省。
3. 该表引自广东省自然灾害地图集，广东省地图出版社，1995年5月。

根据广东省地方志的风灾记载[13]、[19]，宋开宝八年（975年），“十月，广州飓风大雨水起，一昼夜雨水二丈余，海为之涨。”宋淳祐五年（1245年），“五月，广州大雨水，飓风大作，夜潮不得退，濒海室庐水深四五尺，溺二千余家。”明永乐二十年（1422年），

“五月，飓风暴雨，广州府等地潮溢，漂庐会，坏仓粮，溺死360余人。”明洪熙元年(1425年)，“广州夏大水飓风，无年（即失收）；南海五月飓风水涨。”清乾隆十二年(1747年)风灾，仅顺德的潭村乡和博罗的横河墟西地就“吹倒房屋2300余间，压毙男妇38名口。”清道光二十八年（1848年），广州遭台风灾害。清同治元年（1862年）农历七月初一台风自澳门登陆，中山、番禺、南海、东莞、广州等多处市县受灾，其中广州“河面覆舟溺死者以数万计，省河捞尸八万余。”番禺“雨淋浪竟日，平地水深数尺，人畜田庐逐波臣以去者十万计。”东莞“台风迅潮，漂民居无算，疍户沉溺尤多”。清同治十三年（1874年）农历八月十二日台风，珠海、番禺、广州、南海、顺德、中山、台山、东莞及香港、澳门皆受灾，其中广州“台风并海潮大作，坏房屋船筏无算。”南海“沉舟拔木，倒屋无算。”顺德、中山“围破塘决，受灾最重。”澳门“舟尽覆，漂溺万余人”，香港死者数千。清光绪三十三年（1907年）农历七月初一台风，受灾地区有南海、顺德、番禺、广州、东莞等，南海“屋宇倒塌无算，大木尽拔”。广州“省河吹沉民船八百余艘，扒船三号，火船三十艘，缉私轮船四艘，缉私勇船十一艘，溺死水勇三十名，……倒塌房屋祠宇无算，死伤百余人”[13]。

新中国成立后灾情最严重的台风灾害是1983年9月9日的8309号台风，也是近百年来发生在珠江口罕见的一次。该次台风于9月9日上午8时在珠海市登陆（见图1－8)，登陆时风力12级，佛山、惠阳两地区最大风力9～11级，阵风10～12级。由于强台风正面袭击珠江三角洲，又适逢大潮期，致使中山、东莞、番禺等地出现超历史暴潮水位，受灾波及7个地（市）22个县，受灾人口120万人，死伤195人，受淹农作物253万亩，倒塌房屋1.34万间，堤围决口3633处，总长111km，其中万亩以上堤围溃决20条，冲坏涵闸316座，桥梁32座，沉船119艘，各行业直接经济损失约5亿元。

1979年7908号强台风造成的损失也很严重。8月2日13时30分，强台风在深圳市登陆，登陆风力12级以上，造成深圳、广州等地很大的灾害，计死亡121人，伤1489人，失踪7人，倒塌房屋67000间，冲坏水库16座，其中中型3座，冲毁堤围799处，其他水利工程475宗，打沉船只329艘，打坏1743艘，受淹农田160万亩，吹倒（断）输电线杆66000多条[13]。

除热带风暴（台风）灾害外，珠江河口三角洲有时还发生龙卷风灾害。如1994年6月9日由于受9403号强台风外围的影响，在南海、广州部分地区出现的龙卷风。当日早晨6时45分左右，龙卷风首先在南海市盐步镇河西管理区出现，以后向北移动，约在7时05分到达里水镇的沙涌管理区，接着继续北移经过广州市白云区的江高镇和神山镇，最后在花都市新市镇的九潭村消失。这次龙卷风活动时间大约为30～35min，其移动路径基本上是从南向北的一条直线，总长度约30 km，其中在南海市境内为18 km，广州市境内约12 km；龙卷风直径窄的约50～60m，宽的约80～100m；其活动特点为具有逆时针方向的气旋或旋转、来去突然、跳跃式前进的强烈旋转风，风力在12级以上，有很大的破坏力。根据统计，这次龙卷风共使6个镇的28条村受灾，倒塌房屋365间，损坏531间，死亡14人，受伤291人，农作物受灾面积3000亩，成灾面积900亩，绝收面积600亩，损坏输电线路和通信线路一批，直接经济损失3300多万元。

在强台风的袭击下，其强大风力及中心低气压引起的海水位异常升高，加上强烈的向

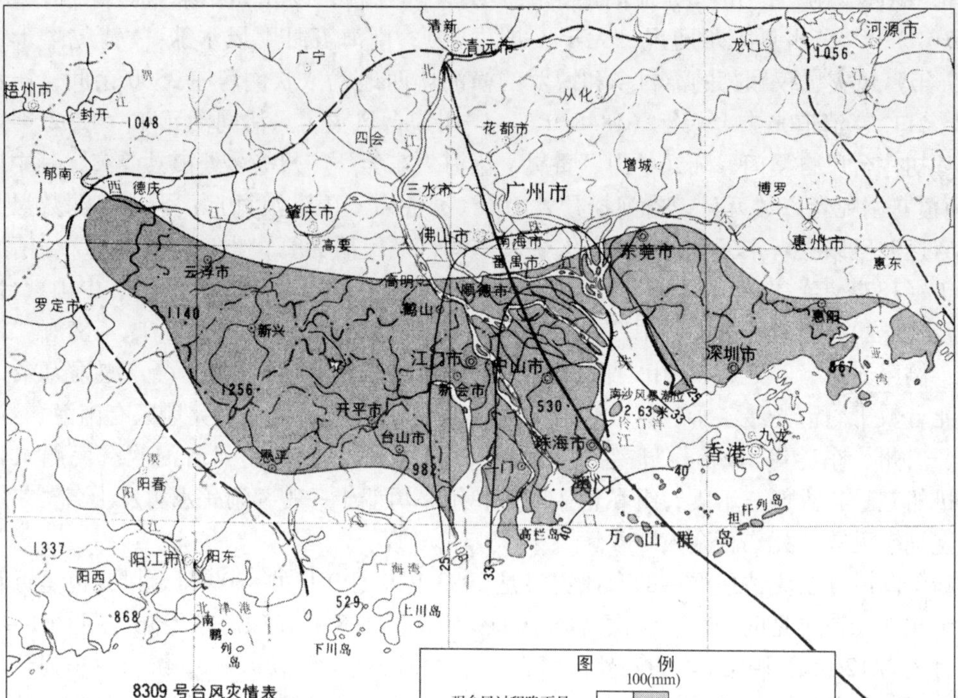

8309号台风灾情表

农田受灾面积（万亩）	房屋倒塌（万间）	受灾人口（万人）	死亡人口（人）	经济损失（亿元）
253	1.34	120	45	5.0

图1-8　1983年8309号台风广东省灾害图

岸风使海水大量在海岸积聚，以及近海海底磨擦作用的抬高和海湾特殊地形的能量蓄积等，形成一种来势迅猛、破坏力巨大、潮水位大大抬高、海水上溯倒灌的严重灾害，称为台风暴潮。这种台风暴潮将引起巨大海浪冲垮海堤；其引发的增水使潮水位抬升而漫溢海堤，甚至造成海堤溃决；其海水上溯倒灌也会造成的内陆堤围漫顶或决口，因而对工农业生产和人民生命财产造成巨大损失。

根据不完全的统计，历史上广东省有台风暴潮灾害记载约共120年，其中珠江三角洲有38年，较突出的年数为17年，仅次于粤东沿海地区（见表1-33），可见珠江三角洲发生台风暴潮灾害是较多的。据有关史料记载，珠江三角洲发生严重台风暴潮灾害的年份有975年（宋开宝八年）、1245年（宋淳祐五年）、1862年（清同治元年）、1867年（清同治六年）、1874年（清同治十三年）。

新中国成立后发生的台风暴潮灾害，以新会县为例，1972年的7220号台风，中心风力为8级，阵风为10级，银洲湖的三江口潮位站水位超过2.0m，银洲湖两岸决堤380多处，漫顶90多处，淹没农田36万亩，损失总值625万元。又以西江、北江三角洲为例，1964年的6402号台风，中心风力为10级，阵风为12级，是珠江三角洲新中国成立后出现的历史较大暴潮之一，洪奇沥的万顷沙西潮位站和蕉门的南沙潮位站分别为2.25m和2.28m，是新中国成立后的最高潮位，造成海堤溃决53条，淹没农田254万亩，倒塌房屋4254间。同年的6415号台风，中心风力为10级，阵风为12级，溃决海堤69条，淹没农田202万亩，倒塌房屋72494间。

表1-33 广东省及珠江三角洲台风暴潮灾害统计表

年代	粤东沿海		珠江三角洲		粤西沿海		全省三岸段合计	
	年数	其中突出年数	年数	其中突出年数	年数	其中突出年数	年数	其中突出年数
17世纪以前	10	5	10	4	10	4	30	13
17世纪	11	3	8	0	7	1	26	4
18世纪	10	3	7	2	5	3	22	8
19世纪	10	5	9	8	11	5	30	18
20世纪前半叶	5	4	4	3	3	3	12	10
合计（年数）	46	20	38	17	36	16	120	53

注 该表引自广东省自然灾害地图集，广东省地图出版社，1995年5月。

当强台风袭击的同时适遇大潮，其破坏力更大，损失更加惨重。前述1983年8309号强台风即是这种情况。当时台风袭击珠江口时正是农历八月初三大潮期的涨潮时段，天文大潮加强台风暴潮，使珠江口很多潮位站的实测潮位突破了有实测记录以来的历史最高潮位，位于蕉门口的南沙潮位站9月9日11时20分出现最高潮位2.63m是这次台风造成的珠江口高水位，比历史上实测最高潮位2.30m（1964年5月28日）高出0.33m。横门口的横门潮位站9日11时28分实测暴潮水位2.58m，比历史上实测最高潮位2.26m（1974年7月22日）高出0.32m。东江口的泗盛潮位站9日12时50分出现最高实测暴潮水位2.29m，比历史上实测最高潮位2.09m（1974年7月22日）高出0.20m。这些暴潮的高水位使首当其冲的珠海、中山、番禺、东莞等县市所属的海堤普遍漫顶、溃决，造成了上述巨大的损失。

1.5.5 咸潮灾害

当海水涨潮时，咸潮向内河上溯并进入农田，使农作物受咸成灾，轻者减产，重者秧苗死亡，从而造成损失，并对沿江城镇的供水亦带来影响。

咸潮灾害的范围一般是珠江三角洲网河区，该处河涌交错，地势低洼而平坦，常是潮水影响的地带。珠江河口一般是9月前后开始来咸，次年4月前后退咸，最咸月一般为11月至次年1月。咸灾轻重的程度，与春耕关键月份3~5月上游枯水流量、最低水位变化过程、咸潮上溯距离、最大咸度和最长受咸历时等因素有关。上游来水量小、水位低且适遇大潮涨潮时，潮水咸度最大、上溯距离最远，咸灾就严重。咸潮灾害的历史记载为数不多，据统计，珠江河口三角洲的受咸面积，以1955年最严重，共造成受咸总面积为126.6万亩。

根据观测，珠江河口枯水季节各主要河道咸潮上溯终点大致为：崖门为潭江新会河口附近；磨刀门为竹艮与叠石之间；横门为马鞍附近；洪奇门为板沙尾至大陇滘之间；蕉门为灵山附近；虎门为黄埔以上，但未达到广州。

参 考 文 献

[1] 中国水利学会泥沙专业委员会主编. 泥沙手册 [M]. 北京: 中国环境科学出版社, 1992.
[2] 赵焕庭. 珠江三角洲的水文特征. 热带海洋 [J], 1985 (2).
[3] 张仲英, 黄镇国, 李平日, 李孔岩. 珠江三角洲的范围 [J]. 热带地理, 1983 (1).
[4] 广东省计划委员会、珠江三角洲经济区规划办公室编. 珠江三角洲经济区规划研究 [M]. 广州: 广东经济出版社, 1995.
[5] 罗章仁, 等. 华南港湾 [M]. 广州: 中山大学出版社, 1992.
[6] 广东省气象局资料室. 广东气候 [M]. 广州: 广东科技出版社, 1987.
[7] 赵焕庭. 珠江河口演变 [M]. 北京: 海洋出版社, 1990.
[8] 黄镇国, 等. 珠江三角洲形成发育演变 [M]. 广州: 科学普及出版社广州分社, 1982.
[9] 曾昭璇. 南海沿岸大陆最近升降问题 [A]. 华南自然地理论文集 [C]. 广州: 新知识出版社, 1957.
[10] 黄玉昆. 华南沿海第四纪以来的升降问题 [J]. 中山大学学报 (自然科学版), 1974.
[11] 曾昭璇. 珠江三角洲地貌类型 [A]. 华南自然地理论文集 [C]. 广州: 新知识出版社, 1957.
[12] 王文介, 等. 华南沿海和近海现代沉积 [M]. 北京: 科学出版社, 1991.
[13] 水利部珠江水利委员会. 珠江志 (第一卷) [M]. 广州: 广东科技出版社, 1991.
[14] 张希然. 珠江三角洲海涂土壤. 海洋与湖沼 [M], 1991, 22 (5)
[15] 张希然. 伶仃洋海涂土壤的特性 [J]. 人民珠江, 1998 (1).
[16] 张希然. 珠江磨刀门滨海区海涂土壤特性 [A]. 珠江口海岸带和海涂资源综合调查研究文集 (四) [C]. 广州: 广东科技出版社, 1986.
[17] 罗兆麟. 珠江的洪水特性 [J]. 水利规划, 1992 (2).
[18] 谭汉林. 珠江三角洲历代水患与治理概述 [J]. 人民珠江, 1980 (1).
[19] 广东省地方志编纂委员会. 《广东省志》水利志 [M]. 广州: 广东人民出版社, 1995.
[20] 薛建枫. 珠江防洪亟待加强——西江、北江 "94·6" 大洪水灾后反思 [J]. 人民珠江, 1994 (4).
[21] 吴庆洲. 珠江三角洲城市水灾风险的上升趋势及减灾对策 [A]. 珠洲三角洲经济区规划研究 (上卷) [C]. 广州: 广东经济出版社, 1995.
[22] 李景堂, 王开元. 珠江防洪减灾对策探讨 [J]. 人民珠江, 1999 (4).

第2章　珠江河口水流动力特征

2.1　径　流

2.1.1　径流量及其分配

珠江水系由西江、北江、东江及三角洲诸河流组成。根据《广东省水资源》（1986年）统计，珠江流域多年平均河川水资源总量为3360亿m^3，其中出海径流为3260亿$m^3$❶。在水资源总量中，根据1959～1998年资料统计，西江多年平均径流量约为2324亿m^3，北江约为437亿m^3，东江约为236亿m^3，三角洲诸河流约为363亿m^3，分别约占全流域年径流总量的69.2%、13.0%、7.0%和10.8%，见表2－1。

珠江径流丰富，在我国七大江河中仅次于长江，居第二位，从单位面积产水量而言，则为全国之冠。但珠江径流年内分配极不均匀，由表2－1可见，汛期4～9月西江的径流量约占全年径流总量的77.7%，北江为88.8%，东江为74.3%，其中6～8月3个月更为集中，西江、北江、东江分别占总量的47.9%、59.9%和44.8%。年际分配亦极不均匀，西江马口站丰枯比为2.60，北江三水站为6.53，东江博罗站为3.96，径流的年际变化以北江最大，东江次之，西江最小。

珠江径流分八大口门—虎门、蕉门、洪奇门、横门、磨刀门、鸡啼门、虎跳门、崖门注入南海，其中东四门—虎门、蕉门、洪奇门、横门汇入伶仃洋后注入南海；西四门—磨刀门、鸡啼门、虎跳门、崖门中的磨刀门和鸡啼门直接注入南海，虎跳门和崖门则汇入黄茅海后注入南海。珠江水系汇入三角洲后具有“三江汇流、网河密布、八口出海”的独特特征，在我国七大江河中是独一无二的。

珠江水利委员会根据20世纪80年代以前的实测资料进行整理分析，得到八大口门多年平均径流量为3260亿m^3，各口门的径流量所占的分配比见表2－2所示，表中还列出了由广东省水利科学研究所计算整理得到的60～70年代各口门分流状况的成果，以及由广东省水利电力勘测设计研究院利用水动力学数学模型计算得到的90年代各口门径流分配比成果。由表可见：①八个口门中，以磨刀门的分配比最大，即磨刀门为珠江泄洪排沙的主要口门；②东四门的分配比在各个年代都大于西四门，说明从整体而言，东四门的径流动力较西四门为强，在西四门中，除磨刀门径流分配比较大外，其余3个口门都较小；③20世纪80年代与60～70年代相比，东四门的分配比有所减小，西四门的分配比则有所增大，其中虎门、蕉门为有所增大，洪奇门、横门则为减小，西四门则普遍为增大；90年代与80年代相比，东四门的分配比有较大幅度的增大，除蕉门基本不变外，其他3个口门都有增大，尤以虎门增大较多，而西四门的分配比则相应减小，4个口

---

❶　广东省水利电力勘测设计研究院，珠江河口整治“十五”实施工程可行性研究报告，2001年12月。

门都有较大的减小。

表 2－1 珠江三角洲控制站多年平均流量及年内分配统计表

站名	马口（西江）		三水（北江）		博罗（东江）		麒麟嘴（增江）		牛心岭（流溪河）	
年份	1959～2000		1959～2000		1954～2000		1955～2000		1954～1979	
项目 月份	流量（m^3/s）	分配比（%）	流量（m^3/s）	分配比（%）	流量（m^3/s）	分配比（%）	流量（m^3/s）	分配比（%）	流量（m^3/s）	分配比（%）
1	2330	2.65	239	1.40	343	3.84	33.0	2.24	13.1	2.3
2	2520	2.86	285	1.36	373	4.18	37.8	2.54	10.0	1.8
3	2380	3.83	491	2.88	470	5.28	52.6	3.56	16.1	2.8
4	6510	7.38	1160	6.80	719	8.06	119.0	8.04	45.1	7.9
5	10600	12.0	2150	12.60	1020	11.50	248.0	16.80	106	18.6
6	14400	16.4	3360	19.70	1570	17.60	327.0	22.20	139	24.4
7	14500	16.50	3400	19.90	1070	12.10	201.0	13.70	74.9	13.1
8	12600	14.30	2720	15.90	1060	11.90	176.0	11.90	66.9	11.7
9	9070	10.30	1690	9.90	948	10.60	134.0	9.06	46.9	8.2
10	5510	6.24	811	4.75	554	6.22	65.6	4.45	23.7	4.2
11	3980	4.52	486	2.84	415	4.66	46.6	3.16	14.9	2.6
12	2660	3.02	275	1.62	362	4.06	34.8	2.35	13.1	2.3
年平均流量（m^3/s）	7360	100	1430	100	743	100	121	100	47.5	100
最大年平均流量（m^3/s）	10000		2960		1310		209		85.9	
发生年份	1973		1968		1983		1983		1975	
最小年平均流量（m^3/s）	3840		300		283		37.4		9.5	
发生年份	1963		1963		1963		1963		1963	

注 潭江多年平均流量为 $210m^3/s$；三角洲产流多年平均流量为 $431m^3/s$。

根据实测资料分析，20 世纪 80 年代洪奇门的径流分配比减小较大而虎门则增大较多，是因为洪奇门水道不合理的围垦和乱抛挑流坝造成排洪不畅，水道日趋萎缩所致；与此相应，引起北江下游下泄洪水在火烧头分汊处减少了进入李家沙水道的分流量，从而加大了流入沙湾水道的分流量，因而使虎门的分流比增加。至 90 年代，东四门的分配比有大幅度的增大，其主要原因是无序挖沙导致北江下游三水河段河床下切，其幅度超过西江马口段的河床，从而使流向北江三角洲河网的水量增加，造成东四门的分配比增大。

表 2－3 为珠江八大口门若干同步实测径流量分配比的变化，其中有些年份仅为东四门或西四门，完整的八大口门仅有 3 次，所有测次的历时都较短，不足以分析年径流量的分配比变化，但由于是同步实测的数据，对分析各口门径流量的分配比变化规律具有一定的参考价值。

表 2-2　**八大口门径流量分配比的变化**　（单位：径流量亿 m^3；分配比%）

年代＼口门		东四门					西四门				
		虎门	蕉门	洪奇门	横门	小计	磨刀门	鸡啼门	虎跳门	崖门	小计
60~70 年代		16.0	17.1	15.9	12.4	61.4	24.7	4.7	3.6	5.6	38.6
80 年代	径流量	603	565	209	365	1742	923	197	202	196	1518
	分配比	18.5	17.3	6.4	11.2	53.4	28.3	6.1	6.2	6.0	46.6
90 年代		25.1	12.6	11.3	14.5	63.5	24.9	2.8	3.9	4.9	36.5

注　1. 表中数据引自 广东省水利电力勘测设计研究院，珠江河口整治“十五”实施工程可行性研究报告，2001 年 12 月。

2. 60~70 年代数据为广东省水利科学研究所计算整理；80 年代数据为珠江水利委员会计算整理；90 年代数据为广东省水利电力勘测设计研究院计算得到。

表 2-3　**八大口门实测径流量分配比变化**

施测日期（年.月.日）	项目	东四门				西四门				共计
		虎门	蕉门	洪奇门	横门	磨刀门	鸡啼门	虎跳门	崖门	
1970.7.1~14	径流量（亿 m^3）					61.71	15.65	12.75	20.25	110.36
	占西四门百分比（%）					55.92	14.18	11.55	18.35	100
1978.6.22~26	径流量（亿 m^3）	9.83	10.96	4.34	7.70					32.83
	占东四门百分比（%）	29.94	33.39	13.21	23.46					100
1978.7.5~13	径流量（亿 m^3）	10.30	16.35	6.55	12.65					45.85
	占东四门百分比（%）	22.46	35.66	14.29	27.59					100
1978.7.20~25	径流量（亿 m^3）	5.10	4.96	1.86	3.60					15.52
	占东四门百分比（%）	32.86	31.96	11.98	23.20					100
1978.8.4~10	径流量（亿 m^3）	9.22	7.80	2.99	5.83					25.84
	占东四门百分比（%）	35.68	30.18	11.56	22.58					100
1978.8.12~14	径流量（亿 m^3）	5.69	5.08	1.93	3.50					16.20
	占东四门百分比（%）	35.13	31.34	11.91	21.62					100

续表

施测日期（年.月.日）	项目	东四门				西四门				共计
		虎门	蕉门	洪奇门	横门	磨刀门	鸡啼门	虎跳门	崖门	
1979.3.7~15	径流量（亿 m^3）	-0.22	4.36	1.31	3.75					9.20
	占东四门百分比（%）	-2.40	47.40	14.24	40.76					100
1979.3.22~30	径流量（亿 m^3）	6.91	7.03	2.32	5.28					21.54
	占东四门百分比（%）	32.09	32.66	10.75	24.50					100
1998.6.26~27	径流量（亿 m^3）	12.94	9.78	5.50	6.85					35.07
	占八大口门百分比（%）	36.90	27.90	15.68	19.52					100
1999.7.15~24	径流量（亿 m^3）	38.49	42.84	21.74	30.56	58.69	8.63	7.62	10.22	218.79
	占八大口门百分比（%）	17.6	19.6	9.90	14.00	26.8	3.90	3.50	4.70	100
	径流量（亿 m^3）	133.63				85.16				218.79
	占八大口门百分比（%）	61.08				38.92				100
2001.2.7~15	径流量（亿 m^3）	-0.22	1.18	2.60	1.82	2.70	0.26	1.06	1.99	11.38
	占八大口门百分比（%）	-1.97	10.40	22.80	16.00	23.60	2.30	9.32	17.46	100
	径流量（亿 m^3）	5.38				6.00				11.38
	占八大口门百分比（%）	47.28				52.72				100
2005.1.18~2.4	径流量（亿 m^3）	1.22	3.65	11.05	6.95	4.25	1.20	1.71	1.04	31.07
	占八大口门百分比（%）	3.93	11.75	35.56	22.37	13.68	3.86	5.50	3.35	100
	径流量（亿 m^3）	22.87				8.20				31.07
	占八大口门百分比（%）	73.61				26.39				100
2005.4.20~21	径流量（亿 m^3）	1.64	1.17	0.57	0.76					4.14
	占八大口门百分比（%）	39.61	28.26	13.77	18.36					100

注 1. 表中1970~1979年数据引自《伶仃洋水文调查报告》，1980年11月。

2. 表中1998~2005年资料为珠江水利委员会水文局所测。

2.1.2 洪水特性

珠江洪水成因主要为降雨造成，有两类天气系统降雨：一为锋面或静止锋、低压槽、低压、低涡、切变线等类型的天气降雨；另一为受热带系统的热带低压、台风形成的暴雨。西江干流的红水河中游及支流柳江、桂江等处于静止锋活动地带，常发生前一类暴雨。北江流域的暴雨主要由静止锋西南低压槽及西南低空急流等天气的降雨造成，因地势的特点，来自北方的冷空气越过南岭后常在北江流域静止摆动，而来自南方的水汽经过三角洲平原地区可以不受阻碍地传送到北江流域，形成两种冷暖空气对峙，水汽丰沛，暴雨多、强度大，成为暴雨高值区。东江流域的暴雨以热带低压、台风雨为主，新丰江、西枝江和增江是其暴雨高值区，主要波及西江的郁江、东江及珠江三角洲。

西江洪水发洪时间为 5 ~ 10 月，多出现在 6 ~ 8 月，占洪峰出现总数的 88.6%，每次洪水历时一般为 15 ~ 20 天，较大的洪水过程历时 30 ~ 40 天，高要站实测最大洪峰流量为 42700m^3/s（1976 年），最大 30 天洪量为 927 亿 m^3（1968 年），为该站多年平均径流量的 1.6 倍。洪水过程的特点是峰高、量大、历时长，洪水过程线呈多峰或肥胖的单峰形式。

北江洪水发洪时间为 4 ~ 9 月，多出现在 4 ~ 7 月，以 5 ~ 6 月居多，占年内洪峰出现总数的 84.7%，早于西江和东江约半个月至 1 个月。每年汛期发生洪水 3 ~ 4 次，每次洪水历时 7 ~ 15 天，最长为 32 天，石角站实测最大洪峰为 15200m^3/s（1982 年），最大 30 天洪量为 204 亿 m^3（1968 年），为该站多年平均径流量的 1.7 倍。洪水的特点是峰高而量相对不大，涨落历时相对较短，峰形尖瘦。由于经常出现断续多次降雨过程，洪水过程线也呈连续性多峰形式。

东江洪水发洪时间为 5 ~ 10 月，多出现在 6 ~ 8 月，占年内洪峰出现总数的 76.9%，每次洪水历时为 10 ~ 20 天，洪水过程线一般为单峰，也有双峰，洪水涨落较快，峰形略似北江。东江有已建的新丰江、枫树坝及白盆珠等 3 座大型水库，这些水库均有调蓄洪水的作用。

珠江三大水系各站年最大洪峰出现几率的统计见表 2 - 4，可见，全年 6 月份是三大河流最大洪峰出现几率最大的时间，其次为 7 月；北江 5 月份出现几率也较大，表明北江发洪较西江、东江早。

表 2 - 4　珠江水系各站年最大洪峰出现几率统计表

河名	站名	统计年份	统计年数	各月出现几率（%）							
				3	4	5	6	7	8	9	10
西江	高要	1900 ~ 2000	100		1.0	7.0	35.0	33.0	20.0	3.0	1.0
	马口	1900 ~ 2000	100		2.0	9.0	41.0	29.0	16.0	3.0	
北江	石角	1915 ~ 2000	85	1.2	10.6	24.7	44.7	12.9	3.5	2.4	
	三水	1900 ~ 2000	100		2.0	10.0	42.0	28.0	15.0	3.0	
东江	博罗	1951 ~ 2000	50	2.0	4.0	8.0	38.0	16.0	14.0	16.0	2.0

2.1.3 洪水的组成与遭遇

珠江河口区的洪水主要由西江、北江和东江的洪水所组成，尤其是西江、北江的洪水对珠江三角洲的威胁至为重要，而东江的洪水只对东江三角洲有威胁，对西江、北江三角洲的影响不大。

东江的洪水一般自成体系，与西江、北江洪水发生的时间不一致，且东江三角洲与西江、北江三角洲之间隔有狮子洋，故洪水遭遇时机极少。据1951～1985年资料分析❶，仅1966年6月24日东江洪峰出现时间与西江、北江洪水在思贤滘遭遇，占历年洪水总数的3%，可见，洪水遭遇的时机极少。

西江和北江则情况有所不同，两江在广东省三水市的思贤滘相通，经调节平衡后进入西江、北江三角洲网河区。西江、北江两江洪水在思贤滘遭遇机会不少，根据1915～2000年资料统计❷，西江、北江两江洪峰遭遇有15次，占洪峰总数的17.4%，表明西江、北江两江洪水遭遇是常有的。其洪水遭遇可分为如下四种情况：西江、北江两江均为特大洪水遭遇，如1915年、1994年洪水；西江大洪水与北江一般洪水遭遇，如1949年洪水；北江大洪水与西江一般洪水遭遇，如1931年洪水；西江、北江两江均为一般洪水遭遇，如1947年洪水。西江、北江洪水遭遇情况见表2－5。

表2－5　西江、北江典型洪水遭遇情况统计表

遭遇类型	洪水出现年份	站名	各江最大洪峰			遭遇洪峰	
			Q_m (m^3/s)	出现日期（月.日）	重现期（年）	Q (m^3/s)	出现日期（月.日）
西江、北江特大洪水遭遇	1915	梧州	54500	7.10	200		
		高要	54500	7.10	200	54500	7.10
		横石	21000	7.10	200		
		石角	22000	7.11	200	22000	7.11
		思贤滘				69300	7.12
西江、北江大洪水遭遇	1994	梧州	49200	6.19	50		
		高要	48700	6.19	50	48700	6.19
		横石	17500	6.19	50		
		石角	18200	6.19	50	18200	6.19
		思贤滘				63200	6.19
西江、北江较大洪水遭遇	1968	梧州	38900	6.29	10		
		高要	42600	6.30	10	41000	6.27
		横石	15000	6.24	20		
		石角	16000	6.25	20	16000	6.27
		思贤滘				53800	6.27

❶ 水利部珠江水利委员会，伶仃洋及东四门水文分析报告，1992年6月。

❷ 中水珠江规划勘测设计有限公司，西江、北江三角洲主要河汊设计分流比计算报告，2005年6月。

续表

遭遇类型	洪水出现年份	站名	各江最大洪峰			遭遇洪峰	
			Q_m (m³/s)	出现日期（月.日）	重现期（年）	Q (m³/s)	出现日期（月.日）
西江为主	1949	梧州	48900	7.5	50		
		高要	49200	7.5	50	47300	7.1
		横石	10500	7.1	常遇洪水		
		石角	10800	7.1	常遇洪水	10800	7.1
		思贤滘				52900	7.1
北江为主	1931	梧州	35000	8.3	常遇洪水		
		高要	35600	8.3	常遇洪水	28400	7.1
		横石	19600	7.1	100		
		石角	19600	7.1	90	19600	7.1
		思贤滘				39500	7.2
西江、北江两江一般洪水遭遇又受下游潮水顶托	1947	梧州	39700		常遇洪水		
		高要	36900	6.20	常遇洪水	36900	6.20
		横石	10900		常遇洪水		
		石角	11100	6.19	常遇洪水	11100	6.19
		思贤滘				44600	6.20

注　表中数据摘自中水珠江规划勘测设计有限公司，珠江流域防洪规划水文分析报告，2005年3月。

表2-6为历年思贤滘洪峰组成的流量统计，由表可见，西江与北江在思贤滘遭遇后的洪峰流量，以西江马口站所占的百分比远大于北江三水站，前者约为73.5%~87.2%，后者约为12.8%~26.5%，即通过思贤滘的洪峰流量以西江的洪峰流量为主；北江三水站所占的百分比有随思贤滘洪峰流量的增大而增大的趋势，而西江则呈相反的趋势，即思贤滘洪峰流量增大时，西江马口站所占的百分比减小。由于西江的集水面积远大于北江，后者只有前者的1/8强，而西江干支流洪水发生的时间有先有后，如桂江发洪较早，郁江较迟，红水河及干流则在前两者之间，因而汇流至思贤滘的洪水总有与北江遭遇的机会，故两江遭遇机会不少，且洪水量级大的遭遇机会也多。

在洪潮遭遇方面，根据1900~2000年的100年资料统计，年最大洪峰与下边界大潮期遭遇的共有27次，即出现几率为27%，其中大洪水与大潮期遭遇的年份有1914、1915、1924、1968年和1998年。新中国成立以来，洪水与风暴潮遭遇的，仅为1974年4月22日上游较大洪水与7411号台风暴潮相遭遇，可见，洪水与台风暴潮遭遇的几率较小。

表 2-6 **思贤滘洪峰流量的组成**

年份	日期		三水流量 (m^3/s)	马口流量 (m^3/s)	思贤滘流量 (m^3/s)	三水占思贤滘流量的百分比（%）	马口占思贤滘流量的百分比（%）
	月	日					
1959	6	16	9480	31800	41280	22.97	77.03
1960	8	14	4690	20000	24690	19.00	81.00
1961	6	16	8880	31200	40080	22.16	77.84
1963	7	3	12200	37700	49900	24.45	75.55
1963	8	7	1810	12300	14110	12.83	87.17
1964	6	17	7730	27200	34930	22.13	77.87
1965	4	30	4900	20100	25000	19.60	80.40
1966	6	24	10800	35200	46000	23.48	76.52
1967	8	12	6490	26000	32490	19.98	80.02
1968	6	27	13100	40700	53800	24.35	75.65
1969	8	17	5830	22800	28630	20.36	79.64
1970	7	19	9240	31800	41040	22.51	77.49
1971	6	9	7020	25500	32520	21.59	78.41
1972	5	9	6250	21800	28050	22.28	77.72
1973	5	30	9480	33600	43080	22.01	77.99
1974	7	26	9660	34400	44060	21.92	78.08
1975	5	22	9620	30700	40320	23.86	76.14
1976	7	14	10700	36100	46800	22.86	77.14
1977	6	29	7490	28300	35790	20.93	79.07
1978	5	20	10500	36900	47400	22.15	77.85
1979	8	26	7990	28600	36590	21.84	78.16
1980	5	10	6960	23700	30660	22.70	77.30
1981	7	30	6310	24600	30910	20.41	79.59
1982	5	14	9050	31500	40550	22.32	77.68
1983	6	26	8270	30500	38770	21.33	78.67
1984	6	4	6410	25200	31610	20.28	79.72
1985	9	9	5070	21000	26070	19.45	80.55
1986	7	10	6010	22400	28410	21.15	78.85
1987	8	1	5140	21400	26540	19.37	80.63
1988	9	6	9960	37000	46960	21.21	78.79
1989	7	5	4320	18500	22820	18.93	81.07
1990	7	5	5680	22300	27980	20.30	79.70
1991	6	14	5360	21500	26860	19.96	80.04
1992	7	8	9150	29500	38650	23.67	76.33
1993	7	12	7970	23800	31770	25.09	74.91
1994	6	20	16100	47000	63100	25.52	74.48
1995	6	11	8800	25300	34100	25.81	74.19
1996	7	22	10900	30200	41100	26.52	73.48
1997	7	11	15700	44100	59800	26.25	73.75
1998	6	26	16100	46200	62300	25.84	74.16
1999	7	15	9220	27300	36520	25.25	74.75
2000	6	15	9020	27500	36520	24.70	75.30

注 本表引自中水珠江规划勘测设计有限公司，西江、北江三角洲主要河汊设计分流比计算报告，2005 年 6 月。

2.1.4 三水与马口分流比的变化

西江与北江在思贤滘沟通后，经过流量调整分配，进入北江以三水站为代表，进入西江以马口站为代表，因此分析三水与马口分流比的变化，关系到西江和北江的防洪安全、水资源配置、河道的演变等方面，是一个需要研究的重要课题。

1. 年平均流量分流比的变化

根据1959~1998年实测资料统计分析，不同时期三水与马口的年平均流量分流比变化见表2-7。由表可见，1959~1989年三水与马口站多年平均分流比基本稳定，三水站为14.2%左右，而马口站则为85.8%左右；但自1993年以后，三水站的分流比有明显增大，达到24.6%左右，而马口站的分流比则相应减小，约为75.4%左右，随着两站流量的增大，三水站的年平均分流比亦增大，马口站的分流比则减小。20世纪90年代与80年代相比较，三水与马口站的年平均分流比分别增加与减少均为10.4%。

表2-7 马口、三水站年平均流量分流比统计表

时期（年） \ 站名 / 项目	西江马口站		北江三水站	
	年平均流量（m^3/s）	占两站总流量的比值（%）	年平均流量（m^3/s）	占两站总流量的比值（%）
1959~1981	7539	85.8	1251	14.2
1982~1989	7044	85.8	1170	14.2
1990~1992	7066	85.2	1231	14.9
1993~1995	7988	78.2	2229	21.8
1996~1998	7926	75.4	2585	24.6

2. 洪水期分流比的变化

洪水期三水与马口站多年平均流量约为8800m^3/s，为此，洪水期主要分析其上游来流量大于10000m^3/s以上分流比的变化。

根据广东省水利科学研究所分析，1968~1998年三水站分流比随（马口+三水）流量的变化见图2-1所示。由图可见，在20世纪80年代以前，三水站分流比随两站流量之和的增加而增大，其变化趋势基本稳定，经相关分析得到如下关系式❶：

$$\eta_{三水}=\frac{Q_{三水}}{Q_{马口+三水}}=-4.09\times10^{-11}Q^2_{马口+三水}+5.27\times10^{-6}Q_{马口+三水}+0.0745 \tag{2-1}$$

式中 $\eta_{三水}$为三水站分流比,%；$Q_{三水}$为三水站流量，m^3/s；$Q_{马口+三水}$为马口站+三水站流量，m^3/s。

自90年代初起，三水站分流比开始增加，至1994年，三水与马口流量之和在35000m^3/s以下时，三水站分流比在18%~25%之间变化；而大于35000m^3/s以上时，三

❶ 广东省水利科学研究所，珠江三角洲洪潮特性及其遭遇分析，2000年1月。

水站分流比大于25%。根据图中1994～1998年实测资料分析得其相关关系为❶

$$\eta_{三水} = 8.47 \times 10^{-8} Q_{马口+三水} + 0.2517 \quad (2-2)$$

式中 符号意义同前。

中水珠江规划勘测设计有限公司根据1996～2000年（马口＋三水）流量大于$30000m^3/s$时的三水、马口站实测流量资料进行相关分析，得三水站分流比随（马口＋三水）流量变化的关系式为❷

$$\eta_{三水} = 4 \times 10^{-5} Q_{马口+三水} + 23.84 \quad (2-3)$$

式中 符号意义同前。

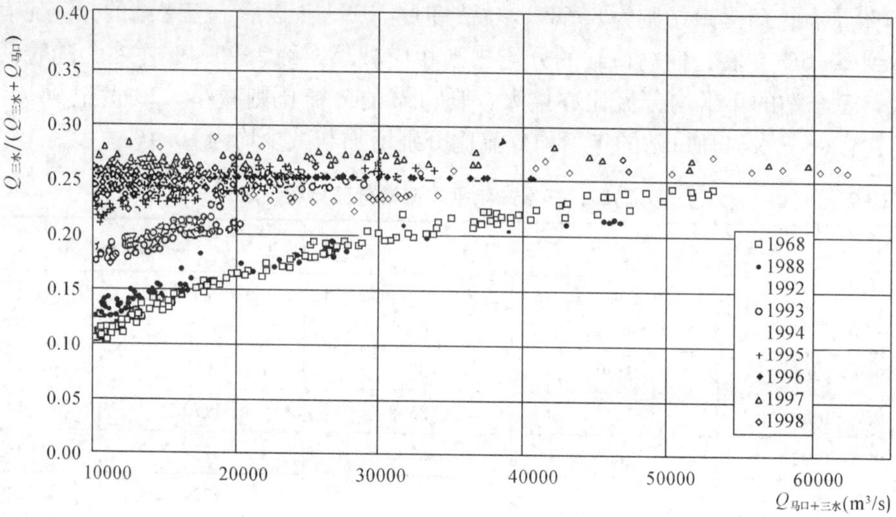

图2－1 三水分流比随（马口＋三水）流量的变化

按式（2－1）、式（2－2）、式（2－3）计算洪水期三水、马口站分流比变化见表2－8所示。由表可见，进入20世纪90年代以后，当（马口＋三水）流量为30000～$65000m^3/s$时，三水站的分流比均大于25%，并随两站流量之和的增加而增大；相应马口站的分流均小于75%，随两站流量之和的增加而减少。表中数据还表明，式（2－2）与式（2－3）的计算结果最大差值在2.7%以内，可以认为二者差别不大，取其二式分流比的平均值与用式（2－1）计算的分流比进行比较，可见，与80年代相比，流量在45000～$65000m^3/s$时，90年代后三水站分流比的变化率约增加6.61%～11.89%，相当于三水站流量增加值约为1000～$1200m^3/s$，并随着流量的增加而趋于减少；马口站分流比的变化率则为减少，减少值约为2.10%～3.53%，相当于马口站流量减少值约为1000～$1200m^3/s$，并随着流量的增加，其变化率趋于减少。当流量从$45000m^3/s$减少至$30000m^3/s$时，90年代与80年代相比，三水站分流比的变化率增加到28.86%，相应马口站分流比的变化率则减少到7.03%，前者流量约增加$1700m^3/s$，而后者流量约减少$1700m^3/s$。

❶ 广东省水利科学研究所，珠江三角洲洪潮特性及其遭遇分析，2000年1月。

❷ 中水珠江规划勘测设计有限公司，西江、北江三角洲主要河汊设计分流比计算报告，2005年6月。

表 2-8　三水、马口站洪水期分流比变化

马口+三水流量（m^3/s）		30000	35000	40000	45000	50000	55000	60000	65000
三水分流比（%）	式（2-1）	19.58	20.89	21.99	22.88	23.58	24.06	24.35	24.42
	式（2-2）	25.42	25.47	25.51	25.55	25.59	25.63	25.68	25.72
	式（2-3）	25.04	25.24	25.44	25.64	25.84	26.04	26.24	26.44
	式（2-2）与式（2-3）平均值	25.23	25.36	25.48	25.60	25.72	25.84	25.96	26.08
	平均值与式(2-1)比较变化率(%)	28.86	21.39	15.87	11.89	9.08	7.40	6.61	6.80
马口分流比（%）	式（2-1）	80.42	79.11	78.01	77.12	76.42	75.94	75.65	75.56
	式（2-2）与式（2-3）平均值	74.77	74.64	74.52	74.40	74.28	74.16	74.04	73.92
	平均值与式(2-1)比较变化率(%)	-7.03	-5.65	-4.47	-3.53	-2.80	-2.34	-2.13	-2.10

3. 枯水期分流比的变化

枯水期三水、马口两站分流比的变化，采用不同时期的枯水期（10～12 月、次年 1～3 月）平均流量进行统计分析，见表 2-9 所示。

表 2-9　三水、马口站枯水期分流比变化

时期（年） \ 项目 \ 站名	马口站		三水站		马口+三水
	流量（m^3/s）	分流比（%）	流量（m^3/s）	分流比（%）	流量（m^3/s）
1961～1970	3280	92.79	255	7.21	3535
1971～1980	3410	91.67	310	8.33	3720
1981～1990	3770	88.52	489	11.48	4259
1961～1990	3487	90.85	351	9.15	3838
1991～2000	3220	81.89	712	18.11	3932

从表 2-9 中可见，在 1961～1990 年期间，三水、马口两站枯水期平均流量之和为 3535～4259m^3/s，平均为 3838m^3/s，三水站分流比的变化范围为 7.21%～11.48%，平均为 9.15%，其分流比随两站流量之和的增大而增大；马口站分流比的变化范围为 88.52%～92.79%，平均为 90.85%，其分流比随两站流量之和的增大而减小。1991～2000 年期间，两站流量介于 1971～1980 年与 1981～1990 年之间，但三水站的分流比却大于该两个时期的分流比，而马口站的分流比则小于该两个时期的分流比。可见，90 年代以后，三水、马口两站枯水期的分流比发生了较大的变化。以 1991～2000 年时期与 1961～1990 年时期相比较，两站流量之和的平均值基本接近，但 90 年代以后三水站分流比的变化率增加约 97.9%，相当于三水站 1991～2000 年时期的枯水期平均流量比 1961～1990 年时期的枯水期平均流量增大了近 1 倍；相应地，马口站分流比的变化率则减少约 9.9%，相当于马口站 1991～2000 年枯水期平均流量减少约 7.7%（流量约为 248m^3/s）。

4. 分流比变化的原因分析

西江与北江在广东省三水市的思贤滘相汇合和沟通，它位于珠江三角洲网河区的顶点，滘长约 1.2km，其西部的西滘口宽约 200m，是西江的汇入口；其东北部的北滘口宽约 250m，是北江的汇入口；中间宽达 350m，河道平面上呈弯曲状。思贤滘对西江、北江水流起着调

节作用，因而引起西江、北江三角洲网河区控制站三水与马口站的分流比发生变化。

20 世纪 80 年代以前，北江三水附近河段河底高程比西江马口附近河底高程高 7 ~ 8m，在思贤滘的北滘口和西滘口附近，中、枯水位的差值约为 0.30m 以内，以北江的北滘口为高，故在一年中大多数时间为北江水流经过思贤滘流往西江，即俗称“北过西”，其中枯水期北江流经西江的流量约占同期北江上游流量的 70% ~80%，最枯期间可达 90%；当西江的径流量大于北江的径流量，特别是西江洪水较大时，将会出现西江的水流流往北江，俗称“西过北”，主要集中在 7 ~8 月。表 2 – 10 为不同年代北江过西江的净泄量的统计[1]。由表可见，在 80 年代以前，各年代均为“北过西”，其年净泄量的变化值为 288 ~335m^3/s，表明北江通过思贤滘流往西江的净泄流量大于西江流向北江的净泄流量，且枯水期大于洪水期。

进入 90 年代以后，北江三水站的分流比不论是洪水期还是枯水期都有明显的增加，而西江马口站的分流比则是相应地明显地减少，其原因虽然与西江、北江上游的径流来量偏大有一定的关系外，更主要的是由于人为的无序挖沙和河道整治工程的影响所致。根据 1997 ~1998 年和 1982 年实测资料分析，在同级流量下，由于河床下切，三水站水位下降了 1.9 ~2.3m，马口站则下降 1.0 ~1.2m，即三水站水位下降得大些。显然，这是造成西江水道通过思贤滘流往北江的流量增大，因而使三水站分流比明显增加的主要原因。由表 2 – 10 亦可明显地看到，90 年代全年西江流往北江的净泄流量为 292m^3/s，约占同期北江上游来流量的 18%，其中洪水期“西过北”的净泄流量达到 714m^3/s，接近于 60 年代至 80 年代“北过西”的净泄流量的总和，而枯水期“北过西”的净泄流量亦有明显地减少，仅为 131m^3/s，与 80 年代以前相比发生了根本性的改变。

根据有关研究[1]：进入 2000 年后，河道采沙区域逐渐向西江下游转移，西江河床下切速率开始加快，据调查资料显示，1998 年西江下游的采沙量约为 2700 万 m^3，为北江下游的 1.3 倍。由此看来，西江、北江下游河床高程的变化，将会影响思贤滘对西江、北江水流的调整作用，从而影响三水与马口站的分流比发生变化。

表 2 – 10　　北江过西江净泄流量统计表　　（单位：m^3/s）

时段（年代）	60	70	80	90
全年	288	329	335	–292
洪水期	245	199	304	–714
枯水期	330	470	366	131

注　表中 + 值表示北江流向西江；– 值表示西江流向北江。

2.1.5　网河区与口门区水道分流比的变化

三水与马口站的分流比经过思贤滘的调节后发生着变化，其结果将会导致西江、北江三角洲网河区及珠江八大出海口门的分流比亦相应地发生变化。为此，应对三角洲网河区各主要水道的分汊口及口门区的分流比进行分析，研究其相互间的关系及其变化规律。

由于三角洲网河区及口门区均无固定的水文观测站，一般仅进行临时巡回观测，在珠江河口区大范围同步观测包括大、中、小潮连续 8 天潮周期的只有 1999 年 7 月 14 ~23 日和2001年2月7～16日2次实测资料。其他仅限于局部区域进行1～8天的实测资料。为此，主要依据这些资料对网河区主要水道的汊口及口门区的分流比进行分析。

1. 天河站与南华站汊口分流比的变化

天河站位于西江干流西海水道的入口，南华站则位于西江干流东海水道的入口，在天河、南华两站的上游有甘竹溪向北江分流。因此，天河与南华分汊口是西江干流从马口站流至甘竹溪分流汇入北江三角洲顺德支流后，经南华分流汇入东海水道和经天河分流汇入西海水道。表2－11为不同时期在马口站不同流量时，甘竹—天河—南华站分流比或天河—南华站分流比变化的统计，由表可见：①在20世纪90年代以前，天河站的分流比有随马口站流量的增大而减小的趋势，相反，南华站的分流比则为随马口流量的增大而增大；90年代，天河站的分流比呈相反方向变化，转变为随马口站流量的增大而增大，南华站则为随马口站流量的增大而减小；②甘竹站的分流比在90年代以前基本上与南华站相同，即随马口站流量的增大而增大，其分流比的平均值约为9%左右；90年代前后（80年代缺乏实测资料），甘竹站的分流比显著减小，约为2%～3%左右，其原因主要是由于甘竹溪在1974年建成水力发电站，虽然汛期运行有满足防洪的下泄要求，但拦河坝仍然起到一定的限流作用，对其分流比仍产生一定的影响，故分流比显著减小。由此可见，自20世纪80年代以后，甘竹站的分流比已大大减小，影响西江、北江三角洲网河区及珠江口西部口门的分流比的变化，主要决定于天河与南华站分流比的变化。因此，分析天河—南华汊口分流比的变化就显得十分重要。

表2－11　马口站不同流量时甘竹—天河—南华汊口分流比变化

施测日期（年.月.日）	马口站流量（m^3/s）		天河—南华汊口		甘竹—天河—南华汊口		
	日平均	时段平均	天河分流比（%）	南华分流比（%）	甘竹分流比（%）	天河分流比（%）	南华分流比（%）
1959.7.9～22	25900～11400	16100	55.77	44.23	9.15	50.67	40.18
1959.10.11～23	4320～3420	3870	61.08	38.92	7.93	58.06	36.99
1960.6.18～26	12400～6000	9030	59.69	40.31	8.76	55.54	37.50
1970.7.1～14	26100～10100	17640	57.60	42.40	9.73	52.64	38.78
1998.7.18～19	18891	18891	53.20	46.80			
1999.7.16～23	21000～26500	23800	52.09	47.91	3.04	47.91	52.09
2001.2.7～15	3280～1620	2130	55.38	44.62	2.20	44.62	55.38

天河—南华汊口分流比的变化如表2－11所示。由表中实测时段天河站日平均流量与相应的天河与南华两站流量之和进行相关分析，得到相关关系式为

90年代前关系式：
$$Q_{天河}=0.57Q_{天河+南华}+73 \tag{2-4}$$

式中　$Q_{天河+南华}=0.884Q_{马口}+195$。

90年代后关系式：
$$Q_{天河}=0.52Q_{天河+南华}+40 \tag{2-5}$$

其中　$Q_{天河+南华}=0.929Q_{马口}-58$

式中　$Q_{天河}$、$Q_{马口}$、$Q_{天河+南华}$分别为天河站、马口站、天河站+南华站的流量，m^3/s。

表2-11表明：在20世纪50~70年代，马口站流量为3420~26100m^3/s，天河站分流比的变化为55.8%~61.1%，相应南华站分流比的变化为44.2%~38.9%，两站分流比的变幅均为5.3%，其中洪水期天河与南华站的分流比分别为57%和42%左右，枯水期分别为60%和40%左右；进入90年代末期至21世纪初，马口站流量为1620~26500m^3/s，天河站分流比的变化为52.1%~55.4%，相应南华站分流比的变化为47.9%~44.6%，分流比的变幅均为3.3%，其中洪水期天河与南华站的分流比分别为52%和48%左右，枯水期的分流比分别为54%和46%左右。与50~70年代相比较，90年代末期洪水期南华站分流比约增加5%左右，枯水期分流比约增加6%左右，相应地天河站的分流比约减少5%~6%左右。

天河站与南华站汊口分流比的上述变化主要是由于人类活动的影响造成的，其中人为的无序挖沙是关键因素。根据有关分析❶、❷，东海水道1985~1999年在中水位以下过水断面面积增加了65.3%，其中南华断面增加67.0%，而西海水道的天河断面仅增加23.8%，即90年代以来东海水道过水断面的增大远大于西海水道，其增大的原因主要是无序挖沙的影响。因此，由于南华及东海水道过水断面的增大，必然导致分流比的增加。

2. 天河站以下网河汊口分流比的变化

西江干流分流汇入西海水道天河站后，经北街水闸分流汇入江门水道，并经百顷和大敖站流入磨刀门水道，其中又经睦洲口分流汇入荷麻溪，经竹洲头分流汇入螺洲溪。根据1999年洪水期和2001年枯水期实测资料分析，洪水期天河站的平均流量为11200m^3/s时，北街水闸、睦洲口和竹洲头的分流比分别占天河站流量的2.7%、17.9%和7.8%，而约为74.1%的流量经磨刀门水道的灯笼山站汇入磨刀门浅海区；枯水期天河站平均流量为942m^3/s时，北街水闸、睦洲口和竹洲头的分流比分别占天河站流量的5.9%、21.3%和5.0%，由于枯水期两岸排灌闸引水，进入磨刀门水道经灯笼山站的流量约为39.9%。

西江干流马口站的径流分流汇入西海水道天河站以下的流量无论水道如何分汊再分配，最终分别经磨刀门水道的灯笼山站注入磨刀门口外浅海区；经鸡啼门水道的黄金站注入鸡啼门浅海区；经虎跳门水道的西炮台站注入黄茅海浅海区，以及经江门水道的三江口站和虎坑水道的虎坑站汇入银洲湖后，再经崖门水道注入黄茅海浅海区。据1999年洪水期实测资料分析，灯笼山站、黄金站、西炮台站和虎坑站（三江口站无实测资料）占天河站平均流量的分流比分别为74.1%、10.9%、9.5%和5.8%；据2001年枯水期实测资料分析，灯笼山站、黄金站、西炮台站占天河站平均流量的分流比分别为39.9%、3.9%和15.7%（枯水期在天河站的流量中约有1/3被灌溉用水引走）。

上述洪、枯水期分流比的变化表明，灯笼山站的分流比远大于黄金站和西炮台站，可见磨刀门水道是西江泄流的主干道。对于黄金站和西炮台站，则是洪水期黄金站的分流比大于西炮台站，而枯水期相反，西炮台站的分流比大于黄金站。

---

❶ 中国水利水电科学研究院，珠江河口整治近期工程水沙动力特性影响研究，2002年3月。

❷ 广东省水利电力勘测设计研究院，珠江河口整治近期防洪实施工程可行性研究报告，2002年8月。

根据洪、枯水期实测资料，对灯笼山站、黄金站、西炮台站和虎坑 + 三江口站的日平均净泄流量与相应的马口站的日平均流量进行相关分析，得到如下关系式：

$$Q_{灯笼山} = 0.36Q_{马口} - 310 \tag{2-6}$$

$$Q_{黄金} = 0.054Q_{马口} - 70 \tag{2-7}$$

$$Q_{西炮台} = 0.042Q_{马口} + 65 \tag{2-8}$$

$$Q_{虎坑+三江口} = 0.05Q_{马口} + 105 \tag{2-9}$$

式中　$Q_{灯笼山}$、$Q_{黄金}$、$Q_{西炮台}$、$Q_{虎坑+三江口}$分别为灯笼山站、黄金站、西炮台站和虎坑站 + 三江口站的流量，m^3/s；其他符号意义同前。

利用式（2-6）~式（2-9）分析马口站在不同流量时，各出海口门站占马口站的分流比变化具有如下特征：灯笼山站和黄金站的分流比随马口站流量的增加而增大，在马口站流量为 2000 ~ 28000m^3/s 时，灯笼山站的分流比变化为 20.5% ~ 34.9%，黄金站的分流比变化为 1.9% ~ 5.2%；相反，西炮台站和虎坑 + 三江口站的分流比则随马口站流量的增加而减少，马口站在上述流量时，西炮台站的分流比从 7.5% 减少至 4.4%，虎坑 + 三江口站的分流比从 10.3% 减少至 5.4%；在马口站的流量小于 12000m^3/s 左右时，黄金站的分流比小于西炮台站（前者约为 3.7% ~ 4.2%，后者约为 3.9% ~ 9.5%），而马口站的流量大于 12000m^3/s 左右时，则为黄金站的分流比大于西炮台站（前者约为 4.0% ~ 4.1%，后者约为 3.4% ~ 3.8%）。

3. 南华站以下网河汊口分流比的变化

西江干流分流汇入东海水道后，主流经容奇镇至板沙尾与北江下游顺德水道的分流水道——李家沙水道汇合，分别由蕉门、洪奇门和横门汇入伶仃洋。沿程主要分汊河道有小榄水道、鸡鸦水道、桂洲水道等，其中小榄水道与鸡鸦水道在中山市的接源附近合而为一，至中山港又有石歧水道汇入合流，再经横门口汇入伶仃洋出海；桂洲水道及鸡鸦水道沿程分入黄圃沥和黄沙沥的水流汇入洪奇门水道后，经洪奇门口汇入伶仃洋出海；容桂水道与李家沙水道在板沙尾汇合后流入洪奇门水道，沿程有部分水流分入潭洲沥、上横沥和下横沥后汇入蕉门水道，再经蕉门口汇入伶仃洋出海。

根据 20 世纪 90 年代以来东海水道上游的南华站与下游的容奇站、小榄水道的小榄站、鸡鸦水道的南头站、桂洲水道的海尾站等的实测资料进行相关分析，以及南华站、横门站与马口站的实测资料进行相关分析，分别得到如下关系式：

$$Q_{小榄} = 0.16Q_{南华} + 32 \tag{2-10}$$

$$Q_{南头} = 0.37Q_{南华} - 35 \tag{2-11}$$

$$Q_{海尾} = 0.20Q_{南华} - 10 \tag{2-12}$$

$$Q_{容奇} = 0.29Q_{南华} + 10 \tag{2-13}$$

$$Q_{南华} = 0.446Q_{马口} - 68 \tag{2-14}$$

$$Q_{横门} = 0.19Q_{马口} - 150 \tag{2-15}$$

或

$$Q_{横门} = 0.426Q_{南华} - 121 \tag{2-16}$$

式中　$Q_{南华}$、$Q_{小榄}$、$Q_{南头}$、$Q_{海尾}$、$Q_{容奇}$、$Q_{横门}$分别为南华站、小榄站、南头站、海尾站、容奇站和横门站的流量，m^3/s；其他符号意义同前。

根据上述关系计算分析马口站或南华站在不同流量时，小榄站、南头站、海尾站与容奇站等汉口的流量占四站流量之和的分流比的变化可见：小榄站和容奇站的分流比随四站流量之和的增加而减少，小榄站分流比的变化为19.6%～15.9%，容奇站分流比的变化为29.7%～28.5%；南头站和海尾站的分流比随四站流量之和的增加而增大，南头站分流比的变化为32.2%～36.1%，海尾站分流比的变化为18.5%～19.6%；四站中分流比最大者为鸡鸦水道的南头站，约为36.1%，其次为容奇水道的容奇站，约为28.5%，最小者为小榄水道的小榄站，约为15.9%，桂洲水道的海尾站介于小榄站与容奇站之间，其分流比约为19.6%，横门站的分流比随马口站流量的增加而增大，当马口站流量为2000～8000m^3/s时，横门站占马口站流量的分流比为11.5%～17.1%，相当于占南华站流量的27.9%～39.1%；当马口站流量在8000～40000m^3/s时，横门站占马口站流量的分流比为17.1%～18.6%，分流比的变幅较小（约为1.5%），相当于占南华站流量的分流比为39.1%～41.9%，分流比变幅为2.8%。

4. 三水站以下网河汊口分流比的变化

北江干流经三水至紫洞分流汇入潭洲水道；至吉利分流汇入吉利涌；至石仔沙分流汇入顺德水道。根据90年代以来洪、枯水期的实测资料对三水站与紫洞站、吉利站、石仔沙站的相关关系进行分析，得到其关系式如下：

$$Q_{紫洞} = 0.20Q_{三水} - 10 \tag{2-17}$$

$$Q_{吉利} = 0.13Q_{三水} - 18 \tag{2-18}$$

$$Q_{石仔沙} = 0.64Q_{三水} + 35 \tag{2-19}$$

式中 $Q_{三水}$、$Q_{紫洞}$、$Q_{吉利}$、$Q_{石仔沙}$分别为三水站、紫洞站、吉利站和石仔沙站的流量，m^3/s。

根据上述关系计算分析紫洞站、吉利站和石仔沙站分汊口流量占三站流量之和的分流比的变化，得到紫洞站和吉利站的分流比随三水站流量的增加而增大，在三水站流量为440～1760m^3/s时，紫洞站的分流比为三站流量之和的18.0%～20.0%，吉利站的分流比为三站流量之和的9.0%～12.3%，分流比变幅为2.0%～3.0%；当三水站流量增大至9300m^3/s时，紫洞站的分流比为三站流量之和的20.0%～20.5%，吉利站的分流比为三站流量之和的12.3%～13.2%，分流比较为稳定，变幅小于1%；石仔沙站的分流比则为随三水站流量的增大而减小，当三水站流量为440～1760m^3/s时，其分流比为三站流量之和的73.0%～67.8%，变幅为5.2%，三水站流量增大至9300m^3/s时，其分流比为三站流量之和的66.3%，变幅为1.5%，变幅大于紫洞站和吉利站。

三水站流量通过紫洞站、吉利站于澜石汇合流入潭洲水道，其水流至登洲头分流汇入平洲水道，经沙洛围站流入后航道、经大石涌流入三枝香水道，然后汇入广州水道经虎门口注入伶仃洋出海。根据90年代以来洪、枯水期实测资料进行相关分析，得到三水站流量与平洲水道的沙洛围站流量和大石涌的大石站流量存在如下关系：

$$Q_{沙洛围} = 0.19Q_{三水} - 76 \tag{2-20}$$

$$Q_{大石} = 0.05Q_{三水} - 26 \tag{2-21}$$

式中 $Q_{沙洛围}$、$Q_{大石}$分别为沙洛围站和大石站的流量，m^3/s；其他符号意义同前。

三水站流量经石仔沙站分流汇入顺德水道，其主流与陈村水道的水流在濠滘口汇合后流入沙湾水道，在三沙口站汇入狮子洋，经虎门口注入伶仃洋出海。根据 90 年代以来的实测资料进行相关分析，得到三水站流量与三沙口站流量的关系式为

$$Q_{三沙口} = 0.38Q_{三水} - 128 \qquad (2-22)$$

式中　$Q_{三沙口}$为三沙口站的流量，m^3/s；其他符号意义同前。

根据上述关系计算分析沙洛围站、大石站和三沙口站分汊口流量占三站流量之和的分流比的变化，得到沙洛围站和大石站的分流比随三水站流量的增加而增大，在三水站为 440～1760m^3/s 时，沙洛围站的分流比从占 3 站流量之和的 17.8% 增大至 30.0%，而大石站在三水站流量小于 500m^3/s 时，没有净泄量，当大于 500m^3/s 至 1760m^3/s 时，其分流比达到占 3 站流量之和的 7.2%，当三水站流量增大到 9300m^3/s 时，沙洛围站的分流比增大到 30.5%，分流比变幅为 0.5%，大石站的分流比为 7.9%，分流比变幅为 0.7%；三沙口站的分流比则随三水站流量的增大而减小，当三水站流量为 400～1320m^3/s 时，其分流比从占 3 站流量之和的 91.6% 减小至 63.5%，分流比变幅为 28.1%，当三水站流量增大到 9300m^3/s 时，其分流比减小到 61.5%，分流比变幅为 2.0%。由上可见，三水站流量为小于 1760m^3/s 时，3 站的分流比变化较大；而当三水站流量大于 1760m^3/s 时，3 站的分流比变化不大。

根据分析，北江干流三水站的流量通过沙洛围、大石、三沙口三站汇入虎门口出海的流量占三水站流量的分流比随三水站流量的增大而增大。当三水站流量从 440m^3/s 增至 880m^3/s 时，3 站的分流比从 9.8% 增加至 35.9%，分流比变幅为 26.1%，即三水站流量增加 100m^3/s，3 站的分流比增加 5.9%；当三水站流量增加到 1320m^3/s 时，3 站的分流比增加到 44.5%，分流比变幅为 8.6%，即三水站流量增加 100m^3/s，3 站的分流比增加到 2.4%；当三水站流量 1760m^3/s 时，3 站的分流比增加到 48.9%，分流比变幅为 4.4%，即三水站流量增加 100m^3/s，3 站的分流比增加 1.0%；当三水站流量从 4700m^3/s 增加到 9300m^3/s 时，3 站的分流比从 57.1% 增加至 59.5%，分流比变幅为 2.4%，即三水站流量增加 100m^3/s，3 站的分流比增加 0.03%。由上可见，3 站汇入虎门口的分流比随着三水站流量的增大而增大，但增幅则为减小。

5. 马口、三水站水流流入网河区分流比的变化

西江马口站和北江三水站的水流在思贤滘汇合后经过调节进入西江、北江三角洲网河区，其中一部分水流通过顺德水道、在勒流与甘竹溪汇合后流入顺德支流，在容奇与容桂水道汇合后分流入桂洲水道，然后汇入洪奇门水道，经洪奇门冯马庙站注入伶仃洋出海；顺德水道的部分水流在火烧头分流汇入李家沙水道后，在板沙尾与容桂水道汇合流入洪奇门水道，经洪奇门冯马庙站注入伶仃洋出海；部分经潭洲沥、上横沥及下横沥汇入蕉门水道经蕉门南沙站注入伶仃洋出海；顺德水道的另一部分水流在火烧头分流汇入榄核涌，并与沙湾水道分出的高沙河及骝岗水道汇合后流入蕉门水道，经蕉门南沙站注入伶仃洋出海。由上可见，来自西江马口站和北江三水站的水流除部分经虎门、横门、磨刀门、鸡啼门、虎跳门和崖门等 6 个口门分流出海外，主要是经洪奇门和蕉门出海。根据 90 年代以来的实测资料对马口与三水站流量之和分别与洪奇门的冯马庙站、蕉门的南沙站进行相关分析，得到如下关系式：

$$Q_{冯马庙} = 0.095Q_{马口+三水} + 110 \tag{2-23}$$

$$Q_{南沙} = 0.20Q_{马口+三水} - 343 \tag{2-24}$$

式中 $Q_{冯马庙}$、$Q_{南沙}$分别为冯马庙站和南沙站的流量，m^3/s；其他符号意义同前。

根据上述关系计算分析洪奇门冯马庙站和蕉门南沙站的分流量占马口站与三水站流量之和的分流比的变化，可见冯马庙站的分流比随马口站与三水站流量之和的增加而减小。当两站流量从2440m^3/s增加至4300m^3/s时，其分流比从14.0%减小至12.1%，分流比变幅为1.9%，相当于两站流量之和增加1000m^3/s，分流比减少1%；当两站流量之和从4300m^3/s增加至9760m^3/s时，分流比减小至10.6%，分流比变幅为1.5%，相当两站流量之和增加1000m^3/s，分流比减少0.27%；当两站流量之和从9760m^3/s增加至37300m^3/s时，分流比减小至9.8%，分流比变幅为0.8%，相当于两站流量之和增加1000m^3/s，分流比减少0.029%。即随着两站流量之和的增大，冯马庙站的分流比将减小，但减小幅度较小，且随着两站流量之和的增加而减小的幅度越来越小。

南沙站的分流比则随马口站与三水站流量之和的增加而增大，当两站流量之和为从2440m^3/s增加至4300m^3/s时，分流比从5.9%增加至12.0%，分流比变幅为6.1%，相当于两站流量之和增加1000m^3/s，分流比增加3.3%；当两站流量之和从4300m^3/s增加至9760m^3/s时，分流比增加至16.5%，分流比变幅为4.5%，相当于两站流量之和增加1000m^3/s，分流比增加0.8%；当两站流量之和从9760m^3/s增加至37300m^3/s时，分流比增加至19.1%，分流比变幅为2.6%，相当于两站流量之和增加1000m^3/s，分流比增加0.09%。由上可见，南沙站的分流比随马口站与三水站流量之和的增加而增大，其增大的幅度大于冯马庙站减小的幅度，并随两站流量之和的增加，其增大的幅度趋于减小；当两站流量之和小于4300m^3/s时，冯马庙站的分流比大于南沙站的分流比，而当两站流量之和大于4300m^3/s时，则是冯马庙站的分流比小于南沙站的分流比。

6. 口门区汊口分流比的变化

西江、北江水流经思贤滘调节流入西江、北江三角洲网河的控制站马口站和三水站后进入网河区，通过八大口门分泄出海。根据以上建立的式（2-6）~式（2-9）、式（2-15）以及式（2-20）~式（2-24），可以分别计算在马口站和三水站不同日平均流量下八大口门的分流比（各口门流量与八个口门的流量之和的比例），其中三水站流量与马口站流量的关系是采用1993年以来实测的日平均流量资料进行相关分析后建立的关系，即

$$Q_{三水} = 0.35Q_{马口} - 56 \tag{2-25}$$

式中 符号意义同前。

根据计算结果列于表2-12。由表2-12可见：

（1）东部四口门（虎门、蕉门、洪奇门、横门）的流量占八大口门流量之和的分流比随三水与马口两站流量之和的增加而增大，其增幅随两站流量之和的增大而减小。当流量从2640m^3/s增加至8040m^3/s时，分流比从54.2%增加至59.6%，分流比变幅为5.4%，即流量增加1000m^3/s，分流比增加1%；当流量从8040m^3/s增加至24200m^3/s时，分流比增加至60.9%，分流比变幅为1.3%，即流量增加1000m^3/s，分流比增加0.08%；当流量从24200m^3/s增加至53940m^3/s时，分流比增加至61.2%，分流比变幅为0.3%，即流量增加1000m^3/s，分流比增加0.01%。相反，西部西口门（磨刀门、鸡啼

门、虎跳门、崖门）的分流则随三水与马口两站流量之和的增加而减小，其减幅随两站流量之和的增大而减小。

从表2-12中还可看到，东四口门的分流比大于西四口门，随着两站流量之和的增大，两者的分流比的变幅越来越大，当两站流量之和从2640m^3/s增至53940m^3/s时，其分流比的变幅从8.4%增至22.4%。

（2）在东部四口门中，虎门、蕉门、横门的分流比是随三水与马口两站流量之和的增加而增大，而洪奇门的分流比则是减小；而在西部四口门中，磨刀门和鸡啼门的分流比是随三水与马口两站流量之和的增加而增大，虎跳门和崖门的分流比则为减小。

采用与上述相同的方法进行分析，不难看到，东四门中虎门、蕉门和横门的分流比随三水与马口两站流量之和的增加而增大的增幅是越来越小的，其中以蕉门的分流比的增幅为最大；洪奇门的分流比随三水与马口两站流量之和的增加而减小的减幅是越来越小的，甚至减幅为零。同样，在西四口门中，磨刀门和鸡啼门的分流比随三水与马口两站流量之和的增加而增大的增幅是越来越减小的，其中以磨刀门的增幅为最大，但小于蕉门的增幅；而虎跳门和崖门的分流比随两站流量之和的增大而减小的减幅亦是越来越小的，直至为零。

在八大口门中，以磨刀门的分流比为最大，同样说明磨刀门是八大口门中的泄流主干道；其次为蕉门；分流比最小的是鸡啼门和虎跳门。

表2-12　珠江八大口门分流比的变化

站名		日平均流量（m^3/s）								
马口		2000	6000	10000	14000	18000	24000	32000	36000	40000
三水		640	2040	3400	4800	6200	8300	11100	12500	13940
大虎	流量（m^3/s）	169	1036	1905	2773	3641	4943	6679	7547	8414
	分流比（%）	9.6	14.8	15.6	15.9	16.0	16.2	16.3	16.3	16.3
南沙	流量（m^3/s）	189	1269	2346	3426	4506	6126	8286	9366	10446
	分流比（%）	10.8	18.1	19.1	19.6	19.8	20.0	20.1	20.2	20.3
冯马庙	流量（m^3/s）	362	874	1387	1900	2413	3183	4209	4722	5235
	分流比（%）	20.7	12.5	11.3	10.9	10.6	10.4	10.2	10.2	10.2
横门	流量（m^3/s）	230	990	1750	2510	3270	4410	5930	6690	7450
	分流比（%）	13.1	14.2	14.3	14.4	14.4	14.4	14.4	14.4	14.4
灯笼山	流量（m^3/s）	410	1850	3290	4730	6170	8330	11210	12650	14090
	分流比（%）	23.4	26.4	26.9	27.1	27.1	27.2	27.3	27.3	27.3
黄金	流量（m^3/s）	38	254	470	686	902	1226	1658	1874	2090
	分流比（%）	2.2	3.6	3.8	3.9	4.0	4.0	4.0	4.0	4.1
西炮台	流量（m^3/s）	149	317	485	653	821	1073	1409	1577	1745
	分流比（%）	8.5	4.5	4.0	3.7	3.6	3.5	3.4	3.4	3.4

续表

站名		日平均流量（m^3/s）								
官冲	流量（m^3/s）	205	405	605	805	1005	1305	1705	1905	2105
	分流比（%）	11.7	5.8	4.9	4.6	4.4	4.3	4.1	4.1	4.1
东四门	流量（m^3/s）	950	4169	7388	10606	13830	18662	25104	28325	31545
	分流比（%）	54.2	59.6	60.4	60.7	60.9	61.0	61.1	61.1	61.2
西四门	流量（m^3/s）	802	2826	4850	6874	8898	11934	15982	18006	20030
	分流比（%）	45.8	40.4	39.6	39.3	39.1	39.0	38.9	38.9	38.8

注 表中大虎站的流量为沙洛围、大石、三沙口站的流量之和；官冲站的流量为虎坑、三江口站的流量之和。

2.2 潮汐与潮流

在天体引潮力的作用下，其中主要是月球引潮力的作用，引起海水产生垂直方向的涨落和水平方向的流动的周期性运动，通常将前者称为潮汐，后者称为潮流。潮汐与潮流两者同时产生和并存，不可分离。

珠江河口区的潮汐，主要是太平洋的潮波经巴士海峡进入南海，从南海传入各口门。它既受天文因素的制约，也受地形、气象以及珠江径流等因素的影响，使潮波发生变形，使各口门的潮汐与潮流的特征有所不同。

2.2.1 潮汐特征

1. 潮型

潮型是潮汐特征的基本要素之一，它反映着海水作垂直方向涨落的周期性运动过程。我国目前对潮型的划分主要是以 $F = \frac{H_{K1} + H_{01}}{H_{M2}}$ 值作为依据，其中 H_{k1} 、H_{01} 及 H_{M2} 分别表示太阴赤纬日分潮振幅、主太阴日分潮振幅及主太阴半日分潮振幅，将潮型划分为 4 种类型[2]：

（1）规则半日潮：$0 < F \leqslant 0.5$。

（2）不规则半日潮：$0.5 < F \leqslant 2.0$。

（3）不规则全日潮：$2.0 < F \leqslant 4.0$。

（4）规则全日潮：$F > 4.0$。

珠江三角洲河口区位于北纬 20°00′～20°50′之间，F 值大于 0.5 而小于 2.0，故潮汐类型属于不规则半日潮型，即在一个太阴日内（约 24h50min）出现两次高潮和两次低潮，潮高、潮差和潮历时存在明显的不等现象。

2. 潮位

潮位是指海水作垂直方向涨落的高程变化，它是潮汐特征的基本要素之一。表 2－13 和表 2－14 分别为珠江八大口门各站高高潮位和低低潮位的统计，由表可见：

（1）珠江八大口门各站最高潮位一般出现在洪水期，尤其是 6～8 月或风暴潮正面袭击时；最低潮位一般出现在枯水期或汛后，尤其是1~3月。显然这是由于口门的潮汐受上游径流影响所致，在八大口门中，虎门和崖门属喇叭形河口湾，其纳潮量大，属于潮汐通道类型，上游径流的影响不如其余6个口门显著。

（2）在珠江八大口门中，东四门的高高潮位高于西四门的高高潮位；在东四门中一般是东部虎门的高高潮位高于其余3个口门的高高潮位，而在西四门中则是西部崖门的高高潮位高于其余3个口门的高高潮位，因而高高潮位存在以磨刀门为最低，向东、西两侧抬升的潮位坡度，在低低潮位时，东四门中以虎门口的潮位最低，而在西四门中，以磨刀门的潮位为最高，以崖门的潮位为最低，因而低低潮存在与高高潮相反的情况，即存在以磨刀门向东、西两侧降落的潮位坡降。

（3）在珠江河口中存在两个喇叭形河口湾，即东部的伶仃洋和西部的黄茅海。其中伶仃洋汛期高高潮位东部高于西部，低低潮位则相反，故涨潮时海平面向西向倾斜，落潮时向东南倾斜；黄茅海亦呈现类似情况，一般是汛期高高潮位西部高于东部，而低低潮位则是东部高于西部，故涨潮时海平面向东南倾斜，高潮时向西南倾斜，海平面倾斜的方向恰与伶仃洋相反。

表2-15和表2-16分别为珠江八大口门高高潮位和低低潮位的频率计算，可供八大口门各站进行工程规划和设计时参考。

在天文潮中存在朔、望大潮和上、下弦月小潮的潮汐现象，这是由于太阳、地球和月球三者存在相对位置不同而引起引潮力作用不同所造成的，俗话说“初一、十五（农历）涨大潮，初八、廿三到处见海滩”，就是这种潮汐现象的写照；但珠江河口的潮汐存在“滞后”现象，大潮不出现在朔、望，小潮不出现在上、下弦月，一般要滞后2~3天。

表2-13　　珠江八大口门各站逐月历年高高潮位统计表　　（单位：m）

口门（站名）＼项目	各月历年平均高潮位												多年平均潮位	最高潮位
	1	2	3	4	5	6	7	8	9	10	11	12		
虎门（舢板洲）	1.42	1.32	1.15	1.24	1.51	1.59	1.72	1.58	1.47	1.56	1.60	1.51	1.86	2.55（1961.10.26）
蕉门（南沙）	1.35	1.26	1.11	1.20	1.53	1.60	1.69	1.56	1.48	1.52	1.51	1.46	1.88	2.30（1964.5.28）
洪奇门（万顷沙西）	1.33	1.23	1.09	1.19	1.53	1.60	1.68	1.50	1.47	1.48	1.49	1.41	1.85	2.58（1964.5.28）
横门（横门）	1.27	1.18	1.03	1.13	1.45	1.51	1.59	1.51	1.41	1.44	1.44	1.37	1.79	2.62（1974.7.22）
磨刀门（灯笼山）	1.10	1.00	0.87	0.97	1.23	1.30	1.42	1.33	1.18	1.26	1.25	1.19	1.64	2.65（1965.7.15）
鸡啼门（黄金）	1.12	1.03	0.87	0.96	1.24	1.28	1.43	1.27	1.21	1.33	1.34	1.23	1.60	1.95（1974.7.22）
虎跳门（西炮台）	1.29	1.16	1.03	1.16	1.47	1.51	1.62	1.50	1.40	1.37	1.44	1.40	1.78	2.39（1965.7.15）
崖门（黄冲）	1.32	1.19	1.03	1.17	1.45	1.51	1.64	1.51	1.36	1.42	1.49	1.44	1.77	2.27（1965.7.15）

注　1. 潮位以珠江基面以上米数计。
2. 括号中数据为出现日期。
3. 资料年份东四门中舢板洲站为1963~1979年，其余为1953~1979年，西四门中灯笼山、黄冲站为1959~1979年，黄金站为1965~1979年，西炮台站为1957~1968、1974~1979年。

表 2-14　珠江八大口门各站逐月历年低低潮位统计表　（单位：m）

口门（站名）\项目	各月历年平均高潮位												多年平均潮位	最低潮位
	1	2	3	4	5	6	7	8	9	10	11	12		
虎门（舢板洲）	-1.67	-1.67	-1.68	-1.69	-1.65	-1.63	-1.59	-1.65	-1.60	-1.56	-1.60	-1.69	-1.88	-2.18（1966.1.7）
蕉门（南沙）	-1.31	-1.30	-1.32	-1.25	-1.15	-1.04	-1.04	-1.03	-1.05	-1.11	-1.18	-1.30	-1.44	-1.82（1971.3.23）
洪奇门（万顷沙西）	-1.21	-1.19	-1.23	-1.14	-0.98	-0.85	-0.84	-0.85	-0.86	-0.95	-1.04	-1.17	-1.25	-1.77（1962.12.30）
横门（横门）	-1.06	-1.06	-1.08	-0.98	-0.87	-0.74	-0.74	-0.72	-0.75	-0.84	-0.92	-1.02	-1.07	-1.25（1955.2.20）
磨刀门（灯笼山）	-0.99	-0.97	-0.98	-0.89	-0.72	-0.62	-0.58	-0.56	-0.58	-0.67	-0.79	-0.92	-0.99	-1.12（1965.3.16）
鸡啼门（黄金）	-1.31	-1.30	-1.27	-1.15	-1.03	-0.99	-0.93	-0.90	-0.89	-1.02	-1.14	-1.29	-1.35	-1.57（1979.1.31）
虎跳门（西炮台）	-1.28	-1.23	-1.23	-1.16	-1.05	-1.00	-0.97	-0.94	-0.96	-1.08	-1.17	-1.27	-1.37	-1.87（1974.10.18）
崖门（黄冲）	-1.39	-1.34	-1.35	-1.26	-1.14	-1.10	-1.06	-1.03	-1.04	-1.18	-1.28	-1.39	-1.50	-1.74（1974.10.19）

注　1. 潮位基面为珠江基面。
2. 括号中数据为出现日期。
3. 各月资料年份东四门为 1953～1979 年，西四门中灯笼山、黄冲站为 1959～1979 年，黄金站为 1965～1979 年，西炮台站为 1957～1968、1974～1979 年。

表 2-15　珠江八大口门高高潮位频率计算表　（单位：m）

站名	时间（年）	均值	C_v	C_s/C_v	各级频率高高潮位						
					0.1	0.5	1	2	5	10	20
黄埔（三）	1955～1998	1.92	0.12	6	2.87	2.67	2.57	2.47	2.34	2.23	2.10
南　沙	1955～1998	1.88	0.14	8	3.12	2.83	2.69	2.56	2.38	2.23	2.08
万顷沙西	1952～1994	1.85	0.14	8	3.07	2.78	2.65	2.52	2.34	2.20	2.04
横　门	1952～1998	1.79	0.15	8	3.08	2.77	2.63	2.49	2.30	2.15	1.99
灯笼山	1959～1998	1.64	0.16	8	2.93	2.62	2.48	2.34	2.14	1.99	1.83
黄　金	1965～1998	1.60	0.15	8	2.76	2.48	2.36	2.23	2.06	1.92	1.78
西炮台	1956～1998	1.78	0.13	8	2.84	2.60	2.48	2.37	2.22	2.09	1.95
黄　冲	1959～1998	1.77	0.17	8	3.29	2.91	2.75	2.58	2.35	2.17	1.98

注　1. 表中数据引自广东省水利电力勘测设计研究院，珠江河口整治近期防洪实施工程可行性研究报告，2002 年 8 月。
2. 表中潮位基面为珠江基面。
3. C_v 为离差系数。
4. C_s 为偏态系数。

表 2－16　**珠江八大口门低低潮位频率计算表**　（单位：m）

站名	时间（年）	均值	C_v	各级频率低低潮位								
				3	5	10	25	50	75	90	95	97
黄埔（三）	1960～1998	－1.73	0.05	－1.56	－1.58	－1.61	－1.67	－1.73	－1.79	－1.85	－1.88	－1.91
南　沙	1952～1998	－1.44	0.15	－1.03	－1.08	－1.16	－1.29	－1.44	－1.59	－1.72	－1.80	－1.85
万顷沙西	1952～1994	－1.25	0.07	－1.05	－1.08	－1.13	－1.20	－1.26	－1.31	－1.35	－1.37	－1.38
横　门	1952～1998	－1.07	0.08	－0.90	－0.92	－0.96	－1.01	－1.07	－1.13	－1.19	－1.22	－1.24
灯笼山	1958～1998	－0.99	0.05	－0.88	－0.90	－0.92	－0.96	－1.00	－1.03	－1.06	－1.08	－1.09
黄　金	1964～1998	－1.35	0.09	－1.14	－1.16	－1.20	－1.27	－1.34	－1.43	－1.51	－1.56	－1.59
西炮台	1956～1967 1974～1998	－1.37	0.07	－1.21	－1.22	－1.25	－1.31	－1.37	－1.43	－1.49	－1.53	－1.55
黄　冲	1958～1998	－1.50	0.08	－1.29	－1.31	－1.34	－1.41	－1.49	－1.57	－1.66	－1.71	－1.75

注　1. 表中数据引自广东省水利电力勘测设计研究院，珠江河口整治近期防洪实施工程可行性研究报告，2002 年 8 月。

2. 表中潮位基面为珠江基面。

3. 潮差

潮差是指海水作垂直方向涨落的高程差，它亦是潮汐特征的基本要素之一，反映潮波振幅的大小和潮汐作用的强弱，潮差大即潮汐作用强；反之，潮差小则潮汐作用弱。表 2－17为珠江八大口门潮差的统计，由表可见：

（1）珠江八大口门的多年平均潮差在 0.86～1.60m 之间，历年最大潮差在 1.90～3.36m 之间，属于弱潮河口。对比表 2－18 所列我国主要大江大河河口的潮差情况，可见，钱塘江的平均潮差为 5.35m，最大潮差达 8.93m，为我国著名的强潮河口，珠江河口的多年平均潮差和历年最大潮差均较小，仅大于黄河河口，故总体而言，潮汐作用不强。

（2）珠江八大口门中，各口门潮差不同，其中以虎门的潮差最大，其次为崖门，这两个口门的潮汐作用较强，是以潮汐作用为主的口门，存在着潮汐通道；其余 6 个口门潮差较小，潮汐作用较弱，是以径流作用为主的口门。

（3）各口门的多年平均涨潮潮差与多年平均落潮潮差基本相同，但各口门的历年最大涨潮潮差与历年最大落潮潮差则不尽相同，后者往往大于前者，这可能与潮汐作用较弱而径流作用较强有关。

表 2－17　**珠江八大口门潮差统计表**　（单位：m）

潮期	口门（站名）	各月平均潮差												多年平均潮差	历年最大潮差
		1	2	3	4	5	6	7	8	9	10	11	12		
涨潮	虎门（舢板洲）	1.45	1.51	1.60	1.67	1.66	1.60	1.60	1.68	1.73	1.68	1.58	1.47	1.60	2.90（1979.8.2）
	蕉门（南沙）	1.30	1.35	1.39	1.40	1.35	1.31	1.30	1.35	1.44	1.45	1.39	1.32	1.36	2.72（1979.8.2）
	洪奇门（万顷沙西）	1.21	1.23	1.27	1.25	1.19	1.13	1.19	1.17	1.26	1.29	1.25	1.21	1.21	2.79（1979.8.2）

续表

潮期	口门（站名）	各月平均潮差												多年平均潮差	历年最大潮差
		1	2	3	4	5	6	7	8	9	10	11	12		
涨潮	横门（横门）	1.08	1.11	1.14	1.12	1.07	1.01	1.01	1.05	1.16	1.19	1.13	1.08	1.10	2.27（1979.8.2）
涨潮	磨刀门（灯笼山）	0.90	0.94	0.96	0.88	0.79	0.72	0.73	0.78	0.87	0.93	0.92	0.89	0.86	1.90（1972.1.16）
涨潮	鸡啼门（黄金）	1.02	1.07	1.08	1.01	0.95	0.91	0.91	0.94	1.02	1.08	1.07	1.03	1.01	2.44（1975.10.15）
涨潮	虎跳门（西炮台）	1.14	1.17	1.21	1.22	1.20	1.16	1.17	1.20	1.25	1.27	1.22	1.15	1.20	2.51（1960.6.9）
涨潮	崖门（黄冲）	1.19	1.22	1.25	1.25	1.23	1.20	1.20	1.24	1.29	1.32	1.27	1.19	1.24	2.73（1960.6.9）
落潮	虎门（舢板洲）	1.45	1.51	1.60	1.67	1.64	1.60	1.60	1.68	1.72	1.69	1.59	1.48	1.60	3.36（1969.7.29）
落潮	蕉门（南沙）	1.31	1.35	1.40	1.39	1.35	1.31	1.29	1.35	1.44	1.45	1.39	1.32	1.36	2.81（1969.7.29）
落潮	洪奇门（万顷沙西）	1.21	1.24	1.28	1.25	1.19	1.12	1.13	1.17	1.26	1.29	1.25	1.21	1.21	2.57（1974.1.8）
落潮	横门（横门）	1.08	1.11	1.14	1.12	1.06	1.01	1.01	1.05	1.15	1.19	1.14	1.09	1.09	2.48（1969.7.29）
落潮	磨刀门（灯笼山）	0.90	0.94	0.96	0.88	0.79	0.72	0.73	0.78	0.86	0.93	0.92	0.86	0.86	2.29（1965.7.15）
落潮	鸡啼门（黄金）	1.02	1.07	1.09	1.01	0.95	0.91	0.91	0.94	1.01	1.08	1.07	1.01	1.01	2.71（1976.12.22）
落潮	虎跳门（西炮台）	1.14	1.18	1.22	1.22	1.20	1.15	1.16	1.20	1.25	1.27	1.23	1.20	1.20	2.69（1986.6.23）
落潮	崖门（黄冲）	1.19	1.22	1.25	1.25	1.22	1.19	1.20	1.24	1.28	1.32	1.27	1.24	1.24	2.95（1968.12.21）

注 1. 表中数据引自文献[3]。

2. 括号中数据为出现日期。

表 2－18　我国主要大江大河河口潮差统计表　（单位：m）

河口名称	平均潮差	最大潮差
长　江	2.67	4.62
珠　江	0.86～1.60	1.90～3.36
黄　河	0.61～1.13	
海　河	2.15	4.00
辽　河	2.68	
钱塘江	5.35	8.93

注 表中数据除珠江外均引自文献［2］。

4. 潮历时

潮历时是指海水作垂直方向涨落所经历的时间，有涨潮历时和落潮历时之分。珠江河口为不规则半日潮型河口，在一个太阴日内有两次涨潮和两次落潮，涨、落潮历时不相等。表2－19为珠江八大口门各站潮历时统计，表2－20为珠江八大口门多年平均落潮历时与多年平均涨潮历时的比值统计，由表2－19和表2－20可见：

（1）珠江八大口门各站的潮历时均不相同，这是由于各口门的河床地形、上游径流、气象等因素对潮汐的影响不同所致。从多年平均潮历时上看，东四门中以虎门的涨潮历时较长，落潮历时较短，其余3个门则相反，涨潮历时较短而落潮历时较长；西四门中以位于黄茅海的虎跳门和崖门的涨潮历时较短，落潮历时较长。

（2）珠江八大口门各站多年平均涨、落潮历时均为落潮历时大于涨潮历时，由此可见从总体而言，珠江河口潮汐作用较弱，径流作用相对较强，因而落潮历时较长。

（3）从多年平均落潮历时与多年平均涨潮历时的比值上看，珠江八大口门各站均为汛期的比值大于枯水期的比值，说明洪水期径流作用较强，因而落潮历时较长；枯水期潮汐作用相对提高，但与径流作用相比，仍然相对比后者为弱，故其比值除黄金站外其余各站均大于1，这也说明了珠江河口是弱潮河口的性质。

表2－19　　**珠江八大口门各站潮历时统计表**　　（单位：h:min）

潮期	站名＼月份	1	2	3	4	5	6	7	8	9	10	11	12	多年年平均
涨潮	舢板洲	5:58	6:07	5:59	5:49	5:33	5:22	5:20	5:31	5:45	5:58	5:59	5:57	5:46
	南　沙	5:37	5:45	5:35	5:19	4:59	4:46	4:46	4:52	5:17	5:33	5:36	5:37	5:25
	万顷沙西	5:35	5:42	5:33	5:16	4:57	4:44	4:41	4:49	5:07	5:28	5:33	5:35	5:15
	横　门	5:40	5:45	5:37	5:21	5:06	4:55	4:49	4:57	5:18	5:53	5:41	5:41	5:22
	灯笼山	5:44	6:03	5:47	5:22	5:09	4:43	4:44	4:57	5:15	5:41	5:52	5:48	5:25
	黄　金	6:26	6:40	6:37	6:18	5:59	5:34	5:23	5:48	6:18	6:44	6:46	6:29	6:15
	西炮台	5:14	5:20	5:17	5:07	4:51	4:36	4:34	4:47	5:04	5:19	5:26	5:18	5:05
	黄　冲	5:33	5:41	5:32	5:18	5:07	4:52	4:51	4:59	5:16	5:35	5:39	5:35	5:19
落潮	舢板洲	6:27	6:30	6:40	6:48	6:53	7:03	7:05	6:57	6:45	6:35	6:30	6:29	6:43
	南　沙	6:49	6:53	7:05	7:19	7:26	7:39	7:43	7:35	7:19	7:04	6:55	6:46	7:13
	万顷沙西	6:52	6:52	7:05	7:19	7:30	7:41	7:44	7:40	7:25	7:11	6:58	6:50	7:15
	横　门	6:47	6:52	7:00	7:14	7:12	7:31	7:36	7:30	7:16	6:57	6:49	6:45	7:08
	灯笼山	6:50	6:59	7:03	7:24	7:33	7:43	7:51	7:47	7:33	7:08	6:55	6:45	7:18
	黄　金	6:02	6:08	6:13	6:18	6:30	6:52	7:01	6:43	6:21	6:07	6:00	6:00	6:21
	西炮台	7:10	7:13	7:12	7:19	7:34	7:50	7:50	7:40	7:21	7:09	7:06	7:08	7:23
	黄　冲	7:02	7:05	7:05	7:08	7:18	7:33	7:33	7:27	7:13	7:02	6:56	6:56	7:12

注　表中数据引自文献［3］。

表 2-20 珠江八大口门各站多年平均落潮历时与涨潮历时比值表

站名	多年平均落潮历时/多年平均涨潮历时														
	1月	2月	3月	4月	5月	6月	7月	8月	9月	10月	11月	12月	年平均	洪水期	枯水期
舢板洲	1.08	1.06	1.11	1.17	1.24	1.31	1.33	1.26	1.17	1.10	1.09	1.09	1.16	1.24	1.09
南　沙	1.21	1.20	1.27	1.38	1.49	1.60	1.62	1.56	1.38	1.27	1.24	1.20	1.33	1.51	1.23
万顷沙西	1.23	1.20	1.28	1.39	1.52	1.62	1.65	1.59	1.45	1.31	1.26	1.22	1.38	1.53	1.25
横　门	1.20	1.19	1.25	1.35	1.41	1.53	1.58	1.52	1.37	1.18	1.20	1.19	1.33	1.32	1.21
灯笼山	1.19	1.15	1.22	1.38	1.47	1.64	1.66	1.57	1.44	1.26	1.18	1.16	1.35	1.52	1.19
黄　金	0.95	0.93	0.95	1.01	1.12	1.27	1.34	1.17	1.02	0.92	0.90	0.94	1.03	1.15	0.93
西炮台	1.37	1.35	1.37	1.43	1.56	1.71	1.72	1.61	1.45	1.34	1.31	1.35	1.45	1.57	1.34
黄　冲	1.27	1.25	1.28	1.35	1.43	1.55	1.56	1.49	1.37	1.26	1.23	1.24	1.35	1.45	1.25

注　表中数据引自珠江水利委员会，珠江三角洲基本资料，1988 年 1 月。

2.2.2 潮流特征

2.2.2.1 潮流运动形式[4]

潮流的运动形式一般分为往复流和旋转流两种，通常以分潮椭圆旋转率 K 值的大小来判断。$K=0$ 为典型的往复流；$K=1$ 为典型的旋转流。K 值介于 0~1 之间，其值越大，旋转流的形式越显著；K 值越小，往复流的形式越占优势。

根据分析，珠江河口伶仃洋的潮流以主太阴半日分潮 M_2 占优势，可以 M_2 分潮的椭圆旋转率 K 值分析其潮流运动形式。表 2-21 为 2003 年 7 月由实测计算得到的伶仃洋各测点 M_2 分潮的椭圆旋转率，由表可见，除 V8 测点（位于黄茅岛抛泥区内）旋转流较明显外，其余均以往复流为主。涨潮流平均流向介于 300°~359°之间，落潮流平均流向介于 121°~186°之间，即基本上呈较稳定的南北向往复流。东、西槽的潮流流向与河道走向基本一致；东部浅滩涨潮经大铲岛附近后沿岸线平行上溯略有偏向东槽的趋势；西槽因受海区地形和口门来水的影响，涨、落潮流与主槽有一定交角，涨潮流介于 330°~350°之间，落潮流介于 120°~160°之间。桂山岛以南至万山群岛以北的海域，由于是伶仃洋行潮的出入口，又受外围海流以及周围众多岛屿的影响，使该区域的潮流运动情况比较复杂，实测流向变化较大。

磨刀门浅海区受径流、潮流和地形的制约，呈往复流的运动形式。磨刀门水道主槽以径流作用为主，主流向与中泓线基本一致，落潮主流贴东岸较顺直下泄出海，涨、落潮流向基本为南—北向；龙屎窟水道潮流作用较强，落潮流沿东南向下泄出海，涨潮流从北或西北方向上溯；湾洪水道的主潮流则为西南—东北向。在 -5m 等深线以外海区，由于水域开阔，受南海潮、柯氏力及季风的制约较浅海区明显，存在旋转流和沿岸流的相互影响，流态较复杂。

表 2-21　**M_2分潮椭圆旋转率 *K* 值表**

垂线 \ 测层		表层	0.2*H*	0.6*H*	0.8*H*	底层	平均
旋转率	V1	-0.05	-0.04	-0.01	-0.05	-0.07	-0.02
	V2	-0.33	-0.47	-0.21	-0.07	-0.08	-0.29
	V3	-0.06	-0.03	-0.04	-0.05	-0.01	-0.01
	V4	-0.21	-0.26	-0.16	-0.20	-0.11	-0.19
	V5	-0.04	-0.04	-0.06	-0.03	-0.07	-0.01
	V6	-0.31	-0.18	-0.12	-0.02	-0.01	-0.14
	V7	-0.15	-0.14	-0.09	-0.08	-0.11	-0.13
	V8	-0.05	-0.63	-0.74	-0.54	-0.31	-0.59
	V9	-0.02	-0.02	-0.03	-0.02	-0.05	-0.01
	V10	-0.04		-0.15		-0.07	-0.09

表2-22为磨刀门浅海区口门主流流向的观测结果，从表中可见其潮流运动形式的基本特征。

表 2-22　**磨刀门浅海区口门主流流向表**　[单位：(°)]

测点	枯水期		洪水期	
	涨急流向	落急流向	涨急流向	落急流向
大冲口（16）	331	141		144
横　洲（17）	352	143	342	152
上　沟（21）	69	60	70	258
马骝洲（20）	241	42	243	51
龙屎窟（26）	341	160	322	141

黄茅海浅海区由于受喇叭形边界和上游径流的影响，潮流运动形式为往复流，主深槽尤为明显。洪水期涨潮流沿北偏西上溯，落潮流沿东岸下泄；枯水期涨潮流沿北偏东上溯，落潮流沿南偏西下泄。

2.2.2.2　潮流流势特征

根据系列卫星遥感影像图的解释进行对比分析，可以从中了解珠江河口各海区涨、落潮流的流势特征。

1. 伶仃洋浅海区涨、落潮流流势特征

(1) 涨潮流流势。伶仃洋的涨潮流流势，从系列卫星遥感影像图的解释进行分析（见图2-2、图2-3），可概括为如下基本特征[1]：

---

[1] 珠江水利委员会科学研究所，珠江河口水沙运动遥感分析，2003年11月。

图2-2 伶仃洋枯水期涨潮遥感流势图

1）伶仃洋涨潮时，以大濠水道涨潮流流势最强。从珠江口入侵伶仃洋的涨潮流，由于受万山群岛、大屿山岛等多座岛屿的制约，形成多股流路上溯湾内。一般是从桂山岛与大屿山之间的大濠水道上溯，从北西方向逐渐转向北北西，进而流入伶仃洋西槽，形成一条从大濠水道—伶仃西槽—川鼻水道—虎门口的涨潮轴线，其流路清晰，含沙量较低；另一股是从香港的暗士顿水道上溯进入湾内，从近西向逐渐转为北北西进入东槽，进而上溯达到虎门口，其水质清澈，含沙量甚低；第三股是从珠海、澳门东侧海域，以近北方向上溯，由于槽道发育较差，以面流为主，流路不甚明显，且常年含沙量较东部为高。

图 2－3　伶仃洋洪水期涨潮遥感流势图

2）暗士顿水道涨潮流成为伶仃洋东部水域的优势流。这股潮流流势集中，含沙量极低，形成伶仃洋东槽强大的涨潮动力。在中水期、枯水期，这股涨潮动力直达虎门口，并向上游上溯；洪水期因受虎门口下泄流的顶托，潮流动力偏东，上溯范围比枯水期小。

3）在伶仃洋西侧口门附近水域，上溯潮流与下泄径流交汇，流态复杂。从珠海、澳门东侧海域上溯的潮流，经大九洲一带进入淇澳岛附近时，形成两股分别从金星门和淇澳岛东侧的帆船水道进入伶仃洋西部口门槽道的潮流，当伶仃洋西槽趋于强势时段，西部口门附近水域的水流，受各口门边界及口门滩、槽地形的影响，出现上溯潮流与下泄径流交汇，并形成滞流和回流流态。其中，从金星门上溯的潮流与横门南支的下泄水流交汇，使横门南支中段和其东侧浅滩区形成大面积的缓流区；在淇澳岛东侧上溯的潮流与横门北支的洪奇门汇合后的下泄水流相互作用下，亦形成大范围的缓流区，流态甚为复杂。

（2）落潮流流势。伶仃洋的落潮流流势，仍从系列卫星遥感影像图的解释进行分析（见图2－4、图2－5），可概括为如下基本特征❶：

图2－4　伶仃洋枯水期落潮遥感流势图

❶ 珠江水利委员会科学研究所，珠江河口水沙运动遥感分析，2003年11月。

图2-5　伶仃洋洪水期落潮遥感流势图

1）中枯水期西部水域明显存在着水动力相对平衡带。中枯水期落潮时，从虎门下泄的落潮流由于其流量大、流势强，形成一股自虎门口至口外的珠海—澳门东侧水域从东南向转南向再偏转西南向的落潮主流流路，而西部浅滩落潮流由于受各口门来水、浅滩地形及风浪的影响，水体含沙量相对较高，从蕉门南支出口至淇澳东一线，落潮流向基本为东南向，两种水流相互顶托，后者受到前者的制约，形成了两侧水体清浊分明的界面，我们称之为水动力相对平衡线（或称带，见图2-4），实为西部浅滩与深槽之间水动力与泥沙的锋面。在不同潮型和径流的组合条件下，这一分界线的位置及形态在一定范围内发生摆动。因此，虎门落潮主流控制着内伶仃洋中、西部水域，并制约着西部3个口门下泄水流的运移范围。

2）洪水期西部口门落潮流下泄的水沙影响到内伶仃洋中部水域。鸡抱沙、孖沙围垦成陆后，蕉门凫洲水道落潮下泄的水沙直接汇入虎门川鼻深槽，与虎门落潮流向西槽分出的一股水体相混后进入伶仃西槽；另一股则向东槽分流经帆石水道汇入南海。从蕉门南支落潮下泄的水沙，受围垦成陆后的鸡抱沙、孖沙垦区堤线边界的制约，水流出孖沙尾后，主流从东南向转偏南向下泄，部分水流进入沙尾浅滩区。从洪奇门水道和横门北支落潮下泄的水沙，受已成围的沙尾垦区和横门垦区堤线边界的制约，大部分落潮水沙沿帆船水道被淇澳岛挑流以东南方向汇入伶仃洋，一部分水沙沿西滩上的决口槽道向东南输移和扩散。整个西槽以西水域全被落潮下泄径流控制。西部口门部分落潮下泄水沙越过西槽中下段，进入内伶仃洋中滩部位（见图2－5）。

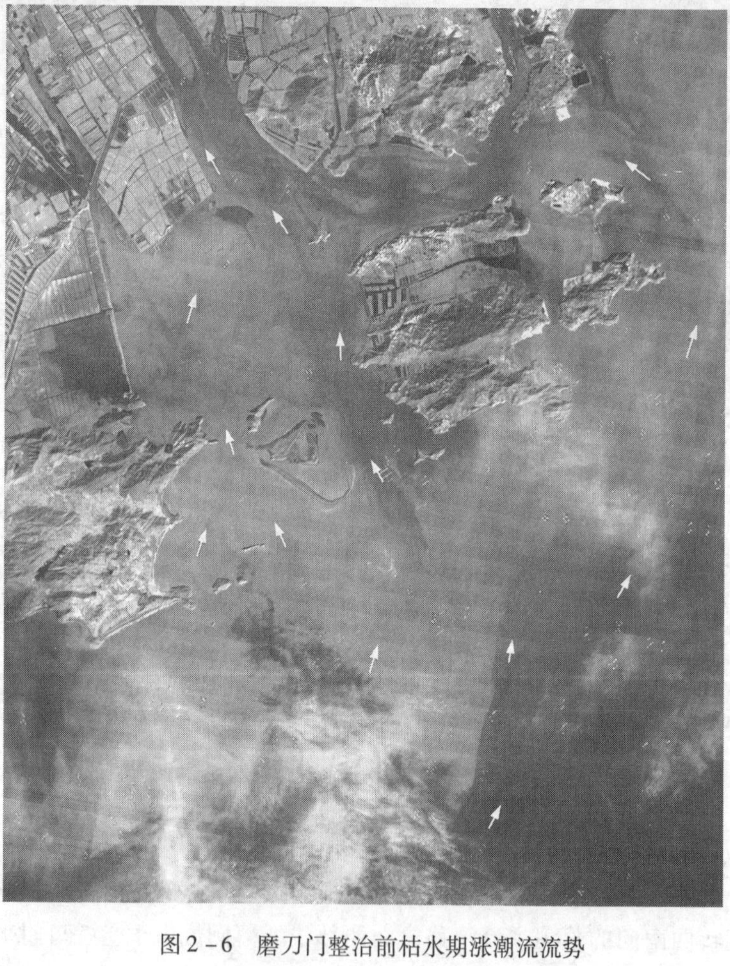

图2－6 磨刀门整治前枯水期涨潮流流势

（小水中潮组合、涨急至涨平前阶段）

2. 磨刀门浅滩海区涨、落潮流流势特征

磨刀门口门在1984年3月以前，未进行任何整治工程，属天然河口；自此以后开始兴建口门整治工程，至 1997 年基本完成，除鹤洲南片至今尚未合拢和白龙、洪湾西、三灶湾和洪湾南共 5 片。在口门整治工程前和工程后，磨刀门浅海区的落潮流流势是有所不同的，现根据卫星遥感分析的成果❶简要阐述如下：

（1）整治前涨、落潮流流势特征。图 2－6 为整治前涨潮流流势。由图可见，枯水期涨潮时南海的涨潮流分别由横洲口、龙屎窟和洪湾水道形成三股潮流向磨刀门口门上溯，在挂定角汇聚后继续向上上溯，其中以横洲口上溯的涨潮流较为强大；洪水期磨刀门内海区为径流下泄，涨潮流仅限于横洲口外流动。

图 2－7 为整治前洪水期落潮流流势。由图可见，洪水期落潮时（落平阶段）水流流出磨刀门口门后，分为横洲口、龙屎窟、洪湾水道三股下泄出海，其中以横洲口一股为强

图 2－7　磨刀门整治前洪水期落潮流流势
（洪水水潮组合、落平前阶段）

❶ 珠江水利委员会科学研究所，珠江河口水沙运动遥感分析，2003 年 11 月。

大；直到横洲口和龙屎窟口外，由于进入外海区，水流扩散，动力减弱分多股出海；在涨急至涨平阶段，横洲口和洪湾水道为落潮流，而龙屎窟则为涨潮流，即涨潮时先从龙屎窟上涨。枯水期落潮水流流势与洪水期基本一致，但流势减弱。

（2）整治后涨、落潮流流势特征。图 2－8 为整治后期枯水期小水中潮涨急至涨平前阶段的涨潮流流势。由图可见，外海的涨潮流进入内海区后，分横洲口、龙屎窟、洪湾水门道三股向磨刀门口门上溯，其中龙屎窟一股潮流动力已大大减弱，其他两股潮流动力相对有所增强，流路清晰。

图 2－8　磨刀门整治后期枯水期涨潮流流势
（小水中潮组合、涨急至涨平前阶段）

图 2－9 为整治后期洪水期中水中潮落急至落平前阶段的落潮流流势。由图可见，水流流出磨刀门口门后分两股下泄：右侧水流泄入磨刀门水道，沿东、西治导堤之间的槽道流动，直达横洲口，流路基本平顺，在鹤洲东段主流偏右岸，其下段则转折偏左岸，使落潮水流形成 S 形水流轴线的特征；左侧水流则泄入洪湾水道，水流平顺。两股水流流势强劲，流路清晰。

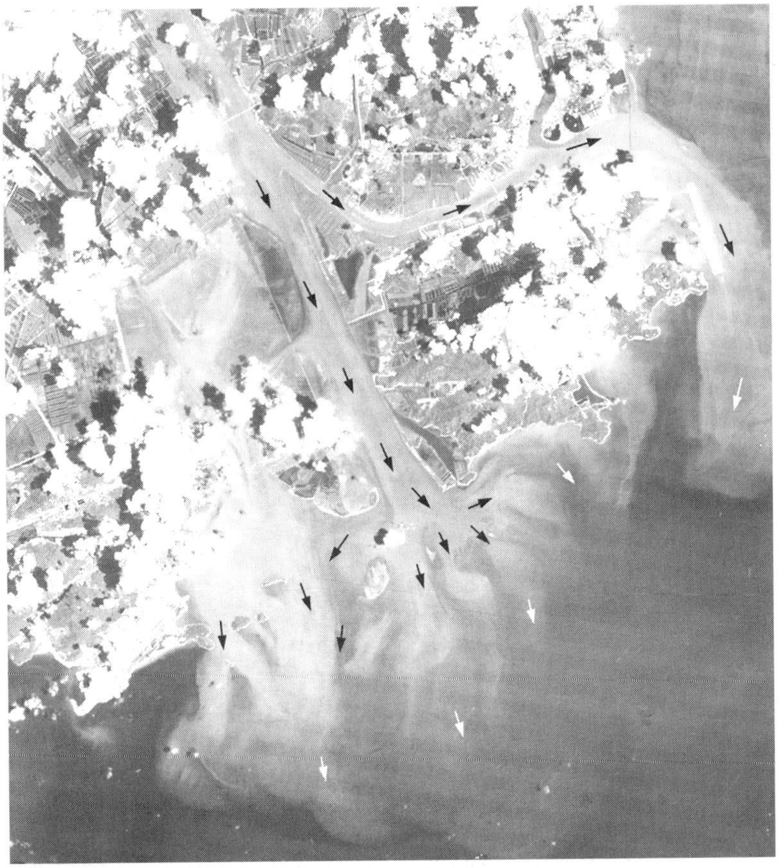

图 2－9　磨刀门整治后期洪水期落潮流流势
（洪水大潮组合、涨潮转落至初落阶段）

3. 黄茅海浅海区涨、落潮流流势特征

根据系列卫星遥感影像的对比分析，获得黄茅海浅海区涨、落潮流流势特征如下❶：

（1）洪水期涨、落潮流流势。

1）涨潮流流势。由图 2－10 可见，洪水期涨潮时，涨潮流分别从三角山——大杧岛（东口）、荷包岛——大襟岛（中口）、大襟岛以西（西口）上溯进入湾内，其中东口的涨潮流以 NNW 方向上溯，流势较强；中口及西口上溯的涨潮流流势相对较弱。当湾顶处于初涨时段，从湾顶口门主槽及西部浅滩区不断有流势较强的径流下泄，在拦门沙内坡、黄茅岛附近区域与上溯的涨潮流交汇，出现大范围的上溯潮流与表层下泄径流相交汇的缓流区。当湾顶及湾口均处于涨急时段时，涨潮流动力加强，从东口上溯的涨潮流主流集中，流势进一步增强且顺直，在拦门沙顶部区域与中口上溯的涨潮流汇合后进入口门深槽；从中口和西口上溯的涨潮流在其上溯的过程中，因受口门下泄的径流及中部浅滩地形的影响，动力逐渐削减，在黄茅岛一带海域形成滞流区，但从上游崖门下泄的部分径流仍

❶ 珠江水利委员会科学研究所，珠江河口水沙运动遥感分析，2003 年 11 月。

贴近西岸下泄，在西滩迅速与咸水相混合。当湾顶及湾口处于涨平时段时，涨潮流动力继续增强，从东、中、西三口上溯的涨潮流亦继续增强，但仍以东口的流势最强，在拦门沙顶部附近与从中口上溯的涨潮流交汇，并削弱了中口上溯的涨潮流流势，形成大范围的缓流区；从西口上溯的涨潮流因受从中口上溯的涨潮流的影响，流势有所减弱，在大襟岛西北侧与沿西滩下泄径流交汇，形成缓流区。

图 2-10 黄茅海洪水期涨潮流流势（涨平时段）

2）落潮流流势。由图 2-11 可见，洪水期落潮时，在初落时段，由于崖门和虎跳门的落潮流流势较弱，其下泄径流在湾顶汇合后进入崖门水道，受西岸崖南镇附近围垦堤线及水下抛石堤线边界的约束，水流较集中，流势较强，主流沿崖门深槽下泄，直至拦门沙顶部因断面扩宽，水流扩散，部分水流向西滩输移；到达赤鼻附近海区，由于水深急剧变浅，流速减弱，并与前期涨潮流在此交汇，形成滞流区。在落急时段，上游的崖门和虎跳门均形成了较强的落潮流流势，两股较强流势汇合后以射流状态沿深槽向南下泄，其前峰可达大杧岛西南侧的拦门沙内坡，水流集中经大杧——荷包岛西侧的中口出海，经东口和西口承泄的洪水期水流明显偏少。由于落急时段径流动力增强，咸淡水交汇带比初落时段向南推移约 7km。

图 2－11　黄茅海洪水期落潮流流势（落急时段）

（2）枯水期涨、落潮流流势。

1）涨潮流流势。由图 2－12 可见，枯水期涨潮时，涨潮流从东口、中口、西口先后偏北方向从外海进入浅海区，其中以东口流势最强，中口上溯水流较分散，宽度较大，达 6～8km。这两股涨潮流上溯进入主槽后推动前期径流下泄的水体继续向口门以上上溯；从西口上溯的涨潮流则沿西侧槽沟上溯，流势较弱，无明显的流路。涨潮后期，从各湾口上溯的涨潮流开始减弱，流势减缓，流路模糊。

2）落潮流流势。由图 2－13 可见，落潮流自崖门出口至赤鼻岛—虎山一带水流沿－6m深槽以近正南方向下泄，流势甚强，此后落潮流越过拦门沙浅滩集中从中口出外海；东口因受涨潮流的顶托影响，流势较弱；部分从西滩下泄的落潮流沿西侧深槽下泄，经西口出外海，其流势较中口为弱。

2.2.2.3　潮流流速特征

1. 伶仃洋海区潮流流速特征

根据 1980～1981 年、1991～1992 年、1998 年、2002～2003 年等年份若干实测资料分析，伶仃洋海区潮流流速具有如下特征（见表 2－23、表 2－24、表 2－25）：

图 2－12　黄茅海枯水期涨潮流势（涨平时段）

（1）落潮流速一般大于涨潮流速，且落潮流速一般是自上游向下游递减，涨潮流速一般是自下游向上游递增，以湾顶流速较大。

（2）洪水期涨、落潮流速一般大于枯水期涨、落潮流速。

（3）在平面分布上，西槽的涨、落潮流速一般大于东槽的涨、落潮流速；虎口门为涨潮流速大于落潮流速，其余口门则为落潮流速大于涨潮流速。

（4）在纵向分布上，东、西两槽上、下段涨、落潮流速的变化，不存在明显的规律。

（5）潮流流速与潮差之间存在较好的相关关系。现根据实测资料，按测点分布的情况将伶仃洋加以分区，列出各测点全潮平均涨潮流速和全潮平均落潮流速及相应赤湾站的全潮平均涨潮潮差和落潮潮差的实测数据，列于表 2－26，其相关关系见图 2－14、图 2－15。由表和图可见，涨、落潮平均流速和涨、落潮潮差之间存在较好的关系，其潮流流速随潮差的增加而增大，潮差越大，潮流速亦越大；反之，潮差越小，潮流速亦越小。一般在涨潮流状态下，两者的相关关系较好；而在落潮流状态下，由于受到径流的影响，两者的相关关系较差。

图2－13　黄茅海枯水期落潮流流势（落急时段）

表2－23　伶仃洋海区实测涨、落潮平均流速统计表　（单位：m/s）

测点编号	测点位置	枯水期			洪水期		
		测验日期	涨潮平均流速	落潮平均流速	测验日期	涨潮平均流速	落潮平均流速
1	淇澳岛与内伶仃岛之间伶仃水道	1980.10.10～11	0.67	0.73	1981.4.15～16	0.39	0.75
2	1号点下游伶仃水道		0.61	0.62		0.42	0.57
3	2号点下游伶仃水道		0.49	0.51		0.41	0.53
4	赤湾西端矾石水道	1980.12.16～17	0.43	0.37	1981.5.6～7	0.63	0.62
5	4号点下游矾石水道		0.38	0.32		0.53	0.69
6	5号点下游矾石水道		0.25	0.28		0.52	0.52
7	6号点下游矾石水道		0.28	0.33		0.51	0.75
8	伶仃水道以西海域	1980.11.5～6	0.41	0.58	1981.5.1～2	0.55	0.63
9	8号点下游		0.41	0.49		0.46	0.60
10	9号点下游		0.34	0.55		0.47	0.50
11	10号点下游		0.38	0.47		0.44	0.52
12	淇澳岛下游海域	1980.11.7～8	0.46	0.50	1981.5.31～6.1	0.53	0.61
13	12号点下游海域		0.37	0.37		0.53	0.47
14	13号点下游海域		0.35	0.31		0.38	0.42
15	14号点下游海域		0.34	0.43		0.37	0.56

注　表中资料引自文献［4］。

表 2-24 伶仃洋海区实测涨、落潮平均流速统计表 （单位：m/s）

测点编号	测点位置	1991.12.19~21		1992.7.2~4、15~17		1998.6.26~28	
		涨潮平均流速	落潮平均流速	涨潮平均流速	落潮平均流速	涨潮平均流速	落潮平均流速
虎门 1#	虎门口左岸	0.44	0.40	0.54	0.44		
蕉门散点 1	凫洲水道进口（散点 1 为出口）	0.43	0.46	0.28	0.66	0.31	0.44
万顷沙	洪奇门水道出口	0.41	0.51	0.29	0.68		
洪奇门	洪奇门口	0.41	0.63	0.26	0.86		
横门	横门口	0.35	0.39	-0.09	0.91		
舢板洲	川鼻水道	0.49	0.42	0.51	0.25		
伶仃 1#散点 3	伶仃水道上段	0.40	0.48	0.44	0.54	0.31	0.55
伶仃 2 散点 6	伶仃水道中段	0.35	0.59	0.41	0.51	0.30	0.71
伶仃 3#	桂山岛伶仃水道下段	0.37	0.40	0.44	0.34		
交椅沙	矾石水道上游	0.45	0.62	0.38	0.62		
矾石 1#散点 2	矾石水道上段	0.37	0.49	0.44	0.53		
矾石 2#散点 4	矾石水道中段	0.35	0.54	0.37	0.52	0.22	0.52
矾石 3#散点 6	矾石水道下段	0.24	0.37	0.37	0.35		
矾石 4#	矾石水道出口	0.32	0.44	0.37	0.40		
塔石 1#	大濠岛上游海域	0.33	0.42	0.33	0.42		
塔石 2#	塔石 1#下游	0.35	0.40	0.56	0.49		
大濠岛	大濠岛西侧	0.44	0.52	0.45	0.41		
珠海	珠海附近水域	0.24	0.34	0.48	0.50		
抛泥地	淇澳岛与内伶仃岛之间的海域	0.33	0.48	0.44	0.53		
散点 7	内伶仃岛北端上游					0.24	0.55
散点 8	淇澳岛西北端上游					0.08	0.41
金星门 V1	金星门测流断面					0.47	0.73
淇澳东 V1	淇澳岛东测流断面					0.30	0.80
淇澳东 V2	淇澳岛东测流断面					0.35	0.61
淇澳东 V3	淇澳岛东测流断面					0.38	0.80
伶仃东 V1	内伶仃洋岛测流断面					0.35	0.55
伶仃东 V2	内伶仃洋岛测流断面					0.30	0.60

注 1991 年及 1992 年资料为天津水运工程科学研究所所测；1998 年资料为珠江水利委员会水文局所测。

表 2-25 伶仃洋海区实测涨、落潮平均流速统计表 （单位：m/s）

测点编号	测点位置	2002.6.26~27		2003.7.26~27		2003.7.29~30	
		涨潮平均流速	落潮平均流速	涨潮平均流速	落潮平均流速	涨潮平均流速	落潮平均流速
2#	凫洲水道	0.17	0.23				
3#	川鼻水道	0.31	0.48				
6#、V1	南沙附近水域伶仃水道	0.28	0.48	0.39	0.36	0.54	0.29
10#（9#）V3	南沙下游伶仃水道	0.30	0.48	0.31	0.67	0.42	0.55
V5	内伶仃岛西侧附近伶仃水道	0.46	0.48	0.37	0.47	0.37	0.56
V6	桂山岛上游伶仃水道	0.28	0.49	0.25	0.43	0.34	0.46
V2	桂山岛海域			0.16	0.20	0.17	0.23
V8	大万山岛上游左侧海域			0.09	0.19	0.13	0.09
V9	大铲岛附近东槽			0.26	0.49	0.37	0.41
11#	大铲岛附近东槽	0.38	0.45				

注 表中 2002 年资料为长江水利委员会长江下游水文水资源勘测局所测；2003 年资料为珠江水利委员会水资源勘测中心所测。

表2-26　伶仃洋海区流速与潮差关系统计表

分区		测次	点位	涨潮历时(h)	涨潮平均流速(m/s)	涨潮潮差(m)	落潮历时(h)	落潮平均流速(m/s)	落潮潮差(m)
伶仃航道上段	虎门口	1991~1992	舢板洲站(91.12.19~21)	12.82	0.48	1.43	12.18	0.43	1.44
				13.04	0.49	1.59	11.98	0.42	1.58
			舢板洲站(92.7.2~4)	12.76	0.54	2.04	11.95	0.23	1.93
				11.77	0.51	1.70	13.08	0.31	1.80
		2002	3#(6.26~27)		0.61	1.52		0.37	1.50
	舢板洲附近	1978~1979	固1(78.7.20~25)	12.48	0.69	1.99	12.19	0.47	1.97
				13.28	0.64	1.99	11.18	0.44	1.96
				13.52	0.64	1.94	11.36	0.49	1.89
				12.47	0.59	1.81	11.66	0.43	1.71
		1998	散1(6.26~28)	14.10	0.41	1.70	10.66	0.26	1.68
	南沙港附近	2002	8#(6.26~27)		0.45	1.52		0.46	1.50
			8#(7.3~4)		0.24	0.79		0.40	0.73
		2003	V1(7.26~27)	13.33	0.43	1.14	11.08	0.33	1.27
			V1(7.29~30)	11.35	0.55	1.56	13.15	0.36	1.52
伶仃航道中段	蕉门南支尾闾浅滩东南伶仃航道	1978~1979	固4(78.7.20~25)	11.46	0.55	1.99	13.26	0.67	1.97
				12.22	0.60	1.99	12.25	0.69	1.96
				11.87	0.57	1.94	13.01	0.66	1.89
				11.26	0.51	1.81	13.37	0.66	1.71
		1991~1992	伶仃1#(91.12.19~21)	13.55	0.36	1.43	11.11	0.49	1.44
				13.16	0.39	1.59	11.87	0.52	1.58
			伶仃1#(92.7.15~17)	11.60	0.42	1.57	13.04	0.59	1.57
				11.05	0.46	1.60	13.50	0.57	1.58
		1998	散3(6.26~28)	6.66	0.21	1.70	11.72	0.56	1.68
		2002	10#(6.26~28)		0.37	1.55		0.45	1.50
	万顷沙尾东伶仃航道	1978~1979	巡24#(78.7.8~10)	9.89	0.63	1.46	13.83	0.61	1.43
				6.36	0.66	1.51	6.75	0.49	0.50
		2002	12#(6.26~27)		0.37	1.52		0.45	1.50
		2003	V3(7.26~27)	14.11	0.38	1.14	9.89	0.65	1.27
			V3(7.29~30)	12.97	0.50	1.56	11.85	0.62	1.52
	横门垦区东伶仃航道	1978~1979	固7(78.7.20~25)	11.46	0.67	1.99	13.36	0.78	1.97
				10.76	0.65	1.99	14.06	0.75	1.96
				11.20	0.63	1.94	13.59	0.81	1.89
				10.68	0.57	1.81	13.63	0.77	1.71
				6.24	0.55	1.81	5.80	0.63	1.20

续表

分区		测次	点位	涨潮历时(h)	涨潮平均流速(m/s)	涨潮潮差(m)	落潮历时(h)	落潮平均流速(m/s)	落潮潮差(m)
伶仃航道中段	横门垦区东伶仃航道	1991~1992	伶仃2#（91.12.19~21）	13.31	0.35	1.43	11.60	0.55	1.44
				13.35	0.37	1.59	11.53	0.62	1.58
			伶仃2#（92.7.15~17）	11.29	0.40	1.57	13.83	0.63	1.57
				10.38	0.45	1.60	14.19	0.60	1.58
		1998	散6（6.26~28）	6.94	0.30	1.70	17.49	0.65	1.68
伶仃航道下段	内伶仃岛西伶仃航道	1978~1979	内伶仃V5′（78.7.20~25）	12.38	0.67	1.99	12.43	0.74	1.97
				11.89	0.66	1.99	12.93	0.75	1.96
				11.25	0.61	1.81	13.17	0.66	1.71
		1998	淇澳东断面V3（6.26~28）	8.43	0.46	1.70	16.60	0.74	1.68
		2003	V5（7.26~27）	13.49	0.40	1.14	11.51	0.36	1.27
			V5（7.29~30）	12.58	0.49	1.56	12.25	0.65	1.52
	内伶仃岛南伶仃	1991~1992	伶仃3#（91.12.19~21）	13.73	0.34	1.43	11.61	0.38	1.77
				15.09	0.39	1.59	9.93	0.47	1.58
			伶仃3#（7.15~17）	12.66	0.44	1.57	11.65	0.40	1.57
				12.45	0.47	1.60	12.01	0.39	1.58
		2002	V5（6.27~28）	12.79	0.43	1.41	11.70	0.50	1.42
矾石水道	深圳机场对开水域	1978~1979	固3（78.7.20~24）	11.97	0.68	1.99	12.87	0.77	1.97
				11.59	0.70	1.99	13.11	0.78	1.96
				11.43	0.73	1.94	13.16	0.80	1.89
				11.99	0.57	1.81	12.79	0.80	1.71
		1991~1992	矾石1#（91.12.19~21）	12.81	0.35	1.43	12.60	0.47	1.44
				12.59	0.42	1.59	11.57	0.50	1.58
			矾石1#（92.7.15~17）	10.72	0.43	1.57	13.77	0.58	1.57
				10.35	0.44	1.60	14.25	0.55	1.58
		2002	11#（6.26~27）		0.38	1.52		0.43	1.50
		2003	V9（7.26~27）	11.48	0.29	1.14	13.52	0.49	1.27
			V9（7.29~30）	10.20	0.41	1.56	14.08	0.46	1.52
	内伶仃岛东矾石水道	1978	赤湾V13（78.7.20~25）	10.87	0.63	1.99	11.33	0.83	1.97
				11.84	0.62	1.99	12.88	0.64	1.96
				11.20	0.63	1.94	12.88	0.68	1.89
				12.06	0.52	1.81	12.93	0.65	1.71
		1998	伶仃洋断面V1（6.26~28）	7.83	0.31	1.70	17.13	0.50	1.68

续表

分区		测次	点位	涨潮历时（h）	涨潮平均流速（m/s）	涨潮潮差（m）	落潮历时（h）	落潮平均流速（m/s）	落潮潮差（m）
矾石水道	铜鼓岛东矾石水道	1991～1992	矾石 3#（91.12.19～21）	13.01	0.25	1.43	11.47	0.40	1.44
				13.55	0.23	1.59	11.90	0.36	1.58
			矾石 3#（92.7.15～17）	10.99	0.36	1.57	13.95	0.41	1.57
				9.91	0.39	1.60	14.11	0.35	1.58
		1995	2#（8.26）	4.66	0.44	1.84	7.81	0.60	2.36
			2#（8.29～30）	4.64	0.38	1.91	7.84	0.60	2.07
		2000	2#（12.8～9）	13.00	0.32	1.32	11.99	0.30	1.28
伶仃航道西侧浅海区	淇澳岛东北抛泥区	1978～1979	巡 42#（78.8.12～13）	12.94	0.44	1.01	12.70	0.47	1.09
		2003	V10（7.26～27）	12.15	0.27	1.14	12.96	0.35	1.27
			V10（7.29～30）	13.30	0.31	1.56	11.60	0.30	1.52
	淇澳东深水航道西侧	1978～1979	内伶仃 V8（78.7.20～25）	11.73	0.60	1.99	13.36	0.66	1.97
				11.90	0.61	1.99	12.97	0.72	1.96
				11.10	0.59	1.94	13.65	0.66	1.89
				11.05	0.52	1.81	13.71	0.65	1.71
		1991～1992	抛泥地站（91.12.19～21）	12.61	0.30	1.43	12.2	0.44	1.44
				13.54	0.35	1.59	11.74	0.53	1.58
			抛泥地站（92.7.15～17）	10.68	0.43	1.57	13.97	0.55	1.57
				10.51	0.48	1.60	14.36	0.55	1.58
		1998	淇澳东断面 V2（6.26～28）	7.52	0.28	1.70	17.51	0.68	1.68

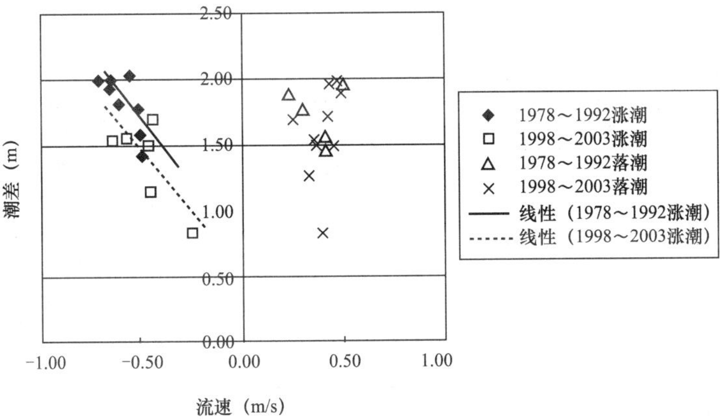

图 2－14　伶仃航道上段流速潮差关系

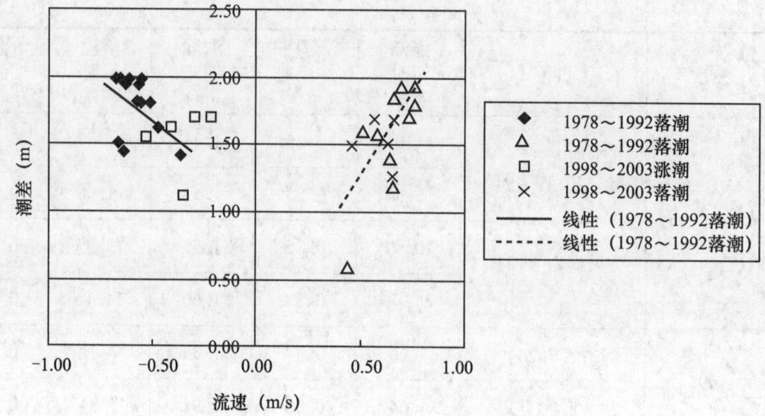

图2－15　伶仃航道中段流速潮差关系

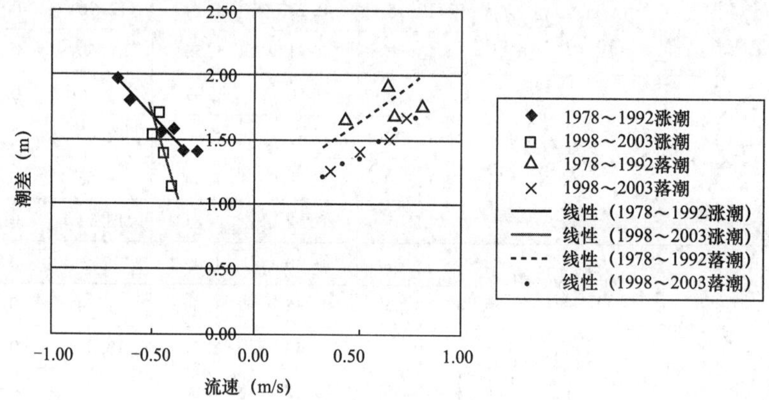

图2－16　伶仃航道下段流速潮差关系

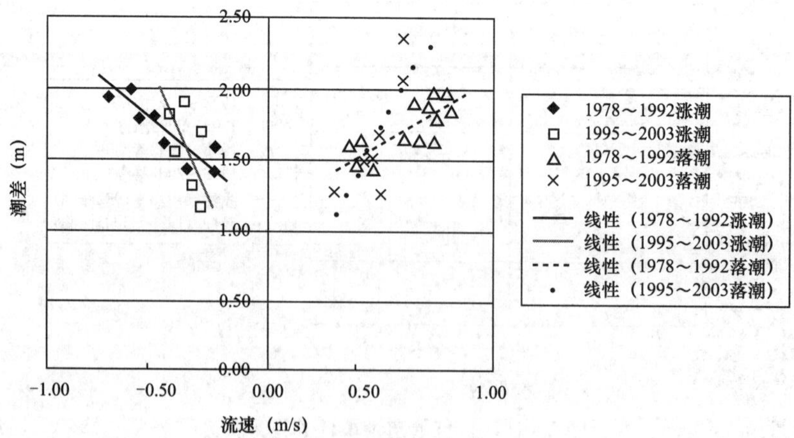

图2－17　矾石水道潮差流速关系

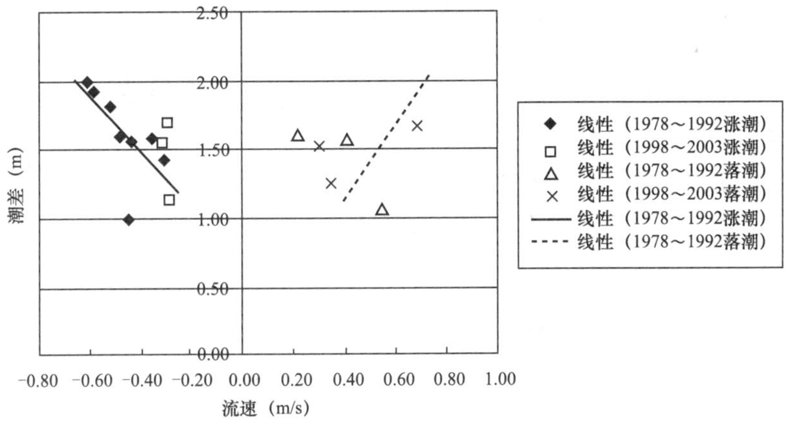

图 2－18　伶仃航道西侧浅海区潮差流速关系

2. 磨刀门海区潮流流速特征

磨刀门海区实测涨、落潮流速资料极少，仅从两次实测资料中初步分析其潮流流速的基本特征如下：

在磨刀门整治前的天然情况下，由表 2－27 可见，枯水期龙屎窟水道的涨潮流速大于磨刀门水道和洪湾水道，以洪湾水道为最小，说明涨潮流是从龙屎窟水道最先上涨的，其涨潮流最强，其次为从横洲口上溯的磨刀门水道；落潮时的规律大体相似，龙屎窟水道下泄的落潮流流速一般大于磨刀门水道和洪湾水道，而以洪湾水道为最小。洪水期涨潮流流速一般仍具有上述规律，但落潮流则有所不同，磨刀门水道的落潮流流速大于洪湾水道和龙屎窟水道，但磨刀门水道向下游河道展宽，水流分散，流速逐渐减小，龙屎窟水道则出口狭窄，故涨、落潮流流速都有所增大。

表 2－27　　磨刀门海区实测涨、落潮平均流速表　　（单位：m/s）

水道名称	测点编号	测点位置	枯水期			洪水期		
			测验时间	涨潮平均流速	落潮平均流速	测验时间	涨潮平均流速	落潮平均流速
磨刀门水道	16	磨刀门口门下游	1981.11.15～16（大潮）	0.34	0.32	1981.6.16～17（大潮）	0.19	0.64
	17	小横琴西南下侧		0.35	0.68		0.42	0.52
洪湾水道	20	洪湾水道出口	1980.11.14～15（小潮）	0.15	0.41	1981.6.16～17（大潮）	0.19	0.33
龙屎窟水道	24	龙屎窟水道上游	1980.11.20～21（大潮）	0.46	0.45	1981.6.14～16（大潮）	0.34	0.38
	25	龙屎窟水道下游		0.46	0.59		0.33	0.50
	26	龙屎窟水道出口		0.73	0.86		0.48	0.74
口外滨海区	18	大横琴以南海域	1981.11.15～16（大潮）			1981.7.12～13（小潮）	0.16	0.18
	19	大横琴西南海域		0.34	0.53		0.19	0.32

注　表中数据引自文献［4］。

磨刀门整治后，海区主槽道已受东、西两条治导堤及洪湾水道南、北两条治导堤的控制，成为有规则的河道，涨、落潮流流速的变化呈明显的规律。表2－28所示为磨刀门海区汛期实测涨、落潮流最大平均流速的变化。由表可见，涨潮时龙屎窟断面的涨潮流流速远大于磨刀门水道和洪湾水道，说明仍同天然情况一样，龙屎窟断面的涨潮流最强，最先由此上涨；其次为磨刀门水道的涨潮流，其流速从下游向上游递减，而横洲口右侧的涨潮流要强于左侧；洪湾水道的涨潮流迟后于其他水道。落潮时落潮流流速从上游向下游递减，磨刀门水道的流速大于洪湾水道及龙屎窟断面，而以龙屎窟断面为最小，说明磨刀门水道的径流动力最强。

表2－28　磨刀门海区汛期实测涨、落潮最大平均流速表　（单位：m/s）

水道名称	断面位置	测验时间	涨潮最大平均流速	落潮最大平均流速
磨刀门水道	灯笼山左	2001.7.21～29	0	0.87
	灯笼山右		0.014	0.84
	杧洲西		0.019	0.72
洪湾水道	杧洲		0	0.68
白龙河	龙屎窟		0.35	0.43

注　表中数据为珠江水利委员会水文局所测。

3. 黄茅海海区潮流流速特征

根据若干实测资料统计出洪水期及枯水期涨、落潮流流速分别列于表2－29和表2－30。由表可见黄茅海海区潮流流速的主要特征为：

（1）大潮涨、落潮流速大于小潮涨、落潮流速；洪水期涨、落潮流速一般大于枯水期涨、落潮流速，尤其是崖门口及崖门水道更为明显；枯水期大潮时多数断面涨潮流速大于落潮流速，小潮时则相反，多数断面落潮流速略大于涨潮流速。

（2）涨、落潮流速沿纵向变化一般是不论洪水期还是枯水期，不论涨潮流速还是落潮流速，均有从下游向上游增大的趋势。

（3）涨、落潮流速沿横向变化一般是不论洪水期还是枯水期，崖门水道的涨、落潮流速均大于黄茅海东滩和西滩的流速，即主槽涨、落潮流速大于浅滩；而东滩与西滩的涨、落潮流速则比较接近。

（4）潮流流速的垂直变化一般是涨潮流速自海床向距水面相对水深为0.8～0.6处逐渐增大，最大测点流速多在此范围；落潮流速则是从海床向水面逐渐增大，以表层流速最大，底层最小。

（5）不论是洪水期还是枯水期，不论是涨潮流速还是落潮流速，崖门黄冲断面的流速大于虎跳门西炮台断面的流速，说明崖门口的径流和潮流动力均大于虎跳门口。

（6）不论是洪水期还是枯水期，不论是涨潮流速还是落潮流速，大角山西和大杧西的流速大于高栏西、荷包西和大襟西的流速，说明东口的潮流动力和径流动力均大于中口和西口，东口是主要纳潮和泄洪的通道。

表 2-29　**黄茅海海区洪水期涨、落潮流速统计表**　（单位：m/s）

水道名称	测点	1981.7.16~17（大潮）		1981.6.19~20 6.21~22（大潮）		1989.8.16~19		1992.7.14~17	
		涨潮流速	落潮流速	涨潮流速	落潮流速	涨潮流速	落潮流速	涨潮流速	落潮流速
崖门	黄冲					1.71	1.14	1.30	1.19
虎跳门	西炮台					0.96	0.86	0.59	1.12
崖门水道	37	0.63	0.44						
	38	0.58	0.53						
	39	0.45	0.53						
	$3^{\#}$							0.96	1.03
	赤鼻东					1.46	1.90		
	$4^{\#}$							1.06	1.30
	$5^{\#}$							1.04	1.14
	$7^{\#}$							0.76	1.22
	$8^{\#}$							0.93	1.05
	大杧西					1.65	1.59		
	荷包西							0.84	1.07
	三角山西					1.53	1.26		
	高栏西							1.26	1.21
黄茅海东滩	32			0.39	0.31				
	33								
	34			0.46	0.59				
	35			0.43	0.41				
	36			0.51	0.41				
	黄茅东					1.35	1.47		
黄茅海西滩	40			0.54	0.72				
	41			0.30	0.18				
	42			0.45	0.32				
	43			0.30	0.18				
	大襟西					0.93	0.93	1.01	0.88

注　1. 1981.7.16~17 及 1981.6.19~20、21~22 两测次摘自文献［4］，流速为垂线平均流速。

2. 1989.8.16~19、1992.7.14~17 两测次摘自广东省航道局总工室、珠江水利委员会规划技术处，黄茅海拦门沙演变及回淤分析，1994 年 4 月，流速为最大测点流速。

表 2 – 30　　黄茅海海区枯水期涨、落潮流速统计表　　（单位：m/s）

水道名称	测点	1980.10.23（大潮）		1981.1.8～9		1989.1.8～10		1992.11.15～19		2003.4.18～19	
		涨潮	落潮	涨潮	落潮	涨潮	落潮	涨潮	落潮	涨潮	落潮
崖门	黄冲					1.39		1.21			
虎跳门	西炮台					1.02		0.86			
崖门水道	37（$1^{\#}$）			0.51	0.41					0.86(大)	0.71(大)
	38			0.54	0.53						
	39			0.39	0.58						
	$3^{\#}$（$3^{\#}$）							1.06	1.28	0.76(大)	0.80(大)
	赤鼻东					1.15	2.14				
	$4^{\#}$							0.79	1.49		
	$5^{\#}$（$4^{\#}$）							0.67	1.53	0.41(大)	0.46(大)
	$7^{\#}$($7^{\#}$)							0.67	1.01	0.39(大)	0.46(大)
	$8^{\#}$($6^{\#}$)							0.69	0.44	0.53(大)	0.34(大)
	大杧西					1.15	1.25				
	荷包西							0.56	0.94	0.46(大)	0.46(大)
	三角山西					1.47	1.25				
	高栏西							1.06	0.67		
黄茅海东滩	32	0.50	0.43								
	33	0.26	0.26								
	34	0.50	0.63								
	35($5^{\#}$)	0.35	0.42							0.64(大)	0.58(大)
	36	0.61	0.64								
	黄茅东					1.12	1.18				
黄茅海西滩	40	0.57	0.45								
	41	0.40	0.29								
	42	0.32	0.34								
	43	0.30	0.33								
	大襟西					0.90	0.82				

注　1. 1980 年及 1991 年两测次摘自文献［4］，流速为垂线平均流速。

2. 1989 年及 1992 年两测次摘自广东省航道局总工室、珠江水利委员会规划技术处，黄茅海拦门沙演变及回淤分析，1994 年 4 月，流速为最大测点流速。

3. 2003 年测次摘自河海大学海岸工程研究所，西江崖门出海航道工程可行性研究（综合报告），1992 年 1 月，流速为垂线平均流速，（大）为大潮，（小）为小潮。

2.2.2.4 潮量特征

1. 伶仃洋潮量特征

根据实测资料统计，将汇入伶仃洋的 4 个口门的多年平均涨潮量、落潮量和净泄量列于表 2－31 ~ 表 2－33；各口门占八大口门多年平均涨潮量、落潮量、净泄量的百分比列于表 2－34 ~ 表 2－36。由诸表可见伶仃洋的潮量特征如下：

（1）伶仃洋 4 个口门的多年平均涨潮量为 2843 亿 m^3，占八大口门总涨潮量的 75.56%，其中虎门、蕉门、洪奇门和横门分别占伶仃洋多年平均涨潮量的 80.48%、11.45%、3.40% 和 4.67%，分别占八大口门总涨潮量的 60.82%、8.65%、2.57% 和 3.52%，以虎门的涨潮量为最大，在八大口门中亦是最大的，其次为蕉门，其他两个口门的涨潮量甚小；伶仃洋多年平均落潮量为 4513 亿 m^3，占八大口门总落潮量的 65.53%，其中虎门、蕉门、洪奇门和横门分别占伶仃洋多年平均落潮量的 63.51%、19.21%、6.58% 和 10.70%，分别占八大口门总落潮量的 41.62%、12.59%、4.31% 和 7.01%，亦以虎门的落潮量为最大，在八大口门中亦为最大，其次为蕉门，而洪奇门的落潮量则甚小；伶仃洋多年平均净泄量为 1670 亿 m^3，占八大口门总净泄量的 53.46%，其中虎门、蕉门、洪奇门和横门分别占伶仃洋多年平均净泄量的 34.61%、32.42%、11.98% 和 20.99%，分别占八大口门总净泄量的 18.50%、17.33%、6.41% 和 11.22%，仍以虎门的净泄量为最大，在八大口门中仅次于磨刀门，居第 2 位，而蕉门的净泄量则与虎门相当接近。

（2）从表 2－33 中列出的各口门多年平均涨潮量、落潮量、净泄量的枯水期和洪水期所占的百分比可以看到，伶仃洋多年平均枯水期涨潮量大于洪水期，其中虎门的洪水期涨潮量与枯水期较接近，其他 3 个口门的枯水期涨潮量则远大于洪水期；多年平均落潮量为洪水期大于枯水期，其中除虎门的洪水期落潮量略大于枯水期外，其他 3 个口门均为洪水期落潮量远大于枯水期；多年平均净泄量为洪水期大于枯水期，各口门洪水期占全年的百分比均在 70% 以上，以虎门最小，其他 3 个口门均大于虎门。由上可以说明，在伶仃洋中虎门与其他 3 个口门有所不同，虎门洪水期涨潮量占全年的百分比远大于其他 3 个口门，相应地，虎门洪水期落潮量占全年的百分比较其他 3 个口门为小，显示出虎门的潮流作用较其他 3 个口门强，而径流作用则是其他 3 个口门大于虎门。

（3）伶仃洋下边界多年平均涨潮量为 9542 亿 m^3，其中赤湾、内伶仃、金星门各断面分别占 34.0%、56.2%、9.8%，以内伶仃断面涨潮量为最大，其次为赤湾断面，说明伶仃洋的涨潮量主要来自中部和东侧，尤其是中部内伶仃断面；下边界多年平均落潮量为 11284 亿 m^3，其中赤湾、内伶仃、金星门各断面分别占 35.4%、56.5%、8.1%，仍以内伶仃断面为最大，其次为赤湾断面，各断面的涨潮量与落潮量所占的比例都甚为接近，说明涨潮与落潮的路径比较一致，且较为稳定；下边界多年平均净泄量为 1742 亿 m^3，其中赤湾、内伶仃、金星门各断面分别占 43.1%、58.1%、－1.2%，亦以内伶仃断面为最大，其次为赤湾断面，金星门断面无净泄量，其落潮量小于涨潮量，其涨潮量的一部分通过其他断面排泄。

2. 磨刀门潮量特征

根据实测资料的统计分析，磨刀门灯笼山站多年平均涨潮量、落潮量、净泄量及其所占八大口门总量的百分比，见表2－31～表2－36。由诸表可见磨刀门的潮量特征如下：

表2－31　八大口门多年平均涨潮量　（单位：亿 m^3）

口门（站名）/月份	虎门（大虎）	蕉门（南沙）	洪奇门（冯马庙）	横门（横门）	磨刀门（灯笼山）	鸡啼门（黄金）	虎跳门（西炮台）	崖门（黄冲）	全年共计
1	190.4270	34.8987	11.4979	14.5742	17.6369	6.1049	6.7595	54.0848	335.9839
2	180.4023	31.5832	9.2023	12.6839	16.9419	6.0614	6.3706	52.0941	315.3397
3	198.6915	36.6194	10.3919	145.0026	22.7624	7.2934	7.7021	57.7933	356.2566
4	196.6487	30.2640	8.2294	12.1591	19.7149	6.7404	5.3250	52.3938	331.4753
5	186.30756	18.8270	4.4548	6.8090	9.3946	4.9330	2.4249	50.4381	283.3570
6	168.1530	14.7930	4.36857	5.6046	12.5008	4.4161	2.6547	46.4001	258.9080
7	178.6945	15.6235	4.0115	5.8021	10.0461	4.1446	1.8937	45.9998	266.2158
8	191.9178	17.9000	6.7775	6.8307	6.0326	4.0339	2.5829	51.3364	287.4118
9	206.0898	26.4202	10.2121	12.0030	7.5920	4.7368	3.0166	55.4799	325.5504
10	209.2789	31.8389	8.8358	14.4873	6.9282	5.7842	5.8174	60.6457	343.6164
11	195.1944	33.5461	7.9192	13.3718	11.8073	5.8046	5.9354	56.5104	330.0892
12	186.8087	33.1365	10.7056	13.2567	18.4704	6.8247	6.2632	52.7300	328.1956
共计	2288.3822	325.4503	96.6237	132.5850	159.8281	66.8780	56.7460	635.9064	3762.3997

注　表中资料引自文献［3］。

（1）磨刀门的多年平均涨潮量为159.83亿 m^3，占八大口门涨潮总量的4.25%，居第4位。多年平均落潮量为1043.76亿 m^3，占八大口门落潮总量的15.16%，仅次于虎门而居第2位。多年平均净泄量为883.93亿 m^3，占八大口门净泄总量的28.30%，居八大口门的首位。可见，磨刀门的落潮量大而涨潮量小，其径流动力优于潮流动力，是以径流动力作用为主的口门；其净泄量在八大口门中所占的比例之大，说明磨刀门是珠江泄洪的主干道。

（2）从表2－37可见，磨刀门的多年平均涨潮量是枯水期大于洪水期，前者占59.16%，后者占40.84%；多年平均落潮量则是洪水期大于枯水期，前者占70.34%，后者占29.66%；多年平均净泄量亦是洪水期大于枯水期，前者占76.17%，后者占23.83%。从落潮量和净泄量的洪水期所占的比例之大，说明其洪水期排泄量之大。

3. 黄茅海及鸡啼门潮量特征

根据实测资料的统计分析，黄茅海及鸡啼门多年平均涨潮量、落潮量、净泄量及其所占八大口门总量的百分比见表2－31～表2－36所示。

（1）黄茅海的多年平均涨潮量为692.66亿 m^3，占八大口门总涨潮量的18.4%，其中虎跳门的涨潮量为56.75亿 m^3，占八大口门的1.51%，居末位；崖门的涨潮量为635.91亿 m^3，占八大口门的16.90%，仅次于虎门而居第2位。可见，崖门是以潮流作用为主的口门，而虎跳门则以径流作用为主。

黄茅海的多年平均落潮量为1073.91亿m^3，占八大口门的15.60%，其中虎跳门的落潮量为250.46亿m^3，占八大口门的3.64%，仍居末位；崖门的落潮量为823.45亿m^3，占八大口门的11.96%，居第4位。

黄茅海的多年平均净泄量为381.26亿m^3，占八大口门的12.20%，其中虎跳门的净泄量为193.72亿m^3，占八大口门的6.2%，居第6位；崖门的净泄量为187.54亿m^3，占八大口门的6.0%，居末位。可见，虎跳门的径流作用要强于崖门。

（2）黄茅海的多年平均涨潮量为枯水期大于洪水期，枯水期崖门的涨潮量占全年的52.50%；枯水期虎跳门的涨潮量占全年的68.46%。多年平均落潮量则为洪水期大于枯水期，洪水期崖门的落潮量占全年的51.80%；洪水期虎跳门的落潮量占全年的67.24%。多年平均净泄量亦为洪水期大于枯水期，洪水期崖门的净泄量占全年的66.39%，洪水期虎跳门的净泄量占全年的82.40%。上述数值表明了崖门是以潮流作用为优，而虎跳门则以径流作用为优的特征。

（3）鸡啼门多年平均涨潮量为66.88亿m^3，占八大口门的1.78%，居第7位；多年平均落潮量为255.60亿m^3，占八大口门的3.71%，亦居第7位；多年平均净泄量为188.72亿m^3，占八大口门的6.04%，仍居第7位。由上可见，鸡啼门是一个以径流作用为主的较小的口门。

表2-32　八大口门多年平均落潮量　（单位：亿m^3）

月份 \ 口门（站名）	虎门（大虎）	蕉门（南沙）	洪奇门（冯马庙）	横门（横门）	磨刀门（灯笼山）	鸡啼门（黄金）	虎跳门（西炮台）	崖门（黄冲）	全年共计
1	211.7580	49.8437	15.5789	24.3772	38.4649	10.4839	10.8375	65.4768	426.8209
2	192.9353	48.2672	14.1813	23.3579	42.3729	10.8694	11.4176	60.3661	403.7677
3	214.2625	56.2894	16.4589	27.4986	53.4294	13.0764	13.8411	68.5793	463.4356
4	232.8397	65.2270	20.7654	33.7711	92.6389	17.5444	17.9280	68.0688	548.7833
5	271.8056	92.4240	32.9978	53.4680	133.2276	31.5520	29.5339	72.6001	717.6090
6	264.5090	87.9680	32.9477	52.8696	116.0689	31.0881	29.8247	70.1641	685.4400
7	269.7465	110.9155	41.3425	71.2761	157.9501	42.3366	36.3187	74.1308	804.0618
8	268.0938	97.2570	37.6465	59.9307	134.6996	34.1569	32.1349	73.1154	737.9318
9	247.1038	79.0422	29.9951	44.8870	99.6090	22.0128	22.6726	68.4709	613.7934
10	249.4949	67.5549	21.6778	36.5093	70.9102	16.7252	18.9784	69.9037	551.7544
11	224.2364	60.1171	16.8472	29.9598	57.0473	13.6826	15.0414	65.6324	482.5642
12	218.5757	52.0055	16.2836	25.1997	47.3424	12.1727	11.9332	66.9420	450.4548
共计	2866.3612	866.9115	296.7227	483.1050	1043.7611	255.5980	250.4620	823.4504	6886.3719

注　表中资料引自文献［3］。

表 2-33 八大口门多年平均净泄量 (单位：亿 m^3)

月份 \ 口门（站名）	虎门（大虎）	蕉门（南沙）	洪奇门（冯马庙）	横门（横门）	磨刀门（灯笼山）	鸡啼门（黄金）	虎跳门（西炮台）	崖门（黄冲）	全年共计
1	21.331	14.945	4.081	9.803	20.828	4.379	4.078	11.392	90.837
2	12.533	16.684	4.979	10.674	25.431	4.808	5.047	8.272	88.428
3	15.571	19.670	6.067	12.496	30.667	5.783	6.139	10.786	107.179
4	36.191	34.963	12.536	21.612	72.924	10.804	12.603	15.675	217.308
5	85.730	73.597	28.543	46.659	123.833	26.619	27.109	22.162	434.252
6	95.356	73.175	28.562	47.265	103.568	26.672	27.170	23.764	426.532
7	91.052	95.292	37.331	65.474	147.904	38.192	34.425	28.131	537.801
8	77.176	79.357	30.869	53.100	128.667	30.020	29.552	21.779	450.520
9	41.014	52.622	19.783	32.884	92.017	17.276	19.656	12.991	288.243
10	40.216	35.716	12.842	22.022	63.982	10.941	13.161	9.258	208.138
11	29.042	26.571	8.928	16.588	45.240	7.878	9.106	9.122	152.475
12	31.767	18.869	5.578	11.943	28.872	5.348	5.670	14.212	122.259
共计	577.979	541.461	200.099	350.520	883.933	188.720	193.716	187.544	3123.972

注 表中资料引自文献［3］。

表 2-34 各口门占八大口门多年平均涨潮量的百分比 (单位:%)

月份 \ 口门（站名）	虎门（大虎）	蕉门（南沙）	洪奇门（冯马庙）	横门（横门）	磨刀门（灯笼山）	鸡啼门（黄金）	虎跳门（西炮台）	崖门（黄冲）	八大口门各月占全年的百分比
1	8.33	10.73	11.90	11.00	11.03	9.13	11.91	8.51	8.93
2	7.89	9.72	9.52	9.58	10.600	9.06	11.23	8.19	8.38
3	8.64	11.25	10.76	11.33	14.24	10.91	13.57	9.09	9.47
4	8.60	9.30	8.52	9.18	12.34	10.08	9.38	8.24	8.81
5	8.13	5.79	4.60	5.14	5.88	7.38	4.27	7.93	7.53
6	7.35	4.55	4.54	4.15	7.82	6.60	4.68	7.30	6.88
7	7.81	4.80	4.15	4.38	6.29	6.20	3.34	7.23	7.07
8	8.39	5.50	7.02	5.16	3.77	6.03	4.55	8.07	7.64
9	9.01	8.12	10.56	9.05	4.75	7.08	5.32	8.72	8.66
10	9.15	9.78	9.15	10.94	4.33	8.65	10.25	9.54	9.14
11	8.53	10.10	8.20	10.09	7.39	8.68	10.46	8.89	8.77
12	8.17	10.18	11.08	10.00	11.56	10.20	11.04	8.29	8.72
各口门全年占八大口门的百分比	60.82	8.65	2.57	3.52	4.25	1.78	1.51	16.90	100
东四门占八大口门的75.56%					西四门占八大口门的24.44%				

表2-35　**各口门占八大口门多年平均落潮量的百分比**　（单位：%）

月份 \ 口门（站名）	虎门（大虎）	蕉门（南沙）	洪奇门（冯马庙）	横门（横门）	磨刀门（灯笼山）	鸡啼门（黄金）	虎跳门（西炮台）	崖门（黄冲）	八大口门各月占全年的百分比
1	7.39	5.75	5.25	5.05	3.69	4.10	4.33	7.95	6.20
2	6.73	5.57	4.78	4.84	4.06	4.25	4.56	7.33	5.86
3	7.48	6.49	5.54	5.69	5.12	5.12	5.53	8.33	6.73
4	8.12	7.52	7.00	6.98	8.87	6.87	7.16	8.27	7.97
5	9.48	10.66	11.12	11.07	12.76	12.35	11.79	8.82	10.42
6	9.24	10.15	11.10	10.94	11.12	12.16	11.91	8.25	9.95
7	9.42	12.80	13.93	14.75	15.13	16.56	14.50	9.00	11.68
8	9.35	11.22	12.69	12.41	12.91	13.32	12.83	8.88	10.72
9	8.62	9.12	10.11	9.29	9.54	8.62	9.05	8.32	8.91
10	8.71	7.79	7.31	7.56	6.79	6.54	7.58	8.50	8.01
11	7.82	6.93	5.68	6.20	5.47	5.35	6.01	7.97	7.01
12	7.64	6.00	5.49	5.22	4.54	4.76	4.76	8.13	6.54
各口门全年占八大口门的百分比	41.62	12.59	4.31	7.01	15.16	3.71	3.64	11.96	100
东四门占八大口门的65.53%					西四门占八大口门的34.47%				

表2-36　**各口门占八大口门多年平均净泄量的百分比**　（单位：%）

月份 \ 口门（站名）	虎门（大虎）	蕉门（南沙）	洪奇门（冯马庙）	横门（横门）	磨刀门（灯笼山）	鸡啼门（黄金）	虎跳门（西炮台）	崖门（黄冲）	八大口门各月占全年的百分比
1	3.69	2.76	2.04	2.80	2.36	2.32	2.11	6.07	2.91
2	2.17	3.08	2.49	3.04	2.88	2.54	2.61	4.41	2.83
3	2.80	3.62	3.03	3.57	3.47	3.06	3.17	5.75	3.43
4	6.26	6.46	6.27	6.17	8.25	5.72	6.51	8.36	6.96
5	14.84	13.59	14.26	13.31	14.01	14.11	14.00	11.82	13.90
6	16.50	13.52	14.28	13.48	11.72	14.13	14.03	12.67	13.65
7	15.75	17.60	18.66	18.68	16.73	20.24	17.77	15.00	17.22
8	13.36	14.66	15.43	15.15	14.56	15.91	15.26	11.61	14.42
9	7.11	9.72	9.87	9.38	10.41	9.15	10.15	6.93	9.23
10	6.97	6.60	6.42	6.28	7.24	5.80	6.79	4.94	6.66
11	5.05	4.91	4.46	4.73	5.12	4.16	4.70	4.83	4.88
12	5.50	3.48	2.79	3.41	3.27	2.83	2.93	7.58	3.91
各口门全年占八大口门的百分比	18.50	17.33	6.41	11.22	28.30	6.04	6.20	6.00	100
东四门占八大口门的53.46%					西四门占八大口门的46.54%				

表2-37 各口门多年平均涨潮量、落潮量、净泄量的枯水期、洪水期百分比统计表

项目	口门（站名）	虎门（大虎）	蕉门（南沙）	洪奇门（冯马庙）	横门（横门）	磨刀门（灯笼山）	鸡啼门（黄金）	虎跳门（西炮台）	崖门（黄冲）
多年平均涨潮量	枯水期（亿m^3）	1160.80	201.62	58.55	83.38	94.55	37.87	38.85	333.86
	占全年（%）	50.73	61.95	60.60	62.90	59.16	56.62	68.46	52.50
	洪水期（亿m^3）	1127.58	123.83	38.07	49.21	65.28	29.00	17.90	302.05
	占全年（%）	49.27	38.05	39.40	37.10	40.84	43.38	31.54	47.50
多年平均落潮量	枯水期（亿m^3）	1311.26	334.08	101.03	166.90	309.57	77.01	82.05	396.90
	占全年（%）	45.75	38.54	34.05	34.55	29.66	30.13	32.76	48.20
	洪水期（亿m^3）	1554.10	532.83	195.70	316.21	734.19	178.59	168.41	426.55
	占全年（%）	54.25	61.46	65.95	65.45	70.34	69.87	67.24	51.80
多年平均净泄量	枯水期（亿m^3）	150.46	132.46	42.46	83.53	215.02	39.14	34.10	63.04
	占全年（%）	26.03	24.46	21.23	23.83	24.32	20.74	17.60	33.61
	洪水期（亿m^3）	427.52	409.01	157.62	266.99	668.91	149.58	159.62	124.50
	占全年（%）	73.97	75.54	78.77	76.17	75.68	79.26	82.40	66.39

注 枯水期为10月至次年3月，洪水期为4~9月。

2.2.2.5 山潮比特征

山潮比是指某一个时期内的净泄量与涨潮量之比，通常用来表示径流作用与潮流作用的对比关系，其比值小于1，说明在该时期内海域的潮流作用大于径流作用，以潮流作用为主；其比值大于1，则为径流作用大于潮流作用，以径流作用为主。

表2-38为珠江八大口门各站多年平均各月和年平均的山潮比统计表，由表可见：

（1）在珠江八大口门中，虎门和崖门的多年平均山潮比均小于1，说明均为以潮流作用为主的口门，而且各月份的山潮比均小于1，说明在这两个口门中，终年均为以潮流作用为主，即使是洪水期也不例外。

（2）磨刀门的多年平均山潮比大于1，且各月份的山潮比均大于1，说明磨刀门终年均为以径流作用为主。

（3）蕉门、洪奇门、横门、鸡啼门和虎跳门等5个口门的多年平均山潮比均大于1，说明这些口门是以径流作用为主的口门，但与磨刀门不完全相同，这些口门在洪水期山潮比大于1，而在枯水期的12~3月（蕉门为11~3月），山潮比则小于1，说明在洪水期是以径流作用为主，而在枯水期的部分月份则以潮流作用为主。

表2-38　珠江八大口门多年平均山潮比统计

月份＼口门（站名）	虎门（大虎）	蕉门（南沙）	洪奇门（冯马庙）	横门（横门）	磨刀门（灯笼山）	鸡啼门（黄金）	虎跳门（西炮台）	崖门（黄冲）
1	0.11	0.43	0.35	0.67	1.18	0.72	0.60	0.21
2	0.07	0.53	0.54	0.84	1.50	0.79	0.79	0.16
3	0.08	0.54	0.58	0.83	1.35	0.79	0.80	0.19
4	0.18	1.16	1.52	1.78	3.70	1.60	2.37	0.30
5	0.46	3.91	6.41	6.85	13.18	5.40	11.18	0.44
6	0.57	4.95	6.51	8.34	8.28	6.04	10.23	0.51
7	0.51	6.10	9.31	11.28	14.72	9.21	18.18	0.61
8	0.40	4.43	4.55	7.77	21.33	7.44	11.44	0.42
9	0.20	1.99	1.94	2.74	12.12	3.65	6.52	0.23
10	0.19	1.12	1.45	1.52	9.24	1.89	2.26	0.15
11	0.15	0.79	1.13	1.24	3.83	1.36	1.53	0.16
12	0.17	0.57	0.52	0.90	1.56	0.78	0.91	0.27
多年平均	0.253	1.664	2.071	2.644	5.531	2.822	3.414	0.295

注　表中资料引自文献［3］。

2.2.2.6　潮区界、潮流界、咸水界、会潮点

河流的潮区界、潮流界、咸水界和会潮点受径流、潮流的大小和河道地形、河床坡降等因素的影响，在上、下游一定范围内移动，枯水期大潮时，潮波传播和潮流上溯的距离要大些，洪水期小潮时上溯的距离则小些，如果河道地形和河床坡降基本不变，则其上溯距离是基本稳定的。

表2-39为珠江主要河流的潮区界、潮流界、咸水界在枯水期和洪水期的移动范围，由于近些年来受人类活动的影响，有些河段的河道地形和河床坡降变化较大，可能对潮区界、潮流界、咸水界的变动范围有所影响，表中的数据仅供参考。

表2-40为珠江河口区主要会潮点的分布位置，由于珠江河口的网河密布，河汊交错，会潮点很多，其位置随着洪水期和枯水期的季节而变化，同样受上述诸因素的影响，变化十分复杂。

表2-39　珠江主要河流的潮区界、潮流界、咸水界一览表

河名＼项目	枯水期			洪水期		
	潮区界	潮流界	咸水界	潮区界	潮流界	咸水界
西江	梧州—德庆（300）	三榕峡（160）	桂定角	天河（75）	灯笼山、横门、横山、西炮台各口门外（0）	拦门沙（石栏洲南）
北江	芦苞—马房（130）	马房—三水（90）	万顷沙西	三善滘（43）	洪奇门、蕉门、沙湾以外（0）	拦门沙（淇澳岛东）
东江	铁岗（90）	下南—石龙（60）	口门内（10～15）	大盛—新家铺（40）	泗盛、大盛、东埪围（2～10）	细丫岛（伶仃洋）
珠江正干（流溪河）	蚌湖—江村（90）	江村—老鸦岗（80）	上、下横档—黄埔	老鸦岗（70）	石围塘—黄埔（39）	细丫岛（伶仃洋）
潭江	蚬岗	赤坎、北降	石咀—三江口	百合、赤坎	石咀	赤鼻、三虎以南

注　1. 表中地名下括号中的数字为距口门的公里数。

2. 珠江正干指广州出海水道，老鸦岗以上为流溪河汇入。

表 2-40 珠江河口区会潮点一览表

会潮河道	会潮点
虎门水道—沙湾水道	大尾角—陈村
蕉门水道—洪奇门水道	万顷沙—大陇滘
横门水道—洪奇门水道	马鞍—横门
横门水道—磨刀门水道	石岐河附近
洪奇门水道—磨刀门水道	三水—小塘
小榄水道、容奇水道—西江干流	南华—天河
顺德水道、潭洲水道、吉利涌	紫洞—三多
西江干流—顺德支流	甘竹溪内
磨刀门—崖门	江门河附近
西江—东海水道	天河附近
东江—东莞水道	石龙

2.3 余　流

余流是指在海域内除天文引潮力作用所引起的潮流之外的海流。珠江口余流状况主要受径流、沿岸流、风海流、南海暖流所造成的密度流以及地形、气象等因素所制约。一般是5m 水深线以浅的水域，主要受径流控制；5～10m 水深线之间，径流和潮流相互作用比较强烈；10～20m 水深线之间，沿岸流和风海流的影响加强；20m 水深线以上属南海暖流所及范围。

由径流控制的余流特点是表层流速大，向中层、底层逐渐递减，在平面分布上主槽大于浅滩，在时间分布上洪水期大于枯水期，以下泄余流为主，流向与径流入海方向基本一致。

由沿岸流控制的余流特点是流速随径流、季风和暖流的盛衰而变化，在与南海暖流交接处，余流流速的垂线分布仍是表层大于中层、底层，流向则随季节或地理条件的不同而稍有变化。

风海流主要受风的影响，与季节的风向变化有关，但只对上层余流起作用，顺风方向表层余流流速明显增大。反之，逆风方向则将减小。

2.3.1 伶仃洋海区余流特征

伶仃洋海区的余流，根据 1978～2003 年若干实测资料计算得到的余流垂线平均流速及流向列于表 2-41。由表可见，在伶仃航道上段（从虎门口至南沙港区附近），余流方向大部分统计值与涨潮流方向一致，在 305°～358°之间，为北偏西方向个别统计值为 186°与南偏东的落潮流方向一致；伶仃航道中段（南沙港区至内伶仃岛），余流方向基本上与落潮流方向一致，在 145°～190°之间为南偏西方向；伶仃航道下段（内伶仃岛以南海域），余流方向在 185°～320°之间，为西偏南或西偏北指向西滩。

矾石水道（从深圳机场附近水域至铜鼓岛附近）余流方向总体上为南偏东方向，与落潮流一致，在 148°～168°之间；铜鼓岛附近水域为南偏西方向，在 200°～289°之间。

在淇澳岛附近浅海区，伶仃航道中段西侧的余流方向为南偏东或南偏西，在 163°～

209°之间，与落潮流一致；淇澳岛东北抛泥区余流方向为南偏西或北偏东方向，而其东南抛泥区余流方向则为西偏北或东偏南，与涨潮流方向接近；黄茅岛抛泥区余流方向为西偏南或北偏东，受风和地形等因素的影响，有时接近落潮流方向，有时则接近涨潮流方向。

蜘蛛岛附近水域的余流为北偏东或北偏西方向，与涨潮流方向一致，这与外海涨潮流占优势有关。

一般余流方向与潮流输沙方向一致，从上述分析可见，伶仃航道上段具有涨潮流输沙的特点，而伶仃航道中段和矾石水道则具有落潮流输沙的特点，伶仃航道下段输沙方向指向航道的西南或西北，对航道的维护有利。

伶仃洋的余流有季节性变化特征。根据 1980～1981 年实测资料（见表 2－42）表明：

春季，在径流量开始逐渐加大的影响下，除东槽南段（5#测点）中层和西槽桂山岛附近（II_{102}测点）底层为上溯余流外，余流方向多在 130°～220°之间摆动，表层下泄余流量值最大为 0.40m/s（西槽 1#测点），西槽余流流速大于东槽；西部珠海和澳门附近海域在沿岸流影响下，表层以西南向为主，中层、底层仍指向西，下泄余流流速明显增大。

夏季，入海径流量达最大值，表层余流主要偏向东南，整个海区以下泄余流为主，东、西槽个别测点（5#、H_{102}测点）的中层、底层出现上溯余流。在 7#测点附近，由于香港暗士顿水道涨潮流流势较强，故表层余流折向西南，中层、底层余流时有上溯；在珠海附近帆船水道右侧（II_{102}测点），余流流向多变，形成一回流区，直接影响到金星门以北淇澳岛周围水域，余流流速以靠近西槽的 9#～11#测点为最大，说明其与径流、潮流下泄主要通道的西槽有关，而西部浅滩大片越滩水流的下泄，加强了流势也是重要原因。余流流速量值是东槽大于西槽，表层最大为 0.44m/s。

秋季，入海径流量渐减，风海流和沿岸流势力渐强，余流以南至东南向为主，余流流速量值是表层流速西槽大于东槽，中层、底层则是东槽大于西槽。在大铲岛和赤湾一带，受暗士顿水道较强涨潮流影响，底层为西北向上溯余流，余流流速较大，达 0.38m/s；在珠海近岸余流流向不定，流速减小；九澳岛以南，表层、中层流向以西南为主，底层则指向西至西北，速度较小；20m 水深线以外的海域，流向多指向东北，余流量值较小；大于 30m 水深线的海域，由于南海流系的影响，中层余流呈正东方向，量值也明显增大。

冬季，入海径流量最小，表层余流流向主要在 135°～320°之间变动，余流流速是西槽大于东槽，最大量值为 0.32m/s，比其他季节都小。中层、底层上溯流在桂山岛至内伶仃岛之间的海域流向呈北西至北东，流势明显；桂山岛以南由于受东北季风、沿岸流和南海暖流的共同作用，余流以西南向为主，其流速量值比秋季大。

根据以上实测资料的分析，伶仃洋海区的余流特征可概括为：

（1）东槽以潮流作用占优势，余流以上溯流为主，即使在洪水期，底部也有上溯余流发生。

（2）西槽以径流作用为主，也受潮流波及，终年均为下泄余流，即使在枯水期，也以下泄余流占优势。

（3）夏季东槽表层余流量值大于西槽，其他季节则为西槽大于东槽。

（4）珠海—澳门附近海域，受径流、潮流、风海流和沿岸流等多种因素影响，余流方向多变，似有回旋流存在。

（5）内伶仃岛以南，海面宽阔，水深增大，濒临南海，影响因素复杂，余流季节性变化比较明显。

表 2-41　伶仃洋海区余流统计表

<table>
<tr><th colspan="2" rowspan="2">区域</th><th rowspan="2">点位</th><th colspan="3">测流时段</th><th rowspan="2">垂线平均余流流速（m/s）</th><th rowspan="2">垂线平均余流流向（°）</th></tr>
<tr><th>年</th><th>月</th><th>日</th></tr>
<tr><td rowspan="9">伶仃航道上段</td><td rowspan="3">虎门口附近</td><td rowspan="2">舢板洲站</td><td>1991</td><td>12</td><td>19~21</td><td>0.07</td><td>24</td></tr>
<tr><td>1992</td><td>7</td><td>2~4</td><td>0.154</td><td>358</td></tr>
<tr><td>3#</td><td>2002</td><td>6</td><td>26~27</td><td>0.12</td><td>321</td></tr>
<tr><td rowspan="2">舢板洲附近</td><td>固 1</td><td>1978</td><td>7</td><td>20~25</td><td>0.124</td><td>337</td></tr>
<tr><td>散 1</td><td>1998</td><td>6</td><td>26~28</td><td>0.153</td><td>353</td></tr>
<tr><td rowspan="4">南沙港附近</td><td>8#</td><td>2002</td><td>6</td><td>26~27</td><td>0.005</td><td>186</td></tr>
<tr><td></td><td>2002</td><td>7</td><td>3~4</td><td>0.08</td><td>186</td></tr>
<tr><td rowspan="2">V1</td><td>2003</td><td>7</td><td>26~27</td><td>0.087</td><td>348</td></tr>
<tr><td>2003</td><td>7</td><td>29~30</td><td>0.044</td><td>305</td></tr>
<tr><td rowspan="14">伶仃航道中段</td><td rowspan="5">蕉门南支尾闾浅滩东南伶仃航道</td><td>固 4</td><td>1978</td><td>7</td><td>20~25</td><td>0.092</td><td>150</td></tr>
<tr><td rowspan="2">伶仃 1#</td><td>1991</td><td>12</td><td>19~21</td><td>0.035</td><td>190</td></tr>
<tr><td>1992</td><td>7</td><td>15~17</td><td>0.11</td><td>171</td></tr>
<tr><td>散 3</td><td>1998</td><td>6</td><td>26~28</td><td>0.34</td><td>159</td></tr>
<tr><td>10#</td><td>2002</td><td>6</td><td>26~27</td><td>0.04</td><td>173</td></tr>
<tr><td rowspan="5">万顷沙尾东伶仃航道</td><td>巡 24#</td><td>1978</td><td>7</td><td>8~10</td><td>0.093</td><td>177</td></tr>
<tr><td rowspan="2">12#</td><td>2002</td><td>6</td><td>26~27</td><td>0.035</td><td>165</td></tr>
<tr><td>2002</td><td>7</td><td>3~4</td><td>0.025</td><td>166</td></tr>
<tr><td rowspan="2">V3</td><td>2003</td><td>7</td><td>26~27</td><td>0.019</td><td>147</td></tr>
<tr><td>2003</td><td>7</td><td>29~30</td><td>0.075</td><td>166</td></tr>
<tr><td rowspan="4">横门垦区东伶仃航道</td><td>固 7</td><td>1978</td><td>7</td><td>20~25</td><td>0.148</td><td>180</td></tr>
<tr><td rowspan="2">伶仃 2#</td><td>1991</td><td>12</td><td>19~21</td><td>0.10</td><td>145</td></tr>
<tr><td>1992</td><td>7</td><td>15~17</td><td>0.163</td><td>162</td></tr>
<tr><td>散 6</td><td>1998</td><td>6</td><td>26~28</td><td>0.377</td><td>184</td></tr>
<tr><td rowspan="9">伶仃航道下段</td><td rowspan="4">内伶仃岛西伶仃航道</td><td>内伶仃断面 V5′</td><td>1978</td><td>7</td><td>20~25</td><td>0.197</td><td>252</td></tr>
<tr><td>淇澳东断面 V3</td><td>1998</td><td>6</td><td>26~28</td><td>0.335</td><td>185</td></tr>
<tr><td rowspan="2">V5</td><td>2003</td><td>7</td><td>26~27</td><td>0.058</td><td>320</td></tr>
<tr><td>2003</td><td>7</td><td>29~30</td><td>0.102</td><td>186</td></tr>
<tr><td rowspan="3">内伶仃岛南伶仃航道</td><td>V5</td><td>2002</td><td>6</td><td>27~28</td><td>0.015</td><td>198</td></tr>
<tr><td rowspan="2">伶仃 3#</td><td>1991</td><td>12</td><td>19~21</td><td>0.025</td><td>14</td></tr>
<tr><td>1992</td><td>7</td><td>15~17</td><td>0.042</td><td>7</td></tr>
<tr><td rowspan="2">伶仃岛南深水航道</td><td rowspan="2">V6</td><td>2003</td><td>7</td><td>26~27</td><td>0.059</td><td>218</td></tr>
<tr><td>2003</td><td>7</td><td>29~30</td><td>0.15</td><td>195</td></tr>
</table>

续表

<table>
<tr><th colspan="2" rowspan="2">区域</th><th rowspan="2">点位</th><th colspan="3">测流时段</th><th rowspan="2">垂线平均余流流速（m/s）</th><th rowspan="2">垂线平均余流流向（°）</th></tr>
<tr><th>年</th><th>月</th><th>日</th></tr>
<tr><td rowspan="9">矾石水道</td><td rowspan="7">深水航道深圳机场对开水域矾石水道</td><td>固3</td><td>1978</td><td>7</td><td>20～24</td><td>0.095</td><td>156</td></tr>
<tr><td rowspan="2">矾石1#</td><td>1991</td><td>12</td><td>19～21</td><td>0.049</td><td>168</td></tr>
<tr><td>1992</td><td>7</td><td>15～17</td><td>0.137</td><td>162</td></tr>
<tr><td>散2</td><td>1998</td><td>6</td><td>26～28</td><td>0.425</td><td>154</td></tr>
<tr><td>11#</td><td>2002</td><td>6</td><td>26～27</td><td>0.025</td><td>158</td></tr>
<tr><td rowspan="2">V9</td><td>2003</td><td>7</td><td>26～27</td><td>0.053</td><td>168</td></tr>
<tr><td>2003</td><td>7</td><td>29～30</td><td>0.128</td><td>166</td></tr>
<tr><td rowspan="2">内伶仃岛东矾石水道</td><td>赤湾断面V13</td><td>1978</td><td>7</td><td>20～25</td><td>0.074</td><td>148</td></tr>
<tr><td>伶仃洋断面V1</td><td>1998</td><td>6</td><td>26～28</td><td>0.25</td><td>154</td></tr>
<tr><td rowspan="4"></td><td rowspan="4">铜鼓岛东铜鼓航道</td><td rowspan="2">矾石3#</td><td>1991</td><td>12</td><td>19～21</td><td>0.071</td><td>214</td></tr>
<tr><td>1992</td><td>7</td><td>15～17</td><td>0.05</td><td>200</td></tr>
<tr><td>2#</td><td>1995</td><td>8</td><td>22</td><td>0.144</td><td>90</td></tr>
<tr><td>2#</td><td>2000</td><td>12</td><td>8～9</td><td>0.05</td><td>289</td></tr>
<tr><td rowspan="11">伶仃航道西侧</td><td rowspan="4">淇澳东深水航道西侧</td><td>内伶仃V8断6</td><td>1978</td><td>7</td><td>20～25</td><td>0.094</td><td>187</td></tr>
<tr><td rowspan="2">抛泥地站</td><td>1991</td><td>12</td><td>19～21</td><td>0.064</td><td>163</td></tr>
<tr><td>1992</td><td>7</td><td>15～17</td><td>0.119</td><td>209</td></tr>
<tr><td>淇澳东断面V2</td><td>1998</td><td>6</td><td>26～28</td><td>0.393</td><td>169</td></tr>
<tr><td rowspan="3">淇澳岛东北抛泥区</td><td>巡42#</td><td>1978</td><td>8</td><td>12～13</td><td>0.017</td><td>239</td></tr>
<tr><td rowspan="2">V10</td><td>2003</td><td>7</td><td>26～27</td><td>0.038</td><td>37</td></tr>
<tr><td>2003</td><td>7</td><td>29～30</td><td>0.071</td><td>179</td></tr>
<tr><td rowspan="2">淇澳岛东南抛泥区</td><td rowspan="2">V7</td><td>2003</td><td>7</td><td>26～27</td><td>0.037</td><td>309</td></tr>
<tr><td>2003</td><td>7</td><td>29～30</td><td>0.084</td><td>98</td></tr>
<tr><td rowspan="2">黄茅海抛泥区</td><td rowspan="2">V8</td><td>2003</td><td>7</td><td>26～27</td><td>0.078</td><td>248</td></tr>
<tr><td>2003</td><td>7</td><td>29～30</td><td>0.023</td><td>353</td></tr>
<tr><td colspan="2" rowspan="4">蠕蛛岛附近</td><td rowspan="2">V2</td><td>2003</td><td>7</td><td>26～27</td><td>0.098</td><td>354</td></tr>
<tr><td>2003</td><td>7</td><td>29～30</td><td>0.07</td><td>72</td></tr>
<tr><td rowspan="2">V4</td><td>2003</td><td>7</td><td>26～27</td><td>0.05</td><td>320</td></tr>
<tr><td>2003</td><td>7</td><td>29～30</td><td>0.082</td><td>48</td></tr>
</table>

表 2 – 42 伶仃洋海区余流特征值

季别	值别	层次	东槽 施测（年．月．日）	测点	流速（m/s）	流向（°）	西槽 施测（年．月．日）	测点	流速（m/s）	流向（°）
春	最大	表	1981. 5. 6	5	0. 03	161	1981. 4. 15	1	0. 04	185
		中		7	0. 08	132		1	0. 26	208
		底		7	0. 05	25		$Ⅱ_{102}$	0. 30	357
	最小	表	1981. 5. 6	6	0. 06	83	1981. 4. 15	$Ⅱ_{102}$	0. 10	273
		中		5	0. 02	306		$Ⅱ_{102}$	0. 08	222
		底		4	0. 01	73		2	0. 03	57
夏	最大	表	1981. 6. 9	7	0. 44	212	1981. 7. 11	2	0. 16	96
		中		7	0. 19	170		1	0. 16	237
		底		7	0. 10	31		$Ⅱ_{102}$	0. 10	323
	最小	表	1981. 6. 9	4	0. 08	180	1981. 7. 11	1	0. 10	132
		中		5	0. 03	310		$Ⅱ_{102}$	0. 10	113
		底		5	0. 06	59		3	0. 02	5
秋	最大	表	1980. 11. 3	5	0. 15	339	1980. 10. 10	2	0. 34	124
		中		5	0. 28	336		1	0. 12	184
		底		5	0. 19	325		1	0. 07	204
	最小	表	1980. 11. 3	4	0. 00	80	1980. 10. 10	3	0. 16	145
		中		7	0. 38	306		$Ⅱ_{102}$	0. 02	254
		底		7	0. 04	315		3	0. 02	284
冬	最大	表	1980. 12. 16	5	0. 13	314	1980. 12. 18	2	0. 32	147
		中		4	0. 16	344		3	0. 13	328
		底		5	0. 12	337		3	0. 13	332
	最小	表	1980. 12. 16	6	0. 04	288	1980. 12. 18	3	0. 05	80
		中		7	0. 05	342		1	0. 06	329
		底		6	0. 05	18		2	0. 03	230

注 本表摘自文献［5］。

2. 3. 2 磨刀门海区余流特征

磨刀门海区实测余流资料甚少，仅根据 1980 ~ 1982 年少量资料分析其基本特征[1]。表2 – 43为磨刀门海区余流特征值的统计，由表可见：

枯水期，磨刀门水道最大余流流速为表层 47. 9cm/s，呈东南向（流向为 163°），底层最小，为 12. 3cm/s，呈南向（流向为 183°）；最小余流流速为中层最大，其值为 11. 7cm/s，呈西北向，而表层、底层则呈东南向，各层余流流向变化较大。洪湾水道最大余流流速为表层 27. 5cm/s，中层、底层也比较接近，各层流向相一致，均为东北向

(流向均为 64°)；最小余流为表层最大，其值为 11.5cm/s，呈东北向，中层、底层余流流速较小，中层呈东北向，而底层则为西南向，各层流向变化也较大。龙屎窟水道最大余流为表层 21.4cm/s，呈东北向，底层较接近，为 21.2cm/s，但流向为西偏北，变化较大，而中层则余流流速最小，仅 6.4cm/s，呈西南向。磨刀门外海区海域最大余流流速为表层 66.7cm/s，呈西南向，中层、底层余流流速较小但差别不大，均为西南向，流向基本一致。

表 2-43　　磨刀门海区余流特征值统计表

季别		枯水期						洪水期					
值别		最大			最小			最大			最小		
层次		表	中	底	表	中	底	表	中	底	表	中	底
磨刀门水道	施测年月	1980.11	1980.1	1980.1	1980.1	1980.1	1980.1	1981.4	1981.4	1981.1	1981.6	1981.6	1981.6
	潮型	小	小	小	小	小	小	小	小	小	大	大	大
	测点	17	16	16	16	17	17	16	16	16	17	17	17
	流向 (°)	163	165	183	163	343	178	166	170	167	144	152	156
	流速 (cm/s)	47.9	19.9	12.3	8.4	11.7	3.6	75.8	68.3	66.1	34.4	31.9	23.8
洪湾水道	施测年月	1982.12	1982.12	1982.12	1982.12	1982.12	1982.12	1982.6	1982.6	1982.5	1982.7	1982.6	1982.7
	潮型	中	中	中	大	大	大	大	大	大	大	中	小
	测点	上沟 V_2	上沟 V_2	上沟 V_2	马 V_2	上 V_2	马 V_2	上 V_2	上 V_2	上 V_2	马 V_2	上 V_2	马 V_2
	流向 (°)	64	64	64	42	23	259	85	79	73	85	92	89
	流速 (cm/s)	27.5	25.3	21.9	11.5	0.7	2.6	43.2	43.3	41.3	15.1	2.7	11.5
龙屎窟水道	施测年月	1980.11	1980.12	1980.11	1980.12	1980.11	1980.11	1981.6	1981.6	1981.6	1981.5	1981.5	1981.6
	潮型	中	中	中	中	中	中	中	中	中	中	小	中
	测点	26	27	26	26	25	25	26	26	26	24	24	24
	流向 (°)	65	240	274	35	120	214	150	138	155	185	6	164
	流速 (cm/s)	21.4	6.4	21.2	2.9	2	0.4	19.8	22.4	15.8	7.5	6.2	5.6
大西水道-高栏岛	施测年月	1981.1	1981.1	1981.1	1980.12	1980.11	1980.1	1981.4	1981.4	1981.4	1981.7	1981.4	1981.7
	潮型	大	大	大	小	小	大	大	大	大	小	小	中
	测点	II_{402}	II_{301}	II_{402}	28	II_{402}	II_{301}	II_{403}	31	II_{403}	II_{302}	II_{301}	28
	流向 (°)	213	252	236	213	342	58	237	231	246	37	272	283
	流速 (cm/s)	66.7	45.5	49.4	5.6	4.7	0.5	77.7	29.5	49.9	3.1	1.4	1.4

注　1. $16^{\#}$位于磨刀门出口；$17^{\#}$位于小横琴西南海域；$24^{\#}$、$25^{\#}$、$27^{\#}$位于磨刀门右岸海区；$26^{\#}$位于三灶东北角海域；$28^{\#}$位于三灶南部海域；$31^{\#}$位于高栏北端海域；II_{301}、II_{302}位于大横琴外海域；II_{402}、II_{403}位于高栏外海域；其余测点在洪湾水道。

2. 表中数据引自珠江水利委员会《珠江口滨海区水文调查报告》。

洪水期余流流速大于枯水期。磨刀门水道洪水期最大余流流速为表层 75.8cm/s，呈东南向，中层、底层余流流速略小些，但较接近，均呈东南方向；最小余流流速也是表层大，其值为 34.4cm/s，中层、底层较小，各层余流方向均为东南向。洪湾水道各层余流流速大体接近，表层、中层、底层分别为43.2cm/s、43.3cm/s、41.3cm/s，余流方向均为东偏北向，比较一致；最小余流流速为表层最大，其值为15.1cm/s，底层次之，余流方向均为南向，变化不大。龙屎窟水道最大余流流速为中层最大，其值为22.4cm/s，呈东南向，表层、底层余流流速略小，均呈东南向，方向较一致；最小余流流速各层均较接近，但量值较小，为5.6～7.5cm/s，余流方向均为北偏东向（流向均为24°）各层流向一致。磨刀门外海海域最大余流流速为表层77.7cm/s，呈西北向，中层、底层均为西北向，但余流流速小于表层；最小余流流速为表层最大，其值为3.1cm/s，远小于最大余流流速，余流方向表层为东北向，而中层、底层则为西偏北向。

综上分析，可归纳其基本特征为：

（1）磨刀门海区洪水期余流流速大于枯水期；洪水期表层、中层、底层余流方向比较一致，变化不大。枯水期最大余流流向除龙屎窟水道变化较大外，其他水道和海域各层流向基本一致；枯水期最小余流的流向各层不一致，变化较大。

（2）枯水期外海海域的最大余流流速大于内海区各水道，而洪水期则不同，外海海域的最大余流流速小于磨刀门水道，但大于洪湾水道及龙屎窟水道；最小余流流速则为内海区大于外海海域。

（3）在磨刀门内海区，不论是枯水期还是洪水期，不论是余流最大流速还是最小流速，都是磨刀门水道的余流流速大于洪湾水道，而洪湾水道又大于龙屎窟水道。

（4）不论是枯水期还是洪水期，不论是余流最大流速，还是最小流速，一般都是表层大于中层、底层，而中层、底层则是多数情况下中层大于底层。由于底层余流流速一般都较小，因而余流的输沙强度较弱。

（5）余流流向在海区各部位不同，磨刀门水道不论是枯水期还是洪水期，一股都是东南向，各层比较一致。洪湾水道一般都是东北向或东向，各层也比较一致。龙屎窟水道则变化较大，且各层不一致，枯水期表层多为东北向，中层、底层变化较大；洪水期表层则多为东南向或南向，底层基本一致，中层变化较大。外海区表层余流一般是西南向，底层一般比较一致，但偶尔变化较大。

磨刀门海区的余流也具有季节性变化的特征。由表2－44可见：春季内海区的余流流速较大，垂线分布以表层为大，流向以东南向为主；外海区受东北季风的影响，余流流向为西南向，表层流速较大，底层次之，中层最小，但最小余流时流向散乱，流速也甚小。夏季西江干流径流量增大，内海区余流流速也较大，垂线分布仍以表层最大，余流流向仍以东南向为主；外海区余流流速减小，仍以表层流速最大，底层次之，中层最小，流向则为西南向，最小余流时流向散乱，流速甚小。秋季西江干流径流量逐渐减小，内海区余流流速也逐渐减小，表层流速较大，为东南向，底层流速次之，为近北向，各层方向不一致；外海区的余流流速较夏季有所增大，以表层较大，底层次之，方向为西南向，有利于珠江入海泥沙向西南方向运移。冬季由于西江干流径流量小，内海区的余流流速为全年最小，垂线流速分布仍以表层最大，中层次之，底层最小，流向为东南向，各层方向较一致；外海区由于受潮流的作用，余流流速增大，仍为全年最大，以表层最大，底层次之，中层较小，方向仍为西南向。

表 2-44　**磨刀门海区余流的季节变化[1]特征**

季别	值别	层次	内海区				外海区			
			施测（年．月．日）	测点	流速（cm/s）	流向（°）	施测（年．月．日）	测点	流速（cm/s）	流向（°）
春	最大	表	1981.4.16	16	75.8	166	1981.4.20	II_{403}	77.7	237
		中		16	68.3	170	1981.4.16	31	29.5	231
		底		16	66.1	167	1981.4.22	II_{403}	49.9	246
	最小	表	1981.5.11	25	10.8	122	1981.5.23	II_{301}	5.4	209
		中		24	6.2	6	1981.4.22	II_{403}	7.4	147
		底		25	6.4	136	1981.5.23	II_{401}	2.7	88
夏	最大	表	1981.7.12	16	65.5	139	1981.7.14	II_{402}	35.4	216
		中		16	56.5	140	1981.7.14	31	17.3	233
		底		16	48.6	141	1981.7.12	II_{301}	24.8	254
	最小	表	1981.6.14	24	7.5	185	1981.7.12	II_{302}	3.1	37
		中		24	7.1	167	1981.7.11	II_{301}	3.2	169
		底		24	5.6	164	1981.7.14	II_{413}	1.0	52
秋	最大	表	1980.11.14	17	47.9	163	1980.10.15	II_{301}	58.2	239
		中	1980.10.15	16	19.9	165		II_{301}	39.2	259
		底	1980.11.20	26	21.2	274		II_{301}	45.6	246
	最小	表	1980.11.20	22	2.8	195	1980.10.16	II_{403}	19.0	244
		中		25	2.0	120	1980.11.18	II_{402}	3.7	342
		底		25	0.4	214	1980.10.10	II_{301}	0.5	58
冬	最大	表	1981.1.5	17	32.9	136	1981.1.6	II_{402}	66.7	213
		中		16	13.3	159	1981.1.5	II_{301}	45.5	252
		底		16	7.2	148	1981.1.6	II_{402}	49.4	236
	最小	表	1980.12.4	26	2.9	35	1980.12.28	28	5.8	216
		中		26	2.1	157	1980.12.23	19	4.2	226
		底		25	2.0	75	1980.12.23	II_{402}	2.4	261

2.3.3　黄茅海海区余流特性

黄茅海海区实测余流资料较少，根据 1980 ~ 1981 年、1989 年及 1992 年 3 次实测资料初步分析其基本特征，见表 2-45 及表 2-46。由表可得其主要特征为：

（1）在黄茅海内海区内，枯水期表层余流流速一般大于洪水期表层余流流速，余流流向为近南或东南向（40° ~ 190°）；不论枯水期还是洪水期，表层余流流速大于中层、底层余流流速，一般为底层最小，中层、底层余流流向则变化较大（83° ~ 345°）。

（2）不论枯水期还是洪水期，黄茅海深槽表层余流流速一般大于东滩和西滩的表层余流流速，而东滩的表层余流流速又大于西滩的表层余流流速；中层、底层的余流流速则不尽相同，有时深槽的中层、底层余流流速小于东、西滩中层、底层余流流速。

（3）洪水期，由于径流来量大，黄茅海深槽及滩地的表层余流流速指向海洋，以下泄余流占优；而中层、底层余流，尤其是底层余流则指向西北，以上溯流占优。

（4）不论枯水期还是洪水期，高栏岛、大杧岛、荷包岛、大襟岛等岛屿附近海域的余流流速（表层、中层、底层）一般均小于黄茅海内海区的余流流速；余流流向则变化较大，从 13° ~ 357°，无明显的规律。

（5）大襟岛至广海湾表层余流指向西，余流流速较大，达 36.2cm/s，说明受西南向沿岸流的影响明显，有利于泥沙西迁，造成广海湾的淤浅。

表 2-45　　黄茅海海区洪水期余流特征值统计表［单位：流速 cm/s；流向（°）］

施测时间	测点	位置	表层		中层		底层	
			流速	流向	流速	流向	流速	流向
1981.4~6（小、中、大潮）	34	东滩三虎西侧海域			16.3	205		320
	36	东滩三角山东侧海域	23.5	139			11.5	
	40	西滩赤鼻山以西海域	18.5	189			16.4	168
	43	西滩大襟岛西北海域			18.0	122		
	37	崖门出口深槽	28.7	150				
	38	三虎以上深槽			22.9	201		
	$Ⅱ_{501}$	大杧一三角山之间深槽					18.2	310
	45	大襟岛以西广海湾海域	36.2	285	16.1	28.3		
	47	广海湾海域					9.0	226
1989.8.17（大潮）	赤鼻东	赤鼻东深槽	20.6	198	7.6	196	2.5	174
	黄茅东	西滩			2.7	246		
	南水西 V_2	深槽区	1.0	281	4.4	307	4.9	341
	三角山西	三角山西深槽区	14.5	152	8.1	152	8.1	152
	大杧西 V_8	浅滩区	14.1	68	9.8	42	8.9	28
	大杧西 V_5	浅滩区	7.3	61	7.2	261	10.1	318
	大襟西 V_2	浅滩区	19.4	293	21.6	296	17.5	307
	大襟西 V_4	浅滩区			2.4	147		
	大襟西 V_8	浅滩区			6.2	88		
1992.7.15（大潮）	散点 3	崖门出口深槽	17.9	175			14.1	182
	散点 4	三虎西深槽	26.6	179			17.6	179
	散点 5	黄茅山以东深槽	13.9	175			9.0	197
	散点 7	三角山以西深槽	17.9	163			2.9	189
	散点 8	高栏岛以西深槽	1.7	138			1.0	313
	散点 9	高栏岛东北角海域	13.0	148			12.6	131
	大襟西 V_1	浅滩区	8.9	80			9.7	57
	大襟西 V_2	浅滩区	14.8	15			9.6	13
	大襟西 V_3	浅滩区	16.2	58			8.3	72
	荷包西 V_1	深槽区	23.3	218			8.9	261
	荷包西 V_2	深槽区	4.8	218			6.9	188
	荷包西 V_3	深槽区	7.8	110			5.7	349
	高栏西 V_1	深槽区	9.2	114			7.1	130
	高栏西 V_2	深槽区	12.1	357			7.7	305
	高栏西 V_3	深槽区	4.0	64			3.7	331

注　1. 1981 年 4~6 月测次的数据引自广东省水利科学研究所，珠江三角洲洪潮特性及其遭遇分析，2000 年 1 月，流速为测点最大流速。

2. 1989.8.17 及 1992.7.15 测次的数据引自中水珠江规划勘测设计有限公司，珠江流域防洪规划水文分析报告，2005 年 3 月。

表2-46　黄茅海海区枯水期余流特征值统计表［单位：流速 cm/s；流向（°）］

施测时间	测点	位置	表层		中层		底层	
			流速	流向	流速	流向	流速	流向
1980.10~12 1981.1（小、中、大潮）	34		26.7	194				
	36				19.4	346	19.9	307
	40				18.5	177		
	38		31.5	187			9.4	90
	39				11.3	157		
	45		22.5	269				
	46	三虎西南海域深槽区			21.9	223	12.6	263
1989.1.9（中潮）	赤鼻东	广海湾海区	21.4	181	15.0	197	7.4	202
	黄茅东				6.7	164		
	南水西 V_2				8.4	352		
	三角山西 V_3		3.9	151	2.0	66	0.9	149
	大杧西 V_8		3.4	64	5.1	4	3.9	10
	大杧西 V_5		30.6	203	22.0	198	17.4	198
	大杧西 V_2		7.1	252	5.4	50	4.7	62
	大襟西 V_4				1.9	202		
	大襟西 V_8				4.3	34		
1992.11.17（小潮）	散点3		21.7	178			2.8	83
	散点4		23.7	194			9.5	190
	散点5		18.8	180			11.1	197
	散点7		8.7	160			5.3	156
	散点8		2.2	42			10.8	111
	散点9		7.4	122			8.7	106
	散点10		5.3	196			3.5	112
	大襟西 V_1		12.6	227			3.2	236
	大襟西 V_2		8.8	236			6.9	263
	大襟西 V_3		10.5	259			5.8	273
	荷包西 V_1		15.9	173			6.5	202
	荷包西 V_2		8.2	190			5.1	172
	荷包西 V_3		5.9	215			1.4	61
	高栏西 V_1		4.2	355			11.0	131
	高栏西 V_2		6.2	19			4.2	69
	高栏西 V_3		4.1	272			3.9	216

注　1. 1980~1981年测次的数据引自广东省水利科学研究所，珠江三角洲洪潮特性及其遭遇分析，2000年1月，流速为测点最大流速。

2. 1989年及1992年测次的数据引自中水珠江规划勘测设计有限公司，珠江流域防洪规划水文分析报告，2005年3月。

3. 位置一栏见表2-45。

2.4　近岸海流

在珠江口外的海岸，存在着种种复杂的近岸海流体系，除了由于天体的引力产生的潮汐以及以潮波的形式传入河口的潮流外，还有由于大洋水团运行引起的海流、风力作用形成的漂流、气压变化形成的气压梯度流、水层温度分布不均匀产生的密度梯度流、水层盐度分布不均匀产生的盐水异重流、河川径流入海后形成的浑水泄流、波浪破碎形成的波浪流以及局部地区的海水出现亏缺而得到补充的补偿流等近岸海流[2]。根据调查表明，大致在5m等深线以浅主要受径流控制，5~10m等深线为径流与潮流相互作用比较强烈的区域，10~20m等深线之间沿岸流与风海流的影响加强，20m等深线以外则为南海暖流所及的范围[5]。

近岸海流对河口的发育关系十分密切，尤其是对口外滨海区的发育影响更甚；在海港工程建设中，近岸海流的影响亦十分重要，诸如有关港址的选择、港工建筑物及航道的设计、抛泥区的选择、船舶系泊力的确定以及沿岸泥沙的淤积与冲刷等问题，均需考虑当地的近岸海流状况。

2.4.1　沿岸流

珠江口外的海域有一股常年向西南方向流动的沿岸流，它贴近海岸而流动，从珠江口起直到湛江湾，可分为珠江口段、珠江口到海陵岛段和海陵岛到湛江湾段，故又称粤西沿岸流。其宽度一般为10~20km，厚度为10~15m，在冬季，当东北季风加强时，其流速可达0.15~0.30m/s[6]。

珠江口段沿岸流的形成，根据应秩甫的分析，认为与珠江下泄的冲淡水和南海暖流等有关[6]。在珠江口外，整年有冲淡水向口外流动，而南海暖流的高盐度陆架海水沿底部向岸涌升，把冲淡水承托起来，使其向西沿岸流动，便形成了沿岸流。从夏季卫星影像上可清晰地看到珠江口外沿岸有一条浑浊带，宽约10~20km，即为珠江口外的西南沿岸流，也即粤西沿岸流的一部分。

每年当珠江径流洪峰期后约30天，冲淡水势力最强，向东可达东经115°及以东海域，当它到达东经112°，即阳江市的海陵岛附近，冲淡水被掺混而消失，但因为来自海南岛东岸的南海暖流受雷州半岛陆岸地形的影响，而在湛江湾海域带有一个反时针的环流存在，在其作用下，故在东经112°以西仍然有一股向西流动的沿岸流，不过这股水流已不是从珠江口下泄的冲淡水，而是由陆架升涌的外海咸水，盐度常在32‰以上。

从珠江口外海到湛江湾沿岸的沉积物分析情况可以看到粤西沿岸流对沿岸沉积的影响：在海陵岛以东的珠江口外海，即伶仃洋、磨刀门和黄茅海口外，沉积物主要是黏土质粉砂，粒径为0.032~0.008mm，显然是与珠江排沙的影响有关；从广海湾至镇海湾，其沉积物比珠江口外更细，粒径为0.008~0.002mm，是一条粉砂质黏土沉积带，虽并非全为珠江悬浮体沉积所致，但仍与沿岸的珠江冲淡水有关；从镇海湾至海陵岛，其近岸与外海之间的沉积带仍为粉砂质黏土，但逐渐趋向尖灭；从海陵岛以西至湛江湾，沉积物则以砂质为主，有粉砂质砂、细砂、中砂、甚至粗砂。由此可见，在海陵岛以东的沉积物主要受珠江口外冲淡水所影响；在海陵岛以西，冲淡水已被掺混而消失，主要受外海向岸涌升的陆架高盐度海水所影响，它不但带来干净的海水，还部分地带来陆架上干净的砂粒，并且淘洗和带走沿岸沉积物中的细颗粒成分，故沉积物以砂质为主[6]。

杨士瑛等人根据粤西海域漂流瓶的运动轨迹、海流定点连续观测结果、温度及盐度大面积调查资料、船测 ADCP 的流矢量和卫星遥感 SST 的综合分析结果发现[7]，夏季珠江口外海的粤西沿岸流有一部分海水通过琼州海峡向西进入北部湾；对这股沿岸流的形成机制认为有如下两个方面原因：

（1）夏季在西南季风作用下，南海北部陆架区为上升流所盘踞，其海水具有低温高盐特征，而近岸水体受夏季增温和径流入海的影响，具有明显的高温低盐特征，海水的这种温盐配置，形成近岸海平面升高，岸外海平面则降低，因而造成水平压强梯度自岸指向外海，从而迫使近岸海水向西流动。

（2）南海周边地区降雨量大，年降雨量超过 2000mm，5～8 月超过年径流量的 50%的淡水注入海洋，引起海面升高，因而促使海水向西流动。

由上认为：控制粤西沿岸流的主要因子是海洋正压与斜压效应；风应力只起到一种调制作用，当西南季风足够强盛时粤西沿岸流也可以回转向东北流动。

以上对粤西沿岸流的形成机制有两种不同观点，都有一定的见地。但是，粤西沿岸流是一种常年存在的近岸海流，后一种观点对解释夏季的珠江口外的西南沿岸流似乎尚属可行，但冬季则难以自圆其说，尤其是这股沿岸流起于珠江口外直到湛江湾，乃至通过琼州海峡而进入北部湾，已是远远离开珠江口了，仍用珠江下泄的水流来加以解释就难以令人满意了。

2.4.2　南海暖流[8]、[9]

在粤西沿岸流以外的近海海域存在一支自西南向东北流动的海流，这支海流狭窄而呈带状，具有较强的流速，终年存在，起自海南岛外 SE 部至南海北部，称之为南海暖流，夏季西南风盛行季节，这支海流的存在是众所公认的事实，即海水的流向与盛行季风的方向趋于一致，无甚争议；但冬季东北风盛行期间仍然存在，是一支冬季逆风流动的海流，这就令人难以理解了。

这支东北向流动的海流，在冬季逆季风而流动，其密度约 120～150n mile，流速较强（大于 30cm/s）的轴心部分约宽 80～85n mile，厚度约 300m；在汕头外海断面上，以深度 250m 为零面的各层流速，表层最大的可达 123cm/s（相当于 2.4kn/h）左右，在七洲列岛外断面上，以深度 250m 为零面的各层流速，表层最大的可达 95cm/s（相当于 1.8kn/h）左右，在香港和川岛外断面，根据 1966 年 11 月 24 日～12 月 7 日的观测资料得出的计算结果，比上述断面的流速还要大，其流速的垂直方向上的变化是随着深度的增加，流速递减，但很缓慢，表明整个水层的流速分布是比较均匀的；东北向输送量约为 $10\times10^6 m^3/s$，达到同期黑潮输送量的 1/3 或以上。由上可见，南海北部在东北风盛行的冬季，存在着一支范围广、流速和输送量都较大的东北向逆风海流。当然，在强劲的东北风所引起的漂流的影响下，在近表层这种东北向海流也可能暂时被掩盖，但在表层以下仍明显存在，而在东北风减弱的间隙期间，则明显呈现在表层，直至深层。其出现范围主要在纬度 20°～25°N 以内，向西一直可追溯到经度 122°E 附近，而珠江口外粤东沿岸的东北向海流是南海北部整个东北向流系的一个重要组成部分，并非局部性涡漩形式的逆流。根据观测资料分析，这支海流以汕头外方为最稳定和强大，海南岛外 SE 向断面亦相当稳定，冬季可存在 4 个月至半年以上；其他断面因无足够资料，难以判断，但有时流速也很强。

关于南海北部冬季存在的这支逆风流动的东北向海流的形成机理，至今尚未获得圆满的解释，有待进行深入的研究。管秉贤认为与海水的温度分布有关[8,9]。他认为南海北部的盐度，除河口附近区域外，分布较为均匀，故海水的密度与温度分布趋于一致，因而可根据 Fuglister[10] 所阐明的关于"主要海流的位置与 200m 层（或其他邻近层次）上显著的温度水平梯度的位置相一致"的原理，来确定海流的途径并判明其流向。

图 2－19 为 1968 年 1 月 6～14 日 100m 层的温度分布，由图可见，存在一股海水的温度向北递减的负梯度带，大致沿着 200m、300m 等深线的走向自西南向东北延伸，除川岛断面外，梯度很强，有的相隔仅 7～8n mile，温度向北剧减竟达 2～3℃或以上，而在负梯度带的两侧，则为水温向北递增的区域；200m 层的水温分布也有类似特点（见图 2－20）。

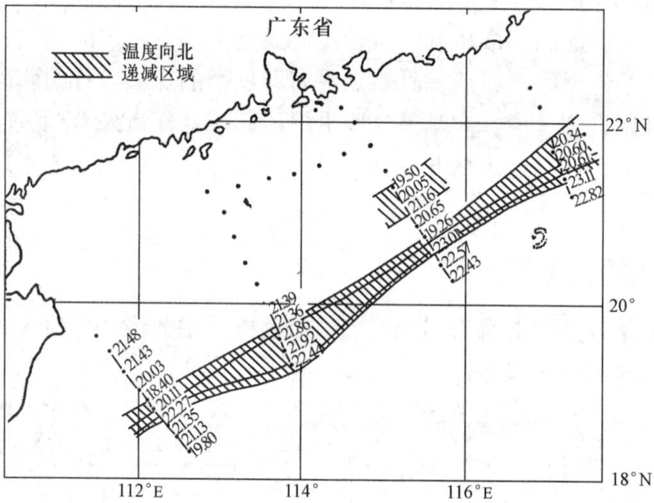

图 2－19　南海北部 100m 层温度（℃）分布（1968 年 1 月 6～14 日）

图 2－21 为与上同期 100m 层的密度分布，由图可见与图 2－19 的水温分布的趋势完全一致，密度呈向北递增。

在相应的温度断面图上，如图 2－22 所示为汕头外海断面的温度分布，上述负梯度带内的等温线是自东南向西北上倾，坡度较陡。

从上述温度的平面及断面分布特点，说明在温度负梯度带内，水层西北侧是冷水，而东南侧则是暖水，故这里的海面自西北向东南上倾，海水应自西南流向东北，形成东北向流动的海流。

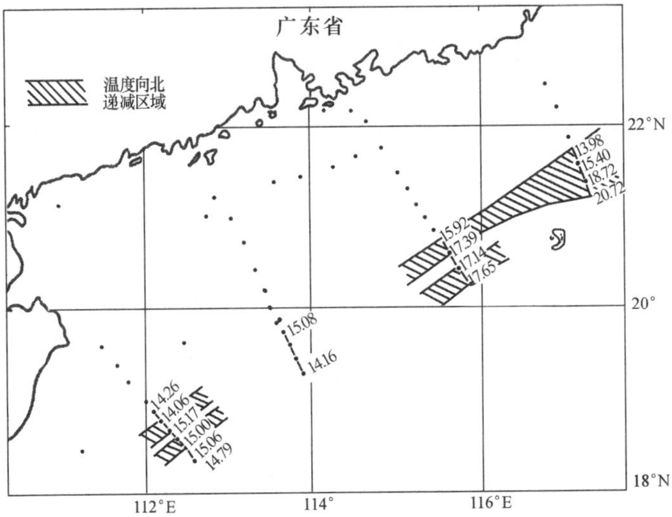

图 2-20　南海北部 200m 层温度（℃）分布（1968 年 1 月 6～14 日）

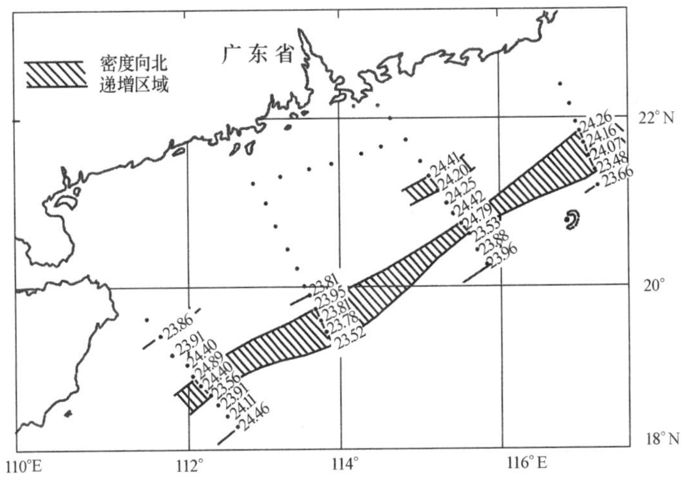

图 2-21　南海北部 100m 层密度分布（1968 年 1 月 6～14 日）

管秉贤指出，上述南海暖流各年冬、春季的流况，可能不尽相同，而有显著的季节和年际变异。建议在南海北部较低纬度处（18°～22°N）继续开展海流及系统性的水文观测，积累较长期的资料，并结合北太平洋上的海面风应力资料，以便将这支海流的动力结构、生成机制及其变异等问题，开展进一步的研究。

郭忠信等人[11]于 1982 年 2 月在汕头外海设置一个测流浮标，采用 HLJ1-1 型印刷海流计测得 7 个观测层面（10m、50m、100m、200m、300m、500m 和 800m 层）的连续 7 天的海流资料，结果为整个水层盛行较为稳定的东北向海流，其中，尽管 10m 层的海流向受寒潮大风的影响而呈现明显的周期性变化，但仍盛行东北向流动，证实了南海暖流的存在，其主流轴大致位于大陆坡的内侧，在东沙群岛以西，大致位于 600m 以浅的陆坡区，在东沙群岛以东，大致位于1500m以浅的陆坡区。同时，又指出南海暖流似是一支在空间和时间上不稳定的海流。此外，还指出目前关于这支海流的观测资料尚少，对其来龙去脉及其生成机制等问题还有待进一步深入研究。

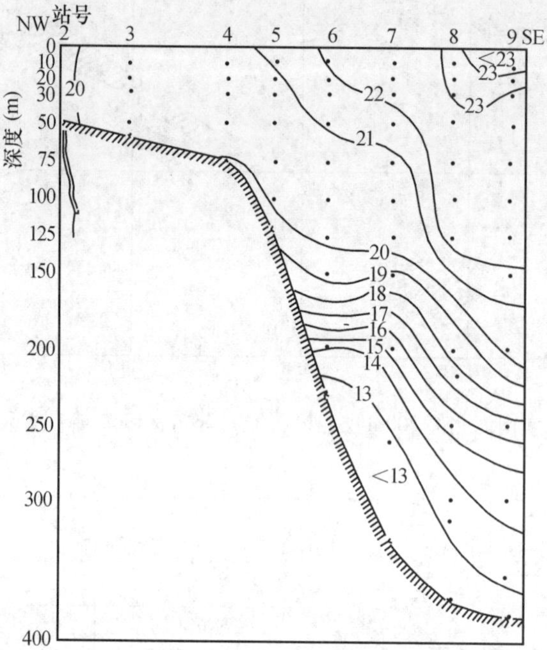

图2-22　汕头外海断面的温度（℃）分布（1968年1月7日）

2.4.3　冬季的西南向海流[11]

1979~1982年中国科学院南海海洋研究所郭忠信等人在南海东北部进行海洋学综合调查和南海暖流专题调查时，除证实了南海暖流的存在外，还观测到冬季在南海暖流主流轴的右侧（即北侧）有一支相当强劲的西南向海流，位于大陆坡的外侧，其海流流速较同期南海暖流为强，并且有流幅较宽、流量较大、垂直范围较厚，以及流域较广等特点。观测资料表明这支海流具有密度流性质，而且并非冬季季风所驱动的漂流，他们认为是黑潮进入南海的一个分支，因此将其称为黑潮南海分支。

根据1981年12月~1982年1月的观测资料计算结果表明，在汕头外断面和上川岛外断面上的西南向海流主流轴处，最大地转流速分别为62cm/s（相当于1.2kn）和37cm/s（相当于0.7kn）；而1981年1月在珠江口外断面上最大地转流速达到149cm/s（相当于2.9kn）；1982年2月在汕头外断面上的最大地转流速高达128cm/s（相当于2.5kn）。

1981年12月~1982年1月期间，在汕头外断面上西南向海流的流幅和流量分别为40n mile和$7.7\times10^6 m^3/s$，上、下川岛外断面上相应为41n mile和$9\times10^6 m^3/s$；1982年2月在汕头外断面上计算得到的流量达$9.8\times10^6 m^3/s$。各断面上的输送量比较接近，约为黑潮输送量$29\times10^6 m^3/s$的1/3，比同期南海暖流的输送量要高得多。

这支西南向海流的厚度可达800m以上，较南海暖流厚得多，由此可见这支海流并非冬季季风引起的漂流。

由于调查资料所涉及的区域有限，不足以确定调查区域外的流动路径，并从而追溯其源地所在。根据已收集到的调查区域外的一些历史资料进行初步分析，郭忠信等人认为冬季存在的这支西南向海流起源于巴士海峡的“黑潮”，它具有与吕宋以东的“黑潮”和巴士海峡中的“黑潮”相近似的水团结构，因此可以认为这支西南向海流很可能是通过巴士海峡进入南海的黑潮的一个分支。

2.4.4 夏季自东向西流动的海流[12]

1979～1982年中国科学院南海海洋研究所仇德忠等人[12]在进行南海东北部海洋学综合调查中，夏季观测到在近岸海区东北向南海暖流的南侧存在一支自东向西流动的与西南季风方向相反的逆风海流。

这支西向海流表层流幅约为30～60n mile，在东沙群岛以东较宽，东沙群岛以西则较窄，其100m层的流幅平均有50～60n mile；在东沙群岛以西，海流主轴位置在200～1000m等深线附近比较稳定，流速大于0.21m/s（相当于0.4kn）的厚度约为300m；表层的计算流速约为0.26～0.46m/s（相当于0.5～0.9kn），最大为0.7～1.5m/s（相当于1.4～3.0kn），有明显的年际变化，最大流速均出现在100m层，而不是在表层，这可能是由于西南季风的出现而减弱了表层流速；流量约为（2.5～4.0）$\times 10^6 m^3/s$。其海流相应的水体有一个次表层高盐水（深度大约为50～180m）存在，在东沙群岛至巴士海峡最大盐度大于34.7‰，向西流经东沙群岛后因与南海海水逐渐混合，因而盐度有所降低，但仍呈现次表层高盐水的特征。

根据仇德忠等人的分析[12]，初步认为这支西向海流起源于黑潮在巴士海峡的西分支，故称之谓黑潮南海分支。西分支通过巴士海峡断面时的最大流速接近1.03m/s（相当于2.0kn），流量约为$10 \times 10^6 m^3/s$。它东起巴士海峡，几乎横贯南海北部，包括珠江口东部的外海，其强弱及路径主要取决于黑潮在巴士海峡附近的分支和强弱，同时还与南海东北部海域的其他海洋学状况有很大关系。

2.4.5 近岸流系

近岸流系是指在海岸线附近水域的破波区及其邻近产生的各种环流体系，主要是由于波浪作用所形成，故又称波浪流，如图2-23所示[13]。

波浪从深海传递到浅水区，到达临界水深处即发生破碎，随着水深的继续变浅，波浪会发生多次破碎，直到接近水边线，波浪才会最终破碎。波浪的破碎变成击岸流冲上岸滩，然后在重力作用下又向海退回，同时又击破后来的波，造成波浪的不断强烈破碎。波浪破碎形成的击岸流是与岸线斜交的，而在重力作用下向海退回的水体是与岸线垂直的。因此，前者在沿岸的驱动分量作用下形成了顺岸流，在局部范围内沿着岸线流动；后者受波高高度和地形等因素的影响形成了离岸流，通常又称裂流；顺岸流的水体向离岸流引起水体的亏损进行补充，即形成补充流。顺岸流和离岸流的流量均由波浪向岸传播时的传质水流来提供，因此近岸流系在沿岸输沙、海岸演变以及更新近岸水体和清除污染物等方面均起着重要作用。

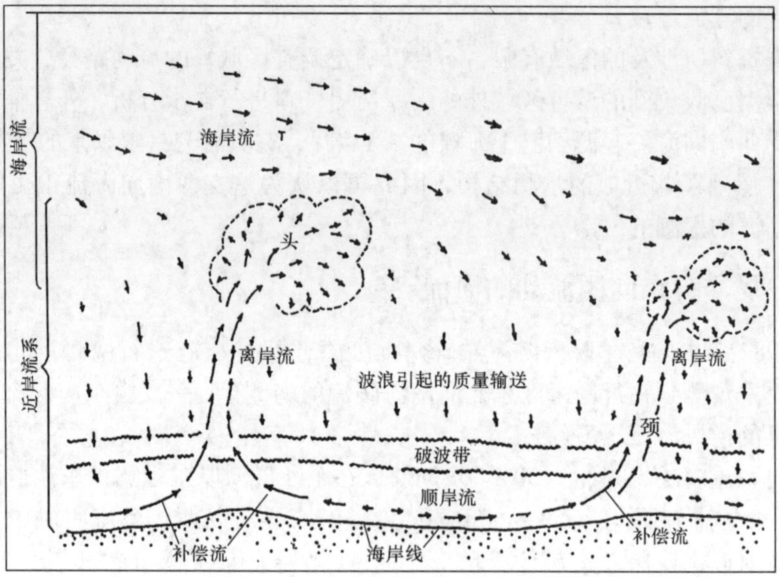

图 2-23 海岸流与近岸流系的表面流示意图

图中箭头长度表示相对的流速尺度

1. 顺岸流

顺岸流的流速一般很小，在破波区的断面上和沿岸方向上均有变化：在水边线流速为零，而在破波线流速最大；在两个离岸流之间的中点流速最小或为零，而在接近离岸流的根部流速最大（见图 2-23）。据美国加利福尼亚州现场观测资料表明：顺岸流的平均值一般为 0.3m/s 或更小些，大于 0.9m/s 的顺岸流是不经常有的，最大观测值为 1.7m/s，据记载它还受到了风的影响。虽然顺岸流的一般流速均很小，但其作用历时长久，又是输送经破波掀动后运动中的泥沙，故它是沿海岸滩演变中的重要动力因素之一。

顺岸流的流速目前有两类研究方法：一类是应用能量和动量守恒原理，计算整个破波断面上水体的平均顺岸流流速；另一类是应用辐射应力，亦即波浪所引起的剩余动量流的概念，研究破波区内顺岸流的流速横向分布。

用第一类方法研究所得的计算公式较多，其中如：

Putnam. J. A. （1949 年）等人[13]的顺岸流平均流速的计算公式为

$$V_l = \frac{\alpha}{2}\left[\left(1 + \frac{4C_b \sin\alpha_b}{\alpha}\right)^{\frac{1}{2}} - 1\right]\text{(cm/s)} \qquad (2-26)$$

其中

$$C_b = (2.28gH_b)^{\frac{1}{2}}$$

$$\alpha = \frac{2.61H_b m\cos\alpha_b}{f \cdot T}$$

$$f = 0.00404V_l^{\frac{3}{2}}$$

式中　α_b 为波峰线与岸线相交的锐角；m 为破波区的海底坡度；H_b 为波浪的破碎波高，cm；f 为摩擦系数，与流速有关，其值一般采用：卵石为 0.45 ~0.30；砾石或砂为 0.30 ~0.25；细颗粒土为 0.25 ~0.20。

美国《手册（84）》推荐的计算公式[13]

$$V_l = 20.7m\,(g \cdot H_b)^{1/2}\sin\alpha_b \tag{2-27}$$

式中　符号意义同前。

用第二类方法研究的计算公式如：

Van De Graaff 和 Van Orereem（1970 年）等人[13]在不考虑侧向切应力时给出顺岸流流速 V 的分布公式为

$$V = \frac{5\pi}{8\sqrt{2}}\gamma d_b \frac{g^{\frac{1}{2}}C'\sin\varphi_0}{f^{\frac{1}{2}}C_0}\tan\alpha \tag{2-28}$$

其中
$$C' = 18\log\left(12\,\frac{d_b}{n}\right)$$

$$f = \exp\left[-6.0 + 5.2\left(\frac{\alpha_0}{n}\right)^{-0.19}\right]$$

式中　γ 为破波区中波高与水深（d_b）之比；C' 为谢才系数；n 为海底糙率；f 为海底摩擦系数；α_0 为海底轨道偏离振幅；C_0为深水波速；φ_0 为深水中波浪行进角度；$\tan\alpha$ 为海滩坡度；g 为重力加速度。

顺岸流流速的横向分布接近三角形，自水边线的零值增长到破波线的最大值，如图 2 -24所示。

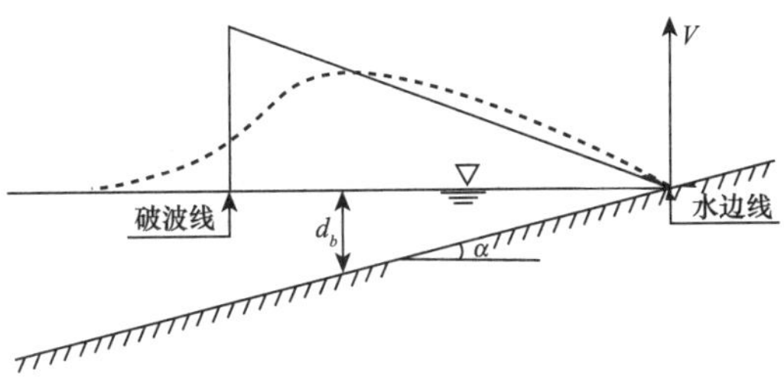

图 2 -24　顺岸流流速分布图

2. 离岸流

顺岸流的水体除沿着海岸线平行运移外，还有相隔一段距离出现一股由岸线向海集中流动的离岸流（又称裂流）。这种离岸流穿过破波带时常作扇形扩散，逐渐向海消失，如图 2 -23 所示。其流长有时可达 700 ~800m，宽约 30m[14]；相隔距离一般为 400m，日本观测资料：新潟海岸为 200 ~ 300m；湘南海岸为 80 ~ 150m；九十九里滨海岸约为 300m[13]。其流速在颈部处为最大，向头部渐趋减小，以至于消失。

Bowen 等从理论上和实验上证明，"波浪增水"是产生离岸流的原因[13]。波浪的存在使近岸带的平均水面高于静止水面（即"波浪增水"），造成自破波波高较高的区域引向波高较低的区域的一股水流，最后汇集流向外海。此外，还与复杂的地形的影响有关。

离岸流的流态及其动力结构较之顺岸流更为复杂，目前尚无流速推算公式可供估算。根据日本少量观测资料：离岸流根部的流速可达 1m/s 以上，四级风况下可达 2m/s[12]。

离岸流流速较大且集中于一个较狭窄的表层范围内，其穿过破波区时，可能形成一条冲沟。因此，它与顺岸流结合起来，可以塑造出特殊的海滩地貌单元。

2.5 风暴潮与增水

风暴潮是由于台风引起气压骤降而使海面隆起极其强烈的向岸风，使海水大量在海岸堆积，造成潮水位在短时间内异常升高的现象，其潮位大大超过正常天气情况下的潮位。若风暴潮的高水位适与天文潮期及上游洪水相遇，则将使海面水位暴涨，酿成所谓潮灾。这种由台风气象等外界因素造成的潮水位的激烈变化，称为风暴潮；由风暴潮引起的水位比正常水位下的增加值，称为风暴潮增水。

风暴潮一方面由于风力很强，破坏力很大，台风所到之处会摧毁海堤和各种建筑物，造成工农业生产和人民生命财产的损失；另一方面由于潮位暴涨，会使海水入侵内陆，冲垮或淹侵海堤、农田村庄、工矿企业、港口码头以及沿海各种建筑物，海水入侵又会引起咸水上溯，导致城乡人民生活用水和工农业生产用水的困难，严重影响人民生活和工农业生产的发展，亦造成巨大的损失。由此可见，风暴潮与人民的生活和经济建设的发展关系十分密切，与河口海岸的变化关系也十分紧密，必须对风暴潮进行研究，以便充分认识和掌握风暴潮的变化规律。

2.5.1 珠江河口台风特性

风暴潮是由台风引起，因此研究珠江河口的风暴潮必须对珠江河口的台风特性及其活动规律有所了解。

台风是发生在热带海洋上强烈的气旋性涡旋，是一种热带气旋。国际气象组织台风委员会对国际热带气旋的名称和标准作如下规定[15]：

低压区：中心位置不确定，中心附近平均最大风速小于62km/h（8级）；

热带低压：中心位置能确定，中心附近平均最大风速小于62 km/h（8级）；

热带风暴：中心附近平均最大风速为62～88 km/h（8～9级）；

强热带风暴：中心附近平均最大风速为89～117 km/h（10～11级）；

台风：中心附近平均最大风速为118 km/h或以上（12级或以上）。

因此，并非每个热带气旋都能达到台风的强度。台风是一种深厚的中间尺度天气系统，其水平尺度约为几百公里到上千公里，铅直尺度可从地面直达平流层低层；台风中心的气压很低，一般在990～870hPa之间，中心附近的地面最大风速一般在118 km/h以上，最大风暴潮增水可达4m或以上；台风经过的地区常有大暴雨或特大暴雨发生，日雨量可高达1600mm。因此，台风将造成巨大的破坏及大范围的严重洪涝潮灾害。

影响珠江口地区的热带气旋的生成源地主要有两个[16]：一是中国台湾及菲律宾以东的西太平洋的马里亚纳群岛附近海域，即北纬7°～15°、东经135°～150°之间的洋面上；二是南海中部，即北纬13°～18°、东经111°～117°之间的海面。

国家海洋局南海预报中心根据1949～2001年《热带气旋年鉴》记录的热带气旋资料统计，登陆珠江口各县（市、地区）的台风（包括热带低压、热带风暴、强热带风暴和台风）、各月的登陆次数及各月各类登陆的热带气旋分布分别见表2－47、表2－48和表2－49。由诸表可见：

表 2-47　1949~2001 年登陆珠江口各县（市、地区）台风统计

台风登陆地区	西太平洋生成台风（次）	南海生成台风（次）	合计（次）	频率（%）
深圳	8	2	10	19.6
香港	5	1	6	11.8
中山		1	1	1.9
珠海	5	3	8	15.7
澳门	2		2	3.9
斗门	3	4	7	13.7
台山	11	6	17	33.3
合计	34	17	51	100

表 2-48　1949~2001 年各月登陆珠江口各县（市、地区）台风统计

台风登陆地区	5月	6月	7月	8月	9月	10月	11月	12月	合计（次）
深圳			2	4	3	1			10
香港	1	1	2	1	1				6
中山					1				1
珠海		1	3	1	2	1			8
澳门				1	1				2
斗门	2		1	3	1				7
台山	1	4	3	2	2	3	1	1	17
合计	4	6	11	12	11	5	1	1	51
频率（%）	7.8	11.8	21.6	23.5	21.6	9.8	1.9	1.9	100

（1）在 1949~2001 年的 53 年间，在珠江口地区登陆的台风共有 51 次，平均每年约 0.96 次，即几乎每年都有发生。其中在西太平洋生成的台风 34 次，约占 66%；南海生成的台风 17 次，约占 34%，说明台风主要在西太平洋生成。

（2）台风在珠江口登陆的地点以台山最多，在 53 年中出现 17 次，占 32%；其次为深圳，出现 10 次，占 19%；再次为珠海和斗门，分别出现 8 次和 7 次，分别占 15% 和 13%；中山和澳门较少出现。

（3）台风登陆珠江口的时间为 5~12 月，其中 7~9 月为盛行期，11~12 月极少出现，出现最多的是 8 月份，频率为 23.5%。

（4）在强度分布上是以台风为多，在 51 次中共出现 24 次，占 47%；其次为强热带风暴，出现 21 次，占 40%；其他热带风暴和热带低压较少出现，仅占 13%。

说明热带气旋的生成多为强度较大的台风或强热带风暴，而西太平洋生成的热带气旋多为强度较大的台风或强热带风暴，南海生成的热带气旋一般强度较低。

表 2-49　　1949～2001 年各月各类登陆珠江口的热带气旋分布

月份	西太平洋热带气旋					南海热带气旋					合计	
	台风	强热带风暴	热带风暴	热带气压	小计	台风	强热带风暴	热带风暴	热带气压	小计	次数	年平均次数
5	1	1			2	1			1	2	4	0.07
6	1	3			4	2				2	6	0.11
7	2	4			6	1	1	1	2	5	11	0.21
8	4	3		1	8	1	3			4	12	0.23
9	6	2			8		2		1	3	11	0.21
10	2	2			4	1				1	5	0.09
11	1				1						1	0.02
12	1				1						1	0.02
合计	18	15		1	34	6	6	1	4	17	51	0.96
53 年平均数	0.34	0.28		0.02	0.64	0.11	0.11	0.02	0.08	0.32	0.96	

2.5.2 珠江河口风暴潮增水

2.5.2.1 珠江河口风暴潮最大增水值

在台风引起气压骤降而使海水水面隆起的水位升高和台风引起海水大量向海岸堆积而使水位升高的两种作用中，对近岸浅水区而言，风力对增水的影响比气压效应大得多，风的作用是主要的。一般而论，大约在 120m 水深处，气压效应和风应力作用大体相等；在 120m 水深以内，通常以风应力作用为主[19]。

台风暴潮的水位一般是由台风引起的增水值、同一时刻的正常潮水位和上游洪水的水位三者共同作用形成的，即台风暴潮水位应为三者之和。其中台风引起的增水值最普遍的计算方法是首先用潮汐调和常数分析（或其他方法，如天文指标法、相似年同一农历日期的潮位值）推算出周期性变化的正常潮水位，然后将台风影响期实测的潮位减去同一时间的正常潮位，其差值即为台风引起的增水值[17]。增水过程中的最大值称为最大增水值。表 2-50 为珠江河口各站风暴潮最大增水值实测的统计，与国内外一些地区风暴潮最大增水值相比[14]，尚算偏小。

表 2-50　　珠江河口各站风暴潮最大增水统计表

资料年限	站　名	实测最高潮位			最大增水		
		潮位（m）	出现日期	热带气旋编号	增水（m）	出现日期	热带气旋编号
1964～1994	赤湾	2.23	1993.9.17	9316	1.96	1964.9.5	6415
1964～1994	泗盛	2.55	1993.9.17	9316	2.62	1964.9.5	6415
1954～1994	黄埔	2.38	1993.9.17	9316	2.53	1964.9.5	6415
1950～1994	浮标厂	2.44	1993.9.17	9316	2.00	1993.9.17	9316
1954～1994	南沙	2.68	1993.9.17	9316	2.45	1954.8.29	5413

续表

资料年限	站　名	实测最高潮位			最大增水		
		潮位（m）	出现日期	热带气旋编号	增水（m）	出现日期	热带气旋编号
1943～1994	横门	2.62	1993.9.17	9316	1.99	1993.6.27	9416
1960～1994	灯笼山	2.65	1993.9.17	9316	2.19	1993.6.27	9316
1965～1994	三灶	2.58	1989.7.18	8908	2.42	1993.6.27	9316
1965～1994	黄金	2.28	1993.9.17	9316	2.48	1993.6.27	9316
1960～1994	黄冲	2.46	1989.7.18	8908	2.49	1993.6.28	9316

表2-51　国内外一些地区风暴潮最大增水值[14]

国家	最大增水值（m）	出现时间	出现地点	发生原因
中国	2.62	1972	渤海湾营口	第3号台风
	3.55	1969.4.23	莱州湾羊角沟	寒潮大风，最大风力12级
	4.57	1956.8.2	杭州湾乍浦	强台风
	3.02	1969	粤东海岸汕头港	强台风
	3.37	1938.7.27	珠江三角洲泥湾镇草蓢村	强台风
	2.82	1975	珠江三角洲三江口	强台风
	2.53	1965	粤西海岸凤石嘴	强台风
日本	3.41	1959.9.26	伊势湾	伊势湾台风
孟加拉国	3.9	1970.11.12	孟加拉湾	强飓风
英国、荷兰	3.00	1953.1.31～2.1	英国与荷兰沿海	冬季强低压系统袭击
美国	4.50	1954.8.31	新英格兰	强飓风

2.5.2.2　珠江河口风暴潮最大增水的分布特点

珠江河口风暴潮最大增水值在纵、横向的分布具有如下特点[18]：

（1）最大增水值从三角洲两端水道向中间水道递减。对口门来说，西南部的崖门和鸡啼门的最大增水值为最大（约为2.48m）；东北站的虎门和蕉门次之（约为2.30～2.45m）；而中间的磨刀门（约为2.19m）、洪奇门和横门（约为1.60～1.90m）则逐渐减小。对水道来说，崖门水道最大增水值为最大（约为2.20～2.50m）；虎门水道次之（约为2.00～2.40m）；最小为横门水道和洪奇门水道（约为1.60～1.90m）。这种特点除与台风登陆地点是台山和深圳较多和台风强度较大有关外，亦与口门的自然地理特征有关，如口门宽阔、水深较大的水道，其风暴潮增水值就比较大。反之，就较小。

（2）喇叭形河口湾的口门的最大增水值呈由外向里逐渐递增的趋势。如伶仃洋河口湾的最大增水沿程分布为：赤湾1.96m，横门1.99m，南沙2.45m，黄埔2.53m；黄茅海河口湾的沿程分布为：黄冲2.49m，三江口2.82m。原因是口门由外至里逐渐缩窄，水深逐渐变小，当风暴潮波向里传入时，波能逐渐集中，波高相对增大，故风暴潮最大增水值呈沿程递增的趋势。

（3）口门较平顺的水道的最大增水值呈向上游沿程递减的趋势。如横门和洪奇门水道，口门河面不宽，水深不大，且向上游河道多分汊，口门前缘又存在大片浅滩，因而在风暴潮波上溯过程中，由于阻力增大，消能较快，波高变小，故增水值沿程递减；且口门不宽，又有大片浅滩阻挡，风暴潮进入量少，故增水值亦较小。磨刀门口门虽也类似喇叭形（或漏斗形），但其前缘横亘着三灶和横洲等岛屿，影响风暴潮涌入，且又由于灯笼山往上游河道束窄变浅，多汊道，故最大增水值仍呈向上游递减现象。虎跳门口门虽也处于黄茅海喇叭形河口湾的顶部，但因河道从入口处开始就束窄变浅，风暴潮进入量少，故增水值亦呈向上游递减的趋势。

（4）风暴潮所引起的最大增水值出现在各站的正常潮水位过程线的不同时段的几率如表2-52所示，其中在涨潮时段的几率为最多，各站平均为53.5%，其次为落潮时段，各站平均为27.7%；出现在高潮的几率为最少，各站平均为7.3%；出现在低潮的几率为11.5。这即是说，珠江河口台风暴潮引起的最大增水值很少有机会碰到高潮时的水位相叠加，从而达到最不利的情况，一般为遇上涨潮过程的时段的情况居多。

表2-52 珠江最大增水出现在正常潮水位过程线上的几率表[17] （单位:%）

站名 / 次数 几率 / 时段	泗盛		南沙		横门		灯笼山		黄金		黄冲	
	次数	几率	次数	几率	次数	几率	次数	几率	次数	几率	次数	几率
涨潮时段	23	54	43	57	63	59	39	49	25	43	47	59
高潮	1	2	13	17	8	7	8	10	3	5	3	3
落潮时段	1	23	14	19	26	25	29	37	19	33	23	29
低潮	9	21	5	7	9	9	3	4	11	19	7	9
合计	34	100	75	100	106	100	79	100	58	100	80	100

（5）风暴潮引起的最大增水值与最大潮差之间存在一定的相应性关系。由表2-53可见，珠江河口各站的风暴潮引起的最大增水值小于其最大潮差；最大增水值与最大潮差在纵、横向的变化相一致，在横向为以磨刀门水道为低值中心，向东向西递增；在纵向为磨刀门水道向上游递减，虎门水道和崖门水道则向上游递增。

表2-53 珠江各口门站最大潮差和最大增水表[17] （单位：m）

河名	站名	历年最大潮差	历年最大增水值	统计年份
东江南支流	泗　盛	3.39	2.62 低	1957～1982
蕉　门	南　沙	2.81	2.54 涨	1952～1983
洪奇门	万顷沙西	2.79	1.84 落	1957～1982
横门水道	横　门	2.48	1.81 涨	1952～1982
磨刀门水道	灯笼山	2.29	1.68 涨	1958～1982
鸡啼门水道	黄　金	2.71	1.68 涨	1964～1982
虎跳门水道	西炮台	2.66	2.39 落	1958～1982
崖门水道	黄　冲	2.95	2.08 落	1958～1982
江门河	三江口	3.15	2.82 落	1957～1982

2.5.2.3 影响珠江河口风暴潮增水的主要因素[19]、[20]

影响珠江河口风暴潮增水的因素是复杂的，主要有：

1. 风力的影响

当台风到达珠江口时，风暴潮主要是由台风的风效应而产生的，因此，台风风力的大小对风暴潮增水起着主导作用。在一个台风过程中，当风的强度越大，风的历时越长，增水值就越大。

表 2－54　　珠江口南沙潮位站风力—增水值关系表

台风编号	登陆地点或台风中心位置	登陆或影响珠江口时间	珠江口受影响风力（级）	由风力造成的增水（m）
5719	澳门	9.22　21:00	12	1.23
6111	香港	7.19　2:00	7	0.30
6125	宝安—珠海	9.29　08:00	10	0.60
6213	香港	9.1　10:00	12	0.88
6402	斗门	5.28　08:00	11	1.03
6411	澳门	8.9　1:00	12	1.32
6415	香港—珠海	9.5　15:00	12	0.99
6605	珠海	7.13　23:00	10	0.52
6711	斗门—台山	8.21　20:30	9～10	0.89
6808	香港	8.21　20:00	12	0.88
7108	珠海	6.18　3:00	10	0.87
7118	东莞—太平	8.17　5:00	12	0.64
7514	香港—珠海	10.14　20:00	12	0.82
6403	18.5°N，113°E	7.2　02:00	6	0.33
6508	20°N，114°E	7.15　08:00	7～8	0.96
6517	20°N，113°E	9.5　02:00	4～5	0.39
6521	21°N，112.5°E	9.27　20:00	6	0.45
6606	21.5°N，113°E	7.17　20:00	6	0.40
6608	19.5°N，111°E	7.25　20:00	6	0.21
6710	20.5°N，114°E	8.16　22:00	5～6	0.47
6903	惠　来	7.28　00:00	5～6	0.36
7005	上川岛	8.9　08:00	5～6	0.26
7013	18°N，112°E	10.16　20:00	5～6	0.30
7202	20°N，113°E	6.27　08:00	6	0.57
7220	20°N，111°E	11.8　20:00	6	0.36
7307	20°N，111.5°E	8.12　08:00	6	0.46
7310	21°N，113.5°E	8.21　19:00	6	0.54
7405	20°N，113°E	6.8　08:00	5	0.54
7406	18°N，1130°E	6.12　20:00	6	0.36
7513	阳　江	10.6　00:00	6	0.34

表2－54为南沙潮位站多年实测台风所成的增水与风力大小的关系的统计，图2－25为风力F—增水值ΔH的关系曲线[19]。由图可见，增水值的大小与风力的大小成正比关系，风力大（即等级高）则增水值亦大，二者成较好的关系。当台风直接登陆珠江口或影响珠江口时，正常潮属涨潮过程，风暴潮流方向与正常潮流方向一致，则增水值较大，风力与增水呈Ⅰ线关系；若属落潮过程，则相反，增水值较小，呈Ⅱ线关系。

2. 台风移行速度的影响

台风移行速度对风暴潮增水值的影响甚大。刘凤树等人根据泗盛和南沙两测站为数不多的资料，对最大增水值与台风移行速度的关系作了统计相关，结果如图2－26所示[20]。由图可见，最大增水值随台风移行速度的增加而增加，随离测站距离的增大而减小。可见，台风移行速度与风暴潮增水值的关系甚为密切。

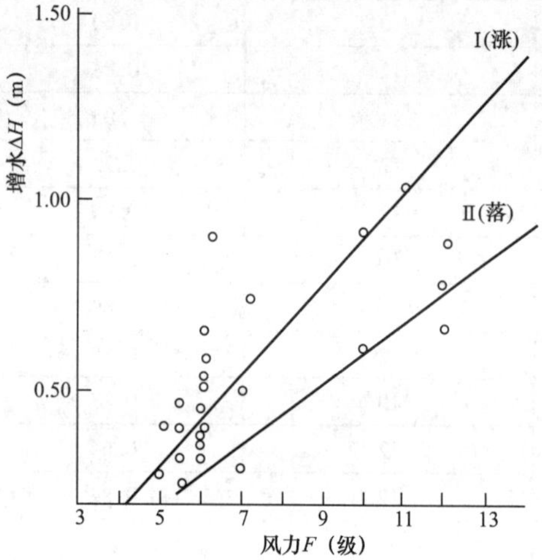

图2－25　南沙站台风风力与增水值关系曲线

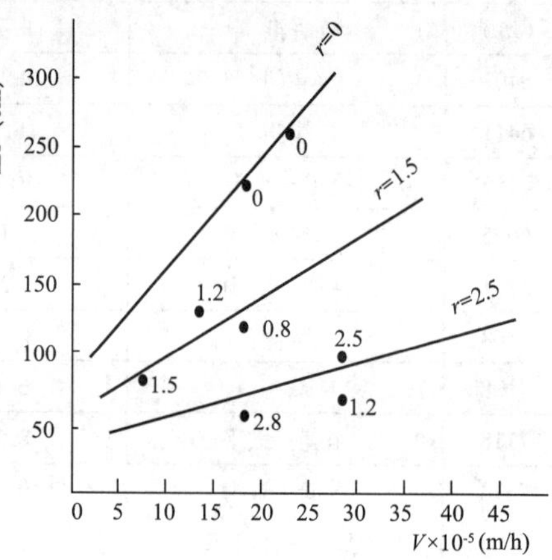

图2－26　泗盛站增水值（ΔH）与台风移速（V）和距离（r）的相关图

3. 台风路径的影响

台风路径不同，对珠江河口区水位变化的影响亦不相同。台风路径可分为由珠江口以西和以东登陆两种情况，分述如下。

（1）在珠江口以西登陆。当台风通过菲律宾或巴林塘海峡进入南海，在珠江口西岸登陆，将导致珠江口内各测站风暴潮有强迫振动的特点，水位呈现剧烈的变化。现以6415号台风为例，台风于9月5日15时在广东珠海登陆，珠江口内各测站的水位突然急剧暴涨，约在4h内达到极值水位，泗盛站的极值水位达到2.62m，黄埔站亦接近2.50m，此时处于天文低潮附近，未酿成灾害；台风过境后，水位迅速下降，随后海面残留余振，且呈阻尼振动而衰减，如图2－27所示[20]。

（2）在珠江口以东登陆。这类台风所导致的珠江口内各测站的水位变化不大，最大值约为50～60cm。现以6416号台风为例，如图2－28所示[20]，水位变化具有两个明显的峰值：前一个峰值是台风尚处在外海时，其前端吹刮偏东风，使水体向西运移进入河口，引起水位略有升高；后一个峰值是台风登陆后，在西南风场的作用下引起的增水峰值。由图可见，这类台风所诱发的风暴潮较平缓且增水值不大。

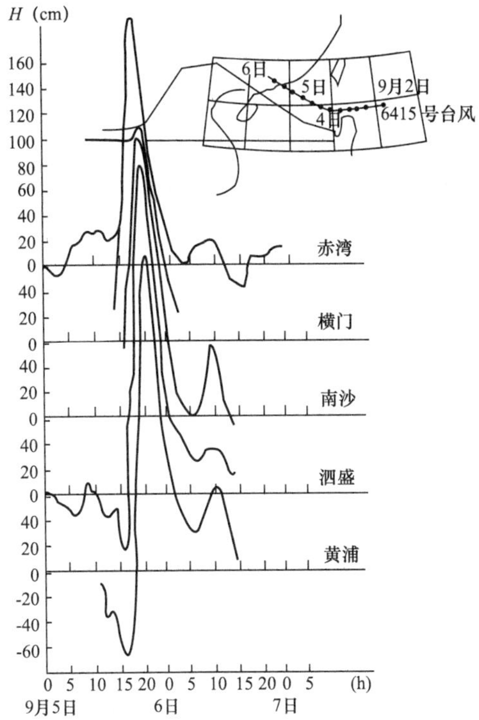

图2-27　6415号台风暴潮过程曲线图

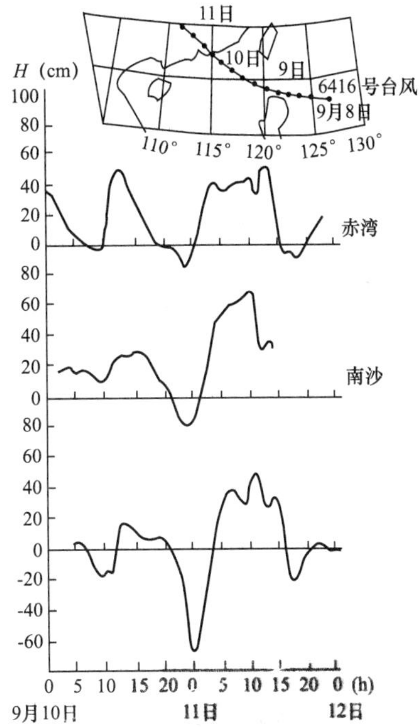

图2-28　6416号台风暴潮过程曲线图

由上可见，台风路径不同，对珠江口风暴潮增水值的影响是不同的，在珠江口以西登陆的台风将引起水位剧烈变化，其增水值大于在珠江口以东登陆的台风。

4. 台风入射角的影响

台风入射角即台风路径与海岸的交角，它对风暴潮增水的影响是不可忽视的一个因素。刘凤树等人分析了珠江口泗盛站在6415号台风和7514号台风影响下风暴潮增水的过程如图2-29所示[20]，由图可见，两者登陆点离珠江口的距离大致相同，但入射角不等，前者为50°左右，后者为20°左右，所导致的风暴潮增水过程截然不同，入射角大增水值亦大。图2-30为泗盛站7220号7513号台风增水过程，两者入射角相等，均为105°左右，但登陆点不同，所引起的增水过程变化趋势相似，但最大增水值不相等，前者登陆点距离河口约2.5km左右，最大增水值为0.93m；后者登陆点距离河口约为1.2km左右，最大增水值为1.30m。可见，风暴潮增水值除与入射角的大小有关外，还与登陆点距河口的距离有关，但前者的影响要大于后者。

5. 潮波的影响

珠江河口内的潮波特性与外海大致相同，都同样具有前进波的性质，当台风登陆时珠江口处于涨潮还是落潮，对水位的变化有着不同的影响，因而风暴潮增水值有所不同。现以6605号和7108号台风为例加以说明。从表2-55、图2-31和图2-32可以看出，两个台风的登陆地点和登陆时的风力都完全相同，仅所处的潮汐过程不同，6605号台风登陆时天文潮正常潮汐是落潮过程，台风暴潮流的方向与落潮流方向相反，相互削弱；而7108号台风登陆时则是涨潮过程，台风暴潮流的方向与涨潮流方向相同，风助潮势，相互增强。故 7108 号台风的增水值比 6605 号台风明显增大。

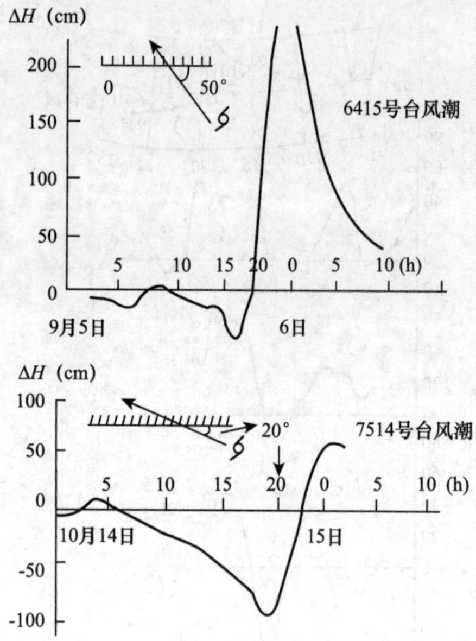

图 2-29 泗盛站 6415 号和 7514 号台风增水过程曲线

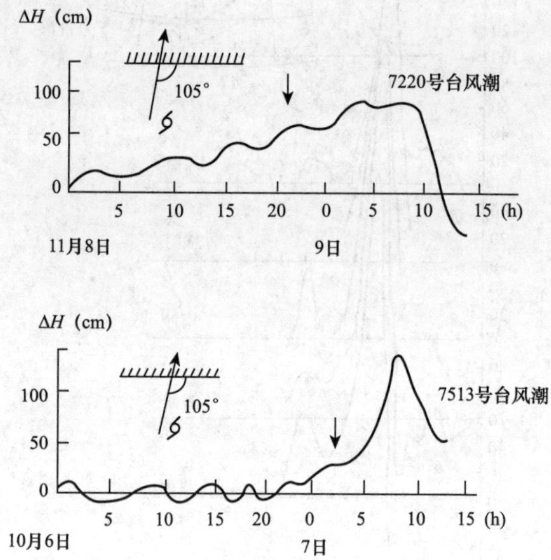

图 2-30 泗盛站 7220 号和 7513 号台风增水过程曲线

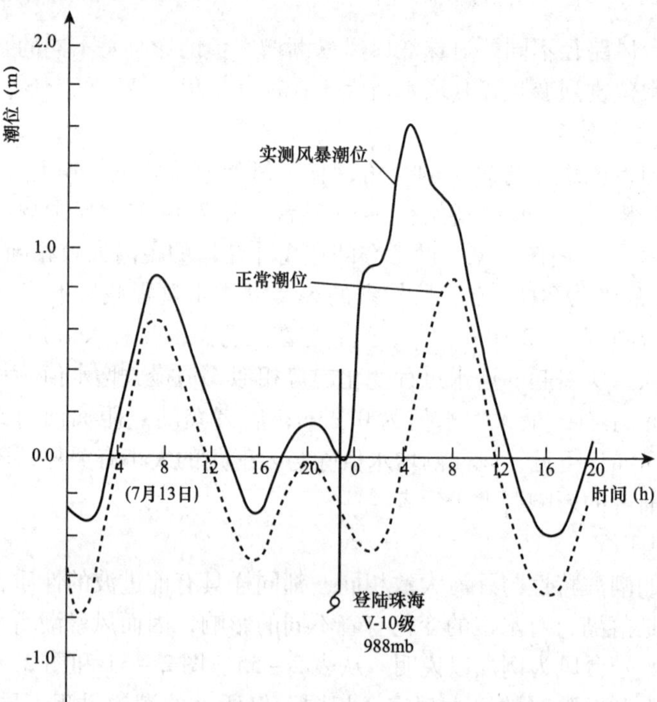

图 2-31 南沙站 6605 号台风暴潮过程线

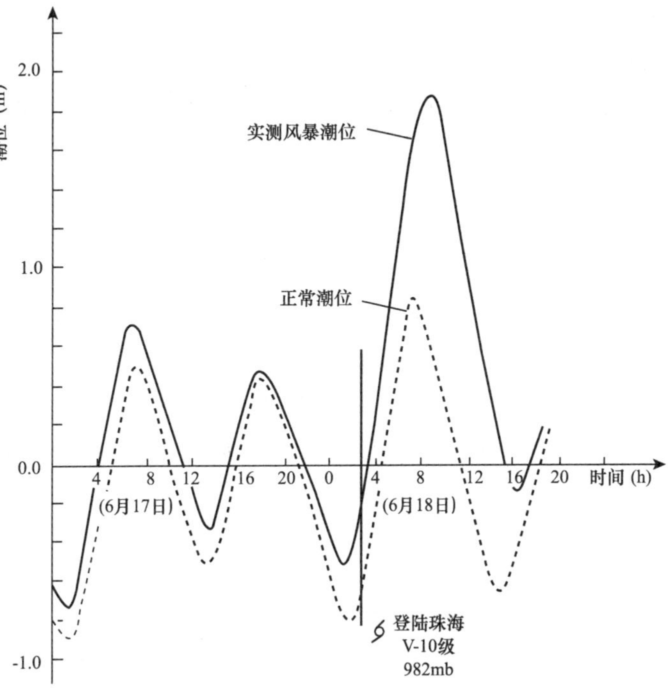

图 2-32　南沙站 7108 号台风暴潮过程线

6. 洪水的影响

洪水与风暴潮的相互影响是相当大的，当洪峰往下游传播到达河口时，若适逢台风发生，风暴潮波上溯，洪水将被风暴潮流顶托，大量洪水滞留河口，大大地抬高河口区的潮位，如果此时又遇上天文潮大潮的涨潮过程，则洪水、天文潮、风暴潮三者的顶托作用，潮位暴涨，必将酿成严重灾害。图 2-33 为南沙站 7411 号台风暴潮过程线[19]，由图可见，1974 年 7 月 22 日 18~19 时台风在珠江口西部邻近的阳江县登陆，登陆时中心风力为 12 级，但珠江受台风影响的实际风力只有 5~6 级，根据推算，台风引起的增水值为 0.4~0.50m 左右。但此时适遇西江出现大洪水，7 月 21 日西江马口站洪峰水位为 8.74m（超警戒水位 2.24m），三水站洪峰水位为 8.13m（超警戒水位 1.73m）。由于洪水与风暴潮相顶托，引起潮位暴涨，使珠江口很多潮位站出现了高潮位，如南沙站为 2.28m，横门站为 2.26m，灯笼山站为 2.13m，黄冲站为 2.10m，黄埔港站为 2.20m，广州市站为 2.41m，仅次于 1915 年 7 月 14 日的特大洪水。可见，洪水与风暴潮遭遇时所造成的影响之大。

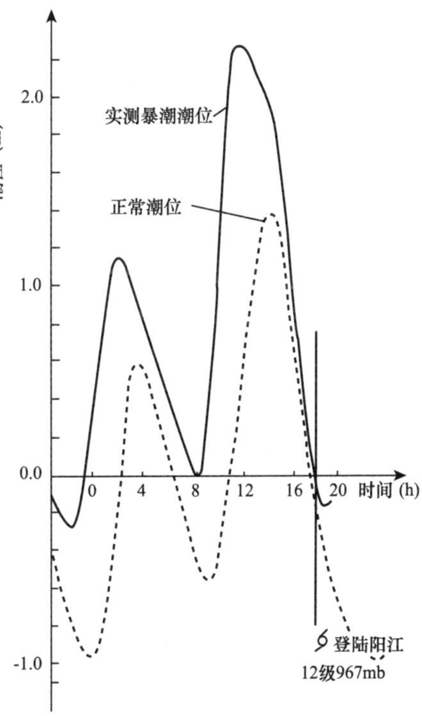

图 2-33　南沙站 7411 号台风暴潮过程线

7. 地形的影响

地形对风暴潮有一定的影响。总体来说，珠江口是一个网河密布的河口，当台风把海水推向河岸时，海水将向内河上游各网河扩散，因而水体堆积能力将降低，风暴潮引起的增水值较小。但就珠江口各口门的具体情况而言，由于口门的边界形态、河道的走向、水下地形以及河道进口的浅滩、岛屿等分布的不同，对风暴潮增水值的影响亦会有所不同。喇叭形或漏斗形的河口湾，如伶仃洋和黄茅海，风暴潮波由湾口向湾顶传播过程中，波能逐渐聚集，增水值就会增大。反之，增水值较小，如磨刀门、鸡啼门等。珠江河口河道走向大体有三种情况：一为东向河道，如横门；二为偏东南向河道，如磨刀门、洪奇门、蕉门等；三为偏南北向河道，如崖门和虎跳门。由于河道走向不同，对风暴潮增水的影响亦不同。当台风风向与河道走向相接近时，增水值就较大。反之，则较小。河道进口的水下地形、浅滩、岛屿等分布的情况，如果不利于风暴潮流的进入，则增水值就较小，如横门、磨刀门等口门。反之，则较大。

综上可见，影响珠江口风暴潮增水的因素是错综复杂的，在进行具体研究时须做综合的分析。

2.5.2.4 预报珠江河口风暴潮位的经验关系

何洪钜曾收集并分析了1957～1977年期间共41次台风出现时南沙站与横门、灯笼山、黄冲、黄埔、泗盛、赤湾等站的潮位关系，见图2－34和图2－35所示[19]。由图采

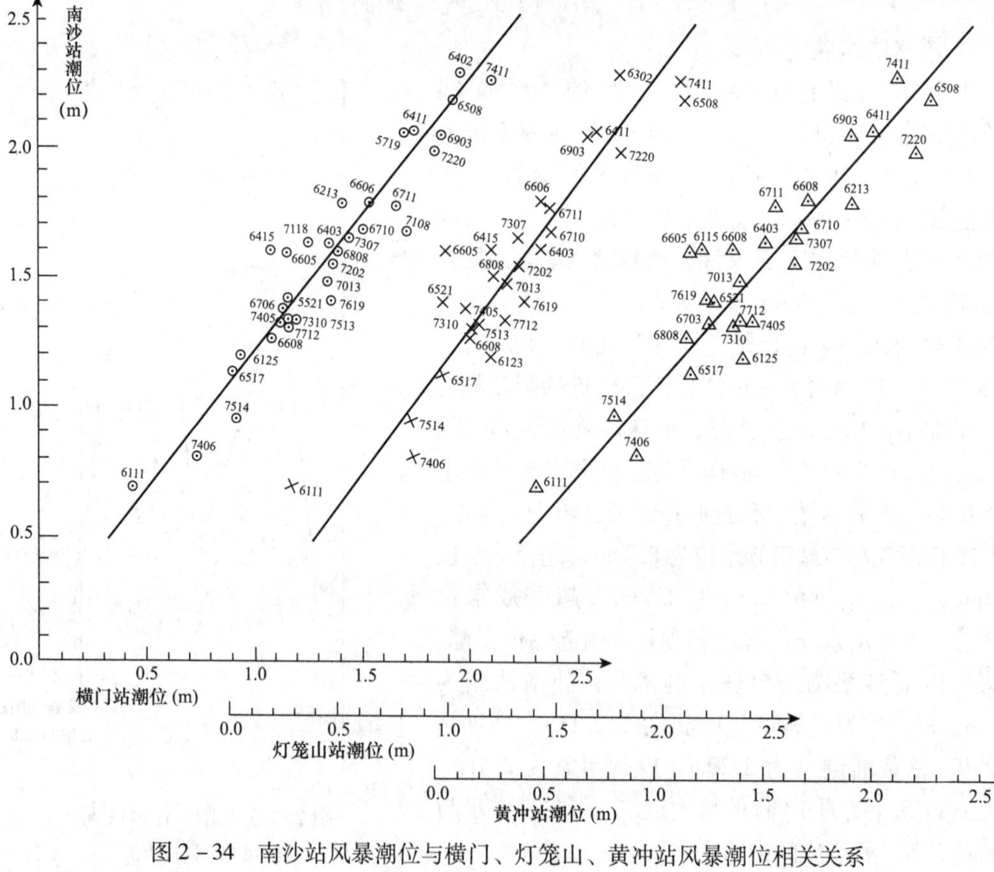

图2－34 南沙站风暴潮位与横门、灯笼山、黄冲站风暴潮位相关关系

用一元直线回归计算方法可分别得到如下经验关系式，应用这些关系式可以推求珠江口其他各站的风暴潮位：

$$H_{横门} = 0.94H_{南沙} + 0.02 \tag{2-29}$$

$$H_{灯笼山} = 0.88H_{南沙} \tag{2-30}$$

$$H_{黄冲} = 0.02H_{南沙} - 0.10 \tag{2-31}$$

$$H_{黄埔} = 0.80H_{南沙} + 0.40 \tag{2-32}$$

$$H_{泗盛} = 0.86H_{南沙} + 0.18 \tag{2-33}$$

$$H_{赤湾} = 0.92H_{南沙} - 0.34 \tag{2-34}$$

式中 $H_{南沙}$、$H_{横门}$、$H_{灯笼山}$、$H_{黄冲}$、$H_{黄埔}$、$H_{泗盛}$、$H_{赤湾}$分别为南沙、横门、灯笼山、黄冲、黄埔、泗盛、赤湾站的潮位，m。

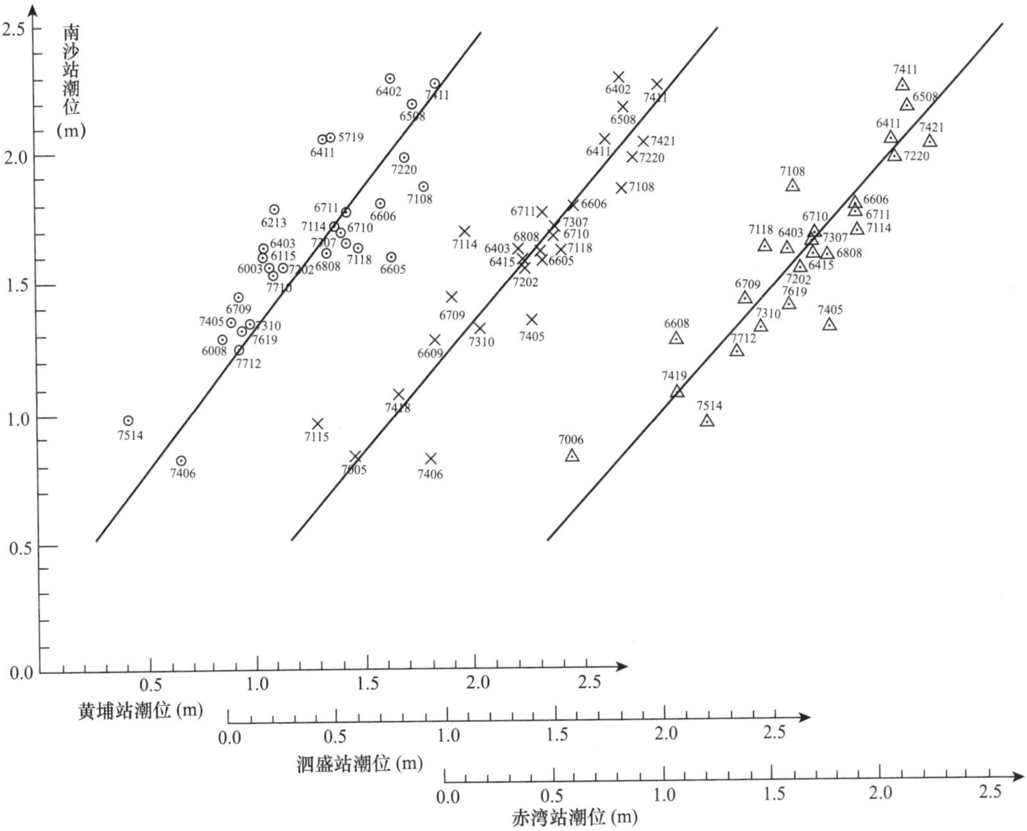

图2-35 南沙站风暴潮位与黄埔、泗盛、赤湾站风暴潮位相关关系

应用以上各式用南沙站风暴潮位推算横门、灯笼山、黄冲、黄埔、泗盛、赤湾等6站风暴潮位的误差在0.20m以内的分别为97%、85%、73%、80%、85%和86%，在此误差范围内，只要知道南沙站的风暴潮位，即可迅速做出以上6站风暴潮位的预报值，对工程上或防御上是有意义的。

2.5.3 珠江口外海风暴潮的数学模型[21]

中国科学院海洋研究所丁文兰等曾对珠江口外海风暴潮增水的数学模型进行了研究[21]，取得了与实测资料较为符合的成果，下面扼要加以介绍。

1. 基本方程和差分格式

在风暴潮的基本方程中，除考虑平流项，科氏力、压强梯度力、底摩擦及风应力外，还考虑了大气压力和侧向黏滞性，基本方程取为

$$\frac{\partial \zeta}{\partial t}+\frac{\partial}{\partial x}(Hu)+\frac{\partial}{\partial y}(Hv)=0 \tag{2-35}$$

$$\frac{\partial u}{\partial t}+u\frac{\partial u}{\partial x}+v\frac{\partial u}{\partial y}-fv=-g\frac{\partial \zeta}{\partial x}-\frac{1}{\rho}\frac{\partial P_a}{\partial x}-\frac{1}{\rho}\frac{\tau_{sx}}{H}$$
$$-\frac{Ku\left(u^2+v^2\right)^{1/2}}{H}+A\left(\frac{\partial^2 u}{\partial x^2}+\frac{\partial^2 u}{\partial y^2}\right)$$

$$\frac{\partial u}{\partial t}+u\frac{\partial u}{\partial x}+v\frac{\partial u}{\partial y}+fu=-g\frac{\partial \zeta}{\partial y}-\frac{1}{\rho}\frac{\partial P_a}{\partial y}-\frac{1}{\rho}\frac{\tau_{sy}}{H}$$
$$-\frac{Kv\left(u^2+v^2\right)^{1/2}}{H}+A\left(\frac{\partial^2 v}{\partial x^2}+\frac{\partial^2 v}{\partial y^2}\right)$$

式中 t 为时间；ξ 为风暴潮潮位；H 为总水深（$h+\xi$），h 为未扰动水深；u,v 分别为风暴潮流沿 x，y 方向分量的海底到海面的平均值；f 为柯里奥利斯（Coriolis）参量；k 为底摩擦系数，本计算中取0.0015；g 为重力加速度；P_a 为大气压力；τ_{sx}，τ_{sy} 分别为风应力在 x，y 方向上的分量；ρ 为海水密度；A 为侧面向涡动黏性系数，本计算中取 $10^7 \mathrm{cm^2/s}$。

风应力取沿风的方向且与风速平方成比例，即

$$\tau=\rho_a C_D|\vec{W}|\vec{W}$$

其中，$\vec{W}$ 为风向量；ρ_a 为空气密度；C_D 为拖曳系数，本计算中取 $\rho_a \cdot C_D=2.5\times10^{-6}\mathrm{g/cm^2}$。

差分格式采用Leendertse的交替方向隐格式[22]，网格点的配置见图2－36。

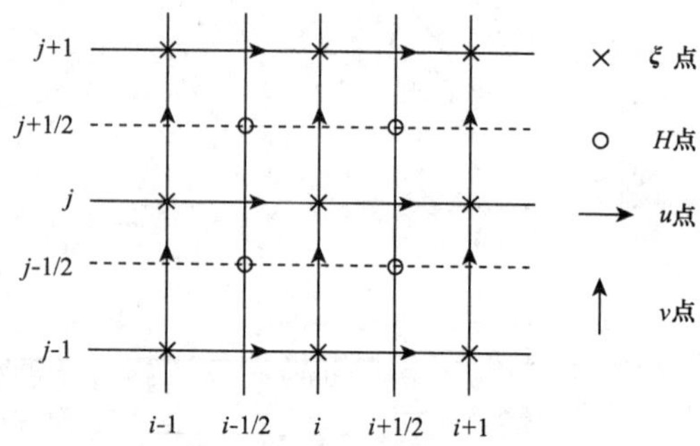

图2－36 差分网格的配置

由式（2－35）导出差分格式如下：

对 $t=(k+1/2)\Delta t$ 时刻，用隐式计算 u 和 ζ 方程为

$$a_{i-1/2,j}u_{i-1/2\ \ ,j}^{k+1/2}+b_{i,j}\zeta_{i,j}^{k+1/2}+c_{i+1/2\ \ ,j}u_{i+1/2\ \ ,j}^{k+1/2}=d_{ij} \tag{2-36}$$

其中 $a_{i-1/2,j}=\frac{\Delta t}{4\Delta s}\left(h_{i-1/2,j+1/2}+h_{i-1/2,j-1/2}+\zeta_{i-1,j}^{k}+\zeta_{i,j}^{k}\right)$

$b_{i,j}=1$

$C_{i+1/2,j}=\frac{\Delta t}{4\Delta S}\left(h_{i+1/2,j+1/2}+h_{i+1/2,j-1/2}+\zeta_{i,j}^{k}+\zeta_{i+j,j}^{k}\right)$

$$d_{i,j} = \zeta_{i,j}^{k} - \frac{\Delta t}{4\Delta S}\Big[\left(h_{i-1/2,j+1/2} + h_{i+1/2,j+1/2} + \zeta_{i,j}^{k} + \zeta_{i,j+1}^{k}\right) \nu_{i,j+1/2}^{k} - \left(h_{i+1/2,j-1/2} + h_{i-1/2,j-1/2} + \zeta_{i,j-1}^{k} + \zeta_{i,j}^{k}\right) v_{i,j-1/2}^{k} \Big) \Big]$$

$$\alpha_{i,j}\zeta_{i,j}^{k+1/2} + b_{i+1/2,j}u_{i+1/2}^{k+1/2} + c_{i+1,j}\zeta_{i+1,j}^{k+1/2} = d_{i+1/2,j} \tag{2-37}$$

其中

$$a_{i,j} = -\frac{\Delta t \cdot g}{2\Delta \mathrm{s}}$$

$$b_{i+1/2,j} = \left[1 + \frac{\Delta t}{4\Delta s}(u^{k}{}_{i+3/2,j} - u^{k}{}_{i-1/2,j})\right]$$

$$c_{i+1,j} = \Delta t \cdot g/2\Delta s$$

$$\begin{aligned} d_{i+1/2,j} = {} & u_{i+1/2,j}^{k} + \frac{\Delta t}{2}\left[f - \frac{1}{2\Delta s}(u^{k}{}_{i+1/2,j+1} - u^{k}{}_{i+1/2,j-1})\right]\bar{v}^{k} \\ & + \frac{\Delta t\left[\tau_{sx,i+1/2,j}^{h+1/4} - ku_{i+1/2,j}^{k}\{(u_{i+1/2,j}^{k})^{2} + (\bar{v}^{k})^{2}\}^{1/2}\right]}{h_{i+1/2,j+1/2} + h_{i+1/2,j-1/2} + \zeta_{i+1,j}^{k} + \zeta_{i,j}^{k}} \\ & - \frac{\Delta t}{2\Delta s}(P_{a\,i+1,j}^{\,k+1/4} - P_{a\,i,j}^{\,k+1/4}) \\ & + \frac{\Delta t \cdot A}{2\Delta s^{2}}(u_{i+3/2,j}^{k} + u_{i-1/2,j}^{k} + u_{i+1/2,j+1}^{k} + u_{i+1/2,j-1}^{k} - 4u_{i+1/2,j}^{k}) \end{aligned}$$

同时用显格式计算 v，方程为

$$\begin{aligned} v_{i,j+1/2}^{k+1/2} = {} & \Big\{ v_{i,j+1/2}^{k} - \frac{\Delta t}{2}\bar{u}^{k+1,2}\left[f + \frac{1}{2\Delta s}(v_{i+1,j+1/2}^{k} - v_{i-1,j+1/2}^{k})\right] \\ & + \frac{\Delta t\tau_{syi,j+1/2}^{k+1/4}}{h_{i-1/2,j+1/2} + h_{i+1/2,j+1/2} + \zeta_{i,j}^{k+1/2} + \zeta_{i,j+1}^{k+1/2}} - \frac{\Delta t \cdot g}{2\Delta s}(\zeta_{i,j+1}^{k} - \zeta_{i,j}^{k}) \\ & - \frac{\Delta t}{2\Delta s}(P_{ai,j+1}^{k+1/4} - P_{ai,j}^{k+1/4}) \\ & + \frac{\Delta tA}{2\Delta s^{2}}(v_{i-1,j+1/2}^{k} + v_{i+1,j+1/2}^{k} + v_{i,j+3/2}^{k} + v_{i,j-1/2}^{k} - 4v_{i,j+1/2}^{k}) \Big\} \\ & \div \left[1 + \frac{\Delta t}{4\Delta s}(v_{i,j+3/2}^{k} - v_{i,j-1/2}^{k})\right] \\ & + \frac{\Delta tK\left[(v_{i,j+1/2}^{k})^{2} + (\bar{u}^{k+1/2})^{2}\right]^{1/2}}{h_{i-1/2,j+1/2} + h_{i+1/2,j+1/2} + \zeta_{i,j}^{k+1/2} + \zeta_{i,j+1}^{k+1/2}} \end{aligned} \tag{2-38}$$

上式中的 $\bar{u}$ 、$\bar{\nu}$ 代表计算点周围相邻 4 点的平均值。

对 $t = (k+1)\Delta t$ 时刻，用隐式计算 v 和 ζ，用显式计算 u 。同样用类似方法可导出差分方程，此处从略。

在计算中如不考虑侧向涡动项，则计算格式是一无条件稳定的格式。由于加入以显式计算的侧向涡动项，时间步长 Δt 会受到限制。但对于一般的 A 值，其限制不会有什么影响。在计算中曾取 $\Delta t = 10\text{min}$ 和 20min，都能满足稳定条件，实际计算时取 $\Delta t = 20\text{min}$。

2. 台风模型和开边界条件

风场模型取 Jelesnianski 的模型[23]，该模型在我国使用效果良好。其公式为

$$\begin{pmatrix} W_x \\ W_y \end{pmatrix} = \begin{cases} \dfrac{r}{R+r}\begin{pmatrix} V_x \\ V_y \end{pmatrix} + W\left(\dfrac{r}{R}\right)^{3/2} \cdot \dfrac{1}{r}\begin{bmatrix} -(X-X_0)\sin\varphi - (y-y_0)\cos\varphi \\ (X-X_0)\cos\varphi - (y-y_0)\sin\varphi \end{bmatrix} \\ \dfrac{r}{R+r}\begin{pmatrix} V_x \\ V_y \end{pmatrix} + W_R\left(\dfrac{r}{R}\right)^{1/2} \cdot \dfrac{1}{r}\begin{bmatrix} -(X-X_0)\sin\varphi - (y-y_0)\cos\varphi \\ (X-X_0)\cos\varphi - (y-y_0)\sin\varphi \end{bmatrix} \end{cases} \quad (2-39)$$

当 $r \geqslant R$

式中　x, y 为计算点的坐标；x_0, y_0 为台风中心的坐标；r 为计算点到台风中心的距离；R 为台风最大风速半径；W_R 为台风最大风速；V_x, V_y 为台风移动速度在 x, y 方向的分量；W_x, W_y 为在 x, y 方向上计算点的风速；φ 为海面风向与梯度风的夹角，本计算中，对 $r > R$ 和 $r < R$ 两种情况分别取 15°和 20°。

气压分布按藤田公式❶计算

$$p_a = P_\infty - \Delta P / [1 + (r/R)^2]^{1/2} \quad (2-40)$$

式中　P_∞ 为远处气压值；ΔP 为台风中心气压下降。

在海岸处，取法向流速分量为零作为闭边界条件，在开边界上水位高度按下式给定：

$$\zeta = \frac{P_\infty - P_a}{\rho g(1 - V/\sqrt{gh})}$$

式中　V 为台风移行速度。

3. 模拟结果与实测值比较

为研究珠江口外海风暴潮增水，选取了近 10 多年来发生较大沿岸增水的 7 次台风进行了数值模拟，模拟区域见图 2－37。为使 x 轴与海岸总趋势一致，将正北（y 轴）与正东（x 轴）的笛卡儿坐标系作逆时针方向旋转 21°，坐标原点设在 16°48′N、112°00′E，计算区域划分成 31×21 个网格。为使模拟结果能得到验证，所选的 7 次台风沿岸相应的潮位观测资料作为比较。

在计算中，台风的位置、移行速度、中心气压和最大风速可从台风年鉴中查到；拖曳系数 C_D 和台风最大风速半径 R 等两个参数需通过试算确定。为了减少人为性影响和有利于作预报应用，未对每次台风都分别取不同的参数进行计算，而是经多次试验，选定拖曳系数与空气密度之积为一常数，即 $\rho_a C_D = 2.5 \times 10^{-6}\text{g/cm}^3$。对于台风最大风速半径 R，由统计分析多次台风得到，在本计算中取 $R = 95\text{km}$，但对 8309 号台风，据台风年鉴报道，它的影响范围较小，仅取 $R = 60\text{km}$。

经模拟计算所得增水过程与实测值的比较见图 2－38，计算值与实测值的误差见表 2－55。由表 2－55 可见，在模拟结果中，最高增水值偏差小于 10cm 的占 65%，小于 20cm 的占 71%，小于 30cm 的占 94%，说明两者的符合程度是良好的，该数学模拟的方法对珠江口风暴潮增水的计算还是可行的。

❶ 中水珠江规划勘测设计有限公司，珠江流域防洪规划水文分析报告，2005 年 3 月。

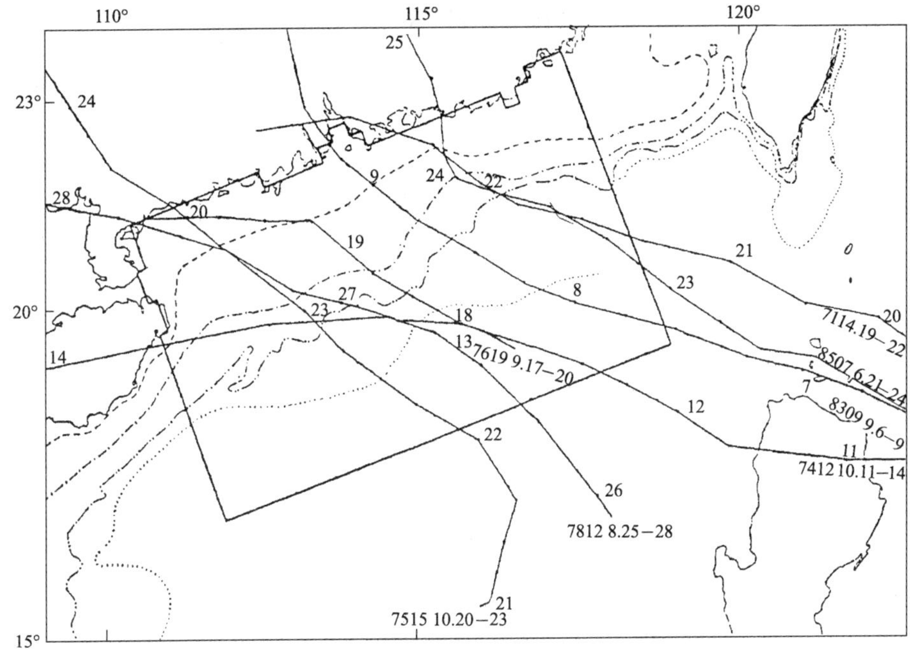

图 2－37　珠江口外海风暴潮数值模拟的海区

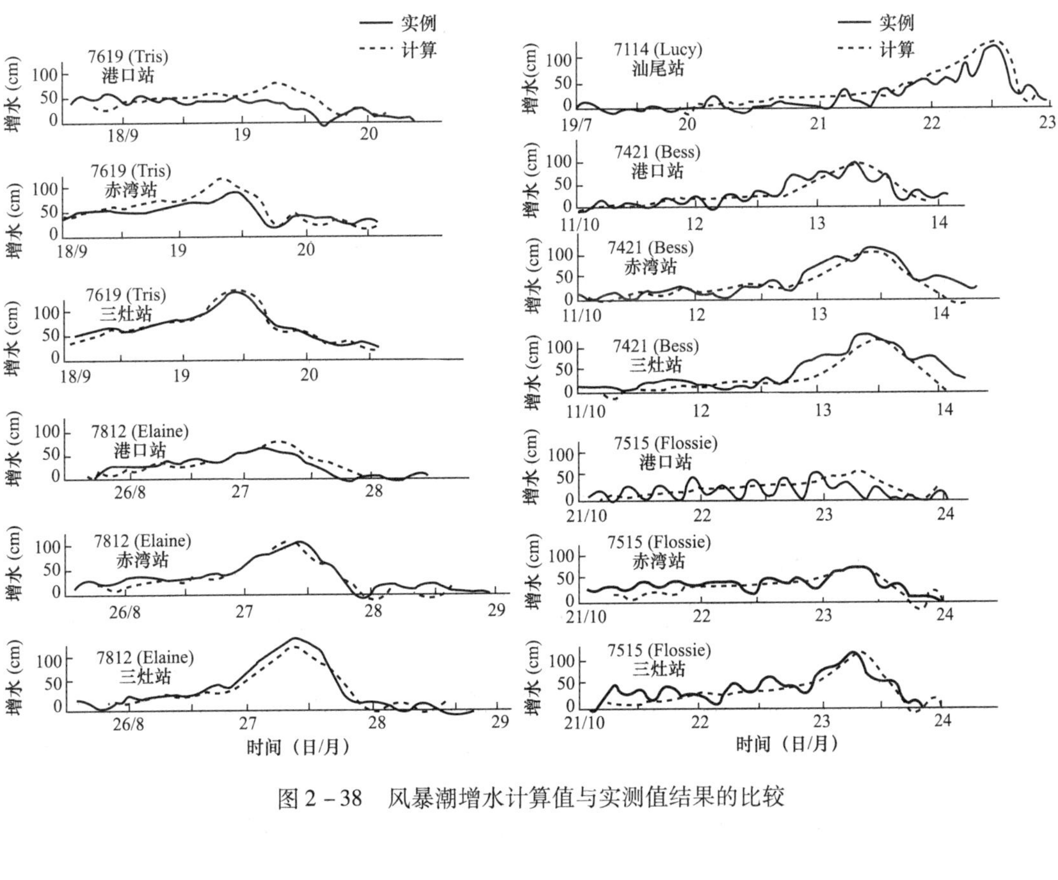

图 2－38　风暴潮增水计算值与实测值结果的比较

表2-55 汕尾、港口、赤湾和三灶模拟及实测的最高增水 (单位：cm)

台风	汕尾			港口			赤湾			三灶		
	计算	实测	差值	计算	实测	差值	计算	实测	差值	计算	实测	差值
7114（Lucy）	134	133	1									
7421（Bess）				90	93	3	103	103	0	120	127	7
7515（Flossie）				56	54	2	74	74	0	114	118	4
7619（Iris）				80	58	22	114	85	29	134	136	2
7812（Elaine）				74	61	13	100	100	0	124	150	26
8309（Ellen）	100	104	4	98	89	9						
8507（Kit）	88	93	5	77	85	8						

注 表中汕尾站无数据处是因台风登陆地点距离很远，增水值很小；其他站无数据处因无实测资料。

2.6 波 浪

水质点振动运动的发生和传播称为波浪，它是自然界中普遍存在的一种现象。在河口水体和海洋中，波浪是水体运动的重要形式之一，它的产生及其波动运动十分复杂，但主要是风的作用。海洋中通常所说的波浪是指风浪、涌浪和近岸浪的总称。风浪是在风力直接作用下产生的波浪；涌浪是风停止、转向或离开风区后余下的波浪；风浪传到浅水区，由于受水深和地形变化的影响，出现波浪的折射、绕射和波面破碎而形成近岸浪。在河口和海洋中经常遇到的是风浪与涌浪叠加而成的混合浪。

在河口水体和海洋中，除了上述风成波外，还有潮波、洪水波、船行波、地震波等，但对河口地区来说，影响较大的主要是风成波。

波浪现象与国民经济的许多部门关系十分密切，有着重大的影响，必须进行研究。就水利和航运部门而言，波浪会对河岸产生冲刷，导致河岸坍塌，引起堤防破坏；强烈的波浪会冲击海岸，导致海岸变形，以及冲毁海堤，造成滨海地区遭受海水入侵而淹没成灾；波浪对港口及港工建筑物的布置和设计关系重大，如防波堤、突堤、港池、航道等都与波浪有密切相关，若对波浪的大小、方向计算得不正确，将会造成建筑物的破坏或不必要的损失；波浪会掀起泥沙，引起港口和航道淤积、河口口门拦门沙淤长、河口口外沙坝淤积发育，这些都会对通航带来不利影响。

本节结合珠江河口的具体情况对波浪观测概况及基本特征加以介绍。

2.6.1 波浪观测概况

珠江河口没有设立长期波浪观测站进行长期的波浪观测，只在珠江口外海或滨海设有若干个短期或临时的测波站进行波浪观测。另外，在珠江口的邻近东西两侧设有国家海洋站进行长期的波浪观测，积累了该地区长期的波浪观测资料，可以借助这些长期的波浪观测资料，推算珠江口海域的波浪要素和运动规律，以弥补珠江口短期和临时观测资料的不足。

珠江口邻近海域波浪观测站的位置（见图2-39）及其基本概况介绍如下：

1. 大万山岛站

位置为北纬20°56′、东经113°43′，测波浮标距测点水平距离650m处，每日定时观测4次，大风天有加密观测记录，资料年限为1986年、1988年及1991年10月至1992年9月。其中1991年10月至1992年9月为天津水运工程科学研究所采用光学测波仪进行临时观测。

2. 桂山岛站

位置为北纬22°07′、东经113°49′，1992年4月移到北纬22°07′、东纬113°48′30″，测波筒在海图的水深约17m、测波仪南偏东4°、水平距离400m处，每日定时观测4次，资料年限为1988年7月至1989年9月及1992年4～6月。其中1992年4～6月为天津水运工程科学研究所采用光学测波仪进行临时观测。

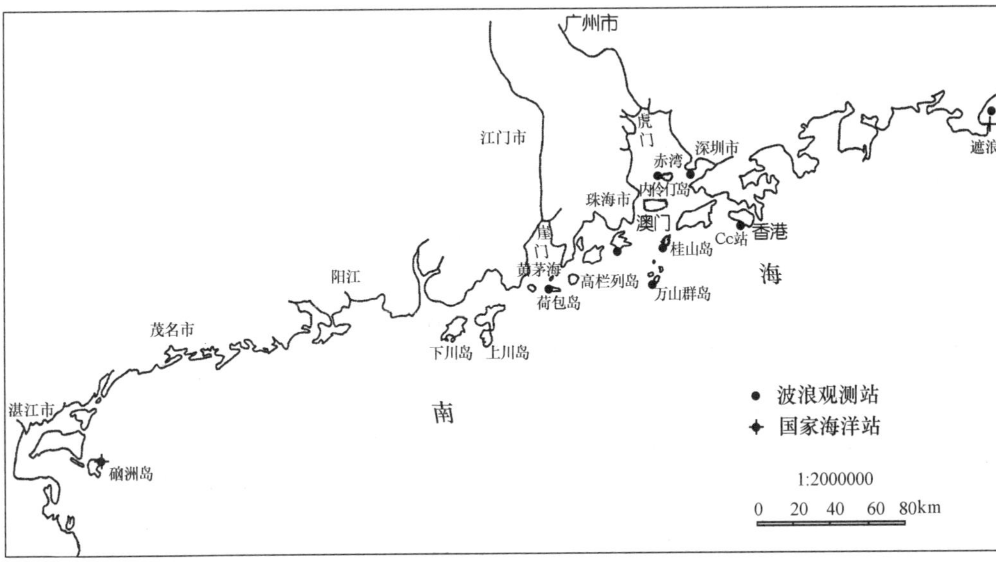

图2－39　珠江口及其邻近海域波浪观测站分布图

3. 内伶仃岛站

位置为北纬22°25′、东经113°46′42″，为天津水运工程科学研究所临时设置，采用光学测波仪进行观测，每日定时观测4次，资料年限为1992年7～9月。

4. 赤湾站

位置为北纬22°28′15″、东经113°53′，测波浮筒位于海图的水深9.8m、测波仪SSW向1000m处，资料年限为1981～1982年。

5. 荷包岛站

位置为北纬21°51′36″、东经113°11′22″，仅观测了1年的波浪，资料年限为1981年10月至1982年9月，采用超声数字波浪仪观测，观测时间为08、11、14、17时正点。

6. 澳门九澳站

位于澳门路环岛九澳角，北纬22°08′、东经113°36′30″，1984年5月设站，采用测浪浮标进行观测，一直沿用至今。

在九澳以东约72km的横栏岛（属于蒲台岛群），1959年7月至1966年3月期间曾进行了每日2次的多次波浪目测，后于1971年在该岛的西南方约220m处设置了1台压力测波仪观测波浪。

7. 香港CC站

位于香港以西，北纬20°10′、东经113°45′，仅有1987年波浪观测资料。

8. 遮浪站

位置为北纬22°40′、东经115°35′，是东邻珠江口最近的国家海洋站，距离约260km，具有长期的波浪观测资料，自1962~1982年共21年，代表汕尾海区的波浪状况。

9. 硇洲岛站

位置为北纬20°56′、东经110°40′，是西邻珠江口最近的国家海洋站，距离约280km，与遮浪站相同，也有自1962~1982年共21年的长期波浪观测资料，代表阳江—茂名海区和湛江海区的波浪状况。

2.6.2 波浪基本特征

2.6.2.1 大万山岛站的波浪

根据1986年、1988年及1991年10月至1992年9月的波浪实测资料分析，获得大万山岛站波浪的基本特征列于表2-56、表2-57及表2-58、表2-59，由诸表可知大万山岛站波浪的基本特征。

表2-56 大万山岛站各向波浪特征值表

项目＼波向	N	NNE	NE	ENE	E	ESE	SE	SSE	S	SSW	SW	WSW	NW	NNW
平均波高（m）	0.8	0.3	0.5	1.1	1.4	1.3	1.3	1.0	0.9	0.8	0.6	0.1	0.1	0.1
最大波高（m）	1.7	1.7	2.2	2.4	4.9	3.1	5.8	7.2	5.8	6.2	2.6	1.2	0.5	0.9
出现频率（%）	11	4	5	8	34	5	2	1	1	3	5	2	1	2

注　该表引自文献［24］。

1. 波型与波向

大万山岛海区的波浪是以涌浪为主的混合浪，在1991年10月至1992年9月的实测资料中，以涌浪为主的混合浪（*U/F*）波型出现频率为95.7%，而在1986年、1988年实测资料中多数出现频率也为52%~73%，其中冬半年（10月至次年3月）出现频率较高，夏半年（4~9月）稍低。涌浪一般由外海传入，以SE或ESE向为主。

波浪多出现在E~ESE向，其中SE向出现频率为39.9%，E向为34.0%，ESE向为30.3%，其余方向的频率均较低，N向为11.0%，S向为10.4%，其他方向更低。

2. 波高

年平均波高为1.18m，其中月最大波高为9.5m，出现在9月份，见表2-57。$H_{1/10}$大波年平均波高为1.20m，其中月最大波高为4.0m，出现在6月份；最大极值波高$H_{1\%}$为6.4m，出现在6月份（见表2-58）。

各向平均波高以E向最大，为1.4m，其次为ESE和SE向，均为1.3m；最大波高以E向最大，为9.5m，出现在9月份，多由热带气旋所引起，其次为SSW向，为6.2m，见表2-56、表2-57。

表2-57　大万山岛站各向波浪特征值表

项目 月份	平均周期(s)	平均波高(m)	最大波高(m)	最多风向	出现频率(%)	最多风浪向	出现频率(%)	最多涌浪向	出现频率(%)
1	6.3	1.1	2.3	NE	23	E	31	ESE	56
2	6.2	1.1	2.3	ENE	29	E	42	SE	65
3	6.3	1.2	2.8	ENE	24	E	32	ESE	73
4	6.3	0.9	2.5	ENE	28	E	49	SE	68
5	5.6	0.8	2.5	E	31	E	48	SE	53
6	6.8	1.5	3.6	E	36	E	43	S	26
7	6.1	1.1	2.5	SW	23	SW	29	S	37
8	6.7	1.2	3.3	E	23	E	25	S	52
9	6.9	1.4	9.5	E	38	E	47	SE	58
10	6.4	1.3	5.2	E	43	E	60	SE	69
11	6.2	1.2	2.3	E	46	E	55	ESE	72
12	6.3	1.3	2.4	N	32	N	37	ESE	63

注　该表引自文献［24］。

表2-58　大万山岛站各向波浪特征值表

项目 时间	波高($H_{1/10}$)(m)			极值波高($H_{1\%}$)(m)	周期(T)(s)			波型				
	月平均	月最大	月最小	月最大	月平均	月最大	月最小	F	F/U	FU	U/F	U
1991.10	1.2	2.7	0.5	4.1	4.4	6.8	3.2	0	0	6	118	0
1991.11	1.3	2.4	0.7	2.7	4.5	6.0	3.2	0	0	13	107	0
1991.12	1.1	2.0	0.5	2.4	4.2	5.8	2.8	0	4	7	113	0
1992.1	1.3	1.9	0.6	2.6	4.5	5.8	3.0	0	0	0	124	0
1992.2	1.5	3.5	0.8	4.4	4.7	6.6	3.0	0	0	13	98	0
1992.3	1.2	2.3	0.6	3.1	4.4	6.4	2.8	0	0	7	107	0
1992.4	1.2	1.8	0.7	2.4	4.5	5.6	3.2	0	0	3	112	0
1992.5	1.1	1.7	0.6	2.2	4.9	6.3	2.0	0	0	0	124	0
1992.6	1.5	4.0	1.0	6.4	3.8	8.8	2.4			3	116	0
1992.7	1.5	3.1	0.6	3.9	5.2	6.6	4.0	0	0	4	120	0
1992.8	1.1	1.7	0.5	2.1	5.0	5.8	4.0	0	0	0	124	0
1992.9	1.2	2.8	0.5	3.7	5.1	6.4	4.0	0	0	1	119	0
平均	1.2				4.6							
极值		4.0	0.5	6.4		8.8	2.0					
累计								0	4	57	1382	0
频率(%)								0	0.3	4.0	95.7	0

注　1. 表中数据为天津水运工程科学研究所所测。

2. 表中F为风浪；U为涌浪；F/U为以风浪为主的混合浪；U/F为以涌浪为主的混合浪；FU为风、涌浪并存，相差不大。

表 2-59　　大万山岛站 1991 年 10 月至 1992 年 9 月波高频率统计表

波向	<0.5m		0.6~1.0m		1.1~1.5m		1.6~2.0m		2.1~2.5m		2.6~3.0m		3.1~3.5m		3.6~4.0m		4.1~4.5m		合计	
	n	*p*	*n*	*p*	*n*	*p*	*n*	*p*	*n*	*p*	*n*	*p*	*n*	*p*	*n*	*p*	*n*	*p*	*n*	*p*
N			5	0.3	7	0.5	3	0.2											15	1.0
NNE																				
NE					1	0.1							1	0.1					2	0.1
ENE					3	0.2	10	0.7											13	0.9
E					11	0.7	13	0.9	1	0.1	1	0.1							26	1.7
ESE			160	10.6	212	14.0	66	4.4	16	1.1	3	0.2	1	0.1					458	30.3
SE	10	0.7	193	12.8	311	20.6	71	4.7	14	0.9	1	0.1	2	0.1	1	0.1	1	0.1	604	39.9
SSE			33	2.2	45	3.0	11	0.7	1	0.1									90	6.0
S	2	0.1	52	3.4	76	5.0	14	0.9	6	0.4	4	0.3			4	0.3			158	10.4
SSW			22	1.5	20	1.3	17	1.1	3	0.2	10	0.7	1						73	4.8
SW			9	0.6	24	1.6	20	1.3											53	3.5
WSW																				
W																				
WNW																				
NW																				
NNW					2	0.1	4	0.3	1	0.1									7	0.5
C			4	0.3	9	0.6													13	0.9
合计	12	0.8	478	31.6	721	47.7	229	15.1	42	2.8	19	1.3	5	0.3	5	0.3	1	0.1	1512	100.0

注　1. 表中资料为天津水运工程科学研究所所测。

2. 表中 *n* 表示次数；*p* 表示频率（%）；C 表示无浪时。

3. 波周期

年平均周期为 4.6~6.3s，最大周期为 8.8s，出现在 6 月份，最小周期为 2.0s，出现在 5 月份。

重现期波浪要素见表 2-60。

表 2-60　　大万山岛站重现期波浪要素

波向	重现期（a）	2	5	10	25	50	100
E	$H_{1/10}$（m）	4.41	5.41	6.04	6.80	7.37	7.94
	周期（s）	7.7	8.5	9.0	9.5	9.9	10.3
SE	$H_{1/10}$（m）	5.58	6.82	7.65	8.61	9.39	10.08
	周期（s）	8.6	9.5	10.1	10.7	11.2	11.6
S	$H_{1/10}$（m）	5.39	6.54	7.27	8.18	8.86	9.53
	周期（s）	8.5	9.3	9.8	10.4	10.9	11.3

2.6.2.2　桂山岛站的波浪

在波浪观测中，对桂山岛站仅观测 1988 年 7 月至 1989 年 9 月及 1992 年 4~6 月期间的波浪，表 2-61 及表 2-62 为 1992 年 4~6 月由天津水运工程科学研究所测得的波浪情况，由于观测时间短，难以获得完整的波浪特征值，仅供参考。

表 2-61　　桂山岛站 1992 年 4~6 月波高频率统计表

波向	<0.5m		0.6~1.0m		1.1~1.5m		1.6~2.5m		2.1~2.5m		2.6~3.0m		3.1~3.5m		合计	
	n	*p*	*n*	*p*	*n*	*p*	*n*	*p*	*n*	*p*	*n*	*p*	*n*	*p*	*n*	*p*
N																
NNE																
NE	13	3.4	2	0.5											15	3.9
ENE																
E																
ESE																
SE	124	32.4	74	19.3	3	2.1	6	1.6	10	2.6	2	0.5			224	58.5
SSE	4	1.0	2	0.5												
S	1	0.3	1	0.3											2	0.5
SSW	2	0.5													2	0.5
SW	35	9.1	31	8.1	7	0.5	1	0.3							69	18.0
WSW																
W	4	1.0													4	1.0
WNW																
NW	32	8.4	27	7.0											59	15.4
NNW																
C	1	0.3	1	0.3											2	0.5
合计	216	56.4	138	36.0	10	2.6	7	1.8	10	2.6	2	0.5			383	100.0

注　表中 *n* 表示次数；*p* 表示频率（%）。

表 2-62　　桂山岛站波浪特征值统计表

项目 / 时间	波高（$H_{1/10}$）(m)			极值波高（$H_{1\%}$）(m)	周期（*T*）(s)			波型					
	月平均	月最大	月最小	月最大	月平均	月最大	月最小	*F*	*F/U*	*FU*	*U/F*	*U*	*C*
1992.4	0.39	1.11	0.09	1.13	3.2	5.6	1.6	81	0	19	1	9	0
1992.5	0.51	1.13	0.09	1.13	3.4	6.5	1.8	86	8	2	18	9	1
1992.6	0.71	2.56	0.09	2.76	3.4	5.2	1.9	72	5	25	4	10	0
平均	0.53				3.3								
极值		2.56	0.09	2.76		6.5	1.6						
累计								239	13	46	23	28	1
频率（%）								68.3	3.7	13.1	6.6	8.0	0.3

注　表中 *n* 表示次数；*p* 表示频率（%）；*C* 表示无浪；*F*、*F/U*、*UF*、*U/F*、*U* 符号意义同表 2-58。

由表可见，桂山岛海区的波浪是以风浪为主，在 3 个月的观测中，出现频率为 68.3%，其次为混合浪，出现频率为 13.1%，其他波型则较少出现。出现较多的浪向为 SE 向，其次为 ES 向。与大万山岛站的波浪相比较，同时期的 $H_{1/10}$ 大波平均波高、最大波高和 $H_{1\%}$ 极值波高都较小，波周期亦较短，最小波高和最小周期都较大万山岛站为小，这也即是说，波浪从大万山岛海区传入后已逐渐减弱。

2.6.2.3 内伶仃岛站的波浪

内伶仃岛站仅观测了 1992 年 7～9 月的波浪，表 2－63 和表 2－64 为天津水运工程科学研究所测得波浪情况。由表可见，内伶仃岛海区的波浪是以风浪为主，在 3 个月中出现频率为 68.9%，其次为无浪，出现频率为 22.9%，基本上无涌浪，出现风浪与涌浪相当的混合浪的频率为 8.2%。出现浪向较多的是 SE 向或无浪 C，其次为 NE 向，再次为 SSW 向。与大万山岛站的波浪相比较，同时期的 $H_{1/10}$ 大波平均波高、最大波高、$H_{1\%}$ 极值波高、波周期等都要小，亦小于桂山岛站的波浪，说明从大万山岛海区传入的波浪进入桂山岛海区后有所减弱，而进入内伶仃岛海区后又有进一步减弱的趋势。

表 2－63　内伶仃岛站 1992 年 7～9 月波高频率统计表

波向	<0.5m		0.6～1.0m		1.1～1.5m		1.6～2.0m		2.1～2.5m		合计	
	n	*p*	*n*	*p*	*n*	*p*	*n*	*p*	*n*	*p*	*n*	*p*
N												
NNE												
NE	54	13.6	17	4.3	4	1.0					75	18.8
ENE												
E	1	0.3									1	0.3
ESE												
SE	32	8.0	38	9.5	10	2.5	2	0.5			82	20.6
SSE												
S	2	0.5	1	0.3	1	0.3					4	1.0
SSW	42	10.6	8	2.0	8	2.0	6	1.5			64	16.1
SW	12	3.0	2	0.5	5	1.3	4	1.0			23	5.8
WSW												
W	4	1.0									4	1.0
WNW	4	1.0	1	0.3							5	1.3
NW	48	12.1	4	1.0							52	13.0
NNW	2	0.5	1	0.3							3	0.8
C	85	21.4									85	21.4
合计	286	71.9	72	18.1	28	7.0	12	3.0			398	100.0

注　表中 *n* 表示次数；*p* 表示频率（%）。

表 2－64　内伶仃岛站波浪特征值统计表

项目/时间	波高（$H_{1/10}$）(m)			极值波高（$H_{1\%}$）(m)	周期（T）(s)			波型					
	月平均	月最大	月最小	月最大	月平均	月最大	月最小	F	F/U	FU	U/F	U	C
1992.7	0.6	1.9	0.0	2.0	2.6	4.5	0.0	86	0	19	0	0	19
1992.8	0.3	0.9	0.0	1.1	2.1	3.4	0.0	96	0	5	0	0	23
1992.9	0.3	1.5	0.0	1.7	1.6	3.7	0.0	71	0	6	0	0	42
平均	0.4				2.1								
极值		1.9	0.0	2.0		4.5	0.0						
累计								253	0	30	0	0	84
频率（%）								68.9	0	8.2	0	0	22.9

2.6.2.4　赤湾站的波浪

赤湾站的波浪仅观测了 1981～1982 年共 1 年的时间，其波浪特征值列于表 2－65 和表 2－66。

表 2－65　赤湾站各向波浪特征值表

项目/波向	N	NNE	NE	ENE	E	ESE	SE	SSE	S	SSW	SW	WSW	W	WSW	NW	NNW
平均波高（m）	0.2	0.2	0.2	0.3	0.3	0.3	0.2	0.3	0.3	0.3	0.2	0.2	0.3	0.2	0.4	0.3
最大波高（m）	1.0	0.7	0.6	0.7	0.8	0.9	0.8	0.8	1.0	1.1	0.4	1.1	0.9	0.8	1.2	1.1
出现频率（%）	8	3	7	4	10	2	4	2	11	4	1	1	2	1	6	4

注　该表引自文献［24］。

表 2－66　赤湾站各向波浪特征年内变化表

月份/项目	平均周期（s）	平均波高（m）	最大波高（m）	最大风向	出现频率（%）	最多风浪向	出现频率（%）	最多涌浪向	出现频率（%）
1	2.0	0.2	0.9	N	15	NW	19	SSW	2
2	1.8	0.2	0.9	N	16	E	15	W	2
3	1.8	0.2	0.9	N	25	N	16	S	1
4	1.3	0.1	1.0	ENE	20	NE	13	S	1
5	2.6	0.4	1.1	ENE	17	S	23	S	5
6	2.2	0.3	1.0	S	30	S	32	SSW	4
7	2.2	0.3	1.1	S	27	SE	21	S	8
8	2.3	0.3	0.9	S	27	S	30	SSW	6
9	1.6	0.2	0.8	NE	16	NW	8	S	10
10	1.9	0.3	1.2	E	22	E	19	S	3
11	2.0	0.3	1.0	N	28	N	23	S	5
12	1.7	0.2	0.8	N	26	N	23	SSW	2

注　该表引自文献［24］。

由表可见，赤湾海区的波浪以风浪为主，其一年中出现的频率除9月份外都远大于涌浪出现的频率，出现最多的浪向是S向，其次为N向，再次为ENE向；风浪的年平均波高为0.2m，最大波高为1.2m，出现在10月份，出现频率为6%；年平均周期为1.8s，最大周期为2.6s，出现在5月份，最小周期为1.3s，出现在4月份。与内伶仃岛站的波浪相比较，其波浪的基本特征大致接近，这是由于二者处于邻近海区，自然条件基本相同之故。

赤湾站重现期波浪要素见表2-67。

表2-67 赤湾站重现期波浪要素

波向	重现期（a）	2	5	10	25	50	100
S	$H_{1/10}$（m）	1.12	1.53	1.82	2.26	2.62	2.80
	T（s）	3.6	4.6	4.8	5.4	5.8	6.0
SW	$H_{1/10}$（m）	1.36	1.94	2.24	2.64	3.02	3.26
	T（s）	4.1	5.0	5.5	5.8	6.2	6.4

注 该表引自文献［24］。

2.6.2.5 荷包岛站的波浪

荷包岛站仅观测1981年10月～1982年9月的波浪，观测年限太短，难以获得完整的波浪特征情况。仅从1年的资料分析，初步得到其波浪的基本特征列于表2-68和表2-69。

表2-68 荷包岛站月（年）波高统计表

月	1	2	3	4	5	6	7	8	9	10	11	12	年平均
$H_{1/10}$（m）	1.2	1.1	1.0	1.0	0.8	0.9	1.1	1.0	0.9	1.2	1.4	1.2	1.1
H_{max}（m）	3.1	2.4	2.5	2.6	2.0	3.3	5.6	3.1	(7.3)	3.4	3.3	2.9	(7.3)

注 该表引自文献［24］。

表2-69 荷包岛站波浪要素统计表

波向项目	NE	E	SE	S	SW
平均风速（m）	9.4	5.8	4.8	5.4	4.5
频率（%）	10.5	11.2	63.1	11.8	3.4
$H_{1/10}$（m）	1.10	1.38	1.03	0.96	1.34
$H_{1/3}$（m）	0.88	1.10	0.82	0.77	1.07
$\overline{H}$（m）	0.55	0.69	0.51	0.48	0.67
$\overline{T}$（s）	5.3	5.2	5.8	4.8	5.2
最大波高（m）	2.74	3.38	(5.58)	2.79	3.14
相应周期（s）	7.6	3.9	(6.6)	5.5	5.6

注 8217号台风期间，因仪器故障缺测，后来调查与推算得：$H_{max}=7.29$m，$H_{1/10}=6.7$m，$T=9.2$s，波向SE，因此不作正式记录加入统计。

根据观测，荷包岛海区的波浪以风浪为主，冬半年（10 月至次年 3 月）出现频率较高，夏半年（4 ~9 月）稍低，浪向以 SE 为主，出现频率为 63.1%，其次为 S 向、E 向，再次为 NE 向；夏半年涌浪较多，主浪向为 SE。年平均大波 $H_{1/10}$波高为 1.1m，冬半年月平均大波波高较大，为 1.1 ~1.4m，其中 11 月份最大，为 1.4m；夏半年较小，为 0.8 ~1.1m，最小为 0.8m，出现在 5 月份。最大波高为 8217 号台风期间（9 月份）的波高，据推算为 7.29m，波向为 SE，年最大波高常出现于受热带气旋影响的 6 ~11 月份。年各向平均波高为 SW 向最大（1.3m），其次为 NE 和 E 向（1.2m），再次为 SE 向（1.1m），其余方向的平均波高较小。

波浪周期年平均为 5.2s，冬半年平均周期较大，夏半年较小，最大周期为 11.3s。

2.6.2.6　澳门九澳站的波浪

根据葡萄牙水文学院有关九澳站波浪资料的统计分析（1984 年 5 月 ~1991 年 12 月），其波浪的基本特征列于表 2 -70 和表 2 -71。由表可见：

澳门九澳海区年平均波高为 0.47m，月最高波高为 2.86m，月最高波高平均值为 1.16m，最大波高为 7.4m，较高的波浪出现在 11 月至次年 1 月的冬季季风期间，以及 6 ~7月的夏季台风季节。年平均周期为 5.0s，月最大周期平均值为 5.5s。全年主波向为 W 向，其次为 NW 向，尤其是冬季（11 月至次年 3 月）出现最多；夏季（5 ~8 月）以 S 向出现最多，其次为 SSW 向。重现期波高值见表 2 -72。

表 2 -70　　澳门九澳站波浪特征值统计表

月　份	1	2	3	4	5	6	7	8	9	10	11	12
平均波高（m）	0.49	0.49	0.46	0.41	0.44	0.50	0.47	0.44	0.42	0.53	0.54	0.50
月最高波高（m）	1.08	1.14	1.12	1.07	1.96	1.95	2.86	1.63	2.30	1.75	1.60	1.06
月最高波高平均值（m）	0.98	1.00	0.97	0.93	1.20	1.32	1.61	1.27	1.25	1.25	1.16	0.99
平均周期（s）	5.0	4.8	4.7	4.6	4.3	5.0	5.0	5.5	4.9	5.3	5.2	5.4
月最大周期平均值（s）	5.8	5.4	5.1	5.1	4.6	5.3	5.3	5.9	5.5	6.1	6.1	6.2

注　表中数据引自葡萄牙水文学院统计资料。

表 2 -71　　澳门九澳站波浪方向出现频率统计表

波向＼月份	1	2	3	4	5	6	7	8	9	10	11	12
N	0.0	0.0	0.0	0.0	0.0	0.4	0.0	0.1	0.4	0.1	0.4	0.0
NWN	4.4	9.8	1.6	1.0	1.3	0.5	0.5	1.3	7.4	3.4	7.5	7.0
NW	29.4	16.5	18.7	12.7	6.8	3.6	2.2	4.7	20.4	22.0	31.3	24.5
WNW	8.0	18.2	11.4	6.5	2.9	1.0	1.5	4.8	10.2	9.8	12.1	13.4
W	44.0	41.2	24.8	30.2	35.9	15.2	10.5	24.7	26.9	40.0	34.5	39.2
WSW	13.2	15.0	33.0	30.6	17.0	13.1	8.2	6.7	12.3	21.2	13.5	15.4
SW	0.5	5.3	6.5	2.2	4.3	6.0	3.6	4.5	2.8	1.2	0.5	0.0
SSW	0.3	0.0	2.0	12.1	10.7	27.1	27.4	25.5	10.5	1.8	0.2	0.5
S	0.0	0.0	2.0	4.5	20.7	33.0	45.5	27.1	8.8	0.5	0.0	0.0
SSW	0.0	0.0	0.0	0.2	0.4	0.1	0.6	0.6	0.3	0.0	0.0	0.0

注　表中数据引自葡萄牙水文学院统计资料。

表 2-72 澳门九澳站波浪方向出现频率统计表

重现期（a）	300	100	50	20	10	5	2
有效波高（m）	3.72	3.38	3.16	2.85	2.60	2.32	1.89

注 表中数据为珠江水利科学研究院提供。

2.6.2.7 遮浪站的波浪

根据有关实测资料分析，遮浪站海区的波浪以风浪为主，出现频率为96%，秋冬两季较高，春夏两季稍低。浪向以NNE～ESE和SW出现较多，其中ENE和E向频率较高，分别为22%和20%，其次为NNE向，频率为11%，再次为NE、ESE和SW向，频率为7%～9%，其余方向频率低于5%。涌浪出现频率为36%，夏季较高，其次为冬季，春秋两季较低。涌浪浪向以ESE向出现较多，频率为13%，E和SE向分别为7%和6%，SSE～SW向为2%～4%，其余各向涌浪极少出现。

遮浪站多年平均大波$H_{1/10}$波高为1.3m，冬季半年（10月至次年3月）月平均波高较大，为1.3～1.5m，夏季半年（4～9月）较小，为1.3～1.5m，夏半年较小，为1.1～1.2m（见表2-73）。各向平均波高以NNE～E向较大，其余各向较小。最大极值波高$H_{1\%}$为9.5m，出现于1979年8月2日，由7908号台风袭击该海区所引起。最大波高多发生于热带气旋影响期间，浪向多为ESE～SSE向和SW向。

表 2-73 遮浪站月（年）波高（1960～1992年）

月 份	1	2	3	4	5	6	7	8	9	10	11	12	年平均
$H_{1/10}$（m）	1.4	1.4	1.3	1.2	1.1	1.1	1.1	1.1	1.2	1.5	1.5	1.4	1.3
H_{max}（m）	4.7	4.6	4.5	3.9	6.0	5.9	8.3	9.5	7.7	9.0	5.5	4.8	9.5

注 该表引自文献［24］。

遮浪站多年平均波浪周期为4.1s，最大周期为11.1s，出现于1980年9月。

遮浪站年极值波浪特征值列于表2-74，重现期波浪要素列于表2-75，可供参考。

表 2-74 遮浪站年极值波浪特征表

时 间（年.月.日 时）	$H_{1/10}$（m）	周期（s）	波型	风浪向	涌浪向	风速（m/s）	风向	$H_{1\%}$（m）
1962.9.1 14:00	3.5	3.0	*F*	SE		30	SE	3.6
1963.12.9 11:00	2.8	4.2	*F*	NE		24	NE	3.2
1964.9.10 17:00	6.9	7.7	*U/F*	E	SSE	>40	E	7.5
1965.7.14 14:00	2.4	2.4	*F/U*	ENE	E	18	ESE	2.6
1966.7.25 17:00	2.7	6.5	*F/U*	ESE	SE	18	ESE	2.8
1967.8.21 17:00	4.9	9.1	*U/F*	ESE	S	18	ESE	5.2
1968.8.21 17:00	5.4	7.6	*F/U*	ESE	S	17	ESE	5.8
1969.7.28 11:00	7.0	7.9	*F*	WNW		25	WNW	7.2
1970.9.14 14:00	5.7	7.6	*F*	SW		20	SW	5.9
1971.7.22 11:00	6.9	7.6	*F*	SSE		19	SSE	7.0

续表

时 间（年.月.日 时）	$H_{1/10}$（m）	周期（s）	波型	风浪向	涌浪向	风速（m/s）	风向	$H_{1\%}$（m）
1972.11.8 17:00	3.7	4.5	*F*	ENE		16	ENE	3.8
1973.7.17 11:00	5.0	7.7	*F*	S		22	SW	5.3
1974.10.19 11:00	4.1	6.0	*F*	ESE		19	ESE	4.5
1975.10.14 08:00	8.1	7.7	*F*	ESE		28	ENE	8.9
1976.8.24 08:00	6.0	7.6	*F*	SSE		15	SSE	6.5
1977.9.24 17:00	4.4	6.7	*F*	W		19	E	5.2
1978.7.26 11:00	5.5	9.0	*F*	ESE		20	ESE	6.3
1979.8.2 14:00	8.5	9.1	*F*	SE		>40	SE	9.5
1980.7.27 11:00	5.5	5.4	*F*	NNE		24	NNE	6.0
1981.9.21 17:00	6.7	9.3	*U/F*	NNE	SE	12	NNE	7.7
1982.12.5 17:00	4.2	5.3	*F*	E		18	E	4.7

注 该表引自大连理工大学土木系海动研究室，珠江口荷包岛附近水域和崖门出海航道沿线的设计波浪推算，1989年8月。

表2-75 **遮浪站重现期波浪要素**

波向	重现期	2	5	10	25	50	100
E	$H_{1/10}$（m）	5.40	6.49	6.93	8.19	9.00	9.74
	T（s）	8.7	9.5	9.8	10.7	11.2	11.7
SE	$H_{1/10}$（m）	5.77	7.00	7.42	9.15	10.64	12.67
	T（s）	9.0	9.9	10.2	11.3	12.3	12.6
S	$H_{1/10}$（m）	4.92	6.02	6.76	7.82	8.93	9.90
	T（s）	8.4	9.2	9.6	10.4	11.2	11.8

注 该表引自大连理工大学土木系海动研究室，珠江口荷包岛附近水域和崖门出海航道沿线的设计波浪推算，1989年8月。

2.6.2.8 硇洲岛站的波浪

根据有关实测资料的分析，硇洲岛站海区的波浪以风浪为主，出现频率为100%，涌浪出现频率为19%[25]。风浪浪向主要出现于NNE~S向，最多浪向为ENE向，出现频率为20.8%，其次为SE和ESE向，频率分别为17.1%和16.1%，偏西浪向较少出现，频率低于1%，因其西边为大陆所致；涌浪浪向主要为SE向。

硇洲岛站年平均大波波高$H_{1/10}$为0.9m，月平均波高为夏半年（4~9月）较小，5~8月为0.6~0.7m，其中8月最小，为0.6m；冬半年（10月至次年3月）较大，10月至翌年3月为1.0~1.2m，其中11月最大，为1.2m，见表2-76。多年最大极值波高$H_{1\%}$为9.8m，出现在1965年7月15日，由6508号台风所引起。各向平均波高以N~E向较大，为1.0~1.2m，最大值出现在NE和ENE向，SSW~NW向则较小，平均波高为0.4~0.6m。

表 2-76 硇洲岛站月（年）波高（1960~1992 年）

月 份	1	2	3	4	5	6	7	8	9	10	11	12	年平均
$H_{1/10}$（m）	1.1	1.0	1.0	0.8	0.7	0.7	0.7	0.6	0.8	1.1	1.23	1.1	0.9
H_{max}（m）	3.0	3.0	3.2	3.6	4.2	4.6	9.8	7.1	9.0	5.3	8.1	3.1	9.8

注 该表引自文献［24］。

硇洲岛站多年平均周期为3.6s，冬半年周期较大，10月至翌年3月平均周期为3.7~4.1s，其中11月最大，为4.1s；夏半年周期较小，5~8月平均周期为2.3~3.3s，其中8月最小，为3.2s。最大周期出现在热带气带气旋活动频繁的季节，7~9月可达9.5s以上，多年最大周期为14.3s，出现于1991年8月16日，由9111号台风引起。

硇洲岛站年极值波浪特征列于表2-77，重现期波浪要素列于表2-78，可供参考。

表 2-77 硇洲岛站年极值波浪特征表

时 间（年.月.日 时）	$H_{1/10}$（m）	周期（s）	波型	风浪向	涌浪向	风速（m/s）	风向	$H_{1\%}$（m）
1962.8.11 08:00	4.5	7.5	*F*	SE		*F*18	SSE	5.5
1963.9.8 11:00	7.5	8.6	*F*	ESE		18	ESE	8.9
1964.7.2 17:00	5.6	6.7	*F*	E		24	ESE	7.1
1965.7.15 14:00	9.3	5.4	*F*	N		24	S	9.8
1966.7.26 11:00	3.8	6.3	*F*	S		28	S	4.2
1967.10.19 14:00	4.4	8.8	*F*	N		12	N	5.3
1968.8.12 14:00	2.6	5.0	*F*	ESE		14	ENE	3.1
1969.11.5 08:00	2.3	5.8	*F*	ENE		14	NE	2.5
1970.10.17 14:00	3.6	6.8	*F*	E		19	E	4.0
1971.10.8 14:00	3.4	6.7	*F*	NNE		11	NNE	4.0
1972.11.8 17:00	6.9	9.6	*F*	NNE		24	NNE	8.1
1973.8.25 08:00	3.8	5.6	*F*	E		17	E	4.5
1974.6.13 17:00	4.3	6.9	*F*	ESE		20	ESE	4.6
1975.10.23 11:00	2.5	11.0	*U/F*	NW	ESE	15	NW	3.4
1976.9.19 08:00	2.6	8.0	*U/F*	NNW	ESE	4	NW	3.2
1977.7.21 11:00	2.6	6.3	*F*	SE		14	ESE	2.9
1978.10.2 08:00	3.8	5.8	*F*	ESE		20	ESE	4.3
1979.9.20 08:00	2.8	5.6	*F*	ENE		7	E	3.3
1980.7.22 14:00	3.7	7.1	*F*	NNE		7	N	4.1
1981.7.6 17:00	2.5	6.7	*U/F*	NNW	ESE	4	NW	2.8
1982.9.15 08:00	6.0	7.1	*F*	ESE		21	ENE	7.0

注 该表引自文献［24］。

表 2-78　硇洲岛站重现期波浪要素

波向	重现期 (a)	2	5	10	25	50	100
E	$H_{1/10}$ (m)	3.40	4.31	5.24	6.35	7.43	8.53
	周期 (s)	6.6	7.4	8.1	9.0	9.8	10.5
SE	$H_{1/10}$ (m)	3.33	4.34	5.12	6.13	7.25	8.45
	周期 (s)	6.2	7.4	8.1	8.8	9.6	10.4

注　该表引自文献 [24]。

2.6.3　设计波浪的标准及推算方法

2.6.3.1　设计波浪的标准

设计波浪是指在海港工程设计中，在设计各类建筑物及其各个部分时所选用的波浪要素。在我国港口工程技术规范中提出，设计波浪的标准包括两个方面：①设计波浪的重现期标准；②设计波浪的波列累积标准。

1. 设计波浪的重现期标准

设计波浪的重现期标准代表波浪要素的长期（以几十年计）统计分布规律，主要反映建筑物的使用年限和重要性，设计波浪的波列累积频率标准代表波浪要素的短期（以十几分钟计）统计分布规律，认为波浪要素的平均状态不随时间改变，主要反映波浪对不同类型建筑物的不同作用性质。

设计波浪的重现期标准和设计波浪的波列累积频率标准分别采用表 2-79 和表 2-80 中的规定进行设计[26]：

表 2-79　建筑物设计波浪的重现期标准

建筑物型式	建筑物等级	重现期
直墙式	Ⅰ、Ⅱ、Ⅲ	50 年一遇
墩柱式	Ⅰ、Ⅱ、Ⅲ	50 年一遇
斜坡式	Ⅰ、Ⅱ	50 年一遇
	Ⅲ	25 年一遇

表 2-80　设计波高的累积频率标准

建筑物型式	部　位	计算内容	波高累积频率 F (%)
直墙式、墩柱式	上部结构、墙身、桩基	强度和稳定性	1
	基床、护底块石	稳定性	5
斜坡式	胸墙、堤顶方块	强度和稳定性	1
	护面块面、护面块体	稳定性	13（注）
	护底块石	稳定性	13

注　当平均波高与水深的比值 $\overline{H}/d<0.3$ 时，F 宜采用于 5%。

规范[26]提出对于特殊重要的建筑物（如海上灯塔等），当实测波高大于同一波列累积频率的50年一遇波高时，可适当提高标准，必要时可考虑以实测波高进行校核计算。

2. 设计波高累积频率标准

在设计波高累积频率标准中，直墙式和墩柱式（包括桩基式）建筑物对波浪的反应较灵敏，波列中个别的大波即有可能对其造成破坏，故采用的标准应高一些，即用较小的波高累积频率值；对于斜坡式建筑物，其遭受破坏是逐步造成的，个别大波造成的破坏并不起决定性作用，不致影响其整体稳定性，且局部损坏也较易修复，故可采用较低一些的标准，用较大的波高累积频率值。在同一类型建筑物上，对于不同部位结构物也可采用不同的累积频率标准，对整个建筑物安全的关键部位，采用的标准可较高些；反之，可采用较低一些的标准。

当水深很浅，推算出的波高大于浅水极限波高时，则无论何种建筑物，均以极限波高作为设计波高。

对于校核有掩护的港口水域内水面泊稳度的设计波浪，其波高累积频率采用4%[27]。

关于设计周期及设计波长问题，规范规定[26]设计周期采用平均周期 $\overline{T}$（s）；设计波长 L（m）由 $\overline{T}$ 按下式计算：

$$L = \frac{g\overline{T}^2}{2\pi}\tanh\frac{2\pi d}{L} \tag{2-41}$$

式中　g 为重力加速度，m/s^2；d 为水深，m。

当 $d \geqslant L/2$ 时，$\tanh\frac{2\pi d}{L} \approx 1.0$，称为深水波，其波长 L_0 为 $\frac{g\overline{T}_0^{\ 2}}{2\pi}$，在实际计算时，需通过迭代计算求得，使用不便，通常由当地水深 d 查表求得[26]。

2.6.3.2　设计波浪的推算方法

对波浪分布规律的研究，在工程所在地或其邻近海区必须有较长期的波浪实测资料作为依据，我国港口工程技术规范规定[26]，连续的观测资料年数不宜少于15年，如果该海区无长期波浪观测资料，仅进行了短期的波浪观测（不少于1年），则必须借助于邻近国家波浪观测站的长期资料，对其进行验证和比较，综合分析确定合理的设计波浪。

1. 利用长期波浪实测资料推算设计波浪

我国港口工程技术规范规定[26]，当海港工程所在地或其邻近海域有较长期的波浪实测资料时（连续的资料年数不宜少于15年），一般可用分方向的年最大波高（某一累积频率的波高）组成系列进行频率分析，以确定各方向不同重现期的设计波浪。

频率分析的基本原理和分析方法在一般水文学教科书中均有介绍，现结合推算设计波浪的特点简要介绍如下：

（1）经验累积频率的计算。将某测波站某方向各年的年极大值波浪 $H_{1/10}$ 由大至小依次排列列于表中，计算它的模比系数 K_p（各年的 $H_{1/10}$ 值与其平均值 $H_{1/10}$ 的比值）亦按相应顺序排列列于表中，再计算各年的年最大波高的经验累积频率 p $\left(\text{按数学期望公式 } P = \frac{m}{n+1} \times 100\% \text{ 计算}\right)$，按相应顺序排列列于表中，然后将相对应的 K_p 与 p 值点绘在几率格纸上，即可得到年极大值 $H_{1/10}$ 的经验累积频率曲线。但是，由这些经验频率点很难勾画出一条光滑的分布曲线，加上资料年限往往较短，更难以外延据以推求工程设计所需的 50 年或 25 年一遇的大浪，为此，需借助于理论累积频率曲线。

（2）理论累积频率曲线的计算。港口工程技术规范[26]规定，对于年极大值波高及与其对应的周期的理论频率曲线，一般采用皮尔逊Ⅲ型曲线。但由于从作为样本的实测资料中所得到的统计参数存在一定的误差范围，在计算时往往采用适线法调整参数，存在一定的任意性，因此，规范[26]建议，为使理论累积频率曲线能与实测经验累积频率点的拟合达到最佳，在有条件时，可以选配其他理论累积频率曲线，如耿贝尔第一型极值分布、对数正态分布和威布尔分布等，进行多方面比较，从而最终合理地确定不同重现期的设计波浪。

应用皮尔逊 PⅢ型累积频率曲线进行适线计算时，必须先求出该曲线所包含的 3 个参数，即年最大波高 $H_{1/10}$的平均值、离差系数 C_v 及偏态系数 C_s 。

离差系数 C_v 由下式计算：

$$C_v = \sqrt{\frac{\sum_{i=1}^{n}(K_i - 1)^2}{(n-1)}} \tag{2-42}$$

偏态系数 C_s 由下式计算：

$$C_s = \frac{\sum_{i=1}^{n}(K_i - 1)^3}{(n-1)C_v} \tag{2-43}$$

在 C_s 的计算中，由于是用离差的三次方求得，因离差有抽样误差，故 C_s 值的可靠性很差，一般取 C_v 的倍数进行计算。

计算确定 $H_{1/10}$、C_v、C_s 三个参数后，即可查皮尔逊Ⅲ型曲线的积分表，得累积频率的模比系数 K_p ，将 p 与 K_p 的对应值点绘于几率格纸上，连成光滑的曲线即为皮尔逊Ⅲ型理论累积频率曲线。将该线与经验累积频率点相比较，如果吻合良好，即可起到外延的作用，可据以推求得到某一重现期的设计波高（$H_{1/10}$）$_p$；否则，须对 C_v、C_s 值作适当的调整，直到所得的理论累积频率曲线与经验累积频率点的吻合程度较好为止。

上述频率计算所得到的设计波高为某一重现期的年最大波高 $H_{1/10}$值，但在工程设计中常常需要推求某一重现期的各种累积频率波高，如 50 年一遇累积频率分别为 1%、5%及 13%的设计波高 $H_{1\%}$、$H_{5\%}$、$H_{13\%}$等，可按港口工程技术规范提供的方法进行各种累积频率波高间的换算[26]。

关于其他理论分布的方法可参考有关专著[27]。

2. 利用短期波浪实测资料推算设计波浪

海港工程或其邻近海域没有海洋波浪观测站，实测资料不能利用时，通常须在工程所在地设立临时观测站进行波浪观测，观测时间至少须有一个完整年或数年，利用这些实测资料进行频率分析，估算设计波浪。

利用短期波浪实测资料进行频率分析时，一般采用不分方向的全部或日最大波高值进行分析，可采用不同的坐标转换，使经验频率点在各种专用坐标纸上能获得近似的直线分布，然后用最小二乘法求出直线方程，就可利用外延法估算多年一遇的设计波高。

当资料较少时可采用全部资料，若资料较多，统计工作量较大，为简便起见，亦可取日最大波高值进行统计计算，两种做法的计算结果往往略有差异，可取两者的均值或较大值作为设计波高。

用短期波浪实测资料推求设计波高时，多年一遇的波高的累积频率可按如下方法计算：如在 a 年中观测波浪共 n 次，则 a 年中最大值的累积频率为 $p_a=1/n$，可以推断 b 年中期望出现的波高次数将为 $b\cdot n/a$ 次，则 b 年最大值的累积频率将为[27]

$$P_b=\frac{a}{b\cdot n}=\frac{a}{b}P_a \qquad (2-44)$$

式中　P_a 为 a 年观测中最大值的累积频率；P_b 为重现期 b 年一遇的设计波高的累积频率。

由式（2-44）计算得到 p_b 后，即可代入由实测资料用最小二乘法求出的直线方程，从中估算出 b 年一遇 p_b 的设计波高 $H_{1/10}$ 值。

如由最小二乘法求得的直线方程为 $H_{1/10}=A-b\lg p$，a 为一年观测资料，由实测资料的次数可算得 p_a；b 为50年一遇重现现期，则 $p_{50}=\frac{1}{50}p_a$，将 p_{50} 值代入直线方程中取代 P 值，即可估算出50年一遇 p_{50} 的设计波高 $H_{1/10}$ 值。

3. 与设计波高相对应的设计周期的推算

在港口工程设计中，设计波浪要素应包括设计波高和设计周期两个方面，缺一不可。

设计周期的推算，应取与波高年最大值 $H_{1/10}$ 相对应的平均周期 $\overline{T}$ 所组成的由大至小排列的系列进行频率分析，因为波高与周期的大小是不对应的，年极大值波高对应的平均周期未必是当年的极值，它可能比年极值小，故不能取某方向的平均周期的年极大值为样本进行频率分析。具体分析方法与波高的频率分析相同，用皮尔逊Ⅲ型曲线或其他理论曲线在确定拟合较理想的理论频率曲线后，即可查读曲线或通过计算得到与某重现期设计波高相对应的平均周期。

与设计波高一样，多年一遇设计波高相对应的周期也不可能是一个确定的值，也是一个随机变量，也有其一定的分布规律，因此上述方法并不是最合理的。但目前还未有公认的较合理的推算方法[27]。

4. 根据气象资料推算风浪尺度

以上所述为利用实测波浪资料来推算设计波浪，但是当港口工程所在地区没有实测波浪资料或其邻近海域没有海洋水文观测站时，就只能根据当地的历史气象资料来推算风浪尺度。

风浪的成长与发展过程主要与风速、风时和风距等3个风场要素有关。虽然在其成长与传播过程中还同海域的地形、水深和海流影响等因素有关，其影响因素是错综复杂的，但最关键的是风场三要素；其次，当水域深度较浅时，受水深的影响也较大，不可忽视。因此，根据历史的气象资料推算风浪尺度时须合理解决风场三要素和海域水深的确定问题。

（1）计算风速的确定。由于工程设计中所需要推算的是某一重现期的风浪要素，因此，利用气象资料推算时，一般有两种处理方法：一种是假定风浪要素的重现期简单地等于风速的重现期，这样可找出某一波向的逐年最大风速，用频率分析中选配理论线型，求出该波向的某一重现期的风速值作为推算风浪的计算风速。这种方法只适用于不考虑风时（如风距小于 100km、波浪只取于风速和风距）的情况；另一种方法是认为由风场三要素三者决定着风浪要素，因此，必须从气象资料中对某一波向逐年取出数场较大的风（包括风速较大而风时和风距较短，以及风速较小而风时和风距较长等情况）进行波浪要素推算，选择每年的最大者作为该年出现的最大风浪，然后对逐年的最大风浪值进行频率分析，求出该波向某一重现期的风浪要素。

在利用气象台、站资料推算波浪时，需注意风速的取值标准问题：一是高度；二是观测历时。按我国海港水文规范规定，要将风速换算到海面上 10m 高度处的 2min 平均风速。其方法如下：

1）风速的高度换算。离地（海）面 10m 处的风速 U_{10} 与离地（海）面 Z 处的风速 U_Z 的关系为

$$U_{10} = K_Z U_Z \tag{2-45}$$

式中　K_Z 为风速高度变化系数，由表 2－81 确定。

表 2－81　风速高度变化系数 Kz 值

风速仪离地面高度（m）	Kz	风速仪离地面高度（m）	Kz
5.0	1.14	12.5	0.97
5.5	1.12	13.0	0.96
6.0	1.11	13.5	0.96
6.5	1.09	14	0.95
7.0	1.07	14.5	0.94
7.5	1.05	15	0.94
8.0	1.04	15.5	0.93
8.5	1.03	16.0	0.93
9.0	1.02	16.5	0.92
9.5	1.01	17.0	0.92
10.0	1.00	17.5	0.91
10.5	0.99	18.0	0.91
11.0	0.98	18.5	0.91
11.5	0.98	19.0	0.90
12.0	0.97	20.0	0.80

若已知岸上离地面 10m 高度处的风速 $(U_{陆})_{10}$，要换算成海面上 10m 高度处的风速 $(U_{海})_{10}$，可用下面的近似关系确定：

$$(U_{海})_{10} = K(U_{陆})_{10} \tag{2-46}$$

式中　K 为海上风速增大系数，由表 2－82 确定。

表 2－82　海上风速增大系数 K 值表

海面和海岛距海岸距离（km）	海上与沿海陆上风速比值 K
<2km	<1.1
2～30	1.10～1.14
30～50	1.14～1.23
50～100	1.23～1.30
>100km	根据实测或调查资料确定

2）风速的时距换算。在我国工程设计中，常用的风速时距有 10min 和 2min 两种。目前我国港口工程技术规范[26]规定：在计算风荷载时采用时距 10min 的平均风速；在推算风浪时采用时距 2min 的平均风速。在收集风速资料时，必须注意时距的长短。1958 年以后至今，我国气象台的报表是指正点前时距 2min 的平均风速，当需要时距为 10min 的平均风速时可参考文献[27]进行换算。

（2）计算风距的确定。要确定计算风距，必须先在海平面等压线图上划出风区范围。但要在广阔的海洋上划分某一个风区是比较困难的，只能根据现场实际情况，应用一般通用原则加以确定：

1）风区是一特定的水域，其主轴与风向基本一致，其边界不能超越海岸线，如图 2－40所示。

2）风区代表一定的风场范围，由于风向取决于等压线的走向，风速又与等压线的梯度成正比，故等压线方向及其疏密程度突然改变处可取为风区边界。一般确定风区的边界有以下规定：在风区内，等压线方向的改变不大于 ±30°，风速差不超过 2～4m/s（高风速时取大值）。

实际应用时，一般忽略风向与等压线的夹角，近似地认为只要某点的等压线方向（即该点的切线方向）同该点与港址计算点连线的夹角不超过 30°（等压线较平直时）或 45°（等压线曲率较大时），即可将该点划入风区内，亦即认为等压线的切线方向就代表该点的风向。如港区在风区外，则风距为风区上、下沿之间的距离；如港址在风区内，则自港址沿逆风方向量至风区上沿的距离即为其风区；如港址位于小海湾内，风区的范围往往包括整个水域，从港址量出不同风向的对岸距离即为其各向的风距，如图 2－41 所示。

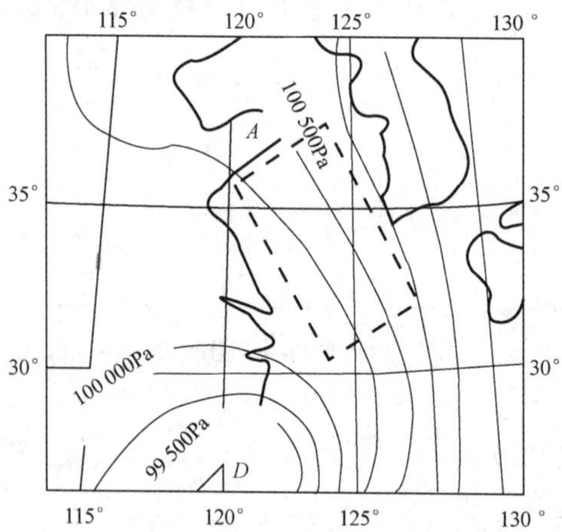

图 2－40 风区划定示意图

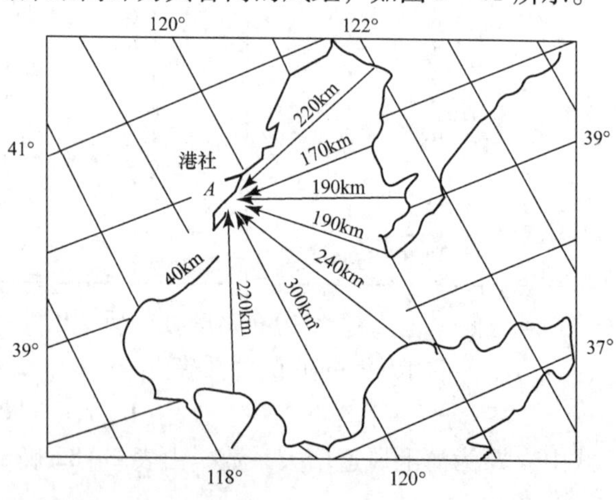

图 2－41 港址风距图

风区作为一个矩形，还应考虑风区的宽度问题。如在开阔的海面或大洋中，可忽略风区宽度对风浪成长的影响，可认为风区的宽度与长度相等。但在近海或河口、海湾，风区长度往往远大于其宽度，风区宽度对风浪成长将产生限制性影响，此时风区长度须改用有效风距。

有效风距的确定方法如下：

1）风距接近矩形，其宽度能明确地量出时，有效风距 F_e 可用塞维里（Saviltle）提出的 F_e/F — W/F 关系曲线（见图 2-42）确定，其中 F 为计算风距，W 为风区宽度。

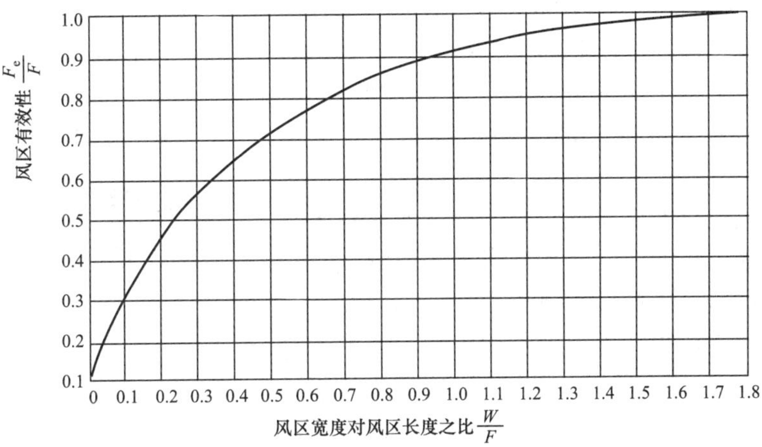

图 2-42　矩形风区情况下有效风距的确定

2）水域较狭窄、形状不规则或有岛屿等障阻物时，有效风距可按下式计算：

$$F_e = \frac{\sum_{i=0}^{n} F_i \cos^2\alpha_i}{\sum_{i=0}^{n} \cos\alpha_i} \quad (i = 0, \pm 1, \pm 2, \cdots) \tag{2-47}$$

式中　F_i 由图解法确定（见图 2-43）：从港址沿主风向作一直线为主射线，此线的 $i=0$，$\alpha_0 = 0°$，风距为 F_0；从港址在主射线两侧 ±45°范围内每隔 7.5°作一射线，其与主射线的夹角为 $\alpha_i = i \times 7.5°$，沿各射线的对岸距离即为 F_i。

式（2-47）的物理意义为：有效风距 F_e 是指在 ±45°范围内各风距在主风向上投影的加权平均值。

3）计算风时的确定。当采用前述第一种方法确定风场时（即假定风浪的重现期简单地相当于风速的重现期），此时无需确定风时；如采用第二种方法确定风场时，则须取与所采用的风速相对应的实际风时作为计算风时。

在实际计算中，从气象记录中所查取的某一场大风的资料，在一定风时内风速可能是变化的，此时可采用以下方法确定风时和风速：

当风速在一段时间内由小到大连续增加时，在该段风时内的计算风速为

$$U = 0.3U_1 + 0.7U_2 \tag{2-48}$$

式中　U_1、U_2 分别为该时段开始和终了时的风速。

当风速在一段时间内由大到小连续减小时，在该段风时内的计算风速为

$$U = 0.2U_1 + 0.8U_2 \tag{2-49}$$

式中　符号意义同前。

以上两个经验公式的使用范围为 6～12h。若风速在很长的时间间隔（如几十小时）

内不断变化时，应将全过程划分成几段，每段历时不超过 6 ~ 12h，再按上述方法分别计算各段的计算风速，然后分段逐步推算风浪要素。

4）水域平均深度的确定。如风区内水深大致均匀，可取其平均水深进行风浪要素的推算；如风区内水深沿风的方向变化较大，则可将水域分成几段，取各段的平均水深来推算风浪要素。

当风浪自外海向近岸水底坡度变化较大的水域传播时，波浪的变形和折射的影响往往超过风的影响。因此，风浪要素的推算应止于某一适当的水深处，此处即相应于波浪折射计算的起始水深，在此水深以后，应按波浪折射的计算方法进行计算。当水深超过 40m 时，水深对风波的影响已很微弱，可不考虑水深的影响。

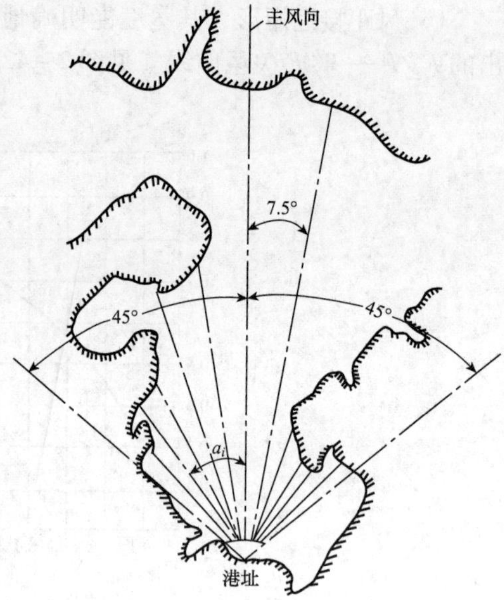

图 2 - 43　不规划水域情况下有效风距的确定

以上为关于风场要素及海域水深的确定问题，但还需解决怎样利用以上的计算成果进行风浪要素的推算问题。对于这个问题，目前国内外大多利用经验的和半经验的方法进行计算，计算方法很多，大多都经过简化，提出有关计算公式和图解供工程中使用。在我国港口工程技术规范[26]中对各种不同水深的风浪要素、不超过 20km 的小风区的风浪要素以及涌浪要素的推荐方法作了详细的介绍，此处从略[26]。

5. 珠江口设计波浪的推算

为满足珠江口黄茅海高栏列岛附近水域开发的需要，广东省航道局和珠江水利委员会于 1989 年 8 月委托大连理工大学研究该水域的设计波浪推算问题，现将其多年一遇深水设计波浪要素的研究成果❶简要介绍如下：

高栏列岛位于珠江口黄茅海河口湾的湾口，其位置为东经 113°00′ ~ 113°20′、北纬 21°50′ ~ 22°00′。列岛南及东南面面向南海，东北方向有万山群岛、西南方向有上、下川岛等岛屿掩护，该海区主要受东—东南—西南方向外海波浪的影响。

为研究该海区的设计波浪要素，所能依据的资料有：荷包岛 1 年的短期观测资料、东邻距离 50km 处大万山岛的 3 年目测资料、东邻距离 260km 处的遮浪站及西邻 280km 处的硇洲站的 21 年长期观测资料，以及广东省沿岸共 23 年、127 场的台风等气象资料，根据这些资料进行计算、比较，综合分析确定合理的设计波浪要素。

（1）荷包岛 1 年实测资料的分析。利用荷包岛 1 年短期实测资料推算 - 10m 等深线处的设计波浪要素，将全部观测次数不分方向的波高进行频率分析，经试用各种方法进行拟合计算，最后采用二项—正态复合极值分布效果较好，其多年一遇设计波高可按下式计算：

---

❶　大连理工大学土木系海动研究室，珠江口荷包岛附近水域和崖门出海航道沿线的设计波浪推算，1989 年 8 月。

$$H_R = b_0 + e^{a+\sigma x_R} \tag{2-50}$$

式中　b_0 为移动坐标原点距离；a 为波高取对数后的均值，即

$$a = \frac{1}{n}\sum_{i=1}^{n}\ln(H_i - b_0) \tag{2-51}$$

σ 为波高取对数后的均方差，即

$$\sigma = \sqrt{\frac{1}{n}\sum[\ln(H_i - b_0)]^2 - a^2} \tag{2-52}$$

$x_R = \dfrac{\ln(H_i - b_0) - a}{\sigma}$，可查表求得。

经试算，起始波高 $H_0 = 0.4$m，$b_0 = 0$，点绘在对数—正态几率格纸上基本呈直线分布。按式（2－50）推求设计波高为：50 年一遇重现期设计波高 $H_{1/10}$ 为 4.8m；20 年一遇为 4.4m；10 年一遇为 4.1m。

（2）大万山岛 3 年短期实测资料的分析。利用大万山岛 3 年短期实测资料推算 －30m 等深线处设计波浪要素，经采用各种方法进行拟合计算，最后仍为二项—对数正态分布拟合情况较好。经多次试算，取 $H_0 = 0.6$m，$b_0 = 0.4$m，经点绘于对数—正态几率格纸上勉强成直线分布。仍用式（2－50）推求设计波高，结果为：50 年一遇重现期设计波高 $H_{1/10}$ 为 8.8m；20 年一遇为 7.6m；10 年一遇为 6.9m。

（3）遮浪站长期实测资料的分析。收集到遮浪站自 1962～1982 年共 21 年的长期实测波浪资料，采用不分方向和分方向两种方法同时推算，互相比较后确定设计值。

1）遮浪站不分方向年极值波高的频率分析。该站 21 年的年极值波高列于表 2－83，

表 2－83　遮浪站年极值波浪

年	月	日	时	$H_{1/10}$ (m)	$\bar{T}$ (s)	波型	风浪向	涌浪向	风速 (m/s)	风向	$H_{1\%}$ (m)
1962	9	1	14	3.5	3.0	F	SE		30	SE	3.6
1963	12	9	11	2.8	4.2	F	NE		24	NE	3.2
1964	9	10	17	6.9	7.7	U/F	E	SSE	>40	E	7.5
1965	7	14	14	2.4	2.4	F/U	ENE	E	18	ESE	2.6
1966	7	25	17	2.7	6.5	F/U	ESE	SE	18	ESE	2.8
1967	8	21	17	4.9	9.1	U/F	ESE	S	18	ESE	5.2
1968	8	21	17	5.4	7.6	F/U	ESE	S	17	ESE	5.8
1969	7	28	11	7.0	7.9	F	WNW		25	WNW	7.2
1970	9	14	14	5.7	7.6	F	SW		20	SW	5.9
1971	7	22	11	6.9	7.6	F	SSE		19	SSE	7.0
1972	11	8	17	3.7	4.5	F	ENE		16	ENE	3.8
1973	7	17	11	5.0	7.7	F	S		22	SW	5.3
1974	10	19	11	4.1	6.0	F	ESE		19	ESE	4.5
1975	10	14	08	8.1	7.7	F	ESE		28	ENE	8.9
1976	8	24	08	6.0	7.6	F	SSE		15	SSE	6.5
1977	9	24	17	4.4	6.7	F	E		19	E	5.2
1978	7	26	11	5.5	9.0	F	ESE		20	ESE	6.3
1979	8	2	14	8.5	9.1	F	SE		>40	SE	9.5
1980	7	27	11	5.5	5.4	F	NNE		24	NNE	6.0
1981	9	21	17	6.7	9.3	U/F	NNE	SE	12	NNE	7.7
1982	12	5	17	4.2	5.3	F	E		18	E	4.7

表中除1963年和1982年两场浪不是台风浪外，其余都是台风浪。经采用各种理论频率曲线拟合推算得到的设计波高列于表2－84。由该表可见，用各种方法得到的设计波高 $H_{1/10}$ 多数差别不大，仅威布尔分布结果明显偏大，其残差平方和 Q 值亦最大；皮尔逊PⅢ型与数值计算方法结果基本一致；复合极值分布与超大值法结果基本接近。考虑到数值计算法得到的 Q 值最小，因此，采用与其结果相一致的皮尔逊PⅢ型法的计算结果。为进一步验证，又用 $H_{1\%}$ 作样本，用皮尔逊Ⅲ型分布进行适线求得多年一遇的 $H_{1\%}$ 后再按水深换算成 $H_{1/10}$，两者的结果基本一致。表2－85为最后选定的计算结果，以其代表遮浪站不分方向的设计波高。

表2－84　遮浪站不分方向极值波高 $H_{1/10}$ 频率分析结果　（单位：m）

计算方法＼重现期（a）	50	20	10
皮尔逊PⅢ型 $C_V=0.35$；$C_S=2C_V$	9.6	8.6	7.7
数值计算 $Q=0.015$	9.6	8.7	7.8
对数—正态分布 $Q=0.0381$	10.8	9.3	8.2
耿贝尔分布 $Q=0.0348$	10.6	9.2	8.0
威布尔分布　$Q=0.1106$	15.9	11.5	9.0
泊松—耿贝尔复合极值分布	9.2	8.1	7.2
超大值法 $\lambda=4$；$Q=0.03$	9.3	8.2	7.4

表2－85　遮浪站不分方向设计波高

重现期（a）	用 $H_{1/10}$ 计算（m）	用 $H_{1\%}$ 计算（m）	
		$H_{1\%}$	$H_{1/10}$
50	9.6	11.2	9.7
20	8.6	9.8	8.5
10	7.7	8.7	7.6

2）遮浪站分方向年极值波高的频率分析。遮浪站各方向实测年极值波高 $H_{1/10}$ 列于表2－86，由表可见，E（ENE～ESE）向大浪以台风浪为主，SE（SSE）向大浪亦基本上以台风浪为主，S（SSW）和SW（WSW）向大浪则大半已不是台风浪。经采用皮尔逊PⅢ型、对数—正态、耿贝尔型和数值计算方法作为理论频率曲线进行拟合，计算结果列于表2－87，从表中可见，除E向外，其他3个方向均以数值计算结果的 Q 值为最小。经比较后，取拟合最佳者作为该向的理论累积频率曲线，最后采用的各向设计波高列于表2－88。

表2-86 遮浪站各向年极值波高 $H_{1/10}$ （单位：m）

年份 \ 波向	E（ENE~ESE）	SE（SSE）	S（SSW）	SW（WSW）
1982	4.2	2.4*	2.8*	3.7*
1981	4.5	6.7*	4.8*	5.0*
1980	4.2*	1.7	1.7	3.1*
1979	3.7*	8.5*	1.4	3.8*
1978	5.5*	3.0	3.2	3.4
1977	4.4*	3.7*	1.7	2.2
1976	3.8*	6.0*	5.0	3.2*
1975	8.1*	1.7	4.2*	2.6
1974	4.1*	2.5*	1.7	2.9
1973	3.4*	3.0*	5.0*	2.7
1972	3.7*	2.8	2.0*	2.7
1971	4.2*	6.9*	5.8*	3.0*
1970	3.7	5.6*	2.8*	5.7*
1969	2.4	1.3	1.3	1.7
1968	5.4*	1.4	3.8*	4.1*
1967	3.5*	2.4*	4.9*	2.1
1966	2.7*	2.6	0.9	1.9
1965	2.4*	2.4*	2.2*	2.3
1964	2.4*	6.9*	4.2*	1.2
1963	2.1	1.8*	0.9	1.2
1962	3.4	3.5	1.0	1.2

注 表中有*者为台风浪，无*者为一般波浪。

比较表2-88与表2-85可见，不分方向与分方向的计算结果是有差别的。对于最危险浪向，不分方向的计算结果偏小；对于其他方向则偏于安全。两种计算方法各有优缺点，计算结果可以互相验算。

表2-87 遮浪站各向年极值波高（$H_{1/10}$）频率分析

波向	重现期（a）	皮尔逊PⅢ型	数值计算	对数—正态	耿贝尔分布
E		$C_V=0.45$ $C_S=4C_V$	$Q=0.0817$	$Q=0.0781$	$Q=0.1007$
	50	9.0	8.3	7.5	8.2
	20	7.4	7.0	6.5	7.1
	10	6.2	5.9	5.8	6.1
SE		$C_V=0.7$ $C_S=3C_V$	$Q=0.0444$	$Q=0.0739$	$Q=0.1199$
	50	10.8	12.6	11.0	10.4
	20	8.6	10.0	8.6	8.8
	10	6.8	7.7	6.8	7.2
S		$C_V=0.6$ $C_S=3C_V$	$Q=0.0347$	$Q=0.0589$	$Q=0.0574$
	50	7.9	8.5	9.8	7.7
	20	6.4	6.9	7.8	6.5
	10	5.2	5.7	5.8	5.5
SW		$C_V=0.5$ $C_S=2C_V$	$Q=0.0203$	$Q=0.0354$	$Q=0.0211$
	50	6.5	5.9	7.9	6.5
	20	5.5	5.2	5.8	5.5
	10	4.8	4.6	4.8	4.7

表 2－88 遮浪站各向设计波高（$H_{1/10}$） （单位：m）

重现期（a）	E（ENE，ESE）	SE（SSE）	S（SSW）	SW（WSW）
50	7.5	12.6	8.5	5.9
20	6.5	10.0	6.9	5.2
10	5.8	7.7	5.7	4.6

（4）硇洲岛站长期实测资料的分析。将硇洲岛站自1962～1982年共21年的不分方向年极值波高列于表2－89，采用各种理论分布函数拟合推算的设计波高列于表2－90。由表可见，超大值法的Q值最小，威布尔分布的次之，考虑到超大值法理论上不够严密，而二者得到的设计值亦相差不大，故采用后者作为设计累积频率曲线推求多年一遇的设计波高。

由于硇洲岛站各向实测资料的代表性较差，故未进行分向的频率分析。

表 2－89 硇洲岛站年极值波浪

年	月	日	时	$H_{1/10}$（m）	$\overline{T}$（S）	波型	风浪向	涌浪向	风速（m/s）	风向	$H_{1\%}$（m）
1962	8	11	08	4.5	7.5	F	SE		18	SSE	5.5
1963	9	8	11	7.5	8.6	F	ESE		18	ESE	8.9
1964	7	2	17	5.6	6.7	F	E		24	ESE	7.1
1965	7	15	14	9.3	5.4	F	N		24	S	9.8
1966	7	26	11	3.8	6.3	F	S		28	S	4.2
1967	10	19	14	4.4	8.3	F	N		12	N	5.3
1968	8	12	14	2.6	5.0	F	ESE		14	ENE	3.1
1969	11	5	08	2.3	5.8	F	ENE		14	NE	2.5
1970	10	17	14	3.6	6.8	F	E		19	E	4.0
1971	10	8	14	3.4	6.7	F	NNE		11	NNE	4.0
1972	11	8	17	6.9	9.6	F	NNE		24	NNE	8.1
1973	8	25	08	3.8	5.6	F	E		17	E	4.5
1974	6	13	17	4.3	6.9	F	ESE		20	ESE	4.6
1975	10	23	11	2.5	11.0	*U/F*	NW	ESE	15	NW	3.4
1976	9	19	08	2.6	8.0	*U/F*	NNW	ESE	4	NW	3.2
1977	7	21	11	2.6	6.3	F	SE		14	ESE	2.9
1978	10	2	08	3.8	5.8	F	ESE		20	ESE	4.3
1979	9	20	08	2.8	5.6	F	ENE		7	E	3.3
1980	7	22	14	3.7	7.1	F	NNE		7	N	4.1
1981	7	6	17	2.5	6.7	*U/F*	NNW	ESE	4	NW	2.8
1982	9	15	08	6.0	7.1	F	ESE		21	ENE	7.0

表 2－90　硇洲岛站不分方向年极值波高 $H_{1/10}$ 频率分析结果　（单位：m）

计算方法 \ 重现期（a）	50	20	10
皮尔逊 PⅢ型　$C_V=0.475$；$C_S=4C_V$	10.0	8.2	6.8
数值计算 $Q=0.0487$	12.2	9.0	7.1
对数—正态分布 $Q=0.0679$	9.4	8.0	6.8
耿贝尔分布　$Q=0.0923$	10.2	8.5	7.2
威布尔分布　$Q=0.0466$	13.4	9.6	7.4
泊松—耿贝尔复合极值分布	8.3	7.1	6.2
超大值法 $\lambda=3$；$Q=0.021$	13.2	10.4	8.2

（5）根据气象资料推算台风浪求设计波浪要素。收集了 1963～1985 年 23 年间每年影响珠江口附近的各场台风的台风路径、登陆前等压线图、台风中心气压及风速随时间的变化，据以计算台风风场要素，进而推求设计波浪要素。

1）台风风场要素计算。台风区内最大风速按下式计算：

$$V_{max}=k\sqrt{p_n-p_0}=k\sqrt{\Delta P} \tag{2-53}$$

式中　p_0 为台风中心气压，P_a；p_n 为台风最外一圈闭合等压线值；k 为待定系数，由于影响风速的因素很多，各家研究结果有一定差异，此处采用南海海洋研究所利用南海 N13°～23°、E120°以西的实测资料统计出的结果，它取决于地理纬度 φ 和中心气压 p_0。

最大风速半径 R 按美国天气局的 Myers 模式计算，其计算式为

$$R=r\ln\frac{\Delta p}{p-p_0} \tag{2-54}$$

式中　p 为某测点的气压值；r 为气压值 p 点离台风中心的距离，km；其余符号意义同前。

根据 119 场台风计算的 R 值的平均值为 50.5km，取 $R=50$km。

台风移动速度 V_F 由相邻两张天气图的台风中心位置及天气图时间间隔计算。

2）深水台风浪计算。台风浪计算方法分两大类：一类为仅计算台风风区内的最大波浪；另一类为计算台风浪场内任一点的波浪要素。以上两类都可根据半理论半经验公式进行计算[27]。

经采用井岛武士法、Bretschneider 1957 年（简称 B 氏 57 法）及 1972 年的（简称 B 氏 72 法）的半经验公式、宇野木早苗法等 3 种方法对 127 场台风浪进行计算，得到 23 年间最大深水波高 $H_{1/10}$ 可达 12.9m。

3）台风浪的频率分析。采用不分方向的年极值法和全部台风浪作为样本分别进行频率分析，其中年极值法仍采用皮尔逊 PⅢ型、数值计算法、对数—正态、耿贝尔和威布尔分布作为理论累积频率曲线进行拟合；全部台风浪则采用泊松—耿贝尔复合极值分布。计算结果列于表 2－91。

表 2-91 珠江口台风浪极值波高（$H_{1/10}$）频率分析结果 （单位：m）

计算方法 \ 重现期（a）	50	20	10
皮尔逊PⅢ型 $C_V=0.2$；$C_S=4C_V$	14.8	13.6	12.6
数值计算法 $Q=0.0476$	14.1	13.2	12.5
对数—正态分布 $Q=0.0296$	14.8	13.6	12.6
耿贝尔分布 $Q=0.0241$	15.7	14.2	12.9
威布尔分布 $Q=0.0941$	13.5	12.9	12.3
复合极值分布（泊松—耿贝尔）	17.0	15.0	13.5

从表中可见，用皮尔逊PⅢ型、对数—正态和数值计算法的计算结果大致接近，残差平方和 Q 值亦较小，复合极值分布的结果偏大，耿贝尔分布的 Q 值最小，但与对数—正态分布的相应值差别不大。考虑到前述23年间最大波高约为12～13m，与表2-91中皮尔逊PⅢ型和对数—正态分布的计算结果比较吻合，故采用皮尔逊PⅢ型曲线作为累积频率曲线。

（6）设计波浪要素的综合分析。将以上全部计算结果汇总于表2-92，从表中可得出如下几点规律：①由短期实测资料推算的设计波高偏小，且年限越少越偏小；②深水设计波高明显大于浅水处设计波高；③最大波浪来自SSE-SE向，它几乎与等深线走向垂直；其次为SSW向；④由台风风场计算的台风浪波高为最大，因为它是针对无限水深而得到的；⑤硇洲岛站由于正向面对多数台风路径，故计算所得的设计波高最大，已达到极限波高。

表 2-92 设计波高 $H_{1/10}$ 汇总 （单位：m）

<table>
<tr><th rowspan="2">地点</th><th rowspan="2">等深线（m）
（海图水深）</th><th rowspan="2">资料
年限</th><th rowspan="2" colspan="2">计算方法</th><th colspan="3">重现（a）</th></tr>
<tr><th>50</th><th>20</th><th>10</th></tr>
<tr><td>荷包岛</td><td>-10</td><td>1年短期实测</td><td colspan="2">不分方向，日极值，二项—对数正态分布</td><td>4.8</td><td>4.4</td><td>4.1</td></tr>
<tr><td>大万山岛</td><td>-30</td><td>3年短期实测</td><td colspan="2">不分方向，日极值，二项—对数正态分布</td><td>8.8</td><td>7.6</td><td>6.9</td></tr>
<tr><td rowspan="5">遮浪</td><td rowspan="5">-20</td><td rowspan="5">21年长期实测</td><td colspan="2">不分方向，年极值皮尔逊PⅢ型分布</td><td>9.6</td><td>8.6</td><td>7.7</td></tr>
<tr><td rowspan="4">分方向年极值</td><td>ENE—ESE 对数正态</td><td>7.5</td><td>6.5</td><td>5.8</td></tr>
<tr><td>SSE—SE 数值法</td><td>12.6</td><td>10.0</td><td>7.7</td></tr>
<tr><td>S—SSW 数值法</td><td>8.5</td><td>6.9</td><td>5.7</td></tr>
<tr><td>SW—WSW 数值法</td><td>5.9</td><td>5.2</td><td>4.6</td></tr>
<tr><td>硇洲岛</td><td>-10</td><td>21年长期实测</td><td colspan="2">不分方向，年极值，威布尔分布</td><td>13.4</td><td>9.6</td><td>7.4</td></tr>
<tr><td rowspan="2">珠江口外</td><td rowspan="2">深水</td><td rowspan="2">23年共127场台风风场</td><td colspan="2">不分方向，年极值，皮尔逊PⅢ型，对数正态</td><td>14.8</td><td>13.6</td><td>12.6</td></tr>
<tr><td colspan="2">全部台风浪，复合极值分布</td><td>17.0</td><td>15.0</td><td>13.5</td></tr>
</table>

从上述规律可以说明整个计算结果是合理可靠的。作为结论，考虑到珠江口外深水区水深还是有限的，作为该处的深水波要素，采用不分方向的台风风场计算的年极值法求得的结果作为设计波高是合适的，即 50 年一遇为 $H_{1/10}=14.8$m；20 年一遇为 $H_{1/10}=13.6$m；10 年一遇为 $H_{1/10}=12.6$m。

（7）台风浪波高 $H_{1/10}$ 与周期 $\overline{T}$ 的关系。波浪的周期 $\overline{T}$ 是波浪要素的组成部分，在推算设计波浪要素时亦需要加以解决。

按规范[26]规定，设计周期采用两种方法确定：当以混合浪或涌浪为主时，应对与极值波高对应的周期进行频率分析，求出相应的多年一遇设计周期；当以风浪为主时，可采用如下经验公式计算：

$$\overline{T}=3.57\sqrt{H_{1/10}} \tag{2-55}$$

式中　$\overline{T}$ 为平均周期，s；$H_{1/10}$ 为极值波高，m。

在推算珠江口黄茅海高栏列岛附近水域波浪的平均周期时，曾采用第一种方法对遮浪站与极值波高对应的周期进行频率分析，发现经验点群很散乱，难以得出满意的理论累积频率曲线。在采用台风浪的实测资料应用经验公式进行计算时，发现台风浪的周期比由式（2－55）计算的偏小，其原因可能是因为台风的风向与浪向不稳定有关。为此，利用遮浪站 21 年资料中 110 场台风浪实测的 $H_{1/10}$ 与 $\overline{T}$ 作相关分析，点绘在双对数格纸上呈直线分布，得关系式为

$$\overline{T}=3.13H_{1/10}^{0.5053} \tag{2-56}$$

式中　符号意义同前。

将式（2－56）改写成式（2－55）的形式，得

$$\overline{T}=3.25\sqrt{H_{1/10}} \tag{2-57}$$

用式（2－57）进行计算与用各种台风浪计算公式得到的周期相当吻合，见表 2－93。

表 2－93　设计波浪平均周期 $\overline{T}$ 计算值比较

重现期（a）	设计波高 $H_{1/10}$（m）	周期 $\overline{T}$（s）				
		规范法	经验公式（2－57）	B 氏 72 法	B 氏 57 法	井岛武士法
50	14.8	13.7	12.5	12.5	13.1	12.4
20	13.6	13.2	12.0	12.0	12.6	11.8
10	12.6	12.7	11.5	11.6	12.2	11.5

由表 2－93 可见，用规范[26]公式（2－55）计算结果明显偏大，用式（2－57）计算与 B 氏 72 法计算结果极为吻合，与井岛武士法亦甚为接近。因此，最后采用的深水设计波浪要素列于表 2－94。

表 2－94　荷包岛外深水设计波浪要素

重现期（a）	设计波高 $H_{1/10}$（m）	周期 $\overline{T}$（s）
50	14.8	12.5
20	13.6	12.0
10	12.6	11.5

必须指出，式（2－57）是由－20m 等深线处的实测资料得出的，此式能否适用于更浅的水深处，须作论证。为此，用荷包岛－10m 处的一场台风浪的几个实测值与式（2－57）进行比较，结果还是较为接近，由此可初步认为式（2－57）同样适用于－10m 等深线处。

2.7 柯里奥利斯力

从物理学和理论力学中得知，受地球自转的影响，在地球表面运动的任何物体，会受到柯里奥利斯力的作用，此力通常又简称为柯氏力。作于单位体积的流体的柯里奥利斯力的表达式为

$$F_k = 2\rho\omega_d V_x \sin\alpha \tag{2-58}$$

式中　F_k 为单位体积所受的柯里奥利斯力，N；ρ 为流体的密度，N/m^3；ω_d 为地球自转的角速度，因 $\omega_d = \frac{\lambda}{t} = \frac{2\pi}{t}$，其中 λ 为地球自转一周的角度，t 为地球自转一周的时间（86400s），故 $\omega_d = 0.00007272s^{-1}$；$V_x$ 为流体的纵向速度，m/s；α 为流体所在地的纬度。

上式中，柯里奥利斯加速度为

$$a_k = 2W_d V_x \sin\alpha \tag{2-59}$$

或

$$a_k = 0.0001454V_x \sin\alpha \tag{2-60}$$

式中　a_k 为柯里奥利斯加速度，m/s^2；其他符号意义同前。

对于单位面积河岸而言，所受的柯里奥利斯力为

$$\begin{aligned} f_k = \frac{F_k}{A} &= \frac{2\rho\omega_d V_x \sin\alpha}{A} \\ &= \frac{\gamma B}{g}0.0001454V_x \sin\alpha \\ &= 0.0000148\gamma B V_x \sin\alpha \end{aligned} \tag{2-61}$$

式中　F_k 为单位面积所受的柯里奥利斯力，N；γ 为水的容重；N/m^3，B 为计算河段的平均河宽，m；g 为重力加速度，m/s^2。

从式（2－61）可见，河宽对河口柯里奥利斯力的影响很大，是主要影响因素。因为河口处的河宽往往很大，从几百米至几万米变化；其次为水流流速的影响，河口区的水流平均流速一般在 1.0m/s 左右，强潮河口（如钱塘江河口）涨潮最大垂线平均流速则高达 3.86m/s，其影响不容忽视；相比之下，纬度对河口柯里奥利斯力的影响就不是很主要的，因为在我国主要的潮汐河口所在的纬度的跨度约为26°（18°～44°），$\sin\alpha$ 值的变化范围仅为 0.31～0.70，其值较小。

柯里奥利斯力的产生是因地球自转所引起，它在地球上的不同部位其作用是不同的。位于北半球的河流，只要它的流向不完全与纬度相重合，则柯里奥利斯力将向右偏，使右岸的水面增高，左岸的水面降低；位于南半球的河流则相反，柯里奥利斯力将向左偏。但是，河口区所产生的柯里奥利斯力一般不是很大，如长江口南岸七丫口约为 $1440N/m^2$，黄河口清水沟口约为 $340N/m^2$，珠江口伶仃洋约为 $570N/m^2$[27]，在短时期内对河流的作

用影响不会很大；不过，由于它是日日夜夜、年长月久地起着作用，从长远效果着眼，它的作用就成为不可忽视的了。

武汉水利电力学院张瑞谨教授曾对柯里奥利斯力对河流的作用而产生的横向水面坡度和环流的流速分布做了研究[28]，他用柯里奥利斯力代替弯道水流的离心力，推导出横向水面坡降的计算公式为

$$J_y = \frac{2\omega_d V_x}{g}\sin\alpha \tag{2-62}$$

式中　J_y 为横向水面坡降；其他符号意义同前。

从式（2－62）可见，由柯里奥利斯力产生的横向水面坡降 J_y 实际上表达柯里奥利斯加速度 $2\omega_d V_x \sin\alpha$ 与重力加速度的比值。

同样，推导出因柯里奥利斯力而产生的环流的横向流速分布公式为

$$u_y = \frac{h\omega_d \sin\alpha}{k^2}F_1(\xi) \tag{2-63}$$

其中

$$F_1(\xi) = -2\left(\int_0^{\xi}\frac{\ln\xi}{1-\xi}\mathrm{d}\xi + 1\right)$$

式中　u_y 为垂线上的横向流速，m/s；h 为水深，m；k 为卡门常数，取为 0.4；ξ 为相对水深；函数 $F_1(\xi)$ 可由图 2－44 查出；其他符号意义同前。

由式（2－63）可见，因柯里奥利斯力作用产生的环流的横向流速强度只与水深有关，而与纵向流速 V_x 无关。

如果取 $k=0.4$，$h=20$m，$\alpha=31°$，则得

$$(u_y)_{\varepsilon=0} \approx -0.0048\text{m/s}$$

上式中负号表示底层水流流向与 OY 轴方向相反。上述计算所得的横向流速强度，约与水深为 20m、纵向平均流速为 1.5m/s、曲率半径为 33000m 的弯道环流的强度相当。

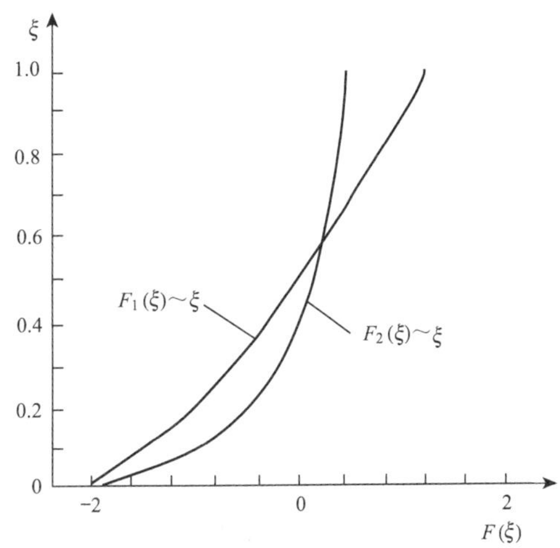

图 2－44　函数 $F_1(\xi)$ 及 $F_2(\xi)$—ε 关系

中山大学叶汇教授早在 1957 年曾研究了柯里奥利斯力对珠江三角洲形成发育的影响。他在研究北江下游河道变迁时，便总结出 2000 年来北江三角洲上端网河区东侧的汊道，具有从上往下逐条依次淤塞、主流归汇于右侧（即西侧）的特点，认为产生这种趋势的原因，可能是由于受柯里奥利斯力的影响。以后，他进一步做了研究，发现：①西江干流下游右侧沿岸多被侵蚀为陡崖、大河汊道的深槽大部分靠右岸、右岸堤围常被冲毁（如西江下游天河围一带）等现象发生，表明西江、北江干流有向右偏移的趋势；②通过三角洲河汊的水文分析，西江干流下游的上段（叠石以上）及北江网河区上段各河汊分流比多数为右侧汊道的水量大于左侧汊道的水量；③珠江三角洲各口门的水流流出口门后具有转向西南（右侧）的特点。可见，珠江三角洲上的干流在河床形态、河汊兴衰、汊道分流以及水流运动等方面都较普遍地存在右偏的现象，而产生这种右偏现象的原因不能不

认为与柯里奥利斯力的作用有一定的关系[27]、[29]。

关于柯里奥利斯力对河口发育与演变的影响，是一个比较复杂的问题，至今仍存在不同的看法。比较一致的认识是：在河口区由于其水量大、河宽大，柯里奥利斯力的作用较河流的其他河段要大，而其作用又是长期存在的，因而对其作用的影响不宜忽视。由此看来，研究柯里奥利斯力对河口发育与演变的影响，以及其在河口区的河道上建闸、修堤及滩涂围垦等水利工程及航道选线和港口工程设计等方面的作用，是有一定的实际意义的。

参考文献

[1] 彭钜新．西江、北江分水规律探讨［J］．水运工程，2002（11）．

[2] 乔彭年，等．中国河口演变概论［M］．北京：科学出版社，1994．

[3] 宋定昌等．珠江八大口潮汐量的初步分析［A］．珠江口海岸带和海涂资源综合调查研究文集（四）［C］，广州：广东科技出版社，1986．

[4] 珠江水利委员会水文局、科学研究所．珠江口滨海区水文调查报告［A］．珠江口海岸带和海涂资源综合调查研究文集（四）［C］．广州：广东科技出版社，1986．

[5] 董兆英，等．珠江口余流特征［A］．珠江口海岸带和海涂资源综合调查研究文集（四）［C］，广州：广东科技出版社，1986．

[6] 应秋甫．粤西沿岸流及其沿岸沉积［J］．中山大学学报，1999，38（3）．

[7] 杨士瑛，等．夏季粤西沿岸流特征及其产生机制［J］．海洋学报，2003，25（6）．

[8] 管秉贤．南海暖流——广东外海一支冬季逆风流动的海流［J］．海洋与湖沼，1978，9（2）．

[9] 管秉贤．南海北部冬季逆风海流的一些时空分布特征［J］．海洋与湖沼，1985，16（6）．

[10] Fuglister，F. C.，1954. Arerage temperature and salinity at a derth of 200meters in the North Atlantic. Tellus 6（1）：46－58.

[11] 郭忠信，等．冬季南海暖流及其右侧的西南向海流［J］．热带海洋，1985，4（1）．

[12] 仇德忠，等．夏季南海北部一支向西流动的海流［J］．热带海洋，1984，3（4）．

[13] 严恺．海岸工程［M］．北京：海洋出版社，2002．

[14] 乔彭年，等．中国河口演变概论［M］．北京：科学出版社，1994．

[15] 叶守泽．气象与洪水［M］．武汉：武汉水利电力大学出版社，1999．

[16] 许文沩，张润琦．华南沿海热带气旋特性及其灾害［J］．人民珠江，1982（2）．

[17] 李天坚．西北江三角洲台风暴潮分析．人民珠江，1984（4）．

[18] 卢如秀，叶锦昭．珠江河口台风最大增水规律的研究．中山大学学报，1982（2）．

[19] 何洪钜．珠江河口区的台风暴潮及其分析．人民珠江，1981（4）．

[20] 刘凤树，房德凤．珠江口风暴潮的初步研究．海洋科学集刊，1986，26．

[21] 丁文兰，方国洪．珠江口外海风暴潮的数学模型．热带海洋，1990，9（3）．

[22] Leendertse,J. J. ,1967 , Aspects of a computational model for long－period water－wave propagation the Rand corporation , RM－5294－PR. May ,1967 .

[23] Jelesnianski,C. P. , 1965, A Numerical computation of storm tides induced by a tropical storm impinging on a continental shelf,Mon. Weath. Rev. , 93(16): 343 -358 .

[24] 中国海湾志编纂委员会. 中国海湾志（第十四分册）[M]. 海岸出版社，1998.

[25] 王文介，等，华南沿海和近海现代沉积 [M]. 北京：科学出版社，1991.

[26] 中华人民共和国交通部. 港口工程技术规范(1987)[S]. 北京:人民交通出版社,1988.

[27] 邱大洪主编. 工程水文学[M]. 北京:人民交通出版社,1999.

[28] 武汉水利电力学院河流动力学及河道整治教研组. 河流动力学[M]. 北京:中国工业出版社,1961.

[29] 叶汇. 再论科氏力对河汊发育的影响——以珠江三角洲河网为例[A]. 中国地理学会1977年地貌学术讨论会论文集[C]. 北京:科学出版社,1981.

第3章　珠江河口泥沙运动特征

3.1　泥沙的来源

河流泥沙主要分为悬移质和推移质两种，进入珠江口的泥沙主要为悬移质，推移质数量甚少。关于推移质实测资料，珠江河口甚为匮缺，根据天津水运工程科学研究所对伶仃洋少量的推移质实测资料分析，输入伶仃洋的推移质输沙量每年约为35万t❶，约占输入伶仃洋的悬移质输沙量每年2757万t的1.27%，可见其数量甚少，一般可不予考虑。

珠江河口悬移质的来源，主要为河流的陆相来沙，即由上游河川径流挟带而来的河流来沙，其中西江马口站多年平均含沙量为0.306kg/m^3，北江三水站为0.206 kg/m^3，东江博罗站为0.136kg/m^3。可见，珠江河口的悬移质来源是以西江为主，其次为北江，再次为东江，三角洲诸支流如流溪河、潭江、增江等的数量甚少。

由南海潮流涨潮时挟带而来的海相来沙，亦构成珠江河口悬移质来源的一部分，但数量不多。在洪水期，由于径流量大，含沙量较高，因而输沙量较大，落潮输出的沙量远大于涨潮输入的沙量，因此从数量上看洪水期实际上基本没有海相来沙；在枯水期，河流径流量小，含沙量亦低，输沙量较小，因而潮流输沙作用显得相对增强，涨潮流输入的海相来沙，大于落潮输出的陆相来沙，或前者来沙量不可忽略，故枯水期在数量上存在海相来沙，但总的沙量不大。根据伶仃洋1979年枯水期26个全潮悬移质输沙量观测，赤湾断面净输入沙量为15.0万t，伶仃断面为6.2万t，金星门断面为14.7万t，共计净输入伶仃洋的沙量为35.9万t（见表3-1），平均每潮1.38万t，若按此粗略估算，全年输入沙量为248.4万t，远小于从上边界4个口门输入的多年平均输沙总量3389.0万t，约占7.3%左右。因此，可以认为，珠江河口的海相来沙，仅限于枯水期，且数量不大。

表3-1　　**伶仃洋下边界枯水期悬移质输沙量**

项目 ＼ 输沙量（万t） ＼ 下边界	赤湾断面	伶仃断面	金星门断面	总　量
涨潮输入	189.2840	337.3800	57.9363	584.6003
落潮输出	174.2797	331.2055	43.1892	548.6744
净输入	15.0043	6.1745	14.7471	35.9259
占总量百分数	41.8	17.2	41.0	100

注　表中数据引自广州地理研究所，珠江口伶仃洋水文特性，1982年6月。

❶　天津水运工程科学研究所，伶仃洋泥沙淤积模型试验，1995年1月。

沿岸流的输沙亦构成珠江河口悬移质来源的一部分，这种沿岸流因其常年向西流动，不断有泥沙向西补充，因而对沿岸港口构成威胁，是一个值得关注的问题，但因无实测资料，对其输沙数量尚难确定。

此外，珠江河口存在着众多的岛屿，因受水流的侵蚀而构成泥沙的来源，但其数量极少。

3.2　悬移质输沙量及其分配

珠江河口悬移质含沙量较小，属少沙河流河口，但由于珠江的径流量较大，其年输沙量仍然不少。根据有关单位 20 世纪 80 年代的统计资料，珠江八大出海口门的多年平均悬移质输沙量为 7089 万 t，各口门的分配量见表 3－2。

表 3－2　　八大口门多年平均悬移质输沙量表

口门	虎门（大虎站）	蕉门（南沙站）	洪奇门（万顷沙西站）	横门（横门站）	磨刀门（灯笼山站）	鸡啼门（黄金站）	虎跳门（西炮台站）	崖门（黄冲站）
输沙量（万 t）	658	1289	517	925	2341	496	509	363
占八大口门比重（%）	9.3	18.1	7.3	13.0	33.0	7.0	7.2	5.1
	东四口门：47.7				西四口门：52.3			

从表 3－2 可见，输入伶仃洋东部 4 个口门的悬移质输沙量占珠江八大口门总输沙量的百分比为 47.7%，而径流量所占的百分比为 53.4%，说明输入的沙量少而水量较多，对减轻伶仃洋的淤积是较为有利的。其中输入虎门口的输沙量所占的百分比为 9.3%，而径流量所占的百分比为 18.5%，这对减轻虎门口的淤积和维持其河床的稳定更为有利；其他 3 个口门都是输沙量百分比大于水量百分比，易产生泥沙淤积。输入西部 4 个口门的悬移质输沙量占珠江八大口门总输沙量的百分比为 52.3%，而径流量所占的百分比为 46.6%，说明输入的沙量多而水量较少，尤其是磨刀门口门，输入沙量的百分比为 33.0%，而输入的水量百分比仅为 28.3%，即输入的沙量大而水量较少，这对于减轻磨刀门口门的淤积是不利的；其他 3 个口门除崖门外，鸡啼门和虎跳门亦是输沙量百分比略大于水量百分比，易产生泥沙淤积。

自 20 世纪 90 年代以来，珠江河口网河区及八大口门的水沙量发生了较大的变化，广东省水利电力规划勘测设计研究院根据近期河道地形，采用潮流泥沙数学模型方法，上边界采用多年平均流量，下边界按外海天文潮为中潮组合，计算得出八大口门年平均悬移质输沙量为 7024 万 t，比 80 年代减少了 65 万 t，即约减少 0.9%，各口门的分配量见表 3－3。

表 3－3　　90 年代八大口门年平均悬移质输沙量表

口门	虎门	蕉门	洪奇门	横门	磨刀门	鸡啼门	虎跳门	崖门
输沙量（万 t）	841	956	859	1332	2060	306	327	343
占八大口门比重（%）	12.0	13.6	12.2	19.0	29.3	4.4	4.6	4.9
	东四口门：56.8				西四口门：43.2			

表3-3是计算得到的成果，不是实测值，仅具有一定的参考意义。从表中可见，20世纪90年代以来珠江口八大口门的悬移质输沙量的变化总体上是东四口门增加10%左右，西部4个口门相应减少10%左右，东四口门输沙量占珠江口八大口门总输沙量的百分比大于西部4个口门，这对减轻伶仃洋的淤积是不利的。其中虎门口的输沙量百分比为12.0%，远小于水量百分比24.0%，仍有利于减轻虎门口的淤积和维护其稳定；其他3个口门仍为输沙量百分比大于水量百分比，易于产生淤积的性质不变。西部四口门除崖门口的水沙百分比相当外，其他3个口门的输沙量百分比均略大于水量百分比，易于产生淤积的性质亦不改变。

珠江河口悬移质输沙量在全国主要大江大河中算是较少的，而水量则是较大，是一个水量较丰而沙量较少的河口。由表3-4可见，珠江河口区的水量仅次于长江，居第二位，其水量是黄河的6.7倍，而输沙量仅约为长江的17%，黄河的7%，含沙量之小仅次于松花江。因此，从总体来说，是一个泥沙淤积较少和河床较为稳定的河口。

表3-4 我国主要大江大河水、沙量比较表

河流名称		站名	多年平均流量(m^3/s)	多年平均径流量(亿m^3)	多年平均含沙量(kg/m^3)	多年平均输沙量(万t)
珠江	西江	马口	7540	2380.5	0.319	7217
	北江	三水	1250	394.8	0.135	579
	东江	博罗	726	229.2	0.109	262
长江		大通	28647	9034	0.461	41400
黄河		利津	994	313.3	24.8	77800
松花江		哈尔滨	13372	421.7	0.154	648
辽河		铁岭	96	30.36	4.12	1250
海河		海河闸	26	8.123	0.103	8.33
淮河		蚌埠	854	269.2	0.350	943

注 表中除珠江外其他数据引自中国河流泥沙公报（2005年）。

但是，珠江河口年内的输沙量分配极不均匀，输沙量高度集中于洪水期4~9月，各江平均约占其年总输沙量的88.35%~96.18%，最大月输沙量多出现于6月或7月，约占全年总输沙量的40%左右。因此，珠江河口泥沙淤积问题仍然存在，有些口门仍十分严重。

广东省水利电力规划勘测设计研究院分析了珠江的输沙量年际变化，指明其亦极不均匀，以东江变幅最大，北江次之，西江最小。截止于1998年实测泥沙资料的统计，西江高要站历年实测最大输沙量为13100万t（1983年），最小为1670万t（1963年），变幅为7.8倍；北江石角站实测最大年输沙量为1400万t（1982年），最小为91.2万t（1963年），变幅为15.4倍；东江博罗站实测最大年输沙量为580万t（1959年），最小为32.5万t（1963年），变幅为17.8倍。对比各江年输沙量过程与年径流量过程表明，沙量的年际变化与水量的年际变化基本相应，即丰水年多沙，枯水年少沙。

3.3 含沙量分布特征

珠江河口的含沙量分布十分复杂，各海域的分布特征不尽相同，主要受径流、潮流、盐水入侵、风浪、水下地形及人类活动等因素所制约，随不同海域情况的不同而有所不同。

3.3.1 伶仃洋海区的含沙量分布特征

伶仃洋的含沙量分布特征一般是洪水期大于枯水期，落潮大于涨潮，上游大于下游，内伶仃洋大于外伶仃洋，西北部大于东南部，西滩大于东滩，西槽大于东槽，浅滩大于深槽，底层大于表层。

表3-5所示为根据1978年以来所能收集到的伶仃洋历次实测含沙量资料，对其进行分区统计的结果，表中测验时间主要为中水期，洪水期和枯水期测次较少，计算时均取潮期平均，因此表中的分层含沙量实质为中水期的多年平均数值。从表中可见，伶仃洋的垂线平均含沙量在0.14～0.75kg/m^{3}之间。其平面分布和垂线分布特征分述如下。

表3-5 伶仃洋实测含沙量变化统计表 （单位：kg/m^3）

区位	表层		中层		底层		垂线	
	潮段平均	潮段最大	潮段平均	潮段最大	潮段平均	潮段最大	潮段平均	潮段最大
西部近口	0.1607	0.5806	0.1906	0.6613	0.2184	0.7419	0.1953	0.7453
西滩	0.1495	0.5869	0.1924	0.5788	0.2316	0.6500	0.1912	0.5788
中滩	0.1159	0.1979	0.1308	0.2176	0.1543	0.2614	0.1337	0.2176
东滩	0.0810	0.1684	0.0839	0.1700	0.0956	0.1754	0.0944	0.1713
川鼻水道	0.0906	0.1862	0.1136	0.2154	0.1716	0.3593	0.1211	0.2529
西槽上段	0.1158	0.3306	0.1518	0.5432	0.2153	0.8739	0.1590	0.5012
西槽中段	0.0931	0.2497	0.1193	0.2859	0.2147	0.4524	0.1381	0.2859
西槽下段	0.0120	0.0268	0.0199	0.0360	0.0417	0.0809	0.0407	0.1546
东槽上段	0.1054	0.1882	0.1183	0.2313	0.1637	0.2777	0.1254	0.2290
东槽中、下段	0.0572	0.1791	0.0705	0.2107	0.1092	0.2423	0.0726	0.2107
铜鼓海区	0.0252	0.0873	0.0354	0.1241	0.0658	0.1703	0.0467	0.1402

注 表中西槽下段包括内伶仃岛以南的西槽及与之相连的大濠水道北段。

1. 平面分布特征

通过对1986年以来20多景卫星遥感影像提取表层悬沙含量的信息，并取其历年的平均值，形成了平面上连续的洪水期及枯水期含沙量分布图，分别见图3-1和图3-2所示，该图实为具有多年平均含沙量平面分布的意义。

由图3-1可见，洪水期，伶仃洋表层悬沙含量的平面分布具有如下主要特征：

（1）由于大量悬沙来自西北部口门，因此洪水期含沙量的分布是西北高、东南低，大致以伶仃浅滩—铜鼓浅滩为界，西部高达0.30kg/m^3，具有自西向东和自北向南逐渐递减的趋势。

（2）由于受径流泥沙扩散的影响，含沙量中心出现在蕉门、洪奇门和横门出口一带，形成整片较高的含沙量带，其量值达到 0.30kg/m³ 左右。由凫洲水道下泄的泥沙排入川鼻水道，部分进入中、东部水域；西滩的较高含沙水流越过西槽扩散至中部水域。

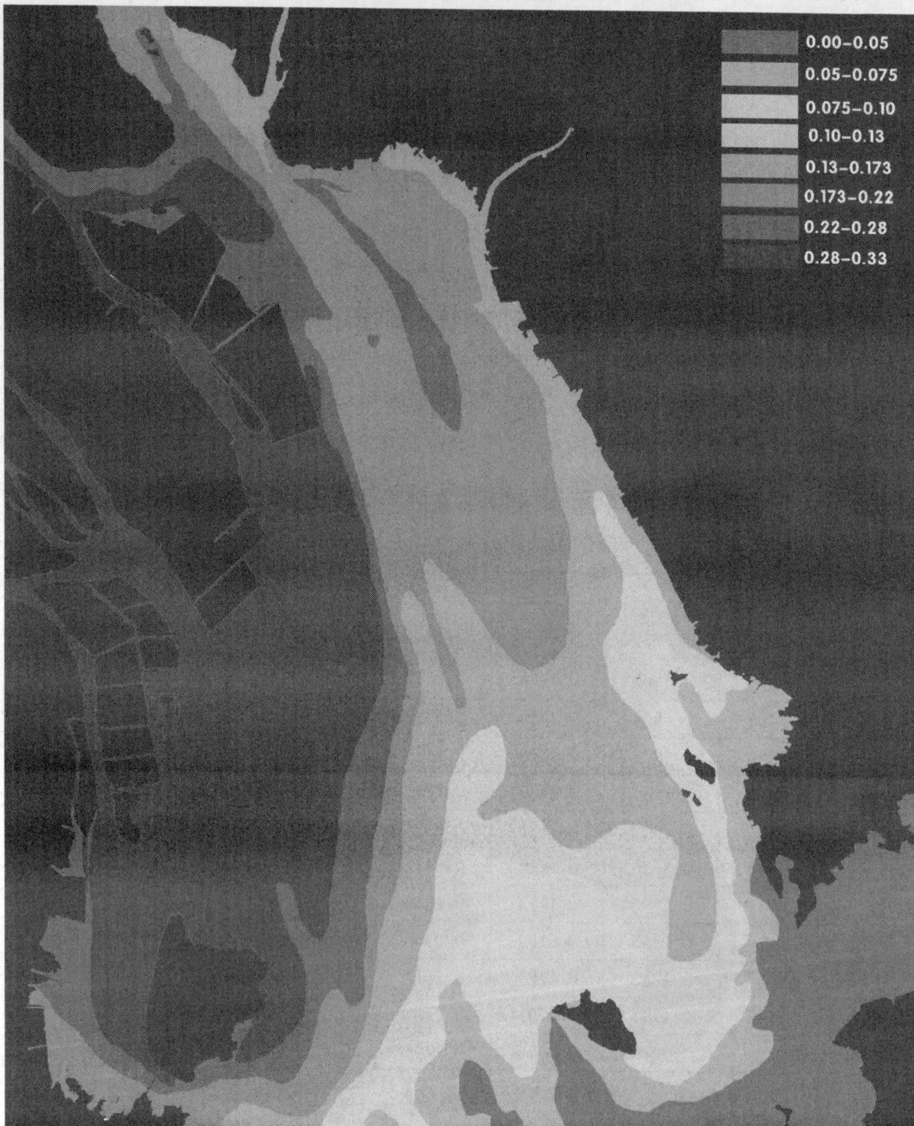

图 3-1　伶仃洋洪水期平均遥感悬沙分布图

（3）自东槽、西槽上溯的潮流，对内伶仃洋含沙水体起到明显的稀释作用，并顶托从上游下泄的径流悬沙，使水体含沙量自北至南逐渐由 0.2kg/m³ 左右减小至 0.1kg/m³ 以下，矾石浅滩一带下降为 0.05～0.12kg/m³ 左右，东槽中段下降为 0.04～0.10kg/m³ 左右。

（4）西槽对西滩泥沙的阻隔作用非常显著，在横向分布上，西滩含沙量在 0.2～0.3 kg/m³ 左右，至西槽下降为 0.1～0.2 kg/m³ 左右。

（5）外伶仃洋因受径流悬沙影响较小，因而含沙量较低，在铜鼓浅滩附近水域，表层悬沙含量在0.04～0.06 kg/m^{3}之间，沙洲岛以下至大屿山西北的铜鼓海区，一般在0.02～0.06 kg/m^{3}之间，暗土顿水道和大濠水道一般在0.03 kg/m^{3}以下。

由图3－2可见，枯水期，伶仃洋表层悬沙含量的平面分布具有如下主要特征：

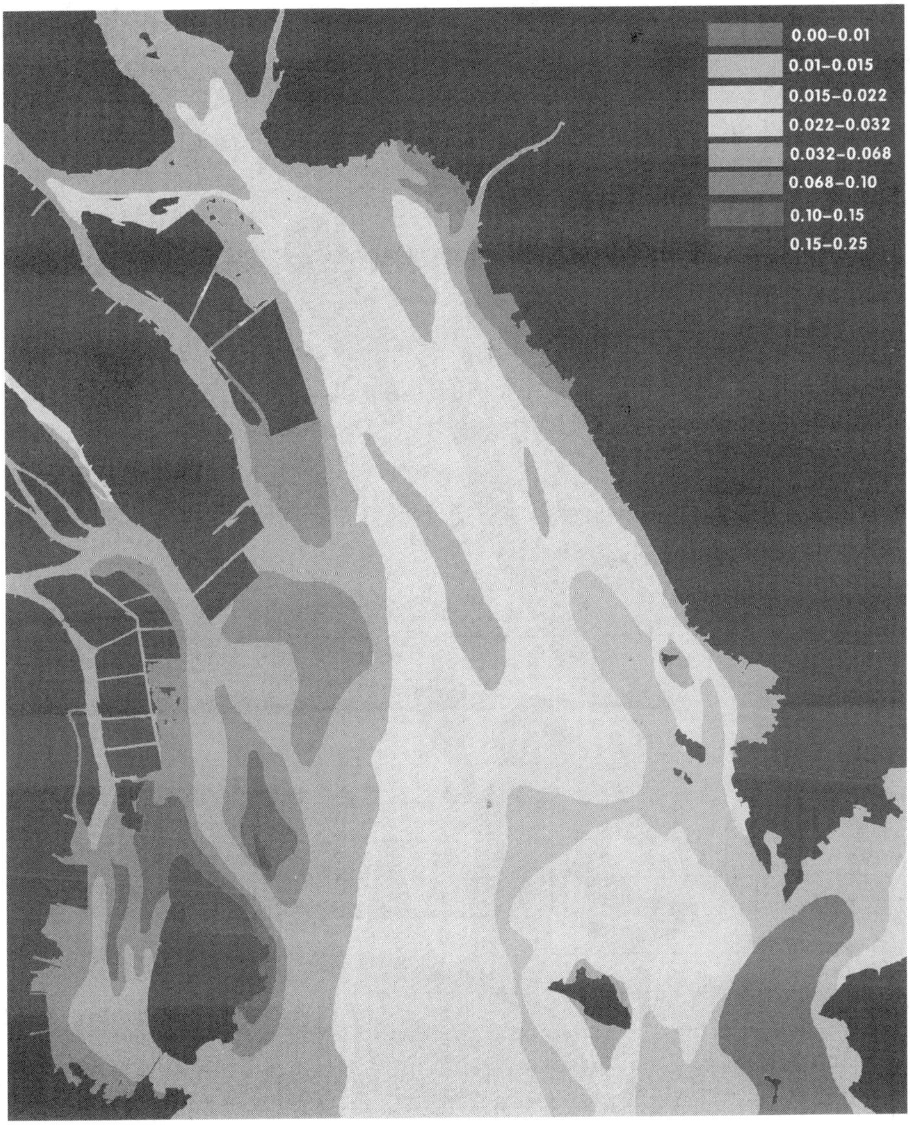

图3－2　伶仃洋枯水期平均遥感悬沙分布图

（1）总体上含沙量较低，不及洪水期含沙量的1/2。平面上的分布仍然是西北高、东南低；浅滩大于深槽，从槽向滩逐渐增加；西槽大于东槽；上游大于下游，从上游向下游逐渐递减。滩地含沙量约在0.10～0.20kg/m^{3}之间，深槽约在0.01～0.03 kg/m^{3}之间。

（2）较高含沙量区主要分布在西滩和以内伶仃岛为核心的中部浅滩区，其量值在0.01～0.02 kg/m^{3}之间；次高区在交椅湾内沿岸区和拦江沙，其量值在0.06～0.01 kg/m^{3}之间。浅滩水体含沙量较高主要是由于冬季盛行东北风对其底质的掀扬，加上潮流涨落的扰动造成的，由此引起泥沙的再迁移。

（3）在伶仃洋上段的南沙水域，悬沙的平面分布一是以虎门水道—川鼻水道和下接东、西两槽道为主的低值区，量值一般在0.01～0.04 kg/m^{3}之间；二是蕉门凫洲水道和蕉门南支为主的次低值区，量值一般在0.02～0.06 kg/m^{3}之间；三是鸡抱沙、孖沙以东、凫洲水道以下、舢舨洲以西的浅滩水域，为次高值区，量值一般在0.10～0.20 kg/m^3。

（4）在伶仃洋下段铜鼓海区，由于东部潮流作用的优势相对加强，悬沙含量极低，其平面分布一是以大濠水道—西槽下段和暗土顿水道两条槽道为主的区域为极低值区，量值在0.01 kg/m^{3}以下；二是以铜鼓海区下段及其槽道水域为主的区域，为次低值区，量值在0.01～0.02 kg/m^{3}之间；三是以铜鼓岛及铜鼓浅滩为主的区域，为中值区，量值在0.02～0.04 kg/m^{3}之间；四是以内伶仃岛为中心的周围水域，为中高值区，量值在0.02～0.06 kg/m^{3}之间。

2. 垂线分布特征

伶仃洋海区含沙量在垂线上的分布具有一定的特征。表3－6为伶仃洋各部位悬沙含量在垂线上的表层与底层、表层与垂线平均的比值，其值越小分布越不均匀。由表可见，各部位的潮段平均比值均小于1，表明表层含沙量均小于底层含沙量；西部口门附近的比值大于其他海域，表明其受径流悬沙下泄的影响；滩地的比值一般较大，且滩地大于深槽，表明滩地受风浪掀沙的影响较大；东、西两槽道的比值比较接近；铜鼓海区的比值较小，表明含沙量的垂线分布不均匀。

表3－6　伶仃洋垂线上分层含沙量比值表

区　位	表层/底层比值		表层/垂线平均比值	
	潮段平均	潮段最大	潮段平均	潮段最大
西部近口	0.75	1.01	0.85	0.98
西滩	0.69	1.07	0.79	1.03
中滩	0.76	0.89	0.86	0.95
东滩	0.84	1.01	0.91	1.02
川鼻水道	0.58	1.10	0.74	0.99
西槽上段	0.62	1.07	0.75	1.05
西槽中段	0.47	0.98	0.64	1.00
西槽下段	0.32	0.59	0.50	0.76
东槽上段	0.61	0.99	0.77	1.00
东槽中、下段	0.49	0.92	0.66	1.01
铜鼓海区	0.42	1.37	0.58	1.27

3.3.2 磨刀门海区的含沙量分布特征

磨刀门海区的含沙量分布特征根据表3－7的实测资料分析，获得主要的认识如下：

（1）洪水期主槽的落潮含沙量大于枯水期主槽的落潮含沙量；滩地则相反。这是因为磨刀门是以径流作用为主的口门，洪水期下泄的水、沙量都大于其他口门，而枯水期下泄的水、沙量较小，故洪水期主槽落潮含沙量大于枯水期；滩地相反的原因则是因为枯水期风浪掀沙所造成。

（2）不论是主槽还是滩地，洪水期涨期含沙量小于枯水期涨潮含沙量。因为枯水期涨潮时潮流作用相对较强，加之受风浪掀沙的影响，故从海区上溯的含沙量较大。

（3）不论是涨潮还是落潮，洪水期上游含沙量大于下游含沙量，向下游呈递减变化；枯水期由于受水体盐度和风浪掀沙的影响，情况比较复杂，无明显的规律。

（4）洪水期落潮时一般是主槽含沙量大于滩地含沙量；枯水期则相反，一般是滩地含沙量大于主槽含沙量。涨潮时情况比较复杂，无明显的规律。

（5）无论是洪水期还是枯水期、涨潮还是落潮，都是底层含沙量大于表层含沙量，一般大约1~6倍。

表3-7　　磨刀门海区涨、落潮平均含沙量统计表　　（单位：kg/m³）

水道名称	测点编号	测点位置	洪水期					枯水期				
			测验时间（年.月.日）	涨潮		落潮		测验时间（年.月.日）	涨潮		落潮	
				底层	表层	底层	表层		底层	表层	底层	表层
洪湾水道	20	水道出口主槽	1981.6.17~18（大潮）	0.08*	—	0.36*	—	1980.12.6~7（大潮）	0.23	0.13	0.19*	—
	21	水道进口主槽		—	—	—	—		0.17*	—	—	—
	22	水道进口左岸		0.16	—	0.35*	—		0.17*	—	—	—
西滩西槽	23	横洲水道出口	1981.6.15（中潮）	—	—	—	—	1980.12.4~5（中潮）	0.11*	—	0.13*	—
	24	海区中部右侧滩地		0.09	0.07	0.08	0.05		0.19	0.12	0.15	0.13
	25	海区中部右侧西槽		0.02	0.06	0.28	0.14		0.24	0.15	0.15	0.13
	26	三灶岛东北侧		1.11	0.07	0.52	0.08		0.39	0.13	0.20	0.15
	27	三灶岛东端		0.11*	—	0.13*	—		0.23*	—	0.26*	—
主槽	灯笼山右2	灯笼山右岸	1981.4.17（中潮）	0.30	0.20	0.48	0.31	1980.10.15（小潮）	0.02	0.01	0.02	0.01
	灯笼山左4	灯笼山左岸		0.32	0.22	0.37	0.28		0.02	0.02	0.01	0.01
	16	磨刀门出口主槽		0.14	0.08	0.13	0.09		0.01	0.01	0.01	0.01
	17	横洲水道进口主槽		0.15	0.12	0.28	0.24		0.07	0.04	0.09	0.04
	$Ⅱ_{301}$	磨刀门海区外海		0.06	0.05	0.10	0.08		0.10	0.05	0.07	0.07
	$Ⅱ_{302}$	磨刀门海区外海在其下游		0.01	0.01	0.01	0.01		0.01	0.01	0.02	0.01

*　中层测验数据。

注　本表引自文献［2］。

3.3.3 黄茅海海区的含沙量分布特征

黄茅海海区的含沙量分布特征根据表3－8、表3－9和表3－10的实测资料分析，获得主要的认识如下：

（1）海区垂线平均含沙量为0.02～0.43kg/m³，垂线最大含沙量达0.72 kg/m³，实测底层最大含沙量达2.1 kg/m³。

（2）洪水期，洪水径流带来较多泥沙，含沙量较大，平均含沙量达0.15 kg/m³；枯水期，上游水沙来量减少，平均含沙量为0.12 kg/m³。

（3）无论是洪水期还是枯水期、涨潮还是落潮，滩地含沙量都明显大于主槽含沙量，滩地底层最大含沙量达到1 kg/m³左右，而主槽仅为0.16 kg/m³左右；西滩含沙量一般大于东滩含沙量。

（4）无论是洪水期还是枯水期，多数情况是涨潮含沙量大于落潮含沙量，少数情况也有落潮含沙量大于涨潮含沙量；大潮含沙量大于小潮含沙量，大潮时涨潮含沙量大于落潮含沙量，小潮时有时落潮含沙量大于涨潮含沙量。

（5）含沙量纵向分布呈中间高、两头低的变化形态，中部含沙量较高，向上游和下游含沙量递减，主槽的含沙量变化尤为明显。

（6）高栏岛、荷包岛、大襟岛以外海域含沙量较小，一般在0.10 kg/m³以下；但大襟岛西侧至广海湾一带海域，枯水期涨、落潮含沙量却较大，涨潮时可达0.48 kg/m³左右，落潮可达0.21 kg/m³左右。

（7）无论是洪水期还是枯水期、涨潮还是落潮、滩地还是主槽，一般都是底层含沙量大于表层含沙量，大约1～6倍。

表3－8 黄茅海海区涨、落潮平均含沙量统计表 （单位：kg/m³）

水道名称	测点编号	测点位置	洪水期					枯水期				
			测验时间（年.月.日）	涨潮		落潮		测验时间（年.月.日）	涨潮		落潮	
				底层	表层	底层	表层		底层	表层	底层	表层
黄茅海东滩	32	东滩下部	1981.5.17（中潮）	0.11*	—	0.13*	—	1980.10.23（大潮）	0.37*	—	0.29*	—
	33	虎跳门出口		0.12*	—	0.17*	—		—	—	—	—
	34	东滩中部		0.16*	—	0.09*	—		0.41	0.13	0.28	0.12
	35	东滩出口		0.15	0.05	0.13	0.06		0.22	0.17	0.22	0.13
	36	高栏岛东侧		0.15	0.04	0.13	0.08		0.22	0.13	0.23	0.14
黄茅海西滩	40	西滩上部	1981.5.14（中潮）	0.24	0.04	0.06	0.06	1980.10.24（大潮）	0.23*	—	0.20*	—
	41	西滩中部		0.24*	—	0.12*	—		0.43*	—	1.07*	—
	42	西滩中部		0.07	0.06	0.09	0.08		0.14*	—	1.07*	—
	43	西滩下部		0.04	0.03	0.03	0.03		0.20*	—	0.64*	—

续表

水道名称	测点编号	测点位置	洪水期					枯水期				
			测验时间（年.月.日）	涨潮		落潮		测验时间（年.月.日）	涨潮		落潮	
				底层	表层	底层	表层		底层	表层	底层	表层
大襟岛至广海湾	44	大襟岛西侧	1981.5.9（大潮）	0.14	0.06	0.11	0.09	1980.10.27（中潮）	0.35	0.29	0.33	0.24
	45	广海湾东侧		0.09	0.04	0.03	0.04		0.48	0.30	0.05	0.28
	45	广海湾东侧		0.05	0.05	0.06	0.05		0.34	0.29	0.25	0.22
	46	广海湾西侧		0.07	0.06	0.06	0.06		0.29	0.26	0.27	0.26
崖门口主槽及上游断面	黄冲	崖门口上游	1981.4.24（中潮）	0.11	0.06	0.08	0.06	1980.10.18（小潮）	0.04	0.04	0.06	0.04
	西炮台	虎跳门上游		0.06	0.05	0.08	0.05		0.03	0.03	0.03	0.03
	37	崖门口出口		—	—	—	—		0.03	0.03	0.04	0.03
	38	崖门东侧主槽上段		0.16	0.11	0.11	0.11		0.10	0.10	0.10	0.05
	39	崖门东侧主槽下段		0.06	0.05	0.03	0.05		0.10	0.10	0.16	0.11
	II_{501}	高栏岛西北侧		0.06	0.07	0.08	0.07		0.10	0.05	0.10	0.06
	II_{503}	荷包岛西南侧		0.12	0.01	0.01	0.03		0.05	0.01	0.05	0.06

*　中层测验数据。

注　本表引自文献 [2]。

表 3-9　**黄茅海海区涨、落潮期断面平均含沙量表**　（单位：kg/m^3）

时间	潮型	黄冲	西炮台	南水沥	三角山西	南水西	大杧西	大襟西	荷包西	高栏西
1989.1	涨潮	0.12	0.074	0.13	0.13	0.13	0.11	0.096		
	落潮	0.088	0.056	0.092	0.14	0.13	0.12	0.10		
1989.8	涨潮	0.14	0.059	0.015	0.10	0.12	0.10	0.096		
	落潮	0.174	0.056	0.093	0.11	0.11	0.071	0.098		
1992.7	涨潮	0.23	0.17					0.11	0.12	0.18
	落潮	0.20	0.43					0.11	0.092	0.12
1992.11	涨潮	0.087	0.078					0.18	0.15	0.16
	落潮	0.046	0.047					0.18	0.15	0.16

注　表中数据引自广东省航道局，珠江水利委员会，黄茅海拦门沙演变及回淤分析，1994 年 4 月。

表 3-10　**黄茅海海区不同潮期的含沙量统计表**　（单位：kg/m^3）

潮别站号 项目	大潮								小潮							
	I_1	I_2	I_3	I_4	II_1	II_2	II_3	II_4	III_1	III_2	III_3	III_4	IV_1	IV_2	IV_3	IV_4
涨潮期垂线均值	0.285	0.221	0.214	0.100	0.327	0.286	0.182	0.048	0.058	0.054	0.048	0.049	0.066	0.062	0.039	0.027
落潮期垂线均值	0.152	0.142	0.132	0.125	0.207	0.255	0.139	0.042	0.067	0.072	0.039	0.035	0.066	0.100	0.043	0.024

注　观测时间为 1988 年 4 月中下旬，资料由中山大学河口室提供。

3.4 泥沙粒径分布特征

3.4.1 悬移质粒径及分布

珠江河口悬移质粒径实测资料甚少，仅伶仃洋和黄茅海有少量的实测资料。表3－11为伶仃洋2003年7月实测的10个样本进行颗粒分析的结果，表3－12为上海航道勘察设计院2003年4月实测的黄茅海海区悬移质中径粒径。由以上表中数据可见，伶仃洋海区的悬移质粒径较小，在整个海区范围内分布较均匀，其粒径范围大部分在0.002～0.10mm之间，中值粒径范围中潮期为0.003～0.009mm，大潮期为0.002～0.009mm，变化不大。靠近西滩的悬移质粒径较粗，中、小潮期的中值粒径均为0.009mm。

表3－11 伶仃洋实测悬移质中值粒径表

编号	垂线测点	测点位置	中潮期		大潮期	
			取样日期（年.月.日）	中值粒径（mm）	取样日期（年.月.日）	中值粒径（mm）
1	V1	南沙附近海域伶仃水道	2003.7.27	0.005	2003.7.29	0.003
2	V2	桂山岛附近海域	2003.7.27	0.006	2003.7.29	0.007
3	V3	南沙下游伶仃水道	2003.7.27	0.003	2003.7.29	0.003
4	V4	桂山岛外东侧海域	2003.7.27	0.009	2003.7.29	0.009
5	V5	内伶仃岛西侧伶仃水道	2003.7.27	0.006	2003.7.29	0.005
6	V6	桂山岛上游伶仃水道	2003.7.27	0.003	2003.7.29	0.006
7	V7	金星门上游东南侧海域	2003.7.27	0.003	2003.7.29	0.004
8	V8	大万山岛上游左侧海域	2003.7.27	0.003	2003.7.29	0.005
9	V9	大铲岛附近东槽	2003.7.27	0.005	2003.7.29	0.004
10	V10	金星门上游东北侧海域	2003.7.27	0.003	2003.7.29	0.002

表3－12 黄茅海海区实测悬移质中值粒径

垂线号	采样位置	潮型	中值粒径（mm）	垂线号	采样位置	潮型	中值粒径（mm）
1#	黄冲断面	大潮	0.00639	5#	在4#下游、黄茅山东面海域	大潮	0.00913
		小潮	0.00973			小潮	0.01148
2#	西炮台断面	大潮	0.00765	6#	三角山岛西北角海域	大潮	0.00941
		小潮	0.01258			小潮	0.01149
3#	崖门口下游深槽	大潮	0.00662	7#	在5#下游海区	大潮	0.01047
		小潮	0.01047			小潮	0.01562
4#	在3#下游、三虎西侧深槽	大潮	0.00993	8#	高栏岛西面、大杧岛东面之间海域	大潮	0.01124
		小潮	0.01224			小潮	0.01776

黄茅海海区悬移质中值粒径较伶仃洋海区粗些，其中值粒径范围在0.006～0.018mm之间，其中口门以上较细，约为0.006～0.01mm，口门以下海区较粗，约为0.006～0.018mm；不论口门以上，还是口门以下，普遍的现象是小潮时的中值粒径略大于大潮；最粗的区域在黄茅海出海口的大杧岛、高栏岛一带海域，其中值粒径约为0.01～0.018mm之间。

徐君亮等人[3]根据伶仃洋不同区域实测悬移质粒径资料进行分析，结果见表3－13。由表可见，悬移质中值粒径在0.002～0.016mm之间，涨潮与落潮差别不大，浅滩与深槽略有差别，一般是前者略小于后者。在粒径级配组成中，细粉砂和黏土占60%～70%以上，粗粉砂和中粉砂约占10%～15%。这个分析结果与上述大体相同。

表3－13 伶仃洋实测悬移质粒径特征表

站名	潮型	中值粒径（mm）	不同粒径含量（%）				
			粗粉砂（0.032mm）	中粉砂（0.016mm）	细粉砂（0.008mm）	极细粉砂（0.004mm）	黏土（<0.0005mm）
大铲湾	涨潮	0.016	4	7	10	17	35
	落潮	0.002	9	8	9	13	23
交椅湾	涨潮	0.004	4	6	14	20	29
	落潮	0.016	1	4	10	19	37
蕉门口北支	涨潮	0.004		6	18	26	34
	落潮	0.004	8	8	11	19	37
沙仙尾滩咀	涨潮	0.004	3	5	15	25	32
	落潮	0.004	2	7	17	25	29
横门滩	涨潮	0.002	2	11	19	23	29
	落潮	0.002	5	11	16	19	31

磨刀门海区悬移质粒径较伶仃洋粗些，根据澳门附近水域1994年7月洪水期、1997年9月中水期及1997年3月枯水期的悬移质实测资料分析，中值粒径一般具有洪水、中水期大于枯水期、上游大于下游、主槽大于滩地的特点。洪湾水道洪水、中水期的中值粒径约为0.022mm，枯水期约为0.013mm，湾仔水道洪、中水期中值粒径约为0.012mm，枯水期约为0.008mm。

黄茅海海区悬移质粒径实测资料较少，在海区以上口门内，根据1999年7月洪水期及2001年1月枯水期实测资料分析，崖门水道的官冲站洪水期悬移质中值粒径约为0.022mm，枯水期约为0.012mm；虎跳门水道的西炮台站洪水期悬移质中值粒径约为0.038mm，枯水期约为0.0088mm。在海区内，根据上海航道勘察设计院2003年4月大潮和小潮的实测资料分析，其平均中值粒径为：虎山上游大、小潮分别为0.00662mm和0.01047mm，三虎西侧分别为0.00993mm和0.01224mm，白排南侧分别为0.00765mm和0.01258mm，獭洲岛东北、东航道三角山处分别为0.00913mm和0.01148mm，荷包岛东北侧、东航道出口处分别为0.00941mm和0.01149mm，獭洲岛西侧、西航道中段分别为0.01047mm和0.01562mm，大襟岛东北侧、西航道出口分别为0.01124mm和0.01776mm，即小潮的中值粒径大于大潮，而地区的分布则无明显的规律。

3.4.2 床沙粒径及分布

1. 伶仃洋海区床沙粒径及分布

伶仃洋海区实测床沙中值粒径见表3-14和表3-15，其中表3-15的测点分布见图3-3。由表可见，伶仃洋海区床沙中值粒径的分布具有如下特征：

（1）伶仃洋南北两端床沙较粗，中值粒径约为0.003~0.38mm，中间部分则较细，中值粒径约为0.003~0.08mm。

（2）伶仃洋4个口门的出口床沙较粗，中值粒径约为0.05~0.12mm。

（3）伶仃洋西部浅滩的床沙粒径略大于东部浅滩，前者中值粒径约为0.02~0.09mm，后者约为0.005~0.010mm。

（4）伶仃洋浅滩的床沙粒径一般小于深槽的床沙粒径，前者中值粒径约为0.02~0.09mm，后者约为0.03~0.38mm。

（5）伶仃洋东槽床沙粒径大于西槽床沙粒径，前者中值粒径约为0.05~0.38mm，后者约为0.02~0.15mm；其中东槽上段内伶仃岛以北的床沙粒径大于下段内伶仃岛以南的床沙粒径，前者中值粒径约为0.004~0.38mm，后者约为0.004~0.015mm；西槽则上、下段基本相同。

表3-14 伶仃洋海区床沙中值粒径表

测点编号	测点位置	枯水期		洪水期	
		测验日期（年.月.日）	中值粒径（mm）	测验日期（年.月.日）	中值粒径（mm）
1	内伶仃岛西侧的伶仃水道	1980.10.11	0.026	1981.7.11	0.034
2	内伶仃岛西南面的伶仃水道	1980.10.11	0.009	1981.7.11	0.007
3	大濠岛西北面的伶仃水道	1980.10.11	0.011	1981.7.11	0.012
4	赤湾西侧矾石水道	1980.11.4	0.068	1981.6.10	0.108
5	赤湾西南侧的矾石水道	1980.11.3	0.084	1981.6.10	0.050
6	内伶仃岛东侧水域	1980.11.4	0.020	1981.6.9	0.008
7	内伶仃岛东南侧水域	1980.11.4	0.009	1981.6.9	0.005
8	内伶仃岛西南面的青洲水道	1980.11.5	0.008	1981.5.2	0.010
9	在8号测点的下游	1980.11.5	0.009	1981.5.1	0.010
10	在9号测点的下游	1980.11.5	0.009	1981.5.1	0.011
11	在10号测点的下游	1980.11.6	0.008	1981.5.1	0.011
12	帆船水道东侧水域	1980.11.8	0.004	1981.5.31	0.005
13	在12号测点的下游	1980.11.7	0.012	1981.5.31	0.005
14	在13号测点的下游	1980.11.8	0.007	1981.6.1	0.005
15	九澳岛东北面的水域	1980.11.7	0.045	1981.6.1	0.007

表3-15　**伶仃洋海区床沙中值粒径表**　（单位：mm）

测点号	中值粒径	测点号	中值粒径	测点号	中值粒径	测点号	中值粒径	测点号	中值粒径	测点号	中值粒径
1	0.013	20	0.027	39	0.38	58	0.085	77	0.006	96	0.003
2	0.32	21	0.009	40	0.005	59	0.004	78	0.005	97	0.004
3	0.009	22	0.005	41	0.027	60	0.017	79	0.065	98	0.003
4	0.013	23	0.004	42	0.15	61	0.018	80	0.006	99	0.007
5	0.012	24	0.017	43	0.005	62	0.038	81	0.014	100	0.03
6	0.03	25	0.05	44	0.072	63	0.008	82	0.064	101	0.002
7	0.041	26	0.36	45	0.009	64	0.11	83	0.006	102	0.018
8	0.023	27	0.2	46	0.028	65	0.048	84	0.026	103	0.023
9	0.17	28	0.032	47	0.34	66	0.058	85	0.004	104	0.065
10	0.027	29	0.16	48	0.014	67	0.004	86	0.005	105	0.041
11	0.062	30	0.18	49	0.16	68	0.004	87	0.004	106	0.027
12	0.12	31	0.26	50	0.05	69	0.023	88	0.002	107	0.037
13	0.05	32	0.003	51	0.003	70	0.004	89	0.072	108	0.03
14	0.041	33	0.088	52	0.018	71	0.022	90	0.008	109	0.015
15	0.025	34	0.019	53	0.13	72	0.014	91	0.017	110	0.04
16	0.079	35	0.016	54	0.029	73	0.003	92	0.013	111	0.043
17	0.018	36	0.063	55	0.003	74	0.006	93	0.025	112	0.085
18	0.12	37	0.15	56	0.007	75	0.058	94	0.008	113	0.05
19	0.12	38	0.16	57	0.007	76	0.03	95	0.015	114	0.04

注　表中数据为珠江水利委员会水文水资源勘测中心，2003.7.29床沙取样分析成果。

（6）在伶仃洋的深槽区，洪水期床沙粒径一般大于枯水期床沙粒径；在浅滩区则相反，一般是枯水期床沙粒径大于洪水期床沙粒径。

由上可见，伶仃洋的床沙组成一般为黏土、粉砂及中、细砂，其分布以黏土、粉砂为主，仅在4个口门出口及局部区域有中、细砂分布。床沙组成的分布一般取决于上游来沙组成、当地的水流条件、地形条件，以及人类活动的影响等因素，情况十分复杂。

2. 磨刀门海区床沙粒径及分布

磨刀门海区实测床沙中值粒径见表3-16，由表可见磨刀门海区床沙中值粒径的分布具有如下特征：

（1）磨刀门海区上游床沙粒径较粗，越向下游床沙粒径越细。在灯笼山断面床沙中值粒径约为0.100~0.190mm，海区中部床沙中值粒径约为0.048~0.139mm，磨刀门出海口床沙中值粒径约为0.021~0.068mm。

（2）磨刀门海区床沙粒径深槽大于浅滩，前者中值粒径约为0.010~0.160mm，后者约为0.003~0.009mm。

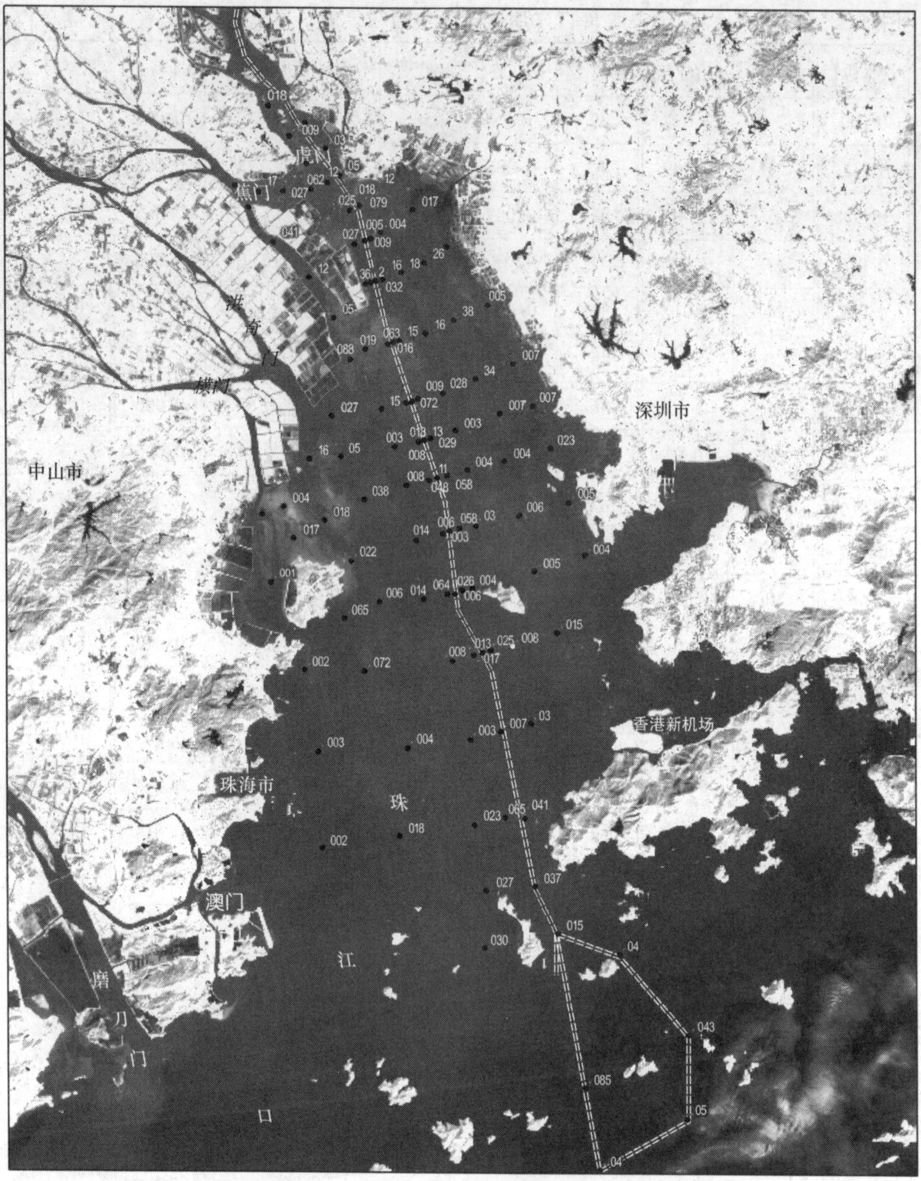

· 实测中值粒径　　===　南沙港区深水航道线

图 3-3　伶仃洋海区床沙中值粒径测点分布图

(3) 磨刀门海区主槽床沙粒径较粗，洪湾水道床沙粒径较细，前者床沙中值粒径约为 0.010～0.160mm，后者约为 0.009～0.140mm。

(4) 磨刀门海区西部浅滩床沙粒径较东部浅滩床沙粒径细，前者床沙中值粒径约为 0.006～0.009mm，后者约为 0.017～0.028mm。

(5) 磨刀门海区主槽床沙粒径一般是枯水期较粗、洪水期较细，前者中值粒径约为 0.098～0.160mm，后者约为 0.010～0.048mm。浅滩则枯水期与洪水期差别不大，均在 0.006～0.009mm 之间。

表 3－16　磨刀门海区床沙中值粒径表

测点编号	测点位置	枯水期		洪水期	
		测验日期（年. 月. 日）	中值粒径（mm）	测验日期（年. 月. 日）	中值粒径（mm）
灯笼山 V2	磨刀门口门上游	1980. 10. 14	0. 190	1981. 5. 9	0. 100
灯笼山 V4	磨刀门口门上游	1980. 10. 15	0. 190	1981. 4. 17	0. 147
16	磨刀门出口	1980. 10. 14	0. 160	1981. 4. 16	0. 048
17	大横琴岛西北角水域	1980. 10. 14	0. 139	1981. 4. 16	—
$Ⅱ_{301}$	万山列岛西面水域	1980. 10. 10	0. 016	1981. 5. 13	0. 012
$Ⅱ_{302}$	在 $Ⅱ_{301}$ 测点下游	1980. 11. 18	0. 019	—	0. 068
18	大横琴岛南面水域	1980. 10. 15	0. 012	1981. 5. 13	0. 010
19	大横琴岛西南面水域	1980. 10. 15	0. 037	1981. 5. 12	0. 009
20	洪湾水道出口	1980. 11. 15	0. 009	1981. 5. 9	0. 009
21	洪湾水道进口	1980. 11. 20	0. 015	1981. 5. 9	0. 140
22	洪湾水道进口左岸	1980. 11. 20	0. 028	1981. 5. 9	0. 017
23	大横琴岛西北角水域	1980. 10. 20	0. 098	1981. 5. 12	0. 010
24	磨刀门西部浅滩，23 号测点上游	1980. 11. 20	0. 009	1981. 5. 11	0. 009
25	24 号测点下游的东南水域	1980. 11. 21	0. 006	1981. 5. 11	0. 007
26	三灶岛东北角靠岛一侧	1980. 11. 21	0. 009	1981. 5. 12	0. 009
27	25 号测点的西南水域	1980. 11. 21	0. 009	1981. 5. 12	0. 007

注　表中数据引自文献［2］。

3. 黄茅海海区床沙粒径及分布

黄茅海海区实测床沙中值粒径见表 3－17 及表 3－18，其中表 3－18 测点位置见图 3－4。由表可见，黄茅海海区床沙中值粒径的分布变化较大，比较复杂，无明显的规律性，但大体上有如下特征：

表 3－17　黄茅海海区床沙中值粒径表

测点编号	测点位置	枯水期		洪水期	
		测验日期（年. 月. 日）	中值粒径（mm）	测验日期（年. 月. 日）	中值粒径（mm）
黄冲	崖门口下游	1980. 10. 22	0. 008	1981. 4. 24	0. 025
西炮台	虎跳门口上游	1980. 10. 22	0. 190	1981. 4. 24	0. 0252
37	崖门出口	1980. 10. 22	0. 195	1981. 4. 24	0. 152
38	黄茅海东滩	1980. 10. 18	0. 007	1981. 4. 24	0. 023
39	黄茅海东槽	1980. 10. 17	0. 011	1981. 4. 23	0. 006

续表

测点编号	测点位置	枯水期		洪水期	
		测验日期（年.月.日）	中值粒径（mm）	测验日期（年.月.日）	中值粒径（mm）
Ⅱ$_{502}$	荷包岛与大襟岛的中间海域	1980.11.19	0.025	1981.4.19	0.018
Ⅱ$_{503}$	Ⅱ$_{502}$测点的下游	1980.10.30	0.011	1981.4.19	0.018
32	黄茅海东滩、南水岛的西北角	1980.10.22	0.009	1981.5.16	0.075
33	虎跳门出口	1980.10.22	0.015	1981.5.17	0.008
34	黄茅海东滩、38号测点的下游	1980.10.23	0.500	1981.5.16	0.005
35	黄茅海东槽、39号测点的下游	1980.10.23	0.015	1981.5.16	0.016
36	高栏列岛的东北角	1980.10.22	0.009	1981.5.17	0.011
40	黄茅海西滩	1980.10.24	0.040	1981.5.15	—
41	黄茅海西滩、40号测点的下游	1980.10.24	0.007	1981.5.14	0.005
42	黄茅海西滩、41号测点的下游	1980.10.24	0.006	1981.5.14	0.006
43	大襟岛的北面海域	1980.10.25	0.008	1981.5.14	0.009
44	大襟岛的西南面海域	1980.10.27	0.021	1981.6.23	0.012
45	黄茅海出海口、广海湾东部	1980.10.28	0.008	1981.6.23	0.009
46	广海湾西部海域	1980.10.27	0.009	1981.5.20	0.005
47	测点位置	1980.10.28	0.008	1981.5.19	0.007

注 表中数据引自文献［2］。

图3－4 黄茅海海区床沙采样点示意图

（1）上游河道（崖门、虎跳门水道）及口门出口附近床沙一般较粗，海区床沙较细。其中崖门黄冲站床沙中值粒径约为0.0085～0.252mm，变幅较大；崖门出口床沙中值粒径约为0.152～0.195mm，虎跳门出口床沙中值粒径约为0.008～0.015mm；海区床沙中值粒径约为0.005～0.025mm。

（2）浅滩的床沙中值粒径一般大于深槽的床沙中值粒径，前者约为0.005～0.040mm，有几处甚至达到1.6～2.1mm；后者约为0.005～0.016mm。

（3）西滩的床沙中值粒径一般大于东滩，前者约为0.005～0.040mm，后者约为0.005～0.023mm。

（4）诸岛屿附近的床沙中值粒径以高栏岛西部较粗，约为0.006～0.027mm，其次为荷包岛西部，约为0.006～0.020mm，大襟岛西部则较细，约为0.005～0.011mm。

表3－18　黄茅海海区床沙中值粒径成果表

测点（测流点）	洪水期 测验日期（年.月.日）	洪水期 中值粒径（mm）	枯水期 测验日期（年.月.日）	枯水期 中值粒径（mm）
黄冲			1992.11.17	1.5
西炮台	1992.7.16	0.0085	1992.11.16	0.145
3（3#）	1992.7.16	0.0054	1992.11.19	0.0048
4	1992.8.7	0.014	1992.11.19	0.0073
5		0.007	1992.11.19	0.0082
6	1992.8.6	0.011	1992.11.19	0.0058
7	1992.8.6	0.0074	1992.11.19	0.0065
8	1992.7.16	2.1	1992.11.19	0.0135
9			1992.11.19	0.0052
10	1992.7.2	0.0056	1992.11.19	0.0083
11	1992.8.6	0.0052	1992.11.19	0.007
12	1992.8.6	0.0065	1992.11.19	1.6
13	1992.8.7	0.0055	1992.11.19	0.0083
14（4#）	1992.7.6	0.0060	1992.11.19	0.0088
15	1992.8.6	0.8800	1992.11.19	0.34
16	1992.7.7	0.0049	1992.11.19	0.0067
17	1992.8.6	0.0060	1992.11.19	0.0078
18		0.0080	1992.11.19	0.0112
19			1992.11.19	0.029
20	1992.7.16	0.0063	1992.11.19	0.0082
21	1992.8.6	0.0055	1992.11.19	0.058
22	1992.8.6	0.0054	1992.11.19	1.6
23（5#）	1992.7.16	0.0097	1992.11.19	1.8
24	1992.8.7	0.0255	1992.11.19	0.0078
25	1992.8.7	0.0195	1992.11.19	0.0116
26	1992.8.6	0.004	1992.11.19	0.0084
27（7#）	1992.7.15	0.0092	1992.11.19	0.0082
28	1992.8.6	0.0071	1992.11.19	0.0085
29	1992.8.7	0.0085	1992.11.19	0.0097
30	1992.8.7	0.0225	1992.11.19	0.0165
31	1992.8.7	0.0135	1992.11.19	0.0073
32	1992.8.7	0.073	1992.11.19	0.0136
33	1992.8.7	0.0083	1992.11.19	0.0073
34	1992.8.6	0.0115	1992.11.19	0.0112
35（7#）	1992.7.16	0.0071	1992.11.19	0.0058
36	1992.8.7	0.0056	1992.11.19	0.0155
37	1992.7.16	0.0063	1992.11.19	0.0062
38	1992.7.16	0.025	1992.11.19	0.019
39	1992.8.7	0.0075	1992.11.19	0.011
40（8#）	1992.7.16	0.0091	1992.11.19	0.0081
41	1992.8.7	0.0064	1992.11.19	0.071
42	1992.8.7	0.0072	1992.11.19	0.0064
43			1992.11.18	0.0068
44			1992.11.18	0.0092
45	1992.7.16	0.0056	1992.11.18	0.0046
46（9#）	1992.7.16	0.0075	1992.11.18	0.006
47（10#）	1992.7.16	0.0061	1992.11.18	0.0068
大襟西	1992.7.15	0.0081	1992.11.18	0.0052
大襟西	1992.7.15	0.0071	1992.11.18	0.011
大襟西	1992.7.15	0.0069	1992.11.18	0.0055
荷包西	1992.8.7	0.0195	1992.11.18	0.020
荷包西	1992.8.7	0.0059	1992.11.18	0.009
荷包西	1992.8.7	0.0066	1992.11.18	0.0064
高栏西	1992.8.7	0.0062	1992.11.18	0.027
高栏西	1992.8.7	0.0081	1992.11.18	0.012
高栏西	1992.8.7	0.0059	1992.11.18	0.0083
黄　金	1992.7.16	0.007	1992.11.18	0.0077

3.5 泥沙的絮凝沉降速度

泥沙的絮凝沉降速度是河口泥沙运动的基本参数之一，在河口的水利工程、航道港口工程及其他涉水工程的规划设计，以及河道的冲淤计算和物理模型的动床试验中，都要应用到这个参数。然而，泥沙的沉降速度问题本已十分复杂，在河口地区的水体中由于盐水的影响，还存在着泥沙的絮凝沉降，使得问题更加复杂，国内外虽做了许多试验研究工作，但至今仍未获得很好的解决，仍处于尚未成熟的研究阶段。

3.5.1 泥沙絮凝沉降的临界粒径

泥沙絮凝沉降的临界粒径，至今尚无统一的看法。北京水利水电利学研究院钱宁和万兆惠[4]根据法国 Migniot 的试验研究和黄河水利委员会水利科学研究所的静水沉降试验成果，认为大于 0.03mm 的泥沙颗粒，其絮凝作用已不显著；当颗粒介于 0.01～0.03mm 范围以内时，絮凝作用十分微弱。因此，建议取发生絮凝作用的上限粒径为 0.01mm。

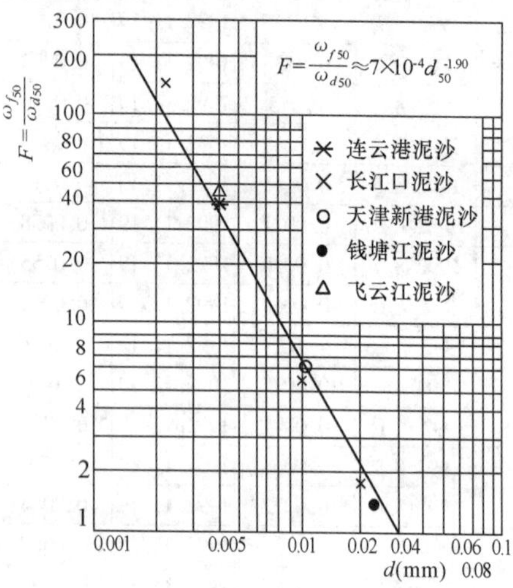

图 3-5 絮凝因子随不同颗粒大小的变化

南京水利科学研究院黄建维[5]根据长江口、连云港、天津塘沽新港、钱塘江、飞云江等 8 个港口淤泥絮凝沉降试验资料，并参照法国 Migniot 所提出的絮凝因子 $F=\omega_{f50}/\omega_{d50}$（$\omega_{f50}$ 为分散颗粒的平均沉速，ω_{d50} 为极限絮凝的平均沉速）点绘其随不同颗粒大小的变化如图3-5所示，认为大约在原始中值粒径 d_{50} =0.02～0.03mm 附近，絮凝即减低到可以忽略的程度，他由此提出絮凝的泥沙极限粒径约为 0.03mm。其后该院黄胜等[6]根据同样资料和作法，亦认为原始中值粒径 d_{50} = 0.03mm 为絮凝的极限粒径，超过此值，絮凝基本不再出现。上述看法与《泥沙手册》相一致[7]。

持相同观点的还有张德茹和梁志勇[8]及关许为等，其中关许为[9]根据试验研究，指出对粒径小于 0.016mm 的泥沙，絮凝现象较明显；当泥沙粒径大于 0.03mm 后，絮凝现象已不明显。

杭州大学张志忠等人[10]用长江口徐六泾以下各航槽和铜沙浅滩的泥沙做静水沉降试验，结果为粒径小于 0.008mm 的泥沙几乎全部形成絮凝体沉降，故把 0.008mm 粒径定为絮凝最佳粒径；大于 0.032mm 粒径的泥沙，絮凝作用不明显，故把 0.032mm 粒径视为絮凝临界粒径。

中国科学院水土保持研究所陈洪松等人[11]用 $AlCl_3$ 对细颗粒泥沙做静水沉降试验，$AlCl_3$浓度为 0～1.7mol/L，泥沙初始浓度为 10g/L，当试验时间为 0～4min 时，$AlCl_3$对细颗粒泥沙沉降影响很小，泥沙以分选沉降为主；随后，$AlCl_3$浓度越大，泥沙浓度衰减越快，此时泥沙以絮凝沉降为主。泥沙沉降 4min 时，泥沙相对浓度由变化缓慢（分选沉降）突然转快（絮凝沉降），他认为该相对浓度对应的粒径可近似为絮凝的临界粒径，经利用试验结果通过计算得到其值为0.027mm。

此外，浙江省河口海岸研究所测验队曾对钱塘江中值粒径为0.023mm和0.043mm的泥沙做静水中不同含盐度、含沙量和水深对絮凝影响试验[12]，结果表明，不论中值粒径为0.023mm或中值粒径为0.043mm的泥沙，都存在絮凝现象。

天津大学张庆河等人通过试验研究发现[13]，即使泥沙的中值粒径大于0.03mm，当泥沙群体中含有一定比例的细颗粒泥沙（混合沙）时，也会发生絮凝。他认为不能只以中值粒径作为判别的依据，而必须根据是否发生絮凝来判断。

综上所述，由于影响泥沙絮凝沉降的因素较多且十分复杂，各人所做的试验条件、操作方法和试验精度都不尽相同，因而所得结果不完全一致，但多数研究都认为以泥沙的中值粒径 d_{50} =0.03mm作为泥沙的絮凝沉降临界粒径，看来是具有代表性的。为了满足工程上计算与分析的需要，提出以中值粒径作为是否絮凝的判断标准也是必要的。但应该指出的是，对于不同河口地区，最好的办法是根据当地泥沙和水体环境条件通过试验加以确定。

珠江河口悬移质中值粒径为0.002~0.018mm，可见，珠江河口的悬移质在其沉降过程中存在着明显的絮凝作用，在分析河口的冲淤变化及工程泥沙问题时，必须考虑絮凝作用的影响。

但许多试验表明，却存在最佳絮凝含盐度，即沉速达到最大值时的含盐度，在此值以下，沉速随着含盐度的增加而增加；超过此值以后，沉速随含盐度的增加而减小或接近常值[1]。

3.5.2　含盐度对泥沙絮凝沉降的影响

水体中的含盐度对泥沙絮凝沉降的影响，关系十分密切。有关研究指出，水体中只要含有少量的盐分，即能出现絮凝现象[7]，因此认为絮凝作用不存在所谓絮凝临界盐度。

钱宁和万兆惠在研究含盐度对絮凝沉速的影响时提出图3-6所示的一组曲线[4]，由图可见，对于几种不同含沙量的浑水，在小含盐度范围内，絮团的平均沉速随含盐度的增加而迅速增大，但含盐度超过某一值以后，其进一步的增大对平均沉速没有很大的影响；含沙量愈大，曲线转折处相应的含盐度则愈小。这表明：在较小含盐度时，絮凝现象明显，絮凝作用增强，泥沙的沉速迅速增大；当含盐度达到一定值以后，絮凝作用已趋于稳定，泥沙的沉速基本上不再发生变化，或反而发生絮散作用，沉速略有变小。

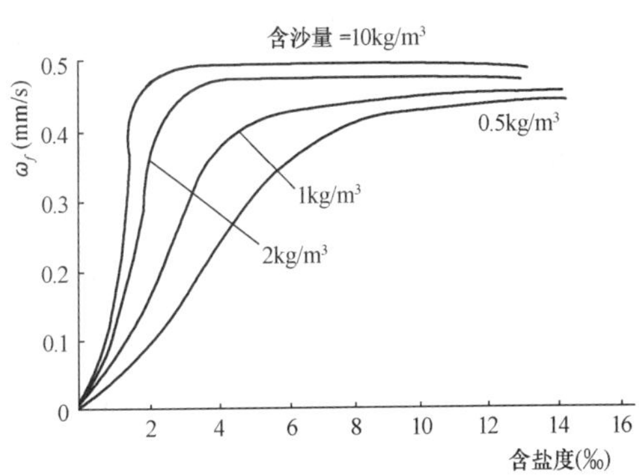

图3-6　含盐度对沉速的影响

许多学者的试验研究同钱宁等的研究结果是一致的，所不同的是在最佳絮凝含盐度的量值上有所差别。如张志忠等研究长江口细颗粒泥沙絮凝时通过试验得到含盐度在3‰~13‰为最适宜细颗粒泥沙絮凝[10]。陈邦林等研究长江口南港南槽地区悬移质絮凝时认为含盐度为5‰~20‰时，长江口泥沙能较好絮凝，10‰~13‰时为最佳絮凝含盐度[13]。关许为等在长江口絮凝机理的试验研究中，提出含盐度为1‰时，出现一定量的絮凝物质，较大絮凝量基本上出现在含盐度为5‰左右，大于此值以后，絮凝量的变化已不太明显[15]。

关许为等人还研究了不同电解质对絮凝的影响[15]。他们曾研究了NaCl、$CaCl_2$、$Mgcl_2$三种不同电解质在不同浓度时的絮凝特征，通过试验得到如下现象：

（1）NaCl的絮凝过程与海水相当类似，最佳絮凝浓度约为0.10mol/L，相当于含盐度为5.8‰，表明海水的絮凝作用与海水中以NaCl为主的电解质的电性作用密切相关。

（2）不同电解质的絮凝作用顺序为：$CaCl_2 > MgCl_2 > NaCl$，说明阳离子价数越高，对胶体粒子表面的静电吸附产生的作用就越大，絮凝作用就越强。

（3）不同的电解质都具有随着浓度的提高，絮凝作用有增大的趋势，但超过一定浓度后增大不明显，甚至产生下降的趋势。NaCl产生絮凝的最佳浓度约为0.10mol/L，$MgCl_2$和$CaCl_2$则在0.02~0.04mol/L之间。

综上所述，细颗粒泥沙在海水中沉降时受到絮凝作用是明显存在的，珠江河口的悬移质在沉降运动中也不例外，同样存在絮凝作用。根据珠江河口含盐度的特征（见表3-19），建议在研究河口泥沙问题时，将河口分为3个地区考虑泥沙沉降的絮凝作用：①在口门外浅海区，不论是涨潮还是落潮，不论是枯水期还是洪水期，其水体含盐度都较高，一般都大于2‰以上，不少情况处于最佳絮凝含盐度范围，因此必须考虑絮凝作用对沉速的影响；②在口门附近，涨潮和落潮时洪水期的含盐度都较小，不到2‰，可以不考虑絮凝作用；在枯水期，涨潮时除磨刀门口门的含盐度较小外（灯笼山站一般小于2‰），其他口门多数情况下均在2‰以上，须考虑絮凝作用的影响；而落潮时，除虎门、鸡啼门的含盐度多数情况超过2‰，须考虑絮凝作用外，其他口门的含盐度都较小，多数情况在1‰以下，可以不考虑絮凝作用；③在网河区，涨潮和落潮时洪水期的含盐度一般都不及1‰，可以不考虑絮凝作用；在枯水期，靠近口门附近的网河，含盐度的情况大致与口门附近较接近，可按口门附近的情况处理；离开口门较远的网河，含盐度已经很小，当在2‰以下时絮凝作用可不予考虑。

必须指出：在有条件的情况下，或对于重大的工程泥沙问题最好是采用当地海水和悬移质取样做泥沙沉降的絮凝试验，通过试验确定其含盐度对絮凝的影响，这才是比较可靠的办法。

表3-19　珠江河口含盐度特征表　（‰）

含盐度 / 地区	涨憩含盐度			落憩含盐度		
	年平均	枯水期平均	洪水期平均	年平均	枯水期平均	洪水期平均
口门附近	0.67~4.34	0.25~10.41	0.02~1.16	0.14~1.32	0.04~4.00	0~0.11
口门外浅海区	11.33~22.72	11.62~31.55	2.21~18.08	4.33~20.91	4.38~31.75	0.16~14.53
网河区	0.36~2.95	0.22~8.11	0~0.91	0.02~0.81	0.05~2.84	0~0.13

注　表中数据由珠江水利委员会，1988年1月提出的“珠江三角洲基本资料”中整理得到。

3.5.3　珠江口黏性细沙絮凝沉降的研究

在研究珠江河口的治理规划工作中，以及有关珠江河口的泥沙工程问题，都需要了解河口黏性细沙的絮凝沉降特性，确定其絮凝沉降速度，以利于规划设计工作的顺利、合理地进行。为此，珠江水利委员会科学研究所张振秋、曾志诚等人进行了珠江口细泥沙絮凝过程的试验研究[16]，该研究成果已在实际工作中特别是在动床模型试验的选沙中得到了应用。

1. 试验设备及方法

（1）试验用水与沙样。试验采用的沙样为珠江口外海底的床沙，原始分散状态的中值粒径为 0.0033mm，矿物成分见表 3-20，其中主要成分依次为石英、高岭石与伊利石。

试验用水为自来水，主要考虑到物理模型试验用水为自来水，目的是解决动床模型试验中的选沙问题，对于规划设计工作也有参考价值。

表 3-20　　试验沙样矿物成分

矿物名称	高岭石	绿泥石	伊利石	蒙脱石	石英	正长石	赤铁矿	锰铁矿	三水铝石
含量（%）	21.28	8.79	15.47	1.25	39.60	2.80	0.59	3.87	6.35

（2）沉降筒。试验采用总长度为 400cm、内径为 25cm 的硬塑料圆管作沉降筒，最大沉降距离为 370cm。之所以选用较长的沉降筒，主要是考虑到絮凝发展过程需要一定时间，只有在较长的沉降筒内才可能达到稳定的状态，而以往已有的试验使用的沉降筒，长度都较短，似嫌不足。

沉降筒的下端设置水泵 1 台，用以抽取筒下方的浑水，经叶轮搅拌再送回筒的上方，如此循环一定时间，保证筒内浑水的含沙量分布均匀，泥沙充分分散，如图 3-7 所示。沿沉降筒每隔 50cm 设 1 个取样小管，伸入管内抽取水样。

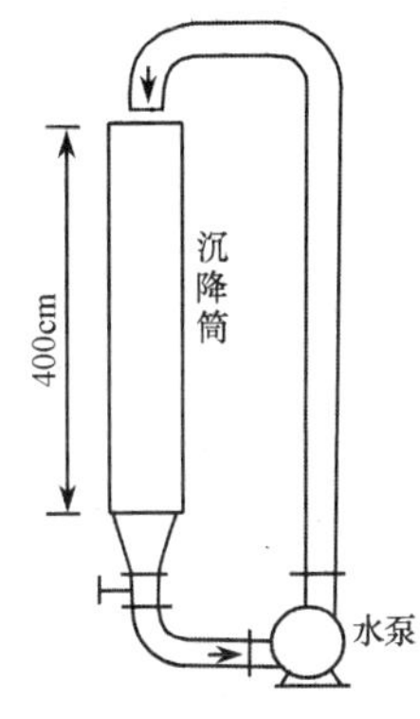

图 3-7　沉降筒示意图

（3）试验浑水的初始含沙量范围为 1.09～12.6kg/cm^3，共分为 5 个含沙量等级，分别为 1.09kg/cm^3、1.92kg/cm^3、3.95kg/cm^3、8.1kg/cm^3、12.6kg/cm^3。水样含沙量用置换法测定。

2. 絮凝的发展过程

（1）半数重量泥沙的沉降过程。将浑水搅拌均匀送入沉降筒后，水中泥沙便开始沉降，在某一取样孔连续抽取水样，其水样中的含沙量将随时间的增长而递减，含沙量从初始值逐渐减少直至最后为零。将各取样孔出现含沙量为初始值的 50% 时的时间与该孔水深的关系加以点绘，即得图 3-8 所示的曲线。

由图 3-8 可见，曲线上段 *OA* 向上凸出，表明泥沙的下沉速度并非匀速，而是沉降速度不断增加（曲线的斜率即为沉降速度），显然是由于絮凝正在发展所造成的。曲线的下段 *AB* 为接近直线状，表明泥沙的总体呈匀速下沉，沉速已趋于稳定。由此可见，絮凝发展到达稳定状态是有一定过程的，并非沿 *OB* 直线均匀沉降。

（2）总平均法计算絮凝粒径级配。如果忽略絮凝的发展过程，可利用总平均法计算某个取样孔测得的絮凝粒径级配，即利用图 3-8 曲线的首尾两点连线 *OB* 代表沉降过程的曲线 *OAB*，在计算沉速时以 *OB* 的总水深除以 *OB* 的总时间即可得到。利用上述方法可求得各孔测得的絮凝粒径级配曲线，如图 3-9 所示。

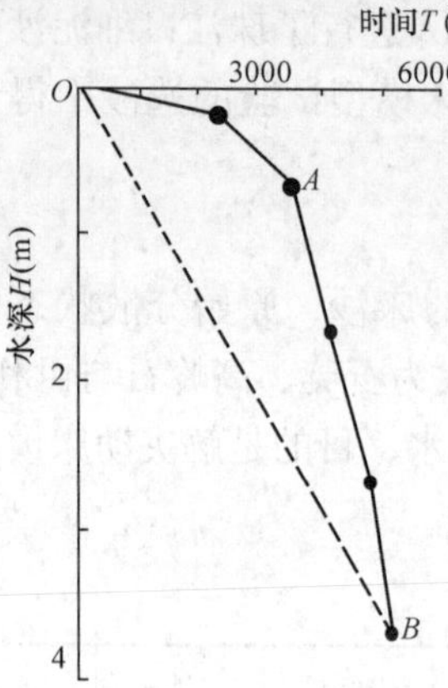

图 3-8　絮凝泥沙沉降过程

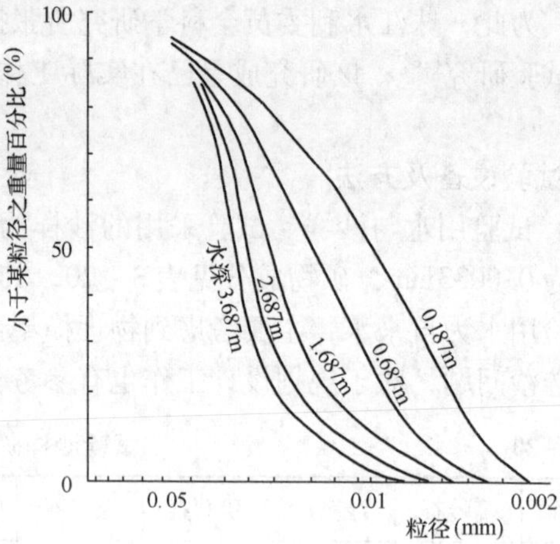

图 3-9　总平均法计算絮凝粒径级配

由图 3-9 可见，在不同沉降距离上测得的粒径级配曲线是一簇曲线，沉降距离较大的，级配较粗；曲线的上段相互重合，反映了不发生絮凝的粗粒径的重量百分比是常数，其值约为 0.035mm；曲线的末端，即最小粒径的数值随观测水深的加大而增大，即使在沉距最小的一条曲线上，0.002mm 颗粒实际上已不存在，而原始分散状态下此种颗粒以下的泥沙占 40%。

由于总平均法是以图 3-8 中的 *OB* 线的平均沉速求得的粒径级配曲线，其所得的粒径总是小于实际达到的粒径，只有在沉距很大时二者才可能接近。换言之，当沉降筒内沉速已达到稳定时，用总平均法计算的沉速仍有较大的变化。

（3）分段计算絮凝粒径。如上所述，用总平均法计算得到的粒径偏细较多，因此将图 3-8 分成若干段来分析各段沉速的变化是比较合理的。现将整个沉降距离分成 5 段：自水面至 1# 孔为第一段，其沉降距离约 20cm；第二段为 1# ~2# 孔，间距为 50cm；以下依次为 2# ~4#、4# ~6# 与 6# ~8#，间距均为 100cm。

假定每段的沉速不变，用斯托克斯公式求得每段沉速所相应的粒径，为便于比较，以第 5 段求得的粒径为分母，其他各段求得的粒径为分子，分别得到各个测孔位置上的粒径比，从而得到各不同含沙量组次的粒径比与沉降距离的关系如图 3-10 所示，并将含沙量最小与最大两组试验按总平均法求得的粒径比也点绘于图 3-10。

由图 3-10 可见，含沙量较高的一组，絮凝发展较快，粒径比在沉距较小的地方已很接近于 1.0；而含沙量较小的组次，絮凝发展则较慢。含沙量为 1.09kg/m^3 的一组虽然絮凝发展较慢，但在第 4 段上的粒径比已达到第 5 段的 0.93，其他组次都达到 0.95 左右，故对所有组次大体上都可将第 5 段测得的粒径视为絮凝发展的最终粒径。

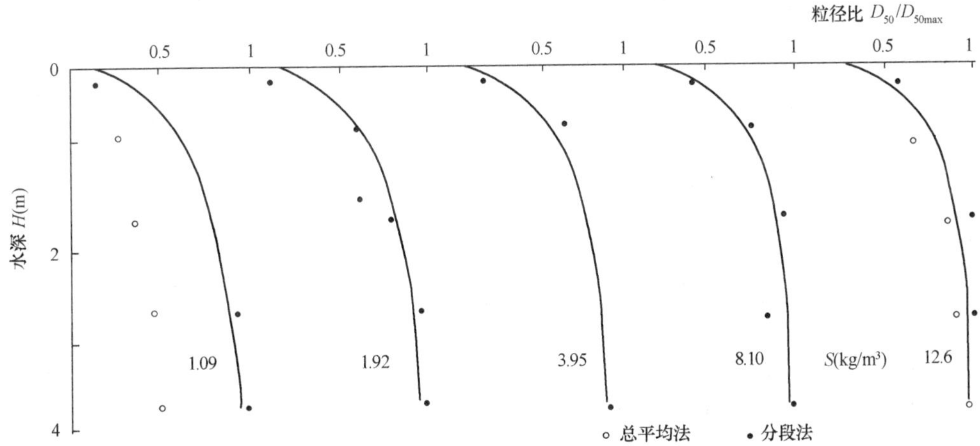

图3－10　不同含沙量粒径比与沉降距离的关系

（4）稳定絮凝粒径与含沙量的关系。如上所述，将第5段上测到的中值粒径近似看成最终粒径，以 D_{50max} 表示；将原始分散下的中值粒径以 D_{50} 表示，显然，该值应为最小粒径，并为一常数，记为 D_{50min}。根据试验结果可得不同含沙量与 D_{50min}/D_{50max} 的关系如图3－11所示，由图可得如下关系式：

$$\frac{D_{50min}}{D_{50max}} = 0.056S^{0.5} \qquad (3-1)$$

式中　S 为初始含沙量，kg/m^3。

式（3－1）表明，D_{50max} 在所论范围内与含沙量的0.5次方成反比。

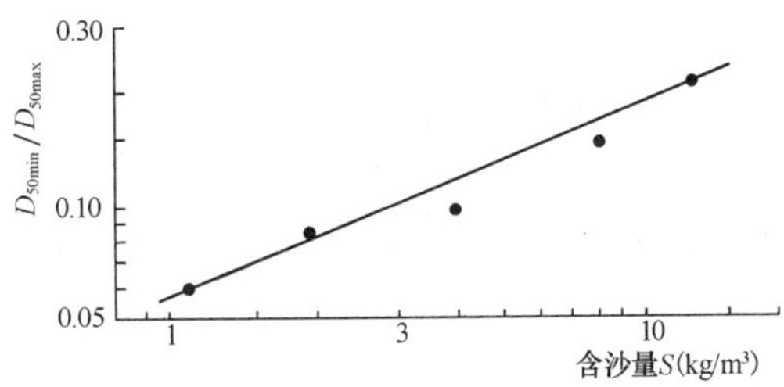

图3－11　D_{50min}/D_{50max} 与含沙量的关系

（5）絮凝发展过程的经验公式。由图3－9的试验结果可知：絮凝粒径总是随着沉距的增大而逐渐趋向一个最终稳定值，而含沙量的增大，一方面减小了最终稳定粒径的数值；另一方面又加速了稳定的过程。因此，可以用以下惯用的表达式来描述上述过程：

$$\frac{D_{50}}{D_{50max}} = 1 - K \times 10^{-AH^mS^n} \qquad (3-2)$$

式中　D_{50} 为絮凝过程中的中值粒径，mm；H 为水深，m；A、m、n 为常数，由试验确定。K 的取值可考虑由 $H=0$ 时，$D_{50}=D_{50min}$ 求得，即

$$\frac{D_{50min}}{D_{50max}} = 1 - K$$

则

$$K = 1 - \frac{D_{50min}}{D_{50max}} \qquad (3-3)$$

将式（3－1）代入式（3－3），即得

$$K = 1 - 0.056S^{0.5} \qquad (3-4)$$

由试验数据确定 $A=0.5$，$m=0.7$，$n=0.1$。将这些常数及式（3－4）代入式（3－2），即

得到絮凝粒径变化过程的经验公式为

$$\frac{D_{50}}{D_{50\max}} = 1 - (1 - 0.056S^{0.5}) \cdot 10^{-0.5H^{0.7}S^{0.1}} \tag{3-5}$$

由于沉速 ω 与粒径 D 的平方成正比，故由式（3－5）不难得到沉速比的经验公式为

$$\frac{\omega_{50}}{\omega_{50\max}} = \left[1 - (1 - 0.056S^{0.5}) \times 10^{-0.5H^{0.7}S^{0.1}}\right]^2 \tag{3-6}$$

必须指出，絮凝现象是十分复杂的，影响因素很多，各家试验结果差别很大，因此应针对具体条件进行试验仍是取得确切数据的可靠办法。

从上述试验研究可知，絮凝过程并非短时间内可以完成。在一定的水沙条件下，要达到稳定或近似于稳定的絮凝粒径，其过程的长短与初始含沙量有关，含沙量高者絮凝完成快些，反之则慢。对于珠江河口较小的含沙量而言，要在试验室内获得稳定的絮凝结果，就必须使用较长的沉降筒。根据式（3－5）计算，要使粒径比达到稳定粒径的0.95倍，当初始含沙量 S 为1.0kg/m^{3}时，要求沉降距离 H 应为3.9m。珠江河口含沙量远小于1.0kg/m^3，则试验应采用的沉降筒长度要比上述长度更大，这是一般难以做到的。

本项试验研究是采用自来水进行的，实际上河口水流往往都是含盐度较高的海水，其沉速将因絮凝的发生而加快，絮凝粒径亦会因而增大，故应用上述公式计算絮凝粒径将会偏小。

（6）天然海水中的絮凝沉降试验❶。为研究在澳门周围水域兴建机场、深水港与跨海大桥等多项大型工程后，对周围水域水流流态及泥沙输移可能产生的变化及其带来的影响，并据以对工程布置方案作出评价，珠江水利委员会科学研究所接受了澳门港务厅的委托，进行物理模型试验，在动床模型选沙中需要研究海水中的絮凝沉降问题，为此进行了天然海水的絮凝沉降试验。

试验仍采用前述沉降筒，沙样则采用澳门机场、深水港附近采集的多个海底淤泥沙样，用以近似作为悬沙的样本，经测定其颗粒容重为2670kg/m^3，水样取自珠海附近海域的天然海水，含盐度为12.2‰。

试验前先将原型沙样除去杂质，然后加入盛天然海水的沉降筒内，经搅拌分散后作絮凝沉降试验，得到悬沙在天然海水中的颗粒级配曲线如图3－12中的 B 线所示，其中值粒径为0.0215mm；而用常规的移液管法测得经加入反凝剂分散后的颗粒级配曲线为图3－12中的 A 线，其中值粒径为0.0053mm。以上结果表明，悬沙在海水中絮凝后，中值粒径为絮凝前的4倍，相应的沉降速度为絮凝前的16倍。可见，悬沙粒径在天然海水中絮凝前后差别较大，模型沙显然应按原型沙絮凝后的特性来选择。

张志中等[10]在研究长江口细颗粒泥沙絮凝沉降时也得到下面的结论：“絮凝使细颗粒泥沙的平均沉速增大3～7倍，8μm以下粒级的沉速则增大10～75倍。”这与上述研究的结论是一致的，但由于试验条件和试验精度等的差别，使试验结果的数据有所不同，因此对于具体问题应进行针对性的试验仍是可靠的方法。

---

❶ 珠江水利委员会科学研究所，澳门附近海域潮汐模型试验报告，1990年10月。

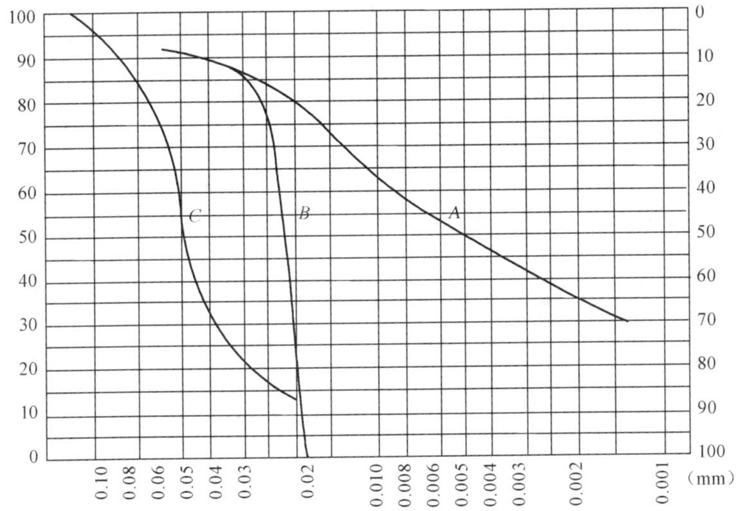

图 3－12　泥沙颗粒级配曲线

A—天然沙无絮凝；*B*—天然沙在海水中；*C*—模型沙在自来水中

3.5.4　流动盐水中黏性细沙的絮凝沉降

前面所述为黏性细沙在静止的盐水中的絮凝沉降问题，但是天然的河口水流是流动的，在流动的盐水中黏性细沙的絮凝沉降与静止的盐水中的絮凝沉降是有所不同的，前者比后者更为复杂，是一个有待研究解决的课题。

近 10 多年来我国学者对流动盐水中黏性细沙的絮凝沉降问题进行了研究[17]、[19]、[23]，国外是在 20 世纪 70 年代开始的[18]、[20]，但研究成果差别很大。有的研究表明，流动对絮凝起促进作用，使动水絮凝沉速比静水絮凝沉降大得多[20]；但更多研究却得出与上述完全相反的结论，认为动水对絮凝起散絮作用，使动水絮凝沉速比静水絮凝沉速小得多[17][19]；还有的认为，水流的流动一方面能加强细颗粒泥沙之间的相互碰撞，促进絮凝作用的发生，另一方面又具有剪切破坏作用，能促使絮凝颗粒剪切分离，因而起散絮作用。动水絮凝沉降试验结果显示，低流速时表现为促絮作用，而高流速时则表现为阻滞絮凝作用[22]。由上可见，流动对黏性细沙絮凝沉降的影响，目前尚无统一的认识，故现阶段在研究河口工程的规划设计和输沙计算时，常用静水絮凝沉速代替动水絮凝沉速，显然是存在误差的。

1. 影响动水絮凝沉降的主要因素

影响流动盐水中絮凝沉降的因素十分复杂，较静止的盐水中的絮凝沉降要复杂得多。国内外对其影响因素及其沉降机理虽然进行了许多研究[17]、[19]、[20]、[23]，但至今仍未获得圆满的解决。根据已有的研究成果，一般认为影响流动盐水中絮凝沉降的主要因素为：

(1) 水流流速的影响。水流流速大时，水流的紊动强度亦大，颗粒之间的碰撞频率因而增大，从而使絮团的尺度加大，颗粒的沉速随之增大；另一方面，水流的流动引起的剪切力将使絮团受到破坏，絮团的尺度将变小，颗粒的沉速因而减小。因此，流动的盐水对絮凝沉降起到两个相反的影响趋势，即可能增大其沉降速度或可能减小，视两者作用的综合结果而定。正是因为这样，杭州大学阮文杰提出了动水絮凝临界流速的概念，即絮凝体处于即将形成或即将破碎的临界状态时，所对应的水流速度[24]。因其与水流条件有关，故当泥沙粒径和电介质的性质改变时，动水絮凝临界流速值亦随之改变。显然，在流动的盐水中，当水体中具备形成絮凝体的物质和介质条件后，并非都有絮凝现象产生，只有当流速小于其絮凝临界流速后才能出现。但由于问题的复杂性，他未能给出动水絮凝临界流速的可靠值，仍有待深入研究。

河海大学王谅等提出用不淤流速来判断水流流速对动水沉降的影响❶。他认为当流速大于不淤流速 U_C 时，受水流冲刷悬浮的泥沙量大于沉降的泥沙量，水体的含沙量不断增大；当流速小于 U_C 时，泥沙的沉降量大于悬浮量，水体的含沙量不断减小。因此，他定义不淤流速 U_C 为 $S_{0q}/S_0 \geqslant 90\%$ 的流速，其中 S_{0q} 为平衡断面平均含沙量，S_0 为初始断面平均含沙量。

不少学者利用环形水槽对流动盐水的絮凝沉降进行了试验研究，如王谅等人的试验条件为：含盐度为10‰，初始含沙量为0.2kg/m³，泥沙的中值粒径为0.005mm，水流流速为10～50cm/s，获得的试验成果如图3－13所示❶。由图可见，在上述试验条件下，水流流速越小，泥沙沉降越快，即絮凝沉速越大。反之，则越小。

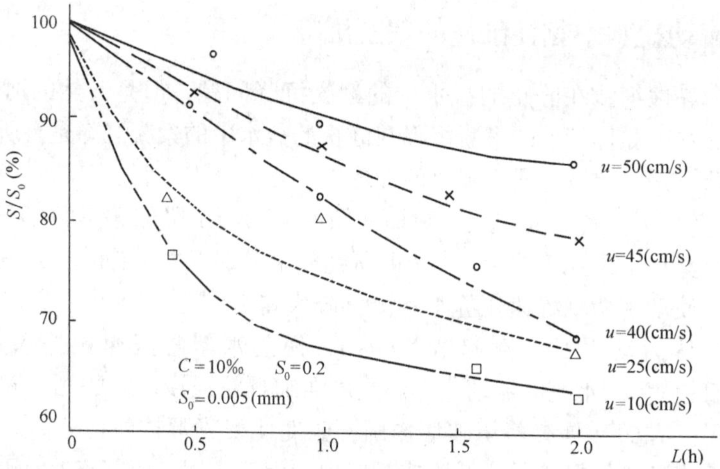

图3－13 流动盐水中的絮凝沉降

天津水运工程科学研究所冯学英等人利用环形水槽对珠江河口泥沙进行流动盐水的絮凝沉降试验❷，试验条件为：根据观测资料确定试验水体含盐度为24‰，含沙浓度也是由实测资料确定为0.2～0.6kg/m³，试验沙样为1992年1月枯水期采集的珠江口淤积泥沙，中值粒径为0.006mm，试验水深为50cm（水槽最大水深），试验水流流速在0～50cm/s之间，试验水温在20～23℃之间。试验成果见表3－21。由表可见，在盐水中水流流速为

❶ 王谅等，黏性泥沙动水沉降特性研究，1994年4月。

❷ 冯学英等，泥沙水力特性试验，交通部天津水运工程科学研究所，1995年1月。

0时（即静水）泥沙的絮凝沉速为最大，随着水流流速的增大，絮凝沉速则减小。即使初始含沙量不同，这个规律仍没有改变。上述试验结果与前述试验结果完全相同。

表3-21　含盐度24‰时不同含沙量条件下的动水沉速　（单位：cm/s）

初始含沙量（kg/m³）＼水流流速（cm/s）	0	10	20	30	40	50
0.2	0.053	0.046	0.041	0.036	0.026	0.015
0.4	0.063	0.058	0.052	0.048	0.039	0.019
0.6	0.073	0.066	0.063	0.058	0.046	0.025

该所徐宏明在利用环形水槽对天津港泥沙进行含盐度为30‰条件下的絮凝沉降试验时也得到与上述相同结论的试验结果（见表3-22）[25]，同样表明在相同含沙量条件下水流流速越大，絮凝沉速越小。

表3-22　含盐度为30‰时天津港泥沙沉降速度试验　（单位：cm/s）

含沙量（kg/m³）＼水流流速（cm/s）	0	15	30	46	56
0.1	0.045	0.039	0.025	0.011	—
0.2	0.049	0.044	0.033	0.015	—
0.4	0.063	0.053	0.036	0.020	0.010
0.8	0.077	0.060	0.043	0.028	0.013
1.6	0.099	0.084	0.064	0.034	0.015

以上试验水流流速的最大值为56cm/s，试验结果均为流速越大絮凝沉速越小，可能是由于水流的剪切力作用引起絮团尺度遭受破坏而变小，导致絮凝沉速减小的结果。当水流流速继续增大以后，絮凝沉速的变化如何？仍是有待研究的课题。

（2）含沙量的影响。河口的流动水流一般都挟带一定的含沙量，其含量的大小对絮凝沉降的影响甚为敏感，由表3-21和表3-22可见，在相同含盐度条件下，随着含沙量的增大，絮凝沉速亦增大。一般认为这是因为含沙量增加，其碰撞机会亦增加，促使絮团尺度增大和絮团量增多，因而絮凝沉速增大。但当含沙量增大到10kg/m³左右时，其絮凝沉速又反而减小，如图3-14所示[26]，其原因则认为当含沙量大到一定程度后，水体的浑水比重增大，形成蜂窝状的絮团成为粗颗粒后沉降受阻，因而沉速减小，含沙浓度越大，受阻亦越大，沉速就越小。此外，含沙浓度大将使浑水的比重加大，从而也使其中每个沙粒所受到的浮力加大，因而影响其沉速减小，在含沙量高时这一影响不容忽视[7]。

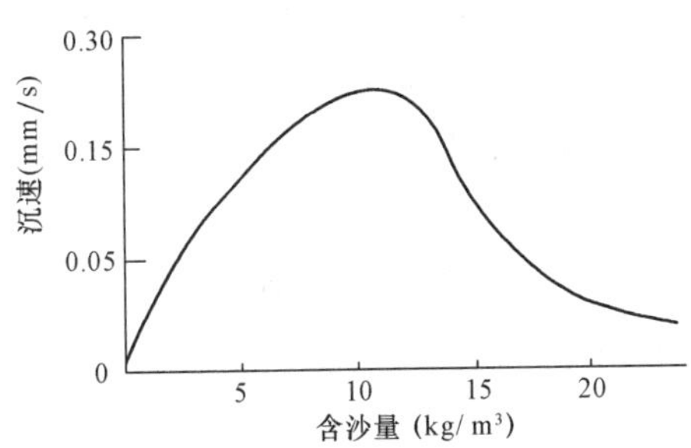

图3-14　含沙量和沉速的关系曲线

就珠江河口而言，其水体中的含沙量都达不到10kg/m³，因而含沙量对流动盐水中沉速的影响体现为随着含沙量的增加，絮凝沉速是增大的，表3－21的试验成果是采用珠江河口泥沙并根据珠江河口水沙条件进行的，足以说明这一现象。

（3）含盐度的影响。前面已经指出，含盐度对泥沙絮凝沉降的影响，关系十分密切，水体中只要有少量的盐分，即能出现絮凝现象。在流动的盐水中，絮凝沉降的规律与静水中基本相同，所不同的是仅在最佳絮凝含盐度的界限上。交通部天津水运工程科学研究所冯学英等人在利用珠江河口淤积泥沙进行的动水沉速试验中❶，在含沙量为$0.2kg/m^3$、水流流速为30cm/s的条件下，获得表3－23的试验结果，从表中可见，随着含盐度的增大，絮凝沉速亦增大，当含盐度增大到24‰时，其絮凝沉速达到最大值，此后随着含盐度的增大，絮凝沉速不再变化。由此说明，在流动盐水中，其最佳絮凝含盐度值较静止的盐水为大。但冯学英等人的试验组次不多，含沙量和流速的变化范围不大，因此上述结果仅具有定性的意义。

（4）水温的影响。水温对细颗粒泥沙絮凝沉降有明显的影响。图3－15为水温与沉降强度关系的试验成果[22]，由图可见，泥沙在流动盐水中沉降时，随着水温的增大，沉降强度亦增大，在水温低于25℃，泥沙的沉降强度极低且基本不变，一旦水温超过25℃，泥沙发生絮凝沉降，沉降强度迅速增大，这表明水温的升高能促成细颗粒泥沙的絮凝沉降。在流动的盐水中，由于黏滞性水流的内摩擦力的作用，水温将会比静水有所升高，因而沉降强度将会增大，絮凝沉速则加大。

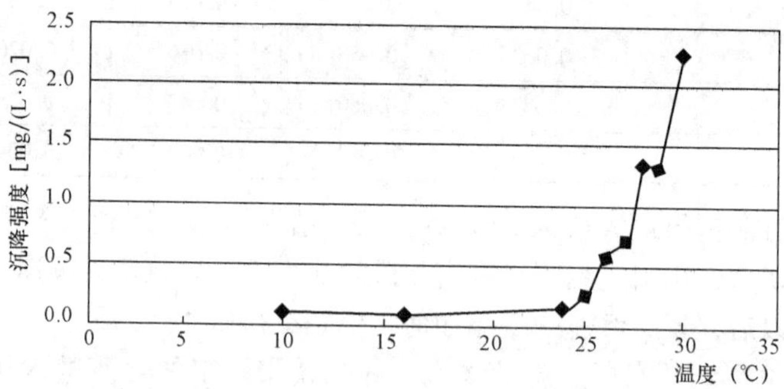

图3－15　水温与沉降强度的关系

2. 动水絮凝沉降速度的计算

到目前为止，黏性泥沙的动水絮凝沉降速度的计算还很不成熟，是有待研究的课题。下面以若干计算或处理方法作一简要介绍。

（1）南京水利科学研究院黄建维的计算方法[17]。1983年黄建维等根据试验分析，得出流动盐水中黏性泥沙动水絮凝沉速的表达式为

$$\omega = \omega_0 + (\omega_f - \omega_0)e^{-\beta\tau_\omega} \tag{3-7}$$

式中　ω_0为单颗粒沉速，cm/s；ω_f为与动水相应含沙量、水温、沉距下的静水絮凝沉速，cm/s；$\beta=3.7$；τ_w为床面切力，dyn/cm^2。

❶　冯学英等，泥沙水力特性试验，交通部天津水运工程科学研究所，1995年1月。

ω_f 由下式计算：

$$\omega_f = \omega_{max}\left[1 - \left(\frac{F-1}{F}\right)e^{-ks_0h}\right] \tag{3-8}$$

式中　ω_{max} 为絮凝极限沉速，cm/s；F 为絮凝因子，$F = 7\times10^{-4}d_{50}^{-1.9}$，$d_{50}$ 为泥沙的中值粒径，mm；h 为沉降距离（即水深），cm；$k = 0.012$；S_0 为初始含沙量，kg/m^3。

由于黏性泥沙在流动盐水中沉速的规律非常复杂，上述试验与分析成果仅是初步的，有关沉降淤积的模型和动水沉速的结构式及其有关参数的确定，还有待进一步深入研究。

（2）南京水利科学研究院罗肇森的计算方法[27]。1987 年罗肇森提出河口地区泥沙的沉降速度应表示为

$$\omega = \omega_0 FD \tag{3-9}$$

式中　ω_0 为单颗粒泥沙的沉降速度；F 为 Mignoit 定义的絮凝因子。

由 Mignoit 的试验公式与南京水利科学研究院河港研究所的公式，经比较，以后者的公式较符合实际，该公式为

$$F = 0.00177d_{50}^{-1.82} \tag{3-10}$$

式中　d_{50} 为泥沙的中值粒径（mm），当 $d_{50} = 0.0307$mm 时，$F = 1.0$，$d_{50} = 0.0307$mm 为泥沙絮凝的最大粒径，用 $F\omega_0$ 计算的沉速为絮凝的极限沉速。

由于泥沙在动水中的沉速比静水中小，因而 D 值应为小于 1 的衰减系数。根据天然实测资料的分析，从长期平均来看，D 值与当地含盐度及泥沙的中值粒径有关，得到

$$D = \left(1 + 0.12\lg\frac{0.03}{d_{50}}\right)\exp(1.1\times10^5 d_{50}^2 - 99)s_t \tag{3-11}$$

式中　s_t 为水体的含盐度,‰；其他符号意义同前。

（3）杭州大学赵龙保计算方法[19]。1995 年赵龙保根据黏性泥沙在动水中絮凝沉降的试验结果，认为含沙浓度在沉降过程中随时间的变化基本遵循指数衰减规律，即

$$\frac{ds}{dt} = \lambda(s - s_*) \tag{3-12}$$

或写成

$$S_t = S_* + (S_0 - S_*)e^{-\lambda t} \tag{3-13}$$

式中　$\frac{ds}{dt}$ 为含沙浓度变化率；S_0 为初始含沙浓度；S_t 为沉降 t 时刻后的含沙浓度；S_* 为挟沙力；t 为沉降时间；λ 为衰减系数。

λ 为反映黏性泥沙在流动盐水中沉降规律的参数，其值愈大，表明随时间沉降愈强，含沙浓度衰减愈快。根据试验得 λ 值的估算方式为

$$\lambda = 2.303\left(\frac{\ln S_1 - \ln S_2}{t_2 - t_1}\right) \tag{3-14}$$

试验结果表明在沉降过程中，含沙浓度并非按同一指数 λ 衰减，当水力条件的改变时，λ 值也将改变。按 λ 值的不同，可将沉降过程分为三个阶段：第一段为快速沉降段，历时较短，一般为 20～60min，λ 值很大，且随流速和含沙浓度而变，最大可达 $21.6\times10^{-4}S^{-1}$，泥沙以较大絮团结构沉降，含沙浓度迅速衰减，在某一极值流速下（流速小于 4cm/s）可直至基本澄清；第二阶段为慢速沉降段，历时较长，一般为 60～300min，λ 值较小，且仅与

流速有关，与初始含沙浓度的大小影响不大，一般为$0.5\times10^{-4}S^{-1}$，泥沙以较小絮团沉降，含沙浓度变化明显减缓，并逐渐趋以稳定速率沉降；第三阶段为稳定沉降段，沉降率微小而稳定，$\lambda<0.5\times10^{-4}S^{-1}$，泥沙以微小絮粒或单颗沉降，此时絮团结构已基本落淤，已属非絮凝性沉降。

另一方面，根据一维恒定非均匀流不平衡输沙连续方程导得的平均含沙量沿程度化的计算公式为

$$s = s_* + (s_0 - s_{0*})e^{\frac{-a\omega l}{q}} + (s_{0*} - s_*)e^{\frac{q}{a\omega l}}(1 - e^{\frac{a\omega l}{q}}) \tag{3-15}$$

式中 s_{0*}、s_*分别为进出口断面的水流挟沙力；ω为动水絮凝沉速；l为距离；q为单宽流量；a为沉降概率。

上式中当水流接近均匀流时，($s_{0*}-s_*$) 趋近于零，最后一项可以取消，则式（3-10）可简化为

$$s = s_* + (s_0 - s_*)e^{\frac{a\omega l}{q}} \tag{3-16}$$

其中

$$l = \nu t \tag{3-17}$$

$$q = \nu h \tag{3-18}$$

将式（3-12）、式（3-13）代入式（3-11）得：

$$s = s_* + (s_0 - s_*)e^{\frac{a\omega l}{q}} \tag{3-19}$$

比较式（3-14）与式（3-8）得：

$$\lambda = \frac{a\omega}{h} \tag{3-20}$$

式（3-15）即为黏性细沙动水絮凝沉速ω的计算式。在已知水深h和a、λ时，ω即可求得。在一维均匀流条件下，a为一变量，与沉速ω、水深h及摩阻流速u_*有关，其值可用下式表示：

$$a = 0.5 + \phi\left(\frac{\omega}{\sigma_y}\right) \tag{3-21}$$

$$\sigma_y = 1.25\frac{\nu\sqrt{g}}{c}$$

式中 σ_y为垂直脉动流速均方根；c为阻力系数；v为运动黏滞性系数；g为重力加速度。

(ω/σ_y) ~ $\phi(\omega/\sigma_y)$的关系如表3-23。

表3-23 $\omega/\sigma_y \sim \phi(\omega/\sigma_y)$ 关系表

ω/σ_y	0.1	0.2	0.3	0.4	0.5	0.6	0.7	0.8	0.9
$\phi(\omega/\sigma_y)$	0.040	0.080	0.120	0.165	0.190	0.225	0.260	0.290	0.325

应用式（3-15）计算ω时，需采用试算法，即先假设一个ω，计算ω/σ_y值，由表3-23查出$\phi(\omega/\sigma_y)$，代入式(3-16)计算a，再由式(3-15)计算ω，当ω计算值与假设值相等时，ω即为所求。

必须指出，在计算ω时是必须已知λ值的条件下才能求得的，而λ值是由式（3-9）

算得的，但 λ 值是由水体含盐度为 10‰、水流流速为 2 ~ 11cm/s、含沙浓度为 1 ~ 20g/L、试验水深为 10cm、水温为 25 ~ 30℃等条件下用环形水槽进行试验得到的，受试验条件的限制，使用时应持慎重态度。在实际应用时，最好是根据实际情况通过试验确定λ值。

经计算，在试验条件下，黏性泥沙动水絮凝沉速约在 0.005 ~ 0.028cm/s 范围，若以该值与长江口静水絮凝沉速相比，前者平均约为后者的 0.1 倍。可见，动水絮凝沉速远小于静水絮凝沉速，在河口地区进行工程规划设计、处理工程泥沙问题时，应考虑动水絮凝沉降问题。

（4）经验处理方法。刘家驹等[28]在淤泥质海岸航道回淤计算中对淤泥质泥沙的絮凝沉速一般采用 0.0004 ~ 0.0005m/s，对于粒径 $d > 0.03$mm 的粉沙质或沙质泥沙，因其不存在絮凝现象，则采用分散体的单颗粒沉速。他在高栏港泥沙淤积问题的研究中[29]，认为海水细颗粒泥沙的沉降速度决定于絮凝当量粒径的大小，试验表明其当量粒径一般约为 0.015 ~ 0.03mm，相应的沉速为 0.01 ~ 0.06cm/s，他采用了 0.04cm/s，即 0.0004m/s。

在交通部海港水文规范中[30]，对细颗粒泥沙的絮凝沉速取为 0.0004 ~ 0.0006m/s。据此，珠江口崖门出海航道骤淤分析中采用 0.0005m/s❶。

有的学者在处理絮凝沉速时采用加大絮凝粒径的做法。即考虑絮凝后的粒径应为絮凝前粒径的若干倍，按絮凝后的粒径计算其沉速作为考虑絮凝影响的沉速。如珠江水利委员会科学研究所张振秋根据珠江口取样的黏性细沙进行的静水絮凝沉降试验[16]得到：絮凝后的中值粒径约为絮凝前的 4 倍，根据斯托克斯公式，则相应的沉速应为絮凝前的 16 倍。而杭州大学张志忠等根据长江口细颗粒泥沙的静水絮凝沉降试验[10]则得到：絮凝后细颗粒的平均沉速为絮凝前增大 3 ~ 7 倍，8μm 以下粒级的沉速则增大 10 ~ 75 倍。各人试验的结果有所不同，在实际应用时，最好根据当地实际情况通过试验加以确定。

3.6　潮汐水流挟沙能力

潮汐水流挟沙能力是河口泥沙运动的基本参数之一，研究河口的河床冲淤演变，以及有关河口的水利工程、航道港口工程及其他涉水工程的规划设计等问题，都要应用到这个参数。

关于珠江河口潮汐水流挟沙能力的研究，由于问题的复杂性和实测资料的缺乏，以往较少进行这方面的工作，一般都是采用经验公式进行计算[31]、[32]。近年来国内外在河口潮汐水流挟沙能力方面的研究取得了较大的进展[33]，这对珠江河口潮汐水流挟沙能力的研究将会有很好的指导和促进作用。

3.6.1　珠江河口经验或半经验公式

为了分析珠江河口区河道冲淤演变以及治理规划工作的需要，珠江河口曾建立了经验的或半经验的潮汐水流挟沙能力公式，并曾在磨刀门水道和伶仃洋海区得到了应用。

❶ 李瑞杰等，珠江口崖门出海航道骤淤分析，河海大学物理海洋研究所，2004 年。

1. 磨刀门水道挟沙能力经验公式

珠江水利委员会叶锦培、何卓霞等人与北京水利水电科学研究院周志德合作研究了磨刀门水道潮汐水流挟沙能力经验公式[31]。该公式是参照国内各家的经验公式，并根据磨刀门水道已有的实测资料，利用回归分析方法建立起来的。该公式如下：

落潮：
$$S_{*L} = K_L \left(\frac{V^3}{g\omega H} \right)^{0.603} \tag{3-22}$$

涨潮：
$$S_{*Z} = K_Z S_g \left(\frac{V^3}{g\omega H} \right)^{0.104} \tag{3-23}$$

式中 S_{*L}、S_{*Z}分别为落潮半潮水流挟沙能力和涨潮半潮水流挟沙能力，kg/m^3；V为半潮水流平均流速，m/s；H为半潮断面平均水深，m；ω为泥沙的沉速，m/s；g为重力加速度，m/s^2；S_g为前期落潮半潮平均含沙量，kg/m^3；K_L、K_Z分别为落潮挟沙能力系数和涨潮挟沙能力系数。

K_L、K_Z其值为：

中水期 $K_L=0.162$ $K_Z=0.157$

洪水期 $K_L=0.570$ $K_Z=0.293$

枯水期 $K_L=0.070$ $K_Z=0.075$

在涨潮水流挟沙能力公式中引入了前期落潮平均含沙量S_g，是因为在回归分析中，涨潮时引入了该参数后相关系数有了明显的提高，而落潮时引入前期涨潮平均含沙量后相关系数反而略有降低。分析其原因，认为是由于磨刀门水道的水沙运动主要取决于径流条件，落潮时含沙量主要取决于径流输沙，虽与前期（涨潮）含沙量有一定的关系，但较涨潮时与前期（落潮）含沙量的关系影响要小。

上述涨、落潮流挟沙能力是指全沙而言，由于实测资料所限，未能划分悬移质中的床沙质和冲泻质。根据实测资料分析，洪水、中水、枯水三个时期有各自不同的挟沙力关系，一般珠江河口区河道大多数情况是洪水期淤、枯水期冲，以中水期的平均含沙量与水力因子建立的挟沙能力关系，一般可以代表河道平均状态下的输沙能力。

2. 伶仃洋潮汐水流挟沙能力半径验公式

珠江水利委员会科学研究所邓家泉基于泥沙运动基本理论，应用水流能量平衡原理，引用无潮恒定流的研究成果，推导出水流挟沙能力与水力、泥沙因子的关系式，然后根据伶仃洋水文泥沙实测资料，建立适合于伶仃洋的潮汐水流挟沙力公式[33]。现叙述如下：

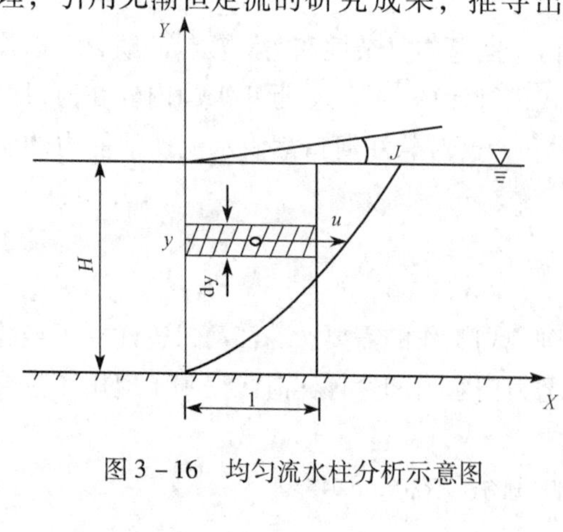

图3-16 均匀流水柱分析示意图

如图3-16所示，取二维明渠恒定均匀流中单位床面上的水柱进行分析：

单位时间内该水柱提供的能量E_p为

$$E_p = \int_0^H \gamma u J \mathrm{d}y = \gamma H J \frac{1}{H} \int_0^H u \mathrm{d}y = \gamma H J V \tag{3-24}$$

式中 γ为水的容重；H为水深；J为水流坡

降；V 为水柱平均流速。

能量 E_p 主要消耗于输送推移质、输送悬移质和克服水流阻力三个方面。设单位时间内输送悬移质所消耗的水流能量为

$$E_s = e_s E_p \tag{3-25}$$

式中 e_s为输送悬移质的效率系数。

另一方面，单位时间内水体流动搬运悬移质所做的功 W 应为

$$W = \alpha W_s \bar{u}_s$$

式中 W_s 为水柱中悬移质的水下有效重力；$\bar{u}_s$ 为悬移质平均运动速度；α 为比例系数。

单位时间内水流输送悬移质所消耗的能量 E_s 应等于水流搬动悬移质所做的功 W，即应有

$$E_s = W \tag{3-26}$$

考虑到 $\bar{u}_s$ 与 V 的关系，设 $\bar{u}_s = \beta V$,其中 β 为一常数，则有：

$$e_s \nu HJ = \alpha\beta W_s \tag{3-27}$$

式中 $W_s = \frac{\gamma_s - \gamma}{\gamma}HS$；$S$ 为水流含沙量，在河床处于不冲不淤的平衡状态下，S 即为水流挟沙能力，以 S_* 表示之。利用谢才公式 $V = C\sqrt{RJ}$（冲积性河流近似取 $R = H$），代入式（3-27）可得：

$$e_s \gamma h \frac{\nu^2}{C^2 H} = \alpha\beta \frac{\gamma_s - \gamma}{\gamma} HS_*$$

整理后得：

$$S_* = \frac{e_s \gamma^2}{(\gamma_s - \gamma)\alpha\beta C^2} \cdot \frac{\nu^2}{H} \tag{3-28}$$

式（3-28）表明水流挟沙能力 S_* 与 V^2/H 成正比。考虑到影响系数 e_s、α、β 和 C 等的因素及其变化极为复杂，目前尚难从理论上弄清楚，为了使式（3-28）成为实用，可将式（3-28）看作如下的函数关系：

$$S_* = F\left(\frac{V^2}{H}\right) \tag{3-29}$$

或写成指数函数的形式：

$$S_* = K\left(\frac{V^2}{H}\right)^m \tag{3-30}$$

式（3-30）即为水流挟沙能力公式，表明了挟沙能力与水力、泥沙因子之间的关系，式中系数 K 和指数 m 可根据实测资料确定。

根据伶仃洋 1978～1979 年实测的水文泥沙资料，按照式（3-30）进行回归分析，即可建立适用于伶仃洋的潮汐水流挟沙能力半经验公式。资料范围包括了洪水期和枯水期、涨潮和落潮、断面和垂线、深槽和浅滩的实测水文泥沙资料，共 850 组。从测验断面的形态看，在水文测验期间的变化甚微。因此，可以认为，实测的资料按涨、落潮期的半潮平均概化，用于挟沙力分析是可行的。

应用最小二乘法原理，对实测含沙量（kg/m^3）、流速（m/s）和水深（m）资料按式（3-30）进行回归计算，求得伶仃洋潮汐水流挟沙能力公式为：

洪水期涨潮
$$S_* = 0.646\left(\frac{V^2}{H}\right)^{0.471} \tag{3-31}$$

洪水期落潮
$$S_* = 0.648\left(\frac{V^2}{H}\right)^{0.572} \tag{3-32}$$

枯水期涨潮
$$S_* = 1.137\left(\frac{V^2}{H}\right)^{0.558} \tag{3-33}$$

枯水期落潮
$$S_* = 0.606\left(\frac{V^2}{H}\right)^{0.467} \tag{3-34}$$

根据实测资料点绘含沙量 S 与水力因子 V^2/H 之间的关系，如图 13－17 所示。由图可见，虽然点群较散，但其规律是明显的，说明按式（3－30）建立的潮汐水流挟沙能力关系式能较好地反映珠江口伶仃洋潮汐水流挟沙规律。

以上诸式中的悬移质含沙量包括床沙质和冲泻质两部分，为全沙的潮汐水流挟沙能力。

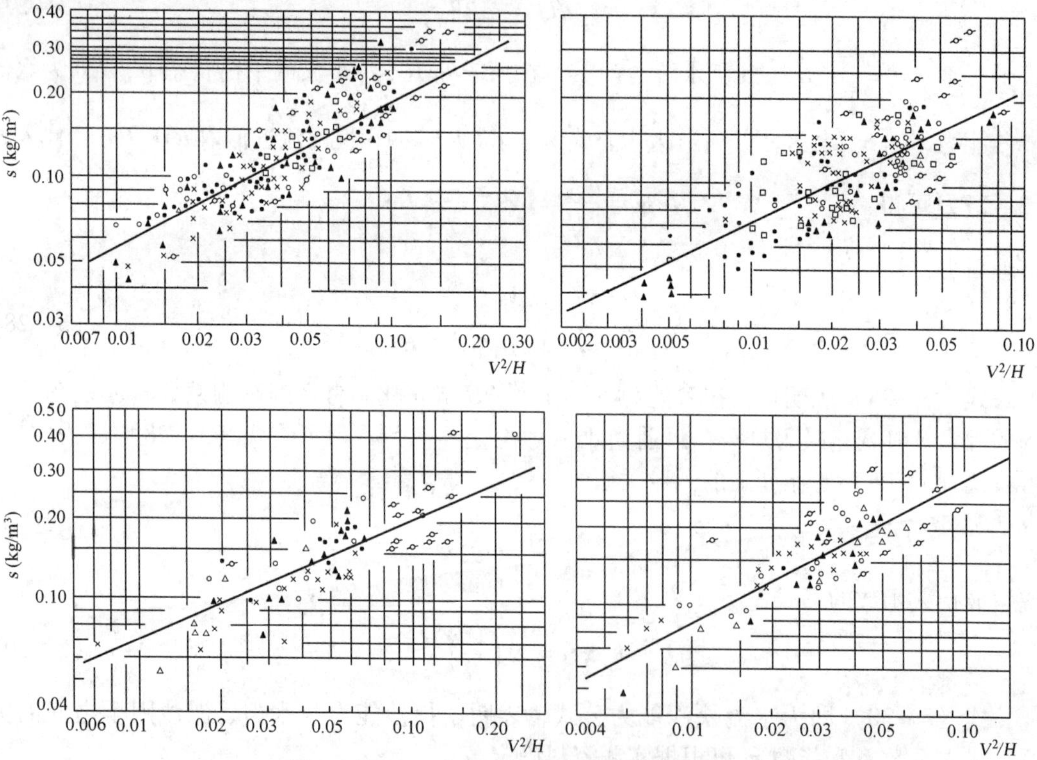

图 3－17 伶仃洋潮汐水流挟沙能力计算值与实测值比较

在以上诸式中未包含泥沙因子，如悬移质粒径或泥沙的沉降速度，这是欠全面的。在建立上式的理论分析中，未考虑潮流输沙和风浪掀沙，以及盐水对泥沙的絮凝影响等诸多因素的作用，亦是欠全面的。因此，上述诸式的应用具有局限性。

3.6.2　在风浪和潮流作用下淤泥质浅滩含沙量的计算公式

南京水利科学研究院刘家驹研究了在风浪和潮流作用下淤泥质浅滩含沙量的计算问题[34]、[35]，由于所研究的是海区动力处于相对稳定状态，水体含沙量达到（或几乎达到）稳定值的规律，此时的含沙量可视为水流挟沙能力。鉴于该计算公式在珠江河口应用较多，比较符合珠江河口的实际情况，而交通部亦已列入《海港水文规范》（JTJ213—98）中作为推广应用，在此加以介绍。

刘家驹认为在风浪和潮流作用下泥沙运动的机理十分复杂，因此仅从宏观的角度出发进行研究，回避其微观机理的分析。他认为对于稳定的海况条件下，含沙量可用如下函数形式表达：

$$S = f(v_1, v_2, d, \omega, \gamma_s, g) \tag{3-35}$$

式中　S 为水体平均含沙量；$v_1 = \left(|\vec{v}_b + \vec{v}_t|\right)$ 为风吹流和潮流的合成流速；v_2 为波动水体的平均水平波动流速；d 为水深；ω 为黏性细颗粒泥沙的絮凝沉降速度；γ_s 为泥沙颗粒容重，可取为 2650kg/m^3；g 为重力加速度。

黏性细颗粒泥沙的絮凝沉降试验表明，絮凝体的沉降速度远比分散单颗粒沉降速度为大，且趋近于固定值，因此 ω 可视为常数处理。这样，式（3－35）可写成

$$S = \varphi(v_1, v_2, d, \gamma_s, g) \tag{3-36}$$

根据现场资料并考虑到因次和谐，将风吹流、波流和潮流以弗劳德数的形式体现，而流速的平方也能代表流体的动能，于是含沙量与风吹流、波流和潮流动力之间的关系可写成

$$S = \beta\gamma_s\left(\frac{|v_1| + |v_2|}{\sqrt{gd}}\right)^n \tag{3-37}$$

式中　β 为系数；n 为指数；其他符号意义同前。

β、n 均由稳定海况条件下的实测资料确定。由图 13－17 可见，$\beta = 0.0273$，$n = 2$。式（3－37）的实用范围为

$$0.02 \leqslant \frac{|V_1| + |V_2|}{\sqrt{gd}} \leqslant 0.25 \tag{3-38}$$

关于风吹流的平均流速，按刘家驹提出的下式计算：

$$V_b = 0.0205\,W \tag{3-39}$$

式中　W 为时段平均风速，m/s。

关于波浪的平均水平波动流速，按刘家驹提出的下式计算：

$$V_2 = 0.2\,C\frac{H}{d} \tag{3-40}$$

式中　C 为波速，m/s；H 为波高，m；d 为水深，m。

式（3－37）即为在风浪和潮流作用下具有挟沙能力概念的淤泥质浅滩含沙量计算公式。对于潮流与风浪的不同组合情况，该式还有如下一些具体形式：

当有风无潮时，即 $V_t = 0$，$V_1 = V_b$，则

$$S = \beta\gamma_s\left(\frac{|V_b| + |V_2|}{\sqrt{gd}}\right)^n \tag{3-41}$$

当有潮而无风时，即 $V_1 = V_t$，$V_2 = V_b = 0$，则

$$S = \beta\gamma_s\left(\frac{|V_t|}{\sqrt{gd}}\right)^n \tag{3-42}$$

当无风潮而只有涌浪时，$V_1 = 0$，则

$$S = \beta\gamma_s\left(\frac{|V_2|}{\sqrt{gd}}\right)^n \tag{3-43}$$

根据1987年《海港水文规范》中将泥沙中值粒径小于0.05mm的海岸定义为淤泥质海岸，则珠江河口的浅滩海域基本上属于淤泥质海岸性质，为此用珠江河口伶仃洋实测资料对式（3－37）进行检验（见图3－18），基本吻合，仅多数含沙量值略有偏小，显然是由于珠江河口含沙量较小的缘故，式（3－37）对珠江河口基本上是适用的。

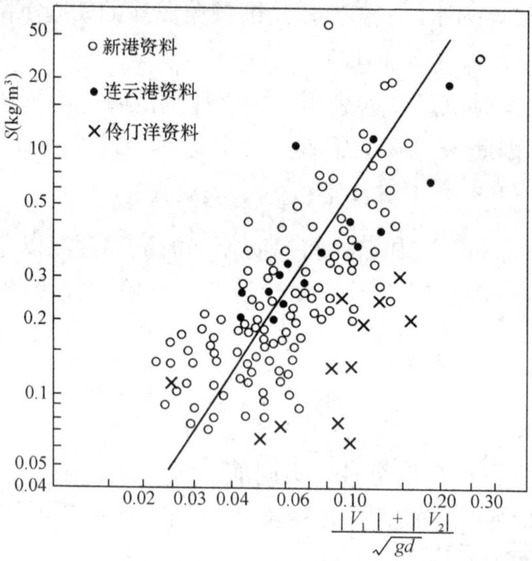

图3－18　淤泥质浅滩含沙量与风浪和潮流动力的关系

3.6.3　潮流和波浪作用下的挟沙能力

近年来不少学者从理论上研究了潮流和波浪作用下的挟沙能力问题，取得了较好的成果[36][37]。其中，窦国仁等人沿着其在研究河流挟沙能力时采用的能量途径，依据能量迭加原理，将潮流和波浪用于悬浮泥沙的能量相加，从理论上导出了潮流和波浪共同作用下的挟沙能力规律，经实测资料（包括珠江口伶仃洋资料）和波浪水槽试验资料验证表明，所得规律具有普遍性，可用于不同河口和海域。为此，在此加以介绍，以利于珠江河口的研究和应用。窦国仁等人认为泥沙悬浮是通过潮流和波浪的紊动而引起，因而在其紊动能中均有一部分因泥沙悬浮作功而消耗，由于潮流和波浪的紊动能量都是由时均能量提供的，因而用于悬浮泥沙的紊动能量也包括在时均能量的消耗中，成为时均能量消耗中的一部分。

在水深为 h 时，单位底面积上潮流和波浪的时均能量方程式分别为

$$\frac{\partial k}{\partial t}+\nu\frac{\partial k}{\partial x}=-\gamma h\frac{\partial z}{\partial x}\nu-\varepsilon_f$$

$$\frac{\partial E}{\partial t}+\frac{\partial (UE)}{\partial x}=E_1-E_2$$

$$k=\frac{1}{2}\rho h v^2$$

$$E=\frac{1}{8}\gamma H^2$$

式中　k 为潮流动能；ρ 为水的密度；v 为流速；γ 为水的容重；z 为潮位；ε_f 为潮流在单位时间的能量消耗；E 为波浪的总能量；H 为波高；U 为波浪群速；E_1 为单位时间由外部输入的能量；E_2 为单位时间波能的消耗。

潮流的能量消耗由下式确定：

$$\varepsilon_f=\gamma i_f h\nu=\gamma\frac{\nu^2}{C^2 h}h\nu=\gamma\frac{\nu^3}{C^2}\tag{3-44}$$

式中　i_f 为摩阻比降；C 为谢才系数；其他符号意义同前。

波浪的能量消耗，目前研究尚不够成熟，一般认为与单位时间波能成正比，即

$$E_2=\beta_1\gamma H^2/T\tag{3-45}$$

式中　β_1 为小于 1 的系数；T 为波周期；其他符号意义同前。

若以 R_1 和 R_2 分别表示单位时间内潮流和波浪用以悬浮泥沙的能量，则根据式（3-44）和式（3-45）应有：

$$R_1=\alpha\varepsilon_f=\alpha\gamma\nu^3/C^2\tag{3-46}$$

$$R_2=\alpha_1 E_2=\alpha_1\beta_1\gamma H^2/T\tag{3-47}$$

式中　α 和 α_1 均为小于 1 的系数；其他符号意义同前。

以 R_3 表示单位时间单位底面积上的水体保持一定的沙量不沉即挟沙能力而需要的能量，应为

$$R_3=(\gamma_s-\gamma)hs_*\omega/\gamma_s\tag{3-48}$$

式中　S_* 为挟沙能力；ω 为泥沙的沉速，当发生絮凝时应为絮凝沉速；γ_S 为泥沙的颗粒容重；其余符号意义同前。

在潮流和波浪共同作用下，依据能量叠加原理应为

$$R_1+R_2=R_3\tag{3-49}$$

将式（3-46）、式（3-47）、式（3-48）代入式（3-49），即可得潮流和波浪共同作用下的挟沙能力公式，即

$$S_*=\alpha\frac{\gamma\gamma_s}{\gamma_s-\gamma}\left(\frac{\nu^3}{C^2 h\omega}+\beta\frac{H^2}{hT\omega}\right)\tag{3-50}$$

式中　系数 α 和 β（$\beta=\alpha_1\beta_1/\alpha$）均应由实测资料确定。根据水槽试验资料及现场实测资料（见图 3-19），得 $\alpha=0.023$，$\beta=0.0004$。

在无波浪时，单纯水流的挟沙能力 S_{*w} 可由下式确定：

$$S_{*w} = \alpha \frac{\gamma\gamma_S}{\gamma_S - \gamma}\frac{\nu^3}{C^2 h\omega} \tag{3-51}$$

或

$$S_{*w} = \alpha \frac{\gamma\gamma_s}{\gamma_s - \gamma}\left(\frac{n^2\nu^3}{h^{4/3}\omega}\right) \tag{3-52}$$

式中　n 为曼宁系数。

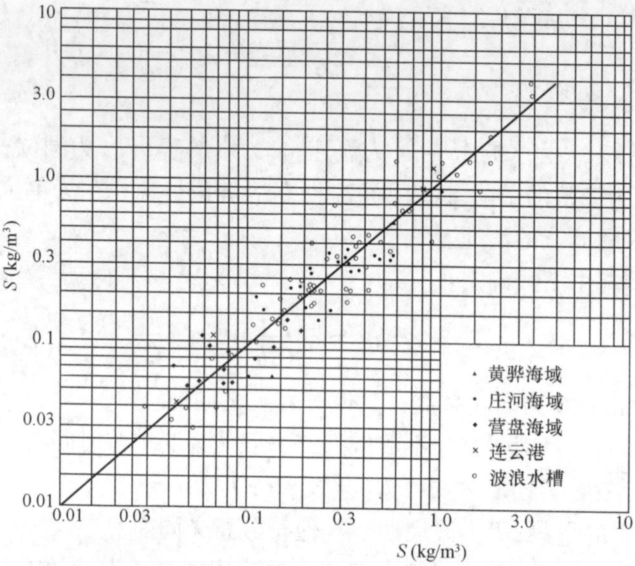

图3－19　挟沙能力公式（3－50）与实测含沙量的比

当只有波浪而无水流时，波浪挟沙能力 S_{*w} 应由下式确定：

$$S_{*w} = \alpha\beta \frac{\gamma\gamma_s}{\gamma_s - \gamma}\frac{H^2}{hT\omega} \tag{3-53}$$

式（3－50）曾用辽宁的庄河海域和锦州海域、天津新港海域、河北的沧州海域、江苏的连云港和灌河海域、广西的营盘海域、长江口、珠江口伶仃洋等实测含沙量资料，以及国外一些海域资料和波浪水槽试验资料进行了验证，结果表明均符合良好，说明该式具有普遍适用性的意义。

窦国仁等人的研究成果，具有一定的理论基础，又有较广泛的实测资料进行了验证，无疑是目前较好的应用公式。但在实际应用时，最好尽可能收集当地现场实测资料加以补充验证，以确定公式中的系数，从而提高公式的精度。

参考文献

[1] 武汉水利电力学院河流泥沙工程教研室．河流泥沙工程学（上册）［M］．北京：水利出版社．1980.

[2] 珠江水利委员会水文局，科学研究所滨海水文组．珠江口滨海区水文调查报告［A］．珠江口海岸带和海涂资源综合调查研究文集［C］，广州：广东科技出版社，1986.

[3] 徐君亮，等．珠江口伶仃洋滩槽发育演变［M］．北京：海洋出版社，1985.
[4] 钱宁，万兆惠著．泥沙运动力学［M］．北京：科学出版社，1983.
[5] 黄建维．黏性泥沙在静水中沉降特性的试验研究［J］．泥沙研究，1981（2）.
[6] 黄胜，卢启苗．河口动力学［M］．北京：水利电力出版社，1995.
[7] 中国水利学会泥沙专业委员会．泥沙手册［M］．北京：中国环境科学出版社，1992.
[8] 张德茹，梁志勇．不均匀细颗粒泥沙粒径对絮凝的影响试验研究［J］．水利水运科学研究，1994（1）.
[9] 关许为，等．长江口泥沙絮凝临界粒径试验研究［M］．海洋沉积物—海水界面过程研究［A］，北京：海洋出版社，1999.
[10] 张志忠，等．长江口细颗粒泥沙絮凝若干物性探讨［A］．第二次河流泥沙国际学术讨论会论文集［C］，北京：水利电力出版社，1983.
[11] 陈洪松，等．$Alcl_3$对细颗粒泥沙絮凝沉降的影响［J］．水科学进展，2001，12（4）.
[12] 林秉南，等．钱塘江河口潮流输沙数学模型［J］．泥沙研究，1981（2）.
[13] 张庆河，等．黏性泥沙絮凝现象研究述评（1），絮凝机理与絮团特性［J］．海洋通报，2001. 12.
[14] 张庆河，等．粉沙质海岸界定浅说和粉沙的基本特性研究［A］．第九届全国海岸工程学术讨论会论文集［C］．北京：海洋出版社，1999.
[15] 关许为，等．长江口絮凝机理的试验研究［J］．水利学报，1996. 6.
[16] 张振秋，等．珠江口细泥沙絮凝过程的试验研究［A］．全国泥沙基本理论研究学术讨论会论文集［C］. 1992. 9.
[17] 黄建维，等．黏性泥沙在流动盐水中沉降特性的试验研究［A］．第二次河流泥沙国际学术讨论会论文集［C］．北京：水利电力出版社，1983.
[18] Krone, R. B. A Field Study of Flocculation as a Factor in Estuarial Shoaling Frocesses, 1972.
[19] 赵龙保．流动盐水中细颗粒黏性泥沙的沉降速度［J］．杭州大学学报（自然科学版），1995，22（3）.
[20] Owen MW. The Effect of Turbulence on the settling. Velocities of Silt Flocs, 14th Congress of the International Association for Hydraulic Resourch, 1971.
[21] Einstein, H. A and Krone, R. B. Experiments to Determines Models of Sediment Transport in salt Water, Journal of Geophysical Research, Vol. 67, No. 4, 1962.
[22] 蒋国俊，等．长江口细颗粒泥沙絮凝沉降影响因素分析［J］．海洋学报，2002，24（4）.
[23] 严镜海．潮汐水流中细颗粒泥沙絮凝沉降的初步探讨［J］．泥沙研究，1988（4）.
[24] 阮文杰．细颗粒泥沙动水絮凝的机理分析［J］．海洋科学，1991（5）.
[25] 徐宏明．天津港港内水沙分布特征值分析［J］．水道港口，2000（1）.
[26] 金鹰，等．长江口黏性细颗粒泥沙絮凝试验研究［J］．河海大学学报，2002，30（3）.
[27] 罗肇森．河口航道开挖后的回淤计算［J］．泥沙研究，1987（2）.
[28] 刘家驹，等．海岸工程泥沙的研究和应用［J］．水利水运科学研究，1998（3）.

[29] 刘家驹，等．高栏港泥沙淤积问题研究 [J]．海洋工程，1993，11 (3).
[30] 中华人民共和国交通部．JTJ213—98 海港水文规范 [S]．北京：人民交通出版社，1998.
[31] 叶锦培，等．珠江河口潮汐水流挟沙力经验公式探求 [J]．人民珠江，1986 (1).
[32] 邓家泉．潮汐河口水流挟沙力研究 [J]．热带海洋，1989 (2).
[33] 曹文洪，等．潮流和波浪作用下悬移质挟沙能力研究述评 [J]．泥沙研究，1999 (5).
[34] 刘家驹．在风浪和潮流作用下淤泥质浅滩含沙量的确定 [J]．水利水运科学研究，1988 (2).
[35] 刘家驹，等．淤泥质海岸航道、港池淤积计算方法及其推广应用 [J]．水利水运科学研究，1993 (4).
[36] 窦国仁，等．潮流和波浪的挟沙能力 [J]．科学通报．1995，40 (5).
[37] 曹文洪，等．潮流和波浪作用下悬移质挟沙能力的研究 [J]．泥沙研究，2000 (5).

第4章　珠江河口河床演变特征

4.1　珠江三角洲的形成发育及主要影响因素

4.1.1　珠江三角洲的基本特点

珠江河口是否存在三角洲？这是自20世纪30年代以来一直有争议的问题。持否定观点的有哈安德等（Arnold heim，1930年）及我国学者陈国达（1934年），但更多的学者则持肯定的观点，如柯维廉（G. W. Olivecrona，1915年）、吴尚时和曾昭璇（1934年）、钟柏松和黄广耀（1958年）、周业华（1962年）、徐俊鸣（1973年）、赵焕庭（1975年）、李春初和杨干然（1977年）、黄镇国等（1982年）。持肯定观点的学者认为珠江三角洲是一个尚未填满的湾内复合三角洲，它具有和其他三角洲不同的特殊特点。

1. 港湾式的三角洲

珠江三角洲和长江三角洲、黄河三角洲及尼罗河三角洲等不同，后者是河流挟带的沉积物沉积于敞露的海岸向海中凸出的三角洲；而珠江则是注入于一个深入陆地的浅海湾内，其中分布着孤立的或成行排列的海岛，珠江挟带的泥沙在这种环境下沉积而形成三角洲。

2. 复式的三角洲

珠江三角洲是指包括西江、北江、东江、流溪河、潭江等在内冲积而成的三角洲，其中东江三角洲本来可以独立成一个单位，是由东江独立塑造形成的，它的顶点在东莞市的石笼，底边是和西江、北江三角洲相隔的狮子洋水道，其三角洲的形态更为完整和标准，但由于东江三角洲和西江、北江三角洲紧紧相连，东江的泥沙又参与了整个珠江三角洲的营造，所以人们把它包括在珠江三角洲内，视为珠江三角洲的一个整体。因此，珠江三角洲是由多个三角洲复合构成的复式三角洲。

3. 网河密布的三角洲

在珠江三角洲上，水道纵横、网河密布，并且相互贯通，彼此相互联系和相互影响，具有“牵一发而动全身”之势。据不完全统计，大、小河流约有220多条，其水网之多是长江、黄河等大江大河所没有的，成为珠江三角洲的一大特色。

4. 山丘罗列的三角洲

在珠江三角洲平原上，分布着许多山丘，它们星罗棋布，犹如繁星。据不完全的统计，大小山丘约有160多座，大多数是由古生代或中生代的岩层构成的，最高者为罗浮山，海拔为1281m，高程在250m以下的低丘陵，多呈孤丘，为昔日古海湾中的小岛，被沉积泥沙充填而成。因此，珠江三角洲不是一望无际的冲积平原，是与长江三角洲、黄河三角洲不同而具有其特殊性的三角洲。正是因为三角洲平原上存在着众多的山丘，因此有些学者就否定了珠江三角洲的存在，显然只见表面现象而未作实质分析的结果。实际上，珠江三角洲上山丘的存在，在三角洲形成的过程中还起到了积极的作用。它们一方面减弱了海浪和潮流对三角洲沉积物的破坏，另一方面又截留住大量的泥沙，并使其很快沉积下来，加快了三角洲的形成。

5. 沉积层浅薄的三角洲

珠江三角洲的沉积层较为浅薄，尽管许多学者认识不一，但多数学者认为一般在30m左右。表4-1为广州地理研究所黄镇国等人根据钻孔资料分析得到珠江三角洲第四纪厚度的分级统计。由表可见，厚度小于30m的面积，西、北三角洲占73.7%，东江三角洲占88.1%，整个珠江三角洲则占74.8%，即大部分面积的厚度小于30m。最大厚度为灯笼沙的63.6m，在边缘地质最浅处仅为几米。这又是珠江三角洲的特殊性之一。世界上著名的三角洲一般沉积层都是很厚的，如尼罗河三角洲、长江三角洲都厚达100多m，近代黄河三角洲厚达200多m。

表4-1　珠江三角洲第四纪厚度的分级统计[1]

厚度(m)	西江、北江三角洲			东江三角洲			珠江三角洲		
	面积(km^2)	%	体积(km^3)	面积(km^2)	%	体积(km^3)	面积(km^2)	%	体积(km^3)
<20	2608.25	41.0	101.21	313.00	55.1	8.23	2921.3	42.1	109.4
20~30	2080.69	32.7	27.16	187.56	33.0	1.61	2268.3	32.7	28.8
30~40	1092.16	17.1	11.29	55.84	9.8	0.39	1184.0	16.6	11.7
>40	583.40	9.2	23.34	11.60	2.1	0.46	595.0	8.6	23.8
合计	6364.5	100	162.99	568.00	100	10.70	6932.5	100	173.7
平均厚度(m)	25.6			18.8			25.1		

4.1.2　珠江三角洲的形成与发育

关于珠江三角洲的形成与发育，不少学者曾进行了研究，至今尚无统一的认识，众说纷纭，主要分歧在于珠江三角洲的发育阶段的划分上。而珠江三角洲的形成是由于河流搬运来的泥沙，在海湾中沉积、充填所致，至于沉积方式有河相沉积和海相沉积两种，这一点则几乎毫无争议。

中国科学院南海海洋研究所（1978年）[1]认为珠江三角洲经历过三个发育阶段：

（1）全新统早期（距今约11000~7000年）老三角洲沉积阶段。在此时期发生大规模海侵（又称海进），先是陆相沉积，而后随着海面的上升，发育了海相沉积层，约在2000年前，珠江三角洲形成了漏斗湾。

（2）全新统中期（距今约7000~2000年）风化阶段。由于当时发生海退，海相沉积物受到风化侵蚀，形成风化壳。

（3）全新统后期（距今2000年以来）河海混合堆积阶段。由于本区下沉约1~7m，最大20m，形成了现今的海积平原及表层以下的腐木、贝丘、蚝壳层、历史文物等。认为广州—顺德—江门—一线为咸淡水的交汇线，此线西北为河流泛滥平原，东南则以滨海沉积为主。

中国科学院南海海洋研究所赵焕庭（1980 年）[1]将珠江三角洲的发育过程划分为 5 个阶段：

（1）更新统末至全新世初低海面阶段，当时河流下切，形成河床相砂砾层。

（2）早全新统（距今 10000 ~ 9000 年）海侵阶段，当时狮子洋和伶仃洋成为弱谷湾，有港湾相堆积。

（3）早全新统末（距今 7000 ~ 9000 年）风化阶段，在此时期发生地壳上升和海退，形成埋藏风化壳。

（4）中全新统初期（距今 6000 ~ 7000 年），世界性海面上升，使珠江三角洲再度变成深入内陆的大海湾，发育河口湾相堆积。

（5）晚全新统潮流淤积，发育现代三角洲。

中山大学地理系河口研究组李春初等（1977 年）[2]认为珠江三角洲是晚第四纪海侵以来逐渐堆积和发展的，总共已有一二万年的历史。其发育过程深受海面变化的影响，主要经历 3 个发展阶段：

（1）埋藏三角洲发育阶段（距今约 18000 年或 17000 年前至 11000 年前），玉木冰期开始逐渐消融退缩，海面迅速上升，直至伸入内陆形成珠江口的古海湾。在前期（距今 18000 ~ 13000 年前）海侵影响下，今三角洲地区原来深切的河谷系统，逐渐被河流挟带的砂砾、砂和砂质黏土等沉积物所充填，形成以河流冲积物为主的三角洲平原，称之为埋藏的三角洲。约 13000 ~ 12000 年前，海面停滞或轻微下降，海面位置约在今海面下 40 ~ 50m，在先前形成的平原上大量繁生林木，今三角洲沉积层中的下部埋藏腐木淤泥层的发育与此有关。

（2）古三角洲发育阶段，距今约 11000 年至 5000 ~ 6000 年前，又发生海侵，海面从 -40 ~ -50m 开始上升，直至接近现海面位置，海侵的北界为黄埔—石楼—市桥—陈村—江门—沙富一线附近，其结果覆埋了原先平原上的植物和森林，又形成了一套以河流冲沉物为主的、自上而下由粗到细的碎屑沉积物，称之为古三角洲。

（3）现代三角洲发育阶段，距今约 4000 ~ 2000 年前，大规模海侵结束，海面较为稳定，仍以河流泛滥沉积为主，三角洲并无明显的推进和发展。近一二千年来，由于河口动力作用愈益下移，泥沙被大量带至上述最北海岸线以南的口外海滨沉积，形成了以海相沉积为主的现代三角洲。

广州地理研究所黄镇国等人根据珠江三角洲第四纪沉积相变化所反映的 3 次旋回、^{14}C年代的测定结果、第四纪地层的划分等方面，认为珠江三角洲的发育经历过 6 个阶段[1]：

（1）海退阶段。时代为玉木亚间冰期前段（距今 32500 ~ 40000 年）。据测定珠江三角洲第四纪样品的^{14}C 年代，最老的是(33000 ± 3000) ~ (37000 ± 1480)年，沉积物为陆相的砂砾层、中粗砂层，当时珠江三角洲全境为陆地，珠江三角洲开始发育时应属于河流相堆积。

（2）第一次海侵阶段。时代为玉林亚间冰期后段（距今 22000 ~ 32500 年）。据测定 11 个海相淤泥样品的^{14}C 测定年代为(15000 ± 550) ~ (30440 ± 2300)年，6 个腐木样品的^{14}C测定年代为(16760 ± 250) ~ (25410 ± 420)年，可见此时期珠江三角洲有一次海侵过程，其年代跨度较大，海侵时代较长，但当时海面高度为 -24 ~ -19.4m，海侵范围不可能遍及整个三角洲地区，约为珠江三角洲面积的1/5，主要是偏于西江、北江三角洲的东南部。海侵所及地区沉积了厚度为5 ~ 17m的含海相生物的深灰色黏土，其余地区为河流相的含砾中粗砂或细砂堆积（含零星腐木）。

以上第（1）、（2）阶段的沉积构成第一个旋回，时代主要是晚更新统，称为古三角洲，其下部以河相堆积为主，上部为河、海混合相。

（3）第二次海退阶段。时代为玉木冰期晚期至全新统的北方期（距今7500 ~ 22000年）。此时 期的时段较短，当时海面很低，珠江三角洲全境为陆地，其沉积物属于河相堆积及风化阶段，多为砂砾层或中粗砂层，其次为花斑状风化黏土，其余为粉细砂堆积或基岩出露。

（4）第二次海侵阶段。时代为大西洋期（距今5000 ~ 7000年）。据测定14个海相层样品的^{14}C年代为(5020 ± 150) ~ (5920 ± 300)年（7个样品）、(6100 ± 150) ~ (6985 ± 105)年（6个样品）、(8050 ± 200)年（1个样品）；测定5个陆相样品的^{14}C年代为(5500 ~ 6300) ± 330年，可见珠江三角洲发生过第二次海侵。从孢粉分析所反映的气候亦表明，由前一阶段的凉转为这一阶段的温，显示了海侵的现象。

这一时期的海侵范围甚广，遍及整个珠江三角洲，是珠江漏斗湾的形成阶段，也是珠江三角洲海相层最发育、分布最普遍的阶段。海侵地区沉积了厚度为5 ~ 10m的深灰色淤泥、蚝壳、咸水种硅藻、海绿石、自生黄铁矿等沉积物。

以上第（3）、（4）阶段的沉积物构成第二个旋回，时代为全新统早期及中期，称为老三角洲，其下部为含腐木的河相砂砾层，不少地段为海相层经风化的花斑黏土；上部为分布很广的海相淤泥层，可见老三角洲比古三角洲更为典型，面积更大，占珠江三角洲面积的4/5以上。

（5）局部海退阶段。时代为亚北方期（距今2500 ~ 5000年）。据测定8个海相层样品的^{14}C年代为(2510 ± 90) ~ (4940 ± 250)年，6个陆相样品的^{14}C年代为(2540 ± 120) ~ (4640 ± 280)年，可见珠江三角洲在此时期既有海相沉积，又有陆相沉积。此时期的海退为局部海退，不像第（1）和第（3）阶段表现为全境的海退。这种海退现象，一方面是由于三角洲平原的向海推进而使滨线外移；另一方面是由于海面的持续上升而使南海海面很接近现海面的高度，然后处于停滞阶段。在这个阶段，河流的冲积作用加强，三角洲很普遍分布着风化黏土及砂砾层。

（6）第三次海侵阶段。时代为亚大西洋期（距今2500年以来）。测定8个海相淤泥蚝壳样品的^{14}C年代为(1260 ± 90) ~ (2350 ± 90)年，4个腐木样品的^{14}C年代为(2050 ± 100) ~ (2350 ± 110)年，可见珠江三角洲在此时期既有海相沉积，也有河相沉积。

这一时期的海侵范围比较大，与第二次海侵（大西洋期）时的状况相似。西江、北江三角洲的中、下游再次沦为连片的海区，东江口门上移到中堂，狮子洋第二次被淹没，海水沿珠江正干再次侵入广州市区。与此同时，由于河流搬运作用占优势，三角洲平原不断向海推进，仍未受海侵影响。在海侵区，沉积物为富含蚝壳等的海相淤泥；以河流冲积为主的地区则为粉砂质黏土。随着三角洲平原的发展，溺谷及海湾的范围不断缩小，直至发育成为今天的珠江三角洲。

以上第（5）、（6）阶段的沉积物构成第三个旋回，时代为全新统中期及后期，称为新三角洲。其下部沉积物，在西江、北江三角洲为粉细砂及浅风化黏土，近口门地区则为连续沉积的淤泥；在东江三角洲全为陆相堆积物或风化黏土，仅在虎门及伶仃洋有连续沉积的淤泥。其上部沉积物为淤泥及粉砂质黏土。

表 4－3 为黄镇国等人关于珠江三角洲发育阶段的论述汇总，清晰地阐明了他们的观点。

以上为几位学者有代表性的观点，还有众多学者表示了自己的见解，但基本上都大同小异。从上述可见，他们的共同点是认为珠江三角洲的发育过程与气候的变化有关。由于世界气候变冷而处于冰期时发生了海退，河流发生下切，河床堆积着砂砾、中粗砂、砂质黏土等河相沉积层；当世界气候转暖，冰川消融而发生海侵时，海面上升，三角洲覆盖着富含蚝壳等的海相淤泥，有些地区为河相粉砂质黏土。至于珠江三角洲发生了多少次旋回的海退和海侵，则有不同的认识，或者是起算时期的不同。赵焕庭及李春初等人认为珠江三角洲经历了 2 次旋回，黄镇国等人则认为了经历了 3 次旋回。由于黄镇国等人认为珠江三角洲的形成发育自玉木亚间冰期前段（距今 32500～40000 年）起算，而李春初等人则自距今 18000（或 17000）年至 11000 年前起算❶，两者相差达 14500～29000 年。因此，对珠江三角洲经历时期的认识会有不同。

在珠江三角洲发育阶段的划分上，显然以黄镇国等人的划分较细致，根据也较为充足。他们根据地质年代、^{14}C 年代测定，以及孢粉分析所反映的气候变迁等方面确定沉积物的年代，因而其论述较为全面和成熟。

4.1.3　影响珠江三角洲形成发育的主要因素

在珠江三角洲的形成发育过程中，有众多因素对其有影响，主要有利于珠江三角洲形成发育的因素有：

1. 河流条件

（1）下游坡降小。西江、北江和东江下游坡降都较小，因而水流流速较小，有利于泥沙沉积。表 4－2 为 1955 年汛期西江、北江和东江下游河段的洪水坡降，表 4－4～表 4－6为各河流口门段的河床坡降，由诸表可见，三江下游的水面坡降都较小，东江为 0.00012，北江为 0.00005，而西江为 0.000005 则更小；河床坡降也较小，其中以西江下游河床坡降最小，西江、北江甚至出现负坡降。

表 4－2　　西江、北江、东江下游洪水坡降表

河　流	河　段	水面坡降
西 江	羚羊峡—江门	0.00005
	江门—神湾	0.000005
北 江	清远—三水	0.00012
	三水—大陇滘	0.00005
东 江	博罗—石龙	0.00012

❶ 李春初，杨干然，珠江三角洲的形成发育和演变，中山大学地理系河口研究所，1977 年 11 月。

表4-3 珠江三角洲发育阶段特征表

发育阶段		地质时代		年(距今)	本区样品的 ^{14}C 年代(a)	海面高度(m)	海面上升速率(mm/a)	海侵或海退	气候变迁	构造运动	沉积特征	地貌特征
新三角洲	Ⅵ	Q_4^3	亚大西洋期	2500	海相样品 (1260±90)~(2350±90) 陆相样品 (2050±100)~(2350±110)	-0.4 (1260±90a) -1.3 (2350±110a)	2.01	海侵(第三次)	南亚热带(年均温度22℃)中亚热带南部(年均温度18~21℃)	差异性升降运动(三角洲边缘地区上升率1.03mm/a,平原地区沉降率0.59mm/a,滨海地区沉降率3.44mm/a)	沉积层厚度3~5m,最厚28.3m. 淤泥、粉砂质黏土,沉积速率2.710mm/a	海侵范围扩大,约占全区面积的2/3。由三角洲的下游向上游,依次为海湾、溺谷、平原。口门位置为中堂、松冈、南庄、太平,逐渐发展为现代的三角洲平原
新三角洲	Ⅴ	Q_4^{2-2}	亚北方期	5000	海相样品 (2510±90)~(4940±250) 陆相样品 (2540±120)~(4640±280)		2.05	局部海退	中亚热带北部(年均温度15~18℃)		沉积层厚度3~5m,最厚26.7m. 含砾中细砂、风化黏土(厚3~4m,42处)、淤泥. 沉积速率2.180mm/a	海面停滞,海侵面积约占全区的1/2。平原与溺谷地形。古地面高度-5~7m。口门从三角洲边缘下移至麻涌、广州、水藤、太平、双水
老三角洲	Ⅳ	Q_4^{2-1}	大西洋期	7500	海相样品 (5520±150)~(5920±300) (6100±150)~(6985±105) (8050±200) 陆相样品 5500~(6300±330)	-7.8 (5020±160a) -9.1 (5360±160a)	4.40	海侵(第二次)	中亚热带南部(年均温度18-21℃)		沉积层厚度5~10m,最厚16.1m. 淤泥、淤泥质砂. 沉积速率2.665mm/a	大规模海侵,面积约占全区的4/5。珠江漏斗湾形成。海湾与溺谷地形。古地面高度-7~15m。口门位于三角洲的边缘(园洲、松冈、宝月、黄塘、广利)
老三角洲	Ⅲ	Q_4^1	北方期	10000	陆相样品 (16760±250)~(25410±420) 海相样品 (15000±550)~(30440±2300)	(全球低海面) -19.4 (17270±680a) -24.8 (18600±600a)	—	海退	中亚热带北部(年均温度15~18℃)	差异性升降运动	沉积层厚度约5m,最厚14.3m. 砂砾、花斑黏土(厚5~6m,至少有57处),沉积速率0.299mm/a	全境为陆地,平行岭谷地形,谷深15~30m,纵坡降0.10‰,古堆积面及风化剥蚀面高约-20m
老三角洲	Ⅲ	Q_3^3	玉木晚期	22000								
古三角洲	Ⅱ	Q_2^{2-2}	玉木亚间冰期 后段	32000		-24.3 (23170±980a) -24.0 (28240±2220a)	—	海侵(第一次)	北亚热带(年均温度14~16℃)		沉积层厚度5~10m,最厚16.9m。砂质黏土、含砾中粗砂. 沉积速率0.936mm/a	海水沿谷地入侵,形成三条溺谷,口门位于石楼、罗村、思贤滘、双水。古地面高度约为-25m
古三角洲	Ⅰ	Q_3^{2-1}	玉木亚间冰期 前段	40000	陆相样品 (33000±3000)~(37000±1480)	—	—	海退			砂砾层,厚度5~10m,最厚17m,沉积速率0.787mm/a	平行岭谷地形,谷深25~35m,纵坡降0.14%~0.17‰,谷内砂砾层发育,谷间为剥蚀风化面

表 4-4　西江磨刀门水道河床坡降

河段	神湾—迭石	迭石—外海	外海—江门	江门—天河	天河—甘竹	甘竹—下圩	下圩—白石	白石—马口
河床平均高程（m）	-11.0 ~ -10.5	-10.5 ~ -12.0	-12.0 ~ -10.0	-10.0 ~ 15.0	-15.0 ~ -17.0	-17.0 ~ -15.0	-15.0 ~ -15.5	-15.5 ~ -20.0
坡降	0.00003	-0.00009	0.00052	-0.00021	-0.00074	0.00013	-0.00004	-0.00032

表 4-5　北江洪奇沥水道河床坡降

河段	万顷沙西—大陇滘	大陇滘—板沙尾	板沙尾—三善滘	三善滘—稔海	稔海—水藤	水藤—三多	三多—下滘	下滘—南岸	南岸—三水
河床平均高程（m）	-8.0 ~ -11.5	-11.5 ~ -8.0	-8.0 ~ -8.5	-8.5 ~ -10.5	-10.5 ~ -10.0	-10.0 ~ -6.0	-6.0 ~ -5.5	-5.5 ~ -3.0	-3.0 ~ -2.9
坡降	-0.00015	0.00017	-0.00005	-0.00013	0.00007	0.00032	0.00007	0.00014	0.00001

表 4-6　东江北干水道河床坡降

河段	大盛—吴家涌	吴家涌—石龙
河床平均高程（m）	-7.3 ~ -4.3	-4.3 ~ -3.7
坡降	0.00015	<0.00001

（2）径流量大、输沙量大、泥沙组成细。珠江的径流量大，八大口门的多年平均径流量为 3260 亿 m^3，水量之大在我国仅次于长江而居第二位；珠江含沙量小，西江马口站多年平均含沙量为 0.29kg/m^3，北江三水站和东江博罗站多年平均含沙量 0.14 kg/m^3，但由于水量大，因而输沙量也大，八大口门的多年平均输沙量为 7098 万 t，居我国大江大河的第三位。这些泥沙是形成珠江三角洲的物质基础，可见，珠江的泥沙来源是十分丰富的。加之珠江泥沙组成较细（见表 4-7），有机质含量较高（见表 4-8），西江河床底质中小于 0.005mm 的粒径级泥沙占 30% ~60%，有机质含量占 3.5% ~12.7%，这些泥沙在河流中形成胶体悬移质和拟胶体悬移质，易发生沉积。

表 4-7　西江河床底质颗粒级配表　（%）

采样地点	胶粒 <0.001（mm）	细粉砂 0.001 ~ 0.005（mm）	粗粉砂 0.005 ~ 0.01（mm）	极细砂 0.01 ~ 0.05（mm）	细砂 0.05 ~ 0.25（mm）	中砂 >0.25（mm）	备注
鸡啼门	25.00	19.00	29.00	9.70	17.30	—	资料来自中山大学唐永銮等分析成果[5]
三灶	27.50	31.03	15.35	14.47	11.65	—	
白藤湖	14.90	21.34	10.37	39.99	17.04	—	
崖门	20.00	23.70	8.88	8.05	39.33	0.62	
灯笼山	33.15	28.08	8.70	24.39	3.15	2.82	
连腰	19.46	14.73	15.08	37.75	12.61	0.33	
外海	16.80	11.74	8.06	48.27	14.52	0.61	
白蕉	7.38	23.11	14.66	42.38	12.47	—	

表4-8 西江河床底质有机质含量测定表 (%)

采样地点	有机质含量	采样地点	有机质含量
白　蕉	6.114	连　腰	3.518
白　蕉	5.936	白藤湖	6.266
布　洲	5.400	干　务	12.700
外　海	3.485		

注　资料来自中山大学唐永銮分析成果[5]。

2. 海洋条件

（1）潮差小、潮流流速小。珠江河口的潮汐与潮流特征表明珠江河口属于弱潮河口，各口门的潮差不大，除虎门口和崖门口为潮流作用为主的口门，平均潮差分别为1.69m和1.24m外，其余口门均为径流作用为主的河口，平均潮差最小为0.83m（磨刀门）。由于珠江三角洲潮差小，因而水面坡降变化小，潮流流速小（见表4-9），不论洪水期还是枯水期，涨潮还是落潮，垂线平均流速均在0.65m/s以下，这对泥沙的沉积十分有利。

表4-9 珠江河口涨、落潮流速表 (单位：m/s)

海区名称	水道名称	枯水期		洪水期	
		涨潮流流速	落潮流流速	涨潮流流速	落潮流流速
伶仃洋	伶仃水道	0.59	0.64	0.41	0.62
	东槽	0.34	0.32	0.55	0.64
	矾石水道	0.38	0.40	0.46	0.52
磨刀门	灯笼山	0.35	0.50	0.31	0.58
	洪湾水道	0.15	0.41	0.19	0.33
	龙屎窟水道	0.55	0.63	0.38	0.54
黄茅海	崖门口主槽	0.43	0.51	0.60	0.58
	黄茅海东滩	0.44	0.48	0.45	0.43
	黄茅海西滩	0.40	0.35	0.40	0.35

注　表中资料引自《珠江口滨海区水文调查报告》。

（2）水体含盐度高。珠江河口水体中含盐度较高，根据实测多年垂线平均含盐度（见表4-10）的统计，海区的含盐度较高，伶仃洋海区的涨憩平均和落憩平均分别为22.25‰和20.94‰，磨刀门海区分别为11.34‰和5.26‰；向口门推移则含盐度逐渐减小，各口门大小不一，以鸡啼门、虎跳门、东江南支流等较大，横门、洪奇门等最小。

水体中的含盐度高，将对细颗粒泥沙产生絮凝作用而促进泥沙的沉积。试验研究表明，粒径小于0.01~0.02mm的泥沙，只要水中含有少量的盐分，即能出现絮凝现象。当含沙量为0.5kg/m^{3}时，如果含盐度达到10‰左右，则絮凝作用达到最强，以后含盐度继续增大，絮凝团粒沉速接近常数。由表4-10可见，珠江河口的水体普遍处在絮凝作用较强盛的范围以内，尤其是伶仃洋、磨刀门等内海区更为显著。

另外，珠江河口的水体中所含的胶体，一般为有机胶体、硅酸盐胶体、氢氧化铁、氢氧化铅胶体以及有机矿物质胶体等，在亚热带的温湿气候条件下，硅酸盐胶体与海水相遇时产生化学作用，亦可发生大量的沉积。

（3）增水和减水现象显著。季风和台风对河口三角洲的发育也产生巨大的作用。在第 1 章 1.2 节中已经阐明，珠江河口地区冬季盛行北风，夏季盛行东南风和西南风，春、秋季则风向极不稳定。在各风向中北风为强风，南风多为次强风，至于台风，则是广东海岸带活动极为频繁的地区，在珠江口平均每年出现 5～6 次，最多为 9 次，台风在珠江口登陆平均每年发生 1.2 次。季风和台风的出现，特别是台风，对海区的海洋动力条件产生着重大影响，伴随而来的增水和减水现象，使水流的比降和流速发生很大变化，引起复杂的河口发育过程。

表 4－10　珠江河口多年垂线平均含盐度表　（‰）

河　名	站　名	含盐度（涨憩）		含盐度（落憩）	
		平 均	最 大	平 均	最 大
伶仃洋	赤 湾	22.75	38.40	20.94	39.13
蕉门水道	南 沙	1.86	19.71	0.43	9.82
洪奇沥水道	万顷沙西	0.50	11.43	0.21	6.93
横门水道	横 门	0.39	13.44	0.02	7.09
磨刀门水道	灯笼山	0.70	19.02	0.18	11.65
虎跳门水道	西炮台	2.15	15.74	0.32	8.23
鸡啼门水道	黄 金	4.38	34.29	1.35	20.67
崖门水道	黄 冲	1.64	15.02	0.65	9.84
东江北干流	大 盛	0.70	12.25	0.10	6.73
东江南支流	泗盛围	3.90	24.65	0.83	16.32
磨刀门	大横琴	11.34	38.22	5.26	32.61

注　表中资料引自《珠江三角洲基本资料》。

3. 地质地貌条件

在第 1 章 1.3 节中已经阐明，珠江河口与长江、黄河等大江大河的河口不同，它是一个深入内陆的海湾，其东、北、西三面有山地丘陵包围，南面临海，有多列岛屿作为屏障。这些地貌条件对泥沙的沉积十分有利。在水面宽阔的海湾中，水流流速小，有利于泥沙沉积；口门外有众多岛屿屏障，可使风浪减弱，亦对泥沙沉积有利；区内的山地丘陵昔日为古海湾中的孤岛，由于它的存在而加速了海滩的形成；它的旷日持久被风化和侵蚀，又是形成三角洲的重要物质来源之一。

在地质方面，自第四纪以来华南海岸基本上是下沉的，这已为多数学者所公认。但 2000 多年来（全新统晚期），珠江三角洲地区再度缓慢上升，也有诸多不可否认的事实。地壳的上升，正是三角洲便于迅速形成的重要前提条件。

4. 生物的作用

珠江河口地区气候温和、雨量充沛、阳光充足，适宜于生长红树林、芦苇和咸水草等植物群体，在滨海的浅滩上广泛地分布，发展迅速。这些植物群体对固沙和加速淤积起着显著的作用，根据长期观察表明，草滩淤高的速度往往比白滩淤高速度增快 2～3 倍以上，可见，对加速三角洲的形成起着重要作用。

5. 人类活动的影响

三角洲的成长过程也就是人类与自然作斗争的过程。人类为了生存和发展，在河流的上游伐木开田，造成水土流失，加大河流的输沙量，是河口三角洲的最主要物质来源；在下游的河口地区，人类不断地与水争田，筑堤围垦，并采取种种措施加快垦区淤积成田，而围垦后迫使河水沿固定的水道下泄，造成上游带来的泥沙加快淤浅河道，从而大大加快了三角洲的形成和发育；河口地区经济建设的发展，引起排入海域的废弃物质增多，以及航道的开挖和港口码头的兴建等，都将造成加快河口的淤积。

4.2 珠江河口滨线的推移

4.2.1 珠江河口滨线的推移

珠江河口随着时间的推移，其滨线将不断地向海里延伸，根据历史遗迹、遗物、考古发现和史籍记载等大致上可以推断其在各个历史时期的推移过程。关于这个问题，由于各人所占据的资料的不同，以及随着时间的推移，历史资料的发掘不断丰富，因而认识有所不同，现分述如下：

1. 史前的滨线（距今约5000年）

对史前距今约5000年的滨线位置，有种种不同的认识。中山大学地理系河口研究组认为西江、北江三角洲的滨线是在黄埔—石楼—市桥—沙湾—陈村—伦教—容奇、九江之间—江门一线，东江三角洲的滨线在麻涌—道滘❶。他们的根据是此线以北没有发现可靠的海蚀或海积遗迹，沉积物是以陆相为主的砂砾、中粗砂和砂质黏土，蚝壳的分布基本上以此线为界，而此线以北平原的地下水为淡水（矿化度小于1 g/L），以南则为咸水（矿化度大于1 g/L）。华南师范大学吴郁文则认为新石器时代的古海岸线可能是沿着黄埔—广州—大岸—西樵—九江一线延伸[2]，其根据是广州七星岗、佛山石湾附近的石头村、龙江的锦屏山、九江的奇山等地有海蚀遗迹，西樵山有石器，故此线以南基本上属海湾状态。

广州地理研究所黄镇国等人根据其掌握的资料，认为史前新石器时代中、晚期（距今约5000年）珠江河口的滨线位置，在西江、北江三角洲为黄埔—广州—石碣—佛山—深村—石湾—紫洞—西樵—大同—九江一线；东江三角洲几乎到达三角洲的边缘[1]。其主要根据是：

（1）从大西洋期的海侵范围来看，这条界线相当于当时海域的界线，此线以北是北江和西江的溺谷和平原。

（2）石器遗址的分布主要在此线的外围地区。据广东省博物馆1964年统计，珠江三角洲及其邻近地区发现的新石器中、晚期的文化遗址或遗迹73处，其分布地点除五桂山、黄杨山等山麓外，主要是在三角洲的边缘地带。西江、北江三角洲的新石器遗址，有广州罗岗的剑岗、龙眼洞的飞鹅岭和火炉山、磨刀坑、沙河、钟落潭；佛山的张槎、深村、河

❶ 李春初，杨干然，珠江三角洲的形成发育和演变，中山大学地理系河口研究所，1977年11月。

岩、澜石、小塘的庄步、西门；丹灶的良登、苏村；还有民乐、简村、西樵、禄洲、大同、柏山。东江三角洲有峡口、石排、企石、上南、铁场、金兰寺、石滩、仙村、久裕、江南、白江等地新石器时代的贝丘，其中有的贝丘含有蚝壳，如铁场、金兰寺等。这些贝丘和石器的分布地点，反映了当时已是基本连片的平原。如果再与亚北方期及亚大西洋期的海陆分布状况对照，更可反映此线以北地区在新石器时代的中、晚期已无海浸到达，而是一片广阔的平原。

（3）从蚝壳、贝壳等遗物的^{14}C年代来看，这条滨线的位置在年代上也是相符的。例如，铁场埋深1.4m蚝壳的年代为4500±120年，金兰寺埋深1.5m蚝壳和贝壳的年代为4035±95年，石碣海蚀遗迹贝壳的年代为4640±280年，佛山河宕埋深2.5m马来鳄碎骨及贝壳砂的年代为4900～5000年，西樵山贝壳的年代为6120±140年，大同灶岗贝壳的年代为6040±140年，九江龙船洲埋深3m蚝壳的年代为6985±105年。另外，园洲上南埋深5.2m腐木的年代为5940±300年，金利茅岗埋深2m炭化木的年代为4070±100年。这些样品及其^{14}C年代，主要反映了新石器中、晚期的滨海环境[2]。

对比上述几种滨线位置，可见华南师范大学吴郁文的观点与黄镇国等人的观点比较接近，差别不大，仅在局部较小范围内有所不同，而中山大学河口研究组的观点，除东部差别不大外，西部则相差较大。对此，黄镇国等人认为中山大学河口研究组提出的滨线以北的石碣发现有海蚀遗迹，但三水西南的钻孔剖面中发现含有咸水种化石硅藻，东江三角洲园洲（石龙以东约12km）的钻孔剖面中也有咸水种化石硅藻，说明该线的位置还需向北推移，因而需要加以修正。

2. 有史以来的滨线

（1）秦汉之际（公元前221年至公元220年）的滨线（距今约2200～1700年）。黄镇国等人[1]根据考古发现及史籍记载，认为秦汉之际西江、北江三角洲的滨线位置在安教—逢简—富裕—紫坭—沙湾—石楼—菱塘附近。其主要依据为：①顺德杏坛的逢简地区（逢简、安教）在平原下2m深处发现西汉（距今2184～1974年）印纹陶器及残片200多件，还有水松腐木、水鹿、水牛、黑熊、青鱼、大鳌的残骸以及河蚬、河蚌、田螺等介壳。②大良西门石涌的拥节山周围发现战国（距今2557～2203年）的软陶片（红陶）和西汉的硬陶片（白陶），在其附近的三台岗和衣禄岗还发现西汉和东汉的古墓。古涌西南方富裕村（沙富村）挖出西汉古墓一座，墓内还有炭化稻谷，附近的连村也发现东汉古墓。另外，石涌是南越王宰相吕嘉的故乡，汉武帝元鼎五年（公元前112年），伏波将军攻占广州，灭南越王，吕嘉兵败而遁于石涌，曾筑石瓮、金斗二城，今后涌仍有石瓮城残迹。③勒流的龙眼村深埋约3m马来鳄骨的^{14}C年代为2540±120年，在其附近的汞安山脚有西汉的印纹陶片。④沙湾紫泥公元1世纪曾作番禺县治，番禺菱塘有晋将军陈元德墓（距今1717～1666年）。

黄镇国等人认为，根据以上史实，说明秦汉之际顺德的逢简、勒流、石涌一带已是大片平原或是河口沼泽地带，市桥台地以南地带亦有一些平原，而此线更南地区，至今未发现有秦汉文物或汉晋居民点。又据唐代刘恂《岭表录异》记载，晋代卢循领导的农民起义军战败后，余众散奔沙湾以南的海岛采蚝为食，以蚝壳建屋，可见晋代沙湾以南为一海湾，分布着一些海岛，尚无大片的平原，且河口淡水线尚未到此，故蚝还能生长。此外，佛山的澜石有春秋战国古墓，澜石的深村、鼓颡岗、大松岗、八仙岗以及平洲的谭家山、盐步的北村口山坡、陈村的西淋山都有西汉至东汉古墓，说明秦汉之际佛山、平洲、陈村一带已是连片的平原。而广州古城在公元前3世纪秦南征百越后就在此设南海郡，中山四路古船台的^{14}C年代为2190±90年，表明当时为河口滩地，向阳路的“坡山古渡”的“仙人脚印”表明晋代这里是河岸，广州河南的南石头发掘到汉代的马蹄金，晋代卢循起义军曾在河南设卢循城，可见当时的河南已是大片的平原，广州以南则为海湾。

东江三角洲秦汉之际的滨线位置较难推定。亚大西洋期海侵的范围，主要是在中堂以东，潢涌、万江、大汾的贝丘可能是这个时期的遗物。又据史籍记载，东莞茶山在距今1425~1393年的陈朝才形成市集，博罗县城迟至距今年1480~1425年的陈朝才从今惠东县的梁化迁至今址，说明秦汉之际，东江三角洲及其下游平原还很不发达，据此，黄镇国等人暂将当时的滨线定在潢涌至莞城以东[1]。

（2）唐代（公元618年至907年）的滨线（距今约1400~1100年）。广州地理研究所黄镇国等人认为[1]，唐代西江、北江三角洲的滨线，大致在南华、昌教、龙涌、桂洲、石棋、庙头（墩头基北）一线。其主要依据是：①此线以北的许多居民点是唐代建立的，如甘竹右滩、东村、光华、西诸、东马宁、龙涌、桂洲、容奇等，此线以南除五桂山区唐代曾设香山镇外，未见有唐代遗迹；②清代李调元《南越笔记》记载，相传黄巢屯兵容奇、桂洲、黄连、古粉、马齐等地；③番禺石棋南沙涌口有唐代王博墓；④庙头有隋代（距今1364~1401年）建的波罗庙；⑤市桥台地以南及以东地区，唐代还是宽阔的海域，平原很狭小，可从下列史料得到佐证：唐代李吉甫《元和郡县志》记载，广州正南去大海七十里；公元6世纪裴渊《广州记》载“广东东百里有村，号古斗村（今庙头村），自此出海，溟漠无际”；公元524年北魏（距今1448~1596年）郦道元《水经注》记载，西江（泿水）的东支“径怀化县（今市桥一带）入于海，水有鲭鱼（鲨鱼）”；清《番禺县志》（1882年）记载，“水经郦注云，海在郡城南，沙湾菱塘两司，地多边海”。

东江三角洲唐代的滨线，大致在莞城以西、中堂以东，因为东莞县城是距今1225年的唐至德二年迁此，表明当时莞城附近已是相当富庶的平原，但滨线仍在莞城以西不远。有下列史料佐证：唐李吉甫《元和郡县志》载，“大海在（东莞）县西二里”；《图书集成》（职方典）载，“龙母庙在（东莞）县西二百步，唐至德二年建，梁开平元年（公元907年）移至江口二里”，即庙址当在江口的海滨。又《东莞县志》载，直到宋元佑二年（距今895年），“中堂一属，江洋弥漫，洲渚无多”，可见宋代以前的唐代，滨线尚在中堂以东。

潭江三角洲唐代的滨线，大致在新会、陈冲、沙富一线，因为新会城西的冈洲，隋朝（距今1401~1364年）曾在此设治，其与西相近的大云山有建自隋唐的龙兴寺，表明当时新会一带已有一些平原，人烟较密。此外，陈冲有唐代古窑，沙富为唐村，也可说明其为唐代滨线的大致位置。

（3）宋代（公元960年至1279年）的滨线（距今约1000~700年）。广州地理研究所黄镇国等人认为[1]，宋代西江、北江三角洲的滨线，大致在双水、小冈、礼乐、外海、古镇、曹步、小榄、大黄圃、潭洲、乌沙、石楼一线。其主要依据是：①《沙湾张裕庆堂族谱》记载，晋（五代）高祖天福五年（距今1042年）迁居于豪山（天亭以南），北宋太祖乾德五年丁卯（距今1015年）始迁于双水。可见宋初双水至天亭之间已是平原。②《新会县志》及《新会乡土志》载，小冈梁族宋咸淳间来定居，小冈石桥为宋绍兴二十七年进士梁彦雄所建。③礼乐为宋代立村，其南部天马一带的长熊、马熊、鼠熊等岛丘直至清道光年间“皆在海中，村第依山之麓”（《新会县志》），可见礼乐以南地区宋代尚未有平原。④外海在宋代是滨海军事重镇，隔江炮台即为宋人所建藉以守护。⑤1978年在古镇东南的石岗沙田面下1m的淤泥层中发现北宋元丰通宝铜钱，说明北宋时该地已是平原。⑥曹步、小榄为宋代立村，其南的四沙在宋代不过是个沙洲，尚未形成平原；又据史书记载，宋代在甘竹至五桂山之间有十二个“海”，而外海—古镇—小榄以南是比较宽的外海、戙角海、象角海、铺锦海，表明宋代西江三角洲的前缘已推进到外海—古镇—小榄一线，当时平原尚未连片，故有许多“海”的名称，实为宽的河口湾。⑦大黄圃有宋代墓葬，而在其以南的浮虚，到宋末还在“苍然烟波之上”（《浮虚山记》），表明大黄圃一带为滨线所在。⑧小黄圃开村于公元960年（距今1022年），潭洲开村于公元1101年（距今881年），故宋代滨线当在小黄圃、潭洲之间。⑨宋末黄阁建立月山古庙，还修有石堤，当时尚是海岛，便于采石建堤，而沙湾以南的蚝门沙、乌沙都是明、清陆续成田的，可见这一带当时尚未形成平原，据此推断滨线位置应在沙湾与黄阁之间。⑩市桥台地东侧的许多居民点都是宋代以来建立的，如石楼、赤冈、小龙、沙涌、新桥、傍江等，故推断当时的滨线在狮子洋的西侧。

东江三角洲宋代的滨线初步断定在中堂以西、道滘以东。主要依据是：①《东莞县志》记载，宋元祐二年（距今895年），莞城到涌口外，直名为海；宋王象之《舆地纪胜》（距今761年）又记载，“珊瑚洲在东莞南五十里，昔有人掩网得珊瑚树”。可见宋代的滨线大致在道滘稍东处。②中堂在宋代建有觉华寺，其附近的凤涌建有宋牌坊，可见宋代中堂已较繁荣，否则不会有名人立牌坊和建寺庙。在其西麻涌附近的大步海，直至明代仍有产珍珠的记载，说明当时仍处于海域，可见宋代的滨线应在中堂与麻涌之间，而距中堂较近。③《东莞县志》记载，元朝至元十五年（距今633年），农民起义军张伯宁等曾据守大汾、小享，可见宋、元期间大汾、小享一带已是重要村镇，当时的滨线可能略偏东。

（4）明代（公元1368年至1644年）的滨线（距今约600～350年）。广州地理研究所黄国镇等人认为[1]，明代西江、北江三角洲的滨线，大致在上横、西安、石歧、港口、横档、南顺沙一线。其主要依据是：①元、明时期银洲湖沿岸已有较宽的平原，当时已有上沙、大横、汾洲等地名。据传大沙立村已有600多年，有罗氏墓碑距今已400多年。②《新会县志》记载，牛牯臀、大鳌一带沙田在明中叶已为新会外海陈氏田产。③《潮莲乡志》载，自明代至清初，先后围垦九子沙、礼乐三沙、百顷沙、大鳌沙。④由下列史料推知，小榄至石歧之间的平原在明代已经形成：《榄镇李氏族谱》载，六世祖生明永乐年间，传至九世祖，祭田戙角、枕边沙、第四沙（均在今横栏境内）；《香山县志》载，明洪武年间，大榄、小榄、黄横山等处建筑营房，明代屯田五百九十余顷；又载，明洪武四年授总旗，屯田于小榄、高沙；《广东通志》载，明中叶石歧海已成为“海中多洲潭，种芦积泥成田”。⑤《香山县志》载，明正德年间（距今476～461年）石歧至港口的水道已淤为“水小而浅、潮平可济、汐涸则难”；港口以东地区，据《广东通志》载，公元

1562年海心沙（港口稍东）、大、小堑口（三角、民众一带）、独子沙（三角独子山附近）仍为海坦。因此，明代的滨线应在港口附近。⑥《榄镇李氏族谱》及《顺德大良龙氏族谱》载，明中叶弘治、嘉靖年间，尝田已发展到罟步沙（南头附近）、白鲤沙（港口西）、大有围（浮虚山东）、马鞍芦沙（马安附近）、屯饭沙（团范附近）、吴婆孟所沙（吴栏附近）、聚龙沙（横档附近）等处，南顺沙亦为明中叶大良龙氏田产。⑦潭洲、黄阁虽立村于宋代，但据《广东通志》载，在该两处一带至明初才有屯田，可见这一带明代才有较连片的平原。⑧市桥台地东侧的许多村庄是宋代以来建立的，但据《番禺县志》载，明代设茭塘、沙湾两个巡检司时，茭塘、石棋一带屯田201顷，表明平原有较大的扩展，可见当时狮子洋西岸的平原已基本形成。

东江三角洲明代的滨线可能位于麻涌以西及厚街以南。主要依据是：①《东莞县志》载，明洪武二年（距今613年）在太北镇以北约6km的白蚝村设有盐场；《嘉庆重修一统志》载，明洪武四年（距今611年），在太平的镇口设缺口巡司。由此推知当时的滨线可能在厚街与太平之间。②《东莞县志》载，明洪武八年（距今606年），在麻涌、大步一带屯田军垦；《广东通志》载，狮子洋东边的屯田有344余顷；《天下郡国利病书》载，明洪武七年（距今605年），在大步海采珍珠已很困难，历时五个月只采得半斤。可见当时的滨线在麻涌以西，麻涌、大步一带已是河口区，水淡而不利于珍珠贝生长。

（5）清代（公元1644年至1840年）的滨线（距今约350～160年）。广州地理研究所黄镇国等人认为[1]：清初，西江下游的滨线大致在沙堆、六乡、坦洲一线。其主要依据是：①清初《香山县志·图》在六乡附近已绘出大片沙坦。②《香山县志》载，蜻蜓洲（上横与大赤坎之间）“昔在海中，今皆成田有民居”；又载当时从斗门到石歧的渡船，必经粉洲、三门、竹洲（均在六乡西北的螺洲溪水道沿岸），再经广福沙（板芙西南）、芙蓉沙（板芙以北）至香山（石歧）。可见，清朝中叶螺洲溪水道和石歧河水道已相当稳定，而这一带的平原当在清初已有发育。③《香山县志》载，沙栏、大托、白蕉等地至18世纪才立村，故清初沙堆、六乡、坦洲一线以南尚是海域。④《香山县志》载，清康熙元年，金斗盐场（今坦洲地区）已经废弃；又载“蜘洲周围八、九里，面临大海，弥望稻田，万绿无际”；道光年间，在坦洲“东望鹅槽，西距灯笼，南连蜘洲，北顾孖洲，实金斗湾之奥区，田庐渔户，成一水国”。以上情况说明，坦洲以南盐场的废弃、稻田的大量开垦、堤围的修筑等都是18世纪以后的事，故17世纪清初的滨线当在坦洲稍北。

蕉门至横门之间地区，清初的滨线大致在张家边、民众、万顷沙北。主要依据是：①《香山县志》载，清中叶张家边的三洲尚是孤岛；民众迟至1801年才立村，但民众的锦标、浪网的三墩沙，清初已有顺德龙氏的田产。可见，清初的滨线大致在张家边至民众一线以西。②《香山县志》载，“独子洋（三角独岗）东南达横门，东北达蕉门，西南近县城（香山），导纳众流荡荡以淹浸”。说明19世纪初三角一带尚不是连片的平原，而有独子洋之称，故清初的滨线右能在三角以东。③清初屈大均《广东新语》载，“黄花鱼大澳乃有，大澳，咸水之边也”。大澳沙即今之义沙，成田时代是1676～1726年的清初，而万顷沙则是1830年才开始出现，故清初的滨线当在义沙与万顷沙之间。

东江三角洲清初的滨线约在漳澎以西，因为清初这里已有张、彭二姓的人定居。

(6) 现代的滨线推移。现代近 100 多年来，珠江河口的滨线显著向海推移，其中推移最快的是伶仃洋的万顷沙和磨刀门的灯笼沙。

据史料记载，1800 年以前万顷沙地区还是海域，一片汪洋。道光十年（1830 年），在三涌与四涌之间的福安围开始有沙坦出露，1835 年番禺县水上居民开始在该地筑围。1833 年时，蕉门及横门两侧的岸线已基本形成，洪奇沥五涌口附近蓑衣沙已出露水面，下游的沥心沙仍为一片茫茫的海域。1911 年向南推进至十涌，1936 年发展到十一涌，1949 年至十三涌（见图 4-1），新中国成立后由 1950 年起至 1988 年底发展到十八涌，至目前已发展至二十一涌。据统计，万顷沙地区近 100 多年来在人工围垦的影响下，平原的发展（即滨线的推进）速率大约为每年 40~50m。

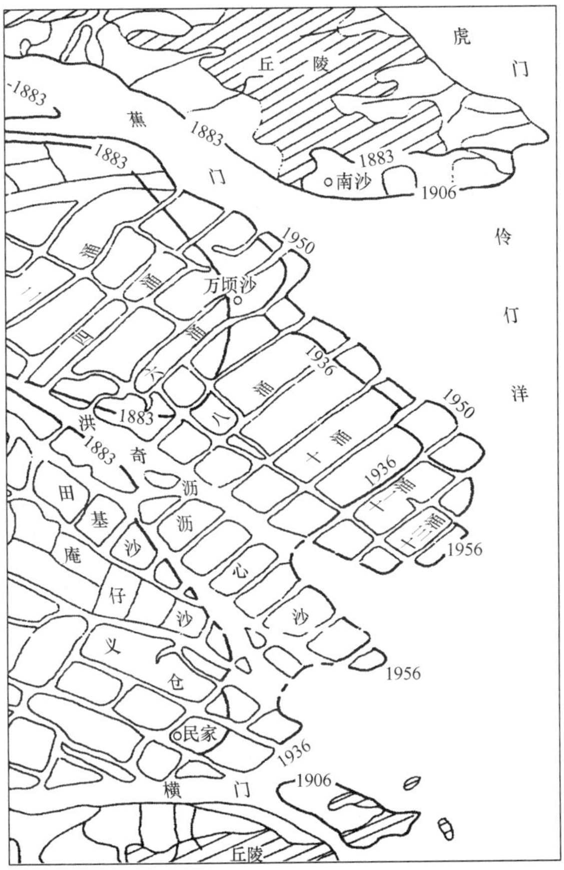

图 4-1　万顷沙地区现代滨线的推移

灯笼沙地区近 100 多年来滨线的推移（见图 4-2），据历史海图，在光绪九年（1833 年）前还是一个伸入神湾附近的漏斗湾，当时的白蕉、白藤、小霖、大霖等尚是孤岛，灯笼沙尚未出现，金斗湾的滨线在蜘洲以西。到 1913 年，灯笼沙已发展到第三围，1936 年发展到第五围，1946 年发展到第六围，1962 年发展到第七围。据统计，灯笼沙的平均推移速率为每年 121.7m，这当然不是自然淤积的发展速度，而且人工围垦的结果。

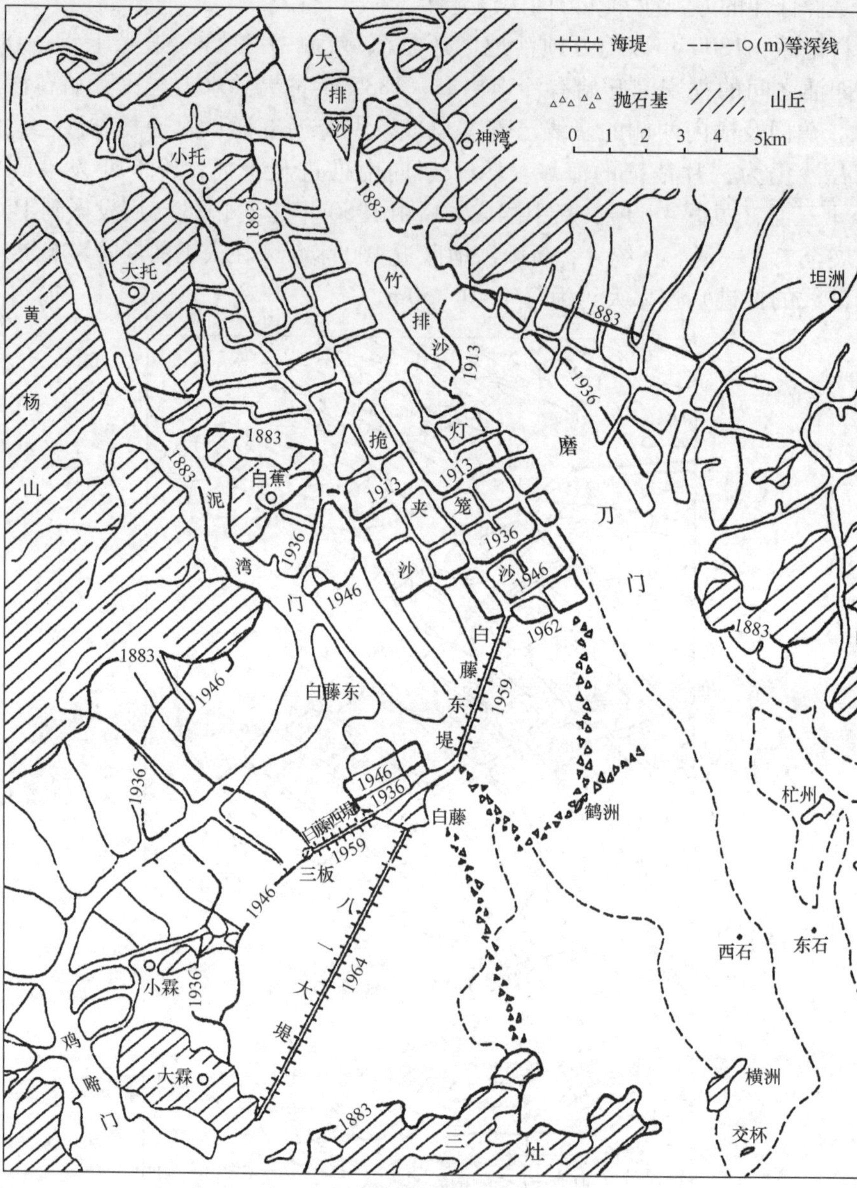

图 4－2 灯笼沙地区现代滨线的推移

4.2.2 关于历史时期珠江河口滨线的推移速度

根据广州地理研究所黄镇国等人对历史时期珠江三角洲伸展速度的估算（见表 4－11）[1]，可以认为其伸展速度即为珠江河口滨线的推移速度，二者实际上是同一个涵义。

表4-11　**历史时期珠江三角洲伸展速度估算表**

时代	年数(a)	西江、北江		北江		西江干流		东江	
		伸展长度(km)	伸展速度(m/a)	伸展长度(km)	伸展速度(m/a)	伸展长度(km)	伸展速度(m/a)	伸展长度(km)	伸展速度(m/a)
石器	3800	30.0	7.9	33.0	8.7			23.0	6.1
秦汉	837	8.0	9.6	8.5	10.2			7.0	8.4
唐									
宋	342	8.5	24.9	6.4	18.7	23.5	68.7	5.0	14.6
明	408	13.6	33.3	8.0	19.6	18.5	45.3	8.0	19.6
清	276	11.0	39.9	7.2	26.9	12.6	45.7	4.2	15.2
1960年	316	9.8	31.8	13.6	43.0	16.0	50.6	2.6	8.2

注　西江、北江指紫洞—东风—横门；北江指紫洞—万顷沙；西江干流指甘竹—磨刀门。

由表4-11可见，黄镇国等人对历史时期珠江三角洲平原的伸展速度，可概括出如下几点看法：

(1) 伸展速度的发展总趋势是越来越快，而唐代是一个分界，唐代以前的伸长速度小于10m/a，唐、宋期间约大于15m/a，宋、明以后则约大于20m/a。

(2) 秦汉至唐期间（距今约1500~1700年）滨线推移较缓慢，可能与当时气候趋冷及相应的海退有关。一般地说，在海侵条件下，由于侵蚀基面抬高，河流堆积作用较强，平原推进较快；相反，在海退条件下，侵蚀基面降低，河流侵蚀作用较强，平原推进变慢。根据史料，秦汉至唐即东汉至南北朝期间是一个冷期；据施雅风等人研究[1]，青藏高原在^{14}C年代（1620±110）年至（1540±85）年曾有一次冰进；据Fairbridge对黑海全新统海面升降的研究[1]，黑海海面在距今约1700~1500年是低海面。可见东汉至南北朝时期是一个冷期。

(3) 宋、明期间滨线的推进速度显著加快，如西江、北江达33.3m/a，西江干流达45.3m/a，东江为19.6m/a，几乎是唐代以前的2.5~3.5倍，这显然是受宋代以后岭南加速开发的影响。隋朝广东人口只有13万户，唐天宝年间增至22万户，至北宋元年（1078~1085年）激增至58万户，为隋的4.5倍，唐的2.7倍，宋代人口密度中心也逐渐转移到珠江三角洲地区。由于人口的迅速增加，中、上游地区加速垦殖，使珠江的输沙量增多，加快了三角洲的堆积和发展；而下游地区竞相围垦，围海造田，大量兴修堤围，固定河床，限制洪泛，泥沙集中淤积在口门，也加快了平原的发展和滨线的推移速度。

(4) 唐代以来平原伸长的速度，西江、北江及北江方向（伶仃洋方向）为29.9m/a，西江干流方向（磨刀门方向）为52.5m/a，后者为前者的1.75倍。东江三角洲唐代以来的平均伸长速度为13.6m/a。

(5) 不同地区的伸长速度在不同历史时期有其不同。东江三角洲明清以来发展速度是递减的，因为受狮子洋的限制，大部分泥沙被珠江水流及落潮流带出虎门，三角洲未能推移发展。西江、北江三角洲的发展速度自唐宋以来一直是递增的，因其没有受地形限制。在西江、北江三角洲内，唐代以前，北江及西江、北江的伸长速度分别为10.2m/a

和9.6m/a，二者相当接近，而西江干流在甘竹以南尚是海域，唐宋以后，西江干流的磨刀门方向伸长速度最快，平均为52.5m/a，西江、北江的横门方向次之，平均为32.4m/a，这是因为西江干流出甘竹口后，水沙主要向磨刀门宣泄，而随着滨线的推移，西江流入北江系统的水沙渐少，故横门及万顷沙方向的发展速度渐减。此外，西江干流沿程受山丘的限制，平原呈长条形伸长，其直线距离较长，故发展速率显得较快。同时，这种现象也反映了珠江三角洲呈现总体偏右的发展趋势。

关于珠江三角洲的发展速度，许多学者做了研究，众说纷纭，差异甚大，华南师范大学曾昭璇认为珠江三角洲平均每年向外推移75m[3]；中山大学地理系钟柏松、黄广耀认为平均每年向外推移小于50m[4]；中山大学地理系唐永銮则认为平均每年外伸100m左右[5]；中山大学地理系徐俊鸣根据古代堤围建筑历史推算，认为平均每年外伸78m左右❶；南海海洋研究所周业华根据大量历史资料的分析，得出平均每年向外推移70～130m❷，等等。各人从不同的角度、依据不同的资料，得到不同结果。看来，对于某些地区而言，可以得到平均每年外伸超过100m，如万顷沙从1837年的新宝安围开始至1955年已推到第十三涌外2km，共119年推进了13km，平均每年推进约110m。至于某些地区则可能较缓慢，如据广东通志记载，“宋景炎三年（679年）顺德南部、中山北部以南仍是汪洋”，而今距大海10km，平均每年延伸57m多。可见，对不同地区要作具体的分析，不能一概而论。

4.3 珠江河口河道冲淤演变

广州地理研究所乔彭年根据珠江河口网河区20世纪50年代及60年代的实测河道地形图，分析了河道的纵向冲淤及横向冲淤[6]；中国水利水电科学研究院泥沙研究所收集了20世纪80年代和90年代的河道地形图，亦对该时期河道的冲淤演变进行分析研究❸；水利部珠江水利委员会勘测设计研究院和科学研究所亦曾对珠江河口网河区的一些河段进行了演变分析，现将上述研究成果在此作一概括性的综合介绍。

4.3.1 河道纵向冲淤

乔彭年根据20世纪50年代及60年代的河道地形图，计算得到西江、北江、东江、三江在50年代至60年代的河床沿程冲淤变化，如表4－2、表4－3和图4－3所示。另外，根据不同时期西江、北江三角洲一些河段的河道地形资料，计算得到其历史的冲淤变化，见表4－4。从诸表和图中可得到如下认识[6]：

（1）就年际而言，各江纵向沿程都是有冲有淤的，全冲全淤的情况基本不存在。河床的冲淤与河段的宽窄之间有着密切的关系：缩窄河段冲得多或淤得少；宽阔河段冲得少或淤得多。如天河至竹洲山段为缩窄段，其1952～1961年的平均淤积量为2.01万$m^3/(a \cdot km)$，而思贤滘至天河段为宽阔段，在相同时期内其平均淤积量为6.2万$m^3/(a \cdot km)$，为前者的3倍。

❶ 徐俊鸣，历史时期珠江三角洲水陆变迁研究方法的初步探索，1964年。
❷ 周业华，珠江三角洲地质地貌的基本特征与三角洲的发育过程，1962年。
❸ 珠江水利委员会珠江水利科学研究院，广州市洲头嘴隧道工程河床演变分析专题研究报告，2007年8月。

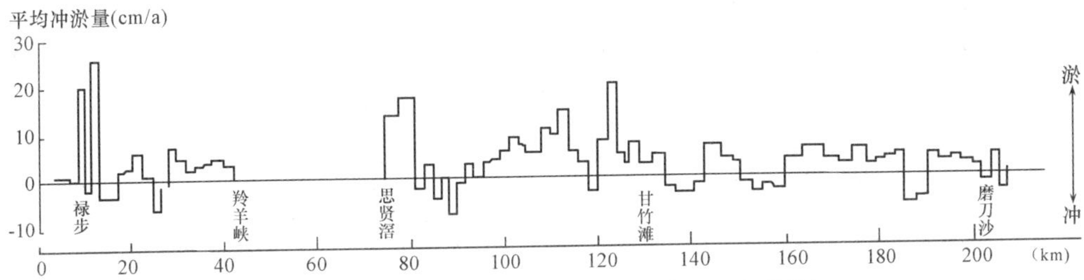

西江干流冲淤的沿程变化（1964年与1952年比较）

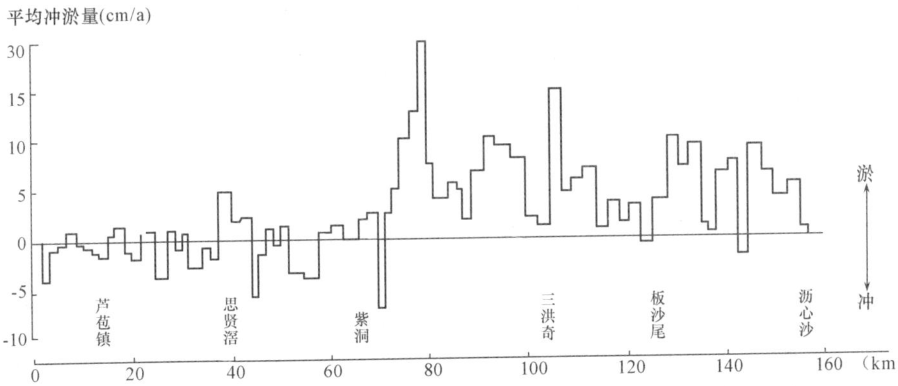

北江干流冲淤的沿程变化（1964年与1952年比较）

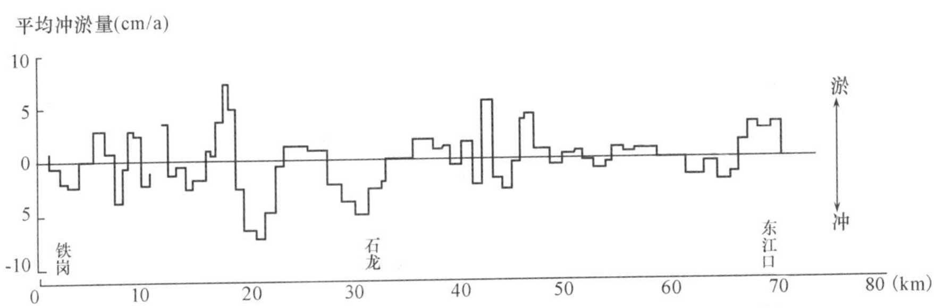

东江北干流冲淤的沿程变化（1964年与1952年比较）

图4－3　西江、北江、东江三江河床沿程冲淤变化

（2）河床的冲淤幅度各河不同，而且同一条河道，沿程亦有差异。以60年代与50年代资料对比为例，西江干流河流段沿程有冲有淤，以淤为主，冲淤幅度一般为淤积2cm/a、冲刷1.5cm/a，最大淤积为26.4cm/a，最大冲刷为3.5cm/a；过渡段为淤积多、冲刷少，一般淤积4.0cm/a，冲刷3.0cm/a，最大淤积为19.5cm/a，最大冲刷为7.2cm/a；潮流段则为少数河段略冲外，其余均为淤积，一般淤积3.5cm/a，冲刷2.0cm/a，最大淤积3.6cm/a，最大冲刷5.2cm/a。北江河流段有冲有淤，以冲为主，冲淤幅度为一般淤积1.5cm/a，一般冲刷为3.0cm/a，最大淤积7.0cm/a，最大冲刷3.8cm/a；过渡段有冲有淤，以淤为主，一般淤积4.0cm/a，一般冲刷3.0cm/a，最大淤积30.0m/a，最大冲刷7.0m/a；潮流段则为个别略冲外，其余均为淤积，一般淤积5.0m/a，一段冲刷0.5m/a，最大淤积9.5m/a，最大冲刷1.5m/a。东江干流石龙以上的河流段出现明显的冲淤交

替，冲淤幅度为一般淤积3.0m/a，一般冲刷2.5m/a，最大淤积7.2m/a，最大冲刷7.5m/a；石龙以下的过渡段亦呈冲淤交替，潮流段则以淤为主，两段的冲淤幅度为一般淤积2.0m/a，一般冲刷2.0m/a，最大淤积5.3m/a，最大冲刷3.2m/a。

（3）河床的冲淤分布各河不同。在50年代至60年代，西江干流为全河以淤为主，北江干流为紫洞以上以冲为主，在其以下以淤为主，东江干流则为全河呈冲淤交替，东江河口则为淤积。表4－12为西江、北江三角洲27条河道共37个河段的冲淤计算结果，表明了属于淤积的河道长度占统计河道总长度的72.6%，其中河流段的淤积河长与冲刷河长十分接近，分别占河流段总河长的49.6%和50.4%；过渡段的淤积与冲刷的总河长则分别为64.6%和35.9%；到潮流段淤积总河长已增至81.6%，而冲刷总河长则减至18.4%。这一情况说明河道的淤积是越向下游越明显。

表4－12 西江、北江三角洲河道的冲淤情况（中水位下统计）

河道性质	淤积部分			
	河道（或河段）	河长（km）	平均淤积量（万 m^3）	平均淤积厚度（cm）
河流段	西江干流（禄步—羚羊峡）	38.00	143.30	3.50
过渡段	顺德水道	58.22	120.70	5.40
	顺德水道支流	20.14	3.33	1.00
	潭洲水道	35.24	17.90	0
	西江干流（思贤滘—南华）	55.96	313.50	4.10
	西江干流（南华—古镇）	25.90	83.50	2.50
潮流段	容桂水道	36.82	65.63	2.40
	容桂水道支流	7.47	10.18	3.10
	洪奇沥	32.28	135.82	5.40
	洪奇沥支流	11.82	21.97	0
	沙湾水道	31.89	69.39	4.40
	沙湾水道支流	4.49	1.28	2.50
	蕉门水道	31.80	85.00	3.00
	蕉门水道支流	7.22	2.74	1.80
	义沙北水道	7.37	19.33	7.50
	义沙南水道	9.13	7.12	2.50
	西江干流（古镇—竹洲山）	29.20	122.7	6.90
	海洲水道	14.64	49.9	11.50
	磨刀门水道	21.55	20.5	0.40
	磨刀门水道支流	13.53	26.8	－2.10
	鸡鸦水道	31.72	12.58	－0.50
	泥湾门水道	13.03	50.90	5.90
	劳劳溪	11.63	8.63	3.00
	虎跳门水道	18.51	31.91	3.30
	石岐水道	42.46	31.20	5.00
合计		610.02	1455.81	

续表

河道性质	淤积部分			
	河道（或河段）	河长(km)	平均淤积量(万 m^3)	平均淤积厚度(cm)
河流段	北江干流（邓塘—河口镇）	38.66	34.50	0.90
过渡段	北江干流（思贤滘—紫洞）	25.03	9.16	0.20
	花地涌	9.27	2.76	4.00
	佛山涌	31.84	8.46	2.00
	吉利涌	10.03	1.46	0.80
	平洲水道	16.04	19.48	9.30
	甘竹溪	14.71	1.86	0.90
潮流段	石板沙水道	19.72	43.20	3.40
	小榄水道	29.70	16.33	1.20
	荷麻溪	21.52	7.98	2.10
	螺洲溪	11.11	17.78	6.00
	横坑水道	2.70	0.03	3.00
合　计		230.33	163.00	

注　1. 表中数据主要来自广东省水电勘测设计院。

2. 由于河宽缩窄大，河道虽然淤积，但因断面变窄深，仍表现为河床冲深。

从河道的淤积量上看，由表 4－12 可见，河道的淤积总量约为冲刷总量的 9 倍，其中河流段的淤积量约为冲刷量的 4 倍，过渡段约为 12.5 倍，潮流段约为 9 倍，但淤积量的绝对值则为潮流段大于过渡段，两者分别为 773.58m^3/a 和 538.93m^3/a，仍然存在越向下游淤积越多的现象。

（4）根据表 4－13 计算高水位的冲、淤量，结果得出 29 条河道的淤积总量为 11963 万 m^3，平均每年为 1341 万 m^3，约占西江、北江多年平均来沙量 6163 万 m^3 的 22%，淤积在河流段、过渡段及潮流段的分别占 1.6%、8.7% 和 11.4%。这一情况说明西江、北江来沙中约有 22% 淤积在三角洲河道中，约有 78% 输入口外海滨。

同样，根据 1952 年和 1964 年东江的北干流、东莞水道及倒运海水道的河道地形资料计算可得：北干流石龙至东江口河段略有淤积，平均淤积量为 2.53 万 m^3/a；东莞水道（南支流进口至口门）和倒运海水道（斗塱至口门）淤积更明显，平均淤积量分别为 11.87 万 m^3/a 及 44.11 万 m^3/a。3 条水道的平均淤积量为 58.51 万 m^3/a，相当于东江干流博罗站年平均输沙量的 23%。

（5）表 4－14 为根据西江下游 3 个时期的河道地形资料计算得到的冲淤结果，由表可见，自 1915～1961 年期间，西江干流是处于淤积的，其淤积速度是后期（1952～1961 年，见思贤滘至竹洲山段）比前期（1915～1952 年，见思贤滘至竹排沙段）有显著加快。前者平均每年淤积 523.1 万 m^3，后者则为平均每年淤积 254.0 万 m^3，前者比后者增长 1 倍多。

表 4-13　西江、北江三角洲来沙的淤积分配（1952～1962 年高水位统计）

河段		年平均淤积量（万 m^3/a）	占三角洲淤积总量百分比（%）	占河流近海段淤积总量百分比（%）	河道总长度（km）	单位河长淤积量（万 m^3/a）
	河流段	98.10	1.6	7.3	76.66	1.28
	过渡段	539.63	8.7	40.3	339.20	1.59
西江、北江三角洲	潮流段	703.41	11.4	52.4	404.58	1.74
	小　计	1341.14	21.7	100	820.44	1.64
	口外海滨	4821.86	78.3			
	合　计	6163	100			

注　基本数据来自广东省水电勘测设计院。

表 4-14　西江、北江三角洲一些河段的历年冲淤变化

河道	河段	河段性质	对比年份	河长（km）	平均每年冲淤量（万 m^3/a）		平均每公里每年的冲淤量［万 m^3/(a·km)］		平均每年冲淤厚度（cm/a）	
					冲	淤	冲	淤	冲	淤
西江干流	禄步—羚羊峡口	河流段	1961－1953	38.0		139.65		3.68		3.3
	禄步—贝水	河流段	1977－1967	65.24	44.2		0.68			
	思贤滘—竹排沙	过渡段至潮流段	1952－1915	135.4		254.0		1.88		1.5
	思贤滘—天河	过渡段	1961－1952	67.5		418.6		6.20		
	西滘口—天河	过渡段	1977－1961	56.15	5.18		0.09			
	天河—竹洲山	过渡段至潮流段	1961－1952	51.9		104.5		2.01		
	思贤滘—竹洲山	过渡段至潮流段	1961－1952	119.4		523.1		4.38		
	竹洲山—灯笼山	潮流段	1961－1952	24.3		147.1		6.05		
	沥沙村—石板沙北道北口	过渡段至潮流段	1952－1915	30.6		25.41		0.83		0.87
	沥沙村—石板沙北道北口	过渡段至潮流段	1961－1952	30.6		26.04		0.85		0.92
	沥沙村—石板沙北道北口	过渡段至潮流段	1971－1961	30.6	64.74		2.12		2.4	
	竹洲山—灯笼山	潮流段	1960－1952	35.1		47.24		1.35	0.5	
	竹洲山—灯笼山	潮流段	1967－1960	35.1		3.14		0.09	1.1	
北江干流	思贤滘—紫洞	河流段	1962－1952	25.03	11.44		0.46		0.4	
	西南—紫洞	过渡段	1973－1962	19.0	15.6		0.82		1.1	
潭洲水道	紫洞—西海水闸	过渡段	1960－1952	35.24		31.45		0.89		2.1
	紫洞—西海水闸	过渡段	1967－1960	35.24	46.0		1.31			
	紫洞—登洲	过渡段	1973－1960	18.0	30.1		1.67		5.7	
	登洲—西海口	过渡段	1971－1960	17.0*	冲**				9.7***	
容桂水道	分流口—板沙尾	过渡段至潮流段	1962－1952	36.82		70.78		1.92		2.1
	南华—板沙尾	过渡段至潮流段	1977－1962	38.0	29.81		0.78		0.5	

注　表中部分数据来自广东省水电厅勘测设计院。

*　包括河汊长度；**　深泓线比较；***　最大深度。

珠江水利科学研究院曾对广州出海水道的上段（即广州至黄埔段，包括白坭河水道、白沙河、沙贝海、白鹅潭、北河道、南河道，沥滘水道、新造水道、官洲河、嵛头海等水道，见图 4－4 所示）进行了冲淤演变分析，根据收集到的 1964、1984、1999、2000、2001、2002、2003 年和 2004 年共 8 份水下地形图，计算得到各河段的年平均冲淤量及年平均冲淤厚度，见表 4－15[1]。从表中可得到如下认识：

表 4－15　各河段年均冲淤量及年平均冲淤厚度统计表

河段	1964～1982		1982～1999		1999～2004	
	年均冲淤量（万 m^3）	年均冲淤厚度（m）	年均冲淤量（万 m^3）	年均冲淤厚度（m）	年均冲淤量（万 m^3）	年均冲淤厚度（m）
白坭水道 A 段	-2.81	-0.017	-27.13	-0.164	-10.31	-0.054
白坭水道 B 段	0.89	0.026	-2.76	-0.080	1.32	0.035
白坭水道 C 段	-1.47	-0.028	-6.57	-0.126	4.42	0.075
白坭水道 D 段	-2.50	-0.029	-10.39	-0.119	2.39	0.027
白沙河 E 段	1.74	0.015	-11.36	-0.051	6.57	0.058
沙贝海 F 段	1.56	0.022	-1.32	-0.019	2.01	0.028
白鹅潭 G 段	-0.44	-0.006	-2.50	-0.034	7.62	0.105
南河道 H 段	-0.07	0.000	-10.23	-0.055	16.65	0.090
沥滘水道 Ha 段	-6.67	-0.024	-46.83	-0.166	25.43	0.090
北河道 I 段	-13.53	-0.023	-7.00	-0.012	-	-
新造水道 J 段	4.88	0.010	-27.54	-0.057	-22.13	-0.046
官洲河 K 段	1.91	0.022	-8.17	-0.094	-	-
官洲河 L 段	1.42	0.025	-2.35	-0.041	-	-
头海 N 段	6.26	0.062	-5.13	-0.053	-	-
官洲河 N 段	2.52	0.018	-16.79	-0.118	-	-
合计	-6.31		-186.07		33.67	

注　－为冲刷；＋为淤积。

（1）1964～1982 年该河段处于自然演变条件下有冲有淤，而以冲刷为主，但冲刷量不大，全河段冲刷约 4.39 万 m^3，各河段冲淤不一致，有大有小，冲刷量最大为北河道工段的 13.53 万 m^3，淤积量最大为嵛头海 N 段的 6.26 万 m^3；1982～1999 年由于受航道升级的疏浚开挖及人为大量无序滥采床沙的人类活动的影响，全河段处于冲刷下切的演变过程，冲刷量最大的为沥滘水道 Ha 段，共冲刷 46.83 万 m^3，下切厚度平均为 0.166m；1999～2004 年人为无序滥采床沙由于加强了管理而受到了一定的控制，河床演变处于调整过程，除头尾两段冲刷外，全河段普遍处于淤积状态，大约淤积 33.67 万 m^3，其中以沥滘水道 Ha 段淤积最多，约为 25.743 万 m^3，淤积厚度平均约为 0.09m。

[1] 珠江水利委员会珠江水利科学研究院，广州市洲头嘴隧道工程河床演变分析专题研究报告，2007 年。

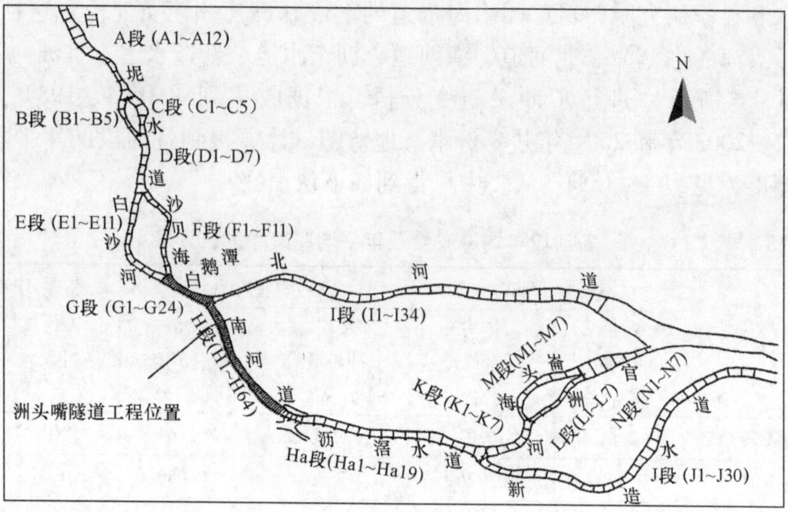

图4－4　广州出海水道上段河道示意图

（2）在处于自然演变条件的1964～1982年期间，冲刷主要发生在单一河段，冲刷量共约26.02万m^3，淤积则主要发生在分汊河段，淤积量共约21.18万m^3；在受人类活动影响后的1999～2004年，淤积主要发生在分汊河段上，共淤积56.40万m^3，约占全河段淤积量的85%，单一河道段仅淤积约10.01万m^3。可见，不论是自然演变还是受人为干预的影响，淤积主要发生在分汊河段上，这主要与水流分汊后流速减小和水流挟沙能力亦相应减弱有关。

（3）在处于自然演变条件中的1964～1982年期间，白鹅潭以上的上段有冲有淤，而以冲刷为主，共冲刷3.03万m^3；白鹅潭以下的下段，其中沥滘水道以上包括南河道以及北河道均为冲刷，共冲刷20.27万m^3，而沥滘水道以下的河道则均为淤积，共淤积16.99万m^3，综合结果仍为冲刷为主，共冲刷3.28万m^3。可见，上段与下段的冲刷量较为接近。

1982～1999年受人为干预的影响，全河段的上、下段均为冲刷。而1999～2004年，白鹅潭以上的上段除白坭水道进口的A段为冲刷10.31万m^3以外，其余均为淤积，共淤积29.39万m^3；白鹅潭以下的下段，因资料不全，难以进行分析。

中国水利水电科学研究院泥沙研究所根据收集到的珠江三角洲河道20世纪80年代和1999年的水下地形图，对河道冲淤进行了计算，得到如下认识❶：

（1）与50年代至60年代处于淤积发展期不同，80年代至90年代珠江三角洲除少数河道或断面处于淤积状态，绝大多数河道是处于冲刷下切的，在统计的河道中，属于淤积的河道断面仅占12.8%，而属于冲刷的河道断面却占87.2%。由此也说明了珠江三角洲的河道是不存在全冲全淤情况的，普遍存在有冲有淤，此冲彼淤。

（2）与50年代至60年代相同，各河道的冲淤幅度和冲淤分布有所不同，80年代至90年代一般是东南方向的河道，其冲刷下切较西南方向的河道为严重。其中冲刷较大的河道有沙湾水道的三沙口，河床平均冲深0.38m，冲刷面积4028m^2，扩大过水面积

❶ 中国水利水电科学研究院泥沙研究所，珠江三角洲网河及口门附近海域冲淤演变分析计算（初稿），2000年12月。

130%；洪奇沥水道的进口 C. S394 断面，河床平均冲深 4.48m，冲刷面积 1275m^2，扩大河水面积 201%；黄圃水道的进口段河床平均冲深 2.74m，冲刷面积 322m^2，扩大过水面积 107%；其他如东平水道和顺德水道等，河床平均冲深均在 4m 以上，冲刷幅度在 80% 以上。上述水道都属于东南方向的水道，而西江下游冲刷下切的幅度则较小，个别断面甚至有淤积，如马口断面过水面积因淤积而减少了 4%，河床平均淤积抬高 0.48m；往下的 C. S189 断面河床平均冲深仅 0.3m，冲刷扩大过水断面面积为 3%。再往下的西江干流下游的天河、竹银、灯笼山等断面，一般河床平均冲深 1.0～4.0m 之间，冲刷扩大过水面积为 24%～30% 之间。西江支流的容桂水道、北街水道和古镇水道等冲刷幅度也不大，最大冲刷幅度分别为 67%、28% 和 14%，都未达到 80%。西部口门的水道，其冲刷幅度也不大，如鸡啼门水道河床平均冲深 1.01m，冲刷幅度为 41%；虎跳门水道进口略有淤积，淤积幅度为 1%，但在西炮台处，河床平均冲深为 1.12m，冲刷幅度为 14%。上述水道都属于西南方向的水道。由上可见，东南方向的水道，其冲刷幅度远较西南方向的水道为大。

上述珠江三角洲河道（指网河区而言）自 20 世纪 80 年代以来普遍发生冲刷下切，与 50 年代至 60 年代的淤积发展相悖，其主要原因是人为的干预造成的。其中，80 年代初中期以来在河道上大量采沙，是一个重要影响因素。珠江三角洲在河道上大规模采沙始于 1985 年以后，90 年代初达到高潮，近年来有所减少，但规模仍很大。根据中山大学罗宪林等人对珠江三角洲网河区采沙问题的调查和分析❶，据估算，1984～1999 年共 15 年中西江、北江网河主要河道采沙量约 7.0～10.0 亿 m^3，年平均为 0.47～0.67 亿 m^3。据此认为，短期内大规模采掘河沙是近期珠江三角洲河床演变的大事件，采沙对网河区河床的作用强度大大超过和改变了河床自然演变过程，其采沙量约相当于珠江三角洲河道 70～125 年左右的自然淤积量，网河区河道已由普遍缓慢淤积转为普遍快速冲刷。

4.3.2　河道横向冲淤

河道的横向冲淤变化一般采用河宽的变化来表示，也可采用宽深比 $\sqrt{B}/H$ 的变化来表示。$\sqrt{B}/H$ 值的大小可以表示河型的特征，亦可以表示横断面形态的特征，其值较小时表征河道较稳定，横断面较窄深，河道的横向冲淤不强烈；其值愈大则河道愈不稳定，横断面为宽浅的形态，河道的横向冲淤较强烈。

乔彭年根据 20 世纪 50 年代及 60 年代的河道地形图和河道横断面图，计算得到西江、北江河道宽深比 $\sqrt{B}/H$ 的变化，见表 4－16 和表 4－17。从表中得到如下认识[6]：

（1）从表 4－15 可见，北江河道的 $\sqrt{B}/H$ 值都较小，除北江干流思贤滘—紫洞河段为 9.20 外，其他河段均在 1.60～6.80 之间，与表 4－18 所列的河流相比，大体上与长江、汉江等比较稳定的蜿蜒性河段相当，西江、北江河道大部分河段属于这类河型，有一些 $\sqrt{B}/H$ 值较大的河段属于过渡性河型。

（2）从表 4－15 可见，60 年代与 50 年代相比，西江、北江河口区各河道的 $\sqrt{B}/H$ 值变化都不大，绝大多数都不超过 1，表明河道的横向冲淤变化不大。

---

❶ 罗宪林等，珠江三角洲主要水道河床演变研究中期报告，2000 年 12 月。

（3）从表4－15可见，$\sqrt{B}/H$ 值变化的大小与河道的冲淤关系极为密切，一般规律是：河道淤积时，$\sqrt{B}/H$ 值增大；河道冲刷时，$\sqrt{B}/H$ 值变小。

（4）从表4－16可见，西江干流下游河道 $\sqrt{B}/H$ 值的历年变化，各河道不尽相同。思贤滘至天河河段20～50年代为减小，60年代为增大；天河至竹洲山河段20～60年代为增大，70年代为减小；竹洲山至磨刀门河段20～60年代为逐年减小。表明各河段的历年冲淤变化不尽相同，这与各河段的水流动力特性和河道特性不同有关。磨刀门口门随着河口的下移，$\sqrt{B}/H$ 值有逐渐减小的趋势，河道的断面形态向窄深发展。这是由于随着河口口门的下移，潮流势力减弱，径流势力相对增强，滩地淤高及河槽冲深或河槽的淤积速度不及滩面淤高速度快，造成滩槽高差逐渐增大，使河道断面向窄深的趋势发展，因而，$\sqrt{B}/H$ 值亦向减小的趋势变化。

表4－16　西江、北江三角洲主要河道 $\sqrt{B}/H$ 值变化与冲淤关系（中水位）

河道性质	河　道	$\sqrt{B}/H$		60年代与50年代对比的冲淤厚度（cm）
		1950～1953年	1960～1962年	
河流段	北江干流（邓塘—河口镇）	5.83	5.75	－0.9
	西江干流（禄步—羚羊峡）	1.72	1.74	＋3.5
过渡段	北江干流（思贤滘—紫洞）	9.20	9.20	－0.2
	顺德水道（下滘—板沙尾）	3.51	3.88	＋5.4
	花地涌	5.20	4.43	－4.0
	佛山涌	3.84	3.66	－2.0
	吉利涌	6.87	6.65	－0.8
	平洲水道	2.37	2.10	－9.3
	西江干流（思贤滘—南华）	4.21	4.40	＋4.1
	甘竹溪	1.60	1.59	－0.9
潮流段	容桂水道	3.00	3.14	＋2.4
	沙湾水道	4.91	5.45	＋4.4
	蕉门水道	6.06	6.37	＋1.8
	义沙北水道	3.41	3.82	＋7.5
	义沙南水道	2.48	2.55	＋2.5
	洪奇沥	4.83	5.20	＋4.5
	海洲水道	3.41	4.15	＋11.5
	石板沙水道	3.66	3.53	－3.4
	磨刀门水道	6.43	6.45	＋0.4
	鸡鸦水道	2.89	2.84	－0.5
	小榄水道	2.15	2.13	－1.2
	荷麻溪	3.24	3.11	－2.1
	螺洲溪	2.72	2.52	－6.0
	横坑水道	2.53	2.37	－3.0
	泥湾门水道	4.11	4.42	＋5.9
	劳劳溪	3.61	3.97	＋3.0
	虎跳门水道	5.16	5.57	＋3.0

注　1. B、H 分别为中水位下的河宽、水深。

2. $\sqrt{B}/H$ 为全河道的平均值。

3. “＋”为淤积；“－”为冲刷。

表 4－17　**西江干流下游$\sqrt{B}/H$值**

年份 \ 各河段$\sqrt{B}/H$平均值	思贤滘—天河	天河—竹洲山	竹洲山—磨刀门
1915	2.92	3.43	6.85
1952	3.12	3.58	5.60
1961	3.19	3.62	5.54
1971		3.44	

表 4－18　**长江、黄河下游的$\sqrt{B}/H$值**

河　名	河段河型	$\sqrt{B}/H$值
长　江	荆江蜿蜒性河段	2.23～4.45
汉　江	马口至汉江河口，蜿蜒性河段	2.0
黄　河	高村以上，游荡性河段	19.0～32.0
黄　河	高村至陶城埠，过渡性河段	8.6～12.4

此外，乔彭年还根据西江、北江河道地形图，计算了 50 年代与 60 年代西江、北江河口区滩槽冲淤量的分配，结果见表 4－19。从表中可见，西江水系的河道（包括干流在内），位于河流段和过渡段是槽淤滩冲，滩的冲刷量占河槽的淤积量的百分比分别为 10% 和 7%；位于潮流段则是槽淤、滩淤，滩、槽的淤积量占滩和槽的总淤积量的百分比分别为 18% 和 82%。北江水系的河道（包括干流在内），河流段为槽冲、滩冲，滩、槽冲刷量分别占 17% 和 83%；过渡段及潮流段均为槽淤、滩淤，前者滩、槽的淤积量分别占 1% 和 99%，后者为 4% 和 96%。就淤积量的绝对值来说，西江河流段和过渡段的槽淤积量大于北江的河流段和过渡段，而潮流段的槽淤积量则是北江大于西江。至于滩地淤积，潮流段是西江大于北江，过渡段则是北江大于西江，后者滩地为冲刷。

产生上述现象的原因，往往与各河段的水流特性有关。在河流段，径流作用大，滩地多受冲刷，而过渡段与潮流段，受潮流影响逐渐增大，有利于高滩的淤积，且随着潮流势力的增强而淤积量增大。在西江、北江的口门中，由于西江的来沙量大于北江，故前者滩地的淤积量大于后者。

表 4－19　**西江、北江三角洲泥沙在河道滩槽上的冲淤量分配**（60 年代与 50 年代对比）

部位	冲淤量及所占的百分比 \ 河段 / 水系	河流段			过渡段			潮流段		
		西江	北江	合计	西江	北江	合计	西江	北江	合计
河槽	冲淤量（万 m^3）	108.8	－34.5	64.3	470.95	100.61	571.56	259.00	342.71	601.71
河槽	占滩槽冲淤总量的百分比（%）	111	－83	138	108	99	106	82	96	90
滩地	冲淤量（万 m^3）	－10.7	－7.1	－17.8	－33.0	1.07	－31.93	55.43	15.12	69.78
滩地	占滩槽冲淤总量的百分比（%）	－11（10）	－17	－38（28）	－8（7）	1	－6	18	4	10

注　1. 滩地容积即高水位下的河床容积减去中水位下的河床容积的剩余部分。

2. “－”表示冲刷；“（）”为滩地的冲刷量占河槽淤积量的百分比。

珠江水利科学研究院曾分析了广州出海水道上段4964，1982年、1999～2004年河道宽深比的变化，见表4－20所示❶。由表得到如下认识：

表4－20　各河段河槽宽深比变化统计表

河段	1964年		1982年		1999年		2000年	
	平均值	变化范围	平均值	变化范围	平均值	变化范围	平均值	变化范围
白坭水道A段	6.82	12.64～2.91	4.92	11.28～2.25	2.96	6.68～1.79	—	—
白坭水道B段	8.42	11.71～4.32	8.85	17.29～3.66	5.38	9.14～3.79	—	—
白坭水道C段	5.97	7.73～3.30	4.79	6.85～2.55	3.31	4.45～2.41	—	—
白坭水道D段	6.27	9.49～4.51	4.78	8.26～3.05	3.21	5.98～2.35	—	—
白沙河E段	4.38	6.69～3.01	4.80	6.71～3.23	3.06	4.49～2.42	—	—
沙贝海F段	3.60	5.82～2.70	3.62	5.63～2.50	3.33	5.04～2.39	—	—
白鹅潭G段	3.80	5.56～2.76	3.42	5.01～2.89	2.99	4.95～2.32	2.83	4.70～2.14
南河道H段	3.82	5.08～2.90	3.89	5.27～2.79	3.25	4.52～2.05	3.26	4.84～1.98
沥滘水道Ha段	5.32	8.91～3.63	4.35	7.54～3.22	2.95	5.56～1.90	2.84	5.81～1.80
北河道I段	4.50	8.36～2.14	3.69	8.88～1.42	3.61	6.98～1.67	—	—
新造水道J段	4.08	6.92～2.34	4.44	6.06～3.18	3.76	5.06～2.52	3.25	4.96～2.02
官洲河K段	4.40	6.57～2.93	4.89	6.95～3.25	3.40	5.04～2.66	—	—
官洲河L段	2.95	3.56～2.51	3.19	4.44～2.60	2.78	3.00～2.52	—	—
嵛头海M段	3.83	4.71～2.66	4.34	6.29～3.25	3.21	3.51～2.40	—	—
官洲河N段	3.81	6.41～2.04	4.04	7.58～2.06	3.09	4.82～1.77	—	—

河段	2001年		2002年		2003年		2004年	
	平均值	变化范围	平均值	变化范围	平均值	变化范围	平均值	变化范围
白坭水道A段	—	—	—	—	—	—	3.09	7.21～1.53
白坭水道B段	—	—	—	—	—	—	4.82	7.86～2.63
白坭水道C段	—	—	—	—	—	—	3.47	4.80～2.42
白坭水道D段	—	—	3.14	5.28～2.04	3.24	5.96～2.12	3.29	6.20～2.24
白沙河E段	—	—	2.99	3.71～2.47	3.15	3.99～2.54	—	—
沙贝海F段	—	—	3.09	4.34～2.15	3.22	4.54～2.17	3.51	5.45～2.27
白鹅潭G段	2.90	4.64～2.41	2.96	4.59～2.44	3.01	4.81～2.44	—	—
南河道H段	3.21	4.61～2.04	3.26	4.52～1.99	3.23	4.52～2.02	—	—
沥滘水道Ha段	2.92	5.63～1.84	2.81	5.43～1.79	2.89	5.74～1.84	—	—
北河道I段	—	—	—	—	—	—	—	—
新造水道J段	3.35	4.38～2.31	3.35	4.82～2.32	3.37	4.57～2.39	—	—
官洲河K段	—	—	—	—	—	—	—	—
官洲河L段	—	—	—	—	—	—	—	—
嵛头海M段	—	—	—	—	—	—	—	—
官洲河N段	—	—	—	—	—	—	—	—

❶ 珠江水利委员会珠江水利科学研究院，广州市洲头嘴隧道工程河床演变分析专题研究报告，2007年。

（1）全河段的 $\sqrt{B}/H$ 平均值均较低小，约为 2.78 ~ 8.85，说明该河道的横向冲淤变化不大，是一条比较稳定的河道，与长江荆江蜿蜒性河段比较接近（见表 4－17）。

（2）全河段横向冲淤变化引起 $\sqrt{B}/H$ 值变化的总的趋势是：1964 年 $\sqrt{B}/H$ 的平均值相对较大，约为 2.95 ~ 8.42；至 1982 年，由于各河段有冲有淤，因而 $\sqrt{B}/H$ 值有的河段变大，有的则变小，$\sqrt{B}/H$ 的平均值约为 3.19 ~ 8.85，但差别不是很大；至 1999 年，由于受人为干预，$\sqrt{B}/H$ 的平均值普遍减小，其值约为 2.78 ~ 5.38，说明全河段趋于窄深，变化较明显；2001 年以后，各河段 $\sqrt{B}/H$ 的平均值已基本保持不变或略有较小的变化，说明河道的横向变化趋于基本稳定。

（3）就全河段的各段而言，白坭河水道的 $\sqrt{B}/H$ 值较大，1964 年其平均值约为 4.38 ~ 8.42，至 2004 年其变化值基本稳定在 3.09 ~ 4.83；沥滘水道仅次于上段，1964 年 $\sqrt{B}/H$ 的平均值约为 5.32，至 2003 年其变化值基本稳定在 2.89；其余各河段的 $\sqrt{B}/H$ 值均较小，1964 年 $\sqrt{B}/H$ 的平均值约为 2.95 ~ 4.40，至 2003 年其变化值基本稳定在 3.01 ~ 3.37。这说明了 $\sqrt{B}/H$ 较大的河段，经人为干预后其值均基本稳定在 3.0 ~ 4.8 左右。

北京水利水电科学研究院泥沙研究所根据 20 世纪 80 年代和 1999 年珠江三角洲河道地形图计算了河道断面的宽深比 $\sqrt{B}/H$ 值的变化，见表 4－21。虽然表中 $\sqrt{B}/H$ 值仅是断面值，不是河段的平均值，但仍可大体反映出河道断面形态的变化。从表中可以看出❶：

表 4－21　　珠江三角洲河道中水位以下宽深比变化表（1978 ~ 1999 年）

水道名称	时间（年）	河宽（m）	平均水深（m）	宽深比 $\sqrt{B}/H$
狮子洋水道	1983	1780 ~ 2760	5.98 ~ 9.01	5.38 ~ 8.78
	1999	1579 ~ 2663	6.64 ~ 12.76	3.67 ~ 6.91
虎门水道	1983	2512 ~ 3931	9.62 ~ 11.12	4.51 ~ 6.19
	1999	2268 ~ 4000	11.89 ~ 13.33	3.57 ~ 4.85
沙湾水道	1985	151 ~ 484	3.77 ~ 6.66	2.62 ~ 5.02
	1999	148 ~ 453	4.13 ~ 8.41	1.58 ~ 3.79
蕉门水道	1985	109 ~ 1418	2.50 ~ 6.37	2.52 ~ 8.86
	1999	101 ~ 1341	3.02 ~ 6.57	2.45 ~ 7.77
上横沥水道	1985	332 ~ 606	3.64 ~ 8.52	2.14 ~ 6.77
	1999	317 ~ 500	4.76 ~ 9.18	2.00 ~ 4.70
下横沥水道	1985	309 ~ 588	6.81 ~ 10.00	1.76 ~ 3.56
	1999	322 ~ 560	6.43 ~ 10.31	1.74 ~ 3.68

❶ 中国水利水电科学研究院泥沙研究所，珠江三角洲网河及口门附近海域冲淤演变分析计算（初稿），2000 年 12 月。

续表

水道名称	时间（年）	河宽（m）	平均水深（m）	宽深比 $\sqrt{B}/H$
洪奇门水道	1985	190 ~ 1267	2.08 ~ 10.13	1.63 ~ 11.09
	1999	220 ~ 1121	2.33 ~ 10.29	1.71 ~ 8.04
横门水道	1985	582 ~ 729	4.20 ~ 6.30	3.83 ~ 6.42
	1999	513 ~ 958	6.00 ~ 8.41	2.69 ~ 5.16
顺德水道	1985	243 ~ 750	4.73 ~ 7.45	2.11 ~ 3.91
	1999	215 ~ 659	6.27 ~ 12.08	1.77 ~ 2.61
鸡鸦水道	1985	276 ~ 384	5.19 ~ 10.89	1.53 ~ 3.78
	1999	257 ~ 370	6.72 ~ 13.05	1.33 ~ 2.86
东平水道	1984	552 ~ 589	4.79 ~ 4.93	4.77 ~ 5.07
	1999	551 ~ 638	7.94 ~ 9.07	2.59 ~ 3.19
容桂水道	1986	379 ~ 801	4.79 ~ 11.01	2.08 ~ 5.91
	1999	405 ~ 758	7.61 ~ 18.17	1.27 ~ 3.32
磨刀门水道	1978	624 ~ 1902	3.74 ~ 8.22	3.04 ~ 11.67
	1999	617 ~ 1335	7.50 ~ 10.80	2.30 ~ 4.68
鸡啼门水道	1981	348	5.27	3.54
	1999	609	4.26	5.80
虎跳门水道	1981	331 ~ 419	4.66 ~ 4.82	3.90 ~ 4.25
	1999	330 ~ 389	4.63 ~ 5.94	3.32 ~ 3.93

（1）80年代以来至90年代，珠江河口网河区绝大多数河道普遍发生冲刷，河宽缩小，平均河底高程下降，河床下切，$\sqrt{B}/H$值减小，由1.2 ~ 11.6减小为1.0 ~ 8.0，河道断面形态变得更为窄深。

（2）网河区的河道一般具有“愈往上游$\sqrt{B}/H$值愈小，愈往下游$\sqrt{B}/H$值愈大”的趋势，如沙湾水道、小榄水道、鸡鸦水道、顺德水道等河道，$\sqrt{B}/H$值在1.2 ~ 5.0之间，而虎门水道、蕉门水道、横门水道、磨刀门水道等河道，$\sqrt{B}/H$值则在2.3 ~ 8.8之间，磨刀门水道个别断面达到11.67。

（3）北江水系的河道与西江水系的河道相比，前者的$\sqrt{B}/H$值较后者小些，前者如东平水道、沙湾水道等，$\sqrt{B}/H$值在1.5 ~ 5.0之间；后者如北街水道、古镇水道等，$\sqrt{B}/H$值在3.5 ~ 6.8之间。可见，北江水系的河道一般较西江水系的河道要窄深些，亦较相对稳定些。

表4 - 22为该所计算得到的珠江河口八大口门在20世纪80 ~ 90年代的冲淤变化。由表可见，除蕉门和鸡啼门略有淤积，其淤积幅度分别为5%和1%，其余口门均为冲刷，虎门、洪奇门、横门、磨刀门、虎跳门的冲刷幅度分别为6%、23%、21%、30%和14%，与其相应，蕉门和鸡啼门的$\sqrt{B}/H$值为略有增大或基本不变，其值分别由5.98和

3.90 变为 5.95 和 3.93；虎门、洪奇门、横门、磨刀门和虎跳门的 $\sqrt{B}/H$ 值分别由 6.19、5.85、4.32、11.67 和 4.25 减小为 4.65、3.93、3.67、4.68 和 3.32，减小值一般都比较大，尤其是磨刀门减小了 63.58%，这说明了磨刀门经过口门整治后河道冲刷下切，变成窄深形态，获得了整治效果。

表 4－22　　珠江河口八大口门冲淤变化（1979～1999 年）

口门位置 \ 项目	时间（年）	河宽（m）	平均水深（m）	平均河底高程（m）	宽深比	过水面积（m^2）	冲淤面积（m^2）	冲淤幅度（%）
虎门（大虎）	1983	3550.63	9.62	－8.88	6.19	34168		
	1999	3056.83	11.89	－11.15	4.65	36352	－2184	－6
蕉门（南沙）	1985	1340.78	6.13	－5.14	5.98	8213		
	1999	1291.55	6.04	－5.05	5.95	7795	418	5
洪奇门（万顷沙）	1985	636.35	4.31	－3.28	5.85	2745		
	1999	559.67	6.02	－4.99	3.93	3370	－625	－23
横门（横门）	1985	685.40	6.06	－5.00	4.32	4152		
	1999	698.65	7.2	－6.14	3.67	5027	－875	－21
磨刀门（灯笼山）	1979	1901.85	3.74	－2.72	11.67	7105		
	1999	1233.23	7.50	－6.49	4.68	9250	－2145	－30
鸡啼门（黄金）	1981	331.07	4.66	－3.54	3.90	1543		
	1999	330.10	4.63	－3.51	3.93	1528	15	1
虎跳门（西炮台）	1981	418.89	4.82	－3.88	4.25	2019		
	1999	388.62	5.94	－5.00	3.32	2309	－290	－14
崖门（黄冲）	缺 80 年代资料							

以上表明，从 80～90 年代，珠江河口网河区绝大多数河道处于冲刷下切状态，这种冲刷一直延伸到多数口门区，仅蕉门和鸡啼门略有淤积。但是，上游河道的冲刷必然会引起下游河道的淤积。珠江河口网河区和口门区的冲刷所挟带的泥沙，是否会在口门外海域发生淤积？对此，根据卫星遥感获取的图像资料❶，统计了珠江各口门外海域面积在 3 个时期（1977、1988、1999 年）的变化，其结果见表 4－23。由表可见，各口门外海域面积的变化是 80 年代比 70 年代有所减少，90 年代又比 80 年代继续减少，说明各口门外海域处于不断淤积过程，因而海域面积不断减少。其中蕉门、洪奇门、横门及磨刀门海域面积的减少较大，1999 年与 1977 年相比分别减少了 36.4%、34.8% 和 47.3%，虎门减少最少，仅为 3.8%。伶仃洋总海域面积减少 18.25%。伶仃洋、虎门、蕉门、洪奇门、横门、鸡啼门等海域面积的减少有加快的趋势，1999 年相对于 1988 年的减少量大于 1988 年相对于 1977 年的减少量。

❶ 罗宪林等，珠江三角洲主要水道河床演变研究中期报告，2000 年 5 月。

表 4-23 珠江河口口门岸线水域面积变化统计表

范围 \ 年份	1977 (km²)	1988 (km²)	1999 (km²)	1988 相对 1977 面积减少 (km²)	1999 相对 1988 面积减少 (km²)	1999 相对 1977 面积减少 (km²)	1999 相对 1977 面积减少 (%)
伶仃洋	1091	1001	891.9	90	109.1	199.1	18.25
虎门	120.93	120.3	116.3	0.63	4	4.63	3.83
蕉门	83.56	72.19	53.17	11.37	19.02	3039	36.37
洪奇门及横门	197.54	166.5	128.9	31.04	37.6	68.64	34.75
磨刀门	263.82	198.00	139.1	65.82	58.9	124.72	47.27
鸡啼门	92.651	84.26	74.79	8.391	9.47	17.361	19.28
崖门、虎跳门、黄茅海	605.21	549.1	501.4	56.11	47.7	103.1	17.15

4.4 珠江河口的沉积速率

河口的沉积速率受许多因素的影响，有地质的、水文的、化学的、物理的、生物的、人类活动等等因素，情况十分复杂。而且不仅在空间上沉积分布不一致，在时间上往往亦不一致，有快速沉积期、缓慢沉积期、侵蚀期和沉积与侵蚀基本平衡期等之分，有时是各个时期交替发生的。正是因为如此，沉积速率一般难以用绝对数字来表示，常采用平均的沉积速率。实际上，平均沉积速率反映了某一个时期内各种因素对沉积作用的综合影响，通过对其研究，可以推测未来的沉积速率，仍然有其研究意义。

关于珠江河口的沉积速率，不少学者曾进行了研究，获得不同的结果，尤其是对伶仃洋沉积速率的研究，采用不同方法进行，成果颇多，差别亦较大，众说纷纭。现在此作一概括性介绍。

4.4.1 用沉积厚度和沉积年代计算沉积速率

广州地理研究所黄镇国等人利用珠江河口区的沉积厚度和沉积年代，计算沉积速率[1]。

首先须确定珠江河口区的沉积厚度。松散物质沉积后，经过长期的自重压实和脱水致密的过程，沉积层的厚度必然会比松散的原始厚度小，在计算沉积速率时应采用后者。

关于沉积层压缩后的厚度与松散的原始厚度之间的关系，可以通过沉积物压缩后的体积与压缩前的体积之比值（称为压缩率）来推求。因为就大范围的沉积层而言，其压缩过程可看成是自上向下的均匀荷载，横向挤压力及剪切力可以忽略不计，这样沉积物压缩后体积的变化也就是厚度的变化。

沉积物的压缩率可以通过压缩前后的孔隙比的比值来求算，即

$$\frac{V_0}{V_i}=\frac{V_s(1+e_0)}{V_s(1+e_1)}=\frac{1+e_0}{1+e_1} \tag{4-1}$$

式中　V_0 为压缩前的总体积；V_i 为压缩后的总体积；V_s 为土颗粒体积；e_0 为压缩前的孔隙比；e_1 为压缩后的孔隙比。

孔隙比可由样品直接测定，即 $e=V_v$（孔隙体积）/ V_s（土颗粒体积）。

根据罗子声的研究，珠江三角洲以海积为主的淤泥及淤泥质粉细砂的压缩率，分 3 个时期求算，亚大西洋期为 11.16%～11.9%，平均为 11.53%；大西洋期为 33.23%～43.0%，平均为 38.11%；玉木亚间冰期为 39.0%～48.2%，平均为 43.6%。根据这 3 个时期的淤泥及淤泥质粉细沙层的厚度，即可按上述的压缩率复原其初始厚度。

关于沉积年代，黄镇国等人认为珠江三角洲按 6 个发育阶段形成与发育，其沉积作用差别很大，玉木亚间冰期前段（Q_3^{2-1}）、玉木晚期至北方期（$Q_3^3-Q_4^1$）这两个阶段内为河流相沉积及风化期；其余 4 个时期，即玉木亚间冰期后段（Q_3^{2-2}）、大西洋期（Q_4^{2-1}）、亚北方期（Q_4^{2-2}）、亚大西洋期（Q_4^3），既有海相沉积，也有河流相沉积，其中亚北方期还有沉积间断的风化现象。因此，按 6 个发育阶段分别计算沉积速率，较能反映历史的沉积过程。

此外，为了反映沉积速率的区域差异，又按 6 个沉积区分别进行计算，即西江、北江三角洲西北部、中北部、中部、南部、潭江三角洲、东江三角洲等的沉积速率。

根据上述，计算得到珠江三角洲的沉积速率，见表 4－24。由表可见，全三角洲各个发育阶段的平均沉积速率，最大为 2.710mm/a，最小为 0.299mm/a，平均为 1.596mm/a。如果按海积为主的沉积速率来看，在 6 个发育阶段中，最大为 3.390mm/a，最小为 1.190mm/a，平均为 2.735mm/a。黄镇国等人认为，目前珠江三角洲正在继续向海沉积的区域，都属于以海相为主的三角洲环境，因此按历史上珠江三角洲的沉积速率估测目前及将来的沉积速率，如采用全三角洲整个历史时期的平均沉积速率即 1.596mm/a，则由于目前的沉积环境已与历史的状况不同，因而估测结果会偏小，应以历史上以海积为主的沉积速率即 2.735mm/a 作为估测参考，较为接近现实状况。

根据上述计算结果，得到 6 个发育阶段在不同区域的沉积速率的变化过程，如图 4－5所示。由图可见，前 3 个发育阶段的沉积速率小于后 3 个阶段的沉积速率，后者的最大值 2.710mm/a 与前者的最小值 0.299mm/a 之比，相差近 10 倍，这表明珠江三角洲主要是在全新统中期（Q_4^2），即距今 7500 年以来沉积起来的。其中，沉积速率最大的是第Ⅵ阶段（Q_4^3），其值为 2.710mm/a，即 2500 年以来沉积速率加快，显然是反映了由于人类活动频繁使珠江来沙量增多，以及由于人为围垦而加速了三角洲沉积的结果。

西江、北江三角洲（包括潭江）和东江三角洲的沉积速率相比较，见表 4－25。由表可见，西江、北江三角洲的沉积速率比东江三角洲的沉积速率约大 23.7%，这是因为虽然前者的面积比后者约大 11.2 倍，但是西江、北江的径流量比东江约大 13.7 倍，输沙量约大 25.5 倍，因而前者的沉积速率大于后者。

表 4－24 珠江三角洲的沉积速率

沉积分区			Ⅰ玉木亚间冰期前段（Q_3^{2-1}40000～32000a，B. P.）						Ⅱ玉木亚间冰期前段（Q_3^{2-2}32000～22000a，B. P.）						Ⅲ玉木晚期—北方期（Q_3^{3}—Q_4^{1}22000～7500aB. P.）					
			沉积厚度（m）		沉积速率（mm/a）		钻孔数		沉积厚度（m）		沉积速率（mm/a）		钻孔数		沉积厚度（m）		沉积速率（mm/a）		钻孔数	
			R	△	R	△	R	△	R	△	R	△	R	△	R	△	R	△	R	△
①	西北江三角洲	西北部	8.04	—	1.00	—	17	—	5.74	—	0.57	—	17	—	4.49	—	0.31	—	24	—
②	西北江三角洲	中北部	6.98	—	0.87	—	45	—	7.43	7.37（10.58）	0.74	0.73（1.06）	21	25	4.37	—	0.30	—	74	—
③	西北江三角洲	中　部	6.09	—	0.76	—	39	—	5.99	9.84（14.13）	0.59	0.98（1.41）	13	27	4.15	—	0.28	—	48	—
④	西北江三角洲	南　部	4.62	—	0.58	—	13	—	8.90	7.31（10.49）	0.89	0.73（1.05）	2	10	4.88	—	0.34	—	27	—
⑤	潭江三角洲		4.52	—	0.57	—	6	—	7.35	9.03（12.96）	0.73	0.90（1.30）	2	3	2.77	—	0.19	—	26	—
⑥	东江三角洲		3.22	—	0.40	—	10	—	5.68	—	0.57	—	7	—	4.17	—	0.29	—	9	—
平均值			5.58	—	0.70	—	合计 130		6.85	8.39（12.04）	0.68	0.83（1.19）	合计 127		4.14	—	0.28	—	合计 208	
全三角洲平均沉积速率（消除压实率）			0.787						0.936						0.299					

续表

发育阶段 / 沉积速率 / 沉积分区			Ⅳ大西洋期 (Q_4^{2-1}7500~5000a,B. P.)						Ⅴ亚北方期 (Q_4^{2-2}5000~2500a,B. P.)						Ⅵ亚大西洋期 (Q_4^{3}2500a 以来 B. P.)					
			沉积厚度 (m)		沉积速率 (mm/a)		钻孔数		沉积厚度 (m)		沉积速率 (mm/a)		钻孔数		沉积厚度 (m)		沉积速率 (mm/a)		钻孔数	
			R	△	R	△	R	△	R	△	R	△	R	△	R	△	R	△	R	△
①	西北江三角洲	西北部	6.49	7.49 (10.34)	2.59	2.99 (4.13)	9	9	2.88	—	1.16	—	17	—	3.78	—	1.51	—	21	—
②		中北部	5.68	6.70 (9.25)	2.27	2.68 (3.70)	20	58	4.17	4.97 (6.86)	1.67	1.99 (2.75)	65	10	5.86	5.98 (6.66)	2.34	2.39 (2.66)	31	59
③		中　部	5.40	5.53 (7.63)	2.16	2.21 (3.05)	2	56	4.21	4.39 (6.06)	1.69	1.76 (2.43)	25	16	7.67	8.95 (10.0)	3.07	3.58 (4.0)	12	44
④		南　部	5.00	6.46 (8.92)	2.00	2.58 (3.56)	3	18	3.24	7.12 (9.83)	1.29	2.84 (3.92)	8	10	3.73	8.15 (9.08)	1.49	3.26 (3.63)	3	23
⑤	潭江三角洲		2.00	6.03 (8.32)	0.80	2.41 (3.32)	4	22	1.89	—	0.76	—	27	—	5.03	7.70 (8.58)	2.01	3.08 (3.43)	12	6
⑥	东江三角洲		5.42	4.14 (5.71)	2.17	1.65 (2.27)	1	6	3.61	—	1.45	—	9	—	3.80	7.27 (8.10)	1.52	2.91 (3.24)	3	16
平均值			4.99	6.06 (8.38)	1.99	2.42 (3.34)	合计 208		3.33	5.49 (7.58)	1.34	2.19 (3.02)	合计 187		4.98	7.61 (8.48)	1.99	3.04 (3.39)	合计 230	
全三角洲平均沉积速率（消除压实率）			2.665						2.180						2.710					

注　括号内数字为压实率消除后的值；R 代表以河流相沉积为主，△代表以海相沉积为主。

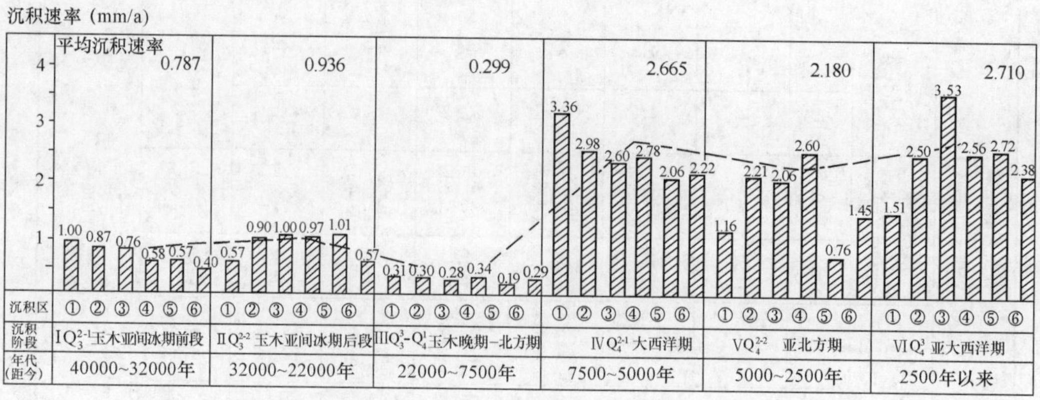

沉积区名称：①西江、北江三角洲西北部；②西江、北江三角洲中北部；③西江、北江三角洲中部；④西江、北江三角洲南部；⑤潭江三角洲；⑥东江三角洲；- - -平均沉积速率

图 4－5　珠江三角洲沉积速率的变化

表 4－25　西江、北江三角洲与东江三角洲沉积速率的比较（mm/a）

地区＼速率＼时期	Ⅰ	Ⅱ	Ⅲ	Ⅳ	Ⅴ	Ⅵ	平均
西江、北江三角洲	0.76	0.93	0.28	2.76	2.23	2.75	1.60
东江三角洲	0.40	0.57	0.29	2.22	1.45	2.38	1.22

根据上述算得的历史上珠江三角洲的沉积速率，对伶仃洋的淤积寿命加以推测，结果见表 4－26。

表 4－26　由历史的沉积速率估算伶仃洋的淤浅速度

对比地区	海相层沉积厚度（m）			沉积速率（mm/a）		伶仃洋全面淤浅所需的年数（a）
	剖面个数	平均值	消除压实率 11.5%	平均值	近 2500 年递增 41.4%	
西江、北江三角洲中部区	44	（8.95）	10.0	（3.58）4.0	5.64	762
万顷沙	6	（13.5）	15.05	（5.2）6.0	8.46	508
伶仃洋东侧	14	（8.19）	9.13	（3.28）3.65	5.15	834

注　括号内为未消除地层压缩率的数值。

计算表 4－26 时，历史时段的沉积速率是选取 2500 年以来的数值，地区范围是选取西江、北江三角洲的中部及万顷沙地区，以便尽可能接近当前伶仃洋的情况。而历史上来沙量的变化，由于无法得到实测的数值，可以认为总的趋势是递增，递增的比例，可以从 5000 年来的后 2500 年比前 2500 年沉积速率的递增比例中得到估算。就西江、北江三角洲中部区而言，递增比例为 41.1%，把这个比例数看作来沙量的递增。由此算得西江、北江三角洲中部区 2500 年来的平均沉积速率为 4.0mm/a，递增 41.1%，为 5.64mm/a。如果伶仃洋按这样的沉积速率淤积，目前伶仃洋（大虎山至内伶仃岛）水位 －1.89m（珠江基面，相当于平均低潮面）以下的总容积为 29.98 亿 m^3，水面平均面积为 793.90km^2，得平均水深为 3.78m，即伶仃洋全面淤积平均厚度 3.78m 时需 762 年。万顷沙 2500 年来的沉积速率为 6.0mm/a，递增 41.1% 后为 8.46mm/a，若按此速率沉积，伶仃洋全面淤浅，则需 508 年。

黄镇国等人还分析了伶仃洋的 195 个水下钻孔资料，选取地层区分标志比较清楚的 14 个剖面，绝大多数处于伶仃洋东侧。这些剖面在深灰色淤泥层之下，都有一层灰白色砂层或浅风化黏土，根据第四纪地层分析，属近 2500 年来的沉积。14 个剖面淤泥层平均厚度为 8.19m，消除压缩率 11.53% 后得初始沉积厚度为 9.13m，按 2500 年计，平均沉积速率为 3.65mm/a，递增 41.4% 后为 5.15mm/a，由此推算得伶仃洋全面淤浅约需 834 年。由于钻孔几乎全部位于伶仃洋东侧，而历史上以至现在，伶仃洋都是西侧比东侧沉积旺盛，故上述沉积速率可能偏小，因而算得的 834 年可能偏大。

以上推算得到的伶仃洋的寿命大致为 508～834 年，是指伶仃洋全面淤浅而言，如果考虑到伶仃洋在淤积过程中必将保持一条潮汐通道，则伶仃洋的寿命可能还不止上述年限。

4.4.2　用^{14}C 测定年代计算沉积速率

广州地理研究所徐君亮等人用^{14}C 测定沉积层的年代，并由沉积层的厚度计算沉积速率[8]。他们应用^{14}C 放射性同位素测定珠江三角洲 51 个样品，并收集前人 16 个^{14}C 测定数据，确定珠江三角洲是晚更新统中期（距今 4 万年）开始堆积起来的，平原表层 3～4m 沉积物主要是晚全新统（2500 年以来）形成的；伶仃洋浅层沉积物大部分为晚全新统的亚大西洋期（2500 年以来）、部分为亚北方期（2500～5000 年）沉积的，只有交椅湾的一个钻孔出现大西洋期沉积（^{14}C 年代为 6030±150 年）。

根据钻孔的深度算出沉积层厚度，由^{14}C 测定沉积年代，即可算出沉积速率。关于沉积层厚度（H），由于所用重力取样管采得岩心的顶端与沉积物表面的关系难以准确确定，故用同一钻孔中的上、下两个样品所代表层位的厚度（h_1、h_2）差求算，即

$$H = h_2 - h_1$$

关于沉积层的沉积时段 T，可由上、下两个层位所测得的^{14}C 年代 t_2、t_1 之差来确定，即

$$T = t_2 - t_1$$

考虑到^{14}C 年代测定结果，一般包括有“基项”（t）和“误差项”（$\pm\Delta$）两部分，例如 3570±110 年，两项均为分析样品的有效数据，在计算沉积速率时都应予考虑。因此，在计算时取用上、下两个层位的^{14}C 年代（$t_1 \pm \Delta_1$，$t_2 \pm \Delta_2$）之差的 9 种组合型式，即 $t_2 - t_1$、$t_2 - (t_1 + \Delta_1)$、$t_2 - (t_1 - \Delta_1)$、$(t_2 + \Delta_2) - t_1$、$(t_2 + \Delta_2) - (t + \Delta_1)$、$(t_2 + \Delta_2) - (t_1 - \Delta_1)$、$(t_2 - \Delta_2) - t_1$、$(t_2 - \Delta_2) - (t_1 + \Delta_1)$、$(t_2 - \Delta_2) - (t_1 - \Delta_1)$，分别计算出 9 种相应的沉积速率数值，然后计算其平均值作为两个层位的沉积速率。

关于沉积层的压缩率，与前述相同，根据罗子声的研究成果，按不同时期采用下列 3 个公式求算：

只属于亚大西洋期的（2500 年以来）：

$$V_0 = V_i(1 + 11.53\%); \qquad (4-2)$$

包括亚北方期和亚大西洋期的（5000 年以来）：

$$V_0 = V_i\left[1 + \frac{2500 - t_1}{T} \times 11.53\% + \frac{t_2 - 2500}{T}\left(\frac{t_2 - 2500}{200} \times 0.84\% + 12\%\right)\right] \tag{4-3}$$

包括大西洋期和亚北方期的（7500～2500 年内）：

$$V_0 = V_i\left[1 + \frac{5000 - t_1}{T}\left(\frac{t_2 - 2500}{200} \times 0.84\% + 22.62\%\right) + \frac{t_2 - 5000}{T}\left(\frac{t_2 - 5000}{200} \times 0.39\% + 33.23\%\right)\right] \tag{4-4}$$

伶仃洋各浅滩根据^{14}C 测定年代求算的沉积速率，见表 4－27。

表 4－27　　伶仃洋浅滩区根据^{14}C 测定年代求算的沉积速率

区段	钻孔号	样品位置（上界/下界）(cm)	代表深度(cm)	^{14}C 年龄(a)	沉积速率 V_o（mm/a）亚大西洋期（2500a 以来）	亚北方期（2500～5000a）	大西洋期（5000～7500a）	区段平均沉积速率（mm/a）
东滩	EG	60/100	80	3570±110	0.471 [0.471]		0.651 [0.498]	1.303
		176/228	202	6030±150				
	GE_4	60/100	80	960±60	1.257 [1.127]			
		220/270	245	2430±95				
	GE_5	60/100	80	640±70	1.774 [1.591]			
		130/180	155	1130±90				
	GE_9	60/110	85	1260±90	1.526 [1.368]			
		180/230	205	2150±90				
		276/326	301	2896±120	1.522 [1.351]			
中滩	GE_{11}	60/120	90	860±70	7.730 [0.654]			0.709
		186/226	206	2464±100				
	GE_{10}	50/106	78	800±80	0.687 [0.616]			
		161/210	185.5	2550±100				
西滩（南段）	WG_1	60/100	80	200 以内	0.556 [0.493]			0.749
		215/265	240	3420±120				
	WG_3	60/100	80	1440±85	1.017 [0.910]			
		193/233	213	2910±110				
	WG_7	60/100	80	790±85	0.675 [0.605]			
		161/210	185.5	2520±100				
西滩（北段）	A_{23} *	430	430	1610±80	5.423 [4.453]			5.917
		2100	2100	5360±160				
	万顷沙 6 个钻孔，剖面 *	平均深度 13.5m		＜2500a	6.0			

注　* 据黄镇国等，《珠江三角洲形成发育演变》，A_{23} 钻孔位于万顷沙伶仃洋沿岸。
[ ] 中的数据为沉积层压缩后的沉积速率。

由表 4 - 27 可见，伶仃洋的沉积速率有如下特点：

①西滩的沉积速率大于东滩，前者年平均最大为 6.0mm，后者年平均最大仅为 1.78mm，前者为后者的 3 倍多，这与前者主要受输沙量较大的西江、北江的影响，而后者主要受输沙量较小的东江和流溪河的影响有关。②在河口三角洲发育过程中，不同的部位沉积速率差异很大，在垂直海岸方向，自河口向外海沉积速率逐渐减小；在平行海岸方向，主要汊道口门附近沉积速率最高，向两侧逐渐减小。如伶仃洋西滩北段的鸡抱沙、孖沙和龙穴隆滩，以及沙仙尾滩北侧的万顷沙，年平均沉积速率近 6mm；而西滩南段的 WG_7（进口浅滩的西南侧），年平均沉积速率只有 0.68mm；位于主流汊道洪奇沥和横门口门的南侧，沉积速率都较少，分别为 0.56mm 和 1.02mm。③在潮汐河口湾，不同类型沉积环境的沉积速率也有差异，潮间带滩地沉积速率较大，如福永潮滩（EG_5）年平均为 1.77mm，而潮下带沉积速率则稍小，大铲湾低潮线以下滩地（EG_9）年平均为 1.53mm；往下离岸越远，水深越大，沉积速率有减小的趋势，如东滩槽边泥滩（EG_4），年平均仅为 1.26mm。

徐君亮等人认为，上述由 ^{14}C 测定年代求算的沉积速率，是某些地质历史时期的平均速率，只能反映河口三角洲的历史发展进程，不能用来推测现代港口航道的回淤及河口港湾的淤积年限问题。因此，他们没有用来推测伶仃洋的淤积寿命。

4.4.3　用历史海图计算沉积速率

用不同年代的历史海图进行对比分析，据以计算河口范围内的冲淤数量，并根据海图经历的年限，即可计算沉积速率。

徐君亮等人[8]根据海图测量精度较高、冲淤变化较明显、前后年代间隔较合理等 3 个原则，在近百年历史的海图中，选择 1883、1898、1954、1974 年 4 个年份正式出版的伶仃洋海图，对伶仃洋进行了冲淤变化的量算。上述海图所用的基准面，前三者为最低潮面（相当于珠江基面高程 103.12m），后者为理论基准面（相当于珠江基面高程 102.997m），两者相差仅 12.3cm，由于差异不大，进行计算时一律以最低低潮面为标准。计算方法和步骤如下：

（1）求算断面冲淤面积。选取 7 个断面（北纬 22°44′、北纬 22°43′、北纬 22°40′、北纬 22°36′、北纬 22°32′、北纬 22°30′、北纬 22°26′），点绘上述 4 个年份的横断面图于方格纸上（见图 4 - 6），计算每一断面各相邻年份的淤积面积、冲刷面积和净淤面积，再将净淤面积除以断面宽度，即得断面平均淤积厚度，计算成果见表 4 - 28。

（2）求算淤积总量和年平均淤积量。根据上述 7 个横断面的净淤面积，求出相邻断面的淤积量 V，可按下式计算：

$$V = \frac{W_1 + W_2}{2} \times L \tag{4-5}$$

式中　W_1、W_2 分别为相邻两个横断面的净淤面积；L 为两个相邻横断面的距离。

根据算得的相邻两断面的淤积量，除以相应的年数，即得年平均淤积量（见表 4 - 29），进而即可算得伶仃洋年平均淤积总量。据统计，伶仃洋自 1883～1974 年总淤积量为 173313.60 万 m^3，年平均淤积量为 1904.60 万 m^3。

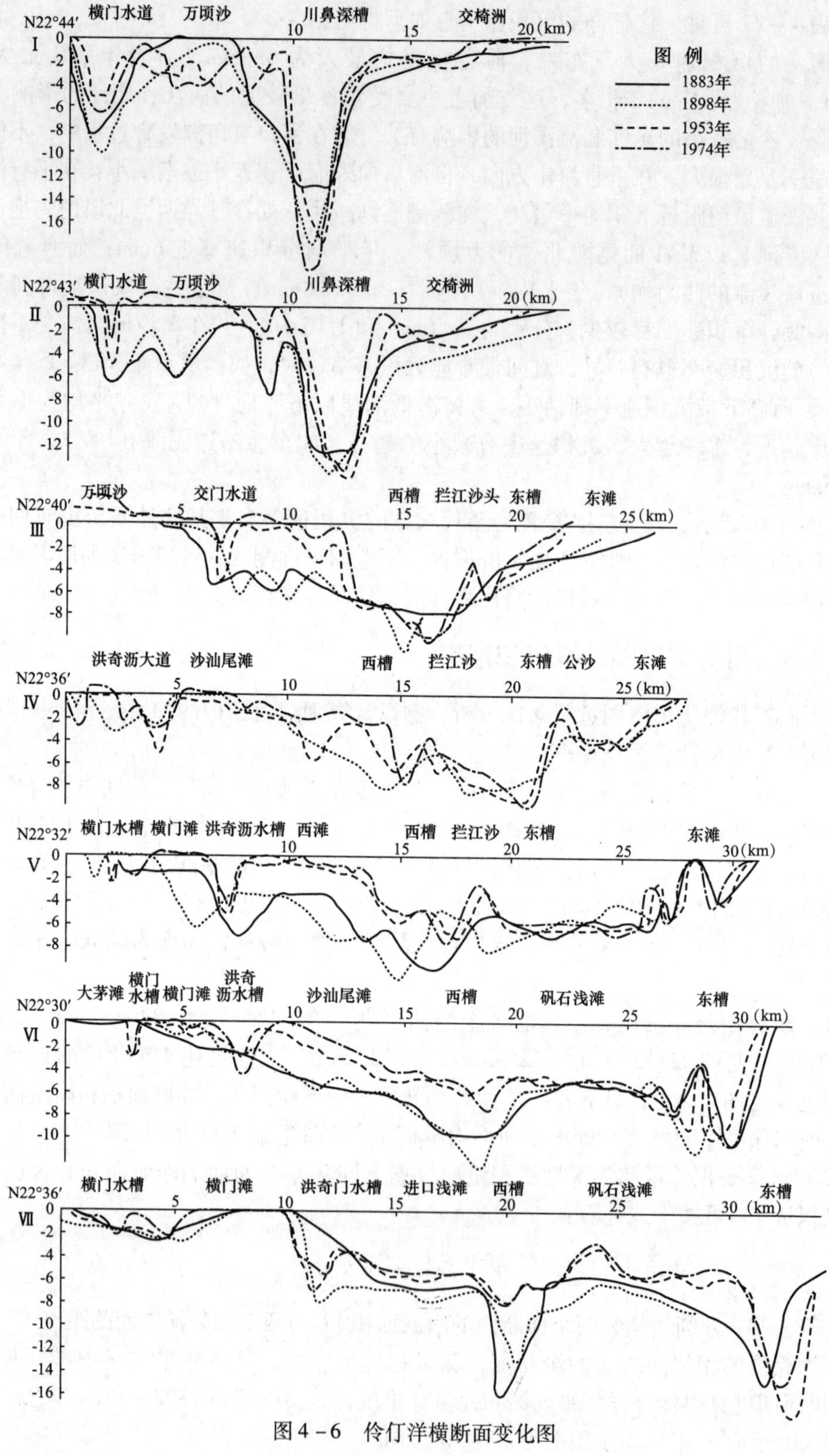

图 4-6 伶仃洋横断面变化图

表4-28　伶仃洋横断面冲淤计算表

对比年份	1883~1898					1898~1954					1954~1974					1883~1974		
断面位置 \ 项目	断面长度(km)	淤积面积(m^2)	冲刷面积(m^2)	净淤面积(m^2)	断面平均淤积高度(m)	断面长度(km)	淤积面积(m^2)	冲刷面积(m^2)	净淤面积(m^2)	断面平均淤积高度(m)	断面长度(km)	淤积面积(m^2)	冲刷面积(m^2)	净淤面积(m^2)	断面平均淤积高度(m)	淤积面积(m^2)	冲刷面积(m^2)	淤积面积与冲刷面积的比值
N22°44′	21.0	28660	11380	17280	0.82	21.0	30260	26580	3680	0.18	21.0	10640	18100	-7460*	-0.36	69560	56060	1.24
N22°43′	21.3	37600	19580	18020	0.85	21.3	49000	17500	31500	1.48	21.3	25260	3680	21580	1.01	111860	40760	2.74
N22°40′	24.5	12700	8260	4440	0.18	23.2	27460	7060	20400	0.89	23.2	17440	480	16960	0.73	57600	15800	3.64
N22°36′	27.7	13340	12840	500	0.02	27.3	27700	13660	15040	0.55	27.3	27840	8320	19520	0.72	69880	34820	2.00
N22°32′	26.2	23520	17300	6220	0.24	30.0	46340	3820	42520	1.42	30.0	20580	6640	13940	0.46	90440	27760	3.25
N22°30′	29.1	13080	6100	6980	0.24	31.0	50740	6600	44140	1.42	31.0	16240	14960	1280	0.04	80060	27660	2.89
N22°26′	28.8	20920	9720	11200	0.39	33.2	48420	580	47840	1.44	33.2	16960	1480	15480	0.47	86300	11780	7.32

* 净冲面积。

表 4-29 伶仃洋淤积总量和年平均淤积量

河段位置 \ 淤积量 \ 对比年份	1883~1898		1898~1954		1954~1974		1883~1974	
	淤积总量（万 m^3）	年平均淤积量（万 m^3/a）	淤积总量（万 m^3）	年平均淤积量（万 m^3/a）	淤积总量（万 m^3）	年平均淤积量（万 m^3/a）	淤积总量（万 m^3）	年平均淤积量（万 m^3/a）
N22°44′~22°43′	3265.3	217.7	3254.2	59.2	2612.2	124.4	9131.7	100.4
N22°43′~22°40′	6232.5	415.5	14402.3	261.9	10694.9	509.3	31329.7	344.3
N22°40′~22°36′	1827.8	121.9	13112.8	238.4	13497.6	642.7	28438.2	312.5
N22°36′~22°32′	2486.4	165.8	21297.2	387.2	12380.2	589.5	36163.8	397.4
N22°32′~22°30′	2442.0	162.8	16032.1	291.5	2815.7	134.1	21289.8	234.0
N22°30′~22°26′	6726.6	448.4	34032.6	618.8	6201.2	295.3	46960.4	516.0
总　计	22980.6	1532.1	102131.2	1856.9	48201.8	2295.3	173313.6	1904.6

注　淤积总量为相邻两断面净淤面积的平均值乘间距，每一纬度分的长度以 1.85km 计。

（3）求算年平均淤积速率。可按下式计算：

$$a = \frac{V_{总}}{F \times T} \tag{4-6}$$

式中　$V_{总}$为 1883~1974 年淤积总量，计算值为 173313.60 万 m^3；F 为内伶仃洋理论基准面以下的面积，计算值为 793.90km^2；T 为 1883~1974 年之间的年数，即 91 年。

根据以上计算结果，伶仃洋年平均淤积速率为 2.4cm，即伶仃洋理论基准面以下 793.90km^2的床面上平均每年淤高 2.4cm。

徐君亮等人认为，本海区海图基准面差别不大，其差值对沉积速率的影响很小，且各年测图相隔时间较短，沉积物受海平面变动、地壳升降和沉积物压实等影响也较小。因此，用这种数值来反映近百年来伶仃洋的淤积状况，是比较切合实际的。

如果仍采用前述伶仃洋在平均低潮面以下的总容积为 29.98 亿 m^3，水面平均面积为 793.9km^2，平均水深为 3.78m，而沉积速率用 2.4cm/a 计算，则伶仃洋淤满的寿命为 158 年。

上海师范大学河口海岸研究所胡嘉敏以北纬 22°40′~22°15′（包括伶仃洋拦沙头至珠海市拱北与大濠岛之间的海域）作为伶仃洋范围，采用 1883、1901、1907、1951、1975 年等 5 个年份历史海图，计算出 1883~1975 年平均年淤积量为 2821.30m^3；并由测图算得 1975 年伶仃洋实际容积为 56 亿 m^3，扣除预留伶仃水道（河长 47km、平均宽 1.5km、水深 9m）容积 6.30 亿 m^3，可淤容积尚有 49.70 亿 m^3。据此计算伶仃洋要淤成伶仃水道的年限为 176 年，若以上述平均水深为 3.78m 计算，则伶仃洋的沉积速率为 2.15cm/a，与徐君亮等人的计算结果相比，略有偏小[8]。

4.4.4 用实测输沙量按输沙平衡计算沉积速率

根据河口区实测的上边界和下边界的输沙量，可按照输沙平衡原理，计算得出沉积速率。据此，在伶仃洋上边界建立虎门的大虎、蕉门的南沙、洪奇门的冯马庙和横门的出口（横门站）4 个观测断面，下边界设立赤湾、内伶仃、金星门 3 个观测断面，组成一个闭合区控制伶仃洋进出的水沙，实测其上、下边界各断面的输沙量，按输沙平衡原理取其进出输沙量的差值，即为淤积在伶仃洋上、下边之间的沉积量，再除以观测的历时，即为其平均的沉积速率。

徐君亮等人[8]根据 1978 年 4 月至 1979 年 3 月，洪水期（6～8 月）42 个全潮和枯水期（3 月）26 个全潮实测资料进行输沙平衡计算，得到伶仃洋净淤积量为 212.90 万 t（见表 4－30），每潮平均淤积量为 3.13 万 t，以此推算全年 705 年全潮为 2207.27 万 t，若以泥沙干容重为 $1.3t/m^3$ 计，则全年在内伶仃洋净淤积泥沙为 1697.90 万 m^3。按下式计算年平均淤积速率：

$$a = \frac{V}{F} \tag{4-7}$$

式中　V 为 $1697.90m^3$，F 为 $793.90km^2$，由此得出年平均淤积速率为 2.13cm。这个数值比上述用近百年来的历史海图进行计算得到的数值略小，究其原因是 1978 年洪水期至 1979 年枯水期的测验期间为中小洪水，未遇上大洪水，来沙量较小，故所测得进入伶仃洋的输沙量较小。

表 4－30　　伶仃洋上、下边界实测悬移质输沙平衡计算表

边界和口门		潮　型	涨落潮输沙量（万 t）				净进（泄）量（万 t）					
			洪水期		枯水期		洪水期		枯水期		总　和	%
			输沙量	%	输沙量	%	净进（出）	%	净进（出）	%		
上边界	大虎	涨潮	159.24	84.0	241.17	91.8						
		落潮	219.00	47.9	229.65	87.8	59.76	22.4	－11.53		48.23	18.1
	南沙	涨潮	22.61	11.9	16.25	6.2						
		落潮	109.01	23.9	22.11	8.5	86.40	32.3	5.86		92.25	34.7
	冯马庙	涨潮	4.77	2.5	3.00	1.1						
		落潮	41.62	9.1	4.83	1.8	36.85	13.8	1.83		38.68	14.5
	横门	涨潮	2.95	1.6	2.22	0.9						
		落潮	87.25	19.1	4.87	1.9	84.30	31.5	2.65		86.95	32.7
	总和	涨潮	189.56	100	262.64	100						
		落潮	456.87	100	261.45	100	267.30	100	－1.20		266.11	100
下边界	赤湾	涨潮	303.97	31.9	189.28	32.4						
		落潮	312.16	30.0	174.28	31.8	－8.19		15.00		6.82	
	伶仃	涨潮	564.66	59.3	337.38	57.7						
		落潮	654.26	62.8	331.21	60.4	－89.60		61.7		－83.42	
	金星门	涨潮	83.39	8.8	57.94	9.9						
		落潮	74.71	7.2	43.19	7.8	8.62		14.75		23.36	
	总和	涨潮	952.02	100	584.60	100						
		落潮	1041.19	100	548.67	100	－89.17		35.93		－53.24	

注　＋值为输进，－值为输出。

用上述淤积速率2.13cm/a计算伶仃洋淤满的寿命为177年，与用历史海图计算的结果较为接近。

南海海洋研究所王文介在较早前的1982年2月也曾采用输沙平衡方法计算了伶仃洋的淤积寿命问题[9]。他根据1978～1979年洪水期、枯水期6个组合68个潮次观测的进出沙量平衡资料，推算出每年淤积在伶仃洋的悬移质为2450万t，取泥沙干容重为1.3t/m^{3}计，约合1880万m^3；他又利用1978～1979年洪水、枯水期伶仃洋水文调查的水、沙和氯度资料，引用美国东海岸切萨皮克河口湾数学模拟公式进行计算，得出伶仃洋每年淤积的悬移质约为2270万t（约合1750万m^3）；在参照胡嘉敏历史海图量算的年平均淤积量数据后认为，“把伶仃洋（内伶仃岛以北）每年滞淤泥沙数量定为2000万m^{3}左右比较适宜。”他以目前内伶仃洋平均低潮位以下面积为721km^2，总容积约为30亿m^{3}计算，得出伶仃洋淤浅至平均低潮面的年限约为150年。若以平均低潮位以下的平均水深为4.16m计，则伶仃洋的平均沉积速率为2.77cm/a。

4.4.5　用实测河流输沙量计算沉积速率

广东省水利水电科学研究所侯晖昌用实测河流输沙量计算伶仃洋的沉积速率。他计算的依据是：①由西江分流与北江、流溪河、东江进入伶仃洋的年平均输沙量，约占珠江年平均输沙总量8336万t的60%，即每年约有5000万t泥沙进入伶仃洋；②伶仃洋平均低潮位以下的容积约为30亿m^3；③在伶仃洋沉积的泥沙与由潮流带出珠江口的泥沙，其分界点一般为粒径0.02mm（粗粉砂）。由此估算出伶仃洋淤满的年限为80年[10]。在他早先发表的文章中❶，他从伶仃洋的体积与珠江年平均输沙总量汇入伶仃洋的比例，估算了狮子洋伸长到珠江口（即伶仃洋淤成伶仃河）的年限约为74年。后来，他考虑到新近水文测验结果的推算年限约为150年，因而确定伶仃洋可能淤满的年限为80～150年。若以80年计算，伶仃洋淤满的平均水深以3.78m计，则沉积速率为4.73cm/a。

珠江水利委员会董兆英对进入伶仃洋的输沙量也进行了分析研究[11]，从而可以据以预测伶仃洋的寿命问题。

珠江泥沙进入网河区后，究竟有多少输往口外海区？关于这个问题，以往一直沿用“珠江泥沙大致以二与八之比分别沉积于网河水道和口外浅海区”，其依据是广东省水利水电科学研究所由1952～1953年和1961～1963年两期河道地形图进行冲淤计算分析的成果，即西江、北江21条主要河段平均每年沉积量为723.30万t，河口区7条主要出海水道平均每年沉积量为573.56万t，其他未量算的汊河平均每年沉积量估计为130万t，合计年平均总淤积量为1426.86万t，约相当于西江、北江同期年平均输入网河区总沙量7134.30万t的18%，其余82%的沙量被认为输向口外海区沉积。董兆英认为除计算方法本身比较粗略，以及计算范围未涉及东江网河区外，对于水动力条件各异的不同河段来说，不可能到处都遵循同一的分配比例，也不应该不加分析地盲目引用上述概念来估算各海区的泥沙沉积量。

---

❶ 侯晖昌，伶仃洋的作用、发展趋势和后果及改善措施的分析，清华大学水利系泥沙研究室，1983年。

他根据伶仃洋测验资料，从输沙平衡观点出发，按洪水期、枯水期测验资料组合分别进行沙量计算，结果列于表 4－31。由表可见，不同组合的入海沙量是各不相同的，平均每潮的净输沙量即使同在汛期，第一组合分配入东片的沙量和净入伶仃洋的沙量的比例并不相同，其变化在 40%～70% 之间，个别组合达到 96%，有的甚至为冲刷。

表 4－31　　伶仃洋各测验组合期净入海沙量计算成果

组合	起讫时间（年.月.日）	实测			计算测验期		相应时段输沙量		测验期净入海沙量占东片来量（%）
		全潮数（个）	净进沙量（万 t）	平均每潮输沙（万 t）	全潮数	净进沙量（万 t）	网河区（万 t）	东片（万 t）	
z	1978.6.22～25	6	51.12	8.52	8	68.16	198.78	97.38	69.99
2	1978.7.5～12	14	149.18	10.66	15	159.90	780.91	386.10	41.41
3	1978.7.20～24	8	13.56	1.70	10	17.00	26.27	12.69	冲
4－1	1978.8.4～9	10	29.55	2.96	12	35.52	113.82	60.01	59.19
4－2	1978.8.12～14	4	23.90	5.98	6	35.88	109.94	52.78	67.98
5	1979.3.7～14	14	－1.96	－0.14	15	－2.10	3.60	1.76	淤
6－1	1979.3.22～23	2	2.13	1.07	4	4.28	9.42	4.45	96.18
6－1	1979.3.25～30	10	－1.36	－0.14	12	－1.68	28.29	17.04	淤
合计推算全年		68	266.12	3.91	82	316.96	1271.03	632.21	50.14
		705	2756.55		705	2728.35	9013.10	4604.1	59.26

根据表 4－31 测验结果，若按实测 68 个全潮和测验期实际所包含的 82 年潮期分别计算，平均每潮净输沙量分别为 3.91 万 t 和 3.872 万 t，据此扩大到全年 705 年潮期算出输向伶仃洋的沙量分别为 2756.55 万 t 和 2728.35 万 t（见表 4－30）。由表可见，无论是按测验年度还是多年平均计算，输向伶仃洋海区的沙量都约占分配于东片总沙量的 60%，占进入网河区总沙量的 31%。据此可以说明，进入网河区东片的悬移质沙量并不是以二与八之比分别沉积于网河区河道和输向口外浅海区。

若以表 4－32 中多年平均输入伶仃洋的沙量为 2728.35 万 t 计，泥沙的干容重取 $1.3t/m^3$，伶仃洋的面积取 $793.90km^2$，则可算得伶仃洋的平均沉积速率为 2.64cm/a，伶仃洋的平均水深以 3.78m 计，得伶仃洋淤满的寿命为 143 年。

在董兆英稍早发表的文章中[11]，他对伶仃洋的冲淤平衡进行了计算，得到海区年总淤积量为 1793.32 万 m^3，他取海区水面面积为 104100 万 m^2 计算得伶仃洋平均沉积速率为 1.72cm/a，经查伶仃洋测验区水位—容积关系曲线，在珠江基面 －1.0m 以下为 38 亿 m^3，－0.5m 以下为 42 亿 m^3，如扣除预留河道深槽容积 1/4 计，至最佳垦殖高程 －0.5m 时尚有容积近 30 亿万 m^3，按上述速率淤积填满时至少也得 170 年。对于这个数值，他认为伶仃洋海区是一个相当复杂的动力过程，其沉积过程不会遵循这一机械规律，必须从动态上去研究才会更有意义。

表 4-32 珠江输入东片沙量及进入伶仃洋沙量计算成果

时段＼项别	珠江进入网河区总沙量（万t）	其中分入东片		用实测潮平均值推求入海沙量			用测验期实际潮期平均值推求入海沙量		
		（万t）	占总量（%）	（万t）	占分入东片（%）	占入网河区（%）	（万t）	占分入东片（%）	占入网河区（%）
测验年度 1978.4～1979.3	9013.1	4604.1	51.08	2756.55	59.87	30.58	2728.35	59.26	30.27
多年平均 1959～1979	8799.2	4603.1	52.31	2756.55	59.88	31.33	2728.35	59.27	31.01

以上研究表明，对珠江河口沉积速率进行研究的，还不算多，但对伶仃洋沉积速率进行研究的，则为数不少。不同学者采用不同方法进行研究，结果差别甚大。根据研究，伶仃洋的沉积速率为0.52 ～4.73cm/a，淤满的寿命为80～834年，前者相差9倍，后者相差达10倍。

侯晖昌的研究结果为伶仃洋的淤满寿命只有80年，这是在众多研究者中最小的年限。很明显，他的研究结果是偏小的，由于他估算进入伶仃洋的沙量为年平均5000万t，这一数值比其他研究者采用的数值偏大许多，而且他认为这些沙量全部沉积在伶仃洋内，这显然又是偏大了，因而计算伶仃洋的淤积寿命就大大偏短了。因此，他发出了“保持伶仃洋！”、“拯救伶仃洋！”的呼吁。

就多数研究者的研究结果而言，伶仃洋的淤满寿命为150～180年，这是从历史海图分析、实测输沙平衡计算和实测输沙量计算等多种方法计算的结果。尽管这些计算方法都还比较粗糙，都有一定的局限性，但用以分析伶仃洋的淤积发展，加深对伶仃洋的认识，从而及时采取相应的对策和措施，确保其周边地区经济建设的快速、稳定、持续的发展，无疑是具有重要意义的。

用地质年代或^{14}C测定年代的方法估算珠江河口的沉积速率，无疑是计算途径之一，有其一定的特色，不能轻易地加以否定。但同其他方法一样，也有其一定的局限性。地质年代或^{14}C测定年代都是历史上长时期的过程，其计算的结果是历史上长时期的平均沉积速率，其结果往往比较偏小，用以反映长时期历史的平均沉积发展是有意义的，但用以推算现代的淤积发展就缺乏意义了。因为现代的环境条件同几千年前的情况已不能同日而语，而有很大的差异。例如，几千年前珠江流域人口不多，森林覆盖良好，而现代人口众多，森林不断被破坏，水土流失严重，流域的径流量和输沙量差异很大，难以确切地估算。

4.5 珠江河口拦门沙的演变特征

珠江河口在伶仃洋、磨刀门、鸡啼门和黄茅海的出海口都存在着拦门沙，它对其上游地区的防洪、排涝、灌溉、生态环境，特别是通航等方面的关系甚为密切，是必须研究的重要课题之一。迄今为止，对珠江河口拦门沙的研究还不够系统和深入，研究成果较少，特别是实测资料较少，难以深入研究拦门沙的形成、演变以及对其影响因素的分析，亟待加强实测资料的观测和研究工作，以适应经济建设迅速发展的需要。在此分别对伶仃洋、磨刀门和黄茅海的拦门沙的演变特征作一个概括性的介绍。

4.5.1　伶仃洋拦门沙演变特征

1. 拦门沙的形态特征

珠江正干流出虎门口进入伶仃洋后，过水断面逐渐放宽，在虎门口处宽度约 4km，向下游伸展约 60km 至口门，由东西两端即澳门至香港之间的宽度扩展到 58km 左右，放宽率约为 0.85，由于过水断面逐渐展宽，造成径流挟带的泥沙逐渐沿程落淤，再加上潮流、盐水楔异重流、风浪等因素的作用，因而形成了伶仃洋河口拦门沙。

伶仃洋拦门沙的纵剖面形态如图 4 – 7 所示，自川鼻水道起到大濠岛出口长约 60km，宽约 8km 左右，顶点位于沙坎中部，高出纵剖面基线约 7m，上游坡降约为 2.0‰，下游坡降约为 1.5‰。

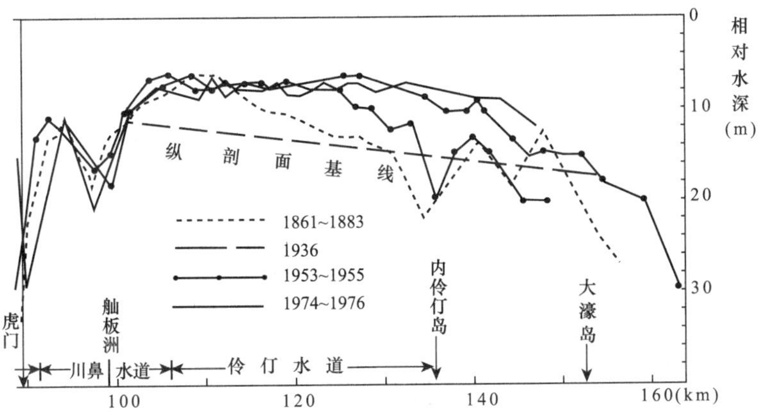

图 4 – 7　伶仃洋拦门沙纵剖面及其历年变化

伶仃洋在平面上为一喇叭形河口湾，湾顶在虎门口，有西江、北江、东江等河流经虎门、蕉门、洪奇沥和横门汇入伶仃洋，这些河流相互灌注，通过其上游纵横交错的网河加以联系和相互制约，其来水来沙条件十分复杂。在伶仃洋河口湾内，由于过水断面的展宽和河流的汇入，在各口门附近泥沙大量淤积，形成各口门的拦沙江，沙滩星罗棋布，大小不一，十分发育，诸如在虎门口右侧沿东岸发育的东滩（长约 35 km）以及东槽和西槽之间的中滩；在蕉门口出口有鸡抱沙浅滩、龙穴隆滩和孖沙浅滩（龙穴南滩）等；在洪奇沥口门有万顷沙、沙仙尾滩等；在横门口有横门滩（横门东滩）、二茅滩（横门中滩）、大茅滩（横门西滩）等（见图 4 – 8 所示）。以上蕉门口、洪奇沥口和横门口形成的沙滩几乎连成一片，发育迅速而基本稳定，统称为伶仃洋的西滩。

2. 拦门沙的演变特征

伶仃洋拦门沙的演变特征，主要表现为其纵剖面在长度上不断向下游延伸，顶点相应下移，但高度变化不大（见图 4 – 7）。

根据历史海图资料分析（见图 4 – 8），1861 ~ 1883 年，拦门沙长度约为 35km，至

1936 年长度约为 37.5km，延伸了 2.5km，平均每年约延伸 25m，至 1953~1995 年，拦门沙长度约为 60km，延伸了 22.5km，平均每年约延伸 1100m。可见，从 20 世纪 50 年代以来拦门沙向海推进的速度是相当迅速的。

拦门沙的上游坡度和下游坡度变化不大，其沙坎的顶点高度也变化不大，说明顶点高程能很快达到冲淤平衡，趋于稳定状态。

在平面上，根据历史海图及水下地形图等实测资料分析表明，近百年来伶仃洋水下地形的两槽三滩格局无大的变化，不同的仅在于深槽日渐淤浅，槽宽缩窄，浅滩则明显扩长。其中伶仃洋的东滩基本稳定，西滩迅速向东南方向扩展，尤以横门浅滩扩展最快，其次为进口浅滩，中滩则明显向东扩展。

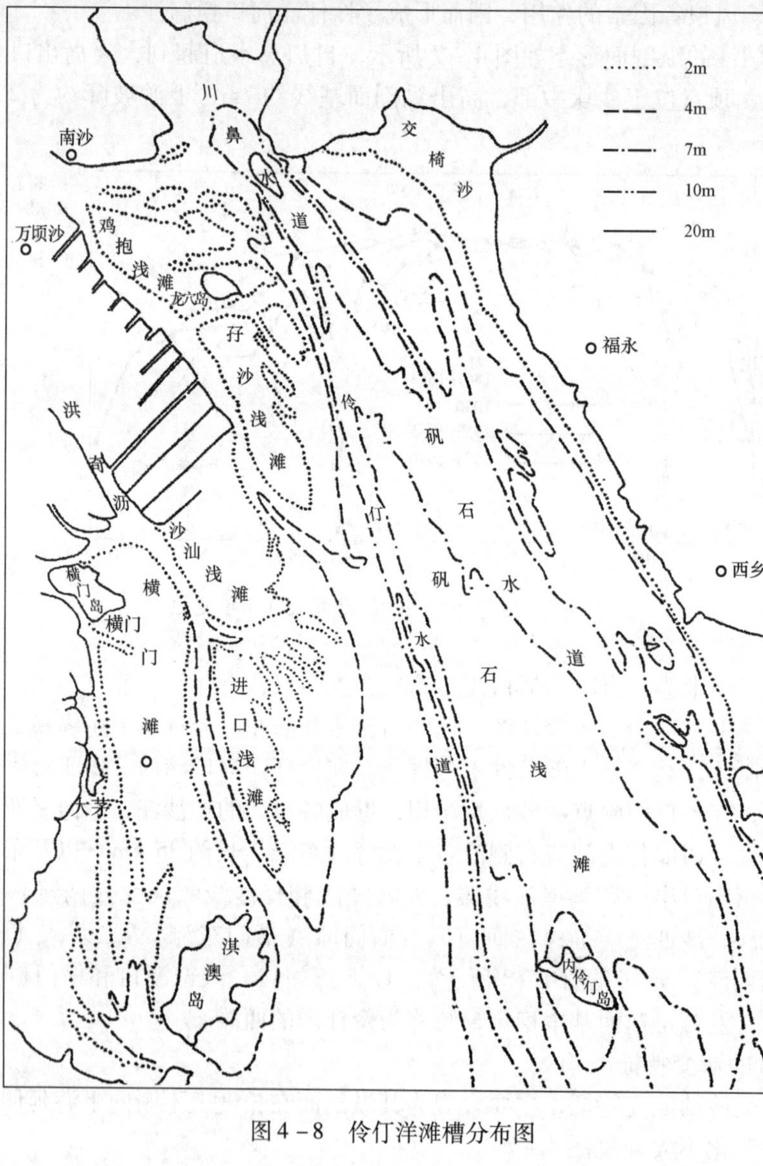

图 4-8 伶仃洋滩槽分布图

3. 影响拦门沙形成和演变的主要因素

影响拦门沙的形成和演变的因素是多方面的，主要的有：

（1）径流、潮流所挟带的泥沙及其相互作用的过程是形成拦门沙并引起不断演变的重要因素。其中径流所挟带的陆相泥沙在进入河口区后，由于流速沿程递减，水流挟沙能力沿程减弱，必然会导致泥沙的落淤沉积；而潮流挟带的海相泥沙在其上溯过程中，由于沿程阻力的作用及盐淡水的混合等原因，亦引起泥沙的沿程落淤沉积。这种陆、海两相泥沙在河流入海的咽喉部位形成的泥沙沉积体，即为拦门沙。

根据钱宁等人的研究[13]，河口拦门沙的沉积部位，决定于径流、潮流两股力量对比消长的结果，他对国内外22处河口的资料进行统计分析，得出不同类型河口的径流（Q_1）和潮流（Q_2）的比值Q_1/Q_2与河口泥沙沉积体沉积部位的关系，认为当$Q_1/Q_2<0.02$时，泥沙沉积体积在河口口门之内，称之为沙坎，如钱塘江河口；$Q_1/Q_2>0.1$时，沉积部位在口门之外，称之为拦门沙。进入伶仃洋的多年平均径流量为1742亿m^3，伶仃洋的多年平均涨潮量为2843亿m^3，Q_1/Q_2的比值为0.61，故拦门沙沉积在口门外。

（2）河口地形的影响是形成拦门沙的重要因素之一。河流流出口门进入海域后，一般都是突然展宽的，有的是喇叭形河口湾，有的为漏斗型，虽然形状各异，但形态突然展宽是其共性。伶仃洋是喇叭形河口湾，在湾顶虎门口处宽约4km，向下游逐渐扩宽延伸，直至在湾口则宽达约60km，扩展了约15倍，这种河口湾形态必然造成水流流速沿程减小，水流挟沙能力沿程减弱，因而泥沙沿程落淤沉积，便形成了拦门沙，并随着淤积的不断发展，出现了拦门沙的演变过程。

（3）盐淡水混合是形成拦门沙及其演变的一个重要影响因素。其影响体现在如下几个方面：

1）絮凝作用。河口水体中的泥沙多为细颗粒泥沙，这种泥沙在含盐的水体中极易产生絮凝作用，加快泥沙的落淤沉积。

伶仃洋水体中的悬移值中值粒径约为0.0215mm，属于细粉沙；伶仃洋水体的含盐度在赤湾站涨憩时年平均为22.67‰，最大为38.30‰，落憩时年平均为20.87‰，最大为39.02‰。这种细颗料泥沙在盐水环境中极易产生絮凝作用，形成絮团沉降。根据笔者的试验研究，悬沙在海水中絮凝后，中值粒径为絮凝前的4倍，相应的沉降速度为絮凝前的16倍，因而沉降速度大大加快，有利于落淤沉积形成拦门沙。

2）河口环流作用。由于盐水入侵产生盐淡水异重流，又称盐水楔异重流，其表层含盐度较低的水流流向海洋，底层含盐度较高的水流则流向内陆，形成河口环流。在其作用下底层水流将泥沙带向上游，而表层水流则将泥沙带向下游，不断富集的结果，促进了拦门沙的形成及其演变，尤其是在盐水楔异重流的头部，泥沙将大量沉积。如图4-9所示，该图为1968年7月9日13时，上游西江马口站流量为10500m^3/s，北江三水站流量为1450m^3/s，东江博罗站流量为820m^3/s，内伶仃涨潮潮差为1.37m，落潮潮差为2.16m，当涨憩最大时，在伶仃洋出现的盐水楔异重流，其垂向盐度变化甚大，在伶仃断面处河底出现的最大含盐度为32.86‰，而表层最大含盐度仅为8.28‰，盐水楔抵达舢板洲附近。

3）优势流。优势流是指一个潮周期里落潮量与整个潮期潮量的比值，以百分比表示，即

$$F_{优} = E_{落} / (E_{涨} + E_{落}) \quad (\%)$$

式中 $F_{优}$为优势流判数；$E_{落}$为落潮量；$E_{涨}$为涨潮量。

如果$F_{优} > 50\%$，为落潮占优势；$F_{优} < 50\%$，则为涨潮占优势；$F_{优} = 50\%$，表明从落潮占优势（下泄流）转为涨潮占优势（上溯流）或从涨潮占优势转为落潮占优势的转折点，称为滞流点，在此处水流在统计意义上停滞，净输水为零。

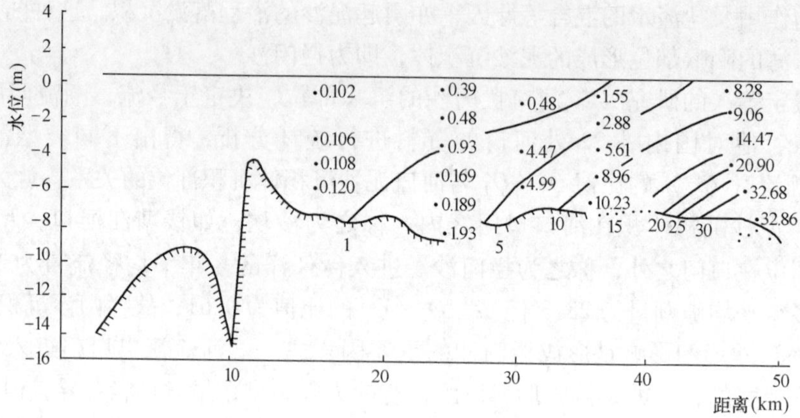

图4-9 伶仃洋盐水楔异重流

优势流随季节不同和区域不同而不同。在洪水期因上游淡水径流量大，常为下泄流，滞流点下移；在枯水期因上游淡水径流量小而咸小涨潮量大，常为上溯流，滞流点向上游推进。在滞流点变动的区域，称为滞流区，在此范围内有利于泥沙聚集而产生淤积，河口拦门沙的形成与其关系亦甚密切。

4）河口最大浑浊带。在河口区常产生最大浑浊带，其含沙浓度经常明显地高于上游及下游约几倍至几十倍，且在一定范围内有规律地迁移，其底部含沙浓度显著增高，床面往往出现浮泥，存在这些现象的区段，即为河口最大浑浊带。

河口最大浑浊带的形成机理十分复杂，至今未有充分的研究，世界各地河口类型不同，自然环境亦千差万别，因而河口最大浑浊带的成因亦复杂多样，但河口的盐水入侵则是一个基本的因素。

河口最大浑浊带与河口拦门沙的形成及其演变，关系十分密切。由于最大浑浊带的存在及其有规律地迁移活动，使大量泥沙沉积，促使拦门沙的形成及其演变发展。

除上述因素以外，还与风浪、沿岸流和人类活动的影响等有关。在拦门沙口外，风浪掀起的泥沙在拦门沙的下游坡聚集，是拦门沙下游坡泥沙来源之一。同时，又侵蚀、修饰下游坡。此外，在拦门沙顶部常常存在风成沙脊，亦是风浪形成的。

在珠江口外常年存在着由东向西的沿岸流，其流幅宽达10~15km以上，平均流速约为0.26m/s，形成沿岸输沙。这股沿岸流随着涨潮流进入湾内；落潮时又随下泄水流泄出湾口加入沿岸流。因此，沿岸流的输沙对拦门沙的形成和演变产生着一定的影响。

人类活动对拦门沙的形成和演变产生着重大的影响，诸如围海造陆、联围筑闸、航道疏浚、大量无序的人工采沙、大规模港口码头和桥梁的建设等等，都会引起海域滩槽的变化，从而加快拦门沙的形成和演变过程，是一个不可忽视的重要影响因素。

4.5.2 磨刀门拦门沙演变特征

1. 拦门沙的形态特征

磨刀门拦门沙位于灯笼山下游约 15km 处，全长约 20km，其顶部约在拦门沙的 14km 处，上游坡降约为 0.43‰～2.75‰，下游坡降约为 1.2‰～1.67‰的倒坡，纵剖面形态如图 4－10 所示。

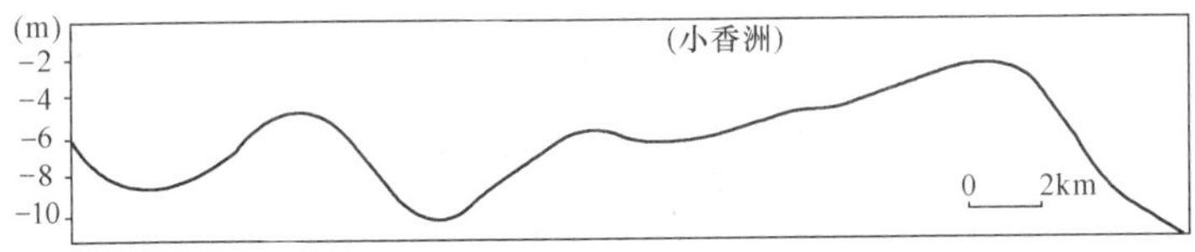

图 4－10　磨刀门拦门沙位置及形态

在平面上，西江主干流出灯笼山后河宽逐渐展宽，在灯笼山处河宽约为 1300m 左右，出灯笼山后磨刀门未整治前河道宽浅，沙洲众多，计有鹤洲、杧洲、横洲、小香洲、交杯沙、石栏洲等分布于河口，整治后磨刀门成为以相距 2300m 的东、西双导堤将浅海区加以缩窄，形成规则的出海排洪通道，众多沙洲已不复存在，但由于整治后的河宽仍未能满足输沙的要求，河道中仍有一些沙滩出现。

2. 拦门沙的演变特征

磨刀门拦门沙位于交杯沙浅滩，又称中滩，处于磨刀门深槽与龙屎窟深槽之间。

拦门沙演变最主要的特征之一是不断向外海推移。根据历年实测水下地形资料分析，在 20 世纪初期，拦门沙下移到达横洲—大井角峡口，20 世纪 30 年代移至峡口外小香洲附近，平均每年向外海推移约 99.1m；拦门沙推出峡口后，由于受外海波浪及沿岸流的作用有所加强，使拦门沙推移速度有所减缓，直至 60 年代每年只推移约 53.5m；70 年代由于磨刀门口门浅海区淤积加快，浅滩出露，使水流集中，加快了拦门沙向外海推移的速度，平均每年向外海推移约 69.2m；80 年代中期至 90 年代磨刀门口门治理工程逐步实施后，由于东、西双导堤逐步延伸，浅海区缩窄为规则河道，水流集中，流速加大，拦门沙推移速度加快，平均每年向外海推移约 91m❶。

拦门沙演变的另一个特征是拦门沙的沙体有冲淤，其顶部高程则不断淤长。图 4－11 为拦门沙纵剖面的变化，由图可见，1977～1983 年整个拦门沙处于淤长状态，上游坡最大淤积厚度约 1.0m，顶部淤积厚度约 0.3m，上游坡降有所减缓，由 0.87‰减为 0.60‰，下游坡降基本无变化；1983～1994 年上游坡发生较大冲刷，最大冲刷的厚度约 1.0m，而顶部及下游坡则发生淤积，顶部淤积厚度约 0.1m，下游坡最大淤积厚度约 1.0m，上、下游坡降变化不大；1994～2000 年上、下游坡都发生冲刷，上游坡最大冲刷厚度约 1.4m，下游坡最大冲刷厚度约 0.8m，顶部则出现淤积，最大淤积厚度约 0.8m，但顶坎高程变化不大，仅略淤 0.1m，上游坡降大为增大，约为 1.20‰，下游坡降则基本不变。由此可

❶ 水利部珠江水利委员会勘测设计院，珠江三角洲河口浅海区冲淤演变分析。

见，20多年来磨刀门拦门沙的顶坎高程是逐渐淤积抬升的，但随着整治工程完成后已基本趋于稳定；拦门沙的上游坡在未整治前是处于淤积发展的，整治后则处于不断冲刷，其坡降不断增大；下游坡在整治后有淤有冲，坡降基本不变。

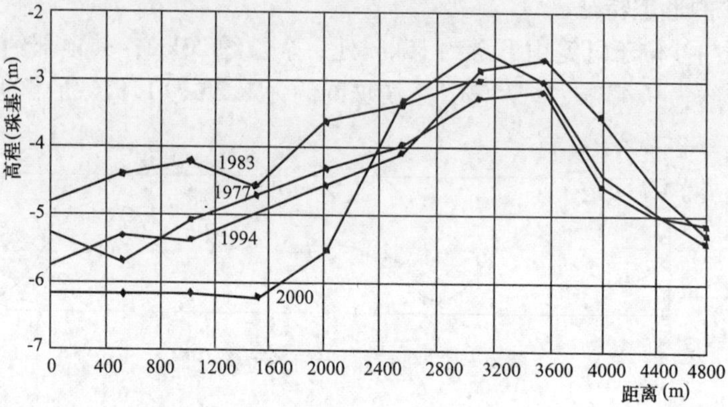

图4-11 磨刀门拦门沙历年纵剖面变化

根据实测资料分析[14]，拦门沙的冲淤具有洪淤枯冲的特点，而以淤积为主，洪水期大潮时期的淤积量大于中潮时期，中潮时期的淤积量又大于小潮时期；枯水期大潮时期的冲刷量大于中潮时期，而中潮时期与小潮时期的冲刷量则较为接近。

洪水期大潮时期，1977年7月1日16时至2日15时，灯笼山涨潮潮差1.49m，落潮潮差1.79m，根据一周日实测垂线单位面积输沙量统计，拦门沙的上游坡落淤15907.2kg，顶部及下游坡落淤47961.7kg，净向口外海滨输沙968.7kg，拦门沙落淤量为净输沙量的65.9倍；中潮时期，1977年6月28日15时至29日14时，灯笼山涨潮潮差1.27m，落潮潮差1.36m，根据一周日单位面积输沙量统计，拦门沙上游坡落淤20404.6kg，顶部及下游坡落淤30203.1kg，净向外输沙1357.5kg，拦门沙落淤量为净输沙量的37.2倍；小潮时期，1977年6月25日11时至26日10时，灯笼山涨潮潮差0.34m，落潮潮差0.46m，根据一周日单位面积输沙量统计，拦门沙上淤坡落淤15290.4kg，顶部及下游坡落淤5954.1kg，净向外输沙1348.7kg，拦门沙落淤量为净输沙量的15.7倍。造成洪水期淤积的原因是大潮、中潮时期整个拦门沙受盐水楔控制，小潮时期盐水楔前峰到达顶部，在盐水楔作用下产生淤积。另外，洪水期涨潮流流速从口外进入拦门沙时增加，含沙量也随之而增加，在盐水楔前峰处流速减小，因而有利于泥沙落淤。

枯水期大潮时期，1977年12月27日17时至28日16时，灯笼山涨潮潮差为1.30m，落潮潮差为1.67m，根据半周日内单位面积输沙量统计，拦门沙顶部微淤29.6kg，下游坡发生冲刷，分别向上、下游搬走共1108kg，向外净输沙554.5kg，拦门沙的冲刷量为堆积量的34倍；中潮时期，1977年12月7日13时至8日12时，灯笼山涨潮潮差为1.22m，落潮潮差为1.25m，根据半周日单位面积输沙量统计，拦门沙顶部发生冲刷，分别向上、下搬走共323.4kg，下游坡则发生淤积，从下游带来淤沙221.6kg，向外净输沙195.0kg，拦门沙的冲刷量为堆积量的1.4倍；小潮时期，1977年12月19日时至20日11时，灯笼山涨潮潮差为0.98m，落潮潮差为0.68m，根据半周日单位面积输沙量统计，拦门沙顶部发生冲刷，分别向上、下游搬走共626.8kg，下游坡则发生淤积，从下游带来淤沙

440.2kg，向外净输沙量 153.8kg，拦门沙的冲刷量为堆积量的 1.4 倍。造成枯水期冲刷的原因是由于盐水楔前峰到达灯笼山附近，拦门沙上的水体含盐度为 18.07‰~27.10‰，含沙量很小，因而拦门沙上不致发生明显的淤积，主要淤积部位在灯笼山附近，在风浪和流速增大的情况下，拦门沙可能会发生冲刷。

3. 拦门沙的泥沙组成

磨刀门河口的表层沉积物一般是东部比西部粗，口内比口外粗，其颗粒级配的百分比含量大体上是细砂（0.25~0.1mm）、粉砂（0.1~0.01mm）、淤泥（0.01~0.001mm）和黏粒（<0.001mm）等粒径级的含量多；小砾（>1mm）和粗砂（1~0.5mm）的含量极少，仅见于浅滩的局部地点；中砂（0.5~0.25mm）的分布也不广，含量一般不超过 2%。河口沉积物的中值粒径一般在 0.02~0.17mm 之间，拦门沙的中值粒径一般为 0.04mm，口外斜坡较细，一般为 0.02mm。

粉砂粒径级的重矿物百分比含量一般在 1% 左右，重矿物的组合类型比较一致，为褐铁矿—钛铁矿—磁铁矿组合，与西江河床及邻区伶仃洋的矿物组合相似，其中褐铁矿是最为稳定的矿物，其相对含量呈沿程递增之势，在西江河床平均为 33.2%，至磨刀门水道为 37.2%，至小香洲水道为 61.01%，至三灶南高达 68.62%，可见磨刀门河口的泥沙主要来自西江上游；褐铁矿在伶仃洋内的含量是 23.9%，至大横琴南的大西水道高达 64.18%，可见磨刀门河口的泥沙也有随沿岸流运移而来的。

4. 拦门沙的壅水现象

拦门沙的壅水现象较复杂，限于缺乏资料难以进行深入的分析，鉴于拦门沙的壅水现象与防洪（潮）、排涝、灌溉及通航等关系密切，有必要做一定程度的分析❶。

一般在洪潮相遇时将会引起壅水或增水，主要表现为潮位的抬高。在枯水期，不论大、中、小潮，磨刀门灯笼山和口门大横琴两站的高高潮位都基本接近（见图 4-12 和图 4-13），可见不存在壅水或增水现象。但洪水期磨刀门下泄径流加大，受潮汐顶托，高潮位则有明显的壅高（见图 4-14），一般洪水与大潮遭遇时，灯笼山高高潮位可较大横琴站高 20cm 左右。必须指出，引起洪水期高潮位壅高的原因是多方面且错综复杂的，诸如径流下泄量的增大，不同潮型的顶托、风浪的影响以及拦门沙的存在等，难以判别拦门沙的影响程度。

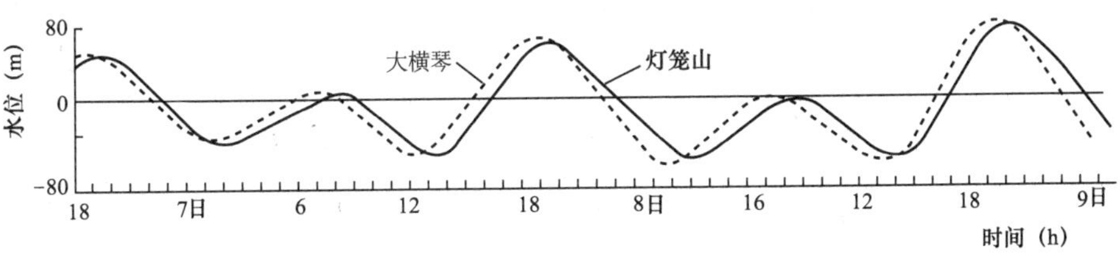

图 4-12　枯水期小潮灯笼山和大横琴站潮位过程

❶ 中山大学地理系，水利部珠江水利委员会，珠江磨刀门口门治理开发工程规划专题报告之五，拦门沙形成和演变趋势的研究.1985 年 10 月。

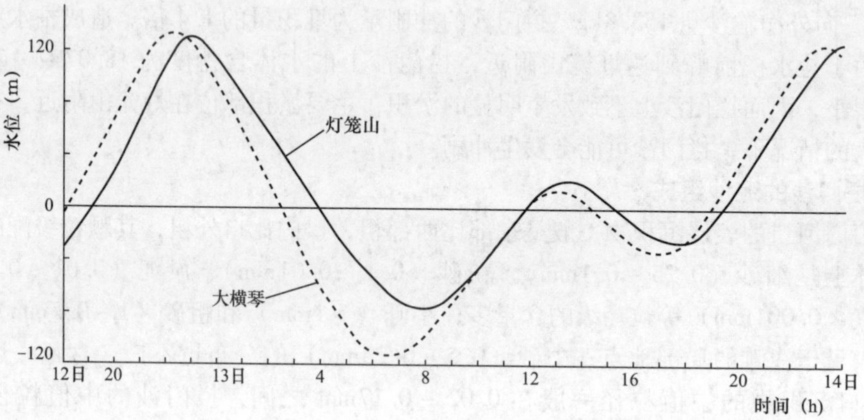

图4－13　枯水期大潮灯笼山和大横琴站潮位过程

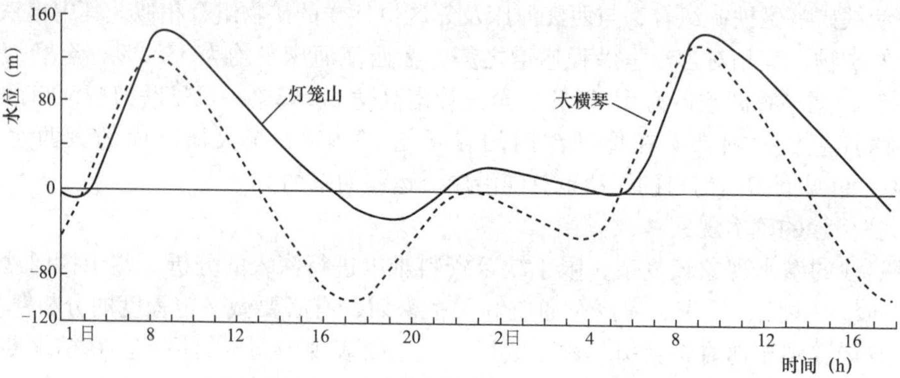

图4－14　洪水期大潮灯笼山和大横琴站潮位过程（1977.7.1～2）

洪水期当恰遇台风暴潮时，壅水高度将猛然增大。图4－15所示为1981年7月7日8106号台风在磨刀门口的增水情况，当时灯笼山站最高潮位为1.74m（珠江基面）。由于该次台风是在低高潮时与洪水遭遇，若以灯笼山站前次低高潮水位0.43m为基点，则该站低高潮时的增水值为1.31m；若以正常低高潮水位0.2m为基点，则增水值为1.54m。如果台风在高高潮位时与洪水遭遇，据推算灯笼山站潮位将增高至3m左右。由此可见，台风暴潮时增水现象是很明显的，但拦门沙的影响如何？难以判别。

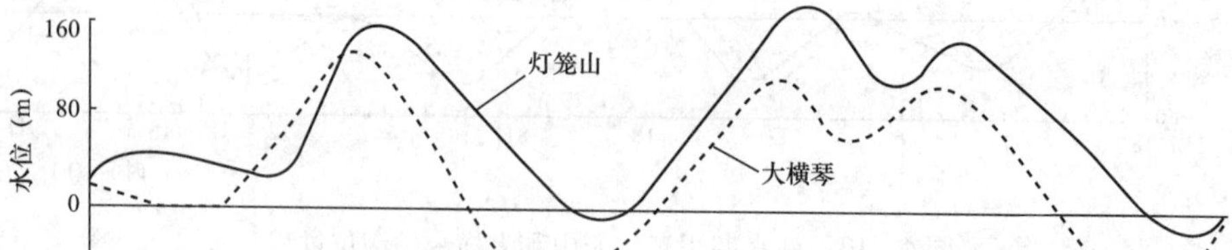

图4－15　灯笼山和大横琴站受8106号台风影响的潮位过程

以上所述为高潮位时的情形，限于实测资料的缺乏，难于判别拦门沙对其壅水的影响程度。但低低潮位时则有所不同，在枯水期，灯笼山与大横琴两站大潮时的高高潮和小潮时的低高潮与高低潮水位均接近或甚至相同，唯低低潮位时两站出现明显的水位差，说明潮水退干时，由于口外拦门沙及其他浅滩呈出露或半出露状态，使归槽落潮流的排泄受到阻水的影响，而产生一定的壅水现象。若以大横琴站和三灶站分别代表拦门沙内、外进行比较，前者年平均水位较后者高 5cm 左右，而年平均低潮位则高 10cm 以上（见图 4－16），可见拦门沙的阻水作用而产生的壅水主要出现在低潮时，其对上游的壅水值平均约为 10 cm 左右，但这显然还包括了拦门沙外其他浅滩出露所产生的影响。洪水期时下泄径流量大，低潮时拦门沙及其周围浅滩的阻水影响尤其明显。

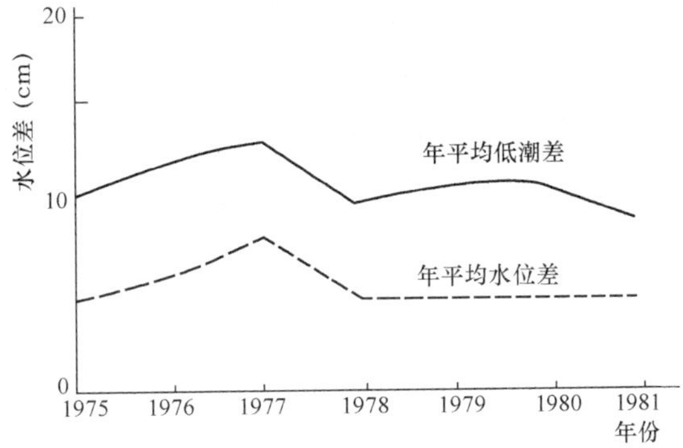

图 4－16　三灶与大横琴站年平均水位差的变化

5. 影响拦门沙形成和演变的主要因素

影响拦门沙形成和演变的主要因素已在前面阐述，现结合磨刀门河口的具体特点予以补充如下：

（1）进入磨刀门灯笼山站的多年平均径流量为 923 亿 m^3，灯笼山站的多年平均涨潮量为 160m 亿^3，比值 Q_1 / Q_2 为 5. 77，大于 0. 1。根据前述钱宁等人的研究，磨刀门口门的拦门沙应出现在口门之外，这是径流与潮流相互作用的结果。

（2）磨刀门河口在地形上亦呈漏斗形状，其出口的灯笼山处一般宽度约为 1300m 左右，扩展至末端宽度约为 3740m，扩展了约 2. 88 倍。这种地形的形态，必然造成水流流速沿程减小，水流挟沙能力沿程减弱，导致泥沙沿程落淤沉积，因而形成了拦门沙。

（3）磨刀门河口径、潮流的特点是径流强、变率小，潮差小、潮流弱。磨刀门下泄径流量为珠江八大口门的首位，约占整个珠江下泄水量的 28. 3%，其流量变幅较为平缓，年内各月径流变率平均为 7. 1。磨刀门灯笼山站多年平均潮差仅 0. 86m，年最大潮差平均为 2. 04m，在珠江八大口门中潮差最小，潮流较弱。由于西江河道阔深和河床呈逆坡降变化，因而枯水期盐水入侵距离一般可达拦门沙以上 30km 左右（以含盐度 > 3‰为盐水计），潮流则上溯较远，最远可达三榕峡，但洪水期盐水入侵一般仅在拦门沙顶附近，小潮时甚至仅及拦门沙外，当上游马口站流量超过 10700m^3/s，小潮时整个河口段无涨流，完全由径流动力控制。磨刀门河口的这种径、潮流特点，有利于将泥沙向口门运移，加之其输沙量大，灯笼山站年平均输沙量约占珠江八大口门的 30. 4%，居八大口门的首位，而泥沙又较细，悬移质中值粒径约为 0. 017mm，河口泥沙中最粗的基本上是细砂，有利于河口拦门沙的聚集，并为拦门沙的形成和发育准备了充分的物质来源。

（4）在磨刀门河口，南海的高盐陆架水逼临拦门沙前缘下游坡处，对拦门沙的形成和发育有着较大的影响。如图4－17所示，不论洪水期还是枯水期，不论大、中、小潮，高盐陆架水都逼临拦门沙下游坡，为稳定的高盐陆架水所控制，尤其是枯水期径流明显减少时，盐度很高的咸水（含盐度达25‰左右）可从底部侵入到拦门沙的上游坡，这种咸水与河水相混合，极易产生絮凝作用而促进悬浮泥沙的沉降落淤。

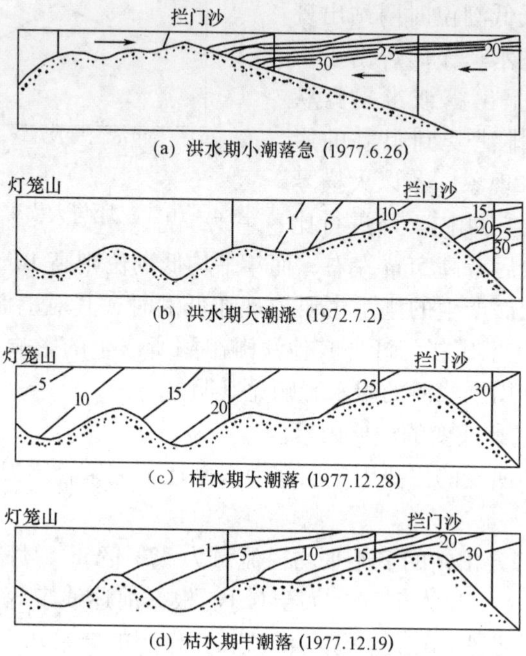

(a) 洪水期小潮落急 (1977.6.26)
(b) 洪水期大潮涨 (1972.7.2)
(c) 枯水期大潮落 (1977.12.28)
(d) 枯水期中潮落 (1977.12.19)

图4－17　磨刀门河口洪水期、枯水期纵向盐度分布

（5）波浪的作用对拦门沙的形成与发育产生一定的影响。磨刀门河口波浪的特点是波浪频率高、波高小和波周期变幅小，这对拦门沙的稳定和发育是有利的。

现以位于磨刀门西南约40km的珠江口荷苞岛测站1981年10月至1982年9月的实测波浪资料[3]作为代表说明如下：

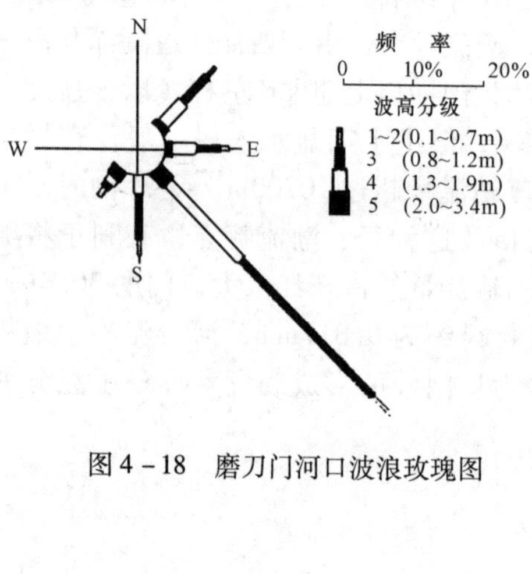

图4－18　磨刀门河口波浪玫瑰图

1）磨刀门河口波浪频率高，以涌浪为主，SE向浪占优势。由表4－33和表4－34的资料表明，磨刀门海区的无浪率平均只有0.8%，说明磨刀门拦门沙地区几乎无时无刻不处波浪动力作用之下，波浪频率较高，其中风浪频率占32.6%，涌浪频率占67.4%，以涌浪为主。全年除7～8月为S向涌浪稍多于SE向涌浪外，其余10个月均以SE向涌浪为主（见图4－18），全年SE向浪（包括风浪和涌浪），占各种浪向的52%，其余浪向各都不超过12%。

2）磨刀门河口波高较小，波周期变幅小，波浪作用位置较稳定。由表4－33和表4－34可见，一般以3级波高（0.8～1.2m）较多，频率为47%，其次为4级波高（1.3～1.9m），频率为28%，可见波高的分布范围较集中，全年实测平均波高为1.12m，平均周期为5.1s。各月平均波高为0.89～1.43m，平均周期为4.6～6.0s，波高较小，波周期变幅亦较小，故波浪强度不大，波浪带亦较稳定。

表4－33　磨刀门河口波浪频率分布

波级/分布/浪向	1～2级		3级		4级		5级		6级	
	次数	频率（%）	次数	频率（%）	次数	频率（%）	次数	频率（%）	次数	频率（%）
N	2	0	6	0	2	0	0	0	0	0
NE	21	0.02	70	0.05	58	0.04	10	0.01	0	0
E	15	0.01	28	0.02	47	0.03	13	0.01	0	0
SE	116	0.09	357	0.26	209	0.15	22	0.02	1	0
S	26	0.02	78	0.06	28	0.02	3	0	0	0
SW	12	0.01	13	0.01	12	0.01	9	0.01	0	0
W	0	0	1	0	0	0	0	0	0	0
NW	0	0	0	0	0	0	0	0	0	0
*	65	0.05	91	0.07	43	0.03	1	0	0	0
C	5	0	0	0	0	0	0	0	0	0
总　计	262	0.2	644	0.47	399	0.28	58	0.05	1	0

注　*为浪向不明；C为无浪时。

表4－34　磨刀门河口波浪特征值

项目/月份	最多风向	频率（%）	最多风浪向	频率（%）	最多涌浪向	频率（%）	平均波高（m）	平均周期（s）
1	E	34.7	NE	52.4	SE	92.7	1.28	5.6
2	N	27.7	NE	57.1	SE	74.1	1.11	5.1
3	E	40.3	NE	40.3	SE	56.5	1.00	4.5
4	E	30.8	NE	46.7	SE	70.8	0.94	4.6
5	S	25.0	NE	26.7	SE	77.1	0.89	4.4
6	S	28.6	S	35.8	SE	50.0	1.11	4.9
7	S	29.5	S	40.3	S	34.7	1.07	5.2
8	SW	33.3	SW	46.8	S	48.4	1.04	5.2
9	E	35.9	E	46.7	SE	49.2	1.10	4.9
10	NE	30.6	NE	47.6	SE	73.4	1.19	5.4
11	NE	63.3	NE	65.8	SE	89.2	1.43	5.7
12	NE	51.2	NE	83.9	SE	97.6	1.29	6.0
年平均							1.12	5.1

波浪的作用在于一方面补充拦门沙沉积物资的来源；另一方面又侵蚀其下游坡，对其坡度进行修饰和改造，使之具有波成海岸性质。同时，又对其组成物质进行分选，使之粗化和净化，根据一些实测资料表明，磨刀门拦门沙顶的沉积泥沙经波浪分选后的中值粒径为0.13mm，属于细砂。

（6）沿岸流对拦门沙的形成与演变有一定的影响。实测资料表明，磨刀门拦门沙以外的外海或口外海滨，存在着终年向西的沿岸流，这一动力因素对磨刀门出口水流的扩散方向和悬浮泥沙的搬运影响很大，因而沿岸流的存在及其沿岸输沙，成为拦门沙物资来源的一部分，对磨刀门拦门沙的形成与演变，显然会有一定的影响。

4.5.3 黄茅海拦门沙演变特征

1. 拦门沙的形态特征

黄茅海拦门沙位于崖南下游约14km处，全长约22km，其顶部约在拦门沙的8km处，长约10km，上游坡降约为0.69‰～0.81‰的正坡，下游坡降约为0.57‰～1.0‰的倒坡，纵剖面形态如图4－19所示。

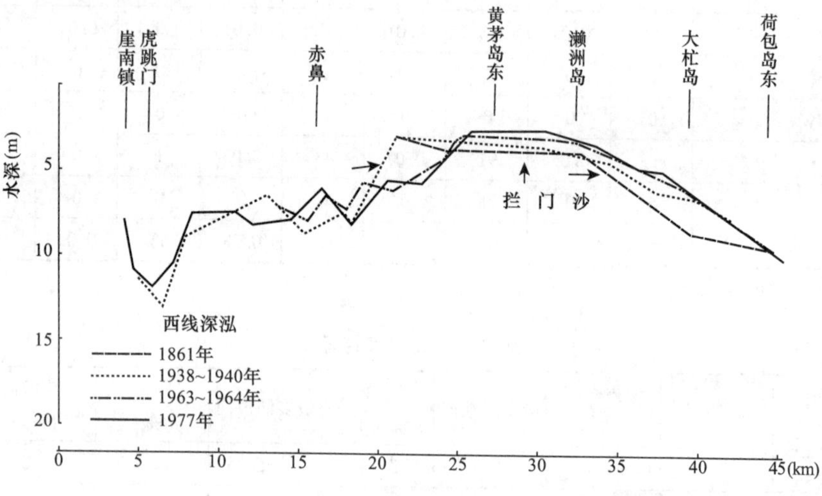

图4－19　黄茅海拦门沙纵剖面及其历年变化

在平面上，黄茅海是一个喇叭形的河口湾，湾顶宽约2km，湾口宽约24km，呈南北走向，其北起崖南，上游与虎跳门和崖门水道、银洲湖相连，南至荷包岛进入南海，南北长约40km，海湾面积约537.7km^2。由于黄茅海呈喇叭形，海域宽度由北至南逐渐扩展，在径流和潮流的共同作用下，逐步形成三滩两槽格局，湾内浅滩发育，岛屿众多，计有赤鼻岛、黄茅岛、濑洲岛、南水岛、三角山岛、大杧岛、杧仔岛、高栏岛、荷包岛、大襟岛等，可见湾内径、潮流十分复杂，泥沙沉积强烈，有利于拦门沙的形成和发育（见图4－19）。

2. 拦门沙的演变特征

（1）拦门沙的形成过程。中山大学杨干然及广东省航运规划设计院高文达等人❶根据

❶ 杨干然等，新会崖门港外航道拦门沙的发育演变及治理问题，中山大学、广东省航运规划设计院，1988年9月。

沉积物^{14}C 测年和环境分析，认为拦门沙形成过程经历了 4 个阶段（见表 4 - 35）：

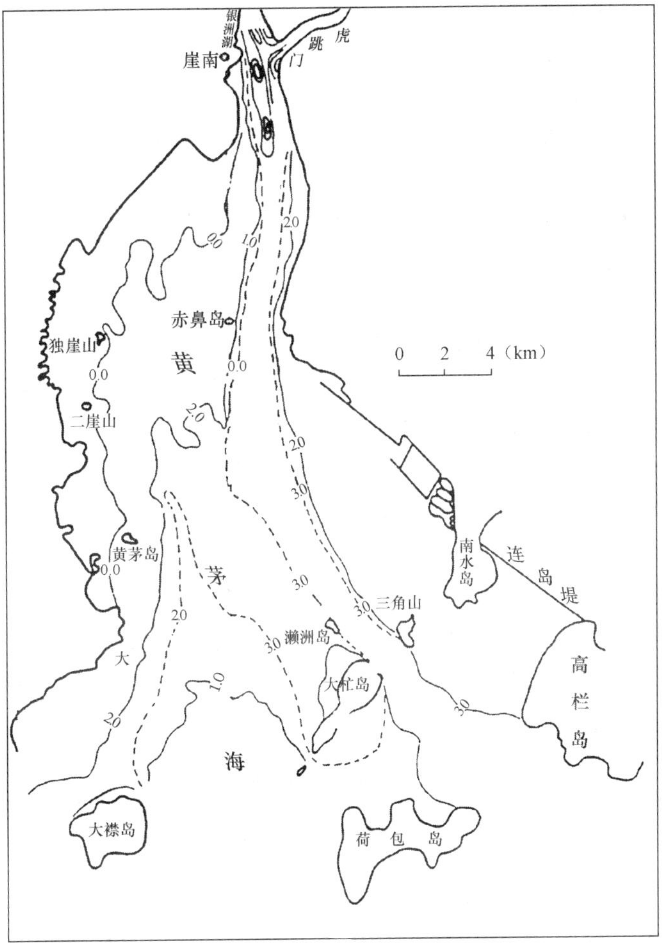

图 4 - 20　黄茅海平面图

表 4 - 35　　黄茅海沉积地层与环境演变

年代	代号	^{14}C 测年 (a)	厚度 (m)	岩性	沉积环境	分期
全新统	Q_4^3	0 ~ 2500	< 5	灰黄色淤泥、泥混沙、砂和砂砾	浅水海湾	拦门沙形成期
	Q_4^2	2500 ~ 7500	2 ~ 12	绿灰色粉砂质淤泥或泥质细砂	深水海湾	海侵盛期
	Q_4^1	7500 ~ 9000	2 ~ 8	浅灰色粉砂质黏土（含少量砂）	滨海	海侵初期
晚更新统	Q_3^3	9000 ~ 24000	1 ~ 3	杂色粉砂质黏土	陆相风化层	
	Q_3^{2-2}	24000 ~ 28000	9	杂色粉砂质黏土	滨海	
	$Q_3{}^{2-1}$	> 28000	13 ~ 35	砂砾	洪冲积	
燕山期	$\gamma_5{}^{2-3}$		> 30 ~ 40	花岗岩		

1）海侵前期（Q_3^3）：距今约12999年前，海平面仍在南海盘地中－50m以下，当时黄茅海为陆地环境，地表的杂色粉砂质黏土层遭受风化侵蚀，形成黄茅海较紧实的黏土层基底。

2）海侵初期（Q_4^1）：距今约7500～9000年前，海平面开始上升，海平面达到黄茅海湾口附近，黄茅海为滨海环境，水深较浅，咸水偶尔能到达湾内，形成了浅灰色粉砂质黏土细颗粒沉积。

3）海侵盛期（Q_4^2）：距今约2500～7500年前，海平面上升到现今位置并相对稳定，黄茅海为咸水控制的浅海海湾环境，沉积环境相对稳定，沉积物较细且均匀，为绿灰色粉砂质黏土。

4）拦门沙形成期（Q_4^3）：海平面相对稳定后，河流作用逐渐加强，随着珠江三角洲向海推进，崖门和虎跳门外河口湾淤积日盛，由此奠定了现代拦门沙发育的基础。

广东省航道局李举国和珠江水利委员会董兆英等人❶对拦门沙的形成过程提出了6个阶段（见表4－36），即晚更新统海侵前期（距今32000年以前）、晚更新统海侵—海退时期（距今大约32000～24000年以前）、全新统海侵初期（距今大约10000年以前）、全新统海侵盛期（距今大约2500～7500年以前）、三角洲推进时期（距今大约2500年以后）及拦门沙的历史发展时期，大体上与前述大同小异，但其对海侵前期做了更细致的补充，对各时期沉积物的特性亦做了较细致的描述。由此可见，其共同点是黄茅海拦门沙的形成是距今大约2500年以后才发展起来的，特别是300多年前的明末，黄茅海喇叭形河口湾形成后才开始发育形成拦门沙。

表4－36　黄茅海沉积地层与环境演变

年代	代号	岩性	厚度（m）	^{14}C测年	沉积相	沉积阶段
全新统	Q_4^3	黄灰色砾砂沙质	一般<5	0～2500	拦门沙顶积相潮	拦门沙形成期
		黄灰色粉砂淤泥			迁积相	
	Q_4^2	深灰色粉砂淤泥	6～11	2500～7500	深水海湾相	
		灰色细沙、泥质沙			海侵沙相	海侵盛期
	Q_4^1	浅灰色粉砂黏土	2～8	7500～10000	浅水滨相	海侵初期
晚更新统	Q_3^3	杂色粉砂黏土	3～8	10000～24000	风化相	海退朝
	Q_3^2	灰色粉砂黏土	5～8	24000～32000	滨海湖沼相	海侵盛期
	Q_3^1	杂色亚黏土	13～35	>32000	洪、冲积相	海侵前期
燕山期		花岗岩			基岩	

（2）拦门沙演变特征。黄茅海拦门沙演变的基本特征是：顶部逐年淤高，但已趋于相对稳定；上游坡冲刷向海推进，下游坡逐年淤长，拦门沙纵向长度有减小的趋势；上、下游坡度基本变化不大；洪水期淤积大于枯水期。

拦门沙随海湾淤积而逐渐淤浅，1939～1977年最大淤积速率可达4cm/a，一般为1～

❶ 李举国、董兆英等，黄茅海拦门沙演变及回淤分析，广东省航道局、珠江水利委员会，1994年4月。

2cm/a，顶部淤积速率约为 1cm/a；1977 ~ 1988 年期间，上游坡显著被冲刷，速率约为 1.6 ~ 2.0cm/a；顶部与下游坡以淤积为主，速率约为 1.5 ~ 2.0cm/a。

拦门沙深泓线上游坡不断被冲刷，深槽向海延伸，1939 ~ 1977 年期间移动距离为 3300m，平均为 87m/a，1977 ~ 1988 年期间移动达 1300m，平均为 118m/a。拦门沙下游坡则为淤积而向海推进，1939 ~ 1977 年期间推进 1350m，平均为 36m/a，1977 ~ 1988 年期间推进 810m，平均为 74m/a。可见，上游坡向海推进速率较下游坡为大，拦门沙的纵向距离有减小的趋势，－5m 等深线 1939 年有 16.2km，1977 年减为 14.3km，1988 年更减为 13.8km[5]。拦门沙纵向长度的减小，是河口湾三角洲不断向海推进，口门变宽，受到愈来愈强的波浪作用和沿岸流的冲刷侵蚀作用，以及受高盐陆架水控制，含沙量极少因而淤积作用微弱等因素有关。

拦门沙的淤积，以洪水期最为显著，洪水期淤积大于枯水期。其原因是因为洪水期上游及湾外海域来沙较为丰富，而洪水期拦门沙上游坡为下泄径流控制，下游坡外缘坡脚则为上溯陆架水控制，两者作用下形成河口锋和陆架锋，在此区域泥沙聚集，淤积加强；枯水期则情况不同，不仅来沙少，且上述动力环境消失，淤积作用明显减少。

在拦门沙演变过程中发现如下两种现象值得注意❶：

1）在拦门沙的顶部存在波成脊，其水深一般小于 2m，呈小沙脊零星分布，其走向与涨、落潮流的方向接近垂直，是波浪作用形成的。因其规模与拦门沙相比小得很多，故对拦门沙淤积影响不大。

2）在拦门沙顶部，根据钻探和底质采样分析，发现覆盖着一块孤立分布的砾砂层，其厚度不超过 50 cm，薄者仅 1 cm，与其上游主槽内粗的砂砾沉积走向一致但不连续。说明砂砾来源于上游主槽，在近期内主槽动力有突然增强而挟带至拦门沙顶部沉积，这与主槽两侧东、西浅滩被大面积围垦和主槽过水断面被束窄有关。

3. 拦门沙的泥沙组成

黄茅海拦门沙的泥沙组成，受泥沙来源（陆源来沙或海源来沙）、水流分选作用等因素影响，在各个部位组成不同。在拦门沙的上游坡，泥沙的平均粒径为 0.76 ~ 0.24mm 之间，属于中粗砂类，含有 8% 左右的砾石，主要为陆源来沙，从其上游主槽砂砾沉积中的细粒部分随水流向拦门沙搬运形成的。在拦门沙的顶部，泥沙的平均粒径为 0.20 ~ 0.01mm 之间，属细砂和砂质淤泥类，并含有少量小砾石，从其砂质游泥的分布可知，陆源来沙量主要的。在拦门沙中部直至湾口有涨、落潮流进出的部位，包括拦门沙的下游坡，泥沙的平均粒径为 0.03 ~ 0.004mm 之间，属于淤泥质粉砂类，陆源来沙和海源来沙两者兼有。泥沙的平均粒径小于 0.004mm 的沉积物，属于粉砂质淤泥类，是黄茅海拦门沙最细的沉积物类型，在拦门沙顶部进出水流的两侧缓流处沉降落淤。

由上可知，拦门沙的泥沙组成，除上游坡及顶部覆盖一块厚度较小的粗砂和砾石沉积物外，其余地区均以细粒泥沙沉积为主。有关分析认为❶，拦门沙上游坡与顶部的粗粒砂砾沉积物是由于其上游不远的北部深槽的下泄流冲蚀赤鼻以北浅滩的泥沙所带来的，并非来自上游流域。其根据是在崖门口和虎跳门口的河床中，大于 0.24mm 以上的中、粗砂含

❶ 李举国、董兆英等，黄茅海拦门沙演变及回淤分析，广东省航道局、珠江水利委员会，1994 年 4 月。

量不足10% ~15%，说明上游河床基本上无粗砂、砾石来源；崖门口外深槽的沉积物为粉砂质细粒，其下的砂砾层深埋于槽底4m，甚至更深，目前水流未冲刷到此砂砾层，说明深槽遭冲刷供沙的可能性也不存在；赤鼻岛以北的浅滩由粗砂、砾石组成，其粒度及重矿特征均与拦门沙顶部的砂质沉积物一致，说明赤鼻浅滩的被冲蚀为拦门沙提供了粗粒泥沙来源。

4. 影响拦门沙形成和演变的主要因素

影响拦门沙形成和演变的主要因素，已在伶仃洋拦门沙和磨刀门拦门沙的演变分析中作了阐述，现再结合黄茅海河口的具体特点加以补充如下：

1）黄茅海的水沙来自崖门和虎跳门，崖门黄冲站多年平均径流量为196亿m^3，多年平均涨潮量为636亿m^3，虎跳门西炮台站多年平均径流量为202亿m^3，多年平均涨潮量为57亿m^3。因此，进入黄茅海的多年平均径流量为398亿m^3，多年平均涨潮量为693亿m^3，比值Q_1/Q_2为0.57，大于0.1。根据前述钱宁等人的研究，黄茅海河口的拦门沙应出现在口门之外，仍与钱宁等人的研究成果相吻合。

2）黄茅海河口的地形在平面上呈喇叭形，在其湾顶的河宽约为2km，湾口宽达24km，河口逐渐由窄扩展，从湾顶至湾口扩展了约12倍，使河道流出湾顶进入海域后，水流流速沿程递减，泥沙沿程沉积而形成拦门沙，并随着水沙的不断向河口输移而使拦门沙处于不断的演变过程。

3）黄茅海为潮流作用为主的河口湾，咸淡水混合一般为缓混合型，其强、弱混合程度随径流、潮汐和陆架水强弱的变化而有所不同。洪水期上游径流下泄量大，拦门沙地段成为咸淡水交汇场所，盐水楔位置亦恰在拦门沙部位，其顶部和下游坡的表层水流为下泄的淡水，而中层、底层往往由盐水控制，咸淡水交汇的河口锋处于拦门沙地段，河口锋锋面上的掺混作用促使从上游挟带而来的泥沙在此沉降和落淤（见图4－21），对拦门沙的形成和演变产生着重要影响。枯水期上游径流下泄量锐减，河口潮流势力增强，盐水向北侵入到崖门以上的银洲湖，黄茅海完全由盐水控制，海域泥沙亦随涨潮流上溯，但含沙量较小，淤积不如洪水期显著，且淤积部位主要在拦门沙的上游河段。

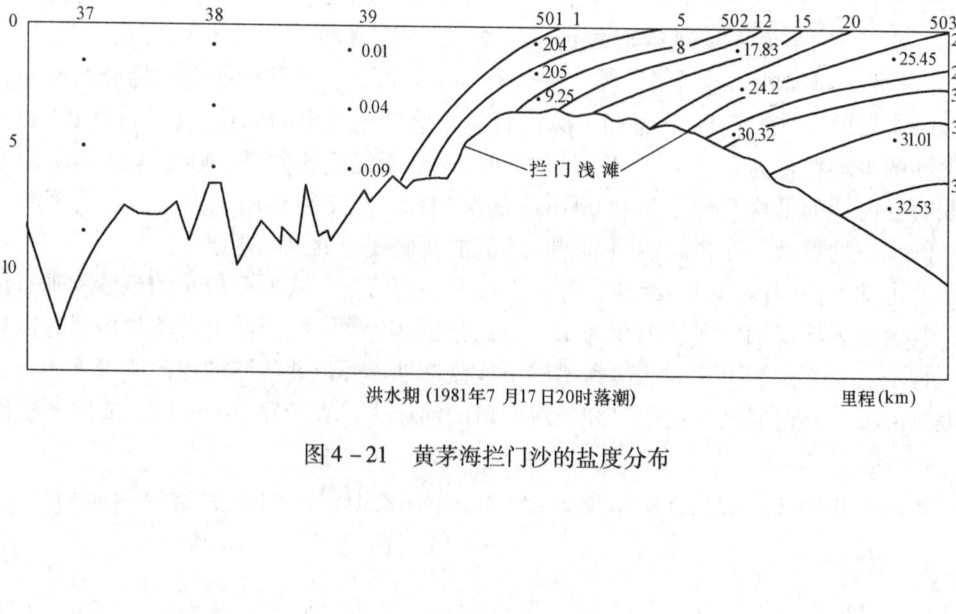

图4－21　黄茅海拦门沙的盐度分布

4）黄茅海拦门沙的上游为下泄优势流控制，下游为上溯优势流控制，两种咸淡水性质不同和方向相反的优势流在拦门沙地区交接转换，泥沙聚集易于落淤。从表 4－37 和图 4－22 可见❶，位于东线和西线的拦门沙附近各站（I_3、I_4、II_3、II_4），其底层、中层均表现为上溯优势流，仅表层为落潮优势；而位于东槽和西槽各站（I_1、I_2、II_1、II_2）的底层、中层、表层三层全部则为下泄优势流。在纵向分布上，涨潮上溯流优势量值从湾口向拦门沙地段依次递减，大约在拦门沙顶部附近出现滞流点，此处即为泥沙聚集落淤区，有利于拦门沙的形成和演变。

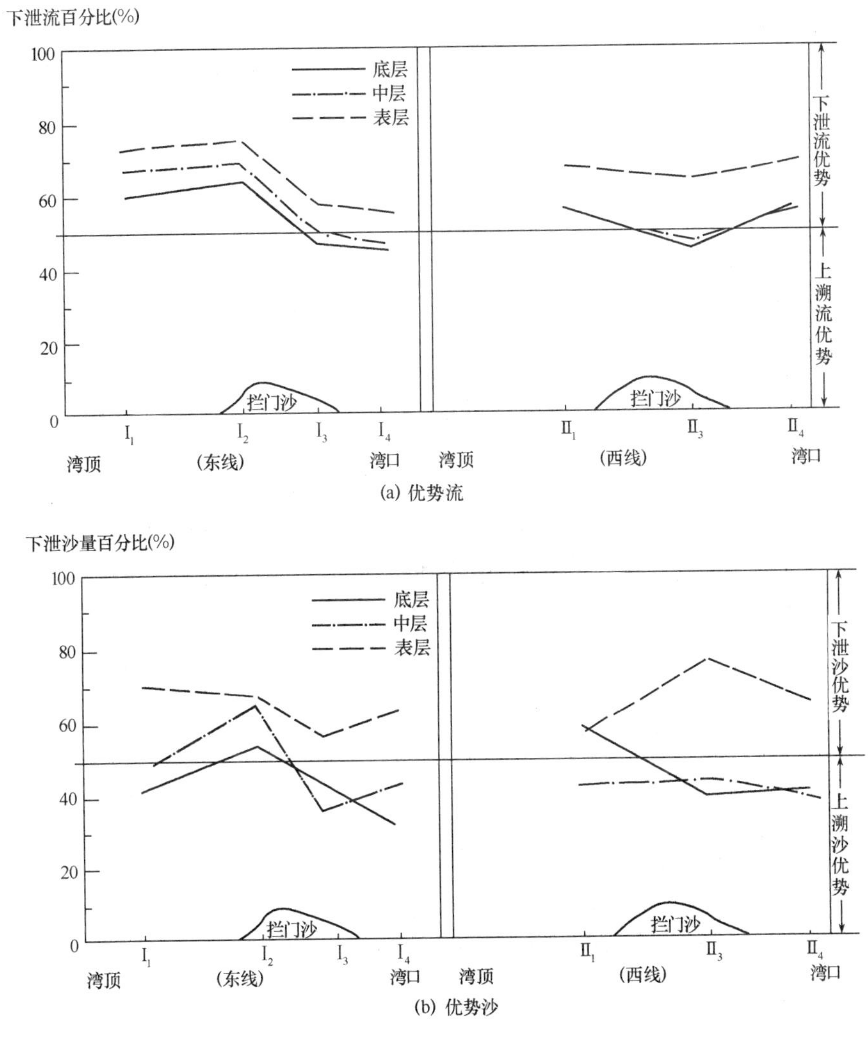

图 4－22　黄茅海优势流与优势沙分布

❶　杨干然等，新会崖门港外航道拦门沙的发育演变及治理问题，中山大学、广东省航运规划设计院，1988 年 9 月。

表 4-37　　　　黄茅海优势流统计表

站号（东线）	层次	优势流（%）	站号（西线）	层次	优势流（%）
I_1	底	60	II_1	底	56
	中	67		中	55
	表	72		表	68
I_2	底	65	II_2	底	55
	中	69		中	
	表	75		表	57
I_3	底	47	II_3	底	45
	中	51		中	47
	表	58		表	64
I_4	底	47	II_4	底	56
	中	48		中	55
	表	56		表	68

除上述以外，风浪与沿岸流等因素的影响，与前述相同，这里不再赘述。

参考文献

[1] 黄镇国，等. 珠江三角洲形成发育演变［M］. 北京：科学普及出版社广州分社，1982.

[2] 吴郁文. 三角洲西江河口区水系变迁［J］. 华南师院学报，1979. 3

[3] 曾昭璇. 从河道变迁看珠江三角洲的整治问题［J］. 人民珠江，1981（1）.

[4] 钟柏松，黄广耀. 珠江三角洲的几个问题［J］. 地理学资料，1958（3）.

[5] 唐永銮，谢永泉. 三角洲滨海荒滩形成和演化中地球化学过程的初步分析［J］. 中山大学学报（自然科学），1961（3）.

[6] 乔彭年. 三角洲河道冲淤特性的初步分析［J］. 人民珠江，1984（4，5）.

[7] 李季人，等. 遥感技术在珠江口治理规划中的应用［J］. 中国水科院遥感中心，2000. 9.

[8] 徐君亮，等. 珠江口伶仃洋滩槽发育演变［M］. 北京：海洋出版社，1985.

[9] 王文介. 伶仃洋近期淤积演变问题［J］. 热带地理，1982（2）.

[10] 侯晖昌. 珠江三角洲演变规律问题初探［J］. 人民珠江，1980（1）.

[11] 董兆英. 伶仃洋水沙量组成及冲淤平衡初步分析［A］. 珠江口海岸带和深海资源综合调查研究文集［C］. 广州：广东科技出版社，1986.

[12] 董兆英. 伶仃洋水沙组成的初步分析［J］. 人民珠江，1985（4）.

[13] 钱宁，等. 钱塘江河口沙坎的近代过程［J］. 地理学报，1958，30（2）.

[14] 赵焕庭，等. 西江磨刀门河口动力地貌［J］. 南海海洋科学集刊，1982（3）.

第5章　珠江河口治理开发研究综述

5.1　珠江河口存在的主要问题

珠江是我国南方最大的河流，其历史悠久，源远流长，养育着流域内众多民族的生存与繁衍，繁荣了流域的古今文明，是流域内赖以发展经济的源泉。珠江河口三角洲的形成与发育延伸，至今也已有几千年的历史，河口地区水陆交通便利，物产丰富，经济繁荣发达，尤其是改革开放以来，经济建设迅猛发展，是我国经济最发达的地区之一，这与珠江河口地区具有优越的地理环境是极其重要的条件之一。然而，珠江河口仍存在着众多问题，这些问题对珠江三角洲经济的发展将起着障碍和制约作用，就当前而言，主要问题是：

1. 洪、涝、潮、咸、旱、台风等自然灾害

洪水灾害是珠江流域内发生频率最高、危害最大的自然灾害，珠江三角洲河口地区尤其严重。根据历史记载，自汉代以来发生较大的洪灾400多次，平均约每5年1次。在1915～1949年的35年间，受灾耕地超过6.7万hm^2的有22次。其中1915年7月西江、北江同时发生的200年一遇特大洪水，其洪水之大、历时之长为历史所罕见，两江下游及珠江三角洲地区的所有堤围几乎全部溃决，三角洲河口区受灾最为严重，受灾耕地43.2万hm^2，灾民378万人，死伤10余万人，广州市受淹7天，若按1998年水平估算，洪灾损失将高达1103亿元[1]。

新中国成立后，虽然在水利工程和治河方面做了大量工作，取得了很大成绩，但洪水灾害仍未消除，仍然是造成重大灾难和经济损失的心腹之患。特别是近10多年来，受气象变化及人类活动的影响，珠江发生非常遇洪水的频率有逐步增大的趋势，自20世纪末到21世纪初的1980～2005年，就连续发了20～50年一遇甚至超过100年一遇的“82.5”、“88.9”、“94.6”、“94.7”、“96.7”、“97.7”、“98.6”和“05.6”等大洪水，受灾人口达59959.448万人，死亡人口15399人，直接经济损失3594.11亿元，平均每年洪灾损失约138亿元[2]。其中，1998年6月发生的“98.6”超100年一遇的特大洪水，造成惨重的损失，仅广东省（含河口区三角洲）受灾人口159.022万人，洪水困围51.56万人，紧急转移28.744万人，受灾范围38个市县，损坏房屋5.771万间，倒塌房屋0.778万间，死亡76人，直接经济总损失46.03亿元；农作物受灾面积9.713万hm^2，粮食减产13.609万t，损失4.372万t，淡水养殖损失12.334万t，牲畜死亡72.376万只，农林牧渔业直接经济损失17.751亿元；全停产的工矿企业3976个，部分停产的工矿企业726个，航道中断7条次，公路中断174条次，冲毁船闸1座、公路桥涵442座，毁坏公路238km，损坏输电线路1350km、通信线路8930km，工业、交通运输直接经济损失19.606亿元；损坏水库31座，垮坝2座，损坏堤防20km，决堤11处，渠道决口13km，

损坏护岸421处、水闸89座、塘坝531座、渡槽4座、桥涵42座、机电泵站43座（装机0.79万kW）、水电站17座（装机1.28万kW）、水文测站1个、水利管理设施223处，水利设施直接经济损失5.013亿元❶。其损失是全面的，包括工农业、商业、交通运输业、电力电信业以及水利工程等，今后随着社会经济的迅速发展，洪灾造成的损失将会更大。

当前，珠江河口区在防洪上存在的主要问题是：

（1）防洪措施单一，防洪手段不多。目前，西江上游尚无控制性防洪枢纽，防洪措施主要依靠堤防进行，而现有的堤防标准又较低，除保护广州市的北江大堤的防洪标准约为50年一遇，若与飞来峡水利枢纽、芦江滞洪区、芦苞涌和西南涌分洪水道联合运用，可使其防御北江洪水的标准达到200年一遇外，珠江三角洲五大联围和东江下游及三角洲一般保护区的防洪（潮）标准约为20~50年一遇左右，西江、北江三角洲一般保护区的防洪（潮）标准则仅为20年一遇左右。加之堤线长（河口区堤防总长约为6651.8km）、隐患多，因而难以防守，堤防溃决常有发生。

（2）人类活动日趋频繁和剧烈，不断加重了防洪压力。改革开放以来，社会经济发展迅速，随之在河口地区无序围垦造地、侵占河滩、滥采河砂、向河中倾倒废杂物、违章设障，以及大量兴建港口码头、桥梁等涉水建筑物，造成河道水面束窄、过水断面缩小、水位壅高，以及汊道分流比发生改变和河势发生变化等，因而加重了防洪压力。尤其最近几年来，在河口区的局部水道发生水位异常抬高的现象，引起人们广泛的关注。如表5-1所示，由西江、北江发生的“94.6”、“98.6”两场洪水，在其上游的三水、马口站分别为50年一遇和20年一遇左右，但在其下游顺德水道的中段、小榄水道的中段、顺德支流、容桂水道和洪奇门水道等局部地区，其异常抬高的水位却达到100年一遇甚至是200年一遇。可见，大大加重了防洪压力。

表5-1　“94.6”、“98.7”西江、北江三角洲主要站洪潮水位比较表　（单位：m）

河名	站名	历史实测最高水位	“94.6”洪水	“98.6”洪水	省水利厅水面线				1915年洪水位
			最高水位	最高水位	20年一遇	50年一遇	100年一遇	200年一遇	
北江	三水	9.90	10.38	9.59	9.77	10.43	10.75	11.02	11.24
西江	马口	9.58	10.01	9.43	9.71	10.19	10.55	10.89	11.15
西江	甘竹	6.31	6.75	6.32	6.56	7.09	7.47	7.86	7.45
西江	天河	5.68	6.19	5.95	6.13	6.66	7.02	7.41	6.88
磨刀门水道	北街		5.09	4.87	4.83	5.04	5.21	5.38	
磨刀门水道	竹银	2.44	2.23	2.26	2.38	2.55	2.66	2.75	2.75
磨刀门水道	灯笼山	2.65	1.45	1.70	2.11	2.27	2.38	2.48	1.64
磨刀门口	大横琴	2.54	0.79						
顺德水道上段	三多	6.78	7.09	6.90	6.79	7.31	7.56	7.78	7.95

❶ 水利部珠江水利委员会防洪抗旱办公室，珠江流域“98.6”特大洪水资料汇编，1999年3月。

续表

河名	站名	历史实测最高水位	"94.6"洪水	"98.6"洪水	省水利厅水面线				1915年洪水位
			最高水位	最高水位	20年一遇	50年一遇	100年一遇	200年一遇	
顺德水道中段	水藤	5.80	6.43		5.82	6.30	6.54	6.74	6.91
顺德水道中段	稔海		4.81		4.30	4.66	4.77	4.91	
顺德水道中段	三洪奇		4.68				*4.58	*4.68	
顺德水道中段	三善滘	3.08	3.78	3.99	3.42	3.51	3.60	3.65	3.65
小榄水道上段	南华	5.56	6.05	5.76	5.72	6.03	6.28	6.51	6.66
小榄水道上段	凫州河		5.87				*5.70	*5.9	
小榄水道中段	莺歌咀		5.29		4.72	4.96	5.12	5.31	
小榄水道中段	小榄		4.89	4.85	4.48	4.70	4.86	5.00	
横门口	横门	2.62	1.66	2.06	2.06	2.15	2.20	2.27	1.80
顺德支流	勒流	4.98	5.59		*4.98	*5.34	*5.70	*6.00	
顺德支流	新涌		4.59						
沙湾水道	三沙口	2.33	1.38	2.00	2.12	2.21	2.26	2.33	
容桂水道	容奇	3.40	3.96	3.92	3.55	3.70	3.92	4.08	4.01
鸡鸦水道	马鞍		3.28	3.31	3.01	3.19	3.30	3.42	
洪奇门水道	板沙尾	2.91	3.16	3.16	2.90	2.98	3.06	3.17	3.23
洪奇门水道	大陇滘		2.63		2.40	2.44	2.48	2.52	2.53
洪奇门口	万顷沙西	2.60	1.60		2.25	2.38	2.45	2.54	1.93
潭洲水道	灵山			1.73	2.42	2.55	2.61	2.69	
蕉门口	南沙	2.68	1.31	1.88	2.33	2.46	2.55	2.64	
潭洲水道	紫洞	7.26	7.60	7.30	7.26	7.79	8.07	8.27	8.45
潭洲水道	澜石	5.71	6.01	5.84	5.74	6.23	6.46	6.66	6.83
潭洲水道	登州		5.80		5.20	5.71	5.92		
潭洲水道	勒竹		3.57	3.87	*3.65	*3.65	*3.75	*3.82	

注　*为补插水位。

珠江三角洲河口区地势较低，低洼易涝的农田共有455万亩，新中国成立后虽得到初步治理，但仍有相当一部分还未达到治理标准，每年仍遭遇不同程度的涝灾。如1993年珠江河口区遭遇“9316”号台风袭击时，横门水位站的水位高达2.62m，磨刀门灯笼山水位站的水位亦高达2.65m，分别超历史实测最高潮位的0.08m和0.37m，洪水和暴潮水位的抬高，尤其是低潮位的抬高，使众多水闸的排水能力下降，有的甚至失去自排条件，涝水不能及时排走，形成了涝灾。近年来涝灾随着洪灾的加重亦有加重的趋势，90年代的几次大洪水，中顺大围东、西河水闸受横门、磨刀门外江洪水的顶托，封堵了歧江河东、西两个排水口，每次洪水顶托7～10天，不能开闸排水，加之遇上暴雨，造成石岐城区、港口、板芙等镇区渍浸严重，内涝水位达1.1～1.7m，仅1994年6～7月两次洪水引发的内涝造成了直接经济损失4822万元，而珠江三角洲河口区内涝所造成的直接经济损失则为7.53亿元。可见，涝灾所造成的损失不可忽视。

珠江三角洲河口区又是旱灾严重的地区之一，历史上连年发生旱灾，是主要的自然灾害之一，损失惨重。如民国32年（1943年）广东大旱，三角洲地区的新会县饿死3万多人，据《广东省自然灾害史料》（广东省文史研究馆1963年9月第二版）记载，台山县城在饥荒中出现宰小孩卖人肉的事件[3]。新中国成立后人民政府修建了大量水利工程，旱灾获得了大大的缓解，但仍未能根本解除。据统计，1950～2004年共55年间，广东出现干旱49年，其中大旱7年，中旱18年，轻旱24年，在各种自然灾害中，旱灾持续时间最长，几次严重干旱多为季节连旱，影响范围较广，损失严重。表5－2为历年广东旱灾发展状况，由表可见，广东省旱灾损失呈波动式上升趋势，20世纪80年代后的灾情明显加重[4]。2003年10月至2004年5月，珠江三角洲出现了近20年来最严重的连年大旱；而2005年入秋后珠江流域又仍然出现持续干旱，三角洲河口区仍受其威胁，不仅引起工农业生产遭受损失，经济发展受到影响，而且还影响到河口区网河咸潮上溯，城乡居民生活供水质量下降，甚至不能供水，供水安全受到破坏。

表5－2 **广东旱灾发展状况** （单位：万 hm^2）

年　份	1950～1959	1960～1969	1970～1979	1980～1989	1990～1998
年均受旱面积	35.91	45.01	37.02	78.58	59.63
年均成灾面积	10.44	9.5	11.74	20.15	19.86

由于珠江三角洲河口区处于地势平坦地区，加之网河交错，每到枯水季节，外海高盐水团随潮汐上涨进入河口网河区，并向网河各水道形成咸潮上溯，造成咸灾。这种咸灾对工农业生产带来的威胁，几乎年年存在。尤其是2002年入秋以后，珠江流域持续干旱，珠江三角洲河口区咸潮上溯，海水倒灌现象日趋严重，直到2004年秋后仍出现干旱，珠江河口区咸潮发展成为近20年来最为严重的咸潮上溯，严重威胁澳门、珠海、中山、江门、东莞、广州等地区的供水安全，造成了严重的咸灾，个别地区咸界超过历史上最严重的1963年，导致珠江三角洲河口区1500万人用水紧张，广大人民群众的身体健康和正常生活及生产秩序受到严重的困扰，咸潮所及地区的一些工业企业被迫处于半停产状态，大片农田被咸水浸渍，沿海及网河地区生态环境受到不同程度的破坏，造成了巨大的社会影响和经济损失。对此，党中央、国务院引起高度重视，胡锦涛总书记专门批示："无论有多大困难，都要想办法解决群众的饮水问题，……要增强紧迫感，深入调研，科学论证，提出解决方案，认真加以落实，使群众能喝上'放心水'"。温家宝总理也作出重要指示："不能让广东没水喝，……关键是西江上游地区要保证给广东供水"。为了贯彻落实党中央、国务院的指示，在国家防总的领导下，由珠江水利委员会具体组织实施，于2005年1月17日至2月4日进行了珠江压咸补淡应急调水工作，共从上游增调水量8.43亿 m^3（其中从西江上游贵州与广西的天生桥一级电站调水4.65亿 m^3，从广西的岩滩水库调水2.2亿 m^3，从广东的北江飞来峡水库调水1.58亿 m^3）；1月29日调水前锋进入珠江三角洲地区，至2月14日抢蓄淡水结束，共取淡水5400多万 m^3，比原计划增加3900多万 m^3。此外，又利用河道河涌储蓄淡水4500万 m^3，可保证澳门、珠海、中山等地正常供水到3月中旬，澳门居民喝上了符合饮用标准的自来水。此次调水还使珠江三角洲网河地区

2.3亿m^3水体得以置换，主要水道及河涌的水质从调水前的Ⅳ~Ⅴ类水提升到Ⅱ~Ⅲ类水，珠江八大出海口门河段的含氯化物大大降低，水环境得到明显改善。此次调水工作圆满结束，获得了巨大成功，其经济、社会和生态效益十分显著，在政治上也产生了良好的效果，港、澳媒体称这次压咸补淡应急调水意义已经远远超过了调水本身。由上可见，咸灾带来的危害及克服咸灾的重要性和紧迫性。

台风亦是珠江三角洲河口区重要的灾害之一，台风登陆后出现的狂风暴雨常造成很大的破坏，除暴雨造成水灾外，强大的风力还造成对人身、物资、农作物、房屋、道路、水利工程、桥梁、港口码头、电力和电讯设施等的破坏，导致工农业生产和经济的严重损失。

珠江三角洲河口区是台风的多发地，从1848~1949年的102年中，发生台风灾害有60次，从1949~1980年的32年中，从珠江口登陆的台风有40次，平均每年有1.4次，最多的一年是1964年，登陆5次。台风灾情严重的是1983年9月9日的8309号台风，9月9日上午8时在珠海市登陆，登陆时风力为12级，由于适逢大潮期，致使中山、东莞、番禺等地出现超历史暴潮水位，导致风灾加潮灾，受灾面涉及7个地（市）22个县，受淹农作物253万亩，死伤195人，堤围决口3633处，总长111km，各行业直接经济损失约5亿元[3]。随着珠江三角洲经济建设的迅猛发展，台风造成的灾害损失亦越来越大，如2003年0307号“伊布都”台风，7月17日在菲律宾东部沿海生成并发展后，于24日上午10时左右在广东阳西与电白之间的沿海地区登陆，台风中心附近为12级的旋转风，其强度大、速度快、范围广、气压低，造成严重的灾害，广东省直接经济损失19亿元，死亡3人，受灾人口183万人[5]。由上可见，台风所造成的损失是巨大的，不能等闲视之。

综上可见，洪、涝、潮、咸、旱、台风等自然灾害在珠江河口区仍是经常发生的，有时甚至是严重的，对人民生命财产的安全、经济建设的发展和生态环境的保护仍存在着严重的威胁，是珠江河口区迫切需要解决的问题之一。

2. 河口淤积延伸

河口淤积延伸，滩涂发育，拦门沙淤积扩展，影响防洪纳潮、潮排潮灌、生态环境和通航，甚至于影响网河区水沙分配及河势变化，以及河口萎缩。

河口的淤积延伸，滩涂的拓宽发育，几乎是一般河口普遍存在的现象。珠江河口虽然是少沙河流的河口，水体含沙量不大，但由于水量较大，输沙量仍然不小，为河口的淤积提供了物质条件；加之滩涂上水浅流缓，以及风浪的掀沙作用，促使河口及滩涂的淤积发展。珠江河口平均每年约以100m左右的速度向外海延伸，而以年平均为1~4mm左右的沉积率不断抬升，滩地则更大些，如伶仃洋的西滩，其年平均的沉积率为6mm左右，虽然近些年来由于西滩围垦限制了淤积的发展，淤积率有所减缓，但此冲彼淤，淤积发展转向中滩，中滩1984~1999年的年平均淤积率达到13.6mm。可见，珠江河口的淤积发展速度还是相当快的。

河口的淤积延伸和河床的淤积抬高，将会导致汛期洪水位相应抬高和泄洪不畅，严重影响防洪排涝；其次，影响涨潮时进入口门的纳潮量将减少，因而将影响伶仃洋的虎门口潮汐通道和黄茅海的崖门口潮汐通道难以得到维护；再次，广大河口地区利用潮汐涨落的有利条件进行潮排潮灌的农田，因纳潮量的减少而降低涨潮位，使潮排潮灌受到影响。此外，河口的淤积延伸和抬高，还会影响到通航条件恶化，对船舶航行不利。珠江河口是一条通航的河口，航运事业十分发达，物流繁忙，伶仃洋又是一条沟通国际贸易往来的黄金水道，必须确保航道畅通。伶仃洋的出海航道伶仃水道要靠每年疏浚约350万m^3左右的泥沙才能维持通航；磨刀门出海航道的澳门水道每年常疏浚约98万m^3左右的泥沙才能维持1000t级航道的畅通，而主干道横洲水道由于河口泥沙淤积特别是拦门沙的淤积，至今还未能开辟为出海航道；黄茅海出海航道亦因河口泥沙淤积特别是拦门沙的淤积，使通航条件优越的黄茅海只能航行3000t级的船舶，严重影响航运事业的发展。

综上可见，由于河口的淤积延伸和拦门沙的淤积发展，对防洪排涝、潮排潮灌、生态环境、潮汐通道的稳定和航道的建设等都会带来不利影响。而且，更重要的是将会影响珠江河口网河区的水沙分配，使其水沙运动规律发生重大的变化，更可能带来难以预见的严重后果。

3. 河口区人类活动频繁、剧烈

特别是人为无序、超量挖掘床沙，造成珠江三角洲河口区大量河道河床下切，改变了自然条件下珠江河口区河床基本处于微淤的状态，引发网河区水沙重新分配、河势变化、局部河道洪水位异常壅高、咸潮入侵加强等洪潮灾害。

历史上珠江三角洲河口区在自然条件下河床基本上是处于微淤状态的，但自20世纪80年代改革开放以来，经济建设迅速发展，随之人类活动亦日益频繁和剧烈，诸如滩涂的大规模围垦、河滩的大量侵占和岸线的大规模开发；航道的开发和航道整治工程的大规模进行；水利工程、港口码头、桥梁和取水泵站等的大规模兴建；特别是人为无序、超量挖掘河道的床沙，引起河口区河床发生强烈的冲淤变化，而人为大量采沙则引起河床发生严重下切，使网河区许多水道的河床由自然条件下的微淤状态转为强烈的冲刷状态，引发了一系列的严重后果。

中山大学罗宪林等人对珠江西江、北江网河区的采沙情况作了分析和研究[6]。他们根据调查和河道地形资料的计算分析，得出1984~1999年的15年中，西江、北江网河区采沙总量约为8亿m^3，平均每年约为0.55亿m^3；中山大学王静新对东江网河区的采沙情况亦作了调查分析❶，得出了1984~1999年的15年中，东江网河区采沙总量约为3.87亿m^3，平均每年约为0.26亿m^3。综上，西江、北江、东江网河区在15年中的总采沙量约为12亿m^3，平均每年约为0.8亿m^3，即约相当于2.12亿t，而珠江入海年平均悬移质输沙量约为2098万t，推移质输沙量约为700万t。这就是说，平均每年挖掘河床的沙量远远超过水流挟带及推移下来的沙量，必然会引起河道发生严重冲刷下切。

又据潘玉敏等人的分析研究[7]，自20世纪80年代至今，珠江三角洲网河区的河道冲刷下切严重，在55条主要河道中有46条发生冲刷下切，9条发生淤积，河道的水体容积增大在50%以上的有6条，增大20%~50%的有19条，增大10%~20%的有10条，增大小于10%的有11条，而河道水体容积因淤积而减少的都在20%以内，说明河道冲刷下切严重，而淤积则微小。在河道的冲刷下切中以东江网河区最为严重，东江北干流平均河床下降2.05m，南支流下降1.58m；其次为北江网河区，其河床下降也很严重；西江网河

❶ 王静新，珠江三角洲河床演变研究，中山大学硕士学位论文，2004年5月。

区则较轻。河床下切的结果使河道水位下降，取水口无法取水；宽深比变小、河道窄深、岸坡陡峻、深槽迫岸、水流动力轴线改变，对堤防安全构成威胁；网河区水道的分流分沙比改变，河势发生变化，局部水道洪水期水位异常抬高，大大加大防洪压力；枯水期涨潮时咸潮上溯加剧，对供水安全、水环境和生态环境构成威胁等等，引发一系列的变化和危害。

近年来由于水行政管理部门对大规模无序采沙所带来的严重后果引起了高度重视，下大力度采取措施严格限制滥采河沙，并对各河道拟定了采沙规划，有指导、有限制地进行采掘，因而网河区的河床下切现象有所缓解。然而，由于经济建设发展的需要和商业利益所驱动，滥采河沙的行为仍难以杜绝，问题的彻底解决还有待时日，并须加大管理力度，严格执法予以制止。

4. 河道污染严重

河道的污染使得水质性缺水问题日益突出，水环境、生态环境趋于恶化。

自 20 世纪 80 年代以来珠江三角洲经济发展迅速，与此同时，随着经济的发展和城市化进程的加快，城市人口亦迅速增长，因而由人类活动造成的污染。如工业废水、城市生活污水及农业生产、养殖、农产品加工等的退水，以及船舶航行排污、港口码头作业排污、船舶溢油事故等造成的污染，使珠江三角洲河口区水域水体污染严重，水质性缺水问题日益突出，水环境和生态环境趋于恶化。

根据广东省水利厅于 1993 年与 1999 年对广东省内珠江入河排污口数量分布和排污状况的调查成果分析表明：1999 年珠江三角洲的年排污量达 29.7 亿 t，占省内珠江流域排污量的 62.6%；实测污染物年入河量为 71.7 亿 t，与 1993 年比较增加了 2.03 倍，占省内珠江流域污染物入河量的 76.3%。可见，珠江河口的排污量造成的水体污染极为严重。

又据崔伟中等人的研究[8]，珠江三角洲河口区若干河流的 1995 年水质评价见表 5－3、表 5－4、表 5－5。由诸表可见，在参与评价的 20 条水道中，全年平均水质符合Ⅱ类水质标准的仅有西海水道 1 条，占 5%；劣于Ⅲ类水质标准的有东江北干流、珠江广州河段、佛山水道、市桥水道、深圳河、岐江河、小榄水道、虎门水道等 8 条，占 40%；超标项目依次为 DO、NH_3-N、石油类、BOD_5、COD_{Mn}、挥发酚。其中丰水期水质符合Ⅱ类水质标准的有西海水道、顺德水道、沙湾水道、洪奇门水道等 4 条；符合Ⅱ类水质标准的有西海水道、潭洲水道等 2 条；符合Ⅲ类水质标准的有东江南支流、西江干流、东平水道、潭洲水道、平洲水道、鸡鸦水道、蕉门水道、横门水道等 8 条；劣于Ⅲ类水质标准的有东江北干流、珠江广州河段、佛山水道、市桥水道、深圳河、岐江河、小榄水道、虎门水道等 8 条。枯水期符合Ⅲ类水质标准的有东江南支流、西江干流、平洲水道、顺德水道、沙湾水道、鸡鸦水道、蕉门水道、洪奇门水道等 8 条；劣于Ⅲ类水质标准的有东江北干流、珠江广州河段、东平水道、佛山水道、市桥水道、深圳河、岐江河、小榄水道、虎门水道、横门水道等 10 条。此外，从诸表中还可看出，珠江三角洲河口区的污染物是以有机污染和石油类污染为主，丰水期主要超标项目是 DO，枯水期主要超标项目是石油类；水质年内变化特点是枯水期水质劣于丰水期，丰水期劣于平水期；较严重的污染河道是流经城市的河段，如广州市的珠江广州河段、番禺区的市桥水道、东莞市的东江北干流、中山市的岐江河、深圳特区的深圳河等。总之，将近半数的水道其水质已达到Ⅳ、Ⅴ

类甚至劣于Ⅴ类的严重污染程度，治理河道污染已是刻不容缓了。

5. 滩涂的围垦开发

由于大量滩涂的围垦开发，以及海域水体的严重污染，导致大量滩涂湿地的减少、萎缩，影响水生生物和动物、植物的繁殖与生长，造成生态环境的破坏和经济上的巨大损失。

珠江河口滩涂湿地是一个活跃的生态系统，繁殖着大量的和稀有珍贵的水生生物和动物、植物，具有很高的经济价值和环境保护价值。但随着经济社会的迅速发展，城市建设、港口码头、工业开发、农业开发、水产养殖等不断向河口滩涂湿地要地，据不完全统计[9]，50 年来珠江河口开发利用天然滩涂湿地约 6 万 hm^2，其中 1950～1980 年开发利用约 1.9 万 hm^2，1981～1989 年约 1.5 万 hm^2，1990～1999 年约 2.6 万 hm^2，即有逐年增加的趋势。此外，在珠江河口区的上游，修建了大型水库 39 座、中型水库 339 座及无数小型水利工程，拦蓄了上游水沙，改变了天然输沙量和径流量，其负面影响是减少了河口滩涂湿地的泥沙来源，造成湿地萎缩乃至消失；而河口地区的无序滥采河沙引起河床下切，也会减少湿地的泥沙来源，从而影响湿地的进一步萎缩和消失。

珠江河口区滩涂湿地面积的不断减少，以及海域水体的严重污染，造成水环境和生态环境的不断恶化，赤潮事件明显增多，其结果是导致水生生物资源赖以繁衍栖息的场所大大缩小和遭受破坏，鱼类、贝类、甲壳类、海藻类、浮游生物、鸟类、植物等的数量急剧减少。据有关资料，近 20 多年来，珠江河口冬季浮游植物种类由 158 种下降到 97 种，浮游植物生物量由 1711 万 Ind/m^3 下降到 100 万 Ind/m^3；夏季浮游动物种类由 133 种下降到 16 种，浮游动物生物量由 233.9mg/m^3 下降到 69 mg/m^3；潮间带生物物种减少亦十分明显，生物平均生物量由 1207g/m^3 下降到 370 g/m^3，平均栖息密度从 887.35 Ind/m^3 下降到 84.78 Ind/m^3；底栖生物平均栖息密度从 342 Ind/m^3 下降到 153.33 Ind/m^3；浮游动物年平均生物量和渔获量严重减少，渔获率从 1983 年的 251kg/h 下降到 1992 年的 105kg/h，下降了 58%[8]。湿地的珍贵植物红树林的损失亦很严重，如深圳特区福田区的红树林已从原来建立国家级保护区时的 304hm^2 减少为不足 160hm^2，珠海市境内的天然红树林已从 1454hm^2 锐减为不到 110hm^2，其中香洲区（33.78 hm^2）与斗门县（10.22 hm^2）的天然红树林已绝迹，中山市在南榄的红树林和崖门口约 33.33hm^2 的红树林，现在只有零散不成片的红树林了。

表 5－3　　1995 年珠江三角洲河流水质现状评价表（丰水期）

评价水域	评价项目											综合评价	
	DO	COD_{Mn}	BOD_5	NH_3-N	挥发酚	氰化物	As	Hg	Cr^{+6}	油	类别	依据项目	超标项目
东江南支流	Ⅱ	Ⅰ	Ⅰ	Ⅲ	Ⅰ	Ⅰ	Ⅰ	—	Ⅰ	—	Ⅲ	NH_3-N	
江江北干流	Ⅱ	Ⅰ	Ⅰ	Ⅲ	Ⅰ	Ⅰ	Ⅰ	Ⅰ	Ⅰ	Ⅳ	Ⅳ	油	
珠江广州河段	Ⅴ	Ⅱ	Ⅰ	Ⅳ	Ⅲ	Ⅰ	Ⅰ	Ⅰ	Ⅰ	Ⅳ	Ⅴ	DO	DO、NH_3-N、油
西江干流	Ⅱ	Ⅱ	Ⅰ	Ⅲ	Ⅰ	Ⅰ	Ⅰ	—	Ⅰ	—	Ⅲ	NH_3-N	
西海水道	Ⅱ	Ⅰ	Ⅰ	Ⅲ	Ⅰ	Ⅰ	Ⅰ	Ⅰ	Ⅰ	Ⅰ	Ⅱ	DO、NH_3-N	
东平水道	Ⅱ	Ⅱ	Ⅰ	Ⅲ	Ⅰ	Ⅰ	Ⅰ	Ⅲ	Ⅰ	Ⅰ	Ⅲ	NH_3-N、Hg	
潭洲水道	Ⅱ	Ⅰ	Ⅰ	Ⅲ	Ⅰ	Ⅰ	Ⅰ	—	Ⅰ	—	Ⅲ	NH_3-N	

续表

评价水域	评价项目											综合评价	
	DO	COD_{Mn}	BOD_5	NH_3-N	挥发酚	氰化物	As	Hg	Cr^{+6}	油	类别	依据项目	超标项目
平洲水道	Ⅱ	Ⅰ	Ⅲ	Ⅲ	Ⅰ	Ⅰ	Ⅰ	—	Ⅰ	—	Ⅲ	BOD_5、NH_3-N	
佛山水道	Ⅴ	Ⅱ	Ⅰ	Ⅳ	Ⅰ	Ⅰ	Ⅰ	Ⅰ	Ⅰ	Ⅳ	Ⅴ	DO	DO、NH_3-N、油
顺德水道	Ⅱ	Ⅱ	Ⅰ	Ⅱ	Ⅰ	Ⅰ	Ⅰ	Ⅰ	Ⅰ	Ⅰ	Ⅱ	DO、COD_{Mn}、NH_3-N	
沙湾水道	Ⅱ	Ⅱ	Ⅰ	Ⅰ	Ⅰ	Ⅰ	Ⅰ	—	Ⅰ	Ⅰ	Ⅱ	DO、COD_{Mn}	
市桥水道	Ⅳ	Ⅳ	Ⅰ	Ⅲ	Ⅰ	Ⅰ	Ⅰ	—	Ⅰ	Ⅰ	Ⅳ	DO、COD_{Mn}	DO、COD_{Mn}
深圳河	Ⅴ	>Ⅴ	>Ⅴ	>Ⅴ	Ⅴ	Ⅰ	Ⅰ	Ⅰ	Ⅰ	>Ⅴ	>Ⅴ	COD_{Mn}、BOD_5、NH_3-N、油	DO、COD_{Mn}、BOD_5
岐江河	Ⅴ	Ⅲ	Ⅴ	Ⅳ	Ⅰ	Ⅰ	Ⅰ	Ⅰ	Ⅰ	Ⅴ	Ⅴ	DO、BOD_5	
鸡鸦水道	Ⅱ	Ⅰ	Ⅰ	Ⅰ	Ⅰ	Ⅰ	Ⅰ	Ⅲ	Ⅰ	Ⅰ	Ⅲ	Hg	
小榄水道	Ⅱ	Ⅱ	Ⅰ	Ⅰ	Ⅰ	Ⅰ	Ⅰ	Ⅲ	Ⅰ	Ⅰ	Ⅳ	Hg	
虎门水道	Ⅳ	Ⅱ	Ⅰ	Ⅲ	Ⅰ	Ⅰ	Ⅰ	Ⅲ	Ⅰ	—	Ⅳ	DO	DO
蕉门水道	Ⅲ	Ⅱ	Ⅰ	Ⅰ	Ⅰ	Ⅰ	Ⅰ	Ⅰ	Ⅰ	—	Ⅲ	DO	
洪奇门水道	Ⅱ	Ⅱ	Ⅰ	Ⅰ	Ⅰ	Ⅰ	Ⅰ	Ⅰ	Ⅰ	—	Ⅱ	DO、COD_{Mn}	
横门水道	Ⅲ	Ⅱ	Ⅰ	Ⅲ	Ⅰ	Ⅰ	Ⅰ	Ⅰ	Ⅰ	—	Ⅲ	DO、NH_3-N	

表 5-4　1995 年珠江三角洲河流水质现状评价表（平水期）

评价水域	评价项目											综合评价	
	DO	COD_{Mn}	BOD_5	NH_3-N	挥发酚	氰化物	As	Hg	Cr^{+6}	油	类别	依据项目	超标项目
东江南支流	Ⅱ	Ⅰ	Ⅰ	Ⅲ	Ⅰ	Ⅰ	Ⅰ	—	Ⅰ	—	Ⅲ	NH_3-N	
江江北干流	Ⅱ	Ⅱ	Ⅰ	Ⅲ	Ⅰ	Ⅰ	Ⅰ	Ⅰ	Ⅰ	Ⅰ	Ⅲ	NH_3-N	
珠江广州河段	Ⅴ	Ⅱ	Ⅰ	Ⅳ	Ⅲ	—	—	—	—	Ⅳ	Ⅴ	DO	DO、NH_3-N、油
西江干流	Ⅱ	Ⅰ	Ⅰ	Ⅱ	Ⅰ	Ⅰ	Ⅰ	—	Ⅰ	—	Ⅱ	DO、NH_3-N	
西海水道	Ⅱ	Ⅰ	Ⅰ	Ⅱ	Ⅰ	Ⅰ	Ⅰ	Ⅰ	Ⅰ	Ⅰ	Ⅱ	DO、NH_3-N	
东平水道	Ⅱ	Ⅱ	Ⅰ	Ⅲ	Ⅰ	Ⅰ	Ⅰ	Ⅰ	Ⅰ	Ⅰ	Ⅲ	NH_3-N	
潭洲水道	Ⅱ	Ⅰ	Ⅲ	Ⅰ	Ⅰ	Ⅰ	Ⅰ	—	Ⅰ	—	Ⅲ	BOD_5	
平洲水道	Ⅱ	Ⅰ	Ⅲ	Ⅲ	Ⅰ	Ⅰ	Ⅰ	—	Ⅰ	—	Ⅲ	BOD_5、NH_3-N	
佛山水道	Ⅲ	Ⅱ	Ⅰ	Ⅲ	Ⅰ	Ⅰ	Ⅰ	Ⅰ	Ⅰ	Ⅰ	Ⅲ	DO、NH_3-N	
顺德水道	Ⅱ	Ⅱ	Ⅰ	Ⅱ	Ⅰ	Ⅰ	Ⅰ	Ⅰ	Ⅰ	Ⅰ	Ⅱ	DO、COD_{Mn}、NH_3-N	
沙湾水道	Ⅱ	Ⅱ	Ⅰ	Ⅰ	Ⅰ	Ⅰ	Ⅰ	—	Ⅰ	Ⅰ	Ⅱ	DO、COD_{Mn}	
市桥水道	Ⅳ	Ⅲ	Ⅰ	Ⅲ	Ⅰ	Ⅰ	Ⅰ	—	Ⅰ	Ⅰ	Ⅳ	DO	DO
深圳河	Ⅴ	Ⅴ	>Ⅴ	Ⅴ	Ⅳ	Ⅰ	Ⅰ	Ⅰ	Ⅰ	Ⅳ	>Ⅴ	BOD_5	DO、COD_{Mn}、BOD_5、NH_3-N、挥发酚、油

续表

评价水域	评价项目											综合评价	
	DO	COD_{Mn}	BOD_5	NH_3-N	挥发酚	氰化物	As	Hg	Cr^{+6}	油	类别	依据项目	超标项目
岐江河	>V	Ⅲ	V	Ⅳ	Ⅰ	Ⅰ	Ⅰ	Ⅰ	Ⅰ	Ⅳ	>V	DO	DO、BOD_5、NH_3-N
鸡鸦水道	Ⅱ	Ⅱ	Ⅰ	Ⅱ	Ⅰ	Ⅰ	Ⅰ	Ⅰ	Ⅰ	Ⅰ	Ⅱ	DO、COD_{Mn}、NH_3-N	
小榄水道	Ⅱ	Ⅱ	Ⅰ	Ⅲ	Ⅰ	Ⅰ	Ⅰ	Ⅰ	Ⅰ	Ⅳ	Ⅳ	油	油
虎门水道	Ⅲ	Ⅱ	Ⅰ	Ⅱ	Ⅰ	Ⅰ	Ⅰ	Ⅲ	Ⅰ	—	Ⅲ	DO、Hg	
蕉门水道	Ⅱ	Ⅱ	Ⅰ	Ⅱ	Ⅰ	Ⅰ	Ⅰ	Ⅲ	Ⅰ	—	Ⅲ	Hg	
洪奇门水道	Ⅱ	Ⅱ	Ⅰ	Ⅰ	Ⅰ	Ⅰ	Ⅰ	Ⅰ	Ⅰ	—	Ⅱ	DO、COD_{Mn}	
横门水道	Ⅱ	Ⅱ	Ⅰ	Ⅰ	Ⅰ	Ⅰ	Ⅰ	Ⅳ	Ⅰ	—	Ⅳ	Hg	Hg

表 5-5 **1995 年珠江三角洲河流水质现状评价表**（枯水期）

评价水域	评价项目											综合评价	
	DO	COD_{Mn}	BOD_5	NH_3-N	挥发酚	氰化物	As	Hg	Cr^{+6}	油	类别	依据项目	超标项目
东江南支流	Ⅱ	Ⅰ	Ⅰ	Ⅲ	Ⅰ	Ⅰ	Ⅰ	—	Ⅰ	—	Ⅲ	NH_3-N	
江江北干流	Ⅱ	Ⅱ	Ⅰ	Ⅲ	Ⅰ	Ⅰ	Ⅰ	Ⅰ	Ⅰ	Ⅳ	Ⅳ	油	油
珠江广州河段	Ⅳ	Ⅲ	Ⅳ	V	Ⅰ	Ⅰ	Ⅰ	Ⅰ	Ⅰ	Ⅳ	V	NH_3-N	DO、BOD_5、NH_3-N、油
西江干流	Ⅱ	Ⅱ	Ⅰ	Ⅲ	Ⅰ	Ⅰ	Ⅰ	—	Ⅰ	—	Ⅲ	NH_3-N	
西海水道	Ⅰ	Ⅰ	Ⅰ	Ⅱ	Ⅰ	Ⅰ	Ⅰ	Ⅰ	Ⅰ	Ⅰ	Ⅱ	NH_3-N	
东平水道	Ⅰ	Ⅰ	Ⅰ	Ⅲ	Ⅰ	Ⅰ	Ⅰ	Ⅳ	Ⅰ	Ⅰ	Ⅳ	Hg	Hg
潭洲水道	Ⅱ	Ⅰ	Ⅰ	Ⅱ	Ⅰ	Ⅰ	Ⅰ	—	Ⅰ	—	Ⅱ	DO、NH_3-N	
平洲水道	Ⅱ	Ⅰ	Ⅰ	Ⅲ	Ⅰ	Ⅰ	Ⅰ	—	Ⅰ	—	Ⅲ	NH_3-N	
佛山水道	Ⅳ	Ⅳ	Ⅳ	V	Ⅳ	Ⅰ	Ⅰ	Ⅲ	Ⅰ	Ⅳ	V	NH_3-N	DO、COD_{Mn}、BOD_5、NH_3-N、挥发酚、油
顺德水道	Ⅱ	Ⅰ	Ⅰ	Ⅲ	Ⅰ	Ⅰ	Ⅰ	Ⅰ	Ⅰ	Ⅰ	Ⅲ	NH_3-N	
沙湾水道	Ⅱ	Ⅰ	Ⅰ	Ⅲ	Ⅰ	Ⅰ	Ⅰ	—	Ⅰ	Ⅰ	Ⅲ	NH_3-N	
市桥水道	Ⅳ	Ⅲ	Ⅰ	Ⅳ	Ⅰ	Ⅰ	Ⅰ	—	Ⅰ	—	Ⅳ	DO、NH_3-N	DO、NH_3-N
深圳河	V	V	V	V	V	Ⅰ	Ⅰ	Ⅰ	Ⅰ	>V	>V	COD_{Mn}、BOD_5、NH_3-N 油	DO、COD_{Mn}、BOD_5、NH_3-N、挥发酚、油
岐江河	>V	Ⅳ	V	V	Ⅰ	Ⅰ	Ⅰ	Ⅰ	Ⅰ	Ⅳ	>V	DO	DO、COD_{Mn}、BOD_5、NH_3-N 油
鸡鸦水道	Ⅱ	Ⅱ	Ⅰ	Ⅱ	Ⅰ	Ⅰ	Ⅰ	Ⅰ	Ⅰ	Ⅰ	Ⅲ	NH_3-N	
小榄水道	Ⅱ	Ⅰ	Ⅰ	Ⅲ	Ⅰ	Ⅰ	Ⅰ	Ⅰ	Ⅰ	Ⅳ	Ⅳ	油	油
虎门水道	Ⅱ	Ⅱ	Ⅰ	Ⅱ	V	Ⅰ	Ⅰ	Ⅲ	Ⅰ	—	V	酚	酚
蕉门水道	Ⅱ	Ⅱ	Ⅰ	Ⅱ	Ⅰ	Ⅰ	Ⅰ	Ⅰ	Ⅰ	—	Ⅲ	NH_3-N	
洪奇门水道	Ⅱ	Ⅱ	Ⅰ	Ⅲ	Ⅰ	Ⅰ	Ⅰ	Ⅰ	Ⅰ	—	Ⅲ	NH_3-N	
横门水道	Ⅱ	Ⅱ	Ⅰ	Ⅲ	Ⅳ	Ⅰ	Ⅰ	Ⅰ	Ⅰ	—	Ⅳ	酚	酚

由上可见，珠江河口滩涂湿地的日趋减少和萎缩、退化，与环境保护和经济损失关系十分密切，是必须引起重视的问题。

6. 非法建筑围外围，清除河障困难

占用河滩严重，清除河障困难重重，由于河口地区涉及水利、海洋、水产、国土、环境、航运、交通等繁多部门，各部门的利益和要求不同，管理上又缺乏统一的机制，虽然水利部 1999 年颁布实施了《珠江河口管理法》，2001 年广东省又出台了《广东省河口滩涂管理条例》，但由于历史的原因，法制意识淡薄，多头管理仍相当严重，使清障工作迟迟不能进行，在一定程度上影响河道顺畅行洪，给防洪带来安全隐患。

徐民曾对珠江三角洲网河区部分河道占用河滩的情况进行了调查和研究[9]，他重点调查了李家沙、洪奇沥、西海水道、古井、磨刀门等 5 条水道，共被占用河道边滩和河心洲滩地计 25 处，长约 50km，其中河道边滩占用的长度约为 30km，约占河长的 25%，河心洲滩地占用的长度约为 20 km，两项共占用河道面积约 1100 万 m^2。占用的形式多种多样，主要有：建筑围外围，即在河滩地边缘筑堤挡水，堤内耕种、养殖水产和构筑建筑物；填高河滩地，用以耕种、养殖、构筑建筑物（建工厂、码头、桥梁、民用建筑）等；在河滩地直接种植高秆作物，如种水杉和其他高大的植物等。

徐民对河滩被占用后引起三角洲网河区水位的变化和分流比的变化做了分析。他利用数学模型对李家沙等 5 条水道被占用的河滩地与清障后的河道进行水位和分流比的计算并进行对比，结果见表 5－6 和表 5－7。由表 5－6 可见，清障后大部分潮位站最高水位降低 1～9cm，小部分升高 1～2cm（1 个站为 5cm）；距清障较近的站，其水位降低值大些，远离清障的站降低值小些或基本不变。由表 5－7 可见，清障后对珠江各口门净泄量分配比的影响约在 0.1%～0.4% 之间，距离清障河段较远的口门基本不变，如崖门口等；东四口门清障后分配比减少 0.3%，说明未清障前洪水量较大，是引起三角洲腹地局部地区水位异常抬高的原因之一，加重了该地区的防洪压力。以上是仅限于李家沙等 5 条水道的清障结果，如果分析整个网河区的清障情况，则对网河区各站水位和分流比的影响，显然就不能不引起重视了。

表 5－6　清障前后特征水位比较（最高水位）　［单位：m（85 高程）］

站　名	大水大潮“98.6”		
	现状	清障	差值
大虎	2.42	2.42	0.00
南沙	2.60	2.60	0.00
冯马庙	3.27	3.29	0.02
横门	2.72	2.72	0.00
灯笼山	2.11	2.11	0.00
黄金	2.04	2.04	0.00
西炮台	2.14	2.14	0.00

续表

站　名	大水大潮“98.6”		
	现状	清障	差值
黄冲	2.11	2.11	0.00
天河	6.21	6.17	-0.04
北街	4.89	4.84	-0.05
三江口	2.13	2.12	-0.01
迭石	3.42	3.47	0.05
竹洲头	2.83	2.85	0.02
竹银	2.66	2.68	0.02
横山	2.50	2.49	-0.01
三多	7.60	7.56	-0.04
吉利	7.73	7.69	-0.04
紫洞	8.10	8.07	-0.03
澜石	6.72	6.68	-0.04
五斗	3.55	3.52	-0.03
勒流	5.75	5.71	-0.04
碧江	4.39	4.30	-0.09
霞石	4.85	4.77	-0.08
三善滘	4.71	4.62	-0.09
板沙尾	4.01	3.98	-0.03
大陇滘	3.49	3.52	0.03
容奇	4.81	4.78	-0.03
南头	4.96	4.96	-0.02
海尾	4.80	4.79	-0.01
南华	6.41	6.37	-0.04
小榄	5.59	5.56	-0.03
灵山	2.98	2.96	-0.02
亭角	2.83	2.83	0.00
上横	3.16	3.18	0.02
下横	3.20	3.21	0.01
万顷沙西	2.85	2.86	0.01

注　表中所列站是三角洲网河区和口门的主要潮位站。

表5-7　清障前后口门净泄量分配比较

口　门	项　目	大水大潮“98.6”	
		现状	清障
黄冲（崖门）	净泄量（m^3/s）	5109	5105
	分配比（%）	7.8	7.8
西炮台（虎跳门）	净泄量（m^3/s）	2489	2420
	分配比（%）	3.8	3.7
黄金（鸡啼门）	净泄量（m^3/s）	1834	1849
	分配比（%）	2.8	2.8
灯笼山（磨刀门）	净泄量（m^3/s）	14214	14497
	分配比（%）	21.7	22.1
横门（横门）	净泄量（m^3/s）	7467	7406
	分配比（%）	11.4	11.3
冯马庙（洪奇门）	净泄量（m^3/s）	5306	5425
	分配比（%）	8.1	8.3
南沙（蕉门）	净泄量（m^3/s）	12249	12264
	分配比（%）	18.7	18.7
大虎（虎门）	净泄量（m^3/s）	16834	16595
	分配比（%）	25.7	25.3
东四门（虎门、蕉门、洪奇门、横门）	净泄量（m^3/s）	41857	41690
	分配比（%）	63.9	63.6
西四门（磨刀门、鸡啼门、虎跳门、崖门）	净泄量（m^3/s）	23647	23871
	分配比（%）	36.1	36.4

5.2　珠江河口治理研究沿革

5.2.1　古代的治理研究概况[3]

根据历史文献记载，珠江河口的治理和开发始于宋代。当年北方战乱频繁，中原大量人口南迁进入珠江流域，由于人口大增，增添了大批劳动力，并带来中原先进的文化科学知识和生产技术，促进了流域经济文化的发展，珠江河口的治理和开发亦随之进入发展时期，主要标志是在河口地区开始大规模兴建堤围工程。宋代宋至道二年（公元996年）沿西江羚羊峡左岸修建的榄江堤和右岸修建的金西堤，以及高明河北岸修建的罗岸堤、横桐堤；宋咸平至乾兴年（公元988~1022年）在南海县境内北江左岸修建罗格堤，佛山水道一带修建大富堤；北宋大观年间（公元1107~1110年），在南海县修建桑园围；宋元祐二年（公元1087年）在东莞境内沿东江南岸修建福隆堤，随之又建挡潮海堤12条，“以御海潮泛浸”。在宋代320年中，珠江（西江、北江、东江）下游及三角洲共筑堤28

条，总长约198km，捍卫农田面积约240万亩，广州因而成为当时全国著名的米市之一。此外，北宋景德年间（公元1004～1007年）开挖广州排水壕沟（称南壕），“纳城中诸渠水以达于海”，并修建水闸，“限以闸门，与潮上下”，使江海外的船只可进入南壕避风浪。可见，宋代除大规模修建堤围外，还疏浚河道发展了航运事业。此后，在宋庆历四年（公元1044年）加筑子城；宋熙宁初（公元1068～1071年）修东城将子城合二为一，并扩筑西城；宋嘉祐元年（公元1056年）在城南筑东西雁翅城直至海边，在扩建和修建城垣的同时，多次疏浚环城壕池；宋嘉定三年（公元1210年）疏浚西壕通江海，并建东西两座水闸，以方便船只进出。至此，广州便成为宋代的重要港口。

元代在宋代已建堤围的基础上进行了续修并修建了大量新的堤围，其工程浩大，效益显著，不单是防御洪水，且结合灌溉、排涝，扩大了耕地，增产了粮食，加速了珠江三角洲河口地区社会和经济的发展。在元代90年间，珠江下游共筑堤34条，总长150km。

唐代因缺乏史料，暂不阐述。明清时期，随着社会经济的逐步发展和开始出现了资本主义的萌芽，珠江河口的治理和开发开始进入了比较全面的新阶段。主要表现为防洪、灌溉、排涝、供水和航运等都有所发展，统筹兼顾江河的治理和开发。在堤围建设方面，明洪武年间（公元1368～1398年）的31年内，珠江下游及河口区的高要、顺德、新会、东莞等县共筑堤围20条，总长210 km；明洪武二十九年（公元1396年），为解决桑园围下游水流倒灌问题，南海县人民在施工中运用“载石沉船”的截流堵口方法，成功地堵塞了倒流水道，遂使桑园围西基段全线有堤，此后历代持续维修扩建，共修建了20多条子围，设置窦闸50多处，解决了围内的灌排问题，使围内“居民十数万户，田地一千数百余顷，种植桑株以饲春蚕”，成为明代“广属中围基最大者”的堤围。在明代270多年中，珠江下游及三角洲共筑堤围180多条，总长660km。其中，在明初，珠江三角洲中部地区，人们在修筑堤围的同时，进行堤围内的土地整理，把易涝积水的低洼地挖深为池塘以蓄水养鱼，把泥土堆高四周为塘基，基上种果植桑，并堵塞河汊筑成大片基塘，开始形成了“果基鱼塘”、“桑基鱼塘”的生产形式，并逐步发展成南粤著名的基塘农业生态系统。此外，在明嘉靖年间（公元1522～1566年），珠江三角洲的东莞、新会、顺德、香山（今中山市）等沿海地带，人们已利用海坦围垦，在已成陆的沙坦上筑堤，并在新浮现的沙坦上种植芦草以加速泥沙落淤成田。到明崇祯十五年（公元1642年），仅香山县海坦围垦扩展到75.5万多亩。

在航道建设方面，明代对广州进行了扩城及疏挖河道，发展了航运。明洪武十三年（公元1380年）、明成化三年和八年（公元1467年、1472年）、嘉靖五年和四十四年（公元1526年、1565年），在扩建广州城垣的同时，对城内外壕渠多次进行疏挖，疏浚南壕和西壕，并开凿西关大观河，加强了通往广州的水运。

至清代，堤围建设已日臻完善，在堤防规划、筑堤技术和筑堤材料等方面都有新的发展。清代中叶，珠江下游及整个三角洲的堤防体系已基本完成，筑堤的材料也由土堤发展到石堤或土石结合的堤围，堤围的功能从单纯防御洪潮灾害发展到与建设基塘和围内灌溉、排涝、航运结合起来，通过筑堤、建闸、围垦改造低洼土地，因地制宜地利用水土资源逐步发展、完善著名的基塘农业生态系统；在海坦围垦方面，创造了按“鱼游、迫橹、鹤立、草蒲”四个滩涂发育阶段进行围垦的经验，大大地扩大了耕地，对珠江下游及三角洲地区的经济发展作出了巨大的贡献。在清代 260 多年中，珠江的西江、北江、东江下游和三角洲河口区共修建主要堤围 190 多条（滨海小堤未计在内），总长 690km。

据历史文献记载，清乾隆元年（公元 1736 年）在西江下游岁修工程中采用石坝做险工，以杀水势。此后在乾、嘉年间，在桑园围的顶冲险要堤段筑石堤 5.7km，并在堤外江面筑石坝（挑流坝）12 道，以抵御洪水冲击堤围。

在海坦围垦中，清乾隆年间（公元 1736～1795 年），在香山、新会、顺德、番禺、东莞等县沿海地带，人们从围垦新成沙坦发展到围垦尚未完全浮露的浅水沙坦，采用抛石筑堤、植芦种草等方法加速坦面淤高成田，因而加快了围垦造田事业的发展。从清乾隆十八年至同治末年（公元 1753～1874 年）的 120 多年间，围垦形成的农田已超过 133 万亩。

在桑基鱼塘的发展中，清乾隆二十二年（公元 1757 年），由于广州已成为全国唯一的通商贸易口岸，粤丝销路激增，蚕桑业和养鱼业得到极大的发展，珠江三角洲原有的果基鱼塘很大部分改为桑基鱼塘，出现"弃田筑塘"、"弃稻树桑"的现象，至清末，桑基鱼塘的面积已超过 100 万亩。

此外，清光绪三十四年（公元 1908 年），在广州的西村增埗河畔建成增埗自来水厂，开始向市内供水，为珠江流域最早的自来水厂，标志着河口的治理与开发，开始迈入城市供水的领域。

清光绪二十五年（公元 1899 年），广东三水海关和广西梧州海关同时开始雨量和水位的观测，开始进入为研究珠江河口的特性及其治理积累资料和提供依据。

5.2.2 民国时期的治理研究概况

民国时期珠江河口的治理与开发进入了一个新的发展时期。在这一时期，成立了专门的治河管理机构，统筹管理防患兴利事业；聘请了国内外专家，引进西方近代先进的科学技术和设备；兴办教育，在大专学校里设置土木、水利工程学科，培养近代科学技术的专门治河人才；开展水文测验、河道勘测、河道治理规划、工程设计等前所未有的建设前期工作，并进行了若干河口治理开发工程的建设，在治理观念上提高到包括防洪、防潮、除涝、灌溉、航运、发电、供水等多种内容的综合性的治理开发，促进了珠江三角洲河口地区的经济繁荣和社会进步。但是，由于长期受封建统治的束缚、近代帝国主义的侵略压迫和国内长时期的政治动乱，造成珠江河口的治理开发总的进展缓慢，未能充分发挥珠江三角洲丰富的水土资源和优越的地理条件的作用，以使经济社会得到更快的发展。

在管理机构方面：民国 3 年（公元 1914 年）12 月 13 日，北京政府在广州设立"督办广东治河事宜处"（以下简称广东治河处），直属北京政府，"是为珠江流域水利行政有专司之始"，主管珠江流域有关水利事宜。民国 18 年（公元 1929 年）7 月 24 日，国民政府公布《广东治河委员会组织条例》，改广东治河处为广东治河委员会，直隶国民政府，主管广东全省河海的疏浚、筑堤、建港、开埠以及一切预防水患、发展水利筹款施工等事项。民国 20 年 12 月，国民政府公布《修正广东治河委员会组织条例》，广东治河委员会直隶全国经济委员会。民国 25 年 10 月，广东治河委员会改组为广东水利局，隶属广东省建设厅，并受全国经济委员会指导监督，业务范围限于广东省境内。民国 26 年 6 月，国民政府经济委员会将广东水利局收归管辖，同年 9 月，将其改组为珠江水利局，隶属全国经济委员会（后该会裁撤改隶经济部），主管珠江流域（包括西江、北江、东江三江）及韩江干支流一切兴利防患事宜，并兼办流域内各省政府的地方水利事务。民国30年9月，行政院成立全国水利委员会，珠江水利局移交该会管辖。民国36年8月，珠江水利局改组为行政院水利部珠江水利工程总局。民国38年6月，珠江水利工程总局改隶行政院经济部，直到1949年10月广州解放。

在专门的治河人才的招聘和培养方面：民国4年（1915年）1月，广东治河处借上海浦江浚河局瑞典籍正工程师海德生（H. VonHeidenstam）来粤协助筹划治河事宜，查勘了甘竹滩至梧洲的西江河段，提出《西江防潦条陈》报告书，内容包括西江形势概要、防潦条议和测量程序及预算等。同年3月，广东治河处聘请瑞典籍柯维廉（G. W. Olivecrona）担任正工程师、总工程师，主持珠江河口的治理与防患的工程技术工作，直至民国26年离任返回瑞典，历时22年。

在勘测方面，曾进行一些零星的、不完整的河道测量和水文测验工作。如民国5年（公元1916年）春，广东治河处在完成西江河道测量后，继续进行北江、东江和广州进口水道的测量，增设北江、东江和珠江前后航道的水位或雨量站点20多处。民国8年分别编出各江包括河道基本情况、水文资料、治河论述、工程计划与预算等的报告书。民国18年9月，广东治河处接办黄埔开埠事宜，重新查勘测量并制定整个港市计划和范围。民国34年春，珠江水利局在抗日战争期间在贵阳成立水文总站，统辖分布在黔、桂、粤三省的26处水文站和25处水位站的水文测验工作。民国37年2月，珠江水利工程总局将历年水文测验资料经过分类整编，出版《珠江水文统计专号》，这是珠江流域最早编印的水文统计资料。

在河道治理规划方面，民国37年（公元1948年），珠江水利工程总局编制的《珠江治本计划进行方案》正式公布施行，该方案是在1946年由珠江水利局编制的《珠江治本计划草案》的基础上编制完成的，其中关于防洪方面，主要有蓄洪、减洪、修筑堤防、整治入海尾闾、水土保持等5项措施。

在试验研究方面，民国27年（公元1938年），珠江水利局为寻求解决北江芦苞水闸屡受洪水冲刷问题，拟定修复工程计划，委托中央水工试验所位于重庆市郊的磐溪水工试验室进行水工模型试验，为珠江流域第一宗水工模型试验项目。

在工程建设方面，据不完全统计，民国7年（公元1918年）1月，在东江马嘶涌兴建单孔防洪水闸1座，闸宽5.2m，高9.5m，两岸筑围堤总长29km，捍卫东莞石龙以北的农田约20多万亩，历时5年建成。民国10年3月，兴建北江东岸位于三水县境内芦苞涌口的芦苞水闸，用以控制北江泄入芦苞涌的流量（设计最大过闸流量为1100m^3/s），减轻广州及其西北郊一带的洪患，该水闸为钢筋混凝土结构，全长101m，共7孔，历时3年基本建成，放水运行后闸下游冲刷毁坏严重，抗日战争期间水闸护坦全毁，后于民国35～37年由珠江水利局重修。民国12年，兴建西江右岸宋隆水口活动水闸1座，新建连接水闸的堤围长280m，改建堤围长6.7km，历时4年建成，当年即收防洪、灌溉、航运之利。民国14年桑园围联围筑闸，在龙江段增筑堤围，并在西基建狮颔口水闸，在东莞建龙江新闸和歌滘水闸，至此整个桑园围联成闭口大围。民国22年2月兴建东江下游东莞县境内的寒溪（又称韩溪）水防洪工程，该工程包括建造2孔活动水闸1座，每孔净宽 7.45m，增筑围堤 750m，历时 3 年建成，捍卫耕地面积 8.11 万亩。民国 35 年春，由珠江水利局主办，联合国善后救济总署派美籍工程师吉飞龙（Gilfillan）为顾问，在珠江下游进行善后救济堵口复堤工程，由联合国拨给一批器材和粮食，以工赈性质进行，至次年夏结束，共修复堤防 240 多 km，完成土方 370 多万 m^3，石方 4.5 万多 m^3，但因经费所限，修堤标准低，堤顶高度只达一般洪水位至最高洪水位。民国 36 年 5 月，兴建东江惠阳马鞍围防洪工程，该工程包括建造水闸 7 座，涵洞 2 座，增筑堤围 7.8km，使全围 20 万亩耕地的防洪排涝能力有所提高。

5.2.3　新中国成立后的治理研究概况

自 1949 年 10 月中华人民共和国成立以后，珠江河口的治理与开发进入了一个前所未有的全新时代，不仅在治河管理机构的建设、治河专门人才的培养、工程技术、勘测和科研队伍的建立等方面都有了很大的发展，而且在研究内容的广度和深度、研究手段的多方面及高新技术的应用，以及河口治理的规划和工程建设的规模等方面都取得了很大的成绩，是以往任何时期都不可比拟的。下面分两个阶段加以阐述：

1. 新中国成立后至 20 世纪 80 年代以前的治理研究概况

在这一时期，珠江河口的治理主要是针对堤防标准低、堤系紊乱分散等问题，提出联围并流、联围筑闸、简化水系、控制水沙等工程措施，以扩大堤围规模，缩短堤线，提高防洪标准，并着力整治围内排灌系统，改善综合经营管理条件，保障人民生产、生活的需要[9]。

在治河管理机构方面：1949 年 10 月广州解放后，原珠江水利工程总局由广州市军事管制委员会派出财经接管委员会农林水利处的军代表接管，正式恢复正常工作。次年 1 月，广东省人民政府针对 1949 年水灾，成立了防洪复堤委员会，由珠江水利工程总局组织水利技术人员、大专学生及培训工人等 200 余人，分赴高要、南海等 9 个县组织 100 多处堤围施工。1951 年 2 月，水利部委托中南军政委员会代管珠江水利工程总局，同时受广东省人民政府指导。1953 年 9 月，珠江水利工程总局与广东省农林厅水利局合并成立广东省水利厅，负责全省水利工作及珠江河口的治理。1956 年 3 月，广东省水利厅成立省水利勘测设计院，后于 7 月改为水利部广州勘测设计院，负责珠江流域的勘测设计任务。同年 12 月，国务院批复同意设立珠江水利委员会。次年 2 月，批复同意该会下设珠江流域规划办公室，原珠江水利工程总局撤销。1958 年 9 月，水利部广州勘测设计院、电力工业部广州水力发电设计院、电力工业部流溪河水力发电工程局与广东省水利厅合并，成立广东省水利电力厅，属下分别成立广东省水利电力勘测设计院和广东省水利电力工程局。1968 年 12 月文化大革命期间，广东省水利电力厅被撤销，仅留守 6 人，至 1970 年初省水利电力勘测设计院亦被撤销。1970 年 12 月成立广东省水利电力局，1972 年 10 月恢复省水利电力勘测设计院。1973 年 9 月，广东省水利电力局成立珠江三角洲整治规划办公室，负责珠江河口的规划治理工作。1979 年 8 月，国务院批复同意成立珠江水利委员会，属水利部领导，主要任务是：①负责珠江流域治理开发和水资源的统一管理；②制订珠江干流的河流规划和其他支流的规划汇总工作；③担任西江、北江及三角洲地区重大关键性工程的设计、施工、管理运用；④有关科学研究工作。同年 10 月

1日，水利部珠江水利委员会在广州正式办公。广东省水利电力局属下的珠江三角洲整治规划办公室和水利水电科学研究所移交给珠委。到此，珠江流域规划治理的管理机构得以稳定下来。

在人才培养方面：珠江水利工程总局从1950年1月到1953年6月，共举办了水文技术干部训练班3期，每期40人，经半年学习后分配工作。1952年5月，珠江水利工程总局在南方大学学员中招收具有高中水平的学生120人，举办水工建筑训练班，次年9月结业后分配工作。同年11月，华南工学院创设水利系水利水电工程建筑专业，次年全国高等学校院系调整，水利系合并到武汉华中工学院。1953年5月，成立珠江水利学校，由珠江水利工程总局领导。1954年春，珠江水利学校调整合并为武汉水利学校，后于1956年9月原珠江水利学校部分教职员工及部分图书仪器调回广州，成立广州水利学校，由广东省水利厅领导。1958年9月广州水利学校扩为广东水利学院，归省高等教育局领导，后于1960年改为广东水利电力学院，设农田水利、河川枢纽及水工建筑、水力发电三个专业。1962年由广东水利电力学院，中南科技学院和广东矿冶学院合并为广东工学院，在土木系内设农田水利专业及水利工程管理专科班。以上大专院校毕业的学生以及从全国各高等院校毕业分配到广东省工作的学生，成为珠江流域的勘测、规划、设计、科研、治理和开发的专门技术人才，为珠江河口的治理开发作出了积极的贡献。

在规划设计和工程建设方面：其中在堤围及水闸建设方面规模较大的有：1950年1月新中国刚成立不久，珠江水利工程总局立即组织水利技术人员分赴高要、南海等9个县进行堵口复堤施工共100多处。1951年1月动工兴建5项重点堤防工程，计有东江东莞县的独洲围堤防整理工程、西江高要县金安围堤防修整工程和新江大围堤防整理工程、北江清远县清西围堤防整理工程和三水县芦苞水闸局部修理工程等5项，于同年6月底完成，可使48万亩农田免受洪灾、14万多亩农田免受涝灾。1953年1月动工兴建中山、顺德两县的中顺大围，历时4年余，于1957年5月建成，可捍卫50万亩农田和30万人民生命财产的安全。同年5月北江樵北大围官山大闸工程竣工，可捍卫北江下游南海、三水两县21万亩农田免受洪涝灾害。1954年1月动工兴建顺德第一联围工程，该工程将顺德县境内的大良、伦教、勒流3个区、122个大小堤围联成大围，堤长共70km，受益农田15万亩。同年12月动工修建北江大堤，将北江清远县石角至南海县狮山全长63km的原有各堤围联建成北江大堤，该工程于1955年2月完成。1957年3月，北江大堤芦苞水闸进行新中国成立后第4次修理加固工程完工，由长江流域规划办公室实验研究所完成水工模型试验，修理加固工程竣工后水闸运行正常，较好地解决了闸下游冲刷问题。同年3月，北江大堤西南水闸建成，该水闸位于北江下游三水县，全长108m，分9孔，建成后将控制北江洪水分入西南涌的流量不大于$1000m^3/s$，提高了广州、佛山两市和三水、番禺、花县、南海等县防御北江洪水的能力，捍卫耕地共约23万亩。1958年8月兴建白藤堵海工程，当地在白藤岛处筑堤堵塞泥湾门，珠江出海的八个口门之一改由鸡啼门出海；堵海后对当地防咸、防潮大为有利，但因洪潮出进绕道鸡啼门，要经$30km^2$面积的白藤湖吞吐，历时较长，因而，影响上游40万亩农田自流排灌，加重内涝，造成上、下游矛盾。为此，后经多次组织专家进行调查，研究消除堵海引起的问题，于1975年4月完成白藤湖“河湖分家”工程，加上历年建设的电排工程，上游排灌问题才获得解决。1979年5月基本建成江新联围，该围位于江门市和新会县，在江门河与睦洲河分别兴建北街、睦洲两座分洪闸和北街船闸，还陆续修建5座挡潮排水闸、2座节制闸、5座小船闸，使原来296.4km江海堤防缩短为91km的防洪干堤，提高了防洪排涝能力，并改善了灌溉和城市排污的条件。自此以后，珠江三角洲河口地区主要是兴建水库、电站、电动排灌泵站等水利水电工程建设，联围筑闸工程除正常的维修养护以外，已基本停止。

在航道建设方面主要有：1950年10月，珠江水利工程总局组织疏浚沥滘水道，航槽加深至最低水位以下3.8m，底宽100m，至1951年2月完工，使广州出海的这一重要水道全线畅通。1952年2月动工兴建陈村水道疏浚工程，同年6月完成，共挖除泥沙76.69万m^3，全年可通航300t级船只，由广州至梧州以及西江、北江三角洲各市镇在低水位时可直接通航，船只不再绕道莲花山，可缩短4h航程，且较安全。1952年12月动工兴建从广州至梧州的西江都城新滩整治工程，包括炸礁600m^3，疏浚航道2.6km，建挑流丁坝4座，于次年4月中旬基本完成。

关于规划治理和科学研究方面：1956年底，当时任水利部副部长的钱正英率领苏联专家组及水利部、交通部等一批专家，查勘了珠江干流西江及主要支流，提出进行珠江流域规划工作的意见。1957年7月，国务院批准了《珠江流域规划任务书》，确定规划方针为："综合利用，对灌溉、防洪、发电、航运等综合考虑，上中下游统筹兼顾，以达到合理、最大限度开发水利资源的目的。"其中包括珠江河口的规划治理。1958年秋由珠江流域规划办公室负责编制的《珠江流域综合利用规划报告》基本完成，由于该办公室撤销未及时刊印，后于1961年刊印报告的第一篇《珠江流域开发与治理方案—珠江流域综合利用规划摘要》，但未上报审批。1975年4～5月，应广东省水利电力局的要求，水利电力部派出著名水利专家、当时任华东水利学院院长的严恺为组长的专家组，全面考察珠江三角洲，对珠江三角洲整治规划及科学研究提出了较系统的意见。1976年11月，水利电力部派出部规划设计管理局的专家组，就珠江三角洲整治规划问题，再次赴现场考察研究，并对珠江三角洲的整治规划问题提出了意见。1977年7月，由珠江三角洲整治规划办公室负责编制的《珠江三角洲整治规划报告》编成，上报省水利电力局转报水利电力部，部规划设计管理局于1978年9月组织审查，提出了审查意见。同年下半年，珠江三角洲整治规划办公室委托中国科学院南海海洋研究所、广东省水文总站、海军海测大队、中山大学等单位，开展了磨刀门河口滨海区洪水、枯水期水文泥沙调查工作，为磨刀门河工模型试验及磨刀门的开发整治提供资料依据。1978年2月，广东省科学技术委员会将1978—1980年国家重点科研项目《珠江三角洲综合治理的调查和关键技术试验》列为省的重点科研项目，由珠江三角洲整治规划办公室牵头（后由珠江水利委员会接办），有广东省水利水电科学研究所、广州地理研究所、中山大学、华南师范学院、广州师范学院、华南农学院、广东土壤研究所等单位承担试验研究任务，陆续开展了《珠江口滨海区河口湾水文调查》、《伶仃洋浅滩的形成和发育趋势的研究》、《西北江三角洲和东江三角洲历史时期河道变迁调查研究》、《珠江三角洲的形成、发育和演变规律的调查研究》等共27个课题的试验研究工作。

2.20世纪80年代以后的治理研究概况

在这一时期，由于改革开放的推行，经济建设迅速发展，为适应经济高速发展的需要，对珠江河口的治理提出了“因势利导，统筹兼顾，全面规划，综合治理，整治与开发相结合，开发服从整治，以开发促整治”的治理方针，围绕这一方针开展治理研究工作。主要为：组织大规模的同步水文测验，建立水沙数学模型，开展珠江八大口门的大型整体河工模型试验，以及应用遥感技术等手段对珠江河口综合治理规划方案进行论证，合理控导河口延伸方向，统一安排延伸河系，保持河态稳定，畅通尾闾，确保防洪安全和航道稳定[9]。在治河管理机构方面：1980 年1 月，水利部核定珠江水利委员会的机构编制，批复同意设立办公室、总工程师室、人事处、计财处、规划处、科技情报处、水土保持处、勘测总队以及科研所、西江局。其中西江局在广西南宁建立，其余机构均在广州组建。其后几经调整，目前设立的机构有办公室、人事处、财务处、防汛抗旱办公室、综合技术中心（含信息中心)、水资源保护局、水文局、规划设计勘测研究院（中水珠江规划勘测设计有限公司)、珠江水利科学研究院、西江局等。珠江河口治理的勘测、规划、设计工作主要由规划设计勘测研究院承担，有关科学试验研究工作则主要由珠江水利科学研究院承担。该院前身为水利部珠江水利委员会科学研究所，2005 年4 月经水利部批准正式更名。目前，该院机构设置已发展成如图5 - 1 所示，除职能部门外，科研部门共有6 所26 室；另外，水利部珠江河口海岸工程技术研究中心、珠江流域水土保持监测中心站和国际泥沙研究培训中心珠江研究基地等机构均挂靠该院。此外，参加珠江河口治理与开发研究工作的还有：广东省水利水电科学研究院、广州地理研究所、中山大学地理系河口海岸研究室、中国科学院南海海洋研究所、水利部水利水电科学研究院、水利部南京水利科学研究院、交通部天津水运工程研究所等单位。

在规划设计方面：1980 年 10 月上旬，珠江水利委员会主要领导及有关专家赴长江口、钱塘江口以及长江三角洲、杭嘉湖平原考察，学习有关河口与三角洲治理的经验，为开发珠江河口与三角洲整治规划作准备。1982 年 5 月，应美国陆军工程师团邀请，珠江水利委员会主要领导及有关专家组团赴美考察密西西比河、田纳西河、萨克拉门托河、圣华金河以及维克斯堡水道试验站，重点考察流域和河口三角洲整治及河工模型试验。1983 年9 月，珠江水利委员会主要领导及有关专家考察了孟加拉国恒河三角洲治理开发工程。1985 年6 月，珠江水利委员会和广东省水利电力厅应荷兰须德海工程基金会、荷兰交通和公共工程总局邀请，联合组成7 人考察团，赴荷兰考察须德海工程及三角洲工程。1986 年6 月，珠江水利委员会主要领导组成水利电力部赴朝鲜考察团，考察了朝鲜西海岸滩涂开发情况。1988 年2 月，应日本国农业水产省农业土木综合研究所邀请，珠江水利委员会主要领导及有关专家组团赴日本考察围垦技术和围内整治开发情况。以上为珠江水利委员会主要领导及有关专家组团赴国内外考察有关河口治理开发工程和经验，为珠江河口治理规划工作及治理开发经验提供参考。

1980 年10 月，珠江水利委员会在广东省佛山市召开第1 次珠江流域规划协作会议，中央有关部属局、设计院和流域内各省(自治区) 水利、电力、交通、农业厅(局) 等单位的负责人、专家、工程技术人员参加了会议，水利部副部长刘兆伦主持会议，水利部部长钱正英出席了会议，并就编制珠江流域规划的必要性及如何搞好规划讲了话，会议商定编制流域规划的原则、分工，其中包含河口治理开发规划。1981 年2 月，水利部将《珠江流域规划任务书》（征求意见稿）送流域内各省（自治区）及国家电力、交通、林业、农牧渔业等部征求意见。同年9 月，水利部正式向国家基本建设委员会报送关于《珠江流域规划任务书》

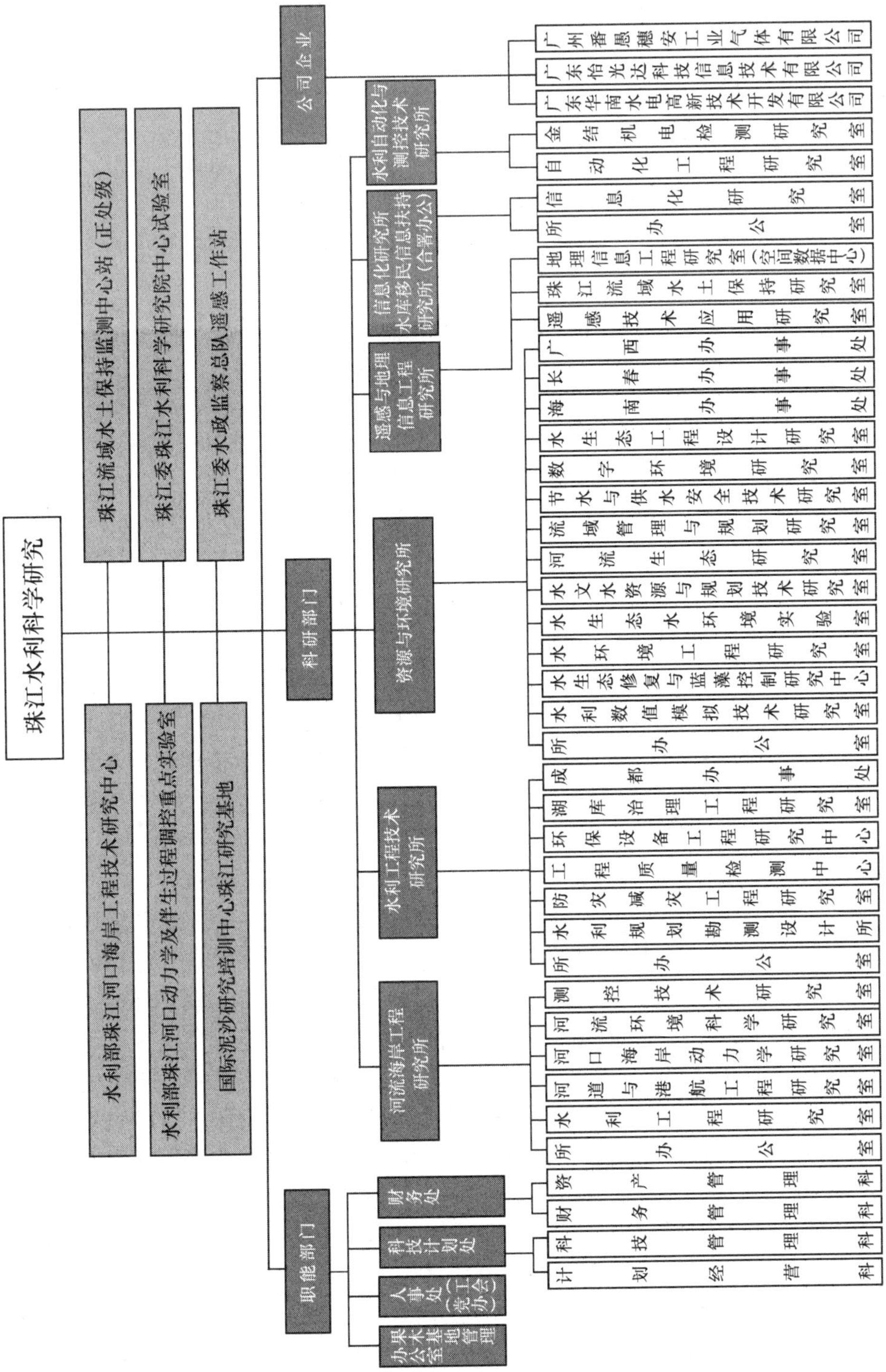

图 5－1　珠江水利科学研究院机构设置

的报告。1982年1月，国家建委批复水利部上报的《珠江流域规划任务书》，同意成立一个由珠江水利委员会任组长，由有关部门、有关地区厅局级干部参加组成的规划协调小组，珠江流域规划工作由珠江水利委员会负责完成。同年4月，珠江水利委员会在广州召开珠江流域规划协调会议，流域内4省（自治区）的水利、电力、航道、水产部门及部属勘测设计院等单位参加，正式成立珠江流域规划协调小组，由珠江水利委员会主任刘兆伦任组长，会议对规划任务、分工、进度和中小河流规划等进行了协调。此后，分别于1983年8月和1984年12月在广州召开第三次、第四次协调会议，交流规划工作的情况及经验，研究规划工作的主要问题，并提出下阶段工作的安排意见。1986年3月，珠江水利委员会在广州召开第五次协调会议，有水电部和交通部有关司、局、委、院、办和流域内4省（自治区）的计委（建委）、水利、交通（航运）、电力厅（局、院）以及湘、赣两省水电厅的负责人和工程技术人员共70余人参加，会议主要审议和通过了珠江水利委员会汇编的《珠江流域综合利用规划报告》（初稿）。1986年12月，由珠江水利委员会编制的《珠江流域综合利用规划报告》完成并上报水电部。至此，流域规划编制工作历时6年多，在总结了新中国成立后30多年来多次珠江流域各种专业性规划及70年代后期《珠江三角洲整治规划报告》等的基础上，经5次协调会议审议后完成了该份上报成果。其中河口治理开发规划部分包括广州—虎门水道岸线整治规划、伶仃洋海区整治轮廓规划、磨刀门—鸡啼门海区整治开发规划、对整治开发黄茅海区的意见等。1989年2~3月，《珠江流域综合利用规划报告》审查委员会组织部分委员对珠江流域规划进行现场考察，其中在广东省部分察看了北江大堤、景福围、江新联围等重点堤围及磨刀门、崖门、横门、洪奇门、蕉门、虎门等河口以及滩涂围垦。同年10月，珠江流域综合利用规划审查委员会在北京召开第二次会议，出席会议的有国家计委、水利部、能源部、交通部、农业部、建设部、国家环境保护局和流域内4省（自治区）的审查委员，以及有关单位的代表共70多人，经过审议，认为该规划符合原国家建委下达的《规划任务书》的要求，原则同意《珠江流域综合利用规划报告》及《珠江流域综合利用规划纲要》，建议按审查意见作必要的修改后，上报全国水资源与水土保持工作领导小组审批。1993年5月，国务院对《珠江流域综合利用规划报告》作了批复，并在批复中指出："珠江河口治理、海涂围垦和综合开发与这一地区经济发展有着十分密切的关系，要抓紧编制珠江河口开发规划"。为贯彻落实国务院的要求，按水利部的统一部署，珠江水利委员会先后组织进行并完成了《珠江磨刀门口门治理开发工程规划报告》、《伶仃洋治导线规划报告》、《黄茅海及鸡啼门治理规划报告》、《广州—虎门出海水道整治规划报告》、《珠江河口澳门附近水域综合治理规划报告》，并获水利部批复同意。在批复中指出：经批准的治理规划是所在区域进行治理与开发建设的基本依据，各部门、各单位都应严格遵守。规划报告确定的治导线，是治理与开发建设的外缘控制线，在该规划区内进行任何工程建设都必须严格依据该治导线，不得以任何理由外伸，并严格按基本建设程序要求履行有关报批手续。

2001年4月，珠江委（自此以后珠江水利委员会简称珠江委）在广州主持召开珠江河口综合治理规划工作协调会，参加会议的有水利部规划计划司、交通部及国家海洋局驻穗单位、广东省有关部门、珠江河口各市（区）水利（水务）局、国内有关科研机构及院校的领导和专家，会议对《珠江河口综合治理规划任务书》和《珠江河口综合治理规划工作大纲》（讨论稿）进行了讨论，会后对上述两个文件作了补充和修改，5 月上报水利部。2003 年 4 月又编写了《珠江河口综合治理规划任务》（修改稿）报送水利部。该项目由中水珠江规划勘测设计有限公司（原珠江委设计院）总承包，珠江委和广东省各有关部门配合，并邀请有关科研院所和大专院校参与有关课题的研究工作，由中水珠江规划勘测设计有限公司负责汇总编制报告。该报告要求在遵循河口水沙运动与河床演变规律的基础上，按照新时期的治水思路，研究人口、资源、经济与环境之间的协调关系，提出河口治导线调整、补充规划方案，泄洪整治规划方案，水资源保护规划方案和岸线滩涂利用与保护规划方案，为维护河口的健康生命、建设生态河口提供技术依据。显然，该报告涉及面广、问题多、工作量大、难度高，需要有一个多部门、多方面的配合、协调和认真努力的过程，才有可能出色地完成。

在科学研究方面：珠江水利委员会科学研究所成立后即改称珠江水利科学研究院以来，即围绕着珠江流域规划中的问题开展科学研究为其主要任务，其中研究的重点是有关珠江河口治理开发中提出的研究课题，有的被列为水利部的重点科研项目。较大的项目有：自 1981 年起历时 10 年进行的珠江口磨刀门口门整治工程潮汐物理模型试验研究、自 1983 年起历时 11 年进行的伶仃洋治导线总体方案试验研究、自 1984 年起历时 11 年的北江飞来峡水利枢纽整体水工模型、断面模型、施工导流模型等的试验研究、自 1995 年起研制、建造并正在进行的珠江河口八大口门潮汐物理模型的试验研究、澳门附近海域综合治理的试验研究、珠江崖门口航道整治技术研究、珠江伶仃洋航道整治技术研究、粤港澳伶仃洋大桥的试验研究、广州港南沙港区规划方案（一期工程）潮汐物理模型试验研究、东平水道航道整治试验研究、沙角电厂 C 厂冷却水工程（模型）试验研究、珠江三角洲河口区潮流泥沙及含盐度耦合联解数学模型研究、伶仃洋遥感应用研究、遥感技术在北江飞来峡水利枢纽工程地质勘察中的应用研究、珠江三角洲河网区氮磷环境静态容量研究、珠江出海口门水沙运动遥感应用研究等等。在已完成的研究成果中，获国家科技进步三等奖的有 1 项；获水利部科技进步二等奖的有 2 项，大禹奖二等奖的有 1 项，科技进步三等奖的有 4 项；获交通部科技进步二等奖的有 2 项（均为参加单位）；获广东省科技进步二等奖的有 2 项，三等奖的有 2 项。

在治河工程建设方面，较大的项目主要有：

1984 年 9 月，磨刀门口门整治开发工程经水利电力部批复珠委报送的《磨刀门口门治理开发第一期工程（洪湾北片）初步设计》报告后，正式开工。该工程由中国光大（集团）有限公司、珠江水利委员会珠江水利水电开发公司、珠海经济特区农业发展总公司、斗门县围垦公司四方组成“珠江磨刀门综合开发有限公司”投资兴建并开发经营，至 1995 年经过 11 年的实施，磨刀门原浅海区已整治成磨刀门主槽和洪湾水道“一主一支”的河道格局，主槽的东、西双导堤间距为 2300m，洪湾水道南、北双导堤间距为 500m，在整治的同时建成鹤洲北、洪湾西、三灶湾、洪湾北和洪湾南 5 片垦区，共围垦面积为 0.75 万 km^2，建成海堤长 49.20km。1990 年 7 月后，磨刀门的围垦开发改由珠海市国土部门主管。1998 ~2000 年由经营单位带资继续完成鹤洲南垦区长 21.84km 的海堤工程，到目前为止，除只有白龙河西片尚未合拢成围外，磨刀门围垦工程已基本完成。

1987 年由珠江水利水电开发公司和番禺围垦公司合作成立“蕉门综合开发公司”，在伶仃洋蕉门口的鸡抱、孖沙进行围垦开发，1989年后由番禺围垦公司开发经营，以后扩大围垦至洪奇门的万顷沙、缸瓦沙和沥心沙尾。这些围垦开发工程是根据珠委拟定、经水利部批准的伶仃洋西部各口门延伸的治导线控制范围，采用“围垦整治相结合，以围垦促进整治”的办法，对西部海域进行大规模的围垦造地，其围垦的堤线即形成各口门治导线的延伸线。稍后中山围垦公司也在横门南、北支出海口的浅滩区域进行围垦。1987年12月，东莞市农业委员会、虎门镇企业总公司、珠江水利水电开发公司、中国港湾工程公司四方合作，成立“珠江虎门综合开发公司”在遵循伶仃洋总体规划和整治虎门水道规划的原则下，围垦开发伶仃洋东岸虎门一带的滩涂资源。根据卫星遥感信息统计，从20世纪80年代初期至2003年伶仃洋东、西部滩涂的围垦造地总面积约为230km^2，其中西部近岸为172.4 km^2，占75%；东部近岸为57.9 km^2，占25%。

80年代初，新会、斗门、台山等县在黄茅海海区进行滩涂围垦，但其规模不大，远小于磨刀门和伶仃洋等口门，至2003年，共围垦滩涂面积约123.5km^2，自90年代开始，黄茅海及其口门的整治按照珠委的整治规划及交通部门和珠海市的要求，结合珠海西区、高栏港的建设，以及开通崖门、虎跳门出海水道实现江海联运的规划而组织进行着。

1982年广东省水电厅对北江大堤组织了技术鉴定，认为当时的北江大堤只能防御20年一遇的洪水，达不到防御1915年洪水的要求。1983年8月经水电部批准按6年工期全面进行培修加固，要求大堤按防洪标准100年一遇、工程定为Ⅱ级、防震烈度为Ⅶ度设防；大堤设计断面为堤顶高出设计水位1.5m，顶宽为7m，外坡为1:3，内坡于堤顶以下3m处设一戗台，台宽为3m，上部边坡为1:2下部边坡为1:3；对全堤主要透水基础（长34 km）进行加固，填沙（土）压渗19.84 km，大塘、黄塘两段新建减压井59个，西南段用高压定喷水泥造防渗墙长200m，大塘段贴坡反滤长935m，黏土截水槽长660m，混凝土防渗墙长137m，共加固基础23.38 km；改建芦苞水闸、维修西南水闸，改建和处理原有涵闸和旱闸47座；改建和新建防汛公路44 km。工程于1983年11月正式开工，提前2年于1987年7月完工，共计完成土方536万m^3、沙方144万m^3、石方19.8万m^3、混凝土工程3.5万m^3、植草皮158万m^2。培修加固后的工程规模为：大堤全长63.34 km，大型分洪闸（芦苞、西南水闸）2座，穿堤的灌溉、排水、交通闸35座，防汛公路57 km，防汛仓站112间、面积2.8万m^2，以及通信网络设施等。此后，在20世纪90年代和21世纪10年代都在不断进行加固达标工程的建设。

1986年初兴建珠海澳门供水工程，第一期工程由磨刀门的洪湾涌引水至澳门青洲水厂，工程包括引水闸1座，35kV专用输电线13km，装机1400kW泵站1座以及7条总长6.4 km的隧洞、长2.3 km的输水暗渠和2×2500mm的压力输水管等建筑物，于1988年6月完工并开始供水。二期工程由磨刀门水道东侧挂定角引水至洪湾抽水站，于1989年初基本完成并开始引水。该工程由珠江水利水电开发公司负责规划设计并组织实施，由澳门自来水公司以预付水费方式，提供无息借款2000万港元以及由珠海市建委下属企业与珠江水利水电开发公司合股集资进行建设，供水规模为日均45万m^3，为珠海经济特区开辟了一个新的水源，并解决了澳门长期以来缺水的难题。

2000年8月兴建东深供水改造工程，该工程为向香港供水的水源工程，同时解决沿线的东莞和深圳的供水问题。东改工程北起东莞市的桥头镇，南至深圳水库，全长51.7

km，采用隧道、涵管、渡槽等多种方式，实现供水渠道与河道分离，以保障取自东江的源水在其输水过程中不受污染。该工程包括 3 座供水泵站、7 条隧洞、4 座渡槽、6 个混凝土箱涵、5 条混凝土倒虹吸管、3.3 km 长的现浇预应力混凝土地下埋管、人工渠道改造及其他次要建筑物和附属建筑物，设计年供水量为 23.73 亿 m^3，设计引水流量为 $100m^3/s$，由广东省水利厅组织实施，主要由广东省水利电力勘测设计研究院设计，由广东省水电二局主要负责施工。工程于 2003 年 6 月提前完成并正式向香港供水，对确保粤港两地的安全供水做出了重要贡献。该工程在世界上率先成功解决了 4 项技术难题：同类型世界最大现浇式预应力混凝土 U 形薄壳渡槽、同类型世界最大现浇开后张无黏结预应力混凝土地下埋管、同类型世界最大液压式全调节立轴抽芯式混流泵、具有国际先进水平的工程全线自动化监控系统。因而，荣获 2003 年度广东省科学技术进步奖特等奖，并荣获中国工程建设的最高奖项——2004 年度“中国建筑工程鲁班奖”（国家优质奖）。

1985 年广东省航道局对北江思贤滘以下的东平水道进行系统的整治，要求整治后全线达到 2.5m 水深、通航 1000t 级的三级航道，以沟通两广乃至西南地区的水上运输大动脉，并出口港、澳和东南亚地区，开发西南地区的经济资源。东平水道是广东省航运的主干航线，经河口、罗行冲口、紫洞口、登洲头、大尾角，转入南河道至广州港，全长 76 km，是西江通往广州市最短的经济航线，一期工程完成后，水深条件大为改善，除仍有少数浅滩枯季水深未能满足要求外，多数浅滩均能满足要求。第二期整治工程于 1987 年进行，继续采取丁坝、顺坝、锁坝等整治建筑物，辅以护岸、疏浚、炸礁等工程措施，对新沙浅滩、南沙浅滩和紫洞口浅滩等进行整治，二期工程完成后全航线满足了通航要求，航道整治工程获得了成功，对该地区的经济发展做出了积极的贡献。

1989 年至 2000 年 8 月，广州港务局对伶仃航道进行大规模疏浚，疏浚段总长为 58.6 km，要求达到航道底宽为 160m，底标高为 -11.5m，通航 3.5 万 t 级船舶。伶仃航道自 1959 年开通后，航道维护尺度为底宽 150m，底标高为 -6.9m，可通航 1.0 万 t 级船舶，1979 年拓宽浚深至底宽为 160m，底标高为 -8.6m，为 2.0 万 t 级航道。改革开放以来，广州港的吞吐能力逐年有较大的提高，随着港口深水泊位的增多和国际上船舶大型化的发展趋势，提高广州港出海航道通航等级的需求日益迫切，因而，经过近 10 年的科研、设计和建设，广州市确定于 1989 年开始进行 3.5 万 t 级航道工程的规划实施，自 1996 年 6 月至 1997 年 12 月完成了预备工程（底标高为 -10.5 m）的施工，从 1998 年 11 月开始一期工程（底宽为 160 m，底标高为 -11.5 m）的施工，到 2000 年 8 月疏浚工程完成，按设计水深达到全线贯通。至此，广州港出海深水航道的开通，大大提高了船舶的通过能力，进一步促进了广州港的发展，对加快珠江三角洲以及华南地区经济的发展起了重要的作用。

在一期工程竣工投产后，广州港务局随即着手实施二期工程（5 万 t 级航道），并于 2000 年兴建南沙港区，其二期工程新建 2 个 10 万 t 级集装箱专用泊位，相应出海航道拓宽为 250m、深 13m，可满足大型船舶双向通航，均于 2006 年年底建成并投入使用，广州港区形成了以南沙港区为龙头，新沙、黄埔港为辅助的新格局。2006 年广州港完成货物吞吐量 25036 万 t、集装箱吞吐量 468 万 TEU，位居全国港口第 3 位，世界港口第 5 位。

5.3 珠江河口治理的方针、原则

根据当前珠江河口治理开发中存在的主要问题及新的水情、工情，结合珠江三角洲社会经济快速发展的需要，以及国务院1993年5月对“珠江流域综合利用规划的批复”中指出的“河口的治理开发必须有利于泄洪、维护潮汐吞吐、便利航运交通、保护水产、改善生态环境”的精神，珠江委提出珠江河口的治理方针是：因势利导，统筹兼顾，全面规划，综合治理，治理与开发相结合，开发服从整治，以开发促进整治。

治理的原则是：

（1）治理的科学性。要遵循自然规律治理河口，在认识珠江河口的特性、水沙运动及河床演变规律的基础上，因势利导，因地制宜，科学、客观、合理地进行治理。

（2）治理的全面性。既要突出重点，又要照顾全面，达到统筹兼顾，综合治理的目的。对珠江河口而言，要确保泄洪安全和畅通，在此前提下，兼顾排涝、灌溉、通航、供水、围垦、水产养殖、湿地保护、水环境和生态环境等方面的要求，要充分考虑上下游、左右岸、陆地与水域，以及各口门、各水域之间的有机关系及其利益。

（3）治理的现代性。要从传统的工程整治观念向现代的生态河口与环境河口的新观念转变，要树立维护河流健康、建设绿色珠江的新观念；要采用现代的理论和方法研究河口的治理，用现代的技术和工艺治理河口，提高新技术的含量。

（4）治理的前瞻性。要强调整治与开发相结合，保护与利用相结合，近期与远期相结合，避免治理的短期行为，要有利于实现水资源可持续利用和人与自然和谐相处，保障和促进河口地区社会经济和良性生态系统的可持续发展。

由于珠江河口所处地理环境和水沙条件的差异，各河口水流动力条件、冲淤特性及发展趋势，以及存在问题的不同，根据珠江河口的治理方针和治理原则，对各口门的治理规划布置选择的原则分述如下：

1）磨刀门口门治理开发工程规划的布置应维持或扩大泄洪干道的泄流排沙能力；支汊洪湾水道从流速、流态和输沙方面应有利于航道的发展和维护，改善通航条件；改善口门附近老垦区的排灌条件。磨刀门治理工程实施后的效果分析表明，防洪（潮）与防台风暴潮能力得到提高，支汊洪湾水道通航吨位有所增加，改善了灌溉及供水水质。但横洲口外滩涂发育较快，乱围乱占现象突出，为给洪水安排出路，从有利于泄洪排沙和维持洪湾水道的分流比及口门稳定出发，应合理确定泄洪主槽的延伸方向，规划口外治导线的平面布置，使磨刀门治理开发工程趋于完善。

2）伶仃洋海区治导线的平面布置应以稳定伶仃洋喇叭形河口湾形态和有利于加强伶仃洋—虎门—狮子洋潮汐通道的水流动力为原则。东治导线的布设应尽量满足港口码头对水深的要求；西治导线应控制西滩向东扩展，维护伶仃洋西航槽的稳定。

对蕉门口治导线的布置应以伶仃洋的西治导线为控制，从有利于维护虎门口和伶仃洋的泄洪、纳潮、通航等为目的，理顺与改善西治导线前缘水域的流态，调整凫洲水道下泄水流与虎门口的汇流角度，减轻凫洲水道与虎门涨、落潮流的相互干扰。同时，在蕉门水道的下泄流量中通过凫洲水道的分流量要适当减少，但仍须保留其主干地位，而对蕉门延伸段（蕉门片南汊）通过治导延伸、疏浚中水河床等措施适当增加其分流量，以保持稳定、畅通的一主一支的治导线规划布局。

对洪奇门治导线的布置应符合河道特性和扩宽率，满足泄洪纳潮、航运以及围垦开发的要求。洪奇门水道的泄洪以下横沥为主，但在上、下横沥分流前的飞机沙河段应因势利导，采用工程措施适当加以控制，减少下横沥的分流量。同时，在洪奇门鸭仔沙以下河段应束支强干以畅通尾闾，保持治导线平顺，适当增加洪奇门水道的分流量，以维持该水道的稳定和满足两岸潮排潮灌的要求。

对横门口南汊、北汊的治导线布置应服从伶仃洋的治导线总体布置，应以维持河道基本稳定，对上游防洪、两岸潮排潮灌影响不大及改善口门航运条件为原则。同时，治导线的布置应能适当增加南汊的分流量，减少北汊的分流量和调整横门北汊水流与洪奇门水道下泄水流的夹角，以减轻横门北汊的水流对洪奇门水道下泄水流的顶托，改善汇流区的流态。对于横门北汊和洪奇门水道汇合延伸段的治导线布置应满足泄洪、纳潮和通航的要求。

3）黄茅海治导线应因势利导，按海区的动力性质布置合理的治导线平面形态和走向，维护海区泄洪纳潮通道的过水能力，加大输沙能力，既要维护黄茅海潮汐通道的稳定，又要充分考虑来自黄茅海的潮汐对虎跳门水道与银洲湖的保护作用，发挥其泄洪、纳潮、航运和排水等方面的功能；黄茅海地区经济开发相对较为滞后，因而对开发的要求越来越强烈，银洲湖区域已被国家批准为对外开放水域，其港口码头和临港工业将有新的发展，应处理好保护与开发利用之间的关系，将其影响程度减小到最低。

4）鸡啼门河口淤积严重，两岸耕地以低沙田占多，地势低洼，而口外浅海区在青洲以南的东部海区水面宽阔，水深浪大，近期难以判断海床的演变。为此，近期治导线的平面布置应以有利于鸡啼门尾闾的稳定与畅通，减轻上游的洪涝灾害，以及改善两岸排灌条件与通航条件为主要控制原则，并为远期研究治导线出口方向和位置留有余地。

5.4　珠江河口治理研究方法

河口是径流和潮流相互消长的地区，随着两种动力强弱的沿程变化，在整个受径流与潮汐影响的范围内，各河段的水流情势、泥沙运动和河床冲淤演变特性都有所不同。由于珠江河口区水域形态与水沙关系极为复杂，八大口门和河网交织相通，水沙特性相互影响，各口门的治理方案将会对网河区水道和口门之间的水沙特性产生互动性的影响。因此，珠江河口的治理是一个涉及因素多、动力条件复杂的系统工程，加之珠江三角洲河口区社会经济的快速发展，在我国社会经济的发展中具有举足轻重的地位，珠江河口的治理与其关系甚为密切，必须深入进行研究和慎重行事。为此，必须采用多种手段进行深入的研究，各种手段相互进行补充和相互印证，以期使研究成果能获得较全面、科学、可靠的认识，从而尽可能避免在河口治理中出现失误而造成的损失。

笔者在河口治理的研究工作中采用的手段主要有：应用实测资料与遥感信息相结合进行综合分析；采用物理模型进行试验研究；用一、二维联解数学模型进行数值模拟计算。各种手段分述如下：

1. 实测资料与遥感信息的综合分析方法

这里面包括实测资料分析方法、遥感信息分析方法和实测资料与遥感信息相结合的综合分析方法。

实测资料分析方法是一种传统的常规方法，比较普遍采用，国内外都广泛地应用，已有多年的应用历史，并且至今仍在沿用，不失为一种还能在一定程度上解决问题的方法。这种方法是利用珠江河口不同时期的水文实测资料和水下地形实测资料，分析其水动力特性、潮汐与潮流特性、水沙运动及河床冲淤演变的规律，并利用这些实测资料，采用回归分析方法寻找水流、泥沙与地形因子之间的相关关系，探索建立经验的或半经验的公式，用以解决工程实际问题。采用这种方法必须有相当长时间的实测资料，时间越长、累积资料越多、观测的项目越多且越全面、观测时间越同步，则所得到的认识和结果越正确、可靠。但不足的是珠江河口的实测资料比较缺乏，尤其是泥沙和水下地形方面的实测资料十分缺少，且缺乏时间上的连续性和同步性，不能不影响这方面工作的深入开展。

遥感技术是20世纪60年代开始兴起的一门高新技术，但应用遥感技术所获取的信息研究河口问题只是70年代才开始，遥感信息的分析方法不过30多年的历史，是一种全新的与传统的常规方法所不能比拟的分析方法。这种方法是利用航天、航空获取的遥感信息，采用光学或计算机处理方法，制作各类专题影像图进行目视解译，或应用计算机基于分类方法自动提取信息，从中对所研究的问题获得认识，以达到解决问题的目的。珠江河口应用遥感技术的分析方法是利用多种卫星、多个时相、多种光谱的信息研究了各口门、各海域的水沙输移流势特征、滩槽演变特征、岸线变化、深泓线变化、水动力分区线及河口锋线的变化，以及河口区水环境容量和污染状况等，并利用这种方法获得悬浮泥沙表层含沙量的定量分析模式以及对口门治理的进展进行监测，以便及时发现问题和提出建议。

珠江水利科学研究院在应用遥感技术的分析方法研究珠江河口方面做了许多工作，取得了较好的成绩，多个研究项目获得国家和部、省级的科技进步奖，有些项目经专家评审达到国际先进水平，这种研究方法现已成为研究珠江河口问题必不可少的重要手段。

研究河口问题采用实测资料与遥感信息相结合的综合分析方法是更加完善的一种研究方法。遥感信息具有宏观性、直观性、动态性、空间连续性和全数字化的优势，可以克服实测资料局限性的不足和计算工作的繁琐性，而遥感技术的分析方法可结合 GIS 和 DEM（即数字高程模型）技术的先进性进行数字化的存储和处理，能自动提取和获得一系列专题图件，大大加快研究进程和研究精度。因此，应尽可能采用这种综合分析方法研究河口问题，珠江水利科学研究院正在沿着这条途径开展河口研究工作。

2. 数学模型的模拟计算方法

应用数学模型研究河口问题是国内外广泛采用的一种方法，由于其利用计算机进行计算，计算速度快、成本低，而且现时国内外都有现成的计算程序软件包可以利用，计算十分方便，已成为被广泛应用的一种手段。

研究珠江河口问题，同国内外一样广泛应用数学模型这一重要手段，已成为不可缺少的研究手段之一。珠江水利科学研究院已自主开发出“珠江三角洲河口区潮流泥沙及含盐度耦合联解数学模型”❶，利用该模型广泛研究珠江河口问题，实践表明是可行的。

该模型包括一维数学模型和二维数学模型以及一、二维联解。一维数学模型是基于一维水流连续方程、水流运动方程和泥沙输移对流扩散方程或一维含盐度对流扩散方程的基础上进行数值解而得到的，用以研究网河区河道的平均水流和平均冲淤问题；二维数学模型是基于二维贴体正交曲线坐标系下的潮流连续方程、水流动量方程和泥沙输移方程或二维含盐度对流扩散方程的基础上采用 ADI 法进行离散，用追赶法求解而得到的，用以研究河口口门区的有关水流和冲淤问题。此外，还有数学模型成果的可视化研究，是一个包括一、二维潮流、泥沙、盐度及研究成果可视化的动态演示的较全面系统的数学模型。应用该模型研究了珠江河口的综合治理开发规划方案、河口水沙运动及滩槽演变规律，以及河口区航道、港口码头、桥梁、电厂、取水口及涉水工程建设等许多有关问题，获得了成功。该模型研究成果业经水利部组织专家审查组进行评审，被认为达到了国际先进水平。

3. 物理模型的试验研究方法

采用物理模型试验研究河口问题在国内外亦是一种广泛应用的方法，这是由于现阶段泥沙运动基本理论还不够成熟，数学模型所赖以建立的理论基础还不够坚实，而在求解方程的方法上还存在一定的近似性，因此单纯依靠数学模型往往尚难全面、可靠地回答问题，需要采用物理模型加以充实和印证，特别是对于重大项目或重要问题，常常必须进行数学模型和物理模型同时并举，以便使所研究的问题能获得较客观、全面、可靠的认识，从而提高研究成果的可信度和把握度，尽量避免认识上的失误所带来的损失。

物理模型试验是建立在相似论的基础上的，并应用水流运动、泥沙运动基本理论为指导进行设计模型、试验操作以及试验成果的分析，有其一套独立的研究方法。从 1885 年雷诺（Reynolas）首先运用潮汐河口模型试验研究英国默尔塞河口（Mersey Estuary）的潮汐水流以来，已有 100 多年的历史，现今潮汐河口模型试验已逐渐趋于完善，作为物理模型试验理论基础的相似论已趋于定型，定床模型试验已达到成熟阶段，试验成果的可靠性是毋庸置疑的，而动床模型试验或浑水定床模型试验在模型设计及运行操作方向亦已积累了丰富的经验，试验成果的可靠性有了显著的提高。与此同时，模型中潮汐的生成，以及水位、流速、含沙量、地形等数据的量测与整理已全部自动化，由计算机进行监控，试验的全过程已趋现代化，为物理模型试验研究的开展开拓了良好的前景。

珠江水利科学研究院采用物理模型试验研究珠江河口问题，自该院前身珠江水利科学研究所于 1979 年 8 月成立伊始即着手进行：1982 年建立了水平比尺为 500、垂直比尺为 50、变率为 10 的磨刀门潮汐物理模型，其上边界为西江天河、下边界为磨刀门口外 -15m等深线处，模型长为 217m，用以研究磨刀门口门的整治问题；1983 年建立了水平比尺为 700、垂直比尺为 80、变率为 7.5 的伶仃洋潮汐物理模型，其上边界为广州水道的老鸦岗、下边界至淇澳岛和内伶仃岛以外 6km，模型长为 233m；稍后还建有多个局部模

❶ 水利部珠江水利委员会科学研究所，珠江三角洲河口区潮流泥沙及含盐度耦合联解数学模型研究报告，2003 年 8 月。

型，如洪奇门模型和横门模型等。自1995年起将上述模型拆除，重新建立了水平比尺为700、垂直比尺为70、变率为10的珠江八大出海口门整体潮汐物理模型，上边界为西江的马口、北江的三水、广州水道的老鸦岗、东江的泗盛、彰彭、麻涌、大盛及银洲湖的石嘴，下边界为口外-25m等深线，模型总长度为200m（不包括生潮系统），模型宽度为150m，主要用以研究珠江河口综合治理开发规划方案以及有关珠江河口的涉水工程问题，该模型模拟了珠江河口的整体水流运动，与以往的磨刀门大模型和伶仃洋大模型的不同之处在于能够反映珠江河口各口门之间的互动关系，其水流运动更具有完善性。该模型既能进行整体试验，又能进行分口门的局部试验，运用十分灵活。除此以外，还先后建有多个局部模型，以便配合整体模型进行深入的研究。

珠江水利科学研究院研究珠江河口问题先后采用了大模型、小模型、定床模型、定床浑水模型、动床模型等不同种类的模型，研究的问题主要有：磨刀门口门整治工程试验研究、伶仃洋治导线总体方案试验研究、蕉门口整治工程试验研究、洪奇门水道整治工程试验研究、横门口整治工程试验研究、澳门附近水域综合治理规划方案试验研究、原珠江河口治导线规划总体方案论证试验研究、珠江河口岸线滩涂开发利用规划方案试验研究、深圳湾整治规划方案试验研究、鸡啼门东槽治导线规划方案试验研究、外伶仃洋西侧治导线规划方案试验研究、广州港南沙港区规划方案（一期工程）试验研究、伶仃洋跨海大桥整体模型试验研究等等不下几十项，都取得了成功，解决了工程实际问题。其中有多项试验研究成果获得了国家和部级的科技进步奖。

现在，在珠江水利科学研究院，凡是大的或重要的河口研究项目，都必须尽可能采用上述3种手段进行研究，以期相互配合、相互补充和相互印证，使其能达到尽可能全面的认识。本书所介绍的研究成果，大都体现了这种研究方法。

参考文献

[1] 朱士康. 珠江防洪形势浅析 [J]. 人民珠江，2003 (3).
[2] 李春贤，邓勋发. 珠江水利建设“十五”成就与思考 [J]. 人民珠江，2006 (4).
[3] 水利部珠江水利委员会. 珠江志第一卷 [M]. 广州：广东科技出版社，1991.
[4] 刘江龙，等. 广东旱灾成因与灾害链研究 [J]. 广东水利水电，2005.4.
[5] 顾用红. 0307号“伊布都”台风特性与水文特性分析 [J]. 广东水利水电，2004 (5).
[6] 罗宪林，等. 珠江三角洲网河河床演变 [M]. 广州：中山大学出版社，2002.
[7] 潘玉敏，等. 珠江三角洲近二十年来河床演变浅析 [J]. 广东水利水电，2006，增刊.
[8] 崔伟中，等. 珠江河口水资源保护与可持续发展研究 [M]. 广州：广东经济出版社，2004.
[9] 王秋生. 珠江河口治理 [J]. 人民珠江，2006 (6).

第6章　珠江河口潮流泥沙物理模型试验研究

6.1　概　　述

河口潮流泥沙物理模型是将河口区的河道地形、潮流（包括径流和潮汐水流）、泥沙及河床冲淤过程按相似原理缩小成模型，在模型上复演原型特定时段的潮流泥沙运动过程，得出河床演变的相似情况，用以分析河床的变化及其对相关工程的影响，以便采取相应措施解决工程实际问题，以确保工程措施取得成功。

潮流泥沙模型的理论基础是相似理论，它是建立在由相似论导得的相似准则的基础上的。相似论的提出最早见于1686年牛顿（Newtoin J.）的著作中，以后于1848年、1911年和1933年才逐步发展直至比较完整地建立了相似理论[1]；1885年雷诺（Reynolds）首先进行了潮汐河口模型试验，研究了英国默尔西（Mersey）的潮汐水流[2]，开始了应用潮流物理模型进行河口潮汐水流研究的先河，尽管早期的试验设备比较简陋，考虑的相似条件也比较简单，但是时至今日，从提出相似论算起已有300多年的历史，而应用相似理论进行河口潮汐物理模型试验也已有100多年的历史，说明相似理论及其应用的潮流泥沙物理模型已经发展到日臻成熟的程度，与数学模型的发展仅有60多年的历史相比，还是较为成熟的。特别是当今由于科学技术的迅猛发展，电子计算机和自动控制的广泛应用和推广，我国在潮流泥沙物理模型的试验研究也已发展到采用潮汐自动控制系统和自动量测仪器设备，潮汐的生成及其过程，以及各物理量的量测、记录、计算以至整理，实行全部自动化，大大缩短了试验周期、减小了试验所耗费的劳力和降低了试验成本。此外，珠江水利科学研究院还与遥感技术应用相结合，将遥感技术应用的研究成果应用到潮流泥沙物理模型的验证试验中，在河区范围广阔、缺乏野外实测资料对潮流泥沙运动进行验证的情况下，代之以利用广阔范围的遥感技术应用研究成果进行验证成为可能，开辟了一条将遥感技术应用与河口潮流泥沙物理模型试验相结合的新途径。

由于潮流泥沙物理模型的理论基础相对比较成熟，加上近30多年来电子计算机和自动化技术的应用，潮流泥沙物理模型已成为研究河口水沙运动和治理开发工程的一种重要手段，特别是对于重大项目和重要工程，已是必不可或缺的重要研究途径。珠江水利科学研究院对珠江河口治理开发的研究，正是基于这一认识开展研究工作的。在研究工作中建立了潮流泥沙整体物理模型和局部模型，定床模型、浑水模型和局部动床模型，取得了一系列研究成果，为珠江河口的治理开发作出了重要贡献，其中磨刀门潮汐物理模型试验研究成果和伶仃洋潮汐物理模型试验研究成果先后获得水利部科技进步奖三等奖，珠江河口整体潮汐物理模型设计及验证试验研究成果获水利部大禹奖二等奖。

潮流泥沙物理模型的缺点是试验的周期较长和试验的成本较高，但是其相似论的理论基础相对比较成熟，尽管泥沙运动的理论至今还不大成熟，可以采用物理模型试验的办法绕过其不掌握严谨理论公式的缺陷，根据所研究问题有关的因素，从相似论出发分析出恰当的相似准则，就能将原型现象在缩小的模型上预演，并经模型上验证取得成功以后，就可以获得模型上的相似结果，这是很难通过数学模型求解可以解决的[2][5]。因此，对于河口的重大项目和重大工程，即使研究费用较高，仍有必要采用潮流泥沙物理模型开展研究工作，其重要原因就在于此。

6.2 模型设计

6.2.1 模型相似律

1. 潮流运动相似条件

描述不可压缩的黏性三维紊动水流的最普遍的运动方程式是纳维埃—斯托克司方程式和连续方程式，河口潮流运动一般为三维、非恒定紊流运动，可以采用上述方程式加以描述，即

连续方程式：
$$\frac{\partial \overline{u}}{\partial x}+\frac{\partial \overline{v}}{\partial y}+\frac{\partial \overline{w}}{\partial z}=0 \tag{6-1}$$

运动方程式：

$$\frac{\partial \overline{u}}{\partial t}+\left(\overline{u}\frac{\partial \overline{u}}{\partial x}+\overline{v}\frac{\partial \overline{u}}{\partial y}+\overline{w}\frac{\partial \overline{u}}{\partial z}\right)$$

$$=F_x-\frac{1}{\rho}\frac{\partial \overline{p}}{\partial x}+\left[\frac{\partial}{\partial x}\left(v\frac{\partial \overline{u}}{\partial x}\right)+\frac{\partial}{\partial y}\left(v\frac{\partial \overline{u}}{\partial y}\right)+\frac{\partial}{\partial z}\left(v\frac{\partial \overline{u}}{\partial z}\right)\right] \tag{6-2}$$

$$-\left(\frac{\partial}{\partial x}\overline{u'^2}+\frac{\partial}{\partial y}\overline{u'}\,\overline{v'}+\frac{\partial}{\partial z}\overline{u'}\,\overline{w'}\right)\times\frac{\partial \overline{v}}{\partial t}+\left(\overline{u}\frac{\partial \overline{v}}{\partial x}+\overline{v}\frac{\partial \overline{v}}{\partial y}+\overline{w}\frac{\partial \overline{v}}{\partial z}\right)$$

$$=F_y-\frac{1}{\rho}\frac{\partial \overline{p}}{\partial y}+\left[\frac{\partial}{\partial x}\left(v\frac{\partial \overline{v}}{\partial x}\right)+\frac{\partial}{\partial y}\left(v\frac{\partial \overline{v}}{\partial y}\right)+\frac{\partial}{\partial z}\left(v\frac{\partial \overline{v}}{\partial z}\right)\right] \tag{6-3}$$

$$-\left(\frac{\partial}{\partial x}\overline{u'}\,\overline{v'}+\frac{\partial}{\partial y}\overline{v'^2}+\frac{\partial}{\partial z}\overline{u'}\,\overline{w'}\right)\times\frac{\partial \overline{w}}{\partial t}+\left(\overline{u}\frac{\partial \overline{w}}{\partial x}+\overline{v}\frac{\partial \overline{w}}{\partial y}+\overline{w}\frac{\partial \overline{w}}{\partial z}\right)$$

$$=F_z-\frac{1}{\rho}\frac{\partial \overline{p}}{\partial z}+\left[\frac{\partial}{\partial x}\left(v\frac{\partial \overline{w}}{\partial x}\right)+\frac{\partial}{\partial y}\left(v\frac{\partial \overline{w}}{\partial y}\right)+\frac{\partial}{\partial z}\left(v\frac{\partial \overline{w}}{\partial z}\right)\right]$$

$$-\left(\frac{\partial}{\partial x}\overline{u'}\,\overline{w'}+\frac{\partial}{\partial y}\overline{u'}\,\overline{w'}+\frac{\partial}{\partial z}\overline{w'^2}\right) \tag{6-4}$$

式中 $\bar{u}$、$\bar{v}$、$\bar{w}$ 分别为沿 x、y、z 轴的时均流速；u'、v'、w' 分别为沿 x、y、z 轴的脉动流速；$\bar{u}'$、$\bar{v}'$、$\bar{w}'$ 分别为沿 x、y、z 轴的时均脉动流速；F_x、F_y、F_z 分别为沿 x、y、z 轴的单位质量的质量力，当质量力限于重力时，其值为 $F_x = g\sin\alpha = gJ_x$，$F_y = -g\cos\alpha \approx -g$，$F_z = g\sin\beta = gJ_z$，其中 α、β 分别为水流沿 x、z 方向的倾角，J_x、J_z 为相应流线的坡降；$\bar{p}$ 为时均压力强度；v 为运动黏滞系数；t 为时间。

上述各式运用相似转化后，即可得到满足模型上潮流运动的相似条件为

$$\frac{\lambda_t \lambda_u}{\lambda_l} = 1 \tag{6-5}$$

$$\frac{\lambda_u}{\lambda_g \lambda_l} = 1 \tag{6-6}$$

$$\frac{\lambda_p}{\lambda_\rho \lambda_u^2} = 1 \tag{6-7}$$

$$\frac{\lambda_u \lambda_l}{\lambda_v} = 1 \tag{6-8}$$

$$\frac{\lambda_u^2}{\lambda_{u'}^2} = 1 \tag{6-9}$$

式中　λ_l 为平面比尺；λ_t 为时间比尺；λ_u 为纵向流速比尺；λ_g 为重力比尺；λ_ρ 为水体密度比尺；λ_p 为压力比尺；λ_v 为水体运动黏滞系数比尺；$\lambda_{u'}$ 为纵向脉动流速比尺。

要在模型上完全满足上述相似条件是有困难的，甚至是不可能的，在进行模型设计时，必须针对所要解决的主要问题和物理现象的实质，抓住主要的、照顾次要的、忽略不重要的因素，尽可能作到模型与原型近似相似，使模型试验能够达到解决实际问题所要求的精度[2][3]。

对河口区明渠水流而言，相似条件式(6－6)又称为弗劳德相似律是必须严格满足相似要求的，因其表示原型与模型的惯性力之比等于重力之比，是决定河流水流运动的很重要的相似律，其他相似条件则可以忽略或只能照顾。在相似条件中，式(6－7)又称为欧拉相似律，它表示原型与模型的压力之比等于惯性力之比，当研究水流对边壁或水工建筑物的动力荷载时是应该予以考虑的，但当研究一般的明渠水流运动时，则可不予考虑。此外，欧拉相似律与弗劳德相似律还存在内在联系，可以互相转化，不构成独立的比尺关系式。式(6－8)又称为雷诺相似律，它表示原型模型惯性力之比等于黏滞力之比，在河流和河口水流一般均为紊流，其黏滞力的作用比较微小，在物理模型中一般并不要求严格满足，可以忽略不考虑。式(6－9)又称为紊动相似律，它表示原型与模型由时均流速产生的惯性力之比等于由脉动流速产生的惯性力之比，脉动惯性力即为紊动剪力，其作用如同黏滞剪力一样，对水流运动起着阻力作用。因此，紊动相似与阻力相似存在有关联性，能满足阻力相似自然亦应满足紊动相似[2][3]。

根据以上分析，可知对于河口明渠潮流运动应以抓住弗劳德相似律为主，适当照顾阻力相似，得到满足模型与原型的潮流运动相似，并与《海岸与河口潮流泥沙模型技术规程》要求完全一致的相似条件为

水流连续相似条件：　$\lambda_u = \lambda_v$　(6－10)

重力相似条件　$\lambda_u = \lambda_h^{1/2}$　(6－11)

阻力相似条件：　$\lambda_n = \dfrac{\lambda_h^{2/3}}{\lambda_l^{1/2}}$　(6－12)

水流运动时间相似条件：　$\lambda_{t1} = \dfrac{\lambda_l}{\lambda_h^{1/2}}$　(6－13)

式中　λ_h 为垂直比尺；λ_v 为横向流速比尺；λ_n 为糙率系数比尺；λ_{t1} 为水流运动时间比尺；

其他符号意义同前。

2. 泥沙运动相似条件

珠江河口的泥沙运动主要为悬移质运动，因此主要考虑悬移质运动相似问题。描述悬移运动的物理方程式为悬移质运动的扩散方程，其三维扩散方程为[2][3]：

$$\frac{\partial s}{\partial t}=-\frac{\partial}{\partial x}(\overline{us})-\frac{\partial}{\partial y}(\overline{vs})-\frac{\partial}{\partial z}(\overline{ws})+\frac{\partial}{\partial y}(\omega s)$$
$$+\frac{\partial}{\partial x}\left(\varepsilon_{s_x}\frac{\partial s}{\partial x}\right)+\frac{\partial}{\partial y}\left(\varepsilon_{s_y}\frac{\partial s}{\partial y}\right)+\frac{\partial}{\partial z}\left(\varepsilon_{s_z}\frac{\partial s}{\partial z}\right) \tag{6-14}$$

式中　s 为含沙量；ω 为泥沙沉降速度；ε_{s_x}、ε_{s_y}、ε_{s_z} 分别为沿 x、y、z 轴的泥沙紊动扩散系数；其他符号意义同前。

在正态模型的情况下，$\lambda_x=\lambda_y=\lambda_z=\lambda_l,\lambda_u=\lambda_v=\lambda_w$，对式（6－14）进行相似转化后，即可得到模型上满足悬移质运动的相似条件为[2][3]

$$\frac{\lambda_t\lambda_\omega}{\lambda_l}=1 \tag{6-15}$$

$$\frac{\lambda_u}{\lambda_\omega}=1 \tag{6-16}$$

$$\frac{\lambda_{\varepsilon_{sx}}}{\lambda_l\lambda_\omega}=\frac{\lambda_{\varepsilon_{sy}}}{\lambda_l\lambda_\omega}=\frac{\lambda_{\varepsilon_{sz}}}{\lambda_l\lambda_\omega}=\frac{\lambda_{\varepsilon_s}}{\lambda_l\lambda_\omega}=1 \tag{6-17}$$

式（6－15）表示含沙量因时变化与由重力沉降引起的进出沙量变化比相等。在满足式（6－16）的条件下，它与水流连续相似所要求的相似条件是一致的，因而不增加新的比尺关系式。式（6－16）表示由时均流速及重力沉降引起进出沙量变化比相等。式中（6－17）表示由紊动扩散及重力沉降引起的进出沙量变化比相等，其中的泥沙紊动扩散系数 ε_s 一般采用与水流紊动动量扩散系数 ε 相等，因为三维水流紊动动量扩散系数的表达式至今还未获得，故近似采用二维均匀流的卡尔曼—勃兰德尔流速分布公式导出如下：

$$\varepsilon_s\approx\varepsilon=ku_*\left(1-\frac{y}{h}\right)y \tag{6-18}$$

因而得

$$\lambda_{\varepsilon_s}=\lambda_\varepsilon=\lambda_k\lambda_{u_*}\lambda_l \tag{6-19}$$

如果取 $\lambda_k=1$，代入式（6－19），即得到式（6－17）的另一种表达形式为

$$\frac{\lambda u_*}{\lambda_\omega}=1 \tag{6-20}$$

对于正态模型来说，在满足惯性力、阻力、重力比相似条件下，应有：

$$\lambda u=\lambda u_*=\lambda_l^{1/2} \tag{6-21}$$

由此可见，式（6－20）即为式（6－21）与式（6－16）的统一，因而不再增加新的比尺关系式。

在变态模型的情况下，应有：

$$\lambda_x=\lambda_z=\lambda_l,\ \lambda_y=\lambda_h$$

$$\lambda_u=\lambda_w=\lambda_u,\ \lambda_v=\frac{\lambda_h}{\lambda_l}\lambda_u$$

同样，对式（6－14）进行相似转化后，得到模型上满足悬移质运动的相似条

件为[2][3]

$$\frac{\lambda_h}{\lambda_t\lambda_\omega}=1 \tag{6-22}$$

$$\frac{\lambda_u\lambda_h}{\lambda_\omega\lambda_l}=\frac{\lambda_v}{\lambda_\omega}=1 \tag{6-23}$$

$$\frac{\lambda\varepsilon_{sx}\lambda_h}{\lambda_\omega\lambda_l^2}=\frac{\lambda\varepsilon_{sz}\lambda_h}{\lambda_\omega\lambda_l^2}=\frac{\lambda\varepsilon_{sy}}{\lambda_\omega\lambda_h}=1 \tag{6-24}$$

由式（6－23）可得：

$$\lambda_\omega=\lambda_v=\frac{\lambda_h}{\lambda_l}\lambda_u$$

代入式（6－22）可将该式转化为与一般水流运动相似条件相同的比尺关系式。

式（6－24）可以改写成：

$$\frac{\lambda\varepsilon_{sx}}{\lambda_u\lambda_l}=\frac{\lambda\varepsilon_{sz}}{\lambda_\omega\lambda_l}=\frac{\lambda\varepsilon_{sy}}{\lambda_v\lambda_h}=1$$

由于变态，三个方向的紊动扩散系数比尺已不是完全相等，而是：

$$\lambda\varepsilon_{sx}=\lambda\varepsilon_{sz}$$

$$\lambda\varepsilon_{sy}=\left(\frac{\lambda_h}{\lambda_l}\right)^2\lambda\varepsilon_{sz}$$

仿照式（6－19）的推导，可得：

$$\lambda\varepsilon_{sy}=\lambda_k\lambda_{u_*}\lambda_h=\lambda_{u_*}\lambda_h \tag{6-25}$$

将式（6－25）代入式（6－24），可得：

$$\frac{\lambda_{u_*}}{\lambda_\omega}=1 \tag{6-26}$$

可见，对于变态模型，只要满足式（6－23）和式（6－26）即能在模型上满足悬移质运动相似。

但是，对于变态模型来说，要同时满足这两者是存在矛盾的，因为由式（6－23）应有：

$$\lambda_\omega=\frac{\lambda_h}{\lambda_l}\lambda_u \tag{6-27}$$

而由水流阻力公式 $u=\sqrt{\frac{8}{f}}\sqrt{ghJ}=\sqrt{\frac{8}{f}}u_*$ 应有

$$\lambda_u=\frac{\lambda_{u_*}}{\lambda_f^{1/2}}$$

将式(6－26)的关系及变态模型 $\lambda_f=\lambda_h/\lambda_l$ 的表达式代入上式，则应有

$$\lambda_\omega=\left(\frac{\lambda_h}{\lambda_l}\right)^{1/2}\lambda_u \tag{6-28}$$

由上可见，对于变态模型，式(6－27)与式(6－28)是不可能同时成立的，即变态模型悬移质运动相似的两个条件是不可能同时满足的。在具体进行悬移质动床模型设

计时，应该如何选择这两个相互矛盾的比尺关系式？一般应根据所研究的问题的性质灵活加以运用。如果所研究的问题属于分水分沙一类性质的问题，含沙量沿垂线分布的正确模拟具有重要意义，应满足式(6－26)相似条件显得更为重要；如果所研究的问题属于沉降一类性质的问题，则纵向流速与泥沙沉速相互关系的正确模拟具有更重要意义，应以满足式（6－27）相似条件就显得重要了[2][3]。珠江河口的潮流泥沙物理模型主要是研究珠江河口水沙运动及其治理开发的有关问题，故应以满足式(6－27)的相似条件为主。

综上所述，泥沙运动相似条件应为：

泥沙沉降速度相似：
$$\lambda_{\omega} = \frac{\lambda_h \lambda_u}{\lambda_l} \tag{6-29}$$

泥沙起动相似：
$$\lambda_{u_0} = \lambda_u \tag{6-30}$$

挟沙能力相似：
$$\lambda_s = \lambda_{s_*} = \frac{\lambda_{\gamma_s}}{\lambda_{\gamma_s - \gamma}} \tag{6-31}$$

河床变形相似：
$$\lambda_{t_2} \frac{\lambda_{\gamma_0} \lambda_l}{\lambda_u \lambda_s} \tag{6-32}$$

式中 λ_{ω} 为泥沙沉降速度比尺；λ_{u_0} 为泥沙起动流速比尺；λ_s 为含沙量比尺；λ_{s_*} 为水流挟沙力比尺；λ_{γ_s} 为泥沙的重率比尺；λ_{γ} 为水的容重比尺；λ_{γ_0} 为泥沙的干容重比尺；λ_{t_2} 冲淤时间比尺。

上述悬移质运动相似条件与《海岸与河口潮流泥沙模拟技术规程》所提出的相似条件完全一致。

6.2.2 模型边界的确定

根据研究目的和要求，模型的下边界选在珠江八大出海口门外海区－25m 等深线，并延长 5km 左右的过渡段。模型的上边界为：西江的马口、北江的三水、广州水道的老鸦岗、银洲湖河道上游的石嘴，并分别向上游延伸长 2km 的过渡段；东江的泗盛、彰澎、麻涌、大盛，并在上游留有 2km 左右的过渡段。上边界以上都用扭曲水道相连接，用以模拟潮区界段的长度和容积，所有上、下边界的过渡段都要模拟地形，以保证进、出口试验水流和试验段水流的相似。模型的总长度为 200m（不包括生潮系统），模拟的原型长度为 140 km，模型宽度为 150 m，模型平面布置见图 6－1。

6.2.3 模型比尺的确定

1. 几何比尺的选择

根据试验研究的目的、要求，试验场地面积以及供水、供电能力，模型的平面比尺定为 $\lambda_l = 700$。

垂直比尺的确定必须考虑层流与紊流的界限、阻力平方区的界限、表面张力起作用的界限、变率的限制，以及变态模型糙率实现的可能性等。根据《河工模型试验规程》（SL99—95）的规定，以下对上述问题进行论证。

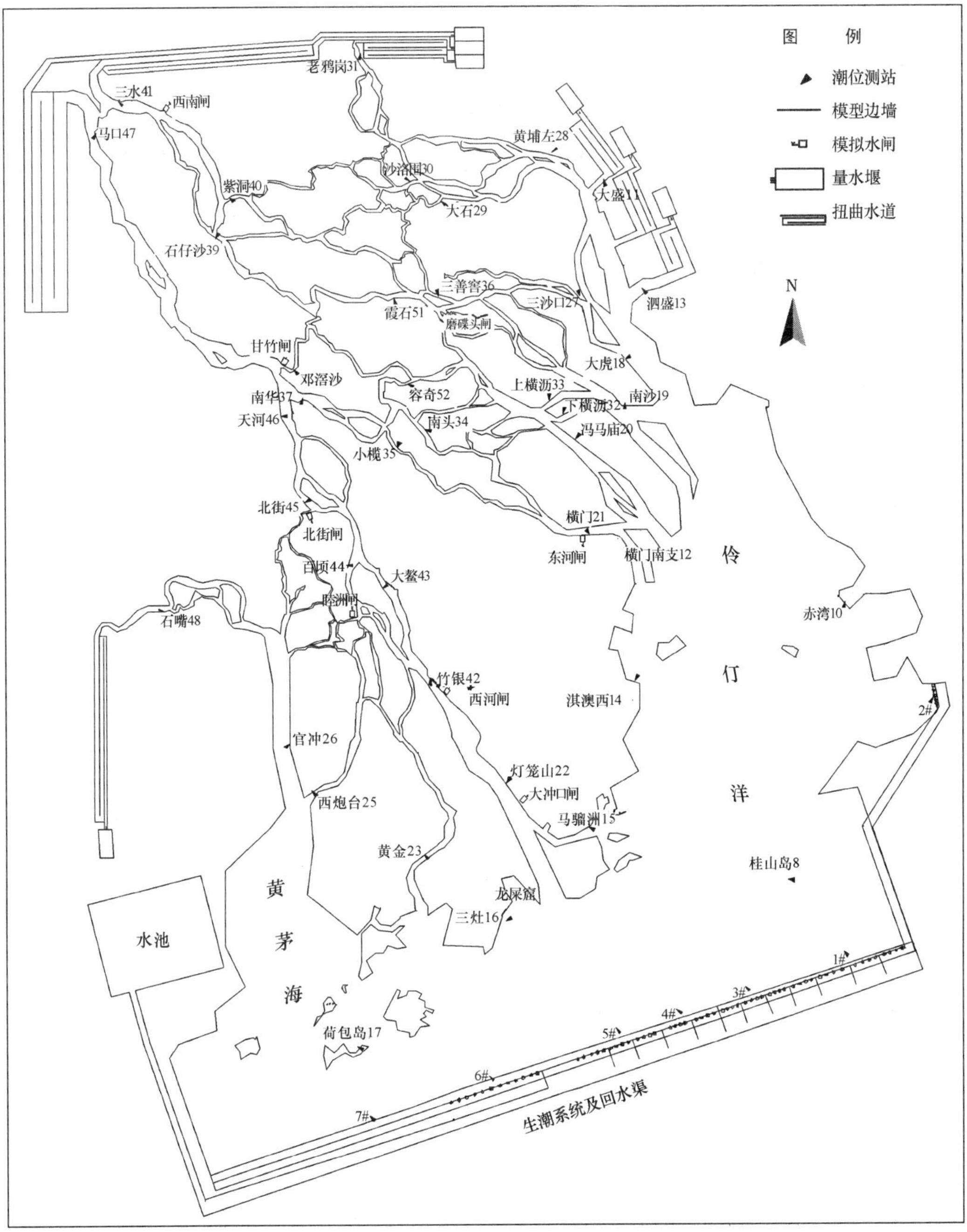

图 6－1　珠江出海口门整体物理模型平面布置示意图

采用如下李昌华的模型水流处于紊流阻力平方区的水深比尺判据条件：

$$\lambda_h \leqslant 4.22\left(\frac{V_P H_P}{\nu_m}\right)^{2/11} \lambda_p{}^{8/11} \lambda_l{}^{8/11}$$

式中 V_P 为原型水流流速；H_P为原型河道水深；λ_l 为模型的平面比尺；λ_P 为原型的阻力系数；ν_m 为模型水流运动黏滞系数。

表 6－1 为模型河道及海区雷诺数、垂直比尺计算结果，由表可见，垂直比尺为 70，模型能满足水流雷诺数大于 1000，保证模型水流处于阻力平方区内。

根据原型一般滩地最小水深为 1.5m，若垂直比尺为 $\lambda_h=70$，则模型最小水深为 2.1cm，大于 2cm，模型水流能满足避免表面张力影响的要求。

由于模型既要研究河宽较窄的网河区河道，又要研究宽度较大的海区水域；既要观测水深较大的主槽，又要观测水深较浅的滩地；两者都要兼顾，因此垂直比尺不宜太大，变率不宜太小。根据上述计算，取垂直比尺为 $\lambda_h=70$，变率为 10，能满足水利部《河工模型试验规程》（SL99—95）和交通部《海岸与河口潮流泥沙模拟技术规程》（JTJ/T233—98）所规定的要求。

表 6－1（a） **网河区河道雷诺数与垂直比尺计算表**

河道名	断面	落潮		涨潮	
		雷诺数	垂直比尺	雷诺数	垂直比尺
白坭水道	老鸦岗	3095	205	3104	204
大石水道	大石	1752	134	2074	136
平洲水道	沙洛围	3348	174	3095	170
紫坭河水道	三善左	11826	236	9827	226
顺德水道	三善右	1167	127	1163	127
李家沙水道	三围	3237	228	2714	219
潭洲水道	澜石	1972	148	1778	145
沙湾水道	三沙口	3871	151	3689	146
黄圃沥	乌珠	1448	112	1200	104
黄沙沥	黄沙沥	3019	120	2435	112
容桂水道	容奇	3965	185	2583	166
东海水道	南华	3885	147	3017	139
桂洲水道	海尾	1550	87	999	80
小榄水道	小榄	3036	132	1926	121
顺德水道	石仔沙	3137	170	1726	152
虎跳门水道	西炮台	2780	205	2517	199
西海水道	天河	3005	175	2275	166
螺洲溪	竹洲头	1532	128	1518	123
石板沙水道	睦洲口	3695	182	2669	174
北街水道	北街	1637	198	1183	183

表 6 -1 (b)　伶仃洋海区雷诺数与垂直比尺计算表

测　点	落　潮		涨　潮	
	雷诺数	垂直比尺	雷诺数	垂直比尺
舢板洲	10437	114	11856	114
交椅沙	23991	88	17618	82
伶仃 1#	12595	114	14980	105
伶仃 2#	21497	99	10882	87
伶仃 3#	14188	103	9526	97
矾石 1#	14853	105	12111	99
矾石 2#	14460	119	8539	106
矾石 3#	9951	140	5545	113
矾石 4#	16961	119	8794	95
塔石 1#	6293	102	6543	113
塔石 2#	9943	123	6858	115
深圳湾	20106	83	12024	75
大濠岛	32852	75	37001	76
珠海	9626	111	6909	103
抛泥地	11742	131	6375	115

珠江河口整体潮流物理模型是一个变率为 10 的变态模型，根据长江科学院于 1998 年对模型变率问题进行的研究，他们通过对 5 个不同变率的变态模型与正态模型的试验成果进行比较，得到的结论是：

(1) 变率小于 10，且模型宽深比 $B/H>2$ 的变态定床模型，只要满足重力相似和阻力相似，变态模型与正态模型相比较，顺直段和弯道段的水流动力轴线及平均纵向流速沿横向与沿流程的分布基本一致，相对误差一般小于 10%。

(2) 变态模型与正态模型相比较，顺直段和弯道段纵向流速沿垂线分布、横向流速沿垂线分布均有不同程度的偏离，偏离程度随变率增大而增大。

(3) 模型变态对流速场和泥沙冲淤相似的影响更为敏感，变率小于 4 且模型宽深比大于 5 的条件下，变态模型与正态模型的水流动力轴线、深泓线、冲淤部位基本一致，而变率小于 10 且模型宽深比大于 5 的变态模型，在顺直段的冲淤部位与正态模型基本一致，在弯道段偏差可达 38%。

本模型模拟的河道，除干道和主要支汊道需要单独模拟外，小的支汊已作简化模拟，共计有 65 条河道。表 6 -2 列出了各河道的河宽、水深及宽深比。由表可见，除浅海水道（很小的支汊）模型宽深比为 1.5 外，其余所有河道的模型宽深比均大于 5，大多数在 7 以上，而西江干道、北江干道、珠江正干等大河的模型宽深比则在 8 以上，符合长江科学院研究得到的结论（1）。

本模型变率为 10，是符合水利部和交通部的技术规程要求的。由于要兼顾网河区河道和口门区的海域，变率不宜太小，又不宜大于 10。本模型主要研究的内容是有关防洪、排涝、灌溉等方面所要求观测的潮位、潮流速（断面平均流速）、潮流量及分流比等项目，这些内容根据上述结论是能满足相似性要求的。至于有关航道方面需要观测流速场和流态以及有关泥沙冲淤的问题，则模型试验结果会有一定的偏差，但由于变率为10，在水流顺直条件下，偏差不会太大，其试验结果仍然是有意义的，基本符合长江科学院研究得到的结论（3）。

表6-2　上游各河道宽深比统计表

序号	河流名称	平均河宽（m）	平均水深（m）	原型河道宽深比［B/H］	模型河道宽深比［B/H］
1	狮子洋水道	2535	11.18	226.7	22.7
2	蕉门水道	1163	5.38	216.2	21.6
3	上横沥	381	5.68	67.1	6.7
4	下横沥	410	8.44	48.5	4.9
5	洪奇沥	863	7.10	121.6	12.2
6	横门水道	712	7.33	97.1	9.7
7	八宝水道	91	4.30	21.2	2.1
8	白坭河	330	7.31	45.2	4.5
9	白坭支汊	239	5.65	42.4	4.2
10	北江	616	6.80	90.6	9.1
11	陈村水道	211	6.38	33.2	3.3
12	容桂水道	243	6.95	34.9	3.5
13	珠江	558	7.70	72.5	7.2
14	高沙河	207	4.11	50.2	5.0
15	甘竹溪	179	6.33	28.3	2.8
16	佛山水道	97	3.35	28.9	2.9
17	平州水道	263	6.78	38.8	3.9
18	大魁河	121	5.19	23.3	2.3
19	黄圃沥	143	4.63	30.9	3.1
20	大石水道	181	5.45	33.3	3.3
21	赤粉水道	231	3.52	65.7	6.6
22	海洲水道	207	5.19	39.9	4.0
23	荷塘水道	627	8.51	73.7	7.4
24	潮莲水道	402	8.45	47.5	4.8
25	荷马溪	292	6.95	42.1	4.2
26	横坑水道	233	6.48	35.9	3.6
27	虎坑水道	156	5.43	28.8	2.9
28	虎跳门	464	5.37	86.5	8.6
29	花地河	67	3.30	20.2	2.0
30	黄沙沥	158	6.60	24.0	2.4

续表

序号	河流名称	平均河宽（m）	平均水深（m）	原型河道宽深比［B/H］	模型河道宽深比［B/H］
31	鸡鸦水道	362	9.29	38.9	3.9
32	吉利涌	184	5.32	34.6	3.5
33	江门水道	170	4.51	37.6	3.8
34	西樵水道	303	5.76	52.6	5.3
35	九子沙	148	4.50	33.0	3.3
36	南河道	426	7.86	54.3	5.4
37	沥窖水道	529	8.00	66.1	6.6
38	流溪河	359	5.82	61.7	6.2
39	骝岗水道	144	4.02	35.9	3.6
40	均安水道	660	8.93	73.9	7.4
41	李家沙	258	5.26	49.1	4.9
42	劳劳溪	203	4.94	41.0	4.1
43	榄核河	161	5.59	28.8	2.9
44	深海水道	147	4.05	36.3	3.6
45	沙湾水道	397	7.29	54.4	5.4
46	三枝香	264	5.76	45.7	4.6
47	三尾涌	103	4.37	23.6	2.4
48	容桂水道	453	10.10	44.8	4.5
49	浅海水道	91	6.14	14.9	1.5
50	平州沥	90	2.99	30.1	3.0
51	泥湾门	288	5.52	52.3	5.2
52	南沙沥	190	3.47	54.7	5.5
53	西南涌	241	6.02	40.0	4.0
54	潭洲水道	259	5.05	51.3	5.1
55	潭江水道	567	8.18	69.3	6.9
56	顺德支流	249	8.01	31.1	3.1
57	顺德水道	502	9.48	52.9	5.3
58	水口水道	222	5.27	42.1	4.2
59	市桥水道	226	5.09	44.4	4.4
60	石板沙	520	7.25	71.8	7.2
61	深吕河	133	3.83	34.8	3.5
62	小虎西	382	4.85	78.8	7.9
63	小榄水道	264	7.48	35.3	3.5
64	银洲湖	1469	8.10	181.3	18.1
65	西江	1043	10.86	96.0	9.6

2. 水流比尺的确定

根据重力相似条件式（6－11），得流速比尺为

$$\lambda_u = \lambda_h^{1/2} = 8.37$$

根据阻力相似条件，得糙率比尺为

$$\lambda_n = \lambda_h^{2/3} / \lambda_l^{1/2} = 0.64$$

表6－3是原型河道的糙率统计表，由表可见，原型糙率在0.012～0.038之间，按糙率比尺计算，模型糙率为0.019～0.059。口门区以下糙率较小，模型糙率一般在0.03以下，模型通过一般的加糙方法较容易达到阻力相似；网河区局部河段大于0.03，可采用特殊的加糙方法（如条杆加糙）能达到阻力相似的要求。

表6－3　　河道原型糙率及模型糙率

河道名称	分段位置	糙率		河道名称	分段位置	糙率	
		原型	模型			原型	模型
西江干流（马口—甘竹）	上段	0.023	0.036	勒流涌		0.038	0.059
	中段	0.028	0.043	甘竹溪		0.018	0.028
	下段	0.029	0.045	北江干流（三水—紫洞口）	上段	0.025	0.039
西海水道	天河段	0.027	0.042		西南闸附近	0.025	0.039
	北街段	0.020	0.030		西南闸以下	0.024	0.038
	潮连段	0.022	0.034	南沙涌		0.024	0.038
海洲水道		0.030	0.047	顺德水道	入口段	0.025	0.039
磨刀门水道	外海—百顷	0.020	0.031		三多段	0.026	0.041
	大敖段	0.019	0.030		水藤段	0.027	0.042
磨刀门水道（竹银—灯笼山）	上段	0.022	0.034		鲤鱼沙段	0.026	0.041
	中段	0.018	0.028		稔海段	0.022	0.034
	下段	0.015	0.023		三善窖	0.026	0.041
石板沙水道		0.022	0.034	沙湾水道	上段	0.026	0.041
虎跳门水道	百顷—睦洲口	0.020	0.031		中段	0.023	0.036
	睦洲口上段	0.016	0.025		下段	0.023	0.036
	睦洲口下段	0.016	0.025	东平水道	紫洞段	0.024	0.038
	莲腰段	0.014	0.022		澜石段	0.027	0.042
	横坑段	0.038	0.059		五斗段	0.027	0.042
	横山—西炮台	0.025	0.039		大尾角段	0.022	0.034
劳劳溪	上段	0.022	0.034	吉利涌		0.026	0.041
	下段	0.020	0.031	潭洲水道	上段	0.032	0.050
泥湾门水道		0.018	0.027		下段	0.026	0.041
赤粉水道		0.017	0.027	陈村支涌		0.038	0.059

续表

河道名称	分段位置	糙率		河道名称	分段位置	糙率	
		原型	模型			原型	模型
鸡啼门水道		0.017	0.027	陈村水道	上段	0.022	0.034
虎坑水道	上段	0.025	0.039		下段	0.015	0.023
	中段	0.020	0.031	濠窖口		0.025	0.039
	下段	0.020	0.031	骝岗涌		0.017	0.027
潭江水道		0.030	0.047	西樵涌		0.020	0.031
崖门水道		0.018	0.028	蕉门水道	上段	0.020	0.031
东海水道		0.028	0.044		中段	0.016	0.025
小榄水道		0.027	0.041		下段	0.015	0.023
鸡鸭水道	上段	0.020	0.031	上横沥		0.023	0.036
	中段	0.024	0.038	下横沥		0.025	0.039
	下段	0.024	0.038	李家沙水道		0.025	0.039
横门水道		0.022	0.034	洪奇沥水道	板沙尾段	0.018	0.028
桂洲水道		0.023	0.035		大陇窑段	0.020	0.031
新沙沥		0.023	0.036		冯马庙段	0.015	0.023
黄沙沥		0.030	0.047	市桥水道	龙湾河段	0.025	0.039
容桂水道	上段	0.030	0.047		市桥上段	0.025	0.039
	下段	0.021	0.033		大刀沙段	0.025	0.039
顺德水道		0.020	0.031		观音沙段	0.020	0.031

水流时间比尺为

$$\lambda_{t1} = \lambda_l / \lambda_h^{1/2} = 83.63$$

流量比尺为

$$\lambda_q = \lambda_l \cdot \lambda_h^{3/2} = 409963$$

潮量比尺为

$$\lambda_W = \lambda_l^2 \cdot \lambda_h = 34300000$$

3. 模型沙的选择及泥沙比尺的确定

有关泥沙方面物理量的确定和模型沙的选择，应尽可能满足泥沙运动的相似条件，即泥沙沉速比尺为

$$\lambda_\omega = \frac{\lambda_h \lambda_u}{\lambda_l} = 0.84$$

其他比尺需待模型沙选定后确定。

根据试验研究的目的和内容，模型沙应能满足泥沙沉降相似、挟沙能力相似和起动流速相似，由实测资料表明，口门区河床平均泥沙的中值粒径约为 0.01 ~ 0.02mm，干容重约为 0.67 ~ 0.76t/m^3。这种细颗粒泥沙在海水中会产生絮凝作用，其絮凝沉速为 0.03 ~ 0.04cm/s，絮凝团的当量粒径为 0.04 ~ 0.08mm，在水深为 2.0 ~ 6.8m 的条件下，这种泥

沙的起动流速为0.35～0.70m/s。模型沙要满足沉降相似和起动相似，要求其沉降速度为0.035～0.048cm/s，泥沙起动流速为4～8cm/s。拟采用南京生产的100～120目木粉作为模型沙，其颗粒级配的中值粒径为0.06～0.07mm，其容重 γ_s 为1.16t/m³，干容重为0.40t/m³，沉降速度为0.032cm/s，起动流速为6～8cm/s，基本能够满足沉降相似和起动相似要求。

模型沙的颗粒级配与原型床沙的颗粒级配两者基本平行，符合水利部技术规程的规定要求。

由此可得泥沙粒径比尺为

$$\lambda_d = \lambda^{1/2} / \lambda_l / \lambda_{r_s - r} = 0.29$$

为保证水流挟沙力相似,水流挟沙力比尺为

$$\lambda_{s*} = \lambda_s = \lambda_{r_s} / \lambda_{r_s - r} = 0.22$$

为保证泥沙起动相似,泥沙起动流速比尺为

$$\lambda_{u0} = \lambda_u = 8.37$$

为保证泥沙扬动相似,泥沙扬动流速比尺为

$$\lambda_{uf} = \lambda_u = 8.37$$

为保证河床变形相似,河床冲淤时间比尺为

$$\lambda_{t2} = \lambda_{\gamma 0} \cdot \lambda_{t1} / \lambda_s = 665$$

本模型为以悬移质为主的泥沙模型，珠江河口悬移质输沙量远大于推移质的推移量，故以考虑悬移质运动为主。由于悬移质的中值粒径 d_{50} 约为0.01mm，与口门区悬沙淤积物的平均中值粒径大致接近，故所采用模型沙亦可作为试验加沙。加沙地点在口门区各入口处的上游。至于各口门的外海来沙，由于其量甚微，可以忽略不计。加沙量根据实测资料或估算确定后，按含沙量比尺加沙。

上述模型沙仅为初步的选择，在进行局部动床试验时还须进一步作深入的分析和论证，使之更符合各口门河床泥沙的实际情况，以尽可能提高试验研究的精度。

模型设计所得的物理量各种比尺列于表6－4。

表6－4　　　　　　　　　　模型各种比尺统计表

项目	比尺名称	符号	取值	备注
几何比尺	平面比尺	λ_l	700	原型沙 d_{50} 取0.01mm
	垂直比尺	λ_h	70	
水流比尺	流速比尺	λ_u	8.37	
	水流时间比尺	λ_t	83.67	
	流量比尺	λ_q	409963	
	潮量比尺	λ_w	34300000	
	糙率比尺	λ_n	0.64	
泥沙比尺	沉速比尺	λ_ω	0.84	
	粒径比尺	λ_d	0.29	
	含沙量比尺	λ_s	0.22	
	起动流速比尺	λ_{u0}	8.37	
	泥沙冲淤时间比尺	λ_{t2}	665	

6.2.4　扭曲水道的设计

受场地限制，模型未能涵盖的上游各河道流入模型各河道潮区界范围，用扭曲水道来衔接。要使流入模型各河道进口断面的潮位和流量与原型相似，扭曲水道必须满足两个条件，一是纳潮量相似，二是潮波传递时间相似。因此，汇入模型诸河道的潮区界至模型进口距离，要做到模型与原型相似。据此要求，可由各河道的涨落潮量和潮差，按下式估算扭曲水道的宽度：

$$B = \frac{W}{\frac{1}{2} \cdot \Delta H \cdot L} \tag{6-33}$$

式中　B 为扭曲水道宽度，m；W 为河道进口断面涨潮量，m^3；ΔH 为河道进口断面涨潮潮差，m；L 为进口断面至潮区界距离，m。

模型各河道扭曲水道的尺度列于表 6－5。

表 6－5　　扭曲水道尺度统计表

河道名称	站　名	涨潮潮差（m）	涨潮量（万 m^3）	扭曲水道长度（m）	扭曲水道宽度（m）
东江北干	大盛	2.16	6819	100	0.70
倒运海水道	漳澎	2.16	6443	105	1.00
东江南支	泗盛	2.17	14595	125	1.00
白坭水道	老鸦岗	1.75	2772	61	0.50
西江	马口	1.20	4980	95	0.85
北江	三水	1.35	1167	70	0.78
潭江	石嘴	1.80	8755	68	0.80

6.2.5　模型加糙方式的选择

根据实测资料及数学模型计算成果，原型糙率一般在 0.012～0.038 之间，按糙率比尺计算，模型糙率应为 0.019～0.059 之间。其中口门区以下糙率较小，一般在 0.019～0.03 之间，通过梅花加糙容易达到阻力相似；网河区局部河段大于 0.03，须采用特殊加糙方法，本模型采用小号不锈钢线绑上小木块（约 2cm×2cm×2cm）来增加河道糙率，当河道需要较大糙率时，将加糙物悬在水中，通过调整加糙小木块的个数，来满足不同河道的糙率要求。

6.2.6　模型上、下边界潮汐控制方法的确定

本模型上边界用流量控制。具体做法为：模型各河道上游根据原型实测水文资料，按照试验时段内的径流量算得概化的平均流量，由量水堰来控制和施放。模型上边界控制断面分别为：西江径流由马口站控制、北江径流由三水站控制、东江径流由大盛、漳澎、泗盛站控制、珠江干流上游径流由老鸦岗站控制、潭江水道上游径流由石嘴站控制。

本模型下边界用潮位控制。由于各口门的入海方位角不同，涨潮流上溯至各口门浅海

区的方位角也不同，而模型的生潮系统按与 -25m 等深线平行布置，东、西两侧的潮位过程线也存在着相位差，若不对生潮系统进行涨潮方向的调整和根据不同区域潮汐过程分区控制，将会造成涨潮流上溯角与原型不相似，从而引起口门动力特性的改变。因此，在进行模型设计时下边界采用分区进行潮汐控制，并配有适当长度的导向措施（见图 6 -1）。

6.3 模型制作

6.3.1 采用的地形资料

模型制作在珠江三角洲网河区的河道采用 1999 年珠江委与广东省水利厅共同测绘的珠江三角洲 1∶5000 比例的河道水下地形图。

珠江口门区：伶仃洋西部采用 1999 年珠江委测绘的 1∶10000 水下地形图；伶仃洋东部采用 1998 年施测的 1∶10000 比例的水下地形图；磨刀门海区采用 2001 年施测的 1∶10000比例的水下地形图；黄茅海浅海区采用 2001 年施测的1∶10000比例的水下地形图；鸡啼门浅海区采用 1990 年施测的1∶10000比例的水下地形图；外伶仃洋采用 1974 年施测的军用1∶10000比例的水下地形图。

6.3.2 水闸的简化模拟

由于网河区的小河流缺乏水文、地形等资料，这些小河流流量较小，对分流比影响较微，模型将予以概化。根据笔者以往制作的磨刀门和广州出海水道伶仃洋潮汐物理模型的经验，通过这种概化，仍能保证试验成果的精度。

珠江河口区（包括网河区和口门区）修建了大量水闸，对水流泥沙运动有一定的影响，必须予以考虑。珠江河口区的水闸基本上可分为拦河闸与岸边闸两类，主要作用有分洪、挡潮、灌溉、排涝、供水、冲污、发电、通航等，各水（船）闸均有其设计的运行方式，但实际操作运行时各地随意性较强，大多数水闸没有实时的操作运行记录，难于对每座水闸作具体的模拟，根据笔者以往进行局部物理模型研究时对水闸进行简化模拟的经验，本模型对影响较大的 8 座大型水（船）闸进行模拟，它们分别为：西南闸、磨碟头水闸、北街闸、睦洲闸、甘竹溪电站、西河闸、大冲口闸、东河闸等，各水闸位置见图 3 -1。其中，西南闸、磨碟头水闸、北街闸、睦洲闸及甘竹溪电站为分洪类水闸，分洪闸流量主要根据水闸运用管理规定及水闸调查结果进行控制，模型中以孔流形式进行模拟。其余 3 座泄水口为排灌闸，排灌闸开启原则一般为[1]：洪水期关闭，枯水期涨潮时从河道取水，落潮时向河道排水，模型上具体模拟方法见图 6 -2，图中两岸泄水口流量分为三部分：①供水管恒定供水流量 $Q_{供}$；②通过外堰板流量为 $Q_{外堰}$，它随模型水位变化而变化，水位高时，$Q_{外堰}$ 增大，水位低时，$Q_{外堰}$减小；③进出模型

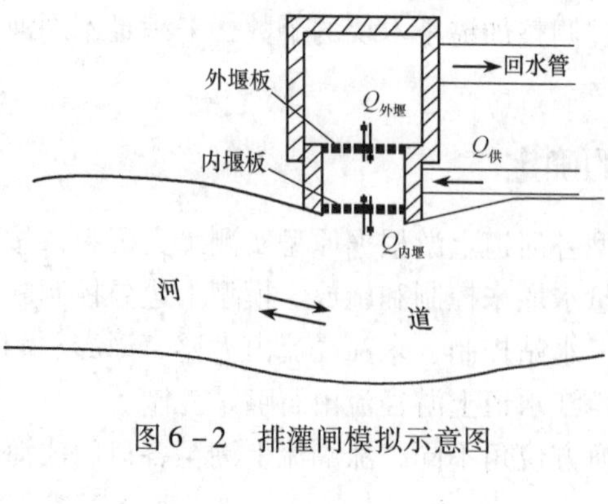

图 6 -2　排灌闸模拟示意图

流量为 $Q_{内堰}$，三者关系为 $Q_{内堰}=Q_{外堰}-Q_{供}$；当 $Q_{内堰}>0$ 时，水闸开闸灌溉；当 $Q_{内堰}<0$ 时，为流入模型，对原型而言，即水闸开闸向江河排水。通过调整内、外堰板高度来控制模型水闸排、灌流量大小。各水闸的技术参数列于表 6－6。

三角洲网河区内众多的桥梁、码头、排涝泵站等涉水工程，都会给网河区潮位带来一定的影响，在模型中暂将这些影响纳入综合糙率中加以适当的考虑。

表 6－6　模型水闸模拟一览表

序号	闸名	类型	宽度（m）	设计流量（m^3/s）
1	磨碟头水闸	分洪	66	1000
2	西南闸	分洪	106	1100
3	北街闸	分洪	64	600
4	睦洲闸	分洪	50	1460
5	甘竹溪电站	发电、分洪	156	3820
6	西河闸	排水、灌溉	150	1075
7	大冲口闸	排水、灌溉	171	1654
8	东河闸	排水、灌溉	160	1020

6.3.3　模型安装精度

本模型共安装了 29 个固定水准点，这些固定水准点同时又是导线控制点。网河区采用三角形导线网进行了平面控制，口门以下区域采用平行导线控制，高程控制测量使用精密水准仪，平面位置测量用精度较高的红外全站仪。

网河区及地形变化较大的区域采用断面法与桩点法并用的方法进行模型制作，网河区河道断面的剖取以每隔 0.5～0.7m（模型距离）为控制标准，口门区断面的剖取以每隔 0.7～1.0m 为控制标准。对断面间地形变化较大的，增加内插点对地形加以控制。

模型制作完毕后，对模型进行了全面校核。由于模型面积较大，模型校核采用抽查方式进行。根据校核情况，对误差较大的地形进行了修改，并根据新收集到的新测地形资料，对模型进行及时更新。抽查结果表明，高程误差在 2mm 以内的占 90%，平面位置误差在 1cm 以内的占 95%，基本达到模型安装精度要求。

6.4　模型测控系统

为研究珠江河口的水沙运动规律及其治理，珠江水利科学研究院曾先后建立了磨刀门潮汐河口物理模型、伶仃洋潮汐河口物理模型和珠江八大出海口门潮汐整体物理模型，其模型测控系统互不相同，随着时代的进步，有其发展的过程，现分别加以介绍。

6.4.1　磨刀门潮汐河口物理模型测控系统（1981～1990 年）

6.4.1.1　模型概况

为配合珠江河口规划设计的需要，珠江口磨刀门潮汐河口模型试验分为整体定床和局部动床两个阶段。定床阶段是探求水位、流速和流量的变化；动床阶段是分析工程前后水位和河床的演变过程。由于要模拟磨刀门地区多口门、多流路、多汇潮点的特点，为此专门研制了许多量测、控制仪器，采用计算机技术解决了多口门潮汐模型给定潮型同步控制水位、流速数据自动采集和非稳定流过程的流量自动控制等问题。

该模型属大型多口门潮汐模型，平面比尺为500，垂直比尺为50，模型长217m，宽47m，占地7000m^2。模型上游边界设蓄水池和平水塔，上游流量用量水堰控制，经400m长、1m宽的扭曲水道进入模型。两岸水闸概化为10个泄流口。下边界有磨刀口、洪湾水道、鸡啼门、虎跳门等4个生潮控制尾门，其中磨刀门设有专门蓄水库和轴流泵供给生潮水量，其余各门则由上游泵房供水。上、下游水库用回水渠相连通，保证模型水流循环使用。

为了测量整治工程修建前后沿程水位、流速和各汊道分流比的变化，模型布置了三灶、大横琴、杧洲、马骝洲、灯笼山、竹银、竹洲、白蕉、黄金、文鱼沙、横山、西炮台、睦洲、迭石、黄海南、北街、天河、内海区4处共21个水位测站。布置黄海南、百顷、盘古皇、上横、横山、白蕉、大敖、竹洲、竹银、灯笼山、上沟、马骝洲、洪湾口、东石、横洲、龙屎窟等16个测流断面。

由于模型范围大，测点多而分散，工作量大。因此，控制、测试及数据采集与处理等工作全部集中在中央控制室内由3套计算机完全自动化予以完成。中央控制室包含有计算机潮汐自动控制与水位采集系统、计算机流速采集及数据处理系统、计算机流量自动控制系统和加沙系统，正常试验研究时模型操作技术人员一般仅需5人。

在局部动床试验中，为监测河床地形变化过程，采用带4个探头的超声波地形仪，可以在浑水中测出液固界面。

1985年11月召开了由国内16个单位的同行专家参加的河工模型计算机应用研究成果鉴定会，与会代表一致肯定了计算机潮汐自动控制与水位采集系统的优点，确认该系统当时在国内水利部门中具有先进水平。

6.4.1.2 计算机自控与采集系统

计算机潮汐自动控制与水位采集系统采用一套ZD－065型计算机模拟多口门同步潮汐控制和水位采集。模型布置25台SWY－784型跟踪式水位计用于水位测量，由计算机定时巡回集中采集和数据处理。用数字滤波处理提高数据的可靠性，并把采集数据即时打印，以监视试验状况，同时又把水位数据存入磁盘，供成果分析处理使用。模型生潮由设置在4个口门的横移式尾门通过伺服电机、减速齿轮箱、丝杆和尾门板的联合工作来实现。

1. 系统结构

系统以计算机作为核心部件，配上11位并行采样数据输入通道、数模转换输出通道，以卡式磁带机作为程序文本及数据的外存，显示器作为过程控制监视，打印机打印经数据处理后的采集数据及控制系统的品质指标。系统生潮设备包括水泵、连接管路、消能和尾门，见图6－3。试验中，水泵向模型尾部供应一定的流量（相当于涨潮流量），涨落潮由尾门（系统的执行机构）开启度控制产生。当尾门关小时，泄水量减小，不足以排出水泵流量和上游来水，就产生了涨潮；尾门开大时，排泄量增大，足以排出水泵流量和上游来水，就产生了落潮。模型水位采用数字跟踪式水位仪测量。

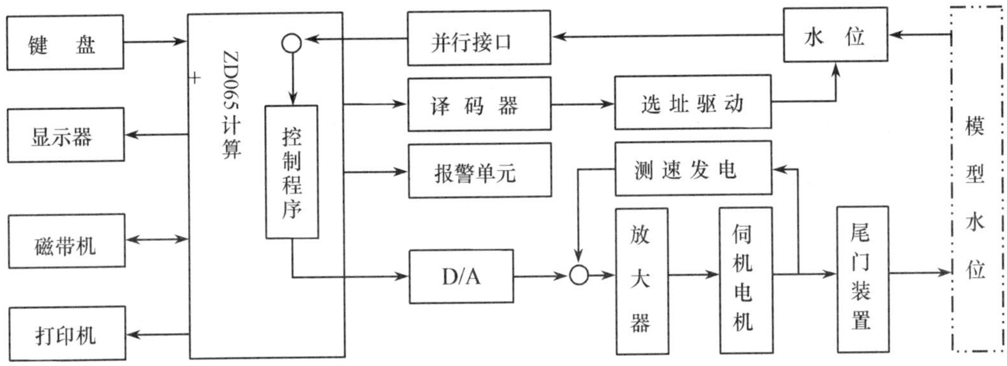

图 6－3　系统结构图

系统在控制水位前，先将控制程序及给定潮型曲线坐标值输入计算机。放水试验过程中，计算机定时通过输入回路，采集跟踪式水位仪测出的模型水位。计算机通过程序，将该时刻的给定潮位与测量值比较，计算出该口门的水位偏差值。计算机控制算法程序对偏差等进行计算处理，经 D/A 转换输出通道将数字输出控制信号转换成模拟控制号，再经放大电路驱动直流伺服电机，经减速器而改变生潮尾门的移动速度和开度，从而改变模型水位。模型水位的变化又通过水位仪反馈到计算机。这样，控制系统力图使水位偏差→减小，模型水位→给定潮位，使模型水位按给定潮型涨落，从而复演潮汐现象。

2. 硬件设计

根据模型试验要求，硬件设计遵循技术先进、操作方便、系统灵活、简单可靠的原则，尽量使用较少的外围硬件，用较简单的设计来达到所必需的功能。

（1）数据采集回路。水位数据采集选用 SWY－784 型数字跟踪式水位仪，量测范围为 20cm，读数分辨率为 0.1mm，量测到的水位值通过接触式编码盘用 11 位循环码输出。使用 64 位译码驱动器巡测各水位站水位，并输入计算机。各水位站与计算机之间距离较长，为克服长线传输带来的干扰，现场合理布线，并把外围传输电路的电源电压提高到 10V，以提高噪声容限，改善抗干扰能力。

（2）D/A 转换电路。计算机输出的数据要通过 4 路 D/A 数模转换电路，换成模拟电压，控制尾门运动。

3. 程序设计

为简化程序编制和扩展功能，系统采用分块程序结构。为使人机对话方便、直观，对可调参数的输入可调用 BASIC 语言编写的程序送入相应的存储地址，亦可直接修改地址的机器码。为加快程序运行速度，全部运行程序都用汇编语言编写。为保证精度，采用定点双字节运算。

对一系列的程序模块，用主程序按河工模型试验的方法编辑，使其实现潮汐控制及水位采集的功能。

（1）潮型曲线的处理。给定潮型曲线是复演天然潮汐的潮位过程线。程序运行前，先把潮位过程线离散化，并输入计算机。运行时，用插值法计算瞬时给定潮位。为保证曲线的光滑性，当插值点 X 位于结点 X_{k-1} 和 X_k 之间时，选取 X_{k-2}、X_{k-1}、X_k 三点及 X_{k-1}、X_k、X_{k+1} 三点分别用一元三点插值公式计算出相应的潮位 Y，然后将两次的计算结果取均值作为给定潮位进行控制。这样做比常用的直线内插法准确，而且比较平滑。

程序调用后能把给定潮型的时间—水位坐标输入到相应存储地址，修改潮型只需修改相应坐标的 DATA 语句。

（2）控制算法。为使系统有较大的响应运度，并对输入噪音的响应不灵敏，系统采用非线性 PID 控制算式，使系统对大信号有高增益，小信号有低增益，即系统的增益随偏差的变化可分段（或连续）变化。

离散型控制算式为

$$v = K_p(1 + K|e_n|)e_n + K_d(e_n - e_{n-1}) + K_i\sum_{i=0}^{n}e_i + K_m \tag{6-34}$$

式中　v 为输出的调节量；K_p 为比例系数；K_i 为积分系数；K_d 为微分系数；K 为常系数；K_m 为死区补偿系数；e_n 为第 n 次偏差值。

另外，还设置预定门限 a、b。当起始偏差 $|e|<a$ 时，$K=0$，上式变为低增益的线性 PID 控制算式，便能获得低噪声响应，及较有效地克服负荷扰动。采用积分分离及抗积分饱和措施，改善被控变量的超调和缩短稳定时间。当 $b>|e|>a$ 时，取 K 为大于 0 的一常数，使系统的增益随偏差幅度变化，提高了响应速度。若 $|e|>b$，取 $|e|=b$，改善大偏差造成的不稳定。

K_m 是为了改善调速装置的死区对系统品质带来的不良影响而设置的常数。

（3）数字滤波。为提高信噪比，采样数据用中值法去除脉冲性噪声，用滑动平均法对其平滑处理，进一步消除外界的干扰影响，使数据可靠性大为提高。

（4）报警处理。系统对控制过程中易于发生事故的地方，采取就地保护措施。一般由专业人员排除事故，不要求系统通过控制或调节去排除，因此，不采用报警优先，而由微计算机在采样周期巡视状态时，发出声光报警信号，并由屏幕显示故障地址及类型。

（5）调试参数。为使程序能灵活地运用到不同的河工模型，系统设置有如下可调参数的存储区。

●模型口门数；

●水位仪数；

●各口门控制参数；

●采样周期；

●初始水位在给定潮型上的时间坐标；

●各水位仪读数与模型水位差值。

这些可调参数除可直接修改相应存储地址外，调用本程序将使输入及修改工作更为直观、方便。

4. 可控硅调速装置

根据模型自动控制要求，研制了既能与计算机接口又能与光电潮控仪配套使用的可控硅可逆调速装置。它是尾门直流伺服电机的驱动设备，具有速度和电流负反馈双环调节系统，属无静差调节系统，能在可控硅可逆调速装置全速范围内无级调速，可满载全速起动和快速频繁切换方向。主电路采用可控硅开关控制的无环流可逆电路，工作可靠，使用方便，见图 6－4。

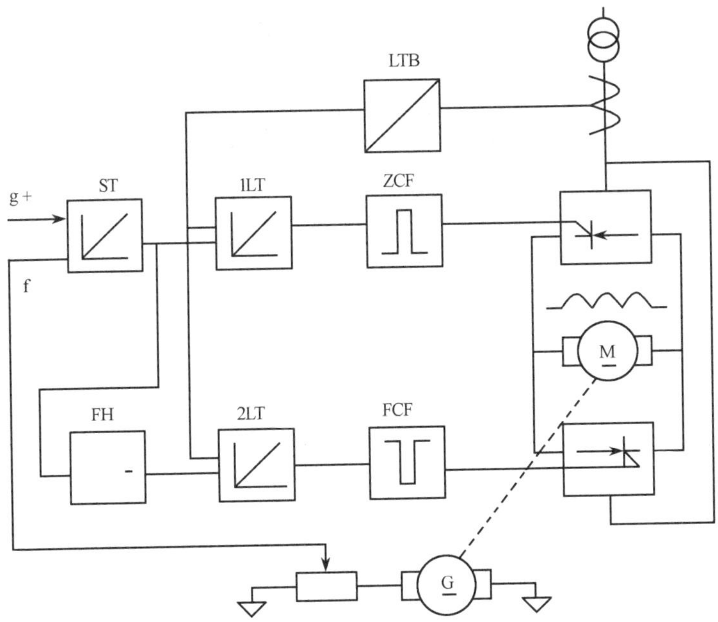

图 6－4　可控硅调速器框图

输入给定信号电压为 ±0.1～10VDC，由计算机 D/A 输出电路得到，或由光电潮控仪给定。输出伺服电机电压为 ±0～220VDC。

给定电压与伺服电机的测速发电机电压的差值送到速度调节器的负反馈输入端，进行比例积分调节后，分成两路：一路送到电流调节器的输入端与电流负反馈信号迭加后，再进行比例积分调节，然后输入到触发电路，把控制信号变成脉冲信号去控制正组可控硅，使电机正转；另一路经反相器再送入反组电流调节器，因此时输出的是负极性信号，故触发器不工作，反组可控硅不导通。反之，当给定信号改变极性时，反组可控硅导通，正组截止，电机反转。这样，改变给定信号电压的极性和数值，就可改变电机的转向和转速。

调节器采用集成运算放大器构成的 PI 比例积分调节器。速度调节器增加了速度微分反馈，以抑制超调量。触发电路采用单结晶管触发电路，可控硅加有阻容吸收保护电路。主回路采用可控硅开关控制换向电路，无环流，适于中小型电机的可逆调速。

5. 尾门机械结构

模型设有磨刀口、洪湾门、虎跳门和鸡啼门 4 个口门。模型试验中的涨、落潮由尾门开启度控制。横移式尾门机械装置由伺服电机、齿轮箱、丝杆和尾门板（固定门和活动门）所组成。可控硅调节装置驱动伺服电机，带动齿轮箱，齿轮箱输出轴与丝杆联结，带螺母滑轴套在丝杆上，滑轴通过连杆与活动尾门联结。当丝杆转动时，滑轴作直线运动，活动门也随之作直线运动。随着电机转向和转速的不同，活动门相对固定门的移动方向和移动速度也随之变化，从而控制尾门的开启度。

尾门的固定门和活动门采用角钢骨架，骨架上按一定间隔固定一定宽度的铝扳。在活动门与固定门上分别装一些滚边支撑和定位，在保证两门贴紧的条件下减少摩擦和晃动。各尾门主要技术数据如表 6 - 7 所示。

表 6 - 7　各尾门主要技术数据表

项　目	磨刀口	洪湾门	虎跳门	鸡啼门
尾门宽度（m）	30.00	6.20	1.40	0.95
涨潮量（m/s）	0.90	0.18	0.09	0.05
落潮量（m/s）	1.20	0.15	0.05	0.05
尾门动片宽（m/片）	0.260	0.260	0.195	0.145
尾门定片宽（m/片）	0.280	0.280	0.205	0.155
尾门总过水宽（m）	13.50	2.75	0.78	0.43
尾门过水高（m）	0.30	0.30	0.30	0.35
尾门高宽（m）	0.40	0.40	0.40	0.45
电机功率（W）	600	185	185	185
电机转速（r/min）	3000	1500	1500	1500
齿轮箱转速比	50	25	25	25

6.4.1.3　计算机流速采集及数据处理系统

1. 系统组成

计算机流速采集及数据处理系统是以 APPLE Ⅱ计算机为核心部件，可在试验中同时采集 50 点的流速。系统以微型光电旋桨流速仪为传感器作流速采集，通过线路输入计算机。计算机采用软件记数法，可以集中操作显示各测点流速（或旋桨转数），即时打印测点流速数据，并存入磁盘，供成果分析处理使用，见图 6 - 5。

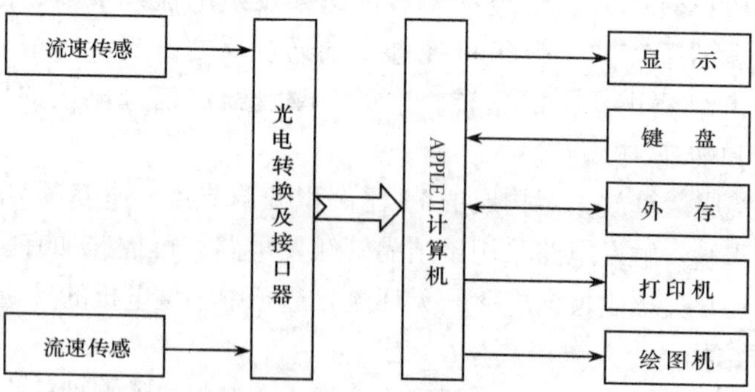

图 6 - 5　系统结构框图

磨刀口潮汐河口流速分布规律是通过大量的原型（非转流时段）和模型实测资料的收集、分析、整理、采用最小二乘法得到。原型 0.6 相对水深位置的流速与垂线平均流速的相关系数为 0.976 ~0.999 之间，模型 75% 以上测次误差不超过 5% ~7%。因此，模型采用测量 0.6 相对水深来代替垂线平均流速。为了跟踪测量 0.6 相对水深流速的需要，研制了 LSK 型流速仪自动升降架，能使流速仪探头在潮汐试验过程中，始终跟踪 0.6 相对水深位置。

旋桨流速仪是一个光电式传感器，旋桨随水流转动，每转动一圈，在旋桨叶轮上的反光镜出现一个光反射信号，由传感器上的光敏管产生光电信号，通过光电耦合器转换成电脉冲信号，经驱动放大后，再通过外部接口电路进行电平的转换和阻抗的匹配，输入到计算机插槽上配装的并行接口上。系统可同步采集 32 点或 64 点流速。

由于模型范围大，最长传输距离长达 150m，多个光电脉冲信号存在相互干扰和外界环境干扰。因此，采用 CMOS 电路集成片组装成放大电路，选取适当的偏置电路加于斯密特触发整形器，提高外电路信号电压，并作屏蔽处理，当光照时输出为高电平，无光照时输出为低电平。

计算机供使用的每一位接口都可以接入一个流速传感器，计算机内部 RAM 存储器可以代替外部计数器，系统程序用它来累计流速传感器的转速，实现软件记数。

2. 程序设计

多点流速同步采集主程序是用 BASIC 语言编制。人机对话方便，能输入试验条件，定义流速采集重复执行次数。子程序用汇编语言编制，具有运转速度快、占用内存少的特点。

初始化子程序包括计算机接口的输入编程、时钟信号编程，通过时钟信号和时钟中断信号达到定时采集流速的目的。

软件计数子程序是主要子程序，每进行一次采样，先将所有作计数器的存储器清零。采集开始，打开时钟计时并对所有接口的地址采样，保存各安排好的临时地址作为采样的不同状态。前后两次采样状态进行异或运算来判断流速旋桨是否转动。为准备下一次采样，还必须将前后采样状态换位。两次采样状态的异或运算后的数是 8 位，代表 8 个流速传感器的状态。采用移位法拆数，判断每一位状态是“1”还是“0”。若是“1”说明该旋桨转动，相对应某点的流速计数器加 1；若是“0”说明旋桨未转够位置，相对应某点的流速计数器不加 1。采样一个周期完成后，查采样时间到否。未到则重新执行采样——异或运算—拆数—判断并计数的过程，直至一次采样完成。

时间控制子程序主要为改变时间间隔的中断子程序，完成定时周期采样。

6.4.2　伶仃洋潮汐河口物理模型测控系统（1983 ~1994 年）

6.4.2.1　模型布设

伶仃洋治导线模型长度为 233m，海区最大宽度为 65m，模拟上自广州水道的老鸦岗，下至淇澳岛、内伶仃岛外约 6km，包括虎门、蕉门、洪奇门、横门等 4 个口门。模型上游设有蓄水池和平水塔，由水泵供水，上游流量用量水堰控制，经扭曲水道进入模型。支流汇入口共有 11 个，也由上游水泵供水，用量水堰控制流量，每个入口部设有扭曲水道加以调节。下游边界设有气压式潮汐箱生潮系统，潮汐箱长度为55m，呈折线形布置，用计算机自动控制潮汐的涨落过程。模型的中部设有中央计算机控制室，除自动控制生潮过程外，还自动采集水位和流速数据，并进行数据处理。

根据试验任务的要求，为了能观测伶仃洋整治工程前后沿程水位及流速和各汊道分流比的变化，模型布设有赤湾、舢板洲、横门、万顷沙西、南沙、大虎、泗盛、三沙口、漳澎、大盛、黄埔、中大、大石、沙洛围、浮标厂、老鸦岗、内伶仃、新造、新洲、员村、黄沙等水位测站21个，赤湾、内伶仃、金星门、横门、冯马庙、南沙、大虎、海心沙、莲花山、电厂左、电厂右、新造、新洲、员村等测流断面14个。

模型水位采用SWY－784型跟踪式水位计，自动跟踪水位的变化过程。流速测量采用光电式流速测杆和升降架自动跟踪0.6相对水深处的测点。所有水位和流速数据的采集及其处理，均由计算机自动完成。

6.4.2.2　模型测控系统

本项目历时较长，模型测控系统采用的计算机型号从20世纪80年代的ZD－065、APPLE Ⅱ机型，到90年代的IBM 486计算机。伴随着机型的变化，软件也不断的改进和完善。开始只满足于呆板的数字显示方式，后来发展到图形显示画面，不但效果直观，功能更加完善，而且操作更加简单方便。

1. 系统组成

测控系统包括潮汐过程控制、水位和流速采集，三者由1台计算机统一完成，见图6－6。

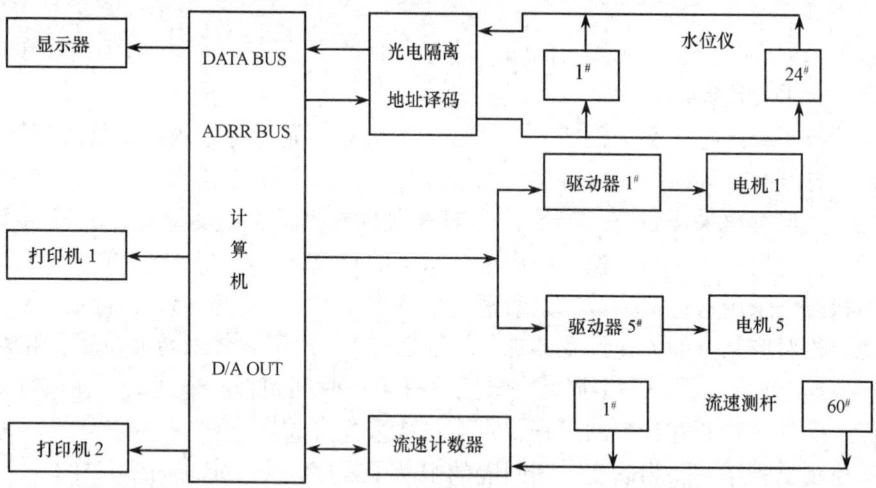

图6－6　系统方框图

（1）计算机与接口。在模型运行初期，受当时技术条件的限制，计算机采用2台ZD－065，后改为APPLE Ⅱ机型，并且专用1台计算机进行流速数据采集。进入90年代后改用IBM 486，把测控3个内容集中到1台计算机完成。

由于采用的水位计是并行输出信号方式，故设计1块并行接口电路板。为了满足控制功能的需要，将设有 5 路 D/A 数模输出电路的并行扩展板直接插在计算机的扩展插槽内，接口电路非常紧凑和简单。

（2）水位采集。本模型使用了 24 台 SWY－784 型数字编码跟踪式水位仪。该水位仪输出 11 位循环码，可测量 204. 8mm 的水位变幅，读数精度 0. 1mm，最大跟踪速度为 5. 5mm/s。水位采用软件译码方式，把循环码翻译为 16 进制码，以便计算机能进行运算，这种软件译码方法，可简化硬件结构，节省开支。为了提高抗干扰能力，水位信号先经过光电隔离电路后，再进入微机的并行接口板。经运行考验，水位计引线在 100m 内均能经得起像电焊机、电动机等的运行干扰。

（3）流速采集。本模型采用微型光电旋桨流速仪作为测量流速仪器，最多使用 60 多支。由于这种流速仪输出的是脉冲信号，通常都采用计数器来记录测量时段内的脉冲数值，然后取其平均值，再根据模型比尺换算成原型流速值。试验初期采用一台专用计算机进行测量，后期便改用一块单片机进行流速计数，再把数据通过 RS232 串行口送到计算机中。

（4）伺服系统与执行机构。伺服系统由 KGN 型可逆调速装置与直流电动机和测速发电机组成。

KGN 可逆调速装置是脉宽调速设备，输入 0 ~ ±5V，输出 0 ~ ±220V，具有手动、微机控制功能，具有体积小、造价低的特点。由微机 D/A 输出的 0 ~ ±5V 的控制电压送给速度调节环，作为速度给定量，与速度负反馈信号叠加后，经过速度调节作用，再由可控硅进行功率放大，然后推动直流电动机运转，使执行机构动作，从而达到控制的目的。

执行机构包括变速箱和蝴蝶阀门。变速箱为 2 级蜗轮减速箱，总减速比为 13600∶1。蝴蝶阀门最大开度为 45°，在潮汐箱中间位置仅安装一个蝴蝶阀门，就能满足控制精度要求。

2. 潮汐控制原理

本模型采用潮汐箱作为生潮设备。潮汐箱是钢筋混凝土空箱，水下部分设有淹没出口，箱内水位低于模型水位，形成泄流水头差。在箱体上端装有送入压缩空气的管道和蝴蝶阀门。压缩空气由大型 75kW 鼓风机供给，箱体内的压力由蝴蝶阀门的排气量（阀门开度）来调节，见图 6－7。当阀门关小，压力增加时，箱内水量被压出箱体，流入模型河道，这时就产生涨潮现象；当阀门开大，压力减小时，河道水流在水头差的作用下流入箱内，产生落潮现象，只要按给定的潮型曲线来控制箱体内的压力，就可以产生所需要的潮汐过程。

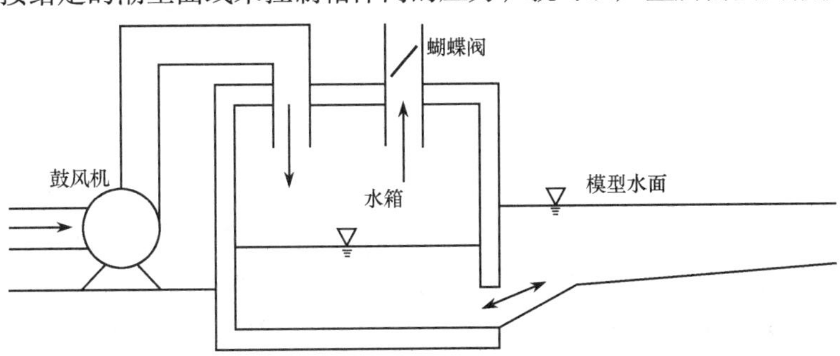

图 6－7　生潮原理图

在实际运用中，用水位计做反馈来间接控制箱体内的压力，当某时刻的实测水位高于给定值时，就由计算机去控制执行机构，使阀门开大，箱内压力减小，此时水位也下降，反之亦然。

3. 程序设计

测控软件是不断改进和完善的，从最初的只能满足基本要求的程序，到动态多页面彩色过程曲线跟踪方式。在运行初期，受技术条件限制，测控程序都用汇编语言编制，显示也只能用呆板的数字方式，随着计算机技术的发展，后来改为 C 语言编制，监控方式采用彩色曲线画面。

由于 C 语言运行速度快，仅次于汇编语言，与接口连接容易，完全可以满足潮控的时速要求，而修改程序又比较容易，这就可以大大减轻了编程人员的劳动强度，也可显著地缩短编程周期。

（1）控制程序。根据潮汐模型试验的要求，潮控程序具有如下功能：

- 可以用软件产生任意潮型曲线；
- 可以在不同潮型中选择任意起点进入控制，周期长短可以自动确定；
- 屏幕能反映控制过程的时间、周期、控制误差，超限有声光报警；
- 控制过程有实时打印和数据储存，离线后有数据处理功能。

本系统采用了彩色过程曲线跟踪方式，用不同颜色的曲线来反映实际控制的进程和控制效果，各种参数均有中文注释，在运行中，可以动态修改控制参数，用专用键就能快速切换多口门的控制画面或切换水位流速显示页面，而且可同时控制两台打印机，分别实时打印出水位、流速的实测数据。

（2）数据处理。潮型曲线是一种时间连续函数，实测资料一般每小时一次，远不能满足控制的要求，必须在有限的实测资料基础上进行大量的插值工作。在多种插值方法中，三次样条插值法能保证二阶导数连续。插值通过给定原点插出来的曲线光滑圆润，精度较高，完全可以满足控制的精度要求。

样条插值程序采用 C 语言编制，只要输入相应的时刻和潮位数据，就可以插出一条或多条给定曲线，每条曲线的长短可以输入的起止时间自动确定，使用起来非常方便。

（3）控制算法。PID 调节是连续系统理论中技术成熟、应用广泛的一种控制方法。它参数整定方便、结构灵活，多年来在工业过程控制中都被广泛地采用。本模型亦采用这一控制理论，但根据水流的特性，在整定参数时，作了一些特殊的处理。

离散函数为

$$v = K_p e_n + K_d(e_n - e_{n-1}) + K_i \sum_{i=0}^{n} e_i + K_m \tag{6-35}$$

式中　v 为控制量；K_p 为比例系数；K_d 为微分系数；K_i 为积分系数；K_m 为机械惯性补偿系数；e_n 为第 n 时刻的控制误差。

由于系统执行机构的线性范围有一定的限制，当偏差较大时，不可能很快消除，这样积分项取值将会很大，就可能导致系数出现过大的超调现象。为了克服这一现象，采用了积分分离法，将积分项设一门槛，当其大于门槛值时，就取消积分项。

因为控制量是有正负极性的，D/A 数模转换器就必须有双极性输出的功能，计算出来的控制量必须化为二进制码再送给 D/A 转换器，这样才能使伺服电机正转或反转。

（4）水位采集。在本模型中，最多时布置了 24 台 SWY－784 型数字编码跟踪式水位仪，按试验要求，采用定时采集方法，每隔 53.7s 采集一次数据，即相当于原型每小时一次，对采集的数据还要作如下处理：

水位仪的输出是 11 位并行循环码（格雷码）。循环码是一种具有反射特性和循环特性的单步自补码，它的循环、单步特性消除了随机取数时出现重大误差的可能。格雷码属于可靠性编码，是一种错误最小化的编码方式，因为格雷码在相邻位间转换时，只有一位产生变化。它大大地减少了由一个状态到下一个状态时逻辑的混淆。由于这种编码相邻的两个码组之间只有一位不同，因而在用于水位仪转角位移量—数字量的转换中，当角位移量发生微小变化而可能引起数字量发生变化时，格雷码仅改变一位，这样与其他编码同时改变两位或多位的情况相比更为可靠，即可减少出错的可能性。

但格雷码不是权重码，每一位码没有确定的大小，不能直接进行比较大小和算术运算，也不能直接转换成液位信号，要经过一次码变换，变成自然二进制码。解码的方法是用‘0’和采集来的 11 位格雷码的最高位（第 11 位）异或，结果保留在第 11 位，再将异或的值和下一位（第 10 位）相异或，结果保留到第 10 位，依次异或，直到最低位，依次异或转换后的值（二进制数）就是格雷码转换后自然码的值。

循环码与二进制码关系如下：

$$B_i = R_i \qquad i = 10$$

$$B_i = R_{i-1} + B_{i+1} \qquad i = 9 \sim 10$$

式中　R_i 为循环码；B_i 为二进制码。

为了提高抗干扰能力，除了在硬件方面采用光电隔离措施外，在软件上还使用了数字滤波方法，以消除干扰产生的虚假数据。当每次采样时刻到来时，对各水位计连续循环采集 5 次，每次相隔 1ms，然后将 5 个数据按大小排队，去掉最大值和最小值，对中间 3 个数据取平均值，作为本次有效数据。

每次的采集数据，经上述处理后，即时按一定格式打印出来，可作为实时记录资料，并同时将数据储存，以供试验完毕后使用。

（5）流速采集。旋桨流速测杆每旋转一周输出 2 个脉冲信号，采用连续记录 5s 内总脉冲数，再取平均值的方法，作为模型对应时刻的平均流速值。单片机通过电平变换接口接上众多的流速测杆，采用软件记数方法记录下每支流速测杆的转数，然后用 RS232 串行通信方法，把数据送到 486 上位机，上位机收到数据后再计算出原型流速值。流速值计算出来后，用打印机实时打印出来，同样也将数据存入硬盘中，以供日后数据处理使用。

（6）数据后处理。在每次试验中，都记录了成千上万个数据，分析和处理这些资料是一沉重的负担。本系统编制了一套数据处理程序，可以把数据打印成分类表格、绘制出过程曲线，使技术人员方便地进行分析、判断，作出合理的结论。同时可直接作为试验成果的图表使用，不但减轻了工作人员的劳动，同时也可以大大地缩短试验周期，显著地提高了效率。

6.4.3 珠江八大出海口门潮汐整体物理模型测控系统（1995~2002年）

6.4.3.1 模型概况

珠江河口地区经济发达，水道纵横交错，特别是近10年来人类活动加剧了河道演变，综合整治任务很重。过去限于历史条件、资料积累和仪器控制技术等方面原因，所开展的物理模型试验研究都是分口门、分区域进行的，未能反映各河道、各口门之间的相互联系和影响。出于珠江出海口门规划整治的流域管理决策的需要，建设了珠江八大出海口门潮汐整体物理模型。该整体物理模型较为完整地再现了实际珠江河口的型态，对珠江河口进行整体性模拟，解决了以往局部模型研究的不足。模型模拟范围涵盖了珠江三角洲网河区和浅海区的66条河道及珠江八大出海口门、外海－25m等深线以内的浅海水域，其中包括香港部分水域及澳门水域，涉及伶仃洋、磨刀门、鸡啼门及黄茅海海区。模型的平面比尺为700，垂直比尺为70，流速比尺为8.37，时间比尺为83.63，占地面积约35000m^2，是目前国内最大、最为复杂的室内潮汐物理模型，见图6－8。

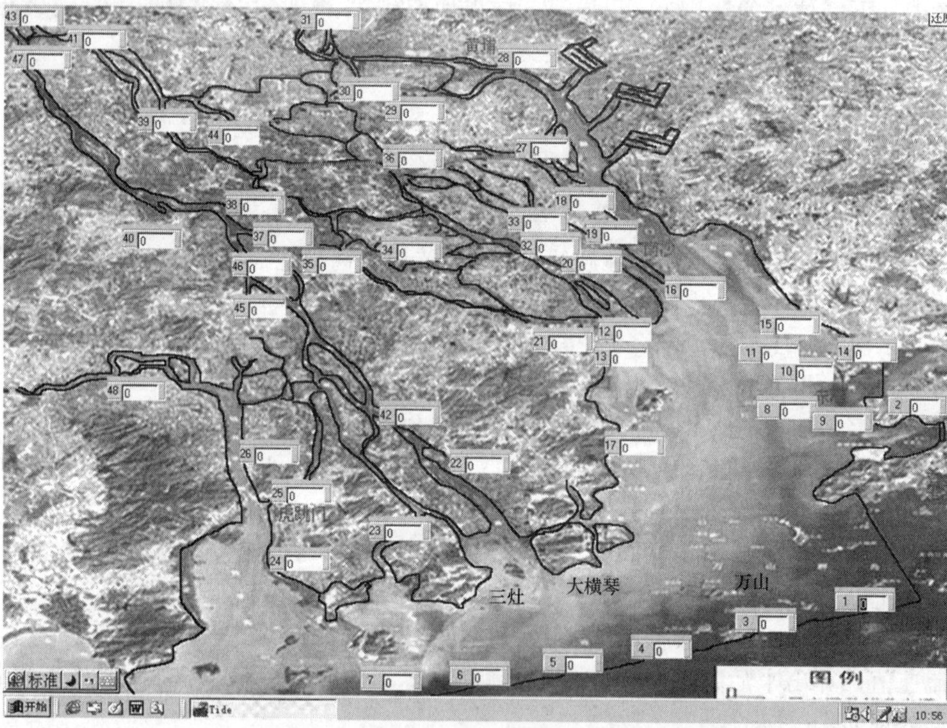

图6－8 模型布置图

6.4.3.2 测控技术难点

模型的验证和仪器设备的研制、调试是本项目主要难点，主要体现在：

1. 潮汐模拟

珠江河口的水流流态复杂，各口门不同的涨落潮强度和时差、沿程的潮波变形、不同径流下的潮流界和潮区界、口门外的西南沿岸流等流态的模拟，给模型潮汐产生和控制带来了极大的难度。由于模型的下游海域宽广，水流控制边界长达170m。为了真实反映沿边界的潮汐时空分布不同，形成海区和河道的各种复杂多变的流态，模型的生潮形式不能按单一边界简单控制，而要进行多区域的独立控制。并且在试验中，控制区域可根据验证结果随时调整，生潮装置的控制、扩充能力必须非常强而灵活。另外，由于模型的控制区域潮位相差不大、水面平缓，潮位控制只要有少量偏差，就会改变水流的流动方向、破坏流态，导致试验失败，所以要求对模型精确控制，见图6-9。

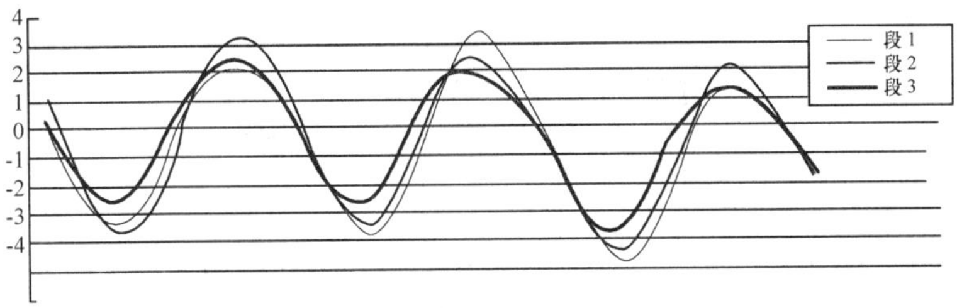

图6-9　海区各边界潮位过程线

2. 数据采集

本模型几何尺寸长为250m，宽为170m，其间河道纵横交错、数量众多。设置的模型水位站点和流速测点共有150多个，分布范围广。由于本模型非恒定流的测量要求实时、采样周期很短的特点，测控系统采集控制的数据交换流量巨大，数据可靠、准确，系统必须具备足够的可靠性、稳定性和安全性。另外，在研究试验过程中还要不断进行量测仪器的位置调整和数量增减，就要求系统结构具备扩展冗余和灵活组合的功能。

3. 操作使用

由于模型巨大、设备众多，一旦试验运转，会有数以万计的数据要处理。为保证运行过程中的试验质量和效率，操作人员需要在线分析运行成果、实现在线输入、修改采集和控制的技术参数、监视现场工作动态，这需要系统软件拥有友好的用户界面、通用的用户操作性，高效的在线查询、在线修改及数据分析，多线程、多页面和操作简便。

4. 运行维护及投资

从模型设计到最后建成投入使用，由于模型巨大，考虑的不利因素不可能齐全，因此，在试验过程中，具有较多的不确定性。为此，试验控制方案和测控设备以及部分土建工程有可能需要不断调整，就要求测控系统保证低成本的调整费用和极大的灵活性。同时，也要求生潮设施配套的土建施工简单、投资少、测控系统性价比高、设备通用、利用率高及安装、调试周期短。试验时，可有效降低水电资源消耗，减少噪声污染，减少设备维护量，降低运行费用。

综上所述，新型的潮汐模型测控系统应该是一种技术含量高、低能耗、精度高、通用性强、可靠性好、可重复使用、配套土建工程简单、易于安装维护、运行方便的系统。

6.4.3.3　系统结构

本项试验所使用的生潮与测控系统由中央监控机（上位机）、现场工控机（下位机）、变频调速器、潜水泵、水位仪、流速仪和工业现场总线等组成，见图6-10。

以低扬程大流量潜水泵为生潮供水设备，通过变频调速器控制潜水泵转速，从而控制进出模型内的流量；采用在线数据和控制参数的修改，实现了复杂多口门潮位分区以及口门潮汐模型的生潮控制；将高分辨率线位移光栅编码技术应用于自动跟踪水位仪，消除了机械转换装置所带来的测量误差，提高了测量准确度、跟踪速度等综合指标，满足了控制系统的智能化和网络化要求。该系统经水利部组织专家进行评审，认为在整体上达到国际先进水平，其中变频调速控制泵群和光栅编码技术两项在潮汐模型水位控制方面达到国际领先水平。

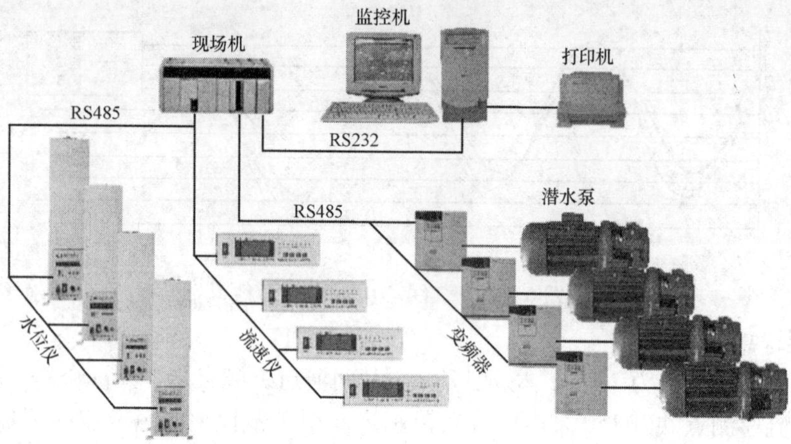

图 6-10　系统结构图

为了模拟沿岸流，模型潮汐控制根据外海区的潮位采用 6 段分区控制的方式，按各段的实际涨落曲线进行独立控制，使得各区形成自东向西先后不同时差的涨落潮流，从而形成自东向西的水流运动，使外海区在径流、潮流与上述东西向水流的共同作用下，达到潮位和流速、流向、流态和流路的相似，成功模拟了南海潮汐水流和自东往西大范围内的沿岸流，是模型试验研究技术上的一项重大成果。潮汐控制系统共使用了 30 台变频器、42 台潜水泵、17 台轴流泵、47 台 GS-3B 水位仪和 8 台 LS-8C 光电流速仪，最大涨潮流量 $18000m^3/h$。

6.4.3.4　生潮原理

长期以来，水力物理模型试验中的潮汐控制多采用传统的板式尾门、潮汐箱、四通阀及双向泵等生潮装置。尾门装置靠控制开度来调节进出模型边界的流量产生潮汐，受其机械加工工艺、安装精度、推拉动力的限制，安装调试周期长，而且需要大供水量，能耗大，不适用大型潮汐物理模型；潮汐箱存在土建工程量大、区域分割不可调整、缺乏灵活、动力和噪声大，不能重复利用等缺陷；四通阀和双向泵属特殊定制设备，造价高，修理维护难，使用时要求模型内外水位平衡，调整不便。

经过理论和试验研究表明，变频器的输出频率和受其控制的水泵出水流量之间有着非常近似的线性关系，如图 6-11 所示。

选用低扬程大流量通用潜水泵（或轴流泵）、交流变频调速器及水力学原理组成新型生潮设备，可以实现涨落潮模拟。

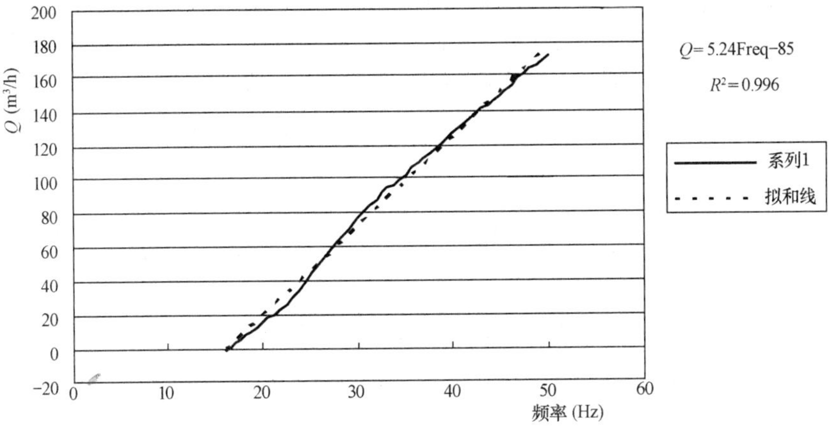

图 6－11　变频器输出频率和水泵流量的关系

在潜水泵受到一定水头的负荷作用下，当变频器输出频率位于某个 Hz 时，因水头重力作用形成的模型泄流和水泵打进模型的流量会达到一个平衡，水位保持不变。当变频器输出频率高于平衡点时，水泵会向模型内灌水，其进水流量随着频率的升高而加大，这就形成了涨潮过程；当变频器输出频率低于平衡点时，因水头负荷作用，模型会向外泄出水量，这就形成了一个落潮过程，见图 6－12。

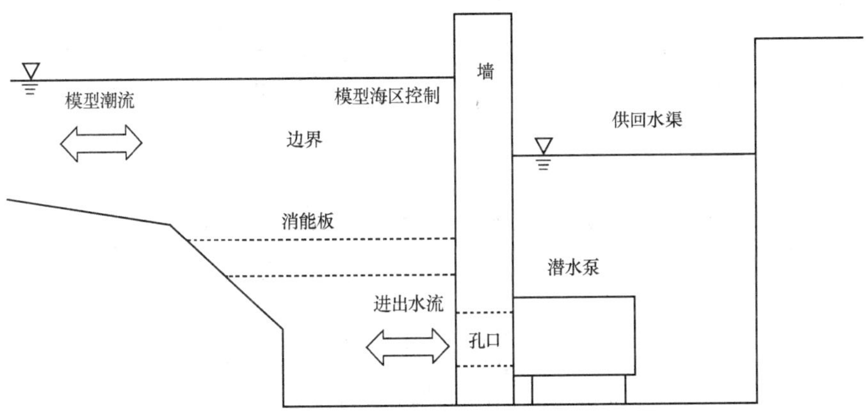

图 6－12　生潮控制示意图

新型潮汐模型自控系统的设计思路是：用变频器直接控制水泵的电机，通过调节加在电机上的交流电压频率来改变电机的运行速度，从而调节水泵的进出模型的水流量，达到产生涨潮落潮的目的。生潮控制原理示意如下：

采集实时水位 → 计算潮位误差 → 修改输出频率
↑　　　　　　　　　　　　　　↓
减小潮位误差 ← 改变水泵流量 ← 控制水泵转速

生潮设备型式的性能对比见表6-8。

表6-8　　生潮设备型式的性能对比

指标 型式	能耗	噪声	通用性	成本	安装	控制效果	稳定性	重复性	分段控制	应用范围
变频器	小	小	好	中	简便	好	好	好	灵活	广
尾门	大	中	差	低	复杂	差	差	差	一般	一般
潮汐箱	大	大	差	高	复杂	中	差	好	难	窄
双向泵	小	小	差	高	一般	好	好	好	一般	一般
开关泵	中	小	好	低	一般	差	差	差	灵活	广

6.4.3.5　计算机监控单元

采用分布式工业控制系统，中央监控机采用PC机，主要存储模型试验的各种参数及采集数据、发布命令、报警、打印相关参数、显示实时监控图表、过程曲线及历史试验数据、趋势图等，通过串行通信电线可与模型现场工控机连接。模型工控机采用研华MIC2000工业控制机，依据监控机的命令，自动完成数据采集和生潮设备的控制等任务。

所有现场仪器都采用带RS485串行通信口的智能仪器，对数据均有预处理功能。

1. 中央监控级

中央监控机以WINDOWS为操作平台，采用C++ Builder 6.0编程，自行开发的组态监控界面，以MODBUS通信协议与现场控制机通信。

中央监控程序Tide2000以Windows98作为操作平台，制作以图形画面为主的人机界面，对试验中的水位、流速数据以数值和曲线等形式显示，具有存储、打印、报警、发送控制命令等丰富的功能，所有的菜单、按钮、编辑框、标签、图形完全是WINDOWS风格，操作的简便大大方便了用户，见图6-13。

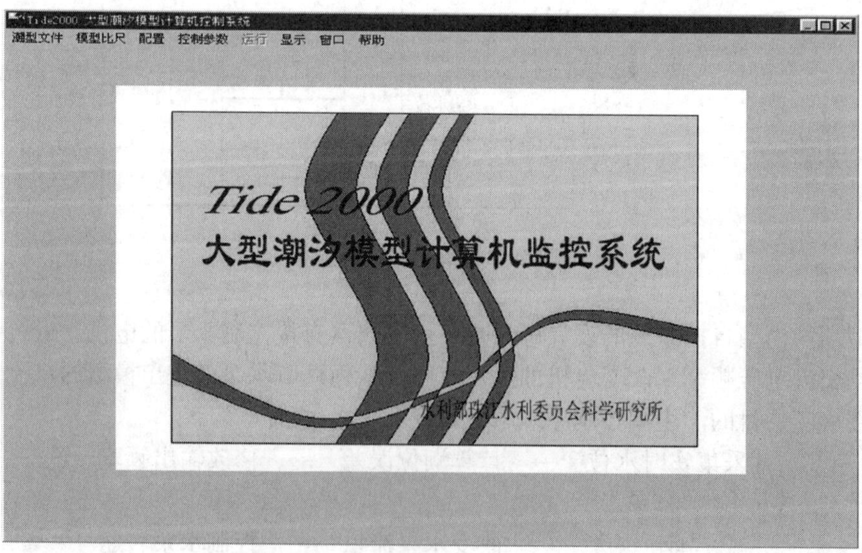

图6-13　中央监控机监控主画面

Tide2000 主要功能（图 6－14）：

（1）数据格式。监控系统的输入数据（输入的给定曲线）和输出数据（试验结果）都采用通用 EXCEL 数据格式。监控系统能直接调入 EXCEL 数据文件，输出的数据文件能由 EXCEL 调入，方便用 EXCEL 进行数据处理和作图。

（2）地图显示。监控软件能逼真地显示模型地形、地物、水位站布置等图形，并将测得的水位值实时显示在图形上的水位站布置点上，这是以往的编程方法很难实现的。水位站的布置采用拖放技术，在水位站图标上按住鼠标右键将图标拖到需要的水位站测点地理位置上。

（3）实时显示。以不同颜色在同一画面显示该水位站的给定曲线（天然河流水位实测数据曲线）、当前周期及前一、前二周期水位站模型水位实测数据曲线。操作员能从曲线的显示颜色直观地得知最新 3 个周期的水位过程，从而得知控制的性能。只要不选择手动清除历史曲线，显示曲线随着周期的增加而变化，但始终保持给定曲线和最新 3 个周期的水位过程曲线显示。各水位站曲线显示可随意切换。潮汐模型控制的时间进程用一条垂直的浅绿色虚线指示。如果给定的水位过程曲线长度超过 25 个模型小时，显示的曲线能自动滚动，跟踪当前时刻的水位过程曲线。

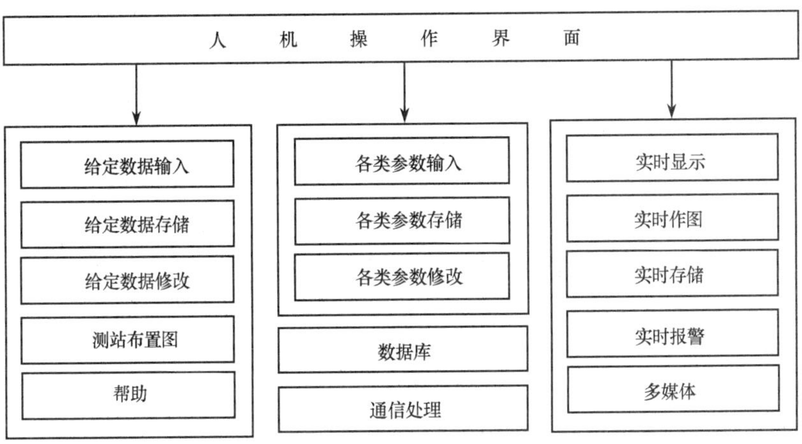

图 6－14　中央监控机软件结构图

（4）实时修改。在模型验证阶段，需经常在不间断试验的情况下对控制曲线作修改，监控软件实现了一种类似 AUTOCAD 的曲线修改功能，使用起来非常方便，实时性很好。

（5）实时替换。为了利用 EXCEL 的一些强大功能，避免重复开发工作，监控软件提供了让用户在 EXCEL 环境下修改曲线，将修改结果可由监控程序直接调入的功能，实现实时替换曲线。如果当前正在运行的潮汐曲线中有一个或几个或全部水位站曲线需要修改，用户已在其他环境（如 EXCEL）下修改好潮型曲线文件，则可选择替换曲线功能，上位机和下位机同时替换曲线，而不中断控制进程。

（6）清除历史。监控软件能以不同的颜色显示最新 3 个周期曲线，监控程序提供了清除历史曲线功能。按［显示/清除历史曲线］，清除除当前周期显示曲线外的所有历史曲线。

（7）切换显示。显示屏上已设置了“上一曲线”、“下一曲线”、“显示曲线选择”等按钮和命令复选框，可用鼠标点击相应的按钮进行显示曲线切换。或按键盘上的“PgUp”或“PgDn”键，显示当前水位站的上一水位站或下一水位站的潮汐曲线。对于一些特殊的操作命令，如开/关泵、走潮等命令，不设操作键，而由系统子菜单发出，使监控图的菜单窗口简洁，命令行顺序暗隐可避免误操作。

（8）实时查看。系统的数据输出文件能由 EXCEL 调入，方便用 EXCEL 进行数据处理和作图，减少了人工绘制曲线的工作量。充分利用 WINDOWS 多任务操作平台的特性，可在不停止系统运行的情况下在线对数据库中已有的数据进行数据处理，及时分析模型试验成果，指导模型试验的后续研究工作，大大缩短模型试验的周期，提高了经济效益。

（9）频率显示。为了便于判断控制输出是否正常，监控程序设置了控制频率实时显示功能。

（10）多媒体功能。潮汐物理模型试验经常需要一些人工定时辅助工作，笔者将计算机的多媒体功能集成到监控软件中来。如果计算机配备声卡和音响，开泵时选中采集流速，则监控系统在流速采集时刻到来时能以声音自动报告流速采集的时间，便于人工同步测量。

（11）多窗口显示。有时需要同时观测两个不同的水位站水位过程曲线进行对比观测，监控软件提供了这一功能。

（12）分辨率选择。为了能让用户选择水位数据图形显示分辨率，监控软件提供了这一功能，修改显示曲线的纵坐标比尺参数可使当前显示的曲线变得更美观。

（13）参数配置。监控程序在保存文件时，已自动将所有水位仪、流速仪、变频器、控制等参数保存到配置文件中，下次开机时监控程序寻找该配置文件，将所有参数自动调入。但为了使用方便，监控程序在各参数配置窗口单独设置了参数存取按钮，以便对上述各类参数进行单独的存取。

（14）报警功能。可对现场仪器故障、通信中断、测值超界等判断、报警，以利于试验人员及时排除故障。

（15）效果控制。潮汐物理模型控制效果的好坏直接关系到试验的成败。监控软件以表格的形式提供了各个口门、各个控制参数的实时修改功能，便于对不同的潮型曲线，不同地形的模型进行控制参数调整，最大限度地提高潮汐模型的控制精度。

（16）开关量控制。根据使用要求，设置了开关量控制功能。监控软件可以设定 32 路开关量在 255 个模型小时内任意时刻的开或关动作。这为加沙设备等电气控制提供了方便。

（17）数据通信。为保证数据通信的可靠性，采用 MODBUS 通信协议，采用 CRC 数据校验方式。经长期使用，监控软件的通信功能具有很好的实时性、快速性、可靠性。

2. 现场控制级

现场工控级是系统的核心。它实时在线完成以下主要功能：接收中央监控机命令并处理、计时、数字滤波、潮形曲线插值计算、曲线跟踪控制算法和各种控制输出处理；采用网络通讯方式，完成对水位仪、流速仪和变频器等仪器设备的数据采集和控制。为保证通信数据的可靠性，设有 CRC 校验及故障报警功能。

现场控制级工控机使用 C++ 高级语言编程，以中断方式接收命令，定时采集水位、流速数据并把控制参数发送给变频调速控制器。图 6 - 15 为现场工控机控制软件的流程图。

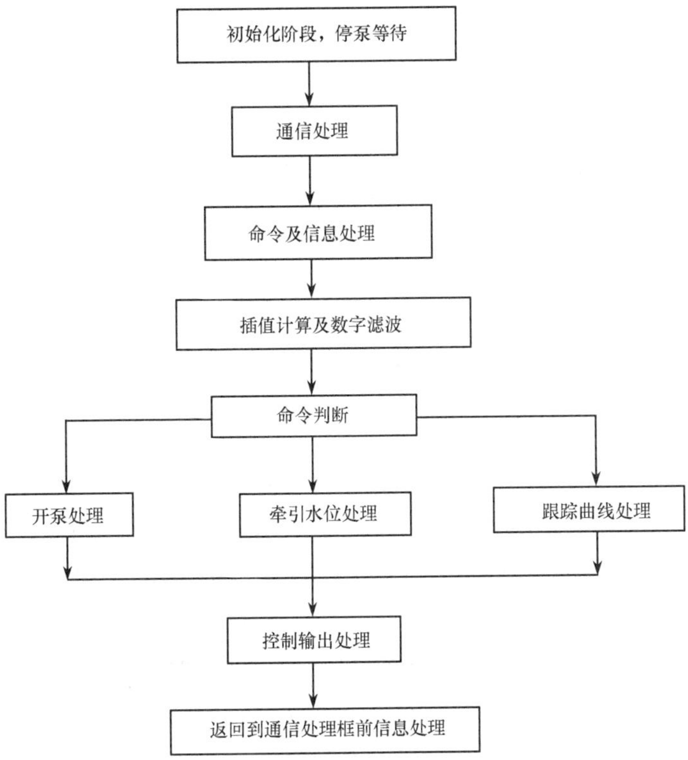

图 6 - 15　现场工控机控制软件的流程图

(1) 数据处理。原型的潮汐实测资料一般每小时测一次，远不能满足时间连续控制的模型试验的要求，因此，要按采样和控制时间步长的要求进行内插计算。对于模型试验实测的数据采用多个采样值滤波均值处理。

控制周期的长短，直接影响到控制质量，周期越短，质量就越高，但受系统时间常数的限制，控制周期不可能无限地缩短。根据多年潮控的经验，一般采用 2 ~ 4s 为控制周期，就可以满足精度要求，再缩短周期，也不再会明显提高精度。

给定潮汐曲线的插值计算采用改进的二次拉格朗日算法。该算法与三次样条法相比，编程量及数据存储量大大减少，且插值曲线更圆滑。该算法如下：

$$H = (H_L + H_H)/2$$

$$Z_0 = H_0 \times [(T - T_1) \times (T - T_2)] / [(T_0 - T_1) \times (T_0 - T_2)]$$

$$Z_1 = H_1 \times [(T - T_0) \times (T - T_2)] / [(T_1 - T_0) \times (T_1 - T_2)]$$

$$Z_2 = H_2 \times [(T - T_0) \times (T - T_1)] / [(T_2 - T_0) \times (T_2 - T_1)]$$

式中　H 为插值点水位值；Z 为插值点样条值；T 为插值点时间值，$T_i < T < T_{i+1}$。

计算 H_L时：$T_0 = T_{i-1}$，$T_1 = T_i$，$T_2 = T_{i+1}$，$H_L = Z_0 + Z_1 + Z_2$

计算H_H时：$T_0 = T_i$，$T_1 = T_{i+1}$，$T_2 = T_{i+2}$，$H_H = Z_0 + Z_1 + Z_2$

（2）控制算法。控制输出需针对不同的控制对象分别设计，此次潮汐自控系统的控制对象为变频器控制的潜水泵群，实质就是对变频器的输出控制。

设一阶时间连续系统的模拟 PID 控制算法：

$$u(t) = K_P\left[e(t) + \frac{1}{T_I}\int_0^T e(t)\mathrm{d}t + T_D\frac{\mathrm{d}e(t)}{\mathrm{d}t}\right] \tag{6-36}$$

由于计算机控制是一种采样控制，它只能根据采样时刻的偏差值计算控制量，需要进行离散化处理。另外，根据变频器—水泵的涨落潮机制和水流大滞后的特点，设计了增量式 PID 闭环加开环修正的复合控制算法。

近似变换的位置式离散函数为

$$u(n) = K_P \times e(n) + K_I \times \sum_{i=0}^{n} e(i) + K_D \times \left[e(n) - e(n-1)\right] \tag{6-37}$$

式中　u为输出量；n为采样序号，$n=1,2,3\cdots\cdots$；T_I为积分时间常数；T_D为微分时间常数；K_P为比例系数；K_I为积分系数，$K_I = K_P T/T_I$；K_D为微分系数，$K_D = K_P T_D/T$；e为控制误差。

这种算法的缺点由于是全量输出，所以每次输出均与过去的状态有关，计算工作量大。而且，因为$u(n)$对应的是执行机构的实际位置，如出现意外，$u(n)$的大幅度变化会引起执行机构的大幅度动作，这种情况在试验中是不允许的。增量式 PID 可以避免类似情况的发生，因为它的输出只是控制量的增量$\Delta u(n)$，见图 6-16。

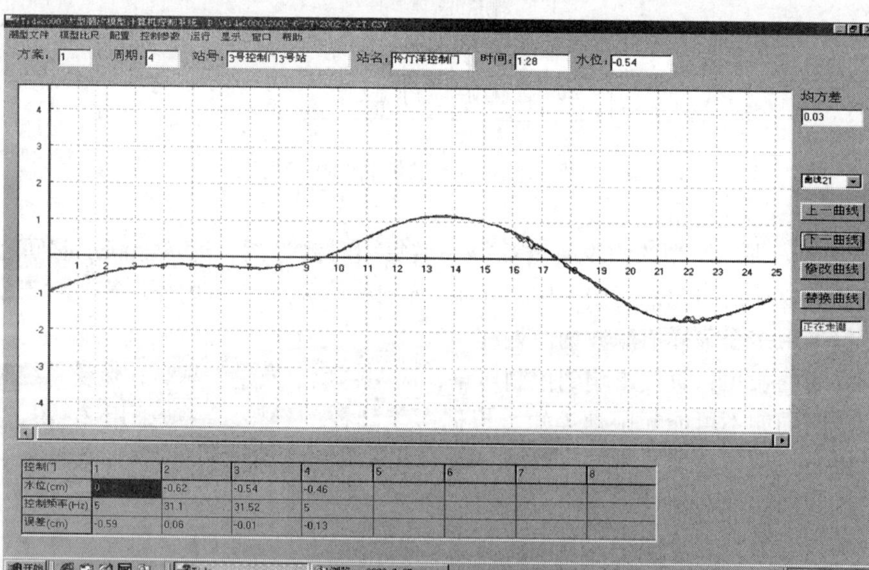

图 6-16　控制效果示意图

增量式离散函数为

$$\begin{aligned}\Delta u(n) &= K_P \times \Delta e(n) + K_I \times e(n) + K_D \times [\Delta e(n) - \Delta e(n-1)] \\ &= Ae(n) - Be(n-1) + Ce(n-2)\end{aligned} \tag{6-38}$$

其中

$$\Delta e(n)=e(n)-e(n-1)$$
$$A=K_P\ (1+T/T_I+T_D/T)$$
$$B=K_P\ (1+2T_D/T)$$
$$C=K_PT_D/T$$

修正后的复合控制算法：

$$\Delta u\ (n)\ =u_c+u_0=\Delta e\ (n)\ +\ K_0\ (H_{i+1}-H_i) \tag{6-39}$$

式中 K_0为开环系数；u_c为闭环分量；u_0为开环分量。

6.4.3.6 现场总线

以往的模型自控系统多采取点对点星状集中采集控制模式，采集和控制信号需要大量电缆接驳到控制计算机，线路铺设的工程量大，日后维护困难。基于现场总线技术的全开放分散控制系统通过现场总线将现场所有仪器设备与计算机之间进行先进的数字式、串行多点的通信，大大减少了数据传输电缆，提高了系统的可靠性，表现出良好的可扩展性。

1. 现场总线特点

20世纪80年代以来自动控制开始采用计算机技术。第一代集中式控制系统DDCS（直接数字控制系统）控制可靠性很差；第二代DCS控制系统是一个半数字化系统；第三代FCS（Fieldbus Control System）称为现场总线控制系统是一种全数字化控制系统，它使传统的控制系统结构上发生了根本的变化。基于现场总线技术的全开放分散控制系统是自动控制技术、自动化仪表、工业技术、计算机技术、网络技术、通信技术的交叉与集成，涉及的应用领域十分广泛，几乎覆盖了所有连续、离散过程控制领域。

现场总线是应用在现场仪表与控制室之间的一种“全数字化、双向、多变量、多点多站的通信系统”，也称为开放式、全数字化、多点通信的底层控制网络。其本质含义表现在：现场通信网络、现场设备互连、互操作性、分散功能模块和开放式互联网络。

目前国际上有40多种现场总线，按其传输数据的大小可分为3类：传感器总线（sensor bus），属于位传输；设备总线（device bus），属于字节传输；现场总线，属于数据流传输。目前应用比较多的有工业以太网、ProfiBus、FieldBusFoundation、LonWorks、CAN、Arcnet、DeviceNet及MODBus等。

现场总线的应用有如下特点：

低成本：由于现场总线的通信是全数字式的，并且它的控制功能完全由现场设备去执行，因此不需要输入、输出及其他控制板，而且现场装置可直接与操作台相连；系统布线、安装、维修费用减少。

组态简单：由于所有仪表都引入了功能模块，组态变得非常相似或简单。组态可通过计算机编辑，然后下装至现场自动化设备。标准化的接口为仪表设备的更新提供了更广阔的天地。

查索及诊断：数字通信使用户从控制室中查索所有设备的数据、组态、运行和诊断信息成为现实。

安装、运行、维修简便：各种仪表的接入操作程序基本一致，培训简单。现场仪表是并行连接，接线简单，接头核对工作大大减少，一条电缆通常可连接几十台设备。

本测控系统采用了硬件配置简单、技术容易实现、成本低廉的、基于 RS－485 的 MODBus，系统通讯介质选用双绞线。

2. 物理接口标准

RS－232、RS－485 都是串行数据接口标准。由于它们的接口电路简单，通用性比较好，所以在控制领域有着广泛的应用。RS－232 和 RS－485 有着各自的优缺点：RS－232 是低速率串行单端标准，采取不平衡传输方式（即所谓单端通信），其共模抑制能力差，传送距离短，其为点对点的通信方式；RS－485 全称是“平衡电压数字接口电路的电气特性”，数据信号采用平衡传输方式，扩展了总线共模范围，可以实现多点、双向通信，使得在通信速率、抗干扰和传输距离方面都有较大的改善。

RS－232 与 RS－485 标准只对接口的电气特性做出规定，而不涉及接插件、电缆或协议。RS－485 使用一对双绞线，将其中一线定义为 A，另一线定义为 B。通常情况下，发送驱动器 A、B 之间的正电平在＋2～＋6V，是一个逻辑状态，负电平在－2～6V，是另一个逻辑状态。另有一个信号地 C，在 RS－485 中还有一“使能”端。“使能”端是用于控制发送驱动器与传输线的切断与连接。当“使能”端起作用时，发送驱动器处于高阻状态，称作“第三态”，即它是有别于逻辑“1”与“0”的第三态。

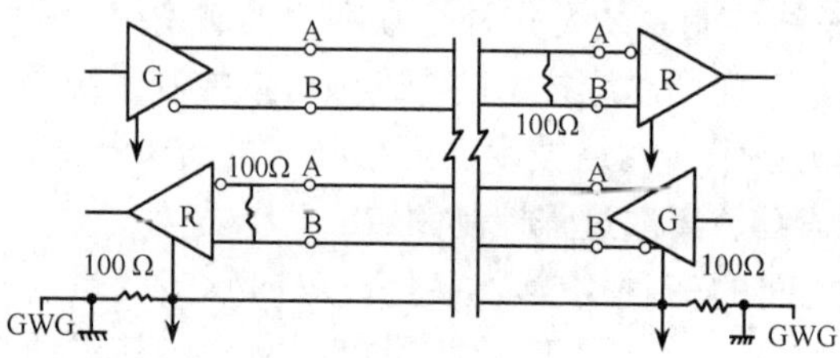

图 6－17　接口示意图

G—发送驱动器；R—接收器；↓—信号地；⏚—保护地或机箱地；GWG—电源地

接收器也作与发送端相对的规定，收、发端通过平衡双绞线将 AA 与 BB 对应相连，当在收端 AB 之间有大于＋200mV 的电平时，输出正逻辑电平，小于－200mV 时，输出负逻辑电平。接收器接收平衡线上的电平范围通常在 200mV 至 6V 之间，见图 6－17。

RS－485 标准由于接收器采用高输入阻抗和发送驱动器比 RS232 更强的驱动能力，故允许在相同传输线上连接多个接收节点（从设备），最多可接 32 个节点，采用专用芯片可扩接到 128 个节点，所以 RS－485 支持点对多的双向通信。即一个主设备，其余为从设备，从设备之间不能通信。

3. 通信协议

通信协议是指通信双方的一种约定。约定包括对数据格式、同步方式、传送速度、传送步骤、检验纠错方式以及控制字符定义等问题做出统一规定，通信双方必须共同遵守，它属于 ISO′S OSI 国际参考标准的第三层—数据链路层。数据链路层必须使用物理层提供给它的服务。物理层所做的工作是接收一个原始的比特流，并准备把它交给目的地，不能保证这个比特流无差错。所接收的比特的数量也许少于、等于或多于所传递的比特的数量，它们具有不同的值。一直要上到数据链路层才能进行检测，如果需要的话，纠正错误。对于数据层，通常的方法是把比特流分成离散的帧，并对每一帧计算出校验和。当一帧到达目的地后重新计算校验和时，如果新算出的校验和不同于帧中所包括的值，数据链路层就知道出现差错了，从而会采取措施处理差错，即丢弃坏帧，并发回一个差错报告。

（1）Modbus 协议简介。Modbus 网络通信使用主—从技术，即仅主设备能初始化传输

（查询），其他设备（从设备）根据主设备查询提供的数据作出相应反应。主设备可单独和从设备通信，也能以广播方式和所有从设备通信。如果单独通信，从设备返回一消息作为回应，如果是以广播方式查询的，则不作任何回应。Modbus 协议建立了主设备查询的格式：设备（或广播）地址、功能代码所有要发送的数据、一错误检测域。协议可支持 247 个之多的远程从属控制器，它已经成为一通用工业标准。

此协议定义了一个控制器能认识使用的消息结构，而不管它们是经过何种网络进行通信的。它描述了一控制器请求访问其他设备的过程，如果回应来自其他设备的请求，以及怎样侦测错误并记录。它制定了消息域格局和内容的公共格式。

当在一 Modbus 网络上通信时，此协议决定了每个控制器须要知道它们的设备地址，识别按地址发来的消息，决定要产生何种行动。如果需要回应，控制器将生成反馈信息并用 Modbus 协议发出。在其他网络上，包含了 Modbus 协议的消息转换为在此网络上使用的帧或包结构。这种转换也扩展了根据具体的网络解决节地址、路由路径及错误检测的方法。

Modbus 通信协议分为 RTU（远程终端单元）协议和 ASCⅡ协议，本测控系统及各种仪表都采用 Modbus RTU 通信协议。这种方式的主要优点是：在同样的波特率下，可比 ASCⅡ方式传送更多的数据。

（2）Modbus 通信规约。当通信命令发送至仪器时，符合相应地址码的设备接通信命令，并除去地址码，读取信息，如果没有出错，则执行相应的任务；然后把执行结果返送给发送者。返送的信息中包括地址码、执行动作的功能码、执行动作后结果的数据以及错误校验码。如果出错就不发送任何信息。

1）查询。查询消息中的功能代码告之被选中的从设备要执行何种功能。数据段包含了从设备要执行功能的任何附加信息。数据段必须包含要告之从设备的信息：从何寄存器开始读及要读的寄存器数量。错误检测域为从设备提供了一种验证消息内容是否正确的方法。

2）回应。如果从设备产生一正常的回应，在回应消息中的功能代码是在查询消息中的功能代码的回应。数据段包括了从设备收集的数据：像寄存器值或状态。如果有错误发生，功能代码将被修改以用于指出回应消息是错误的，同时数据段包含了描述此错误信息的代码。错误检测域允许主设备确认消息内容是否可用。

3）消息帧。传输过程中，传输设备将 Modbus 消息转为有起点和终点的帧，这就允许接收的设备在消息起始处开始工作，读地址分配信息，判断哪一个设备被选中（广播方式则传给所有设备），判知何时信息已完成。部分的消息也能侦测到，并且错误能设置为返回结果。

消息发送至少要以 3.5 个字符时间的停顿间隔开始。传输的第一个域是设备地址。可以使用的传输字符是十六进制数。网络设备不断侦测网络总线，包括停顿间隔时间内。当第一个域（地址域）接收到，每个设备都进行解码以判断是否发往自己的。在最后一个传输字符之后，一个至少 3.5 个字符时间的停顿标定了消息的结束。一个新的消息可在此停顿后开始。

整个消息帧必须作为一连续的流转输。如果在帧完成之前有超过 1.5 个字符时间的停帧时间，接收设备将刷新不完整的消息，并假定下一字节是一个新消息的地址域。同样，如果一个新消息在小于3.5个字符时间内接着前个消息开始，接收的设备将认为它是前一消息的延续。这将导致一个错误，因为在最后的CRC域的值不可能是正确的。

消息帧结构：

地址码	功能码	数据区	错误校验码
8位	8位	N×8位	16位

地址域：消息帧的地址域包含8Bits，是信息帧的第一字节。可能的从设备地址是十进制的0~247。主设备通过将要联络的、由用户设置的从设备的地址放入消息中的地址域来选通从设备。当从设备发送回应消息时，它把自己的地址放入回应的地址域中，以便主设备知道是哪一个设备作出回应。每个从设备都必须有唯一的地址码，并且只有符合地址码的从设备才能响应回送。

地址：是用作广播地址，以使所有的从设备都能认识。

功能域：消息帧中的功能代码域包含了8Bits。可能的代码范围是十进制的1~255。当消息从主设备发往从设备时，功能代码域将告之从设备需要执行哪些行为。例如去读取从设备的数据内容、诊断状态等。

当从设备回应时，它使用功能代码域来指示是正常回应（无误），还是有某种错误发生（称作异议回应）。对正常回应，从设备仅回应相应的功能代码。对异议回应，从设备返回一等同于正常代码的代码，但最重要的位置为逻辑1。主设备应用程序得到异议的回应后，典型的处理过程是重发消息，或者诊断发给从设备的消息并报告给操作员。

数据域：数据域是由2个16进制数集合构成的，范围00~FF。从主设备发给从设备消息的数据域包含附加的信息：从设备必须用于进行执行由功能代码所定义的所为。这可以是寄存器地址、要处理的信息数值、域中实际数据字节数。如果没有错误发生，从设备返回的数据域包含请求的数据。如果有错误发生，此域包含一异议代码，主设备应用程序可以用来判断采取下一步行动。

错误检测域：有时，由于电子噪声或其他一些干扰，信息在传输过程中会发生细微的变化，错误校验码保证了主设备或从设备对在传送过程中出错的信息不起作用，这样增加了系统的安全和效率。

标准的Modbus串行网络采用两种错误检测方法。奇偶校验对每个字符都可用。帧检测（LRC或CRC）应用于整个消息。它们都是在消息发送前由主设备产生的，从设备在接收过程中检测每个字符和整个消息帧。当选用RTU模式作字符帧，错误检测域包含一16Bits值。错误检测域的内容是通过对消息内容进行循环冗长检测方法得出的。CRC域附加在消息的最后。接收设备重新计算收到消息的CRC，并与接收到的CRC域中的值比较，如果两值不同，则有误。

用户要给主设备配置一预先定义的超时时间间隔，这个时间间隔要足够长，以使任何从设备都能作为正常反应。如果从设备测到一传输错误，消息将不会接收，也不会向主设备作出回应。这样超时事件将触发主设备来处理错误。发往不存在的从设备的地址也会产生超时。

4）字符的连续传输。当消息在网络传输时，每个字符或字节以从左到右方式发送：最低有效位→最高有效位。每个字节都是一个 8 位二进制数组成，见图 6 - 18。

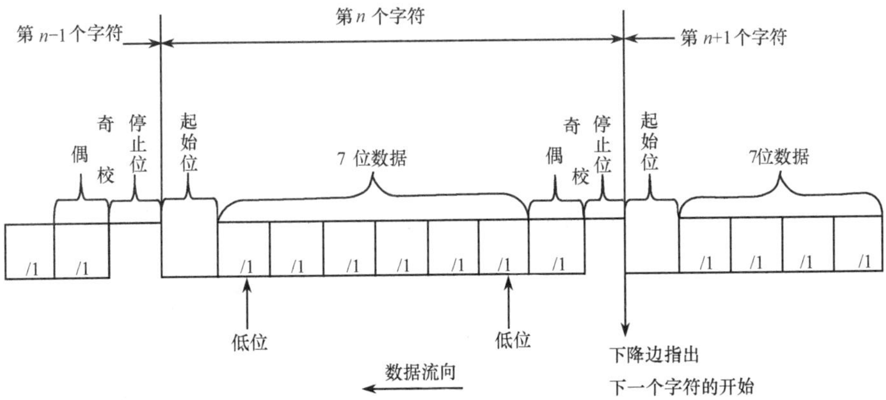

图 6 - 18　字节位序图

每个字节的位：1 个起始位、8 个数据位、1 个停止位。

5）采集时间。采集一台从设备一次数据所需时间小于 20ms。若每个串行口挂满 32 台从设备，则一个采集循环需要 0.64s，每 2s 可以采集 2 ~ 3 个循环，完全可以满足非稳定流的潮汐物理模型的实时要求。

6.5　模型量测设备

6.5.1　HMMC 水力物理模型计算机监控系统

HMMC 水力物理模型计算机监控系统切实地针对河工、水工、港工水力物理模型的特点，从技术创新出发，结合了模型试验技术和工业自动化控制系统集成的技术及经验，系统整体集成高新技术含量高，控制、采集测试精度高，可靠性好，运行高效率，节能效果明显，设备通用性和物理模型种类及规模的适应性好，扩展容易，安装简单，容易维护，设备可重复使用，综合投资经济合理。现已广泛应用于各种模型试验，并输出到国内外有关单位，获得高度评价。

整个系统采用分布式结构。系统由中央监控机、现场工控机、给排水设备、量测仪器和工业现场总线组成。可以完成模型试验项目中的进出口流量、水位、流速、流向场、温度场等参数的测量和仿真控制。系统在采集数据可靠性、控制准确度、试验时间及模型调试周期的缩短、节省模型试验电耗费等方面要有明显的提高。

实时级现场工控机采用 C⁺⁺ 高级语言编程，中央监控微机采用 Windows 操作平台，以组态软件组织监控图，加强的模块化设计功能，完全、灵活地满足模型试验的要求，以适应不同的科研生产需要。经过有关单位的相当长一段时间的使用，监控软件在灵活性、实用性等方面能很好地满足模型测量控制的要求，在可视性、可操作性、可靠性、稳定性、实时性等方面都获得了一致的好评：

☑ 水利部水利科技重点项目，通过部级鉴定；

☑ 科技部《国家科技成果重点推广计划》项目；

☑ 获首届大禹水利科学技术进步奖；

☑ 系统达到国际先进水平，关键技术达到国际领先水平。

1. 技术特点

（1）可靠性高。采用分布式工业控制系统，以及智能仪器、工业现场总线、多任务操作平台、组态软件等硬软件新技术的应用和标准工业产品的采用，确保了系统运行的可靠性。

（2）准确度高。将高准确度线位移数字编码器用于水位仪，彻底消除角位移转换带来的误差，不受温度和漂移的影响。一系列测量仪器的设计体现机电一体化、智能化和网络化，满足了更新换代的要求。

（3）实时性强。数据采集方面，每台从机一次数据采集所需时间小于20ms，监控命令可实时传送至现场控制机。若每个通信口挂满32台从机，则一个循环的采集需0.64s，每2s可采2～3个循环，满足采样理论要求。

（4）控制效果好。采用分布式控制技术，实现了数据传输的数字化，提高了系统控制的准确度。软件的模块化使设计更清晰，功能实现更简捷。根据系统的特点设计了增量式PID控制算法，再结合其他控制思想，解决了以往控制中受平水频率影响大的缺点，实际应用中控制效果理想。

（5）可在线分析。本系统采用模拟组态模块软件设计的手法，复杂美观监控画面制作快速简便。WINDOWS操作平台多任务运行的特点方便了在线查询及数据分析功能，各种操作一目了然，操作简便，提高了工作效率，加快了物理模型试验的进度。

（6）节约能耗。本系统采用变频器动态提供物理模型的供水量，长期工作于10Hz到40Hz之间，从而大量节省电能，长期运行经济实用。经过有关潮汐物理模型的对比试验表明，采用变频调速生潮设备的耗电量比处于工频工作状态下的横移式尾门减少30%以上。

（7）节省投资。通过工业现场总线实现数据的传送，为量测和控制设备的灵活接入提供了极大的方便，降低了系统布设的工作量和难度，节约了开支。系统大部分机电设备均来自市场采购的批量工业定型产品，成本低、规格标准、可选性强、互换性好，具有设备增减容易、安装调试时间短、运行维护简单，并且这些设备可以在多个模型之间方便地移植使用、装卸方便、快捷高效，节省模型设备投资。

（8）多区控制。本系统的设计可适用于多达8个区（段）的边界控制。由于系统的技术先进性，可以作到灵活调控从而满足各区不同控制的需要。

2. 配套设备

水位采集：GS－3B/ GS－4光栅水位仪；

流速采集：LS－3C/R八线流速仪；

流量控制：FV－1控制适配器；
闸门控制：DW－1定位（开度）控制仪；
模拟接口：FMA－101适配器；
水面跟踪：SJ－1升降仪；
其他：变频器、水泵等。

6.5.2　计算机流量控制单元

1. 控制原理

为模拟上游非恒定流量过程，在试验中研制了多种形式的计算机流量自动控制单元。单元以计算机为核心部件，以电磁流量计或量水堰作为流量的量测手段，配以输水管道电动调节阀或水泵来达到流量自动控制的目的。

试验前，把给定流量时序输入计算机。运行时，把电磁流量计或量水堰采集到的流量值与给定值进行比较，确定流量偏差，按计算机自控程序PID计算修正值，输出到驱动装置（变频器等），控制输水管道上的水泵或电动阀的开度，改变供水量，其流量准确度可达3%以内。

电磁流量计基于法拉第电磁感应原理研制出的一种测量导电液体体积流量的仪表，根据法拉第电磁感应定律，导电体在磁场中作切割磁力线运动时，导体中产生感应电压，该电动势的大小与导体在磁场中做垂直于磁场运动的速度成正比，由此再根据管径，介质的不同，转换成流量。电磁流量计是无阻塞式流量计，不受流体密度、黏度、压力、温度的影响，可以用于测量含沙流体。又因为它只与被测流体的平均速度有关，测量范围宽，动态反应快，只需标定后即可测量，无须修正，最适合作为计量设备使用。由于电磁流量计技术及工艺材料的不断改进，稳定性、线性度、精度和寿命的不断提高和管径的不断扩大，寿命的不断增长，得到了越来越广泛的应用，其成本也得到了降低。

电动调节阀由电动执行器与平衡式调节阀体组合而成，以电动机带动减速器运行而产生轴向推力，从而使调节阀芯作相应移位，达到对工艺介质流量、压力、温度、液位等变量的调节。执行器内置伺放模块及阀位反馈组件，具有4～2mA电流输入接口，可直接与智能调节仪表配套使用。电动调节阀具有体积小、重量轻、免维护和安全可靠等重要特征，被广泛应用于管道流量等自动控制与调节系统。

利用变频器驱动水泵（电动机）所构成的流量控制，具有性能好、调节范围大、动态稳定性好、运行效率高、节能和结构简单的特点。

FV－1适配器提供10位精度的4～20mA输入/输出通道各一路，具备RS485标准通信接口，可用于流量闭环控制，见图6－19、图6－20。

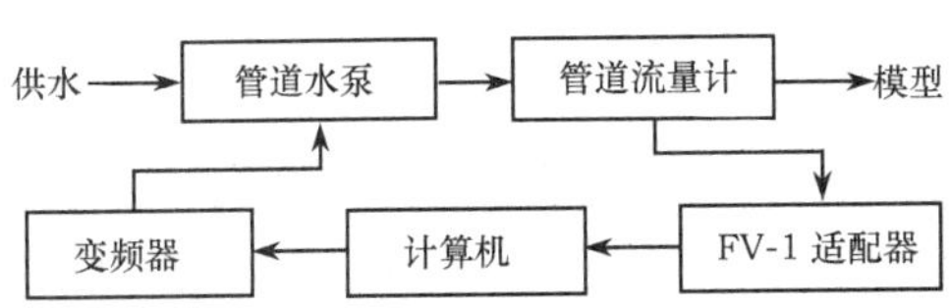

图6－19　水泵流量控制原理

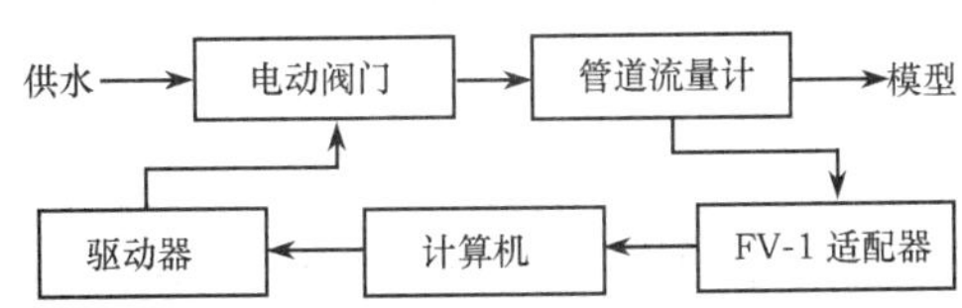

图6－20　电动阀流量控制原理

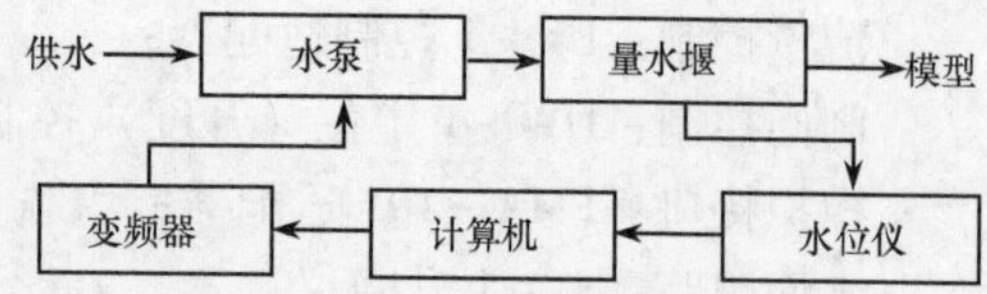

图 6－21 量水堰流量控制原理

量水堰因其价格低廉、能够保证精度、使用简单，被广泛采用。在堰上架设水位仪，测取堰上水头，计算下泄流量，通过控制水泵的出水，达到流量闭环控制，见图 6－21。该方法仅适用于流量变化非常缓慢的试验，其堰上水头的控制准确度在 0.2mm 以内。

2. 程序设计

初始化子程序是对输入和输出接口、时钟及有关地址作预处理。

流量采集子程序对流量数据作多次采集，并调用中值滤波子程序完成带通数字滤波，以消除高低频干扰信号。

流量偏差子程序比较采集流量与给定流量，作带符号减法运算。

控制系数子程序根据流量级大小，选取不同的控制系数，使大小流量的控制精度在 3% 以内。

输出控制子程序根据带正负号的偏差大小，输出一个阀门开度或水泵频率去控制相应对象。

监控显示子程序显示时间、流量、偏差值及控制情况。

6.5.3 计算机温度场测量单元

1. 测量原理

对于热电厂冷却水的取排水口及取水廊道模型试验，温度是一种最基本的待测参数，需要实时、准确地了解取排水口附近温度场的温度分布，因此研究温度的测量方法和装置具有重要的意义。测量温度的关键是温度传感器。目前，国际上新型温度传感器正从模拟式向数字式、从集成化向智能化、网络化的方向飞速发展。

本次采用的智能温度传感器是微电子技术、计算机技术和自动测试技术（ATE）的结晶。其内部包含了温度传感器、转换器、信号处理器、存储器和总线型数字接口电路。它的特点是能输出温度数据及相关的温度控制量，在硬件的基础上通过软件来实现测试功能。由于其可直接输出数字量，完全可以取代热电偶、热电阻等传统的温度传感器。

温度场测量主机采用 PC 机，通过 485 通信总线实现与多个从机（采集器）的数据交换，见图 6－22。每个从机通过单总线可与 128 个温度传感器相连，构成测温的矩阵网络。主机利用组态软件强大的数据处理和显示功能对采集的温度场数据进行实时处理、分析和显示。

当用于潮汐模型温度场试验时，还必须将温度传感器安装在可跟踪水位变化的框架上，框架采用 SJ－1 升降仪驱动。

2. 技术特点

1）全数字式数据采集和传输。测温点温度传感器与分机之间的连接采用最新单总线技术，每个数字传感器分配唯一的地址码，具有接口简单、容易扩展等优点。现场温度全数字化的数据采集和传输抗干扰能力强，数据包的层层校验保证了通信数据的可靠。

2）采用先进的数字式温度传感器，测量精度可达 ±0.5℃，不受从机电压的影响，传感器内直接转换温度值。

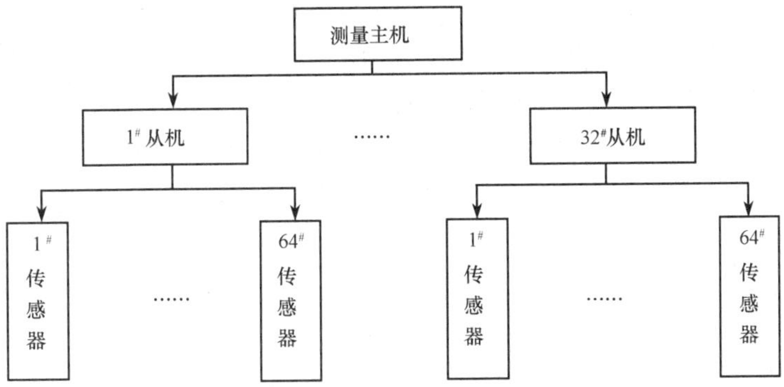

图 6－22　温度场测量结构图

3）简化系统结构，减少故障点。硬件部分只有主机、分机两级结构。分机与所有温度传感器总线式相连，中间环节少，不但减少了数据中转耗费的时间，而且系统出现故障的几率大大降低。

4）采用总线插接方式，安装方便，维护简单。与传统的测温系统相比，避免了安装繁琐、影响现场布局的麻烦。安装时只需将总线铺设于测量区域框架上，然后将传感器电缆的插头与总线连接器相连即可。

当系统诊断到故障点，需要更换测温电缆时，只需拔掉接口电缆插入新的电缆即可，维修工作变得相当简单。

5）系统响应速度快，轮询测量时间短，测量时间和响应速度方面都有了大的提高。测量时只需 1s 就可以看到动态采集中的温度数据，采集完成全部测温点的时间根据测温点的数量动态伸缩。

6）作为安装方便的数字式系统，在使用前和使用后可以妥善存放于设备集装箱内，不但保护设备、延长系统的使用寿命，也让使用时的安装工作有条有序。

7）主机软件突破传统的表格式数据显示模式，采用立体的图形显示，分层分列，并且以颜色的变化反应温度的高低情况，以曲线的形式反应温度的变化情况，以历史比较的方法反应温度的查阅。

3. 技术指标

主机容量：32 台分机；

从机容量：64 个温度传感器；

测温范围：－30～＋60℃；

测温误差：≤±0.5℃；

重复误差：≤±0.1℃。

6.5.4　跟踪式光栅水位仪

水位仪是物理模型试验中必备的测量仪器。跟踪式光栅水位仪采用往复触水式探头和高精度线位移型编码器。往复触水式探头可以消除模型水质变化和水表面张力的影响，线位移型编码器可以排除旋转型编码器（如同步电机或码盘）因线一角位移机械转换传动装置给仪器综合性能（准确度、跟踪速度、使用寿命等）带来的不良影响。

最近40年，计量光栅技术在工业计量领域中的应用得到飞速发展。无论在光栅刻划技术方面、计量技术理论方面以及应用方面，它是仅低于激光式测量的一种新兴的高精度测量装置。其中，线位移光栅编码器采用数字量输出，具有高分辨率、高精度、大量程、线性好、高速和长寿的特点，广泛应用于机床、仪表、仪器等行业的坐标测量，特别适合位移量同步测量。

跟踪式光栅水位仪创新采用了高精度线位移光栅编码器，设计以机电一体化、智能化和网络化为目标，在经过多年使用和改进后，该仪器得到国内外研究机构的广泛应用。

1. 仪器结构

跟踪式光栅水位仪主要由线位移光栅编码器、微控制器系统、直线轴承同步机械驱动装置和外壳等组成，见图6－23。

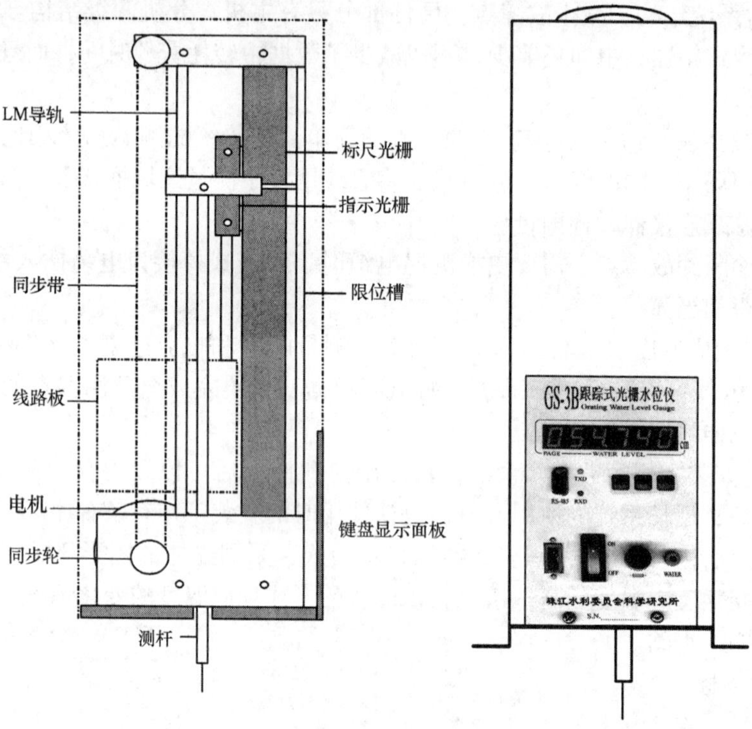

图6－23　光栅水位仪结构与外观图

（1）线位移光栅编码器。光栅编码器是由玻璃质标尺光栅和读数头组成。可运动的读数头内含指示光栅、红外光电元件、斯密特整形器和定位车。标尺光栅和指示光栅上刻有一系列平行等距的遮光和透光条纹（栅距 $d=0.02$mm）。正常工作时，定位车保证指示光栅和标尺光栅的平面有微小的平行间隙，两尺栅线保持一很小夹角 θ。根据几何光学原理，光在经过叠合的两块光栅时，两尺遮光条纹或透光条纹的交点的连线组成一条透光的亮线，而遮光条纹和透光条纹的交点的连线组成一条不透光的暗线，这些亮暗线被称为莫尔条纹，见图 6－24。莫尔条纹信号的宽度和三角函数特性则通过栅线夹角来调整。

以标尺光栅轴向为 x，垂直方向为 y，则得莫尔条纹方程式为

$$y = x\left(1 - \frac{1}{\cos\theta}\right)\cot\theta - \frac{kd}{\sin\theta}$$

式中　每一个 k 值对应一条条纹。

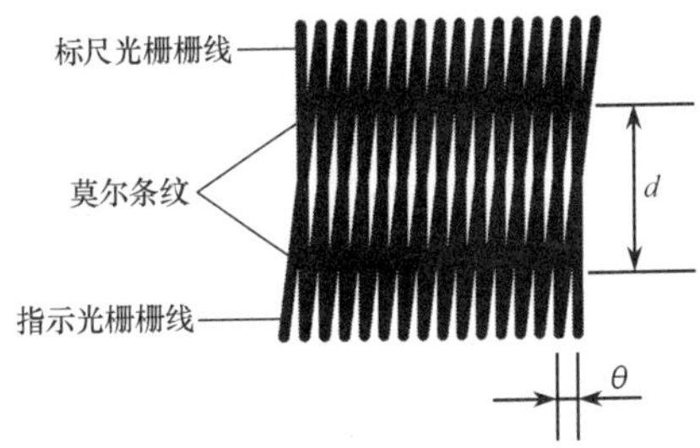

图 6－24　莫尔条纹形成示意图

莫尔条纹的斜率为

$$\tan\varepsilon = \left(1 - \frac{1}{\cos\theta}\right)\cot\theta$$

莫尔条纹的间距为

$$W = \frac{d}{\sqrt{2(1-\cos\theta)}}$$

由上可见，两块光栅叠合时所形成的莫尔条纹是由条纹斜率 $\tan\varepsilon$、条纹间距为 W 的平行线簇所形成。

当 θ 角很小时，莫尔条纹大致与光栅栅线方向相垂直，并且 $W \gg d$，即莫尔条纹间距对光栅栅距有放大作用，这对直径比栅距大得多的红外光电元件十分有好处。

当读数头沿标尺光栅轴线相对移动时，红外光电接收元件产生 Sin 和 Cos 信号，经斯密特整形器变成方波脉冲。读数头相对标尺光栅移动一个栅距，就输出一个具有方向特征的方波脉冲，经过对脉冲信号的计算即可得出读数头的位移量。在标尺光栅和指示光栅尺面上还各刻划有一个零点窗，当两窗完全重合时，将产生全量程范围内唯一一个零点脉冲信号。以零点作为坐标原点，则线位移光栅编码器就成为一维坐标测量系统：

$$\text{读数头坐标 } x = \text{栅距 } d \times \sum(\pm\text{方波脉冲数})$$

采用两倍电子细分，可以在一个栅距内产生两个触发，将 0.02mm 栅距的光栅编码器分辨率提高到 0.01mm，见图 6－25。在实际应用中，为减小红外光电发送和接收元件受温度漂移以及电源波动的影响，标尺光栅采用了 5 窗差分结构。

从测量原理可以把光栅编码器当作电子式水位测针，用它直接测量水位变化既直观又合适。

（2）微控制器系统。微控制器系统由主、副微控制器、具有 Watch Dog 功能的 Flash 存储器、调频触水触发器、键盘、显示器、RS485 通信组件和可控硅电机驱动组件等组成，见图 6－26。主微控制器负责通信、键盘命令、显示和电机控制，副微控制器负责光栅编码器位移量的判别、坐标计算、水位值拾取和光栅编码器故障诊断。

键盘为 3 位复用轻触按键，显示器为 6 位高亮 LED 数码动态扫描显示。

水位仪的精度除受光栅编码器分辨率和脉冲信号运算处理好坏的影响外，还受触水触发器的影响。在设计中，触水触发器采用触水变频、锁相环鉴频的方法来识别触水探针触水信号，这种设计可有效抑制模型水体出现带电时对触水触发器干扰而引起的误判。

为满足计算机自动采集系统网络化的要求，本水位仪配备有带光电隔离的 RS－485 通信接口，采用成熟的工业控制总线协议，通信波特率可达 14400bps。

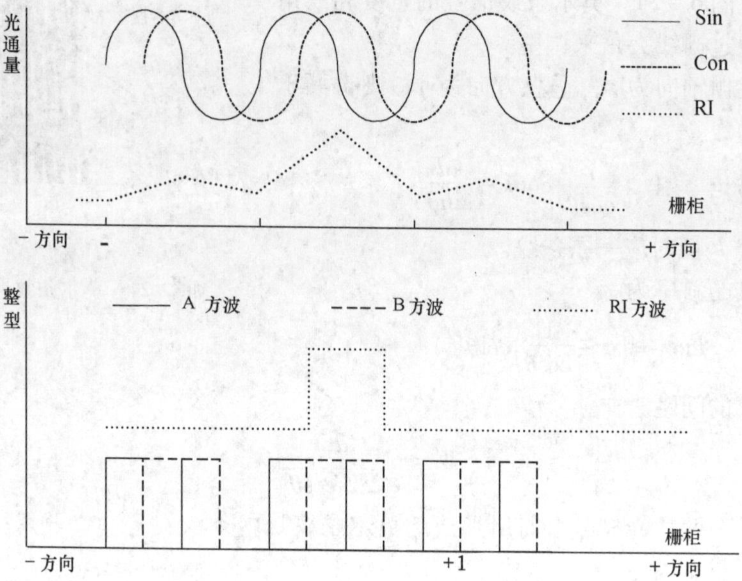

图 6 - 25　编码器波形图

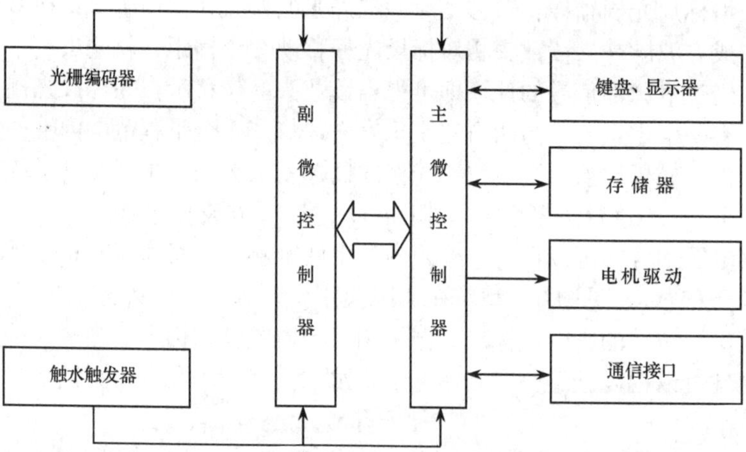

图 6 - 26　水位仪电路框图

（3）机械结构。采用直线同步机械驱动装置，它包含直线滚珠轴承和 LM 圆轴导轨、U 形导向槽、交流可逆永磁同步电机、同步带和同步齿轮。机械结构简单、运转畅顺、可靠和耐用。

2. 仪器功能

每次开机时，读数头向上移动至上限位开关后，转而向下移动。在寻找到零点后，水位仪即进入上下往复重复触水的跟踪工作方式，在触水探针每次触水的瞬间拾取水位值。在此期间可通过键盘或通信改变其工作方式。该仪器具有如下功能：

- 自检仪器故障；

- 自动检查计数错误；
- 设置水位零点高程；
- 设置通信波特率；
- 设置通信机号；
- 设置限制跟踪高程，保护触水探针针尖不触碰地面；
- 设置触水时间间隔；
- 显示故障码，反映水位仪工作状态；
- 控制回零或停止跟踪。

3. 仪器特点

仪器特点如下：

- 机电一体化设计；
- 高精度光栅器件，刻划准确度达 $\pm 10\mu m/m$；
- 光栅莫尔信号是由 125 条栅线所形成的，其中个别栅线的刻划误差或其他庇漏对整个莫尔条纹位置和形状影响甚小；

$$\text{条纹位置标准差} = \text{栅线位置标准差}/\sqrt{125}$$

- 光栅尺面栅线非接触、无磨损，红外光敏元件寿命长；
- 细分技术将光栅编码器分辨率提高到一倍，在相同的精度下，可得到较大的容错率；
- 坐标计算采用了脉冲的鉴相技术和相关分析技术，具有很强的抗机械抖动能力；
- 触水探针叠加微弱交流电，减少探针极化。触水探针往复触水，消除水表面张力的影响；
- 采用调频及锁相环技术识别探针触水状态，提高抗误报能力，缩短探针入水反应时间；
- 直线滚珠轴承导轨、柔性同步带和低速同步电机保证光栅编码器稳定运行；
- 具有仪器自检和看门狗功能；
- 自带数码显示和键盘，操作灵活。可单机独立使用，也可用连接网络使用。

4. 技术指标

测量长度：200 ~ 650mm；

分 辨 率：0.01mm；

不确定度：<0.05mm；

行走速度：>15mm/s；

振动频率：>5 次/s（静水面）；

通信接口：RS485 标准，最大通信距离 1000m。

6.5.5　八线流速采集仪

1. 测速原理

微型旋桨测杆测速的原理是，将固定在测杆支撑框架上的旋桨正对放置于测点水流流线上，由于水流作用而转动。它的转动速度正比于水流流速。旋桨每旋转一周输出 2 个脉冲信号，流速采集仪连续记录 T 秒内总脉冲数 n，再取平均值作为流速测点对应时刻的平均流速值：

$$v=\lambda_v\left(K\frac{n}{T\times 2}+C\right) \tag{6-40}$$

式中 λ_v为模型的流速比尺；K 为率定的旋桨比例系数；C 为率定的旋桨补偿系数。

旋桨测速适合水流流速大于 2cm/s 的、无复杂多向流的断面、垂线的点流速测量。

2. 电路结构

八线流速采集仪可配置多达 8 支的旋桨流速测杆，主要用于同步测量模型水体的多点流速。流速仪仪器内置双微处理器、闪速存储器等，具有仪器自检和看门狗功能。配置的四键键盘和背光大屏幕液晶显示器，汉字界面 8 线流速数据显示一目了然。该机操作灵活，既可自成一测量体系，单机独立使用，也可通过机上的通信接口与监控机联网使用。通过键盘可输入测杆 K 值、C 值、模型流速比尺 λ_v、采样时间 T、采样间隔时间 T_w，通过硬件触发、软件记数方法记录接入的各支旋桨流速测杆的转数，见图 6-27。通过切换，可在显示器上显示出流速值 v 和旋桨脉冲计数 n。上述参数也可在与流速仪相联之监控机上设置。配置的红外旋桨流速测杆采用红外收发元件，恒定流驱动，抗日光干扰，低功耗、长寿命，长线传输、抗干扰能力强。

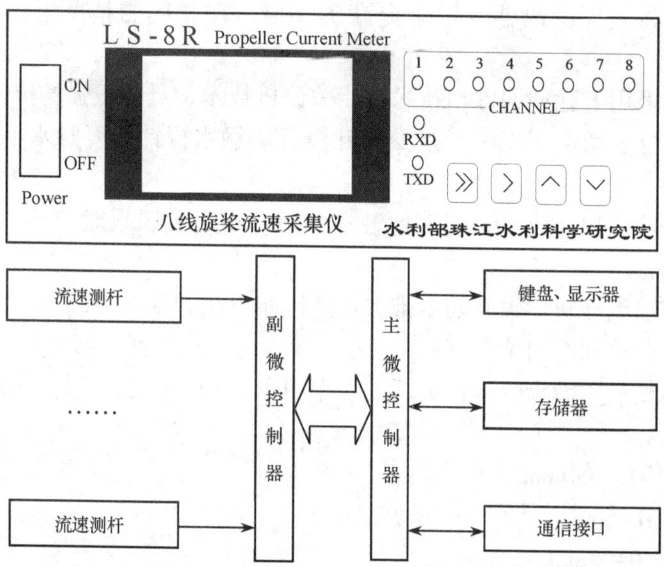

图 6-27 八线旋桨流速采集仪

3. 技术指标

量程：0.01~2.00m/s；

传感器输入：8 路；

传感器类型：光电式（恒流）/电阻式；

脉冲监视：8 路信号灯指示；

显示屏：128×64 点阵液晶；

键盘：3 位触摸键盘；

采集方式：遥测、自动、手动；

检验：仪器自检和看门狗功能；

通信接口：RS485 标准，最大通信距离 1000m。

6.5.6　多普勒流速仪

1. 工作原理

声学多普勒流速仪是通过向水中发射声波，测出水体中指定位置微小域内运动质粒的反射回波，根据回波的多普勒频移效应，计算得到水体的流速。通过测量水体 3 个流速分量就可以确定流速和流向。

设水流内运动质粒与水流速度完全一致，当声束穿过水流到达质粒并被散射返回后，超声探头接收到的多普勒频移信号表示：

$$\Delta f = f_t - f_r = 2 f_t V \cos\theta / c \tag{6-41}$$

式中　Δf 为频移信号；f_t 为发射频率；f_r 为接收频率；V 为水流流速；θ 为水流流向与发射声波的夹角；c 为水流中的声波速度。

2. 结构

仪器由 3D 超声探头、信号调节和信号处理等 3 个模块组成。3D 超声探头包括 1 个超声发射换能器和 3 个超声接收换能器，见图 6－28。后者分别安装在围绕前者的 3 个短臂上，相互间隔 120°，3 个接收波束指向与发射波束向下相交于 50mm 一点上，形成一个探测采样容积，大约直径 6mm，长为 3mm。当整个声探头浸没水中时，仪器即可提供该采样容积内中心点所代表的流速和流向。3D 探头可配置为俯视式、仰视式或侧视式。该仪器的特点在于测量流速范围大、低速特性好、精度高，主要应用于水槽、物理模型断面、垂线的点流速特性的科学研究。

图 6－28　3D 探头

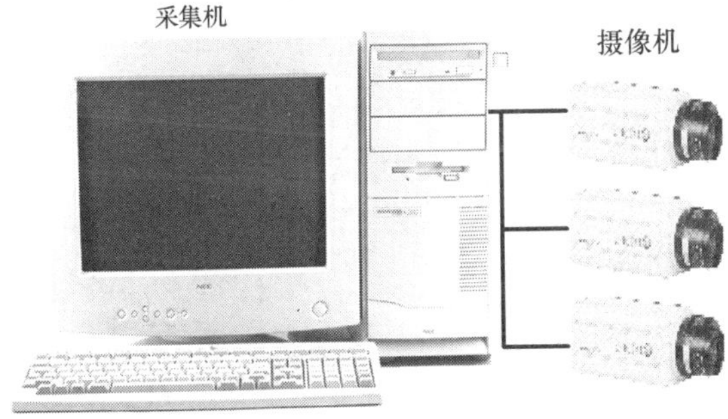

图 6－29　TIP/TVP 大型物理模型流场测量系统

3. 技术指标

声波频率：10MHz；

测流范围：0.001～2.5m/s；

精度：±1%；

采样频率：0.1～50Hz。

6.5.7 多通道流速场测量系统

1. 工作原理

物理模型试验中的水流表面是二维平面、随时间连续变化的流场。当需要了解大面积水域流场流态时，如往复流及环流等，使用类似于旋桨流速仪的点测量装置就不合适了。PIV/PTV 大型物理模型流场测量系统包括：示踪粒子、光源系统、图像接收与记录系统（CCD 摄像机）、信息处理与存储系统（图像卡、计算机及软件），见图 6－29。它采用粒子轨迹测速法原理，在流体表面放置合适数量的、漂浮的示踪粒子，如塑料球、纸花等，采用摄像机连续拍摄成像（最短时间间隔 0.04s），将粒子流经已设定各空间网格点时的流动轨迹记录下来。分析软件对含有流场水流运动信息的记录进行一系列的图像识别处理、矢量计算和综合分析，得到整个流场水面网格点的质点运动特征（网格点流速和流向），自动绘制流场或用户设定断面的流速矢量图。

放置在模型上方高 5～6m 位置的摄像机可观测模型表面 4m×5m 的范围。按一定距离的间隔放置多台摄像机，经过图像拼接处理后，可以完成对连续河道或更大区域面积流场的测量，见图 6－30。因此，该系统测量平面二维流速场，具有同步、速度快、面积大和高效的特点。

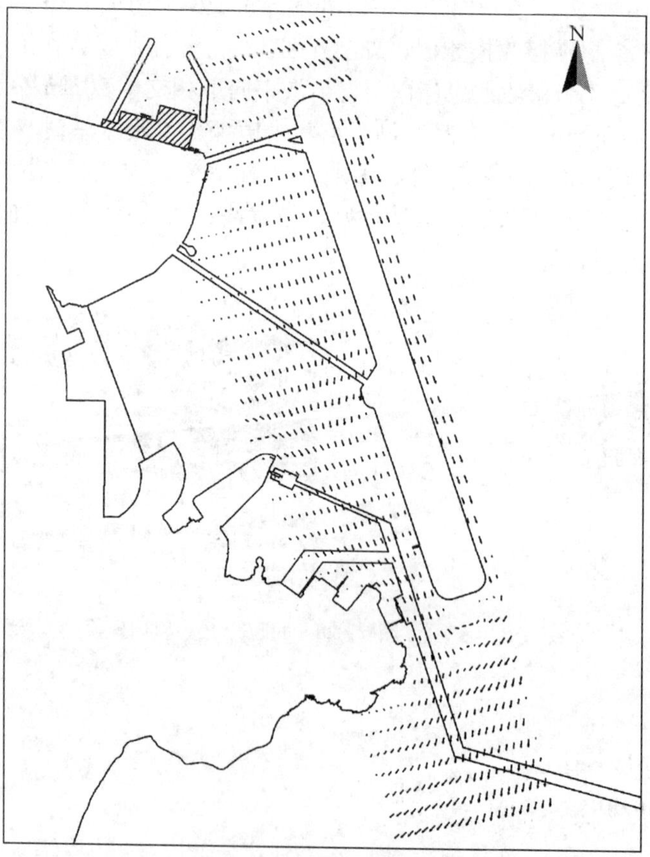

图 6－30 流速场分布图

2. 软件功能

主要由图像采集软件、前处理软件、后处理（计算流场）软件三大部分组成。

（1）图像采集软件：

● 根据测量区域，可任意选择 1～12 个 CCD 镜头对全流场瞬态流速进行采集测量；

● 自动完成各通道图像像素坐标与实际物理坐标的对应关系，算出各个 CCD 镜头下的原点坐标；

● 具有本地及网络触发功能，解决了非恒定流动情况下的多机同步采集；

● 具有划分单连通域及多连通域等复杂边界的功能；

● 具有增加或降低采集图像的明亮度、对比度等图像处理功能；

● 观测点监测功能。

（2）前处理软件：

● 具有对一幅图像及局部图像进行灰度阈值的设置功能，提高图像的信噪比；

● 具有 PIV 速度计算方案中的网格划分及 PTV 速度计算方案中的粒子识别功能，提高相关计算的速度与精度；

● 确定河道内、外边界，提高相关计算的速度。

（3）后处理（计算流场）软件：

● 根据不同需要，可采用 PIV 及 PTV 两种速度计算软件，具有较高的处理及测量精度；

● 具有速度向量的正确性自动判断功能，并有修正错误向量的多种功能；

● 提供了粒子跟随性修正公式，对所获得的向量场给予粒子跟随性修正；

● 可自动拼接得到的各通道图像，对拼接后的向量图进行全场插值，得到全流场速度向量分布图；

● 给出任意断面上的流速剖面；

● 具有对速度向量观测点的监测功能。其中包括给出全流场上观测点位置，给出观测点速度向量及幅角随时间变化图，观测点数据的文本输出；

● 对镜头成像畸变的矫正；

● 具有速度向量场的放大、缩小、全场及局部显示、打印等功能。

3. 注意事项

● 选取高分辨率、大尺寸 CCD 摄像机；

● 对不同焦距的镜头要做好畸形矫正设置；

● 拍摄时把握现场的光线要柔和，反差适中，避免阴影和直射；

● 试验时投放示踪粒子要均匀。

4. 技术指标

● CCD 摄像机：$\frac{1}{2}$in 600 线 0.1LUX DC12V；

● 镜头：标准镜头 8mm，广角镜头 6mm；

● 图像分辨率：768×576；

● 最短采集间隔时间：$\frac{1}{25}$s；

● 测量误差：小于5%；
● 同步误差：12 个镜头采集 24 幅图像小于 1.5s；
● 示踪粒子：空心塑料球或纸花。

6.5.8 超声波地形仪

1. 工作原理

超声波地形仪的工作原理是：超声波探头在水中发射的超声波脉冲传播到模型河床淤积或固体界面，由界面反射的回波被探头接收，测出超声波脉冲从发射至接收所经历的时间，根据超声波在水中的传播速度，探头至反射面的距离 H 可由下式求得：

$$H = \frac{1}{2}ct \tag{6-42}$$

式中 c 为超声波在水中传播的速度；t 为超声波发射至接收的历时。

超声波水中波速由水温、水质、流速和声波的频率决定。本仪器采用固定频率，水流流速相对波速很小，对波速影响甚微，因此，波速可由下式计算：

$$c = 1402.388 + 5.037T - 0.058T^2 \tag{6-43}$$

式中 T 为水温，℃。

由于试验过程中水温变化较小，因而取试验时平均水温计算波速，即可保证测验精度。

2. 电路结构

超声波地形仪电路主要由超声波发射、接收、计时计数电路、换能器和显示键盘组成，电路框图见图 6-31。

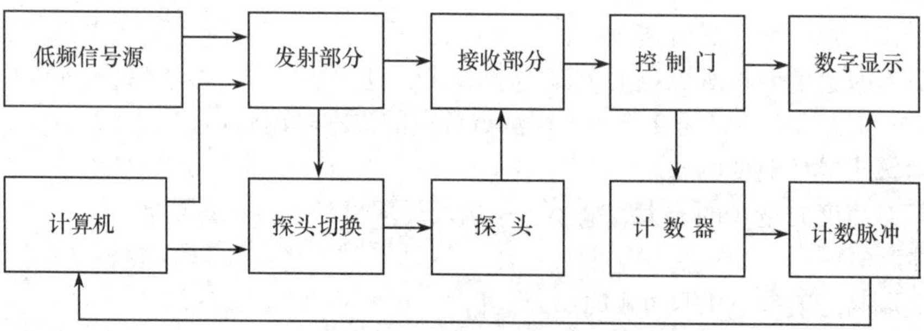

图 6-31 地形仪电路框图

（1）换能器。换能器采用收、发两用型偏铌酸铅压电陶瓷换能器，同一探头具有发射和接收功能。考虑到超声波在水中的传播损耗和接收灵敏度，试验采用探头直径为 12mm，自振频率为 2.5MHz。多点测量用探头切换电路，使一部仪器可带多个探头。

（2）发射部分。由低频信号源发出信号控制可控振荡器，以一定的时间间隔振荡。振荡频率与探头的谐振频率相同，振荡持续时间为 4μs。振荡器输出经功放电路放大后输入探头，探头谐振并发生一束超声波信号。

（3）接收部分。接收部分由双向限幅、放大、斯密特整形和输出等组成。因发射脉冲也通过接收部分，要用双向限幅抑制强发射脉冲，接收到的微弱超声波回波信号经放大电路放大后，再经斯密特电路整形，然后经输出级至控制门。

（4）计时计数部分。该部分由控制门、计数脉冲发生器、计数器、译码驱动和数码显示器组成。超声波发射信号触发控制门开门，计数器计数；超声波回波信号到来时，触发控制门关门，计数器停止计数；所计之数通过译码器驱动显示器。根据公式即可得到探头至界面距离，从而推求界面高程。通过通信接口，可连接计算机作数据采集。

6.5.9　流速升降仪

根据普朗特对数流速分布公式，推导出明渠垂线平均流速发生在 0.63 相对水深处。流速升降仪可保证流速探头在模型潮汐水位涨落过程中，能自动跟踪 0.6 相对水深。升降仪机械直接用 ND－D 型伺服电机驱动螺杆，结构简单。单台使用时可带 1～3 支流速探头；两台结合测桥联用时，可带 6～7 根流速探头测量宽断面，移动使用比较灵活。

1. 升降机械结构

由伺服电机直接带动一根有两段不同螺距的同轴丝杆，丝杆上半部螺距为 5mm，下半部螺距为 2mm，两段各装有螺母滑块。上滑块装水位探头，通过控制电路，使探头跟踪水面，下滑块上装有测桥，测桥上安装流速探头。电机和丝杆固定在 ϕ50mm 的圆筒中，圆筒上开有一条直槽作为两个滑块的导向槽。

2. 跟踪原理

当丝杆转动一周时，下滑块垂直运动量为上滑块的 2mm/5mm＝0.4 倍。假设水深为 H，工作时先把下滑块上的流速探头放在 0.6 相对水深处，水位探头放在水面处。当水位上升 ΔH 时，新水深变为 $H+\Delta H$，通过控制电路，使装有水位探头的上滑块上升 ΔH，这时流速探头距水面为 $H'=0.6H+(\Delta H-0.4\Delta H)=0.6(H+\Delta H)$，因此，流速探头仍在新水深的 0.6 位置。当水位下降 ΔH 时，新水深变为 $H-\Delta H$，下滑块下降 $0.4\Delta H$，流速仪探头距新水面 $H'=0.6H-(\Delta H-0.4\Delta H)=0.6(H-\Delta H)$。因此，无论水位涨落，升降仪均能保证流速探头跟踪在 0.6 相对水深位置上。

升降仪设有手动、跟踪功能选择开关，以便调试。设有的“停止跟踪”控制功能可在量测流速时，由计算机控制升降仪停止跟踪，以免因探头升降运动带来的流速测量误差。

6.5.10　定位控制仪

1. 仪器结构

定位控制仪适用于水力物理模型各种机械（如闸门、阀门）开度的定位控制。该仪器采用了机电一体化设计，配备高精度线位移型光栅编码器，结合工业直轨、同步电机及同步带传动机构，行走顺畅。线位移型编码器有效解决了旋转型编码器角度转换传动装置给仪器综合性能（准确度、跟踪速度、使用寿命等）带来的不良影响。仪器内置微处理器、闪速存储器等，具有仪器自检和看门狗功能。5 位高亮度 LED 数码显示，3 键键盘，操作灵活，可单机独立时使用，亦可用于计算机联网参数设定。

2. 技术指标

传感器：高精度光栅编码器；

分辨率：0.001cm；

控制行程：0~20.00cm；

行走速度：>0.5cm/s；

定位精度：0.01cm；

通信接口：RS485，最大通信距离1000m。

6.5.11 交流变频调速器

交流变频调速器（即变频器）自20世纪80年代进入实际应用以来，主要的应用有两方面：一方面是为了满足生产工艺调速的要求而进行的变频器应用；另一方面是为了节能需要而进行的变频器应用。进入90年代后，变频器的发展十分迅速，应用日渐广泛。由于交流电动机结构简单、坚固耐用、无需换向装置，可适于各种工作环境，利用变频器驱动异步电动机所构成的调速控制系统，越来越发挥出巨大的作用。由于应用领域十分广阔，变频器几经改型换代，性能和功能不断地提高和充实。由最初的模拟控制，到8位CPU、16位CPU乃至32位DSP为核心的微型单片计算机的全数字控制，到现在的精减指令集计算机（RISC）控制和矢量控制理论的应用，可以说全数字控制技术已经发展到了一个较为成熟的阶段。由于不但从控制理论上极力提高变频器的内在性能，同时也将实用经验和技巧不断地融入软件功能中，使可靠性、可操作性、可维修性，即所谓的RAS功能得以充实。

通用变频器产品大致分为三代：普通功能型U/f控制变频器、高级功能型U/f控制变频器和高动态性能型矢量控制变频器。其中，第二代产品已经具备了初步的转矩控制功能，可以实现转矩限制，具有“无跳闸”能力。第三代产品，采用矢量控制方式，具有较好的动态性能，可以替代高精度直流调速系统，正迅速占领变频器市场。

1. 变频器结构

变频器（VVVF变频或矢量控制变频）主要采用交—直—交形式。先把工频交流电通过整流器变成直流电，然后再把直流电变换成频率、电压均可控制的交流电，以供给感应式交流异步电动机，达到控制电机的转速。变频器是由主电路（包括整流器、中间直流环节、逆变器）和控制电路组成，基本构成见图6-32。

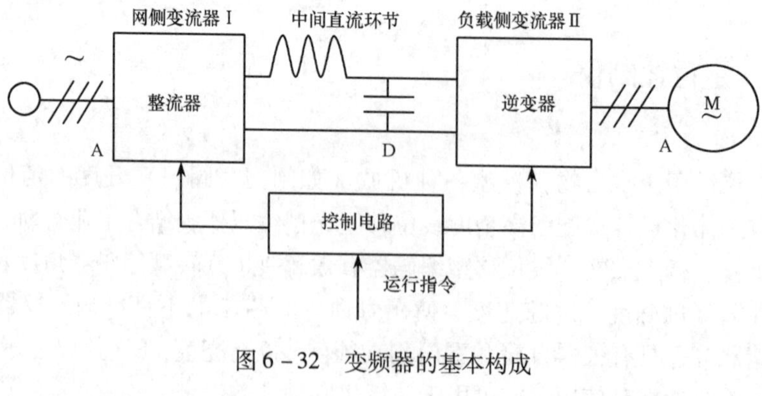

图6-32 变频器的基本构成

（1）整流器。电网侧的变流器Ⅰ是三相桥式整流器，它的作用是把三相交流电整流成直流电。

（2）逆变器。负载侧的变流器Ⅱ为逆变器。结构形式是利用 6 个半导体主开关器件组成的三相桥式逆变电路。有规律地控制主开关器件的通与断，形成设定频率 PWM 波形，输出得到驱动电动机的三相交流电。

（3）中间直流环节。由于逆变器的负载为异步电动机，属于感性负载。无论电动机处于电动或发电制动状态，其功率因数总不会为 1。因此，在中间直流环节和电动机之间总会有无功功率的交换。这种无功能量要靠中间直流环节的储能元件（电容器或电抗器）来缓冲。

（4）控制电路。控制电路由运算电路、检测电路、控制信号的输入、输出电路和驱动电路等构成。其主要任务是完成对逆变器的开关控制、对整流器的电压控制以及完成各种保护功能等。目前，高性能变频器已经采用计算机全数字控制，尽可能简化硬件电路，主要靠软件来完成各种功能。由于软件的灵活性，数字控制方式常可以完成模拟控制方式难以完成的功能。

变频器的运行和相关参数的设置主要有：控制方式、上限频率、下限频率、基准频率、转矩提升、电动机参数等。

2. 调速原理

在交流异步电动机的诸多调速方法中，变频调速的性能最好，调速范围大，静态稳定性好，运行效率高。由于使用方便、可靠性高，并且经济、效益显著，所以逐步得到推广。

电机的旋转速度近似地取决于电机的极数和频率。由于电机的工作原理决定了电机的极数是固定不变的，所以无法改变该值来调整电机的速度。而频率是电源供给电机的电信号，所以该值能够经调节后再供给电机，这样电机的旋转速度就可以被自由地控制。异步电动机的同步转速，即旋转磁场的转速为

$$n_1 = \frac{60f_1}{n_P} \tag{6-44}$$

式中　n_1 为同步转速，r/min；f_1 为定子频率；n_P 为磁极对数。

异步电动机的变频调速必须按照一定的规律同时改变其定子电压和频率，如果仅改变频率，电机将被烧坏。特别是当频率降低时，该问题就非常突出。为了防止此类事故的发生，变频器在改变频率的同时必须要同时改变电压，即实现所谓的 VVVF（Variable Voltage Variable freqency）调速控制。另外，通过采用散热效率更高的湿式潜水泵也可以提高运行的稳定性和安全性。

3. 节能原理

变频器实现调速节能运行，是变频器应用的一个最典型的例子，其中以泵类机械负载的节能效果为最显著。变频器对泵进行控制，可以减小其输入功率，通过对其流量的控制而有效地节能。

泵负载是一种平方转矩负载（减转矩负载），其不同转速 n 与对应流量 Q 、扬程 H 及泵的轴功率 P 的关系如下：

$$Q_1 = Q_2\left(\frac{n_1}{n_2}\right) \tag{6-45}$$

$$H_1 = H_2\left(\frac{n_1}{n_2}\right)^2 \tag{6-46}$$

$$P_1 = P_2\left(\frac{n_1}{n_2}\right)^3 \tag{6-47}$$

上式表明，泵的流量与其转速成正比，泵的扬程与其转速的平方成正比，泵的轴功率与其转速的立方成正比。当电动机驱动泵时，电动机的轴功率 P 可按下式计算：

$$P = \frac{\rho QH}{\eta_c \eta_F} \times 10^{-3} \tag{6-48}$$

式中　Q 为流量，m^3/s；H 为全扬程，m；P 为电动机轴功率，kW；ρ 为液体的密度，kg/m^3；η_c 为传动装置效率；η_F 为泵的效率。

图 6-33 是管路中泵的流量 Q 与扬程 H 的关系曲线。图中，曲线①为泵在转速 n_1 下 $H-Q$ 特性；曲线⑤为泵在转速 n_2 下 $H-Q$ 特性；曲线②为泵在转速 n_1 下 $P-Q$ 特性；曲线③、④为管阻特性。假设泵在标准工作点 A 点效率最高，输出流量 Q 为 100%，此时轴功率 P_1 与 Q_1、H_1 的乘积面积 AH_1OQ_1 成正比。根据控制要求，当流量需从 Q_1 减小到 Q_2 时，如果采用调节阀门方法（相当于增加管网阻力），使管阻特性从曲线③变到曲线④，系统由原来的标准工作点 A 变到新的工作点 B 运行。此时，泵扬程增加，轴功率只与面积 BH_2OQ_2 成正比。如果采用变频器控制方式，泵转速由 n_1 降到 n_2，在满足同样流量 Q_2 的情况下，泵扬程 H_3 大幅降低，轴功率 P_3 与面积 CH_3OQ_2 成正比。轴功率 P_3 和 P_1、P_2 相比较，将显著减小，节省的功率损耗 ΔP 与面积 BH_2H_3C 成正比，节能的效果是十分明显的。

图 6-34 为采用不同的调节方式时，电动机输入功率（即电源提供的功率）与轴输出功率（泵的轴功率）与流量之间的关系曲线。由图可见，变频器调速控制时，随着转速的降低，负载转矩与转速的平方成比例地减小。对于这种节能调速运行，变频器的 U/f 曲线的图形（模式）应采用专用模式。这种模式与恒转矩负载所采用的模式有所不同，这是因为电动机在低速时负载转矩变小，采用这种模式有利于节能。

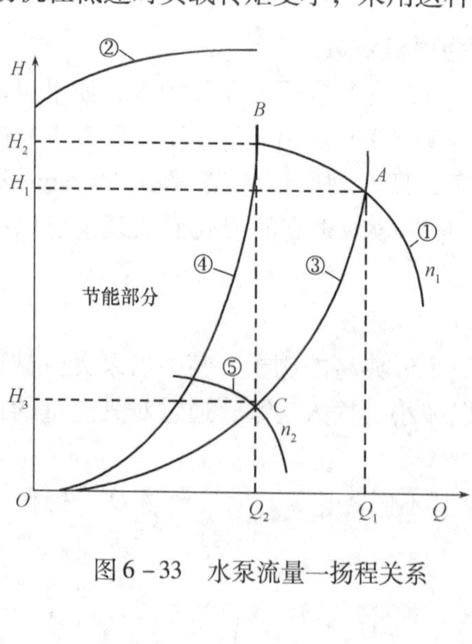

图 6-33　水泵流量—扬程关系

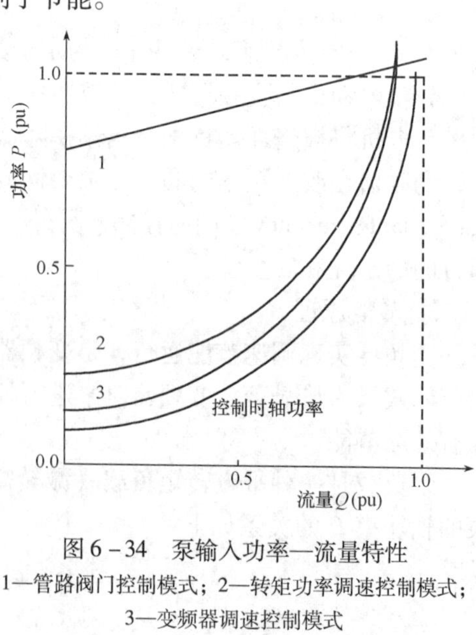

图 6-34　泵输入功率—流量特性

1—管路阀门控制模式；2—转矩功率调速控制模式；3—变频器调速控制模式

6.6 模型验证

6.6.1 验证水文条件的选择

模型验证的目的，是为了检验模型设计的正确性、制作的准确性以及模型的阻力与原型相似性。本次模型验证的水文组合按如下原则进行选择：①上游径流应包括洪水、中水、枯水三级不同水情，下游潮流应包括大、小不同潮型；②尽可能选用与制模使用的地形图测绘时间相接近的水文组合；③根据现有资料情况和试验研究的目的。

本模型采用1999年7月16日0:00至17日1:00大同步实测资料作为中洪水大潮代表潮型，以下简称“99.7”；采用2001年2月8日17:00至9日18:00大同步实测资料作为枯水大潮的代表潮型，以下简称“2001.2”；另外，由于防洪问题是本模型试验研究的重点之一，故采用1998年6月27日0:00至28日1:00实测潮位资料作为大洪水大潮的代表潮型，以下简称“98.6”；采用1999年7月20日2:00至21日3:00大同步实测资料作为洪水小潮的代表潮型，以下简称“99.7.20”。

由于没有与上述3种水文组合相应的海区测点流速资料，海区流速、流向验证分3个区域进行，以“98.6”大洪水大潮组合验证伶仃洋海区，以1992年7月16日0:00至17日1:00（以下简称“92.7”）中水大潮组合验证黄茅海及鸡啼门海区，以2001年7月22日4:00至23日5:00（以下简称“2001.7”）中洪水大潮组合验证磨刀门海区。各种水文组合的边界条件列于表6-9。

表6-9　试验径潮组合水文条件统计表

径潮组合	编号	“98.6”	“99.7”	“2001.2”	“92.7”	“2001.7”	“99.7.20”
	类型	大洪水大潮	中洪水大潮	枯水大潮	中水大潮	中洪水大潮	洪水小潮
上游流量（m^3/s）	马口	46030	26464	2080	15992	22100	22750
	三水	15932	9147	660	5063	7367	7242
	泗盛	1372①	365	131	393①	—	175
	彰澎	1250①	124	123	345①	—	68
	大盛	1578①	200	233	246①	—	284
	石嘴	295①	116	0	273①	—	72
	老鸦岗	1186①	236	117	232①	—	154
赤湾潮位（m）	最高潮位	1.24	1.25	1.28	0.94	—	0.20①
	最低潮位	-1.39	-1.44	-1.43	-1.59	—	-0.80①
三灶潮位（m）	最高潮位	1.09	—	1.36	0.86	1.32	—
	最低潮位	-1.21	—	-1.19	-1.18	-1.44	—
模拟水闸[2]分洪流量（m^3/s）	甘竹电站	2780	691	开	开	691	691
	北街水闸	600	300	开	开	300	300
	睦洲水闸	800	400	开	开	400	400
	磨碟头水闸	关	800	开	开	800	800

① 数模计算结果；潮位以珠江基面起算；模拟水闸分洪流量是根据水闸运用管理规定及水闸调查结果。

6.6.2 潮位、测点流速及测流断面布设

1999年7月进行大同步测流时布置的潮位测站及测流断面，能基本反映西北江网河主要河汊分流情况，本模型网河区、口门区潮位测站及测流断面，以此作为参照进行布设。外海区则由于实测资料不完整，没有大同步观测资料，故只能根据所拥有的最新实测资料情况布设。具体情况是：伶仃洋海区（包括东部四口门）按1998年6月流速测点布设，磨刀门海区按2001年7月流速测点进行布设，黄茅海及鸡啼门海区按1992年7月测流点布设。模型共设潮位测站49个，海区流速测点33个，测流断面44个。潮位验证测站列于表6－10，各测站位置见图6－1；海区流速验证测点列于表6－11，验证测流断面列于表6－12，海区流速测点及测流断面位置见图6－35。

表6－10 潮位验证布设统计表

位置	测站	"98.6" 大洪水大潮	"99.7" 中洪水大潮	"2001.2" 枯水大潮	"99.7.20" 洪水小潮	备注
伶仃洋海区	桂山岛	√	√	√		桂山岛以数模计算成果作验证资料。
	赤湾	√	√	√		
	淇澳西	√		√		
	南沙	√	√	√	√	
	冯马庙	√	√	√	√	
	横门	√	√	√	√	
	横门南汊	√				
广州水道	大虎	√	√	√	√	
	泗盛	√	√	√	√	
	大盛	√	√	√		
	黄埔左	√	√	√	√	
	大石	√	√	√	√	
	沙洛围	√	√	√	√	
	老鸦岗	√	√	√	√	
黄茅海及鸡啼门	荷包岛	√	√	√	√	
	西炮台	√	√	√	√	
	官冲	√	√	√	√	
	石嘴	√	√	√	√	
	黄金	√	√	√	√	
磨刀门及附近水域	马骝洲			√		
	三灶	√		√		
西江	灯笼山	√	√	√	√	
	竹银	√	√			
	大鳌	√	√		√	
	百顷	√	√	√		
	北街	√	√	√	√	
	天河	√	√	√	√	
	邓滘沙	√	√	√	√	
	马口	√	√	√		

续表

位置	测站	“98.6” 大洪水大潮	“99.7” 中洪水大潮	“2001.2” 枯水大潮	“99.7.20” 洪水小潮	备注
北江	下横沥	√	√	√	√	桂山岛以数模计算成果作验证资料。
	上横沥	√	√	√	√	
	容奇		√	√	√	
	南头		√		√	
	小榄	√	√	√		
	南华	√	√	√	√	
	三沙口	√	√	√	√	
	三善滘		√	√	√	
	霞石		√			
	石仔沙		√	√	√	
	紫洞	√	√		√	
	三水	√	√	√		

表6-11　海区测点流速验证点一览表

位置	水文组合	验证点		备注
伶仃洋海区	“98.6”	散1	伶仃东V1	
		散2	伶仃东V2	
		散3	淇澳东V1	
		散4	淇澳东V2	
		散5	淇澳东V3	
		散6	淇澳西	
		散7		
黄茅海及鸡啼门海区	“92.7”	高栏西V1	黄散3	
		高栏西V2	黄散4	
		高栏西V3	黄散5	
		荷包西V1	黄散7	
		荷包西V2	黄散8	
		荷包西V3	黄散9	
		大襟西V1	黄散10	
		大襟西V2		
磨刀门海区	“2001.7”	磨1		
		磨2		
		磨3		
		磨4		
		磨5		

表 6－12　　测流断面布设统计表

位 置	河道名	断面	“99.7” 中洪水大潮	“2001.2” 枯水大潮	“99.7” 洪水小潮
八大口门	虎门水道	大虎	√	√	√
	蕉门水道	南沙	√	√	√
	洪奇沥水道	冯马庙	√	√	√
	横门水道	横门	√	√	√
	磨刀门水道	灯笼山	√	√	√
	鸡啼门水道	黄金	√	√	√
	虎跳门水道	西炮台	√	√	√
	崖门水道	官冲	√	√	√
西江水系	西海水道	天河	√	√	√
	东海水道	南华	√	√	√
	甘竹溪	邓滘沙	√	√	√
	小榄水道	小榄	√	√	√
	鸡鸦水道	南头	√		√
	桂洲水道	海尾	√	√	√
	容桂水道	容奇	√	√	√
	黄埔沥	乌珠	√	√	
	黄沙沥	黄沙沥	√	√	
	北街水道	北街	√		√
	荷塘水水道	潮莲	√		
	石板沙水道	百顷	√		
	磨刀门水道	大鳌	√		
	石板沙水道	睦洲口	√	√	√
	螺洲溪	竹洲头	√	√	√
	磨刀门水道	竹银	√		√
北江水系	潭洲水道	紫洞	√		√
	吉利涌	吉利	√		√
	顺德水道	石仔沙	√	√	√
	潭洲水道	澜石	√	√	√
	勒流涌	勒流	√	√	
	陈村水道	碧江	√		
	平洲水道	五斗	√		
	平洲水道	沙洛围	√	√	√
	大石水道	大石	√	√	√
	顺德水道	霞石	√		
	紫坭河水道	三善左	√	√	√
	顺德水道	三善右	√	√	√
	沙湾水道	三沙口	√	√	√
	李家沙水道	三围	√	√	
	西樵涌	西樵	√		
	骝岗涌	鱼窝头	√		
	蕉门水道	亭角	√	√	

续表

位 置	河道名	断面	“99.7”	“2001.2”	“99.7”
			中洪水大潮	枯水大潮	洪水小潮
河口混合区	洪奇沥水道	大陇滘	√	√	
	上横沥	上横沥	√	√	√
	下横沥	下横沥	√	√	√

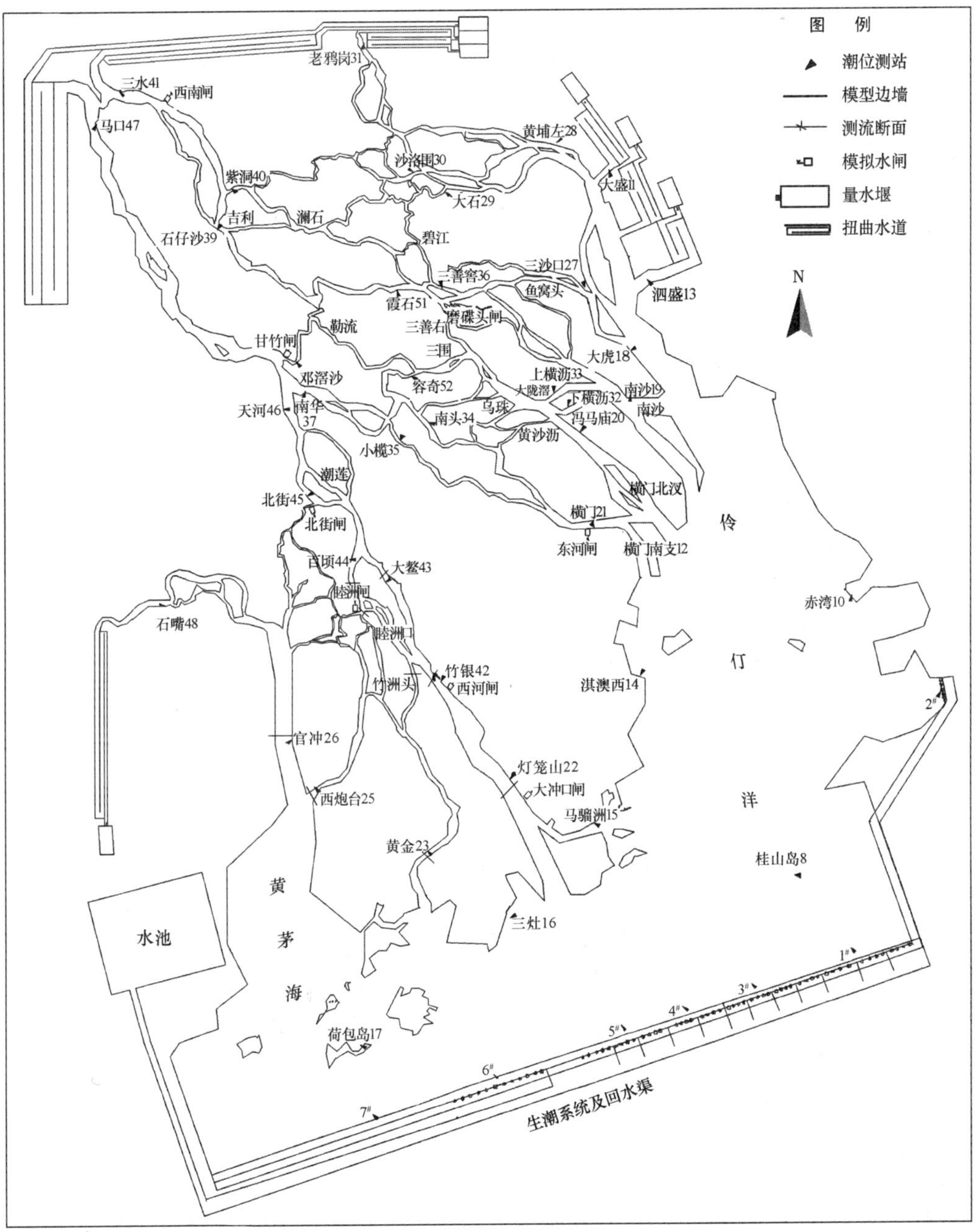

图 6-35　潮位站、流速测点及测流断面布置示意图

6.6.3 验证项目及精度控制

本模型属潮汐河工模型，模型验证包括潮位、测点流速及流向、潮流量、流路及流态等项目。验证精度要满足水利部《河工模型试验规程》（SL99—95）[10]及交通部《海岸与河口潮流泥沙模拟技术规程》（JTJ/T233—98）[11]的规程要求，基于本模型的复杂性，最大的偏差不超过水利部《水利工程水利计算规范》（SL104—95）[12]要求，具体如下：

1）潮位、高、低潮时间的相位允许偏差为±0.5h，最高最低潮位允许偏差为±10cm；最大的偏差不能超过SL104—95规范的要求，则潮位的相位误差应小于潮汐周期的1/12或1h，峰谷值误差应不大于10～20cm。

2）流速、憩流时间和最大流速出现的时间允许偏差为±0.5h，流速过程线的形态基本一致，涨、落潮平均流速允许偏差为±10%；最大偏差不超过SL104—95规范的要求，则相位误差应小于潮汐周期的1/8h或1.5h，峰谷值误差绝对值一般应不大于涨落潮最大流速绝对值之和的10%～20%，单站检验合格率应为80%。

3）流向，往复流测点主流流向允许偏差为±10°，平均流向允许偏差为±10°；旋转流时测点流向允许偏差为±15°。

4）流路，应与原型趋向一致。

5）流量，断面流量允许偏差为±10%。

当模型验证试验个别测站流速、潮位结果超出允许偏差时，应对比现场实测资料，分析产生偏差的原因，并采取相应的措施。

6.6.4 验证及成果分析

由于本模型面积较大，研究水域的水流运动极其复杂，河道在不同潮水位时糙率有差异，故要在同一个模型上严格满足各种水文组合的阻力相似是比较困难的。为此，本模型验证按如下原则进行：

1）以“99.7”中洪水大潮组合为主，兼顾其他不同水文组合。这主要是由于“99.7”组合与模型制模所采用的地形资料较为匹配，另外该组合的测流资料在所选择的验证水文组合中相对较为齐备。

2）网河区模型糙率参考天然河道糙率的计算结果（见表3－3），模型加糙时应尽量避免对局部河段或分流口进行密集加糙，以免影响河道分流比。通过不同水文组合试验，分析模型潮位与原型潮位差异，反复进行糙率的调整，包括调整扭曲水道的长度、宽度及糙率，直至模型潮位、流速与原型基本相似。

3）尾门控制线参考数模计算结果，调整控制门曲线时，兼顾海区整体流态及流路与原型相似。

4）模型调试采用从下往上的原则进行，即先使海区潮位与原型相似，逐步向上游展开，最后对模型进行整体调整。

6.6.4.1 潮位验证

按照上述原则和方法，反复调整模型糙率及生潮控制曲线，得到潮位验证结果，具体分述如下：

1）“99.7”中洪水大潮组合潮位验证的原型与模型高、低潮位特征值对比见表6－13，原型与模型涨落潮潮差对比见表6－14。从诸表中可以看出，潮位过程线吻合情况较好（过程线图从略），相位偏差一般在0.5h以内，高、低潮位误差在10cm以内的占95%，最大误差不超过14cm，涨落潮潮差误差在10cm以内的占91%，最大误差不超过21cm。

表6－13　“99.7”组合原型与模型潮位特征值比较表　（单位：m）

序号	区域/水道	测站	高高潮位			低低潮位		
			原型	模型	差值	原型	模型	差值
1	伶仃洋海区	桂山岛	0.97	1.07	0.1	－1.31	－1.19	0.12
2	伶仃洋海区	赤湾	1.25	1.25	0	－1.44	－1.41	0.03
3	虎门水道	大虎	1.51	1.56	0.05	－1.09	－1.09	0.00
4	东江南支流	泗盛	1.59	1.64	0.05	－0.95	－1.03	－0.08
5	东江北干流	大盛	1.63	1.65	0.02	－0.84	－0.86	－0.02
6	广州水道	黄埔左	1.66	1.72	0.06	－0.89	－0.84	0.05
7	大石水道	大石	1.87	1.90	0.03	－0.52	－0.50	0.02
8	平洲水道	沙洛围	1.95	1.96	0.01	－0.38	－0.38	0.00
9	白坭河水道	老鸦岗	1.61	1.62	0.01	－0.16	－0.24	－0.08
10	鸡啼门水道	黄金	1.28	1.28	0.00	－0.52	－0.62	－0.10
11	黄茅海区	荷包岛	1.05	1.19	0.14	－1.36	－1.41	－0.05
12	虎跳门水道	西炮台	1.43	1.44	0.01	－0.76	－0.72	0.04
13	崖门水道	官冲	1.36	1.29	－0.07	－0.85	－0.87	－0.02
14	潭江水道	石嘴	1.41	1.37	－0.04	－0.77	－0.72	0.05
15	蕉门水道	南沙	1.58	1.60	0.02	－0.19	－0.25	－0.06
16	洪奇沥水道	冯马庙	1.76	1.75	－0.01	0.34	0.34	0.00
17	河口混合区	下横沥	1.76	1.74	－0.02	0.21	0.18	－0.03
18	河口混合区	上横沥	1.83	1.80	－0.03	0.50	0.45	－0.05
19	横门水道	横门	1.59	1.58	－0.01	0.04	0.02	－0.02
20	容桂水道	容奇	2.48	2.49	0.01	1.84	1.91	0.07
21	鸡鸦水道	南头	2.71	2.74	0.03	2.18	2.28	0.10
22	小榄水道	小榄	2.91	2.94	0.03	2.44	2.53	0.09
23	东海水道	南华	3.46	3.44	－0.02	3.10	3.14	0.04
24	沙湾水道	三沙口	1.60	1.65	0.05	－0.77	－0.74	0.03
25	紫坭河水道	三善滘	2.20	2.21	0.01	1.38	1.39	0.01
26	顺德水道	霞石	2.45	2.50	0.05	1.83	1.89	0.06
27	顺德水道	石仔沙	3.75	3.82	0.07	3.49	3.54	0.05
28	潭洲水道	紫洞	4.02	4.13	0.11	3.78	3.90	0.12
29	北江干流	三水	5.72	5.76	0.04	5.62	5.65	0.03
30	磨刀门水道	灯笼山	1.30	1.28	－0.02	－0.10	－0.11	－0.01
31	磨刀门水道	竹银	1.56	1.55	－0.01	0.48	0.53	0.05
32	磨刀门水道	大鳌	2.19	2.15	－0.04	1.48	1.50	0.02
33	石板沙水道	百顷	2.28	2.25	－0.03	1.66	1.69	0.03
34	北街水道	北街	2.89	2.88	－0.01	2.44	2.49	0.05
35	西海水道	天河	3.50	3.48	－0.02	3.18	3.21	0.03
36	甘竹溪	邓滘沙	2.72	2.73	0.01	2.09	2.16	0.07
37	西江干流	马口	6.01	6.09	0.08	5.90	5.92	0.02

注　桂山站原型值为数模计算结果，潮位以珠江基面起算。

表 6-14　　"99.7"组合原型与模型潮差比较表　　（单位：m）

序号	区域/水道	测站	涨潮潮差			落潮潮差		
			原型	模型	差值	原型	模型	差值
1	伶仃洋海区	桂山岛	1.42	1.36	-0.06	2.28	2.26	-0.02
2	伶仃洋海区	赤湾	1.74	1.73	-0.01	2.69	2.66	-0.03
3	虎门水道	大虎	1.94	1.97	0.03	2.60	2.65	0.05
4	东江南支流	泗盛	1.94	2.01	0.07	2.54	2.67	0.13
5	东江北干流	大盛	1.97	1.98	0.01	2.47	2.51	0.04
6	广州水道	黄埔左	2.08	2.05	-0.03	2.55	2.56	0.01
7	大石水道	大石	0.97	1.04	0.07	2.39	2.40	0.01
8	平洲水道	沙洛围	1.00	1.02	0.02	2.33	2.34	0.01
9	白坭河水道	老鸦岗	1.58	1.70	0.12	1.77	1.86	0.09
10	鸡啼门水道	黄金	1.47	1.48	0.01	1.80	1.90	0.10
11	黄茅海区	荷包岛	1.50	1.66	0.16	2.41	2.60	0.19
12	虎跳门水道	西炮台	1.78	1.73	-0.05	2.19	2.16	-0.03
13	崖门水道	官冲	1.72	1.71	-0.01	2.21	2.16	-0.05
14	潭江水道	石嘴	1.79	1.75	-0.04	2.18	2.09	-0.09
15	蕉门水道	南沙	1.54	1.60	0.06	1.77	1.85	0.08
16	洪奇沥水道	冯马庙	1.20	1.26	0.06	1.42	1.41	-0.01
17	河口混合区	下横沥	1.37	1.38	0.01	1.55	1.56	0.01
18	河口混合区	上横沥	1.18	1.21	0.03	1.33	1.35	0.02
19	横门水道	横门	1.35	1.38	0.03	1.55	1.57	0.02
20	容桂水道	容奇	0.43	0.56	0.13	0.64	0.59	-0.05
21	鸡鸦水道	南头	0.38	0.46	0.08	0.54	0.46	-0.08
22	小榄水道	小榄	0.34	0.36	0.02	0.47	0.41	-0.06
23	东海水道	南华	0.28	0.29	0.01	0.36	0.30	-0.06
24	沙湾水道	三沙口	1.86	1.85	-0.01	2.37	2.39	0.02
25	紫坭河水道	三善滘	0.56	0.77	0.21	0.82	0.82	0.00
26	顺德水道	霞石	0.40	0.58	0.18	0.62	0.61	-0.01
27	顺德水道	石仔沙	0.24	0.28	0.04	0.26	0.28	0.02
28	潭洲水道	紫洞	0.22	0.23	0.01	0.24	0.23	-0.01
29	北江干流	三水	0.05	0.11	0.06	0.10	0.11	0.01
30	磨刀门水道	灯笼山	1.19	1.17	-0.02	1.40	1.39	-0.01
31	磨刀门水道	竹银	1.00	0.90	-0.10	1.08	1.02	-0.06
32	磨刀门水道	大鳌	0.59	0.59	0.00	0.71	0.65	-0.06
33	石板沙水道	百顷	0.48	0.53	0.05	0.62	0.57	-0.05
34	北街水道	北街	0.35	0.38	0.03	0.45	0.39	-0.06
35	西海水道	天河	0.25	0.27	0.02	0.32	0.28	-0.04
36	甘竹溪	邓滘沙	0.54	0.57	0.03	0.63	0.57	-0.06
37	西江干流	马口	0.04	0.14	0.10	0.12	0.17	0.05

注　桂山站原型值为数模计算结果，潮位以珠江基面起算。

2）“2001.2”枯水大潮组合潮位验证成果见图6－2，原型与模型高、低潮位特征值列于表6－15，潮差验证结果列于表6－16。由表可见，多数测站原型与模型过程线吻合良好（过程线图从略），最高、最低潮位误差在10cm以内的占91%，最大偏差为24cm。涨、落潮潮差误差小于10cm占89%，最大偏差为31cm。海区赤湾、三灶潮位过程出现整体偏高，模型上游进口处测站如马口、三水、老鸦岗、石嘴等，误差稍大。由于“2001.2”枯水大潮组合受原型河道的水闸运行影响较大，给模型潮位验证带来较大困难，使模型与原型产生一定的偏差。

3）“98.6”是大洪水大潮组合，从其验证结果来看，误差较上面两组合要大些。潮位验证的高、低潮位误差列于表6－17。由表可见，误差在10cm以内的占86%，紫洞和马口误差稍大，紫洞偏高约29cm，马口偏低21～30cm。涨、落潮差验证结果列于表6－18，误差在10cm之内的占80%，最大误差不超过25cm。由于“98.6”洪水较大，且在腹部地区出现洪水位异常壅高，洪水淹没鱼塘、农田等现象在模型上难以得到准确模拟，特大洪水期河道糙率与其他水情条件会有所不同，另外该组合上边界流量除马口、三水外均为数模计算结果，这些均会使模型与原型有所偏离，但偏离不算很大，最大误差在30cm以内。

4）“99.7.20”洪水小潮组合潮位验证的原型与模型高、低潮位特征值对比见表6－19，从诸表中可以看出，潮位过程线吻合情况较好（过程线图从略），相位偏差一般在0.5h以内，高、低潮位误差在10cm以内的占84%，最大误差不超过23cm。由于该组合模拟时段内上游来流处于涨水过程，马口流量起始段流量为21700m^3/s，结束时流量上升为23800m^3/s，涨幅达10%，模型对上游入流进行了概化，使得对径流敏感的潮位测站的潮位过程线两端偏差稍大，但从总体看，各验证站潮位过程与原型仍吻合得较好。

综上所述，4种验证水文组合的，潮位过程相位偏差一般在0.5h以内。在大潮情况下，潮位特征值以“99.7”中洪水大潮组合误差最小，高、低潮位及潮差的误差在10cm以内的分别占总数的95%和91%；“2001.2”枯水大潮组合的精度次之，高、低潮位及潮差的误差在10cm以内的分别占总数的91%和89%；“98.6”大洪水大潮组合验证精度略差，但其高、低潮位及潮差误差在10cm以内的均超过总数的80%；在“99.7.20”洪水小潮情况下，高、低潮位及潮差误差在10cm以内的占总数的84%。据此可以认为，模型总体上满足了潮位验证的精度要求。

表6－15　“2001.2”组合原型与模型潮位特征值比较表　（单位：m）

序号	区域/水道	测站	高高潮位			低低潮位		
			原型	模型	差值	原型	模型	差值
1	伶仃洋海区	桂山岛	1.32	1.42	0.10	－1.18	－1.14	0.04
2	伶仃洋海区	赤湾	1.28	1.52	0.24	－1.43	－1.34	0.09
3	伶仃洋海区	淇澳西	1.51	1.52	0.01	－1.24	－1.33	－0.09
4	虎门水道	大虎	1.63	1.67	0.04	－1.13	－1.16	－0.03
5	东江南支流	泗盛	1.73	1.73	0.00	－1.06	－1.11	－0.05
6	东江北干流	大盛	1.67	1.69	0.02	－1.00	－0.99	0.01

续表

序号	区域/水道	测站	高高潮位			低低潮位		
			原型	模型	差值	原型	模型	差值
7	广州水道	黄埔左	1.71	1.71	0.00	-1.08	-1.03	0.05
8	大石水道	大石	1.66	1.65	-0.01	-0.88	-0.98	-0.10
9	平洲水道	沙洛围	1.95	1.96	0.01	-0.38	-0.37	0.01
10	白坭河水道	老鸦岗	1.44	1.48	0.04	-0.48	-0.60	-0.12
11	鸡啼门水道	黄金	1.36	1.37	0.01	-0.88	-0.89	-0.01
12	黄茅海区	三虎	1.45	1.58	0.13	-1.13	-1.19	-0.06
13	黄茅海区	荷包岛	1.46	1.49	0.03	-1.23	-1.19	0.04
14	虎跳门水道	西炮台	1.43	1.47	0.04	-0.92	-0.89	0.03
15	崖门水道	官冲	1.41	1.42	0.01	-0.92	-0.89	0.03
16	潭江水道	石嘴	1.30	1.36	0.06	-0.69	-0.79	-0.10
17	蕉门水道	南沙	1.57	1.61	0.04	-0.78	-0.82	-0.04
18	洪奇沥水道	冯马庙	1.54	1.56	0.02	-0.58	-0.68	-0.10
19	河口混合区	下横沥	1.55	1.59	0.04	-0.65	-0.69	-0.04
20	河口混合区	上横沥	1.52	1.55	0.03	-0.57	-0.63	-0.06
21	横门水道	横门	1.61	1.55	-0.06	-0.64	-0.73	-0.09
22	容桂水道	容奇	1.32	1.31	-0.01	-0.31	-0.37	-0.06
23	小榄水道	小榄	1.25	1.31	0.06	-0.14	-0.17	-0.03
24	紫坭河水道	三善滘	1.34	1.40	0.06	-0.34	-0.40	-0.06
25	沙湾水道	三沙口	1.65	1.66	0.01	-1.06	-1.06	0.00
26	顺德水道	石仔沙	1.32	1.35	0.03	-0.12	-0.11	0.01
27	北江干流	三水	1.32	1.28	-0.04	0.04	0.09	0.05
28	十字门海区	马骝洲	1.41	1.45	0.04	-1.00	-1.03	-0.03
29	磨刀门海区	三灶	1.36	1.52	0.16	-1.19	-1.04	0.15
30	磨刀门水道	灯笼山	1.32	1.32	0.00	-0.77	-0.81	-0.04
31	石板沙水道	百顷	1.18	1.23	0.05	-0.30	-0.28	0.02
32	北街水道	北街	1.16	1.22	0.06	-0.17	-0.16	0.01
33	西海水道	天河	1.17	1.27	0.10	-0.08	-0.11	-0.03
34	甘竹溪	邓滘沙	1.34	1.44	0.10	-0.30	-0.28	0.02
35	西江干流	马口	1.23	1.34	0.11	0.06	-0.04	-0.10

注 桂山站原型值为数模计算结果，潮位以珠江基面起算。

表 6-16 "2001.2"组合原型与模型潮差比较表 （单位：m）

序号	区域/水道	测站	涨潮潮差			落潮潮差		
			原型	模型	差值	原型	模型	差值
1	伶仃洋海区	桂山岛	1.63	1.64	0.01	2.49	2.55	0.06
2	伶仃洋海区	赤湾	1.98	1.92	-0.06	2.71	2.86	0.15
3	伶仃洋海区	淇澳西	2.05	1.95	-0.1	2.75	2.85	0.1
4	虎门水道	大虎	2.05	2.15	0.1	2.76	2.85	0.09
5	东江南支流	泗盛	2.17	2.21	0.04	2.79	2.84	0.05
6	东江北干流	大盛	2.16	2.14	-0.02	2.67	2.68	0.01
7	广州水道	黄埔左	2.29	2.20	-0.09	2.79	2.74	-0.05
8	大石水道	大石	2.15	2.15	0.00	2.54	2.61	0.07
9	平洲水道	沙洛围	1.00	1.02	0.02	2.33	2.33	0.00
10	白坭河水道	老鸦岗	1.75	1.84	0.09	1.92	2.19	0.27
11	鸡啼门水道	黄金	1.83	1.78	-0.05	2.24	2.26	0.02
12	黄茅海区	三虎	2.07	2.01	-0.06	2.58	2.77	0.19
13	黄茅海区	荷包岛	1.86	1.85	-0.01	2.69	2.67	-0.02
14	虎跳门水道	西炮台	1.92	1.91	-0.01	2.35	2.36	0.01
15	崖门水道	官冲	1.10	1.06	-0.04	2.33	2.31	-0.02
16	潭江水道	石嘴	1.66	1.86	0.20	1.99	2.12	0.13
17	蕉门水道	南沙	2.02	2.04	0.02	2.35	2.43	0.08
18	洪奇沥水道	冯马庙	1.81	1.89	0.08	2.12	2.20	0.08
19	河口混合区	下横沥	1.91	1.98	0.07	2.20	2.27	0.07
20	河口混合区	上横沥	1.87	1.93	0.06	2.09	2.18	0.09
21	横门水道	横门	1.92	1.95	0.03	2.25	2.27	0.02
22	容桂水道	容奇	1.55	1.58	0.03	1.63	1.67	0.04
23	小榄水道	小榄	1.36	1.43	0.07	1.39	1.48	0.09
24	紫坭河水道	三善滘	1.54	1.64	0.10	1.68	1.80	0.12
25	沙湾水道	三沙口	2.12	2.11	-0.01	2.71	2.72	0.01
26	顺德水道	石仔沙	1.41	1.39	-0.02	1.44	1.45	0.01
27	北江干流	三水	1.17	1.11	-0.06	1.28	1.18	-0.10
28	十字门海区	马骝洲	1.78	1.79	0.01	2.41	2.48	0.07
29	磨刀门海区	三灶	1.75	1.84	0.09	2.55	2.56	0.01
30	磨刀门水道	灯笼山	1.63	1.71	0.08	2.09	2.13	0.04
31	石板沙水道	百顷	1.31	1.40	0.09	1.48	1.50	0.02
32	北街水道	北街	1.26	1.31	0.05	1.33	1.38	0.05
33	西海水道	天河	1.24	1.29	0.05	1.25	1.34	0.09
34	甘竹溪	邓滘沙	1.58	1.56	-0.02	1.64	1.69	0.05

注 桂山站原型值为数模计算结果，潮位以珠江基面起算。

表 6－17 “98.6”组合原型与模型潮位特征比较表 （单位：m）

序号	区域/水道	测站	高高潮位			低低潮位		
			原型	模型	差值	原型	模型	差值
1	伶仃洋海区	桂山岛	1.00	1.03	0.03	－1.29	－1.28	0.01
2	伶仃洋海区	赤湾	1.24	1.32	0.08	－1.39	－1.50	－0.11
3	伶仃洋海区	淇澳西	1.28	1.29	0.01	－1.36	－1.47	－0.11
4	虎门水道	大虎	1.65	1.75	0.10	－0.85	－0.77	0.08
5	东江南支流	泗盛	1.90	1.87	－0.03	－0.61	－0.71	－0.1
6	东江北干流	大盛	1.99	1.99	0.00	－0.40	－0.32	0.08
7	广州水道	黄埔左	1.99	2.05	0.06	－0.45	－0.39	0.06
8	大石水道	大石	2.34	2.27	－0.07	0.50	0.38	－0.12
9	平洲水道	沙洛围	2.35	2.34	－0.01	0.64	0.58	－0.06
10	白坭河水道	老鸦岗	2.36	2.43	0.07	0.98	0.88	－0.10
11	鸡啼门水道	黄金	1.38	1.42	0.04	0.03	0.02	－0.01
12	黄茅海区	荷包岛	1.22	1.27	0.05	－1.28	－1.27	0.01
13	虎跳门水道	西炮台	1.54	1.63	0.09	－0.30	－0.27	0.03
14	崖门水道	官冲	1.61	1.56	－0.05	－0.50	－0.43	0.07
15	潭江水道	石嘴	1.97	1.97	0.00	0.12	0.13	0.01
16	蕉门水道	南沙	1.72	1.74	0.02	0.28	0.32	0.04
17	洪奇沥水道	冯马庙	2.20	2.06	－0.14	1.09	1.08	－0.01
18	河口混合区	下横沥	2.06	2.03	－0.03	0.97	1.01	0.04
19	河口混合区	上横沥	2.30	2.22	－0.08	1.24	1.34	0.10
20	横门南汊	横门南汊	1.63	1.61	－0.02	0.18	0.31	0.13
21	横门水道	横门	2.02	1.94	－0.08	0.86	0.88	0.02
22	小榄水道	小榄	4.89	4.89	0.00	4.65	4.73	0.08
23	东海水道	南华	5.76	5.75	－0.01	5.60	5.63	0.03
24	沙湾水道	三沙口	1.84	1.88	0.04	－0.33	－0.23	0.10
25	潭洲水道	紫洞	7.35	7.06	－0.29	7.20	6.92	－0.28
26	北江干流	三水	9.60	9.51	－0.09	9.51	9.42	－0.09
27	磨刀门水道	竹银	2.32	2.34	0.02	1.69	1.77	0.08
28	磨刀门水道	大鳌	3.48	3.46	－0.02	3.09	3.17	0.08
29	石板沙水道	百顷	3.72	3.66	－0.06	3.36	3.40	0.04
30	北街水道	北街	4.97	4.84	－0.13	4.76	4.68	－0.08
31	西海水道	天河	5.93	5.84	－0.09	5.79	5.73	－0.06
32	甘竹溪	邓滘沙	4.84	4.82	－0.02	4.54	4.65	0.11
33	西江干流	马口	9.48	9.64	0.16	9.42	9.49	0.07

注 桂山站原型值为数模计算结果，潮位以珠江基面起算。

表6-18　"98.6"组合原型与模型潮差比较表　（单位：m）

序号	区域/水道	测站	涨潮潮差			落潮潮差		
			原型	模型	差值	原型	模型	差值
1	伶仃洋海区	桂山岛	1.35	1.47	0.12	2.24	2.31	0.07
2	伶仃洋海区	赤湾	1.72	1.88	0.16	2.63	2.82	0.19
3	伶仃洋海区	淇澳西	1.65	1.78	0.13	2.64	2.75	0.11
4	虎门水道	大虎	1.92	2.08	0.16	2.50	2.52	0.02
5	东江南支流	泗盛	2.06	2.11	0.05	2.51	2.52	0.01
6	东江北干流	大盛	2.02	2.02	0.00	2.39	2.31	-0.08
7	广州水道	黄埔左	2.08	2.06	-0.02	2.44	2.44	0
8	大石水道	大石	1.76	1.82	0.06	1.84	1.89	0.05
9	平洲水道	沙洛围	1.66	1.70	0.04	1.71	1.76	0.05
10	白坭河水道	老鸦岗	1.38	1.55	0.17	1.38	1.55	0.17
11	鸡啼门水道	黄金	1.15	1.40	0.25	1.35	1.40	0.05
12	黄茅海区	荷包岛	1.53	1.66	0.13	2.50	2.54	0.04
13	虎跳门水道	西炮台	1.47	1.52	0.05	1.84	1.89	0.05
14	崖门水道	官冲	1.65	1.60	-0.05	2.10	1.98	-0.12
15	潭江水道	石嘴	1.64	1.69	0.05	1.85	1.84	-0.01
16	蕉门水道	南沙	1.29	1.33	0.04	1.44	1.42	-0.02
17	洪奇沥水道	冯马庙	0.97	0.91	-0.06	1.11	0.99	-0.12
18	河口混合区	下横沥	0.96	0.99	0.03	1.09	1.02	-0.07
19	河口混合区	上横沥	0.95	0.85	-0.10	1.06	0.88	-0.18
20	横门南汊	横门南汊	1.30	1.26	-0.04	1.45	1.31	-0.14
21	横门水道	横门	1.05	0.97	-0.08	1.16	1.06	-0.10
22	小榄水道	小榄	0.23	0.16	-0.07	0.24	0.16	-0.08
23	东海水道	南华	0.16	0.12	-0.04	0.16	0.12	-0.04
24	沙湾水道	三沙口	1.81	1.81	0.00	2.17	2.11	-0.06
25	潭洲水道	紫洞	0.15	0.14	-0.01	0.15	0.14	-0.01
26	北江干流	三水	0.07	0.09	0.02	0.09	0.09	0.00
27	磨刀门水道	竹银	0.52	0.51	-0.01	0.63	0.57	-0.06
28	磨刀门水道	大鳌	0.34	0.27	-0.07	0.39	0.29	-0.10
29	石板沙水道	百顷	0.29	0.26	-0.03	0.36	0.26	-0.10
30	北街水道	北街	0.19	0.17	-0.02	0.21	0.17	-0.04
31	西海水道	天河	0.14	-0.01	-0.15	0.14	0.11	-0.03
32	甘竹溪	邓滘沙	0.28	0.18	-0.10	0.30	0.20	-0.10
33	西江干流	马口	0.05	0.15	0.10	0.06	0.15	0.09

注　桂山站原型值为数模计算结果，潮位以珠江基面起算。

表 6-19 "99.7.20"洪水小潮组合原型与模型潮位特征比较表 (单位：m)

序号	河道名	测站	高高潮位			低低潮位		
			原型	模型	差值	原型	模型	差值
1	黄茅海海区	荷包岛	0.10	0.06	-0.04	-0.84	-0.84	0.00
2	虎门水道	大虎	0.40	0.35	-0.05	-0.85	-0.83	0.02
3	蕉门水道	南沙	0.45	0.49	0.04	-0.28	-0.31	-0.03
4	洪奇沥水道	冯马庙	0.70	0.68	-0.02	0.22	0.20	-0.02
5	横门水道	横门	0.57	0.56	-0.01	-0.04	-0.07	-0.03
6	磨刀门水道	灯笼山	0.30	0.29	-0.01	-0.17	-0.21	-0.04
7	鸡啼门水道	黄金	0.22	0.25	0.03	-0.47	-0.43	0.04
8	虎跳门水道	西炮台	0.35	0.31	-0.04	-0.71	-0.64	0.07
9	崖门水道	官冲	0.31	0.25	-0.06	-0.76	-0.78	-0.02
10	东江南支流	泗盛	0.48	0.50	0.02	-0.79	-0.73	0.06
11	广州水道	黄埔左	0.48	0.55	0.07	-0.52	-0.75	-0.23
12	大石水道	大石	0.70	0.70	0.00	-0.68	-0.56	0.12
13	平洲水道	沙洛围	0.73	0.74	0.01	-0.58	-0.45	0.13
14	白坭河水道	老鸦岗	0.60	0.55	-0.05	-0.46	-0.45	0.01
15	潭江水道	石嘴	0.39	0.31	-0.08	-0.73	-0.76	-0.03
16	河口混合区	下横沥	0.68	0.70	0.02	0.10	0.05	-0.05
17	河口混合区	上横沥	0.78	0.76	-0.02	0.23	0.21	-0.02
18	容桂水道	容奇	1.58	1.64	0.06	1.26	1.41	0.15
19	鸡鸦水道	南头	1.82	1.84	0.02	1.52	1.62	0.10
20	东海水道	南华	2.61	2.71	0.10	2.29	2.41	0.12
21	沙湾水道	三沙口	0.44	0.43	-0.01	-0.73	-0.65	0.08
22	紫坭河水道	三善滘	1.22	1.21	-0.01	0.85	0.92	0.07
23	顺德水道	石仔沙	2.88	2.76	-0.12	2.55	2.61	0.06
24	潭洲水道	紫洞	3.14	3.04	-0.10	2.82	2.94	0.12
25	磨刀门水道	大鳌	1.28	1.30	0.02	0.98	1.07	0.09
26	北街水道	北街	2.04	2.06	0.02	1.83	1.93	0.10
27	西海水道	天河	2.66	2.62	-0.04	2.35	2.53	0.18
28	甘竹溪	邓滘沙	1.86	1.90	0.04	1.55	1.72	0.17

注 潮位以珠江基面起算。

6.6.4.2 海区测点流速、流向验证

根据现有的原型观测资料，海区流速、流向验证分 3 个区域进行，以"98.6"大洪

水大潮组合验证伶仃洋海区，以“92.7”中水大潮组合验证黄茅海及鸡啼门海区，以“2001.7”中洪水大潮组合验证磨刀门海区。

伶仃洋海区测点流速过程线验证图从略，原型与模型流速特征值对比见表6－20，涨、落潮平均流向对比见表6－21。从诸表中可以看到，原型与模型流速流向过程线基本一致（过程线图从略），相位偏差一般不大于1.5h，涨、落潮平均流速偏差在0.10m/s以内的约占80%，各验证测点的单站检验合格率除伶散5外，均满足精度要求，该组合流速验证合格率达93%；涨、落潮流向偏差小于10°之内的占80%，其中伶散3平均流向偏差略大，达23°左右。经分析认为，伶散5的单站检验合格率偏低，主要由于该测点位于沙仙尾浅滩上，部分水流从汇合延伸段越过沙仙尾浅滩进入蕉门延伸段，造成附近水流散乱，尽管如此，该测点单站检验合格率仍达到73%，偏差并不算大。

黄茅海及鸡啼门海区流速流向过程验证图从略，原型与模型流速特征值对比见表6－22，平均流向对比见表6－23。由表可见，验证的总体情况略逊于伶仃洋验证结果。流速流向过程线基本一致（过程线图从略），相位偏离在1.5h以内。涨、落潮平均流速偏差在0.10m/s以内的约占73%，各验证测点的单站检验合格率均满足精度要求，该组合流速验证合格率达100%；涨、落潮流向偏差小于10°之内的占74%，最大偏差为18°。可见，该区域流速、流向验证结果与伶仃洋海区验证精度大致相当，基本满足精度要求。

表6－20　“98.6”伶仃洋海区流速特征值验证成果表　（单位：m/s）

测点	项目	最大流速			平均流速			单站检验合格率
		原型	模型	差值	原型	模型	差值	
伶散1	落潮	0.72	0.76	0.04	0.28	0.47	0.19	81%
	涨潮	0.92	0.80	－0.12	0.52	0.38	－0.14	
伶散2	落潮	1.03	1.28	0.25	0.67	0.76	0.09	85%
	涨潮	0.45	0.30	－0.15	0.19	0.23	0.04	
伶散3	落潮	0.95	1.20	0.25	0.57	0.77	0.20	88%
	涨潮	0.50	0.47	－0.03	0.24	0.21	－0.03	
伶散4	落潮	0.79	1.05	0.26	0.50	0.59	0.09	88%
	涨潮	0.60	0.45	－0.15	0.32	0.27	－0.05	
伶散5	落潮	0.62	0.61	－0.01	0.48	0.44	－0.04	73%
	涨潮	0.65	0.70	0.05	0.35	0.37	0.02	
伶散6	落潮	1.29	1.29	0.00	0.79	0.70	－0.09	100%
	涨潮	0.67	0.60	－0.07	0.28	0.35	0.07	
伶散7	落潮	1.11	1.12	0.01	0.56	0.63	0.07	100%
	涨潮	0.52	0.58	0.06	0.32	0.33	0.01	
伶仃东V1	落潮	1.06	1.05	－0.01	0.59	0.67	0.08	100%
	涨潮	0.60	0.60	0.00	0.30	0.32	0.02	
伶仃东V2	落潮	1.71	1.32	－0.39	0.69	0.71	0.02	96%
	涨潮	0.39	0.44	0.05	0.26	0.30	0.04	

续表

测点	项目	最大流速			平均流速			单站检验合格率
		原型	模型	差值	原型	模型	差值	
淇澳东 V1	落潮	1.70	1.67	-0.03	0.94	1.03	0.09	100%
	涨潮	0.82	0.76	-0.06	0.45	0.38	-0.07	
淇澳东 V2	落潮	1.55	1.54	-0.01	0.82	0.74	-0.08	85%
	涨潮	0.49	0.64	0.15	0.21	0.41	0.20	
淇澳东 V3	落潮	1.72	1.37	-0.35	0.93	0.79	-0.14	100%
	涨潮	1.34	1.16	-0.18	0.40	0.52	0.12	
金星门 V1	落潮	1.54	1.67	0.13	0.86	0.82	-0.04	100%
	涨潮	0.96	0.93	-0.03	0.39	0.40	0.01	

注 表中流速为表层流速值。

表 6-21 "98.6"伶仃洋海区主流平均流向验证成果表 [单位：(°)]

测点	项目	原型	模型	误差
伶散 1	落潮	133	142	9
	涨潮	338	329	-9
伶散 2	落潮	153	145	-8
	涨潮	362	359	-3
伶散 3	落潮	161	159	-2
	涨潮	348	325	-23
伶散 4	落潮	160	160	0
	涨潮	303	309	6
伶散 5	落潮	113	127	14
	涨潮	41	34	-7
伶散 6	落潮	179	178	-1
	涨潮	337	344	7
伶散 7	落潮	166	161	-5
	涨潮	338	332	-6
伶仃东 V1	落潮	190	182	-8
	涨潮	338	329	-9
伶仃东 V2	落潮	160	152	-8
	涨潮	325	317	-8
淇澳东 V1	落潮	152	149	-3
	涨潮	370	351	-19
淇澳东 V2	落潮	170	174	4
	涨潮	355	352	-3
淇澳东 V3	落潮	189	183	-6
	涨潮	362	355	-7
金星门 V1	落潮	121	128	7
	涨潮	286	300	14

表 6－22　“92.7”黄茅海区流速特征值验证成果表　（单位：m/s）

测点	项目	最大流速			平均流速			单站检验合格率
		原型	模型	差值	原型	模型	差值	
高栏西 V1	落潮	1.11	1.01	-0.10	0.46	0.40	-0.06	88%
	涨潮	0.99	0.88	-0.11	0.62	0.48	-0.14	
高栏西 V2	落潮	0.88	0.73	-0.15	0.40	0.30	-0.10	85%
	涨潮	0.69	0.76	0.07	0.46	0.51	0.05	
高栏西 V3	落潮	1.15	0.94	-0.21	0.42	0.33	-0.09	96%
	涨潮	0.80	0.67	-0.13	0.45	0.35	-0.10	
荷包西 V1	落潮	1.02	0.82	-0.20	0.53	0.35	-0.18	81%
	涨潮	0.59	0.64	0.05	0.31	0.34	0.03	
荷包西 V2	落潮	1.06	0.83	-0.23	0.48	0.33	-0.15	100%
	涨潮	0.78	0.62	-0.16	0.39	0.37	-0.02	
荷包西 V3	落潮	1.01	0.75	-0.26	0.35	0.27	-0.08	92%
	涨潮	0.74	0.76	0.02	0.41	0.35	-0.06	
大襟西 V1	落潮	0.69	0.54	-0.15	0.45	0.26	-0.19	81%
	涨潮	0.74	0.65	-0.09	0.31	0.35	0.04	
大襟西 V2	落潮	0.69	0.52	-0.17	0.49	0.30	-0.19	81%
	涨潮	0.81	0.67	-0.14	0.41	0.36	-0.05	
黄散 3	落潮	0.93	0.80	-0.13	0.53	0.44	-0.09	81%
	涨潮	0.91	0.70	-0.21	0.52	0.40	-0.12	
黄散 4	落潮	1.26	0.93	-0.33	0.61	0.51	-0.10	96%
	涨潮	1.06	0.85	-0.21	0.51	0.44	-0.07	
黄散 5	落潮	1.08	0.76	-0.32	0.56	0.40	-0.16	85%
	涨潮	0.86	0.70	-0.16	0.50	0.41	-0.09	
黄散 7	落潮	1.12	0.86	-0.26	0.54	0.36	-0.18	81%
	涨潮	0.75	0.70	-0.05	0.39	0.45	0.06	
黄散 8	落潮	1.05	0.68	-0.37	0.36	0.26	-0.10	81%
	涨潮	0.63	0.49	-0.14	0.42	0.35	-0.07	
黄散 9	落潮	0.90	0.66	-0.24	0.38	0.28	-0.10	81%
	涨潮	0.89	0.69	-0.20	0.50	0.40	-0.10	
黄散 10	落潮	0.63	0.49	-0.14	0.23	0.23	0.00	88%
	涨潮	0.52	0.69	0.17	0.39	0.38	-0.01	

注　表中流速为表层流速值。

表 6-23 "92.7" 黄茅海区平均流向验证成果表 [单位：(°)]

测点	项目	原型	模型	误差
高栏西 V1	落潮	131	132	1
	涨潮	293	284	-9
高栏西 V2	落潮	134	143	9
	涨潮	326	324	-2
高栏西 V3	落潮	177	171	-6
	涨潮	349	336	-13
荷包西 V1	落潮	202	198	-4
	涨潮	360	343	-17
荷包西 V2	落潮	186	188	2
	涨潮	347	329	-18
荷包西 V3	落潮	148	146	-2
	涨潮	371	355	-16
大襟西 V1	落潮	209	191	-18
	涨潮	51	48	-3
大襟西 V2	落潮	190	190	0
	涨潮	347	338	-9
黄歆 3	落潮	177	186	9
	涨潮	357	354	-3
黄歆 4	落潮	178	179	1
	涨潮	357	351	-6
黄歆 5	落潮	163	159	-4
	涨潮	366	349	-17
黄歆 7	落潮	170	175	5
	涨潮	358	359	1
黄歆 8	落潮	150	148	-2
	涨潮	326	335	9
黄歆 9	落潮	120	115	-5
	涨潮	287	295	8
黄歆 10	落潮	146	134	-12
	涨潮	279	288	9

以“2001.7”组合验证磨刀门外海区测点流速，主要是由于磨刀门距离沿岸流水域最近，该组合水文资料亦较新，因此，验证的目的主要是为了探索模拟沿岸流。由于该处水域水流散乱，流速梯度大，流态异常复杂多变，且离拦门沙较近，水深较浅，验证难度较大。验证的流速、流向过程线见图6-36，可以看出，磨1、磨3、磨4验证情况较好，磨2、磨5略差，但偏离程度不算大，基本能满足精度要求。

综上所述，在缺乏同步实测资料的情况下，本模型用3个不同水文组合分别对伶仃洋、黄茅海及鸡啼门、磨刀门等海区的测点流速流向进行了分区验证，多数测点的流速流向过程线与原型基本达到一致，涨、落潮平均流速误差在0.10m/s以内的约占80%，流速验证总体合格率超过90%；涨、落潮平均流向误差在10°以内的占80%，总体而言，各海区测点流速、流向验证基本满足精度要求。

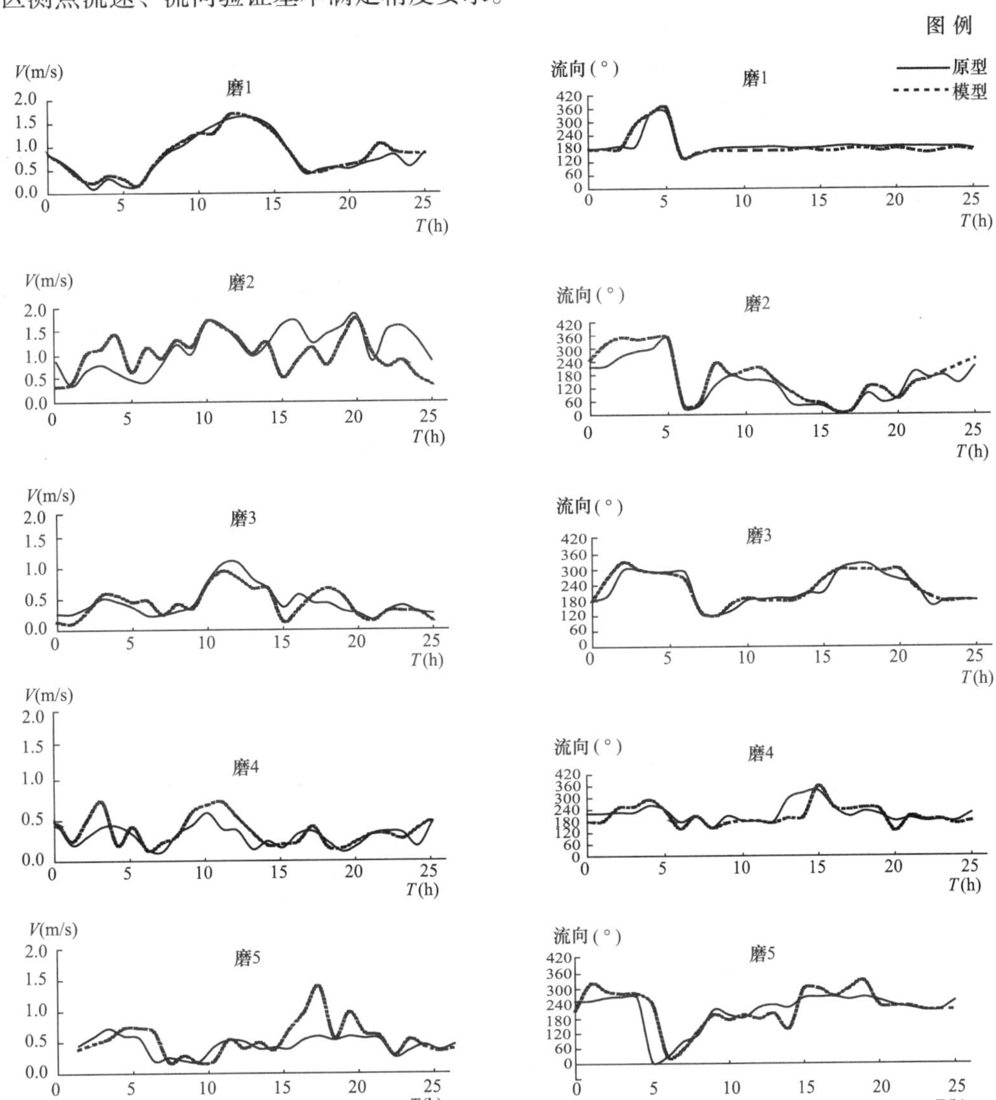

图6-36　“2001.7”磨刀门海区流速、流向验证成果图

6.6.4.3 流态验证

由于缺乏大范围原型流态观测资料，分别采用遥感信息分析成果及数学模型计算成果对海区的流态、流场进行同步验证，以提高了研究成果的可靠性。由于模型范围广，本模型用照相法或 PIV 物模流速场测速系统获取流态与遥感信息分析成果进行对比和验证，海区的流场则采用布设流速测点的方法进行验证。

1. 伶仃洋海区

图 6－37（a）为“99.7”组合伶仃洋物模流场矢量图，图 6－37（b）为“99.7”组合伶仃洋数模流场矢量图。由图可见，两种研究方法所得到的伶仃洋整体流场基本一致，流速大小基本相当，流向基本上均为较稳定的南北向往复流，东槽、西槽的流向与槽道走向基本一致。东槽伶散 2 涨潮历时比西槽伶散 3 长 1h，东侧测点大铲北比西侧测点淇澳北长 1h。这种流态主要是由于东槽上游为伶仃洋喇叭型地形，有较大的纳潮容积，致使东槽涨潮历时较长；而西槽上溯潮流则因受上游较大径流顶托，故涨潮历时相对较短。

内伶仃岛以南至铜鼓附近海域流态也非常复杂，图 6－38（a）、图 6－38（b）分别为铜鼓海区涨、落潮流态图（物模与遥感对比），结合图 6－37 流场矢量图可以看出：涨潮时，大濠水道涨潮流速较大，其主流沿伶仃水道上溯，另有一股涨潮流穿过铜鼓岛以南香港机场以北海域，并在铜鼓岛西侧与暗士顿涨潮流汇合后继续上溯。落潮时，从暗士顿水道下泄的落潮流也在铜鼓岛西侧水域分流，一股从香港的马湾水道下泄，另一股流向大濠水道，分流点随着落潮流的加大逐渐南移至香港机场至沙洲岛一带水域。无论是涨潮期还是落潮时，香港机场北缘一般不会出现向东或向西单向水流运动。这种特殊的流态是由于暗士顿水道与伶仃水道涨、落潮流互相作用的结果。

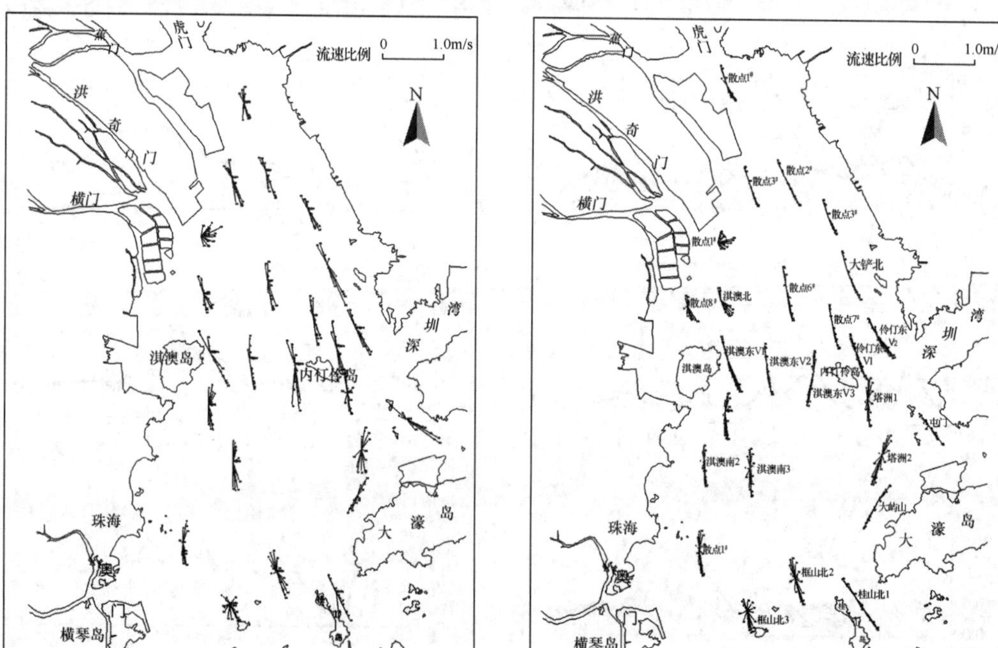

（a）“99.7”组合伶仃洋流场矢量图（物模成果）　（b）“99.7”组合伶仃洋流场矢量图（数模成果）

图 6－37 伶仃洋流场矢量图

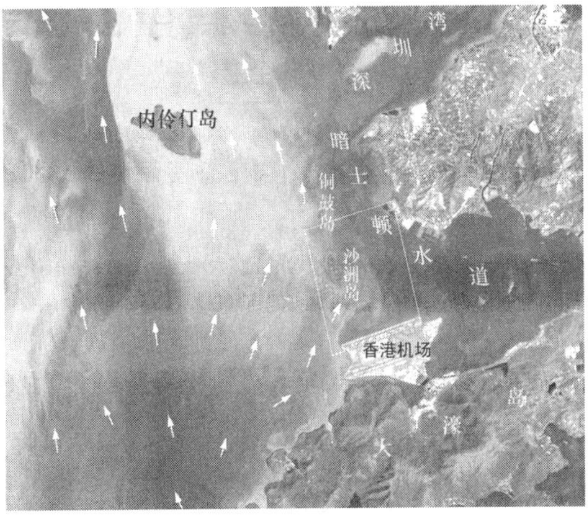

遥感流势图

物模流态图

（a）铜鼓附近海域涨潮流态对比图

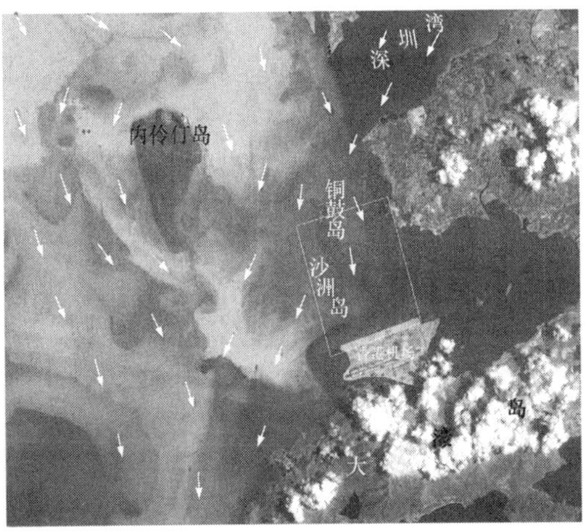

遥感流势图

物模流态图

（b）铜鼓附近海域涨落流态对比图

图 6－38　铜鼓海区涨落潮流态图

综上所述，无论是伶仃洋的整体流态，还是内伶仃岛以南铜鼓附近海域的特殊流态，物理模型观测到的结果与数学模型及遥感的研究成果都基本相符。

2. 黄茅海浅海区

图 6－39（a）为“99.7”组合黄茅海物模流场矢量图，图 6－39（b）为“99.7”组合黄茅海数模流场矢量图。由图可见，模型上观测到的黄茅海整体流场除黄茅南略有差异外，其余各点大致与数学模型的计算结果一致。由于黄茅海与伶仃洋同为喇叭型河口湾，也有两槽三滩水下地形，东槽经三角山岛以东的为东航道，经三角山岛以西的为西航道，西槽为经荷包西岛西侧的南北向槽道。东槽较西槽深，是纳潮主要通道，西槽则为落潮的主要通道。从流场图可以看出：涨潮时，涨潮流从高栏西、荷包西大襟西三断面同时上溯，涨潮历时以荷包西最短，比另两断面少 1h，涨潮流以经高栏西断面的东槽最强，涨、

落潮流向以往复流为主，涨、落潮主流向与所在槽道基本一致。大芒岛以南至荷包岛水域，东西槽水体有少量水体交换，但强度很弱。

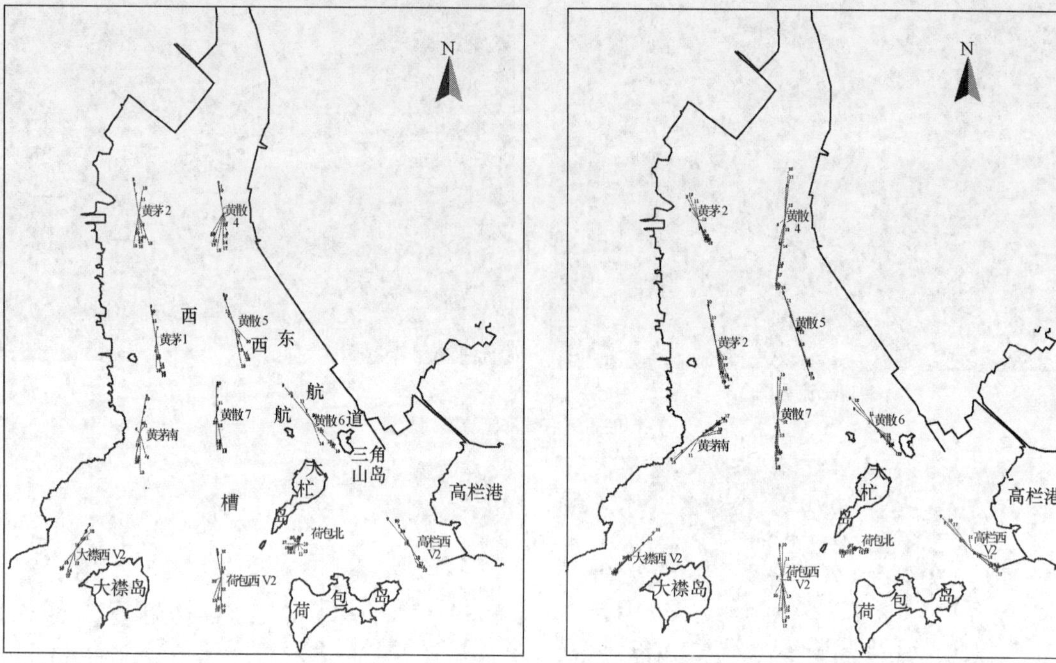

(a)“99.7”组合黄茅海区流场矢量图（物模成果）　(b)“99.7”组合黄茅海区流场矢量图（数模成果）

图 6－39　黄茅海区流场矢量图

3. 河口混合区

河口混合区受径流和潮流两种动力作用，由于各口门涨、落潮流强弱不同，涨、落潮历时也有差异，在特定时段内，会出现一口门的落潮流受潮流顶托，转而成为另一口门的涨潮流现象。图 6－40（a）为模型采用 PIV 物模流速场测速系统观测到凫洲水道附近水域的流场与遥感研究成果对比图，图 6－40（b）、图 6－40（c）分别是模型拍摄的凫洲水道附近水域涨、落潮流态与遥感研究成果对比图。由上述诸图可见，凫洲水道在特定时段内，其落潮流受上溯潮流顶托注入虎门水道的情形，模型所观测的结果及遥感信息分析成果基本一致。

另外，横门和洪奇沥下泄进入汇合延伸段的落潮水流，因受下游潮流的顶托，在沙仙尾浅滩上部拐弯进入蕉门延伸段。图 6－37 中散点 5#流速矢量图与数学模型研究成果一致反映了这一特殊的水流现象。

4. 外海沿岸流

沿岸流在珠江河口的主要表现特征是伶仃洋落潮流在出伶仃洋湾口时转向西南方向，成为浅海区沿岸流。沿岸流对珠江河口近海区流态有明显的影响，在沿岸流动力作用下，伶仃洋的入海泥沙往西南输移，对河口拦门沙的发育有重要影响。因此，模型试验应当模拟河口沿岸流。

（a）河口混合区洪水期涨潮遥感图像与物理模型流场（PIV）对比图

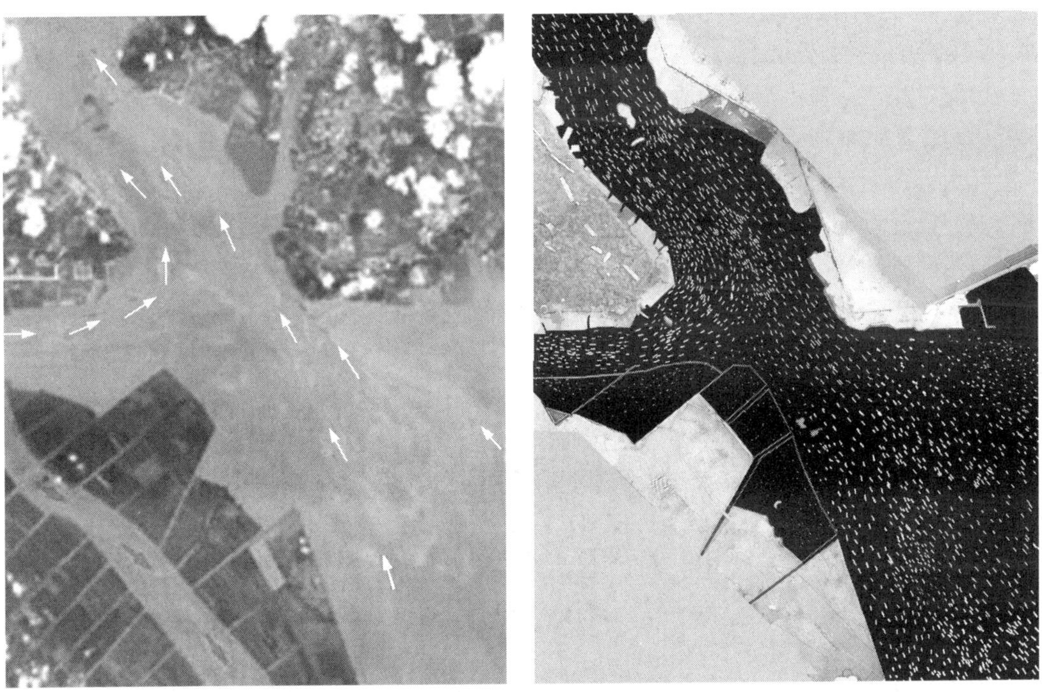

（b）河口混合区洪水期涨潮遥感图像与物理模型流场对比图

图 6－40　河口混合区洪水涨落潮流场对比图（一）

（c）河口混合区洪水期落潮遥感图像与物理模型流场对比图

图6-40　河口混合区洪水涨落潮流场对比图（二）

目前对珠江河口沿岸流的成因的看法尚未取得一致，有些学者认为沿岸流主要与海域潮流运动、海域地形、柯氏力等因素有关，但从实测潮位资料（见图6-41）分析来看，东边（大万山）潮差小于西边（荷包岛）潮差，东边的潮位过程与西边存在相位差。因此，模型设计时，将模型尾门分成若干个小区，各小区按不同潮位过程进行控制，从而使外海东西两侧潮位出现相位差，以达到模拟沿岸流的目的。

图6-42（a）为物模与数模枯水期涨急时的流场对比图，图6-42（b）为遥感信息分析所得的枯水期涨潮流路图；图6-43（a）为物模与数模枯水期落急时的流场对比图，图6-43（b）为遥感信息分析所得的枯水期落潮流路图；在模型上所拍摄的沿岸流流态见图6-44（a）、（b）、（c），由上述诸图可见，各种研究手段所描述的沿岸流流态基本一致，且与《珠江口滨海区水文调查报告》❶ 中描绘的洪水枯水期外海流场也大致相符（见图6-44（d））。据此可以认为，模型基本反映了珠江口沿岸流这一特殊的水流现象。

综上所述，将模型上观测得到的海区流态、流场分别与遥感信息分析及数学模型计算等研究成果进行了对比验证，验证结果表明，各种手段所得到的海区流态、流场基本相符。

6.6.4.4　潮流量验证

根据现有的流量实测资料，本模型分别对“99.7”中洪水大潮、“2001.2”枯水大潮、

❶　珠江水利委员会滨海水文组，珠江滨海区水文调查报告，1986年。

“99.7.20”洪水小潮 3 种不同水文组合网河区的流量进行验证。原型与模型潮量对比分别列于表 6-24、表 6-25、表 6-26，流量过程线验证图从略。对潮流量验证结果分析如下：

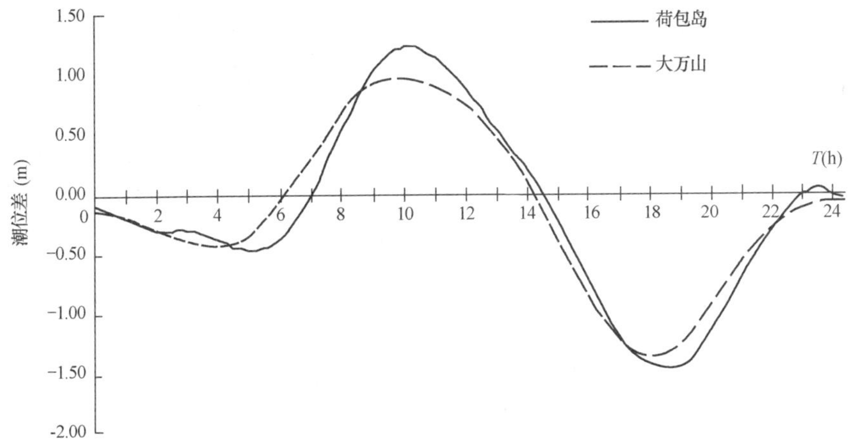

图 6-41　珠江口外海潮位测站实测潮位过程线对比图（1999 年 7 月 15 日）

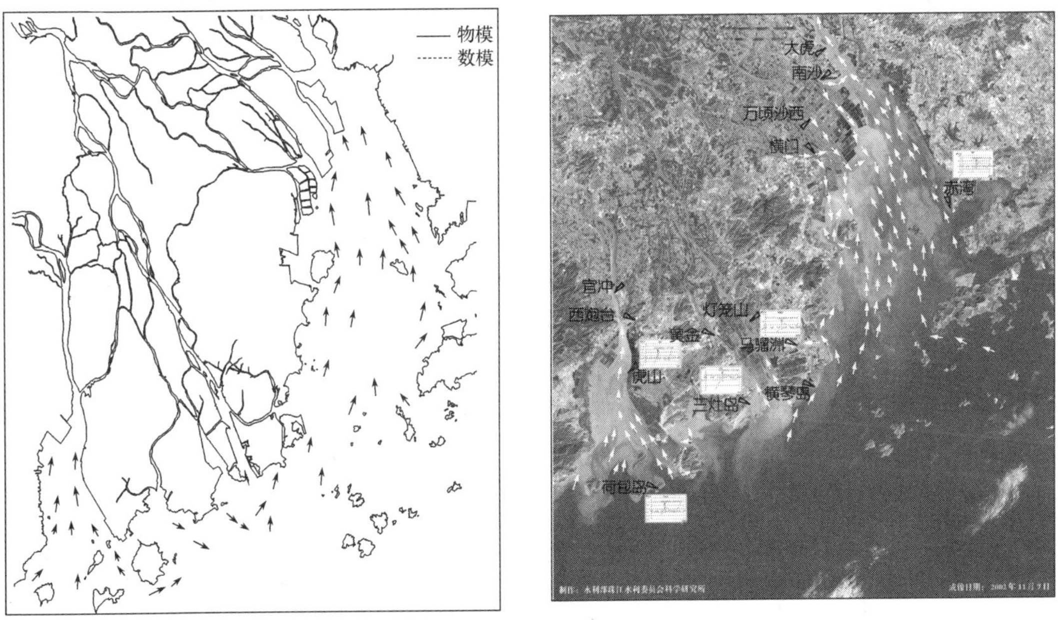

（a）“2001.2”珠江口滨海区涨急流场图　（b）珠江河口涨潮流路图（遥感成果）

图 6-42　珠江口滨海区涨急流场与珠江河口涨潮流路图

在“99.7”中洪水大潮条件下，模型各验证断面流量过程与原型趋势基本一致，涨、落潮量误差在 10% 以内的占 80%，误差超过 20% 有黄沙沥、西樵涌所在的鱼窝头断面，由于这两河道都是小汊河，潮流的量值较小，且误差均在 30% 以内。

在“2001.2”枯水大潮条件下，模型各验证断面流量过程与原型趋势基本一致，涨、落潮量误差在10%以内的约占80%，误差超过20%只有平洲水道所在的大石断面，该水道涨、落潮量的量值较小，对整体不会构成大的影响。

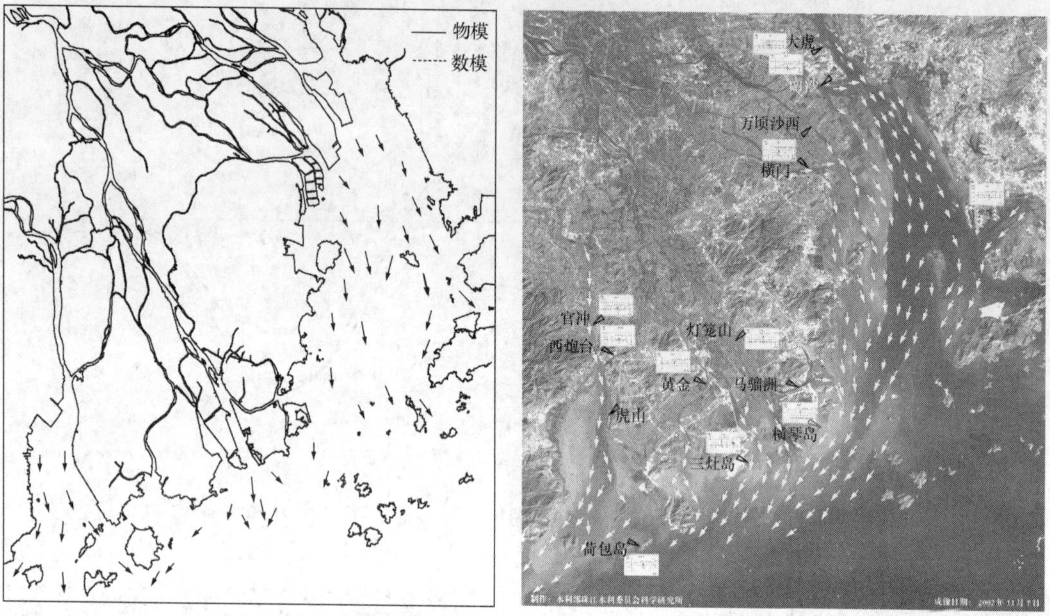

(a)“2001.2”珠江口滨海区落急流场图（物模+数模）

(b) 珠江河口落潮流路图（遥感成果）

图6-43 珠江口滨海区落急流场与珠江河口落潮流路图

在“99.7.20”洪水小潮条件下，模型各验证断面流量过程与原型趋势基本一致。涨、落潮量误差在10%以内的约占78%，最大误差不超过20%。由于该组合模拟时段内上游来流处于涨水过程，使得对径流较敏感的南华、石仔沙、三沙口、横门等断面的流量过程两端偏差稍大，但总体情况仍能与原型过程线基本符合。

综上所述，模型对两种水文组合的验证结果表明，模型与原型的流量过程基本一致。经验证的各断面涨、落潮量误差小于10%的约占总数的80%，仅个别小汊河所在断面潮量误差略大于20%，该误差对整体影响不大。据此可以认为，本模型验证断面的涨、落潮流量基本满足精度要求。

表6-24 “99.7”组合涨、落潮量验证成果表 （单位：万m^3）

位置	河道名	断面	落潮量			涨潮量		
			原型	模型	误差（%）	原型	模型	误差（%）
八大口门	虎门水道	大虎	104657	106961	2.2	53635	50688	-5.5
	蕉门水道	南沙	63177	68205	8.0	59	54	-8.5
	洪奇沥水道	冯马庙	32582	30119	-7.6	0	0	0.0
	横门水道	横门	42453	43190	1.7	0	0	0.0
	磨刀门水道	灯笼山	86751	83950	-3.2	0	0	0.0
	鸡啼门水道	黄金	12365	10501	-15.1	62	52	-15.9
	虎跳门水道	西炮台	10644	12098	13.7	434	374	-13.8
	崖门水道	官冲	29234	31587	8.0	17207	13998	-18.6

续表

位置	河道名	断面	落潮量			涨潮量		
			原型	模型	误差（%）	原型	模型	误差（%）
西江水系	西海水道	天河	106896	110640	3.5	0	0	0.0
	东海水道	南华	108846	99699	-8.4	0	0	0.0
	甘竹溪	邓滘沙	6275	5541	-11.7	0	0	0.0
	小榄水道	小榄	19071	15414	-19.2	0	0	0.0
	鸡鸦水道	南头	40129	40648	1.3	0	0	0.0
	桂洲水道	海尾	22520	21822	-3.1	0	0	0.0
	容桂水道	容奇	28175	25840	-8.3	0	0	0.0
	黄埔沥	乌珠	4056	3789	-6.6	0	0	0.0
	黄沙沥	黄沙沥	9687	7150	-26.2	0	0	0.0
	北街水道	北街	58990	63666	7.9	0	0	0.0
	荷塘水水道	潮莲	65986	66001	0.0	0	0	0.0
	石板沙水道	百顷	53228	60542	13.7	0	0	0.0
	磨刀门水道	大鳌	52538	51425	-2.1	0	0	0.0
	石板沙水道	睦洲口	20176	21464	6.4	0	0	0.0
	螺洲溪	竹洲头	8587	8879	3.4	0	0	0.0
	磨刀门水道	竹银	71935	66669	-7.3	0	0	0.0
北江水系	潭洲水道	紫洞	15331	14421	-5.9	0	0	0.0
	吉利涌	吉利	10645	8633	-18.9	0	0	0.0
	顺德水道	石仔沙	50400	51041	1.3	0	0	0.0
	潭洲水道	澜石	24250	25463	5.0	0	0	0.0
	勒流涌	勒流	5998	4978	-17.0	0	0	0.0
	陈村水道	碧江	547	473	-13.5	94	78	-16.9
	平洲水道	五斗	13437	14453	7.6	0	0	0.0
	平洲水道	沙洛围	13833	15360	11.0	0	0	0.0
	大石水道	大石	3865	3929	1.7	0	0	0.0
	顺德水道	霞石	50697	48814	-3.7	0	0	0.0
	紫坭河水道	三善左	8274	8066	-2.5	0	0	0.0
	顺德水道	三善右	40126	42779	6.6	0	0	0.0
	沙湾水道	三沙口	28622	24874	-13.1	0	0	0.0
	李家沙水道	三围	9758	8949	-8.3	0	0	0.0
	西樵涌	鱼窝头	3224	2400	-25.5	0	0	0.0
	骝岗涌	西樵	10336	9182	-11.2	0	0	0.0
	蕉门水道	亭角	11976	12762	6.6	1061	849	-20.0
河口混合区	洪奇沥水道	大陇滘	82836	85704	3.5	0	0	0.0
	上横沥	上横沥	17516	14828	-15.3	0	0	0.0
	下横沥	下横沥	30731	36187	17.8	0	0	0.0

表 6-25 "2001.2"组合涨、落潮量验证成果表 （单位：万 m³）

位置	河道名	断面	落潮量			涨潮量		
			原型	验证	误差（%）	原型	验证	误差（%）
八大口门	虎门水道	大虎	79633	82742	3.9	80817	82407	2.0
	蕉门水道	南沙	16629	18449	10.9	16804	18449	9.8
	洪奇沥水道	冯马庙	8050	7653	-4.9	5102	4890	-4.1
	横门水道	横门	10142	8905	-12.2	9396	8281	-11.9
	磨刀门水道	灯笼山	20242	17723	-12.4	16322	14494	-11.2
	鸡啼门水道	黄金	4657	4728	1.5	3954	3899	-1.4
	虎跳门水道	西炮台	4288	4467	4.2	3350	3441	2.7
	崖门水道	官冲	23269	23158	-0.5	21196	20903	-1.4
西江水系	西海水道	天河	14118	15030	6.5	6597	7830	18.7
	东海水道	南华	12346	12131	-1.7	6271	6545	4.4
	小榄水道	小榄	2670	2226	-16.7	1219	992	18.6
	桂洲水道	海尾	2914	2631	-9.7	1525	1425	-6.6
	容桂水道	容奇	3707	3484	-6.0	2067	2134	3.2
	黄埔沥	乌珠	574	576	0.3	503	512	1.7
	黄沙沥	黄沙沥	1709	1539	-10.0	1156	1069	-7.5
	螺洲溪	竹洲头	1279	1214	-5.1	946	938	-0.8
北江水系	石板沙水道	睦洲口	2897	3037	4.8	1339	1482	10.7
	顺德水道	石仔沙	5927	6221	5.0	2001	2147	7.3
	潭洲水道	澜石	2155	1959	-9.1	1629	1490	-8.5
	勒流涌	勒流	945	992	4.9	588	564	-4.1
	平洲水道	沙洛围	3384	3695	9.2	3047	3353	10.0
	大石水道	大石	936	719	-23.2	978	737	-24.7
	紫坭河水道	三善右	8532	8318	-2.5	5250	5633	7.3
	顺德水道	三善左	1650	1497	-9.3	1301	1195	-8.1
	李家沙水道	三围	2457	2066	-15.9	1427	1235	-13.5
	沙湾水道	三沙口	7427	6937	-6.6	6226	5464	-12.2
河口混合区	上横沥	上横沥	2694	2574	-4.5	2146	1970	-8.2
	下横沥	下横沥	7245	7869	8.6	6147	6736	9.6
	凫洲水道	凫洲	14382	16966	18.0	15206	15490	1.9
	横门北支	横门北汊	6889	6201	-10.0	5854	5332	-8.9

表 6－26　“99.7.20”洪水小潮组合涨、落潮量验证成果表　（单位：万 m^3）

位置	河道名	断面	落潮量			涨潮量		
			原型	验证	误差（%）	原型	验证	误差（%）
八大口门	虎门水道	大虎	76830	76627	－0.3	29719	25598	－13.9
	蕉门水道	南沙	48200	58178	20.7	0	0	0.0
	洪门沥水道	冯马庙	24725	24458	－1.1	0	0	0.0
	横门水道	横门	35420	35310	－0.3	0	0	0.0
	磨刀门水道	灯笼山	65048	68610	5.5	0	0	0.0
	鸡啼门水道	黄金	9666	10229	5.8	0	0	0.0
	虎跳门水道	西炮台	8526	8150	－4.4	0	0	0.0
	崖门水道	官冲	18230	19945	9.4	7382	6876	－6.9
西江水系	西海水道	天河	100015	97661	－2.4	0	0	0.0
	东海水道	南华	87215	77700	－10.9	0	0	0.0
	甘竹溪	邓滘沙	5935	5386	－9.3	0	0	
	小榄水道	小榄	14915	15271	2.4	0	0	0.0
	鸡鸦水道	南头	33019	32528	－1.5	0	0	0.0
	桂洲水道	海尾	17951	19360	7.8	0	0	0.0
	容桂水道	容奇	25601	25235	－1.4	0	0	0.0
	磨刀门水道	竹银	60277	67457	11.9	0	0	0.0
	北街水道	北街	46184	42660	－7.6	0	0	0.0
	螺洲溪	竹洲头	7294	7297	0.0	0	0	0.0
	石板沙水道	睦洲口	16819	19829	17.9	0	0	0.0
北江水系	潭洲水道	紫洞	12593	12503	－0.7	0	0	0.0
	吉利涌	吉利	8268	7813	－5.5	0	0	0.0
	顺德水道	石仔沙	42644	42330	－0.7	0	0	0.0
	潭洲水道	澜石	18742	20094	7.2	0	0	0.0
	平洲水道	沙洛围	11410	13501	18.3	0	0	0.0
	大石水道	大石	2683	2758	2.8	0	0	0.0
	紫坭河水道	三善右	31361	30244	－3.6	0	0	0.0
	顺德水道	三善左	6637	7273	9.6	0	0	0.0
	沙湾水道	三沙口	21595	22307	3.3	0	0	0.0
河口混合区	上横沥	上横沥	14657	12546	－14.4	0	0	0.0
	下横沥	下横沥	25542	30566	19.7	0	0	0.0

6.6.4.5　网河区各测验闭合区水量平衡验证

模型上边界有北江的三水、西江的马口、东江的大盛、泗盛、漳澎，以及流溪河的老鸦岗和潭江的石嘴等径流汇入，汇入的径流分配到网河区各水道，然后经过八大口门流入各口门浅海区排出南海，在网河区内，测流控制断面存在大小不同的水量平衡闭合区，表6－27为“99.7”组合模型与原型主要闭合区水量平衡分析成果。由表可见：通过闭合区的水量平衡分析，与原型实测资料比较，闭合区内的水量不平衡相对误差值一般小于10%，表明模型与原型在各水道与八大口门的径流量分配是相似的。

表6－27　不同闭合区原型与模型水量平衡分析表（“99.7”组合）

区域	断面	原型（万 m^3）			模型（万 m^3）		
		净泄量	上/下边界合计	闭合差	净泄量	上/下边界合计	闭合差
上边界	马口	234000	234000	−9.0%	234000	234000	−7.7%
下边界	天河	106896	212926		110640	215880	
	南沙	99755			99699		
	邓滘沙	6275			5541		
上边界	马口	234000	235638	−3.5%	234000	235638	−2.8%
	石嘴	1638			1638		
下边界	官冲	12027	227321		17589	228951	
	西炮台	10210			11724		
	黄金	12303			10449		
	灯笼山	86751			83950		
	南华	99755			99699		
	邓滘沙	6275			5541		
上边界	天河	106896	108534	11.8%	110640	112278	10.2%
	石嘴	1638			1638		
下边界	官冲	12027	121291		17589	123711	
	西炮台	10210			11724		
	黄金	12303			10449		
	灯笼山	86751			83950		
上边界	马口	234000	318483	−2.5%	234000	318483	0.9%
	三水	77166			77166		
	老鸦岗	1800			1800		
	石嘴	1638			1638		
	大盛	1818			1818		
	泗盛	1593			1593		
	彰澎	468			468		
下边界	大虎	51022	310466		56273	321499	
	南沙	63118			68205		
	冯马庙	32582			30119		
	横门	42453			43190		
	灯笼山	86751			83950		
	黄金	12303			10449		
	西炮台	10210			11724		
	官冲	12027			17589		

续表

区域	断面	原型（万 m^3）			模型（万 m^3）		
		净泄量	上/下边界合计	闭合差	净泄量	上/下边界合计	闭合差
上边界	小榄	19071	59200	-5.1%	15414	56062.178	-3.4%
	南头	40129			40648		
下边界	乌珠	4056	56196		3789	54129	
	黄沙沥	9687			7150		
	横门	42453			43190		
上边界	邓滘沙	6275	121786	1.2%	5541	119167	4.3%
	南华	99755			99699		
	勒流	5998			4978		
	三围	9758			8949		
下边界	上横沥	17516	123282		14828	124324	
	下横沥	30731			36187		
	冯马庙	32582			30119		
	横门	42453			43190		
上边界	南华	99755	99755	10.2%	99699	99699	4.0%
下边界	小榄	19071	109895		15414	103725	
	南头	40129			40648		
	海尾	22520			21822		
	容奇	28175			25840		
上边界	三水	77166	77166	-1.0%	77166	77166	-4.0%
下边界	紫洞	15331	76376		14421	74095	
	吉利	10645			8633		
	石仔沙	50400			51041		
上边界	紫洞	15331	76376	6.0%	14421	74095	7.0%
	吉利	10645			8633		
	石仔沙	50400			51041		
下边界	澜石	24250	80944		25463	79255	
	勒流	5998			4978		
	霞石	50697			48814		
上边界	西樵	10336	61807	2.1%	9182	62598	9.0%
	鱼窝头	3224			2400		
	上横沥	17516			14828		
	下横沥	30731			36187		
下边界	南沙	63118	63118		68205	68205	

续表

区域	断面	原型（万 m^3）			模型（万 m^3）		
		净泄量	上/下边界合计	闭合差	净泄量	上/下边界合计	闭合差
上边界	大陇滘	82836	92523	-12.6%	85704	92854	-12.6%
	黄沙沥	9687			7150		
下边界	上横沥	17516	80829		14828	81134	
	下横沥	30731			36187		
	冯马庙	32582			30119		
上边界	上横沥	17516	60223	4.8%	14828	63778	6.9%
	下横沥	30731			36187		
	亭角	11976			12762		
下边界	南沙	63118	63118		68205	68205	
上边界	百顷	53228	105766	-4.8%	60542	111967	-13.4%
	大鳌	52538			51425		
下边界	睦洲口	20716	100699		21464	97012	
	竹洲头	8587			8879		
	竹银	71935			66669		
上边界	三水	77166	183196	0.7%	77166	182406	1.8%
	邓滘沙	6275			5541		
	南华	99755			99699		
下边界	沙洛围	13833	184473		15360	185677	
	大石	3865			3929		
	南沙	63118			68205		
	三沙口	28622			24874		
	冯马庙	32582			30119		
	横门	42453			43190		
上边界	三水	77166	77166	-6.6%	77166	77166	-2.7%
下边界	勒流	5998	72095		4978	75112	
	三善左	8274			8066		
	三善右	40126			42779		
	沙洛围	13833			15360		
	大石	3865			3929		
上边界	三善左	8274	96646	5.0%	8066	101860	0.2%
	三善右	40126			42779		
	上横沥	17516			14828		
	下横沥	30731			36187		
下边界	三围	9758	101498		8949	102029	
	三沙口	28622			24874		
	南沙	63118			68205		
上边界	邓滘沙	6275	86469	-6.5%	5541	78070	3.9%
	勒流	5998			4978		
	容奇	28175			25840		
	海尾	22520			21822		
	乌珠	4056			3789		
	黄沙沥	9687			7150		
	三围	9758			8949		
下边界	上横沥	17516	80829		14828	81134	
	下横沥	30731			36187		
	冯马庙	32582			30119		

6.6.4.6　主要汊口分流比验证

根据各测流断面净泄量可计算出各主要河道汊口的分流比。表6－28为“99.7”中洪水大潮组合八大口门及主要节点的分流比。由表可见，八大口门的分流比模型与原型比较误差较小，一般都在1%左右，最大误差不超过2%。天河、南华、邓滘沙是西江一级节点，西流干道径流从马口站流到天河附近，通过甘竹溪（邓滘沙站）和东海水道（南华站）分流汇入顺德支流、小榄水道、鸡鸭水道、桂洲水道等北江三角洲下游。若南华、邓滘沙断面流量增加，会导致北江三角洲网河区水道流量的分配比增大，进而使珠江口东部四口门的分流量增加，西部四口门分流量则会相应减少，因此该节点是物理模型验证相似性关键的分汊口。从“99.7”组合分流比验证结果看，天河站的分流比为51.3%，南华站的分流比为46.2%，邓滘沙的分流比为2.5%，与原型实测分析变化规律一致，试验时段分流比误差在1%之内。紫洞、吉利、石仔沙是北江一级节点，北江主流至南海紫洞附近，分流汇入潭洲水道，经吉利分流汇入吉利涌，经石仔沙分流汇入顺德水道。径流通过北江三角洲纵横交错的平洲水道、陈村水道、三枝香水道、沙湾水道、李家沙水道、骝岗水道、蕉门水道、洪奇门水道，最后经东部四口门注入伶仃洋流出海。可见该汊口分流比对北江三角洲网河区各水道与东部四口门的流量分配具有很大影响，保证该节点模型分流比与原型相似非常重要。从紫洞、吉利及石仔沙分至北江的径流，据1993～1999年实测洪水、枯水期资料分析，汇入潭洲水道约占20%，吉利约占9%～13%，平均为11%左右，石仔沙约占69%。从分流比验证结果看，模型与原型分流比比较接近，误差在3%以内。

西江两个二级节点的误差稍大些，但都在4%以内，河口混合区上、下横沥与冯马庙的分流比误差较大，上横沥比原型小3.39%，下横沥比原型大6.58%，冯马庙比原型小3.19%。造成这种偏差的原因主要是由于上、下横沥分流咀地形对分流较敏感，若增大下横沥糙率，会造成潮位偏差较大，虽该汊口分流比有所偏离，但偏离程度也不算很大。

在“2001.2”枯水大潮条件下，因枯水期上游径流量的减少，潮汐动力相对增强，潮流界上移，三角洲网河区各河道均处于感潮区内，潮流较强的口门（如虎门、崖门等），出现了涨潮量大于落潮量，净泄量为负值的情形，为了合理反映汊口的流量分配关系，统计时采用落潮量分配来表述各口门及河道的分流比。由于该组合西江的邓滘沙、北江的紫洞和吉利等均没有原型实测资料，故无法对上述断面进行分流比验证。各口门及主要汊口分流比验证结果列于表6－25。由表可见，八大口门、西江、北江主要汊口及河口混合区，模型分流比与原型均比较接近，误差均在3%以内。

在“99.7.20”洪水小潮条件下，各口门及主要汊口分流比验证结果列于表6－26。由表可见，八大口门、西江主要节点、北江各主要节点的分流比与原型误差均在3%以内。上、下横沥及冯马庙节点分流比误差稍大，最大误差为5.89%（下横沥），该情形与“99.7”大潮组合类似。

综上所述，在验证的三种水文组合条件下，模型与原型的分流比误差一般都在4%以内，最大偏差不超过7%，据此可以认为，模型与原型分流比基本满足精度要求。

综观模型对潮位、测点流速及流向、潮流量、流路及流态等项目的验证，就总体而言，可以认为模型基本满足与原型相似要求，但同时也存在一定的误差，误差的产生主要与如下几个方面有关：①受人类活动的影响，如不断挖沙及涉水工程的兴建所引起的局部地形的剧烈变化。虽然模型的地形资料与水文资料比较新，也基本匹配，但由于近年来网河区地形变化较快，用同一地形条件来验证不同年份的水文资料，难免产生偏差。②小河汊的概化影响。③网河区排水、灌溉、泄洪闸的调度运用的影响。④实测资料本身的误差。⑤模型边界水文资料的不足也是产生误差的原因之一，如“98.6”上游流量资料缺乏，下边界如桂山、香港水域均无实测潮位资料。

6.7 结　论

综合以上模型的设计及验证，得出如下结论：

1）珠江河口整体潮汐物理模型的研究范围涵盖珠江河口网河区及口门以外至 - 25m 等深线以浅海域。由于研究区域内水沙运动极为复杂，河道与河道之间，河道与口门之间，口门与口门之间的水沙互相影响和相互制约，区域内地形条件、水文条件及水沙分配均随着人类活动的加剧而有所变化，局部区域变化显著，给河口区的防洪、排涝、灌溉、航运、资源综合利用和水环境等方面带来了较大的负面影响，制约着当地的经济发展。因此，为了研究新的水情、工情条件下珠江河口的水沙运动规律，探索解决河口目前存在的问题，并对以前制定的规划方案进行复核、修改和完善，制定出能满足区域防洪、防潮、航运和环境保护等要求的综合治理方案，建立一个整体的珠江河口潮汐物理模型是十分必要的。

2）珠江河口整体潮汐物理模型根据相似理论，结合珠江河口水沙运动的特点进行设计。模型的平面比尺为 700，垂直比尺为 70，变率为 10，能满足模型试验技术规程、规范的要求；所确定的模型边界可以完整地模拟珠江河口水流现象；上游边界采用流量控制，下游边界采用潮位控制，鉴于八大口门潮汐特性有差异，模型尾门东、西两边的潮位过程有所不同，故将尾门分成 7 个区控制；考虑到尾门各区涨潮方位角有所不同，尾门辅以适当长度的导向措施。另外，模型对影响较大的水闸也进行了模拟。模型设计为模型模拟珠江河口水流的整体特性打下了良好基础。

3）模型依据最新施测的珠江三角洲大范围水下地形资料进行制作，模型制作完成后进行的校核表明，模型的制作能满足精度要求；潮汐控制系统是潮汐物理模型试验的关键，本模型采用的是自行研制的新型潮汐控制系统，该系统有控制精度高、操作方便、适应性强、节能高效等特点，该系统的成功运用，大大提高了模型验证的工作效率。

4）模型按照模型试验技术规程要求，以最新施测的大同步实测水文资料进行潮位及网河区流量验证，海区由于缺乏大范围同步观测资料，除对海区的流速、流向进行分区验证外，还分别采用遥感信息分析成果及数学模型计算成果对海区的流态、流场进行同步验证，提高了研究成果的可靠性。

验证试验结果表明，模型与原型比较，潮位误差除个别测站外一般都在 10cm 以内；海区测点平均流速误差一般在 0.10m/s 以内，流向偏差一般在 10°左右；模型流量过程线与原型趋势基本一致，涨、落潮量误差一般小于 10%，各河道分流比偏离一般在 4% 以内，上述各验证项目基本满足精度要求。模型的流态、流场与遥感信息分析及数学模型计算的研究成果基本一致，珠江口沿岸流这一特殊的水流现象在模型中清晰可见。据此可以认为，珠江河口整体潮汐物理模型较好地复演了珠江河口复杂的水流现象，该模型可用于研究珠江河口水流运动和总体规划治理方案。

参考文献

[1] M. B. 基尔皮契夫．相似理论［M］．北京．科学出版社，1995.
[2] 武汉水利电力学院河流泥沙工程学校教研室．河流泥沙工程学（下册）［M］．北京：水利电力出版社，1983.
[3] 谢鉴衡．河流模拟［M］．北京：水利电力出版社，1990.
[4] 窦国仁．河口海岸全沙模型相似理论［J］．水利水运工程学报，2001（1）.
[5] 左东启．模型试验的理论和方法［M］．北京：水利电力出版社，1984.
[6] 华东水利学院．模型试验量测技术［M］．北京：水利电力出版社，1984.
[7] 林俊，吴华良，何启莲．HMMC 水利物理模型测控系统［J］．中国水利，2003（4）.
[8] 林俊．GS－3 光栅跟踪水位仪［J］．中国农村水利水电，1999，增刊.
[9] 吴华良，林俊，吴娟．潮汐模型监控软件研制［A］．水利量测技术论文选集第四集［C］．郑州：黄河水利出版社，2005.
[10] 水利部．SL99—95 河工模型试验规程［S］．1995.
[11] 交通部．JTJ/T233—98 海岸与河口潮流泥沙模拟技术规程［S］．1998.
[12] 水利部．SL104—95 水利工程水利计算规范［S］．1995.

第7章　珠江河口潮流泥沙及含盐度耦合联解数学模型研究

7.1　珠江河口耦合联解潮流泥沙数学模型

随着计算机技术的发展，早在20世纪50年代国外已对河流泥沙数学模型进行了研究和应用，我国在20世纪60年代才开始起步。但河口潮流泥沙数学模型的研究和应用，则是70年代以后随着计算机的普及和性能的不断提高才发展起来，由于计算机的容量大、速度快、费用省，使得应用数学模型研究河口的潮流泥沙工程问题成为可能，并且越来越突显其优越性，普遍受到人们的重视。80年代以后，潮流泥沙数学模型已成为研究珠江河口问题不可缺少的重要手段之一，珠江水利科学研究院采用这种手段研究珠江河口的综合治理规划方案以及有关珠江河口涉水工程的各种问题，获得了成功。

有关珠江河口潮流泥沙数学模型的研究，国内不少学者和设计研究单位曾先后做了许多工作[1]、[2]、❶~❺，限于篇幅，本书仅介绍珠江水利科学研究院的研究成果❻。

7.1.1　一维潮流泥沙数学模型

1. 一维潮流泥沙模型控制方程

河网方程组的基本形式包括水流和泥沙的河段方程、汊点方程以及边界方程等。在计算时对水流和泥沙采用非耦合解法，即先单独求解水流，然后再求解泥沙分布和河床变形。

（1）水流连续方程：

$$B\frac{\partial Z}{\partial t}+\frac{\partial Q}{\partial x}=q \tag{7-1}$$

（2）水流运动方程：

$$\frac{\partial Q}{\partial t}+\frac{\partial}{\partial x}\left(\beta\frac{Q^2}{A}\right)+gA\left(\frac{\partial Z}{\partial x}+S_f\right)+u_1q=0 \tag{7-2}$$

式中　Z为断面平均水位；Q、A、B分别为断面流量、过水面积、水面宽度；x、t分别为距离和时间；q为旁侧入流，负值表示流出；β为动量修正系数；g为重力加速度；S_f为摩阻

---

❶珠江水利委员会勘测设计研究院、天津水运工程科学研究所，珠江三角洲河网及河口水沙整体模型建立与验证报告，2002年12月。

❷中水珠江规划勘测设计有限公司，珠江河口水沙数学模型研究报告，2005年5月。

❸交通部天津水运工程科学研究所，广州港南沙港区不同规划工程方案二维潮流泥沙数学模型研究报告，2002年12月。

❹南京水利科学研究院，台山核电站海域工程波浪潮流泥沙数学模型计算，2006年11月。

❺河海大学、广东省航道局，珠江三角洲航道网水沙数学模型，2001年11月。

❻水利部珠江水利委员会科学研究所，珠江三角洲河口区潮流泥沙及含盐度耦合联解数学模型研究报告，2003年8月。

坡降，采用曼宁公式计算，$S_f = g/C^2$，　$C = h^{1/6}/n$；u_1 为单位流程上的侧向出流流速在主流方向的分量。

（3）泥沙输移对流扩散方程：

$$\frac{\partial(AS_n)}{\partial t} + \frac{\partial(QS_n)}{\partial x} - \frac{\partial}{\partial x}\left(AD_{Kn}\frac{\partial S_n}{\partial x}\right) - B(\gamma_n \Phi_n - \beta_n S_n) = 0 \tag{7-3}$$

式中　D_{Kn} 为第 n 组物质的扩散系数；S_n 为第 n 组输移物质的断面平均含量；$B(\gamma_n \Phi_n - \beta_n S_n)$ 为原汇项，对于一维泥沙模型：$\gamma_n = \beta_n = \alpha_n \omega_n$，其中 α_n 为第 n 组泥沙恢复饱和系数，Φ_n 为冲淤函数，ω_n 为第 n 组输移物质的沉速。

其泥沙辅助方程及参数的确定见 7.1.2.4 节。

2. 汊口连接条件

网河区内汊口点是相关支流汇入或流出点，汊口点水流、泥沙要满足下列连接条件。

（1）流量连接条件：$\sum_{i=1}^{m} Q_i = 0$　　(7-4)

（2）水位连接条件：$Z_{i,j} = Z_{m,n} = \cdots = Z_{l,k}$　　(7-5)

式中　Q_i 为流入汊口节点第 i 条支流流量，流入为正，流出为负；$Z_{i,j}$ 等表示汊口节点第 i 条支流第 j 号断面的平均水位。

（3）泥沙输移连接条件：$S_j = \sum_{i=1}^{m_入} Q_i S_i \Big/ \sum_{i=1}^{m_入} Q_i$　　(7-6)

式中　S_i 为汊口节点第 i 条入注支流输移物质浓度；S_j 为汊口节点流出的所有支流泥沙输移平均浓度；$m_入$ 为流入汊口的支流数。

3. 控制方程的离散

在无支流的单一河道中（见图 7-1），从河流断面 i 流向（$i+1$）河段的有限差分方程组可通过 Preissmann 四点隐式差分格式得到。

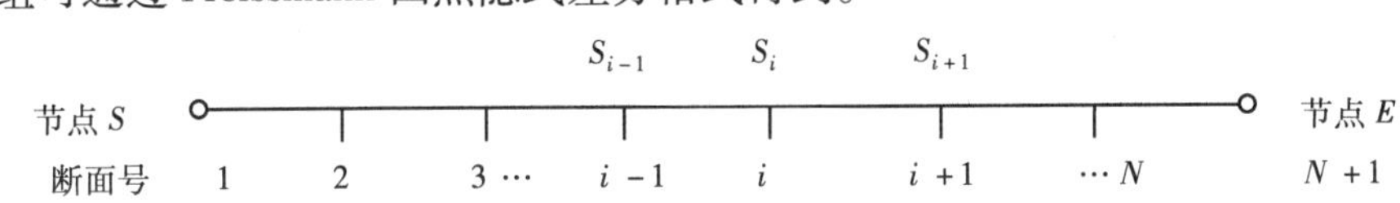

图 7-1　网格变量布置

若以 S 代表流量 Q 和水位 Z，则 S 在河段 Δx、时段 Δt 内的加权平均量及相应偏导数可分别表示为

$$\begin{cases} \dfrac{\partial S}{\partial t} \approx \dfrac{S_{i+1}^{n+1} + S_i^{n+1} - S_{i+1}^{n} - S_i^{n}}{2\Delta t} \\ \dfrac{\partial S}{\partial x} \approx \theta \dfrac{S_{i+1}^{n+1} + S_i^{n+1}}{\Delta x_i} + (1-\theta)\dfrac{S_{i+1}^{n} - S_i^{n}}{\Delta x_i} \\ S_{i+1/2} = \dfrac{1}{4}(S_{i+1}^{n+1} + S_i^{n+1} + S_{i+1}^{n} + S_i^{n}) \end{cases}$$

式中　θ 为差分系数，$\theta = 0$ 时为中心差分，$\theta = 1$ 时为迎风差分。

（1）水流连续方程的离散。

水流从 i 断面流向 $i+1$ 断面有：

$$B\frac{\partial Z}{\partial t}=\overline{B}_{i+1/2}\frac{Z_{i+1}^{n+1}+Z_{i}^{n+1}-S_{i+1}^{n}-S_{i}^{n}}{2\Delta t}$$

$$\frac{\partial Q}{\partial x}=\theta\frac{Q_{i+1}^{n+1}-Q_{i}^{n+1}}{\Delta x_i}+(1-\theta)\frac{Q_{i+1}^{n}-Q_{i}^{n}}{\Delta x_i}$$

$$q_{i+1/2}=\frac{1}{4}(q_{i+1}^{n+1}+q_{i}^{n+1}+q_{i+1}^{n}+q_{i}^{n})$$

其中 $\overline{B}_{i+1/2}=\frac{1}{2}(B_{i+1}+B_i)$

则水流连续方程离散为

$$a_1Z_i^{n+1}+b_1Q_i^{n+1}+c_1Z_{i+1}^{n+1}+d_1Q_{i+1}^{n+1}=e_1 \tag{7-7}$$

式中 a_1、b_1、c_1、d_1、e_1 为差分方程的已知系数。

（2）水流运动方程的离散。

水流运动方程（7－2）可以化为

$$\frac{\partial Q}{\partial t}+\left(gA-\beta\frac{Q^2}{A^2}\right)\frac{\partial Z}{\partial x}+\frac{2Q}{A}\frac{\partial Q}{\partial x}+gAS_f+u_1q=0$$

按上述同样方法，上式可离散为

$$a_2Z_i^{n+1}+b_2Q_i^{n+1}+c_2Z_{i+1}^{n+1}+d_2Q_{i+1}^{n+1}=e_1 \tag{7-8}$$

式中 a_2、b_2、c_2、d_2、e_2 为差分方程的已知系数。

略去未知数的上标 $n+1$，就式（7－7）和式（7－8）求解变量 Z_i 与 Q_i 得：

$$\left.\begin{array}{l}Z_i+A_1Z_{i+1}+B_1Q_{i+1}=E_1\\Q_i+A_2Z_{i+1}+B_2Q_{i+1}=E_2\end{array}\right\} \tag{7-9}$$

其中

$$A_1=\frac{1}{|AB|}(c_1b_2-c_2b_1)\qquad A_2=\frac{1}{|BA|}(c_1a_2-c_2a_1)$$

$$B_1=\frac{1}{|AB|}(d_1b_2-d_2b_1)\qquad B_2=\frac{1}{|BA|}(d_1a_2-d_2a_1)$$

$$E_1=\frac{1}{|AB|}(e_1b_2-e_2b_1)\qquad E_2=\frac{1}{|BA|}(e_1a_2-e_2a_1)$$

$$|AB|=-|BA|=(a_1b_2-a_2b_1)$$

设全河段有 i 个计算断面，未知量共 21 个。每一计算河段上均有如式（7－9）的一对方程，则共有 2（$i-1$）个方程，加上两个边界方程 $Z_i=Z(t)$，$Q_i=Q(t)$ 或 $Z=f(Q)$，其中 $Z(t)$、$Q(t)$、$f(Q)$ 为边界上的已知函数，构成有定解的方程组，用高斯消去法，使系数化为上三角矩阵，然后回代求出各变量。式（7－9）中各系数与右端项也是未知数的函数，在求解时采用迭代法，求其收敛解。

（3）泥沙输移对流扩散方程的离散。

泥沙输移对流扩散方程为

$$\frac{\partial(AS_n)}{\partial t}+\frac{\partial(QS_n)}{\partial x}-\frac{\partial}{\partial x}\left(AD_{Kn}\frac{\partial S_n}{\partial x}\right)-B(\gamma_n\Phi_n-\beta_nS_n)=0$$

泥沙输移对流扩散式（7－3）的离散格式推导如下：

$$ing(Q)=\begin{cases}1 & Q\geqslant 0\\ -1 & Q<0\end{cases}$$

$$\frac{\partial(AS_n)}{\partial t}=\frac{1}{2}\Big[\frac{(AS_n)_i^{n+1}-(AS_n)_i^n}{\Delta t}+\frac{1-ing(Q)}{2}\frac{(AS_n)_{i+1}^{n+1}-(AS_n)_{i+1}^n}{\Delta t}$$

$$+\frac{1+ing(Q)}{2}\frac{(AS_n)_{i-1}^{n+1}-(AS_n)_{i-1}^n}{\Delta t}\Big]$$

$$\frac{\partial(QS_n)}{\partial x}=\left(\frac{1-ing(Q_i)}{2}\frac{(QS_n)_{i+1}^{n+1}-(QS_n)_i^{n+1}}{\Delta x}+\frac{1+ing(Q_i)}{2}\frac{(QS_n)_i^{n+1}-(QS_n)_{i-1}^{n+1}}{\Delta x}\right)$$

$$\frac{\partial}{\partial x}\left(AD_{Kn}\frac{\partial S}{\partial x}\right)=\frac{2}{\Delta x_{iS}+\Delta x_{iE}}\left(\frac{(AD_K)_{iS}(S_{i+1}^{n+1}-S_i^{n+1})}{\Delta x_{IS}}-\frac{(AD_K)_{iE}(S_i^{n+1}-S_{i-1}^{n+1})}{\Delta x_{iE}}\right)$$

$$B(\gamma_n\Phi_n-\beta_nS_n)=B\frac{(\gamma_n\Phi_n-\beta_nS_n)_i^{n+1}+(\gamma_n\Phi_n-\beta_nS_n)_i^n}{4}$$

$$+B\frac{1-ing(Q_i)}{2}\frac{(\gamma_n\Phi_n-\beta_nS_n)_{i+1}^{n+1}+(S-S_*)_{i+1}^n}{4}$$

$$+B\frac{1+ing(Q_i)}{2}\frac{(\gamma_n\Phi_n-\beta_nS_n)_{i-1}^{n+1}+(\gamma_n\Phi_n-\beta_nS_n)_{i-1}^n}{4}$$

式中　$\Delta x_{iS}=x_{i+1}-x_i$；$\Delta x_{iE}=x_i-x_{i-1}$；$A_{iS}=\frac{A_{i+1}+A_i}{2}$；$A_{iE}=\frac{A_i+A_{i-1}}{2}$。

经整理，式（7－3）离散格式的简单表达式如下：

$$\alpha S_{i-1}+\beta S_i+\gamma S_{i+1}=\varphi \tag{7-10}$$

式中　α、β、γ、φ 等为推导的已知系数。

一维模型沿河道网格布置有交错法（即水位、流量点交叉布置）和水位、流量同一网格布置法。本模型采用水位、流量同一网格布置法。

4. 控制方程的求解过程

（1）水动力基本方程三级联解法。式（7－8）、式（7－9）的求解一般采用河网非恒定流三级联解[3]。“三级联解法”的本质是利用河段离散方程的递推关系，建立汊点的离散方程并求解，其算法的基本原理为：首先将河段内相邻两断面之间的每一微段上的圣维南方程组离散为断面水位和流量的线性方程组（可直接求解，称为一级解法）；通过河段内相邻断面水位和流量的线性关系和线性方程组的自消元，形成河段首末断面以水位和流量为状态变量的河段方程（其求解称为二级解法）；再利用汊点相容方程和边界方程，消去河段首末断面的某一个状态变量，形成节点水位（或流量）的节点方程组，求出各节点水位和流量后，再求解各断面的水力要素，称之为网河三级算法。其具体求解方法如下：

1）进行编号及河网形状数据的处理。由于对每一河道除首尾断面要和其他河段的变量联合求解外，内部的变量并不和河道外的变量直接发生联系，因此可排除在总体矩阵之外。这样河段的内部编号就可以与其他河段的相互独立，在对河网整体编号时，只需考

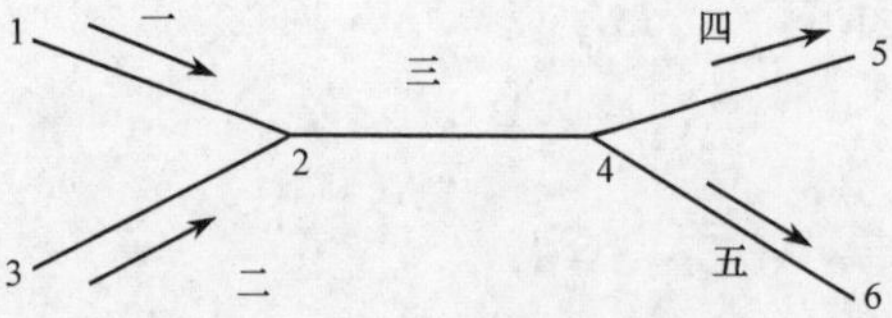

图 7－2 简单河网示意图

虑河段的首尾断面就行了（如图 7－2）。这样易于编制通用程序，也易于以后扩展。

图 7－2 中：1、2、3、4、5、6 是汊点（节点）编号，一、二、三、四、五是河段编号，每一河段内的内断面不参与河网整体编号，箭头表示流向。

2）求出河段首尾断面的流量水位之间的关系。河段首尾断面的流量水位之间的关系为

$$\left.\begin{aligned} Q_i &= \alpha_i + \beta_i Z_i + \gamma_i Z_m \\ Q_m &= \alpha_m + \beta_m Z_i + \gamma_m Z_m \end{aligned}\right\} \tag{7-11}$$

式中 i 和 m 分别为此河段的首尾断面编号。Q_i、Z_i 指任意河段的首断面的流量与水位；Q_m、Z_m 指任意河段的尾断面的流量与水位。α_i、β_i、γ_i、α_m、β_m、γ_m 可由差分式（7－8）和式（7－9）递推得到，并只与系数 a_1、b_1、c_1、d_1、e_1 和 a_2、b_2、c_2、d_2、e_2 有关。

3）形成求解矩阵并求解。将式（7－11）代入相应的汊点方程和边界方程消去其中的流量，即可得到与汊点个数相同的方程所组成的方程组。

从以上叙述中可看出求解步骤为：①将每河段的圣维南方程组隐式差分得河段方程；②将每一河段的河段方程依次消元求出首尾断面的水位流量关系式；③将上步求出的关系式代入汊点连接方程和边界方程得到以各汊点水位（下游已知水位的边界汊点除外）为未知量的求解矩阵；④求解此矩阵得各汊点的水位；⑤将汊点水位代入式（7－11）得汊点各断面的流量；⑥回代河段方程得所有断面的水位流量。

（2）物质输移对流扩散方程求解过程。式（7－3）的求解采用二级联解，其求解方法如下：

1）求解河段首末断面的未知量。在每河段内的各微段式（7－10）为

$$\alpha S_{i-1} + \beta S_i + \gamma S_{i+1} = \varphi \tag{7-12}$$

将每河段内的微段方程依次消元可列出：

$$S_i = \Phi + \psi S_{i0} + \Gamma S_{in} \tag{7-13}$$

根据泥沙输移连接条件式（7－6）可列出：

$$S_i - \frac{\sum_{j=1}^{n} \max\left[Q_j((j/2\times 2-j)\times 2+1),0\right]S_j}{\sum_{j=1}^{n} \max\left[Q_j((j/2\times 2-j)\times 2+1),0\right]} = 0 \tag{7-14}$$

2）根据河段的边界条件及连接条件可列出河段的边点方程上边点：

$$Q>0\begin{cases} S_{I0} = \dfrac{\sum_{j=1}^{n} \max\left[Q_j((j/2\times 2-j)\times 2+1),0\right]S_j}{\sum_{j=1}^{n} \max\left[Q_j((j/2\times 2-j)\times 2+1),0\right]} & \text{（内结点）} \\ S_{I0} = S(t) & \text{（外边点）} \end{cases} \tag{7-15}$$

$Q \leqslant 0$　从$\dfrac{\partial S}{\partial \tau}=0$及式（7－9）得：

$$S_{I0}+\gamma_n S_{In}+\varphi_n=0 \tag{7-16}$$

下边点：

$$Q<0\begin{cases} S_{In}=\dfrac{\sum\limits_{j=1}^{n}\max\left[Q_j((j/2\times 2-j)\times 2+1),0\right]S_j}{\sum\limits_{j=1}^{n}\max\left[Q_j((j/2\times 2-j)\times 2+1),0\right]} & \text{（内结点）}\\ S_{In}=S(t) & \text{（外边点）}\end{cases} \tag{7-17}$$

$Q \geqslant 0$从$\dfrac{\partial S}{\partial \tau}=0$及式（7－9）得：

$$\lambda_n S_{I0}+S_{In}+\varphi_n=0 \tag{7-18}$$

在一个有N_Γ条河段根据式（7－13）～式（7－18）可建立 2N_Γ个边点方程，恰好等于河段边点未知量总数，因此可构成连接矩阵独立解出河段首末断面的未知量。

3）回代微段式（7－13）得所有各断面上的输移物质浓度。

5. 程序流程

编制程序时要给河网编号。在编号时，把图论中的有关有向图、关联矩阵（incidence-matrix）的概念引入到河网计算中。图论中，关联矩阵指示了图中顶点与边（弧）之间的关联关系。在河网计算中，河道流量方向若事先假定并标于计算图中，河网的计算简图成为一幅有向图。河段首尾断面和边界断面的编号、与每一汊点相连的河段编号等有关河网形状的数据，均可由关联矩阵确定。在编制形成以水位为未知量的求解矩阵程序时，按照汊点编号顺序逐一形成。

整个程序的流程图如图 7－3 所示。

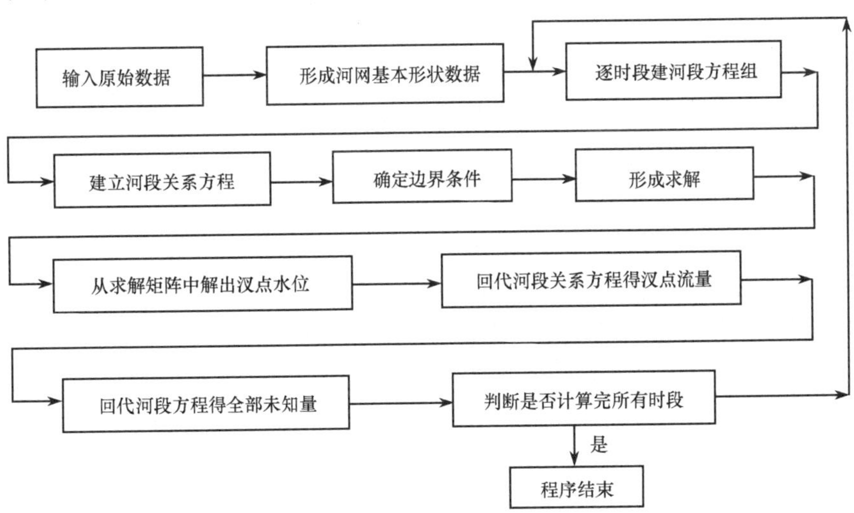

图 7－3　程序流程

7.1.2 二维潮流泥沙数学模型

为了克服有差分法不易模拟不规则河道边界的缺点，二维模型采用贴体正交曲线坐标系下的潮流泥沙控制方程进行耦合联解，具体叙述如下。

7.1.2.1 二维正交曲线坐标系

1. 贴体坐标的概述

在计算天然水域时，利用规则矩形网格阶梯近似边界不仅改变了原始物理边界附近的流态，形成虚假的曲折水流，而且增加了边界条件设置的复杂性，在近边界区域计算精度因此也大受影响。为了使计算网格与边界能很好地贴合，提高计算的精度，引入了贴体曲线网格。贴体曲线网格是在物理区域内通过某种数学变换生成贴体曲线网格，并且要求网格曲线与所求解物理区域的边界尽量重合，然后利用坐标变换将复杂的物理域变换到规则的计算域内；在规则计算域的基础上对基本方程进行离散、求解，再将计算结果投影至物理区域，得到数值解；或者在曲线网格上直接应用原始因变量求解。正是由于拟合坐标的出现，使有限差分法的实用性大为提高，各类计算方法的计算精度也有了明显的改善。

从数值计算的观点，对生成的拟合坐标有以下几个要求：①物理平面上的节点应与计算平面上的节点一一对应，同一族中的曲线不能相交，不同族中的两曲线仅能相交一次；②在拟合坐标系中的节点应当是一系列曲线坐标轴交点，而不是一群三角形元素的顶点或一群无序的点群，以便设计有效、经济的算法及程序，而要做到这一点，只要在计算平面中采用矩形网格即可；③易于控制物理区域内部的网格疏密程度；④在拟合坐标的边界上，网格线最好与边界线正交或接近于正交，以便边界条件的离散化。

目前常用的生成曲线网格的方法有微分方法和代数方法。微分方法常用来求解椭圆型方程或双曲型方程。其中尤以 Thompson 为代表提出的利用 Poisson 方程生成贴体曲线网格的方法最为著名和流行。该类型方法可通过调整源项控制网格的分布，在梯度大的区域采用人工或自动加密网格；而后，Thomas 和 Middlecoff 又对 Thompson 方法中调整源项控制网格分布进行了研究，提出了一种利用源项自动进行网格加密的方法，简化了手工调整源项的工作。曲线网格的应用也存在缺点，在对极不规则水域边界的正交拟合办法不多，如果放弃正交性又将对计算带来不利。

对珠江三角洲网河区及河口区，由于水域广阔，且有多个口门汇入，加上水域中存在多个岛屿，水底地形复杂。如果采用传统的矩形网格进行离散，势必造成边界模拟精度不高、计算工作量巨大等问题，直接影响模型研究的精度。由于实际问题中流动的边界是曲线，利用曲线坐标要比直角坐标系更方便。在曲线坐标系中最常见的是正交曲线坐标系。

2. 网格生成技术

利用微分方程建立贴体坐标系的网格生成方法是在 20 世纪 70 年代初提出来的，如 J. F. Thompson 等人提出的椭圆型方程的生成方法。由于该方法适用范围广，便于处理各种复杂流动，故发展很快。下面简要介绍该方法。

考虑要将物理坐标内计算域 D 的网格变换到计算域 D^* 的网格。对于域 D，变换函数可写为

$$\begin{cases}\xi = \xi(x,y)\\ \eta = \eta(x,y)\end{cases} \tag{7-19}$$

式中　ξ、η 为独立变量，x、y 为因变量。

用上述方程可以把物理平面上的不规则区域变换成计算平面上的规则区域，如图 7－4。对一定的不规则区域，计算平面上规则区域形式的选择有固定的自由度，一般采用正方形均匀网格。

由于物理平面上不规则区域的边界条件较难确定，因此常常把坐标变换问题转化为计算平面上的边值问题。

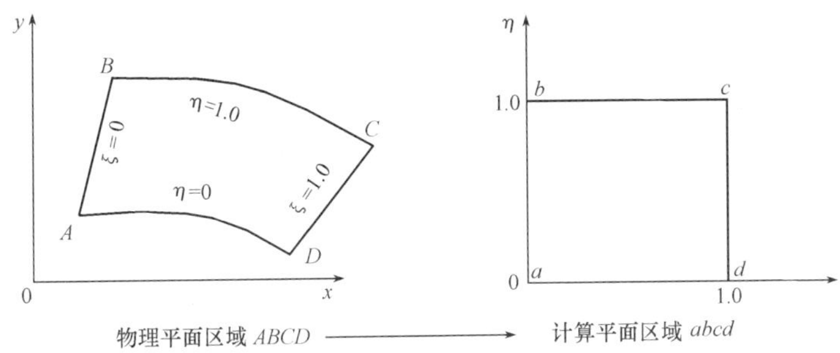

图 7－4　坐标变换示意图

若要求物理坐标前后的坐标都是正交的，则 (x,y) 与 (ξ,η) 之间的变换应满足的必要条件是柯西—黎曼条件：

$$\frac{\partial\xi}{\partial x} = \frac{\partial\eta}{\partial y},\quad \frac{\partial\xi}{\partial y} = -\frac{\partial\eta}{\partial x}\quad \text{简写为 } \xi_x = \eta_y,\quad \xi_y = -\eta_x \tag{7-20}$$

由此可得关系式：

$$\begin{cases}\dfrac{\partial^2\xi}{\partial x^2} + \dfrac{\partial^2\xi}{\partial y^2} = 0\\[2ex] \dfrac{\partial^2\eta}{\partial x^2} + \dfrac{\partial^2\eta}{\partial y^2} = 0\end{cases}\qquad \text{可简写为}\begin{cases}\xi_{xx} + \xi_{yy} = 0\\ \eta_{xx} + \eta_{yy} = 0\end{cases} \tag{7-21}$$

求解以上方程可得坐标变换关系式（7－19），称为椭圆型方程网络生成方法。应当指出，微分方程（7－21）的解不一定满足柯西—黎曼条件，所以坐标线不一定正交。Thompsion 等人选用了以下方程（7－22）代替方程（7－21）为确定变换关系式的方程：

$$\begin{cases}\xi_{xx} + \xi_{yy} = P(\xi,\eta)\\ \eta_{xx} + \eta_{yy} = Q(\xi,\eta)\end{cases} \tag{7-22}$$

其中 P、Q 为已知函数，利用函数 P 和 Q 可调节网格的疏密和网格的正交性。在实际应用中，由于在 (x,y) 物理平面内区域 D 是一不规则区，在计算域 $D^*(\xi,\eta)$ 平面内是规则区。因此，如果将基本方程转变到 (ξ,η) 坐标内将更为方便。

坐标变换和反变换之间存在以下微分关系式：

$$\frac{\partial x}{\partial x} = x_\xi\xi_x + x_\eta\eta_x = 1,\quad \frac{\partial x}{\partial y} = x_\xi\xi_y + x_\eta\eta_y = 0 \tag{7-23}$$

$$\frac{\partial y}{\partial x} = y_\xi \xi_x + y_\eta \eta_x = 0\ ,\quad \frac{\partial y}{\partial y} = y_\xi \xi_y + y_\eta \eta_y = 1 \tag{7-24}$$

由此解出：

$$\begin{aligned} \xi_x &= y_\eta / J\ ,\quad \xi_y = -x_\eta / J \\ \eta_x &= -y_\xi / J\ ,\quad \eta_y = x_\xi / J \end{aligned} \tag{7-25}$$

其中

$$J = \frac{\partial(x,y)}{\partial(\xi,\eta)} = x_\xi y_\eta - y_\xi x_\eta = (\xi_x \eta_y - \eta_x \xi_y)^{-1} \tag{7-26}$$

由式（7-23）中两个方程可得：

$$\frac{\partial^2 x}{\partial x^2} = x_{\xi\xi}(\xi_x)^2 + 2x_{\xi\eta}\xi_x\eta_x + x_{\eta\eta}(\eta_x)^2 + x_\eta \xi_{xx} + x_\eta \eta_{xx} = 0$$

$$\frac{\partial^2 x}{\partial y^2} = x_{\xi\xi}(\xi_y)^2 + 2x_{\xi\eta}\xi_x\eta_x + x_{\eta\eta}(\eta_y)^2 + x_\xi \xi_{yy} + x_\eta \eta_{yy} = 0$$

上两式相加，考虑到式（7-22）并利用坐标转换关系式（7-25）可得：

$$\begin{cases} C_\eta x_{\zeta\zeta} - 2\beta x_{\xi\eta} + C_\xi x_{\eta\eta} + J^2(x_\zeta P + x_\eta Q) = 0 \\ C_\eta y_{\zeta\zeta} - 2\beta y_{\xi\eta} + C_\xi y_{\eta\eta} + J^2(y_\zeta P + y_\eta Q) = 0 \\ \beta = 0 \end{cases} \tag{7-27}$$

其中

$$C_\xi = x_\xi^2 + y_\xi^2 \qquad C_\eta = x_\eta^2 + y_\eta^2$$

$$\beta = x_\zeta x_\eta + y_\zeta y_\eta \qquad J = x_\xi y_\eta - x_\eta y_\xi$$

为了得到正交性良好、疏密易于控制的网格，这里采用微分方程法来生成网格，即生成网格的方程和控制函数是在正交曲线坐标系 ζ 、η 下（取势流中的势函数和流函数生成坐标系，二者必然正交）推导而得。生成正交曲线网格的方程和控制函数为式（7-27）。

3. 二维正交曲线坐标系中一些基本量的表达式

以 ξ、η 表示曲线坐标。任意一曲线方程为：$r = r(\xi,\eta)$

任一微小曲线段在曲线坐标系中的表达式为

$$\mathrm{d}r = C_\xi \mathrm{d}\xi e_1 + C_\eta \mathrm{d}\eta e_2$$

式中 C_ξ、C_η 为拉梅系数；e_1、e_2 为曲线坐标上的单位矢量。

已知拉梅系数为

$$C_\xi = \left|\frac{\partial r}{\partial \xi}\right| = \sqrt{\left(\frac{\partial x}{\partial \xi}\right)^2 + \left(\frac{\partial y}{\partial \xi}\right)^2}$$

$$C_\eta = \left|\frac{\partial r}{\partial \eta}\right| = \sqrt{\left(\frac{\partial x}{\partial \eta}\right)^2 + \left(\frac{\partial y}{\partial \eta}\right)^2}$$

另外，在曲线坐标系中单位矢量对坐标的偏导数为

$$\frac{\partial e_1}{\partial \xi} = -\frac{1}{C_\eta}\frac{\partial C_\xi}{\partial \eta}e_2\ ,\qquad \frac{\partial e_2}{\partial \xi} = \frac{1}{C_\eta}\frac{\partial C_\xi}{\partial \eta}e_1$$

$$\frac{\partial e_1}{\partial \eta} = \frac{1}{C_\xi}\frac{\partial C_\eta}{\partial \xi}e_2\ ,\qquad \frac{\partial e_2}{\partial \eta} = -\frac{1}{C_\xi}\frac{\partial C_\eta}{\partial \xi}e_1$$

若某一曲线 $\mathbf{a}(a_1,a_2)$，则随其导数在曲线坐标系中的形式为

$$\frac{Da}{Dt} = \frac{Da_1}{Dt}e_1 + \frac{Da_2}{Dt}e_2 + a_1\frac{De_1}{Dt} + a_2\frac{De_2}{Dt}$$

而

$$\frac{Da_i}{Dt} = \frac{\partial a_i}{\partial t} + \frac{a_1}{C_\xi}\frac{\partial a_1}{\partial \xi} + \frac{a_2}{C_\eta}\frac{\partial a_i}{\partial \eta}$$

$$\frac{De_i}{Dt} = \frac{a_1}{C_\xi}\frac{\partial e_i}{\partial \xi} + \frac{a_2}{C_\eta}\frac{\partial e_i}{\partial \eta}$$

则有

$$\left(\frac{Da}{Dt}\right)_1 = \frac{\partial a_1}{\partial t} + \frac{a_1}{C_\xi}\frac{\partial a_1}{\partial \xi} + \frac{a_2}{C_\eta}\frac{\partial a_1}{\partial \eta} + \frac{a_1 a_2}{C_\xi C_\eta}\frac{\partial C_\xi}{\partial \eta} - \frac{a_2^2}{C_\xi C_\eta}\frac{\partial C_\eta}{\partial \xi}$$

$$\left(\frac{Da}{Dt}\right)_2 = \frac{\partial a_2}{\partial t} + \frac{a_1}{C_\xi}\frac{\partial a_2}{\partial \xi} + \frac{a_2}{C_\eta}\frac{\partial a_2}{\partial \eta} + \frac{a_1 a_2}{C_\xi C_\eta}\frac{\partial C_\eta}{\partial \xi} - \frac{a_1^2}{C_\xi C_\eta}\frac{\partial C_\xi}{\partial \eta}$$

梯度的表达式为

$$\nabla\phi = \frac{1}{C_\xi}\frac{\partial\varphi}{\partial\xi}e_1 + \frac{1}{C_\eta}\frac{\partial\varphi}{\partial\eta}e_2$$

散度的表达式为

$$\nabla\cdot\mathbf{a} = \frac{1}{C_\xi C_\eta}\left[\frac{\partial(a_1 C_\eta)}{\partial\xi} + \frac{\partial(a_2 C_\xi)}{\partial\eta}\right]$$

拉普拉斯算子的表达式为

$$\Delta\phi = \frac{1}{C_\xi C_\eta}\left[\frac{\partial}{\partial\xi}\left(\frac{C_\eta}{C_\xi}\frac{\partial\varphi}{\partial\xi}\right) + \frac{\partial}{\partial\eta}\left(\frac{C_\xi}{C_\eta}\frac{\partial\varphi}{\partial\eta}\right)\right]$$

$$\begin{aligned}\Delta\mathbf{a} = &\left\{\frac{1}{C_\xi}\frac{\partial}{\partial\xi}\left[\frac{1}{C_\xi C_\eta}\left(\frac{\partial(a_1C_\eta)}{\partial\xi} + \frac{\partial(a_2C_\xi)}{\partial\eta}\right)\right] - \frac{1}{C_\eta}\frac{\partial}{\partial\eta}\left[\frac{1}{C_\xi C_\eta}\left(\frac{\partial(a_2C_\eta)}{\partial\xi} - \frac{\partial(a_1C_\xi)}{\partial\eta}\right)\right]\right\}e_1 \\ &+\left\{\frac{1}{C_\eta}\frac{\partial}{\partial\eta}\left[\frac{1}{C_\xi C_\eta}\left(\frac{\partial(a_1C_\eta)}{\partial\xi} + \frac{\partial(a_2C_\xi)}{\partial\eta}\right)\right] - \frac{\partial}{\partial\xi}\left[\frac{1}{C_\xi C_\eta}\left(\frac{\partial(a_2C_\eta)}{\partial\xi} - \frac{\partial(a_1C_\xi)}{\partial\eta}\right)\right]\right\}e_2\end{aligned}$$

7.1.2.2　正交曲线坐标系下的二维潮流泥沙基本方程

考虑不可压缩流体，ρ = 常数，黏性系数 ν_t 取常数，并忽略很小的压力功，则流体力学微分方程组退化为

连续方程：
$$\nabla\cdot\mathbf{V} = 0 \tag{7-28}$$

动量方程：
$$\rho\frac{D\mathbf{V}}{Dt} = \rho\mathbf{F} - \nabla p + \nu_t\Delta\mathbf{V} \tag{7-29}$$

（1）潮流连续方程。水流连续方程为

$$\frac{\partial\rho}{\partial t} + \nabla\cdot\rho\mathbf{V} = H\left(\frac{\partial\rho}{\partial t} + \nabla\cdot\rho\mathbf{V}\right) = \rho\left(\frac{\partial H}{\partial t} + \nabla\cdot H\mathbf{V}\right) = 0$$

则有：
$$\frac{\partial H}{\partial t} + \nabla\cdot H\mathbf{V} = 0$$

故有：
$$\frac{\partial h}{\partial t} + \frac{1}{C_\xi C_\eta}\left[\frac{\partial(C_\eta Hu)}{\partial\xi} + \frac{\partial(C_\xi H\nu)}{\partial\eta}\right] = 0 \tag{7-30}$$

（2）水流动量方程。若取水流密度 $\rho = 1$，则动量方程变为

$$\frac{D\mathbf{V}}{Dt} = \mathbf{F} - \nabla p + \nu_t \Delta \mathbf{V}$$

对动量方程（7－29）有（u 方向）：

$$\left(\frac{D\mathbf{V}}{Dt}\right)_1 = \frac{\partial u}{\partial t} + \frac{u}{C_\xi}\frac{\partial u}{\partial \xi} + \frac{\nu}{C_\eta}\frac{\partial u}{\partial \eta} + \frac{u\nu}{C_\xi C_\eta}\frac{\partial C_\xi}{\partial \eta} - \frac{\nu^2}{C_\xi C_\eta}\frac{\partial C_\eta}{\partial \xi}$$

$$(\nu_t \Delta \mathbf{V})_1 = \frac{1}{C_\xi}\frac{\partial}{\partial \xi}\left[\frac{1}{C_\xi C_\eta}\left(\frac{\partial(uC_\eta)}{\partial \xi} + \frac{\partial(vC_\xi)}{\partial \eta}\right)\right] - \frac{1}{C_\eta}\frac{\partial}{\partial \eta}\left[\frac{1}{C_\xi C_\eta}\left(\frac{\partial(\nu C_\eta)}{\partial \xi} - \frac{\partial(uC_\xi)}{\partial \eta}\right)\right]$$

$$= \frac{1}{C_\xi C_\eta}\left[\frac{\partial(C_\eta \sigma_{\xi\xi})}{\partial \xi} + \frac{\partial(C_\xi \sigma_{\xi\eta})}{\partial \eta} + \sigma_{\xi\eta}\frac{\partial C_\xi}{\partial \eta} - \sigma_{\eta\eta}\frac{\partial C_\eta}{\partial \xi}\right]$$

$$(\mathbf{F})_1 = f\nu - gu\frac{\sqrt{u^2 + \nu^2}}{Hc^2}$$

$$(\nabla p)_1 = \frac{1}{C_\xi}\frac{\partial p}{\partial \xi} = \frac{g}{C_\xi}\frac{\partial h}{\partial \xi}$$

故动量方程（7－29）u 方向为

$$\frac{\partial u}{\partial t} + \frac{u}{C_\xi}\frac{\partial u}{\partial \xi} + \frac{\nu}{C_\eta}\frac{\partial u}{\partial \eta} + \frac{u\nu}{C_\xi C_\eta}\frac{\partial C_\xi}{\partial \eta} - \frac{\nu^2}{C_\xi C_\eta}\frac{\partial C_\eta}{\partial \xi} - f\nu + gu\frac{\sqrt{u^2 + \nu^2}}{Hc^2}$$

$$= -\frac{g}{C_\xi}\frac{\partial h}{\partial \xi} + \frac{1}{C_\xi C_\eta}\left[\frac{\partial(C_\eta \sigma_{\xi\xi})}{\partial \xi} + \frac{\partial(C_\xi \sigma_{\xi\eta})}{\partial \eta} + \sigma_{\xi\eta}\frac{\partial C_\xi}{\partial \eta} - \sigma_{\eta\eta}\frac{\partial C_\eta}{\partial \xi}\right] \quad (7-31)$$

同理，动量方程（7－29）ν 方向 为

$$\frac{\partial \nu}{\partial t} + \frac{u}{C_\xi}\frac{\partial \nu}{\partial \xi} + \frac{\nu}{C_\eta}\frac{\partial \nu}{\partial \eta} + \frac{u\nu}{C_\xi C_\eta}\frac{\partial C_\eta}{\partial \xi} - \frac{u^2}{C_\xi C_\eta}\frac{\partial C_\xi}{\partial \eta} - fu + gv\frac{\sqrt{u^2 + \nu^2}}{Hc^2}$$

$$= -\frac{g}{C_\eta}\frac{\partial h}{\partial \eta} + \frac{1}{C_\xi C_\eta}\left[\frac{\partial(C_\eta \sigma_{\xi\eta})}{\partial \xi} + \frac{\partial(C_\xi \sigma_{\eta\eta})}{\partial \eta} + \sigma_{\xi\eta}\frac{\partial C_\eta}{\partial \xi} - \sigma_{\xi\xi}\frac{\partial C_\xi}{\partial \eta}\right] \quad (7-32)$$

其中 $\sigma_{\xi\xi} = 2\nu_t\left[\frac{1}{C_\xi}\frac{\partial u}{\partial \xi} + \frac{\nu}{C_\xi C_\eta}\frac{\partial C_\xi}{\partial \eta}\right]$

$$\sigma_{\eta\eta} = 2\nu_t\left[\frac{1}{C_\eta}\frac{\partial \nu}{\partial \eta} + \frac{u}{C_\xi C_\eta}\frac{\partial C_\eta}{\partial \xi}\right]$$

$$\sigma_{\xi\eta} = \nu_t\left[\frac{C_\eta}{C_\xi}\frac{\partial}{\partial \xi}\left(\frac{\nu}{C_\eta}\right) + \frac{C_\xi}{C_\eta}\frac{\partial}{\partial \eta}\left(\frac{u}{C_\xi}\right)\right]$$

式中 ν_t 为紊动黏性系数,即 $\nu_t = au_* fH$ 。

（3）泥沙输移方程。泥沙输移方程为

$$\frac{\partial(HS_n)}{\partial t} + \frac{1}{C_\zeta C_\eta}\left[\frac{\partial}{\partial \zeta}(C_\eta HuS_n) + \frac{\partial}{\partial \eta}(C_\zeta HuS_n)\right]$$

$$= \frac{1}{C_\zeta C_\eta}\left[\frac{\partial}{\partial \zeta}H\left(\frac{\varepsilon_\zeta}{\sigma_S}\frac{C_\eta}{C_\zeta}\frac{\partial S_n}{\partial \zeta}\right) + \frac{\partial}{\partial \eta}\left(\frac{\varepsilon_\eta}{\sigma_S}H\frac{C_\zeta}{C_\eta}\frac{\partial S_n}{\partial \eta}\right)\right] + \alpha_n \omega_n(\Phi_n - S_n) \quad (7-33)$$

式中 ε_ζ、ε_η 为泥沙扩散系数;α_n 为第 n 组泥沙恢复饱和系数; Φ_n 为第 n 组粒径泥沙冲淤函数; S_n 为第 n 组泥沙含沙量; ω_n 为第 n 组粒径泥沙的沉速。

7.1.2.3　二维潮流泥沙方程的离散和求解

珠江口浅海区属海湾形浅海区，三面有陆地，并且湾内有局部小岛，形状复杂，河口规划治理后平面形状呈喇叭形，布置矩形网格会带来大量的废网格，网格节点数量巨大，并且较难准确拟合模型的陆地边界，布置三角形网格可克服上述问题，但考虑到泥沙计算要求水流和泥沙连续方程离散计算守恒性要求较高，通常的显格式离散难以胜任，而全隐式有限元法的计算量又很大。故本模型采用曲线网格模拟研究区域，并利用坐标变换技术将计算区域变换成新坐标系下的规则区域，同时利用隐、显格式交替离散（ADI 法离散）基本方程。

1. 交替方向法（ADI 方法）

交替方向法（ADI 法）是 Placeman，Rachford 和 Douglas 于 1955 年提出的，其主要技术路线是：设 Δt 、Δx 、Δy 分别为时间步长和 x 、y 方向的空间步长，n 、i 、j 分别为时层数和 x 、y 的步长数，H 为实际水深，h 为水位；在 $x \sim y$ 平面上采用交错网格，并给定各变量（H，u，ν，h）的计算点；在时间上采用将 Δt 分成两个半步长，计算则采用隐、显格式交替隐、显进行，在 $n\Delta t \to (n+1/2)\Delta t$ 半步长上用隐格式离散连续方程和 x 方向上的动量方程，并用追赶法求得 $(n+1/2)\Delta t$ 时层上的 z 和 u，对 y 方向上的动量方程则用显格式离散，并求得 $(n+1/2)\Delta t$ 时层上的 ν，然后在 $(n+1/2)\Delta t \to (n+1)\Delta t$ 半步长上用隐格式离散连续方程和 y 方向上的动量方程，并用追赶法求得 $(n+1)\Delta t$ 时层上的 z 和 ν，对 x 方向上的动量方程则用显格式离散，并求得 $(n+1)\Delta t$ 时层上的 u 。

采用的网格如图 7－5 所示。

2. 基本方程的离散

基本方程的离散是在图 7－5 所示的交错网格内进行。对于潮波运动方程组，将一个时间步长分为两个半步长。

（1）前半个时间步长的离散求解。在前半个时间步长 $n\Delta t \to \left(n+\frac{1}{2}\right)\Delta t$ 内（即前半个时间步长），将基本方程式（7－30）、式（7－31）离散为下述形式的差分方程：

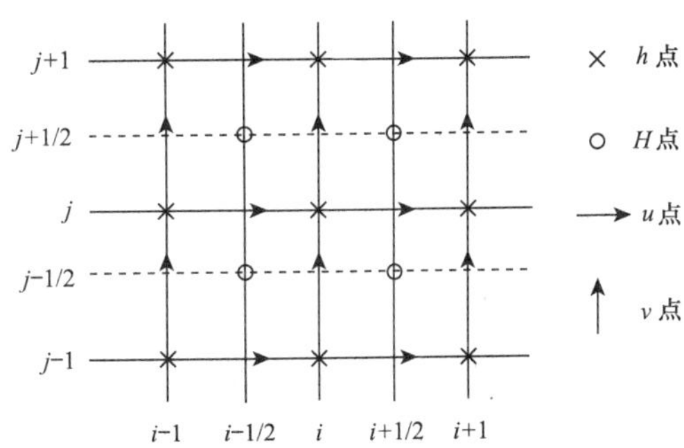

图 7－5　ADI 法物理量位置图

1）连续方程在（i，j）点展开。

$$\frac{h_{i,j}^{n+1/2}-h_{i,j}^{n}}{\Delta t/2}+\frac{C_{\eta i+1/2}H_{i+1/2,j}^{n}u_{i+1/2,j}^{n+1/2}-C_{\eta i-1/2,j}H_{i-1/2,j}^{n}u_{i-1/2,j}^{n+1/2}}{(C_\zeta C_\eta)_{i,j}}+\frac{(C_\zeta H\nu)_{i,j+1/2}^{n}-(C_\zeta H\nu)_{i,j-1/2}^{n}}{(C_\zeta C_\eta)_{i,j}}=0$$

经整理可得：

$$A_i u_{i-1/2,j}^{n+1/2}+B_i h_{i,j}^{n+1/2}+C_i u_{i+1/2,j}^{n+1/2}=D_i \tag{7-34}$$

其中

$$A_i=-\frac{(C_\eta H)_{i-1/2,j}^{n}\Delta t}{2}\qquad B_i=(C_\zeta C_\eta)_{i,j}\qquad C_i=\frac{(C_\eta H)_{i+1/2,j}^{n}\Delta t}{2}$$

$$D_i = (C_\zeta C_\eta h)_{i,j}^n - \frac{[(C_\zeta H\nu)_{i,j+1/2}^n - (C_\zeta H\nu)_{i,j-1/2}^n]\Delta t}{2}$$

2）动量方程在（$i+1/2,j$）点展开。曲线坐标系下 ν 方向上动量方程为

$$C_\xi C_\eta \frac{\partial \nu}{\partial t} + C_\eta u \frac{\partial \nu}{\partial \xi} + C_\xi \nu \frac{\partial \nu}{\partial \eta} + u\nu \frac{\partial C_\xi}{\partial \eta} - \nu^2 \frac{\partial C_\eta}{\partial \xi} + C_\xi C_\eta g u \frac{\sqrt{u^2+\nu^2}}{Hc^2} + C_\eta g \frac{\partial h}{\partial \xi}$$
$$= C_\xi C_\eta f\nu + \left[\frac{\partial(C_\eta \sigma_{\xi\xi})}{\partial \xi} + \frac{\partial(C_\xi \sigma_{\xi\eta})}{\partial \eta} + \sigma_{\xi\eta}\frac{\partial C_\xi}{\partial \eta} - \sigma_{\eta\eta}\frac{\partial C_\eta}{\partial \xi}\right] \quad (7-35)$$

令：$F_1(\xi,\eta) = \left[\frac{\partial(C_\eta \sigma_{\xi\xi})}{\partial \xi} + \frac{\partial(C_\xi \sigma_{\xi\eta})}{\partial \eta} + \sigma_{\xi\eta}\frac{\partial C_\xi}{\partial \eta} - \sigma_{\eta\eta}\frac{\partial C_\eta}{\partial \xi}\right]$

在（$i+1/2,j$）点展开，经整理可得：

$$A_{i+1/2}h_{i,j}^{n+1/2} + B_{i+1/2}u_{i+1/2,j}^{n+1/2} + C_{i+1/2}h_{i+1,j}^{n+1/2} = D_{i+1/2} \quad (7-36)$$

其中

$$A_{i+1/2} = (C_\eta g)_{i+1/2,j}$$

$$B_{i+1/2} = \frac{(C_\zeta C_\eta)_{i+1/2}}{\Delta t} + \frac{C_\eta}{2}[(1+\alpha\cdot ingu)u_{i+3/2,j}^n - 2\alpha\cdot ingu\cdot u_{i+1/2,j}^n - (1-\alpha\cdot ingu)u_{i-1/2,j}^n]$$
$$\cdot \nu_{i+1/2,j}^n(C_{\zeta i+1/2,j+1/2} - C_{\zeta i,j-1/2}) + \left(\frac{C_\zeta C_\eta g}{Hc^2}\right)_{i+1/2,j}\sqrt{(u_{i+1/2,j}^n)^2 + (\nu_{i+1/2,j}^n)^2}$$

$$C_{i+1/2} = -(C_\eta g)_{i+1/2,j}$$

$$D_{i+1/2} = \frac{(C_\zeta C_\eta)_{i+1/2,j}}{\Delta t}u_{i+1/2,j}^{n-1/2} + \frac{C_\zeta}{2}[(1+\alpha\cdot ingu)u_{i+1/2,j+1}^n - 2\alpha\cdot ingu\cdot u_{i+1/2,j}^n$$
$$-(1-\alpha\cdot ingu)u_{i+1/2,j-1}^n]\cdot \nu_{i+1/2,j}^n + (\nu_{i+1/2,j}^n)^2(C_{\eta i+1,j} - C_{\eta i,j})$$
$$+ (C_\zeta C_\eta f\nu)_{i+1/2,j}^n + [F_1(\xi,\eta)]_{i+1/2,j}^n$$

（2）后半个时间步长的离散求解。在 $(n+1/2)\Delta t \to (n+1)\Delta t$ 内（即后半个时间步长），将基本方程式（7－30）和式（7－32）离散为下述形式的差分方程：

1）连续方程在（i，j）点展开：

$$\frac{h_{i,j}^{n+1} - h_{i,j}^{n+1/2}}{\Delta t/2} + \frac{(C_\eta H)_{i+1/2,j}^{n+1/2}u_{i+1/2,j}^{n+1/2} - (C_\eta H)_{i-1/2,j}^{n+1/2}u_{i-1/2,j}^{n+1/2}}{(C_\xi C_\eta)_{i,j}}$$
$$+ \frac{(C_\zeta H)_{i,j+1/2}^{n+1/2}\nu_{i,j+1/2}^{n+1} - (C_\zeta H)_{i,j+1/2}^{n+1/2}\nu_{i,j-1/2}^{n+1}}{(C_\xi C_\eta)_{i,j}} = 0$$

经整理可得：

$$A_j \nu_{i,j-1/2}^{n+1} + B_j h_{i,j}^{n+1} + C_j \nu_{i,j+1/2}^{n+1} = D_j \quad (7-37)$$

其中

$$A_j = -\frac{(C_\zeta H)_{i,j-1/2}^{n+1/2}\Delta t}{2} \quad B_j = (C_\zeta C_\eta)_{i,j} \quad C_j = \frac{(C_\zeta H)_{i,j+1/2}^{n+1/2}\Delta t}{2}$$

$$D_j = (C_\zeta C_\eta)_{i,j}h_{i,j}^{n+1/2} - \frac{\Delta t}{2}[(C_\eta H)_{i+1/2,j}^{n+1/2}u_{i+1/2,j}^{n+1/2} - (C_\eta H)_{i-1/2,j}^{n+1/2}u_{i-1/2,j}^{n+1/2}]$$

2）动量方程在（$i,j+1/2$）点展开。曲线坐标系下 ν 方向上动量方程为

$$C_\xi C_\eta \frac{\partial \nu}{\partial t} + C_\eta u \frac{\partial \nu}{\partial \xi} + C_\xi \nu \frac{\partial \nu}{\partial \eta} + u\nu \frac{\partial C_\eta}{\partial \xi} - u^2 \frac{\partial C_\xi}{\partial \eta} + C_\zeta g \frac{\partial h}{\partial \eta} + C_\xi C_\eta g \nu \frac{\sqrt{u^2 + \nu^2}}{Hc^2}$$

$$= - C_\xi C_\eta f u + \left[\frac{\partial (C_\eta \sigma_{\xi\eta})}{\partial \xi} + \frac{\partial (C_\xi \sigma_{\eta\eta})}{\partial \eta} + \sigma_{\xi\eta} \frac{\partial C_\eta}{\partial \xi} - \sigma_{\xi\xi} \frac{\partial C_\xi}{\partial \eta} \right]$$

令：$F_2(\xi,\eta) = \dfrac{1}{C_\xi C_\eta}\left[\dfrac{\partial (C_\eta \sigma_{\xi\eta})}{\partial \xi} + \dfrac{\partial (C_\xi \sigma_{\eta\eta})}{\partial \eta} + \sigma_{\xi\eta} \dfrac{\partial C_\eta}{\partial \xi} - \sigma_{\xi\xi} \dfrac{\partial C_\xi}{\partial \eta} \right]$

在（ $i,j+1/2$ ）点展开，经整理可得：

$$A_{j+1/2} h_{i,j}^{n+1} + B_{i+1/2} v_{i,j+1/2}^{n+1} + C_{i+1/2} h_{i,j+1}^{n+1} = D_{i+1/2} \tag{7-38}$$

其中

$$A_{j+1/2} = (C_\zeta g)_{i,j+1/2}$$

$$B_{j+1/2} = \frac{(C_\zeta C_\eta)_{i,j+1/2}}{\Delta t} + \frac{C_\zeta}{2}\left[(1 + \alpha \cdot ing\nu) \nu_{i,j+3/2}^{n} - 2\alpha \cdot ing\nu \cdot \nu_{i,j+1/2}^{n} - (1 - \alpha \cdot ing\nu) \nu_{i,j-1/2}^{n} \right] + u_{i,j+1/2}^{n+1/2} (C_{\eta i+1/2,j+1/2} - C_{\eta i-1/2,j+1/2}) + \left(\frac{C_\zeta C_\eta g}{Hc^2} \right)_{i,j+1/2} \sqrt{(u_{i,j+1/2}^{n+1/2})^2 + (\nu_{i,j+1/2}^{n})^2}$$

$$C_{i+1/2} = -(C_\eta g)_{i+1/2,j}$$

$$D_{j+1/2} = \frac{(C_\zeta C_\eta)_{i,j+1/2} \nu_{i,j+1/2}^{n}}{\Delta t} + \frac{C_n}{2}\left[(1 + \alpha \cdot ingu) \nu_{i+1,j+1/2}^{n} - 2\alpha \cdot ingu \cdot u_{i,j+1/2}^{n} - (1 - \alpha \cdot ingu) \nu_{i-1,j+1/2}^{n} \right] u_{i,j+1/2}^{n+1/2} + (u_{i,j+1/2}^{n})^2 (C_{\zeta i,j+1} - C_{\zeta i,j}) + (C_\zeta C_\eta f u)_{i,j+1/2}^{n+1/2} + \left\{ F_2(\xi,\eta) \right\}_{i,j+1/2}^{n+1/2}$$

同样将泥沙方程式（7－33）离散为

$$\alpha_I S_{I-1,J}^{n+1} + \beta_I S_{I,J}^{n+1} + \gamma_I S_{I+1,J}^{n+1} = \psi_I \tag{7-39}$$

式中　系数 α_I、β_I、γ_I、ψ_I 为差分后已知系数。

3. 基本方程的求解

（1）基本方程的联立求解。将方程式(7－37)和式(7－39)联立，可写成以下简单形式：

$$A_i u_{i-1/2,j}^{n+1/2} + B_i h_{i,j}^{n+1/2} + C_i u_{i+1/2,j}^{n+1/2} = D_i \tag{7-40}$$

$$A_{i+1/2} h_{i,j}^{n+1/2} + B_{i+1/2} u_{i+1/2,j}^{n+1/2} + C_{i+1/2} h_{i+1,j}^{n+1/2} = D_{i+1/2} \tag{7-41}$$

式中　$i = 1,2,\cdots,n$ 。

式（7－42）和式（7－41）可用如下的追赶法求得 $u^{n+1/2}$、$h^{n+1/2}$ 。

同样，将方程式（7－37）和式（7－39）联立，可写成以下简单形式：

$$A_j \nu_{i,j-1/2}^{n+1} + B_j h_{i,j}^{n+1} + C_j \nu_{i,j+1/2}^{n+1} = D_j \tag{7-42}$$

$$A_{j+1/2} h_{i,j}^{n+1} + B_{j+1/2} \nu_{i,j+1/2}^{n+1} + C_{j+1/2} h_{i,j+1}^{n+1} = D_{j+1/2} \tag{7-43}$$

式中　$i = 1,2,\cdots,n$ 。

式（7－42）和式（7－43）可用如下的追赶法求得 V^{n+1}、h^{n+1} 。

（2）追赶法求解方法。对于方程组式(7－40)、式(7－41)的求解，采用追赶法步骤如下：

消去中间变量，引入边界条件，即将上边界流速 $u_{1/2,j}^{n+1/2}$（令 $=u_0$）和下边界水位 $h_{N+1,j}^{n+1/2}$（令 $=h_{N+1}$）代入方程组。

方程组式（7-40）、式（7-41）可以变为

$$\begin{bmatrix} B_1 & C_1 & & & & & \\ A_{1+1/2} & B_{1+1/2} & C_{1+1/2} & & 0 & & \\ & \cdots & \cdots & \cdots & & & \\ & A_i & B_i & C_i & & & \\ & & A_{i+1/2} & B_{i+1/2} & C_{i+1/2} & & \\ & 0 & & \cdots & \cdots & \cdots & \\ & & & A_N & B_N & C_N & \\ & & & & A_{N+1/2} & B_{N+1/2} \end{bmatrix} \begin{Bmatrix} h_1 \\ u_{1+1/2} \\ \vdots \\ h_i \\ u_{i+1/2} \\ \vdots \\ h_N \\ u_{N+1/2} \end{Bmatrix} = \begin{Bmatrix} D_1^* \\ D_{1+1/2} \\ \vdots \\ D_i \\ D_{i+1/2} \\ \vdots \\ D_N \\ D_{N+1/2}^* \end{Bmatrix} \quad i=1,2,\cdots,N$$

式中 $D_1^*=D_1-A_1u_0$；$D_{N+1/2}^*=D_{N+1/2}-C_{N+1/2}h_{N+1}$。

将上述方程组进行消元，可得：

$$\begin{bmatrix} 1 & \alpha_1 & & & & & \\ & 1 & \alpha_{1+1/2} & & 0 & & \\ & \cdots & \cdots & \cdots & & & \\ & & 1 & \alpha_i & & & \\ & & & 1 & \alpha_{i+1/2} & & \\ & 0 & & \cdots & \cdots & \cdots & \\ & & & & 1 & \alpha_N & \\ & & & & & 1 \end{bmatrix} \begin{Bmatrix} h_1 \\ u_{1+1/2} \\ \vdots \\ h_i \\ u_{i+1/2} \\ \vdots \\ h_N \\ u_{N+1/2} \end{Bmatrix} = \begin{Bmatrix} \varphi_1 \\ \varphi_{1+1/2} \\ \vdots \\ \varphi_i \\ \varphi_{i+1/2} \\ \vdots \\ \varphi_N \\ \varphi_{N+1/2} \end{Bmatrix} \quad (7-44)$$

其中

$$\alpha_1=C_1/B_1 \quad \alpha_{1+1/2}=C_{1+1/2}/(B_{1+1/2}-\alpha_1A_{1+1/2})$$

$$\alpha_i=C_i/(B_i-\alpha_{i-1/2}A_i) \quad \alpha_{i+1/2}=C_{i+1/2}/(B_{i+1/2}-\alpha_iA_{i+1/2})$$

$$\varphi_1=D_1^*/B_1 \quad \varphi_{1+1/2}=(D_{1+1/2}-\alpha_{1+1/2}\varphi_1)/(B_{1+1/2}-\alpha_1A_{1+1/2})$$

$$\varphi_i=(D_i-\alpha_i\varphi_{i-1/2})/(B_i-\alpha_{i-1/2}A_i) \quad \varphi_{i+1/2}=(D_{i+1/2}-\alpha_{i+1/2}\varphi_i)/(B_{i+1/2}-\alpha_iA_{i+1/2})$$

上述消元过程的计算顺序是 $\alpha_1\to\alpha_{1+1/2}\to\cdots\to\alpha_i\to\cdots\to\alpha_N$ 和 $\varphi_1\to\varphi_{1+1/2}\to\cdots\varphi_i\to\cdots\to\alpha_N$；这个过程称为追的过程。显然从回代过程可以很容易求出未知数：

$$u_{N+1/2}=\varphi_{N+1/2} \qquad h_N=\varphi_N-\alpha_Nu_{N+1/2}$$

$$u_{i+1/2}=\varphi_{i+1/2}-\alpha_{i+1/2}h_{i+1} \qquad h_i=\varphi_i-\alpha_iu_{i+1/2}$$

$$u_{1+1/2}=\varphi_{1+1/2}-\alpha_{1+1/2}h_2 \qquad h_1=\varphi_1-\alpha_1u_{1+1/2}$$

回代过程的计算顺序恰与计算 u_i、h_i 顺序相反，下标由大到小，$u_{N+1/2}\to h_N\to\cdots\to u_{3/2}\to h_1$，这个过程称为赶的过程。

同理，对于方程组式（7-41）、式（7-42）的求解，采用追赶法，消去中间变量，同样引入上边界流速 $v_{i,j-1/2}^{n+1}$ 和下边界水位 $h_{i,j+1}^{n+1}$ 进行求解。

7.1.2.4　泥沙模型辅助方程及参数的确定

1. 辅助方程

若不考虑推移质，河床变形方程[4]：

$$\frac{\partial Z_b}{\partial t} = \sum_{n=1}^{L} \alpha_n \omega_n \frac{S_n - \Phi_n}{\gamma'_s} \tag{7-45}$$

式中　Z_b 为断面平均河床高程；γ'_s 泥沙平均干容重；α_n 为泥沙恢复饱和系数；Φ_n 为冲淤函数；ω_n 为第 n 粒径组沉降速度；S_n 为断面平均含沙量。

不考虑推移质，床沙级配调整方程为

$$\gamma'_s \frac{\partial E_L p_{bn1}}{\partial t} + a_n \omega_n (S_n - \Phi_n) + [\varepsilon_1 p_{bn1} + (1-\varepsilon) p_{bn0}] \gamma'_s \left(\frac{\partial E_0}{\partial t} - \frac{\partial E_L}{\partial t} \right) = 0 \tag{7-46}$$

式中　E_0 为初始河床床沙厚度；E_L 为混合层厚度；p_{bn1} 为混合层级配；p_{bn0} 为床沙级配；ε_1 为系数。

ε_1 取值如下：

$$\varepsilon_1 = \begin{cases} 0 & \text{混合层在冲刷过程中涉及到原始河床} \\ 1 & \text{否} \end{cases}$$

2. 泥沙冲淤基本参数的确定

1）泥沙沉速按下式计算[5]：

$$\omega = \sqrt{\left(13.95 \frac{\nu}{d}\right)^2 + 1.09 \frac{\gamma_s - \gamma}{\gamma} g d} - 13.95 \frac{\nu}{d} \tag{7-47}$$

式中　v 为运动黏滞系数；d 为泥沙粒径，mm；γ 为水的比重；γ_s 为泥沙的比重。

2）泥沙平均干容重采用如下公式计算[5]：

$$\gamma'_s = 1750 d_{50}^{0.183} \tag{7-48}$$

式中　d_{50} 为中值粒径，mm。

3）挟沙力级配按下式计算[6]：

$$p_n = \frac{p_{nb} \cdot \max\left[\left(S_* - \sum_{n=1}^{L} S_n\right), 0 \right] + S_n}{\max(S_*, S)} \tag{7-49}$$

式中　L 为可悬浮泥沙的粒径号；S_* 为水流挟沙力；p_{nb} 为无悬沙条件下底沙的挟沙力级配。

p_{nb} 用李义天公式计算[7]：

$$p_{nb} = \frac{a_n p_{bn}}{\sum_{n=1}^{m} a_n p_{bn}}$$

其中　$a_n = (1 - A_n) \dfrac{1 - e^{-R_n}}{\omega_n}$　　$A_n = \dfrac{\omega_n}{\dfrac{u_*}{\sqrt{2\pi}} e^{\frac{\omega_n^2}{2u_*}} + \omega_n \psi\left(\dfrac{\omega_n}{u_*}\right)}$

$$R_n = \frac{6\omega_n}{k u_*} \qquad \psi(x) = \int_{-\infty}^{X} \frac{1}{\sqrt{2\pi}} e^{\frac{t^2}{2}} dt$$

式中 p_{bn} 为第 n 粒径组所占百分比；u_* 为摩阻流速；k 为卡门常数。

4）水流挟沙力公式选用窦国仁公式计算[6]：

$$S_* = \alpha \frac{\gamma\gamma_s}{(\gamma_s - \gamma)c^2}\frac{V^3}{h\,\overline{\omega_L}} \tag{7-50}$$

$$\overline{\omega_L} = \sum_{n=1}^{L}(p_n\omega_n)$$

式中 $\overline{\omega_L}$ 为 L 组悬浮泥沙平均沉降速度；V 为断面平均速度；h 为断面平均水深；c 为河床阻力。

5）泥沙模型计算成功与否关键在于泥沙冲淤函数 Φ_n 的研究与设定，泥沙冲淤函数是反映水流在当地的挟沙能力及底沙补充条件所构成的允许挟沙力。当水流的挟沙力小于水中的悬移质泥沙时，泥沙产生淤积，而在无底沙补充条件时，水流的最大允许挟沙力是水中的悬移质沙量[8]。

$$\Phi_n = \begin{cases} \min(s_{*n}, s_n) & \text{当 } u < u_c \\ \min(s_{*n}, s_n) + \max\left(1 - \dfrac{s_n}{s_{*n}}, 0\right)p_{bns}s_{*n} & \text{当 } u > u_c \end{cases} \tag{7-51}$$

$$s_{*n} = p_n s_*$$

式中 u_c 为泥沙起动速度；p_{bns} 为可悬粒径沙所占百分比；s_{*n} 为水流的分组挟沙能力，它由水流的强度、床面泥沙级配及悬移质级配所控制。

6）泥沙起动速度公式采用张瑞瑾公式[4]：

$$U_c = 1.34\left(\frac{h}{d}\right)^{0.14}\left(\frac{\gamma_s - \gamma}{\gamma}gd + 0.00000496\left(\frac{d_1}{d}\right)^{0.72}g(h_a + h)\right)^{0.5} \tag{7-52}$$

式中 h_a 为表示与大气压力相应的水柱高度；d_1 为任意选定的与泥沙粒径 d（变量）作对比的参考粒径（mm）；其他符号意义同前。

7）可悬浮泥沙控制条件[9]：

$$u > u_S \tag{7-53}$$

$$u_S = 0.812d^{0.4}\omega^{0.2}h^{0.2}$$

式中 u_S 为泥沙扬动速度。

8）在泥沙模型计算中，$\alpha_n\omega_n(S_n - \Phi_n)$ 项是反映河床中泥沙冲淤的源汇项。该项是在输沙处于平衡状态时，床面形态将不再发生变化的条件下得出，并假定这一规律在输沙不平衡状态时，仍然成立。当水流中泥沙产生淤积时，该项中 ω_n 反映泥沙在水中的沉降过程。用 $\alpha_n\omega_n(S_n - \Phi_n)$ 表达泥沙的淤积是合理的；而当水流强度达到一定的量级时，河床产生冲刷，该项的合理性就存在一定的问题，因河床中粗颗粒泥沙的沉速往往是细颗粒泥沙的几十倍，用该式计算时，河床会产生细化现象，这是非常不符合自然规律的现象，因此，在计算中当床沙普遍产生悬浮时，ω_n 用 $\overline{\omega_L}$ 进行计算。

3. 珠江口门区泥沙资料

（1）悬沙级配。根据1999年洪水期实测悬移质级配资料分析，各口门悬移质最大粒径和中值粒径见表7－1所示。

表 7－1　**伶仃洋悬移质粒径**　（单位：mm）

	最大粒径	中值粒径
大虎 V2	0.1	0.031
大虎 V4	0.25	0.054
南沙 V2	0.1	0.051
冯马庙 V3	0.1	0.019
横门 V2	0.1	0.030
横门 V4	0.1	0.053
海区		0.006

（2）床沙级配。根据 1999 年洪水期实测床沙级配资料分析，各口门床沙粒径范围和中值粒径见表 7－2。

表 7－2　**伶仃洋床沙粒径**　（单位：mm）

	最大粒径	中值粒径
大虎 V2	1.0	0.205
大虎 V4	1.0	0.028
南沙 V2	0.5	0.120
冯马庙 V3	0.5	0.135
横门 V2	0.15	0.017
横门 V4	2.0	0.244
海区	0.342	0.005～0.010

（3）泥沙沉降速度。天津水运工程研究所试验成果表明，由于细颗粒泥沙在盐水中发生絮凝，沉降速度与水体含盐度和含沙量有关。见表 7－3。

表 7－3　**沉降速度与含沙量的关系**　（单位：含沙量 kg/m^3；流速 m/s；沉速 m/s）

含沙量＼流速	0	0.1	0.2	0.3	0.4	0.5
0.1	0.049	0.042	0.036	0.030	0.022	0.011
0.2	0.053	0.046	0.041	0.036	0.026	0.015
0.4	0.063	0.058	0.052	0.048	0.039	0.019
0.6	0.073	0.066	0.063	0.058	0.046	0.025

（4）模型泥沙级配分组。根据实测床沙级配及悬沙级配资料模型级配分成 13 组，见表 7－4。

表 7－4　**二维模型泥沙级配分组**　（单位：mm）

分组	1	2	3	4	5	6	7	8	9	10	11	12	13
粒径	0.001	0.002	0.004	0.008	0.016	0.032	0.063	0.125	0.25	0.5	1	2	4

7.1.3 一、二维潮流泥沙数学模型联解

7.1.3.1 连接条件

整体模型在一、二维模型连接点上的水位、流量和输移物质满足以下连接条件。

水位连接条件： $Z_1 = Z_2$ （7-54）

流量连接条件： $Q_1 = \int U_\zeta H_\zeta \mathrm{d}\zeta$ （7-55）

输移物质连接条件： $Q_1 S_1 = \int U_\zeta H_\zeta S_\zeta \mathrm{d}\zeta$ （7-56）

式中 Z_1 为一维模型在内边界断面上的水位；Z_2 为二维模型在内边界上各节点的平均水位；Q_1 为一维模型在一、二维模型连接断面上的流量；U_ζ 为二维模型在一、二维模型连接断面法向上的流速。

7.1.3.2 一、二维模型联解

一、二维模型联解基本思想是一维模型以流量传递给二维模型，二维模型以水位传递给一维模型。联解条件推导如下：

假设一维模型下边界 A 断面的流量为 Q_1 ，过水面积为 A_1 ，水力半径为 R_1 ，谢才系数为 C_1 ，水力坡降为 J_1 。按谢才公式，有：

$$Q_1 = A_1 C_1 \sqrt{R_1 J_1}$$

变换为如下形式：

$$\sqrt{J_1} = \frac{Q_1}{A_1 C_1 \sqrt{R_1}}$$

A 断面同时又是二维模型的上边界，是一、二维模型的连接断面，A 断面刚好是二维模型网格中的第 $i1$ 行，一维模型和二维模型的搭接情况如图 7-6 所示。

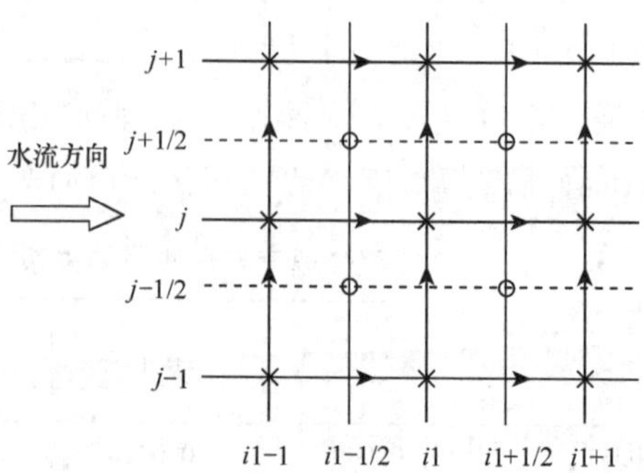

图 7-6 一维模型和二维模型的搭接

假设 A 断面上第 j 条垂线的流速为 $U_{i1-\frac{1}{2},j}$ ，谢才系数为 $C_{i1,j}$ ，水力坡降为 J_2 ，水力半径为 $R_{i1,j}$ 。按谢才公式，有：

$$U_{i1-\frac{1}{2},j} = C_{i1.j} \sqrt{R_{i1,j} J_2}$$

变换为如下形式：

$$\sqrt{J_2} = \frac{U_{i1-\frac{1}{2},j}}{C_{i1.j} \sqrt{R_{i1,j}}}$$

对于同一断面，$J_1 = J_2$ ，所以

$$\frac{U_{i1-\frac{1}{2},j}}{C_{i1.j} \sqrt{R_{i1,j}}} = \frac{Q_1}{A_1 C_1 \sqrt{R_1}}$$

则

$$U_{i1-\frac{1}{2},j} = \frac{C_{i1.j}\sqrt{R_{i1,j}}}{A_1 C_1 \sqrt{R_1}} Q_1$$

对于 A 断面，又因

$$Q_1 = \sum_{j=1}^{n} Q_{i1,j} = \sum_{j=1}^{n} B_{i1,j} H_{i1,j} C_{i1,j} \sqrt{R_{i1,j} J_2}$$

所以

$$A_1 C_1 \sqrt{R_1} = \sum_{j=1}^{n} B_{i1,j} H_{i1,j} C_{i1,j} \sqrt{R_{i1,j}}$$

故

$$U_{i1-\frac{1}{2},j} = \frac{C_{i1.j}\sqrt{R_{i1,j}}}{\sum_{j=1}^{n} B_{i1,j} H_{i1,j} C_{i1,j} \sqrt{R_{i1,j}}} Q_1$$

又因珠江河口区河宽较大，水力半径 R 可近似用水深 H 来代替，则上式变为

$$U^{n+1}_{I1-\frac{1}{2},j} = \frac{\sqrt{H_{I1,j}}C_{I1,j}}{\sum_{j=1}^{n} B_{I1,j} H^{1.5}_{I1,j} C_{I1,j}} Q_1 = \beta_{I1,j} Q_1 \tag{7-57}$$

式（7－57）即为一、二维模型水力要素的传递公式。

根据方程式（7－40）、式（7－41），通过消元可导出二维水动力模型的控制方程：

$$Z^{N+\frac{1}{2}}_{I1,j} = \psi_{I1,j} + \alpha_{I1,j} U^{N+\frac{1}{2}}_{I1-\frac{1}{2},j} + \lambda_{I1,j} U^{N+\frac{1}{2}}_{In+\frac{1}{2},j} + \sigma_{I1,j} Z^{N+\frac{1}{2}}_{In+1,j} \tag{7-58}$$

左边界为流量边界条件时 $\sigma_{I1,j}=0$，左边界为水位边界条件时 $\lambda_{I1,j}=0$。

根据方程式（7－54）、式（7－57）、式（7－58），通过消元可导出二维水动力模型对一维模型的控制方程：

$$Z_1 = \Gamma Q_1 + \Phi \tag{7-59}$$

$$\Gamma = \frac{1}{N}\sum_{J=1}^{N} \alpha_{I1,j}\beta_{I1,j} \qquad \Phi = \frac{1}{N}\sum_{J=1}^{N}\left(\psi_{I1,j} + \lambda_{I1,j} U^{N+\frac{1}{2}}_{In+\frac{1}{2},j} + \sigma_{I1,j} Z^{N+\frac{1}{2}}_{In+1,j}\right)$$

将方程式（7－59）作为一维模型的边点方程，通过河网非恒定流三级联解即可解出一、二维模型连接断面上的水位及流量，利用连接断面上的水位及流量，分别回代给一、二维模型即可计算所有各计算点上的物理量。

7.1.4　一维水流泥沙数学模型的率定和验证

在建立数学模型中，模型的率定和验证是数学模型能否用于实际的关键。一维水流泥沙数学模型在应用时要涉及到一些与研究区域的地形条件、水文特性有关的状态参数，如网河中各河道的局部和沿程阻力等，在具体处理时用模型的综合糙率来反应。这些状态参数的选择要根据水域的实测水文资料通过模型率定的方式来确定。同时，为了使模型具有反映本水域总体水动力特征的适用性和可靠性，率定出的模型参数还需用不同时间序列的实测水文资料来验证，以检验率定参数在更普遍意义上的合理性。

7.1.4.1 一维网河水流泥沙模型验证的基本资料

1. 地形资料

一维模型验证的河道地形资料在东江部分采用广东省水利厅于1997年及1998年在该地区测量的1:5000河道地形图，狮子洋采用珠江水利委员会设计院于1995年在该地区测量的1:10000河道地形图，其余采用珠江水利委员会设计院及广东省水利厅于1999年在珠江三角洲网河区联合测量的1:5000河道地形图。

2. 水流验证资料

1）“99.7”中水组合，有较为齐全的洪水水文资料和枯水大潮水文资料。“99.7”洪水资料是由珠江委水文局和广东省水文局共同承担的在西北江三角洲网河区对河道进行的同步水文测验，该次测验布设了64处测验断面，测验内容包括水位、水深、大断面、悬移质含沙量、悬移质和河床质颗粒级配等项目，是西北江三角洲历史上规模最大的一次同步水文测验。

由于“99.7”洪水较小，马口、三水站洪峰流量只是接近均值，且洪水主要来自西江，北江很小，测流过程中三角洲网河区中的分洪闸多数不开闸，开闸的也分洪较小，而在设计情况下，洪峰流量较大，水闸需按设计要求分洪，为配合糙率值的率定。“99.7”中水组合计算时段为1999年7月15日23:00至1999年7月23日17:00。

2）“98.6”大水组合，辅助验证水闸开启情况。选取近年来较大的1998年6月洪水（三水站接近100年一遇）来辅助验证水闸开启情况，对模型进行复核。“98.6”大水组合计算时段，为1998年6月23日19:00至1998年6月30日23:00。

3）“2001.2”枯水组合，辅助验证枯水大、中、小潮的情况，其计算时段为2001年2月7日17:00至2001年2月10日18:00。

3个洪水典型年网河区主要水闸分洪流量（即内边界条件）见表7-5。水流验证站点布置见图7-7，网河区内的水闸未列出。

表7-5 “98.6”和“99.7”洪水中网河区主要水闸分洪流量 （单位：m^3/s）

河道名称	水闸名称	“98.6”洪水流量	“99.7”洪水流量
甘竹溪	甘竹电站	2780	691
江门水道	北街水闸	600	300
睦洲水道	睦洲水闸	800	400
西南涌	西南水闸	503	0
榄核涌	磨碟头水闸	1200	0

7.1.4.2 一维网河水流泥沙模型验证的概化

1. 模型的研究范围

一维网河区水沙数学模型的研究范围为：上边界取自西江马口站、北江三水站、广州水道老鸦岗站、增江麒麟咀站、东江博罗站、潭江石嘴水文站，下边界取至虎门大虎站、蕉门南沙站、洪奇门冯马庙站、横门口横门站、磨刀门灯笼山站、鸡啼门黄金站、虎跳门西炮台站及崖门官冲站，模拟河道长度约 1750km，网河区面积约 9750km^2。模型研究范围布置见图 7－7。

2. 边界条件的确定

模型验证的边界条件上边界为上游进口断面的实测流量过程线 $Q = Q(t)$ 及实测含沙量过程线 $S = S(t)$；下边界为下游出口断面的实测潮位过程线 $Z = Z(t)$。

另外，珠江三角洲网河区内水闸众多，较大的水闸作内边界处理，较小的水闸不加考虑。

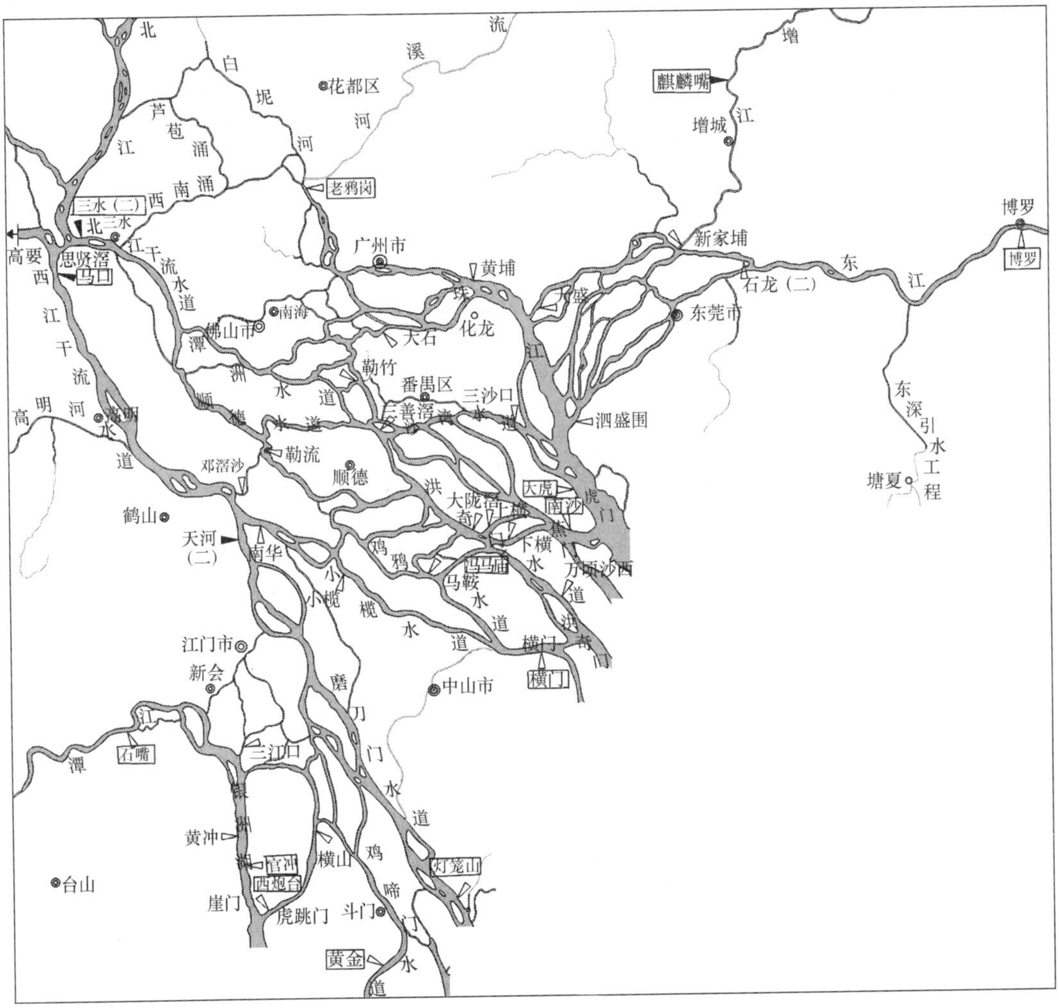

图 7－7　网河区一维数学模型研究范围及水文站点示意图

3. 计算步长的选取

一维方程的离散化采用 4 点隐式加权差分法。计算的空间步长根据河道走势及弯曲程度的变化等情况确定，一般约 100～600m 不等。断面布置原则为在断面变化不大的地方布置较稀疏，断面变化较大的地方（如河段弯段）布置较密。本模型计算网格布置见图 7－8，共布设了 3613 个断面，包括 226 个汊口，共有 97 条水道、352 个直河段、3486 个河道断面、31 个边界。

时间步长根据计算的收敛性和稳定性确定为 4s。

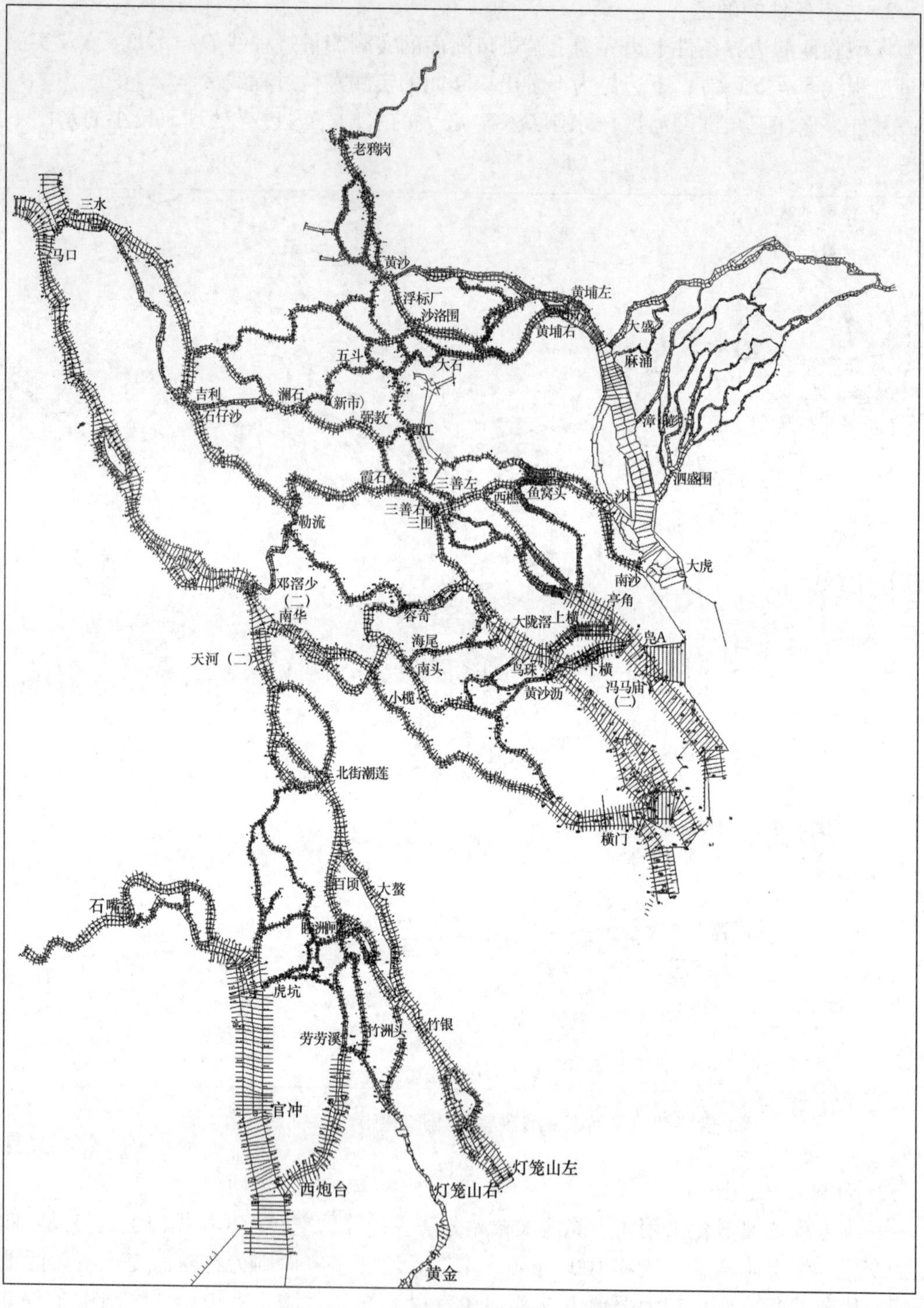

图 7－8 一维模型计算网格布置图

7.1.4.3　一维模型河道糙率参数的率定

利用“99.7”水文组合，对网河区一维数学模型进行率定，其计算出的主要河道糙率值见表 7－6。

表 7－6　一维数学模型率定河道糙率成果

河道名称	分段位置	糙率	河道名称	分段位置	糙率
西江干流（马口—甘竹）	上段	0.023	勒流涌		0.028
	中段	0.028	甘竹溪		0.018
	下段	0.029	北江干流（三水—紫洞口）	上段（三水附近）	0.025
西海水道	天河段	0.027		西南闸附近段	0.025
	北街段	0.020		西南闸下—紫洞口段	0.024
	潮莲段	0.022	南沙涌		0.024
海洲水道		0.030	顺德水道	入口段	0.025
磨刀门水道	外海—百顷段	0.020		三多段	0.026
	大敖段	0.019		水藤段	0.027
	竹银—灯笼山上段	0.022		鲤鱼沙段	0.026
	竹银—灯笼山中段	0.018		稔海段	0.022
	竹银—灯笼山下段	0.015		三善滘右段	0.026
石板沙水道		0.022	沙湾水道	上段	0.026
虎跳门水道	百顷—睦洲口段	0.020		中段	0.023
	睦洲口上段	0.016		下段	0.023
	睦洲口下段	0.016	东平水道	紫洞段	0.024
	莲腰段	0.014		澜石段	0.027
	横坑段	0.030		五斗段	0.027
	横山—西炮台段	0.022		大尾角段	0.022
劳劳溪	上段	0.022	吉利涌		0.026
	下段	0.020	潭洲水道	上段	0.026
泥湾门水道		0.018		下段	0.024
赤粉水道		0.017	陈村支涌		0.030
鸡啼门水道		0.017	陈村水道	上段	0.022
虎坑水道	上段	0.025		下段	0.015
	中段	0.020	濠滘口		0.025
	下段	0.020	骝岗涌		0.017
潭江		0.030	西樵涌		0.020
崖门水道		0.018	蕉门水道	上段	0.020
东海水道		0.028		中段	0.016
小榄水道		0.027		下段	0.015

续表

河道名称	分段位置	糙率	河道名称	分段位置	糙率
鸡鸦水道	上段	0.020	上横沥		0.023
	中段	0.024	下横沥		0.025
	下段	0.024	李家沙水道		0.025
横门水道		0.022	洪奇门水道	板沙尾段	0.018
桂洲水道		0.023		大陇滘段	0.020
新沙沥		0.023		冯马庙段	0.015
黄沙沥		0.030	东江	东江北干流	0.020
容桂水道	上段	0.030		东江南支流	0.020
	下段	0.021		东江干道	0.025
顺德支流		0.020		增江	0.025

根据有关天然河道糙率选取的资料，平原地区的河道糙率多在0.015~0.040之间。由表7-6可知，各河道糙率在0.014~0.030之间，糙率值较大的水道是：海州水道、虎跳门水道的横坑段、潭江、容桂水道、陈村支涌，其糙率值为0.030，口门附近水道的糙率值在0.020左右。模型主要河道糙率值网河区上部河道糙率值较大，近河口则较小，符合河口区河道糙率沿程变化的自然变化规律，表明率定出的糙率值是合理的。

7.1.4.4 一维网河区模型验证成果

1. 潮位验证

(1)“99.7”中水组合。“99.7”中水组合测验时段为1999年7月15日20:00至7月24日14:00，历时9d，共211h。此次测流断面为73个，其中有逐时潮位过程的测流断面为65个，逐时流量过程的测流断面为65个，逐时含沙量过程的测流断面为57个。

对逐时潮位计算过程与实测过程的比较❶，可见各测流断面计算潮位过程与实测过程基本吻合，计算过程与实测过程的相位基本一致。在102个潮（水）位验证站点中，最高潮（水）位计算误差在0.1m以内的有94个站点，占整个验证站的92.2%，计算误差在0.2m范围内的测流断面百分比为98.1%。同样，在102个潮（水）位验证站点，最低潮（水）位计算误差在0.1m范围内的测流断面百分比为90.2%，计算误差在0.2m范围内的测流断面百分比为98.1%。由上可见，符合《水利工程水利计算规范》（SL104—95）[10]感潮河段非恒定流计算的验证标准相位相对误差应小于1h、峰谷值误差应不大于0.1~0.2m、单站检验合格率应为85%以上的要求。

最高潮（水）位计算误差较大的为众涌水闸、大敖河口水闸，其误差分别为-0.23m和-0.21m；最低潮（水）位计算误差较大的为穗西水闸、海洲水闸，其误差分别为-0.22m、0.29m。在验证不合格的4个站点均是水闸，这是因为水闸计算的零点与实际

❶ 水利部珠江水利委员会科学研究所，珠江三角洲河口区潮流泥沙及含盐度耦合联解数学模型研究报告，2003年8月。

会有出入，导致验证结果误差较大。

（2）“2001. 2”枯水组合。“2001. 2”枯水组合测验时段为 2001 年 2 月 7 日 17：00 ~ 2001 年 2 月 10 日 18：00；历时 3d，共 73h，此次测流断面为 48 个。

对逐时潮位计算过程与实测过程的比较[1]，可见各测流断面计算潮位过程与实测过程基本吻合，计算过程与实测过程的相位基本一致。在 48 个潮（水）位验证站点最高潮（水）位误差绝对值小于 0.2m 的有 46 个站点，占整个验证站的 95.8%；最低潮（水）位误差绝对值小于 0.2m 的有 44 个站点，占整个验证站的 91.7%。由上可见同样符合《水利工程水利计算规范》（SL104—95）的要求。

（3）“98. 6”洪水组合。“98. 6”洪水组合测验时段为 1998 年 6 月 23 日 19:00 至 1998 年 6 月 30 日 23:00，历时 7d，共 172h。此次测流断面为 61 个，其中有逐时潮位过程的测流断面 53 个。

对逐时潮位计算过程与实测过程的比较[1]，可见各测流断面计算潮位过程与实测过程基本吻合，计算过程与实测过程的相位基本一致。在 53 个水位站点洪峰水位计算与实测误差均小于 0.1m，单站检验合格率达 100%，同样符合《水利工程水利计算规范》（SL104—95）的要求。

2. 一维网河区流量验证

（1）“99. 7”中水组合。在“99. 7”中水组合中，对流量计算过程与实测过程的比较[1]，各测流断面计算流量过程与实测过程基本吻合，计算过程与实测过程的相位基本一致。

在 39 个验证断面计算全程流量平均值与实测值的误差小于 10% 的占 82. 1%，计算误差在 20% 以内的占 100%；洪峰流量计算误差小于 10% 的占 89. 7%，小于误差 20% 的占 100%。可见基本符合《水利工程水利计算规范》（SL104—95）感潮河段非恒定流计算的验证标准相位相对误差应小于 1h、单站检验合格率应为 85% 以上的要求。

（2）“2001. 2”枯水组合。在“2001. 2”枯水组合中，对流量计算过程与实测过程的比较[1]，可见各测流断面计算流量过程与实测过程基本吻合，计算过程与实测过程的相位亦基本吻合。

3. 含沙量验证

由于 1999 年 7 月水文组合泥沙资料存在“面上平衡难于评估”的问题，模型计算过程与实测过程只能定性地从变化趋势上加以比较。各测流断面平均含沙量的计算与实测值的平均误差为 12. 4%，误差小于 30% 的占 100%，总输沙量验证误差为 ±4. 4%[1]。可见符合《海岸河口潮流、泥沙模拟技术规程》（1996 年）感潮河段悬移质含沙量测点的允许偏差为 ±30%，总输沙量的允许偏差在 ±5% 以内的要求。

综上可以认为：利用圣维南方程组及一维不平衡输沙连续方程建立的珠江河口网河区一维非恒定非均匀水流、泥沙数学模型，采用四点加权 Preissmann 隐式差分格式离散方程，并用一维河网三级联解算法简化方程组，经珠江三角洲 1998 年洪水期、1999 年洪水

[1] 水利部珠江水利委员会科学研究所，珠江三角洲河口区潮流泥沙及含盐度耦合联解数学模型研究报告，2003 年 8 月。

期和2001年枯水期各180多小时同步水沙观测资料的检验，潮位过程的相位计算与实测一致，潮位峰谷值的计算偏差在0.10m以内的单站合格率超过85%；流量计算过程线与实测过程线变化趋势相同，流量峰谷值的偏值在20%以内的单站合格率超过80%；含沙量计算过程线与实测过程线基本相同，含沙量空间变化规律合理，各站平均含沙量计算值实测值也基本接近；各河道糙率值在0.014～0.030之间，口门附近水道的糙率值在0.020左右，河网区各水道糙率值基本为上游河道大于下游河道，符合河道糙率沿程变化的自然规律。可见，珠江河口网河区一维潮流泥沙数学模型的建立是成功的，在工程实践中应用是可行的。

7.1.5 二维潮流泥沙数学模型的率定和验证

在珠江口的八大出海河段，河宽可达数十公里，水动力条件十分复杂，断面平均的一维网河模型已不能有效地反应局部江段的水流、泥沙的运动情况，此时水动力数学模型宜采用深度平均的二维形式。本研究采用贴体正交曲线坐标下的二维潮流模型及二维不平衡输沙连续方程，建立河口区二维非恒定非均匀水沙数学模型，并且用分组粒径来模拟泥沙非均匀性。该模型可用来研究口门区潮流、泥沙运动规律，研究八大口门近年来演变情况和口门间互动关系等，分析珠江河口潮流、泥沙输移特征。

7.1.5.1 二维数学模型验证概化及验证条件

珠江八大口门复杂的内外条件使水动力数学模型的率定和验证有相当的难度，加之在全区域范围内同步的水文观测资料尚不够完整，目前还没有一套全区域地形和水文条件完全满足一、二维连接计算系统模型率定和验证的同步性的要求。根据这一具体情况，对二维水动力数学模型的率定和验证，在保证计算区域完整性（曲线网格的划分是一致的）前提下，采用有针对性地进行了概化，在地域上进行分区验证。为此，根据地形和水文实测资料分布情况，对研究海域分伶仃洋海区、黄茅海及磨刀门海区有所侧重地进行参数率定和验证，并将率定出的参数在珠江口整体二维模型上进行检验，使得验证结果更加可靠。

1. 二维模型地形资料

珠江河口区位于东经112°38′～114°18′、北纬21°36′～22°45′之间，依地形条件，水域大体可划分为伶仃洋、磨刀门和黄茅海三个海湾区。

伶仃洋浅海区：采用2000年实测地形图（1:10000）及1998年实测海图（1:25000）。

黄茅海及鸡啼门浅海区：采用1989年实测地形图（1:10000）。

磨刀门及澳门浅海区：采用1999年实测地形图（1:10000）、2000年实测地形图（1:10000）、2001年实测海图（1:10000）及1998年实测海图（1:25000）。

香港水域及外海：采用现有最新海图。

2. 动边界的处理

研究海区范围内有大大小小众多岛屿，这些岛屿随潮涨潮落而时没时现。为了正确地模拟浅海区浅滩在涨、落潮期间淹没及出露的不同状况，模型采用动边界技术对计算水域内的岛屿进行模拟，将落潮期间出露的区域转化为滩地，同时形成新边界；反之，将涨潮期间淹没的滩地转化成计算水域。

3. 研究范围及网格的划分

珠江河口区水域广阔，而且有多个口门汇入，规划治导线实施后形成的口门延伸段宽度也较小，加上水域中存在多个岛屿，水底地形复杂。对于这样一个水域，如果采用传统的矩形网格进行离散，势必造成边界模拟精度不高，计算工作量巨大等缺陷，直接影响模型研究的精度。为了解决这一问题，提高模型研究的精度，笔者独立开发了贴体坐标下的曲线正交网格划分程序，并解决了多连通域的网格自动划分问题。

整体二维模型研究范围包括：大亚湾、大鹏湾、香港水域、伶仃洋浅海区、深圳湾、澳门浅海区、磨刀门浅海区、鸡啼门浅海区、黄茅海浅海区、广海湾及镇海湾。模型研究区域宽约300km，长约125km，控制水域面积约67500km^2，模型研究范围及水文站点布置见图7-9所示。

二维方程的离散化采用贴体坐标下曲线正交网格的交替差分法。空间步长视水面和水下地形情况以及研究要求而变化，最小步长一般不小于15m，最大步长一般不大于1000m。本研究区域最大网格尺寸约238m×502m，最小网格尺寸约18m×65m；二维整体模型的网格划分见图7-10。时间步长根据计算的收敛性和稳定性确定为4s。

4. 模型验证项目及精度要求

本模型属于海岸河口潮流、泥沙二维模型，模型验证包括潮位、测点流速及流向、流路及流态、含沙量等项目。验证精度要满足水利部《河工模型试验规程》（SL99—95）[11]和交通部《海岸与河口潮流泥沙模拟技术规程》（JTJ/T233—98）[12]的规程要求，基于本模型的复杂性，最大的偏差不超过水利部《水利工程水利计算规范》（SL104—95）[10]要求，具体如下：

1）潮位：高、低潮时间的相位允许偏差为±0.5h，最高最低潮位允许偏差为±10cm；最大的偏差不能超过SL104—95规范的要求，则潮位的相对误差应小于潮汐周期的1/2或1h，峰谷值误差应不大于10～20cm。

2）流速、憩流时间和最大流速出现的时间允许偏差为±0.5h，流速过程线的形态基本一致，涨、落潮平均流速允许偏差为±10%；最大的偏差不能超过SL104—95规范的要求，则相位误差应小于潮汐周期的1/8或1.5h，峰谷值误差绝对值一般应不大于涨落潮最大流速绝对值之和的10%～20%，单站检验合格率应为80%。

3）流向：往复流测点主流流向允许偏差为±10°，平均流向允许偏差为±10°，旋转流时测点流向允许偏差为±15°。

4）流路：应与原型趋向一致。

5）含沙量：悬移质含沙量测点的允许偏差为±30%。

6）冲淤：模型的冲淤部位和量值应与原型基本符合，总冲淤量的允许偏差为±25%。

当模型计算个别测点流速、潮位、含沙量结果超出允许偏差时，应对比现场实测资料，分析产生偏差的原因，并采取相应的措施。

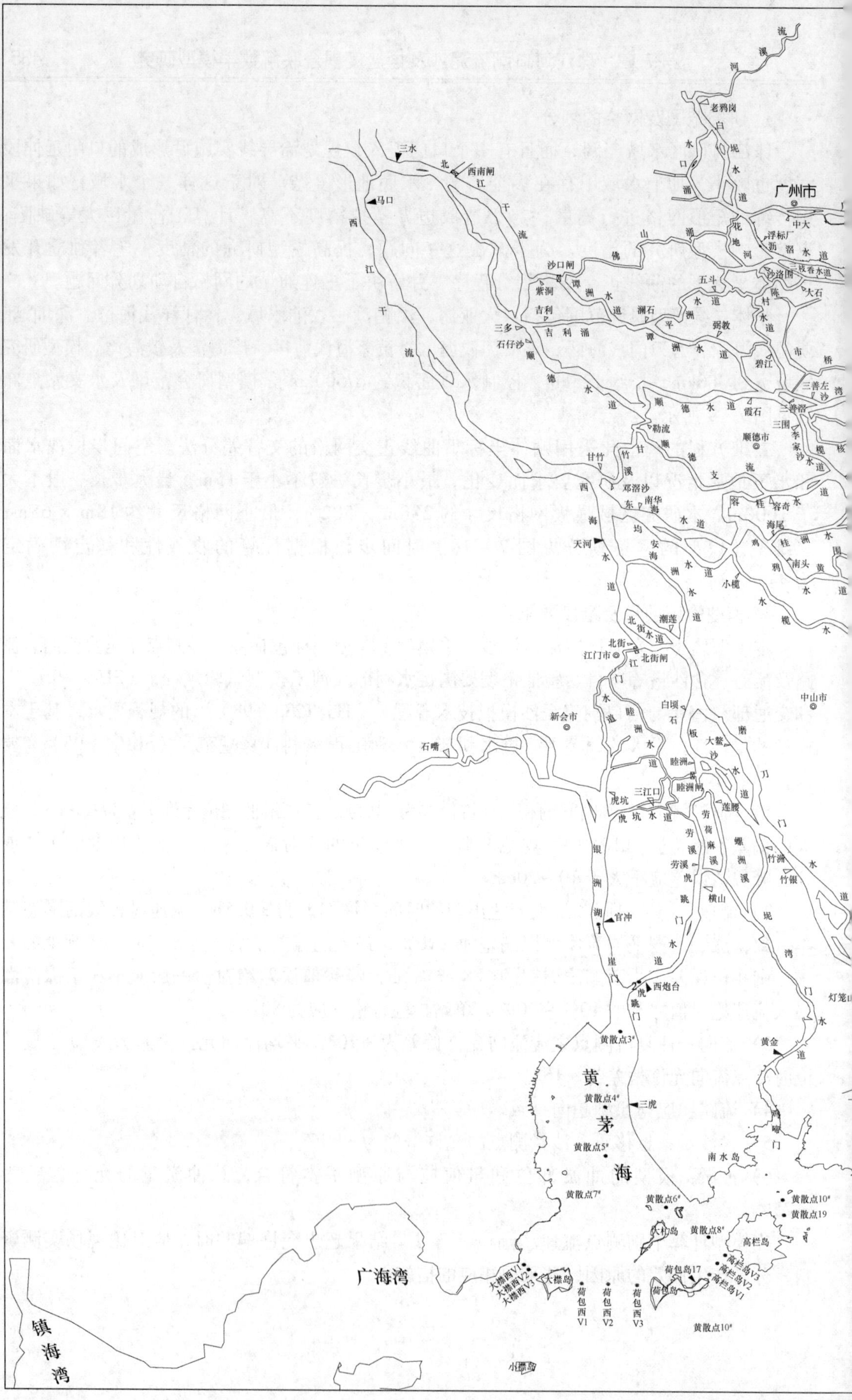

图7-9 珠江河口区整体数学模型

麒麟嘴
增江
新家埔
东江北干流
博罗
东江
石龙
惠州市
东莞
东江南支流
黄埔新港
大盛
麻涌
倒运海水道
狮子洋
漳澎
莲花山水道
海心沙
泗盛围
小虎
沙仔
大虎
虎门1站
虎门2站
虎门3站
蕉门水道
南沙
凫洲
蕉门站
下横沥
舢舨洲站
伶散点1
冯马庙水道
龙穴岛
万顷沙站
交椅沙站
伶仃1站
矾石1站
伶散点2
伶散点3
伶仃洋
伶散点4
横门水道
洪奇沥站
南沙
横门
横门岛
伶散点5
矾石2站
伶散点6
赤湾站
伶散点8
伶仃2站
伶散点7
伶仃东2
淇澳东1
淇澳东2
伶仃东1
深圳湾站
内伶仃站
淇澳岛
抛泥地站
淇澳东3
矾石3站
淇澳西
金星门
乐安排
伶仃3站
塔石1站
塔石2站
矾石4站
珠海市
大屿岛
香港
大九洲
珠海站
大濠岛站
澳门
马骝洲
横琴岛
桂山岛
外伶仃岛
万山群岛
担杆列岛
大万山岛
南海
水文站
水位站
流速测点

及水文站点布置示意图

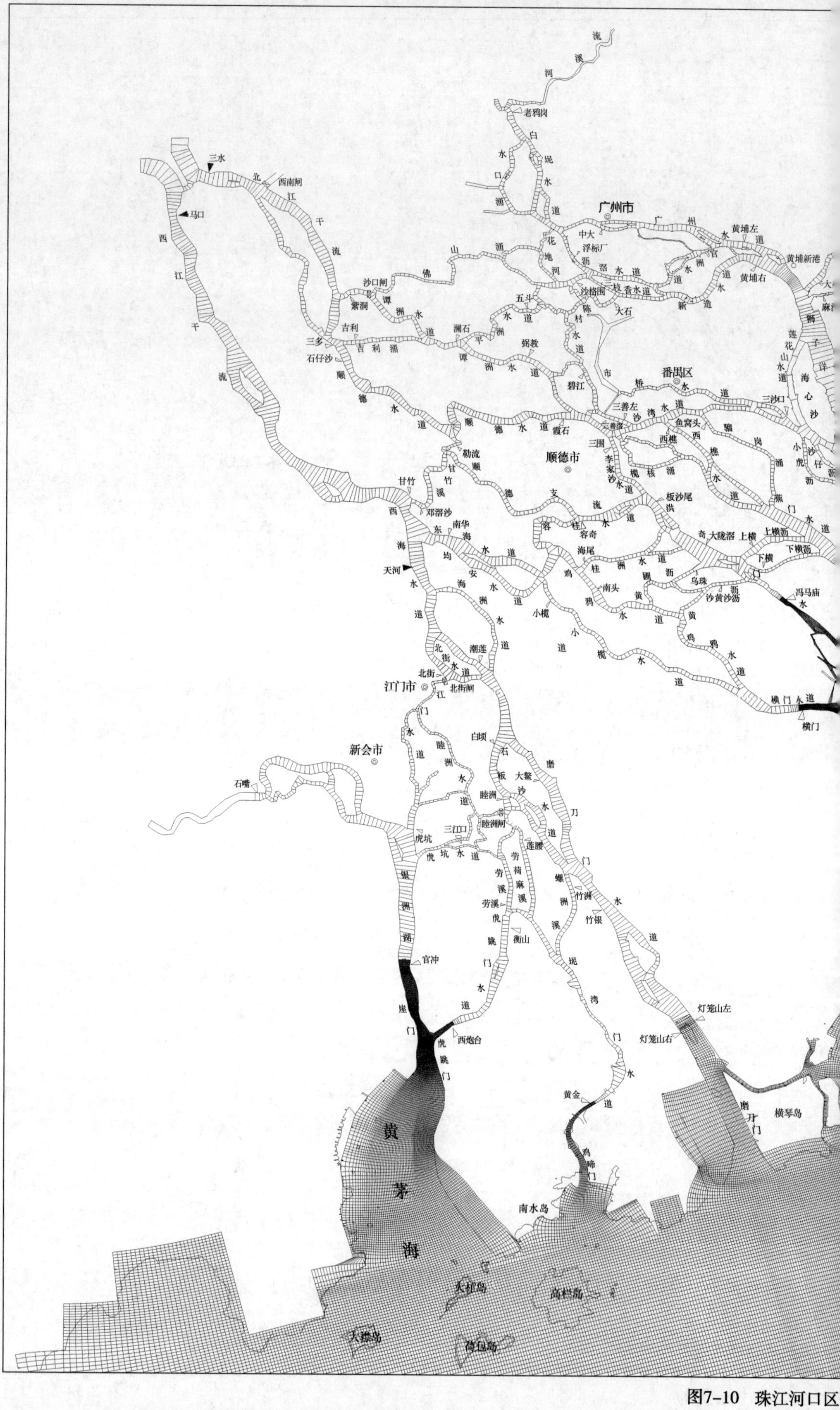

流溪河
老鸦岗
白坭水道
三水
西南闸
北江干流
马口
西江干流
广州市
黄埔左
黄埔新港
黄埔右
中大
浮标厂
沙口闸
紫洞
吉利
三多
石仔沙
吉利涌
澜石
弼教
五斗
沙格围
大石
番禺区
三沙口
顺德水道
碧江
三善左
三善滘
鱼窝头
西樵
霞石
三围
勒流
顺德市
甘竹
甘竹溪
板沙尾
邓滘沙
南华
容奇
大陇滘
上横
上横沥
下横
下横沥
海尾
天河
南头
乌珠
冯马庙
西海水道
小榄
潮莲
北街
北街闸
江门市
江门水道
横门
新会市
白顷
石嘴
大鳌
睦洲
三江口
睦洲闸
虎坑
莲腰
劳溪
竹洲
竹银
衡山
官冲
西炮台
灯笼山左
灯笼山右
黄金
横琴岛
磨刀门
鸡啼门
虎跳门
崖门
黄茅海
南水岛
大杧岛
高栏岛
大襟岛
荷包岛

图7-10 珠江河口区-

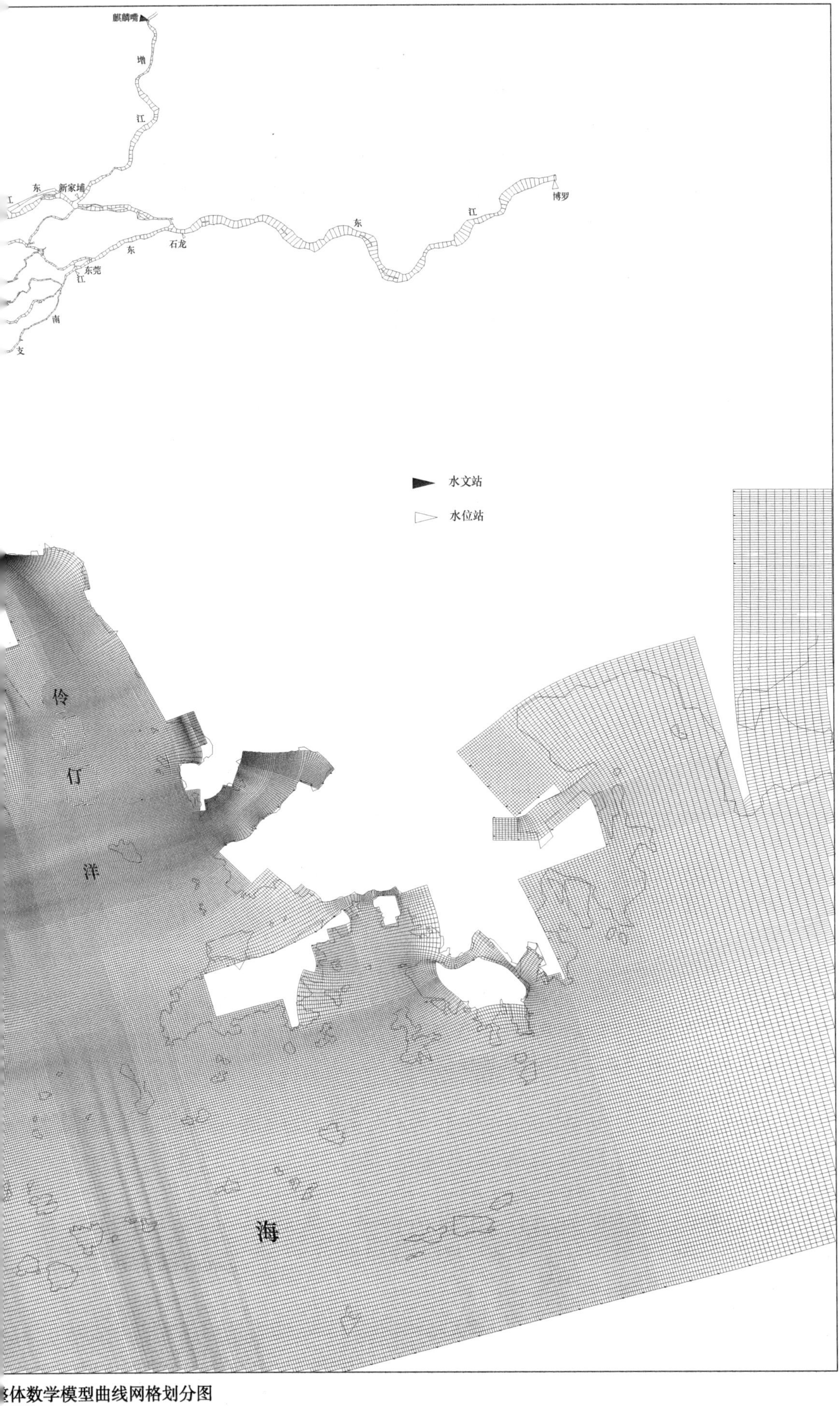

整体数学模型曲线网格划分图

5. 模型验证条件

由于本模型面积较大，研究水域的水流运动极其复杂，河道在不同水位时糙率有差异，故在同一模型上严格满足各种水文组合的阻力相似是比较困难的。为此，本模型验证分伶仃洋海区、黄茅海及磨刀门海区、整个珠江口浅海区来分别验证。其验证的条件为：

1）模型的糙率参考一维模型率定的糙率和天然河道糙率的计算结果；海区糙率的取值通过不同水文组合计算，分析模型潮位与原型潮位的差异，反复进行糙率的调整，取值经率定为：

当水深 $h \leqslant 1.0$m 时：$n = 2n_1$

当水深 $h > 1.0$m 时：$n = n_1 + n_1 / h$，其中：$n_1 = 0.012 \sim 0.015$。

2）模型验证的水文条件：三个验证区域的验证水文条件的选取，见表 7－7。

表 7－7 模型验证的水文条件

研究区域	验证的水文组合	说明
伶仃洋海区	“98.6”大水	资料较齐全，用于糙率率定
	2002.6”中水	最新资料，用于校核糙率
黄茅海和磨刀门海域	“92.7”大水、 “92.11”枯水	与地形资料时间接近（该海区地形资料较全的为 1989 年）
整个珠江河口浅海区	“91.12”枯水、 “98.6”大水、 “2002.6”中水、 “2001.2”枯水	“98.6”、“2002.6”、“2001.2”作为大水、中水、枯水典型水文资料，与模型用的地形资料时间接近。“91.12”海区资料较全，对糙率进行复核

选取的水文组合的计算时段如下：

“98.6”组合（大水）：1998 年 6 月 25 日 20:00 至 28 日 22:00；

“2002.6”组合（中水）：2002 年 6 月 27 日 16:00 至 28 日 23:00；

“92.7”组合（大水）：1992 年 7 月 14 日 16:00 至 17 日 17:00；

“92.11”组合（枯水）：1992 年 11 月 15 日 16:00 至 19 日 18:00；

“91.12”组合（枯水）：1991 年 12 月 19 日 0:00 至 22 日 01:00；

“2001.2”组合（枯水）：2001 年 2 月 7 日 17:00 至 10 日 18:00。

7.1.5.2 伶仃洋海域二维水流泥沙模型验证

1. 模型验证的边界条件

模型验证以上川岛、大万山及担杆岛潮位站的实测潮位过程作为模型下边界的控制条件；模型上边界以大虎、南沙、横门、冯马庙、灯笼山、黄金、西炮台和官冲水文站潮流量过程及含沙量作为模型上边界的控制条件。

模拟范围包括：香港水域、伶仃洋浅海区、深圳湾、澳门浅海区、磨刀门浅海区。模拟区域宽约 112km，长约 125km，控制水域面积约 14000km^2。伶仃洋海域模拟的范围见图 7－11。

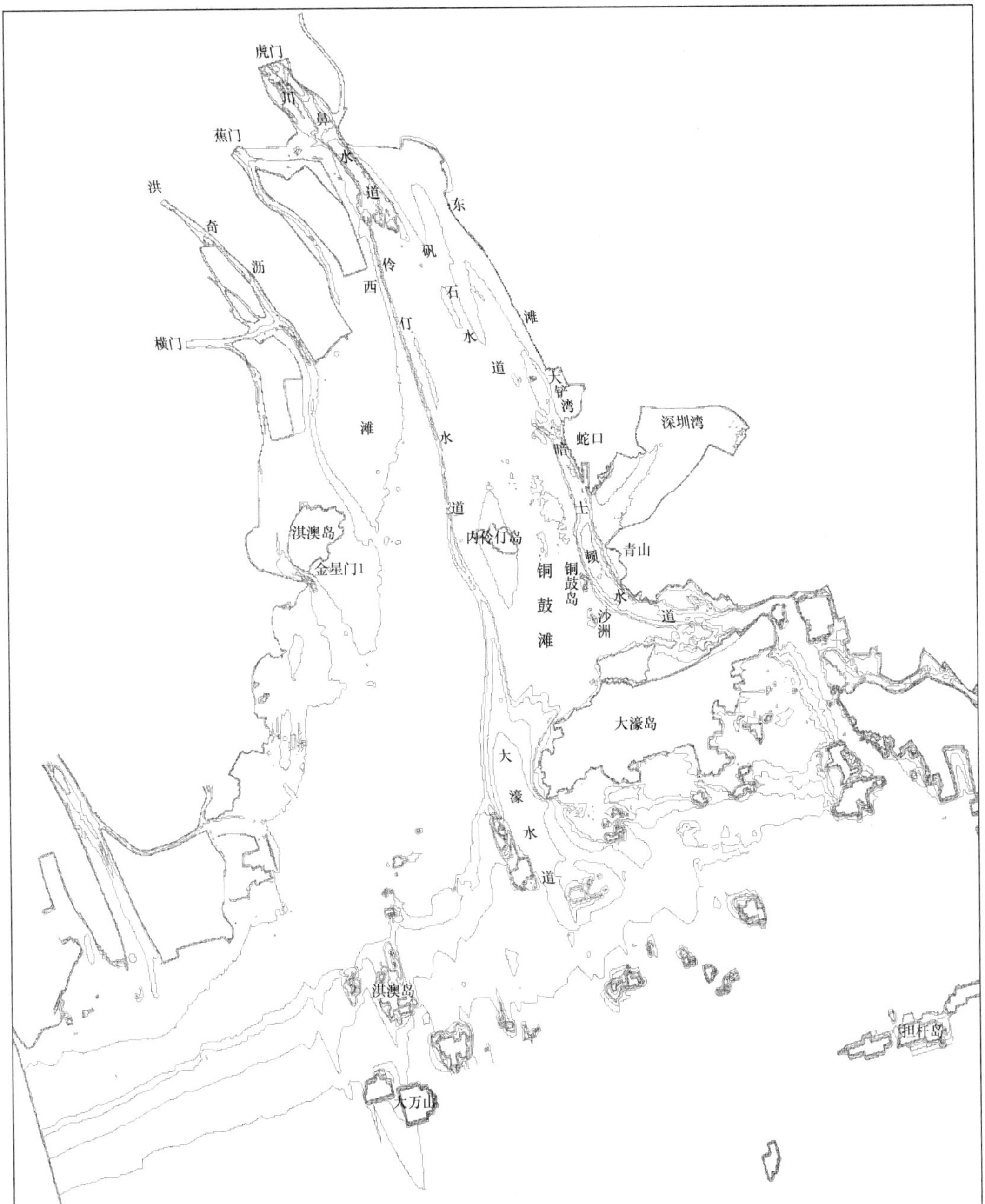

图7-11 伶仃洋海区验证范围

2. 验证成果及误差统计分析

二维潮流泥沙数学模型验证项目包括潮位、流速、流向、含沙量、冲淤量、流态等6项。“98.6”大水水位、流速和含沙量测点位置见图7-12，“2002.6”中水水位、流速和含沙量测点位置见图7-13。

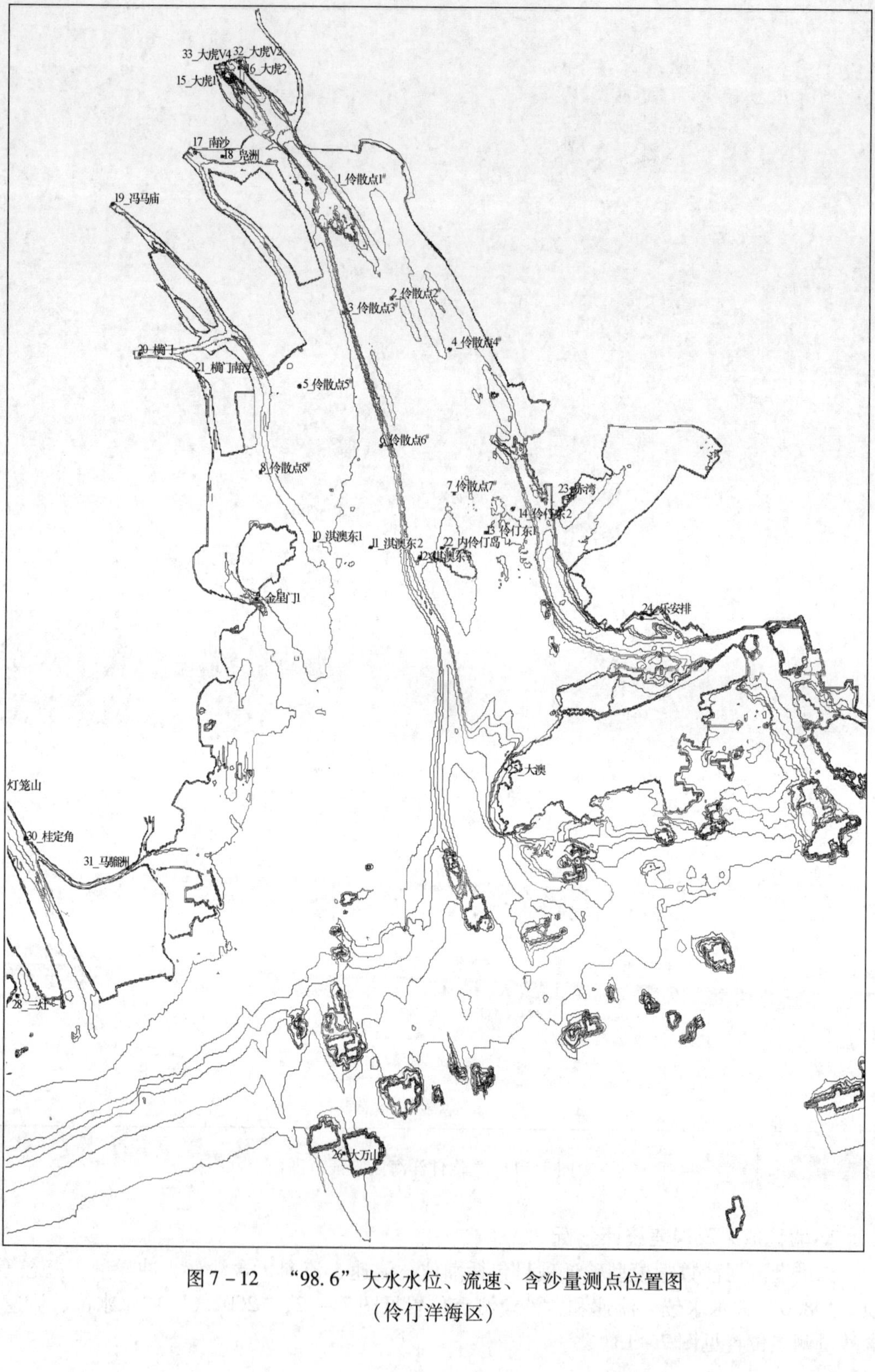

图7－12 “98.6”大水水位、流速、含沙量测点位置图
（伶仃洋海区）

图7－13 “2002.6”中水水位、流速、含沙量测点位置图
（伶仃洋海区）

在统计“98.6”大水和“2002.6”中水两组水文条件下，模型潮位验证成果误差统计见表7-8和表7-9，误差统计项为平均潮位项，潮位验证过程线与实测过程线的对比见页下注❶；流速验证成果误差统计见表7-10和表7-11，误差统计项有涨潮平均和落潮平均两项，流速和流向验证过程线与实测过程线的对比见页下注❶；含沙量验证成果误差统计见表7-12和表7-13，误差统计项为平均含沙量项，含沙量验证过程线与实测过程线的对比见页下注❶；冲淤验证误差统计见表7-14，冲淤分布见图7-14；“2002.6”大水计算涨、落急流速流态矢量场图见图7-15和图7-16。

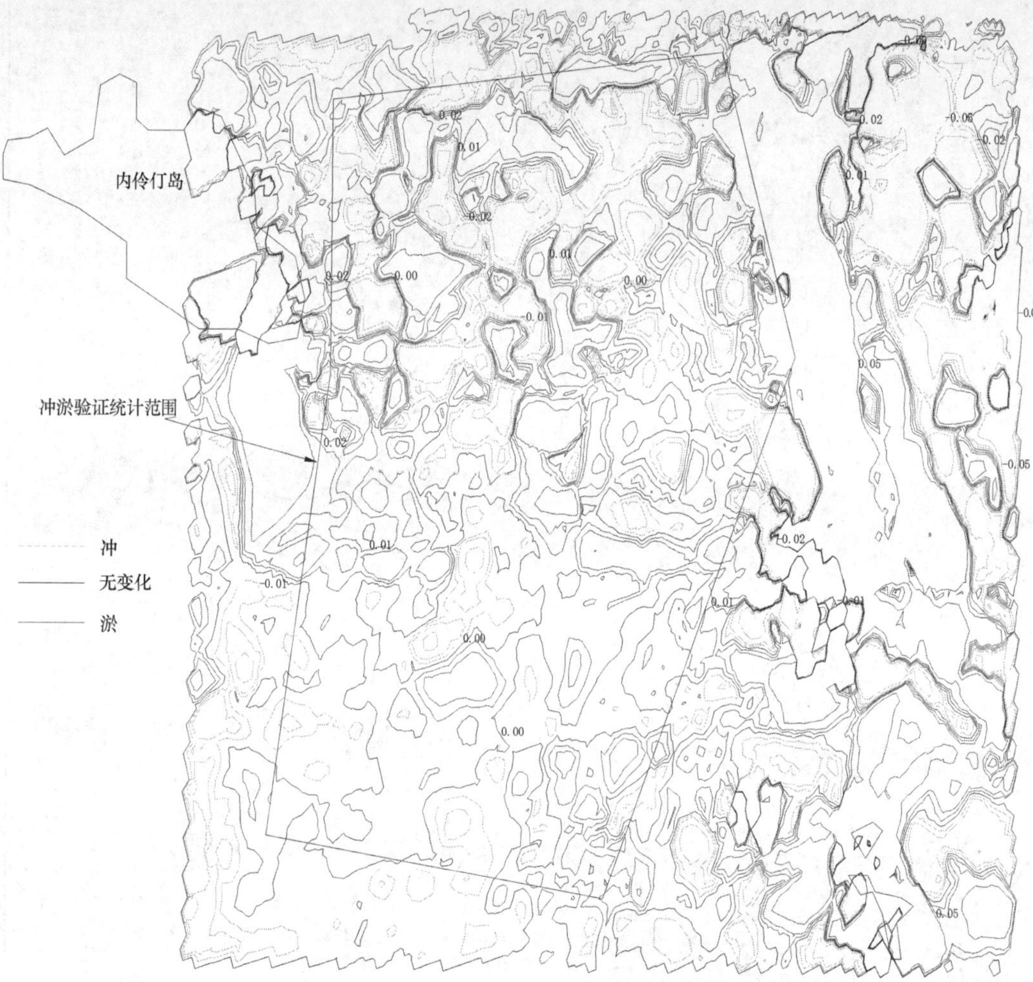

图7-14　1995~2001年冲淤分布图
（伶仃洋海区）

❶　水利部珠江水利委员会科学研究所，珠江三角洲河口区潮流泥沙及含盐度耦合联解数学模型研究报告，2003年8月。

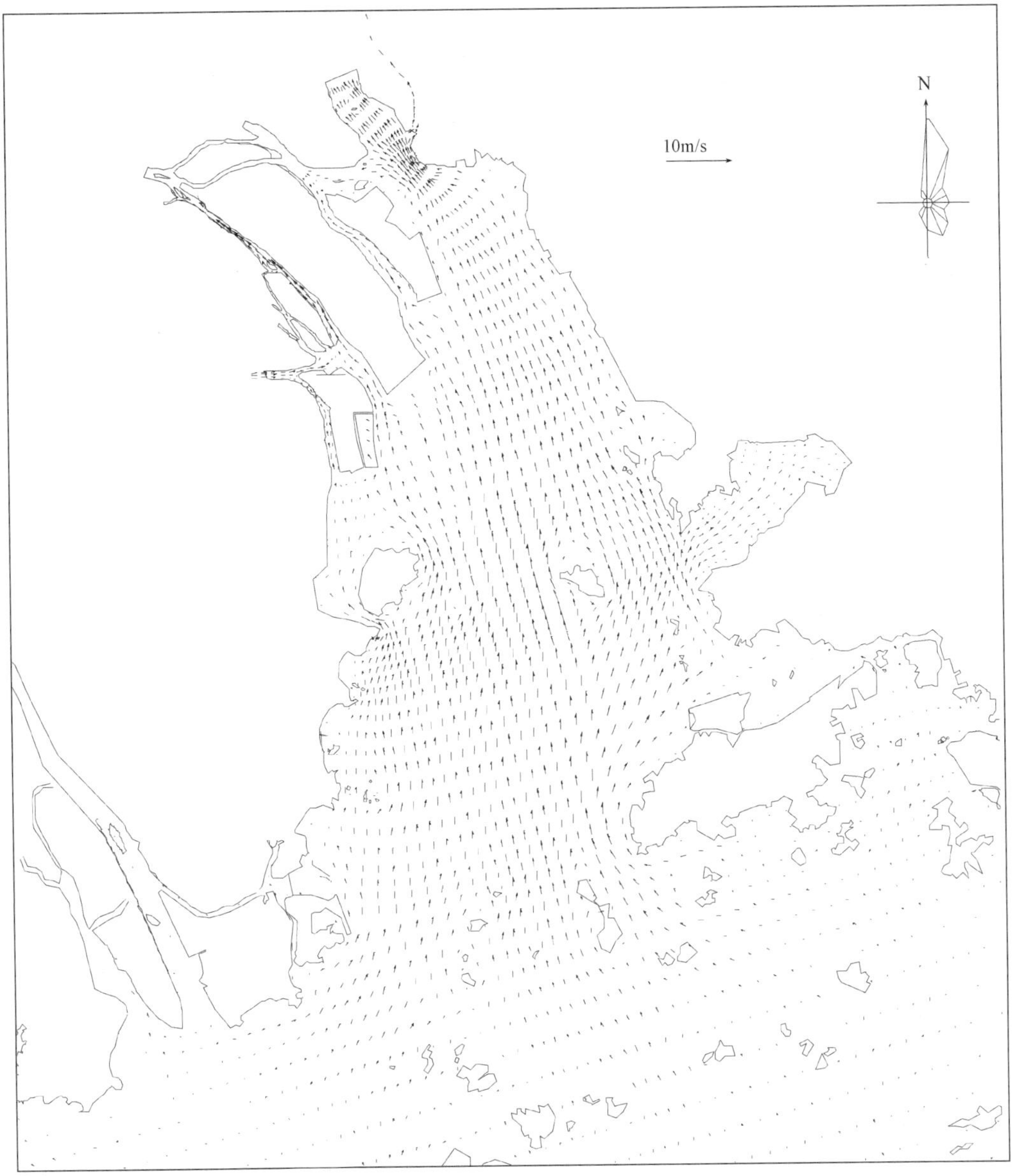

图7-15　伶仃洋海区验证流态图（“2002.6”大潮涨急）

表7-8　“98.6”大水潮位验证误差统计表

验证站点	统计项	实测值（m）	计算值（m）	误差（m）
担杆岛	平均潮位	-0.123	-0.141	-0.018
大万山	平均潮位	-0.120	-0.129	-0.009
三灶	平均潮位	-0.066	-0.115	-0.049
乐安排	平均潮位	-0.134	-0.126	0.007
大虎1	平均潮位	0.281	0.210	-0.071
南沙	平均潮位	0.750	0.781	0.032

续表

验证站点	统计项	实测值（m）	计算值（m）	误差（m）
冯马庙	平均潮位	1.461	1.484	0.023
横门	平均潮位	1.200	1.247	0.048
凫洲	平均潮位	0.537	0.509	-0.028
横门南汊	平均潮位	0.596	0.667	0.071
金星门1	平均潮位	-0.157	-0.219	-0.062
内伶仃岛	平均潮位	-0.204	-0.226	-0.023
赤湾	平均潮位	-0.226	-0.227	-0.001

注 误差计算公式为：（计算值－实测值）/实测值不同。

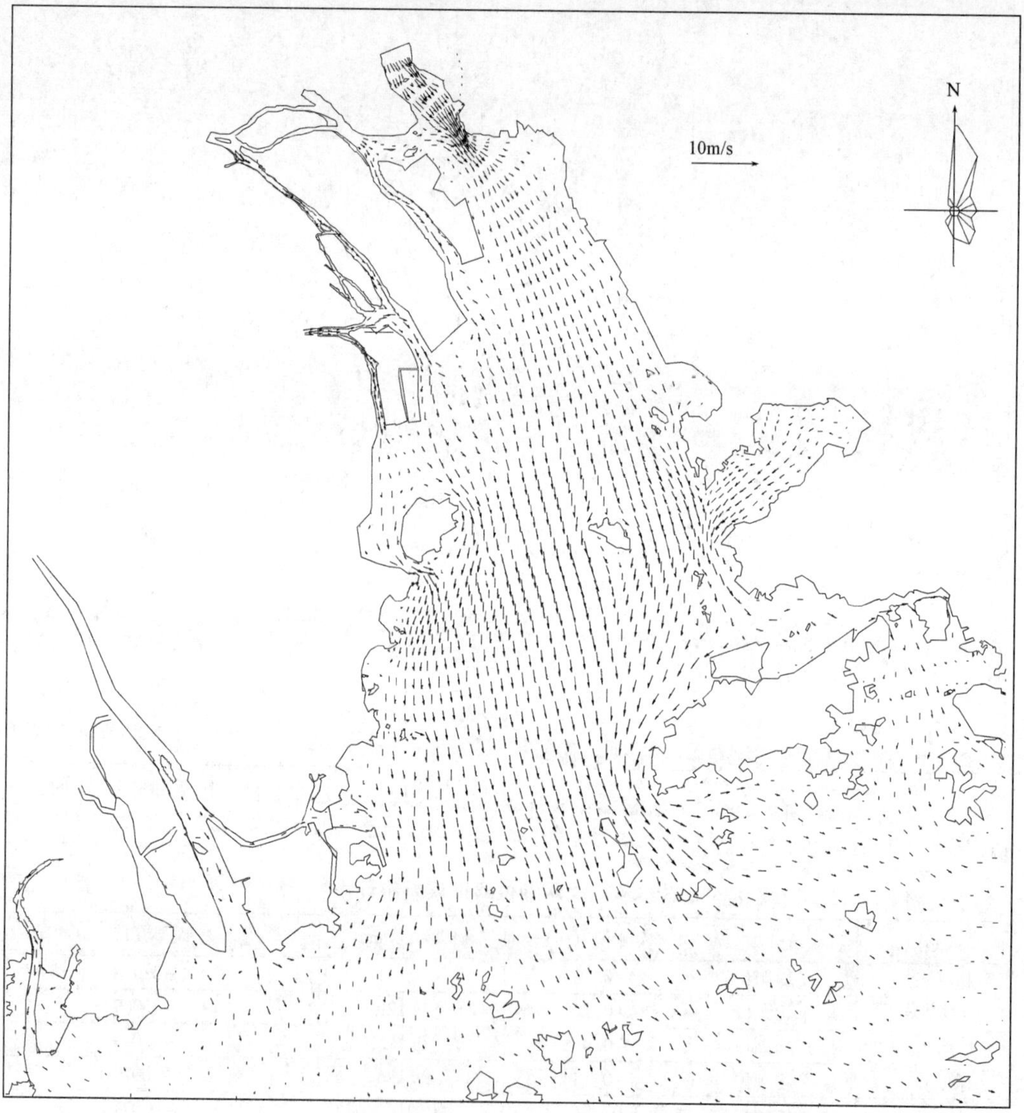

图7－16 伶仃洋海区验证流态图（“2002.6”大潮落急）

表 7 - 9　　"2002. 6" 中水潮位验证误差统计表

验证站点	统计项	实测值（m）	计算值（m）	误差（m）
大虎	平均潮位	-0. 143	-0. 136	0. 01
南沙	平均潮位	0. 053	0. 008	-0. 05
冯马庙	平均潮位	0. 154	0. 188	0. 03
横门	平均潮位	0. 133	0. 140	0. 01
赤湾	平均潮位	-0. 354	-0. 347	0. 01
大万山	平均潮位	-0. 274	-0. 351	-0. 08

表 7 - 10　　"98. 6" 大水流速验证误差统计表

验证站点	统计项	实测值（m/s）	计算值（m/s）	误差（m/s）
伶散点 1#	涨潮平均	-0. 312	-0. 340	-0. 03
	落潮平均	0. 441	0. 458	0. 02
伶散点 2#	涨潮平均	-0. 183	-0. 162	0. 02
	落潮平均	0. 686	0. 702	0. 02
伶散点 3#	涨潮平均	-0. 306	-0. 292	0. 01
	落潮平均	0. 552	0. 559	0. 01
伶散点 4#	涨潮平均	-0. 217	-0. 213	0. 00
	落潮平均	0. 516	0. 507	-0. 01
伶散点 6#	涨潮平均	-0. 302	-0. 253	0. 05
	落潮平均	0. 712	0. 718	0. 01
伶散点 7#	涨潮平均	-0. 242	-0. 232	0. 01
	落潮平均	0. 552	0. 514	-0. 04
伶散点 8#	涨潮平均	-0. 081	-0. 100	-0. 02
	落潮平均	0. 405	0. 424	0. 02
金星门 1	涨潮平均	-0. 472	-0. 417	0. 05
	落潮平均	0. 727	0. 668	-0. 06
淇澳东 1	涨潮平均	-0. 297	-0. 300	0. 00
	落潮平均	0. 801	0. 786	-0. 02
淇澳东 2	涨潮平均	-0. 348	-0. 314	0. 03
	落潮平均	0. 608	0. 698	0. 09
淇澳东 3	涨潮平均	-0. 383	-0. 386	0. 00
	落潮平均	0. 799	0. 776	-0. 02
伶仃东 1	涨潮平均	-0. 348	-0. 305	0. 04
	落潮平均	0. 545	0. 511	-0. 03
伶仃东 2	涨潮平均	-0. 298	-0. 273	0. 03
	落潮平均	0. 597	0. 529	-0. 07

表 7-11 **"2002.6"中水流速验证误差统计表**

验证站点	统计项	实测值（m/s）	计算值（m/s）	误差（m/s）
V1	涨潮平均	-0.280	-0.302	-0.022
	落潮平均	0.443	0.402	-0.041
V3	涨潮平均	-0.306	-0.330	-0.024
	落潮平均	0.476	0.516	0.040
V4	涨潮平均	-0.327	-0.328	-0.001
	落潮平均	0.482	0.580	0.098
V5	涨潮平均	-0.462	-0.361	0.101
	落潮平均	0.481	0.540	0.059
V6	涨潮平均	-0.280	-0.331	-0.051
	落潮平均	0.485	0.571	0.086
V7	涨潮平均	-0.196	-0.221	-0.025
	落潮平均	0.217	0.232	0.015

表 7-12 **"98.6"大水含沙量验证误差统计表**

验证站点	实测值（kg/m^3）	计算值（kg/m^3）	相对误差（kg/m^3）	误差百分比
伶散点 3#	0.335	0.283	-0.052	-15.5%
伶散点 4#	0.139	0.13	-0.009	-6.5%
伶散点 5#	0.579	0.718	0.139	24.0%
伶散点 7#	0.146	0.174	0.028	19.2%
伶散点 8#	0.31	0.234	-0.076	-24.5%
金星门 1	0.293	0.225	-0.068	-23.2%
淇澳东 1	0.439	0.545	0.106	24.1%
淇澳东 2	0.285	0.242	-0.043	-15.1%
淇澳东 3	0.286	0.209	-0.077	-26.9%
伶仃东 1	0.218	0.167	-0.051	-23.4%
伶仃东 2	0.211	0.156	-0.055	-26.1%
大虎 V2	0.137	0.169	0.032	23.4%
大虎 V4	0.149	0.178	0.029	19.5%
南沙	0.439	0.543	0.104	23.7%
凫洲	0.661	0.706	0.045	6.8%
冯马庙	0.719	0.759	0.04	5.6%
横门	0.592	0.612	0.02	3.4%
横门南汊	0.49	0.572	0.082	16.7%
累计含沙量	6.428	6.622	0.194	3.0%

表 7-13　“2002.6”含沙量验证误差统计表

验证站点	实测值（kg/m³）	计算值（kg/m³）	误差（kg/m³）	误差百分比
V1	0.035	0.028	-0.007	-20.0%
V2	0.047	0.06	0.013	27.7%
V3	0.046	0.04	-0.006	-13.0%
V4	0.039	0.05	0.011	28.2%
V5	0.041	0.05	0.009	22.0%
V6	0.036	0.042	0.006	16.7%
V7	0.058	0.048	-0.01	-17.2%
累计含沙量	0.302	0.318	0.016	5.3%

表 7-14　冲淤验证误差统计表（1995~2001 年）

统计项	年总冲淤量（万 m³）	年总冲淤厚度（m）	年淤积量（万 m³）	年淤积厚度（m）	年冲刷量（万 m³）	年冲刷深度（m）
实测	20.54	0.005	58.78	0.024	-38.24	-0.02
计算	30.21	0.007	50.32	0.018	-20.11	-0.012
误差	47.10%	0.002	-14.40%	-0.06	-47.40%	-0.01

从上述验证成果可见：两种水文条件下各潮位站模型与原型的潮位过程线吻合较好，模型的涨、落潮历时和相位与原型实测资料基本一致，潮位特征值验证误差都小于±0.10m，满足精度要求；两种水文条件下流速和流向验证过程与实测过程吻合较好，相位基本一致，误差基本在±10%以内；含沙量验证结果良好，除个别站外，大部分基本能满足精度要求；冲淤验证结果是冲淤量的相对误差较大，其原因是该地区处于相对平衡状态，总的冲淤很小，因而冲淤厚度很小的误差就能导致冲淤量大的相对误差，但就平均情况而看，其冲淤量的精度能满足工程计算要求。

综上所述，潮流泥沙数学模型通过对“98.6”及“2002.6”水文条件的验证对比，在潮位、潮流、含沙量及冲淤地形等方面，模型与原型的误差基本满足模型验证精度要求。

7.1.5.3　黄茅海和磨刀门海域二维水流泥沙模型验证

1. 模型验证的边界条件

黄茅海和磨刀门海域模型验证范围为：上边界取自珠江口西片四大口门出口的控制水文站，即取自崖门官冲站、虎跳门西炮台站、鸡啼门黄金站、磨刀门灯笼山站；下边界取至外海-30m 等深线；模拟范围包括：黄茅海浅海区、鸡啼门浅海区、磨刀门浅海区。模型研究区域宽约 98km，长约 102km，控制水域面积约 9996km²。其二维模型的模拟的范围示意图见图 7-17。

2. 验证成果及误差统计分析

二维潮流泥沙数学模型验证的测点位置见图 7-18。模型验证项目包括潮位、流速、流向、含沙量等 4 项。

误差统计的水文条件为“92.7”大水和“92.11”枯水两组。其中模型潮位验证成果误差统计见表7－15和表7－16，流速验证成果误差统计见表7－17和表7－18；含沙量验证成果误差统计见表7－19和表7－20，水位、流速、流向和含沙量过程线的对比图见水利部珠江水利委员会科学研究所《珠江三角洲河口区潮流泥沙及含盐度耦合联解数学模型研究报告》（2003年8月）。误差统计项有涨潮平均和落潮平均两项，流速和流向验证过程线与实测过程线的对比见图7－16和图7－17。

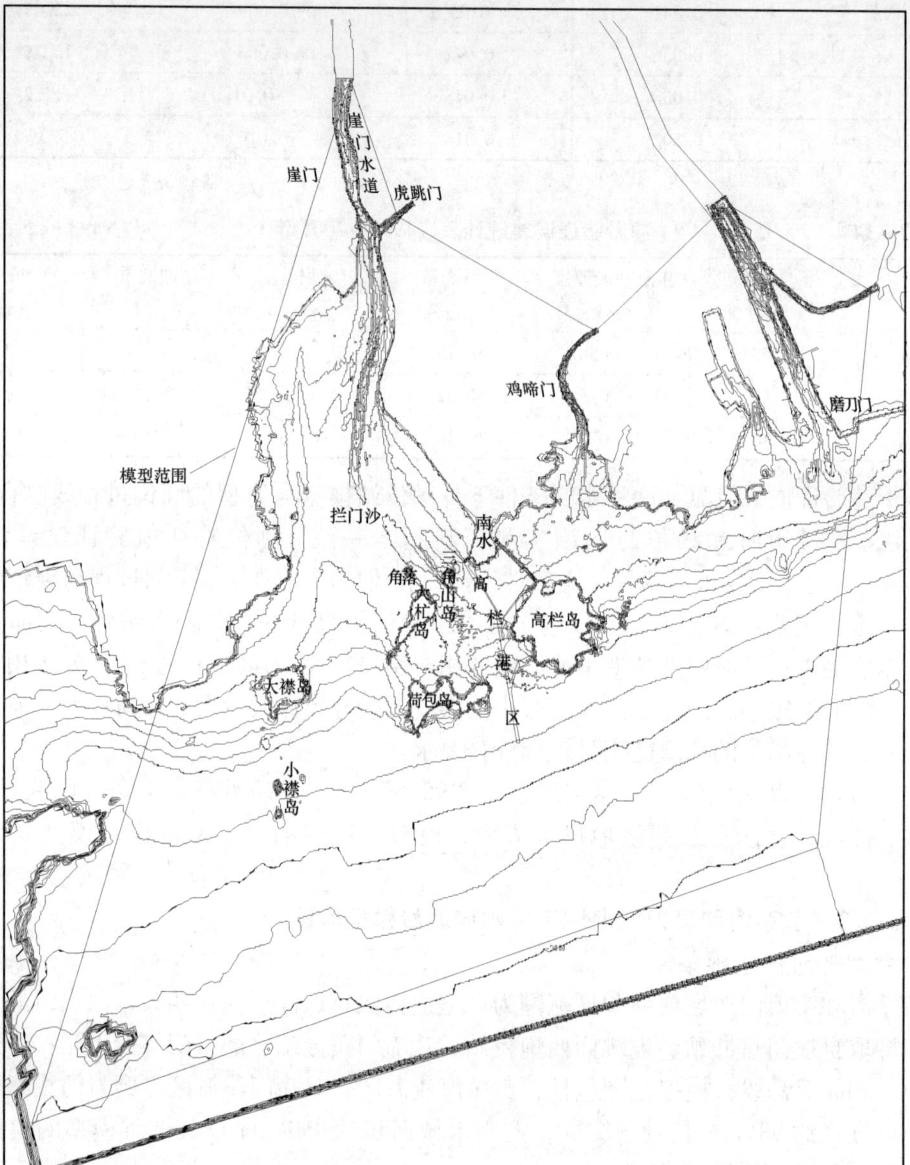

图7－17 二维模型验证范围
（黄茅海和磨刀门海域）

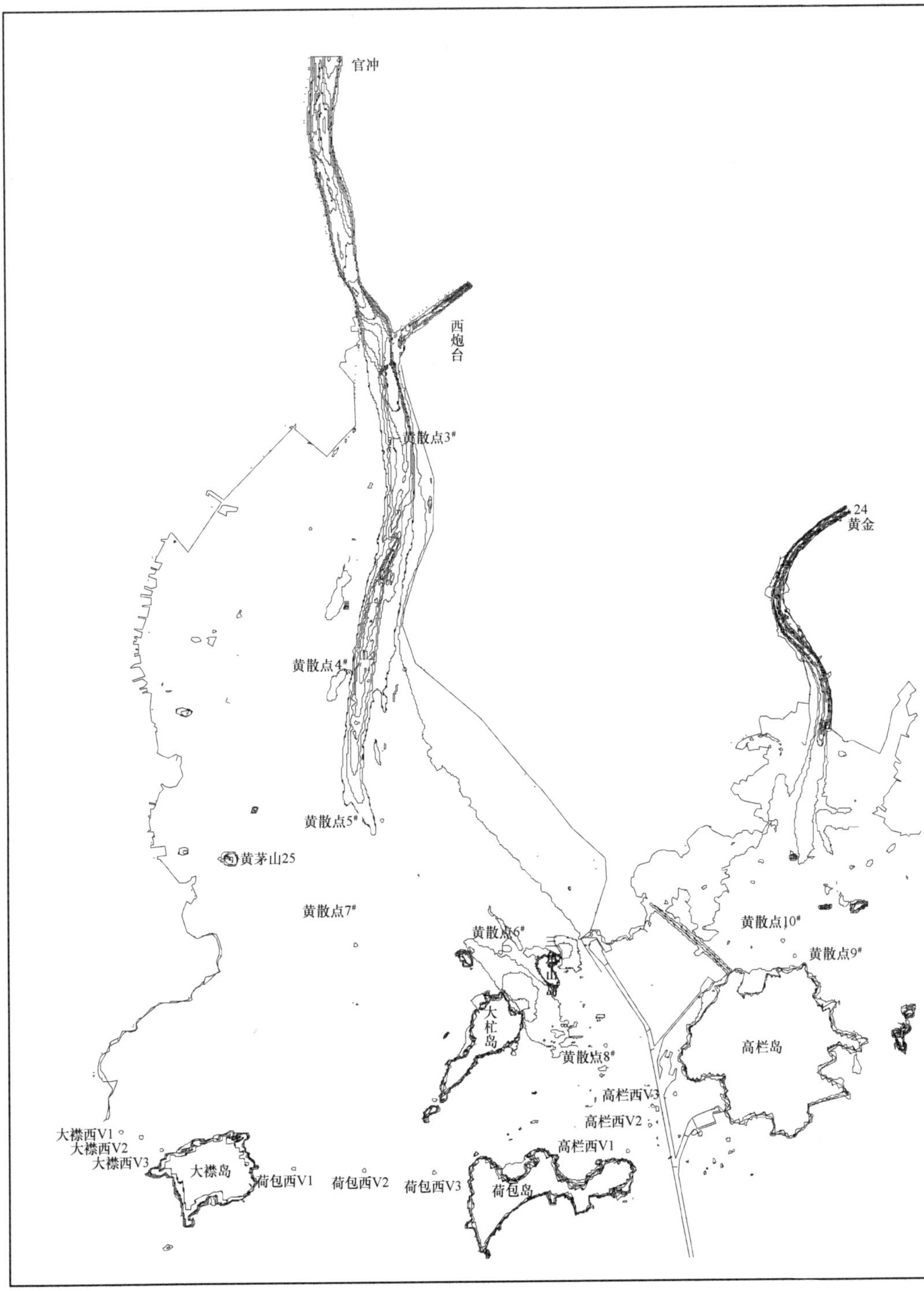

图 7-18　水位、流速、含沙量测点位置图
(黄茅海和磨刀门海域)

表 7－15 "92.7"大水时潮位验证误差统计表

验证站点	统计项	实测值（m）	计算值（m）	误差（m）
官冲	平均潮位	－0.070	－0.082	－0.012
西炮台	平均潮位	－0.020	－0.067	－0.047
黄金	平均潮位	－0.010	－0.018	－0.008
荷包西	平均潮位	－0.260	－0.314	－0.054
大襟西	平均潮位	－0.260	－0.312	－0.052
黄茅山	平均潮位	－0.196	－0.257	－0.060

表 7－16 "92.11"枯水时潮位验证误差统计表

验证站点	统计项	实测值（m）	计算值（m）	误差（m）
官冲	平均潮位	－0.005	－0.034	－0.030
西炮台	平均潮位	0.006	0.006	－0.001
大襟西	平均潮位	0.000	－0.031	－0.032
荷包西	平均潮位	－0.025	－0.033	－0.008
高栏西	平均潮位	－0.030	－0.034	－0.004
黄金	平均潮位	－0.006	0.007	0.014

表 7－17 "92.7"大水时流速验证误差统计表

验证站点	统计项	实测值（m/s）	计算值（m/s）	误差（m/s）
黄散点 5#	涨潮平均	－0.423	－0.428	－0.005
	落潮平均	0.43	0.461	0.031
黄散点 6#	涨潮平均	－0.547	－0.431	0.116
	落潮平均	0.393	0.462	0.069
黄散点 7#	涨潮平均	－0.336	－0.388	－0.052
	落潮平均	0.394	0.402	0.009
黄散点 8#	涨潮平均	－0.332	－0.268	0.064
	落潮平均	0.249	0.265	0.017
大襟西 V1	涨潮平均	－0.274	－0.256	0.018
	落潮平均	0.212	0.209	－0.003
大襟西 V2	涨潮平均	－0.335	－0.281	0.054
	落潮平均	0.265	0.244	－0.021
荷包西 V1	涨潮平均	－0.331	－0.316	0.015
	落潮平均	0.398	0.348	－0.05
荷包西 V2	涨潮平均	－0.302	－0.312	－0.01
	落潮平均	0.322	0.328	0.006
荷包西 V3	涨潮平均	－0.283	－0.251	0.032
	落潮平均	0.29	0.239	－0.051
高栏西 V2	涨潮平均	－0.436	－0.32	0.116
	落潮平均	0.323	0.278	－0.045
高栏西 V3	涨潮平均	－0.374	－0.309	0.065
	落潮平均	0.337	0.29	－0.047

表 7－18　　“92.11”枯水时流速验证误差统计表

验证站点	统计项	实测值（m/s）	计算值（m/s）	误差（m/s）
黄散点 3#	涨潮平均	－0.339	－0.355	－0.016
	落潮平均	0.419	0.352	－0.068
黄散点 4#	涨潮平均	－0.341	－0.329	0.012
	落潮平均	0.485	0.462	－0.023
黄散点 7#	涨潮平均	－0.244	－0.284	－0.040
	落潮平均	0.318	0.301	－0.017
黄散点 8#	涨潮平均	－0.249	－0.221	0.029
	落潮平均	0.185	0.220	0.036
大襟西 V1	涨潮平均	－0.175	－0.185	－0.011
	落潮平均	0.256	0.176	－0.080
大襟西 V2	涨潮平均	－0.146	－0.202	－0.055
	落潮平均	0.217	0.206	－0.011
大襟西 V3	涨潮平均	－0.170	－0.109	0.061
	落潮平均	0.250	0.180	－0.070
荷包西 V1	涨潮平均	－0.175	－0.218	－0.043
	落潮平均	0.253	0.285	0.032
荷包西 V2	涨潮平均	－0.190	－0.200	－0.010
	落潮平均	0.276	0.275	0.000
荷包西 V3	涨潮平均	－0.191	－0.183	0.008
	落潮平均	0.244	0.185	－0.060
高栏西 V1	涨潮平均	－0.392	－0.259	0.133
	落潮平均	0.243	0.267	0.023
高栏西 V2	涨潮平均	－0.270	－0.253	0.017
	落潮平均	0.200	0.265	0.065
高栏西 V3	涨潮平均	－0.273	－0.261	0.013
	落潮平均	0.228	0.248	0.020

表 7－19　　“92.7”大水时含沙量验证误差统计表

验证站点	实测值（kg/m^3）	计算值（kg/m^3）	误差（kg/m^3）	误差百分比
黄散点 7#	0.276	0.353	0.077	27.9%
黄散点 8#	0.138	0.147	0.009	6.5%
黄散点 10#	0.155	0.201	0.046	29.7%
大襟西 V1	0.118	0.092	－0.026	－22.0%
大襟西 V2	0.126	0.089	－0.037	－29.4%
大襟西 V3	0.101	0.083	－0.018	－17.8%
荷包西 V3	0.124	0.113	－0.011	－8.9%
高栏西 V1	0.208	0.225	0.017	8.2%
高栏西 V2	0.123	0.102	－0.021	－17.1%
高栏西 V3	0.122	0.14	0.018	14.8%

表 7-20 "92.11"枯水时含沙量验证误差统计表

验证站点	实测值（kg/m^3）	计算值（kg/m^3）	误差（kg/m^3）	误差百分比
黄散点 7#	0.27	0.295	0.025	9.3%
黄散点 8#	0.153	0.179	0.026	17.0%
黄散点 9#	0.16	0.126	-0.034	-21.3%
黄散点 10#	0.224	0.221	-0.003	-1.3%
大襟西 V1	0.179	0.202	0.023	12.8%
大襟西 V2	0.138	0.169	0.031	22.5%
大襟西 V3	0.147	0.182	0.035	23.8%
荷包西 V1	0.146	0.183	0.037	25.3%
荷包西 V2	0.156	0.169	0.013	8.3%
荷包西 V3	0.148	0.141	-0.007	-4.7%
高栏西 V1	0.142	0.154	0.012	8.5%
高栏西 V2	0.156	0.141	-0.015	-9.6%
高栏西 V3	0.151	0.169	0.018	11.9%

从上述验证成果可见：两种水文条件下各潮位站模型与原型的潮位过程线吻合较好，模型的涨、落潮历时和相位与原型实测资料基本一致，潮位特征值验证误差都小于±0.10m，满足精度要求；两种水文条件下流速和流向验证过程与实测过程吻合较好，相位基本一致，误差基本在±10%以内；含沙量过程验证良好，基本能满足精度要求；冲淤验证考虑了风浪的影响，各区域淤积沿程分布与天然淤积状况相似，验证结果基本能达到精度要求。

综上所述，本潮流泥沙数学模型通过对"92.7"及"92.11"水文条件的验证对比，在潮位、潮流、含沙量及冲淤地形等方面，模型与原型的误差基本满足精度要求，可以认为，模型的验证是成功的，可以用来进行有关工程潮流和泥沙方面的计算研究。

7.1.6 珠江河口区整体水流泥沙数学模型验证

1. 二维整体模型验证边界

河口区整体二维水沙模型上、下边界为：上边界取自三角洲八大口门出口控制水文站（网河区一维水沙数学模型下边界），即取自虎门大虎站、蕉门南沙站、洪奇门冯马庙站、横门横门站、磨刀门灯笼山站、鸡啼门黄金站、虎跳门西炮台站及崖门官冲站；下边界取至外海-30m等深线；西边界自上川岛西部的镇海湾；东边界至大亚湾东部大星山角。

2. 潮位验证

"91.12"枯水组合的潮位验证计算成果见表7-21，"98.6"大水组合的潮位验证计算成果见表7-22，"2002.6"中水组合的潮位验证计算成果见表7-23，"2001.2"中水组合的潮位验证计算成果见表7-24和表7-25。各水文组合的潮位过程线验证见水利部珠江水利委员会科学研究所《珠江三角洲河口区潮流泥沙及含盐度耦合联解数学模型研究报告》（2003年8月）。

从潮位验证成果可见：四种水文条件下各潮位站模型与原型的潮位过程线吻合较好，模型的涨、落潮历时和相位与原型实测资料基本一致，有92%的潮位站的潮位特征值验证误差小于±0.10m；其余误差均在0.1～0.2范围内，潮位验证误差偏大的主要原因为：整个模型研究范围内地形资料不同步，地形资料和验证的水文资料也不同步，海区、河网分片分区验证的糙率用于整体模型也会产生一定的误差。

表7－21　　“91.12”枯水潮位验证成果表　　[单位：m（珠基）]

验证站点	最高潮位			最低潮位		
	实测值	计算值	误差	实测值	计算值	误差
大虎	1.27	1.39	0.12	－1.39	－1.37	0.02
南沙	1.25	1.34	0.09	－0.89	－0.81	0.08
舢板洲	1.25	1.34	0.09	－1.29	－1.34	－0.05
冯马庙	1.22	1.23	0.01	－0.75	－0.84	－0.09
洪奇门	1.24	1.17	－0.07	－0.96	－1.06	－0.10
横门	1.25	1.15	－0.10	－0.70	－0.84	－0.14
沙湾	1.24	1.24	0.00	－1.40	－1.39	0.01
金星门	1.06	1.04	－0.02	－1.60	－1.58	0.02
伶仃东	1.08	1.07	－0.01	－1.53	－1.56	－0.03
赤湾	1.06	1.09	0.03	－1.62	－1.57	0.05
九洲港	0.99	0.96	－0.03	－1.51	－1.55	－0.04
桂山岛	0.96	0.94	－0.02	－1.46	－1.42	0.03
灯笼山	1.06	0.99	－0.07	－0.88	－1.03	－0.15
三灶	0.96	0.96	0.00	－1.45	－1.37	0.08
黄金	1.05	1.01	－0.05	－0.93	－0.99	－0.06
西炮台	1.18	1.13	－0.05	－0.96	－1.00	－0.04
黄冲2站	1.21	1.21	0.00	－0.94	－1.09	－0.15
荷包西岛	1.07	1.04	－0.03	－1.44	－1.49	－0.05
横琴	1.06	0.95	－0.12	－0.89	－1.04	－0.15
桂定角	1.02	0.99	－0.03	－0.93	－1.02	－0.09
大澳	0.99	0.99	0.00	－1.58	－1.57	0.01
乐安排	1.02	1.02	0.00	－1.37	－1.47	－0.10

表 7-22 "98.6"潮位验证误差统计表 [单位：m（珠基）]

验证站点	最高潮位			最低潮位		
	实测值	计算值	误差	实测值	计算值	误差
大虎	1.80	1.80	0.00	-0.83	-0.78	0.05
南沙	1.82	1.82	0.00	0.21	0.22	0.01
凫洲	1.71	1.80	0.09	0.00	0.05	0.05
冯马庙	2.27	2.15	-0.12	1.00	0.88	-0.12
横门	2.05	1.95	-0.10	0.72	0.68	-0.04
横门南汊	1.63	1.59	-0.04	0.16	0.08	-0.08
金星门	1.28	1.27	-0.01	-1.39	-1.38	0.01
内伶仃岛	1.32	1.32	0.00	-1.43	-1.37	0.06
赤湾	1.24	1.31	0.06	-1.44	-1.42	0.02
灯笼山	1.69	1.70	0.01	0.68	0.69	0.01
黄金	1.40	1.39	-0.01	-0.10	-0.12	-0.03
西炮台	1.63	1.65	0.02	-0.31	-0.32	-0.01
黄冲	1.73	1.71	-0.02	-0.61	-0.61	0.00
荷包岛	1.28	1.35	0.07	-1.32	-1.32	0.00
担杆头	0.84	0.85	0.01	-1.13	-1.14	-0.01
大万山	1.05	1.06	0.01	-1.27	-1.25	0.02
三灶	1.18	1.21	0.03	-1.19	-1.23	-0.04
桂定角	1.56	1.65	0.09	0.42	0.56	0.14
乐安排	1.07	1.20	0.13	-1.27	-1.34	-0.07

表 7-23 "2002.6"中水潮位验证成果表 [单位：m（珠基）]

验证站点	最高潮位			最低潮位		
	实测值	计算值	误差	实测值	计算值	误差
大虎站	1.36	1.35	-0.01	-1.47	-1.47	0.00
南沙站	1.38	1.37	-0.01	-0.88	-0.90	-0.01
冯马庙	1.39	1.39	0.00	-0.71	-0.71	0.00
横门站	1.36	1.36	0.00	-0.74	-0.75	-0.01
赤湾站	1.10	1.07	-0.03	-1.73	-1.69	0.04
黄金站	1.12	1.10	-0.02	-0.95	-0.96	-0.01
西炮台	1.36	1.34	-0.02	-1.07	-1.10	-0.03
黄冲2站	1.33	1.27	-0.07	-1.12	-1.20	-0.08
荷包西岛	1.11	1.13	0.02	-1.47	-1.52	-0.04
桂定角站	1.03	0.93	-0.10	-0.82	-0.98	-0.16
横琴站	1.06	0.96	-0.10	-1.18	-1.22	-0.04
马骝洲	0.92	0.90	-0.02	-1.22	-1.32	-0.10
桂山岛	0.89	0.85	-0.04	-1.58	-1.52	0.06
港口站	0.61	0.65	0.04	-1.25	-1.32	-0.06
横澜岛	0.72	0.65	-0.07	-1.40	-1.33	0.07
鲫鱼涌	0.84	0.69	-0.15	-1.44	-1.38	0.06

表7-24　　网河区"2001.2"枯水潮位验证成果　　［单位：m（珠基）］

验证站点	最高水位			最低水位		
	实测值	计算值	误差	实测值	计算值	误差
大盛	1.67	1.67	0	-1.25	-1.33	-0.08
麻涌	1.65	1.67	0.02	-1.35	-1.43	-0.08
漳澎	1.66	1.65	-0.01	-1.21	-1.31	-0.10
泗盛围	1.73	1.69	-0.04	-1.37	-1.52	-0.15
老鸦岗	1.44	1.44	0	-0.82	-0.82	0
浮标厂	1.63	1.63	0	-1.11	-1.16	-0.05
黄埔左	1.71	1.68	-0.03	-1.42	-1.39	0.03
大虎	1.63	1.64	0.01	-1.4	-1.48	-0.08
三水	1.32	1.32	0	-0.17	-0.17	0
石仔沙	1.32	1.37	0.05	-0.39	-0.37	0.02
三善左	1.42	1.4	-0.02	-0.68	-0.59	0.09
三善右	1.34	1.37	0.03	-0.62	-0.52	0.10
三沙口	1.65	1.66	0.01	-1.33	-1.46	-0.13
澜石	1.45	1.41	-0.04	-0.58	-0.6	-0.02
五斗	1.47	1.6	0.13	-0.95	-0.99	-0.04
沙洛围	1.68	1.64	-0.04	-0.99	-1.12	-0.13
勒竹	1.43	1.45	0.02	-0.72	-0.59	0.13
大石	1.66	1.63	-0.03	-1.21	-1.16	0.05
邓滘沙	1.34	1.43	0.09	-0.55	-0.58	-0.03
勒流	1.31	1.4	0.09	-0.54	-0.53	0.01
南华	1.23	1.18	-0.05	-0.35	-0.34	0.01
小榄	1.25	1.24	-0.01	-0.43	-0.44	-0.01
横门	1.61	1.46	-0.15	-0.87	-0.88	-0.01
容奇	1.32	1.34	0.02	-0.59	-0.54	0.05
海尾	1.29	1.27	-0.02	-0.54	-0.48	0.06
三围	1.37	1.36	-0.01	-0.63	-0.54	0.09
板沙尾站	1.41	1.42	0.01	-0.8	-0.73	0.07
乌珠	1.49	1.45	-0.04	-0.74	-0.72	0.02
上横	1.52	1.51	-0.01	-0.83	-0.79	0.04
下横	1.55	1.57	0.02	-0.86	-0.88	-0.02
黄沙沥	1.46	1.46	0	-0.76	-0.77	-0.01
冯马庙	1.54	1.47	-0.07	-0.8	-0.82	-0.02
南沙	1.57	1.59	0.02	-0.99	-0.9	0.09
马口站	1.23	1.23	0	-0.19	-0.19	0
天河站	1.17	1.16	-0.01	-0.36	-0.34	0.02

续表

验证站点	最高水位			最低水位		
	实测值	计算值	误差	实测值	计算值	误差
北街	1.16	1.18	0.02	-0.47	-0.41	0.06
竹排沙	1.3	1.31	0.01	-0.87	-0.86	0.01
灯笼山右	1.32	1.33	0.01	-0.96	-0.96	0
百顷	1.18	1.21	0.03	-0.58	-0.52	0.06
睦洲口	1.22	1.24	0.02	-0.61	-0.56	0.05
莲腰	1.3	1.24	-0.06	-0.61	-0.58	0.03
竹洲头	1.29	1.26	-0.03	-0.86	-0.75	0.11
白蕉站	1.35	1.37	0.02	-1	-0.95	0.05
黄金	1.36	1.36	0	-1.1	-0.97	0.13
横山站	1.26	1.39	0.13	-1	-0.89	0.11
西炮台	1.43	1.55	0.12	-1.22	-1.16	0.06
石嘴	1.3	1.33	0.03	-1.02	-0.92	0.10
官冲	1.41	1.54	0.13	1.22	1.22	0

表7-25　河口区“2001.2”枯水潮位验证成果　[单位：m（珠基）]

验证站点	最高潮位			最低潮位		
	实测值	计算值	误差	实测值	计算值	误差
凫洲	1.53	1.55	0.02	-1.05	-0.96	0.09
横门北汊	1.55	1.46	-0.09	-0.99	-0.89	0.10
三灶	1.36	1.38	0.02	-1.42	-1.31	0.11
赤湾	1.48	1.44	-0.04	-1.41	-1.49	-0.08
马骝洲	1.41	1.29	-0.12	-1.19	-1.27	-0.08
桂定角	1.32	1.29	-0.03	-0.99	-0.89	0.10
荷包西岛	1.46	1.45	-0.01	-1.38	-1.40	-0.02

3. 流速、流向验证

“91.12”枯水、“98.6”大水、“2002.6”中水组合下，流速、流向验证计算成果见表7-26～表7-31，流速、流向过程线验证见“珠江三角洲河口区潮流泥沙及含盐度耦合联解数学模型研究报告”（2003年8月）。

从流速、流向验证成果可见：在上述3种水文条件下，各潮位站模型与原型流速、流向过程线吻合较好，模型的涨潮、落潮历时和相位与原型实测资料基本一致。涨潮、落潮平均流速的计算值与实测值的偏差大部分在±10%范围内，“98.6”大水时有3个测站平均流速偏差在10%～20%之间；主流流向和平均流向的计算偏差有91%的测站在±10°范围内，其余测站的流向计算偏差基本上在±20°左右。流速、流向验证误差偏大的主要原因为：整个模型研究范围内地形资料和水文资料不同步，实际测量时由于属天气的影响也会出现一定的偏差。

表7－26　"91.12"枯水模型验证平均流速误差统计表

验证站点	误差	验证站点	误差	验证站点	误差
虎门1站	5.8%	交椅沙站	2.1%	矾石水道	－1.6%
虎门2站	6.4%	伶仃航道	2.2%	矾石水道	7.9%
虎门3站	－2.6%	伶仃航道	－6.5%	塔石角1	4.7%
蕉门站	6.7%	伶仃航道	2.0%	塔石角	3.5%
万顷沙站	4.9%	矾石水道	2.6%	大濠岛站	5.4%
洪奇沥站	5.0%	矾石水道	5.9%	珠海站	－3.1%
横门站	4.3%	深圳湾站	－8.8%	抛泥地站	－8.7%
舢板洲站	3.1%				

表7－27　"91.12"枯水流向验证成果表　[单位：(°)]

验证测点	落潮主流向			涨潮主流向			平均流向		
	实测值	计算值	误差	实测值	计算值	误差	实测值	计算值	误差
虎门1站	156.0	149.5	－6.5	339.0	327.0	－12.0	248.5	239.3	－9.2
虎门2站	135.0	150.0	15.0	320.0	324.8	4.8	231.4	235.8	4.4
虎门3站	134.0	140.3	6.3	314.0	330.6	16.6	229.6	234.3	4.7
蕉门站	106.0	107.2	1.2	295.0	289.3	－5.7	200.5	190.8	－9.2
万顷沙站	141.0	129.5	－11.5	312.0	309.4	－2.6	224.5	215.1	－9.4
洪奇门站	146.0	137.9	－8.1	321.0	316.4	－4.6	232.7	222.8	－9.9
横门站	86.0	93.4	7.4	252.0	275.2	23.2	146.5	151.3	4.7
舢板洲站	155.0	139.0	－15.0	343.0	316.6	－26.4	248.5	231.4	－17.0
交椅沙站	166.0	149.2	3.2	338.0	330.4	－7.6	247.9	238.7	－9.2
伶仃1	161.0	161.6	0.6	158.0	171.0	13.0	257.2	252.8	－4.4
伶仃2	159.0	171.4	12.4	360.0	354.1	－5.9	272.4	263.0	－9.6
伶仃3	168.0	177.4	9.4	352.0	360.0	8.0	269.1	275.1	6.0
矾石1	142.0	150.9	8.9	310.0	333.2	23.2	242.0	250.0	8.0
矾石2	148.0	161.8	13.8	329.0	343.0	14.0	252.6	257.3	4.7
深圳湾站	170.0	178.6	8.6	348.0	360.0	12.0	270.8	278.2	7.4
矾石3	192.0	191.8	－0.2	350.0	360.2	10.2	283.5	282.9	－0.5
矾石4	197.0	195.6	－1.4	373.0	377.7	4.7	290.8	290.3	－0.5
塔石角1	180.0	189.2	9.2	360.0	360.0	0.0	284.4	275.31	－9.1
塔石角2	207.0	202.0	－5.0	360.0	360.0	0.0	297.9	289.7	－8.2
大濠岛站	187.0	186.2	－0.8	371.0	366.2	－4.8	297.3	284.5	－12.8
珠海站	176.0	166.4	－9.6	358.0	353.4	－4.6	280.0	275.7	－4.3
抛泥地站	160.0	170.0	10.0	363.0	352.5	－10.5	264.5	266.6	2.1

表 7-28 “98.6”大水主要站点平均流速验证成果表 （单位：m/s）

站位	最大涨潮值			最大落潮值		
	实测值	计算值	误差	实测值	计算值	误差
伶仃东 V1	-0.51	-0.53	3.9%	0.95	0.87	-8.4%
伶仃东 V2	-0.36	-0.40	9.9%	1.25	1.16	-7.2%
淇澳东 V1	-0.7	-0.58	-17.1%	1.49	1.36	-8.7%
淇澳东 V2	-0.46	-0.54	17.4%	1.18	1.13	-4.2%
散点 1	-0.82	-0.75	-8.5%	0.63	0.6	-4.8%
散点 2	-0.37	-0.35	-5.4%	0.91	0.97	6.6%
散点 3	-0.4	-0.45	12.5%	0.89	0.9	1.1%
散点 4	-0.49	-0.48	-2.0%	0.69	0.74	7.2%
散点 6	-0.56	-0.51	-8.9%	1.13	1.15	1.8%
散点 7	-0.45	-0.45	0.0%	0.97	0.88	-9.3%
散点 8	—	—	—	0.76	0.69	-8.5%

表 7-29 “2002.6”中水模型验证平均流速误差统计表

验证站点	小潮误差	大潮误差	验证站点	小潮误差	大潮误差
1#	26.0%	9.7%	11#	-1.6%	3.8%
2#	2.0%	7.3%	12#	-15.3%	2.6%
3#	9.7%	3.9%	13#	1.3%	5.3%
4#	17.1%	5.5%	14#	11.9%	3.6%
5#	10.0%	4.6%	15#	3.1%	-0.2%
6#	9.6%	6.0%	16#	-1.6%	6.2%
7#	-2.0%	1.1%	17#	-4.0%	5.4%
8#	8.4%	7.7%	18#	9.2%	5.5%
9#	1.3%	3.0%	19#	5.6%	0.6%
10#	4.7%	5.6%	20#	9.5%	5.9%
平 均	9.2%	5.44%	平 均	7.8%	3.91%

表 7-30 “2002.6”中水流向验证成果表（6 月 11～12 日大潮） ［单位：(°)］

验证测点	落急主流向			涨急主流向			平均流向		
	实测值	计算值	误差	实测值	计算值	误差	实测值	计算值	误差
1#	146.0	145.7	-0.3	320.0	321.9	1.9	227.5	218.3	-9.2
2#	159.0	155.9	-3.1	343.0	339.1	-3.9	257.6	250.0	-7.7
3#	167.0	166.4	-0.6	343.0	344.0	1.0	258.2	252.2	-6.0
4#	160.0	163.0	3.0	340.0	342.6	2.6	251.8	242.7	-9.0

续表

验证测点	落急主流向			涨急主流向			平均流向		
	实测值	计算值	误差	实测值	计算值	误差	实测值	计算值	误差
5#	149.0	154.9	5.9	335.0	335.5	0.5	239.3	239.9	0.6
6#	150.0	155.8	5.8	336.0	338.4	2.4	247.1	242.7	-4.4
7#	162.0	165.2	3.2	350.0	346.7	-3.3	248.9	248.0	-0.9
8#	156.0	153.5	-2.5	331.0	338.2	7.2	251.1	247.9	-3.2
9#	165.0	159.2	-5.8	344.0	344.1	0.1	243.3	239.4	-3.9
10#	139.0	148.0	9.0	337.0	330.2	-6.8	237.3	233.1	-4.1
11#	160.0	155.9	-4.1	342.0	336.9	-5.1	233.1	224.7	-8.4
12#	148.0	123.5	-24.5	317.0	308.7	-8.3	212.4	202.6	-9.8
13#	156.0	167.3	11.3	350.0	346.6	-3.4	254.0	245.7	-8.2
14#	176.0	170.1	-5.9	364.0	351.3	-12.7	258.5	249.4	-9.1
15#	177.0	157.0	-20.0	359.0	332.2	-26.8	252.0	229.9	-22.1
16#	157.0	150.9	-6.1	340.0	335.8	-4.2	262.3	256.6	-5.7
17#	165.0	163.1	-1.9	341.0	338.7	-2.3	258.0	251.5	-6.5
18#	188.0	174.2	-13.8	366.0	348.9	-17.1	271.9	262.6	-9.4
19#	170.0	158.3	-11.7	346.0	341.5	-4.5	252.2	243.6	-8.6
20#	158.0	148.5	-9.5	331.0	330.6	-0.4	248.5	246.3	-2.2

表 7-31　　二维模型“2002.6”流向验证成果表（6 月 27 ~28 日）　　[单位：(°)]

验证测点	落潮主流向			涨潮主流向			平均流向		
	实测值	计算值	误差	实测值	计算值	误差	实测值	计算值	误差
V1	190.0	181.6	-8.4	353.0	360.0	7.0	272.5	279.3	6.7
V2	169.0	178.0	9.0	353.7	360.0	6.3	261.7	260.5	-1.1
V3	195.3	200.3	5.0	360.0	360.0	0.0	258.9	263.5	4.6
V4	195.3	195.1	-0.3	360.0	360.0	0.0	274.9	275.3	0.4
V5	185.0	190.1	5.1	351.3	360.0	8.7	251.2	262.5	11.3
V6	197.7	197.8	0.2	360.0	360.0	0.0	279.8	281.3	1.4
V7	177.0	185.7	8.7	355.0	360.0	5.0	258.3	269.5	11.2

4. 含沙量验证

“98.6”洪水大潮及“91.12”枯水大潮的含沙量验证过程线见水利部珠江水利委员会科学研究所《珠江三角洲河口区潮流泥沙及含盐度耦合联解数学模型研究报告》（2003 年 8 月）。从含沙量验证过程线验证成果可见：在上述两种水文条件下，各测站模型与原型含沙量过程线基本趋向一致。将伶仃洋海区“98.6”洪水落急时计算的含沙量分布与遥感影像图相对比，两者含沙量分布的趋势亦是基本一致。

5. 冲淤厚度分布验证

限于实测资料的缺乏，仅对伶仃洋海区的冲淤厚度进行计算验证❶。验证计算了伶仃洋海区枯水期（1991 年 11 月至 1992 年 4 月）和洪水期（1992 年 5 月至 1992 年 10 月）的冲淤厚度分布，并借助典型潮法计算得到的 1 年（1991 年 11 月至 1992 年 10 月）的冲淤积厚度分布及伶仃洋 17 年（1984～2000 年）的平均冲淤积厚度分布。从年冲淤厚度分布及枯水、丰水冲淤厚度分布可知，年冲淤厚度基本上与枯水、丰水冲淤厚度之和相当。西滩年淤积厚度约在 10cm 以内，部分达到 10～20cm；东滩年淤积厚度约在 1.5cm 以内，中滩有冲有淤，呈冲西淤东之势，其年冲淤厚度约在 10cm 以内。与多年平均冲淤积厚度比较，伶仃洋西部年淤积计算值略大于实测值，而东部年淤积计算值略小于实测值，其原因是由于资料的欠缺，本计算只用“98.6”组合及“91.12”组合两个潮型作为典型潮进行计算，而“98.6”组合西部来沙相对较大，并且伶仃洋床沙及悬沙级配参差不齐，对计算精度存在一定的影响。

6. 流场分布验证

图 7－19 和图 7－20 所示为“91.12”枯水涨、落急时计算所得的流态图；图 7－21 为“98.6”洪水落急整体模型计算流态与遥感影像流态对比图。从涨、落急流态图验证成果可见：在多种水文条件下，整体模型计算流态与实际潮流流态趋势基本一致。

7. 验证结论

利用珠江河口区水流泥沙连续条件，把珠江三角洲网河区一维水沙数学模型和河口区二维水沙数学模型耦合联解，建立了珠江三角洲及河口区整体水沙数学模型。考虑实测地形和水文资料尽可能同步，模型验证采用“整体建模，局部验证，整体校核”的方法，选用多种洪水、中水、枯水文条件对模型进行验证，验证成果基本满足精度要求。

1）各测站高高潮位、低低潮位验证误差大部分均在 ±0.10m 以内；模型潮位过程线相位与原型基本相同。

2）口门涨、落潮流速验证相对误差基本上在 ±10% 以内；各流速测点主流向验证误差基本上在 ±15°以内，平均流向验证误差基本上在 ±10°以内；模型流速、流向过程线相位与原型基本一致。

3）模型计算流场的流态与遥感影像所显示的流势相比较，在定性上符合较好。

4）各泥沙验证测点的模型计算含沙量过程线与原型实测含沙量过程线的趋向基本一致。

5）模型冲淤部位的计算值与原型基本符合，冲淤幅度在量级上基本一致。

通过大规模、多测次水文泥沙资料和河（海）床冲淤资料的模型检验，可较好地模拟珠江三角洲河口区水沙时空分布、涨落潮流态和河床演变规律，利用所建立的模型可全面预测珠江三角洲河口区在实施河口治理工程后所引起的水沙变化，从而预测工程对上游河道泄洪、纳潮、潮排、潮灌和通航等方面的影响，以及浅海区流态和滩槽演变的影响。

---

❶ 水利部珠江水利委员会科学研究所，珠江三角洲河口区潮流泥沙及含盐度耦合联解数学模型研究报告，2003 年 8 月。

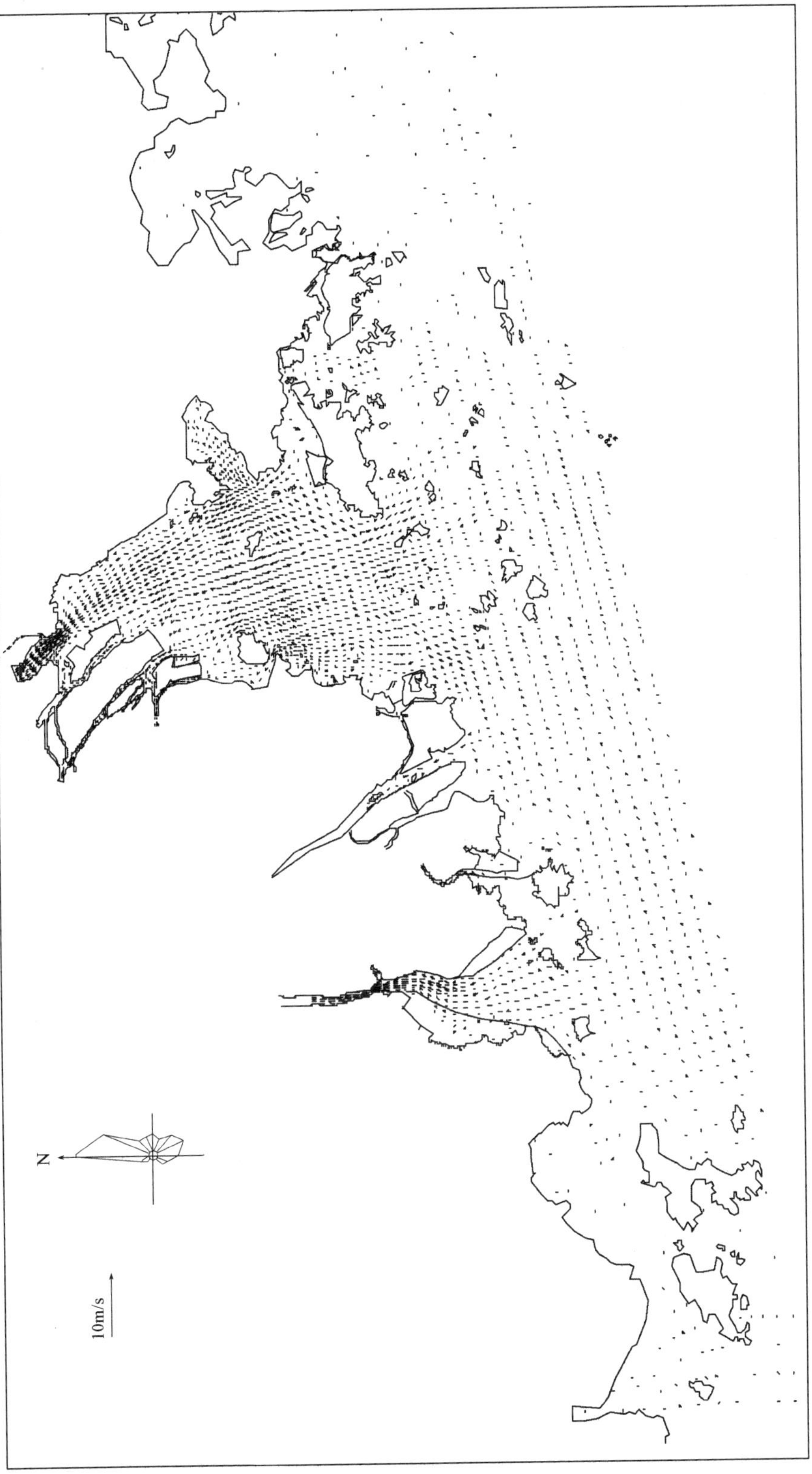

图7-19　“91.12”枯水涨急流场图(珠江河口整体模型)

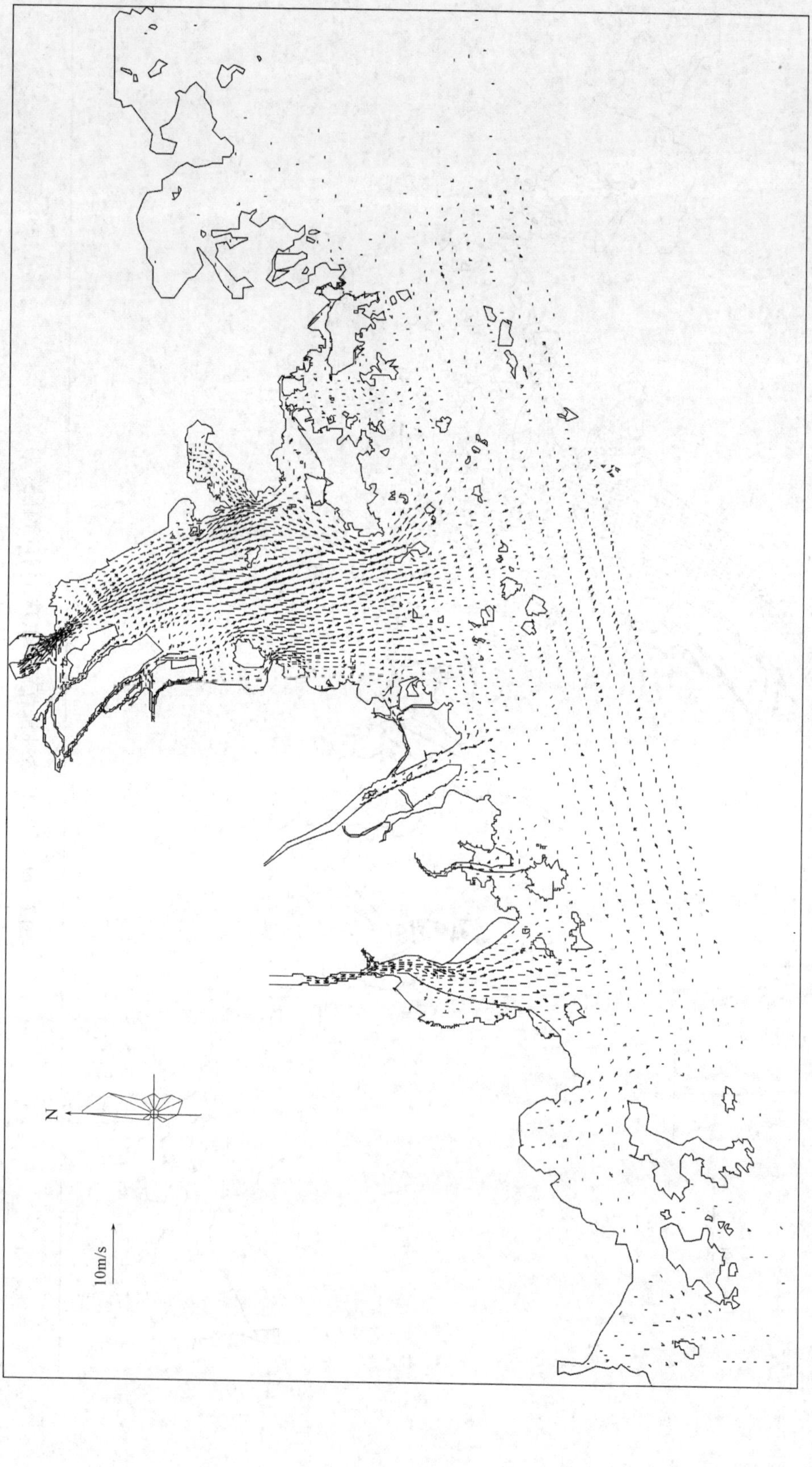

图 7-20 “91.12”枯水落急流场图(珠江河口整体模型)

（a）河口整体模型计算结果图

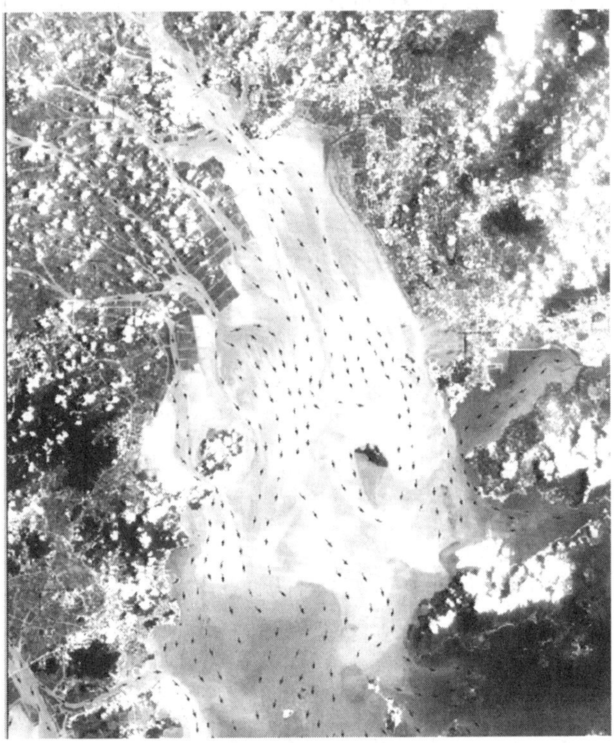

（b）遥感影像图

图7-21　"98.6"枯水落急流态计算与遥感影像对比图

7.2 珠江河口含盐度输移数学模型

盐水入侵是河口区水文现象之一，珠江口是个特殊类型的潮汐河口，潮差虽小，但进潮量大。强大的潮流带来了南海高盐的海水，使珠江三角洲上游河口汊道下段明显咸化，这不仅对珠江三角洲河口地区人民生活用水及工农业生产用水带来危害，而且盐水楔的上溯对河口水文情势和河槽演变也有重要影响。因此，研究珠江河口区含盐度输移问题，对珠江河口开发整治和三角洲的工农业生产有着重要的现实意义。

7.2.1 概述

7.2.1.1 咸潮

所谓咸潮，也即含盐度大于河水含盐度随潮汐潮流涨落于河口区的潮水，因引潮力的作用而倒灌进入内河与河水相混合的结果。这种高矿化度的海水与河水相混合，将使河口区水流的水化特性发生显著质的变化，呈现出一种介于海水和河水之间的水化结构，其永久硬度大，并产生盐水楔和咸患，使咸界以下地区的农业生产在不同季节受到不同程度的威胁，对水工建筑物及近口段城市工业和生活用水产生较大影响，部分地区甚至会因此而导致严重咸害。

对珠江三角洲河口区而言，咸潮所含盐类主要以氯化钠为主，其次是氯化镁、钙、硫酸盐等，受上游径流及海洋潮汐等因素的影响，水体含盐度因时因地不断发生变化，即使在同一水道或同一断面，水体含盐度也会因季节（集水多寡）、潮别（涨或落）、时程（潮涨淹退过程）、位置（起点距、水深）及风向风力等因素而有不同程度的差异。它不但与潮流运动规律密切联系，同时也有其自身所固有的特殊性。这就使得河口区的咸潮活动规律十分复杂。

7.2.1.2 含盐度的变化

在河口区，河道水流受海洋潮汐的涨落影响，产生周期性的往复循环运动，因而含盐度的大小亦随潮汐的涨落规律而变化。实测资料表明，河口区水体含盐度的日变化过程与潮水位变化过程都基本相应。在一个太阴日中，亦有两次高峰、两个低谷，唯因密度坡降的存在，含盐度峰谷出现时间要滞后于潮峰谷 1 ~ 2.5h，并且这个相位差愈向上游愈大。当潮位涨、退至高、低潮时，含盐度的变化会有一段持平现象，持平时间的长短则视具体河段和当时河段的实际水流及咸度情况而定。含盐度与潮位变化过程的相似性则愈近口门愈好。

一般地，含盐度的最大值出现在涨憩附近，最小值出现在落憩附近。由于受本区内显著的日潮不等现象等因素的影响，一日内两次高潮所对应的两次最大含盐度及两次低潮所对应的两次最小含盐度各不相同，如表 7 – 32 列出 1995 年部分站点含盐度日变化统计表。

含盐度的日变化与上游集水大小关系极为密切。在汛期，上游来水量大，含盐度小，日变幅较小。反之，在枯水期，潮汐影响占主导地位，含盐度大，日变幅则较大。含盐度的峰谷之差越向上游越小，越接近口门，其值越大。

表7-32 部分站点含盐度日变化统计表（1995年） （‰）

日期（月．日）	潮流态	站名								$Q_{三水.日}+Q_{马口.口}$ (m^3/s)
		三江口		黄冲		南沙		三沙口		
		含盐度	日变幅	含盐度	日变幅	含盐度	日变幅	含盐度	日变幅	
1.4	落憩	0.04	1.28	1.45	3.64	1.08	6.39	1.78	5. 34	1680
	最小	0.06		1.92		1.82		3.72		
	涨憩	0.21		2.45		3.46		5.05		
	最大	1.32		5.09		7.47		7.12		
3.12	落憩	0.01	0.03	0.16	2.70	0.21	1.21	0.27	3.26	2800
	最小	0.01		0.10		0.09		0.58		
	涨憩	0.01		0.12		0.25		1.13		
	最大	0.04		2.80		1.30		3.53		
8.24	落憩		0.0	0.01	0.0	0.01	0.23	0.01	0.48	10900
	最小	0		0.01		0.03		0.01		
	涨憩	0		0.01		0.24		0.49		
	最大			0.01		0.03		0.02		

注 三江口在黄冲上游约15km。

含盐度的月、季变化主要取决于雨洪的迟早、上游来水量的大小及台风增减水等因素。一般朔望大潮含盐度较大，上下弦含盐度较小。洪水期4~9月雨量多，上游来水量大，咸界被压下移，大部分地区咸潮消失。口门地区在秋季7~9月，时有台风侵扰，致使暴潮涌入网河地区，含盐度增大。冬季10~12月，因河水流量逐渐减小，出现咸潮，到春季1~3月，咸潮最为活跃。

7.2.1.3 各口门的盐水入侵

珠江注入伶仃洋的年平均流量约为5663m^3/s，年径流量约为1792.6亿m^3。由于珠江属季风影响的河流，流量有明显的季节变化。洪水期（4~9月），径流量大（占年径流总量的79.18%），潮流界下移，盐水一般仅入侵本区的中北部；枯水期（10~3月）径流量小（占年径流总量的20.82%），潮流界上溯，盐水可侵入伶仃洋上游各口门以内。由于上游4个口门径流大小和潮流强弱不同（表7-33），各口门的盐水入侵存在很大的差异。

表7-33 伶仃洋上边界各口门的径流、流潮分配

项目＼口门	虎门	蕉门	洪奇门	横门	合计
径流量（净泄量）（%）	23.6	35.60	12.80	28.00	100
年平均潮差（m）	1.69	1.34	1.08	1.08	
涨潮量（%）	81.10	12.70	3.20	3.20	100

虎门：位于伶仃洋之北部，为东江、流溪河、珠江正干及北江沙湾水道之出海口门。由于与伶仃洋喇叭湾的深槽区直线相通，潮差较大，潮流强劲，涨潮量占上边界4个口门总量的81.1%，而径流量（净泄量）仅占23.6%，尤其枯水期径流量小，潮流量大，盐水沿虎门上溯可达东江和北江三角洲下游各汊道。常年8~9月，虎门可出现盐水，并沿狮子洋上溯，进入东江南支流的泗盛围和北江沙湾水道的三沙口，11月以后进入东江三角洲下游的厚街、朱平沙、大盛及沙湾水道的塘田，12月以后到达广州的黄埔港。若以常年可出现盐水月份（月平均最大氯度≥1‰）为咸季，则虎门咸季长达10个月（8月至次年5月），最大的月平均氯度为5.52‰，历年最大氯度达13.6‰。越往上游咸季越短，至黄埔港附近，咸季仍有3~4个月（12月至次年2、3月），最大的月平均氯度在1‰左右，历年最大氯度在5‰以上，黄埔以上的广州前后航道最大的月平均氯度为1‰左右，常年不出现盐水，但咸季亦经常达到或超过饮用水和工业用水标准，如1955年、1963年、1972年那样的大旱年，西村水厂吸水点硬颈海的最大氯离子含量都在800p. p. m. 以上，对广州市的供水有很大的威胁。

蕉门：位于伶仃洋西北端，为北江径流注入伶仃洋的主要通道，径流量大，蕉门口南沙断面径流水量占上边界4个口门总量的35.6%，约为虎门的1.5倍。河道与伶仃洋深槽斜交，潮流作用远较虎门为弱。南沙站年平均潮差为1.34m，平均涨潮量仅占上边界4个口门的12.7%。常年10月南沙即出现盐水，咸季长达7个月（10月至次年4月），全年最大的月平均氯度为3‰。往上游由于径流冲淡，盐度迅速降低，至距河口18km的灵山，月平均氯度不及1‰，灵山以上常年不出现盐水，只是大旱年有一定的盐水影响，如1963年春旱，沙湾三善滘测得氯离子含量达460p. p. m. 。

洪奇门：位于蕉门口以南，口门有沥心沙、蓑衣沙等沙洲分布，河床淤浅，由西江、北江流入洪奇门的大部分径流经上、下横沥注入蕉门，河口段径流量大减。另一方面口门沙堤、浅滩发育，槽沟两侧水深不足1m，低潮滩脊出露水面，上溯潮流，其势大减。口门附近万顷沙西站年平均潮差仅有1.2m，平均潮量仅约占4个口门的3%。因此，常年咸季只有4个月（12月至次年3月），最大的月平均氯度为1.25‰，1955年大旱年盐水可达中山黄圃区的横档乡，对沿河地区的春播有很大影响。

横门：位于伶仃洋西部，为西江东海水道的主要出口，径流量仅次于蕉门而大于虎门和洪奇门，加以出口河道呈东西走向，与伶仃洋深槽垂直相交，口外沙坝密布，潮流漫滩上溯，力量微弱。横门站年平均潮差仅为1.08m，平均涨潮量占4个口门的3.2%。咸季虽有4个月（12月至次年3月），但最大的月平均氯度只有0.64‰，盐水入侵影响不大。横门上游的张家边和港口一带，已无盐水入侵之患。

磨刀门：是西江干流的出海口门，其径流为八大口门之冠。无论枯水、洪水期咸淡水高度分层，盐水楔活动明显。枯水期高潮时，30‰的等含盐度线在横洲口（大横琴右侧）附近；2‰的等含盐度线几乎越过灯笼山断面。大旱年，该断面最大含盐度为17‰（1965年2月25日）。洪水期涨潮时，除右侧龙屎窟口门（三灶岛左侧）含盐度接近5‰外，其余的内海区基本上被淡水径流所控制。

鸡啼门：鸡啼门水道口门由于临海最近，因而口门处含盐度较高。黄金站多年涨潮平均含盐度为3‰左右，最大年平均含盐度为12‰，大旱年最大含盐度超过30‰（1966年

3 月 7 日）。

黄茅海：位于珠江口的西面，由南水岛、大杧岛、大襟岛诸岛屿扼守的河口湾，其潮势仅次于虎门，咸淡水混合属缓混合型。枯水期涨潮时，海区被咸潮控制，等含盐度线沿深槽呈舌状伸向口门，20‰的等含盐度线上溯至湾腰以上；冬季大潮时，黄冲断面含盐度大于 8‰。洪水期高潮时，湾口以上的内海区含盐度一般小于 20‰，湾口外的荷包岛—广海湾含盐度为 20‰～25‰；低潮时，2‰的等含盐度线位于湾腰下方。虎跳门的西炮台和崖门的黄冲站的多年涨潮平均含盐度为 2‰左右，最大旱年最大含盐度约为 16‰（1967 年 1 月 24 日）。

7.2.2　含盐度输移数学模型

7.2.2.1　网河区一维含盐度输移数学模型

1. 基本方程

网河区水流连续方程：

$$B\frac{\partial Z}{\partial t}+\frac{\partial Q}{\partial x}=q \tag{7-60}$$

水流运动方程：

$$\frac{\partial Q}{\partial t}+\frac{\partial}{\partial x}\left(\beta\frac{Q^2}{A}\right)+gA\left(\frac{\partial Z}{\partial x}+S_f\right)=0 \tag{7-61}$$

网河区含盐度模拟采用一维非恒定流对流—扩散输送模型：

$$\frac{\partial(AC)}{\partial t}+\frac{\partial(QC)}{\partial x}-\frac{\partial}{\partial x}\left(AD_K\frac{\partial C}{\partial x}\right)+AKC=S_m \tag{7-62}$$

式中　C 为含盐度；A 为河道断面面积；Q 为河道断面流量；D_K 为河段纵向离散系数；K 为氯的降解速率常数；S_m 为源、汇项；x 、t 分别为距离、时间。

方程（7－62）和一维水流运动控制方程式（7－60）、式（7－61）组成了网河区一维含盐度输移数学模型。

2. 连接条件

网河区内汊口点是相关支流汇入或流出点，汊口点水流、含盐度要满足下列连接条件。

流量连接条件：

$$\sum_{i=1}^{m}Q_i=0 \tag{7-63}$$

水位连接条件：

$$Z_{i,j}=Z_{m,n}=\cdots=Z_{l,k} \tag{7-64}$$

含盐度连接条件：

$$\sum_{i=1}^{m}Q_iC_i=C\sum_{j=1}^{n}Q_j \tag{7-65}$$

式中　Q_i 为汊口节点第 i 条支流流量，流入为正，流出为负；$Z_{i,j}$ 等表示汊口节点第 i 条支流第 j 号断面的平均水位；C_i 为汊口节点第 i 条入注支流含盐度；C 为汊口节点流出的所有支流平均含盐度。

3. 一维含盐度基本方程的离散和求解

网河区一维模型基本控制方程采用四点隐式差分格式进行离散。

一维含盐度基本对流—扩散方程式（7－62）的离散格式推导如下：

$$\frac{\partial(QC)}{\partial X}=\frac{1}{2\Delta X}\Big\{\left[1-ing(Q_I)\right](QC)_{I+1}^{N+1}+\left[2\times ing(Q_I)\right](QC)_I^{N+1}$$
$$-\left[1+ing(Q_I)\right](QC)_{I-1}^{N+1}\Big\}$$

$$\frac{\partial}{\partial X}\left[AD_K\frac{\partial C}{\partial X}\right]=\frac{2}{\Delta X_{IS}+\Delta X_{IE}}\Big\{\frac{(AD_K)_{IS}C_{I+1}^{N+1}}{\Delta X_{IS}}-\frac{\left[(AD_K)_{IS}\Delta X_{IE}+(AD_K)_{IE}\Delta X_{IS}\right]C_I^{N+1}}{\Delta X_{IE}\Delta X_{IS}}$$
$$+\frac{(AD_K)_{IE}C_{I-1}^{N+1}}{\Delta X_{IE}}\Big\}$$

$$\frac{\partial(AC)}{\partial T}=\frac{1}{2}\Big[\frac{(AC)_I^{N+1}-(AC)_I^N}{\Delta T}+\frac{1-ing(q)}{2}\frac{(AC)_{I+1}^{N+1}-(AC)_{I+1}^N}{\Delta T}$$
$$+\frac{1+ing(q)}{2}\frac{(AC)_{I-1}^{N+1}-(AC)_{I-1}^N}{\Delta T}\Big]$$

$$KC=\frac{(KC)_I^{N+1}+(KC)_I^N}{4}+\frac{1-ing(Q_I)}{2}\frac{(KC)_{I+1}^{N+1}+(KC)_{I+1}^N}{4}+\frac{1+ing(Q_I)}{2}$$
$$\times\frac{(KC)_{I-1}^{N+1}+(KC)_{I-1}^N}{4}$$

其中 $\Delta X_{IS}=X_{I+1}-X_I \quad \Delta X_{IE}=X_I-X_{I-1} \quad A_{IS}=\frac{A_{I+1}+A_I}{2} \quad A_{IE}=\frac{A_I+A_{I-1}}{2}$

经整理，方程式（7－62）离散格式的简单表达式如下：

$$\alpha C_{I-1}+\beta C_I+\gamma C_{I+1}=\varphi \tag{7-66}$$

式中 α、β、γ、φ 等为推导系数。

α、β、γ、φ 其值分别为

$$\alpha=\Delta T\Big\{\frac{\left[1+ing(Q_I)\right]Q_{I-1}}{2\Delta X_{IE}}-\frac{2}{\Delta X_{IS}+\Delta X_{IE}}\frac{(AD_K)_{IE}}{\Delta X_{IE}}\Big\}+\frac{1+ing(Q_I)}{2}\left(\frac{A_{I-1}^N}{2}+\frac{\Delta TK}{4}\right)$$

$$\beta=\frac{A_I}{2}+\frac{\Delta TK}{4}+\Delta T\Big\{\frac{ing(Q_I)Q_I}{\left[1+ing(Q_I)\right]\Delta X_{IE}+\left[1-ing(Q_I)\right]\Delta X_{IS}}+\frac{2}{\Delta X_{IS}+\Delta X_{IE}}$$
$$\times\frac{\left[(AD_K)_{IS}\Delta X_{IE}+(AD_K)_{IE}\Delta X_{IS}\right]}{\Delta X_{IE}\Delta X_{IS}}\Big\}$$

$$\gamma=\Delta T\Big\{\frac{\left[1-ing(Q_I)\right]Q_{I+1}}{2\Delta X_{IS}}-\frac{2}{\Delta X_{IS}+\Delta X_{IE}}\frac{(AD_K)_{IS}}{\Delta X_{IS}}\Big\}+\frac{1-ing(Q_I)}{2}\left(\frac{A_{I+1}^{N+1}}{2}+\frac{\Delta TK}{4}\right)$$

$$\varphi=\left(\frac{A_I^N}{2}-\frac{\Delta TK}{4}\right)S_I^N+\frac{1+ing(Q_I)}{2}\left(\frac{A_{I-1}^N}{2}-\frac{\Delta TK}{4}\right)S_{I-1}^N+\frac{1-ing(Q_I)}{2}\left(\frac{A_{I+1}^N}{2}-\frac{\Delta TK}{4}\right)S_{I+1}^N$$

上边界条件：$Q\geqslant 0$ 时，$C_{10}=C(t)$ 代入式（7－66）得：

$$\beta C_{I1}+\gamma C_{I1+1}=\varphi-\alpha C_{I1-1}$$

$Q<0$ 时有：$\frac{\partial C}{\partial\tau}=0$； $C_{I0-1}=2C_{I0}-C_{I0+1}$

$$(\beta+2\alpha)C_{I0}+(\gamma-\alpha)C_{I0+1}=\varphi$$

下边界条件：

$Q \leqslant 0$ 时有：$C_{in} = C(t)$ 代入式（6 – 7）得：

$$\alpha C_{In-1} + \beta C_{In} = \varphi - \gamma C_{In+1}$$

$Q > 0$ 时有：

$$(\alpha - \gamma) C_{IN-1} + (\beta + 2\gamma) C_{In} = \varphi$$

依次类推，可以写出下列方程组：

$$\begin{cases} \alpha_1 C_{I1-1} + \beta_1 C_{I1} + \gamma_1 C_{I1+1} = \varphi_1 \\ \alpha_2 C_{I1} + \beta_2 C_{I1+1} + \gamma_2 C_{I1+2} = \varphi_2 \\ \cdots\cdots \\ \alpha_n C_{In-1} + \beta_n C_{In} + \gamma_n C_{In+1} = \varphi_n \end{cases} \tag{7-67}$$

河段方程为：

1）当 $Q_{IN} \geqslant 0$ 时：

$$\alpha_{In} C_{In-1} + \beta_{In} C_{In} = \varphi_{In} \tag{7-68}$$

其中　$C_{In-1} = \dfrac{\varphi_{In}}{\alpha_{In}} - \dfrac{\beta_{In}}{\alpha_{In}} S_{In}$　$\Phi_{In-1} + \Gamma_{In-1} C_{I1} + P_{In-1} C_{In} = \dfrac{\varphi_{In}}{\alpha_{In}} - \dfrac{\beta_{In}}{\alpha_{In}} C_{In}$　$C_1 = \psi + K C_{In}$

$$S_{I1} = \frac{\left(\dfrac{\varphi_{In}}{\alpha_{In}} - \Phi_{In-1}\right)}{\Gamma_{In-1}} - \frac{\left(\dfrac{\beta_{In}}{\alpha_{In}} + P_{In-1}\right)}{\Gamma_{In-1}} S_{In} \quad \psi = \frac{\left(\dfrac{\varphi_{In}}{\alpha_{In}} - \Phi_{In-1}\right)}{\Gamma_{In-1}} \quad K = -\frac{\left(\dfrac{\beta_{In}}{\alpha_{In}} + P_{In-1}\right)}{\Gamma_{In-1}}$$

2）当 $Q_{I0} < 0$ 时：

$$\beta C_{I0} + \gamma C_{I0+1} = \varphi \tag{7-69}$$

其中　$C_{I0+1} = \dfrac{\varphi}{\gamma} - \dfrac{\beta}{\gamma} S_{I0}$　$C_{I0+1} = \Phi_{I0+1} + \Gamma_{I0+1} C_{I0} + p_{I0+1} C_{IN+1}$

$$\left(\frac{\varphi}{\gamma} - \Phi_{I0+1}\right) - \left(\Gamma_{I0+1} + \frac{\beta_{I0}}{\gamma_{I0}}\right) C_{I0} - P_{I0} C_{IN+1} = 0$$

$$C_{IN+1} = \frac{\left(\dfrac{\varphi}{\gamma} - \Phi_{I0+1}\right)}{P_{I0}} - \frac{\left(\Gamma_{I0+1} + \dfrac{\beta_{I0}}{\gamma_{I0}}\right)}{P_{I0}} C_{I0}$$

$$C_{I0} = -\frac{\left(\dfrac{\varphi}{\gamma} - \Phi_{I0+1}\right)}{\left(\Gamma_{I0+1} + \dfrac{\beta_{I0}}{\gamma_{I0}}\right)} + \frac{P_{I0}}{\left(\Gamma_{I0+1} + \dfrac{\beta_{I0}}{\gamma_{I0}}\right)} C_{IN+1} = \psi + K C_{IN+1}$$

$$C_{I0} - \psi - K C_{IN+1} = 0$$

节点方程为

$$\sum \left[(I/2 \times 2 + 1 - I) \times 2 + 1 \right] Q_I C_I = 0$$

$$C_I - \frac{A_I}{Q_I} \frac{D}{C} - \frac{B_I}{Q_I} \psi - \frac{B_I}{Q_I} K C_{IN+1} = 0$$

其中

$$A_I = \frac{ABS\left\{\left[(I/2 \times 2 - I) \times 2 + 1\right]Q_I\right\} - \left[(I/2 \times 2 - I) \times 2 + 1\right]Q}{2}$$

$$B_I = \frac{ABS\left\{\left[(I/2 \times 2 - I) \times 2 + 1\right]Q_I\right\} + \left[(I/2 \times 2 - I) \times 2 + 1\right]Q}{2}$$

$$C = \Sigma A_I \quad D = \Sigma B_I S_I \quad C_I = \frac{A_I}{Q_I}\frac{D}{C}$$

一维模型沿河道网格布置有交错法（即水位、流量点交叉布置）和水位、流量同一网格布置法。本模型采用水位、流量同一网格布置法。

7.2.2.2 二维含盐度输移数学模型

1. 二维含盐度输移基本方程

口门外海区含盐度模拟采用二维非恒定流对流—扩散输送模型：

$$\frac{\partial(HC)}{\partial t} + \frac{\partial}{\partial x}(HuC) + \frac{\partial}{\partial y}(H\nu C) = \frac{\partial}{\partial x}\left(D_x H\frac{\partial C}{\partial x}\right) + \frac{\partial}{\partial y}\left(D_y H\frac{\partial C}{\partial y}\right) - KCH + SH \tag{7-70}$$

其中 D_x 和 D_y 可根据 Elder 经验公式计算：

$$D_x = 5.93Hg^{1/2}u/C_1$$

$$D_y = 5.93Hg^{1/2}\nu/C_1$$

式中 C 为含盐度；H 为总水深，$H = h + \xi$；K 为氯的降解速率常数；U、V 分别为 x、y 方向的垂向平均流速分量；D_x 为纵向离散系数；D_y 为横向离散系数；C_1 为谢才系数；S 为单位时间、单位体积的源或汇项，初始条件为 $C(x,y,0) = 0$；闭边界条件为 $\partial C/\partial n = 0$；开边界条件，流出时 $\partial C/\partial t + V_n \partial C/\partial t = 0$，流入时 $C(x,y,0) = 0$。

采用贴体正交曲线坐标系，含盐度基本方程为

$$\frac{\partial(HC)}{\partial t} + \frac{1}{C_\zeta C_\eta}\left[\frac{\partial}{\partial \zeta}(C_\eta HuC) + \frac{\partial}{\partial \eta}(C_\zeta HuC)\right]$$

$$= \frac{1}{C_\zeta C_\eta}\left[\frac{\partial}{\partial \zeta}H\left(\frac{D_\zeta}{\sigma_S}\frac{C_\eta}{C_\zeta}\frac{\partial C}{\partial \zeta}\right) + \frac{\partial}{\partial \eta}H\left(\frac{D_\eta}{\sigma_S}\frac{C_\zeta}{C_\eta}\frac{\partial C}{\partial \eta}\right)\right] - KCH + SH \tag{7-71}$$

式中 D_ζ、D_η 为 ξ、η 方向的混合系数，可根据 Elder 经验公式计算。

方程式（7－71）和二维水流运动控制方程就组成了河口区含盐度输移数学模型。

河口区二维模型基本控制方程采用 ADI 差分法进行离散。基本方程组的求解采用追赶法求解。

2. 方程的离散和求解

在 $N + 1/2\ \Delta T$ 沿 I 方向采用 ADI 法离散水流运动方程和式（7－71）可得：

$$A_I U_{I-\frac{1}{2},J}^{N+\frac{1}{2}} + B_I Z_{I,J}^{N+\frac{1}{2}} + D_I U_{I+\frac{1}{2},J}^{N+\frac{1}{2}} = E_I$$

$$A'_I Z_{I,J}^{N+\frac{1}{2}} + B'_I U_{I+\frac{1}{2},J}^{N+\frac{1}{2}} + D'_I Z_{I+1,J}^{N+\frac{1}{2}} = E'_I \tag{7-72}$$

$$\alpha_I C_{I-1,J}^{N+\frac{1}{2}} + \beta_I C_{I,J}^{N+\frac{1}{2}} + \gamma_I C_{I+1,J}^{N+\frac{1}{2}} = \psi_I$$

根据其边界条件并借助追赶法求解出沿 I 方向水位、流速及含盐度输移物质浓度。

同理，在 $N+1\ \Delta T$ 沿 J 方向采用 ADI 法离散水流运动方程和含盐度方程，根据其边界条件并借助追赶法可求解出沿 J 方向水位、流速及含盐度输移物质浓度。

3. 动边界处理

珠江河口区水域内有大大小小众多岛屿和浅滩，这些岛屿和浅滩随潮起潮落，时隐时现。计算时采用动边界技术，将落潮期间出露的区域转化为滩地，同时形成新边界。反之，将涨潮期间淹没的滩地转化成计算水域。

7.2.2.3　一、二维含盐度数学模型的连接

1. 连接条件

整体模型在一、二维模型连接点上的水位、流量和含盐度满足以下连接条件。

水位连接条件：　$Z_1 = Z_2$　(7-73)

流量连接条件：　$Q_1 = \int U_\zeta H_\zeta \mathrm{d}\zeta$　(7-74)

含盐度连接条件：　$Q_1 C_1 = \int U_\zeta H_\zeta C_\zeta \mathrm{d}\zeta$　(7-75)

式中　Z_1 为一维模型在内边界断面上的水位；Z_2 为二维模型在内边界上各节点的平均水位；Q_1 为一维模型在一、二维模型连接断面上的流量；U_ζ 为二维模型在一、二维模型连接断面法向上的流速；H 为水深；ζ 为一、二维模型连接断面的坐标；C_1 为一维模型在一、二维模型连接断面上的含盐度；C_ζ 为二维模型在一、二维模型连接断面上各节点的含盐度。

2. 一、二维含盐度输移对流扩散模型的联解

一、二维含盐度输移对流扩散模型联解思想与水动力模型联解思想类似，先解出一、二维模型连接断面上的物理量后，分别回代给一、二维模型计算所有各计算点上的物理量。二维模型含盐度输移向一维模型传递主要是在水流从二维模型向一维模型流动及水流处于静止状况的工况条件下才能产生，在水流从一维模型向二维模型流动的工况条件下，二维模型输移物质无法向一维模型传递，在这种工况下一维模型可直接解出一、二维模型连接断面上的物理量，作为二维模型的边界条件。同理，在水流从二维模型向一维模型流动的工况条件下，可用二维模型直接解出一、二维模型连接断面上的物理量，作为一维模型的边界条件。

7.2.3　模型验证

7.2.3.1　模型验证条件

地形资料与前面的水沙模型相同。

模型验证的水文条件采用最新的枯水大潮水文组合“2001.2”，选取计算时段为2001年2月7日17:00至2001年2月10日18:00；由于河口区“2001.2”组合含盐度资料较

少，又加补“91.12”枯水资料，模型主要对河口区进行验证，选取计算时段为1991年12月19日00:00至1991年12月22日1:00。

7.2.3.2 模型验证成果

含盐度验证误差统计见表7－30，验证过程线见水利部珠江水利委员会科学研究所《珠江三角洲河口区潮流泥沙及含盐度耦合联解数学模型研究报告》(2003年8月)。

从表7－34可见，除少数站外，含盐度验证误差平均值基本上都小于20%，含盐度验证过程线与实测过程线基本趋势一致。

表7－34 含盐度验证误差统计

“91.12”		“2001.2”	
验证站点	误差平均值	验证站点	误差平均值
虎门1	－0.7%	大虎	－10.3%
虎门2	2.5%	南沙	12.1%
虎门3	4.8%	冯马庙	20.8%
蕉门	11.2%	横门	15.7%
万顷沙	16.7%	灯笼山	－2.6%
洪奇门	12.4%	黄金	－10.2%
横门	－6.0%	西炮台	11.0%
舢板洲	0.0%	官冲	－17.7%
交椅沙	－7.7%	老鸦岗	6.2%
伶1	－2.5%	石咀	18.3%
伶2	0.4%	竹洲	－32.5%
伶3	1.4%	沙洛围	6.1%
矾1	－7.4%	大石	19.6%
矾2	－2.0%	三沙口	3.0%
深圳湾	－8.8%	上横	16.6%
矾3	0.4%	下横	10.5%
矾4	0.9%	大盛	－8.8%
塔石角1	－3.9%	麻涌	－15.5%
塔石角2	－2.0%	漳澎	－18.5%
大濠岛	0.4%	泗盛围	－15.9%
珠海	8.6%		
抛泥地	11.6%		
黄冲V5	15.7%		
黄冲V1	9.6%		

注 表中误差是指误差平均值，即整个验证过程各个时刻含盐度相对误差的平均值。

7.2.4　珠江三角洲河口区的咸潮活动规律

利用珠江河口含盐度输移数学模型对珠江河口区咸潮活动规律进行了研究，获得如下初步的认识。

7.2.4.1　盐度分布和变化特征

伶仃洋附近水域的盐度分布和变化有如下特征：

（1）盐度自东南向西北递减。由于伶仃洋西北部为蕉门、洪奇门和横门的口门，其径流量大，强劲的径流自西北向东南下泄扩散，而南海潮流的潮波则由东向西传递，潮流挟带的高盐海水进入伶仃洋后，由于受西部浅滩的阻滞，传递速度变慢，潮流势弱，东部深槽传递速度较快，潮流流势强劲，致使上溯海水自东南向西北递减。在南沙港区附近水域涨憩垂线年平均氯度为 1.0‰左右，赤湾则为 13.25‰。

（2）盐度随季节变化明显。在洪水期 6～8 月，因径流量最大，故盐度最低，南沙港区附近水域涨憩垂线平均氯度为 0.05‰，赤湾则为 5.34‰；在枯水期 1～2 月，因径流量最小，故氯度最高，南沙港区附近水域为 1.06‰，赤湾为 9.38‰。

（3）盐度具有半日周期和半月周期变化。由于盐度随潮位的涨高而增大，又随潮位的退落而减小，其变化趋势和周期与潮位基本一致，因而盐度的变化与伶仃洋的潮位变化相应，亦具有半日周期和半月周期的变化特征。

（4）盐度的竖向变化深槽区大于浅滩区。由于伶仃洋深槽区潮流作用较大，盐度的竖向密度坡降大于水平密度坡降，其垂直变化显著；在西部浅滩区，其径流作用占优势，一般盐度的水平差异大于垂直差异，故竖向变化小。

7.2.4.2　含盐度的沿程及平面分布规律

由于含盐度的变化与潮流运动规律有着密切的联系，因而含盐度在河道上的沿程分布是自下而上逐渐递减的，正如潮波上溯不断受到阻滞削弱一样。含盐度的沿程变化程度则视上游来水、下游涨潮势能大小以及河相、地形、地貌等因素的影响而有不同程度的差异。一般情况下，上游径流的多寡和潮汐强弱是影响含盐度大小的主要因子。上游来水量大，潮波上溯距离短，含盐度则小。反之，潮波上溯距离长，含盐度相对增大。对于涨潮势能来说，大潮期咸度大，咸潮上溯距离长。反之，则相反。越靠近海区，潮汐影响越强；口门外浅海地区，洪水期主要受淡水径流控制，在磨刀门拦门沙附近，当小潮时，氯度约为 1.1‰，大潮时在 1.67‰内；而在枯水期，磨刀门拦门沙处的水体主要受潮汐控制，其变化在 5.56‰～8.33‰之间。

含盐度在河口区各水道近口段的分布，一般与各河道的河泄分配数、河口地形地貌、潮汐强弱、水深等因素关系密切。西江天河以下各水道，水深河宽，底坡又比较平缓，本来应有利于咸潮上溯，但因上游径流来量大，潮汐较弱，山潮比大，又有口门外栏门沙阻滞，故咸潮上溯距离及含盐度除崖门银洲湖外都比较小；相反，虎门潮势较强，山潮比小，底坡不陡，水深较大，河口又正对海流方向，最适宜咸潮上溯，枯水期可达紫洞附近，口门外含盐度也接近最大。崖门山潮比小，又受银洲湖的调蓄作用，含盐度及咸潮上溯距离都较大。横门、洪奇门、蕉门等水道上游来水量较大，底坡相对较陡，水深不大且有广阔的口外浅滩和水下沙洲阻滞，致使咸潮上溯较短，含盐度也不大。

7.2.4.3 盐度在河道断面横向及垂直分布规律

珠江三角洲河口区的含盐度在河道断面上的横向分布与潮流速的横向分布是基本相应的，亦即先转负流的河底及近岸部分，含盐度首先增大，当负流达到最大直至涨憩阶段，中涨流速大于两岸，中涨含盐度也随之大于两岸。涨憩过后，中涨落潮流速迅速增大，含盐度随之减小，至落憩时，全断面平均含盐度最小，此后又恢复至初涨阶段而作周而复始的周期性变化。

含盐度在断面上的垂直分布主要受咸、淡水的混合形式所控制。当涨潮流进入口门时，含盐度较大的海流首先从河水底部楔入，河水则从上部流入海洋，即所谓的盐水楔异重流现象。河水与海流在接触面上的不断掺混及其掺混程度不同，使得断面垂线上不同水深处具有不同含盐度。一般情况下，各水道的咸、淡水混合形式以缓混合类型居多；而在枯水期，亦有部分强混合型。混合的结果，使含盐度水面小于半深，半深部分又小于河底，从上到下，含盐度逐渐增大，含盐度的这种垂直分布规律，愈向下游愈明显，尤以涨憩附近最为显著。

7.3 珠江河口耦合数学模型可视化研究

本节笔者已在《水环境数值模拟与可视化技术》一书中发表，本书不再重赘[26]。

参考文献

[1] 叶锦培，何焯霞等．珠江河口潮流输沙数学模型［J］．人民珠江，1986（6）.
[2] 陈晓宏，陈永勤等．珠江口悬浮泥沙迁移数值模拟［J］．海洋学报，2003（2）.
[3] 张二俊．河网非恒定流的三级联合解法［J］．华东水利学院学报，1982（1）.
[4] 武汉水利电力学院．河流泥沙工程学［M］．北京：水利出版社，1980.
[5] 中国水利学会泥沙专业委员会．泥沙手册［M］．北京：中国环境科学出版社，1992.
[6] 窦国仁，董凤舞，XibingDou. 潮流和波浪的挟沙能力［J］．科学通报，1994（1）.
[7] 李义天，胡海明．床沙混合活动层计算方法探讨［J］．泥沙研究，1994（1）.
[8] 李义天．冲淤平衡状态下的床沙质级配初探［J］．泥沙研究，1987（3）.
[9] 钱宁，万兆惠．泥沙运动力学［M］．北京：科学出版社，1983.
[10] 水利部．（SL104—95）水利工程水利计算规范［S］. 1995.
[11] 水利部．（SL99—95）河工模型试验规程［S］. 1995.
[12] 交通部．（JTJ/T233—98）海岸与河口潮流泥沙模拟技术规程［S］. 1998.
[13] 孙立镌．计算机图形学［M］．哈尔滨：哈尔滨工业大学出版社，2001.
[14] 唐伏良，张向明等．科学计算可视化的研究现状及发展趋势［J］．计算机应用，1997. 5.
[15] 唐泽圣等．三维数据场可视化［M］．北京：清华大学出版社，1999.
[16] 于万瑞，李春华等．地球物理科学计算可视化应用系统的开发［J］．物探化探计算技术，1998. 8.

[17] 李妍，黄峰．气象要素矢量场的可视化方法研究［J］．解放军理工大学学报，2000.8.
[18] 朱松林，印霞隽．复杂区域流场计算的驾驭式可视化软件开发［J］．计算机辅助工程，1999（2）.
[19] 赵有皓，张君伦．泥沙运动模拟的动态显示研究［J］．河流模拟理论与实践，1998.10
[20] 艾德才，吴奇．港口建设工程数学模型动态可视化［J］．天津大学学报，1997（6）.
[21] 曾谦，白玉川．多媒体动态演示开放式二维流场［J］．水利水运工程学报，2001.12.
[22] 聂万胜．FORTRAN 程序调用 MATLAB 引擎实现计算可视化［J］．计算机应用，2000.11.
[23] 茅丽华，严以新等．潮流计算结果的可视化［J］．海洋工程，2000（4）.
[24] 曹锦章，陈东明．科学计算可视化与图形的某些虚拟现实研究［J］．计算机仿真，1998.4.
[25] 徐峰俊，刘俊勇．伶仃洋海区二维不平衡非均匀输沙数学模型［J］．水利学报，2003.8.
[26] 金腊华，徐峰俊，水环境数值模拟与可视化技术［M］．北京：化学工业出版社，2004.

第8章　珠江河口遥感技术应用研究

8.1　遥感技术概述

遥感技术是20世纪60年代蓬勃发展起来的，随着现代物理学、空间技术、电子技术和计算机技术、信息科学、环境科学等的发展，遥感技术已成为一种影像遥感和数字遥感相结合的先进、实用的综合性探测手段，被广泛应用于农业、林业、水利、地质、地理、海洋、水文、气象、环境监测、地球资源勘探及军事侦察等各个领域。

8.1.1　遥感的定义

遥感（Remote Sensing，简称RS）就是遥远感知事物的意思，也就是不直接接触目标物，在距离地物几公里到几百公里、甚至上千公里的飞机、飞船、卫星上，使用光学或电子光学仪器（称为遥感器）接受地面物体反射或发射的电磁被信号，并以图像胶片或数据磁带形式记录下来，传送到地面，经过信息处理、判读分析和野外实地验证，最终服务于资源勘探、环境动态监测和有关部门的规划决策。通常把这一接收、传输、处理、分析判读和应用授感信息的全过程称为遥感技术。

8.1.2　遥感的类型

按所利用的电磁波的光谱段分类可分为可见光反射红外遥感、热红外遥感、微波遥感3种类型。

（1）可见光/反射红外遥感。主要利用可见光（0.4～0.7μm）和远红外（0.7～2.5μm）波段的遥感技术统称。前者是人眼可见的波段，后者即是反射红外波段，人眼虽不能直接看见，但其信息能被特殊遥感器所接受。它们共同的特点是，其辐射源是太阳，在这两个时段上只反映地物对太阳辐射的反射，根据地物反射率的差异，就可以获得有关目标物的信息，它们都可以用摄影方式和扫描方式成像。

（2）热红外遥感。指通过红外敏感元件，探测物体的热辐射能量，显示目标的辐射温度或热场图像的遥感技术的统称。热红外遥感的波段范围是8～14μm。热红外遥感具有昼夜工作的能力。

（3）微波遥感。指利用波长1～1000mm电磁波组遥感的统称。通过接收地面物体发射的微波辐射能量，或接收遥感仪器本身发出的电磁波束的回波信号，对物体进行探测、识别和分析。微波遥感的特点是对云层、地表植被、松散沙层和干燥冰雪具有一定的穿透能力，又能夜以继日地全天候工作。

按遥感平台的高度分类大体上可分为航天遥感、航空遥感和地面遥感。

8.1.3 遥感的特点

遥感是从空中利用遥感器来控测地面物性质的现代技术，相对于传统技术，它有许多特点：

（1）探测范围大。航摄飞机高度可达 10km 左右；陆地卫星轨道高度达到 910km 左右。一张陆地卫生图像覆盖的地面范围达到 3 万多 km^2，约相当于我国海南岛的面积。

（2）获取资料的速度快、周期短。实地测绘地图，要几年、十几年甚至几十年才能重复一次，如以陆地卫星为例，每 16 天就可以覆盖地球一遍。

（3）手段多，获取的信息量大。用不同的波段和不同的遥感仪器，取得所需的信息；不仅能利用可见光波段探测物体，而且能利用人眼看不见的紫外线、红外线和微波波段进行探测；不仅能探测地表的性质，而且能探测目标物的一定深度；微波波段还具有全天候工作的能力。

8.1.4 遥感技术发展的概况

1. 遥感信息获取技术

自 20 世纪 60 年代以来，航天技术、传感器技术、控制技术、电子技术、计算机技术及通信技术的发展，大大推动了遥感技术的发展。当人类迈入 21 世纪之际，各种运行于空间、翱翔于空中的遥感平台连续不断在多尺度上对地球进行着观测，各种先进的对地观测系统源源不断地向地面提供着丰富的信息。目前遥感的信息获取正朝着“微观”和“宏观”两个方向发展，今后 10 年卫星遥感将形成一个多层次、立体、多角度、全方位和全天候的对地观测网。

2. 遥感信息提取技术

概括地说，遥感信息提取的方式主要有 3 种：目视判读提取、基于分类的信息提取和基于知识发现的遥感信息提取。

（1）目视判读提取。早期从遥感影像中提取信息的方法是目视判读提取。由于目视判读能综合利用地物的色调或色彩、形状、大小、阴影、纹理、图案、位置和布局等影像特征知识，以及有关地物的专家知识，并结合其他非遥感数据资料进行综合分析和逻辑推理，从而能达到较高的专题信息提取的精度。由于遥感信息计算机自动提取的难度较大，因此目视判读提取在遥感信息的提取中将会长期存在。

（2）基于分类方法的遥感信息自动提取。分类方法是遥感信息提取最常使用的方法之一，其技术核心是对遥感图像的分割。分类可以分为无监督分类和监督分类。

就无监督分类而言，其所分结果，需要专家进行判读和类别的归并，并最终确定其所需的类型。就监督分类而言，需要选取大量的训练样区。分类是建立在数理统计基础上，没有建立在对遥感信息机理分析的基础上，没有建立在知识挖掘的基础上，这样就使得它难以实现遥感图像专题信息提取的全自动化。同时，基于光谱特征的分类难以解决异物同谱的问题。在分类中所获取到的知识通常既不可传递，也难以解释。这样，显然就大大限制了遥感信息提取的自动化。为此，基于知识发现的遥感专题信息提取将成为另一个最有发展前途的方向。

（3）基于知识发现的遥感专题信息提取。基于知识发展的遥感专题信息提取是遥感专题信息提取的趋势。其基本内容包括知识的发现、应用知识建立提取模型，利用遥感数据和模型提取遥感专题信息。在知识发现方面包括从单期遥感图像上发现有关地物的光谱特征知识、空间结构与形态知识。从多期遥感图像中，除了可以发现以上的知识外，还可以进一步发现地物的动态变化过程知识；从 GIS 数据库中可以发展各种相关知识。在利用知识建立模型方面，主要是利用所发现的某种知识或所有知识建立相应的遥感专题信息提取模型。

8.2 遥感技术在珠江河口治理规划与治理工程中的应用研究概况

早在 20 世纪 80 年代初，遥感技术就已经开始应用于珠江河口的治理研究。在 80 年代初，珠江水利委员会科学研究所与水利部遥感中心、广东省地理研究所、广东省环境保护研究所等单位共同承担国家"六五"重点科研项目《珠江三角洲及珠江口滨海区多光谱扫描航空遥感试验》。该试验除获取多光谱扫描影像数据外，还进行同步水体光谱测试。其中，对伶仃洋和磨刀门开展水体遥感专题研究，初步掌握河口遥感影像特征的目视判读解译方法。为了配合珠江河口综合治理规划工作，珠江委于 1982 年从美国一次性购买珠江三角洲及河口区的 Landsat－1 卫星 Mss（共 4 个波段，分辨率为 78m/像元）负像胶片共 14 套（从 1973～1979 年），这批卫星遥感资料成为利用卫星遥感信息研究珠江河口的最早资料。通过探索实践，初步掌握多光谱卫星遥感彩色合成影像的光学处理方法和河口水沙流路及近岸地貌类型的目视判读方法。1984 年，珠江委科研所与广东省地理研究所共同承担了广东省科委下达的《遥感技术在珠江伶仃洋河口规划整治开发中的应用》研究课题，这项研究是遥感为河口的整治规划与开发而进行综合应用的一次尝试。历经 3 年多的实践，取得了较好的研究成果，该成果获广东省科技术进步奖二等奖；根据其成果编著了《伶仃洋遥感应用研究》一书，于 1990 年由科学出版社出版。

自中国科学院卫星遥感地面站于 1986 年建站后，由于能直接从地面站不断获取分辨率为 30m/像元的 Landsat－5 TM 数据，珠江河口的遥感技术应用研究工作进入遥感动态监测与分析应用阶段。为了更有效地从卫星遥感数据提取河口地形地貌、水流泥沙等定性定量特征信息，近 10 多年来，笔者开展了多项的基础理论研究和实验研究：其一，珠江口悬沙水体光谱特性研究。主要通过野外含沙水体的光谱特性测试和在实验室对珠江口泥沙配制不同浓度水体进行光谱特性测量。通过以上实验研究，其实验成果为后来珠江河口遥感悬浮泥沙定量模型研究提供理论依据。其二，与卫星过境同步进行定点水文观测。近 10 多年来不间断地对不同河口边界及不同动力环境条件下的卫星过境日进行定点水文观测，观测内容有水深、流向、流速、中表层水体含沙量、风向风速等。分析了卫星遥感数据与水流（流向、流速）、水深和含沙量等的相关关系。通过以上一系列的实验和分析研究，逐步建立了珠江河口特征要素的遥感影像信息的目视解译标志和分析方法。其中，珠江河口水域含沙量分布的遥感定量模型的确定成果已成功地应用到多项河口综合治理规划、港口工程方案论证等专题研究，取得较好的应用效果。

由于遥感技术是近 30 年才发展起来的高新技术，如何利用这一技术为河口治理规划与治理工程服务，这需要不断探索实践，从实际应用工作中摸索方法，做到理论与实践相结合，以理论指导实践，又通过实践提高理论水平。近 10 多年来，珠江委科研所遥感技术队伍敢于实践，先后承担了水利部下达的《伶仃洋治导线规划》、《黄茅海与鸡啼门治导线规划》、《珠江河口澳门附近水域综合治理规划》等的遥感技术应用专题研究，以及《磨刀门整治工程效果分析》中的遥感分析专题。此外，还承担了由交通部牵头的国家"八五"重点科技项目（攻关）《珠江口伶仃洋航道整治技术的研究》中的遥感分析专题，通过对 17 景卫星影像数据的计算机处理和综合对比分析，从水动力环境和水沙运动特性等方面对广州港出海航道的选线方案进行论证，推荐了伶仃水道为广州港出海航道，其结论与其他技术手段的论证相一致，被上级决策部门所采纳。该遥感技术分析成果受到国内有关专家组的重视，给予很高的评价，认为达到国际同类先进水平。

进入 21 世纪，随着珠江三角洲经济建设的快速发展，珠江河口的综合治理与河口资源的合理开发显得同等重要。一批河口治理工程和港口航道开发工程项目正在规划和实施。工程项目方案的论证采用了多学科、多技术手段进行分析研究。珠江委科研所遥感与 GIS 技术应用研究室近几年先后承担了广东省河口整治指挥部委托的《珠江河口局部区域演变研究》课题，以近 30 年的系列遥感资料，结合历年的水文观测资料及水下地形资料，对伶仃洋的蕉门、洪奇门及横门 3 个口门和磨刀门河口进行滩槽冲淤演变分析和水动力环境变化分析。另外，承担了广州市交委的《广州南沙港区环境泥沙与工程泥沙研究》课题中的《广州南沙港区附近水域水沙运动及滩槽演变遥感分析》；承担了深圳港务局委托的《深圳铜鼓航道选线可行性论证》中的《深圳港铜鼓航道附近水域演变分析》等专题研究。以上的河口治理与开发工程方案论证的遥感技术应用专题研究，在技术方法上采用了遥感技术与 GIS 技术相结合；遥感资料与非遥感资料相结合；平面分析和三维空间分析相结合的数字化、系统化的综合分析方法。这一新技术方法，既保留了传统的河口演变分析法，又充分发挥了遥感信息的宏观性、现势性、空间连续性及全数字化的优势；也发挥了 GIS 技术的空间分析功能和对大量的空间数据（栅格数据和矢量数据）的存储、处理和管理功能，从而为进一步建立珠江河口治理规划与治理工程信息管理系统打下基础。

8.3　珠江河口地物特征的遥感影像判读与分析方法

珠江河口属潮汐河口，既具有内陆河流的特征，如径流的洪水、中水、枯水的季节变化，又有海洋的某些特征，如潮汐的涨落，大、中、小潮的变化，而且还受风浪的作用，大风时会产生增水和减水。同时，在河口区，由于海水与淡水在此交汇，两者的密度不同，故存在盐水、淡水混合和盐水入侵的问题。潮汐河口的泥沙来源，既有河流来沙，也有一定数量的海域来沙，在河口区的各种动力因素的作用下，其泥沙运动的时空变化极为复杂。因此，潮汐河口区的动力因素具有多样性和多变性的特点，从而使珠江河口的河床演变规律变得非常复杂。

如何从遥感影像信息分析珠江河口特征，这是遥感技术在珠江河口治理研究中的重要环节。遥感影像特征的分析方法包含遥感影像特征的计算机处理方法和对其解译判读及分析方法。

8.3.1 计算机遥感影像处理

河口特征的遥感信息处理通常是通过遥感图像处理系统进行的。国外的系统主要有ERDAS和ENVI等；我国也有许多图像处理系统。无论是国外或国内的处理系统，其基本处理功能大致相同。如遥感图像的几何校正、遥感信息的增强处理、遥感图像的地物分类和遥感专题制图等。笔者从20世纪90年代中以后，主要是使用美国的ENV1图像处理系统。

1. 几何纠正

陆地卫星成像时，由于卫星姿态、高度、速度的变化，地球自转及其曲率的变化，以及卫星仪器不稳定等原因，遥感图像会产生畸变。几何畸变的一部分，在遥感图像被交到用户手中之前，已由几何粗纠正消除。经过几何粗纠正后，遥感图像仍存在较大的几何误差，只能供一些定量要求不高的应用研究使用，若要进行涉及面积统计的资源清查等工作，就需要有更为精确的卫星影像，这就要求对遥感图像进行精纠正。几何精纠正是利用地面控制点来进行的。它通过GCP数据对原始卫星图像的几何畸变过程进行数学模拟，从而建立原始的畸变图像空间与大地坐标系之间的某种对应关系。然后利用这种对应关系把畸变图像空间中的全部像元变换到校正图像空间中去，实现几何精纠正。纠正空间多为高斯一克吕格投影空间。

首先求出原始图像空间 F 中像元 $F(x,y)$ 在 G 空间中的对应位置 $G(\zeta,\eta)$ ，然后将相应的亮度值移过去，即

$$G(\zeta,\eta) = L\{F(x,y)\} \tag{8-1}$$

$$f(x,y) \Rightarrow g(\zeta,\eta) \tag{8-2}$$

事实上，L 变换关系可以用二元多项式来模拟：

$$x = L_1(\zeta,\eta) = \sum_{i=0}^{n} \sum_{j=0}^{n-i} a_{ij}\varepsilon_i\eta_j \tag{8-3}$$

$$y = L_2(\zeta,\eta) = \sum_{i=0}^{n} \sum_{j=0}^{n-i} b_{ij}\varepsilon_i\eta_j \tag{8-4}$$

式中 x、y 为原始图像空间像元坐标；ζ、η 为校正图像空间网格坐标；a_{ij}、b_{ij} 为待定系数；n 为二元多项式次数。

用最小二乘法进行曲面拟合求得系数 a_{ij} 、b_{ij} ，从而具体地确定数学模式。对于一幅TM（遥测）图像，一般需要9～30个地面控制点。选用的多项式次数越高，所需要的控制点也越多，计算量也越大。一般多项式次数 n 用2～3次就可以了。

2. 线性拉伸

线性拉伸是将原图像中用户感兴趣的密度范围按线性关系扩展到任意指定范围，以利于人眼辨别感兴趣的目标。

设原图像的亮度值变量为 Z ，用户感兴趣的密度范围为［ a ，b ］，要扩展到的密度范围为［ Z_a ，Z_b ］，扩展后的亮度值变量为 Z' ，有：

$$a < Z < b$$

$$Z_a < Z' < Z_b$$

$$\frac{Z - Z_a}{Z - a} = \frac{Z - Z_b}{Z - b}$$

$$Z' = \left(\frac{Z_b - Z_a}{b - a}\right)(Z - a) + Z_a \tag{8-5}$$

对河口图像线性拉伸，能使指定范围的影像灰度值得到扩展，从而突出局部细节，达到增强水动力结构的微小差别，在图像处理中，可以采用改进的监督式线性拉伸的方法进行处理。即选择一定的练区，了解要增强的目标在灰度空间的灰度分布状况，经统计得到合适的参数，然后在（0，255）空间内进行线性拉伸。经这样的处理后，一些水下建筑物（水下抛石堤）可被清晰地提取出来。

3. 指数变换

此变换是使输出图像与待处理的输入图像亮度值的关系为指数形式：

$$Y = b^{c(x-a)} - 1 \tag{8-6}$$

式中　a、b、c 为修改变换曲率的参数。

这些参数由用户自己选择，指数变换有利于增强高浓度悬浮泥沙流的信息。

4. 对数变换

此变换是使输出图像与输入图像的亮度值关系成对数形式：

$$y = a + \ln(x + 1)/b\ln c \tag{8-7}$$

式中　x 为输入图像的亮度值；y 为输出图像的亮度值；a、b、c 为控制变换曲线形状的参数。

对数变换能使低浓度悬浮泥沙流的信息得到增强。

5. 直方图均衡化

原遥感图像的直方图一般分布极不均匀，大部分信息只集中在极窄的密度范围中。通过对直方图的压缩、拉伸，可改变直方图各部分的比例，使直方图呈均衡分布，从而有效地利用密度空间，达到图像增强的目的。

直方图均衡化的原理是找出一变换函数 $T(Z)$，变换原直方图为均衡直方图，然后按均衡直方图调整原图像。设原图像亮度值变量为 Z_A，概率密度函数为 P_A，变换后新图像的亮度值变量为 Z_B，概率密度函数 P_B 则有：

$$P_B(Z_B) = \frac{1}{L}Z_B = T(Z_A) \tag{8-8}$$

$$T(Z_A) = L\int_0^{ZA} P_A(Z)\mathrm{d}Z \tag{8-9}$$

在离散情况下：

$$T(Z_K) = \sum_{i=0}^{k} P_A(Z_K) \tag{8-10}$$

6. 卷积

滤波能增强遥感图像中某些频率特征的地物，从而达到识别地物的目的。滤波技术分空域滤波和频域滤波两种。空域滤波运算简单，精度较低；频域滤波运算量大，较复杂，但精度高。

空域滤波可以通过卷积来进行，利用梯度法、拉普拉斯算子等方法，得到不同的模板进行卷积处理。当选用适当的模板，能清楚地突出不同河流之间、河流与海洋之间相互作用的关系，从而可了解河口水动力条件的冲淤变化情况，而且水下地形也得到适当增强。要选择合适的模板，必须事先对要处理地区的地物特征有所了解，掌握好专业的要求，有一定的专业知识。例如，在珠江河口伶仃洋水下地形信息增强过程中，笔者知道伶仃洋水下浅滩多为西北、东南走向发育，且为了得到正立体的视觉效果，笔者就利用了该方向的如下模板进行卷积处理，使大部分的水下地形得到充分显示。

$$\begin{matrix} 0 & 1 & 1 \\ -1 & 0 & 1 \\ -1 & -1 & 0 \end{matrix}$$

7. 主成分变换

主成分变换能将多波段的遥感信息压缩到较少的维数上，从而可以进行彩色合成或进一步对其进行处理，以达到尽可能少地丢失信息的目的。

可以选择经主成分变换后的新的几个变量中的前 m 个变量来表示 X，从而达到压缩维数的目的，在伶仃洋图像处理中，笔者利用主成分变量对 TM 图像中的 6 个波段进行信息压缩，然后再对信息压缩后的图像进行增强处理，有效地利用了 TM 图像各个波段的信息，又便于图像处理。经处理后的图像突出了水动力结构、水下地形及潮间带的微小变化。

8. 结构信息参与计算机分类

遥感影像可提供 3 个方面的信息：光谱信息、结构信息和时间信息。而现在的一般计算机图像处理系统的分类方法只考虑了地物的光谱信息，在分类时只是对像元的亮度值依据一定的准则进行分类。地学上的分类要考虑到成因、形态（结构）、物质组成等因素，而遥感影像的像元亮度值主要反映的是地物的物质组成。因此，由亮度值（波谱特征）进行分类得到的类型与实际的地学类型有时会不一致，这是分类原则不一致造成的。有必要在计算机分类时引进结构信息参与分类，这样可大大提高分类精度。

利用统计方法我们可以根据地物的波谱特征 $X=(X_1, X_2, ..., X_n)$ 来识别地物。

当引进地物的结构信息 $X'_1, X'_2, \cdots, X'_m$ 后，即 $X=(X_1, X_2, \cdots, X_n, X'_1, X'_2, \cdots, X'_m)$，仍然可用传统的统计方法来识别地物。此时可用主成分分析来筛选恰当的特征量，以减少计算量。

问题的关键在于如何在遥感影像上提取地物的结构信息。如何提取结构特征，无法给出统一的准则，我们只能根据这样的原则，要使分类的错分率尽可能小，计算机分类的时间尽可能短。

结构特征提取的方法很多，可利用影像某一点的邻域的亮度变化来代表该点的结构特征，如亮度方差统计反映了某一像元所在邻域亮度值离散的情况；线度统计反映了线性影像的多少、长度等状况；矩特征则是严格地建立在数学基础上，它对大小变化、旋转、平移不灵敏，可用来描绘影像的结构特征。

9. 假彩色合成

用 TM_4，TM_3，TM_2（R，G，B）波段假彩色合成影像可提供径流和潮流的动力特征、悬浮泥沙的输移方向得到显著增强。因为 TM_3 波段对悬浮泥沙比较敏感，信息层次多，但对水动力特征反映不理想，而 TM_4 波段能显示浓度较高的悬浮泥沙信息，对浓度较低的悬沙信息不太敏感，合成后拉开了不同浓度悬沙信息色调的距离，径流和潮流相互作用的水动力特征、悬沙输移方向反映都很清晰。

8.3.2　河口特征的遥感分析方法

河口特征的遥感分析方法有遥感影像特征的目视判读方法和遥感定量模型分析方法。后者单独论述。

1. 遥感影像目视解译标志

影像的色调和图形特征是影像目视解译的基本依据。色调反映影像的物理性质，即反映地物对不同波长电磁波的光谱响应特征，图形反映影像的几何性质，即反映地物的形状、大小和结构等特征。河口是海陆过渡带，径流和潮流相互作用的许多现象在影像上都有其特定的特征标志。

（1）海水。进入河口的海水实为近岸水团，水体蔚草蓝，含盐度较高，MSS5 或 TM_3 波段呈灰黑色调，TM_4、TM_3、TM_2 波段假彩色合成影像呈深蓝色调。涨潮、落潮过程，海水沿主槽向口门入侵，从主槽区的色调，可以解译该河口主槽是否属于潮流作用为主的重要特征标志。

（2）径流淡水。来自河流的上游，洪水期水体比较混浊，枯水期比较清澈，在 MSS5 或 TM_3 波段分别是偏白和灰色调，枯水期径流有时用眼睛很难和潮流区别，但用计算机处理后则易区分。

（3）冲淡水。是海水与径流淡水相混合所形成，有一定盐度，但明显比海水低，且有一定的混浊度，属海水与径流淡水之间的过渡性水团，在影像上亦呈它们之间的过渡色调。

（4）悬浮泥沙。在卫星影像上有很好反映，是水流运动的良好示踪物。MSS5 或 TM_3 波段呈白色调，TM_4、TM_3、TM_2 波段假彩色合成影像呈偏白色或淡黄色。色调的浓度便表示水体含沙量的多寡。它的前沿具有不同的图形特征，如舌状、尖灭状、指状、羽状、蘑菇状等。把沿程路线加以标示，就是悬浮泥沙输移迹线。

（5）盐水楔。出现于海水向径流淡水入侵的前沿。因径流淡水常常含有一定的悬浮泥沙，所以在黑白影像上海水呈灰黑色调，与反映悬浮泥沙的白色调形成鲜明对照。径流含沙愈多，盐水楔特征界线愈明显。不过，它只是反映水表层的盐水楔，因海水比重大，向淡水入侵是从下层开始，所以下层盐水楔位置比表层为远。

（6）盐淡水混合。海水随潮流向河口上溯过程，与上层淡水发生混合时所出现的一种现象。影像反映为色调深浅不均，多在涨潮时的主潮流两侧。

（7）喷射流。是指淡水或冲淡水通过口门窄口向口外排泄时所形成的一种特殊现象。也可以说是含沙量大但密度小的水流通过窄口泄入含沙量小而密度大的口外水体所形成的一种现象。

如磨刀门在洪水期落潮时段，下泄径流通过横洲后形成喷射流［见图 8－1（a）］，它的形成显然与水流刚出窄口流速仍较大有关。常呈前窄后宽的喇叭形或长条形，沿程很少与两侧水流混合，当流速减缓时其前沿可扩散成蘑菇状。

（8）环流。在河口区，受地形边界的作用和水流动力的影响，常常出现半闭合或闭合环流。如岛周环流、岛尖分离流动与湾内低压带补偿流动形成的环流［见图8－1（b）］。

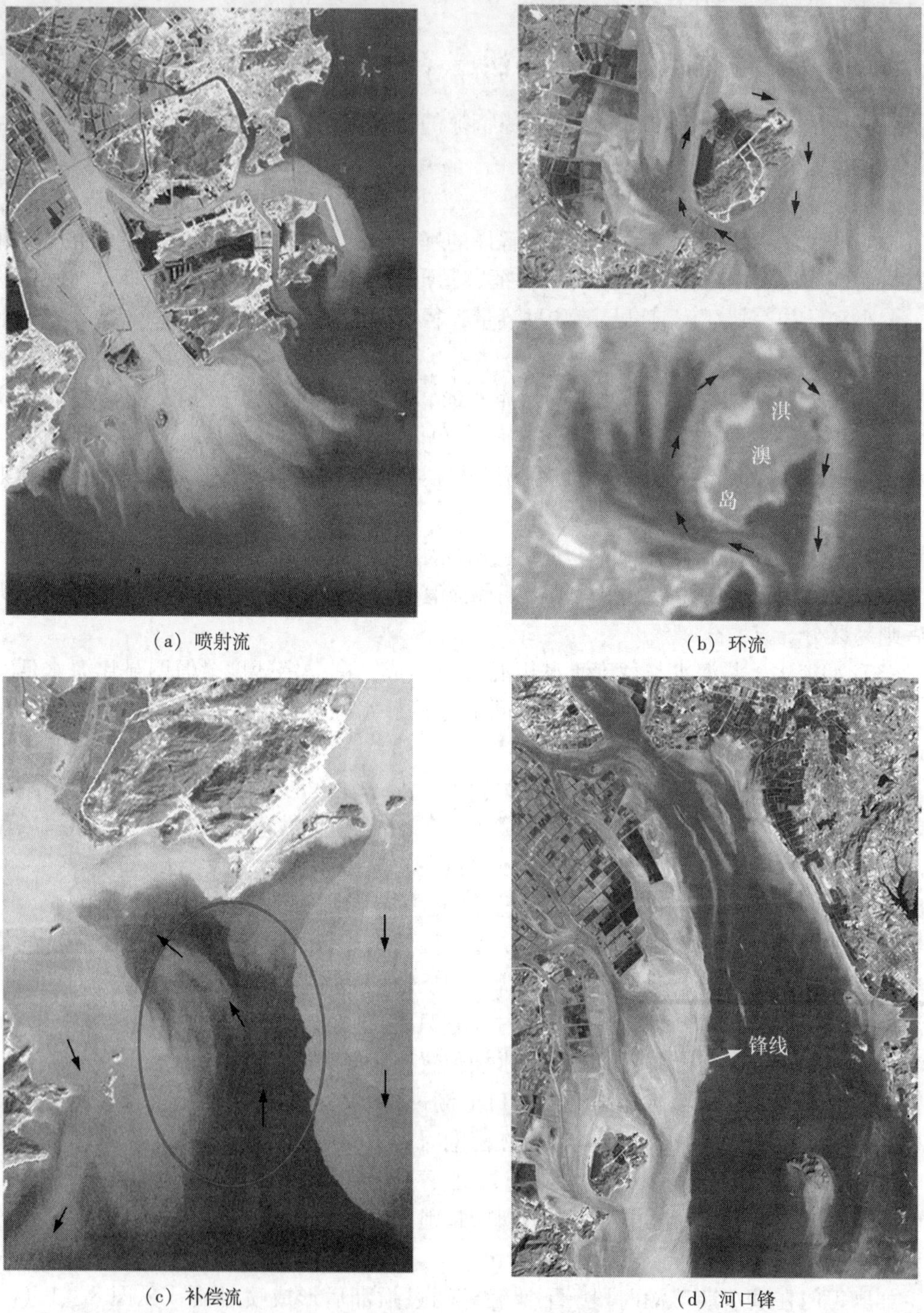

（a）喷射流　（b）环流

（c）补偿流　（d）河口锋

图8－1　珠江河口特征遥感影像解译标志

（9）补偿流。在河口区，不同水团运动过程，形成高、低压带，造成另一区域的水体向低压区流动，形成补偿流流态［见图 8－1（c）］。

（10）河口锋。根据海洋锋的定义，锋是不同水团之间的“碰撞线”有强烈的水平和垂直运动，以及海水的混合（Bowman and esaias 1978）。发生于河口区的锋，统称之为河口锋，遥感影像能直观地显示各种河口锋的形态。如伶仃洋在落潮时段，从蕉门、洪奇门和横门出口，以径流为主的浑水因与从虎门下泄的以潮流为主的水团，在伶仃洋形成了一条自上而下的明显示界线，该线即为河口锋线［见图 8－1（d）］。

2. 遥感影像解译的地学方法

河口是具有周期性动态特征的自然环境综合体。卫星影像全面地记录着它的形态特征及结构信息。虽然它是运动中的瞬时信息，短时内就发生变化，这与陆地情况有很大不同。但是，这种变化是有其时空变化规律的。因此，进行卫星影像解译时，必须运用地学知识，充分发挥地学分析方法的作用。很多经验表明，影像处理固然是专业解译的重要基础，但专业知识和工作经验往往是决定影像解译深度的重要因素，其道理就在于此。下面是常用的几种分析方法。

（1）水动力分析。河口的水动力受径流、潮汐、波浪、风、地形等多种因素的影响。潮汐的作用，使河口形成涨潮、落潮水流、涨落潮交汇水流，受风的影响，形成风浪流；各种水流在往复运动过程中，受地形边界的影响，出现了十分复杂的水流流态。因此，在对每一幅遥感影像进行流态特征分析时，必须紧密联系水动力因素的相互作用，从中解译形成某一流态的水动力机理。此外，参考河口区内各潮位站记录的卫星过境日潮位变化过程，分析流态特征与潮位变化的关系，从而提高对遥感影像解译的准确性。

（2）周期性分析。主要是指遥感影像与河口水文动态（包括潮汐变化、悬浮泥沙运动、盐水活动等）的日变化和季节变化的周期性规律分析。对此，多时相的卫星影像相互可以发挥很好作用，尽管它的信息是瞬时的，但只要时相足够多，把潮情近似的影像加以分类排列，不同潮情下水文动态特征便可一目了然。因此，只有很好地利用它们的时间模型，才能取得好的解译效果。

（3）空间特征分析。主要指遥感影像与河口有关因子的平面分布和垂直分布的规律进行对比分析。卫星影像对河口组成因子的平面分布规律反映比较清晰，如珠江口伶仃洋悬浮泥沙的分布是西部海区高，东部海区低；在西部海区，悬浮泥沙高值中心往往出现在中部，而不是在口门；盐水活动则是东部强于西部，等等。水文要素垂直分布情况在卫星影像上不易得到反映，必须在参考已有数据的同时结合地学分析方法。例如，对伶仃洋盐水活动的解译，盐水的密度大于淡水，盐水入侵淡水是从下层开始，两者发生混合是从下层向上层。这就解释了盐淡水混合在影像上出现块状花斑的原因。

（4）相关分析。是指遥感影像与河口相关要素进行对比分析。例如悬浮泥沙的分布与水下地形有一定的相关关系，影像上反复出现的高悬沙区域往往就是浅滩或是主要沉积部位，悬浮泥沙的输移方向与浅滩发育具有一致性；又如盐水楔活动频繁的海区，泥沙沉积速度必定加快。

8.3.3 珠江河口悬浮泥沙遥感定量分析方法

河口悬移质泥沙的空间分布的动态监测是研究该区域冲淤演变规律和演变趋势的基础。如何利用卫星遥感信息探测水域悬移质泥沙含量，国内外都做了大量的试验研究和应用研究，主要有含沙水体反射率的波谱特性研究和从遥感数据测试水体含沙量的模型研究。含沙水体反射率的波谱特性研究包括室内模拟试验和野外的光谱测试。笔者从 20 世纪 90 年代开始，一直进行珠江河口的悬沙遥感定量分析研究和实际应用，取得了较好的研究成果，并应用到珠江河口治理规划和治理工程项目。

1. 含沙水体反射率波谱特性研究

含沙水体反射率波谱特性研究可以通过室内模拟试验和室外水域测试结果加以分析。

（1）室内模拟试验与分析。

1）试验条件：

a. 光谱仪。测量采用 PM－12A 光谱反射计（日本生产），波长的测量范围从可见光到红外光（400～1050μm），仪器波长连续可调，分辨率为 25μm，仪器现场角为 2°。输出信号被显示在探测器内的对数安培计上。由于该仪器使用标准反射率白板为参考板，所以测量精度高，光谱反射率也容易测到。采用该光谱仪与珠江口现场光谱测量所用仪器相同，以便对比分析。

b. 水样桶。实验的盛水桶为略带椎形的圆柱形塑料桶，直径为 42cm，高度为 40cm（体积为 55L）。桶壁及底部均涂上不反光黑漆，以消除反射。桶内存水水面距桶壁顶端小于 2cm，以防止桶壁阴影的影响。桶底采用磁感应搅拌装置，防止泥沙在实验过程中沉降，确保桶内泥沙浓度的均匀。

c. 泥沙样品。泥沙样品采用珠江河口伶仃洋西部浅滩区底质，实验前配制成不同浓度的悬浊液，相继加入桶内，使桶内水体逐级达到设计浓度。测完每级浓度的水体光谱反射率后，随即接采水样 300mL，检验含沙量浓度值是否达标。

d. 环境条件。实验于 1992 年 11 月 25、26 日两天在室外进行，该日天气晴朗，天空无云，能见度好，风力小于 1～2 级，北京时间 10：30～14：00 进行测量，太阳高度角约 37°。

2）试验过程：

a. 水样桶内装满 55L 清洁自来水后，启动磁感应搅拌装置，调整桶底搅拌的个数和转速，使桶内水体作匀速运动，以防止泥沙沉降，但水面不能出现有明显高低的漩涡，防止产生水面反射光进入光谱反射计。

b. 将光谱仪固定在三脚架上，控制仪器方位角与太阳方位角近似保持 $\pi/2$ 或 $\frac{3}{2}\pi$ 之差，垂直向下观察，使得几何参量影响最小。调整仪器高度，使圆桶水面都在视场角内，但桶壁在外，仪器距水面约 70cm 左右。

c. 先测清水的光谱反射率曲线。

d. 加入预先配制的悬浊液，搅拌片刻，待桶内浓度均匀后，开始测量光谱反射率。

e. 相继加入悬浊液，不断增加水体含沙浓度，进行光谱反射率测试。

3）计算光谱反射率及绘出反射率曲线。取得全部实践数据后，经过订正，按下式计算含沙水体光谱反射率：

$$R_W = R_S \times 10^{V_W - V_S} \qquad (8-11)$$

式中　R_W 为含沙水体反射率；R_S 为标准板反射率；V_W 为探测水体时，仪表指针读数（对数间隔）；V_S 为探测标准板时，仪表指数读数（对数间隔）。

使用这种方法计算就不需要对光谱辐射计作辐射能量标定，而且光谱辐射计和目标物之间所产生的大气吸收和散射的影响也可以忽略不计。所有不同浓度水体的光谱反射率算出后，绘出珠江口不同浓度水体的光谱反射率曲线（见图 8－2）。

4）试验数据分析。地物光谱测量是遥感测量的基础工作，实验室模拟光谱测量是在稳定可控的条件下模拟实际环境的基础研究，目的在于从理想稳定的条件下得到实际研究问题的基本概念，为实际应用中的水体含沙量遥感的最佳波段选择和遥感数据与水体含沙量的定量相关模式的确定提供依据。为此，利用统计学原理对实验数据作以下数学分析。

a．不同波长对水体泥沙浓度变化的光谱响应灵敏度。表 8－1 列出 17 个波长的反射率与对数泥沙含量的相关系数；图 8－3 绘出 17 个波长的反射率与对数泥沙含量的关系图。图、表都说明，400～475μm 波长的光谱反射率较弱地依赖于水体内悬浮泥沙浓度的变化；500～1051μm 波长的光谱反射率与水体对数泥沙含量有着密切的关系，反射率随浓度的加大而增大，尤以 700μm 的线性相关为最好。它的相关系数 R =0.993，其回归方程如下：

$$\rho_{(700)} = -0.1069 + 0.045\ln x \qquad (8-12)$$

式中　ρ 为反射率；x 为水体泥沙浓度。

表 8－1　　各波长相对反射率与对数泥沙含量的相关系数

波长（μm）	400	425	450	475	500	525	550	575	600
系数 R	0.374	0.502	0.548	0.795	0.916	0.951	0.885	0.955	0.926
波长（μm）	625	650	675	700	800	900	1000	1050	
系数 R	0.847	0.972	0.985	0.993	0.979	0.979	0.958	0.961	

表 8－2　　珠江单波段落平均反射率与泥沙含量

编号	mg/L	TM_1	TM_2	TM_3	TM_4	CH_1	CH_2
1	30	0.0546	0.0632	0.0621	0.0493	0.0661	0.0116
2	50	0.0611	0.0732	0.0747	0.0564	0.0784	0.0297
3	100	0.0695	0.0905	0.0918	0.0727	0.0944	0.0670
4	150	0.074	0.0995	0.1143	0.0937	0.1104	0.0816
5	200	0.0753	0.1095	0.129	0.1039	0.1242	0.0939
6	250	0.0826	0.1234	0.143	0.1197	0.1376	0.1045
7	300	0.077	0.1234	0.142	0.121	0.1376	0.1045
8	350	0.0836	0.124	0.1598	0.1357	0.1448	0.1152
9	400	0.0809	0.1326	0.1645	0.1453	0.1524	0.1217
10	500	0.0862	0.1332	0.1675	0.1487	0.1554	0.1266
11	600	0.0816	0.1248	0.168	0.1597	0.154	0.1350
12	700	0.0888	0.1338	0.1735	0.1657	0.157	0.141
13	800	0.0895	0.1476	0.184	0.1713	0.1528	0.1424
14	900	0.0905	0.1404	0.1788	0.1743	0.159	0.1484
15	1000	0.0849	0.1496	0.1845	0.1757	0.1738	0.1504

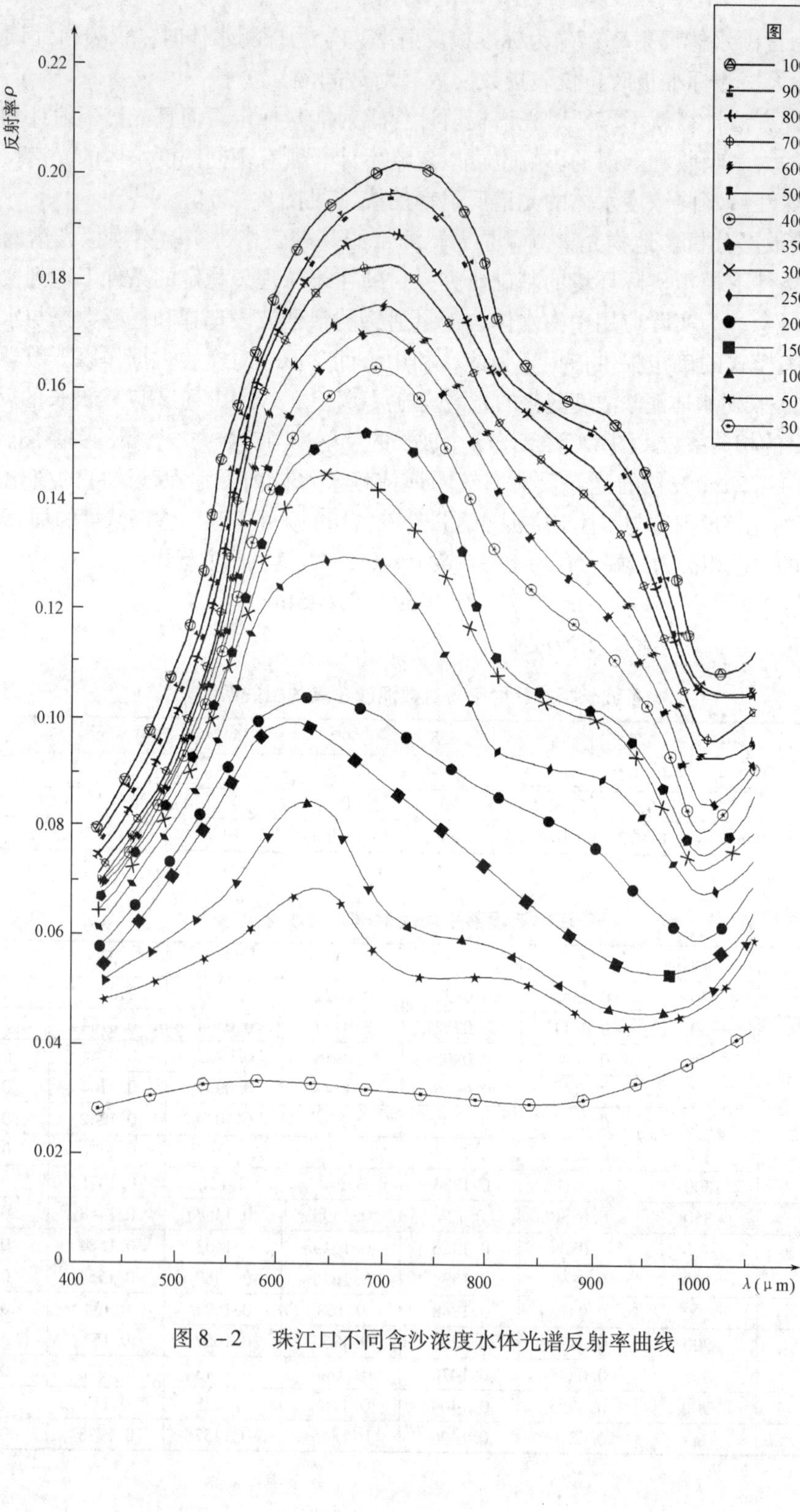

图 8－2　珠江口不同含沙浓度水体光谱反射率曲线

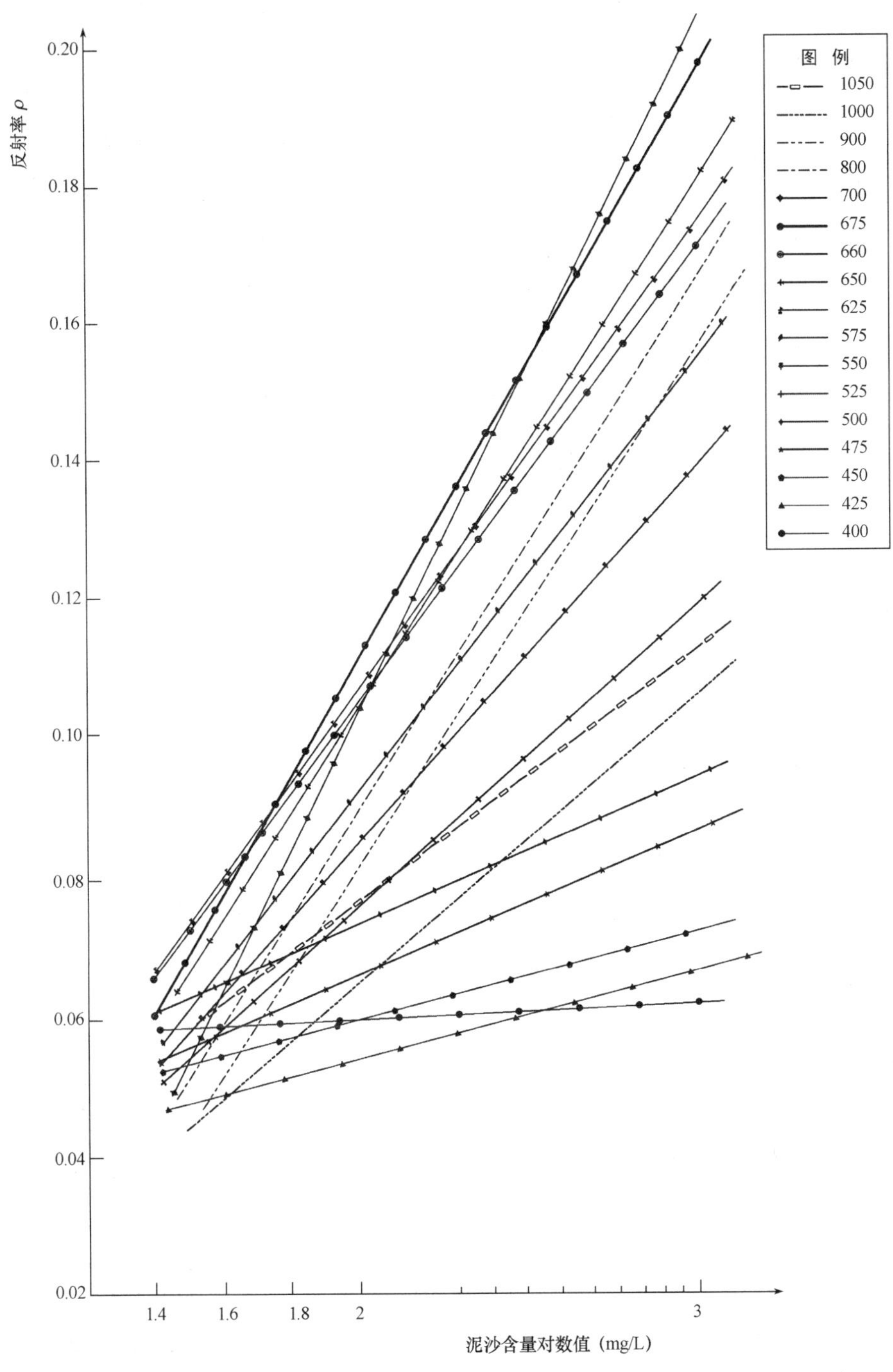

图 8－3　17 个波长的反射率与对数泥沙含量的关系曲线

表 8－3　　珠江泥沙含量与光谱反射率的相关模式

拟合方程	$y = a + bx$			$y = a + b\ln x$		
波段 \ 拟合参量	a	b	R	a	b	R
TM1	0.0673	0.00003	0.813	0.0249	0.0095	0.963
TM2	0.088	0.0001	0.862	－0.0184	0.0241	0.980
TM3	0.0956	0.0001	0.875	－0.07	0.0376	0.989
TM4	0.0730	0.0001	0.926	－0.1014	0.0402	0.989
CH1	0.0966	0.0001	0.852	－0.0356	0.0298	0.982
CH2	0.0551	0.0001	0.878	－0.121	0.0399	0.997

表 8－4　　珠江泥沙含量与波段比值的相关模式

浓度（mg/L）\ 比值	TM_3/TM_1	TM_3/TM_2
30	1.1374	0.9826
50	1.2226	1.0205
100	1.3209	1.0144
150	1.5446	1.1487
200	1.7131	1.1588
300	1.8442	1.1507
350	1.9115	1.2887
400	12.0333	1.2406
500	1.9432	1.2575
600	2.0588	1.3462
700	1.9538	1.2967
800	2.0599	1.2466
900	1.9757	1.2735
1000	2.1731	1.2333
拟合方程	$y = 0.0813 + 0.2993\ln \frac{TM_3}{TM_1}$	$y = 0.6525 + 0.0949\ln \frac{TM_3}{TM_2}$
相关系数	0.968	0.903

b. 不同波段对水体泥沙浓度变化的光谱响应灵敏度。目前在河口悬浮泥沙遥感定量的应用研究中，大量应用的是 Landsat 卫星的 TM 数据和 NOAA 卫星的 AVHRR 资料。它们的工作波段分别为：$TM_1$450～520μm、$TM_2$520～600μm、$TM_3$630～690μm、$TM_4$760～900μm、$CH_1$580～680μm、$CH_2$725～1100μm。分波段计算水体含沙浓度与光谱反射率的

相关关系，选择最佳波段，对遥感应用研究有实际指导意义。

由于分光式光谱仪得到的求和平均反射率基本上可替代通带式的波段反射率。因此，我们将分光式光谱仪测得的分波长反射率，按 TM 和 AVHRR 的波段范围求和平均，取得各波段的平均反射率（表 8 –2），然后与泥沙浓度进行相关分析和回归分析，采用最小均方差来拟合它们之间所遵循的相关模式。根据以往的研究表明，泥沙含量的变化与光谱响应之间因具体条件不同，基本上表现为两种依赖关系：线性的和对数型的，即

$$y = a + bx \text{ 或 } y = a + b\ln x$$

式中　y 表示相对光谱响应；x 表示水体悬沙含量；a、b 为拟合系数 。

现将结果列于表 8 –3，从中可以看出，珠江口水体光谱反射率与泥沙浓度之间，对数模式的相关程度明显高于线性模式。其最佳遥感波段为 TM_3、TM_4、CH_2。

c. 波段比值对水体泥沙浓度变化的光谱响应灵敏度。不同时相的 CCT 数据，其绝对值变幅较大，用单波段原始数据建立的悬浮泥沙遥感模式，其关系往往不稳定，使用重复性差，难以实际推广应用。导致数值不稳定因素主要是由于水气界面反射角度的随机变化，引起进入传感器的水体辐射能量随之变化。采用相邻两个波段的比值作为模式的参变量，能降低水气界面反射噪声的影响。采用 TM_3/TM_2 和 TM_3/TM_1 比值分别与对应含沙量进行回归分析，其结果见表 8 –4，可见两种比值与含沙量的相关系数均高于 0.9，但 TM_3/TM_1 比值比 TM_3/TM_2 比值的相关性高。

以上室内试验表明：珠江口含沙水体的光谱反射率，随着水体中含沙浓度的增大而加大，水体含沙浓度小于 400mg/L 时，光谱响应尤其灵敏。随着水体中泥沙含量的不断增加，其光谱响应的峰值向长波方向移动（“红移”现象）。珠江口泥沙遥感的最佳波段是 TM_3、TM_4或 AVHRR 的 CH_2。珠江口泥沙定量遥感的数学模式是对数型方程 $\ln S = a + bL$（S 为含沙量，L 为波段反射率），用波段比值作参量时，宜用 TM_3/TM_1和 TM_3/TM_2。

应该指出的是上述结果只是表明实验室条件下泥沙含量与相对反射率之间所表现的关系，在实际环境中，由于种种因素的影响，真正所体现的关系也许与实验室结论有出入，所以必须与实地海上光谱测量数据和卫星过境海上同步观测数据相互印证，最后确定珠江口水体含沙量与遥感数据间的相关模式。

（2）野外光谱测试及波谱特性分析。野外水域含沙水体波谱反射率的测试方法，是在船上架设地物光谱仪对不同含沙量水体进行观测，把测量数据绘制含沙水体反射率波谱曲线。

图 8 –4 为珠江口磨刀门水域含沙水体反射率波谱曲线。该曲线反映珠江河口含沙水体有以下的波谱特征和特性：

1）含沙水体可见光反射率具有双峰特征，当水体含沙量较低时，短波峰高于长波峰；随着水体含沙量增大，长波峰高于短波峰。短波峰的峰值波长亦随着含沙量的增大而向长波方向漂移，而长波峰的峰值波长却具有地域性的相对稳定性。根据两峰的这一特性，可分别称它们为漂移峰和驻峰。

2）反射率波谱的含沙量响应特性。当水体含沙量增大时，对波长的反射率普遍增大，但增大却有差异，增大幅度最大波长恒在反射率波谱的最大峰值波长处。因受反射率最大峰值波长漂移的影响，各波长的反射率对含沙量变化的响应灵敏率事实上是含沙量的

函数。对每一特定的波长来说，它却有一段最佳测量波段范围。含沙量由低到高，反射率灵敏波长由短波向长波波长漂移，漂移范围在两峰值极限波长之间。

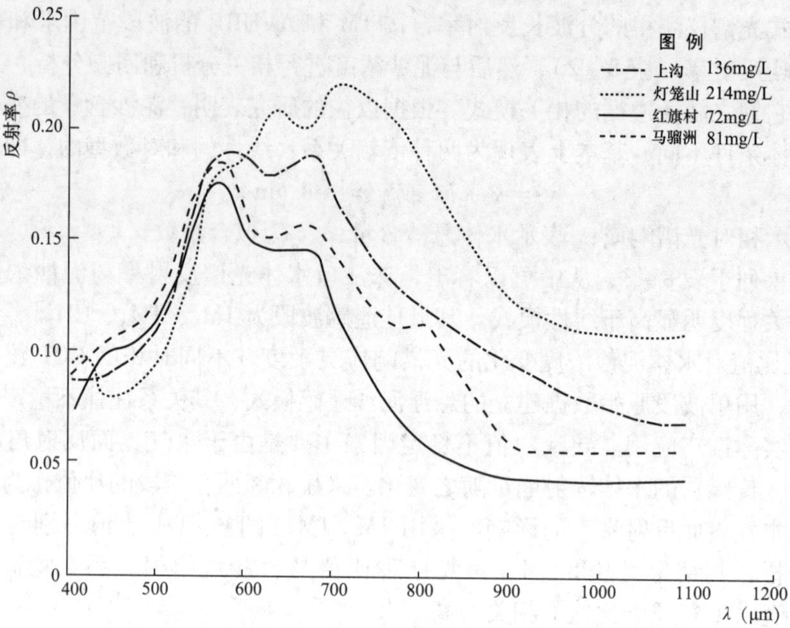

图 8－4　珠江口磨刀门水域含沙水体反射率波谱曲线

3）反射率波谱特性的遥感应用意义。通过对珠江河口含沙水体反射率波谱共同特性和差异的分析，可以知道对各波长反射率与水体含沙量的变化响应灵敏度的研究是选择悬沙遥感最佳工作波段的主要依据，波段平均响应灵敏度可由下式计算：

$$\overline{T}\frac{\Delta SSC}{\Delta\rho} \tag{8-13}$$

式中　ΔSSC 为含沙量的变化量；$\Delta\rho$ 为相应的遥感反射率响应的变化量。

以 Landsat TM 通道为例，根据实验数据计算的 S 表明，对低浓度含沙水体而言，TM_3 为最佳工作波段，对于中、高浓度含沙水体，TM_4 则为最佳。

双峰特性为悬浮泥沙遥感定量提供了一个简单有效的计算模式——双峰比值模式。Gordon 曾经提出，水体中任何悬浮物含量与两个波长反射率之比的关系都可以写成指数形式。因此有：

$$SSC = A\left[\frac{R_1}{R_2}\right]^B \tag{8-14}$$

式中　A、B 为经验系数；R_1、R_2 为两个波段反射率。

经实验数据检验，此模式的相关系数可达 0.988。

2. 珠江口悬移质泥沙遥感定量模型研究

（1）国内几种模型介绍。确定遥感数据与水体悬移质泥沙含量的定量关系，有经验关系模型和理论模型两种，各种理论模型都是建立在水体悬浮泥沙颗粒对光谱的反射、散射、吸收和透射的理论基础上进行推导；经验模型的建立是在根据含沙水体反射率波谱特性实验研究的基础上，结合本区域悬移质泥沙物理特性和特定环境，确定遥感水体含沙量的最佳波段和最佳波段组合及模型表达式，然后利用与卫星同步或准同步的实测含沙量数据与遥感数据进行相关统计分析，从而确定适合于某一边界区域条件下的模型参数。以上所指的经验模型也包含部分的理论基础，且实际应用起来比较简单。以下介绍几种应用较普遍的经验模型：

1）单一波段模型［$\ln S = a + bL$］。根据含沙水体反射率波谱特性的实验研究结果，表明含沙水体的浓度与某一波段的反射率有较好的关系，即水体含沙量增大，反射率随之增大，但两者的关系不是线性关系，而是非线性关系。模型的表达式为

$$\ln S = a + bL \tag{8-15}$$

式中 S 为悬移质泥沙浓度，mg/L；L 为某波段的灰度值（或亮度值）；a 、b 为常数。

单一波段模型比较简单，但不够稳定，主要原因是在不同时相的遥感数据中，因受到太阳高度角、传感器扫描角以及水面波动等变化因素的影响，即进入传感器的水面反射角的随机变化而引起的辐射能量的变化。因此，用单一波段的遥感数据值来探测水体含沙浓度，则会因上述原因而产生较大的误差。

2）多波段组合模型［$\ln S = a + bL_1 + cL_2 + dL_3$］。多波段组合模型是基于在实验过程，发现在可见光波谱中，反射率与水体含沙浓度有较好相关性的波谱段较长，对 Land-sat 卫星遥感数据来说，TM_4，TM_3，TM_2的亮度值与水体含沙浓度都有不同程度的相关性。因此，采用逐步加入变量的方法，进行多元回归分析计算，以选择各变量之间的最佳拟合方程。交通部天津水运工程科学研究所温令平等曾采用多波段组合模型对渤海湾的水体含沙量进行探测。该模型具体的表达式为

$$\ln S = a + bR_2 + cR_3 + dR_4 \tag{8-16}$$

式中 S 为悬沙含浓度，mg/L；R_2、R_3、R_4 分别为 TM_2、TM_3、TM_4的亮度值；a、b、c、d 为常数。

他们利用该模型与地面实测资料进行验证计算，其误差从 3.3% ~20.8%，平均相差为 11.2%。

3）双波段比值模型［$\ln S = a + b(L_1/L_2)$］。具有相同含沙量的水体在不同太阳高度角的单波段 CCT 值差异较大，而相邻波段的比值则几乎很接近。因此，采用两个波段 CCT 的比值作为该模型的变量能较好地消除太阳高度角、传感器扫描角以及水表面波动等因素的影响，从而提高模型的精度。

国内较早采用双波段比值模型的南京水利科学研究院尤玉明等在我国珠江河口伶仃洋运用多时相陆地卫星 TM 数据与同步观测悬移质泥沙含量建立悬沙遥感定量模型。模型的具体表达式为

$$\ln S = a + b(L_{TM_3}/L_{TM_2}) \tag{8-17}$$

式中 S 为悬沙含量，mg/L；L_{TM_3}、L_{TM_2}分别为 TM_3 波段和 TM_2波段亮度值。

运用这一模型的含沙量计算值与实测含沙量值进行验证计算，平均相对误差在 20%以下。

（2）建立珠江河口遥感泥沙模型及其处理方法。

1）选择卫星遥感数据源。当前提供监测河口和海岸带悬移质泥沙的遥感数据的种类

较多，主要有 LandsatTM 数据和 NOAA/AVHRR 数据等。其中 NOAA/AVHRR 数据中的 CHl 波段（0.58~0.68μm）与 TM_3（0.63~0.69μm）的波谱范围相近，对水体中的泥沙含量十分敏感，是监测水体含沙量的最佳波段之一。NOAA 卫星的空间分辨率较低（1.1km×1.1km），但时间分辨率比 TM 高，每天可以 4 次获得图像，且同步覆盖地面的范围很广，因此，该卫星数据适合监测大范围的海岸带以及大范围河口内外的泥沙运动变化。TM 数据比较适合监测河口及近口门附近较小范围水域，其监测成果主要应用于河口滩槽冲淤演变及近口门各种工程对水沙输移的影响。

2）建立遥感泥沙模型及数据处理。实验证明，不同区域海岸带或河口含沙水体的波谱特性有较大的差异，因此较难建立一个完全适合于所有区域的通用模型。另外，即使在同一个河口，由于上游来水来沙的季节变化很大，珠江河口在洪水期，水域含沙量可超过 500mg/L，局部可超过 1000mg/L；但在中、枯水期，水域含沙量一般在 300mg/L 以下。因此，不同季节选取遥感数据的主要波段也会不同，一般来说，水域平均含沙浓度较低时，选 TM_3为主要的遥感泥沙波段，而水域含沙量较高时，选取 TM_4波段数据作为遥感数据更为合适。

建立河口泥沙遥感定量模型，必须获取与卫星同步或准同步的测点实测含沙量数据，与遥感数据进行拟合回归计算。同步测点的选定应尽可能包括从低含沙量至高含沙量的各级浓度；测点不要选在河口近岸边滩部位，因为该部位一般水较浅，容易出现破碎波浪花，致使相应的遥感数据包含底质反射及浪花反射等干扰信息。由于受天气及其他客观条件的限制，不容易获得大量的与卫星同步观测数据，但可以选距河口不远的水文站观测的含沙量数据，参与拟合回归计算。

建立遥感泥沙模型的遥感数据处理可在 ENVI 或 ERDAS 等图像处理系统进行，首先必须对遥感影像进行精校正，转换为地理坐标系统。若以 TM 影像进行建模，与实测点对应的影像一般应采集相邻 4 个像元的亮度值再取平均值。

3）运用已建立的遥感泥沙模型制作区域悬移质泥沙平面分布图。遥感泥沙模型建立以后，利用该模型通过专用软件系统的处理，制作悬移质泥沙平面分布图。

笔者自 20 世纪 80 年代开始对珠江河口悬移质泥沙的遥感定量进行研究，主要是以 LandsatMss、TM 影像数据为探测悬移质泥沙的遥感信息源，经长期的试验和实践，确定了遥感泥沙定量模型为

$$\ln S = a + b(L_{TM_3}/L_{TM_2})$$

即双波段比值模型，经对实测含沙量与遥感数据拟合回归计算后，得出珠江河口遥感泥沙模型的具体表达式为

$$S = \exp^{(L-0.7057)/0.1258} \quad （枯水期） \tag{8-18}$$

$$S = \exp^{(L-0.645)/1298} \quad （洪水期） \tag{8-19}$$

式中 S 为悬移质泥沙浓度，mg/L；L 为 TM_3/TM_2亮度比值。

对于每一幅 TM 影像数据，通过上式，可以计算每一个像元水体的悬沙浓度，也可以统计逐级悬沙浓度范围的平面分布状况，即制作区域悬移质泥沙浓度平面分布图。在遥感专业软件 ENVI 中，提供了专门工具来实现这一过程。具体步骤如下：主菜单— Basic Tools Math—进入波段运算子菜单—模型表面式—指定运算波段—运算求结果。

通过以上操作可以得到悬移质泥沙定量分布图，再通过视图菜单 Functions codormapping Density sice 操作，实现悬移质泥沙浓度分级分布图的制作（见图 8 -5）。

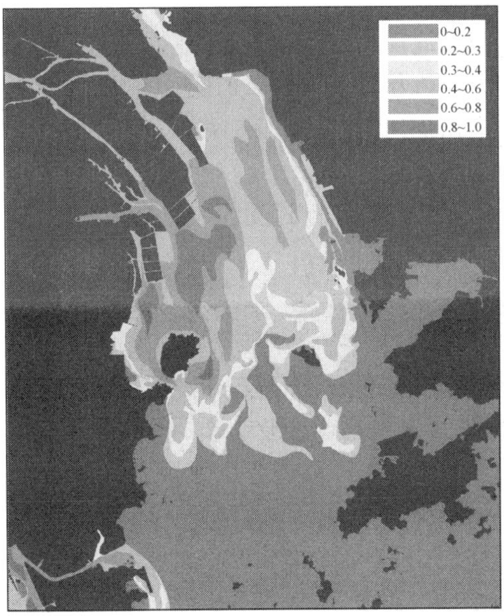

（a）伶仃洋洪季落潮

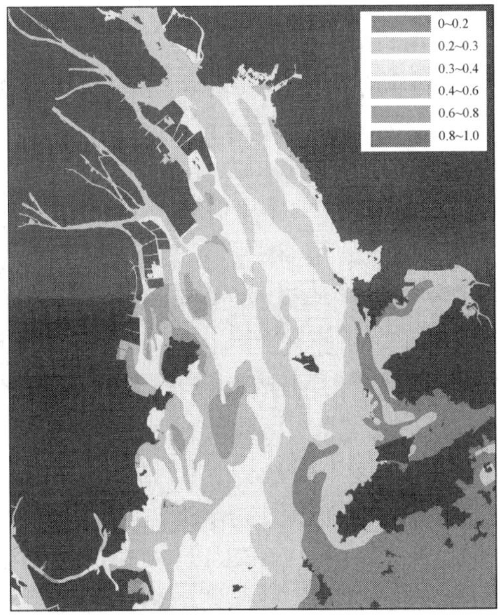

（b）伶仃洋枯季涨潮

（c）磨刀门洪季落潮

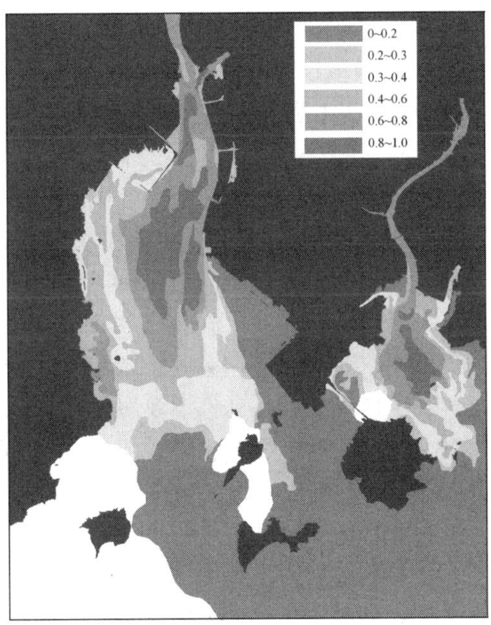

（d）黄茅海鸡啼门洪季落潮

图 8 -5　珠江河口遥感探测表层水体悬沙含量分布图

8.4 珠江河口水沙输移动态变化的遥感分析方法

珠江河口的水沙运动特性，既受各口门上游径流动力及来沙量的作用，又受南海潮汐动力、沿岸流、风浪流及地形边界的综合影响，水流泥沙的输移、扩散及淤积的时空变化十分复杂。研究河口水沙运动规律，有助于人们认识河口的自然演变和人为活动对河势发展的影响，还可以了解河口在泄洪、排涝、航运及水环境等方面存在的问题，以便采取因势利导的治理措施。如何利用遥感技术监测分析珠江河口水沙运动的时空变化及动力环境特点，通过近 20 年的探索与实践，其主要的技术方法与步骤作以下介绍。

1. 收集长系列多时相的卫星遥感影像数据

获取河口遥感信息和直接的地面观测的最大差别是，前者不能获得时间连续的信息，而后者可以实现时间连续观测；前者可以获得大范围空间连续信息，但后者只能获得点或线（断面）的信息。因此，利用卫星遥感信息进行水沙运动变化分析，必须收集足够的时相资料，利用不同时期、不同成像的背景条件的影像进行动态对比分析。随着空间技术的迅速发展，当前监测地球资源的卫星除了美国 Landsat 的 TM、ETM、法国的 SPOT 数据、NOAA 卫星的 AVHRR 以外，还有我国的中巴卫星资料及其他卫星资料。利用多卫星、多时相的卫星信息监测河口水沙运动，则可以逐渐克服卫星信息缺乏时间连续的弱势。

目前，笔者已积累了从 1973～2003 年约 70 个时相的各种卫星遥感资料（见表 8－5），这些长系列的多时相的资料为分析珠江河口水沙运动变化提供基础资料。

2. 收集卫星过境日周边水文站、潮位站的水文资料和海区风情

1）控制水文站的日平均流量和日平均含沙量。泄入珠江河口的径流及泥沙来量的大小可以从西江的马口站、北江的三水站、东江的博罗站实测的流量及含沙量来判断。因此，在获取珠江河口的影像信息的同时，必须收集卫星过境日上述三个控制水文站的流量及含沙量。

2）各口门及河口周边潮位站的当天特征潮位和卫星过境时（约上午 10 时）的潮位，绘制当天潮位过程曲线。在伶仃洋河口湾的主要控制潮位站有大虎、南沙、冯马庙、横门、舢板洲、赤湾、担杆头等站；在磨刀门及澳门附近水域的主要控制潮位站有桂定角、灯笼山、横琴、三灶、马骝洲及澳门等站；在黄茅海及鸡啼门的主要控制站有黄冲、西炮台、虎山及荷包岛等。从各潮位站记录的潮位过程，可以判断卫星影像成像时的潮汐状态，一般可分为初涨、涨急、涨后期（含涨平）、初落、落急、落后期（全落平）共 6 个时段。此外，从卫星过境时记录各站的潮位的对比，即可以反映水面坡降，还能作为影像流态解译的参考依据。

3. 水沙流路、流态及水动力过程的遥感分析

根据遥感影像特征解译，结合周边潮位站记录的潮位特征，绘制水沙流路及流态的解译图件。水动力过程的遥感分析，根据河口潮汐过程的规律性，如按潮情从初落—落急—落潮后期—初涨—涨潮后期依次排列，分析每一时段的流态特征，并承前继后地联系起来，便可有效地剖析河口区径流、潮流水动力相互作用的关系和过程。例如，分析伶仃洋

潮、径流相互作用过程中，发现伶仃洋处于落急时段，西部以径流动力为主的落潮水流和东部从虎门下泄以潮流为主的落潮水流，两股水流相互作用形成水动力平衡状态，影像显示了自湾顶至湾口的动态相对平衡线（或带）。但到了落潮后期，这种平衡状态被打破，出现了西部口门落潮水流向中部及东部海域输排和扩散的状态，这是伶仃洋径、潮流相互作用过程的重要特征。运用这一重要水动力特征进行不同年代的动态对比，可以监测伶仃洋近 20 年来，西部大围垦工程和伶仃洋出海航道整治工程对水沙输移和水动力环境的影响。

表 8－5　遥感资料基本情况表

编号	获取日期		资料种类	潮型	水情	上游来水（m^3）（前日）			上游来沙（g/L）（前日）			风情	
	公历	农历				马口	三水	博罗	马口	三水	博罗	风向	风速（m/s）
1	1977. 2. 10	12 月 23 日	Mss	小潮	小水（枯水）	2210	133						
2	1978. 8. 31	7 月 28 日	Mss	中潮	大水	10300	1660	1400				SE	2 级
3	1978. 9. 18	8 月 16 日	Mss	大潮	中水	9400	1600	710	0. 43	0. 21	0. 027	NE	1 级
4	1978. 11. 2	10 月 2 日	Mss	大潮	中水	5730	744	607				NE	3 级
5	1978. 11. 20	10 月 20 日	Mss	中潮	中水	4490	526	532	0. 067	0. 008	0. 012		
6	1979. 10. 1	8 月 11 日	Mss	中潮	中水	7520	910	2380	0. 23	0. 052	0. 12	N	1 级
7	1986. 7. 30	5 月 24 日	TM	小潮	大水（洪水）	19300	4790		0. 61	0. 56		E	1. 3
8	1986. 10. 7	9 月 4 日	TM	中潮	中水	4500	527	355				NE	5. 0
9	1987. 2. 7	1 月 10 日	TM	中潮	小水（枯水）	1730	147	193					
10	1987. 12. 8	10 月 18 日	TM	中潮	小水（枯水）	2520	387	367	0. 018	0. 015	0. 019	ENE	4. 0
11	1988. 7. 3	5 月 20 日	TM	中潮	大水（洪水）	20900	4380	790	0. 77	0. 9		NNE	0. 7
12	1988. 11. 24	10 月 16 日	TM	大潮	小水（枯水）	2690	372		0. 024	0. 021		NNE	5. 0
13	1988. 12. 10	11 月 22 日	TM	中潮	小水（枯水）	1680	252	218	0. 014	0. 022	0. 008		
14	1989. 12. 13	11 月 16 日	TM	大潮	小水（枯水）	1110	96. 5	284	0. 005	0. 011	0. 008	NE	3. 7
15	1990. 10. 13	8 月 25 日	TM	小潮	小水	4400	779	413	0. 02	0. 024	0. 022	NE	5. 7
16	1992. 1. 20	12 月 16 日	TM	大潮	小水（枯水）	2300	430	302		0. 036	0. 011	NW	2. 3
17	1992. 7. 30	7 月 1 日	TM	大潮	大水（洪水）	16900	3940	830	0. 89	0. 5	0. 04	W	1. 3
18	1992. 12. 21	11 月 28 日	TM	中潮	小水（枯水）	1430	245	474					
19	1993. 11. 22	10 月 9 日	TM	小潮	小水	3340	444	438		0. 021	0. 028	ENE	2. 8
20	1993. 12. 24	10 月 11 日	TM	中潮	小水（枯水）	2290	366	462					
21	1994. 1. 25	12 月 14 日	TM	中潮	小水（枯水）	1930	368	517		0. 044	0. 016	NE	3. 9
22	1994. 10. 23	9 月 19 日	TM	中潮	中水	7750	1830	519	0. 13	0. 05	0. 017	NE	6. 0

续表

编号	获取日期		资料种类	潮型	水情	上游来水（m³）（前日）			上游来沙（g/L）（前日）			风情	
	公历	农历				马口	三水	博罗	马口	三水	博罗	风向	风速（m/s）
23	1995. 12. 30	11 月 9 日	TM	小潮	小水（枯水）	1870	450	432		0. 06	0. 031	E	3. 9
24	1997. 7. 28	6 月 24 日	TM	小潮	大水（洪水）	22100	8300	1570	0. 95	0. 58	0. 048	ENE	3. 0
25	1997. 8. 29	7 月 27 日	TM	中潮	大水	12000	3960	1550	0. 2	0. 1	0. 039	W	1. 9
26	1997. 11. 1	10 月 2 日	TM	大潮	中水	7240	2630	529	0. 075	0. 049	0. 018	NE	4. 8
27	1998. 10. 3	8 月 13 日	TM	中潮	小水（枯水）	2560	406	460	0. 021	0. 029	0. 021	NE	5. 9
28	1998. 12. 22	11 月 4 日	TM	中潮	小水（枯水）	1950	286	461	0. 016	0. 013	0. 023	NE	2. 1
29	1999. 2. 8	12 月 23 日	TM	小潮	小水（枯水）	1790	180	246	0. 02	0. 015	0. 011	ENE	2. 9
30	1999. 8. 19	7 月 9 日	TM	小潮	大水	10000	2800	573	0. 11	0. 05	0. 039	E	2. 7
31	1999. 10. 6	8 月 27 日	TM	中潮	中水	5690	675	791					
32	1999. 12. 9	11 月 2 日	TM	大潮	小水	2930	514	322	0. 009	0. 012	0. 018	NE	1. 7
33	1999. 12. 25	11 月 18 日	TM	中潮	小水（枯水）	2060	472	515					
34	2000. 1. 2	11 月 26 日	ETM	中潮	小水（枯水）	1930	290	484	0. 037	0. 017	0. 015	NE	2. 0
35	2000. 7. 28	6 月 27 日	ETM	中潮	大水	11000	3350	709	0. 12	0. 068	0. 034	SW	3. 7
36	2000. 9. 14	8 月 17 日	ETM	大潮	中水	5910	1640	907	0. 021	0. 035	0. 046	N	5. 0
37	2000. 11. 1	10 月 6 日	ETM	中潮	中水	5820	1370	524	0. 072	0. 027	0. 026	N	4. 5
38	2001. 5. 12	4 月 20 日	TM	中潮	大水	12500	4790	1280	0. 098	0. 30	0. 078	E	2. 8
39	2001. 6. 21	5 月 1 日	TM	大潮	大水	15000	4960	1360	0. 23	0. 10	0. 075	E	3. 4
40	2001. 6. 29	5 月 9 日	TM	小潮	大水	14000	4750	3220	0. 25	0. 051	0. 19	E	4. 0
41	2001. 7. 23	6 月 3 日	TM	大潮	大水（洪水）	21700	7450	2650	0. 30	0. 15	0. 05	E	3. 4
42	2001. 8. 8	6 月 19 日	TM	中潮	大水（洪水）	18700	5850	1390	0. 18	0. 11	0. 028	W	1. 0
43	2001. 8. 16	6 月 27 日	TM	中潮	中水	9680	3260	1470	0. 17	0. 034	0. 049	NE	2. 0
44	2001. 8. 24	7 月 6 日	TM	中潮	大水	10200	3390	998	0. 10	0. 035	0. 027	SW	1. 5
45	2001. 11. 20	10 月 6 日	TM	中潮	小水	3640	930	410	0. 013	0. 012	0. 027	NE	4. 0
46	2002. 6. 24	5 月 14 日	TM	中潮	大水（洪水）	21300	7860	335	0. 213	0. 178	0. 021	SW	3. 1
47	2002. 7. 10	6 月 1 日	TM	大潮	大水	14100	4880	360	0. 162	0. 067	0. 023	E	2. 6
48	2002. 8. 27	7 月 19 日	TM	中潮	大水（洪水）	24000	8260	782	0. 389	0. 207	0. 054	SW	2. 4
49	2002. 11. 7	10 月 3 日	ETM	大潮	中水	7040	1430	351	0. 046	0. 055	0. 018	NE	3. 0
50	2003. 7. 29	7 月 1 日	TM	大潮	中水	7700	2500		0. 1	0. 075		E	2. 9

8.5　珠江河口冲淤变化的遥感分析方法

河口冲淤变化主要研究滩、槽地形的变化和引起滩、槽冲淤的水动力环境的变化。地形的变化是反映滩、槽冲淤的过程和结果，水动力环境的变化是冲淤变化的动力原因。因此，以遥感影像数据分析河口的冲淤变化，既要发挥遥感影像信息的宏观动态性和空间连续性，解译分析水流泥沙和水动力环境的变化，又要利用遥感数据特性，定量或半定量地提取河口各种地貌类型（浅滩与深槽）。此外，利用遥感信息能重复获取，即周期性的特点，并借助地理信息系统技术，进行冲淤时空变化对比分析。

8.5.1　滩槽地貌地形冲淤变化的遥感分析

（1）河口地貌类型。冲积型河口一般都发育形成各种浅滩和深槽等地貌类型。浅滩地貌按发育部位及成因差异，可分为岸滩和口门拦门沙浅滩；按潮位高低，可分为高潮滩、中潮滩和低潮滩；按浅滩物质成分及生长咸水植物的不同可分为沙滩、泥滩、咸水草滩、红树林滩和芦苇滩等。深槽按水动力条件的不同，可分为以径流动力为主的深槽和以潮流动力为主的深槽；按动力大小差异，又可分为主槽和汊槽。上述的各种地貌地形类型的区分及其冲淤变化，可根据遥感影像数据的光谱特征、空间特征及时间特征的目视解译和数据分析，获得较好的效果。

（2）浅滩冲淤变化的遥感分析方法。浅滩冲淤变化的遥感分析技术关键是水深遥感模型的研究和应用，国内外已经有许多这一方面的试验研究的报导。遥感测水深的方法概括起来可分为解析法和统计法两类。解析法又称理论模式，即根据水体的物理光学理论，建立水体光谱反射率 R 与水深 Z 的理论关系即辐射传输方程。采用解析法理论上比较严密，但由于实地同步测量水体光学参数相当困难，有时甚至是不可能的，只有在小范围的专门试验区适用。统计法又称经验模式，即根据部分实测资料选取水深控制点，建立图像灰度与水深的统计相关关系，进而由图像灰度计算水深值。无论是采用解析法还是统计法建立水深遥感模型，都基于海域水质清澈，底质比较均一的地区，即使满足上述条件，其测深精度也只能达到 1 ~ 3m 左右。对于河口和海岸带的浅滩区域，其水体都不同程度会有悬浮泥沙等物质，因此现有的各类的水深遥感模型，只适应于探测浅海区或水库等较为清澈的区域。无论是海岸带的潮间浅滩，还是河口区的浅滩都受潮汐的作用而不同程度地出露水面，在大潮期的高潮时，露滩的范围较小，但低潮时露滩的范围很大。由于卫星遥感能周期性地获取河口影像，而每次获取的影像与该区域的潮汐状态都不一样，即不同时期的遥感影像的水陆界线的平面位置都不相同。水陆界线的地形高程可以通过河口周边的潮位站记录的潮位进行订正。

遥感影像水陆界线的提取方法有目视解译法和阈值法。在 TM 影像数据中，用 TM_4、TM_3、TM_2（红、绿、蓝）作假彩色合成影像，其水陆界线清晰可辨。利用对水陆界线反映较好的 TM 第 5 波段，即中红外波段，通过试验，可以确定水陆界线的阈值，确定阈值后，通过系统可以自然生成水陆边界线。

河口浅滩的冲淤变化，一般是以淤积为主，并表现在垂直的淤高和平面的淤长。从不同年代的遥感影像分析浅滩的冲淤变化，主要是监测计算浅滩的平面淤长速率，即统计同一高程等值线的平面移动和同一高程等值线面积的增减变化量。在精度要求不高的情况下，可以选出两个或多个对比年份的大潮期中的低潮时遥感影像，在各自提取水陆界线后进行叠加并统计面积和数据对比分析。在浅滩斜坡坡度比较一致的区域，如海岸带的潮间滩或河口的岸滩，可以通过线性内插或外延的方法，推算某一等深线的平面位置。具体的方法简述如下：

在同一年份内，选出两个时相的遥感影像，要求两个时相实时的潮位相差大一些。把两个时相影像的水边线按相同比例尺套在同一张图上，如图8－6所示，外圈表示低潮位水边线，内圈表示较高潮位水边线，A_H 和 A_L分别是高、低潮位影像的地面实时潮位观测值，d_1是图上直接可量出的低潮位水边线与高潮位水边线的距离，d_0 则是推算的水深线与高潮位水边线的距离。以下是推算水深线位置的公式：

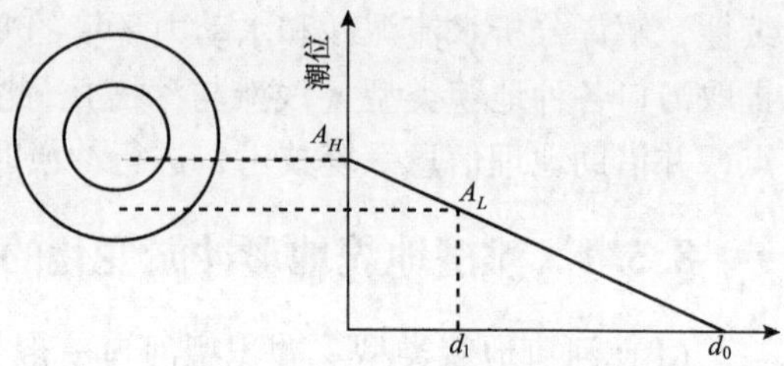

图8－6　水深线位置推算

$$d_0 = \frac{A_H}{A_H - A_L} d_1 \tag{8-20}$$

通过对不同年份，采用以上的推算方法确定同一特征水深线平面位置后，便可以进行浅滩冲淤变化的量化对比分析。

采用上述的遥感技术方法对河口和海岸带进行浅滩冲淤变化监测，其方法简单，有较好的实用性，珠江河口的伶仃洋西滩、磨刀门的拦门沙浅滩的变化分析运用这一技术方法，收到较好的应用效果。

8.5.2　河口冲淤环境与冲淤趋势的遥感分析

河口冲淤变化是以河口边界、动力环境、泥沙环境为基础，并体现在地貌的冲刷和淤积的结果上。动力环境是指河口各种动力要素相互作用过程所形成的流场特征和特性；泥沙环境是指泥沙来源和泥沙的输移、扩散和沉积过程，并表现在泥沙的垂直分布和平面分布特征和特性。因此，河口冲淤变化的遥感监测分析，除了利用遥感信息监测河口岸线变化、浅滩冲淤变化外，还可以监测河口水动力环境及其变化、泥沙来源及泥沙运动过程；监测人类活动引起冲淤环境的变化。利用上述的监测结果，可以预测河口冲淤发展趋势，为河口的治理与开发规划及工程方案提供科学依据。

研究表明，任何一幅河口遥感影像信息，经处理和判读后，可以获取该影像在某一水动力边界条件下的宏观流场和局部流态；利用悬移质泥沙遥感模型，还可以获取河口悬移质泥沙平面分布图。而当获取河口较长系列的遥感数据并采用相同的信息提取处理方法后，就可以获得该河口一系列的反映不同水动力边界条件下的流场解译图和悬移质泥沙平面分布图。利用这些图件进行冲淤环境特性分析时，应以水动力学、河口演变学及动力地貌学等理论为指导，使传统的理论与现代的技术紧密结合，从而加深对河口冲淤演变规律的认识。

1. 实例 1：伶仃洋河口湾

伶仃洋平面上呈北北西—南南东向喇叭形，是珠江最大的河口湾（见图 8－7）。伶仃洋的水下地形存在两槽三滩的格局，即东槽、西槽、西滩、东滩和中滩。湾内汇集了珠江八大口门中的东部 4 个口门——虎门、蕉门、洪奇门和横门。注入伶仃洋的 4 个口门，其动力类型有明显的差别。虎门为强潮型弱径流河口，其他 3 个口门则属强径流弱潮型河口。伶仃洋在径流、潮流、沿岸流、风浪流等动力和地形边界的综合作用影响下，构成了现代水动力环境及冲淤环境。自 20 世纪 80 年代初开始，笔者便开展了珠江河口遥感动态监测的研究工作，已积累了从 1973～2002 年共 60 多个时相的 LandsatMSS、TM 影像数据和 SPOT 卫星数据等遥感资料，利用这些遥感数据进行流场和悬沙平面分布等数据处理分析，对河口湾的水动力环境和滩槽冲淤特性有以下一些新的认识。

（a）三滩两槽格局　　（b）东西部水动力相对平衡线

图 8－7　伶仃洋卫星影像图

（1）伶仃洋水动力相对平衡线（或带）的发现及水动力分区。20 世纪 80 年代末，笔者根据多幅遥感影像流场特性的分析，提出伶仃洋存在西部以径流动力作用为主和东部以潮流动力为主的动力相对平衡线（或带），该平衡线自湾顶的虎门西侧至湾口的淇澳岛之东侧成弧形分布。在伶仃洋落潮落急阶段，由于平衡线两侧存在较大的温度、盐度、速度、密度以及水位梯度。因此，平衡线在影像的显示清晰可辨，而在涨潮涨急阶段，东西部仍存在分界线，只不过由于西槽涨潮主流对西部口门外槽口的入侵而形成不规则的曲线和锯齿形，但分界线总的走向与落潮时段基本一致。从 20 世纪 90 年代一直到现在，尽管伶仃洋的平面边界形态发生较大的改变，但从遥感监测的结果，伶仃洋水动力相对平衡线依然存在，平面位置没有显著的东移。水动力相对平衡线揭示了伶仃洋的三大动力分区：平衡线之西侧是径流动力作用，也是上游径流挟沙在伶仃洋的主要输移区和沉积区；平衡线之东侧是潮流动力活动的主要区域，伶仃洋的东、西主槽道位于此区域，是潮流涨、落的主通道；伶仃洋的第三个动力区是平衡线下段南侧为伶仃洋的湾口，为近岸陆架水的入侵区和高盐度水区。根据伶仃洋长系列的悬移质泥沙平面分布图的统计，平衡线以西的平均含沙量远高于平衡线以东水域，而南部湾口的平均含沙量又大大低于湾内水域。以上表明伶仃洋冲淤环境的主要特点是西部为重度淤积区，东部为轻度淤积区，南部为弱淤积区。

（2）20世纪80年代后局部冲淤环境的变化。由于西部口门浅滩的大面积的围垦工程而使口门向东或向东南外移，口门平面形态的改变对水动力环境产生较大的影响。根据遥感动态监测，发现蕉门的变化最大，在20世纪80年代初，蕉门口拦门沙浅滩（鸡抱沙和孖沙）大部分处于水下，口门和径流水沙在落潮时段，相当部分是向东南顺滩直接排入西槽。80年代末至90年代初，由于围垦成陆，使蕉门的下泄泥沙大部分经凫洲水道排入虎门口的川鼻水道、东槽（矾石水道）和伶仃洋的东部海区，致使东部海区泥沙来量比前有所增多，新增加的泥沙在涨、落潮流和径、潮流动力的相互作用下，主要淤积在中部浅滩之东侧和东槽的中段（大铲、小铲岛附近）。上述遥感分析判断，在最近的水下地形测量结果中得到验证。

2. 实例2：黄茅海河口湾

黄茅海是珠江口西部的一个喇叭形河口湾，湾顶的崖门和虎跳门承接潭江全部和西江部分的径流水沙，泄入河口湾直出南海。河口湾在潮流径流、风浪流和沿岸流的共同作用下，水动力环境复杂，冲淤环境的分异较大，加之受人类活动的影响，冲淤变化更趋复杂。通过对该河口湾遥感动态监测，对水动力环境和冲淤环境及其变化有以下一些新的认识。

1）以遥感系列流场和系列悬移质泥沙平面分布为主要依据，对河口湾进行动力分区和冲淤强度分级。

黄茅海水动力环境共分5个区：下泄流控制区；上溯潮流控制区；径流、潮流交汇滞流混合区；西部近岸浅滩区；大海环凹湾缓流区。

a. 下泄流控制区：从湾顶的崖门与虎跳门汇入后形成了主深槽区，以下泄流动力为主，其动力较强，对维护深槽的稳定起关键性作用，在中水、枯水期，区内的平均悬沙含量在0.1kg/m^{3}以下，即使在洪水期，含沙量可高于0.3kg/m^3，但都低于西部浅滩区。该区的冲淤特点是槽床冲刷，且有向拦门沙浅滩发展的趋势。

b. 上溯潮流控制区：由于受地形边界的影响，口外的上溯潮流在湾口主要从荷包岛与高栏岛间的东口、荷包岛与大襟岛间的中口和大襟岛西侧的西口上溯进湾内。其中以东口的上溯流动力最强，由于上溯流水体主要是湾外陆架水，含盐度高，含沙量低，在中水、枯水期，该水域的含沙量一般在0.05kg/m^{3}左右，即使在洪水期的涨潮时段，口内出现大于0.3kg/m^{3}的高含沙水体时，湾口水域的含沙量也在0.1kg/m^{3}以下。上述表明，上溯潮流控制区的冲淤特点是区内的上溯槽床以冲刷为主，其中冲刷强度最大是高栏岛与荷包岛间的东口深槽，中口和西口槽床仍以冲刷为主，但冲刷强度较小。

c. 径流、潮流交汇滞流混合区：该区的水动力主要特点是上溯流与下泄流交汇形成了滞流状态。流势缓慢，也是咸淡水混合产生最大浑浊带，含沙量较高。这一水动力环境有利于拦门沙浅滩的形成和发展。

d. 西部近岸浅滩区：由于受河口平面边界的制约影响，口门下泄主槽偏于河口东侧，则西部水域成为上溯流向西扩散的区域。洪水期在南段形成最大浑浊带，而枯水期在北段形成最大浑浊带。由于浅滩区流速较慢，有利于泥沙的落淤。20 世纪 90 年代以来，西部近岸浅滩大部分已围垦成陆域。

e. 大海环凹湾缓流区：自 1990 年南水岛与高栏岛间的连岛大堤建成后，切断了鸡啼门下泄水沙部分排入黄茅海湾内的流路，使凹湾内的泥沙来源有所减少，现泥沙主要来源于下泄主流向东侧的扩散泥沙，泥沙含量较小，但凹湾边界，流速缓慢，有利于泥沙淤积。

2）监测 20 世纪 70 年代以来河口湾大型工程建设对水动力环境和冲淤环境的影响。黄茅海河口湾工程开发利用的密集度和强度越来越大，并以 1988～1992 年为最大的变化时期。其中，崖门出口两侧的大面积围垦工程，促使崖门潮汐通道的射流更加集中，向两侧的扩散减弱后，两岸浅滩区形成大片的缓流区，有利于泥沙的落淤；而射流的集中，加强了下泄主流对深槽的冲刷作用，并使深槽向海延伸。湾口东侧珠海港的建设更是引起港区附近水域流场发生根本的改变，其中实施的两大工程，一是连岛大堤建设；二是 1995 年珠海港防波堤的建设，防波堤长近 2km，几乎占高栏岛—荷包岛峡口宽度的 2/3。通过系列遥感流场与悬沙平面分布的对比，发现连岛大堤切断鸡啼门径流水沙直接进入湾内，但部分悬移质泥沙又绕过高栏岛的东侧和南侧随涨潮流入四岛间水域，从而加重岛边滩的淤积；防波堤的主要影响是防波堤严重阻滞涨、落潮流，导致涨潮时港内形成大片的滞流区（如贴近连岛大堤的水域）和回流区（如防波堤内侧）。总的来看，上述两大工程是因港口建设需要而实施，但对湾口东侧水域水动力环境已产生影响，主要表现在使附近水域水动力弱化，受悬沙的淤积有所增加。

8.6 遥感技术在珠江河口综合治理规划方案论证中的作用

河口综合治理规划主要包括水利规划、航道港口规划、滩涂开发利用规划和生态环境规划等及各专业规划综合与协调。河口治理规划必须遵循因势利导和有利于当地国民经济建设可持续发展的原则。开展各项规划，原型观测（地形和水文泥沙）资料的收集和社会经济调查是整个规划工作的基础；只有通过历史资料和现状资料的全面对比分析，才能查清河口存在的主要问题。河口治理规划采用的技术手段除常规资料分析、物理模型试验、数学模型计算外，遥感新技术的应用，已在河口治理规划中发挥较好的作用。

8.6.1 河口治导线规划

河口治导线规划是治理规划中的重要组成部分，它是根据河口存在的主要问题，布置合理的治导控制线，以使河口向有利于防洪、排涝、灌溉、通航、滩涂资源和水资源的合理利用以及生态环境等方面的发展。

遥感信息在治导线规划中的主要作用有以下方面：

（1）遥感信息是河口原型观测的一种新的信息源，它是常规原型观测的一个补充。

原型观测资料是整个规划工作的基础。常规的河口水文泥沙测验，鉴于受客观条件的限制，只能布设有限的测点，观测流向、流速、盐度和含沙量等要素，通过上述各要素的统计计算，分析河口的水动力环境的变化和滩槽冲淤变化及冲淤趋势。遥感信息是反映河口的综合信息，尤其是从遥感影像解释出来宏观流场和局部流态，常规方法是无法表现出来的；同样利用遥感泥沙模型观测的河口悬移质泥沙的平面分布，更能如实反映河口泥沙输移与扩散的动态。利用长系列的遥感信息的综合与对比分析，可以客观地了解河口冲淤变化及演变趋势。因此，笔者认为常规的原型观测和遥感监测各有优势，也各有不足，只有相互结合，相互补充，才能较全面客观地反映河口的特征和特性。

（2）遥感信息为河口治导线方案的论证提供依据。在查清河口存在主要问题后，根据河口的水沙特性和冲淤特性提出治导线平面布置的各种方案进行多技术手段的论证，以便确定最优方案。珠江口中的伶仃洋河口湾、黄茅海河口湾、鸡啼门和澳门附近水域的治导线方案论证均采用物理模型试验、数学模型计算和遥感技术等多种手段进行方案比较论证。虽然技术手段不同，但得出的结论却比较一致。

在伶仃洋的治导线规划中，提出伶仃洋海区治导线应以维持和稳定伶仃洋现状为原则，伶仃洋现状的河口型是近似漏斗状，规划河口形态目前应以大致维持现有的河口型为宜。制定伶仃洋治导控制线的要求是：一要维持虎门口潮汐的大进大出；二要基本维持伶仃洋内沿程的单宽动力关系。根据上述的原则和要求，提出伶仃洋的治导控制线有大喇叭方案和小喇叭方案进行比较论证。从系列遥感信息的综合对比分析，发现无论是洪水期还是枯水期，无论是涨潮涨急时段还是落潮落急时段，伶仃洋都存在一条从湾顶到湾口径、潮流相互作用的水动力相对平衡线（或带）（见图 8－7），在此线的西侧是径流作用的主要区域，区域内泥沙落淤、浅滩发育、水深较浅；此线的东侧是潮流活动的主要区域，此区域吐纳着南海潮流，水深较大，是维护虎门纳潮量的重要条件。由此可以认为，伶仃洋合理的治导线应选择在这条平衡线的西侧，并与此线的走向基本一致。因为此处水浅，便于工程施工，又不至于影响虎门纳潮量的显著减小，有利于维持相对稳定和避免伶仃洋水道的萎缩。珠江水利委员会原拟定的伶仃洋西治导线方案与这条相对平衡线走向基本一致，从遥感技术应用研究的角度说明所拟定的规划方案是合理的。

（3）遥感信息对物模、数模的流态验证。在河口的整治规划中，采用了物理模型试验和数学模型计算对整治方案进行比较论证，其中模型的验证是整个试验的关键，包括水位验证和流态验证等。由于河口流态复杂，根据少数测点的实测资料，难以对模型进行水域整体流态的验证。遥感影像流态能够显示一个水动力边界条件下各种水流相互作用的过程和结果，其流态特征直观，是模型流态验证的重要依据。在澳门附近水域综合治理规划项目中，利用遥感获得的流态影像验证物理模型、数学模型的各种原型流态，取得很好的效果。例如 1997 年 8 月 29 日获取的遥感信息反映了上游西江马口站日平均流量为 $12000m^3/s$、澳门潮位站处于落潮后 3 小时的落急流态，将物模试验和数模计算的初步成果与遥感流态进行对比，调整边界条件（图 8－8），从而达到物模试验和数模计算所得到的流态与水域天然流态基本一致。通过整体流态的验证，大大提高了数模、物模进行的各种方案试验结果的可靠性和准确性。

（a）中水大潮落急时水流流路卫星影像图

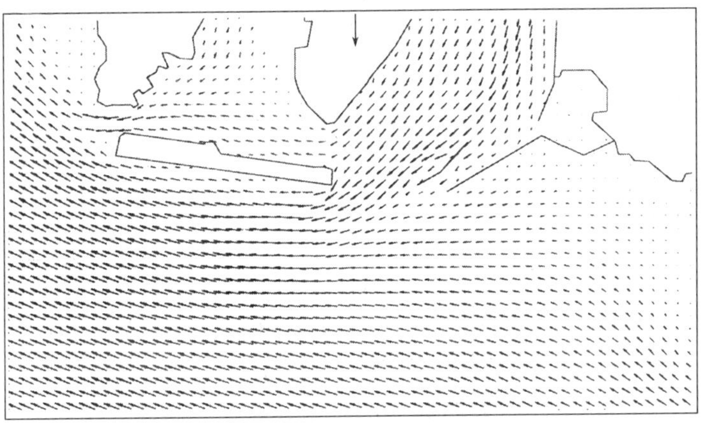

（b）中水大潮落急时数模计算水流流路图

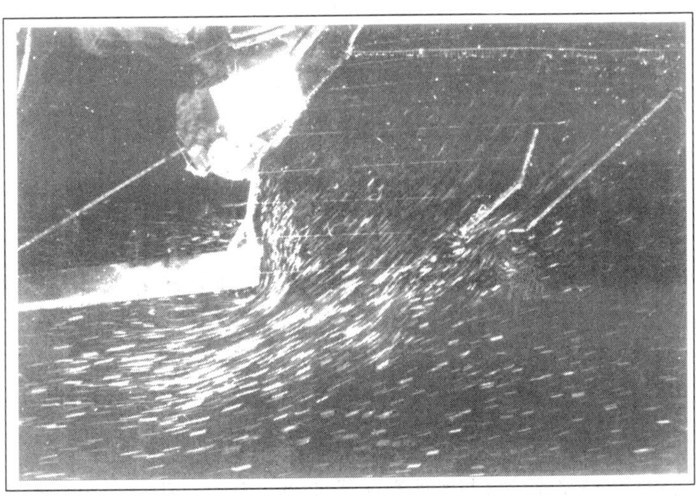

（c）中水大潮落急时物模计算水流流路图

图 8 - 8　遥感、物模、数模流态对比图

8.6.2　河口航道整治规划

大多数河口的深槽都被开发为出海航道，珠江口的伶仃洋和黄茅海河口，随着我国经济建设的飞速发展，原有的出海航道的水深已不能满足航运的需求，因此必须对航道进行整治开发规划。利用系列遥感信息可以为航道整治开发规划提供论证依据。现以珠江伶仃洋出海航道治理规划为例加以阐述。

广州港航道出海在20世纪中期以后一直通过伶仃洋的伶仃水道（西槽）出南海。1991年国家将伶仃洋3.5万t级航道整治技术问题列为“八五”重点攻关项目。由交通部天津水运科学研究所主持负责此项目，采用多种技术手段进行论证。珠江水利委员会水利科学研究所参加该项目工作，主要是运用遥感技术，利用长系列的卫星遥感信息获取伶仃洋的流势和悬移质泥沙平面分布等成果对航道选线进行比较论证。因为3.5万t级航道要求航道浚深至－11.5m（珠基），伶仃洋可供选线的方案有西槽（伶仃水道）和东槽（矾石水道）。为了对两个方案进行比选，除了对东槽和西槽的水动力环境进行比较分析外，还利用17年的长系列遥感信息对东、西槽道，（－7m以深范围）进行平面悬沙含量平均值统计由于统计的年份较长，遥感时相有较好的代表性，因此统计出来的平均含沙量基本上可代表多年的平均含沙量。统计结果发现东、西槽道的平均含沙量均低于0.2kg/m^3，其中东槽道略低于西槽道。用遥感信息方法统计的平均含沙量与天津水利科学研究所采用一年多的连续巡回采样分析的方法，其结果基本相同。从伶仃洋的三滩两槽格局来看，西槽位于邻近西滩淤积区，而东槽道位于伶仃洋东侧，距西侧排沙口门较远，为什么东、西槽的平均含沙量相差不大，这与遥感分析的伶仃洋存在水动力相对平衡线有密切的关系。此外，20世纪80年代蕉门口大面积的围垦成陆，减少部分蕉门泥沙直接入西槽，这也是造成东、西槽道平均含沙量相差不大的原因之一。

经过多种技术手段和多方面的比较论证，最后推荐了西线航道（伶仃洋水道）作为3.5万t级开发航道。1998年11月，广州港出海航道一期工程正式开工，至2000年9月完工，设计底宽为160m，底标高为－11.5m，3.5万t级船舶可乘潮进港。

上述例子说明把长系列的遥感信息应用于出海航道整治技术的研究，其方法可行，能收到较好的应用效果。

8.7　遥感技术在珠江河口水行政管理中的应用

珠江河口是西江、北江和东江的入海口，珠江水利委员会作为珠江流域（片）水行政管理单位，在珠江河口进行了大量的规划工作，取得了一系列的规划成果，根据这些规划成果，水利部于1999年9月24日发布了《珠江河口管理办法》；该办法第二章第六条明确规定“珠江河口整治规划是珠江河口整治开发的总体部署，是珠江河口整治开发活动和管理的基本依据。珠江河口整治规划治导线，是珠江河口整治与开发工程建设的外缘控制线，未经充分科学论证并取得规划治导线原批准机关的同意，任何工程建设都不得外伸。”并在第三章第十二条对在珠江河口管理范围内建设防洪工程和其他水工程、滩涂开发利用工程以及跨河、穿河、穿堤、临河的桥梁、码头、道路、渡口、管道、缆线、取水、排水等工程设施管理提出具体办法。在其总则中提出了珠江河口的整治开发，必须遵循有利于泄洪、维护潮汐吞吐、便利航运、保护水产、改善生态环境的原则，统一规划，加强监督管理，保障珠江河口各水系延伸、发展过程中入海尾闾的畅通。

珠江河口地区是我国改革开放的前沿地带和经济最发达的地区之一。围绕河口资源利用与开发等人类活动十分频繁，河口资源的可持续利用矛盾十分突出。各部门和周边地区基于经济发展的需要，对港口资源、水运航道资源、滩涂资源、渔业资源等的利用呈现百花齐放的局面，管理协调难度大。同时，珠江河口口门多、范围大、岸线长，日常管理任务繁重，为了确保规范执法，笔者充分利用遥感动态监测的高效、客观的优点，通过遥感、GIS、GPS 等新技术的运用，获取珠江河口人类活动和水环境动态变化资料，为珠江委在珠江河口水行政监督方面落实依法行政、科学管理提供技术和科学数据支撑。

遥感监测的具体内容有以下几个方面：

1）利用多种卫星遥感数据对珠江河口地区进行动态监测，为河口水行政管理提供人类活动如港口、码头、桥梁、堤坝工程、围垦工程等的动态监测信息。

2）监测河口自然资源如岸线、滩涂等的开发和利用情况，跟踪滩涂资源的开发利用程度，分析河口地区水域面积和河口平面形态的变化，重点分析岸线、滩涂开发的年内变化情况，与上一年度进行分析年际变化，与河口治导线比较，分析珠江河口依法开发利用程度和违章开发状况和危害。

3）监测河口地区水沙输移规律的变化，分析不同水情、风情条件下的典型流动特征，重点监测口门滩槽格局、拦门沙及河口尾闾的变化趋势。

4）以遥感监测成果为基础，以珠江河口为重点，建立珠江流域水政监察遥感信息系统框架，实现珠江河口岸线监测的信息化、系统化。

上述的遥感动态监测内容，大部分已经在 20 世纪 90 年代就开始实践，不断取得成果，并直接为珠江委水行政管理部门提供技术服务。其中，在 20 世纪末，利用系列遥感影像信息调查珠江三角网河区桥梁的平面分布变化，分析桥梁密度及其对排洪的影响（见表 8－6）。针对 20 世纪 80 年代至 90 年代末珠江河口因人类工程活动的加剧而引起的岸线延伸及口门形态的变化，我们采用遥感与 GIS 技术，获得不同年份的岸线边界，将多时相遥感岸线监测成果进行叠加，获得岸线变化对比图（见图 8－9）。它不仅形象直观地反映岸线演变过程，还能够利用及 GIS 工具对岸线边界进行拓扑分析，快速获取岸线变化的特征值—水域面积变化及岸线延伸长度速率，定量反映珠江河口岸线变化空间分布和数量。近几年来，笔者每年均多次获取最新的卫星影像，利用已建的岸线变化监测系统，快速判读和分析岸线变化的部位，水行政部门根据遥感监测成果，及时发现问题，及时按水行政管理有关法规进行处理。

表 8－6　　珠江三角洲网河区桥梁分布遥感调查统计

时　期	桥梁
70 年代	<10
1988 年	61
1999 年	241

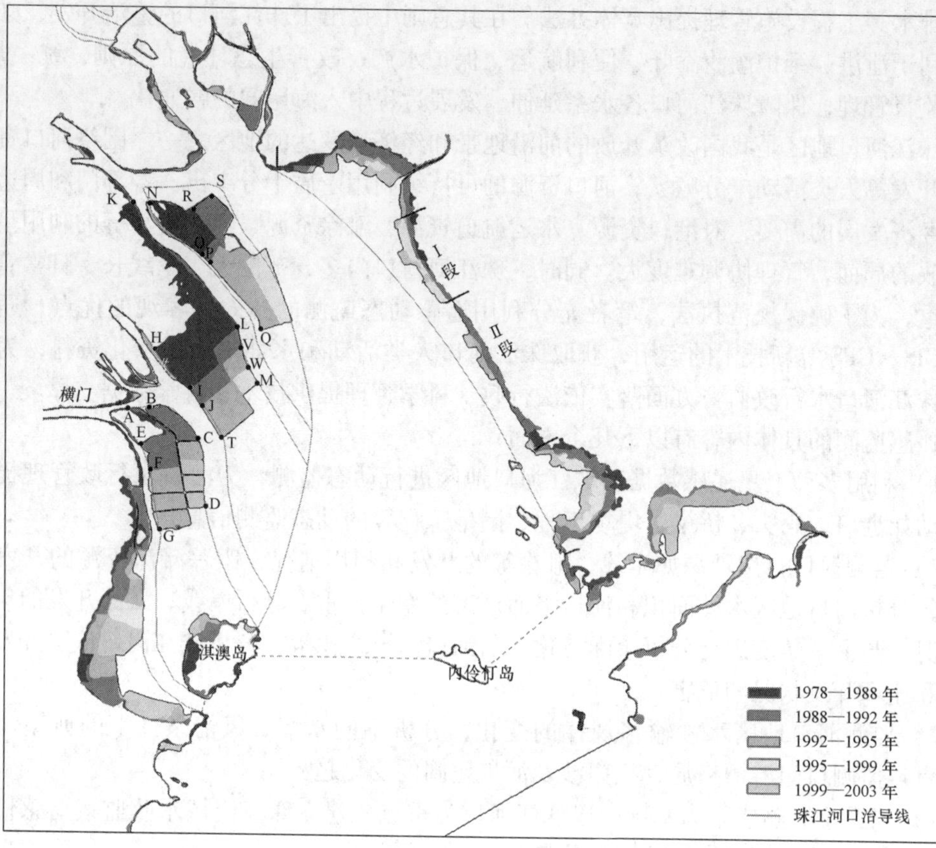

伶仃洋岸线及平面形态变化图

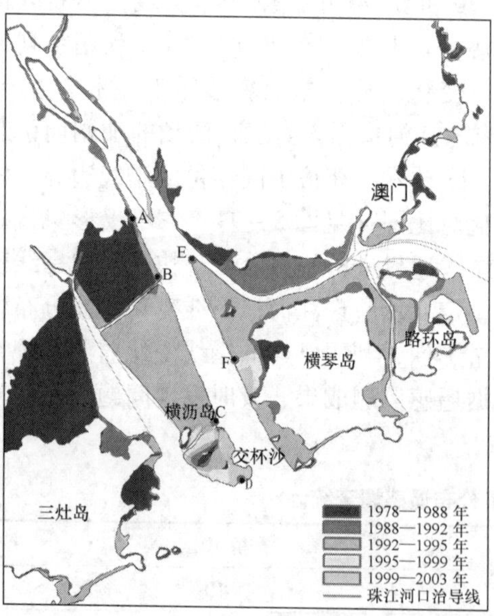

磨刀门岸线及平面形态变化图

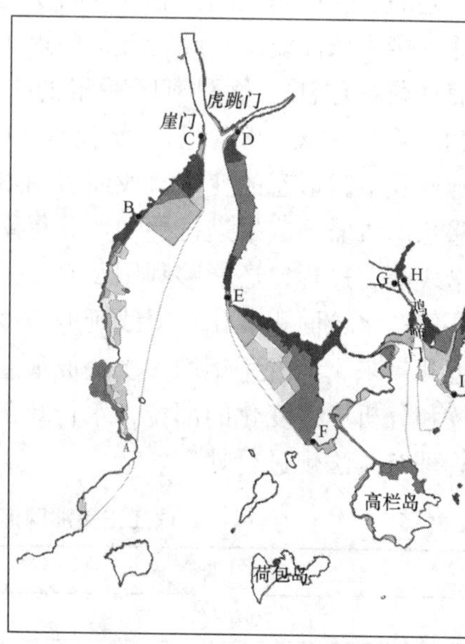

黄茅海与鸡啼门岸线及平面形态变化图

图 8－9　珠江河口岸线及平面形态变化图

遥感监测河口水域涉水建筑，为水事纠纷的处理提供科学依据，例如20世纪90年代，在澳门与珠海市的共用水域—十字门水域，因地方部门未经上级主管部门的批准，实施水下抛石和围海，占用水域而引起水事纠纷，珠江委在处理这一水事纠纷过程中，必须如实反映每一具体工程实施的时段和工程的平面位置，才能判断是非。笔者利用卫星遥感可以反映和重复获取同一区域信息这一独特的优势，获取最关键时段的影像信息并作叠加分析（见图8－10），该监测成果为论证和妥善处理该水事纠纷发挥了作用。

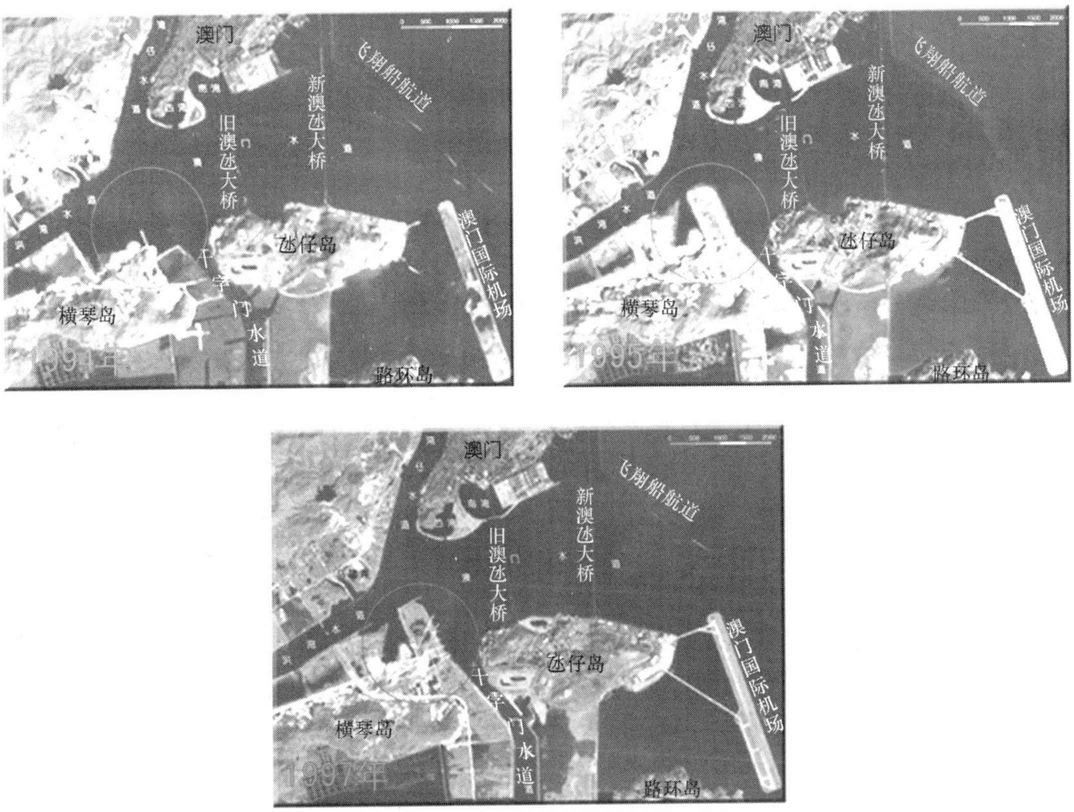

图8－10　十字门水域水事纠纷遥感监测提证

8.8　遥感与GIS技术在珠江河口大型涉水工程建设中的应用

自20世纪末至21世纪初，为了适应珠江三角洲经济高速发展的需求，一批大型涉水工程项目在珠江河口先后被建成或立项论证。其中，有20世纪末在黄茅海湾口东侧建成的珠海港；21世纪初在伶仃洋西北部蕉门凫洲水道出口建设的广州港南沙港区一、二期工程及南沙港深水航道工程；正在拟建的港珠澳跨海大桥特大涉水工程等。上述大型涉水工程项目，在可行性研究中，水沙环境和工程泥沙的专题研究是关键一环。笔者充分发挥遥感技术具有信息宏观连续性、可视性现势动态性等优势，并结合 GIS 技术，以 GIS 为核心，对遥感数据、水文泥沙观测资料、水下地形资料进行系统化处理，既实现了常规数据的可视化分析，又实现了遥感数据和水文泥沙特征快速提取分析。同时，将研究区域的各种资料建立在统一的空间坐标系上，便于在遥感与 GIS 系统中进行叠加分析，实现数据的优势互补。

8.8.1 技术方法的新进展

近几年，笔者在承担珠江河口多次大型涉水工程项目的水沙环境及工程泥沙专题研究中，在技术方法上有了新的进展，主要创新点如下。

1. 基于 DEM 的河口滩槽冲淤演变分析

在河口演变研究过程中，必须收集历史上各年代的实测水下地形图或水深海图进行对比分析，包括平面变化、断面变化及冲淤量计算等。过去的地形图一般是纸张图，各种图种的比例尺和测量基面不同，需进行各种换算处理后才能进行对比计算分析。

利用历年实测地形图进行冲淤变化对比分析，传统的方法，工序繁多，工作量大，且成果精度和可视化程度不高。而利用 GIS 和 DEM 技术，不但能提高成果精度，而且可视化和自动化程度高，大大提高工作效率。

DEM，即数字高程模型，是以数字的形式按一定的结果组织在一起、从离散数据结果构造相互连接的网络结构，表示实际地形特征的空间分布，从而建立起相关区域内平面坐标与高程间的映衬关系[1]。DEM 产生已有 20 多年，技术已日趋成熟，成为空间分析的一个重要技术手段。利用 GIS 和 DEM 技术对研究区域进行滩槽冲淤变化分析的具体方法步骤如下。

（1）对被分析的水下地形图或海图进行数字化。首先，利用 Arc GIS 软件，结合手扶 calcomp9100 A0 幅数字化仪将海图水深点和边界线输入计算机，并在 Arcmap 平台中检查和订正数字化结果。考虑基准面的差异，统一将水深订正至珠江基面，并将水深数据转为 coverage 格式保存。

（2）生成水下地形数字高程模型（DEM）。在 Arc GIS 的 Arctool 模块中对 coverage 格式的水深数据进行处理，建立不同时期的水下数字高程模型库。

（3）冲淤计算。将代表不同年份水下地形的 DEM 在 Arc GIS 的子模块 Arc/Info 中进行减法运算，计算其冲淤量，再从 DEM 库中输出代表不同年份的冲淤厚度变化图（见图 8 - 11）。

（4）岸线和等深线平面变化分析。在 ArcGIS 中，将不同年份的岸线和等深线数据库进行空间叠加，生成不同年份的岸线及等深线平面变化图（见图 8 - 11）。

（5）横断面变化分析。将代表不同年份的水下地形的 DEM 以浮点的形式输出到 ENV1 系统软件中，利用 ENV1 对水下地形进行任意纵横断面的切割计算，生成断面数据库，然后在 Excel 中生成断面变化图。

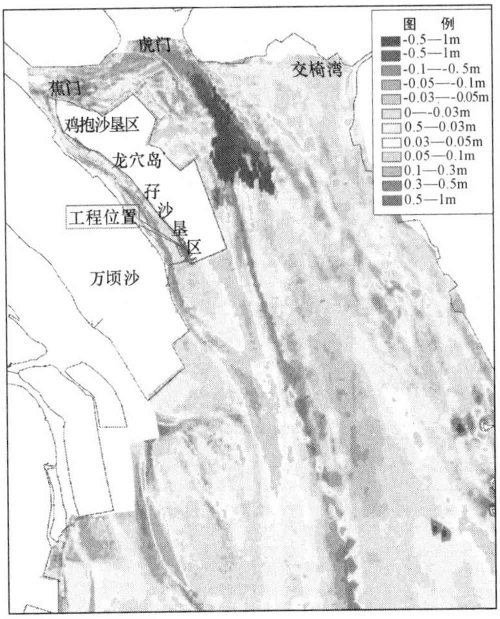

(a) 1984 ~ 2000 年冲淤厚度变化

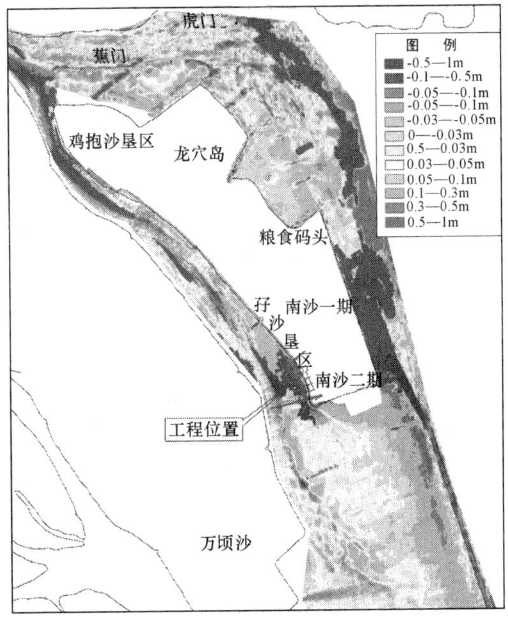

(b) 2000 ~ 2004 年冲淤厚度变化

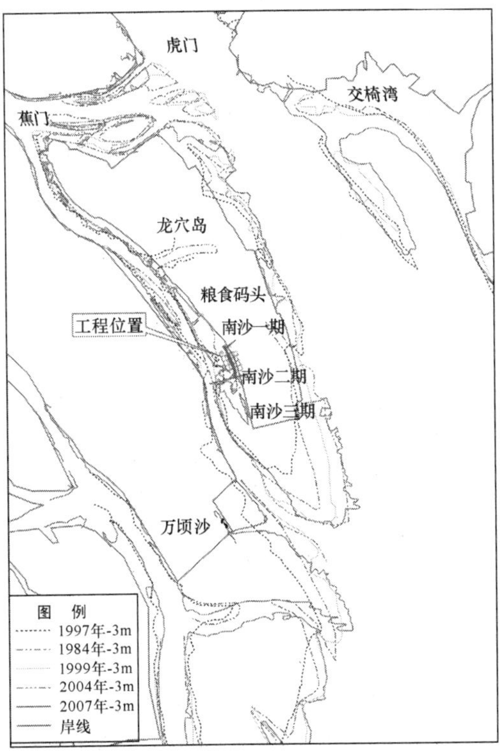

(c) 历年等深线（-3m）

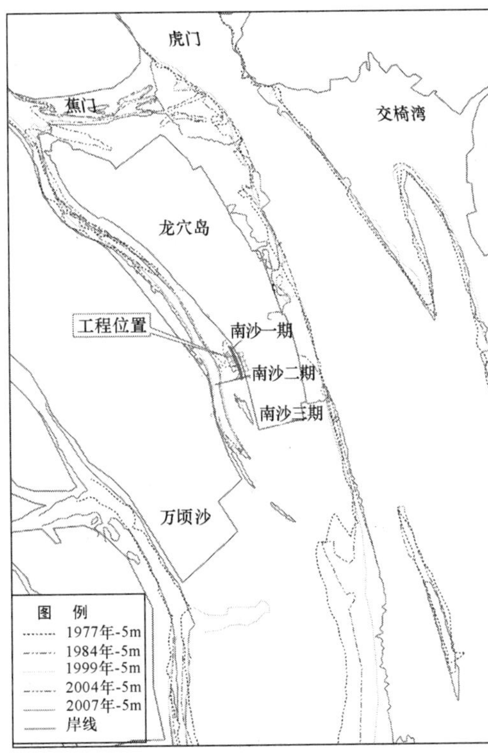

(d) 历年等深线（-5m）

图 8-11　广州港南沙港区附近水域冲淤变化

2. 珠江河口水域多年平均含沙量的遥感计算方法

在珠江河口近岸建设大型港区和配套的深水航道工程，必须研究拟建工程附近水域的水沙环境和工程泥沙。前者包括水动力环境和泥沙来源及其输运特性，而工程泥沙问题，着重是研究预测港区航道的回淤问题。无论是水沙环境或工程泥沙问题的研究，对获取工程水域长序列的水文泥沙观测资料至为重要。而珠江河口区自20世纪70年代末在伶仃洋河口湾进行洪水、枯水期两次大同步水文泥沙测验后，至今尚未进行同等规模的实测调查；期间只有零星的局部区域测验。到了21世纪初，为了适应广州港航运高速发展的迫切需要，初拟在伶仃洋蕉门凫洲水道出口鸡抱沙垦区东岸建设南沙港区。在可研阶段，进行过两次短时段的水文泥沙观测。由于蕉门鸡抱沙垦区是蕉门拦门沙浅滩，于20世纪90年代围垦成陆。在新的陆地边界条件下，周边水域形成了新的水文泥沙特性；由于近10多年来，缺少各种水文边界下的水流泥沙测验资料，这就给南沙港区水沙环境研究因基础资料的不足而产生一定的难度。在工程泥沙研究方面，预测港池航道的回淤问题，无论是采用潮流泥沙数学模型研究方法或采用半理论半经验的计算方法，都必须获取港池航道水域洪水、枯水期及多年的平均含沙量作为模型计算参数。若采用一两次的测点观测数据代替或推算区域平均含沙量，其代表性和准确性均较差。

近10多年来，笔者在珠江河口水沙运动遥感监测分析研究中，获得珠江河口水体表层悬沙含量的遥感定量模型。利用该模型，对每一时间的Landsat－TM（ETM）影像数据，计算出区域水体悬沙含沙量的平面分布。每一时相的区域水体悬沙含量分布图均表现了该水域在特定的上游水沙条件和潮汐状态以及地形边界等共同作用影响下的水体含沙量空间分布特征。而通过对系列的遥感悬沙含量分布图的综合与对比分析，则可以从一个侧面了解该区域的泥沙来源及其输移扩散特性和滩槽的冲淤环境。珠江河口水体悬沙含量遥感定量模型已广泛应用到珠江河口综合治理规划、航道规划和滩涂开发等项目中的水沙环境专题研究。

由于卫星遥感探测地面，获取的信息具有空间连续性的优势，但也存在时间连续性的劣势。笔者在利用珠江河口遥感水体含沙量模型计算洪水、枯水期及全年平均悬沙含量的研究过程中，充分发挥遥感信息的优势，并利用珠江河口水文泥沙特性及泥沙运动规律。具体的方法归纳如下。

1）尽可能收集代表不同上游水沙条件和不同潮汐状态组合的遥感影像数据。珠江河口水域的泥沙绝大部分是径流输沙，从西江、北江和东江进入三角洲河网，最后通过八大口门排入河口海域。珠江各条水系的输沙量年内分配极不均匀，输沙高度集中于洪水期，各水系洪水期（4～9月）的输沙量占全年输沙量的88.35%～96.18%。

为了能判别每一幅遥感影像的上游来水来沙量的背景，笔者以三水水文站（北江）、马口站（西江）、博罗站（东江）记录及推算的卫星过境日的日平均流量和日平均含沙量作为划分洪水、中水、枯水期的依据。如西江的马口控制站日平均流量大于10000m^3/s为洪水期，3000～10000m^3/s为中水期，小于3000m^3/s为枯水期。由于珠江河口属潮汐河口，因此河口水域的水流泥沙特性与潮汐状态有密切的关系。一般河口的潮汐状态可分为大潮、中潮、小潮期和涨潮、落潮时段。判别每一幅影像的潮汐状态背景，主要是根据河口区各潮位站记录的当天潮位过程曲线。卫星过境时刻在每天上午10:00～10:40之间。由于笔者自20世纪80年代开始就利用美国Landsat遥感信息作为珠江河口动态监测分析的主要数据源，积累了自 1973 ~ 2005 年 100 多幅珠江河口遥感影数据，并建立了珠江河口遥感影像数据库，该数据库除了存储经校正后（大气校正和几何校正）的影像数据外，还有每一幅遥感影像的成像背景数据。

由于可见光卫星遥感获取地面信息受天气的制约，从现有的珠江河口遥感影像库中，枯水期的影像较多，而洪水期的影像较少，特大洪水的影像一般难以获得。由于笔者积累的河口遥感影像的时间序列较长，时相较多，基本上可以满足统计区域平均含沙量所需要的各种水文泥沙背景组合。例如，在《广州港南沙港区二期工程港池附近水域水沙运动遥感分析》专题研究中，选取了 20 世纪 1995 年以后的共 24 个时相影像数据进行平均含沙量统计，其中，洪水、中水、枯水期各 8 幅，涨潮过程和落潮过程各 4 幅。

2）利用珠江河口水体表层悬沙含量遥感定量模型，对被选定的各时相影像数据进行水域表层含沙量分布的计算和悬沙含量平面分布图的制作。

3）根据珠江河口各水域垂线方向各层含沙量关系，把遥感探测的水体表层含沙量推算为垂线平均含沙量。

珠江河口自口门至口外，由于受径流、潮流及地形边界等作用的差异，各区域部位水体垂线方向各层的含沙量的比值关系也存在差别。笔者根据多年实测资料的分析统计，获得各区域部位各层含量沙量的比值。例如伶仃洋海区可分为 11 个区域部位，并统计了表层与底层的比值和表层与垂线平均的比值，利用其比值关系，则可以把遥感探测的水体表层含沙量推算该区域的垂线平均含沙量，以满足回淤计算的要求。

4）区域洪水、中水、枯水期及全年平均含沙量的统计方法。采用系列遥感信息推算统计水域范围内洪水、中水、枯水期及全年平均含沙量，较为简易的方法是对代表各种径、潮流组合的多个遥感含沙量分布进行算术平均统计。由于遥感悬沙含量分布反映了连续空间场变化，能有效地提供加密面域的泥沙信息。因此，采用遥感方法推算特定水域范围的平均含沙量与多年实测资料统计结果基本一致。

由于珠江河口水域年内含沙量受上游径流输沙季节变化的影响，一般洪水期的含沙量大大地高于枯水期，但洪水期的历时又短于枯水期。因此，笔者在计算某一水域全年平均含沙量时，采用权重平均计算方法。根据珠江径流水沙的多年观测成果，笔者把全年划分为 3 个水期，即洪水、中水、枯水期，分别历时为 3 个月、4 个月、5 个月。每一水期的平均含沙量由水期内多景不同潮汐状态遥感含沙量平均求算，然后按洪水、中水、枯水期的历时权重，算出该水域的全年平均含沙量。

8.8.2　应用实例

1. 遥感与 GIS 技术在广州港南沙港区环境泥沙及工程泥沙研究中的应用

广州港自 2000 年在伶仃洋西北部、蕉门口鸡抱沙垦区东岸规划建设南沙港区后，开展了南沙港区水沙环境和工程泥沙专题研究。通过动力地貌调查、现场水文测验、遥感信息分析、试挖槽回淤观测和潮流泥沙数学模型等多种手段，对港区泥沙来源、蕉门水沙影响、河口环境作用、滩槽冲淤特性等港口建设所关心的问题进行充分的论证，其成果为港区总体规划方案的比选和一期工程的实施提供了重要的依据。2004 年 9 月，广州港南沙港区一期工程 4 个 5 万 t 级泊位如期完成，与其配套的主航道（伶仃洋航道）增深工程

（设计长度为65km、底宽为160m、底高程为-13m）也同期交付使用。这两项工程的竣工投产极大地推动了大南沙开发建设的前进步伐。同时，也为南沙港二期工程建设创造了积极条件，南沙深水港规划的宏伟蓝图正在被建设者们一步步地付诸实践。南沙港二期工程拟建了6个5万t级泊位，由一期工程码头南端向下延伸2100m作为码头岸线，后方回填筑成陆域，前方开挖形成与一期连通的港池，并设置专用进港航道与主航道连接（见图8-12）。为了对二期工程的方案布置进行优化，实现改善工程环境、减少港区回淤和有利后续建议的目的，建设部门组织各科研单位于2004年10月开始对南沙港区二期工程的回淤问题和方案比选开展联合研究，于2005年5月完成。

珠江水利科学研究院遥感与地理信息应用工程研究室参与南沙港区一期、二期工程的水沙环境和工程泥沙专题研究工作。采用遥感与GIS技术对港区附近水域的水动力环境、港区的泥沙来源、冲淤特性和港池航道的回淤预测等进行分析论证。主要成果结论归纳如下：

图8-12　南沙港一期、二期工程位置图

1）以历年实测的海图和水下地形图制作水下地形高程模型（DEM），进行叠加分析，获取各年代间的滩槽冲淤厚度图和年平均冲淤厚度图（见图8－11）；以近30年洪水、中水、枯水期及涨、落潮过程的近50个时相的遥感信息资料所反映的水沙输移特征为依据，综合分析港区附近水域的水动力环境特点和泥沙淤积强度。上述的技术方法特点是滩槽地形的冲淤变化过程反映该工程水域在径潮水流和各种人为工程活动共同作用的结果，而以遥感信息为主要分析的水沙输移扩散特征及其时空变化则为滩槽冲淤变化的原因提供翔实的佐证。因此，在评价南沙港区的海床稳定性、港区泥沙来源以及对港区淤积的影响等关键性问题，我们的分析成果对上述问题论证提供科学依据。

例如，在评价南沙港区是否具备建深水港条件方面，笔者根据港区附近的蕉门凫洲水道、蕉南支水道、虎门川鼻水道、伶仃西槽近20多年的冲淤变化趋势和遥感分析水沙输移动态变化规律，发现伶仃洋蕉门口拦门沙浅滩区自20世纪90年代实施围垦造陆以后，南沙港区之东侧虎门—川鼻潮汐通道之潮流动力得以增强，而90年代自伶仃航道（西槽）整治竣深以后，更使潮汐通道之动力增强，潮汐通道动力的增强，有利于减少港区水域的泥沙淤积。另外，笔者根据遥感定量水体含沙量模型，对近期港区附近水域进行含沙量统计，得出水域平均悬沙含量为0.06～0.15kg/m^3。此外，根据遥感流势分析，拟建港池航道处于孖沙垦区东岸浅滩，受上游的鸡抱沙东岸浅滩的屏障影响，减少了蕉门凫洲水道径流水沙对港区的影响。根据以上综合分析，提出了“孖沙垦区东侧近岸区为弱流少沙环境，具备建深水港条件”这一观点。

在南沙港二期工程建设阶段，为了对二期工程的方案布置进行优化，实现改善工程环境、减少港区回淤和有利后续建设的目的，建设部门组织联合研究。为实现上述的目的，其中，关键问题之一是弄清二期港池及航道的泥沙来源输移路径及对港池的影响。笔者充分发挥遥感影像的可视性、空间连续性和探测泥沙含量的平面分布等优势，结合实测资料分析，对二期工程的泥沙来源和原因作遥感分析，并提出减少港池回淤的措施。结论如下：

二期工程码头前沿水域的泥沙主要来源于蕉门南槽径流输沙，其次是凫洲水道径流排沙。前者的悬沙输移动力机理主要发生在落潮后期和初涨阶段，蕉门南槽出口尾闾与东侧西槽出现西高东低的水面横坡降，促使尾闾高含沙水体向东扩散，并在西槽涨潮主流的带动下，进入工程码头前沿水域（见图8－13）。枯水期上游径流水沙来量较少，而潮流及风浪对浅滩底层搅动作用增强，促使悬沙掀扬，并随涨潮流带进工程前沿水域（图8－14）。虽然当前凫洲水道仍分流蕉门约70%以上的落潮流量和大部的口门上游来沙，但随着近10多年来蕉门口鸡抱沙—孖沙的围垦成陆和凫洲水道治理工程的逐步实施，这一河势的变化促使悬移质泥沙更多地直接排入川鼻深槽及伶仃洋东部海域，相应地减少排入西槽及西滩前沿，从而减轻伶仃水道的淤积压力和南沙港区的回淤。鉴于二期工程港池及引航道处于一期工程之下游，因此受凫洲水道出口输沙的影响比一期工程大大减轻。

了解南沙港二期工程水域的泥沙主要来源及其输沙路径之后，笔者对二期工程的减淤措施提出如下建议：一是在二期工程南修筑围堰池，该池一方面可供二期港池挖泥堆填，另一方面起阻挡西侧浅滩区水域悬沙向东扩散的作用；二是从有利于南沙港区建设后续发展角度着眼，笔者认为南沙港建设应和蕉门南槽出口尾闾的岸线整治紧密结合，研究蕉门南槽出口与伶仃水道（西槽）的平面衔接，使其有利于引导更多的出口泥沙沿伶仃洋西滩前沿输沙走廊南排。预估蕉门南槽出口尾闾岸线整个工程全部完成后，南沙港区的泥沙回淤将大大减轻。

图 8－13 南沙港区附近水域洪季涨潮流势及悬沙分布（2001 年 6 月 21 日）

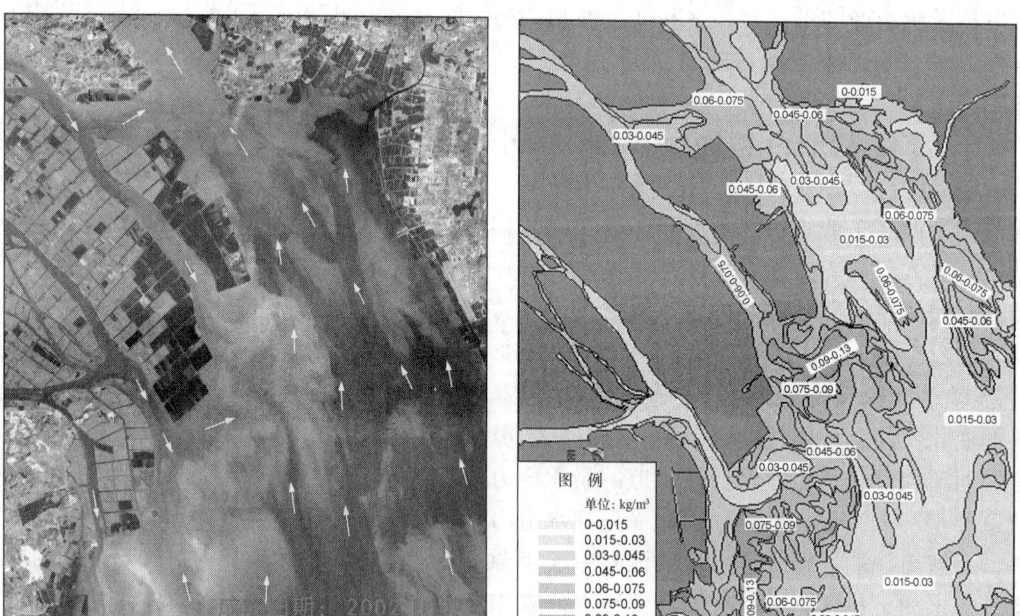

图 8－14 南沙港区附近水域枯季初涨流势及悬沙分布（2002 年 11 月 7 日）

2）以遥感探测推算的南沙港区水域平均含沙量作为半理论半经验港池回淤估算公式之参数，对南沙二期港池作回淤预测。

南沙港港池及引航道的回淤强度预测，除了采用潮流泥沙数学模型进行回淤计算外，笔者利用遥感探测推算的港池航道的平均含沙量作为半理论半经验的回淤估算公式之参数，进行回淤预测。

本次采用罗肇森公式进行二期港池的回淤估算。即

$$\rho = \frac{k\alpha\eta\omega ST}{\gamma_c}\left[1 - \left(\frac{H_1}{H_2}\right)^3\right]\frac{1}{\cos n\theta}$$

式中　ρ 为 T 时间内的淤积厚度；H_1、H_2 为开挖前后的港池水深；θ 为航槽轴线与水流方向夹角；k 为系数，用南沙港一期工程开挖回淤资料确定；α 为悬沙沉降率，与其水流条件及淤沙特性有关，一般情况下，d_{50} <0.03mm 时，α 值采用 0.67；η 为积分常数，近似取 1.0；ω 为悬沙沉降速度；S 为水流挟沙能力，采用遥感定量多年平均含沙量代替；γ_c 为泥沙干容量［根据珠江口新沙港区河段和新沙港试挖槽以及有关港口航道的实测资料得到 $\gamma_c = 175\exp(0.42\log d_{50})$］；$n$ 为水流通过航道的转向系数，与 θ 有关，其中：$\theta = 5°$，$n = 0.14$；$\theta = 10°$；$n = 0.59$；$\theta = 20°$，$n = 0.72$；$\theta = 30°$，$n = 0.8$。

南沙港二期港池及引航道的开挖底标高为 -16m；开挖前的平均水深由于两侧浅滩水深不同，采用相应的水深值。由于港池航道平面布局范围较小，区域悬沙中值粒径变化相对较小，故各区的沉积物参数均取一致。本区的水流挟沙能力，由于缺少多年实测平均含沙量资料，故采用遥感定量的多年平均含沙量代替。经对该公式的计算统计，估算了二期港池及引航道的回淤量。为与之对照，也采用天津水运工程科学研究所曹祖德公式进行估算，其结果见表 8-7。

表 8-7　　南沙二期港池淤强和回淤量估算表

分区		港池及引航道水深（-16m）					
段号	面积（万 m²）	罗肇森公式 I		罗肇森公式 II		曹祖德公式	
		回淤量（万 m³）	淤强（m/a）	回淤量（万 m³）	淤强（m/a）	回淤量（万 m³）	淤强（m/a）
港池	166.0	231	1.39	199	1.20	222	1.34
引航道	27.8	31	1.13	24	0.86	25	0.91
合计	193.8	262	1.35	223	1.15	247	1.28

注　罗肇森公式 I、II 的差别在于是否参考天科所实测一期工程港池内外的流速变化。

南沙港二期港区的回淤估算由南京水利科学研究院和天津水运工程科学研究所通过各自模型进行背靠背的平行模拟，其结果是二期港区的总回淤量，南科院模型为 185 万 m³/a；天科所模型为 207 万 m³/a，我们采用罗肇森公式推算结果为 243 万 m³/a。从回淤总量数值比较，罗肇森公式估算的回淤总量略大于其他两个模型的估算，其主要原因：笔者是按港池航道开挖到 -16m（理论最低潮面）进行估算，而其他两个模型是按开挖到 -13m 进行计算；开挖水深达 16m 的回淤量略大于开挖水深为 13m 的回淤量也是合理的。因此，笔者认为利用遥感探测的多年平均含沙量作为半理论半经验回淤估算公式的参数，估算港

池航道的回淤强度及回淤量这一技术方法具有较好应用价值，尤其对于水沙环境比较复杂的大港口的建设，更需要采取多种技术手段进行回淤估算，相互对比，相互验证，获得比较合理的成果，为建设部门提供可靠的依据。

2. 遥感与 GIS 技术在港珠澳大桥建设防洪论证中的应用

拟建的港珠澳大桥横跨珠江口外伶仃洋水域，是珠江河口管理范围的一项特大型涉水工程，受建设部门的委托，珠江水利科学研究院承担了《防洪论证报告》的编制工作。

在港珠澳大桥工程可行性研究阶段大桥对珠江口防洪影响评价专题研究中，采取原型资料分析、潮流数学模型、定床清水物理模型试验、遥感信息分析等手段相结合的方法进行研究，几种方法相互印证，相互补充。

伶仃洋水域面积达 2110km^2，在西部 4 个口门的径流与东南向强大的潮流作用下，水下地形明显存在三滩两槽格局，径流与潮流相互顶托、相互掺混，使得伶仃洋水情、流势、泥沙输移多变复杂。要从大范围、整体、宏观上了解把握工程附近水域涨、落潮流势、泥沙平面分布及滩演变规律，遥感技术的应用是较有效的手段。该专题研究采用遥感与 GIS 技术，利用了美国 LandsatTM、ETM 数据、法国 SPOT 数据以及中巴资源卫星数据共 40 多个时相、成像时间从 1977 ~ 2004 年的系列遥感影像资料，结合多年实测水下地形资料，在 ENVI 和 arcgis 软件平台上进行处理及分析，获得了伶仃洋洪水、枯水期和涨潮、落潮过程的水流泥沙输移路径及水动力特性和近 30 年来滩槽冲淤变化趋势，据此分析港珠澳大桥线位布置的优劣、悬沙输移规律、岸线变化和海床冲淤变化趋势，并为数学模型和物理模型提供流场验证资料。

通过遥感研究，取得以下结论和建议：

1）根据遥感信息所获得的流势分析，大桥工程区东、西段受潮流动力的作用和影响有明显的差别。东段为大陆架高盐水控制，主要是涨潮流对桥区的动力作用较强，影响范围较大。在落潮过程，沿矾石水道下泄的潮流，部分水流经铜鼓槽道汇入大濠水道，形成了多股水流在此汇聚，流态复杂，这对桥线布置的北线方案有较大的影响。西段涨、落潮流的流路流势变化较大，既受大西水道涨潮主流的动力作用，又受伶仃洋落潮主流动力的作用，且受澳门水道涨、落潮水流的干扰影响，使澳门水道出口水域和澳门机场附近水域的流态较为复杂；从伶仃洋的落潮流势看，大桥区之西段正好落在伶仃洋虎门下泄的主落潮流或来之西侧口门及西滩的含沙水流都是通过金星门和淇澳岛—内伶仃岛断面构成的内伶仃洋泄流输沙带，桥墩及人工岛部分会对水沙向下输移产生一定的阻滞作用。

2）根据遥感信息分析，桥区悬沙含量西段高于东段，自西向东逐级下降。大桥工程附近水域平均悬沙含量总体上小于 0.1kg/m^3，其中：桥区西段在 0.025 ~ 0.1kg/m^{3}之间，在大九洲至澳门机场水域悬沙含量相对较高，为 0.06 ~ 0.08kg/m^3；桥区东段的悬沙含量小于 0.025kg/m^3，在大濠水道中、下段深槽区，悬沙含量与外海区同处一个量级，即小于 0.015kg/m^3，表明内伶仃洋的水域悬沙和外伶仃洋两岸近岸悬沙较难扩散至此水域。

3）根据遥感信息分析，大桥工程区位于伶仃洋河口湾之湾口，工程区附近的滩、槽分布总体上是内伶仃洋三滩两槽的延伸，近期呈淤积态势，但总体上属稳定海床。

4）遥感信息表明，近 20 年来，伶仃洋岸线边界发生了巨大变化，主要是西部口门的围垦，导致岸线向前延伸，内伶仃洋水域面积减少。此外，伶仃洋河口区目前规划建设的大型港口群有广州港、深圳西部港口群、东莞虎门港港群等都是伶仃洋近期可能的边界变化。

5）提出“港珠澳大桥建设应为开辟伶仃洋西滩泄洪排沙通道留有余地”的建议。

根据遥感研究表明：伶仃洋西滩是珠江河口重要的泄洪排沙水域。拟建大桥西段处于伶仃洋西滩下部水域（见图8－15），大桥初选线位方案的工程阻水比为10.95%～19.15%，说明大桥工程阻水面积有相当的比重，对大桥的阻水影响不可忽视。根据模型试验预测，工程实施后使工程上游海区、口门及网河区水道高高潮位普遍降低，低低潮位有所抬高，潮差减小，潮汐通道动力有所减弱，潮波有所变形，潮汐通道输沙能力降低，

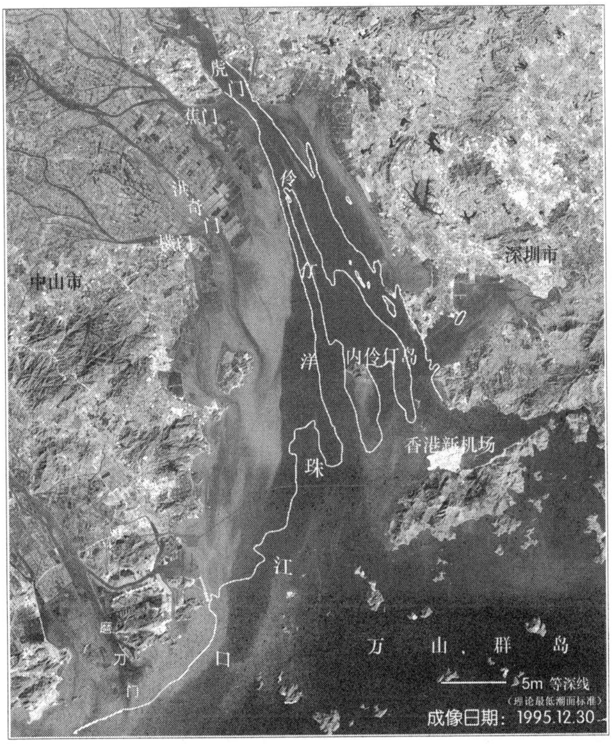

（a）伶仃洋港珠澳大桥位置

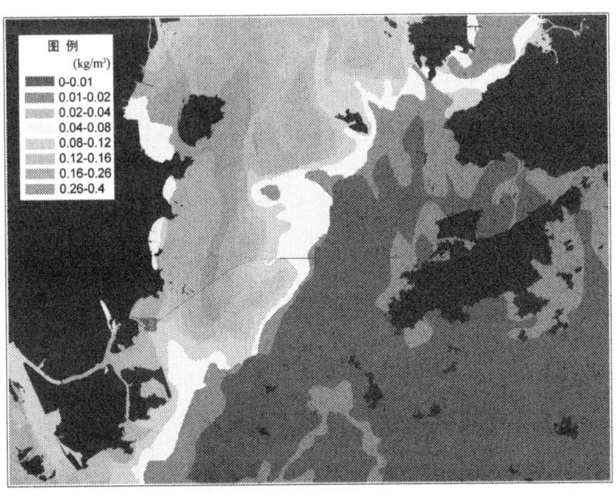

（b）大桥工程附近水域洪季落潮悬沙分布图

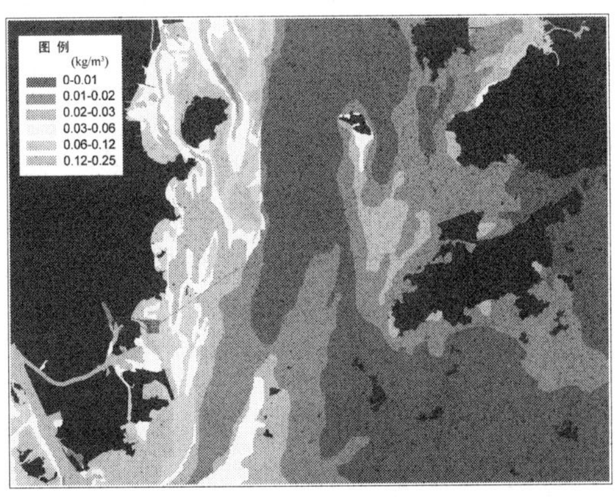

（c）大桥工程附近水域枯季落潮悬沙分布图

图8－15 伶仃洋港珠澳大桥位置卫星影像图

口门地区拦门沙抬高。为了减少大桥工程建设对珠江河口防洪及水环境的长期影响，需要进一步优化大桥工程设计方案，在研究维护潮汐通道的同时，对西滩的治理采取相应的补救措施。经综合分析认为，港珠澳大桥建设在即，开辟伶仃洋西滩泄洪排沙通道势在必行，是西滩治理关键的补救措施，为此特建议港珠澳大桥建设应为开辟伶仃洋西滩泄洪排沙通道留有余地，有关桥段的桥孔布置和桥墩设计应符合泄洪排沙通道的规划要求。

从遥感信息研究成果引申的关于伶仃洋西滩治理规划与大桥建设方案协调的建议，是在水利部水利水电规划设计总院何孝俅、胡训润和珠江委范锦春等专家的指导下提出的；并共同撰文《港珠澳大桥建设在即，开辟伶仃洋西滩泄洪排沙通道势在必行》，已发表在《中国水利》2006 年 4 期。

参考文献

[1] 钱宁等．河床演变学［M］．北京：科学出版社，1989.

[2] 王绍成．河流动力学［M］．北京：人民交通出版社，1991.

[3] 胡嘉敏等．含沙水体反射率波谱特性及其遥感应用意义［A］．第七届全国遥感技术学术交流会论文集［C］. 1991. 218 ~ 220.

[4] 孙家柄等．遥感原理、方法和应用［M］．北京：测绘出版社，1996.

[5] 周成虎等．遥感影像地学理解与分析［M］．北京：科学出版社，2001.

[6] 古秋森等．伶仃洋遥感应用研究［M］．北京：科学出版社，1990.

第9章　伶仃洋治理开发研究

9.1　综合治理规划方案研究

9.1.1　综合治理规划治导线总体方案的拟定

水利部珠江水利委员会根据伶仃洋及其出海口门的特点，以及经济建设发展的需要，对伶仃洋治导线总体方案的规划进行了研究。规划范围为北起虎门口，南至内伶仃岛，东到东滩的西侧，西止于西滩的东侧，共计海域面积约为600km^2。

对伶仃洋海区，初步拟定东、西两条治导线作为海区外缘的控制线[1]。东治导线根据东部浅滩属于潮成滩，沙滩受潮汐约束，沙体比较稳定，淤积发展比较缓慢，滩面水深较大，适宜于用作港口码头开发的特点，应尽量布设满足港口码头对水深的要求，使之成为东部开发利用的外缘控制线；西治导线根据西部浅滩是以径流泥沙为主形成的浅滩，滩地土壤肥沃，淡水资源丰富，滩面高程已进入围垦最佳时机的特点，应适宜于进行围垦开发，使之成为既是限制伶仃洋西滩东扩，保持西航道稳定的外缘控制线，又是对地方围垦的限制线。

伶仃洋海区治导线方案根据上述特点和适度调配各口门水沙以维持虎门口潮汐通道的潮流大进大出的动力条件，以及两岸水下地形的具体情况，按照喇叭状控制伶仃洋河口湾的形式，初步拟定了大、小喇叭两个治导线方案。两个方案的东治导线为同一条线，西治导线则有大、小喇叭两种方案。如图9－1所示，东治导线为北端沙角和南端棚头咀两个凸咀之间的连线，基本上沿－5.0m等高线走向布置，利用其有控制性的天然地形，使岸线前缘的利用不致对潮汐的涨落影响太大，还可利用交椅沙、公沙两滩及大、小铲岛作为开发区沿线的屏障。西治导线的大喇叭方案由凫洲水道出口南岸起，经交杯沙、孖沙东，留出蕉门南汊的出口，再自沙

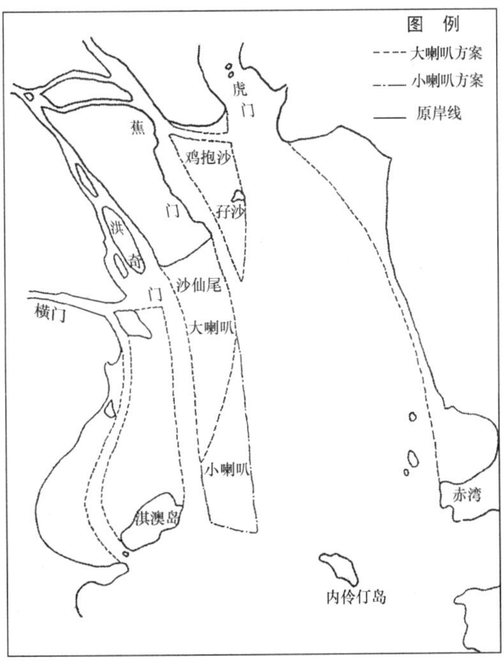

图9－1　伶仃洋大、小喇叭治导线方案示意图

---

[1] 水利部珠江水利委员会，伶仃洋治导线规划报告，1993年5月。

仙尾滩折向西南，至淇澳岛东侧。西治导线的小喇叭方案由凫洲水道出口至孖沙一段与大喇叭线重合，至蕉门南汊出口后自沙仙尾滩折向东南至内伶仃岛西侧。

伶仃洋海区治导线方案结合蕉门、洪奇门、横门各口门出口的延伸治导线，构成伶仃洋治导线总体方案。各口门出口治导线的延伸走向，须根据各口门的特点和整治要求拟定。对蕉门整治而言，要求适当限制凫洲水道的分流，增加蕉门南汊的泄洪纳潮能力，并整治上、下横沥水道，合理调配其分流比；对洪奇门整治而言，重点是加大其泄洪纳潮能力，对两岸盲目围垦造成水道萎缩加以疏通，以维护水道泄洪的畅通；对横门整治而言，应着重改善横门北汊与洪奇门水流的顶托状况，使两条水道都能泄洪顺畅。根据以上要求，初步拟定大喇叭方案为蕉门南汊延伸至十三冲口，洪奇门与横门北汊汇合后延伸至淇澳岛东侧，横门南汊延伸至金星门。小喇叭方案为蕉门南汊东岸延伸至二十三冲口，西岸则延伸至内伶仃岛西侧，其余两个口门的延伸位置与大喇叭方案相同。大、小喇叭方案围垦的西滩面积分别为38万~41.5万亩和46万亩，东滩在-3.0m以内可利用的围垦面积为13.85万亩。

9.1.2 实测资料分析研究

1. 口门冲淤特性分析[1]

整治伶仃洋必须分析各口门的冲淤特性，探明其冲淤规律，才能使治导线规划方案遵循“因势利导”的原则，从而达到预期的整治效果。

河床的冲淤分析，可依据输沙平衡原理进行，即当含沙量与潮流挟沙力之比值大于1时，河床应为淤积，其值越大淤积越严重；小于1时河床应为冲刷，其值越小冲刷越严重。

现用大虎断面、南沙断面、冯马庙断面、横门断面分别代表虎门、蕉门、洪奇门、横门等口门进行冲淤特性分析。除南沙断面因其下游有凫洲水道分流，情况较复杂外，其余各断面距口门均较近，约在2~6km以内，均为冲积性单槽河道，且有较好的代表性。

潮汐水流挟沙力采用第3章第3.6节所述适用于伶仃洋的如下公式进行分析[2]：

洪水期涨潮 $$S_* = 0.646\left(\frac{V^2}{H}\right)^{0.471} \tag{9-1}$$

洪水期落潮 $$S_* = 0.648\left(\frac{V^2}{H}\right)^{0.572} \tag{9-2}$$

枯水期涨潮 $$S_* = 1.137\left(\frac{V^2}{H}\right)^{0.558} \tag{9-3}$$

枯水期落潮 $$S_* = 0.606\left(\frac{V^2}{H}\right)^{0.467} \tag{9-4}$$

式中 S_*为断面平均潮流挟沙力，kg/m^3；V为断面平均流速，m/s；H为断面平均水深，m。

根据1978~1979年伶仃洋水文调查资料及1976年南沙站实测水文泥沙资料，依据上述输沙平衡原理和有关潮流挟沙力公式，对伶仃洋各口门的冲淤特性进行分析如下：

图9-2为虎门大虎断面洪水期及枯水期涨潮、落潮情况下潮量与含沙量比潮流挟沙

力之间的关系。由图可见，洪水期虎门落潮时河床有冲有淤，多数情况为淤积，一般淤积不严重，其含沙量与潮流挟沙力之比值均小于 3，在较大落潮量（如大于 4.5 亿 m^3）时有时出现冲刷；洪水期涨潮时河床一般都是冲刷的，当涨潮量大于 2.9 亿 m^3时河床一般处于冲刷，小于此值时河床有冲有淤，但以冲刷居多。枯水期虎门落潮时河床都是淤积，涨潮时有冲有淤，但多数情况下为淤积，在涨潮量较大时（如大于 3.5 亿 m^3）有时出现冲刷，但仍以淤积居多。虎门上述冲淤特性表明，它是以潮流动力作用为主的河口，它之所以长时期河床基本稳定，经久而不衰，主要靠涨潮流的冲刷作用得以维持冲淤基本平衡。

图 9－3 为蕉门南沙断面洪水期及枯水期涨潮、落潮情况下潮量与含沙量比潮流挟沙力之间的关系。由图可见，洪水期蕉门落潮时多数情况下为淤积，一般是落潮量越大淤积越严重，其含沙量与潮流挟沙力之比值达到 3 以上，甚至高达十几；洪水期涨潮时有冲有淤，多数情况下为淤积，一般是涨潮量越小，淤积越严重。枯水期落潮时有冲有淤，以冲刷居多；枯水期涨潮时多为冲刷，个别情况出现淤积。蕉门上述冲淤特性表明（凫洲水道除外），它与虎门截然不同，它是以径流动力作用为主的河口，洪水期径流将大量泥沙挟带下来造成淤积，涨潮时由于潮流动力作用不强，不足以产生河床冲刷，相反，多数情况下为淤积，从而加重了口门的淤积发展；枯水期涨潮、落潮时多数情况下虽为冲刷，但由于枯水期径流量较小，涨潮量也不大，造床作用较弱，不足以产生较大的冲刷，口门处于不断淤积发展的趋势。

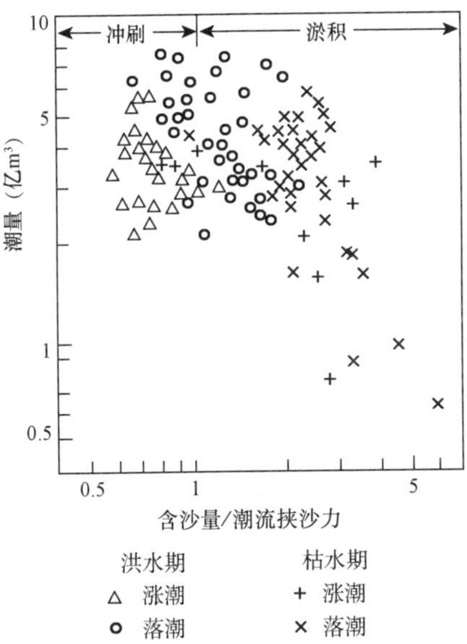

图 9－2　虎门口大虎断面冲淤特征

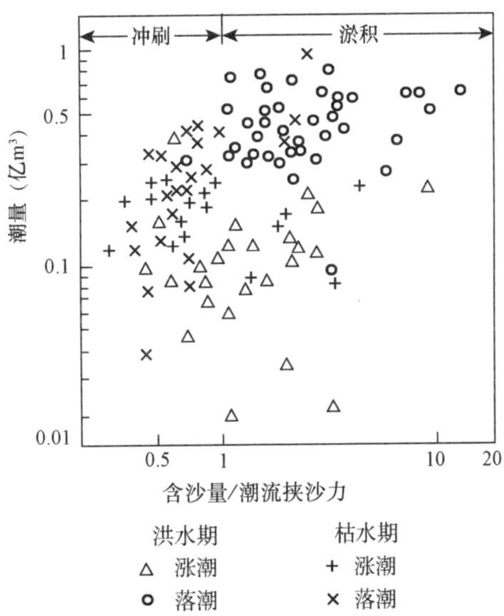

图 9－3　蕉门口南沙断面冲淤特征

图 9－4 为洪奇门冯马庙断面洪水期及枯水期涨潮、落潮情况下潮量与含沙量比潮流挟沙力之间的关系。由图可见，洪水期洪奇门落潮时几乎全为淤积，一般是落潮量越大淤积越严重，其含沙量与潮流挟沙力之比值大于 3 者甚多，有的甚至高达 20；洪水期涨潮时有冲有淤，以淤积居多。枯水期涨潮时多数情况为冲刷，个别情况为淤积；枯水期落潮

时河床冲淤特性与枯水期涨潮时大体相同。洪奇门上述冲淤特性表明，它也与虎门截然不同，而基本上与蕉门相同，但淤积情况比蕉门更加严重。洪水期涨潮、落潮时几乎为淤积，反映了洪奇门是以径流动力作用为主的特征。洪水期径流挟带的大量泥沙造成口门不断淤积；洪水期一般涨潮量不大，不能普遍产生河床冲刷，相反造成泥沙淤积，加重了口门的淤积发展。枯水期径流量小，涨潮量也不大，造床作用不强，虽然涨潮、落潮时多为冲刷，但冲刷强度不大。因此，总的趋势是河床处于不断淤积的发展过程。

图 9 -5 为横门断面洪水期及枯水期涨潮、落潮情况下潮量与含沙量比潮流挟沙力之间的关系。由图可见，洪水期横门落潮时几乎都是淤积，甚少出现冲刷，一般是落潮量越大淤积越严重，其含沙量与潮流挟沙力之比值大于 3 者也较多，有的甚至高达 20；洪水期涨潮时有冲有淤，涨潮量较大时多数为冲刷，较小时多数为淤积。枯水期落潮时多数为冲刷，偶尔也有淤积；枯水期涨潮时几乎全为冲刷。横门上述冲淤特性表明，它与洪奇门的冲淤特性十分相似，也与虎门截然不同。它是以径流动力作用为主的河口，洪水期径流挟带的大量泥沙是造成口门处于不断淤积的根本原因。

综上分析，可见伶仃洋 4 个出海口门中，东部虎门的冲淤特性与西部蕉门、洪奇门、横门截然不同。虎门洪水期落潮时发生淤积，但一般不严重，而洪水期涨潮时则发生冲刷，使虎门能长期保持冲淤基本平衡，河床基本稳定。西部 3 个口门冲淤特性基本相似，其中洪奇门与横门则基本相同，其共同点是洪水期落潮时大量泥沙淤积，落潮量越大淤积越严重；洪水期涨潮时有冲有淤，多数为淤积；枯水期涨潮、落潮时一般为冲刷，但冲刷量不大，总的发展趋势是不断淤积，致使西部浅滩发育，沙洲众多，水道萎缩，泄洪不畅，造成防洪、潮排、潮灌、航运等条件日趋恶化。伶仃洋的问题在于西部 3 个出海口门的不断淤积，必须从口门冲淤特性着眼，及时采取相应的整治措施。

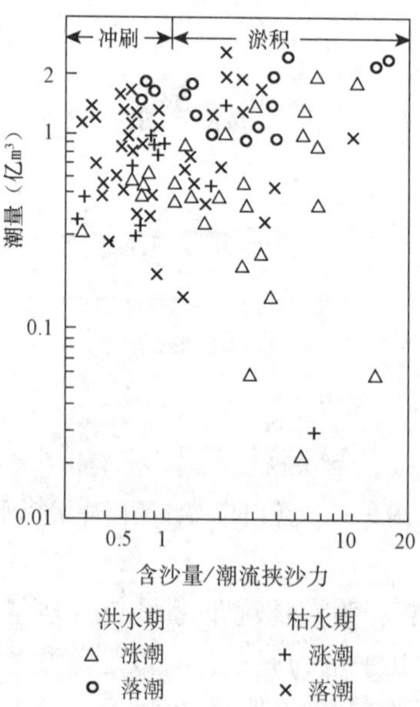

图 9 -4　洪奇门口冯马庙断面冲淤特征

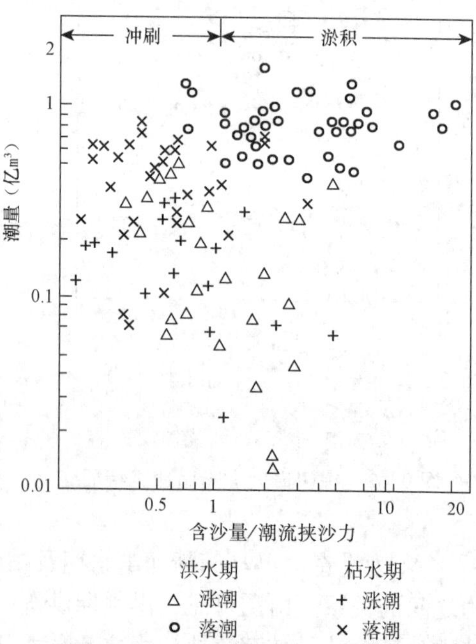

图 9 -5　横门口横门断面冲淤特征

2. 河床演变分析[3]、❶

利用历史海图及水下地形图等实测资料，对河床演变过程进行分析，从中探明滩、槽的演变规律，在河床演变学上是一种不可缺少的手段之一。有关单位根据 1883 年由英国海军部监测的伶仃洋历史海图（比例尺为 1∶186000、1∶20000 等不统一）、1964 年 6 月由南海舰队海道测量大队测量的 1∶25000 伶仃洋水下地形图、1974 年由交通部天津航道局测量队和广州航道局测量队联合测量的 1∶50000 伶仃洋水下地形图和 1984 年 6 月由水电部珠江水利委员会勘测设计研究院测量的 1∶10000 伶仃洋水下地形图（部分海区为 1985 年、1986 年补测）等实测资料，对伶仃洋的滩、槽演变进行分析，得到如下认识：

（1）百年来伶仃洋水下地形的两槽三滩格局无大变化。对比伶仃洋 1883 年和 1974 年的地形图如图 9－6 所示。由图可见，伶仃洋的滩槽分布在近百年来大同小异，基本上维持两槽三滩格局，无大的变化，唯深槽日渐淤浅，槽宽缩窄，浅滩明显扩长。

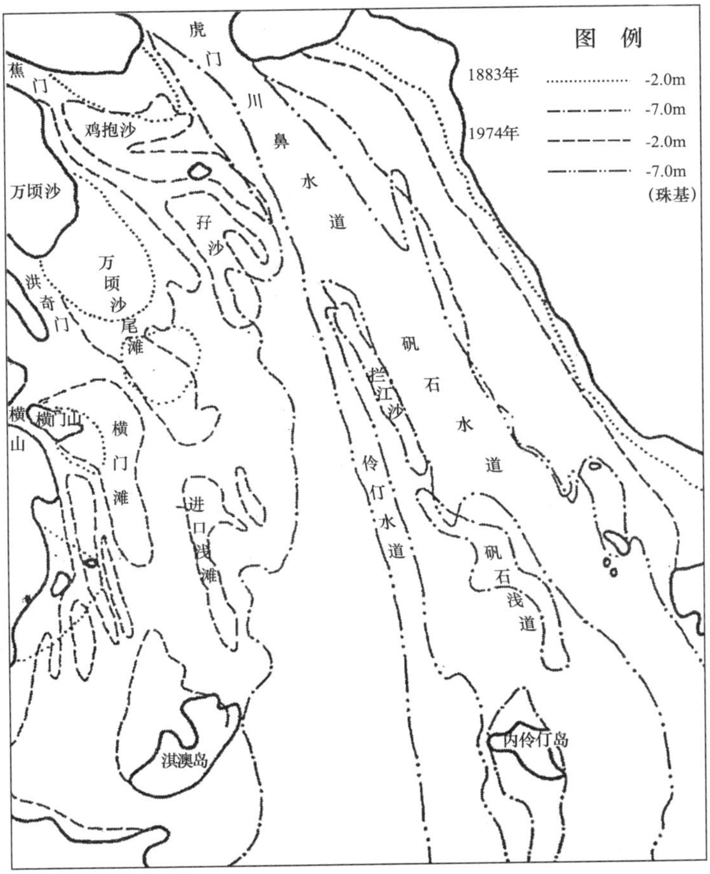

图 9－6　伶仃洋滩槽演变图（1883～1974 年）

1883 年蕉门口的鸡抱沙还只是水下心滩，到 1974 年已基本上同舢板洲、龙穴岛等连成一片而成为沙洲，在蕉门南汊口又出现了新的心滩，即龙穴尾滩与沙仙尾滩之间的孖

❶ 水利部珠江水利委员会，伶仃洋海区冲淤变化分析报告，1992 年 6 月。

洲。1883 年洪奇门万顷沙浅滩 -2.0m（珠基，以下同）滩线的位置约在现时的十四冲、十五冲，进口浅滩尚未形成，到 1974 年时万顷沙浅滩和进口浅滩已基本相连而延伸至淇澳岛北。横门浅滩在 1883 年时尚很小，1974 年已基本上连接淇澳岛。1974 年时整个西滩东部 -2.0m 滩线位置和 1883 年的 -7.0m 深槽线位置相接近。百年来拦江沙的位置基本上无大的变化。1883 年矾石浅滩 -7.0m 高程以上面积尚小，尚未与内伶仃岛相连，1974 年时它们已相连成片。东滩则百年来相对较稳定，浅滩向外扩展迟缓，尤其是沙井以下基本未变。1883 年伶仃洋西槽西部 -7.0m 高程线从虎门西岸开始经龙穴岛东侧走向东南，至北纬 22°37′后折向南下，于淇澳岛以东入外伶仃洋，以后受西滩东扩的挤压，该深槽线东移迅速，至 1974 年东移最多的部位在淇澳岛东部，达 8km 之多。东槽则百年来变化不大，基本上保持稳定状态。

（2）伶仃洋滩、槽平面冲淤变化的总趋势是：西滩迅速向东南方向扩展，中滩明显向东扩展，东滩向西略有扩展，深槽向东日渐缩窄。

图 9 -7 所示为伶仃洋 1964 年至 1984 年滩、槽的平面变化过程。由图可见，西滩迅

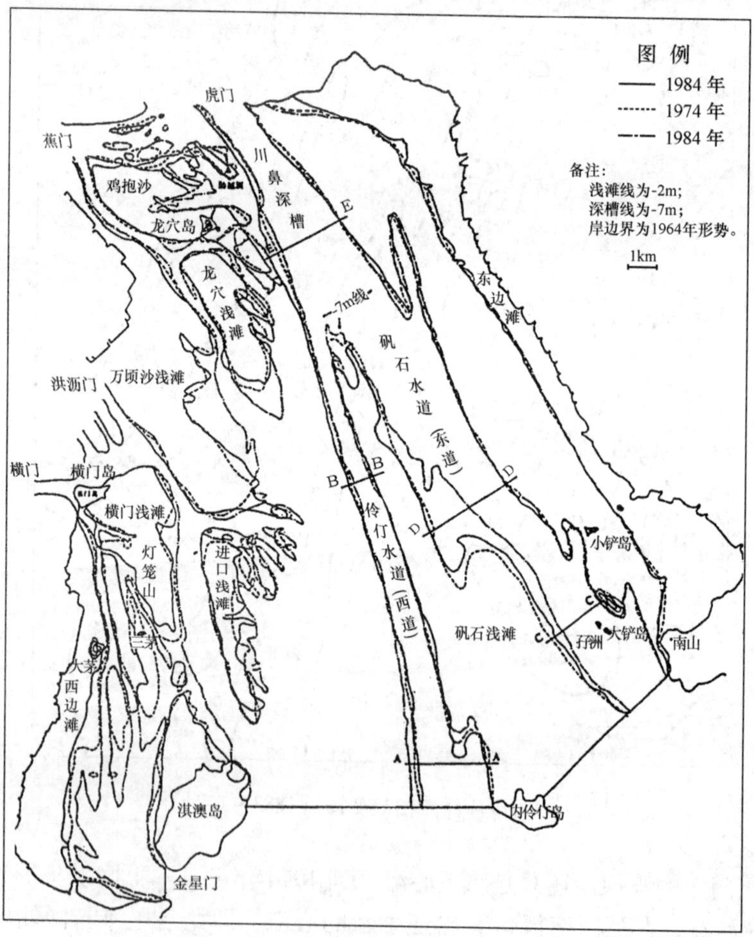

图 9 -7 伶仃洋滩槽演变图（1964 ~1984 年）

速向东南方向扩展，中滩明显向东扩展，东滩则向西略有扩展。表9－1统计了伶仃洋在20年中浅滩面积的变化，由表可见，西滩－2.0m以上面积增长了39.3%，其中后10年比前10年增长更快；中滩－7.0m以上面积增长了19.9%，其中后10年扩展迅速；东滩－2.0m以上面积增长4.3%，后10年比前10年有所减缓。由图9－7和表9－1可知，浅滩面积增长最快的是西滩，其次是中滩，东滩增长最少。在西滩中尤以横门浅滩扩展最快，－2.0m以上面积20年中增长了68.1%，其次为进口浅滩，增长52.2%。

表9－1　伶仃洋浅滩面积变化表

项目 / 浅滩		－2.0m以上面积（万 m^2）			增长率（%）		
		1964年	1974年	1984年	1964～1974年	1974～1984年	1964～1984年
西滩		19333.4	21435.2	26925.3	10.9	25.6	39.3
其中	鸡抱沙	4150.7	4495.4	5067.9	8.3	12.7	22.1
	万顷沙	5492.5	5593.2	6750.9	1.8	20.7	22.9
	进口浅滩	1281.1	1353.3	1950.2	5.3	44.1	52.2
	横门浅滩	4675.6	5567.5	7861.7	16.0	41.2	68.1
	横门西边滩	3733.5	4425.7	5294.5	18.5	19.6	41.8
东滩		7614.1	7850.8	7943.8	3.1	1.2	4.3
矾石浅滩		10149.0	9978.9	12164.1	－1.7	21.9	19.9

注　矾石浅滩按－7.0m以上计面积。

由图9－7还可看到，伶仃洋深槽向东日渐缩窄。以－7.0m高程代表深槽边线，在川鼻深槽、东槽、西槽分别截取若干断面进行比较可知，川鼻深槽处的E－E断面在1964～1984年的20年缩窄了700m，年平均缩窄35m；西槽除在靠近内伶仃岛附近有局部扩宽外（如A－A断面扩宽了450m），其余深槽均为缩窄，如B－B断面缩窄了450m，年平均缩窄22.5m；东槽在C－C断面1964～1974年因中滩东部有冲刷，因而扩宽了250m，但1974～1984年由于中滩向东扩展显著，东槽也相应缩窄了700m。东槽在D－D断面的缩窄尤为显著，1964～1984年共缩窄2400m，年平均缩窄120m。伶仃洋深槽槽宽变化见表9－2。

表9－2　伶仃洋深槽槽宽变化表

项目 / 深槽	断面	槽宽（m）			差值（m）		
		1964年	1974年	1984年	1964～1974年	1974～1984年	1964～1984年
西槽	A－A	3500	3850	3950	350	100	450
	B－B	1350	1100	900	－250	－200	－450
东槽	C－C	2950	3200	2500	250	－700	－450
	D－D	4650	4550	2250	－100	－2300	－2400
川鼻深槽	E－E	4050	3550	3350	－500	－200	－700

（3）伶仃洋横断面的变化是有冲有淤，淤积主要发生在西滩，冲刷主要发生在东槽，但以淤积为主，并有淤积下移的趋势；深槽深泓线的变化是局部有冲刷，但总趋势是

淤积，深泓线逐年抬高。

图9-8所示为伶仃洋3个代表断面不同年份的河床变化。由图可见，横断面的变化是有冲有淤，但西滩是单向逐年淤积，东槽则是有冲有淤，以淤为主。表9-3统计了3个断面的冲淤变化，从中可知由北往南3个断面淤积面积与冲刷面积之比值在1964～1974年分别为4.5、1.3和1.3，而1974～1984年则分别为2.3、3.2和4.1，说明各断面的淤积面积大于冲刷面积，总的趋势是淤积，并有淤积下移的趋势。

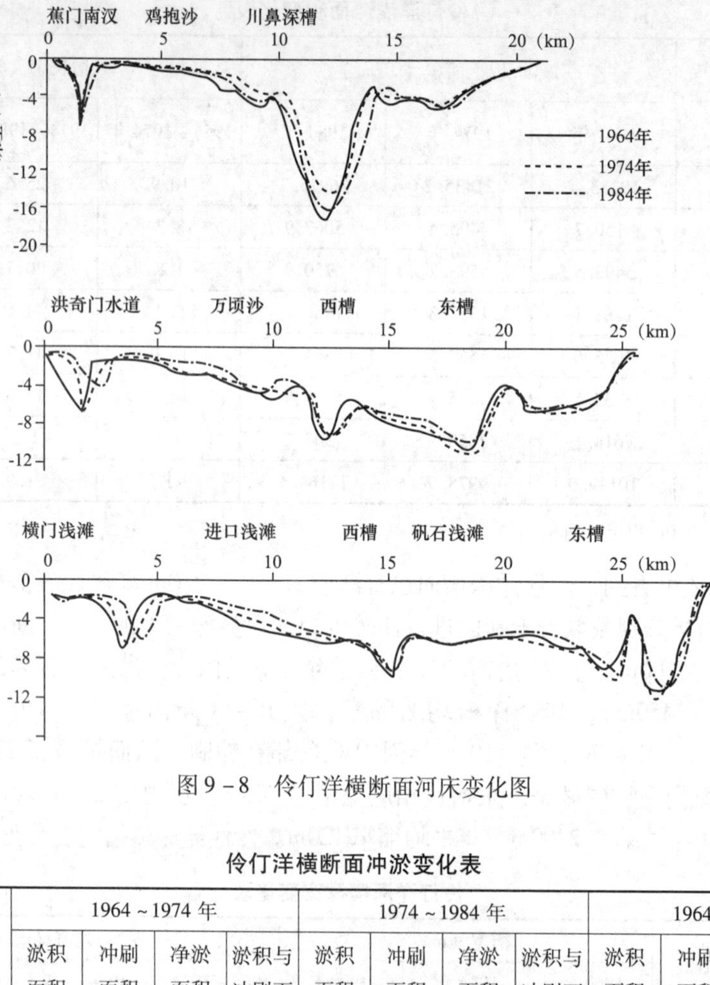

图9-8 伶仃洋横断面河床变化图

表9-3 伶仃洋横断面冲淤变化表

项目 / 断面	断面长度(km)	1964～1974年				1974～1984年				1964～1984年			
		淤积面积(m^2)	冲刷面积(m^2)	净淤面积(m^2)	淤积与冲刷面积之比	淤积面积(m^2)	冲刷面积(m^2)	净淤面积(m^2)	淤积与冲刷面积之比	淤积面积(m^2)	冲刷面积(m^2)	净淤面积(m^2)	淤积与冲刷面积之比
1-1	21.0	10033	2238	7795	4.5	9083	1033	2020	2.3	17268	7710	9558	2.2
2-2	25.0	9232	7321	1911	1.3	12750	3966	8784	3.2	16612	7038	9574	2.4
3-3	28.0	8277	6278	1999	1.3	15531	3749	11782	4.1	19141	8036	11105	2.4

图9-9所示为伶仃洋深槽深泓线在不同年份的变化。由图可见，东槽的深泓线局部有冲刷，但总的趋势是淤积，深泓线逐年抬高，而且后10年（1974～1984年）抬高速度

大于前10年（1964~1974年）。如川鼻深槽前10年平均每年抬高为0.036m，而后10年则为0.048m；东槽上段（小铲岛以北）前10年平均每年抬高0.026m，而后10年则为0.088m；东槽下段（小铲岛以南）前10年略有冲刷，平均每年冲刷下降0.005m，但后10年则淤积抬高，平均每年抬高0.04m。西槽深泓线由于受每年航道疏浚的影响，情况较复杂，1964~1984年间其高程基本在-10~-11m之间。

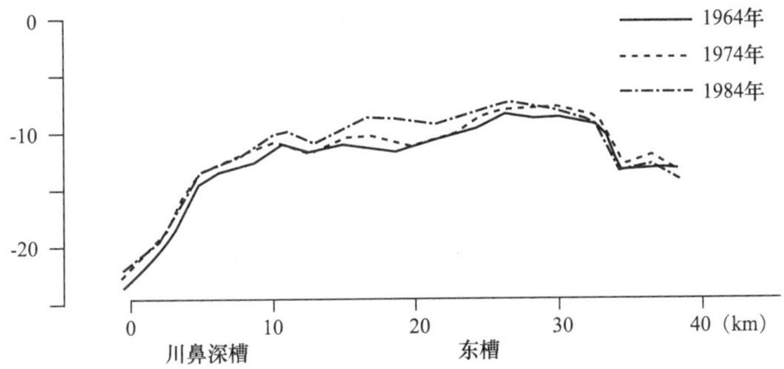

图9-9　伶仃洋深泓线变化图

对东槽-7.0m以下截取断面进行分析，1964~1974年年平均淤积量为217万m^3，1974~1984年年平均淤积量为304万m^3；西槽根据航道疏浚资料，1975~1979年年平均疏浚量为618万m^3；1980~1988年年平均疏浚量为217万m^3，西槽淤积量可以此数据作为参考。

（4）伶仃洋约以每年平均2.4cm的沉积率在发展，伶仃洋日益淤浅和缩小。悬移质输沙量中约有60%淤积在内伶仃洋内，其余输入海洋。

用不同年代的历史海图进行对比分析，是求算河口三角洲沉积率的一种常用方法。现根据海图测量精度较高、冲淤变化比较明显、前后年代间隔较合理等原则，在近百年历史海图中，选择1883年、1898年、1954年、1974年4个年份正式出版的伶仃洋海图，对伶仃洋进行冲淤变化的量算。量算中的基准面一律采用最低低潮面（相当于珠江基面高程103.12m），选取7个断面（北纬22°44′、北纬22°43′、北纬22°40′、北纬22°35′、北纬22°32′、北纬22°30′和北纬22°26′）进行，计算得到每一断面各相邻年份的淤积面积、冲刷面积和净淤面积，再以净淤面积求算淤积总量和年平均淤积量，计算结果列于表9-4和表9-5，得到伶仃洋1883~1974年的91年间总淤积量为173313.6万m^3，年平均淤积量为1904.6万m^3。据此可计算伶仃洋的年平均沉积率为

$$\eta = \frac{V}{FT} = \frac{173313.6}{79390 \times 91} = 0.024\text{m}$$

式中　V为伶仃洋总淤量，m^3；F为伶仃洋理论基准面以下面积，经量算为793.9km^2，即79390万m^2；T为计算年数，取91年。

计算结果表明，伶仃洋近百年来平均每年以2.4cm的沉积率在发展，伶仃洋日益淤浅和缩小，其断面缩窄率见表9-6。由此可见，整治伶仃洋显得日益迫切。

表9-7还分别计算出西滩、中滩和东滩的淤积速率，由表可知，西部浅滩的淤积发展较快，除大茅滩外，其淤积速率均大于2.4cm，说明伶仃洋的沉积主要发生于西滩，其次为中滩，东滩则略有冲刷。

表 9－4　伶仃洋横断面冲淤计算表

断面位置 \ 项目 \ 对比年份	1883～1898 年					1898～1954 年					1954～1974 年					1883～1984 年		
	断面长度（km）	淤积面积（m²）	冲刷面积（m²）	净淤面积（m²）	断面平均淤积高度（m）	断面长度（km）	淤积面积（m²）	冲刷面积（m²）	净淤面积（m²）	断面平均淤积高度（m）	断面长度（km）	淤积面积（m²）	冲刷面积（m²）	净淤面积（m²）	断面平均淤积高度（m）	累计淤积面积（m²）	累计冲刷面积（m²）	总淤积面积与总冲刷面积的比值
N22°44′	21.0	28660	11380	17280	0.82	21.0	30260	26580	3680	0.18	21.0	10640	18100	－7460*	－0.36	69560	56060	1.24
N22°43′	21.3	37600	19580	18020	0.85	21.3	49000	17500	31500	1.48	21.3	25260	3680	21580	1.01	111860	40760	2.74
N22°40′	24.5	12700	8260	4440	0.18	2302	27460	7060	20400	0.89	23.2	17440	480	16960	0.73	57600	15800	3.64
N22°36′	27.7	13340	12840	500	0.02	27.3	28700	13660	15040	0.55	27.3	27840	8320	19520	0.72	69880	34820	2.00
N22°32′	26.2	23520	17300	6220	0.24	30.0	46340	3820	42520	1.42	30.0	20580	6640	13940	0.46	90440	27760	3.25
N22°30′	29.1	13080	6100	6980	0.24	31.0	50740	6600	44140	1.42	31.0	16240	14960	1280	0.04	80060	27660	2.89
N22°28′	28.8	20920	9720	11200	0.39	33.2	48420	580	47840	1.44	33.2	16960	1480	15480	0.47	86300	11780	7.32

现取淤积泥沙的干容重为1.07kg/m^{3}计算，则近百年中年平均淤积泥沙的重量为2037.92万t，约占伶仃洋陆向年输沙量3389万t的60.13%，即悬移质输沙量中约有60%的泥沙淤积在内伶仃洋中，其余输入海洋。

表9-5　伶仃洋淤积总量和年平均淤积量

河段位置 \ 淤积量 \ 对比年份	1883~1898年		1898~1954年		1954~1974年		1883~1974年	
	淤积总量（万m^3）	年平均淤积量（m^3/a）	淤积总量（万m^3）	年平均淤积量（m^3/a）	淤积总量（万m^3）	年平均淤积量（m^3/a）	淤积总量（万m^3）	年平均淤积量（m^3/a）
N22°44′~N22°43′	3265.3	217.7	3254.2	59.2	2612.2	124.4	9131.7	100.4
N22°43′~N22°40′	6232.5	415.5	14402.3	261.9	10694.9	509.3	31329.7	344.3
N22°40′~N22°36′	1827.8	121.9	13112.8	238.4	13497.6	642.7	28438.2	312.5
N22°36′~N22°32′	2486.4	165.8	21297.2	387.2	12380.2	589.5	36163.8	397.4
N22°32′~N22°30′	2442.0	162.8	16032.1	291.5	2815.7	134.1	21289.8	516.0
N22°30′~N22°26′	6726.6	448.4	34032.6	618.8	6201.2	295.3	46960.4	516.0
总　计	22980.6	1532.1	102131.2	1856.9	48201.8	2295.3	173313.6	1904.6

注　淤积总量为相邻河段间净淤面积的平均值乘间距，纬度每1′的长度以1.85km计。

表9-6　伶仃洋断面缩窄率（1898~1974年）

断面位置	1898年断面宽度（km）	1974年断面宽度（km）	1898~1974年缩窄距离（km）		断面缩窄率（%）
			西岸	东岸	
N22°44′	23.5	21.0	2.5	0	10.6
N22°43′	20.7	19.8	0.9	0	4.3
N22°40′	23.9	16.8	4.5	2.6	29.7
N22°36′	28.5	27.5	0	1.0	3.5
N22°33′	26.4	25.7（至小铲岛）	0.7	0	2.6
N22°30′	31.8	29.8	1.2	0.8	6.3

注　断面宽度指东西岸中潮位之间的宽度。

表9-7　伶仃洋各浅滩淤积速率（1898~1974年）

浅滩名称 \ 项目		淤积面积（万m^3）	淤积总量（万m^3）	淤积速率（cm/a）
西部浅滩	鸡抱沙	5133.8	11580.0	3.0
	龙穴浅滩	8326.4	16611.3	2.6
	沙仙尾滩	13977.0	29432.8	2.7
	横门滩（包括进口浅滩）	8414.4	18171.0	2.8
	大茅滩	3928.5	6212.3	2.1
中部浅滩（矾石浅滩）		11637.0	12257.7	1.4
东部浅滩		16608.8	-324.2	-0.03

9.1.3 物理模型试验研究

1. 试验研究的目的和任务

由于伶仃洋的水流条件和泥沙运动情况十分复杂，加之要求伶仃洋整治后必须有利于上游河道及其三角洲地区的防洪防潮、潮排潮灌、航运、滩涂围垦以及城市建设等方面的要求，其整治难度较大。因此，前述治导线总体方案必须经过充分的论证，使之能建立在科学的基础之上，做到既能符合水流泥沙运动的规律和因势利导的原则，又能满足各方面的要求，达到综合治理和合理开发利用水沙资源的目的。为此，必须进行物理模型试验研究，以其作为不可缺少的重要研究手段之一，以论证治导线总体方案的合理性和可行性。试验研究的具体任务如下：

（1）对规划提出的伶仃洋两种治导线方案即大喇叭方案和小喇叭方案进行试验，研究整治工程实施前后各级流量下，沿程水位和流速的变化情况及其对泄洪、潮排潮灌和航运的影响，对试验结果进行分析，比较选择较优的方案。

（2）进行蕉门、洪奇门和横门整治方案的试验研究，选择较优的方案，并对伶仃洋总体治导方案进行试验，研究总体方案实施后对水流产生的影响。

（3）进行局部动床试验，研究整治方案对河道水位和流速的影响过程，以便对整治方案做进一步的论证。

2. 模型设计

模型设计的理论基础见第6章6.1节所述，对于伶仃洋潮汐局部模型而言，模型设计需要解决如下几个问题：

（1）模型比尺的选定。模型的平面比尺根据试验研究范围和现有试验场地的面积采用 $\lambda_L=600$；模型中的水流必须满足紊流状态，以及模型中的最小水深必须消除表面张力的影响，即大于表面张力要求的最小水深等因素，取 $\lambda_H=80$，则模型中水流的雷诺数为

$$Re_m=\frac{V_mH_m}{\gamma_m}=\frac{7.83\times6.25}{0.0101}=4845>1000\sim2000$$

满足水流为紊流状态的要求。

模型变率为 $\eta=\lambda_L/\lambda_H=7.5$，对一个既要满足研究河道问题、又要满足研究海区问题的模型来说，其变率小于10，一般认为是不大的。

模型中最小水深为3.3cm，大于消除表面张力影响的最小水深1.5cm，能满足克服表面张力影响的要求。

在选定平面比尺和垂直比尺后即可按第6章6.1节有关公式计算得到其他比尺如下：

流速比尺 $\lambda_V=8.94$；

糙率比尺 $\lambda_n=0.76$；

流量比尺 $\lambda_Q=430000$；

潮量比尺 $\lambda_W=28800000$；

水流时间比尺 $\lambda_{t1}=67$。

（2）模型边界的确定。根据试验研究的目的，本试验研究的重点是伶仃洋内海区，因此，模型下边界选定在内伶仃断面，并在内伶仃岛以外延长6km地形作为过渡段（取

模型过渡段长度大于50倍的模型平均水深)。模型上边界需满足研究由于整治伶仃洋后对其上游河道在防洪防潮、潮排潮灌和航运等方面的影响，因此，选定为流溪河河口的老鸦岗，并在老鸦岗以上延长3km地形作为过渡段，然后与扭曲水道相衔接。网河区汇入本试验河段的其他水道，取到水道口门的测流断面，即平洲水道取五斗，陈村水道取新沙，沙湾水道取三沙口，蕉门水道取亭角，洪奇门水道取大陇滘，横门水道取横门，东江北干取大盛，麻冲水道取麻冲，倒运海水道取漳澎，东江南支取泗盛。在这些测流断面以上同样延长2~3km地形作为过渡段，然后与扭曲水道相衔接。模型各边界的位置见图9-10所示。

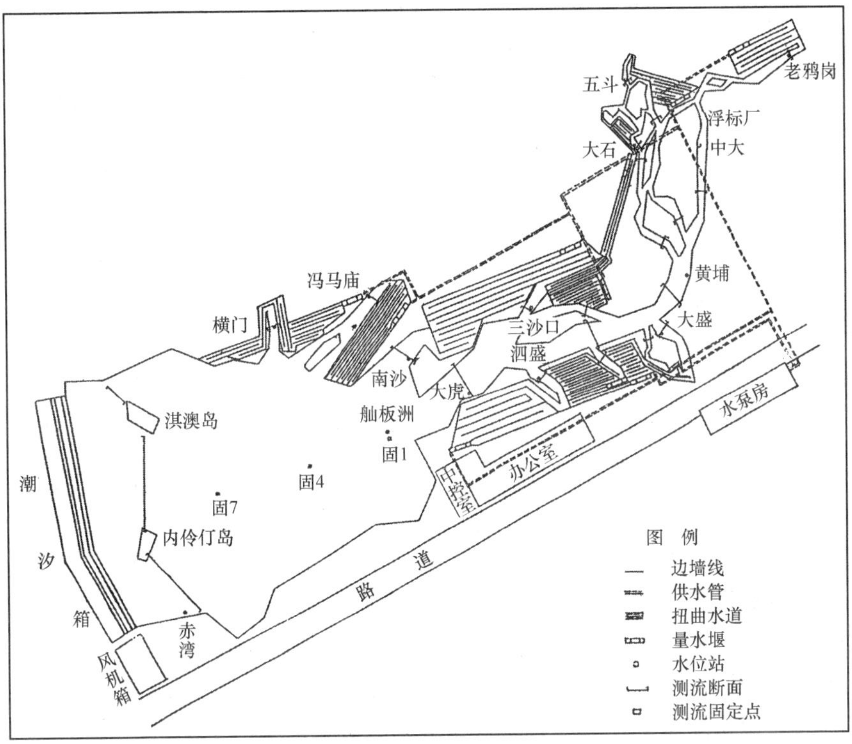

图9-10　伶仃洋潮汐河口模型平面图

(3) 模型扭曲水道的设计。由于场地的限制，模型不可能做到各汊道的潮区界，因而只能用扭曲水道来衔接。要使模型上各汊道口控制断面的潮位和流速过程与原型相似，模型上的扭曲水道必须满足纳潮量相似和潮波传播时间相似，为此，要求模型具有与原型相同或相接近的潮区界距离。据此要求，可由各汊道的涨潮量和潮差，按下式计算得到各汊道扭曲水道的宽度：

$$B = \frac{W}{\frac{1}{2}\Delta HL}$$

式中　B为扭曲水道的宽度，m；W为道口的涨潮量，m^3；ΔH为汊道口的潮差，m；L为汊道口至潮区界的距离，m。

按照上式计算得到各汊道口的扭曲水道断面尺寸列于表9-8。

表9-8 扭曲水道断面尺寸计算表

河名	站名	潮差（m）	进潮量（万 m^3）	进潮面积（万 m^2）	扭曲水道长度		扭曲水道宽度	
					原型（km）	模型（m）	原型（m）	模型（m）
东江北干	大隆	2.58	3000	23.25	60	100	390	0.65
麻冲水道	麻冲	2.58	1160	900	60	100	150	0.25
倒运海水道	漳澎	2.56	3100	2422	65	108	373	0.60
东江南支	泗盛	2.56	7500	5859	65	108	901	1.50
白坭水道	老鸦岗	1.68	1740	2071	40	67	518	0.85
平洲水道	沙洛围	2.14	1350	1262	79	132	160	0.30
大石涌	大石	2.11	910	858	86	143	100	0.20
沙湾水道	三沙口	2.45	4650	3480	101	168	345	0.60
蕉门水道	南沙	2.26	11300	10000	121	202	826	1.40
洪奇门水道	冯马庙	2.12	3950	3726	127	212	293	0.5
横门水道	横门	2.00	5000	5000	130	217	385	0.65

注 赤湾涨潮差按2.30m计，下边界涨潮量按25.1亿 m^3 计。

（4）排灌闸的简化模拟。沿河两岸人民在进行围垦造田、联围筑闸、堵塞河汊等建设中修建了许多大小排灌水闸，这些水闸对河道水流和河床冲淤变化将产生一定的影响，应在模型上加以模拟。

在试验河段内共有大小水闸151座，其中宽度大于30m的大型水闸为7座。这些水闸平时打开进行潮排潮灌，大洪水期或暴潮期则关闸防洪防潮，以减小河涌的纳潮量。这种运行过程要在模型上每个水闸都能得到模拟是很困难的，因此，有必要将各种水闸进行简化和合并，即将所有水闸的闸门总宽度换算成模型尺寸后并入几个大型水闸上，然后与换算后的河涌面积相连接，使其达到纳潮量相等，用以达到近似地复演上述水流现象。

在模型上共简化、合并为8座水闸，其水闸位置、闸门宽度和控制的河涌面积见表9-9，按照大洪水及台风暴潮试验时关闭全部闸门和其他试验时全部开闸的原则进行运行。

（5）模型加糙。本试验河段是一个多汊道、多支流、多口门的网河系统，其糙率随各河段的自身特性以及径、潮流的不同而异，极为复杂。因此，要做到在模型上同时严格满足多种水文组合的阻力相似是比较困难的。笔者选择1978年7月6日中洪水中潮型的一种具有一定代表性和实测资料比较完整的水文组合为主，进行模型糙率的率定，并适当照顾其他水文组合进行调整，使其基本满足阻力相似要求。

试验河段原型糙率为0.020~0.026，按糙率比尺要求，模型的糙率应为0.026~0.034，一般较粗糙的水泥沙浆抹面的糙率为0.014，因此模型必须进行人工加糙。由于加糙值不大，采取用水泥沙浆制成的2.5cm正方体混凝土块做梅花形排列加糙，并辅以在水中拉线串以小塑料块的水中加糙方法相结合，一般是能够满足糙率要求的。

表 9－9　排灌闸位置及闸门尺寸表

河道范围	河涌面积		水闸位置（模型）	模型闸门宽度（m）
	原型（km^2）	模型（m^2）		
老鸭岗至沙面河涌石围塘芳村片面上河涌	13.79	38.30	新窑大围上	0.30
里水冲雅瑶水坦尾沙片面上河涌	4.06	11.30	牛牯沙上部	0.20
新窑围顺利围西江沙窑大石东等片面上河涌	6.86	19.10	大沙湾下部	0.20
平洲陈村水道片的河涌	7.06	19.50	大沙湾上部	0.20
沙面至黄埔间的河涌	33.54	93.20	柿岗洲上部	0.40
井长洲大石南浦片面上河涌	6.66	18.50	柿岗洲下部	0.20
黄埔以下右岸河涌		60.00	海心沙上部	0.40
黄埔以下左岸河涌		60.00	海心沙下部	0.40

（6）模型布置和量测断面的布设。模型的平面布置见图 9－10 所示。模型上游设有蓄水池和平水塔由抽水机供水，用量水堰控制上游流量，经扭曲水道进入模型。支流汇入口共有 11 个，也由上游水泵供水，用量水堰控制流量，每个入口都设有扭曲水道加以调节。下游设有气压式潮汐箱生潮系统，潮汐箱长度为 55.77m，呈折线形布置，用电脑自动控制潮汐的涨落过程。模型的中部设有中央电脑控制室，除自动控制生潮过程外，还自动采集水位和流速的观测数据，并进行数据处理。整个模型长度为 233m，海区最大宽度为 65m，模拟上自广州的老鸦岗，下至淇澳岛、内伶仃岛外 6km，原型总长达 140km，包括虎门、蕉门、洪奇门、横门等 4 个口门。

根据试验任务的要求，为了能观测伶仃洋整治工程前后沿程水位及流速和各汊道分流比的变化，模型布设有水位测站 21 个，测流断面 14 个，分别列于表 9－10。此外，设有流速固定点固 1、固 2、固 3、固 4、固 5、固 6、固 7、固 8 等 8 个，固定测其流速。

表 9－10　整治规划测站及断面布设表

观测项目	测站及断面
潮位	赤湾、舢板洲、横门、万顷沙西、南沙、大虎、泗盛、三沙口、漳澎、大盛、黄埔、中大、大石、沙洛围、浮标厂、老鸦岗、内伶仃、新造、新洲、员村、黄沙
流速	赤湾、内伶仃、金星门、横门、冯马庙、南沙、大虎、海心沙、莲花山、电厂左、电厂右、新造、新洲、员村

（7）模型测控系统的采用[4]、[5]。测控系统包括潮汐过程控制与水位、流速量测机构，三者由一台微机统一控制。模型的生潮系统采用气压式潮汐箱控制；模型上的水位，用 SWY－784 型跟踪式水位计量测，自动跟踪水位的变化过程；流速的测量是采用光电式流速测杆和升降架自动跟踪 0.6 相对水深处的流速。所有水位和流速数据的采集及其处理，均由电脑自动完成。关于模型测控系统的研制与运用详见第 6 章 6.4 节和 6.5 节。

3. 模型验证❶

首先，检验模型地形制作的精度。由于模型范围较大，不可能按照统一时间和统一比

❶ 珠江水利委员会科学研究所，伶仃洋治导线方案河工模型试验研究报告，1992 年 4 月。

例尺的地形资料制作模型地形，根据地形资料的拥有情况，原则上尽可能采用最近地形资料进行制作，最后确定：黄埔港以上用1982~1983年地形图制作；狮子洋用1980年修改地形图制作；东江各汊口用1977年地形图制作；蕉门、洪奇门、横门各汊口用1984~1985年地形图制作；伶仃洋海区用1964年的海图制作；西部各河口区及赤湾附近的部分地形则用1981年版1:50000地形图进行改绘后制作。模型地形制作完毕后，经抽样检查，平面误差小于1cm，高程误差小于3mm，可以认为均能满足制模精度的要求，基本上做到了模型与原型的几何相似。

其次，检验模型的水面线，进行模型加糙。如上所述，要在一个模型上同时严格满足各种水文组合条件的阻力相似是比较困难的，因此，选择了具有一定代表性的“78.7.6”水文组合（1978年7月6日，属中水大潮型）为主进行模型糙率调整，该组合有实测的流速和潮量资料，可据以对照检验。此外，用“68.6”水文组合（1968年6月，属大洪水潮型）和“82.3”水文组合（1982年3月，属枯水大潮型）进行检验，作为适当照顾满足的水文组合。模型验证结果如下：

（1）潮位验证情况。表9-11列出了特征潮位的验证误差值。从表中可以看出：在3个水文组合条件中，模型大部分的高、低潮位与原型潮位差值都在±15cm（原型值，以下同）以内，个别点误差为±22cm。“78.7.6”水文组合有9个潮位站，共有36个特征值，其中差值小于±8cm的个数有31个，占总个数的86%，大于±8cm和小于±15cm的有4个，占总个数的11%，仅1个点大于15cm，即18cm。对于“68.6”和“82.3”水文组合，模型与原型潮位高低特征值差值小于±8cm的约占70%，仅有2个特征值差值大于±15cm，即±22cm。由此可以说明，潮位验证结果满足一般精度要求，基本上达到了模型与原型的阻力相似。在相位上，“78.7.6”水文组合模型与原型水位过程线基本吻合，“68.6”水文组合有少数站水位过程稍有提前，而“82.3”水文组合有少数站水位过程线则稍有滞后，但模型与原型的相位偏差不大，基本上满足以“78.7.6”水文组合为主和适当照顾其他水文组合的要求。

表9-11　验证试验原型与模型的潮位差值比较表　（单位：m）

组合	“78.7.6”组合				“68.6”组合				“82.3”组合			
站名　特征值	高低潮位差值	高高潮位差值	低低潮位差值	低高潮位差值	高低潮位差值	高高潮位差值	低低潮位差值	低高潮位差值	高低潮位差值	高高潮位差值	低低潮位差值	低高潮位差值
赤湾	-0.04	-0.01	-0.06	-0.02	0	-0.04	0.08	0	-0.03	0	0	0.05
舢板洲	-0.03	-0.02	0	-0.10	-0.02	-0.09	-0.06	-0.01	0.03	0.10	0.09	0
横门	-0.03	-0.04	0	0.02					-0.13	-0.05	-0.06	0.01
万顷沙西	0.01	0.07	0.12	0.08	0.04	0.02	0.14	0.07	0.05	-0.07	0.11	0.04
南沙	0	0.01	-0.08	-0.01	-0.12	0	-0.22	0.03	0.05	-0.02	0.04	-0.02
大虎	0.07	-0.05	0.01	-0.10								
黄埔	0.18	0.09	0.10	-0.04	0.16	-0.02	0.02	0.15	0.12	0.06	0.22	0.16
中大	0.06	-0.07	0.02	-0.06					0.04	0	0.10	0.06
浮标厂	-0.05	-0.03	-0.14	-0.06	0.02	-0.13	-0.05	0.08	-0.12	0.04	0.01	0.09

（2）流速、潮量验证情况。在上述 3 个水文组合中，只有“78.7.6”水文组合有原型实测流速和潮量资料可以进行验证。流速验证结果表明：除横门断面的两个测点误差稍大外，其他各断面各测点模型与原型的涨潮、落潮过程和转流时间基本一致，其流速值大部分都比较接近，只有个别点的最大误差在 ±25% 以内，可以认为满足一般精度要求。

表 9－12 为“78.7.6”水文组合测量验证结果，从表中可见，上边界（包括大虎、南沙、冯马庙和横门断面）涨潮量验证相对误差为 12.11%，落潮量验证相对误差为 8.67%，净泄量验证相对误差为 6%，模型潮量有所偏小；下边界（包括赤湾、内伶仃和金星门断面）涨潮量验证相对误差为 9.64%，落潮量验证相对误差为 7.92%，净泄量验证相对误差为 2.47%，模型潮量也有所偏小。从上下边界 7 个断面来看，除南沙和冯马庙两个断面因其进潮量较少，验证相对误差较大外，其余断面的潮量验证相对误差都小于 15.9%，可以认为满足潮量验证的一般精度要求。

表 9－12　“78.7.6”组合潮量验证结果　（潮量单位：万 m^3）

断面	原型值			模型值			验证误差（%）		
	落潮量	涨潮量	净泄量	落潮量	涨潮量	净泄量	落潮量	涨潮量	净泄量
大虎	87934	67991	19973	77567	59957	17610	－11.81	－11.81	－11.83
南沙	37578	2880	34698	36553	2134	34419	－2.72	－25.90	－0.80
冯马庙	13603	404	13199	12338	551	11787	－9.30	36.38	－10.68
横门	23526	0	23526	22105	0	22105	－6.04	—	－6.04
上边界合计	162671	71275	91396	148563	62642	85921	－8.67	－12.11	－6.00
赤湾	127113	86378	40735	126585	85591	40994	－0.41	－0.91	0.63
内伶仃	221353	173209	48144	195937	150603	45334	－11.48	－13.05	－5.83
金星门	27450	26103	1347	23616	21952	1664	－13.96	－15.90	23.53
下边界合计	375916	285690	90226	346138	258146	87992	－7.92	－9.64	－2.47

综上所述，从以上潮位、流速和潮量的验证结果来看，各项验证误差值基本上满足模型精度要求，模型与原型在阻力和水流运动方面达到了基本相似。

4. 伶仃洋治导线方案模型试验研究❶

（1）试验水文组合条件。为了满足试验任务的要求，研究伶仃洋治导线方案对上游河道及三角洲地区的防洪防潮、潮排潮灌以及航运的影响，试验选用的水文组合条件为：“15.7”组合（1915 年 7 月 12 日，属特大洪水大潮型）、“68.6”组合（1968 年 6 月 27 日，属大洪水大潮型）、“74.7”组合（1974 年 7 月 22 日，属大洪水暴潮型）、“78.7.6”组合（1978 年 7 月 6 日，属中水大潮型）、“78.7”组合（1978 年 7 月 21 日，属中水大潮型）、“82.3”组合（1982 年 3 月 25 日，但潮型采用 1983 年 6 月 20 日，属枯水中潮型）。各水文组合上游径流量及下游潮型特征见表 9－13。

❶ 珠江水利委员会科学研究所，伶仃洋治导线方案河工模型试验研究报告，1992 年 4 月。

表9-13 各水文组合山潮类型及赤湾潮型特征

项目＼组合		"82.3"	"78.7"	"78.6.7"	"59.6"	"74.7"	"68.6"	"15.7"	"83.6"
山潮类型		枯水大潮	中水大潮	中水大潮	洪水大潮	大洪大暴潮	大洪水大潮	特大洪水大潮	—
上游流量（m^3/s）		2262	3990	11041	28744	26590	34326.8	53575	—
赤湾潮位（m）	高高潮位	1.07	1.20	0.81	1.32	1.58	1.02	1.18	0.34
	低高潮位	0.52	0.18	-0.02	0.27	0.31	-0.21	0.12	0.08
	高低潮位	-0.90	-0.84	-0.71	-0.76	-0.62	-0.58	-0.32	-0.80
	低低潮位	-1.36	-1.79	-1.65	-1.36	-1.53	-1.63	-1.07	-1.08
	最大潮差	2.43	2.99	2.46	2.68	3.11	2.65	2.25	1.42

（2）两种治导线方案试验结果及其分析。

1）两种治导线方案工程前后潮位的变化。无论是大喇叭方案还小喇叭方案，其对广州—虎门—赤湾沿程潮位的影响及其对伶仃洋西部3个口门潮位的影响，特点有所不同。表9-14和表9-15为两种方案工程前后各站潮位、潮差的变化值。由二表中可以看到，两种方案工程后对广州—虎门—赤湾沿程潮位影响的规律是：高潮位降低，低潮位有降有升，但以降低为主。两种方案工程后潮位的变化幅度随水文条件的不同以及不同河段而异，但变化值都不很大，两种方案对沿程潮位变化的影响差别也不明显。一般这两种影响范围在25cm以内，对低潮位的影响范围在20cm以内。比较表9-14和表9-15可以看出，两种方案工程后沿程潮差普遍减少，其中小喇叭方案对沿程各站涨潮、潮差的影响比大喇叭方案略大，在6种水文组合条件下，大喇叭方案工程后沿程涨潮潮差的减少值在18cm范围以内，小喇叭方案则在22cm范围以内。此外，还可看出，两种方案工程后潮差的减少值与工程前涨潮潮差的大小及上游径流的大小有关，其表现为工程前的涨潮潮差越大，工程后潮差的减少值亦越大；上游径流越大，工程后潮差的减少值亦越大。

两种方案对伶仃洋西部3个口门潮位的影响比较大。由表9-14、表9-15可以看出，两种方案工程后西部3个口门的低低潮位都是抬高的，在6种水文组合条件下，蕉门的南沙站抬高0.54~2.32m，洪奇门的万顷沙西站抬高0.03~1.48m，横门的横门站抬高0.15~1.27m。高潮位的变化与上游来水量有关，上游径流量大，则其高潮位抬高，如"15.7"组合、"68.6"组合和"74.7"组合，抬高最大的是在"15.7"组合条件下，南沙站达1.01m，万顷沙西站达1.43m，横门站达0.63m（两种方案的抬高值基本相同）。但在上游来水为中、枯水条件，其高高潮位则是降低的，如"78.7.6"组合、"78.7"组合和"82.3"组合，降低最多的是在"78.7"组合条件下，其降低范围为0.18~0.28m（两种方案的降低值基本接近）。由二表中还可看出，西部3个口门的涨潮潮差有较大幅度的减少，其中南沙站减少0.48~1.51m，万顷沙西站减少0.14~0.61m，横门站减少0.24~0.68m。

对上述现象的分析，可以认为伶仃洋两种治导线方案的工程后，西部3个口门的河口向外海推进了数十公里，原河口段的水力特性变为主要由上游径流控制，而下游潮流作用则显著削弱，因而对河口水流产生较大影响，致使其低潮有较大抬高，高潮位在大洪水条件下也明显抬高。蕉门的潮位在工程后有显著变化，其主要原因是两种方案工程后将蕉门北支（凫洲水道）缩窄过多所致。工程前蕉门水流流出口门后，北支为其主要通道，而工程后将北支缩窄为仅有 500m 宽的水道，造成水流流出后极为不畅，致使蕉门潮位显著抬高。

表 9-14　**大喇叭方案工程前后潮位、潮差值比较**　（单位：m）

站名 \ 特征值 \ 组合	"15.7"					"68.6"				
	高低潮位差值	高高潮位差值	低低潮位差值	涨潮潮差差值	落潮潮差差值	高低潮位差值	高高潮位差值	低低潮位差值	涨潮潮差差值	落潮潮差差值
赤湾	-0.02	0.02	-0.01	0.04	0.03	-0.05	-0.01	0.01	0.04	-0.02
舢板洲	-0.07	-0.13	-0.18	-0.06	0.05	-0.08	-0.15	-0.17	-0.07	0.02
横门	1.01	0.62	1.03	-0.39	-0.41	1.00	0.42	1.00	-0.58	-0.58
万顷沙西	1.92	1.42	1.48	-0.49	-0.05					
南沙	2.02	1.01	2.32	-1.01	-1.31	1.83	-0.54	2.21	-1.29	-1.67
大虎	-0.01	-0.06	-0.12	-0.05	0.06	-0.03	-0.14	-0.17	-0.11	0.03
黄埔	-0.10	-0.12	-0.13	-0.02	0.01	-0.06	-0.14	-0.12	-0.08	-0.02
新造	-0.03	-0.10	-0.12	-0.07	0.02	-0.06	-0.08	-0.08	-0.02	0
员村	-0.10	-0.13	-0.12	-0.03	-0.01	-0.10	-0.22	-0.15	-0.12	-0.07
中大	-0.17	-0.21	-0.03	-0.04	-0.18	-0.04	-0.09	-0.05	-0.05	-0.07
浮标厂	0.08	-0.02	0.13	-0.01	-0.13	-0.01	-0.14	-0.02	-0.15	-0.12

站名 \ 特征值 \ 组合	"74.7"					"78.7.6"				
	高低潮位差值	高高潮位差值	低低潮位差值	涨潮潮差差值	落潮潮差差值	高低潮位差值	高高潮位差值	低低潮位差值	涨潮潮差差值	落潮潮差差值
赤湾	0.04	0.05	-0.05	0.01	0.10	0.07	0.06	0.07	-0.01	-0.01
舢板洲	-0.17	-0.26	-0.08	-0.09	-0.18	0	-0.08	-0.08	-0.0	0
横门	0.69	0.06	0.73	-0.63	-0.67	0.32	0.08	0.31	-0.24	-0.23
万顷沙西	0.64	0.03	0.64	-0.61	-0.61	0.11	-0.09	0.03	-0.20	-0.12
南沙	1.76	0.25	2.02	-1.51	-1.77	1.08	0.07	1.47	-1.01	-1.43
大虎	-0.02	-0.14	-0.06	-0.12	-0.08	0.02	-0.04	-0.08	-0.06	0.04
黄埔	-0.08	-0.15	-0.14	-0.07	-0.01	-0.05	-0.07	-0.11	-0.02	0.04
新造	-0.08	-0.16	-0.20	-0.08	0.04	-0.06	-0.09	-0.11	-0.03	0.02
员村	-0.12	-0.23	-0.17	-0.11	-0.06	-0.09	-0.12	-0.12	-0.03	0
中大	-0.07	-0.25	-0.21	-0.18	-0.04	-0.17	-0.11	-0.14	0.06	0.03
浮标厂	-0.08	-0.18	-0.09	-0.10	-0.09	-0.10	-0.10	-0.14	0	0.04

站名 \ 特征值 \ 组合	"78.7"					"82.3"（"83.6"潮型）				
	高低潮位差值	高高潮位差值	低低潮位差值	涨潮潮差差值	落潮潮差差值	高低潮位差值	高高潮位差值	低低潮位差值	涨潮潮差差值	落潮潮差差值
赤湾	-0.01	0	0.01	0.01	-0.01	0.02	0.03	0.01	0.01	0.02
舢板洲	-0.07	-0.13	-0.12	-0.06	-0.01	-0.04	-0.07	-0.03	-0.03	-0.04
横门	0.18	-0.18	0.15	-0.36	-0.33	0.15	-0.11	0.17	-0.26	-0.28
万顷沙西	0.14	-0.24	0.09	-0.38	-0.33	0.11	-0.08	0.16	-0.19	-0.24
南沙	0.75	-0.21	1.20	-0.96	-1.41	0.44	-0.04	0.54	-0.48	-0.58

续表

特征值 组合 站名	"78.7"					"82.3"（"83.6"潮型）				
	高低潮位差值	高高潮位差值	低低潮位差值	涨潮潮差差值	落潮潮差差值	高低潮位差值	高高潮位差值	低低潮位差值	涨潮潮差差值	落潮潮差差值
大虎	-0.03	-0.09	-0.08	-0.06	-0.01	-0.02	-0.02	0.02	0	-0.04
黄埔	-0.03	-0.08	-0.11	-0.05	0.03	-0.03	-0.04	-0.04	-0.01	0
新造	-0.05	-0.11	-0.12	-0.06	0.01	-0.09	-0.03	-0.06	0.06	0.03
员村	0	-0.10	-0.04	-0.10	-0.06	-0.09	-0.08	-0.07	0.01	-0.01
中大	-0.01	-0.06	0.08	-0.05	-0.14	-0.06	0.01	0	0.07	0.01
浮标厂	0.01	-0.04	0	-0.05	-0.04	-0.04	-0.02	-0.05	0.02	0.03

注 表中负值表示潮位降低或潮差减少。

表9-15 小喇叭方案工程前后潮位、潮差值比较

（单位：m）

特征值 组合 站名	"15.7"					"68.6"				
	高低潮位差值	高高潮位差值	低低潮位差值	涨潮潮差差值	落潮潮差差值	高低潮位差值	高高潮位差值	低低潮位差值	涨潮潮差差值	落潮潮差差值
赤湾	-0.03	-0.01	-0.02	0.02	0.01	-0.05	-0.02	0.04	0.03	-0.06
舢板洲	-0.03	-0.10	-0.10	-0.07	0	-0.07	-0.17	-0.16	-0.10	-0.01
横门	1.05	0.63	1.07	-0.42	-0.44	1.27	0.59	1.27	-0.68	-0.68
万顷沙西	1.96	1.43	1.48	-0.53	-0.05	1.24	1.25	1.26	0.01	-0.01
南沙	2.01	1.01	2.31	-1.00	-1.30	1.90	0.59	2.27	-1.38	-1.68
大虎	-0.01	-0.10	-0.08	-0.09	-0.02	-0.01	-0.14	-0.09	-0.09	-0.06
黄埔	-0.06	-0.14	-0.10	-0.08	-0.04	-0.06	-0.15	-0.09	-0.09	-0.06
新造	0.02	-0.07	-0.01	-0.09	-0.06	0.08	-0.04	0.10	-0.12	-0.14
员村	-0.12	-0.19	-0.13	-0.07	-0.06	0.12	-0.26	0.13	-0.14	-0.13
中大	-0.01	-0.19	0.01	-0.18	-0.20	0.02	-0.10	-0.03	0.12	-0.07
浮标厂	0.01	-0.08	-0.01	-0.09	-0.07	0.02	-0.13	0.01	-0.15	-0.14

特征值 组合 站名	"74.7"					"78.7.6"				
	高低潮位差值	高高潮位差值	低低潮位差值	涨潮潮差差值	落潮潮差差值	高低潮位差值	高高潮位差值	低低潮位差值	涨潮潮差差值	落潮潮差差值
赤湾	0.01	-0.04	-0.01	-0.05	-0.08	0.03	0.04	0.02	0.01	0.02
舢板洲	-0.07	-0.20	-0.08	-0.13	-0.12	0.01	-0.08	-0.09	-0.09	0.01
横门	0.70	0.11	0.72	-0.59	-0.61	0.39	0.06	0.38	-0.33	-0.32
万顷沙西	0.56	0.12	0.57	-0.44	-0.45	0.11	-0.03	0.03	-0.14	-0.06
南沙	1.84	0.47	2.12	-1.37	-1.65	1.21	0.16	1.59	-1.05	-1.43
大虎	-0.04	-0.18	-0.12	-0.14	-0.06	0.03	-0.04	-0.09	-0.07	0.05
黄埔	-0.09	-0.14	-0.11	-0.05	-0.03	-0.07	-0.05	-0.14	0.02	0.09
新造	-0.05	-0.13	-0.13	-0.08	0	-0.04	-0.05	-0.11	-0.01	0.06
员村	-0.16	-0.24	-0.19	-0.08	-0.05	-0.11	-0.11	-0.17	0	0.06
中大	-0.03	-0.25	-0.04	-0.22	-0.21	-0.17	-0.07	-0.14	0.10	0.07
浮标厂	-0.02	-0.15	-0.06	-0.13	-0.09	-0.07	-0.01	-0.10	0.06	0.09

续表

组合 特征值 站名	"78.7"					"82.3"（"83.6"潮型）				
	高低潮位差值	高高潮位差值	低低潮位差值	涨潮潮差差值	落潮潮差差值	高低潮位差值	高高潮位差值	低低潮位差值	涨潮潮差差值	落潮潮差差值
赤湾	0	-0.04	0	-0.04	-0.04	0.04	0.01	0.05	-0.03	-0.04
舢板洲	-0.07	-0.14	-0.08	-0.07	-0.06	0	-0.05	0	-0.05	-0.05
横门	0.25	-0.22	0.24	-0.47	-0.46	0.27	-0.08	0.24	-0.35	-0.32
万顷沙西	0.15	-0.28	0.13	-0.43	-0.41	0.13	-0.15	0.11	-0.28	-0.26
南沙	0.78	-0.19	1.24	-0.97	-1.43	0.51	-0.06	-0.61	-0.57	-0.67
大虎	-0.02	-0.09	-0.05	-0.07	-0.04	-0.04	-0.08	-0.01	-0.04	-0.07
黄埔	-0.06	-0.11	-0.13	-0.05	0.02	-0.04	-0.01	-0.03	0.03	0.02
新造	-0.02	-0.07	-0.08	-0.05	0.01	-0.04	-0.01	-0.05	0.05	0.06
员村	-0.15	-0.17	-0.21	-0.02	0.04	-0.14	-0.15	-0.13	-0.01	-0.02
中大	-0.09	-0.08	-0.18	0.01	0.10	-0.02	-0.02	-0.03	0	0.01
浮标厂	-0.06		-0.08	.		0.03	0.05	-0.01	0.02	0.06

2）两种治导线方案工程前后流速及潮量的变化。表 9-16 统计了"78.7"水文组合大喇叭方案工程前后涨潮、落潮期的潮量、流量和流速的变化情况，工程后上边界总涨潮量减少了 16.63%，以南沙和横门减少的相对值较大，分别为 36.61% 和 38.98%，潮流流速平均减少为 17.17%，以南沙减少较明显，减少值为 39.44%；下边界总涨潮量减少了 26.58%，以金星门断面最显著，减少达 47.33%，潮流流速平均减少为 31.60%，金星门断面则减少 47.19%。落潮期的水流变化情况大致与涨潮期相同，上边界总落潮量减少些，减少值为 9.21%，下边界则减多些，减少值达 32.89%，其中金星门减少 37.52%；上边界潮流流速平均减少值为 8.59%，下边界则为 28.14%，其中金星门减少 36.90%。

大喇叭方案工程后造成金星门断面潮量剧减的原因，主要有二：①工程前淇澳岛以上海域和金星门以上西侧海域连成一片，均属金星门进潮量的容纳域，潮流可以大进大出；但工程后金星门以上的纳潮域变为仅有平均宽度约为 1km 左右的连接横门南汊和金星门的小河道，加之工程后横门下游，特别是南汊至金星门的河道阻力大为增加，使横门水位抬高，在一般水文条件下，由金星门涨入的潮量都不能到达横门南汊，因此，工程后横门南汊至金星门河道的纳潮量十分有限，致使金星门潮量剧减。②工程前由金星门涨入的潮量的一部分可沿淇澳岛北侧汇入由内伶仃断面涨入的主潮流，并一直上涨，使得金星门的涨潮量和涨潮历时都比较大，而工程后则不同，限制了由金星门涨入的潮流沿伶仃洋西部上溯，因而使金星门潮量减少。金星门潮量的剧减，必将造成泥沙淤积，对金星门的维护是极为不利的。

表 9-16 大喇叭方案工程前后"78.7"组合潮量、流量、流速比较

潮期		比较项目/断面	潮量（亿 m^3）			潮期平均流量（m^3/s）			潮期平均流速（m/s）		
			工程前	工程后	差值（%）	工程前	工程后	差值（%）	工程前	工程后	差值（%）
涨潮期	上边界	大虎	5.2331	4.5970	-12.15	13844	12770	-7.76	0.397	0.363	-8.56
		南沙	0.6887	0.4366	-36.61	2126	1348	-36.59	0.218	0.132	-39.44
		冯马庙	0.1217	0.0942	-22.57	423	374	-11.58	0.151	0.132	-12.58
		横门	0.4013	0.2449	-38.98	1393	1361	-2.30	0.334	0.312	-6.59
		合计	64448	5.3728	-16.63	17786	14990	-15.72	0.344	0.285	-17.17
	下边界	赤湾	10.8793	8.2885	-23.81	30220	20931	-30.47	0.450	0.315	-30.00
		内伶仃	17.5479	13.2918	-24.25	48744	33565	-31.14	0.532	0.373	-29.90
		金星门	3.4188	1.8007	-47.33	8633	4547	-47.33	0.534	0.282	-47.19
		合计	31.8460	23.3810	-26.58	87597	59043	-32.60	0.500	0.342	-31.60
落潮期	上边界	大虎	5.9443	5.2323	-11.98	11008	10382	-5.69	0.342	0.326	-4.68
		南沙	2.4126	2.3395	-3.03	4189	3823	-8.74	0.505	0.423	-16.24
		冯马庙	0.5439	0.4745	-12.76	889	732	-17.66	0.390	0.314	-19.49
		横门	1.0494	0.9873	-5.92	1715	1524	-11.14	0.476	0.415	-12.82
		合计	9.9502	9.0336	-9.21	17801	16461	-7.53	0.384	0.351	-8.59
	下边界	赤湾	11.9598	9.0528	-24.31	22148	17962	-18.90	0.362	0.294	-18.78
		内伶仃	19.5395	12.2081	-37.52	36184	24222	-33.06	0.432	0.291	-32.64
		金星门	2.6160	1.6346	-37.52	5190	3243	-39.51	0.355	0.224	-36.90
		合计	34.1153	22.8955	-32.86	63522	45427	-28.49	0.398	0.286	-28.14

表 9-17 统计了大、小喇叭两种方案大虎断面的涨潮量、流量和流速的变化情况，由表可见，在各种水文组合条件下，工程后大喇叭方案使大虎断面的涨潮平均流速减小 3.34% ~ 8.89%，涨潮量减少 12.15% ~ 17.16%；小喇叭方案涨潮平均流速减小为 3.71% ~ 12.70%，涨潮量减少值为 16.19% ~ 20.80%。"78.7.6" 水文组合的减少值小些，"74.7" 水文组合和 "78.7" 水文组合则比较接近，其减少值大些。

（3）两种治导线方案的比较分析。根据以上试验结果可知，伶仃洋治导线工程实施后，无论是大喇叭方案还是小喇叭方案，对水流产生影响的规律是一致的，这就是：在各种水文组合条件下，对广州—虎门—赤湾一线的沿程潮位，其高高潮和低低潮一般是降低的，潮差有不同程度的减少；西部 3 个口门的潮位，其低低潮一般是抬高的，其高高潮在径流大时一般也是抬高的，在中、小流量时则是降低的，潮差则在任何水文组合条件下都有不同程度的减少。伶仃洋上、下边界的涨潮量普遍减少，潮流流速亦减小。

表 9－17　　大小喇叭方案工程前后大虎断面涨潮量、流量、流速比较

水文组合	方案 / 比较项目	大喇叭			小喇叭		
		工程前	工程后	差值（%）	工程前	工程后	差值（%）
“74.7”	历时（h）	10	9		10	9	
	涨潮量（亿 m^3）	4.0126	3.3241	－17.16	4.0126	3.1782	－20.80
	平均流量（m^3/s）	11150	10260	－8.00	11150	9809	－12.00
	平均过水面积（m^2）	35351	35747	1.12	35351	35707	1.01
	平均流速（m/s）	0.315	0.287	－8.89	0.315	0.275	－12.70
“78.7.6”	历时（h）	11	10		11	9.5	
	涨潮量（亿 m^3）	4.7770	4.1688	－12.73	4.7770	3.9643	－17.01
	平均流量（m^3/s）	12060	11580	－3.98	12060	11592	－3.88
	平均过水面积（m^2）	34458	34245	－0.62	34458	34427	－0.09
	平均流速（m/s）	0.350	0.338	－3.43	0.350	0.337	－3.71
“78.7”	历时（h）	10.5	10		10.5	10.5	
	涨潮量（亿 m^3）	5.2331	4.5971	－12.15	5.2331	4.3861	－16.19
	平均流量（m^3/s）	13844	12770	－7.76	13844	11603	－16.19
	平均过水面积（m^2）	34915	35197	0.81	34915	33465	－4.15
	平均流速（m/s）	0.397	0.363	－8.56	0.397	0.347	－12.59

应该指出，洪水期高高潮位的抬高是对防洪不利的，低低潮位的抬高则对潮排不利，而中水、枯水期低低潮位的降低是对通航不利。因此，治导线工程实施后，对西部 3 个口门的防洪、潮排和航运将带来不利影响，对广州—虎门—赤湾一线则并无不利影响。涨潮量和潮流流速的减小，将可能引起泥沙淤积，这对伶仃洋的维护是不利的。两种方案比较，以大喇叭方案对水流产生的影响要小些。

两种方案实施后，都将引起伶仃洋上、下边界涨潮量的普遍减少，其结果会不会改变虎门口以潮流动力作用为主和潮流大进大出的特性？这是一个极为重要的问题，必须予以研究。

众所周知，许多研究者普遍认为，虎门口是一个基本稳定的出海口门，使广州出海水道能经久不衰地得以维持成为国际巨轮来往航行的重要通道，究其原因主要是由于潮流动力作用所决定的，由于潮流的大进大出，使口门的河床冲淤基本平衡，从而保持基本稳定的情势。治导线工程实施后，必须做到能基本维持虎门口的冲淤特性，保持出海口门的基本稳定，以此条件作为分析两种方案优劣的重要标准。

为使整治后虎门口固有的潮流大进大出的基本特性不致发生大的改变，则必须使进入虎门口的涨潮量的减少限制在不小于能保持河床冲淤基本平衡的允许值以内，现将此允许

值称为临界涨潮量[6]。根据前面的分析，由图9－2可见，洪水期虎门口落潮时河床有冲有淤，多数情况为淤积，在较大落潮量（如大于3.8亿m^3）时才有时出现冲刷；涨潮时河床一般都是冲刷的，个别时期有淤积，当涨潮量大于2.9亿m^3时河床都处于冲刷，而小于此值时河床有冲有淤，但以冲刷居多。在枯水期虎门口落潮时河床都是淤积的，涨潮时则有冲有淤，但多数情况为淤积，当涨潮量大于3.5亿m^3时才有时出现冲刷。

由以上分析，可以认为虎门口在枯水期不论涨潮还是落潮，一般都是淤积的，虽然在较大涨潮量时有时出现冲刷，但多数情况仍为淤积；在洪水期则不同，涨潮时一般是冲刷的，较小潮量时为淤积，但多数情况为冲刷，落潮时多数情况为淤积，在较大落潮量时有时出现冲刷。由此可见，多年来虎门口处于基本稳定，显然是由于洪水期涨潮流的冲刷作用所使然。欲长期保持虎门口的基本稳定，必须使整治后的伶仃洋所引起洪水期涨潮量的减少限制在不小于2.9亿m^3，才有利于保证虎门口河床的冲刷，使之维持基本冲淤平衡和口门的基本稳定。据此，可选取洪水期涨潮量2.9亿m^3作为虎门口的临界涨潮量❶。

由表9－17可知，无论是大喇叭方案还是小喇叭方案，在“74.7”水文组合、“78.7.6”水文组合和“78.7”水文组合的条件下，其工程前后的涨潮量均大于虎门口的临界涨潮量，但小喇叭方案在“74.7”水文组合大洪水暴潮情况下，工程后涨潮量由4.0126亿m^3减少到3.0481亿m^3，仅略大于临界涨潮量不足5%，而大喇叭方案工程后的涨潮量则大于临界涨潮量达23%，可见大喇叭方案优于小喇叭方案，因为后者在确保虎门口的基本稳定上未能留有充分的余地。其次，必须指出的是，以上3种水文组合条件都是属于大潮情况，其工程前后的涨潮量都比较大，如果为中、小潮情况时，其涨潮量必然要小，工程后的涨潮量能否大于临界涨潮量，尚未可知，但从小喇叭方案的“74.7”水文组合试验结果看，有可能小于临界涨潮量，这是不可取的整治方案。

综上分析，可以认为：大喇叭方案对西部3个口门的防洪防潮、潮排潮灌和航运的不利影响要小于小喇叭方案；大喇叭方案对保持虎门口大进大出的潮流特性和虎门口的基本稳定，要优于小喇叭方案。因此，推荐大喇叭方案作为整治伶仃洋的治导线布置方案。

5. 伶仃洋治导线总体方案模型试验研究❷

（1）总体方案布置。珠委规划部门根据物理模型试验和数学模型计算结果，提出现阶段伶仃洋治导线规划总体方案包括四大部分，现概括如下（见图9－11）：

1）伶仃洋内海区的治导控制。伶仃洋内海区采用大喇叭口形态对东、西两岸进行控制。东岸治导线北起交椅湾的沙角，基本上沿－5.0m等高线下延，至赤湾半岛的栅头嘴；西岸治导线由凫洲水道出口的南岸开始，沿西滩边缘及－3.0m等高线下延至淇澳岛东侧。

2）蕉门口的整治：

a. 治导延伸工程。蕉门口的治导布局是以凫洲水道为主干，以蕉门延伸段为支汊。凫洲水道由南侧以导堤缩窄至进口保留1200m宽度，以3%的扩宽率下延至凫洲山附近，

❶ 珠江水利委员会科学研究所，蕉门口整治潮汐河工模型试验报告，1991年9月。

❷ 珠江水利委员会科学研究所，伶仃洋治导总体方案河工模型试验研究报告，1993年5月。

以弯道半径 R =2800m 的圆弧向南偏转，接伶仃洋西治导线。蕉门延伸段从七冲口开始以东、西治导线控制延伸，治导线间的河宽在起始断面（七冲口）为 800m，以 3% 的扩宽率延伸至伶仃洋西治导线，与此同时，并整治中水河床。

b. 调整分流比工程。在下横沥出口深槽左侧建长 2100m 的导流坝，坝顶高程 3.0m；在凫洲水道内建 3 条稍高出河床的锁坝；开挖蕉门延伸段的河床至 -8.5m 高程；围垦三冲口至七冲口长 8km 的凹岸。

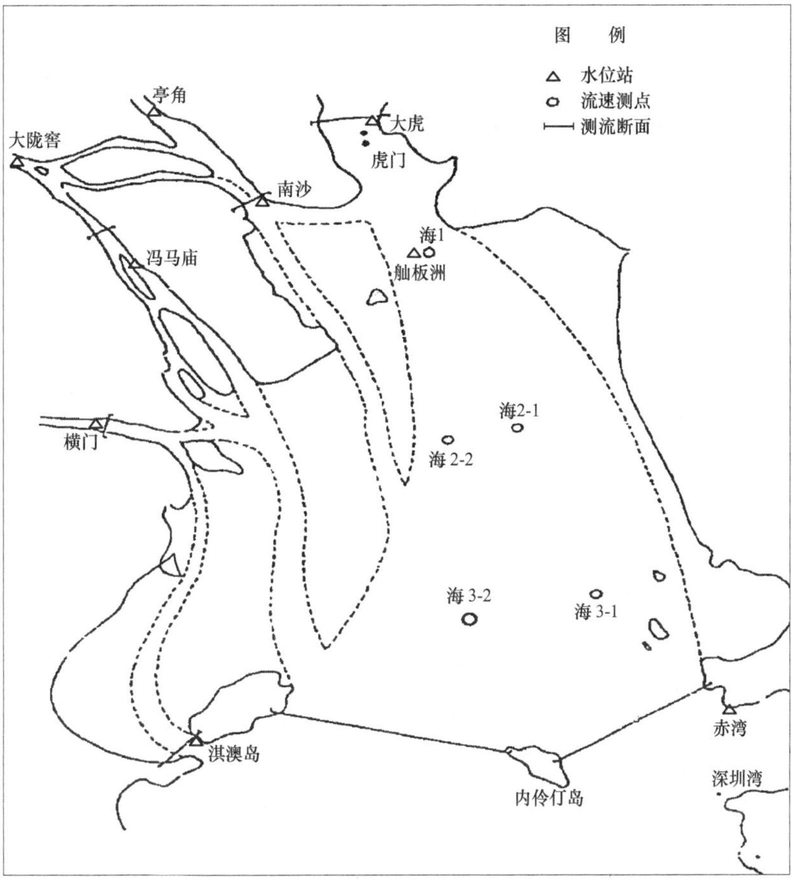

图 9-11　伶仃洋治导线总体方案示意图

3）横门口的整治。南汊的整治，是全河道按芙蓉山过水断面面积为标准，进行中水河床疏浚，两岸由芙蓉山口起，以东、西治导线控制，河宽在芙蓉山口为 500m，按 3% 扩宽率下延，经大茅岛至金星门。

北汊从蚊洲山开始，以南、北治导线缩窄三角水域。南治导线前段连接蚊洲山与烂山，烂山以后以 R =2000m 的半径向南转弯接大浪底东堤；北治导线沿北侧滩地的 -1.0 ~ -1.5m 等高线布置。与此同时并整治中水河床。

北汊与洪奇门水道汇合河段由二十冲口起，以东、西治导线控制，二十冲口河宽为 1600m，按 3% 扩宽率下延至淇澳岛东侧。与此同时并整治中水河床。

4）洪奇门口的整治。采用导堤将飞机沙尾与下横沥进口的北围头连接，下横沥全河道用石渣铺护，或建若干条锁坝保护河底。拆除飞机沙右汊及上九顷围外围，退鸭仔沙左侧及蓑衣沙进口部分堤段。

以上关于蕉门口的整治、横门口的整治和洪奇门的整治等的整治方案，珠江水利科学研究所（院）均分别兴建了蕉门口、横门口、洪奇门口局部潮汐物理模型进行了多种方案的试验研究，从中选择较优方案，由此构成了伶仃洋治导线总体方案，限于篇幅，本书从略❶~❾。

（2）总体方案模型试验研究。

1）模型验证。模型验证已在前面中做了详细论述，本处从略。

2）试验水文条件及模型水文量测布设。

a. 试验水文条件。伶仃洋治导线总体方案选用如下4种水文条件："78.7.6"水文组合、"68.6"水文组合、"82.3"水文组合及"59.6"水文组合。各水文组合上游径流量和下游潮型特征见表9-13。

b. 模型水文量测布设。根据试验目的和要求，在模型上共设置了16个水位站，其中10个是经验证的基本水位站，6个是新增设的亭角、大陇滘、洪1、洪2、横门北汊和横门南汊等站。在伶仃洋海区设置流速测点共5个，位于东、西航槽上，如图9-11中所示的海1、海2-1、海2-2、海3-1和海3-2。设置测流断面共9个，共计23条垂线，其中7个为验证的基本断面，增设的2个为横门北汊和南汊断面。模型上水文量测布设情况见图9-11所示。

3）试验结果与分析。

a. 总体方案工程后潮位变化分析。表9-18为总体方案工程前后在各种水文组合条件下各站的潮位变化试验结果。由表可以看到，工程后潮位变化的一般规律是：高潮位降低，低潮位抬高，潮差减小。在4种水文组合条件下，除"68.6"水文组合下的横门、洪奇门站和"59.6"水文组合下的横门站其高高潮位有所抬高外，其他各站的高高潮位都有不同程度的降低，其降低值的范围在0.01~0.18m之间。低低潮位的变化情况是伶仃洋西部3个口门的低低潮位抬高较大，其值为0.16~0.65m之间，且有上游径流量越大时其抬高值亦越大的趋势。东部沿线低低潮位抬高不明显，其值在0.01~0.09m之间，有的站基本不变或略有降低，其中虎门站抬高值在0.09m以下。

---

❶ 水利部珠江水利委员会勘测设计研究院，蕉门口整治工程规划报告，1992年3月。
❷ 珠江水利委员会科学研究所，蕉门口整治工程潮汐河工模型试验阶段报告，1989年10月。
❸ 珠江水利委员会科学研究所，蕉门口整治潮汐河工模型试验报告，1991年9月。
❹ 珠江水利委员会科学研究所，蕉门口整治工程模型试验报告，1992年6月。
❺ 王琳，蕉门口整治方案模型试验研究及治理建议，珠委首届中青年学术报告会论文集，1994年。
❻ 水利部珠江水利委员会勘测设计研究院，洪奇门整治工程规划报告，1992年6月。
❼ 珠江水利委员会科学研究所，洪奇门水道整治工程模型试验研究报告，1993年5月。
❽ 水利部珠江水利委员会勘测设计院，横门口整治工程规划报告，1992年6月。
❾ 珠江水利委员会科学研究所，横门口整治工程模型试验研究报告，1992年8月。

表 9－18　**总体方案工程前后潮位、潮差差值比较**　（单位：m）

组合 / 特征值 / 站名	"78.7.6"					"82.3"				
	高低潮位差值	高高潮位差值	低低潮位差值	涨潮潮差差值	落潮潮差差值	高低潮位差值	高高潮位差值	低低潮位差值	涨潮潮差差值	落潮潮差差值
赤湾	0.06	－0.02	－0.03	－0.08	0.01	0.06	0.02	0.01	－0.04	0.01
舢板洲	0.04	－0.16	－0.02	－0.20	－0.14	0.06	－0.07	0	－0.13	－0.07
横门	0.30	－0.07	0.29	－0.37	－0.36	0.26	－0.06	0.30	－0.32	－0.36
万顷沙西	0.21	－0.12	0.26	－0.33	－0.38	0.13	－0.10	0.16	－0.23	－0.26
南沙	0.14	－0.17	0.30	－0.31	－0.47	0.22	－0.06	0.22	－0.28	－0.28
大虎	0.03	－0.07	0.01	－0.10	－0.08	0.02	－0.10	－0.02	－0.12	－0.08
黄埔	－0.02	－0.11	－0.06	－0.09	－0.05	－0.02	－0.09	－0.06	－0.07	－0.03
中大	0.07	－0.03	0.02	－0.10	－0.05	0	－0.05	0.01	－0.05	－0.06
浮标厂	－0.05	－0.08	－0.06	－0.03	－0.02	0	－0.01	0.02	－0.01	－0.03
亭角	0.11	－0.06	0.20	－0.17	－0.26	0.18	0.03	0.27	－0.15	－0.24
大陇窖	0.13	－0.06	0.18	－0.19	－0.24	0.15	－0.05	0.15	－0.20	－0.20
洪 1	0.22	－0.06	0.22	－0.28	－0.28	0.10	－0.10	0.10	－0.20	－0.20
洪 2	0.25	0.04	0.27	－0.21	－0.23	0.16	－0.07	0.16	－0.23	－0.23
横门北干	0.30	0.04	0.34	－0.26	－0.30	0.15	－0.10	0.18	－0.25	－0.28
横门南支	0.39	0.06	0.45	－0.33	－0.39	0.24	－0.07	0.26	－0.31	－0.33

组合 / 特征值 / 站名	"68.6"					"59.6"				
	高低潮位差值	高高潮位差值	低低潮位差值	涨潮潮差差值	落潮潮差差值	高低潮位差值	高高潮位差值	低低潮位差值	涨潮潮差差值	落潮潮差差值
赤湾	－0.01	－0.03	0.03	－0.02	－0.06	0.04	－0.02	－0.01	－0.06	－0.01
舢板洲	0.02	－0.06	0.03	－0.08	－0.09	0.02	－0.06	0.04	－0.08	－0.10
横门	0.54	0.15	0.54	－0.39	－0.39	0.44	0.02	0.47	－0.42	－0.45
万顷沙西	0.42	0.07	0.41	－0.35	－0.34	0.26	－0.06	0.30	－0.32	－0.36
南沙	0.27	－0.14	0.51	－0.41	－0.65	0.34	－0.14	0.46	－0.48	－0.60
大虎	0.06	－0.13	0.09	－0.19	－0.22	0.02	－0.15	0.02	－0.17	－0.17
黄埔	－0.06	－0.18	－0.04	－0.12	－0.14	0.01	－0.11	0.01	－0.12	－0.12
中大	0.02	－0.13	0	－0.15	－0.13	0.1	－0.13	0.02	－0.14	－0.15
浮标厂	0.03	－0.12	－0.01	－0.15	－0.11	0.02	－0.11	0.02	－0.13	－0.13
亭角	0.20	－0.04	0.32	－0.24	－0.36	0.28	－0.08	0.31	－0.36	－0.39
大陇滘	0.18	0.06	0.19	－0.12	－0.13	0.14	－0.02	0.25	－0.16	－0.27
洪 1	0.48	0.10	0.50	－0.38	－0.40	0.35	－0.13	0.35	－0.48	－0.48
洪 2	0.46	0.10	0.46	－0.36	－0.36					
横门北干	0.58	0.14	0.57	－0.44	－0.43	0.42	0.06	0.43	－0.36	－0.37
横门南支	0.76	0.18	0.65	－0.58	－0.47	0.59	0.11	0.61	－0.48	－0.50

产生上述高潮位降低的原因，可能是由于工程后涨潮量的减少有关。至于低潮位的抬高则可能是由于工程后将西部3个口门向外推移数十公里，致使原口门一带的潮流作用大大削弱，上游径流作用进一步加强有关。西部3个口门是以径流作用为主的河口，上游来水占主导因素，在上游径流较大时，因口门下移、水面比降变缓，致使上游水位抬高。虎门口是以潮流作用为主的河口，其上游径流量不大，且水流流出虎门后，以“大喇叭”的形状扩出，故工程后对东部沿线水流所产生的影响不是很大。

总体方案工程后，各站的涨潮、落潮潮差都有不同程度的减少，在4种水文组合条件下，涨潮潮差减少值在0.01～0.58m之间，落潮潮差减少值在0.01～0.60m之间，以西部3个口门的潮差减少较多，且有上游径流量越大，潮差减少值亦越大的趋势。

b. 总体方案工程后流速、潮量变化分析。表9－19为总体方案工程前后“78.7.6”水文组合条件下潮量变化的试验结果。由表可见，工程后伶仃洋下边界总的涨潮量较工程前减少了20.55%，落潮量减少了17.16%，其中金星门断面涨潮、落潮量减少最明显，分别为74.83%和75.90%。伶仃洋上边界总的涨潮量较工程前减少了17.72%，落潮量减少了9.16%，其中大虎断面涨潮、落潮量减少最明显，分别为17.93%和14.05%。在“78.7.6”水文组合条件下，工程后伶仃洋上边界的潮量减少值由大到小的排列顺序为：大虎、南沙、冯马庙，横门则无涨潮流。

为了了解工程前后各种水文组合条件下伶仃洋上、下边界潮量的变化情况，笔者在没有野外实测资料验证的情况下，借用“78.7.6”水文组合测点流速与垂线平均流速的关系，对“59.6”、“68.6”和“83.3”等水文组合进行了涨潮量的计算，将其结果进行相对比较，是有重要参考意义的。3种水文组合条件下工程前后涨潮量计算结果列于表9－20，由表9－19和表9－20，可见工程后，大虎断面涨潮量的减少幅度与上游径流大小有关，在枯水（“82.3”水文组合）条件下，其涨潮量减少的幅度为6.63%，而在大洪水（“68.6”水文组合）条件下减少的幅度则为15.01%，涨潮量的减少幅度有随上游径流的增大而增大的趋势。伶仃洋下边界总的涨潮量在工程后的变化亦有上述相同的规律，在“82.3”水文组合条件下减少了24.20%，而在“68.6”水文组合条件下则减少了28.80%。金星门在几种水文组合条件下，其涨潮量较工程前减少了56.48%～90.10%，减少值较大，应引起有关部门注意。

工程后各测点流速都有所减小，以金星门最为明显。表9－21为“78.7.6”水文组合条件下工程前后潮期平均流量和平均流速的变化情况，由表可见，工程后潮期平均流量和平均流速均有所减小，其中西部3个口门因其主要受控于径流，其平均流量、流速受工程影响较小，金星门则减小较大，影响较明显。

c. 总体方案工程后伶仃洋海区流速变化分析。表9－22给出了4种水文组合条件下工程前后潮期平均流速值，从表可见，在各种水文组合条件下，海1测点工程后涨潮、落潮的平均流速一般略有增加，海2－1、海2－2、海3－1、海3－2测点的涨潮、落潮平均流速一般均减小，一般是落潮期的减小值大于涨潮期，海3－1、海3－2的减小值略大于海2－1、海2－2。这种情况表明工程后靠近虎门的测点流速将有所增大，而伶仃洋中、下部的测点流速将为减小。分析其原因，可能与伶仃洋下边界潮量减少幅度较大有关。工程后伶仃洋海区流速的减小，意味着其潮流挟沙能力的降低，可能会造成伶仃洋中、下段的泥沙淤积，对伶仃洋海区和航道的维护是不利的。

表9-19　**总体方案工程前后"78.7.6"组合潮量比较**　（潮量单位：万 m^3）

断　面	工程前		工程后		变化值（%）	
	落潮量	涨潮量	落潮量	涨潮量	落潮量	涨潮量
大　虎	77567	59957	66665	49204	-14.05	-17.93
南　沙	36553	2134	34164	1807	-6.53	-15.32
冯马庙	12338	551	12179	526	-1.28	-4.54
横　门	22105	0	21940	0	-0.74	
上边界合计	148563	62642	134948	51537	-9.16	-17.72
赤　湾	126585	85591	114378	75713	-9.64	-11.54
内伶仃	195937	150603	166660	123838	-14.94	-17.77
金星门	23616	21952	5690	5525	-75.90	-74.83
下边界合计	346138	258146	286728	205076	-17.16	-20.55

表9-20　**总体方案工程前后涨潮量比较**　（潮量单位：万 m^3）

断　面	"59.6"			"68.6"			"82.3"		
	工程前	工程后	变化值（%）	工程前	工程后	变化值（%）	工程前	工程后	变化值（%）
大　虎	33267	29551	-11.17	18070	15357	-15.01	70613	65928	-6.63
南　沙	886	767	-13.43	14	0		18925	13283	-29.81
冯马庙	0	0		0	0		5642	4702	-16.66
横　门	0	0		0	0		5470	4608	-15.75
上边界合计	34153	30318	-11.22	18084	15357	-15.08	100650	88521	-12.05
赤　湾	84190	59352	-29.50	58416	41307	-29.28	111939	79321	-29.13
内伶仃	138530	99614	-28.09	103745	86266	-16.85	194977	162944	-16.43
金星门	23831	5823	-75.56	19765	1955	-90.10	29809	12970	-56.48
下边界合计	246551	164789	-33.16	181926	129528	-28.80	336725	255235	-24.20

表9-21　**总体方案工程前后"78.7.6"组合流量、流速比较**

比较项目 \ 断面			大虎	南沙	冯马庙	横门	赤湾	内伶仃	金星门
工程前	落潮期	时间（h）	13	21	23	25	14	13	12
		平均流量（m^3/s）	17713	5129	1592	2566	25542	43139	5619
		平均流速（m/s）	0.55	0.60	0.55	0.63	0.44	0.53	0.38
	涨潮期	时间（h）	12	4	2	0	11	12	13
		平均流量（m^3/s）	14296	1649	892	0	23559	38618	5322
		平均流速（m/s）	0.41	0.17	0.26	0	0.36	0.40	0.36
工程后	落潮期	时间（h）	14	21	23	25	14	13	14
		平均流量（m^3/s）	14205	4872	1548	2544	23162	36085	1186
		平均流速（m/s）	0.43	0.56	0.52	0.62	0.40	0.44	0.10
	涨潮期	时间（h）	11	4	2	0	11	12	11
		平均流量（m^3/s）	13027	1557	810	0	20562	31944	1720
		平均流速（m/s）	0.38	0.17	0.25	0	0.31	0.36	0.14

表 9-22　　总体方案工程前后伶仃洋海区平均流速比较　　（单位：m/s）

水文组合	项目／测点	工程前				工程后			
		落潮		涨潮		落潮		涨潮	
		时间（h）	平均流速	时间（h）	平均流速	时间（h）	平均流速	时间（h）	平均流速
“78.7.6”	海 1	15	0.51	10	0.27	15	0.60	10	0.43
	海 2-1	15	0.55	10	0.39	15	0.57	10	0.39
	海 2-2	15	0.49	10	0.38	15	0.42	10	0.33
	海 3-1	15	0.52	10	0.40	15	0.48	10	0.37
	海 3-2	15	0.48	10	0.40	15	0.41	10	0.37
“59.6”	海 1	19	0.78	6	0.34	19	0.79	6	0.37
	海 2-1	18	0.83	7	0.51	18	0.66	7	0.28
	海 2-2	17	0.60	8	0.37	19	0.56	7	0.35
	海 3-1	17	0.85	8	0.39	17	0.66	8	0.30
	海 3-2	17	0.57	8	0.43	17	0.52	8	0.35
“82.3”	海 1	14	0.58	11	0.55	14	0.59	11	0.64
	海 2-1	13	0.64	12	0.50	13	0.51	12	0.37
	海 2-2	14	0.46	11	0.40	14	0.40	11	0.41
	海 3-1	13	0.67	12	0.47	14	0.55	11	0.45
	海 3-2	13	0.61	12	0.55	13	0.46	12	0.43
“68.6”	海 1	22	0.70	3	0.14	22	0.67	3	0.15
	海 2-1	17	0.70	8	0.16	17	0.64	8	0.17
	海 2-2	17	0.50	8	0.22	17	0.45	8	0.16
	海 3-1	17	0.70	8	0.33	17	0.64	8	0.33
	海 3-2	17	0.54	8	0.31	17	0.40	8	0.19

4）结论与建议。通过对伶仃洋各种治导线方案的模型试验研究，对不同水文组合条件下各种方案对水流的影响规律有所认识，初步了解到伶仃洋及其各口门的水流特性，以及其对各种治导线方案的反应。根据推荐的伶仃洋治导线总体方案模型试验以及对试验成果的分析，得出以下认识：

a. 伶仃洋治导线总体方案工程后，沿程水位变化的一般规律是：高潮位略有降低，低潮位有所抬高，潮差减少。在试验的 4 种水文组合条件下，高潮位降低值在 0.18m 以内，低潮位抬高值在 0.65m 以内，其中西部 3 个口门的抬高值较大，虎门一线沿程潮位变化不明显。涨潮潮差减少值范围为 0.01～0.58m，亦以西部 3 个口门的减小值较为显著。高潮位的降低对防洪是有利的，低潮位的抬高对通航有利，但对潮排不利，尤其是西部 3 个口门低潮位抬高较明显，对潮排构成一定影响，建议采用增加电排加以解决。

b. 治导线总体方案工程后，除虎门口附近海域外，伶仃洋中、下段海域的涨潮、落潮流速普遍有所减小。伶仃洋上、下边界断面的涨潮量都有不同程度的减少，在试验的 4 种水文组合条件下，其上边界的涨潮量减少了 11.22%～17.73%，其中大虎断面减少了 8.85%～17.93%；下边界涨潮量减少了 20.55%～33.16%，但金星门断面却减少了 56.48%～90.14%。虎门口涨潮量的减少在临界涨潮量允许范围之内，估计不致对其河床的稳定构成威胁，但伶仃洋潮量、潮流速的减小将导致其挟沙能力的降低，可能造成西部

3 个口门和伶仃洋中、下段航道的淤积，建议对泥沙淤积问题及应采取的措施做进一步深入的研究。

c. 治导线总体方案工程后，金星门的潮量有明显地减少，其主要原因是金星门以上的纳潮域骤减，涨潮流上溯受到限制以及横门水道南汊分流比减少所致。金星门潮量的明显减少，将给金星门的维护带来不利影响，应予以重视。

综上所述，伶仃洋治导线总体方案所反映的治河效果是明显的，对上游的水利环境没有造成不可接受的影响，虽然还存在一些问题尚未能很好解决，但可在以后继续研究。

9.1.4　数学模型研究[7]、❶、❷

随着高速度大容量电子计算机的迅速发展，我国自 20 世纪 60 年代以来已开始应用电子计算机研究河口数学模型问题，它具有快速、灵活、经济、不占用场地等优点，被广泛地应用于研究河口治理工程，现已成为一种不可缺少的研究手段，并具有强大的生命力。在研究珠江口伶仃洋的整治规划中，亦应用了数学模型进行研究，以资对物理模型研究成果进行比较，力求使总体研究水平和精度有所提高。

在数学模型中，目前以潮流数学模型比较成熟，应用比较广泛，泥沙数学模型尤其是二维潮流泥沙数学模型，则还不大成熟，虽已有应用，但精度较差。对于珠江河口而言，因水文泥沙实测资料甚为缺乏，应用潮流泥沙数学模型的条件还不甚成熟，仍处在研究阶段，为确保研究成果的可靠性，仅限于应用一、二维潮流数学模型进行研究工作。

1. 水力计算公式和方法

计算所采用的公式为：

一维

$$\frac{\partial Z}{\partial t}+\frac{1}{B}\frac{\partial Q}{\partial X}=0 \tag{9-5}$$

$$\frac{\partial Q}{\partial t}+\left(gF-\frac{Q^2}{F^2}B\right)\frac{\partial Z}{\partial X}+\frac{2Q\partial Q}{F\partial X}=-g\frac{Q\mid Q\mid}{C_1^2FR}+\frac{Q^2\partial F}{F^2\partial X}F_1z \tag{9-6}$$

二维

$$\frac{\partial Z}{\partial t}+U\frac{\partial Z}{\partial X}+V\frac{\partial Z}{\partial Y}+H\frac{\partial U}{\partial X}+H\frac{\partial V}{\partial Y}=U\frac{\partial Z_0}{\partial X}+V\frac{\partial Z_0}{\partial Y} \tag{9-7}$$

$$\frac{\partial U}{\partial t}+U\frac{\partial U}{\partial X}+V\frac{\partial U}{\partial Y}+H\frac{\partial Z}{\partial X}=-g\frac{U\sqrt{U^2+V^2}}{C_2^2H}+F_1V \tag{9-8}$$

$$\frac{\partial V}{\partial t}+U\frac{\partial V}{\partial X}+V\frac{\partial V}{\partial Y}+g\frac{\partial Z}{\partial Y}=-g\frac{V\sqrt{U^2+V^2}}{C_2^2H}+F_1U \tag{9-9}$$

式中　Z 为水位；Q 为断面平均流量；B 为水面宽度；F 为过水断面面积；U、V 分别为流速沿 x、y 方向的分量；H 为水深；R 为水力半径；g 为重力加速度；n 为糙率；Z_0 为海底高程；F_1 为柯氏系数；C 为谢才系数，$C_1=\frac{1}{n}R^{\frac{1}{6}},C_2=\frac{1}{n}H^{\frac{1}{6}}$。

❶ 钟上海等，伶仃洋与东四口门整治方案计算，水利部珠江水利委员会，1990 年 2 月。

❷ 水利部珠江水利委员会，伶仃洋治导线规划水利计算报告，1992 年 6 月。

一维方程采用四点加权隐格式离散求解；二维方程应用破开算子法，采用中心差分及特征偏心差分格式离散求解；一、二维连接计算应用特征理论求出一、二维特征方程，并对各种连接方程应用显式差分格式离散，求解出连接断面水位，以此分别作为连接时一维及二维部分计算在连接断面的边界值，据以按前述一维及二维解法进行计算。

2. 计算范围

计算范围一维边界取各支汊基本不受工程方案影响的断面共12个，即博罗、麒麟嘴、埿尾围、麻涌支汊、老鸦岗、水口闸、北村闸、沙口堰、西南闸、三水、马口、天河等；二维边界为澳门—尖峰山、沙罗湾—黑嘴；一、二维交界面为虎门断面下游3km、蕉门南沙断面上游1km、洪奇门万顷沙西断面下游3.8km和横门断面，均为计算域的内断面。计算范围如图9－12所示。

3. 计算资料

数学模型所依据的计算资料如下：

（1）水文资料。选取1978年7月6日实际潮型作为验证计算的依据。该潮型属中水大潮，其下边界断面没有实测的水文资料，水位过程的确定是：澳门站是与大万山站建立相关，以模拟插补求得；尖峰山和黑嘴两站是根据大万山和赤湾过程直插补推求；沙罗湾站是由尖峰山和黑嘴站线性插值求得。在计算域内有大量的水文资料，有较多的断面或测点可供验证计算使用，能很好控制和提高计算的精度。

（2）地形资料。网河部分采用实测的1∶5000河道地形图，伶仃洋海区采用1∶50000海图。

（3）各口门连接断面位置。虎门水道为大虎断面下游3km；蕉门水道为南沙断面上游约1km；洪奇门水道为万顷沙西断面下游3.8km；横门水道为横门断面。

为了使各连接段一、二维部分的水力要素更协调，需要对连接段地形进行适当的概化，概化的原则是使水位在0m时一、二维连接断面的过水面积近似相等。蕉门水道靠近连接处的一维两个断面和二维断面的水面宽取为2000m（天然实测约1300m）；洪奇门和横门一维取天然实测数据，分别为1000m和700m，二维取1000m。

4. 验证计算

验证计算是以1978年7月6日实测资料作为依据，计算时一维部分划分为175个河段，108个汊口，共566个计算断面，时间步长为10min；二维部分取空间步长$\Delta x=\Delta y=500$m，时间步长为1min。边界断面除博罗、麒麟嘴、埿尾围、麻涌支汊，水口闸、北村闸、沙口堰、西南闸、三水、马口10个断面给流量过程值外，其余均给水位过程值。

验证结果为：潮位验证基本吻合，除个别站外，绝大部分都较好，特征潮位误差一般不超过10cm，仅横门低潮位误差为最大达21cm；流速验证除个别点（如固7点的落潮流速）最大流速的计算值比实测值约小50%外，其余点的误差值一般均小于30%，计算与实测的相位也基本吻合，满足一般精度要求；流量验证除虎门连接断面的二维流量值小于一维流量值29%外，其他连接断面都非常接近，而各断面流量的计算值与实测值也比较接近，误差值较大的为内伶仃断面，其涨潮、落潮的最大流量，计算值比实测值减少约20%，其余断面的误差值均较小，相位也基本一致；潮量验证计算值一般均比实测值小，误差值一般不超过20%，基本满足一般精度要求，其中南沙断面因其涨潮量较小，故使

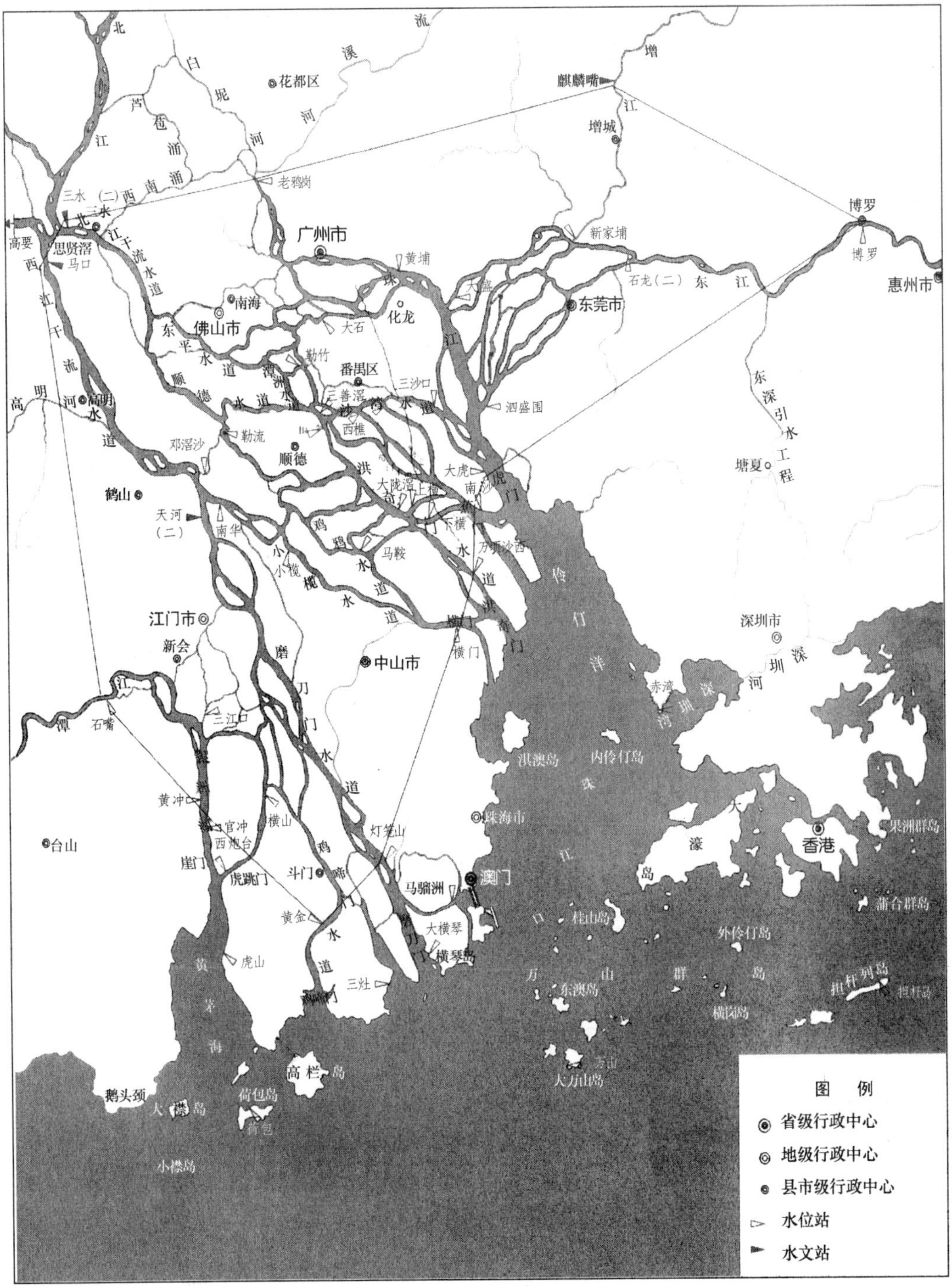

图 9－12　计算范围示意图

涨潮量误差百分比相对较大，但在绝对误差上，其误差值一般比别的断面还小。其水位、流量、流速过程的验证结果如图 9－13～图 9－15 所示。

综上可见，模型的验证结果是成功的，基本上满足一、二维水流运动相似的要求，可据以计算各种整治方案并进行方案比选。

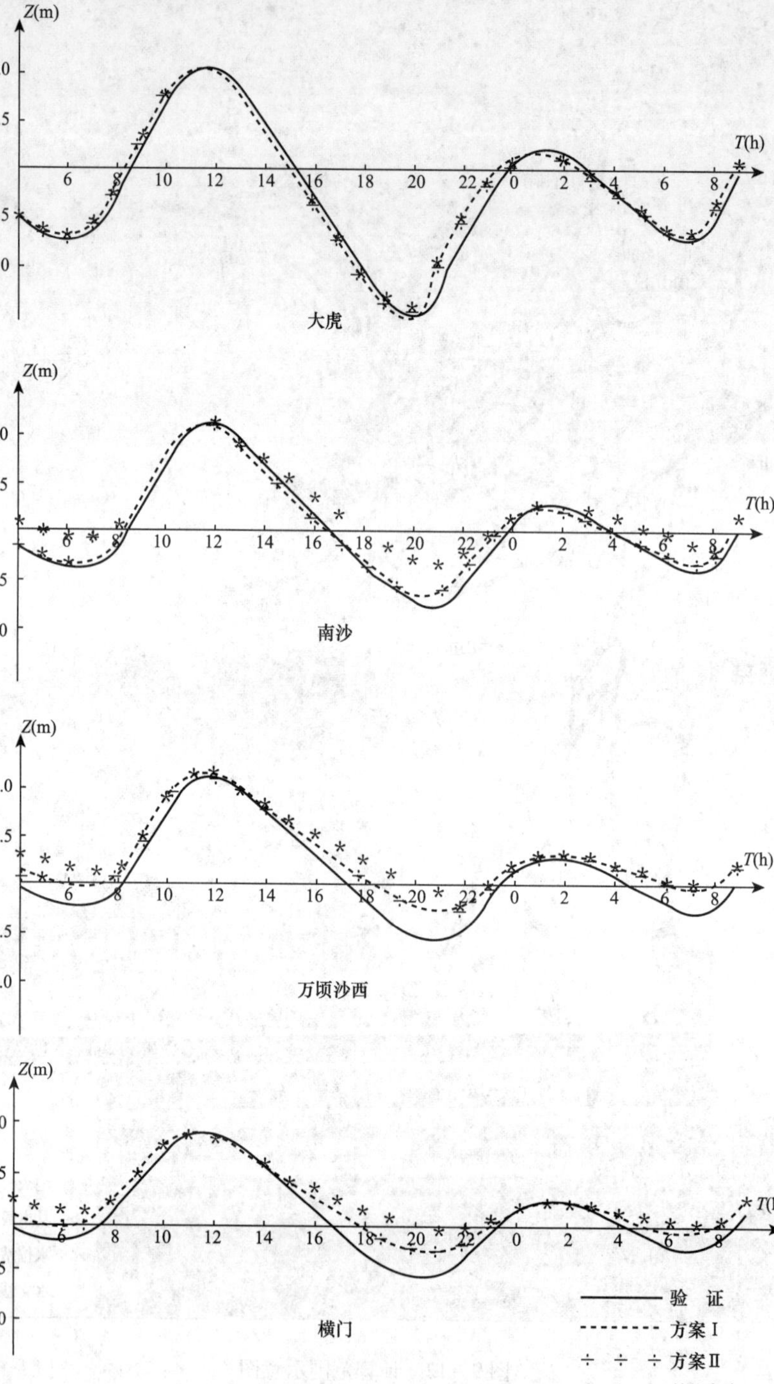

图 9-13 一、二维连接计算验证、方案水位过程线比较图（一）

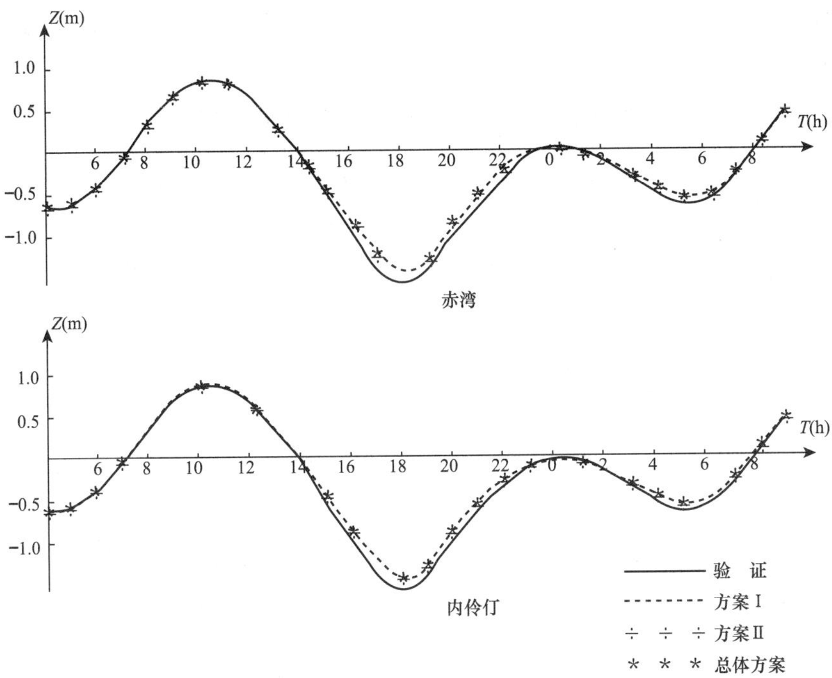

图 9－13　一、二维连接计算验证、方案水位过程线比较图（二）

5. 方案计算

（1）大、小喇叭方案的计算。方案计算时，计算条件与验证计算相同，即博罗、麒麟嘴、水口闸、北村闸等 6 个边界给流量过程值，其余均给水位过程值，一维时间步长 $\Delta t=30\text{min}$，二维区域取空间步长 $\Delta x=\Delta y=500\text{m}$，时间步长 $\Delta t=2.5\text{min}$，用 1978 年 7 月 6 日水文组合条件分别对大、小喇叭方案进行计算，其计算结果如下：

潮位的变化：工程前后潮位的变化如表 9－23 和图 9－13 所示。由表和图可见，大、小喇叭方案实施后，虎门以上各站高高潮位均为降低，降低值在 14cm 以内；低低潮位一般为抬高，抬高值在 7cm 以内，潮差减小。两种方案差别不大。西部 3 个口门高、低潮位均为抬高，低潮位抬高值比高潮位大得多，小喇叭方案又比大喇叭方案为大，前者低低潮位抬高值最大为南沙断面，抬高达 95cm，高高潮位抬高值仅为 5cm；后者低低潮位抬高值最大为横门断面，抬高值为 33cm，高高潮位仅抬高 2cm。

流速的变化：工程前后流速的变化如表 9－24 和图 9－14 所示。由表和图可见，大、小喇叭方案实施后，除舢板洲以上涨潮、落潮流速有些增大以外，在舢板洲以下的海区，涨潮、落潮流速都有所减小，其减小幅度各断面都不相同，最大幅度为 35% 左右。

流量的变化：工程前后流量的变化如表 9－25 和图 9－15 所示。由表和图可见，大、小喇叭方案实施后，大虎以上落潮流量基本上变化不大，但涨潮流量则有所减少，在大虎断面，大喇叭方案减少 19.2%，小喇叭方案减少 22.7%，越向上游逐渐减少，到浮标厂断面基本不变。西部口门和海区涨潮、落潮流量减少较大，在蕉门口南沙断面，落潮流量大喇叭方案减少 27.9%，小喇叭方案减少 32%，而在内伶仃断面，涨潮、落潮流量大喇叭方案减少为29%～30%，小喇叭方案则减少为71%～74%，小喇叭方案的减少值远大于大喇叭方案。

表9－23　伶仃洋大、小喇叭方案工程前后潮位变化表

（1978年7月6日水文组合计算值）　（单位：m）

断面	特征潮位	工程前验证值	大喇叭方案	差值	小喇叭方案	差值
浮标厂	高高潮	1.20	1.15	-0.05	1.15	-0.05
	低低潮	-0.80	-0.75	0.05	-0.76	0.04
中大	高高潮	1.17	1.12	-0.05	1.12	-0.05
	低低潮	-0.89	-0.85	0.04	-0.85	0.04
大盛	高高潮	1.08	1.00	-0.08	1.00	-0.08
	低低潮	-1.16	-1.11	0.05	-1.09	0.07
泗盛	高高潮	1.04	0.94	-0.10	0.93	-0.11
	低低潮	-1.36	-1.31	0.05	-1.29	0.07
黄埔	高高潮	1.11	1.04	-0.07	1.03	-0.08
	低低潮	-1.16	-1.10	0.06	-1.10	0.06
大虎	高高潮	1.03	0.91	-0.12	0.89	-0.14
	低低潮	-1.43	-1.39	0.04	-1.37	0.06
舢板洲	高高潮	1.05	0.88	-0.17	0.87	-0.18
	低低潮	-1.58	-1.59	-0.01	-1.52	0.06

表9－24　伶仃洋大、小喇叭方案工程前后最大流速变化表

（1978年7月6日水文组合计算值）　（单位：m/s）

断面（点）	潮别	工程前验证值	大喇叭方案	差值	小喇叭方案	差值
大虎	涨潮	0.66	0.54	-0.12	0.52	-0.14
	落潮	0.74	0.78	0.04	0.76	0.02
舢板洲	涨潮	0.87	1.14	0.27	1.05	0.18
	落潮	0.48	0.62	0.14	0.49	0.01
固3	涨潮	0.63	0.48	-0.15	0.53	-0.10
	落潮	0.44	0.24	-0.20	0.25	-0.19
固6	涨潮	0.65	0.43	-0.22	0.56	-0.09
	落潮	0.52	0.40	-0.12	0.45	-0.07
固4	涨潮	0.64	0.65	0.01	—	—
	落潮	0.53	0.36	-0.17	—	—
内伶仃	涨潮	0.95	0.67	-0.28	0.81	-0.14
	落潮	0.60	0.42	-0.18	0.56	-0.04
赤湾	涨潮	1.07	0.88	-0.19	1.02	-0.05
	落潮	0.85	0.65	-0.20	0.77	-0.08

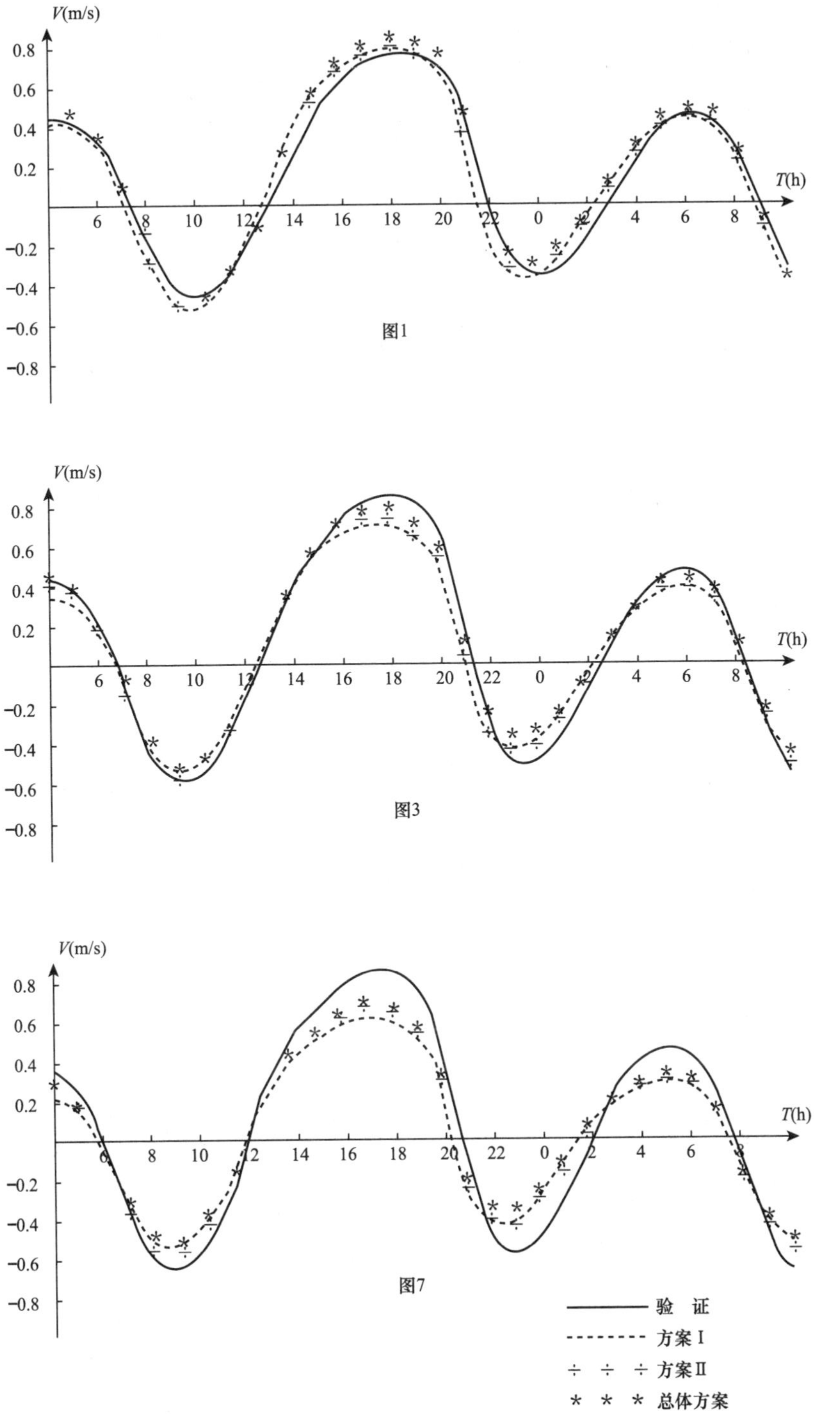

图9-14　一、二维连接计算验证、方案流速过程线比较图

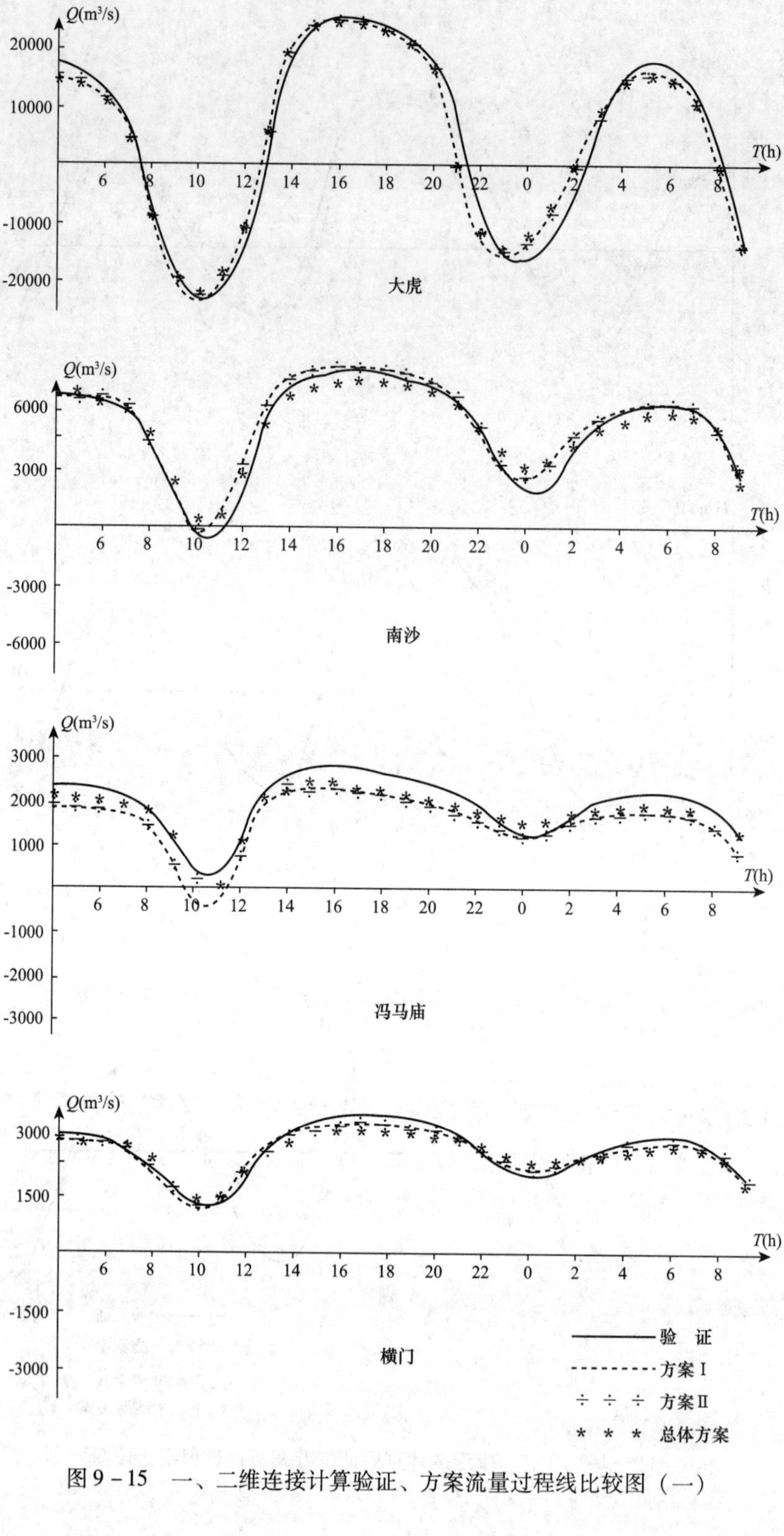

图 9－15　一、二维连接计算验证、方案流量过程线比较图（一）

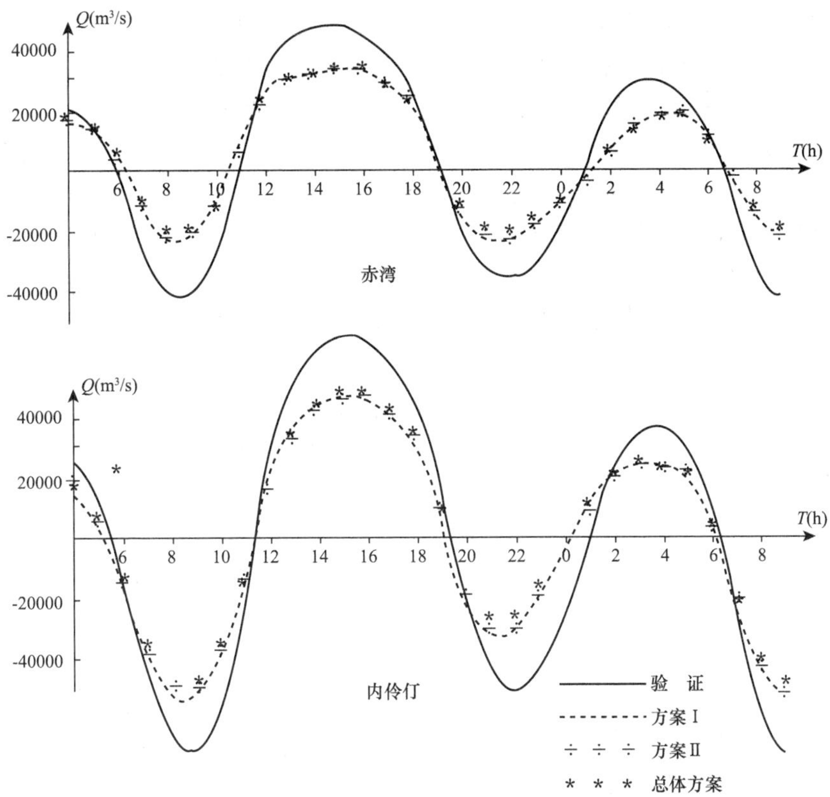

图 9－15　一、二维连接计算验证、方案流量过程线比较图（二）

表 9－25　伶仃洋大、小喇叭方案工程前后最大流量变化表

（1978 年 7 月 6 日水文组合计算值）　（单位：m/s）

断面	潮别	工程前验证值	大喇叭方案	变化百分比（%）	小喇叭方案	变化百分比（%）
浮标厂	涨潮	1476	1452	－1.6	1475	0
	落潮	424	417	－1.6	393	－7.3
中　大	涨潮	1313	1176	－10.4	116	－11.1
	落潮	1606	1597	－0.6	1567	－2.4
黄　埔	涨潮	3893	3469	－10.9	3493	－10.3
	落潮	3919	4031	2.8	3981	1.6
大　虎	涨潮	26176	21147	－19.2	20236	－22.7
	落潮	25353	26568	4.8	26081	2.9
南　沙	涨潮	803	—	—	—	—
	落潮	9097	6562	－27.9	6188	－32.0
内伶仃	涨潮	46874	31871	－28.9	13486	－71.2
	落潮	62100	46959	－29.1	23637	－73.8
赤　湾	涨潮	55851	42534	－23.8	—	—
	落潮	48332	36292	－24.9	—	—

潮量的变化：工程前后潮量的变化见表9－26。由表可见，大、小喇叭方案实施后，各断面的涨潮、落潮量都是减少的，以内伶仃断面的减少值为最大，大喇叭方案的涨潮、落潮量均为减少约26%～29%，小喇叭方案则为减少约60%～65%；在大虎断面，大喇叭方案涨潮量减少约15.6%，小喇叭方案则为减少20.4%，落潮量均为变化不大，越向上游，涨潮量的减少值逐渐减小，到浮标厂断面已基本不变，落潮量则同样变化不大。

以上计算结果表明其规律性与物理模型试验结果基本一致，仅在数值上有所差别。至于某些在性质上的差异（如虎门以上低低潮位为抬高，而试验值为有升有降），可视为计算和试验的误差所使然，其误差值在允许范围之内。计算结果认为大喇叭方案较优于小喇叭方案。

表9－26　伶仃洋大、小喇叭方案工程前后潮量变化表

（1978年7月6日水文组合计算值）　（单位：万 m^3）

断面	潮别	工程前验证值	大喇叭方案	变化百分比（%）	小喇叭方案	变化百分比（%）
浮标厂	涨潮	2275	2283	0.35	2278	0.13
	落潮	785	755	－3.8	735	－6.4
黄　埔	涨潮	4501	3941	－11.1	3878	－13.8
	落潮	9855	9474	－3.8	9448	－4.1
大　虎	涨潮	32697	27583	－15.6	26019	－20.4
	落潮	59523	58784	－1.2	57060	－4.1
内伶仃	涨潮	60255	44447	－26.2	24280	－59.7
	落潮	130524	92444	－29.2	45166	－65.4
赤　湾	涨潮	66613	49834	－25.2	—	—
	落潮	105564	72511	－31.3	—	—

（2）治导线总体方案的计算。根据前述治导线总体规划方案的布置，用1978年7月6日中水大潮型水文组合的条件进行计算，计算结果如下：

潮位的变化：工程前后潮位的变化如表9－27和图9－13所示。由表和图可见，工程后大虎以上高潮位是降低的，但降低值较小，约为2～3cm左右；低潮位则是抬高的，抬高值约为8～10cm左右，抬高值大于降低值。西部三个口门高潮位基本上变化不大，低潮位则是抬高，抬高值在45～55cm之间，以横门抬高值为最大。

表9－27　总体方案工程前后潮位变化表

（1978年7月6日水文组合计算值）　（单位：m）

断面	特征潮位	工程前验证值	总体方案计算值	差　值
浮标厂	高高潮	1.25	1.23	－0.02
	低低潮	－0.85	－0.76	0.09
黄　埔	高高潮	1.16	1.14	－0.02
	低低潮	－1.25	－1.17	0.08

续表

断面	特征潮位	工程前验证值	总体方案计算值	差　值
大　虎	高高潮	1.04	1.01	-0.03
	低低潮	-1.57	-1.47	0.10
南　沙	高高潮	1.08	1.08	0
	低低潮	-0.83	-0.38	0.45
万顷沙西	高高潮	1.06	1.08	0.02
	低低潮	-0.65	-0.14	0.51
横　门	高高潮	1.05	1.03	-0.02
	低低潮	-0.64	-0.10	0.54
内伶仃	高高潮	0.82	0.85	0.03
	低低潮	-1.68	-1.53	0.15
赤　湾	高高潮	0.82	0.85	0.03
	低低潮	-1.68	-1.55	0.13

流速的变化：工程前后流速的变化如表9-28和图9-14所示。由表和图可见，工程后除蕉门延伸段、凫洲水道和洪奇门落潮流速有所增大，其中以凫洲水道增大较大外，其他口门和海区不论涨潮或落潮，流速都是减小的，减小值最大为25%。

表9-28　　总体方案工程前后最大流速变化表

（1978年7月6日水文组合计算值）　　（单位：m/s）

断面（点）	潮　别	工程前验证值	总体方案计算值	差　值
大虎	涨　潮	0.64	0.62	-0.02
	落　潮	0.79	0.77	-0.02
舢板洲	涨　潮	0.50	0.52	0.02
	落　潮	0.64	0.74	0.10
南沙	涨　潮	0.06	—	—
	落　潮	1.10	0.93	-0.17
万顷沙西	涨　潮	—	0.03	—
	落　潮	1.08	0.80	-0.28
横门	涨　潮	—	—	—
	落　潮	0.88	0.72	-0.16
蕉门南汊	涨　潮	0.43	0.26	-0.17
	落　潮	0.56	0.81	0.25
凫洲水道	涨　潮	—	—	—
	落　潮	0.61	1.30	0.69
洪奇门21涌	涨　潮	0.25	0.14	-0.11
	落　潮	0.38	0.92	0.54

续表

断面（点）	潮 别	工程前验证值	总体方案计算值	差 值
固3	涨 潮	0.58	0.52	-0.06
	落 潮	0.84	0.79	-0.05
固6	涨 潮	0.60	0.44	-0.16
	落 潮	0.81	0.67	-0.14
内伶仃	涨 潮	0.72	0.54	-0.18
	落 潮	0.85	0.63	-0.22
赤湾	涨 潮	0.54	0.27	-0.27
	落 潮	0.80	0.53	-0.27

流量的变化：工程前后流量的变化如表9－29和图9－15所示。由表和图可见，工程后除浮标厂断面的涨潮、落潮流量基本不变化外，其余断面涨潮、落潮流量都是减少的，一般是涨潮流量的减少大于落潮流量；海区的减少值大于口门，越向上游减少值越小。以赤湾断面而言，其减少值为最大，涨潮流量减少约为50%左右，落潮流量减少约为30%左右，大虎断面涨潮、落潮流量减少均为3%左右。

表9－29 **总体方案工程前后最大流量变化表**

（1978年7月6日水文组合计算值） （单位：m^3/s）

断 面	潮 别	工程前验证值	总体方案计算值	变化百分比（%）
浮标厂	涨 潮	1527	1541	0.9
	落 潮	533	561	5.3
黄 埔	涨 潮	3147	3108	-1.2
	落 潮	3340	3308	-1.0
大 虎	涨 潮	23099	22459	-2.8
	落 潮	25285	24538	-3.0
南 沙	涨 潮	613	—	—
	落 潮	8076	7557	-6.4
冯马庙	涨 潮	—	—	—
	落 潮	2752	2362	-14.2
横 门	涨 潮	—	—	—
	落 潮	3470	3107	-10.5
内伶仃	涨 潮	71077	50708	-28.7
	落 潮	68058	50069	-26.4
赤 湾	涨 潮	42853	21605	-49.6
	落 潮	48681	33958	-30.2

潮量的变化：工程前后潮量的变化见表9－30。由表可见，工程后除干流浮标厂断面和支流蕉门南沙断面的涨潮、落潮量基本不变化外，其余断面的涨潮、落潮量都是减少

的，其变化规律同流量的变化规律相同，即涨潮量的减少大于落潮量；海区潮量的减少值大于口门，越向上游减少值越小。赤湾断面涨潮量减少值最大为57%左右，落潮量减少值为25%左右，大虎断面涨潮、落潮量减少值分别为5%和4%左右。

将以上计算结果与物理模型试验结果相比较，可见工程前后变化的规律是完全一致的，其中在潮位的变化方面，其数值的变化除高高潮位的降低差别稍大外，低低潮位的抬高值则较为接近；在潮量的变化方面，潮量的减少值数学模型计算结果小于物理模型试验结果，尤以大虎断面相差较大。

表9－30　总体方案工程前后潮量变化表

（1978年7月6日水文组合计算值）　（单位：亿m^3）

断面	潮别	工程前验证值	总体方案计算值	变化百分比（%）
浮标厂	涨潮	0.2300	0.2328	1.2
	落潮	0.1120	0.1117	－0.3
黄埔	涨潮	0.3905	0.3736	－4.3
	落潮	0.8755	0.8415	－3.9
大虎	涨潮	3.0151	2.8664	－4.9
	落潮	5.8764	5.6564	－3.7
南沙	涨潮	0.0200	—	—
	落潮	4.3961	4.4623	1.5
冯马庙	涨潮	—	—	—
	落潮	1.6838	1.5099	－10.3
横门	涨潮	—	—	—
	落潮	2.2988	2.2440	－2.4
内伶仃	涨潮	9.8787	6.8538	－30.6
	落潮	13.8354	10.1198	－26.9
赤湾	涨潮	5.1237	2.2038	－57.0
	落潮	10.2554	7.7276	－24.6

9.1.5　遥感技术应用研究

随着计算机技术和空间科学技术的迅速发展，遥感技术亦于20世纪70年代末在国内外开始应用于海洋的研究领域，在河口海岸方面而言，利用航天、航空多平台、多时相、多波段遥感信息获取河口海岸的地形地貌形态、水体表层悬浮泥沙浓度分布及水沙输移、扩散等动态影像特征，并结合与卫星同步或准同步的实测资料，分析悬移泥沙的定量分布、水沙输移特征以及滩槽发育和演变趋势等，以其覆盖面积大，并具有宏观性、准确性、直观性和动态观测功能等优势，为河口海岸的动态监测和规律性研究提供一个新的技术手段。

笔者自1981年开始利用航天、航空遥感信息资料开展珠江河口水沙运动、河口治理和海岸工程等方面的研究，积累了一些遥感资料和经验，这对伶仃洋整治开发规划的研究是十分有利的，应用遥感技术研究伶仃洋的整治开发已成为一种重要的和不可少的手段。

1. 基本资料及图像处理

（1）基本资料。遥感信息资料主要是多时相的卫星遥感CCT数据和图像，除充分利用20世纪70年代已有的美国陆地卫星MSS影像外，着重收集和处理80年代和90年代的美国TMCCT磁带数据和我国国土卫星彩红外影像等共30多个不同时相的航天遥感资料，详见表9-31。这些遥感资料包括了大、中、小径流和大、中、小潮以及涨潮和落潮等不同的水文组合情况，具有足够的代表性。

表9-31 **伶仃洋遥感影像资料**

时间（年.月.日）	资料种类	潮汐情况		上游来水情况
		状态	潮型	
1973.11.1	MSS	初涨	小潮	中水
1973.12.25	MSS	涨急	小潮	小水
1975.12.24	MSS	落平	小潮	小水
1976.11.30	MSS	落急	小潮	小水
1977.2.10	MSS	落平前	小潮	小水
1978.8.31	MSS	涨平（南沙）、初落（赤湾）	中潮	大水
1979.9.18	MSS	涨急	大潮	大水
1978.11.20	MSS	涨急	中潮	中水
1979.10.1	MSS	落急	中潮	大水
1979.11.6	MSS	涨平前	大潮	中水
1980.10.13	MSS	中涨	中潮	中水
1986.7.30	TM	落急	中潮	洪水
1987.12.8	TM	落平（南沙）、初涨（大虎）、涨急（赤湾）	大潮	小水
1988.7.3	TM	涨急	中潮	洪水
1989.12.13	TM	初涨（南沙）、涨急（赤湾）	—	小水
1988.11.24	TM	中涨	大潮	中水
1990.10.13	TM	落急	—	中水
1992.1.20	TM	涨急	—	小水
1993.5.14	TM	落平	小潮	洪水
1993.11.22	TM	落急	—	中水
1994.1.25	TM	涨急	—	小水
1997.12.24	TM	中涨	—	中水
1995.12.30	TM	落急	—	小水
1986.10.7	彩红外（中国国土卫星）	涨平前	大潮	中水

为了获得卫星遥感信息成像的边界条件，以便为水沙输移动态及浅滩地形的遥感定量、半定量解译提供参数，笔者根据卫星过境时间及潮汐预报，在各口门及伶仃洋水域进行多次同步及准同步的地面观测，获得断面或固定点的实测采样，包括表层悬浮泥沙含量、水深、流速、流向等数据。此外，还收集伶仃洋大虎、南沙、舢板洲、赤湾等潮位站和口门上游的三水，马口、博罗等水文站卫星过境及其前后的潮位、日平均流量和日平均含沙量等水文资料。

为了提高对口门近期水沙动态变化及滩槽冲淤趋势的遥感分析精度，还收集了1974、1984、1987年伶仃洋部分口门海区水下地形资料，并多次到蕉门、横门等口门进行近景俯视摄影，以及局部水下地形测量等，以供遥感信息的解译进行验证。

（2）图像处理。遥感影像记录下来的地物信息十分丰富，而且数据量很大，为了有效地利用遥感影像信息，必须对其进行处理，以便增强和提取对我们研究伶仃洋所需要的信息。

图像处理包括计算机图像处理和光学图像处理两个部分，现分述如下：

1）计算机图像处理。根据研究工作的需要，计算机图像处理着重对伶仃洋河口水沙输移、口门滩槽及滩涂开发现状等信息的提取和增强。其中TMCCT数据系在中国卫星遥感地面站的IAS数据分析系统进行处理；国土卫星全色式彩红外正片则在国家测绘研究所的阿波罗微机系统进行处理。

a. 分段线性拉伸。通过分段线性拉伸处理，能使指定范围的影像亮度值得到扩展，获得特定亮度值区内目标图像的对比度增强，从而突出局部细节。例如，各口门滩涂围垦前期的水下抛石堤线，经对TM_2波段影像进行分段拉伸后，得到明显地反映。为了突出口门水沙输移路径及扩散层次，以及口门外不同水动力交互作用的界面，经对TM_4波段进行拉伸处理后，获得良好的解译效果。

b. 计算机分类。根据地物类似的光谱特征对像元进行分类。主要有非监督分类和监督分类。笔者曾对虎门、蕉门口的滩、槽和滩涂开发利用现状进行计算机非监督分类（见影像图9－1），在分类图上，可以区分鸡抱沙浅滩已被开发种植的垦区和处于抛石促淤阶段的浅滩区。在垦区内，可以区分和统计甘蔗地、莲藕地及鱼塘的面积。在未成围的促淤区以及凫洲水道的边滩、心滩区可以区分－1m（珠基）以浅和－1～－2m的滩涂并统计其面积。

c. 彩色合成。根据研究的要求，进行多种波段组合的彩色合成处理试验。经组合方案比较，最后选取以下两种：

（a）$TM_{4、5、2}$分别赋红、绿、蓝色；

（b）$TM_{1、2、3}$分别赋红、绿、蓝色。

在合成前，首先对单波段做合理的分段线性拉伸，以增强或压缩某些目标的对比度。经解译证实上述两种组合都基本能满足研究工作的需要。在枯水季节，伶仃洋径流沙量少，水体悬沙浓度低，采用$TM_{4、5、2}$合成方案既能突出口门及口门外水沙输移动态，也能突出边滩、心滩的水陆界线。

d. 数字放大和数字相菼。为了提高大比例尺图像的清晰度，在彩色合成后，对图像进行实数倍（2.28倍）双线插位放大。经过此种处理后的胶片，经光学放大成1:50000

影像图，其影像仍能保持清晰。

为了获取珠江口八大口门及海区大面积的同步信息，笔者对 1988 年 7 月 3 日的 P_{122}、R_{44} 和 P_{122}、R_{45} 两幅相邻影像进行计算机数字相茨，经相茨后的影像，消除了接边部分的信息错位，为有关部门提供近期珠江口洪水期大同步遥感信息（见影像图 9-4）。

e. 国土卫星全色式彩红外胶片的处理。我国于 1986 年 10 月所发射的国土卫星获取的彩红外正片影像，其空间分辨率很高（每像元 10m），但几何畸变大，用一般几何纠正的方法进行纠正，精度较低，笔者利用国家测绘研究所研制的微机系统和纠正软件进行处理，达到 1∶100000 比例尺的精度要求。

在信息增强处理方面，着重对反映水体悬浮泥沙的可见光波段进行对比度拉伸。在彩色合成时，按蓝、红、绿顺序合成。在合成图上，清水区呈淡绿色，含沙水体呈红色、深红色，这比原来的彩红外影像更有利于对河口水沙动态的解译应用。

2）光学图像处理。在进行遥感信息解译时，为了提高解译的准确度和精度，往往需要将遥感影息加以增强和提取，因此有必要进行光学图像处理。所有的彩色影像放大及专题图的制作，均为珠江水利委员会科学研究所（现为珠江水利科学研究院）的 DS1840 彩色放大仪上处理完成的，共处理制作 1∶200000、1∶100000、1∶50000 专题图多幅，以满足解译和应用的需要。

2. 悬浮泥沙遥感定量分析[8]

利用卫星遥感技术获取的信息，配合同步或准同步的地面观测资料，对悬浮泥沙进行定量分析，探讨建立推求泥沙含量的计算公式，目前是一种在缺少天然实测资料条件下花费省、工作量少的简捷办法，国内外已进行了这方面的工作，并取得了可喜的成果，实践证明是可行的，能满足工程上的需要。如果采用常规的水文测验方法，要在广阔的海域进行布点，同步测量水深、流速、含沙量、水温、含盐度等多项水文泥沙要素，以探讨建立推求泥沙含量的计算公式，不仅费钱、费时和费工，而且困难很大。正因为如此，故至目前为止，很少有人在广阔的海域进行这种工作。

确定遥感影像数据与水体悬浮泥沙之间的定量关系，目前有经验关系式和理论关系式两种。经验关系式有线性关系式和对数关系式，前者较早应用，但其误差较大，实际应用不多；后者精度较高，近年来得到较广泛应用，但由于悬浮泥沙含量较高时，曲线变得比较平缓，从而可能产生较大误差，目前比较适用于悬沙含量较低的水体。理论关系式目前已提出为数不少的理论模式[9]、[10]，它们都是建立在水体悬浮颗粒对光谱的反射、散射、吸收和透射的理论基础上，而且都仅用某水域的数据作出验证，是否具有普通意义，尚有待做进一步的检验。因此，在目前情况下，建立经验关系式仍具有实际意义。鉴于珠江口伶仃洋悬浮泥沙含量较低，一般在 $0.4kg/m^3$ 以下，故仍采用经验关系的对数关系式。

研究遥感数据与水体悬浮泥沙之间的定量关系式，最理想的方法是在卫星过境时同步测取地面有关数据，如水深、流速、悬浮泥沙含量等，据以进行统计分析。采用这种方法获得的结果是比较可靠和精度较高的，但这样做往往存在较大的困难。因此，有人曾采用准同步数据加以分析，即首先选定卫片时相，然后选择与该卫片时相相似潮情情况下的时间，采用快速采样以获得地面有关数据，用以进行统计分析。

笔者根据多年来获得的伶仃洋卫星遥感数据，采用地面同步和准同步相配合获得的水体悬浮泥沙观测数据进行统计分析，获得如下定量的经验关系式：

$$\log S = 1.20 + 1.185 L_3 / L_2 \qquad (9-10)$$

式中　S 为悬浮泥沙含沙量，mg/L；L_2、L_3 分别为陆地卫星 TM_2 及 TM_3CCT 亮度值；相关系数 $\gamma = 0.85$。

上式经利用 1992 年 1 月 20 日的 TMCCT 数据与悬浮泥沙实测同步数据进行了验证，5 个测次的计算值与实测值的误差均小于 25%，说明有较好的使用值价，用以估算伶仃洋的悬浮泥沙含沙量是很有意义的。

利用上式计算得到伶仃洋 1992 年 1 月 20 日枯水涨急阶段的悬浮泥沙含沙量分布见图 9－16 所示。

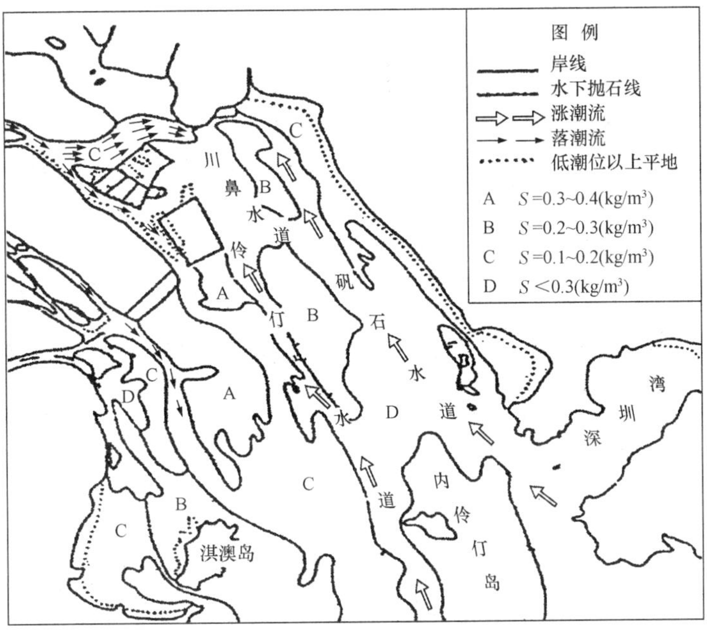

图 9－16　1992 年 1 月 20 日伶仃洋遥感流态与悬浮泥沙含量分布图

3. 水沙输移特征分析[10]

根据上述 1975～1995 年 24 个时相的多片种卫星遥感影像资料进行解译与分析，笔者对伶仃洋近期的水沙输移特征有如下认识：

（1）从各种不同时相卫星遥感影像图上可以明显地看出，伶仃洋的宏观趋势是：西部蕉门、洪奇门和横门是以径流作用为主，泥沙也是河流来沙为主，泥沙大量落淤，形成一大片广阔的浅滩；东部虎门是以潮流作用为主，泥沙较少，水深较大，海床基本稳定，无大变化。以上说明西部有利于围垦开发，东部是较好的航道选线和港口选点的位置。

（2）从各种不同时相卫星遥感影像图上（影像图 9－1～影像图 9－12），清晰地表明不论是涨潮或落潮，不论是洪水或枯水，在伶仃洋的西部存在着一条径、潮流相互作用的相对平衡线（或带），在此线的西侧是径流作用的主要区域，泥沙落淤，浅滩发育，水深较浅；此线的东侧则是潮流活动的主要区域，吐纳着南海潮流，水深较大，是维持虎门纳潮量的重要条件。由此可以认为，伶仃洋合理的治导线应选择在这条相对平衡线的西侧，并与此线的走向基本一致。因为此处水浅，便于工程施工，又不至于影响虎门纳潮量的显著减少，有利于维持其相对稳定和避免伶仃洋水道的萎缩。珠江水利委员会原拟定的伶仃洋治导线规划方案是与这条相对平衡线走向基本一致的，从遥感技术应用研究的角度说明了所拟定的规划方案是合理的。

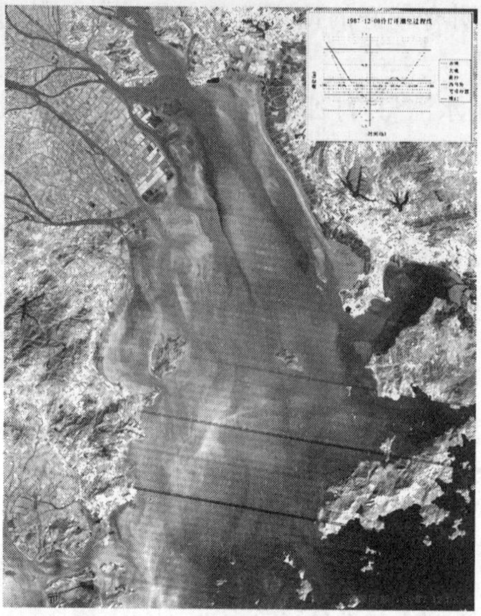

影像图9－1　1987年12月8日小水、大潮、初涨

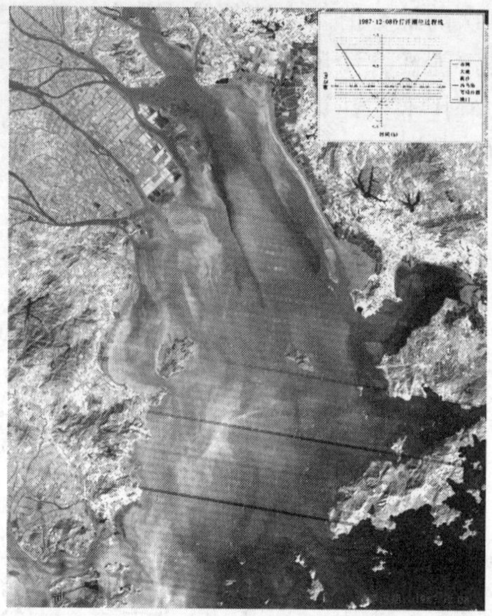

影像图9－2　1987年12月8日大水、大潮、落平前

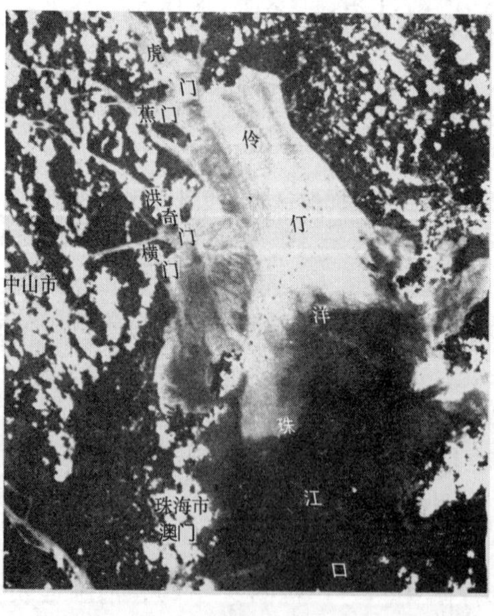

影像图9－3　1988年7月3日洪水、中潮、涨急

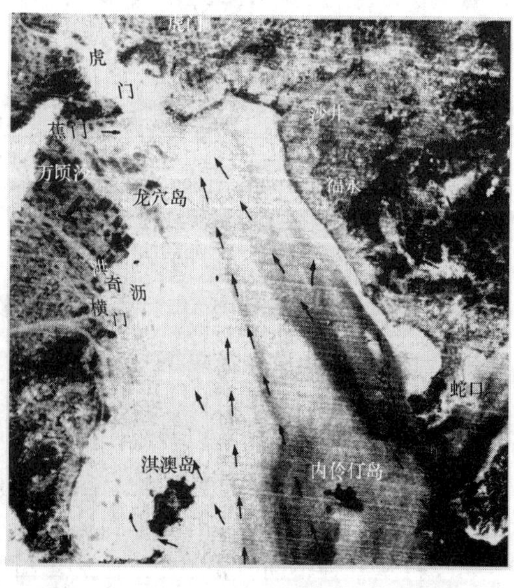

影像图9－4　1975年12月24日小水、大潮、落平

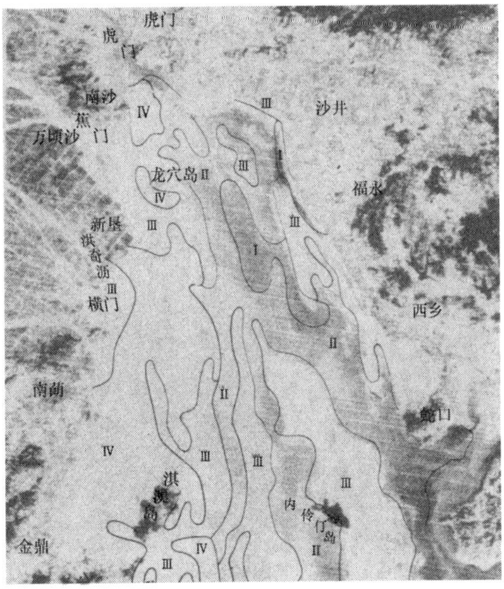

影像图9－5　1978年11月2日中水、大潮、涨急

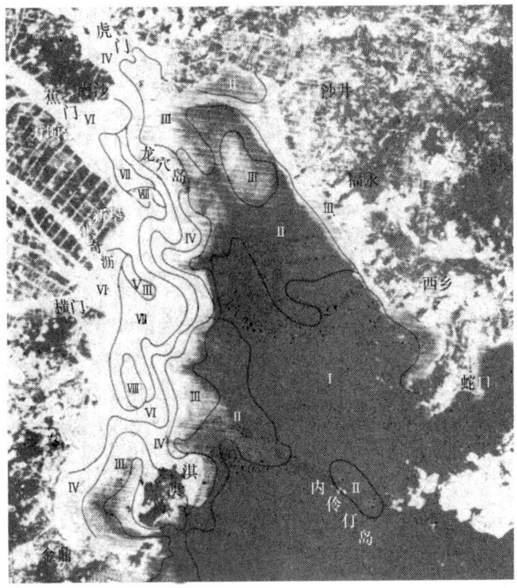

影像图9－6　1978年8月31日大水、中潮、涨平

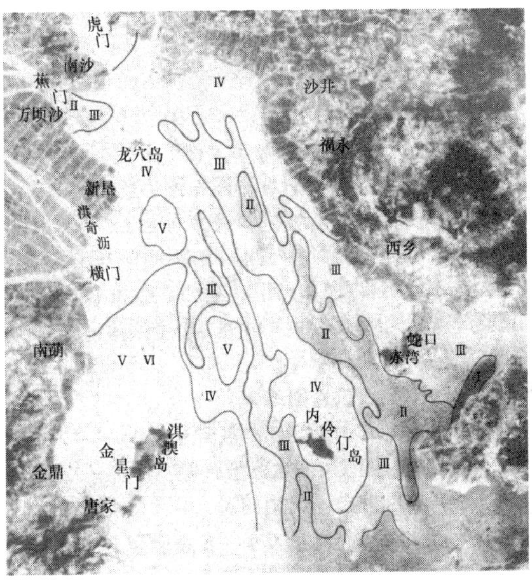

影像图9－7　1979年11月6日中水、大潮、涨平前

影像图9－8　1986年7月30日洪水、中潮、落急

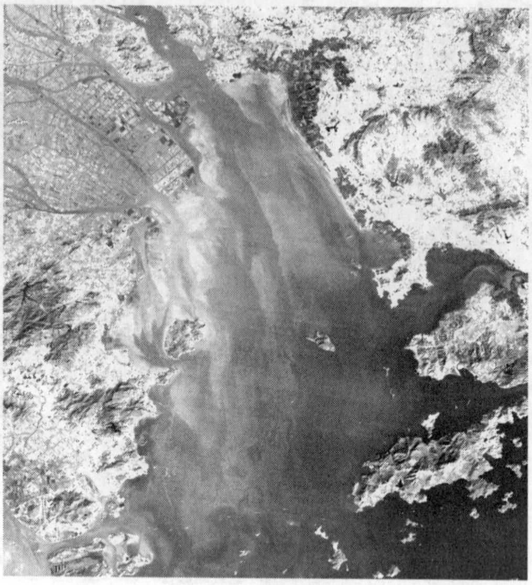

影像图9－9 1979年11月6日中水、大潮、涨平前

影像图9－10 1990年10月13日中水、落急

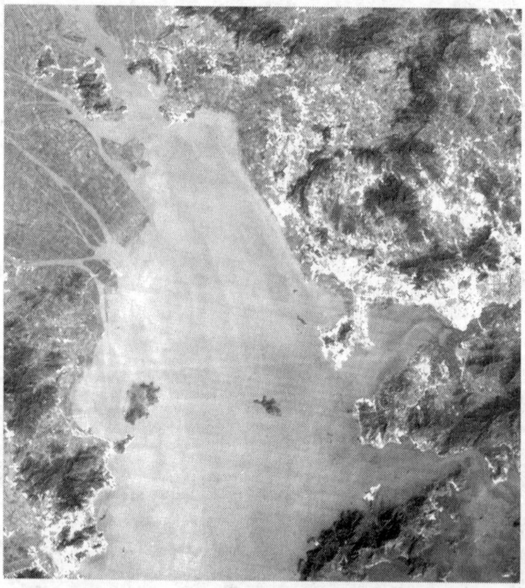

影像图9－11 1992年1月20日枯水、涨急

影像图9－12 1993年11月22日枯水、落急

(3) 虎门口落潮流对蕉门凫洲水道的水沙输移在很大程度上起着制约作用。从影像图9－8可见，一般在落急时段凫洲水道往东下泄的水流进入伶仃洋后，便与虎门下泄的主潮流相汇合，并在强大的主落潮流动力作用下，迫使凫洲水道水流从向东折转东南，流入川鼻水道和伶仃水道，这对加速伶仃水道的淤积萎缩将构成威胁，对该水道的维护极为不利。又从影像图9－1、影像图9－2可见，到了落潮后期及初涨时段，东部深槽潮流已大大减弱，潮位最低，因而凫洲水道的水沙便横穿川鼻水道进入东部交椅湾浅滩，可能有部分进入矾石水道，这对矾石水道的淤浅将构成威胁，但由于这一时段较短，估计进入的水沙量不大。从1975年12月24日的MSS影像图（影像图9－4）也明显反映自70年代以来已存在凫洲水道水沙进入东部海域这一客观现象。此外，从1978年11月2日的影像图（影像图9－5）显示凫洲水道排泄的水沙在涨潮流的推动下，上溯进入虎门口内，其浑水前沿达大角山以上，有可能在这一带产生淤积，目前正在南沙镇的南北台兴建港口码头，对此应予注意。

从近10多年来遥感影像观察对比还发现，随着蕉门口门浅滩的发展及大面积围垦工程的实施，促使凫洲水道水沙输移与虎门口的主潮流动力的相互作用过程发生明显的变化。比较1993年11月22日（影像图9－12）、1990年10月13日（影像图9－10）和1986年7月30日（影像图9－8）的影像特征得知：在80年代中期以前，经凫洲水道东排的径流水沙，一部分是以漫流的形式经鸡抱沙浅水区泄入伶仃洋中部海域；另一部分水沙在与虎门口主落潮流交汇后，便折转东南下泄。上述两股不同水流所形成的锋线维持在川鼻水道深槽西侧边坡（见影像图9－8），这表明凫洲水道水沙输移的主要流路是川鼻水道—伶仃水道—湾外；到了80年代中期以后，因在蕉门口的鸡抱沙浅滩和孖沙浅滩逐年实施大面积的抛石促淤围垦工程，从而改变了凫洲水道水沙输移的流路，从影像明显看出，从该水道东泄的水流因受鸡抱沙垦区北堤的阻隔及堤岸本身的挑流作用，使水流相对集中在凫洲水道的北侧，且这股水流与虎门口落潮主流汇合所形成的锋线已明显上提，使凫洲水道的水沙流入川鼻水道深槽区，部分水沙可能流入东部的矾石水道。根据近期遥感监测的悬沙分布资料及实测水下地形资料的分析结果，伶仃洋中部的矾石浅滩近期有明显的东扩，而东部的矾石水道中段则有明显的萎缩，其原因可能与凫洲水道水沙输移的变化有关。

(4) 从近10多年遥感影像观察得知，蕉门南支的水流在1986年以前有一部分是以漫流的形式进入鸡抱沙和孖沙浅滩区进而汇入伶仃水道，还有一部分是从龙穴岛南侧汊沟往东泄入伶仃水道，但自1987年以后（影像图9－12），由于鸡抱沙和孖沙先后抛石围垦以及封堵龙穴岛南侧汊沟，下泄水流基本上不再漫流或从汊沟汇入伶仃水道，从而使南支下段的水流较为集中，过水流量有所增加，有利于水沙排泄。此外，1990年以后围垦部门根据伶仃洋的治理规划方案，对南支上、下段的滩地进行开挖，挖出的泥沙用以吹填垦区，从1993年11月22日的影像图（影像图9－12）所显示的水道形态及水流流势，明显表明开挖后南支趋于基本稳定状态。

(5) 落潮时从洪奇门和横门排泄的水沙，在很大程度上受伶仃水道主落潮流的制约影响，而涨潮时上溯主潮流对下泄水流则产生顶托影响。

1986年7月30日的TM影像图（影像图9－8）代表着洪水期落急时段，洪奇门和横门口门及口外水沙输移的特征。从影像图可以看到，从以上两个口门排泄的水沙在向外海输移的过程中，由于受伶仃水道主落潮流的制约，使口门水沙从东、东南向转向南向，最后从淇澳岛两侧输向外海。同时还可以看到，横门北支下泄水流对洪奇门下泄水流的顶托和挤压作用，使洪奇门下泄水流向东弯曲变形，水沙排泄不畅，这是造成洪奇门口门淤积萎缩的重要原因之一。

1988 年 7 月 3 日的 TM 影像图 9－3 代表着洪水期涨急时段洪奇门和横门口门及口外水沙输移的特征。从影像图可以看到，在涨急时段，口门一带基本上仍为径流动力所控制，表现为含沙量较高的径流浑水（大于 0.4kg/m^3）仍源源不断地通过淇澳岛东侧向湾外输移。与此同时还可明显看到，涨潮流对口门及口外的下泄水流产生顶托作用，表现在涨潮流通过金星门沿几条潮沟上溯时，其上溯流前缘可到达横门南滩滩尾一带，在进口滩一带也有顶托作用。

在中水、枯水期，由于上游水沙来量较少，涨槽潮流主要沿金星门及淇澳岛东侧槽道上溯到口门一带。1987 年 12 月 8 日影像图 9－2 反映了枯水初涨时段水沙输移的特征，从影像图上可以看到，在淇澳岛南侧海区出现含沙量在 0.2kg/m^3，以上的浑水区，沙仙尾滩、进口浅滩和横门滩一带也出现 0.2～0.4kg/m^3的浑水，可见涨潮时在淇澳岛附近海域存在波浪掀沙作用，并挟带泥沙进入口门区。当潮波到达西部浅滩时也因水下地形的影响而产生潮波掀沙。

4. 滩槽冲淤趋势分析❶

根据上述 1975～1995 年 24 个时相的多片种遥感影像资料进行解译与分析，笔者对伶仃洋近期滩槽的冲淤变化及其发展趋势有如下认识：

（1）蕉门北支（含凫洲水道）的主槽处于不断冲深和拓宽的发展状态，尤以南岸最为严重，已逼近鸡抱沙垦区北堤堤岸，严重威胁其安全。与此同时，鸡抱沙浅滩则处于淤积发展状态，西侧浅滩淤积发展较快，东侧浅滩则淤积发展缓慢。

从影像图 9－1 可以看到，蕉门北支平面型态是：河床宽约 2.3～2.5km，从南沙至凫洲长约 6km，河槽由北侧槽道（北槽）和南侧槽道（南槽）组成，平面形态呈向南凹陷的弯道，其中北槽的北岸水道称为沉箱水道。在河槽中分布着多个大小的心滩，低潮时部分滩面出露水面。笔者利用 1987 年 12 月 8 日 TM 信息获得的－1m 以浅的浅滩地形、滩槽形态、围垦工程现状以及 1987 年 9 月、1984 年 9 月实测的水下地形资料复合而成冲淤变化图（见图 9－17），并获得凫洲水道上、中、下横断面的冲淤变化（见图 9－18），根据这些资料对凫洲水道近期滩、槽冲淤变化及其发展趋势作如下分析：

近期，凫洲水道的南槽处在不断冲深和拓宽的发展过程之中，其中，中段的弯道部分仅 3 年时间就冲深 40～50cm，弯道的右侧凹岸冲深 80～100cm；下段的槽床在扩宽的同时，主要向右侧发展，－5m 等深线已逼近北堤堤岸，严重威胁着北堤的安全；南槽的出口处大幅度地向右扩宽，3 年后－5m 等深线的槽宽由 100m 扩宽至 400m。凫洲水道的北槽近期亦以冲刷为主，但与南槽相比，其冲深和扩宽的程度要小些。

---

❶ 许祥向等，遥感技术在伶仃洋岸滩演变分析中的应用，“八五”国家重点科技项目（攻关）子题报告，1995 年 1 月。

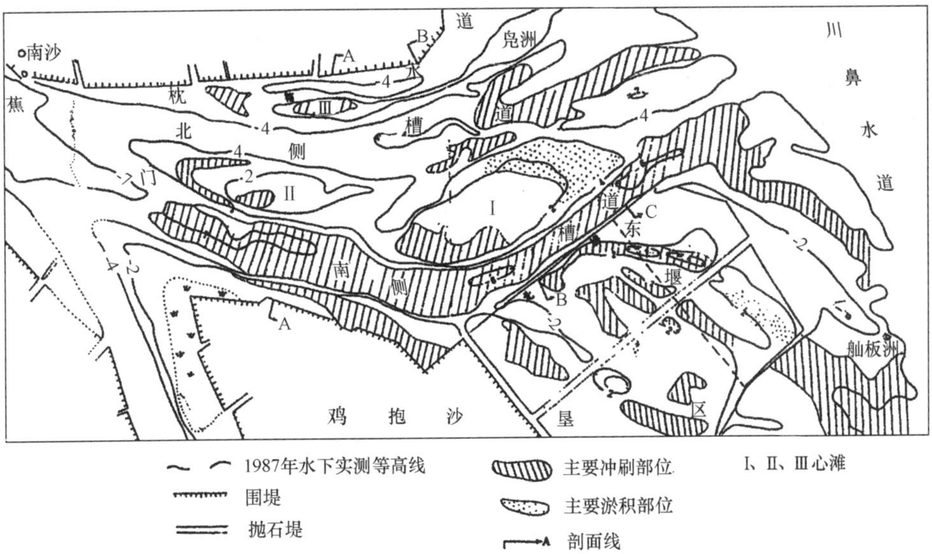

图 9－17　蕉门凫洲水道及鸡抱沙东滩近期冲淤示意图

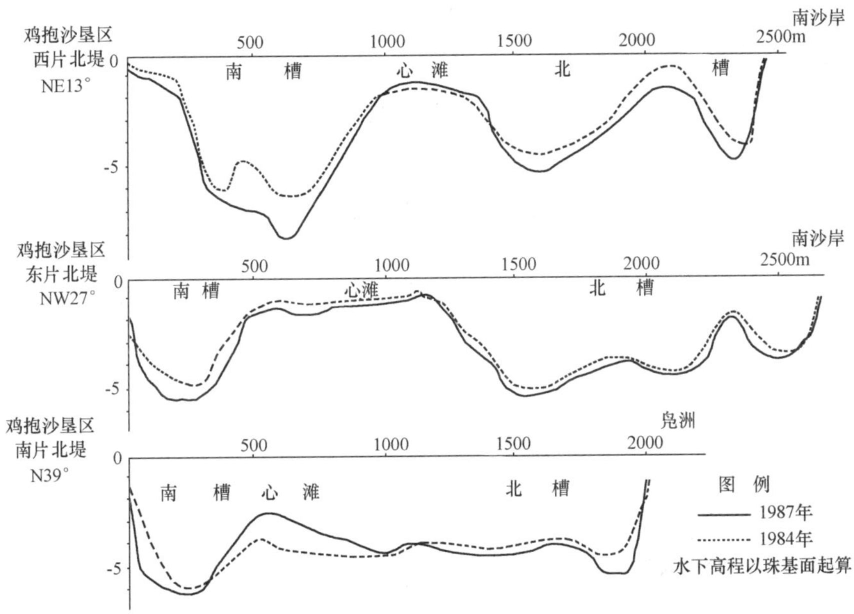

图 9－18　蕉门凫洲水道横断面图

在凫洲水道的各个心滩和岸滩中，靠近南槽的心滩和边滩冲淤变化幅度较大，尤以心滩Ⅰ的变化为最（见图 9－17），在－2m 以浅的滩头和滩面严重被冲刷，而滩尾－3～－4m 的部位则为淤积下延，其中中、下段－1m 等深线 3 年来已向岸边后退 200～300m。

蕉门北支以南、龙穴岛以北的鸡抱沙浅滩则处于淤积发展状态，尤其是人为围垦工程的抛石促淤以后，淤积发展更为迅速，图 9－19 为由 TM 卫星影像整理得到的遥感监测变化图，经对该图的量测结果，在12年中-1m以浅的面积从$4.17km^2$增至$13.995km^2$，增长了$9.825km^2$。其平面发展方向是自西北滩头向南及向东延伸，从浅滩形态上可分为东、西两部分，西侧浅滩连成一片，滩面高程较为一致；东侧浅滩由于靠近川鼻水道深槽，受主潮流影响较大，形成了滩、沟相间的格局，各槽沟的走向基本一致，呈西北—东南向（见图9-19）。

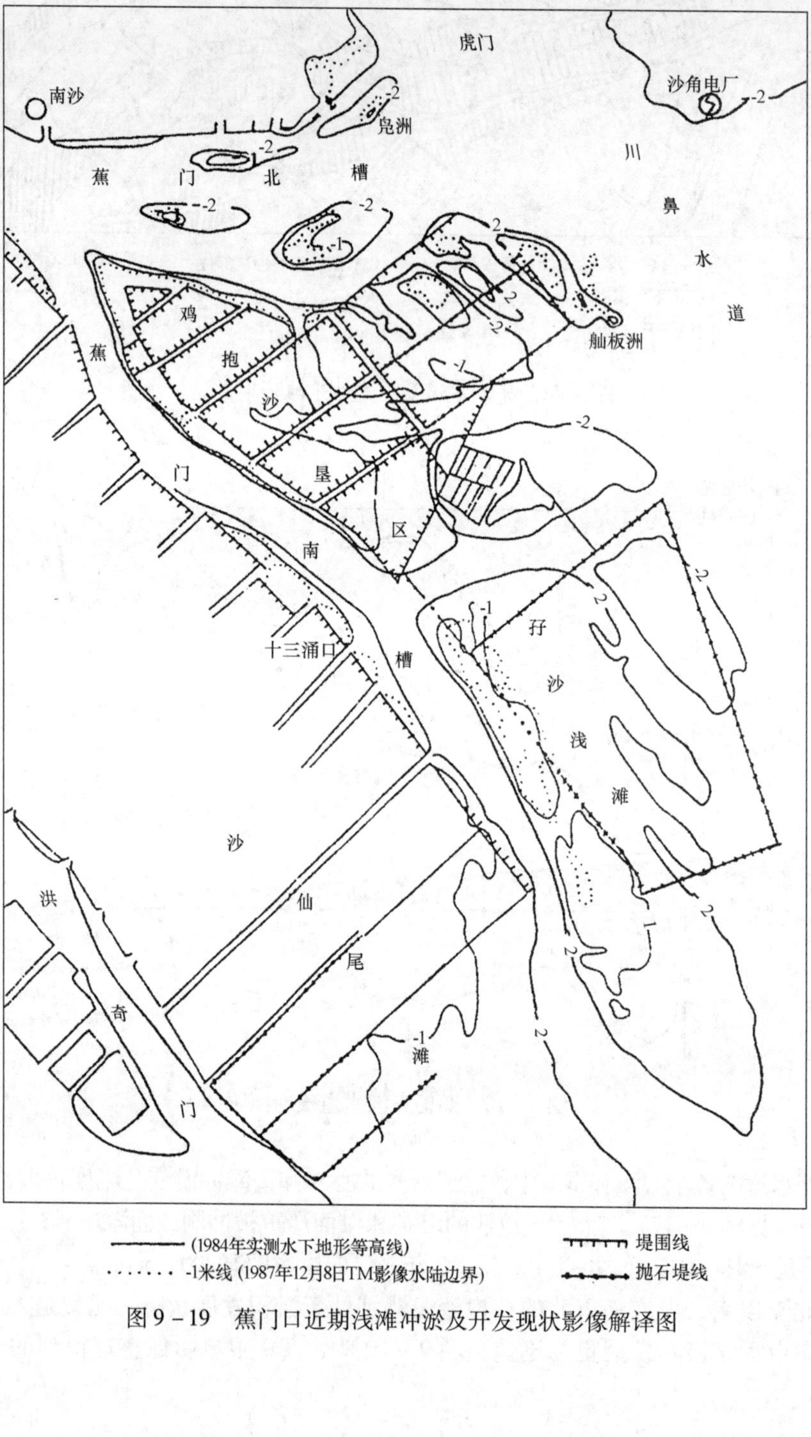

图9-19 蕉门口近期浅滩冲淤及开发现状影像解译图

造成蕉门北支不断冲刷发展的原因，主要是由于洪奇门水道及其口门的不断淤塞萎缩，迫使大量水流从上、下横沥分流入蕉门口，从而大大增加了蕉门北支的过水流量，加上北支比南支流程短、坡降大、水流急，冲刷力强，而北支在平面上又呈弯道形态，在主流顶冲和弯道环流作用下，使北支遭受严重冲刷，如不加以整治，预计近期仍会冲刷发展，但由于水流与河床的自动调节作用，冲刷的强度将逐渐减弱。

造成鸡抱沙浅滩淤积发展的原因，主要是由于蕉门水道的水沙流出口门后，水流分散，流速减缓，加上潮流顶托，泥沙落淤而逐渐形成的口门拦门沙；其次是自1985年鸡抱沙东侧浅滩进行围垦工程前期的抛石促淤，亦加速了淤积的发展进程。至于鸡抱沙东侧浅滩至今淤积发展缓慢，以致未能成围，主要是由于过早加高石堤高程，目前部分堤线已加高至珠基1m以上，使石堤阻挡了凫洲水道的水沙未能进入浅滩区，其下泄水沙被挑向东北方向流入川鼻水道，致使堤内围垦的滩地淤积发展缓慢，部分滩面和泄流槽沟甚至还遭受冲刷（见影像图9-1）。这一现象说明过早抛石和加高，未能把握围垦的有利时机，将会造成不良的后果，在围垦工程中应予注意。

（2）蕉门南支近期处于基本稳定状态，孖沙浅滩处于淤积发展但十分缓慢的过程。前者对整治开发南支有利，后者则对围垦开发孖沙浅滩使之成围十分不利。

从近期的TM影像反映了现时蕉门南支的平面形态特征是：从万顷沙七涌口至孖沙尾垦区的南堤线，总长约13km，河床宽度从进口段的1km至出口段逐渐加宽为1.7km；河床中左岸（鸡抱沙垦区西堤）有-1m以浅的岸滩，宽约400m；中段、下段也存在宽度不一的边滩。根据影像解译图9-19的分析，可见近3年来河床的-1m以浅滩面不但没有淤积扩展，反而是局部有所冲刷。为了验证这一冲、淤变化的可靠性，笔者利用1987年9月该区域实测资料做比较，其结果基本一致。由此可以说明，随着鸡抱沙浅滩和孖沙浅滩的围垦开发，蕉门南支近期是基本稳定的，这对整治开发南支，以利其泄洪排沙、潮排潮灌和航运等功能的发挥，是极为有利的。预计今后随着蕉门北支和南支的整治，南支分流量将会有所增加，上述相对稳定的形势将能得以维持。

在蕉门南支下段的左岸、龙穴岛以南的孖沙浅滩，其形态为夹长沙脊，沙脊之走向为东南偏南，12年间滩体的淤长速度比较缓慢，高滩部分位于西侧，经量测-1m以浅面积从2.37km^2增至2.80km^2，仅增长0.43km^2。自1985年开始在孖沙浅滩抛石围垦，并逐年加高，但目前尚未能成围垦殖，虽然西侧滩面已出露（-1m以浅），但东侧水深仍较大（约-2～-3m），促淤效果不明显。究其原因，主要是孖沙垦区的东堤和南堤大部分落在较深的潮沟范围内，在一定程度上阻挡了潮流沿潮沟上溯，使径流、潮流相互顶托的缓流落淤地带向垦区以南下移，截断了泥沙的来源；其次，在其北侧和西侧的抛石堤，又因堤面过早加高，影响水沙未能进入围内。因此，造成孖沙浅滩围垦效果不佳。

（3）位于洪奇门和蕉门之间的沙仙尾浅滩，近期淤积发展十分迅速，不仅滩面迅速淤高，并快速向下游延伸，是围垦开发十分有利的区域。

沙仙尾浅滩位于蕉门南支与洪奇门和横门北支下泄水流的交汇区，由于水流扩散和相互顶托，流速缓慢，泥沙落淤，是长期以来处于淤积发展的地带，其淤积在滩面迅速淤长的同时，并不断向下游延伸，因此多年来该地带是不断地进行围垦的区域。近期，自1984年实施大面积围垦工程以来，淤积发展更为迅速，根据卫星影像解译图（见图

9-20）测算，12 年中 -1m 以浅的面积从 14.19km^2 增至 30.47km^2，增长了 16.28km^2，平均每年增长 1.36km^2。浅滩岸线向东南方向推进，以 1992 年 1 月 20 日卫星影像显示的最新岸堤，与 1975 年相对比，17 年中共向外推进了 8~10km，平均每年推进 500~600m，新围垦开发成陆的面积为 45.44km^2，现时 -2m 以浅的浅滩已基本围垦成陆。近期沙仙尾浅滩的淤积发展速度，无论是平面上的扩展还是滩体的淤高，都居伶仃洋各滩之首。

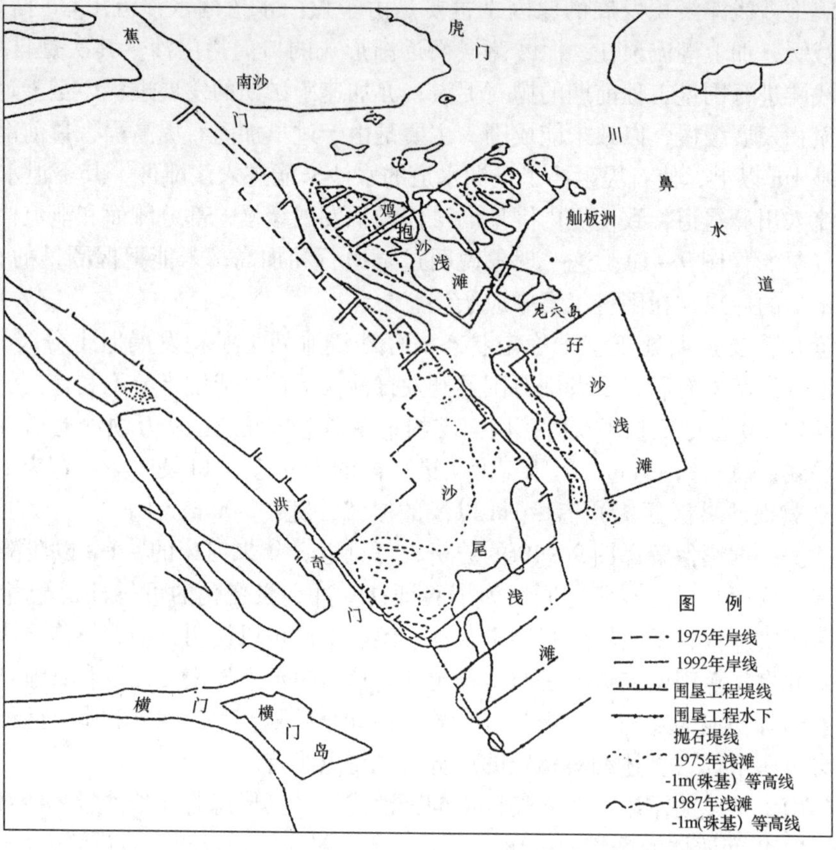

图 9-20 蕉门、洪奇门岸线与近岸浅滩动态变化卫星遥感监测图

沙仙尾浅滩淤积发展迅速的原因，除与汇流区的流态有关外，还与人为的连片围垦工程促其加快发展有关。今后，随着各口门边界的外移和围垦成陆的影响，其淤积发展将继续延续下去，仍是围垦开发的有利区域，但必须注意有计划地围垦，统一规划和统筹兼顾，力求避免盲目性而产生不利流态所造成的不利后果。

（4）横门口浅滩淤积发展加快，由于围垦工程的加快推进，横门岛与淇澳岛之间的滩地在不久将会连成陆地。

横门口浅滩包括进口浅滩、横门岛滩、横门南支西侧的岸滩和淇澳岛北侧的浅滩等。从卫星遥感影像图上可以明显地看出，近期这些浅滩淤积发展十分迅速，其中横门岛滩在 12 年中，-1m 以浅的面积从 1.04km^2 增长至 6.90km^2，增长了 5.86km^2，平均每年增长 0.49km^2，主要是向岛的西北侧和东南侧淤长。近期对横门岛滩的围垦开发也较为快速，自1975～1992年共围垦的面积达19.85km²，平均每年围垦1.17km²。横门南支西侧岸滩在12年中，－1m以浅的面积从18.95km²增长至40.39km²，增长了21.44km²，平均每年增长1.79km²，从1975～1992年围垦成陆的面积为30.07km²，平均每年围垦1.77km²。

横门口浅滩淤积发展的原因，主要是：①从横门口泄出口外的径流水沙量大；②口外有淇澳岛作为天然屏障，受口外潮流及波浪的影响较小，有利于泥沙落淤；③由于有以淇澳岛为中心的顺时针环流的存在，使横门南支下泄的水沙，在淇澳岛西侧潮流相交汇，形成两股水流在横门南支的中段相互顶托（见图9－21～图9－23），因而产生泥沙落淤。此外，近10多年来，连片的围垦开发工程也加速滩面的淤积，这是近期横门口浅滩加快淤积发展的重要原因所在。由于围垦开发工程的加快推进，预计不久横门岛与淇澳岛之间的滩地将会连成陆地。

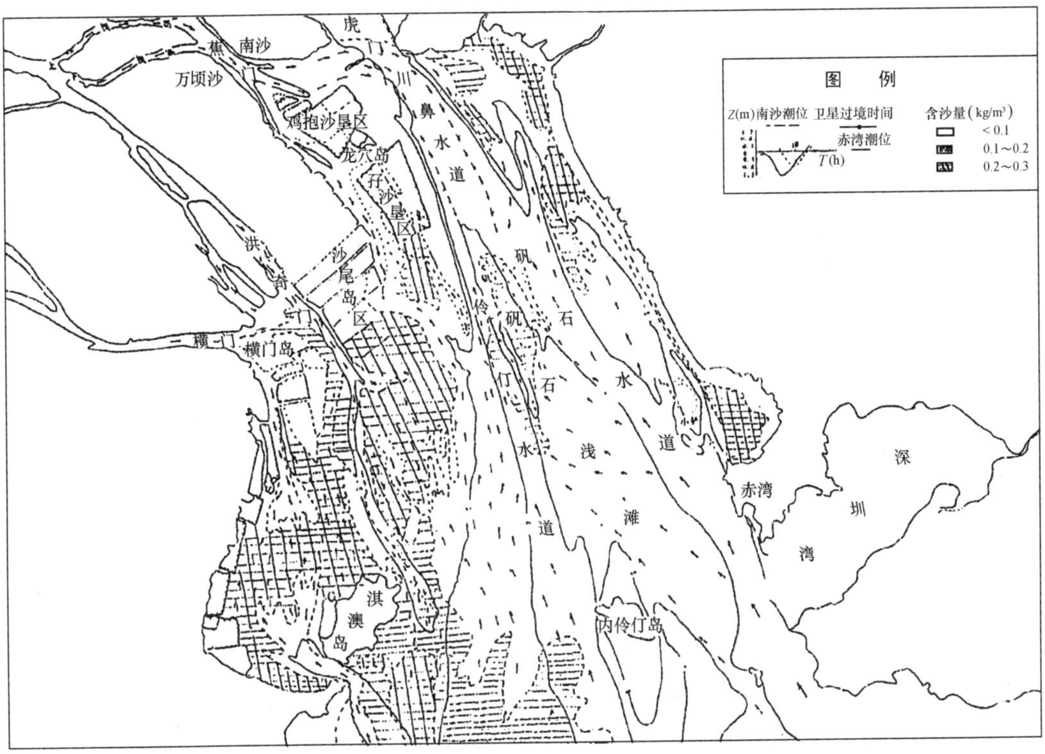

图9－21 伶仃洋流场与悬浮泥沙分布遥感解译图
TM（1987年12月8日）

（5）伶仃洋东部岸滩发展缓慢，处于相对稳定的状态。伶仃洋的东部沿岸从湾顶的交椅湾至湾口的妈湾发育着一条与岸线近乎平行的岸滩，从卫星遥感影像资料的动态对比结果，近20年来发展缓慢，几无变化，处于相对稳定状态，有些滩段甚至略有冲刷。究其原因，主要有：①进入伶仃洋东部海区的水流主要来自东江，经虎门泄入海区，其含沙量较小，低于西部各河流；②东部海区主要以潮流动力作用为主，从西部各口门下泄的较高含沙水流，在东部潮流的作用下，主要沿川鼻水道和伶仃水道以西海域向南及西南排泄入海，较少输入东部海域；③东部沿岸基本上无支流汇入。

根据最近卫星遥感影像资料（见影像图9-9）及观测资料的分析，随着蕉门鸡抱沙浅滩和孖沙浅滩的围垦成陆，因边界条件的改变，将使凫洲水道直接排入川鼻水道的径流水沙增多，因此，进入东部海区的泥沙也将随之增多，对交椅湾浅滩及矾石水道中段将产生淤积，这是近期以上两处淤积发展较快的主要原因之一。

5. 整治工程遥感监测分析[10]

在整治伶仃洋的治导线总体规划方案尚未确定以前，当地政府和群众对围垦开发伶仃洋的积极性十分高涨，番禺和中山两市人民迅速采取行动修建围垦工程，对浅滩地带进行围垦开发，造成人为的盲目围垦；东莞市的人民也不甘落后，在伶仃洋的东部岸滩进行了局部的围垦。对于这种大规模修建围垦工程的形势，必须及时加以控制和引导，使之纳入治导线总体规划方案，以避免出现盲目性而产生不利的流态，影响伶仃洋的有利发展。在治导线总体规划方案尚未确定以前，暂按大喇叭治导线方案进行控制，采用整治工程结合围垦开发，以围垦开发促进整治的方针，使之达到整治开发伶仃洋的目的。为此采用卫星遥感影像的监测分析手段对围垦工程进行监测是十分重要的，它具有及时、范围广、直观性强等优点，能及时获得工程进展的信息，以便及时采取相应措施，从而避免出现偏差和失误。

图9-22 伶仃洋流场与悬浮泥沙分布遥感解译图

TM（1992年1月20日）

在整治工程遥感监测分析中，笔者获得了如下主要的信息，并对围垦工程提出了相应的建议：

（1）从卫星影像图9-1可以明显地看到，蕉门口鸡抱沙围垦工程中北堤的抛石长度已远远超出了大喇叭治导线的限制范围，这是伶仃洋治理工程所不能允许的。笔者从卫星影像图上发现这一情况以后，及时向有关部门反映了这一信息，建议及时加以限制和监督，切实防止不利流态的进一步恶化，以免扰乱伶仃洋治导线总体规划方案的实施。

其次，还可以明显地看到，北堤堤线的布置十分不合理，平面上呈凹陷的弯道形式，在主流顶冲和弯道环流的作用下，堤岸崩塌剧烈，必须采取措施加以加固，并且需不断加以维护，因此，耗资巨大，这是工程的规划设计和施工不合理造成的。笔者及时将卫星影像所获取的信息向有关部门反映，并提出了局部改变北堤东段和东堤上段走向的工程布置的建议，以使堤线与下泄水流相平顺，避免水流的顶冲而减轻堤岸的崩塌。

（2）从卫星影像图9-12可以明显地看到，横门口的横门浅滩已抛石促淤进行围垦，其西堤线与横门南支主流成较大的交角，可能会影响其泄流不畅，并可能引起对岸冲刷，应予以注意。笔者建议应及时进行监测，以便及时发现问题和采取相应的措施。

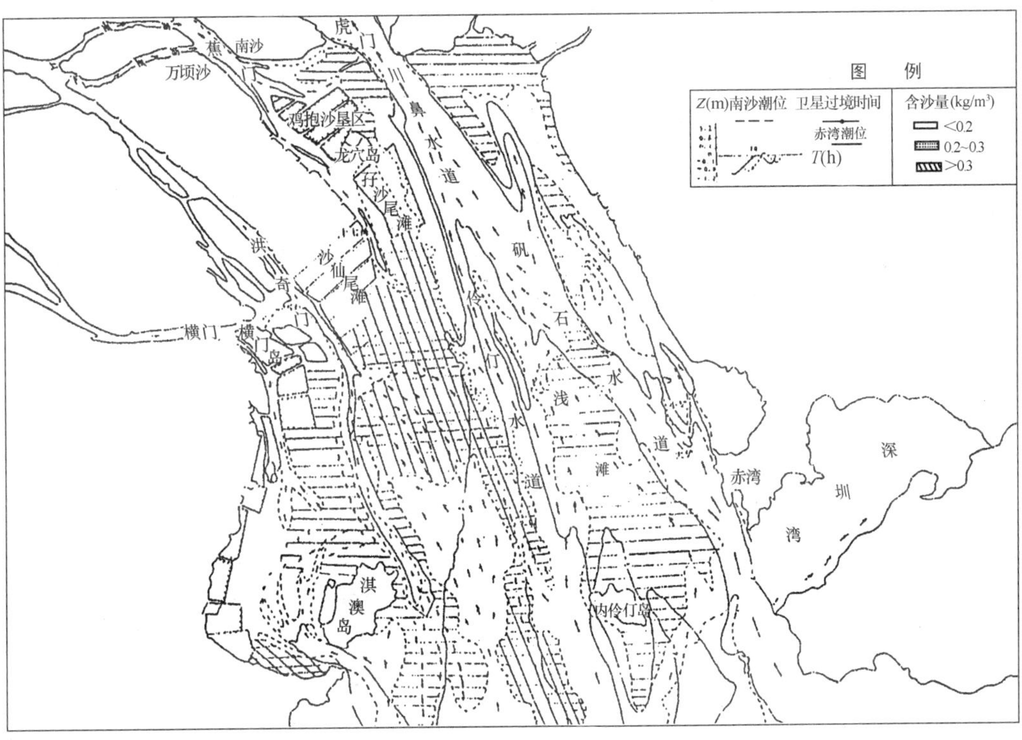

图9-23 伶仃洋流场与悬浮泥沙分布遥感解译图

TM（1989年12月13日）

（3）沙仙尾垦区于1986年抛石促淤，初期由于抛石堤在水下，对洪奇门和横门流出的水流在口外汇合后，未能起控制作用，因此水流分散，以漫流的形式向东扩散泄入伶仃水道。但时隔2年，从1988年7月3日TM影像图9－3可明显看出，沙仙尾垦区西堤成围后，受西堤的阻挡作用，洪奇门下泄的水流流场有明显的加强，一部分水流比较集中地沿口外槽道往东南排泄，部分则经21涌南端汊沟往东泄入伶仃水道。这股东向水流仍有较强的流势，引起汊口处发生冲刷，仅约2年时间冲深2.5m左右，若不采取措施加以限制，将危及围垦工程的安全。笔者及时地向当地围垦部门提供了遥感影像所获取的信息后，当地围垦部门便于1990年7、8月份在汊口处抛水下潜坝长约2km，笔者于1990年10月13日，获取TM信息（见影像图9－11），发现该潜坝已起到了拦阻东向水流的作用，其流势已大为减弱，并挑向东南汇入伶仃水道。由此可见，对整治工程进行遥感监测，及时获得工程进展的信息，发现问题及时采取措施加以解决，这是十分必要的。从这一信息还可以说明，在伶仃洋的整治中，采用适当的人工抛石措施是能够抑制主流并起到导治作用，达到治理目的的。

9.1.6 综合治理规划治导线总体方案研究的结论

综合以上4种手段的研究成果，得出结论如下：

（1）伶仃洋地处经济发达的珠江三角洲河口区，自然条件和地理位置优越，经济建设发展迅速。但由于西部诸口门淤积严重，浅滩发育，加上对人为围垦未能及时控制，造成口门和伶仃洋日益萎缩，对防洪、潮排、潮灌、航运、环境等带来不利影响，也与经济建设发展不相适应。因此，整治伶仃洋已是迫在眉睫。

（2）伶仃洋范围广阔，整治工程规模大，经济效益显著，对其周边地区国民经济的发展具有重要意义。但是，伶仃洋海区口门多，径流、潮流相互作用，各口门水沙特性又有差异。因此，水流泥沙运动和滩槽演变十分复杂，整治工程技术性强。对于这样重要而复杂、工程规模大、技术性强的河口整治工程，应认真、深入地开展研究工作，尽可能避免决策失误。为此，采用物理模型、数学模型、实测水文泥沙和河道地形资料进行口门冲淤特性和滩槽演变分析，以及应用遥感技术对口门水沙输移和滩槽冲淤趋势进行分析等多种手段开展研究工作，以便相互补充和相互印证，这是十分必要的，实践表明也是可行的。

（3）实测资料分析和遥感技术应用分析表明：①伶仃洋4个出海口门中东部虎门是以潮流动力作用为主的口门，长期保持冲淤基本平衡、河床基本稳定的状态；西部3个口门则以径流作用为主，其冲淤特性基本相似，其中洪奇门和横门则基本相同。近年来由于洪奇门的萎缩，使上、下横沥水道严重冲刷，分流比增大，从而加大蕉门分流量，引起蕉门北支处于强烈的冲刷发展，南支则处于基本稳定；洪奇门和横门口门仍处于不断淤积萎缩的过程。②伶仃洋西部浅滩淤积发展迅速，东部浅滩则淤积发展缓慢。近百年来伶仃洋水下地形的两槽三滩格局基本不变，西槽处于淤积状态，靠挖泥维持基本航槽，东槽则基本稳定。由此得出的认识是，整治伶仃洋的问题关键在于西部3个口门，整治的出发点必须是在维持东部虎门口大进大出的潮流特性，以维持其河床基本稳定的前提下，整治开发西部口门和浅滩，并力求稳定东槽和避免西槽的淤积。

（4）物理模型和数学模型的研究成果表明：在整治伶仃洋的大喇叭方案和小喇叭方案治导线规划中，以大喇叭方案较优，建议采用大喇叭方案。

大喇叭治导线总体方案实施后，沿程水位变化的一般规律是：高潮位略有降低，低潮潮位有所抬高，潮差减小。低潮位的抬高和潮差的减小以西部3个口门较为显著。高潮位的降低对防洪有利，低潮位的抬高对潮灌和通航有利，但对潮排不利，将对西部3个口门的潮排产生一定的影响，建议采用增加电排加以解决。

大喇叭治导线总体方案实施后，除虎门口附近海域外，伶仃洋中、下段海域的涨潮、落潮潮流速普遍有所减小，上、下边界断面的涨潮量有不同程度的减少。其中虎门口涨潮量的减少在临界涨潮量允许范围之内，估计不致对其河床的稳定构成威胁，但伶仃洋潮量和潮流速的减小将导致其挟沙能力的降低，可能造成西部3个口门和伶仃洋中、下段航道的淤积，尤其是对金星门的淤积影响较大，建议对泥沙问题及应采取的措施做进一步深入的研究。

（5）各种不同时相的卫星遥感影像图表明：不论是涨潮或落潮，还是洪水或枯水，在伶仃洋的西部存在着一条径流、潮流相互作用的相对平衡线（或带），建议采用的大喇叭治导线总体规划方案与这条相对平衡线的走向基本一致，说明符合自然规律，因而是合理和可取的。

（6）各种不同时相的卫星遥感监测获得的信息表明：在围垦工程中进行抛石促淤加高石堤时，必须掌握有利时机，才能有效地取得泥沙来源的成围效果，过早加高截断泥沙来源往往造成围垦工程失败。其次，还表明在广阔的海域中，采用抛石丁坝以控制主流能够起到导治作用，获得治理汊沟的预期效果，实践证明在海域采用抛石的工程措施进行整治是有广阔前景的。

《伶仃洋治导线总体方案研究》是水利部下达的重点科研项目，研究工作自1983年1月开始，于1994年1月基本完成，历时11年。经研究论证及建议的大喇叭治导线总体规划方案，业经水利部水利水电规划设计总院于1994年3月24～26日在广州召开的审查会议上通过，审查的主要结论为：

关于伶仃洋海区治导线，“同意伶仃洋海区的治导线以维持和稳定海区现状的喇叭型河口形态为原则，不作大的改变。为有利于港口码头建设的安排，同意东治导线基本沿－0.5m等高线布设，北起交椅湾的沙角，南至大铲湾的栅头嘴；伶仃洋西治导线可采用Ⅱ线方案，即由凫洲水道出口南岸起至龙穴岛，再以较大的弧线连接孖沙尾部，基本沿－3.0m等高线下延，然后弯向西南至淇澳岛东侧”。

关于蕉门治导线，“同意凫洲水道采用南岸收缩的方案，进口处河宽缩窄为1200m，蕉门延伸段的七冲口河宽为800m，治导线以扩宽率3%延伸至与伶仃洋西治导线相接。基本同意推荐采用的综合性河道整治措施。改变凫洲水道与蕉门延伸段的分流比是整治伶仃洋海区的关键，在工程逐步实施中，还应进一步研究加大蕉门延伸段分流比的可能性”。

关于横门治导线，“同意仍维持横门南北两汊分流的布局。横门南汊可采取疏浚措施适当增加分流比，以利河槽的稳定，南汊治导线在芙蓉山处河宽为500m，治导线以扩宽率3%延伸至金星门。北汊与洪奇门水道汇合延伸段以稳定中水河床、沿现状深槽走向的布局为基本方案。同意汇合延伸段主干治导线由十八冲延伸至淇澳岛东侧的伶仃洋西治导线，二十冲起始断面河宽为1600m，治导线扩宽率为3%，为减轻对上游洪涝的影响，有利于洪奇门整治，对一主一支的方案还应补充研究论证。横门北支与洪奇门水道汇流的三角地带应通过控导缩窄水域，调整水流夹角，减轻对洪奇门的顶托影响。基本同意推荐采用南、北治导线，并整治中水河床的方案”。

关于洪奇门上游段治导线，“洪奇门上游段整治的重点是防止下横沥冲刷和万顷沙西河道的淤积。为增加万顷沙西河道的分流比，原则同意推荐采用的综合性河道整治措施”。

以上审查结论与研究成果建议的结论基本一致。

参加审查会议的除有水利水电规划设计总院的领导和专家外，还邀请了伶仃洋周边地区有关各市水利和围垦部门的领导和专家参加，审查会议充分听取了各方面的意见。

水利部对珠江水利委员会组织编制的《珠江河口伶仃洋治导线规划报告》已获得正式批准，水利部在批复中指出，经批准的治理规划是所在区域进行治理与开发建设的基本依据，各部门、各单位都应严格遵守。规划报告确定的治导线，是治理与开发建设的外缘控制线，在该规划区内进行任何工程建设都必须严格依据该治导线，不得以任何理由外伸，并严格按基本建设程序要求履行有关报批手续。

现在，伶仃洋正在按照“因势利导，统筹兼顾，全面规划，综合治理，治理与开发相结合，以整治促开发”的整治方针，依据大喇叭治导线总体规划方案逐步加以实施，番禺、中山、东莞三市对伶仃洋的围垦开发给予很高的积极性，通过围垦工程建设的大堤，逐步实现大喇叭治导线总体规划方案的实施。至今，已围垦的面积约80万hm^2，建设的堤防长约100km，取得了显著的经济效益和社会效益，未发现带来大的不利影响。

9.2 综合治理治导线规划方案复核论证研究

9.2.1 概述

前节所述伶仃洋综合治理规划方案的研究，是在20世纪80年代至90年代初进行的，虽然采用了实测资料分析、物理模型试验、数学模型计算及遥感技术应用等4种手段进行综合分析与论证，从而得出较佳的优选方案的结论，但是，前节的研究工作，限于当时各方面条件的不成熟，不论是物理模型还是数学模型，都是限于伶仃洋范围内的局部模型，未考虑珠江河口八大口门之间水流泥沙运动的相互影响，更未考虑各口门的治理方案之间的相互影响，即未把珠江河口当成一个整体水系，未把珠江河口治导线规划方案当成一个整体规划方案进行研究，显然是欠全面的。

90年代中期以后，珠江委及其下属有关部门先后进行了一系列工作，使得有条件对珠江河口八大口门当成一个整体系统进行治理规划方案的研究，这些工作是：

（1）1998～2000年对珠江三角洲网河区水道和口门附近水域开展了水下地形测量和部分工程地质勘探工作，为模拟珠江河口八大口门的地形提供了基础资料。

（2）1999年和2001年对珠江三角洲网河区主要水道分汊口开展了洪水、枯水期大规模同步水沙、水质测验，收集到规划区域近期基本测验资料，为模拟珠江河口八大口门的水沙过程及其模型验证提供了基础资料。

（3）1995～2000年期间，珠江水利科学研究院以分步建设方式，逐步建成了包括八大口门在内的珠江河口整体潮汐物理模型，2003年初模型验证取得了成功，并于当年9月通过了由水利部组织的专家评审鉴定，与会专家对模型设计及验证成果给予了充分肯定，认为模型整体技术达到世界先进水平，其中模型潮汐模拟技术达到世界领先水平。这一珠江河口整体模型的建立，为着眼于把珠江河口作为一个整体系统、考虑各口门相互影响的研究，从而使珠江河口综合治理规划方案的论证成为可能。

（4）2003年珠江水利科学研究院完成了《珠江三角洲河口区潮流泥沙及含盐度耦合联解数学模型研究》，并通过了由水利部组织的专家评审。该模型的建立，使得用数学模拟的手段研究珠江河口八大口门相互影响的、作为河口区整体的综合治理规划方案的研究，又成为可能。

基于上述，由于珠江河口网河区及口门区的同步实测水文泥沙资料的充实，以及物理模型、数学模型在模拟技术上的提高，使得应用多种手段把珠江河口当成一个整体系统来研究其综合治理规划方案，不仅是可能的而且是必需的，只有这样，其研究成果才有可能做到真实、合理、可靠。于是，有必要对前节所述伶仃洋综合治理治导线规划方案进行复核。

此外，近年来珠江河口出现了新的问题：珠江三角洲连续发生大洪水，如“94.6”、“98.6”大洪水，三角洲腹部局部地区的顺德水道中段、顺德支流下段、小榄水道上段、容桂及容奇水道等河段洪水位异常升高，造成防洪压力增大，洪涝灾害日趋严重，从而引起党政领导和社会各界严重关注。为此，必须对这一问题进行深入的研究，成为当前紧迫的研究课题，而利用珠江河口整体物理模型进行试验，研究八大口门水沙运动之间的相互制约和影响，则是一种有力的研究手段。

经研究，珠江河口治导线规划方案复核论证的主要内容如下：

（1）研究珠江河口治导线规划方案实施后上游三角洲网河区各河道的水位变化，由此研究，治导线规划方案对上游防洪的影响。

（2）研究珠江河口治导线规划方案实施后潮汐动力的变化，重点研究对虎门、崖门两条潮汐通道纳潮量的影响。

（3）研究珠江河口治导线规划方案实施后上游网河区主要河道分流比的变化。

（4）在对珠江河口治导线规划方案进行复核论证的基础上，对规划方案存在的问题进行分析，并提出下一步需要研究的内容。

提出要进行珠江河口治导线规划方案复核论证的是中水珠江规划勘测设计有限公司，该公司除进行数学模型外，主要由珠江水利科学研究院承担研究工作。该院采用了物理模型、数学模型、实测资料分析与遥感技术应用相结合的方法等多种手段进行研究，本节仅限于介绍物理模型对伶仃洋综合治理治导线规划方案的复核论证。

9.2.2　珠江河口整体潮汐物理模型概况

珠江河口治导线规划方案复核论证的物理模型研究工作是在珠江水利科学研究院里水

试验基地的珠江河口整体潮汐物理模型上进行的。有关该模型的情况在第6章中已做了详细阐述，此处不拟重赘，现仅做简要介绍如下：

该模型模拟了虎门、蕉门、洪奇门、横门、磨刀门、鸡啼门、虎跳门、崖门等珠江八大出海口门，下边界选在口门外海区-25m等深线处，并延长了5km左右作为过渡段；上边界起自西江的马口、北江的三水、广州水道的老鸦岗、东江的泗盛、彰澎、麻涌、大盛，以及银洲湖水道的石嘴，并向上游延伸2km左右作为过渡段。上边界以上均用扭曲水道相连接，用以模拟潮区界段的长度和容积，以满足潮波传递的相似。所有上、下边界的过渡段都模拟了地形，以保证模型中进、出口水流与原型相似。模型总长度为200m（不包括生潮系统），模拟的原型长度为140km，模型宽度为150m，模型平面布置见图6-1所示。

该模型的平面比尺λ_L为700，垂直比尺λ_h为70，模型的变率为10，流速的比尺λ_v为8.37，水流时间比尺为λ_{t1}为83.63，流量比尺λ_Q为409963，潮量比尺λ_W为34300000。

该模型的控制系统采用该院自行研制的分布式工业控制系统，下边界生潮方式采用多口门变频器控制，生潮设备和数据采集均由中央监控机发布命令自动完成。

该模型先后进行了潮位、潮流速、潮流量、流态、网河区主要河道分流比等方面的验证，采用的水文组合有“98.6”洪水大潮、“92.7”中水大潮、“2001.2”枯水大潮等5个典型洪潮组合。验证结果为：潮位误差除个别测站外一般在10cm以内（原型值，下同）；测点流速误差大部分小于±10%，流向偏差一般在10°左右；潮流量误差一般小于±10%；各河道分流比误差一般在5%以内；流态、流路与数学模型和遥感影像基本一致。各项验证误差基本上在技术规程要求之内，模型水流运动达到了与原型基本相似。

9.2.3 综合治理治导线规划方案复核论证的物理模型试验研究❶

9.2.3.1 试研采用的地形条件和水文条件

为反映珠江河口现状边界条件的变化，试验研究尽量采用近年来新测水下地形图进行模型制作，实测时间分别是：珠江三角洲河道采用1999年珠江委与广东省水利厅共同测绘的水下地形图；各出海口门采用1998~2000年实测水下地形图，其中磨刀门采用2001年水下地形图。由于所采用的原型地形条件与原治导线试验的地形条件存在较大的差异，特别是现状岸线与河口治导线规划岸线基本上比较一致，故复核试验与原来试验研究成果进行对比分析时，应充分注意到口门延伸程度的不同对试验成果的影响。

试验的水文条件尽量采用最新测验的水文组合条件，根据治导线规划方案的研究目的，分别采用3种水文组合条件为：“98.6”洪水大潮、“92.7”中水大潮、“2001.2”枯水大潮。各水文组合的上、下游水文边界情况见表9-32。

从所采用的试验水文条件可见，复核试验与原来试验的水文条件完全不同，因此，在对两种试验成果进行对比分析时应该有所区别。

❶ 珠江水利委员会科学研究所，珠江河口综合治理规划物理模型试验研究总报告，2005年3月。

表 9－32　**试验径潮组合水文条件**

流量 \ 径潮组合		"98.6"（大洪水大潮）	"92.7"（中水大潮）	"2001.2"（枯水大潮）
上游流量（m^3/s）	马口	46030	15992	2080
	三水	15932	5063	660
	泗盛	1372 *	393 *	131
	彰澎	1250 *	345 *	123
	大盛	1578 *	246 *	233
	石嘴	295 *	273 *	0
	老鸦岗	1186 *	232 *	117
分洪闸流量 **（m^3/s）	甘竹电站	2780	开	开
	北街水闸	600	开	开
	睦洲水闸	800	开	开
	磨碟头水闸	600	开	开
	西南闸	503	关	关

*　数学模型计算结果。

**　分洪闸流量是根据水闸运用管理规定及水闸调查结果。

9.2.3.2　试验成果分析

1. 洪水大潮条件下试验成果分析

在"98.6"洪水大潮水文组合条件下，珠江河口规划治导线工程实施后，珠江河口主要测站的潮位特征值变化见表 9－33，潮量变化见表 9－34。

表 9－33　**"98.6"水文组合潮位特征值变化**

位　置	站　名	高高潮位差值（m）	低低潮位差值（m）	涨潮潮差差值（m）	落潮潮差差值（m）
广州出海水道	老鸦岗	－0.10	0.00	－0.09	－0.10
	沙洛围	－0.10	0.01	－0.11	－0.11
	黄埔左	－0.13	0.01	－0.16	－0.14
	大盛	－0.13	0.01	－0.14	－0.14
	泗盛	－0.12	0.01	－0.15	－0.13
	三沙口	－0.12	0.01	－0.14	－0.12

续表

位 置	站 名	高高潮位差值（m）	低低潮位差值（m）	涨潮潮差差值（m）	落潮潮差差值（m）
伶仃洋水域	大虎	-0.13	0.02	-0.18	-0.14
	南沙	-0.05	0.10	-0.13	-0.15
	冯马庙	0.04	0.18	-0.14	-0.15
	横门	0.02	0.31	-0.27	-0.29
	横门南汊	0.03	0.40	-0.38	-0.37
	淇澳西	-0.01	0.00	-0.04	-0.01
	赤湾	0.00	-0.01	-0.02	0.01
	桂山岛	0.01	-0.02	-0.01	0.03
西江水系	上横沥	-0.01	0.08	-0.10	-0.09
	下横沥	-0.02	0.10	-0.11	-0.12
	南华	0.02	0.02	-0.01	0.00
	竹银	0.01	0.01	-0.01	0.00
	百顷	-0.01	0.01	-0.03	-0.02
	天河	0.01	0.01	-0.01	0.00
	马口	0.00	0.01	0.02	-0.01
北江水系	三善滘	-0.02	0.01	-0.02	-0.03
	紫洞	0.01	0.01	-0.01	0.00
	三水	0.00	0.00	0.01	-0.01

表 9-34 **“98.6”水文组合潮量变化**

断面位置	落潮量		涨潮量	
	现状（万 m^3）	差值（%）	现状（万 m^3）	差值（%）
大虎	162687	1.2	11607	-3.7
南沙	119534	1.4		
凫洲	82721	4.3		
蕉门南支	37426	-6.9		
冯马庙	57419	-4.1		
横门	69680	-5.1		
横门南汊	25805	-6.8		
横门北汊	43805	-4.0		
上横沥	31773	1.1		
下横沥	67228	3.4		
南华	192520	-0.9		
天河	203701	0.9		

从上述表中的数值变化可见：

（1）工程后潮位的变化在大虎以上的广州出海水道，其高高潮位有所降低，以大虎站为最大，约下降13cm左右，到黄埔左以上的老鸦岗下降值减少至10cm左右，高高潮位的下降对防洪是有利的；低低潮位则基本不变，对排涝不会造成影响；与此相应，涨潮潮差和落潮潮差均有所减少，大虎站前者减少18cm左右，后者减少14cm左右，均各为最大值，到黄埔左以后逐渐减小，至老鸦岗分别减少为9cm和10cm。在大虎以下的伶仃洋水域，除南沙站的高高潮位略有下降（下降值为5cm）外，其他洪奇门和横门则为有所升高，约为升高3cm左右，其量值较小，不会对防洪产生大的影响，到淇澳西和赤湾以下已基本不变；低低潮位则有较大的抬高，从南沙站至横门站逐渐抬升，在横门南汊抬升值达到40cm，可能会对排涝带来不利影响，至淇澳西和赤湾以下基本不变；与此相应，涨潮潮差和落潮潮差均有较大的减少，至横门南汊其减少值分别为38cm和37cm，至淇澳西和赤湾以下则基本不变。从涨潮、落潮潮差的减少说明工程后内伶仃洋以上潮汐动力呈下降趋势，这与以前的研究成果基本一致。

工程后对上游西江、北江潮位的影响是：西江自上、下横沥以上和北江自三善滘以上的高高潮位已基本无变化；低低潮位除上、下横沥有所升高外，其他站基本上无变化；涨潮、落潮潮差除上、下横沥有0.09～0.12m的下降外，其他站都基本上无变化。由此可以认为，工程后对上游的防洪排涝影响不大，与以前的研究成果基本一致。

（2）工程后潮量的变化是湾顶附近落潮量有所增加，其中凫洲断面增加稍大，虎门断面的涨潮量则略有减少；湾腰的西部口门蕉门南支、洪奇门的冯马庙和横门的南、北汊均为落潮量有所减少，其量值为减少4.0%～7.0%左右。这与工程后潮汐动力有所减弱的趋势是相应的。

工程后上游潮量的变化是：西江水系上、下横沥的落潮量有所增大，量值分别为1.1%和3.4%，至南华和天河则基本上无变化。可见，对上游潮量的影响不大。

2. 中水大潮条件下试验成果分析

在“92.7”中水大潮水文组合条件下，珠江河口规划治导线工程实施后，珠江河口主要测站的潮位特征值变化见表9－35，潮量变化见表9－36。

从上述表中的数值变化可见：

（1）工程后潮位的变化与前述“98.6”水文组合的变化基本一致，仅量级有所差别。仍然是大虎以上广州出海水道高高潮位有所下降，但量级较小，大虎下降7cm，至老鸦岗下降4cm；低低潮位则略有升高，量值为1～2cm左右，老鸦岗稍大些，为4cm；与此相应，涨潮潮差和落潮潮差均为有所减少，大虎减少值为最大，分别减少15cm和9cm，向上游其量值逐渐有所减少。在大虎以下的伶仃洋水域，亦仍然是除南沙站高高潮位有所下降（下降值为7cm）外，其他洪奇门和横门则为略有升高或基本不变（如洪奇门），淇澳西和赤湾以下则基本不变；低低潮位在横门以上有较大的升高，横门南汊上升16cm，往上游上升值逐渐减少，至大虎上升值减少为2cm；与此相应，涨潮、落潮潮差均为减少，大虎减少最大，分别为15cm和9cm，往上游和下游有逐渐减小的趋势。涨潮、落潮潮差的减少，同样说明工程后内伶仃洋以上的潮汐动力呈下降趋势。

表 9－35 “92.7”水文组合潮位特征值变化

位置	站名	高高潮位差值（m）	低低潮位差值（m）	涨潮潮差差值（m）	落潮潮差差值（m）
广州出海水道	老鸦岗	－0.04	0.04	－0.08	－0.08
	沙洛围	－0.04	0.01	－0.13	－0.09
	黄埔左	－0.06	0.00	－0.12	－0.06
	大盛	－0.07	0.01	－0.13	－0.08
	泗盛	－0.06	0.01	－0.15	－0.07
	三沙口	－0.10	0.02	－0.14	－0.13
伶仃洋水域	大虎	－0.07	0.02	－0.15	－0.09
	南沙	－0.07	0.07	－0.14	－0.13
	冯马庙	0.00	0.08	－0.06	－0.08
	横门	0.02	0.10	－0.09	－0.08
	横门南汉	0.03	0.16	－0.10	－0.13
	淇澳西	0.00	0.00	－0.04	0.00
	赤湾	0.01	0.00	－0.06	0.01
	桂山岛	0.01	－0.01	0.00	0.02
西江水系	上横沥	－0.05	0.03	－0.08	－0.08
	下横沥	－0.05	0.05	－0.10	－0.10
	南华	－0.01	0.01	－0.01	－0.02
	竹银	－0.01	0.00	－0.02	－0.01
	百顷	－0.02	0.00	－0.02	－0.02
	天河	－0.01	0.00	0.00	－0.01
	马口	－0.01	0.01	－0.02	－0.01
北江水系	三善滘	－0.03	0.02	－0.08	－0.05
	紫洞	－0.04	0.05	－0.07	－0.09
	三水	－0.02	0.02	－0.06	－0.05

工程后西江的上、下横沥高高潮位下降5cm，低低潮位升高3～5cm，涨潮、落潮潮差减少8～10cm，至南华、天河和马口则为基本不变；北江可影响至三水，其高高潮位下降2cm，低低潮位升高2cm，涨潮、落潮潮差分别减少6cm和5cm。由上可见，潮位变化的量值不大，不会产生大的影响；潮差减少的量值亦不大，潮汐动力有所减弱，但变化不大。

（2）工程后潮量的变化是各口门的涨潮量均为减少，其中洪奇门和横门减少较大，前者减少21.0%，后者横门南汉减少16.4%，越向虎门减少值越小，大虎断面为减少2.2%；落潮量为湾顶附近有所增加，增加值为2.7%～5.7%左右，湾腰各口门则为减少，减少值为5.5%～10.0%左右。变化总的趋势仍与前述“98.6”水文组合大体相同，仅量级有所不同。

工程后上游潮量的变化是：西江水系上、下横沥的落潮量有所增加，量值分别为1.6%和4.9%，至南华和天河落潮量略有变化，前者减少1.6%。后者增加1.6%，可见，对上游潮量的变化有一定影响。

表9-36 "92.7"水文组合潮量变化

断面位置	落潮量		涨潮量	
	现状（万 m^3）	差值（%）	现状（万 m^3）	差值（%）
大虎	96482	-0.9	59525	-2.2
南沙	33548	2.7	782	-3.4
凫洲	23643	5.7		
蕉门南支	10682	-10.0	1841	-7.8
冯马庙	17490	-8.1	617	-21.0
横门	22184	-7.3		
横门南汊	7980	-10.3	319	-16.4
横门北汊	14150	-5.5		
上横沥	9367	1.6		
下横沥	21418	4.9		
南华	64683	-1.6		
天河	70834	1.6		

3. 枯水大潮条件下试验成果分析

在"2001.2"枯水大潮水文组合条件下，珠江河口规划治导线工程实施后，珠江河口主要测站的潮位特征值变化见表9-37，潮量变化见表9-38。

表9-37 "2001.2"水文组合潮位特征值变化

位置	站名	高高潮位差值（m）	低低潮位差值（m）	涨潮潮差差值（m）	落潮潮差差值（m）
广州出海水道	老鸦岗	-0.06	0.01	-0.05	-0.06
	沙洛围	-0.11	0.02	-0.15	-0.13
	黄埔左	-0.13	0.00	-0.15	-0.13
	大盛	-0.12	0.00	-0.13	-0.12
	泗盛	-0.12	0.00	-0.15	-0.12
	三沙口	-0.10	0.00	-0.17	-0.10
伶仃洋水域	大虎	-0.12	0.00	-0.15	-0.12
	南沙	-0.11	0.05	-0.19	-0.16
	冯马庙	-0.11	0.07	-0.15	-0.18
	横门	-0.09	0.11	-0.16	-0.20
	横门南汊	-0.09	0.11	-0.18	-0.20
	淇澳西	0.00	-0.01	-0.03	0.01
	赤湾	0.02	0.00	-0.07	0.02
	桂山岛	0.01	-0.01	-0.01	0.02

续表

位置	站名	高高潮位差值（m）	低低潮位差值（m）	涨潮潮差差值（m）	落潮潮差差值（m）
西江水系	上横沥	-0.09	0.04	-0.14	-0.13
	下横沥	-0.09	0.05	-0.14	-0.14
	南华	-0.04	0.02	-0.04	-0.06
	竹银	-0.01	0.01	0.01	-0.02
	百顷	-0.03	0.01	-0.01	-0.04
	天河	-0.01	0.01	-0.01	-0.03
	马口	-0.01	0.00	-0.01	-0.01
北江水系	三善滘	-0.08	0.02	-0.10	-0.10
	紫洞	-0.07	0.02	-0.08	-0.09
	三水	-0.04	0.00	-0.09	-0.04

表 9-38 “2001.2”水文组合潮量变化

断面位置	落潮量		涨潮量	
	现状（万 m^3）	差值（%）	现状（万 m^3）	差值（%）
大虎	82742	-2.5	82407	-2.5
南沙	18449	1.3	17049	1.0
凫洲	16966	2.2	15490	3.2
蕉门南支	3006	-3.7	3075	-10.2
冯马庙	7653	-7.1	4890	-13.4
横门	8905	-6.7	8281	-7.6
横门南汊	3006	-9.7	3175	-16.2
横门北汊	6201	-5.3	5332	-2.4
上横沥	2574	1.3	1970	0.2
下横沥	7869	2.9	6736	3.1
南华	12131	-0.2	6545	-4.2
天河	15030	-1.8	7830	-0.5

从上述表中的数值变化可见：

（1）工程后潮位的变化与前述“98.6”、“97.7”水文组合有所不同，高高潮位除淇澳西和赤湾以下基本不变外，在其以上均为普遍下降，以大虎站下降值为最大，在12cm左右，向大虎的上、下游呈逐渐减小的趋势，高高潮位的下降对潮灌和通航不利，但下降的量值不很大，影响不会很大；低低潮位则除西部口门有所升高外，大虎及其以上和淇澳西、赤湾以下基本不变，低低潮位的升高对通航是不利的，但升高的量值不大，影响就不会大；潮差为淇澳西和赤湾以下基本不变外，其他各站均为普遍减少，涨潮潮差减少13～19cm，落潮潮差减少10～20cm，至老鸦岗涨潮、落潮潮差已减少不大，约为5～6cm左右。涨潮、落潮潮差的减少，同样说明工程后内伶仃洋以上的潮汐动力呈下降趋势。

工程后西江上游南华以上高高潮位有所下降，上、下横沥下降9cm，南华下降4cm；低低潮位则上升，上、下横沥各上升4cm和5cm，南华上升2cm；涨潮、落潮潮差均为减少，上、下横沥均减少14cm左右，南华减少4~6cm。南华以上上述各特征值基本不变。而北江的高高潮位、涨潮、落潮潮差则影响到上游的三水，低低潮位则基本不变。同样，高高潮位的下降对潮灌和通航是不利的，低低潮位升高则对通航有利，由于其量值都不大，故影响不会很大。涨潮、落潮潮差有所减少，则表明西江南华以上、北江三水以上的潮汐动力有所减弱。

（2）工程后潮量的变化是涨潮量除南沙和凫洲分别约增加1.0%和3.2%外，其他各站均为减少，西部口门减少值较大，约为10.0%~16.0%左右，大虎断面则较小，仅为2.5%左右；落潮量为湾顶附近有所增加，增加值为1.3%~2.2%左右，湾腰各口门则为减少，减少值为3.7%~9.7%，变化总的趋势与“92.7”水文组合基本相同，仅量级有所不同。

工程后上游潮量的变化是：西江水系上、下横沥的涨潮、落潮潮量均为增加，涨潮量分别增加0.02%和3.1%，落潮量分别增加1.3%和2.9%；南华和天河涨潮、落潮潮量则均为减少，前者减少值分别为4.2%，后者分别为0.5%和1.8%。可见对上游潮量的变化有一定影响。

4. 伶仃洋水域水流条件变化总体分析

综合上述复核论证的试验研究成果，与原试验研究成果相比较，可得如下的结论：

（1）珠江河口治导线规划方案工程实施后，沿程潮位变化的趋势是：两种试验成果均为高高潮位时大洪水大潮在西部口门为升高，其他站为下降，而枯水大潮则为各站普遍下降；低低潮位时在各种不同水文组合条件下，两种试验成果均为升高；涨潮、落潮潮差为在各种不同水文组合条件下，两种试验成果均为各站都是普遍减少。两种试验成果均表明工程后内伶仃洋的潮汐动力呈下降趋势。所不同的是高高潮位为升高、低低潮位的下降和涨潮、落潮潮差的减少在量级上有所差异，复核论证试验成果的量值普遍小于原试验成果的量值。由此可以认为，在工程后潮位的变化上两种试验研究成果基本上是一致的，除洪奇门、横门在洪水大潮条件下低低潮位升高值较大，因而对排涝有一定影响外，对防洪、潮排、潮灌和通航都不会有大的影响。

（2）珠江河口治导线规划方案工程实施后，沿程涨潮、落潮潮量的变化趋势是：复核论证试验时在各种水文组合条件下，落潮时均为湾顶附近的南沙和凫洲断面落潮潮量有所增加，其他断面则为减少；涨潮时枯水大潮与落潮时相同，中水大潮则各断面均为减少。原试验为在各种水文组合条件下，各断面均为涨潮、落潮潮量有所减少，其减少的量值一般大于复核论证试验。由此可见，两种试验研究成果略有不同，但总的趋势基本上是一致的，这就是工程后内伶仃洋的涨潮、落潮潮量有所减少，亦即表明潮汐动力呈下降趋势。

（3）珠江河口治导线规划方案工程实施后，对西江、北江上游潮位的变化有一定影响，但量值不大，且越向上游量值越小，故不会有大的影响；上游各站潮差有所减少，表明潮汐动力有所减弱；上游各断面潮量有所变化，但量值不大，表明影响较小。由于原试验未模拟上游网河区，两种试验无法对比。

正如上面已经指出的，由于两种试验研究采用了不同时期的地形资料进行模拟，又采用不相同的水文组合条件进行试验，因此，试验结果有其一定的差异，这乃是必然的，重要的是两种试验研究成果所获得的总的变化趋势是一致的，可用以作为相互比较和印证。

9.2.4 综合治理规划的补充试验研究

在综合治理治导线规划方案复核论证的基础上，为了进一步完善珠江河口综合治理规划的研究，还需利用珠江河口整体潮汐物理模型对补充规划进行试验研究，就伶仃洋海区而言，需进行试验研究的内容有：

（1）珠江河口岸线滩涂开发利用规划方案试验研究。

（2）横门北汊与洪奇门汇合延伸段一主一支规划方案试验研究。

（3）深圳湾整治规划方案试验研究。

（4）外伶仃洋西侧治导线规划方案试验研究。

现将上述试验研究的主要成果简要介绍如下。

9.2.4.1 珠江河口岸线滩涂开发利用规划方案试验研究❶

1. 规划范围

本项研究是珠江河口综合治理规划中的近期岸线规划方案，包括河口岸线滩涂利用规划和岛屿岸线滩涂利用规划。河口岸线滩涂利用规划的范围主要包括：内伶仃洋水域的东岸和西岸、深圳湾北岸、磨刀门水道西岸、鸡啼门水域的东岸和西岸、黄茅海水域的西岸等；岛屿岸线滩涂利用规划的范围主要包括桂山岛和高栏岛的岸线。

2. 试验研究的目的和要求

试验研究目的为在2000年珠江河口岸线滩涂边界作为现状的基础上，研究近期岸线规划方案在遭遇各种洪潮组合时，对上游河道潮位、涨潮、落潮流速场和潮量的影响，提出各方案的利弊和需要修改的意见。

试验要求如下：

（1）从洪水组合条件分析各方案对上游河道及各口门的泄洪作用和影响，各方案流场的变化及实施后的工程效果。

（2）从中水组合条件分析各方案对上游河道及各口门在潮排潮灌上的作用和影响、涨落潮流场的变化。

（3）从枯水组合条件分析各方案对上游河道及各口门在纳潮、潮排、潮灌和通航条件等方面的作用和影响、涨落潮流场的变化。

3. 规划方案

中水珠江规划勘测设计有限公司根据各水域岸线实际情况及滩涂发展成陆的速度，以及城镇经济发展建设的需要，在现状岸线及滩涂利用的基础上，以规划治导线为控制线，拟定出近期（2010年）岸线规划方案（见图9-24）。具体包括：

（1）黄埔—虎门水域。近期规划维持现状岸线不变。

（2）内伶仃洋水域。内伶仃洋东岸主要研究上段从茅洲河口至机场北河段的岸线开发，其他河段近期规划维持现状岸线；内伶仃洋西岸近期规划开发孖沙、万顷沙、横门边

❶ 珠江水利委员会科学研究所，珠江河口岸线滩涂开发利用规划方案物理模型试验报告，2004年11月。

滩3片，其他滩涂维持现状不变。

图9－24　珠江河口滩涂开发利用规划方案平面布置示意图

(3) 深圳湾。近期主要开发大沙河出口段的西岸，岸线自大沙河出口平顺延伸至深圳湾的东角头，其他岸线维持现状不变。

(4) 外伶仃洋西侧水域。近期规划维持现状岸线不变。

(5) 磨刀门水域。近期岸线开发磨刀门水道横洲口外西岸、白龙河水道西岸、湾仔水道等3段。

(6) 鸡啼门水域。鸡啼门东岸近期规划从大霖开始，向南延伸3.7km后，以弧线向东转向三灶岛；西岸近期规划从南水岛东嘴开始，与高栏岛的赤鱼头之间用直线连接。

(7) 虎跳门和银洲湖（崖门水道）水域。近期规划维持现状岸线不变。

(8) 黄茅海水域。黄茅海水域东岸近期规划维持现状岸线不变；西岸近期规划从崖门围垦堤围东南角开始，与台山市屈头山的东北角用直线相连。

此外，还对珠江河口中10个主要岛屿的岸线滩涂利用进行初步规划。各岛屿的岸线滩涂以保护为主，只对桂山岛和高栏岛做滩涂利用规划。高栏岛西侧和西北侧布置为高栏港区码头，北侧滩涂为鸡啼门西滩垦区，见图9－25所示。桂山岛与中心洲、牛头岛已连为一体，规划还需建4条防波堤，牛头岛还需扩展，见图9－26所示。

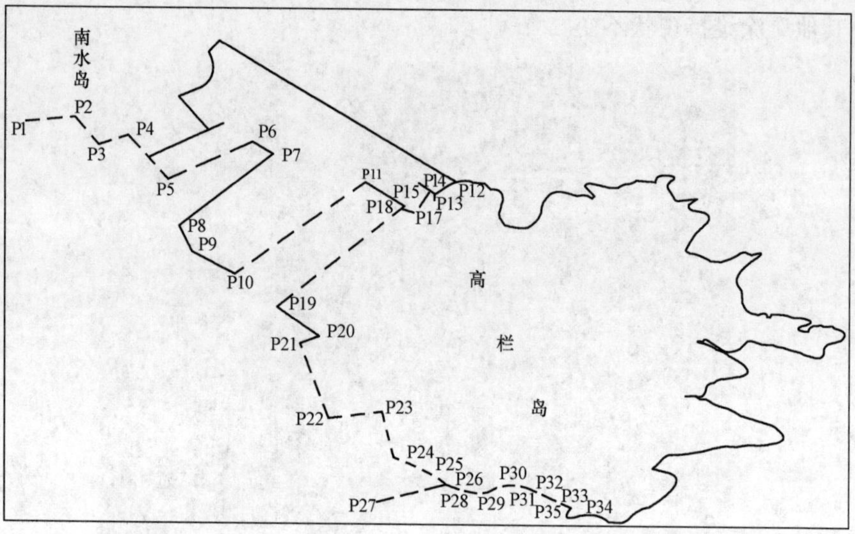

图 9－25 高栏岛规划控制点位置示意图

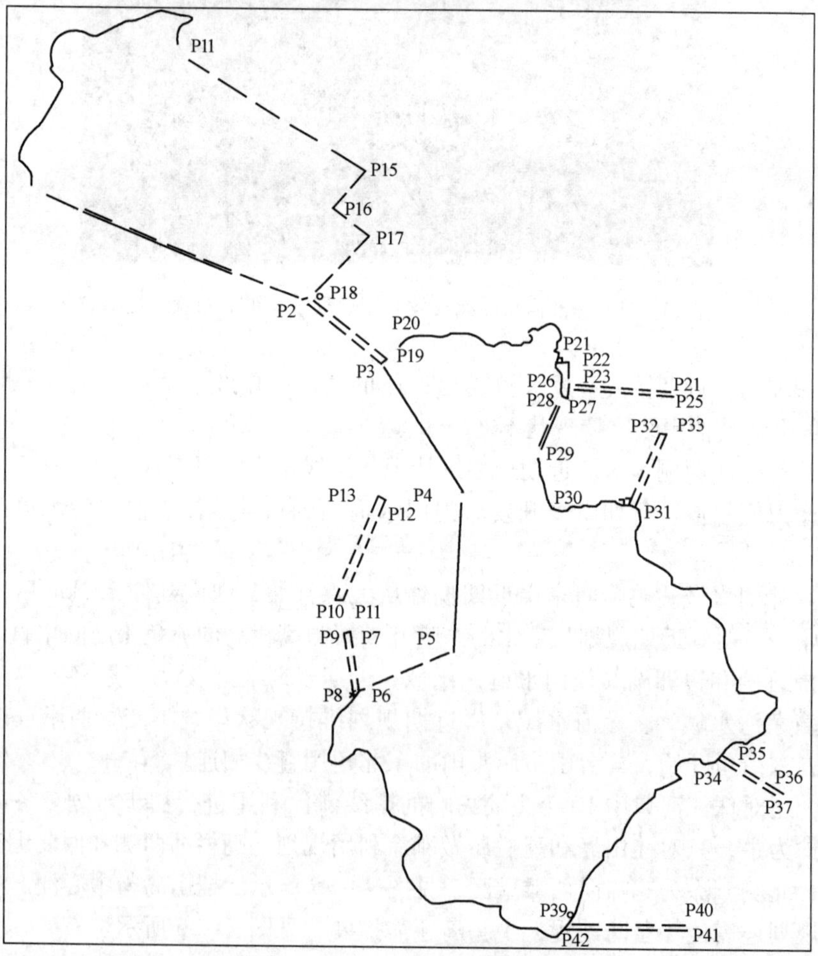

图 9－26 桂山岛规划控制点位置示意图

4. 方案试验与成果分析

(1) 试验采用的径潮组合水文条件。方案试验采用的径潮组合水文条件见表 9-39。

表 9-39　**试验径潮组合水文条件**　(单位：m^3/s)

径潮组合	编号	"98.6"	"92.7"	"2001.2"
	类型	洪水大潮	中水大潮	枯水大潮
上游流量	马口	46030	14419	2080
	三水	15932	3098	660
	泗盛	1372*	393*	131
	漳澎	1250*	345*	123
	大盛	1578*	246*	233
	石嘴	295*	273*	0
	老鸦岗	1186*	232*	117
	白藤	421*	325*	0
分洪闸流量	甘竹电站	2780	开	开
	北街水闸	600	开	开
	睦洲水闸	800	开	开
	磨碟头水闸	600	开	开

* 数学模型结果。

(2) 潮位变化分析。潮位变化试验成果见表 9-40。

表 9-40　**主要潮位测站特征潮位变化值统计表**　(单位：m)

测站	"98.6"		"92.7"		"2001.2"	
	高高潮位	低低潮位	高高潮位	低低潮位	高高潮位	低低潮位
大虎	-0.01	0.01	0.00	0.00	-0.01	0.00
南沙	0.01	0.02	0.00	0.01	0.00	0.00
冯马庙	0.00	0.03	0.00	0.01	-0.01	0.02
横门	0.00	0.07	-0.01	0.07	-0.01	0.05
横门南汊	0.00	0.08	0.00	0.08	0.00	0.07
赤湾	-0.01	0.00	0.00	0.01	-0.02	0.01
深圳河口	0.00	0.00	0.00	0.00	-0.02	0.00
淇澳西	0.00	0.02	0.00	0.01	0.00	0.01
桂山岛	0.01	0.00	0.00	0.00	0.00	0.00
马骝洲	0.01	0.00	0.01	-0.01	0.00	0.00
灯笼山	0.01	0.01	0.00	0.00	0.00	0.01
白藤	0.02	0.21	-0.01	0.18	-0.01	0.05

续表

测站	"98.6"		"92.7"		"2001.2"	
	高高潮位	低低潮位	高高潮位	低低潮位	高高潮位	低低潮位
三灶	0.00	0.00	0.01	-0.01	0.00	-0.01
黄金	0.01	0.03	-0.01	0.02	-0.01	0.03
大霖	0.02	0.06	0.00	0.03	-0.02	0.03
官冲	-0.01	0.01	-0.03	0.01	-0.02	0.00
西炮台	0.00	0.02	-0.02	0.01	-0.02	0.00
三虎	-0.02	0.01	-0.02	0.02	-0.01	0.01
荷包岛	0.00	0.00	0.00	0.00	0.00	0.00

注 表中数值为工程后值-工程前值。

1）伶仃洋水域潮位变化分析。岸线滩涂利用与保护规划方案实施后，洪水大潮、中水大潮径潮组合高高潮位基本上无变化，低低潮位在西部3个口门（南沙、冯马庙、横门）有所抬高，横门站最大抬高值为8cm，其他测站基本不变；枯水大潮径潮组合高高潮位略有降低，赤湾、深圳河口最大降低为2cm，其他测站下降1cm或基本上无变化，低低潮位在西部3个口门则为抬高，最大抬高值为7cm，其他测站为基本不变。造成西部3个口门潮位变化值较大的原因，主要是由于伶仃洋治导线整治工程实施后口门延伸的结果。由此可见，在各种径潮组合水文条件下，规划方案实施后各站潮位变化值不大或基本上无变化，对防洪排涝、潮排、潮灌和通航不会带来大的影响。

2）磨刀门及鸡啼门水域潮位变化分析。规划方案实施后，在洪水大潮径潮组合水文条件下，高高潮位除白藤、大霖两站抬高2cm外，其他测站基本上变化不大，低低潮位亦是该两站抬高值较大，白藤为21cm，大霖为6cm，其他测站基本上变化不大；中水大潮径潮组合高高潮位除白藤、黄金两站下降1cm外，其他测站基本不变，低低潮位白藤抬高18cm，黄金、大霖分别抬高3cm和2cm，其他测站基本上变化不大；枯水大潮径潮组合高高潮位除大霖下降2cm、白藤和黄金均各下降1cm外，其他测站基本不变，低低潮位则有所抬高，白藤抬高5cm，黄金、大霖各抬高3cm外，其他测站基本上变化不大。由此可见，除白藤站低低潮位抬高值较大，最大值为21cm，对排涝、潮排会带来较大的不利影响外，在各种径潮组合水文条件下，潮位变化值都较小，对防洪排涝、潮排潮灌和通航都不会有大的影响。白藤站低低潮位抬高值较大的原因与横洲岛和白龙河的围垦开发有关，因为延伸了白龙河的出海口门，加大了出海水道的阻力，降低了泄流能力。

3）黄茅海水域潮位变化分析。规划方案实施后，在各种径潮组合水文条件下，高高潮位除湾口的荷包岛基本不变外，其他各站均为降低，其值约为1~3cm，低低潮位同样除荷包岛基本不变外，其余各站大都为抬高，其值约为1~2cm，个别测站枯水大潮径潮组合基本不变。由于潮位变化都很小，说明对防洪排涝、潮排潮灌和通航等都不会有影响。

（3）流速变化分析。流速变化试验成果见表9-41及表9-42。

表9-41 工程前后流速特征值变化表 (单位：m/s)

测点	特征值	“98.6”	“92.7”	“2001.2”
凫洲 V1	落潮平均	0.03	0.02	0.01
	涨潮平均	—	—	0.00
蕉南支 V1	落潮平均	-0.01	-0.01	-0.03
	涨潮平均	—	-0.02	-0.04
冯马庙 V1	落潮平均	0.00	0.00	-0.03
	涨潮平均	—	0.00	-0.02
横门 V1	落潮平均	-0.03	-0.02	-0.01
	涨潮平均	—	0.00	-0.04
横门南汊	落潮平均	-0.04	-0.01	-0.01
	涨潮平均	—	-0.01	-0.02
金星门	落潮平均	-0.07	-0.10	-0.11
	涨潮平均	-0.11	-0.12	-0.09
淇澳东 V1	落潮平均	0.05	-0.01	-0.05
	涨潮平均	-0.02	-0.01	-0.01
伶仃东 V1	落潮平均	-0.02	-0.01	-0.02
	涨潮平均	-0.02	-0.02	-0.03
龙屎窟	落潮平均	-0.06	-0.09	-0.14
	涨潮平均	-0.24	-0.20	-0.18
杧洲西 V1	落潮平均	0.00	-0.01	-0.02
	涨潮平均	—	0.00	0.00
石栏洲 V1	落潮平均	0.00	0.00	-0.03
	涨潮平均	-0.02	-0.01	-0.03
湾顶 V1	落潮平均	0.00	-0.02	-0.01
	涨潮平均	0.00	0.00	-0.04
三虎 V1	落潮平均	-0.01	-0.01	-0.01
	涨潮平均	-0.03	-0.03	-0.05
大襟西 V2	落潮平均	-0.01	-0.01	0.00
	涨潮平均	0.00	-0.01	-0.01
荷包西 V1	落潮平均	-0.01	-0.03	-0.02
	涨潮平均	-0.02	-0.01	-0.01
高栏西 V1	落潮平均	-0.03	-0.01	-0.02
	涨潮平均	-0.01	-0.01	-0.02

表 9-42 珠江河口散点流速特征值统计表 （单位：m/s）

测点		特征值	“98.6”	“92.7”	“2001.2”
伶仃洋水域	散点1	落潮平均	0.04	0.03	0.04
		涨潮平均	—	0.01	0.00
	散点2	落潮平均	0.01	-0.01	-0.01
		涨潮平均	-0.03	-0.02	-0.02
	散点3	落潮平均	-0.02	-0.02	0.00
		涨潮平均	0.01	-0.04	-0.01
	散点4	落潮平均	-0.03	-0.01	-0.01
		涨潮平均	-0.01	-0.01	-0.03
	散点5	落潮平均	-0.03	0.00	-0.02
		涨潮平均	-0.04	0.00	-0.05
	散点6	落潮平均	0.04	-0.04	-0.06
		涨潮平均	0.04	-0.08	0.00
	散点7	落潮平均	0.17	0.11	0.03
		涨潮平均	—	-0.09	-0.03
	散点8	落潮平均	-0.01	-0.01	-0.02
		涨潮平均	0.00	-0.01	-0.01
	散点9	落潮平均	-0.06	-0.03	-0.03
		涨潮平均	—	0.02	0.01
磨刀门	散点10	落潮平均	0.04	0.02	0.02
		涨潮平均	—	-0.02	-0.01
	散点11	落潮平均	0.01	0.02	0.04
		涨潮平均	—	-0.05	-0.04
	散点12	落潮平均	-0.10	-0.05	-0.11
		涨潮平均	-0.06	-0.07	-0.11
鸡啼门水域	散点13	落潮平均	0.01	0.03	0.03
		涨潮平均	-0.04	0.04	0.03
	散点14	落潮平均	-0.06	-0.07	-0.09
		涨潮平均	-0.14	-0.20	-0.10
黄茅海水域	散点15	落潮平均	0.00	0.01	0.03
		涨潮平均	-0.02	-0.01	-0.02
	散点16	落潮平均	-0.06	-0.06	-0.06
		涨潮平均	-0.06	-0.04	-0.04
	散点17	落潮平均	-0.01	-0.02	-0.03
		涨潮平均	-0.03	-0.02	-0.03
	散点18	落潮平均	-0.05	-0.04	-0.06
		涨潮平均	-0.03	-0.04	-0.04

1）伶仃洋水域流速变化分析。规划方案实施后，除凫洲水道在各种径潮组合水文条件下落潮平均流速均有所增大（约增大 0.01 ~0.03m/s）、涨潮平均流速基本不变外，沿西滩各口门的涨潮、落潮平均流速均为减小，减小值约为 0.01 ~0.05m/s；在内伶仃洋下边界的金星门、淇澳岛和伶仃岛等断面，涨潮、落潮平均流速均有所减小，其减小值从西到东逐渐减小，金星门最大减小值为 0.12m/s；在内伶仃洋海区（包括东槽和西槽），涨潮、落潮平均流速一般都是减小，其值约为 0.01 ~0.05m/s 之间。以上说明工程后内伶仃洋的涨潮、落潮流总体上水流动力有所减弱。金星门附近流速减小值较大，是因为岸滩围垦开发面积较大的缘故。

2）磨刀门水域流速变化分析。规划方案实施后，在各种径潮组合水文条件下，磨刀门水道主干道涨潮、落潮平均流速均略有减小，减小值约为 0.01 ~0.03m/s 或基本不变；龙屎窟口门涨潮、落潮平均流速有较大的减小，其值约为 0.06 ~0.24m/s，因横洲岛的围垦开发和白龙河的整治开发规模较大所引起；洪湾水道出口马骝洲的落潮平均流速有所减小，其值约为 0.03 ~0.06m/s，涨潮平均流速则略有增大。其值为 0.01 ~0.02m/s。在横洲口外，其东部为磨刀门水道出口，落潮平均流速增大约 0.01 ~0.04m/s，涨潮平均流速则减小约 0.01 ~0.05m/s；其西部为龙屎窟出口，涨潮、落潮平均流速均为减小，其值为 0.06 ~0.11m/s。以上说明工程后磨刀门水域总体上水流动力有所减弱，龙屎窟口门水流动力的减弱更为明显。

3）鸡啼门水域流速变化分析。规划方案实施后，在各种径潮组合水文条件下，在鸡啼门水域的口门附近，落潮平均流速减小 0.06 ~0.09m/s，涨潮平均流速减小 0.10 ~0.20m/s（见散点 14 流速变化），说明鸡啼门口门的岸线滩涂开发规模较大，对涨潮、落潮流速影响较大。

4）黄茅海水域流速变化分析。规划方案实施后，在各种径潮组合水文条件下，黄茅海水域自湾顶至湾口，涨潮、落潮平均流速都有所减小或基本不变，在湾腰处减小值较大，最大值约为 0.06m/s 左右，涨潮、落潮湾口逐渐减小，一般为 0.01 ~0.03m/s。涨潮、落潮平均流速的减小，说明水流动力有所减弱。

（4）潮量及分流比变化分析。规划方案实施后，珠江河口主要汊道及海区的潮量变化和主要汊口及八大口门净泄量分流比变化的试验成果如表 9 -43、表 9 -44 所示。

1）在各种径潮组合水文条件下，除伶仃洋水域的南沙站和凫洲水道及磨刀门水域的洪湾水道在落潮时其落潮量有所增大外（增大值为 1.4% ~3.2%），其他各主要汊道和海区的涨潮、落潮潮量均为减少，其中以伶仃洋水域的金星门和磨刀门水域的龙屎窟的涨潮、落潮潮量减少值为最大，金星门的涨潮、落潮潮量分别减少 23.4% 和 25.2%；龙屎窟的涨潮、落潮潮量分别减少 33.9% 和 24.8%。其原因是由于金星门和龙屎窟附近岸线滩涂的围垦开发范围较大，因而引起该两处的纳潮量有较大的减少值所使然，其余各汊口和海区涨潮、落潮潮量的减少值较小，约在 0.4% ~12.5% 之间，一般是涨潮潮量的减少值大于落潮潮量的减少值，其中以虎跳门的西炮台断面减少值为最小，涨潮、落潮潮量分别减少 1.0% ~3.5% 和 0.4% ~1.7%。由上可以认为，从总体上而言，规划方案实施后，引起各汊口和海区的涨潮、落潮潮量的减少值较小，不会造成珠江河口水动力发生大的变化。

表 9-43 主要汊道及海区潮量变化表

位置	项目	"98.6"		"92.7"		"2001.2"	
		工程前（万 m^3）	工程前—工程后（%）	工程前（万 m^3）	工程前—工程后（%）	工程前（万 m^3）	工程前—工程后（%）
横门南汊	落潮量	7337	-1.8	1293	-1.7	482	-4.7
	涨潮量	—	—	38	-10.8	478	-6.9
南沙	落潮量	113863	1.5	36692	1.7	18240	1.4
	涨潮量	—	—	111	-4.2	13385	-2.0
蕉门延伸段	落潮量	33699	-0.6	11235	-0.7	5140	-4.4
	涨潮量	—	—	128	-10.0	4916	-3.7
凫洲水道	落潮量	91272	1.9	27251	2.6	13159	2.5
	涨潮量	—	—	—	—	8543	-0.6
龙屎窟	落潮量	7667	-5.7	5123	-16.5	3693	-24.8
	涨潮量	1191	-72.6	1777	-49.2	4610	-33.9
杧洲西	落潮量	127359	-1.2	46200	-1.3	17179	-1.5
	涨潮量	—	—	502	-3.6	12889	-1.4
洪湾水道	落潮量	5751	2.5	2956	2.8	575	3.2
	涨潮量	—	—	59	—	1745	-2.8
黄金	落潮量	26019	-1.6	9191	-3.8	4979	-4.3
	涨潮量	—	—	808	-9.4	4188	-3.9
西炮台	落潮量	21295	0.8	9404	-1.7	4309	-0.4
	涨潮量	—	—	480	-1.0	2583	-3.5
伶仃东	落潮量	137848	-3.7	80146	-2.3	96078	-3.0
	涨潮量	56089	-6.0	43367	-6.1	82854	-5.0
淇澳东	落潮量	304024	5.8	154440	-1.5	174193	-6.0
	涨潮量	82413	-11.1	50073	-12.5	141306	-6.5
金星门	落潮量	10406	-14.3	4735	-25.2	8236	-25.2
	涨潮量	4595	-36.0	3304	-38.9	7033	-23.4
高栏西	落潮量	93380	-4.4	91807	-3.9	89665	-2.6
	涨潮量	60002	-2.6	46729	-5.9	87140	-3.7
荷包西	落潮量	15949	-5.6	122584	-8.0	149318	-3.3
	涨潮量	70824	-4.4	81200	-2.5	100654	-7.2

表9-44　主要汊口及八大口门净泄量分流比

径潮组合	口门名称	站名	分流比		分流比差值（%）
			工程前（%）	工程后（%）	
"98.6"	横门	横门南汊	10.9	10.8	0.1
		横门北汊	89.1	89.2	0.1
		合计	100.0	100.0	
	蕉门	凫洲水道	73.0	73.5	0.5
		蕉门南支	27.0	26.5	-0.5
		合计	100.0	100.0	
	磨刀门	洪湾	4.3	4.5	0.2
		杧洲西	95.7	95.5	-0.2
		合计	100.0	100.0	
	口门	大虎	24.4	23.9	-0.5
		南沙	19.1	19.4	0.3
		冯马庙	9.2	9.2	0.0
		横门	11.3	11.2	-0.1
		灯笼山	21.7	21.6	-0.1
		黄金	4.4	4.3	-0.1
		西炮台	3.6	3.6	0.0
		官冲	6.4	6.8	0.4
		合计	100.0	100.0	
"92.7"	横门	横门南汊	5.4	5.4	0.0
		横门北汊	94.6	94.6	0.0
		合计	100	100	
	蕉门	凫洲水道	71.0	71.7	0.7
		蕉门南支	29.0	28.3	-0.7
		合计	100.0	100.0	
	磨刀门	洪湾	6.0	6.0	0.0
		杧洲西	94.0	94.0	0.0
		合计	100.0	100.0	
	口门	大虎	20.5	20.8	0.3
		南沙	18.5	19.8	0.3
		冯马庙	9.3	9.2	-0.1
		横门	11.7	11.6	-0.1
		灯笼山	24.5	24.7	0.2
		黄金	4.2	4.1	-0.1
		西炮台	4.5	4.4	-0.1
		官冲	6.7	6.3	-0.4
		合计	100.0	100.0	

2）在大洪水大潮和中水大潮组合的水文条件下，珠江河口各主要汊口及八大口门净泄量的分流比变化不大，其增大或减少都在1.0%以内。在大洪水大潮时，蕉门口的凫洲水道和磨刀门的洪湾水道其分流比分别增大0.5%和0.2%，而蕉门南支和磨刀门的杧洲西则相应地分别减少0.5%和0.2%；八大口门净泄量的分流比为蕉门（南沙站）和崖门（官冲站）分别增大0.3%和0.4%，相应地虎门（大虎站）减少0.5%，横门（横门站）、磨刀门（灯笼山站）、鸡啼门（黄金站）分别减少0.1%，洪奇门（冯马庙站）和虎跳门（西炮台站）则基本不变。在中水大潮时，凫洲水道和洪湾水道的分流比分别增大0.7%和0.1%，南沙和杧洲西则相应地减少0.7%和0.1%；八大口门的分流比为大虎、南沙和灯笼山站分别增大0.3%、0.3%和0.2%，而冯马庙、横门、黄金和西炮台站则相应地分别减少0.1%，官冲站减少0.4%。由上可以认为，工程规划方案实施后，总体上对珠江河口主要汊口及八大口门净泄量的分流比影响不大，各口门之间仅做了微小的调整。

（5）结论。通过对珠江河口岸线滩涂利用与保护规划的物理模型试验研究，得到如下结论：

1）规划方案实施后，在各种径潮组合水文条件下，珠江河口潮位的变化一般是高高潮位降低、低低潮位抬高，有些测站为基本不变，个别测站有反常的情况，如磨刀门水域的白藤、大霖两站洪水大潮时高高潮位抬高2cm。在一般情况下，高高潮位的降低值较小，约为1～3cm左右，而低低潮位的抬高，除伶仃洋水域的横门站最大抬高8cm、磨刀门水域的白藤站最大抬高21cm外，其余各站均抬高不大，一般为1～3cm左右。由此可以认为，除横门、白藤等少数地区对排涝会带来一定的不利影响外，对珠江河口地区的总体而言，在防洪排涝、潮排潮灌和通航等方面不会造成大的影响。

2）规划方案实施后，在各种径潮组合水文条件下，珠江河口各水域的涨潮、落潮的平均流速普遍有所减小，其值约为0.01～0.06cm/s。涨潮、落潮流速的减小，说明从总体上水流动力有所减弱。涨潮、落潮流速减小值较大的是：金星门最大减小0.12m/s，龙屎窟最大减小0.24m/s，鸡啼门口门最大减小0.09m/s，说明该地区的径、潮流水流动力发生较大的减弱。而在凫洲水道和横洲口，其落潮平均流速为有所增大，前者约增大0.01～0.03m/s，后者约增大0.01～0.04m/s，说明在该局部范围内径流动力有所加强；在洪湾水道落潮平均流速减小约0.03～0.06m/s，涨潮平均流速则增大0.01～0.02m/s，说明该水道径流动力有所减弱，而潮流动力则有所加强。由上可以认为，从总体上而言，除金星门、龙屎窟和鸡啼门口门等几处地区外，珠江河口各水域的涨潮、落潮平均流速略有减小，水流动力仅有较小程度的减弱。

3）规划方案实施后，在各种径潮组合水文条件下，除南沙、凫洲水道和洪湾水道的落潮量略有增大外，其他各主要汊道和海区的涨潮、落潮潮量均为有所减少，约在0.4%～12.5%之间，其中以金星门和龙屎窟的涨潮、落潮潮量减少最大，分别在23.4%～25.2%和24.8%～33.9%之间，西炮台的涨潮、落潮潮量减少最小，约在0.4%～3.5%之间，一般为涨潮量的减少值大于落潮量的减少值。由上可以认为，从总体上而言，除金星门和龙屎窟外，珠江河口各汊口和海区的涨潮、落潮潮量的减少值较小，不会造成珠江河口水动力发生大的变化。

4）规划方案实施后，在大洪水大潮和中水大潮组合的水文条件下，珠江河口各主要汊口及八大口门净泄量的分流比变化不大，其增大或减少都在 1.0% 以内。可以认为从总体上对珠江河口主要汊口及八大口门净泄量的分流比影响不大，各口门之间仅做了微小的调整。

5）规划方案实施后，除对工程附近局部范围的流态有一定的影响，将产生挑流和出现较小范围的回流外，从总体上而言，由于岸线多处围垦开发，极不规则的岸线形态得到了理顺，使水流流态得到较好的改善。

9.2.4.2　横门北汊与洪奇门汇合延伸段一主一支规划方案试验研究❶

1. 研究目的

伶仃洋西部横门与洪奇门汇合段的治理开发是伶仃洋综合整治规划中极其重要的一个组成部分。由于横门北汊水流与洪奇门水流的相互顶托，造成汇合延伸段的水流流态十分复杂，治理难度较大。1992 年水利部珠江委在“横门口整治工程规划报告”中提出汇合伸延段整治规划的一主无支和一主一支的布置方案，后水利部于 1998 年“关于珠江河口伶仃洋治导线规划报告的批复”中指出“为减轻对上游洪涝的影响，有利于洪奇门整治，对一主一支方案还应补充研究论证。”为此，有必要进行横门北汊与洪奇门汇合延伸段整治工程一主一支方案的研究。

研究的主要目的是：通过物理模型试验，研究一主一支方案对上游河道及蕉门、横门、洪奇门等 3 个口门泄洪、排涝、灌溉的作用，以及对伶仃水道深槽的影响；对两个支汊方案进行综合比较，提出较优的支汊方案。

2. 研究内容

根据中水珠江规划勘测设计有限公司提出的物理模型试验的要求，研究的具体内容如下：

（1）研究工程方案实施后，上游横门、洪奇门、蕉门等 3 个口门及其相应水道潮位的变化，并据以研究对上游泄洪、排涝、灌溉的影响。

（2）研究工程方案实施后，对工程附近水域流速、流向的影响。

（3）研究工程方案实施后，上游河道主要汊口分流比的变化，以及各支流方案的支汊分流情况。

（4）研究各工程方案对其进出口水域涨潮、落潮流态及冲淤变化的影响，重点研究对出口水域及伶仃水道深槽的影响。

（5）与原规划方案作对比，并对两个支汊方案进行综合比较，从中推荐出较优方案。

3. 工程方案

中水珠江规划勘测设计有限公司在治导线规划总体方案的基础上，根据规划原则、水沙运动特点、滩槽演变特征，以及兼顾地方意见，拟定了“一主一支”的 4 组规划布置方案，经初步比选后选出较优的两组方案（分别称为方案 2、方案 3）作为物理模型试验的方案，具体布置如下（见图 9－27）：

---

❶ 珠江水利委员会科学研究所，横门北汊与洪奇门汇合延伸段一主一支规划方案物理模型试验研究报告，2004 年 6 月。

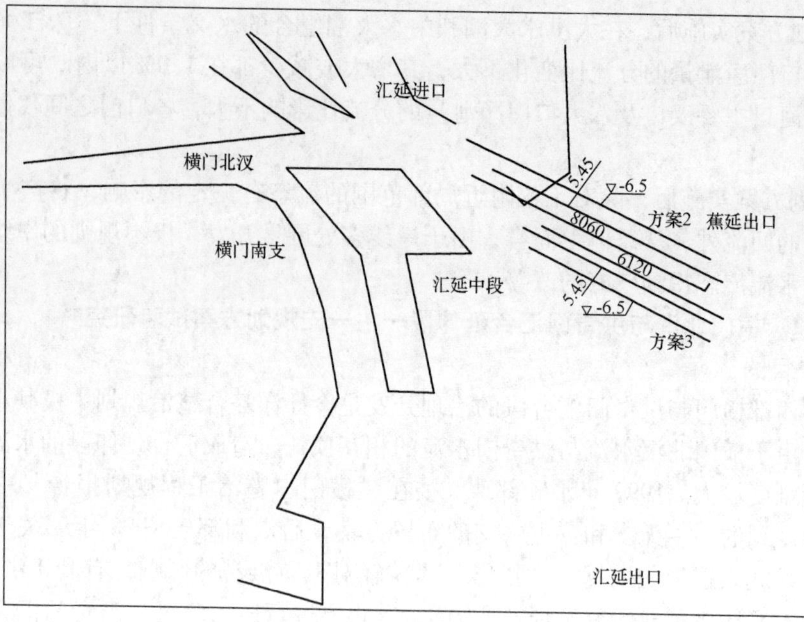

图9－27 方案布置示意图

方案2：横门北汊水流从西转向东南，其中心轴线与北纬度线成30°夹角，从万顷沙19涌西口开始，中心轴线的西段与汇合延伸段主流线成32°夹角，支汊位于万顷沙垦区上，通过开挖而成，开挖底高程为－6.5m（珠基，下同）。万顷沙西堤至蕉门延伸段西治导线的中心轴线长为8060m，即为支汊长度；主干仍按原规划方案布置。

方案3：横门北汊水流从西转向东南，其中心线与北纬度线成30°夹角，中心轴线的西段与汇合延伸段主流线成43°夹角，从万顷沙22涌西口以南700m开始，支汊全部在浅滩上开挖，开挖底高程为－6.5m。从汇合延伸段至伶仃洋西治导线的中心轴线长为6420m，即为支汊长度；主干仍按原规划方案布置。

4. 试验采用的径潮组合水文条件

试验采用的径潮组合水文条件同表9－45～表9～47，即洪水大潮"98.6"（1998年6月27日0：00至28日1:00）、中水大潮"92.7"（1992年7月16日0:00至17日1:00）、枯水大潮"2001.2"（2001年2月8日17:00至9日18:00）。

表9－45 "98.6"潮位变化值统计表 （单位：m）

站点	高高潮位差值		低低潮位差值	
	方案2	方案3	方案2	方案3
南华	－0.01	0.00	－0.02	－0.01
容奇	－0.01	0.00	－0.02	－0.02
南头	－0.02	－0.01	－0.04	－0.03
小榄	－0.02	－0.01	－0.04	－0.03
横门	－0.09	－0.08	－0.32	－0.22
横门南汊	－0.07	－0.06	－0.33	－0.23

续表

站点	高高潮位差值		低低潮位差值	
	方案2	方案3	方案2	方案3
横门北汊	-0.15	-0.14	-0.63	-0.48
大陇滘	-0.01	-0.01	-0.04	-0.03
上横沥	-0.02	-0.02	-0.02	-0.01
下横沥	-0.02	-0.01	-0.03	-0.01
冯马庙	-0.04	-0.02	-0.16	-0.12
汇延进口	-0.14	-0.12	-0.69	-0.50
汇延中段	-0.07	-0.09	-0.52	-0.54
汇延出口	-0.01	-0.01	-0.01	-0.01
大虎	-0.01	-0.01	0.00	0.00
亭角	0.00	0.00	0.00	0.00
南沙	0.00	-0.01	-0.01	-0.02
蕉门南支中	0.00	0.00	0.03	0.04
蕉延出口	0.01	0.01	0.07	0.05

表9-46　"92.7"潮位变化值统计表　(单位：m)

站点	高高潮位差值		低低潮位差值	
	方案2	方案3	方案2	方案3
南华	0.00	0.00	-0.01	-0.01
容奇	-0.01	0.00	-0.02	-0.01
南头	-0.01	0.00	-0.03	-0.02
小榄	-0.01	0.00	-0.04	-0.02
横门	-0.03	-0.01	-0.16	-0.13
横门南汊	-0.01	0.00	-0.16	-0.13
横门北汊	-0.03	-0.01	-0.22	-0.17
大陇滘	-0.01	0.00	-0.03	-0.03
上横沥	-0.02	-0.01	-0.04	-0.03
下横沥	-0.01	-0.02	-0.03	0.00
冯马庙	-0.02	-0.02	-0.08	-0.05
汇延进口	-0.05	-0.02	-0.27	-0.20
汇延中段	-0.01	-0.02	-0.19	-0.21
汇延出口	0.01	0.01	0.00	-0.01
大虎	-0.01	0.00	0.00	0.01
亭角	-0.01	-0.01	-0.01	0.00
南沙	0.00	0.00	0.00	0.02
蕉门南支中	0.00	0.00	0.01	0.01
蕉延出口	0.01	0.01	0.02	0.03

表 9－47 **“2001.2”潮位变化值统计表** （单位：m）

站点	高高潮位差值		低低潮位差值	
	方案 2	方案 3	方案 2	方案 3
南华	0.00	0.00	0.00	0.00
容奇	0.00	0.00	－0.01	－0.01
南头	0.00	0.00	－0.01	－0.02
小榄	0.01	0.01	－0.02	－0.01
横门	0.03	0.02	－0.11	－0.12
横门南汊	0.01	0.00	－0.11	－0.11
横门北汊	0.02	0.02	－0.16	－0.13
大陇滘	0.02	0.01	－0.03	－0.03
上横沥	0.01	0.02	－0.03	0.01
下横沥	0.01	0.00	0.00	0.02
冯马庙	0.01	0.00	－0.06	－0.03
汇延进口	0.02	0.01	－0.17	－0.15
汇延中段	0.02	0.01	－0.14	－0.15
汇延出口	0.03	0.01	－0.01	－0.01
大虎	0.00	0.00	0.00	0.00
亭角	0.01	0.01	0.00	0.00
南沙	0.01	0.01	0.02	0.02
蕉门南支中	0.01	0.01	0.02	0.03
蕉延出口	0.01	0.01	0.04	0.04

5. 试验成果及其分析

试验研究是在珠江水利科学研究院的珠江河口整体物理模型上进行的，模型上潮位测站、流速断面及测流点的布置如图 9－28 所示。试验成果及其分析分述如下：

（1）潮位变化分析。各方案在各种径潮组合水文条件下的试验成果分别见表 9－47、表 9－48 和表 9－49，由诸表可见：

1）在洪水大潮径潮组合水文条件下，除蕉门南支及其延伸段出口因受支汊出口的水流顶托，使高高潮位不降低或略有抬高和低低潮位有所抬高（约抬高 3～7cm）外，其他各站高高潮位和低低潮位均有不同程度的下降，低低潮位的降幅大于高高潮位的降幅，方案 2 的降幅大于方案 3 的降幅，其降幅向上游呈递减趋势。降幅最大的是汇合延伸段的进口至中段及横门南、北汊至横门站，高高潮位降幅为 6～15cm，低低潮位降幅为 22～69cm；其次为洪奇门水道，冯马庙站高高潮位降幅为 2～4cm，低低潮位降幅为 12～16cm；其余各站降幅都较小，一般在 1～4cm 之间。工程影响所及范围为横门水道上至小榄、南头附近，洪奇门水道上至大陇滘，蕉门水道上至蕉门南支中段。方案 2 与方案 3 相比，高高潮位差别不大，前者变幅仅较后者约大 1～2cm，而低低潮位则差别较大，前者变幅较后者约大 2～19cm。

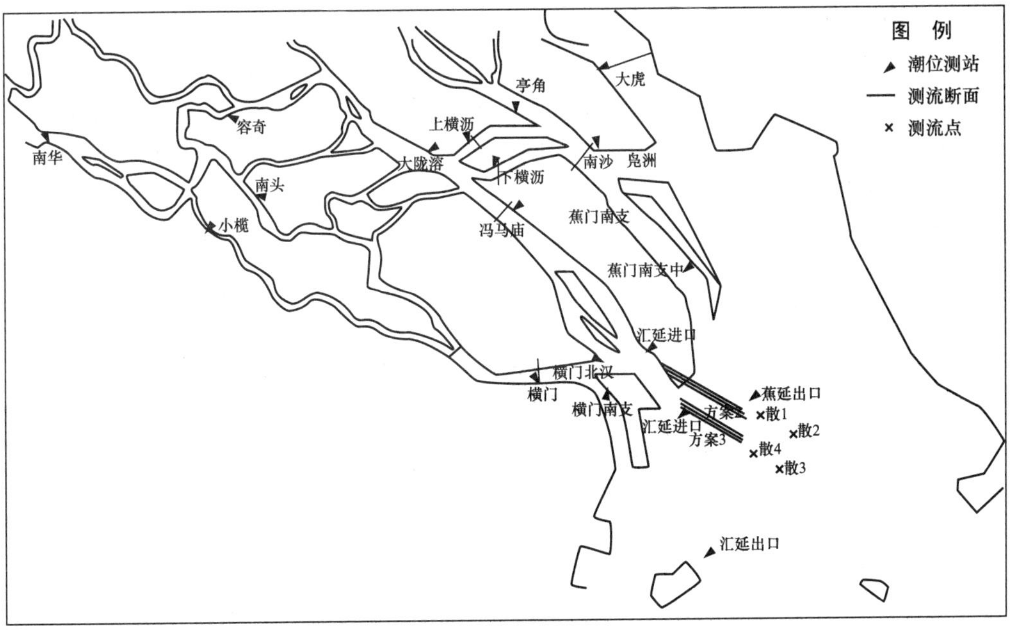

图 9－28　模型潮位测站、流速断面及人工测流布置图

2）在中水大潮径潮组合水文条件下，潮位变化趋势与洪水大潮基本一致，只是潮位变幅相对较小。其中变幅最大的汇合延伸段进口至中段及横门南、北汊至横门站的高高潮位降幅在 5cm 以内，低低潮位降幅为 13～17cm；冯马庙站高高潮位降幅为 2cm，低低潮位降幅为 5～8cm。方案 2 的变幅略大于方案 3，约大 1～7cm。

3）在枯水大潮径潮组合水文条件下，方案 2 与方案 3 的潮位变化趋势基本一致，高高潮的大虎以上、南头以上的潮位基本不变，其他各站潮位略有抬高，抬高值最大的是汇合延伸段及横门南、北汊和横门站，变幅约为 1～3cm，其余站为 1～2cm；低低潮时除蕉门水道南沙以下至蕉门南支出口的潮位有所抬高（抬高值约为 2～4cm）和南沙、虎门、南华以上基本不变外，其他站均有不同程度的下降，其中汇合延伸段进口至中段及横门南、北汊至横门站的降幅最大，约为 11～17cm，其次为洪奇门水道的冯马庙站，降幅为 3～6cm，其余站降幅仅 1～3cm，方案 2 的降幅略大于方案 3，约大 1～3cm。

由上可以认为，方案实施后，在洪水大潮情况下，高高潮位和低低潮位均有所降低，这对防洪和排涝都有利；在中水大潮情况下，同样为高高潮位和低低潮均有所降低，但高高潮位降低值较小，对潮灌影响不会太大，而低低潮位降低则对潮排有利；在枯水大潮情况下，高高潮位有所抬高对潮灌有利，而低低潮位降低则对潮排有利，但对通航不利，可能对横门水道及汇合延伸段存在一定的影响。蕉门南支与蕉门水道的南沙站因其低低潮位抬高值不大，不会带来大的影响。仅从潮位变化上看，两种不同布置方案相比，方案 2 略比方案 3 好些。

（2）流速变化分析。各方案在各种径潮组合水文条件下的试验成果，见表 9－48。由表可见：

1）在洪水大潮径潮组合水文条件下，除了各汊道出口的伶仃洋水域的散点 1～4 有涨潮流和落潮流、且涨潮、落潮平均流速均有所增大外，其他汊道均无涨潮流，只有落潮流。在汇合延伸段进口附近和横门、横门北汊、支汊、洪奇门等区域内落潮平均流速有所增大，方案2增大0.16~0.32m/s，方案3增大0.01~0.20m/s，其他区域为落潮平均流速有所减小，减小值在0.01~0.44m/s之间，距离汇合延伸段越远减小值越小，除个别测点外，方案2的减小值略大于方案3。以上表明一主一支方案实施后，在工程附近区域径流动力有所加强，而在远离工程区域径流动力有所减弱；在伶仃洋水域则为径、潮流动力均有所加强。

2）在中水大潮径潮组合水文条件下，除了横门、横门北汊和上、下横沥无涨潮流，而横门北汊落潮平均流速有所增大（方案2增大0.12m/s、方案3增大0.07m/s）外，其余各汊道、汇合延伸段及伶仃洋水域均有涨潮、落潮流，在工程附近区域的汇合延伸段进口、横门及洪奇门等处，涨潮、落潮平均流速均有所增大，增幅为0.01~0.08m/s，距离工程区越远增幅越小，方案2略大于方案3；凫洲水道及蕉门南支涨潮平均流速略有增大，落潮平均流速则略有减小，增大和减小的幅度约为0.01~0.03m/s，两种方案差别不大；伶仃洋水域在方案2情况下涨潮、落潮平均流速大都为增大，而在方案3情况下则大多为涨潮平均流速减小、落潮平均流速增大，减小和增大的幅度约为0.01~0.12m/s。以上表明一主一支方案实施后，在中水大潮条件下，涨潮流到达蕉门、洪奇门和横门南汊以下，在工程附近区域径、潮流动力均有所加强，而在远离工程区域径流动力有所减弱，但不甚明显；在伶仃洋水域则为方案2下径、潮流动力均有所加强，而方案3则为潮流动力有所减弱、径流动力有所加强。

3）在枯水大潮径潮组合水文条件下，除支汊无涨潮流外，各汊道和水域均有涨潮、落潮平均流速有所增大，增幅约为0.02~0.08m/s；蕉门南支及其出口、横门南汊、上下横沥及汇合延伸段出口涨潮、落潮平均流速均有所减小，减幅约为0.01~0.08m/s；凫洲水道为涨潮平均流速略有减小（约减小0.01m/s），而落潮平均流速基本不变或略有增大；伶仃洋水域涨、落潮平均流速有增有减，无一定规律性。以上表明一主一支方案实施后，在枯水大潮条件下，除支汊外，整个水域均有涨潮、落潮流，在工程附近区域径流、潮流动力均有所加强，而在远离工程区域除凫洲水道外，径流、潮流动力均有所减弱，方案2与方案3差别不大。

表9-48 各种水文条件下各方案平均流速变化值统计表 （单位：m/s）

测点	项目	"98.6"		"97.2"		"2001.2"	
		方案2	方案3	方案2	方案3	方案2	方案3
方案2V1	落潮平均流速	2.04	—	0.84	—	0.57	—
	涨潮平均流速	—	—	—	—	—	—
方案3V1	落潮平均流速	—	2.17	—	0.86	—	0.68
	涨潮平均流速	—	—	—	—	—	—
横门V1	落潮平均流速	0.12	0.10	0.01	0.01	0.01	0.01
	涨潮平均流速	—	—	—	—	0.01	0.01
横门南汊	落潮平均流速	-0.23	-0.17	-0.10	-0.06	-0.08	-0.07
	涨潮平均流速	—	—	-0.10	-0.08	-0.05	-0.05

续表

测点	项目	“98.6”		“97.2”		“2001.2”	
		方案2	方案3	方案2	方案3	方案2	方案3
横门北汊	落潮平均流速	0.28	0.16	0.12	0.07	0.08	0.05
	涨潮平均流速	—	—	—	—	0.03	0.02
上横沥	落潮平均流速	-0.02	-0.01	-0.02	0.00	-0.03	0.00
	涨潮平均流速	—	—	—	—	-0.01	-0.01
下横沥	落潮平均流速	-0.01	-0.01	-0.01	0.00	-0.03	-0.01
	涨潮平均流速	—	—	—	—	-0.02	-0.01
冯马庙 V1	落潮平均流速	0.16	0.11	0.03	0.02	0.04	0.00
	涨潮平均流速	—	—	0.01	0.01	0.02	0.02
汇延进口 V1	落潮平均流速	0.32	0.20	0.08	0.06	0.08	0.06
	涨潮平均流速	—	—	0.00	0.01	0.07	0.03
汇延出口 V1	落潮平均流速	-0.42	-0.44	-0.16	-0.25	-0.09	-0.13
	涨潮平均流速	—	—	0.00	-0.01	-0.02	-0.05
南沙 V1	落潮平均流速	-0.12	-0.10	-0.01	-0.01	-0.02	-0.01
	涨潮平均流速	—	—	-0.02	-0.02	0.00	0.00
凫洲 V1	落潮平均流速	-0.03	-0.03	-0.02	-0.01	0.01	0.00
	涨潮平均流速	—	—	0.01	0.01	-0.01	-0.01
蕉门南支 V1	落潮平均流速	-0.01	-0.02	-0.01	-0.02	-0.01	-0.02
	涨潮平均流速	—	—	0.03	0.02	-0.01	-0.02
蕉延出口 V1	落潮平均流速	-0.08	-0.05	0.00	-0.01	-0.04	-0.04
	涨潮平均流速	—	—	0.00	0.01	-0.01	-0.01
散1	落潮平均流速	0.11	-0.20	0.12	-0.10	0.20	-0.07
	涨潮平均流速	0.07	—	-0.02	0.00	-0.04	0.02
散2	落潮平均流速	0.05	0.02	0.05	0.03	0.02	0.03
	涨潮平均流速	0.09	0.27	-0.01	-0.03	0.00	0.00
散3	落潮平均流速	0.10	0.11	0.02	0.03	0.02	0.03
	涨潮平均流速	0.05	0.08	-0.01	0.00	-0.01	-0.01
散4	落潮平均流速	-0.36	0.97	-0.10	0.17	-0.09	0.13
	涨潮平均流速	0.04	0.02	0.01	-0.14	0.01	-0.13

由上可以认为，一主一支方案实施后，在各种径潮组合水文条件下，工程附近区域径流、潮流动力均有所加强（洪水大潮无涨潮流除外），而远离工程附近区域径流或径流、潮流动力则有所减弱；仅从流速变化而言，两种方案差别不大，但在洪水大潮情况下，方案2略比方案3好些。

（3）流态变化分析。图9－29～图9－34为一主一支方案实施前后工程附近水域各方案的流场对比，由诸图可见其流态有如下变化：

1）在汇合延伸段进口附近，工程前落潮时横门北汊水流与洪奇门水道水流的夹角为30°～40°，水流相互顶托，流态紊乱；工程后落潮时在方案2情况下，两种水流的夹角减小，交汇点下移，进口段水流流向与开挖支汊中轴线夹角约为12°，水流较为顺畅，减轻了两种水流的顶托，效果较为明显；而方案 3 虽然交汇点更向下游下移，但夹角较大，约为 19. 7°，对减轻两种水流的顶托效果不如方案 2 明显。从支汊进口水流流态而言，方案 2 优于方案 3。

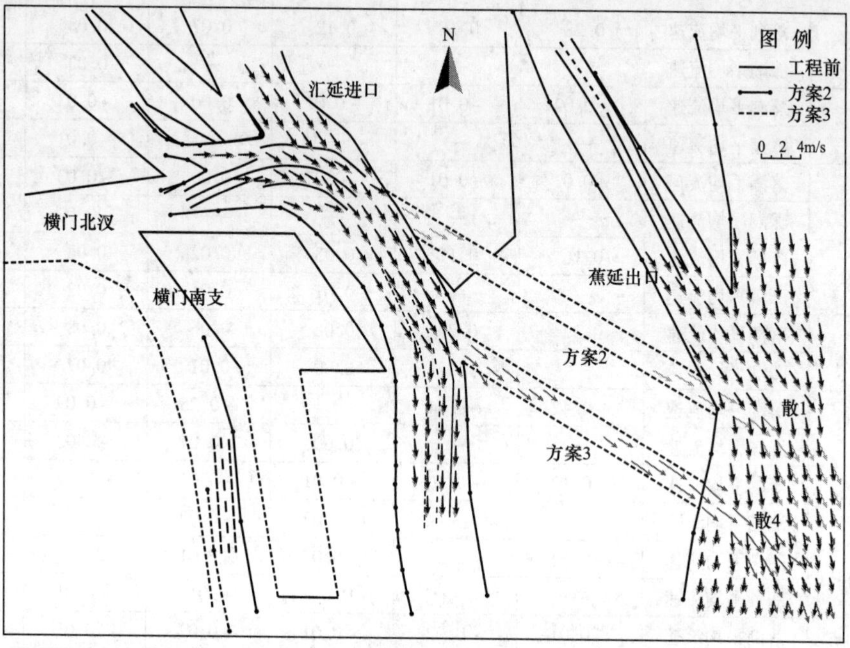

图 9 – 29 “98. 6”组合工程前后落急流场对比图

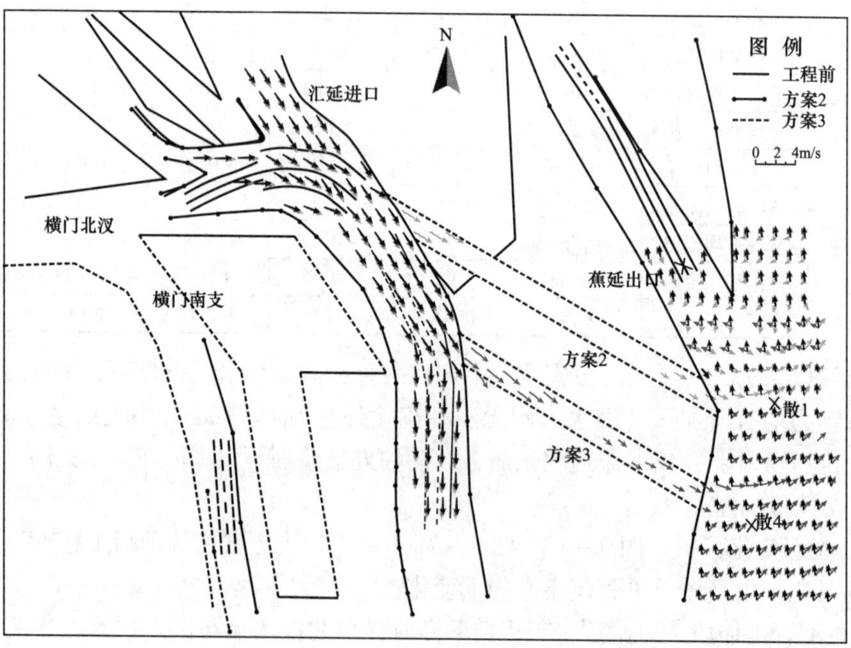

图 9 – 30 “98. 6”组合工程前后涨急流场对比图

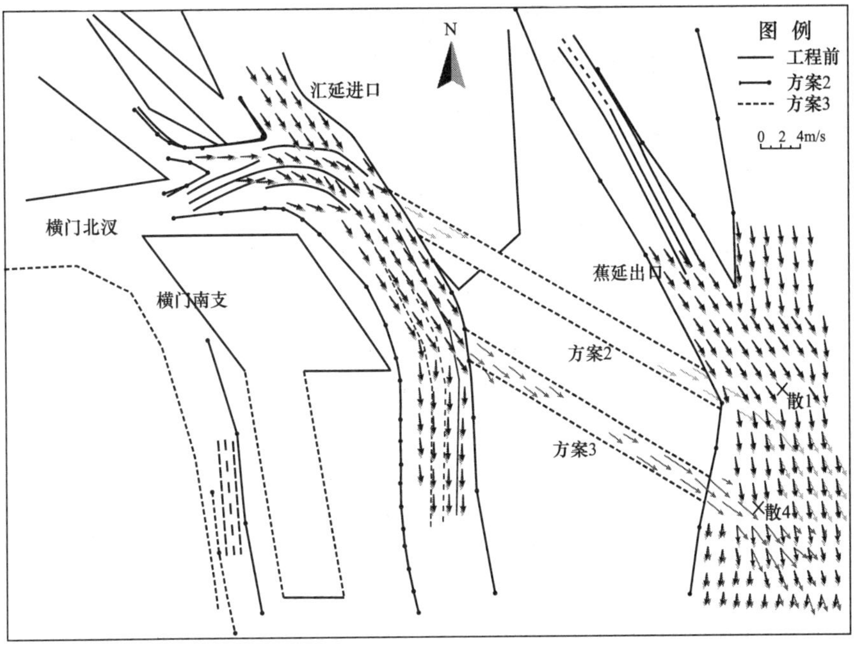

图9-31　“92.7”组合工程前后落急流场对比图

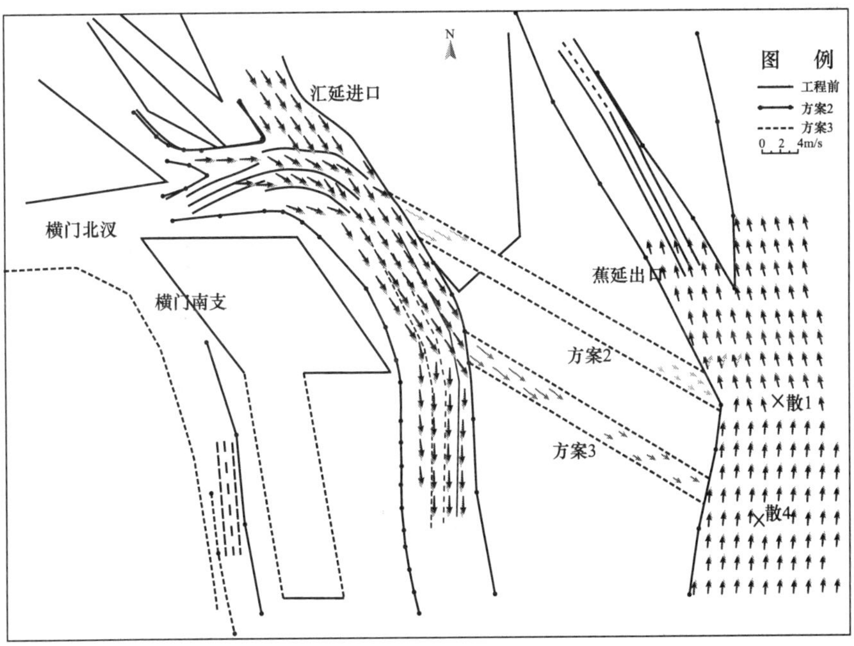

图9-32　“92.7”组合工程前后涨急流场对比图

2）在开挖支汊的出口，落潮时其下泄径流动力较强，对蕉门延伸段出口水流与伶仃水道下泄水流起顶托作用，水流流态受到一定的影响，方案2与方案3差别不大。涨潮时在大洪水大潮情况下，开挖支汊仍为落潮流，强大的径流动力与上溯的涨潮流相互顶托，在支汊出口与蕉门延伸段出口附近形成大小不同的回流区和缓流区，两种方案差别不大；在枯水大潮情况下，上溯的涨潮流已进入开挖支汊，其出口已不存在回流区和缓流区，水流较为顺畅；中水大潮的情况介于以上两者之间。

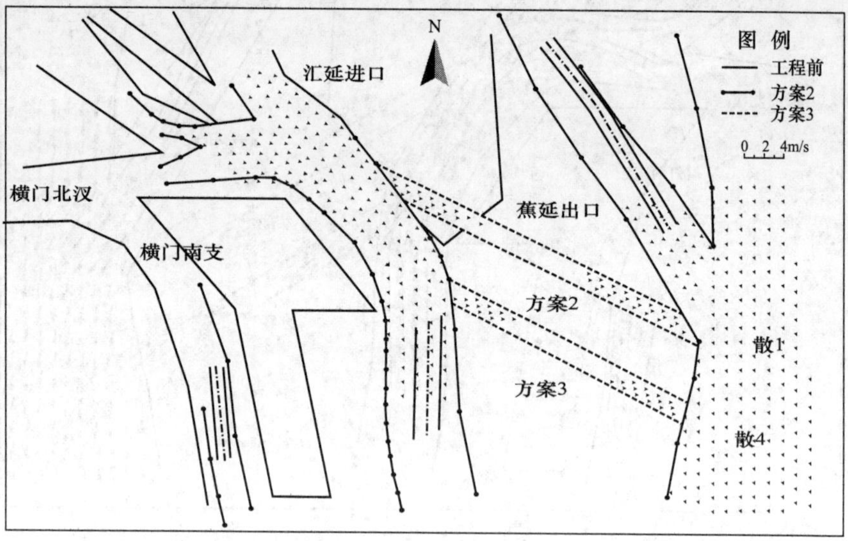

图 9-33 “2001.2”组合工程前后落急流场对比图

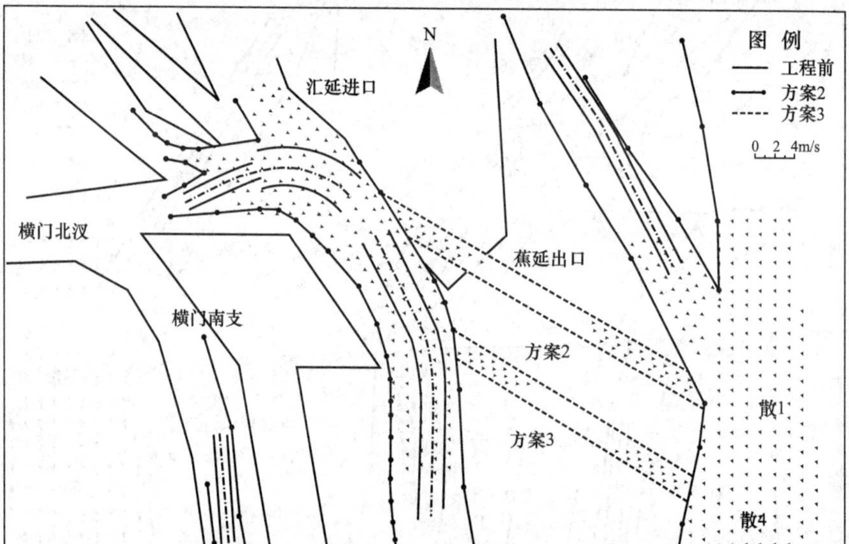

图 9-34 “2001.2”组合工程前后涨急流场对比图

由上可以认为，一主一支方案实施后，就工程附近的流态而言，在各种径潮组合水文条件下，方案2的支汊进口水流流态优于方案3，而支汊出口水流流态则两种方案差别不大。

（4）潮量及分流比变比分析。表 9－49 为"98.6"及"92.7"水文条件下潮量变化的试验成果，表 9－50 为相同水文条件下净泄量分流比变化的试验成果。由诸表可见：

表 9－49　　潮量变化值统计表

组合	站名	项目	工程前潮量（万 m^3）	变化值（%）	
				方案 2	方案 3
"98.6"	上横沥	落潮量	33884	-1.6	-1.0
		涨潮量	—	—	—
		净泄量	33884	-1.6	-1.0
	下横沥	落潮量	67555	-2.6	-2.5
		涨潮量	—	—	—
		净泄量	67555	-2.6	-2.5
	冯马庙	落潮量	58088	5.9	4.6
		涨潮量	—	—	—
		净泄量	58088	5.9	4.6
	横门	落潮量	72447	3.9	2.4
		涨潮量	—	—	—
		净泄量	72447	3.9	2.4
	横门南沙	落潮量	32244	-14.8	-11.1
		涨潮量	—	—	—
		净泄量	32244	-14.8	-11.1
"92.7"	上横沥	落潮量	11620	-2.3	-2.3
		涨潮量	—	—	—
		净泄量	11620	-2.3	-2.3
	下横沥	落潮量	18963	-1.4	-1.3
		涨潮量	—	—	—
		净泄量	18963	-1.4	-1.3
	冯马庙	落潮量	17528	4.1	4.3
		涨潮量	148	-4.1	-4.5
		净泄量	17380	4.2	4.3
	横门	落潮量	22150	0.7	0.8
		涨潮量	—	—	—
		净泄量	22150	0.7	0.8
	横门南沙	落潮量	10408	-10.1	-9.7
		涨潮量	549	-26.4	-26.2
		净泄量	9859	-9.2	-8.7

注　工程前指治导规划总体方案（包括治导线规划和整治工程）。

1）在上述两种水文条件下，工程段附近的洪奇门水道和横门水道的落潮量和净泄量均有所增加，方案 2 增大 0.7%～5.9%，方案 3 增大 0.8%～4.3%，"98.6"组合的增大幅度略大于"92.7"组合，而洪奇门水道在"92.7"组合时涨潮量则有所减少，方案 2 和方案 3 各减少 4.1% 和 4.5%；离开工程段较远处的上、下横沥和横门南汊，其落潮量和净泄量均为减少，方案 2 为上、下横沥减少 1.4%～2.6%，横门南汊为减少9.2%~14.8%，方案3为上、下横沥减少1.0%~2.5%，横门南汊为减少8.7%~11.1%，在“92.7”水文条件时，横门南汊涨潮量亦为减少，方案2和方案3各减少26.4%和26.2%。可见，一主一支方案实施后，洪奇门水道和横门水道的径流动力有所加强，而潮流动力则有所减弱，这显然是整治工程取得了预期的效果，方案2略优于方案3。

2）在上述两种水文条件下，工程段附近的洪奇门水道和横门水道的净泄量分流比均有所增大，前者方案增幅为1.3%~1.9%，后者增幅为4.0%~6.1%；前者方案3增幅为1.3%~1.5%，后者增幅为4.0%。离开工程段较远处的净泄量分流比则有所减小，上、下横沥方案2的减小幅度为0.5%~1.4%，方案3的减小幅度为0.3%~1.2%，横门南汊方案2的减小幅度为4.0%~6.1%，方案3的减小幅度为4.0%。可见，一主一支方案实施后，洪奇门水道和横门水道的分流比有所增大，亦即径流动力有所增强，方案2略优于方案3。

由上可以认为，一主一支方程实施后，工程段附近的落潮量、净泄量和分流比都有所增大，表明径流动力有所增强，方案2略优于方案3。

表9-50　净泄量分流比统计表　（%）

组合	位置	站名	工程前	方案2	方案3
“98.6”	洪奇门	上横沥	21.2	20.7	20.9
		下横沥	42.3	40.9	41.1
		冯马庙	36.4	38.3	37.9
		合计	100.0	100.0	100.0
	横门	横门南汊	44.5	38.4	40.5
		横门北汊	55.5	61.6	59.5
		合计	100.0	100.0	100.0
	汇合段	汇延进口	—	—	—
		方案2	—	38.8	—
		方案3	—	—	37.0
“92.7”	洪奇门	上横沥	24.2	23.6	23.5
		下横沥	39.5	38.8	38.8
		冯马庙	36.2	37.5	37.5
		合计	100.0	100.0	100.0
	横门	横门南汊	44.5	40.5	40.5
		横门北汊	55.5	59.5	59.5
		合计	100.0	100.0	100.0
	汇合段	汇延进口	—	—	—
		方案2	—	44.5	—
		方案3	—	—	41.6

注　工程前指原治导线规划总体方案（包括治导线规划和整治工程）。

（5）结论。通过珠江河口整体模型的试验研究，对横门北汊与洪奇门汇合延伸段采用一主一支的治理规划方案得到如下结论：

1）一主一支规划方案能进一步改善横门北汊与洪奇门水道交汇处水流的相互顶托作用，两种水流的夹角减小，交汇点下移，水流较顺畅，方案2比方案3效果更加明显。

2）方案实施后，在洪水大潮条件下一般是高高潮位和低低潮位均有所降低；中水大潮条件下潮位变化仍相同，仅降低值小些；枯水大潮条件下高高潮位有所抬高，低低潮位有所降低，其抬高和降低值不大，对防洪排涝、潮排潮灌和通航等方面不会有大的影响。就潮位变化而言，方案2略比方案3好些。

3）方案实施后，在各种径潮组合水文条件下，一般是工程附近涨潮、落潮平均流速均有所增大，径流、潮流动力均有所增强；远离工程附近区域涨潮、落潮平均流速均有所减小，径流、潮流动力有所减弱。就流速变化而言，两种方案差别不大，但洪水大潮情况下方案2略比方案3好些。

4）方案实施后，在各种径潮组合水文条件下，就工程附近的流态而言，方案2的支汊进口水流流态较平顺，优于方案3；而支汊出口水流流态则两种方案差别不大。

5）方案实施后，在洪水大潮和中水大潮径潮组合水文条件下，工程段附近的落潮量、净泄量和分流比均有所增大，径流动力有增强，方案2略优于方案3。

6）方案实施后，由于开挖支汊的分流作用，导致横门南汊及汇合延伸段出口的涨潮、落潮平均流速有所减小，涨潮、落潮潮量和分流比亦有所减少，径流、潮流动力均有所减弱，可能造成横门南汊及汇合延伸段出口趋于萎缩，需慎重对待，采取必要的补救措施。

9.2.4.3　深圳湾整治规划方案试验研究❶

1. 试验研究的目的和要求

近年来深圳湾的开发建设十分活跃，目前已成为深圳特区范围内最具活力的地区之一，各种填海方案层出不穷，人类活动十分频繁，有些工程已付诸实施，这些工程对深圳湾的泄洪纳潮和生态环境等将产生不利影响。

为了实现经济的可持续发展和资源的可持续利用，强化岸线和滩涂的规范管理，加强对深圳湾水域的开发和利用的控制，必须开展深圳湾整治规划方案的研究。

深圳湾的整治规划，应在充分研究深圳湾水域功能的基础上，根据深圳湾的水沙运动规律、冲淤演变趋势及生态环境保护的要求，结合深圳河、大沙河等入湾河流的整治规划，提出深圳湾的综合整治方案和治理措施，以达到保障和改善深圳湾及其汇入河流的泄洪排涝和排污条件，以及保护和改善深圳湾周边的生态环境。

试验研究的要求，主要是研究不同治导线方案下，河岸、河道整治后水域内的潮位、流速、流向、流态和湾口潮量的变化等，提出较优的整治方案。根据中水珠江规划勘测设计有限公司对试验研究的具体要求如下：

（1）在洪水水文组合条件下，各河道的潮位、流速变化。

（2）在通常情况下（大潮和小潮水文组合），各规划方案对深圳湾潮位、流速、流

---

❶ 珠江水利委员会科学研究所，深圳湾整治规划方案物理模型试验研究所报告，2004年8月。

向、流态及深圳河潮量的变化。

(3) 综合分析各方案的利弊，研究规划方案实施后所带来的问题，提出改善措施。

2. 规划方案

中水珠江规划勘测设计有限公司对深圳湾整治规划提出了3个方案进行试验研究（见图9-35）：

图9-35 深圳湾整治规划方案布置示意图

(1) 治导线方案1，简称方案1，主要是理顺深圳湾内深圳一侧的岸线，湾中上部东角头以上过水断面缩窄了，深圳湾纳潮面积减少了11.4%；

(2) 治导线方案2，简称方案2，与方案1类似，除了东角头以上部分岸线的围垦比方案1更多外，其余段两方案的规划线相重合，湾内纳潮面积方案实施后减少更多，约为14.1%；

(3) 方案3，在治导线方案1的基础上进行岸线退堤整治和河床疏浚，工程后主槽作用比方案1更加明显。疏浚断面自上而下逐步放宽，底宽从130~220m，边坡为1:10，开挖至-3.5m（开挖前该处原河床平均高程为-0.5m，珠基，下同）。

3. 试验采用的径潮组合水文条件及水文测站布设

根据中水珠江规划勘测设计有限公司的要求，采用的洪潮组合分别为：洪水大潮水文组合（着重研究方案对泄洪的影响，上游河道径流采用100年一遇洪水）、大潮水文组合和小潮水文组合（着重研究湾内两种常见的潮型条件下，方案对深圳湾潮流动力的影响，此时上游河道视为无径流考虑）。两种径潮组合的水文条件见表9-51。

为了满足试验研究目的和要求的需要，布设如下水文测站（见图9-36）。

潮位测站：赤湾、湾外、湾口、湾中、湾上、深圳河口。

测流断面：尖鼻咀断面、东角头断面、深圳大学断面、湾口断面、深圳河口断面、大沙河口断面、元朗河口断面。

流速散点：1#、2#、3#、4#、5#、6#。

表 9－51　　试验径潮组合水文条件统计表

径潮水文组合	上游流量（m^3/s）		
	深圳河	大沙河	元朗河
洪水大潮	1149	189	189
大潮	—	—	—
小潮	—	—	—

图 9－36　试验测点布置示意图

4. 试验成果及其分析

（1）潮位变化分析。表 9－52 为潮位变化试验成果，由表可见：

表 9－52　　潮位变化值统计表　　（单位：m）

水文组合	站名	工程前		方案 1		方案 2		方案 3（方案 1 加开挖）	
		高高潮位	低低潮位	高高潮位变化	低低潮位变化	高高潮位变化	低低潮位变化	高高潮位变化	低低潮位变化
洪水大潮	赤湾	1.54	－0.83	0.00	0.00	0.00	0.00	0.00	0.00
	湾外	1.52	－0.83	0.00	0.00	0.00	0.00	0.00	0.00
	湾口	1.53	－0.83	0.00	0.00	0.00	0.00	0.00	0.00
	湾中	1.56	－0.80	0.00	－0.01	0.00	－0.02	0.00	－0.01
	湾上	1.57	－0.70	－0.01	0.03	－0.01	0.03	－0.02	－0.06
	深圳河口	1.58	0.17	－0.01	0.01	－0.01	0.02	－0.02	－0.81
	深圳河	1.61	0.45	－0.01	0.01	－0.01	0.02	－0.02	－0.93

续表

水文组合	站名	工程前		方案1		方案2		方案3（方案1加开挖）	
		高高潮位	低低潮位	高高潮位变化	低低潮位变化	高高潮位变化	低低潮位变化	高高潮位变化	低低潮位变化
大潮	赤湾	1.42	-1.37	0.00	0.00	0.00	0.00	0.00	0.00
	湾外	1.39	-1.39	0.00	0.00	0.00	0.00	0.00	0.00
	湾口	1.41	-1.38	0.00	0.00	0.00	0.00	0.00	0.00
	湾中	1.46	-1.44	0.00	-0.01	0.00	-0.01	0.00	-0.02
	湾上	1.52	-1.47	-0.02	0.02	-0.03	0.03	-0.01	-0.04
	深圳河口	1.55	-1.24	-0.02	0.01	-0.02	0.02	-0.01	-0.22
	深圳河	1.57	-1.23	-0.02	0.01	-0.02	0.02	-0.01	-0.22
小潮	赤湾	0.47	-0.71	0.00	0.00	0.00	0.00	0.00	0.00
	湾外	0.46	-0.79	0.00	0.00	0.00	0.00	0.00	0.00
	湾口	0.47	-0.76	0.00	0.00	0.00	0.00	0.00	0.00
	湾中	0.48	-0.86	0.00	-0.01	0.00	-0.01	0.00	-0.01
	湾上	0.49	-0.89	-0.01	0.01	-0.01	0.02	0.00	-0.02
	深圳河口	0.49	-0.81	-0.01	0.01	-0.01	0.01	0.00	-0.06
	深圳河	0.49	-0.79	-0.01	0.01	-0.01	0.01	0.00	-0.06

1）在洪水大潮径潮组合水文条件下，3个方案在湾外和湾口的潮位未发生变化，整治工程对其未产生影响；在湾上部和深圳河口一带，3个方案均为高高潮位降低1~2cm，其中以方案3的降低值最大，为2cm，而低低潮位则为方案1和方案2均为有所抬高，抬高值为1~2cm，方案2大于方案1，方案3有较大的降低，深圳河口降低81~93cm，这与河口开挖后泄洪畅通有关；湾中部分3个方案均为高高潮位基本不变，而低低潮位则降低1~2cm。

2）在上游忽略径流只有大潮或小潮的水文条件下，3个方案的潮位变化与洪水大潮的变化规律完全相同，仅变化值的大小有所差别。大潮时方案1和方案2高高潮位的降低值略大于洪水大潮，小潮时与洪水大潮相同；大潮和小潮方案1和方案2低低潮位的变化与洪水大潮基本相同；方案3在大、小潮时高高潮位的变化值略小于洪水大潮，而低低潮位在深圳河口的降低值则小于洪水大潮的降低值。

由上可以认为，在洪水大潮和大潮、小潮水文条件下，方案1和方案2实施后对潮位影响不大，高高潮位和低低潮位的变化在±1~3cm以内，对防洪排涝、潮排、潮灌、通航等影响不大；方案3的高高潮位降低值最大仅为2cm，对防洪排涝等不会有不利影响，但在深圳河口一带，低低潮位的降低值则较大，洪水大潮为81~93cm，大潮为22cm，小潮为6cm，低低潮位降低对泄洪排涝有利，但可能对潮灌、通航带来不利影响。

（2）流速变化分析。表9-53为流速变化试验成果，由表可见：

1）在洪水大潮水文条件下，3个方案在工程区附近涨潮、落潮平均流速均有所增大，增值约为0.01~0.02m/s（见2#、3#散点），这与工程区附近过水断面面积有所缩小有关；

湾口流速基本不变（见5#散点），说明湾口已不受工程影响；深圳河口附近方案1和方案2的涨潮、落潮平均流速略有减小，减小值为0.01m/s（见1#散点），而方案3因开挖河道，落潮平均流速有较大的增大，增幅为0.44m/s，涨潮平均流速则仅有较小的增大，增幅为0.03m/s，涨潮平均流速则仅有较小的增大，增幅为0.03m/s（见1#散点）；在湾顶部的开挖河道以南，因已处于开挖河道影响范围以外，受湾内涨潮、落潮潮量减少的影响，方案3的涨潮、落潮平均流速有较大的减小，分别为0.18m/s和0.26m/s（见6#散点），而方案1和方案2在落潮时平均流速仅减小0.01m/s，涨潮流速则基本不变，可见，河道开挖对其附近的涨潮、落潮流速影响较大。

2）在大潮和小潮的水文条件下，其涨潮、落潮平均流速的变化规律与上述洪水大潮的变化规律基本相同，仅在平均流速减小的量值上略有增大，其中大潮的减小值略大于小潮的减小值。

表9-53　流速变化统计表　（单位：m/s）

水文组合	测点位置	方案1		方案2		方案3（方案1加开挖）	
		涨潮平均	落潮平均	涨潮平均	落潮平均	涨潮平均	落潮平均
洪水大潮	1#	-0.01	-0.01	-0.01	-0.01	0.03	0.44
	2#	0.00	0.01	0.02	0.02	0.02	0.02
	3#	0.01	0.01	0.02	0.02	0.01	0.01
	4#	-0.02	-0.02	-0.03	-0.03	-0.02	-0.02
	5#	0.00	0.00	0.00	0.00	0.00	0.00
	6#	0.00	-0.01	0.00	-0.01	-0.18	-0.26
大潮	1#	-0.02	-0.01	-0.02	-0.02	0.05	0.33
	2#	0.01	0.01	0.02	0.02	0.02	0.02
	3#	0.01	0.01	0.02	0.02	0.01	0.01
	4#	-0.03	-0.03	-0.05	-0.04	-0.02	-0.03
	5#	0.00	0.00	0.00	0.00	0.00	0.00
	6#	0.00	-0.01	0.00	-0.01	-0.28	-0.26
小潮	1#	-0.01	-0.01	-0.01	-0.01	0.02	0.17
	2#	0.01	0.01	0.02	0.02	0.02	0.02
	3#	0.01	0.01	0.02	0.02	0.01	0.01
	4#	-0.02	-0.02	-0.03	-0.03	-0.02	0.01
	5#	0.00	0.00	0.00	0.00	0.00	0.00
	6#	0.00	-0.01	0.00	-0.01	-0.26	-0.24

（3）潮量变化分析。表9-54为潮量变化试验成果。由表可见：

1）在洪水大潮水文条件下，3个方案的潮量变化基本相同，仅变化幅度有所不同。在深圳河、大沙河和元朗河的河口断面，均未出现涨潮流，而落潮潮量则基本无变化；其他断面的涨潮、落潮潮量均有所减少，涨潮潮量减少4.8%～9.1%，落潮潮量减少2.1%～5.7%，方案2的减幅大于方案1，方案3的减幅为最小。

2）在大潮和小潮水文条件下，3 个方案各断面的涨潮、落潮潮量均为有所减少。在深圳河和元朗河河口断面的涨潮、落潮潮量减少最小，约为 1.0% ~2.1%，小潮减幅略大于大潮减幅，方案 2 减幅略大于方案 1 减幅，以方案 3 减幅为最小；其他断面涨潮量和落潮量的减幅约为 4.7% ~9.5%，同样为小潮减幅略大于大潮减幅，方案 2 减幅略大于方案 1 减幅，而以方案 3 减幅为最小。

由上可以认为，在各种水文条件下，规划方案实施后，深圳湾的涨潮、落潮流动力均有所减弱，其减弱的程度是方案 2 大于方案 1，以方案 3 为最小，这与方案 2 减小的面积大于方案 1 有关，而方案 3 由于开挖河道，增大了落潮量，故使涨潮、落潮潮量的减幅小于方案 2 和方案 1。

表 9 – 54　深圳湾潮量变化统计表

（%）

水文组合	断面	方案 1		方案 2		方案 3（方案 1 加开挖）	
		涨潮	落潮	涨潮	落潮	涨潮	落潮
洪水大潮	尖鼻咀断面	-5.2	-2.3	-6.3	-2.8	-4.8	-2.1
	深圳大学断面	-7.0	-4.0	-8.2	-4.7	-6.5	-3.7
	东角头断面	-7.8	-4.9	-9.1	-5.7	7.3	4.6
	湾口断面	-5.9	-4.3	-6.0	-4.4	-5.4	-4.0
	深圳河口断面	—	0.0	—	0.0	—	0.0
	大沙河口断面	—	0.0	—	0.0	—	0.0
	元朗河口断面	—	0.0	—	0.0	—	0.0
大潮	尖鼻咀断面	-5.0	-5.0	-5.9	-5.9	-4.7	-4.7
	深圳大学断面	-6.7	-6.7	-7.7	-7.8	-6.3	-6.2
	东角头断面	-7.5	-7.7	-8.5	-8.4	-7.1	-7.1
	湾口断面	-5.7	-5.6	-6.6	-6.7	5.4	-5.4
	深圳河口断面	-1.2	-1.2	-1.5	-1.5	-1.0	-1.0
	大沙河口断面	-5.3	-5.2	-5.5	-5.6	-5.0	-5.1
	元朗河口断面	-1.1	-1.1	-1.2	-1.2	-1.0	-1.0
小潮	尖鼻咀断面	-5.5	-5.5	-6.6	-6.6	-5.1	-5.1
	深圳大学断面	-7.3	-7.3	-8.5	-8.4	-6.8	-6.8
	东角头断面	-8.2	-8.1	-9.4	-9.5	-7.7	7.8
	湾口断面	-6.2	-6.3	-7.4	-7.3	-5.8	-5.8
	深圳河口断面	-1.5	-1.5	-2.1	-2.1	-1.2	-1.2
	大沙河口断面	-5.8	-5.8	-6.0	-6.0	-5.7	-5.7
	元朗河口断面	-1.3	-1.3	-1.8	-1.8	-1.0	-1.0

注　洪水大潮时，落潮量包含径流量，涨潮量不含径流量；大潮、小潮涨潮、落潮潮量均不包含径流量。

（4）结论。通过珠江河口整体模型的试验研究，对深圳湾整治规划方案得到如下结论：

1）在各种水文条件下，3 个方案各站高高潮位降低在 3cm 以内，方案 1、方案 2 的

低低潮位变化在 ±1 ~3cm 以内，对防洪排涝、潮排、潮灌和通航等不会有大的影响；但方案 3 的低低潮位降低值较大，可能对潮灌和通航带来不利影响。

2）在各种水文条件下，3 个方案在工程区附近涨潮、落潮平均流速均有所增大，增值约为 0.01 ~0.02m/s；湾口流速基本不变；深圳河口附近，因受开挖河道的影响，方案 3 的落潮平均流速有较大的增大，增幅为 0.44m/s，涨潮平均流速的增幅仅为 0.03m/s；在湾顶部未受开挖河道的影响范围，方案 3 的涨潮、落潮平均流速有较大的减小，分别减小 0.18m/s 和 0.26m/s，而方案 1 和方案 2 的涨潮、落潮平均流速则基本不变或仅减小 0.01m/s，说明河道开挖对其附近的涨潮、落潮流速影响较大。

3）在各种水文条件，3 个方案实施后的涨潮、落潮潮量均有所减少，深圳河、元朗河河口断面大潮、小潮时减少 1.0% ~2.1%，洪水大潮时基本不变；其他断面减少 2.1% ~9.5%，减少幅度为小潮大于大潮，大潮大于洪水大潮，方案 2 大于方案 1，方案 1 大于方案 3。工程后深圳湾的径流、潮流动力有所减弱。

4）深圳湾的 3 种整治规划方案均有理顺岸线的布置措施，工程后湾内纳潮面积减少约 12% ~14% 左右，在一定程度上引起动力条件的变化，但不会带来大的影响；由于理顺岸线，对消除近岸回流、改善近岸流态有较好的作用。

9.2.4.4　外伶仃洋两侧治导线规划方案试验研究❶

1. 试验研究的目的和要求

由于经济建设的需要、资源的可持续利用和岸线、滩涂的规范管理，需要开展外伶仃洋西侧（淇澳岛至马交石）治导线的布设研究，以便对伶仃洋西侧淇澳岛以南部分水域的开发和利用进行控制。

中水珠江规划勘测设计有限公司对试验研究提出如下要求：

（1）从洪水组合研究规划方案对东四口门和伶仃洋泄洪的作用和影响及流场的变化，比较各方案的不同效果。

（2）从中水组合研究规划方案对东四口门和伶仃洋灌排的作用和影响及流场的变化。

（3）从枯水组合研究规划方案对东四口门和伶仃洋纳潮、灌溉条件的作用和影响及流场的变化。

根据以上研究，综合分析各方案的利弊，推荐较优方案。

2. 规划方案

中水珠江规划勘测设计有限公司提出的规划方案如下：

（1）方案 1。治导线以沿岸海岬为控制点，北起唐家湾北咀的铜鼓山咀，中间经横洲岛、香洲湾北咀的石林洲，南至香炉湾南咀菱角咀，形成一条弧线，长 14310m，见图9 -37。

（2）方案 2。治导线保留原海岸的曲折多湾、景色怡人的秀丽风景，分别在唐家湾、香洲湾、香炉湾和拱北沿岸海湾布置治导线，由多段弧线组成，其中唐家湾治导线长为 3520m，香洲湾治导线长为 4280m，香炉湾治导线长为 700m，拱北沿岸海湾的治导线长为 2970m，总长 11470m，见图 9 -37。

❶ 珠江水利委员会科学研究所，外伶仃洋西侧治导线规划方案物理模型试验研究报告，2004 年 6 月。

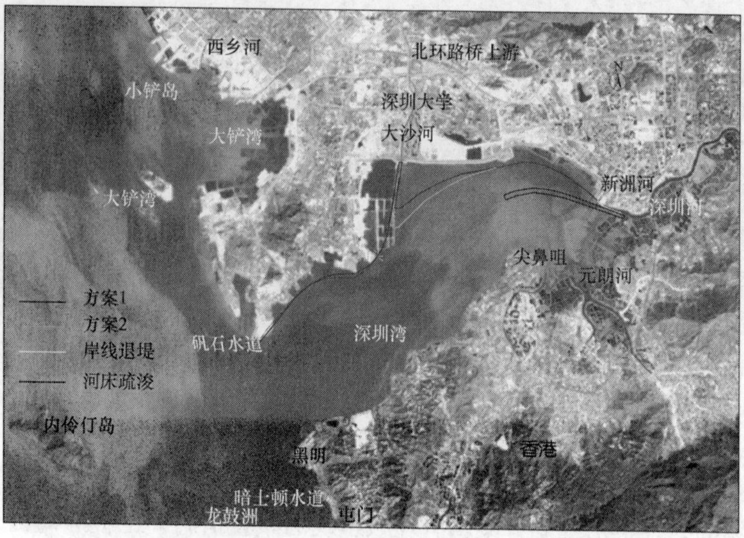

图 9-37　外伶仃西侧治导线规划方案及测点布置图

3. 试验采用的径潮组合水文条件

根据中水珠江规划勘测设计有限公司的要求，试验采用的径潮组合水文条件见表9-55。

表 9-55　试验径潮组合水文条件统计表

水文组合	潮型	上游流量（m^3/s）	
		马口	三水
"98.06.27"	洪水大潮	46030	15932
"92.07.15"	中水大潮	15992	5063
"2001.02"	枯水大潮	2080	660

4. 试验成果及其分析

（1）潮位变化分析。表 9-56 为潮位变化试验成果，由表可见：规划方案实施后，在各种径潮组合水文条件下，各方案的高高潮位均无变化，而低低潮位则略有微小变化。洪水大潮时方案 1 的低低潮位最大抬高 2cm，方案 2 为抬高 1cm，在工程区附近抬高值大些，离开工程区越远抬高值越小，工程区对岸则基本不受影响；中水大潮和枯水大潮时变化规律相同，方案 1 的低低潮位最大抬高 1cm，发生在工程区附近的淇澳西站，方案 2 则基本不变。由此可以认为，规划方案实施后潮位基本不变或变化甚微小，对东四口门及伶仃洋的泄洪、纳潮、潮排、潮灌等不会造成不利影响。

（2）流速、流向变化分析。表 9-57 为流速变化试验成果，表 9-58 为流向变化试验成果。由表可见：规划方案实施后，在各种径潮组合水文条件下，流速变化的幅度很小，离工程区最近的 16#测点在方案 1 情况下涨潮、落潮流速的变化幅度约为 0.00 ~ ±0.03m/s，方案 2 的变化幅度更小些，而离开工程区较远的 13#测点的流速变化幅度则更小，已基本不受工程的影响；流向的变化幅度亦不大，平均流向的变化幅度为 ±5°以内，方案 1 的变化幅度略大于方案 2。由此可以认为，规划方案实施后对工程附近的流速、流向影响不大，远离工程区则不受影响。引起工程附近测点流速、流向变化的原因，主要是由于方案 1 治导线消除了石林洲的挑流作用，使工程附近水域的流态归于平顺所致。

表 9－56　潮位变化统计表　（单位：m）

水文组合	站名	方案 1		方案 2	
		高高潮位	低低潮位	高高潮位	低低潮位
“98. 06. 27”	淇澳西	0. 00	0. 02	0. 00	0. 01
	赤湾	0. 00	0. 00	0. 00	0. 00
	横门	0. 00	0. 01	0. 00	0. 00
“92. 07. 15”	淇澳西	0. 00	0. 01	0. 00	0. 00
	赤湾	0. 00	0. 00	0. 00	0. 00
	横门	0. 00	0. 00	0. 00	0. 00
“2001. 02”	淇澳西	0. 00	0. 01	0. 00	0. 00
	赤湾	0. 00	0. 00	0. 00	0. 00
	横门	0. 00	0. 00	0. 00	0. 00

表 9－57　流速变化统计表　（单位：m/s）

水文组合		“98. 06. 27”		“92. 07. 15”		“2001. 02”	
测点	项目	方案 2	方案 1	方案 2	方案 1	方案 2	方案 1
13#	落潮平均	0. 01	－0. 01	0. 01	－0. 01	0. 00	－0. 01
	涨潮平均	0. 02	0. 01	0. 00	－0. 01	－0. 01	0. 00
	落潮最大	－0. 01	0. 00	－0. 02	0. 01	0. 01	0. 01
	涨潮最大	0. 00	0. 01	0. 00	－0. 03	－0. 01	0. 02
14#	落潮平均	0. 01	0. 00	0. 01	－0. 01	0. 01	0. 00
	涨潮平均	0. 00	－0. 01	0. 00	－0. 01	0. 00	0. 01
	落潮最大	－0. 01	－0. 02	0. 02	0. 00	0. 01	0. 02
	涨潮最大	0. 00	－0. 01	0. 00	－0. 01	0. 00	0. 01
16#	落潮平均	－0. 01	－0. 02	－0. 01	－0. 02	0. 00	－0. 01
	涨潮平均	0. 00	－0. 03	0. 00	－0. 02	－0. 01	－0. 03
	落潮最大	0. 00	－0. 01	0. 01	－0. 02	0. 00	0. 01
	涨潮最大	0. 02	0. 02	0. 00	－0. 01	－0. 02	－0. 03

表9-58 平均流向变化统计表 [单位：(°)]

水文组合		"98.06.27"		"92.07.15"		"2001.02"	
测点	潮期	方案1	方案2	方案1	方案2	方案1	方案2
13#	落潮	2	1	2	0	2	0
	涨潮	-2	0	-1	0	-4	-1
14#	落潮	3	0	0	0	1	0
	涨潮	1	0	-1	0	2	0
16#	落潮	5	2	5	1	4	2
	涨潮	-3	-1	-4	0	-5	-1

（3）潮量变化分析。表9-59为上游金星门断面潮量变化试验成果。由表可见：规划方案实施后，在各种径潮组合水文条件下，方案1的涨潮、落潮潮量均略有减少，最大减少幅度为2.1%；方案2在大洪水大潮条件下为涨潮、落潮潮量基本不变，其他中水、枯水潮条件下均为略有减少，最大减少幅度为0.4%。由此可以认为，规划方案实施后，涨潮、落潮潮量的变化甚微小，不会引起径流、潮流动力发生变化。

表9-59 工程后金星门断面潮量变化统计表 (%)

水文组合	项目	方案1	方案2
"98.06.27"	落潮量	-0.2	0.5
	涨潮量	-2.1	0.0
"92.07.15"	落潮量	-0.8	-0.2
	涨潮量	-1.2	-0.3
"2001.02"	落潮量	-1.1	-0.2
	涨潮量	-0.5	-0.4

（4）流态变化分析。由于伶仃洋西侧治导线的规划范围内没有河流入汇，各规划方案又是顺岸布置，对整体水域的流态不会产生大的影响。就局部区域流态而言，方案1治导线由于消除了工程前石林洲的挑流作用，水流较为平顺；方案2由于沿各海湾顺岸布设治导线，占用滩地面积较小，工程前后石林洲的挑流作用无明显变化，涨潮时在石林洲上游产生回流区，落潮时则在其下游出现回流区，因而存在不良的流态。

（5）结论：

1）两种规划方案实施后，潮位变化甚为微小或基本不变，对东四口门及伶仃洋的泄洪、纳潮、潮排、潮灌等不会造成不利影响，两种方案差别不大。

2）两种规划方案实施后，引起的流速、流向变化甚小，即使是在工程区附近变化也不大，两种方案差别不大。

3）两种规划方案实施后，涨落潮量的变化甚微小，不会引起径流、潮流动力发生变化，两种方案差别不大。

4）方案1由于消除了工程前石林洲的挑流作用，水流较平顺，近岸区流态较好，就流态而言，方案1优于方案2。

9.3　航道整治研究

伶仃洋是广州港万吨级远洋巨轮进出的必经水域，伶仃水道是我国对外贸易的主要出海航道之一。远在公元前2世纪，广州港就已成为我国南方对外贸易和文化交流的门户，鸦片战争后的1842年被辟为通商口岸，它对发展我国的对外通商贸易和文化交流起着极为重要的作用。新中国成立以来，特别是我国实行改革开放以来，广州港的建设取得巨大成就，目前拥有万吨级以上泊位27个，其中3.5万吨级泊位10个，其货物吞吐量居全国沿海港口的第三位，成为华南沿海最大的主枢纽港．但由于广州港的腹地——珠江三角洲地区工农业生产迅速发展，工农业生产总值年平均增长速度在近20年都超过20%，而广州港的吞吐量年均增长速度仅为9%，跟不上建设速度和社会经济发展的需要。究其原因，主要是航道建设落后于港口码头建设，航道水深远不适应通航要求，20世纪80年代广州黄埔出海航道的公布水深为8.6m，2万吨级船舶需乘潮才能进出，为适应3.5万吨码头泊位和今后船舶大型化以及第三代集装箱船舶运输的需要，广州黄埔港区航道和伶仃洋出海水道的浚深与整治已是十分迫切，它对于提高港口吞吐量、发挥3.5万吨级码头泊位的通过能力、适应现代海运事业的发展、促进珠江干流沿江工业走廊的建设、加快广东省经济建设的步伐以及促进我国南方对外开放等均具有极其重要的意义。

对于伶仃洋的航道整治，新中国成立以来广州港务局曾先后委托有关科研设计单位进行了研究工作，其中主要有中山大学、南京水利科学研究院和交通部第四航务工程勘察设计院等，取得了多项研究成果。1991年10月至1995年4月，由交通部天津水运工程科学研究所和广州港务局主持的“八五”国家重点科技项目（攻关）“珠江口伶仃洋航道整治技术的研究”，是一项系统、深入、全面研究伶仃洋航道整治的工作，获得了重大研究成果。在以上研究工作的基础上，由交通部广州航道局广州水运工程设计研究院编制完成的“黄埔出海航道可行性研究报告”，于1993年11月在交通部主持召开的审查会上通过了审查，而后，该院于1995年11月完成的“广州港出海航道疏浚工程的预备工程（伶仃洋西航道项目）可行性研究报告”亦获得专家审查通过，并经广州市人民政府批准实施，该项疏浚整治黄埔出海航道工程亦已经完成。目前，黄埔出海航道全长115km、底宽160m、底标高－11.5m的深水航道，已可通航3.5万吨级船舶，大大提高了通航能力和获得了巨大的经济效益及社会效益。下面仅简要介绍交通部天津水运工程科学研究所的“珠江口伶仃洋航道整治技术的研究”成果❶。

9.3.1　珠江口伶仃洋航道整治技术研究概述

由交通部天津水运工程科学研究所和广州港务局主持研究、有交通部广州航道局广州水运工程设计研究院、水利部珠江水利委员会科学研究所、交通部第四航务工程勘测设计研究院、中山大学河口海岸研究所、中国科学院广州地理研究所、国家海洋局第一海洋研究所、中国科学院南海海洋研究所、国家海洋局南海分局等单位参加的“八五”国家重

❶ 交通部天津水运工程科学研究所、广州港务局，珠江口伶仃洋航道整治技术的研究，1955年1月。

点科技项目（攻关）《珠江口伶仃洋航道整治技术的研究》于1991年10月开始，至1995年4月完成，历时三年半，取得了丰硕的成果，是一项全面、系统、深入研究伶仃洋航道整治问题的系统工程。

1. 研究的缘由

自改革开放以来，珠江三角洲地区工农业生产总值平均增长速度超过20%，但广州港作为我国华南地区的主枢纽港之一的吞吐量年均增长速度仅为9%，可见，港口吞吐能力及建设速度跟不上社会经济发展的需要，特别是航道建设更落后于港口码头建设。20世纪80年代，广州黄埔出海航道的公布水深为8.6m，2万吨级船舶需乘潮才能进出，因此，浚深航道使之达到3.5万吨级通航标准已刻不容缓。此外，为了适应今后船舶大型化和第三代集装箱船舶运输的需要，广州黄埔港区航道的浚深与整治也十分迫切。因此，为适应现代海运事业发展、促进珠江干流沿江工业走廊建设、加快广东省经济建设步伐以及促进我国南方对外开放等均具有极其重要的意义。

由于本工程的重要性和技术上的复杂性，1991年，国家将伶仃洋3.5万吨级航道的整治技术问题列为“八五”重点攻关项目。

2. 研究的主要目标和主要内容

根据要求，攻关的目标和研究的主要内容如下。

（1）攻关目标：

1）弄清珠江口黄埔—伶仃洋海区的动力特性、地貌特征和拦门沙航道的演变规律，提出本区航道的选线方案及整治原则和方法。

2）通过动力地貌调查、物理模型试验、数值模拟及理论分析，经综合技术经济论证后，提出经济合理的航道选线和满足3.5万t航道的最优整治工程方案。

3）提出伶仃洋航道的经济合理抛泥方式和抛泥区。

（2）主要内容：

1）伶仃洋海区勘测调查和分析。

2）航道整治模型试验研究。

3）抛泥方式的选择及抛泥区确定的研究。

4）伶仃洋航道开发的综合技术经济论证。

根据攻关目标和主要内容的需要安排了相应的研究子课题，内容包括现场测验与分析、航道整治模型试验、抛泥方式的选择及抛泥区的确定，以及伶仃洋航道开发的综合技术经济论证等方面。

9.3.2 现场勘测及资料整理分析

现场资料是一切研究工作的基础，为了获得研究所需的资料，特开展了珠江口伶仃洋海区的现场勘测。主要内容如下。

1. 水文测验

共进行两次大规模的海区水文测验，一次是在1991年12月19～25日（枯水期大潮），一次是在1992年7月2～17日（洪水期大潮）。每次测验分上段（黄埔至虎门）和下段（虎门至桂山岛），各进行连续两昼夜即8个完整的潮流段，约53h的水文全潮测验。上段沿河道布设 5 条测验断面，共 10 个水文测站和 6 个潮位站进行同步观测，下段布设 22 个水文测站和 11 个潮位站进行同步观测（见图 9－38、图 9－39）。其中下段的洪水期测验受大风浪影响，位于伶仃洋东、西水道及其临近的 11 个水文测站停测，于 7 月 15～17 日（大潮）补测。上下段合计 32 个水文测站和 17 个潮位站，通过虎门重叠的水文站和潮位站可用以推算准同步数据。

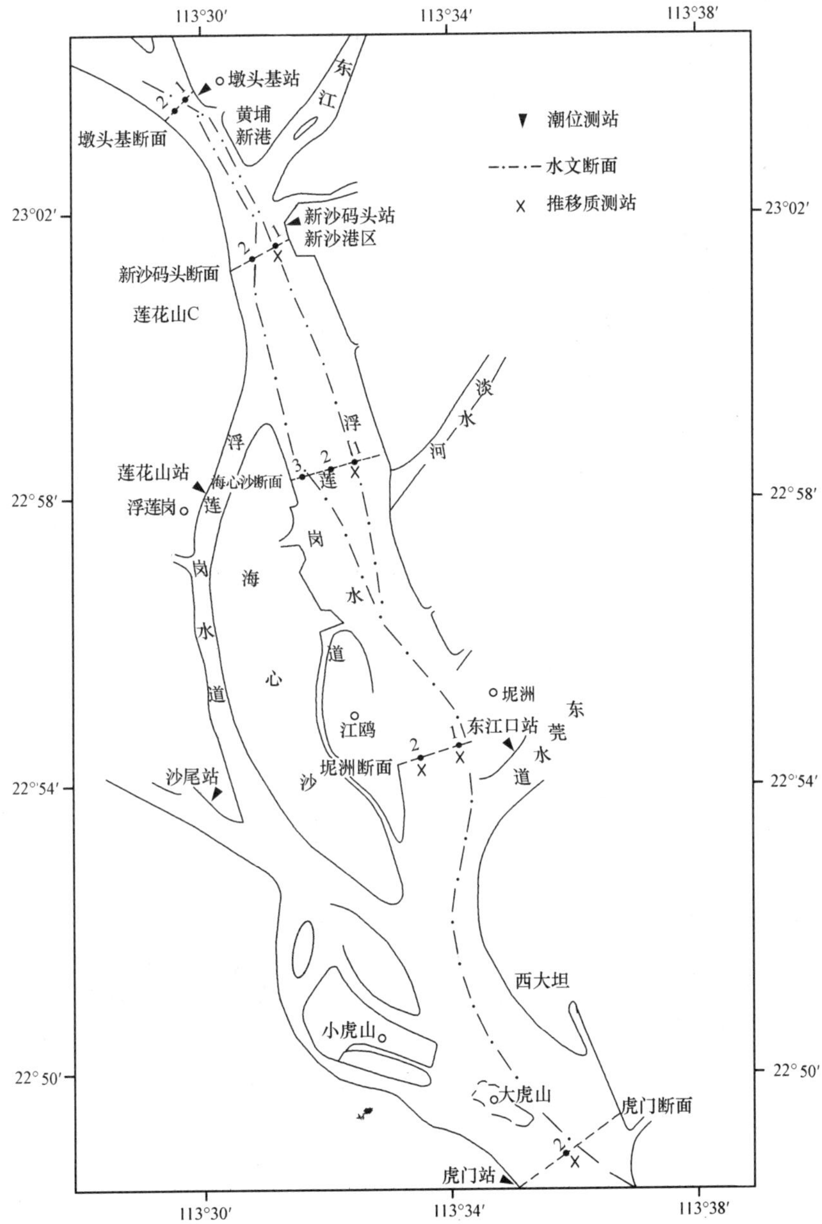

图 9－38　水文断面位置图

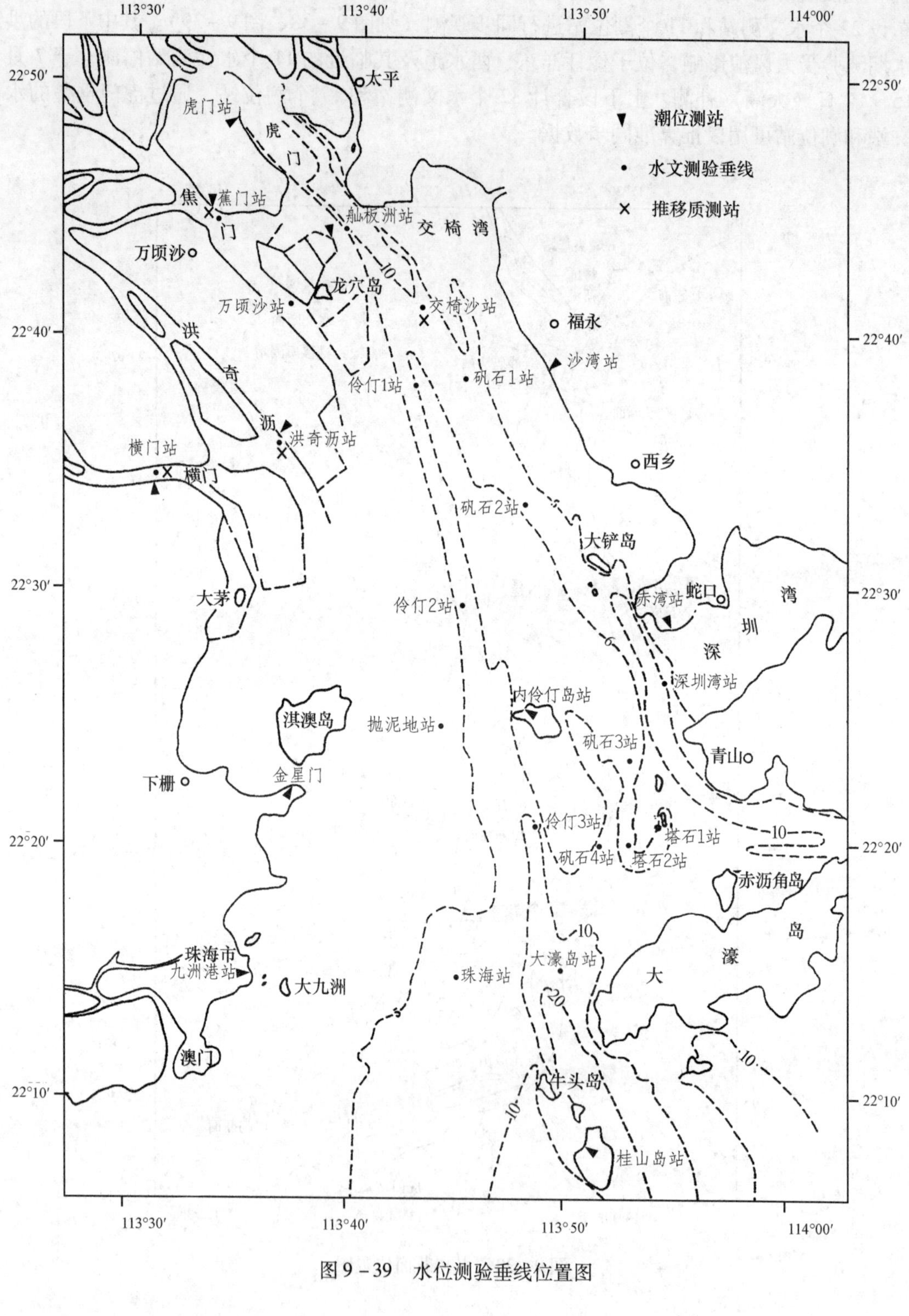

图9-39 水位测验垂线位置图

各项资料分述如下：

（1）潮位。共布设潮位站16个，其中属国家站网的有南沙站、横门站和赤湾站，属地方设置的有舢板洲站和大虎站（虎门），临时布设的有墩头基站、新沙码头站、莲花山站、东莞河口站、沙尾站、洪奇沥站、沙湾站、内伶仃岛站、铜鼓角站（金星门）、九洲港站和桂山岛站（见图9－38、图9－39）。

（2）潮流。共布设断面15个，垂线32条。上段布设5个断面共10条垂线，其中墩头基2条，新沙码头2条，海心沙3条，坭洲2条，虎门1条（见图9－40）；下段共布设10个断面22条垂线，其中上边界的虎门3条，蕉门、万顷沙、洪奇门、横门各1条，下边界的大濠岛—珠海2条，上、下边界之间的伶仃航道4条、矾石水道4条、铜鼓浅滩4条、抛泥地1条（见图9－39）、垂线测点当水深大于3m时测5点，水深为2.1～3.0m时测3点，水深再小时测2点和1点。

（3）含沙量。垂线布设与潮流测验相同，测速、取样同进行。

（4）潮量、输沙量。墩头基、新沙码头、海心沙和坭洲4个断面，根据实测潮位、流速、流向、含沙量和断面水深计算各断面潮量和输沙量，虎门、蕉门和横门3个断面采用代表线法计算。

（5）推移质。共设11个测点，上段设新沙码头1站、海心沙1站、坭洲1站、虎门2站，下段设虎门2站、蕉门1站、洪奇门1站、横门1站、交椅沙1站（见图9－38、图9－39）。在落潮时段内与测流同步进行。

（6）含盐量。含盐量水样采用光电测定后剩余的含沙量水量，采用海水电导盐度计测定。上段枯水期选择6条垂线，洪水期为全部10条垂线，各垂线仅测定表、中、底3点；下段22条垂线，每条5点的全部水样都进行测定。

（7）水温。共布设虎门、交椅沙、伶仃航道、矾石水道、塔石角、大濠岛、珠海等8条垂线，各垂线每2h观测1次，每次测表层（水面下0.5m）、中层（0.6水深）和底层（底层上1.5m）3点。

2. 乘潮水位

收集了舢板洲和赤湾两站自1991年10月至1992年9月历时1年的潮位资料，据以整理和计算两站的潮位特征值、历时潮位累计频率和不同历时的乘潮水位累计频率。

3. 含沙量巡测

枯水期是从1991年12月28日至1992年1月26日，历时1个月，分两条巡测路线，一条自新湾口经沙角电厂，沿伶仃航道在13个固定位置（灯鼓）测取上（0.2H）、中（0.6H）、下（0.8H）3层水样，至内伶仃岛后再沿原路线返回，并在原位置原层次取样；另一条自新湾口经沙角电厂，沿矾石水道在12个固定点取样，至深圳湾口后再沿原位置原层次取样返回（见图9－40），两条路线逐日交错往返取样。

洪水期是从1992年4月1日至6月28日，计3个月。取样路线一次是自新湾口沿矾石水道经深圳湾口绕铜鼓浅滩由伶仃航道返回，下一次是按上路线反方向进行单程取样（见图9－40）。每次取样测点除枯水期25个测点外，伶仃航道向外海增加4个测点，铜鼓水域增加3个测点，共计在32个固定位置测取34条垂线水样，其中新湾口和沙角电厂在开始和终了各测取水样1次。取样方法与枯水期相同，每次路途2天循环进行。

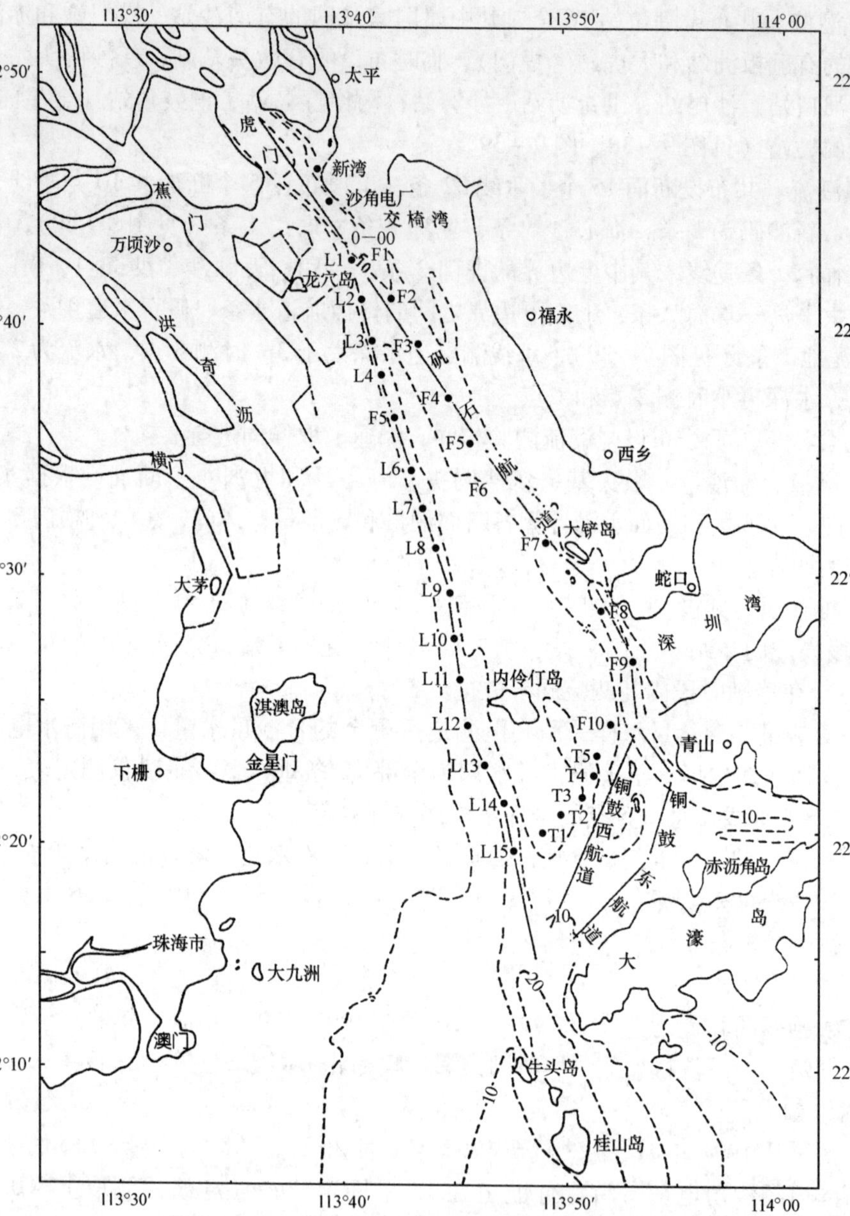

图9-40 含沙量巡测站位置图

4. 流路追测

1992年3月（洪水）和11月（枯水）在以下5个海域分别进行了涨潮或落潮流路追踪观测：

1）蕉门水道，在蕉门分流口处同时投放2个浮标进行落潮流路追测。

2）交椅沙海域，在东、西水道分汊口处同时投放3个浮标进行落潮流路追测。

3）深圳湾海域，后深圳湾口外和中滩面上同时投放3个浮标进行落潮流路追测。

4）抛泥地海域，在灯鼓处于涨潮和落潮时分别各投放1个浮标进行追测。

5）大濠岛海域，在大濠岛西北侧铜鼓海域同时投放3个浮标进行涨潮流路追测。

在追测时间内，同步观测舢板洲、内伶仃岛和桂山岛3站逐时潮位。

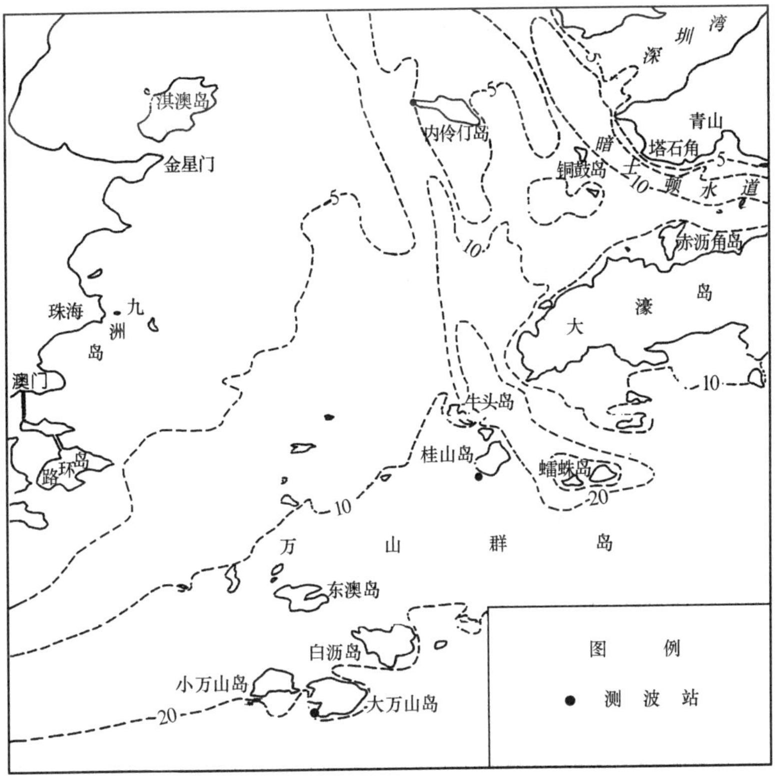

图9-41　波浪观测站位示意图

5. 波浪与气象

1991年10月至1992年9月在大万山岛进行了1年的波浪观测，1992年4～6月在桂山岛和1992年7～9月在内伶仃岛进行了3个月与大万山岛同步的波浪观测，测站位置见图9-41。3个站测波期间同时进行风速、风向观测。每日8：00、11：00、14：00、17：00观测4次。

6. 底质

共采集底质表层样143个，其中上段（东江河口至虎门）采集34个，下段（虎门至大濠岛）采集109个，采样点位置如图9-42和图9-43所示。

7. 柱状取样

1992年7月在龙穴岛以南浅水海区的不同位置采集3个柱状样（见图9-44），取样深度1.5m，经试验、计算后得出伶仃洋西滩的沉积速率。

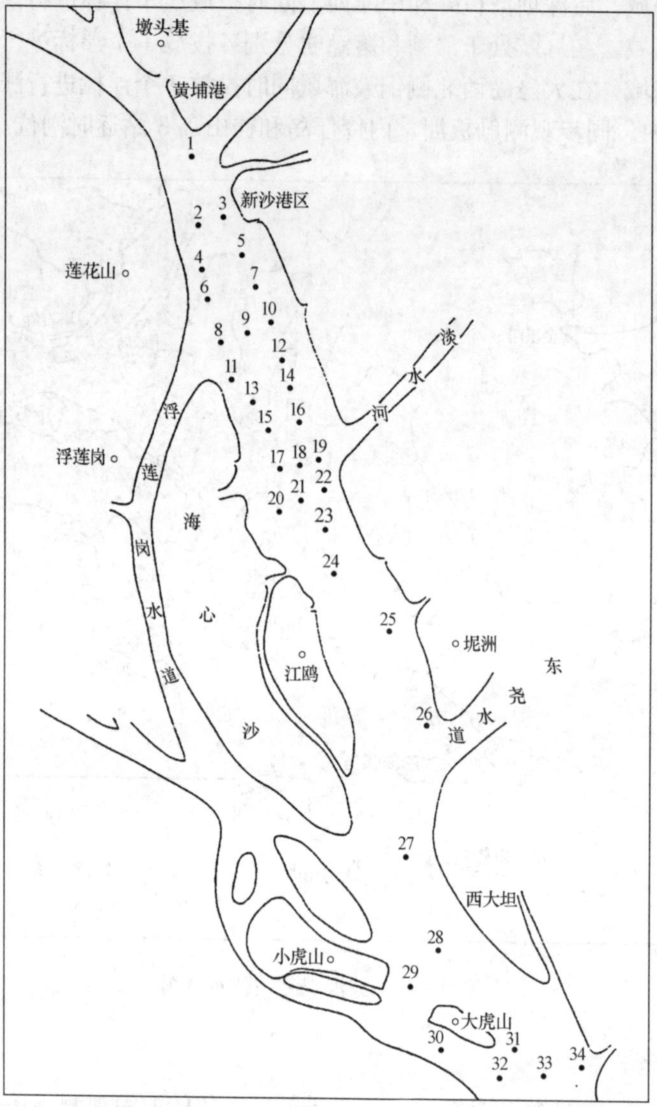

图 9－42　黄埔至虎门河段底质取样点位置图

8. 浅地层剖面探测

1992 年 4 月 30 日至 5 月 3 日对矾石水道北段（交椅沙附近）和南段（大铲岛西部）两个测区进行旁测声呐和浅地层探测。其中北段测区长 3km、宽 500m，按设计航道轴线为中心，两侧各 250m，设纵向探测线 11 条，间距 50m，横向 S 形探测线 1 条，测线有效长度为 37km；南段测区长 1. 5km、宽 450m，按设计航道轴线为中心，向西南侧 250m 及东北侧 150m 设纵向探测线 9 条，间距 50m，横向探测 5 条，测线有效长度为 15km。在探测期间同步观测舢板洲和赤湾站的潮位，进行浅地层剖面水深改正。此次探测结合地质钻孔资料，分析两段测区浅地层基本结构和礁石、残积土的埋藏深度与分布。

岩性。

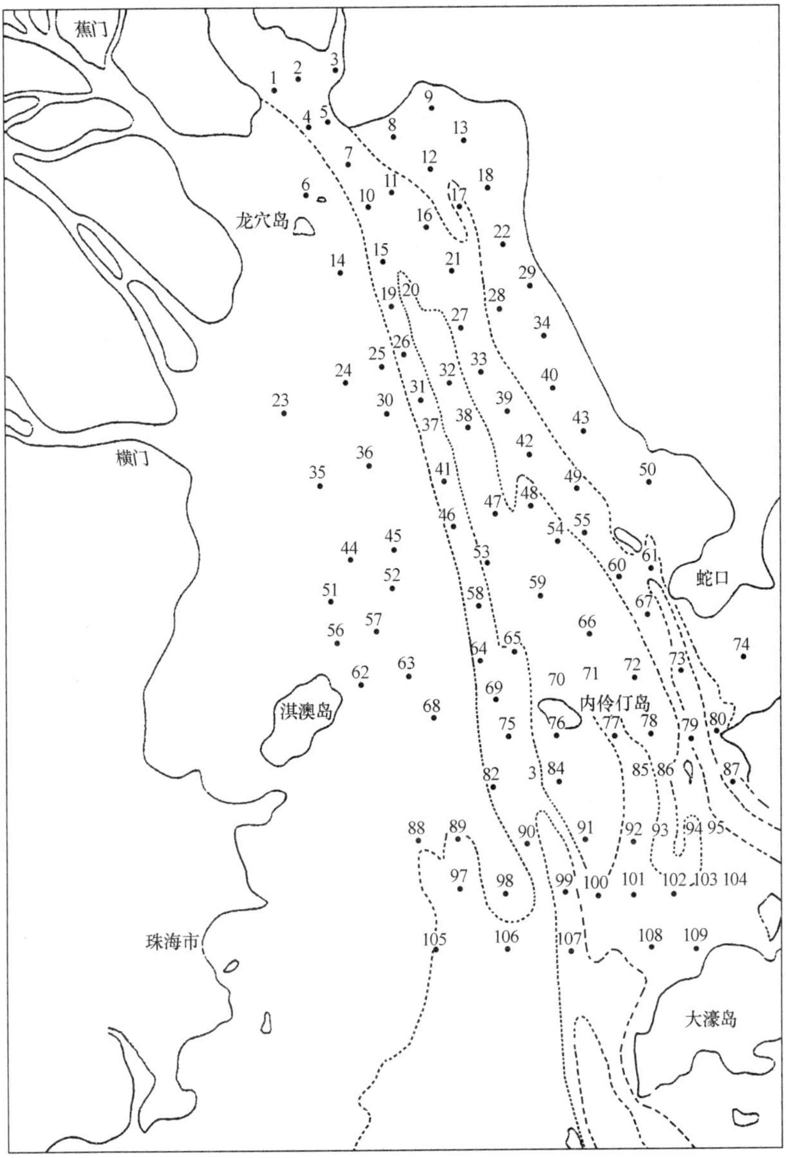

图 9－43　伶仃洋海域底质取样点位置图

9. 地质钻探

1992 年 7 月 24～27 日在浅剖探测所显示的岩石分布区内进行钻探，共设钻孔 10 个，其中在大铲岛附近有 3 个（技术孔 1 个、鉴别孔 2 个），在交椅沙附近有 7 个（技术孔 3 个、鉴别孔 4 个），累计总进尺 27.8m 根据钻探结果分析土层分布、岩石埋藏深度及岩性。

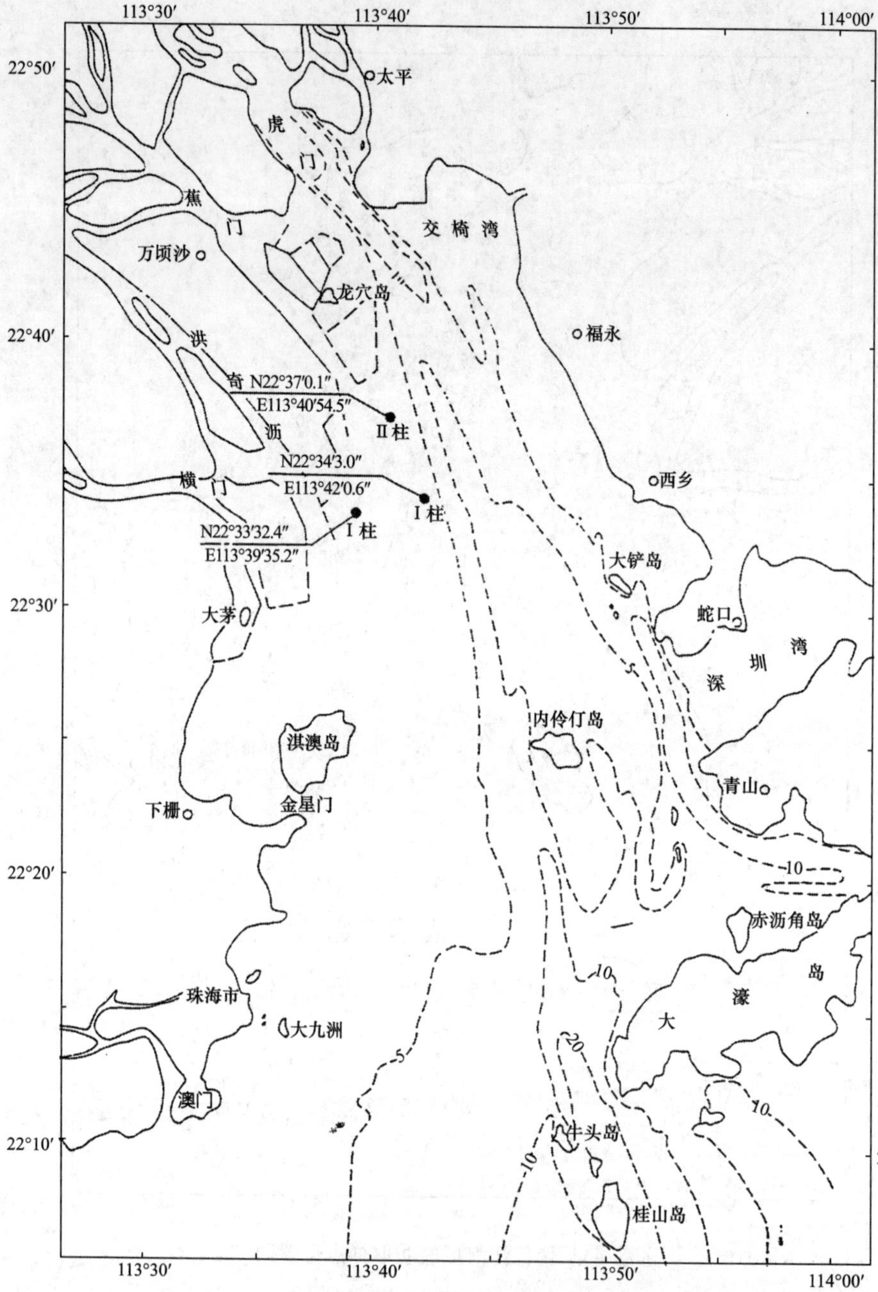

图 9－44　柱状取样位置图

10. 遥感同步泥沙取样

1991 年 12 月 19 日（与水文测验同步）、1992 年 1 月 20 日和 7 月 14 日 3 次卫星过境时，同步进行了现场大范围测取表层水样和现场光谱特性测定，其中 1 月 20 日是结合含沙量巡测工作进行。取样位置见图 9－45、图 9－46 和图 9－47 所示。

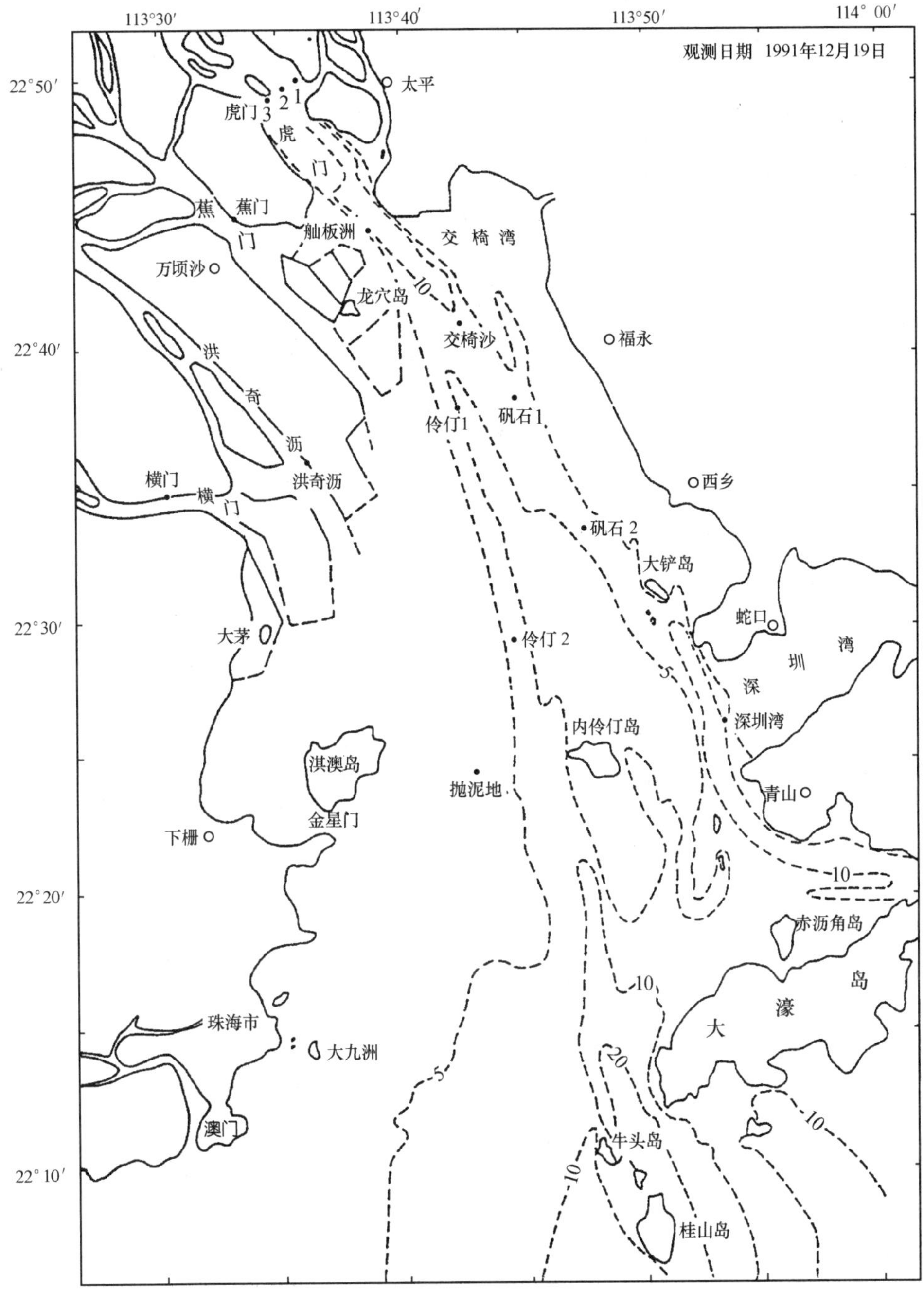

图 9－45　遥感悬沙同步取样点位置图

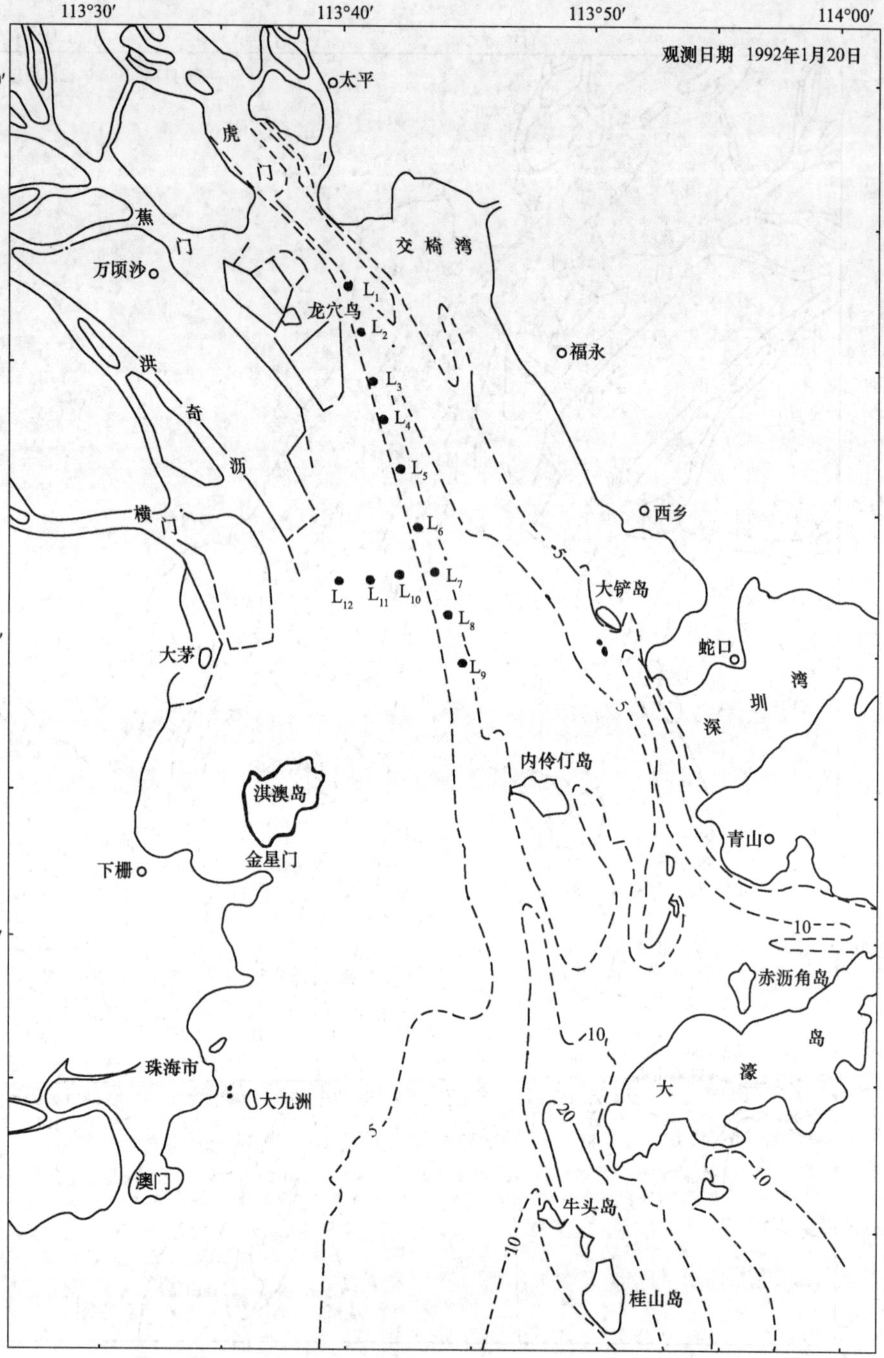

图 9－46 遥感悬沙同步取样点位置图

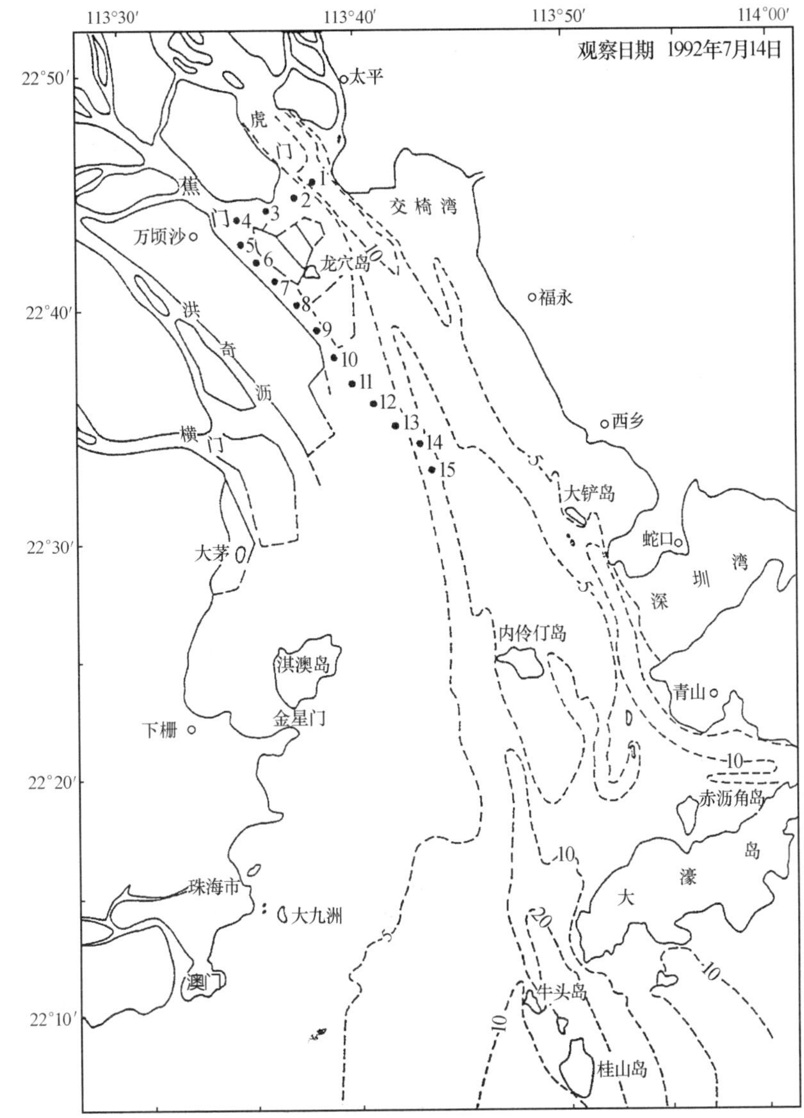

图9-47　遥感悬沙同步取样点位置图

11. 固定断面水深测量

上段自新沙港区至坭洲头，长约14km，设10条固定断面，间距为1.5km，两岸测至0m水深，测线总长约22km（见图9-48）；下段自下横档岛至大濠岛，长约60km，设20条固定断面，间距为3km，内伶仃岛以上东、西两岸测至0m水深，以下测至5m水深，测线总长约280km（见图9-49）。测量时间为1991年12月、1992年4月、7月、11月共4次。上段有新沙港区和东莞河口进行同步观测潮位，下段为舢板洲、内伶仃岛和桂山岛同步观测潮位。根据测深成果分别绘制各断面、各测次水深变化图和冲淤计算。

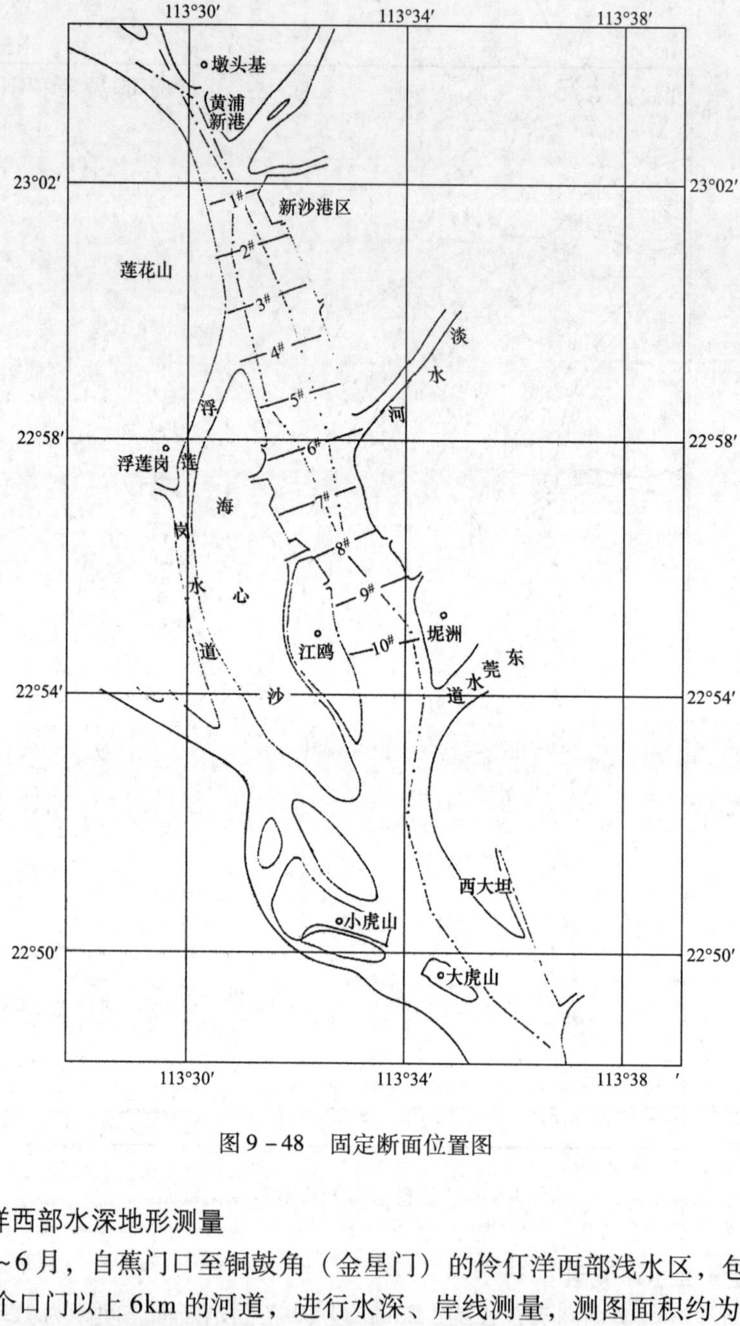

图 9-48 固定断面位置图

12. 伶仃洋西部水深地形测量

1992 年 4~6 月，自蕉门口至铜鼓角（金星门）的伶仃洋西部浅水区，包括蕉门、洪奇门、横门 3 个口门以上 6km 的河道，进行水深、岸线测量，测图面积约为 450km²，测图比例为 1∶10000，测量期间观测南沙、舢板洲、洪奇门、横门、金星门等 5 站潮位，并分区段进行水深改正。

13. 深圳西部局部岸线测量

1992 年 5 月，从蛇口渔码头至大铲湾南侧，沿着岸边进行了岸线测量，测图比例为 1∶5000，测量岸线长度约为 15km。

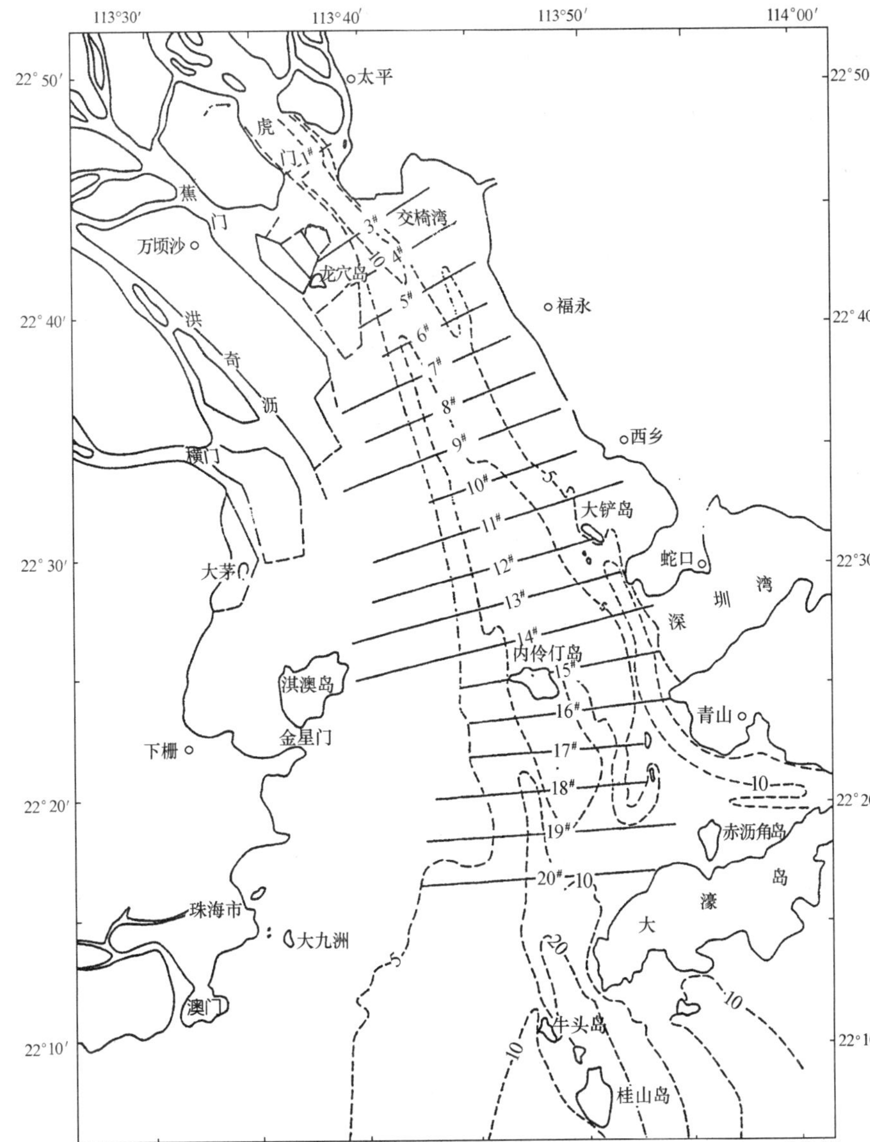

图9－49　固定断面位置图

此外，进行了动力地貌的调查与测验、疏浚挖泥陆抛区的调查与踏勘，以及预选的6个挖泥水抛区的水文测验、抛泥追踪和中子活化示踪沙测验等。

综上所述，这是一次多学科、多用途的综合性现场勘测，具有测区面积大、测验项目多、测验时间长、参加单位和人员多、技术难度大、测验手段先进等特点，为国内外同类海区测验中所罕见。

以上现场勘测的原始记录和室内样品测试资料，均利用计算机经过系统的整理计算、制表、绘图、审校、复核等程序进行了处理，并在计算机中建立了数据库。这次勘测获得的大量第一手数据资料，不仅为研究伶仃洋东、西航道选线及其整治提供了可靠的依据，而且也为今后伶仃洋海区和沿岸河口海岸的综合开发利用提供十分珍贵的资料，因而具有重大的社会效益、经济价值和科学意义。

9.3.3 物理模型试验

1. 试验的主要内容

试验主要内容为：①了解东、西航道开挖方案前后水流变化及沿程分布；②预报东、西航道开挖后泥沙淤积分布及淤积数量；③研究西滩围垦规划方案（治导线方案）对伶仃航道泥沙淤积的影响。

试验分两个阶段进行，即清水定床试验和浑水淤积试验。前者研究东、西航道开挖后的水流条件；后者研究东、西航道开挖后航槽内泥沙淤积强度和淤积量。

2. 模型设计与验证

模型根据水流运动相似条件、水流紊动相似条件、含沙量相似条件、悬移质粒径相似条件、悬移质冲淤时间相似条件及起动流速相似条件进行设计。模型水平比尺为900，垂直比尺为120，变率为7.5，模型各物理量比尺见表9－60。

表9－60 模型比尺汇总表

项目	符号	数值	备注
水平比尺	λ_L	900	1. 变率 $\eta=7.5$ 2. 符合紊动相似条件和模型加糙可能性 3. $(V_{\min})\ m=3.5cm$ $(H_{\min})\ m=3.8cm>1.5cm$ 4. $n_p=0.021$, $n_m=0.026$ 5. 加糙平均粒径2.4cm 6. $\gamma_{sm}=1.51t/m^3$ $\gamma_{sp}=2.65t/m^3$ 7. $\gamma_{0m}=0.734t/m^3$ $\gamma_{0p}=0.910t/m^3$ 8. 模型沙选用阳泉煤粉 $d_{50}=0.019\sim0.029mm$ 9. 含沙量实际使用的比尺 $\lambda_s=0.47$
垂直比尺	λ_H	120	
流速比尺	$\lambda_V=\lambda_H^{1/2}$	10.95	
流量比尺	$\lambda_Q=\lambda_L\ .\ \lambda_H^{3/2}$	1.18×10^6	
潮量比尺	$\lambda_W=\lambda_L^2\cdot\lambda_H$	9.27×10^7	
水流时间比尺	$\lambda_t=\lambda_L/\lambda_H^{1/2}$	82.16	
糙率比尺	$\lambda_n=\lambda_H^{2/3}/\lambda_L^{1/2}$	0.81	
起动流速比尺	$\lambda_{Vc}=\lambda_H^{1/2}$	10.95	
谢才系数比尺	$\lambda_c=(\lambda_L/\lambda_H)^{1/2}$	2.74	
含沙量比尺	$\lambda_S=\lambda\gamma_s/\lambda\gamma_s-\gamma$	0.54	
泥沙沉速比尺	$\lambda_\omega=\lambda_H^{3/2}/\lambda_L$	1.46	
水流挟沙能力比尺	$\lambda_{S_*}=\lambda_S$	0.54	
泥沙粒径比尺	$\lambda_d=\lambda_\omega^{3/2}/\lambda^{12}(\gamma_S-\gamma)$	0.67	
干容重比尺	$\lambda\gamma_0=\gamma_{0p}/\gamma_{0m}$	1.24	
泥沙冲淤时间	$\lambda_{t_2}=(\lambda\gamma_0/\lambda s)\lambda_t$	187.7	

模型范围北起坭洲，南至桂山岛，原型长97km；东至深圳湾湾顶端部和急水门附近，西自横门、洪奇门、蕉门3个河口以上9km，原型最大宽度63km，原型水域面积约4150km^2。模型布置见图9－50。

模型的生潮设备为桂山岛外采用潮汐箱1个（36m×6m×4m），香港水道采用翻板升潮门1个（3m×0.4m）。模型的潮汐控制、水位、流速流向和含沙量的测定等，全部由Compaq 486计算机自动采集和进行数据处理，主要测试技术基本达到自控化。

模型沙采用 $d_{50}=0.024$mm 的阳泉煤粉，主要从沉降相似、冲淤试验时间比尺相似以及材料来源和加工条件等因素考虑。经试验分析，采用的模型沙能满足沉降相似要求，起动相似则稍有偏离。

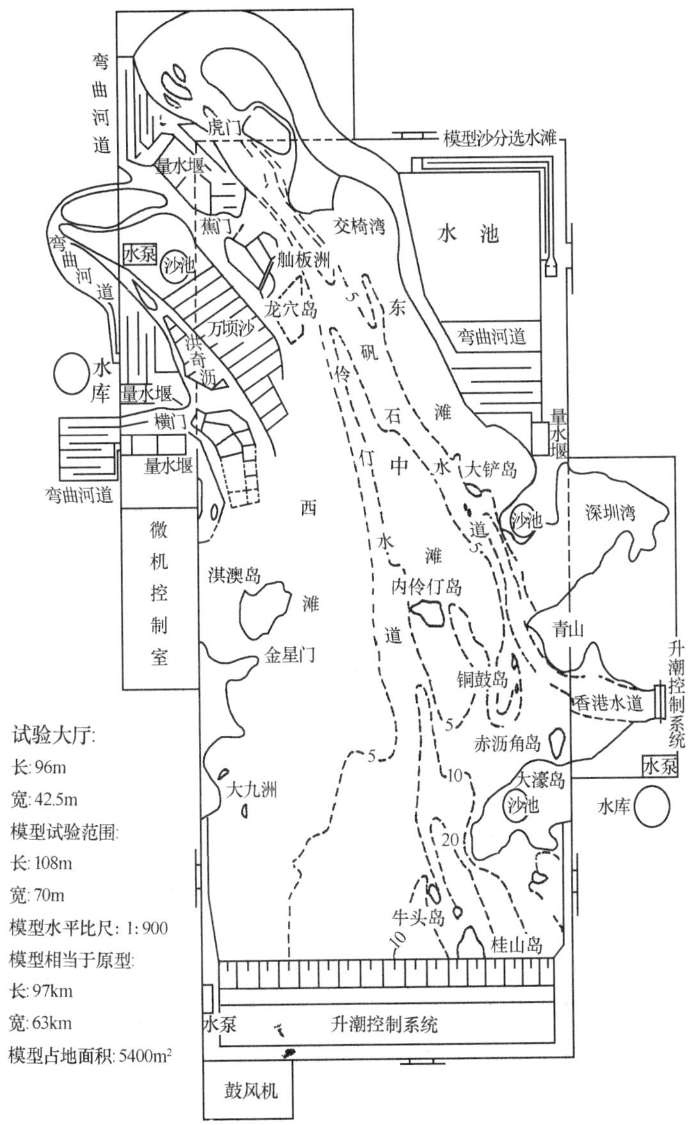

图 9－50　珠江口伶仃洋航道整治模型布置示意图

模型加糙采用碎石块密实平铺的方式，选择碎石平均粒径约为 1.8～2.4cm 左右，模型糙率约达到 0.026，天然河床糙率为 0.021，基本满足糙率比尺要求。

模型验证先后进行了水流验证（包括潮位、流速流向、潮量、流路）和泥沙验证（包括含沙量、航道淤积强度、淤积量和淤积分布），验证结果表明基本满足水流运动相似和泥沙运动相似，说明选用阳泉煤粉作模型沙，基本达到了模型设计的要求，为模型试验的方案比选提供了可靠的试验条件，并表明伶仃洋整体模型的设计、制作和试验方法是正确的，测试数据可靠。

3. 方案试验

模型的方案试验分清水潮流试验和浑水淤积试验两个阶段进行。先后共进行了解3种开槽方案试验：

方案1：西线航道开槽方案，即由伶仃航道出海。

方案2：东线1航道开槽方案，即矾石水道经铜鼓西出海。

方案3：东线2航道开槽方案，即矾石水道经铜鼓东出海。

航道平面尺度均按3.5万吨级船型要求设计，航道底标高为－11.5m，底宽为160m，边坡为1∶10。

航道轴线见图9－51所示，西线航道全长42.8km，东线1方案全长58.1km，东线2方案全长60.3km。其中，东、西航道不足－11.5m水深的长度，西线为42.6km，平均开挖深度约2.9m；东线1方案为46.8km，平均开挖深度约4.8m；东线2方案为44.9km，平均开挖深度约4.5m。

模型方案试验采用的水文组合条件为：清水潮流试验的潮型采用1991年12月19～21日枯水期大潮和1992年7月15～17日洪水期大潮；浑水淤积试验采用洪、枯水期大、中、小混合代表潮型进行1年期的试验。各方案试验结果如下：

（1）东、西线航道开槽后，各站潮位过程线同开槽前对比均无明显变化。

（2）东、西线航道开槽前后潮段平均流速沿程变化是：西线航道无论是涨潮还是落潮，开槽后沿程的流速均有所增大，上、下两端增大较小，中部增大较大，落潮的增大值大于涨潮；东线航道的上段矾石航道与西线基本相同，但其下段的铜鼓西航道和东航道则有所不同，前者为涨潮时流速有所增大，落潮时为减小，而后者为涨潮、落潮时流速都有所减小。

（3）开槽后各段航道平均流向略有增减，其趋势均向航道轴线偏转。航道轴线与水流主流向的夹角，除西线航道的内伶仃岛附近、东线航道的大铲岛附近和铜鼓东、西水域等的夹角稍大外，其余段平均夹角较小，且西线航道小于东线航道。

（4）东线、西线航道开槽后，含沙量的分布规律与开槽前无明显变化。在伶仃岛以上，西线航道的含沙浓度大于东线矾石航道；在伶仃岛以下，铜鼓航道大于西线航道；上段、下段平均则是西线航道大于东线航道；东线、西线航道内涨潮、落潮较高含沙量多分布在川鼻水道南端以下海域，即舢板洲附近至大铲岛以北海域内。

（5）东线、西线航道开槽后，各段航道淤强分布皆呈两端小、中部大的分布规律。平均淤积强度为西线航道大于东1线或2线航道，若按上、下两段航道相比较，则伶仃航道上段大于矾石航道，而下段则是铜鼓航道大于伶仃航道下段。试验结果为：航道浚深－11.5m水深后，西线航道平均淤强为0.44m/a，总淤积量为298万m^3/a；东1航道和东2航道平均淤强均为0.36m/a，总淤积量则分别为269万m^3/a和262万m^3/a。其中西线航道上段平均淤强为0.53m/a，淤积量为277万m^3/a，下段平均淤强为0.13m/a，淤积量仅为21万m^3/a；矾石航道平均淤强为0.43m/a，淤积量为212万m^3/a，铜鼓东、西航道段的淤强相同，均为0.22m/a，而淤积量分别为50万m^3/a和57万m^3/a。

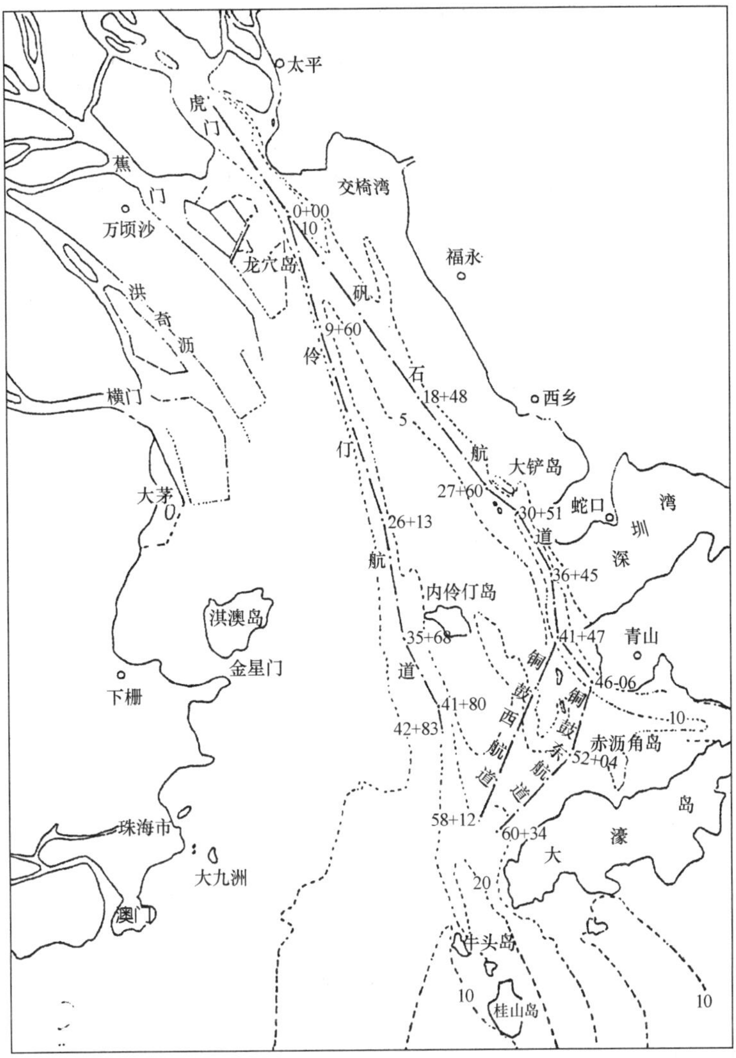

图9－51　伶仃洋东、西航道轴线布置示意图

4. 模型方案比选分析

东线、西线航道开槽后的试验结果表明：3条航道轴线方案的水流、泥沙运动规律基本相同，总淤积量约在270万～300万m^3左右，东线航道最大淤积强度为0.60m，西线航道为0.71m，与国内几条大河流的河口相比较，珠江口伶仃洋航道的淤积不算严重，淤积的速度较为缓慢，利用疏浚手段来维护航道水深一般并不困难，因此3条航道轴线方案从技术上都是可行的，其中以选择西线航道更优，主要基于以下几点：

(1) 西线航道的水流动力，无论涨潮、落潮流速、流向、航道轴线夹角和沿程动力分布都优于东线航道，而且西线航道经多年来不断的开发使用，整个海域水动力、地貌已基本相适应，若在此基础上进一步浚深，水动力、地貌不会造成太大的改变，与东线航道相比，在正常维护疏浚条件下，保证浚后航道畅通更有把握。

（2）在泥沙方面，由于受珠江上游水土保持工程、西部围垦造陆工程的实施以及伶仃航道多次浚深的影响，使伶仃洋湾内泥沙分布有所改变，据现场实测资料和模型试验结果分析比较，西线航道水体含沙量比以前大有减少，虽然西线比东线浚深后平均淤强和淤积量大 8cm/a 和 36 万 m^3/a 左右，但东线航道是在自然状态下最大挖泥 6.5m，因水深骤增的影响，必将引起局部地区水动力、地貌的巨大变化和航道的起始淤积量，不利于航道水深的稳定；而西线航道大部分水深已达 -9.0m 以上，只需浚深 2.5m 即可达要求，航道开挖后水深骤增对水流和泥沙的影响要小，而且西线抛泥弃土处理容易，更便于航道的开发。

（3）西线航道轴线具有航线顺直、折点少、转角小、水流与航道轴线交角小、航道里程短等优势，这对于船舶航行安全、缩短航行时间、提高乘潮水位利用率都较有利。

（4）西线航道疏浚段短，底质均为淤泥和淤泥质亚黏土，与东线航道相比，不需炸礁，具有基建开挖量小、施工容易、建设期短、航道收效快等优点。

（5）从深圳湾附近狭窄的深水海域使用情况来看，目前深圳西部港区已经出现锚地严重不足、水上交通拥挤和不利于航行管理的局面，以后随着深圳西部填海筑港的扩建，水上交通拥挤加剧，必将限制船舶进出和降低航道的通过能力，更不利于两个港口的长远发展。因此，从有利于航道畅通使用考虑，以开发西线航道更为合理。同时深圳西部港区开发铜鼓航道，不仅有利于珠江三角洲经济的发展，也是伶仃洋航道开发建设的最佳组合方案。

综上分析，物理模型试验结果推荐西线航道为广州港浚深开发方案。

9.3.4 数值模拟计算

根据不同目的和不同地区，共开展了如下 5 类数值模型系统的研究：

（1）黄埔—虎门河段平面二维潮流数值模拟系统。目的是了解该海区航道浚深前后流场的变化，由于本模拟区呈狭长带状，采用不规则狭长矩形网格进行数值模拟。

（2）伶仃洋海区平面二维潮流、盐度、泥沙、数值模拟系统。共比较了两类模拟解法，一类是三角形网格；另一类为矩形网格的 ADI 解法。经验证两类模拟系统均与实测资料基本符合，但考虑到本模拟将与三维数学模型和波浪数学模型的网格相一致，因此，采用了 ADI 法的矩形网格作为伶仃洋海区的平面二维潮流、盐度、泥沙数值模拟的格式。在此模拟系统中，进行了航道浚深前后的潮流、盐度、泥沙及航道淤积的模拟计算，并重点开展了西滩围垦对西航道淤积影响的研究。

（3）伶仃洋波浪数值模拟系统。目的是了解本海区的波浪场，网格布置与二维潮流数学模型一致。

（4）伶仃洋三维潮流、盐度、泥沙数值模拟系统。目的是为航道三维数值模拟提供边界条件，模拟的范围和平面网格均与二维一致。

（5）伶仃洋航道三维潮流、盐度、泥沙数值模拟系统。目的是了解航道内潮流、盐度、泥沙运动情况，是上述（4）模拟系统在航道区的局部加密系统，并由其提供边界条件。

下面对上述数值模拟系统分别作简要介绍。

1. 黄埔—虎门河段二维潮流数学模型

黄埔新沙港至虎门河道是伶仃洋出海航道必经之路，黄埔港又是我国对外贸易的重要港口之一，因此，研究伶仃洋航道整治问题，必须对其上段黄埔新沙港至虎门河段进行研究。

根据本河道的特点，二维潮流数学模型采用不规则任意四边形计算网格，其优点是在计算域内可以准确地模拟岸线的位置及航道的走向，以及河道的宽窄变化，较好地解决复杂的边界问题。计算方法此处从略。

经验证计算表明该模型能基本满足技术规范要求的精度后，应用该模型计算了开挖航槽底高程为－11.5m（理论基面）、底宽为160m、边坡为1∶10的水流流场。

根据计算结果，计算段河道航槽开挖后，航道水流畅通归顺，涨潮、落潮垂线平均流速较开挖前略有增加，有些地段流速略有减小，但由于航道断面面积的增大，航槽内的单宽流量还是有很大的提高。其中上段莲花航槽开挖后最大和平均涨潮、落潮流速减小约1.0%～4.3%；中段、下段海心沙以下航槽开挖后最大和平均涨潮、落潮流速则均为增大，其增大值约为1.0%～8.6%，海心沙附近增大值较大，越向下游增大值越小。

开挖航槽后，计算段内流向几乎无变化，工程附近流向略向航槽内偏转1°～2°。

2. 伶仃洋海区二维潮流盐度泥沙数学模型

本模型着重研究伶仃洋潮流场的平面分布特征、盐度场平面分布特征、含沙量场平面分布特征，以及各种航道开挖方案实施后潮流场、盐度场、含沙量场的变化及航道的淤积量，从而结合其他手段的研究分析，为伶仃洋航道的开发建设提供科学依据。

计算方法此处从略。计算是选择1991年12月19日10时至12月21日14时枯水期大潮和1992年7月15日18时至7月17日22时洪水期大潮的实测资料进行，计算域剖分为328×450个正方形网格，其边长为160m，时间步长为90s。计算结果为除个别站外，在枯水期大潮和洪水期大潮时，潮位、流速、盐度和含沙量的计算值及相位、流向等，均与实测值接近，潮流的平面流态、盐度和含沙量分布均与已有资料和已有分析结果吻合，说明该模型所复演的伶仃洋河口湾的潮流运动、盐度分布和含沙量分布均是可信的，并为进一步分析各种工程方案实施后潮流场、盐度场和含沙量场的变化情况提供本底资料。

航道开挖方案的计算共进行了4种，即：

方案1：伶仃西航道开挖至－11.5m、底宽160m、边坡1∶10；

方案2：矾石至铜鼓西航道开挖至－11.5m、底宽160m、边坡1∶10；

方案3：伶仃西航道开挖至－12.5m、底宽160m、边坡1∶10；

方案4：矾石至铜鼓西航道开挖至－12.5m、底宽160m、边坡1∶10。

为使方案计算结果能与验证计算结果相互比较，在方案计算中有关参数的选取及边界控制条件均与验证计算相同。计算结果如下：

（1）各方案航道沿程流速、流向的变化。计算结果表明：对于伶仃西航道，工程前航道水深维持在－8.6m，沿程流速比较均匀，涨潮、落潮平均流速枯水期分别在0.35m/s和0.45m/s以上，洪水期分别在0.37m/s和0.51m/s以上。

当开挖至－11.5m时，枯水期涨潮流速呈减小趋势，落潮流速呈增加趋势；洪水期涨潮流速略有增减，落潮流速呈增加趋势。枯水、洪水期流向的变化趋势均为向航道轴线方向偏转，偏转角度一般在1.5°以内，铜鼓西航道北段偏转角度最大为10°左右。当开挖至－12.5m时，枯水、洪水期涨潮流速场略有增减，落潮流速呈增加趋势。枯水、洪水期流向的变化趋势为向航道轴线方向偏转，偏转角度一般在2°以内。

对于矾石至铜鼓西航道，工程前航道流速沿程分布不均匀，就潮段平均流速而言，矾石航道处的流速与伶仃西航道北段的流速量值相当，铜鼓西航道处的流速比伶仃西航南段的流速量值要小，在铜鼓西航道北段流速为最小。

当开挖至－11.5m时，枯水、洪水期涨潮流速矾石航道主要呈减小趋势，铜鼓西航道北段有所减小，铜鼓西航道南段基本不变；落潮流速矾石航道有增有减，铜鼓西航道北段有所减小，铜鼓西航道南段呈增加趋势。枯水、洪水期流向的变化趋势均为向航道轴线的方向偏转，矾石航道和铜鼓西航道南段偏转角度一般在5°以内，铜鼓西航道北段偏转角度最大为10°左右。当开挖至－12.5m时，其洪水、枯水期涨潮、落潮流速的变化规律基本与上述相同，流向的变化亦与上述基本相同。

（2）各方案航道沿程盐度的变化。计算结果表明：枯水期平均盐度由航道南端的30.3‰向北沿程递减，至航道北端为17‰左右；洪水期平均盐度由航道南端的21.2‰向北沿程递减，至航道北端为0.2‰。由于伶仃西航道和矾石至铜鼓西航道均为南北走向，而盐度变化也主要是在南北方向，因此两条航道开挖后盐度的变化趋势是相同的。

航道开挖后，航道处单宽潮量有所增加，使外海高盐陆架水的侵入距离呈增加趋势，从而使航道沿程平均盐度值亦呈增大趋势。当航道开挖至－11.5m时，枯水期增加幅度在0.1‰以内，洪水期增加幅度在0.2‰以内。当航道开挖至－12.5m时，平均盐度的变化与上述基本上无差别。

（3）各方案航道沿程含沙量的变化。计算结果表明：由于各开挖方案的航道轴线均与自然深槽走向一致，故方案实施后对整个伶仃洋含沙量的分布影响不大，仅航道局部含沙量有所变化，但变化的量值不大。

工程前伶仃西航道平均含沙量最大值是在航道偏北段，其值枯水期约为0.11kg/m^3，洪水期约为0.138kg/m^3，向南沿程逐渐减小，至航道南端枯水期和洪水期平均含沙量分别为0.035kg/m^{3}和0.047kg/m^3。矾石至铜鼓西航道平均含沙量最大值亦是在航道偏北段，其值枯水期约为0.09kg/m^3，洪水期约为0.107kg/m^3，向南沿程逐渐减小，至铜鼓海区又开始增加，并在铜鼓航道中偏北段出现第二峰值，此值枯水期约为0.051kg/m^3，洪水期约为0.074kg/m^3。比较两条航道的平均含沙量可以看出，矾石至铜鼓西航道的含沙量小于伶仃西航道，但差值不大。

航道开挖后，由于外海高盐低沙陆架水的侵入，使航道沿程平均含沙量均呈减小的趋势。当航道开挖至－11.5m时，伶仃西航道枯水、洪水期平均含沙量分别减少0.001～0.007kg/m^{3}和0.001～0.009kg/m^3；矾石至铜鼓西航道枯水、洪水期平均含沙量分别减少0.001～0.004kg/m^{3}和0.001～0.006kg/m^3。当航道开挖至－12.5m时，伶仃西航道枯水、洪水期平均含沙量减少0.001～0.010 kg/m^{3}和0.001～0.012kg/m^3；矾石至铜鼓西航道枯水、洪水期平均含沙量分别减少0.001～0.005kg/m^{3}和0.001～0.007kg/m^3。

（4）各方案航道淤积量的计算。采用如下公式计算航道开挖后的淤积强度：

$$\rho = \frac{\alpha\omega s}{\gamma}\left[1 - \left(\frac{u_2}{u_1}\right)^2 \frac{h_1}{h_2}\right]\frac{1}{\cos\theta} \tag{9-11}$$

式中　ρ 为单位时间淤积强度；α 为泥沙沉降几率；ω 为泥沙沉降速度；γ 为淤积泥沙干容量；S 为含沙量；u_1、u_2 为航道开挖前后的平均流速；h_1、h_2 为航道开挖前后的水深；θ 为航道开挖后流向与航道轴线的夹角。

由于淤积计算是依据枯水期和洪水期两次 52h 流速、流向、盐度和含沙量数值模拟结果进行，故预报各方案航道全年淤积量时须对流速和含沙量进行修正。

将修正后的流速、含沙量等代入上述淤积强度计算公式即可求出枯水期和洪水期单位时间的淤积强度，进而计算全航淤积量：

$$Q = \int_L \rho'_{枯} T_{枯} B\mathrm{d}L + \int_L \rho'_{洪} T_{洪} B\mathrm{d}L \tag{9-12}$$

式中　L 为航道长度；B 为航道宽度；$T_{枯}$ 和 $T_{洪}$ 分别为枯水期和洪水期淤积时间。

为验证淤积量计算方法的适用性，首先对伶仃西航道未开挖时的流场、盐度场和含沙量场进行了模拟，利用自然情况下和现状情况下的模拟结果，对现伶仃西航道的淤积量进行计算，所得结果为：伶仃西航道现状淤积量为 187.7 万 m^{3}实际淤积量为 189. 9 万 m^3，可见两者结果完全一致，由此证明所采用的方法在伶仃洋区是适用的。

应用上述方法对伶仃洋各种航道开挖方案的淤积量进行了计算，结果如下：

对于伶仃西航道：当开挖至 -11.5m 时，全航道淤积量为 340.9 万 m^3，内伶仃岛以北淤积量为 317.2 万 m^3，平均淤积强度为 0.583m；内伶仃岛以南淤积量为 23.7 万 m^3，平均淤积强度为 0.148m。

当开挖至 -12.5m 时，全航道淤积量为 376.0 万 m^3，其中内伶仃岛以北淤积量为 346.8 万 m^3，平均淤积强度为 0.637m；内伶仃岛以南淤积量为 29.2 万 m^3，平均淤积强度为 0.182m。

对于矾石至铜鼓西航道：当开挖至 -11.5m 时，全航道淤积量为 291.7 万 m^3，其中矾石航道淤积量为 223.4 万 m^3，平均淤积强度为 0.436m；铜鼓西航道淤积量为 68.3 万 m^3，平均淤积强度为 0.267m。

当开挖至 -12.5m 时，全航道淤积量为 343.1 万 m，其中矾石航道淤积量为 265.4 万 m^3，平均淤积强度为 0.474m；铜鼓西航道淤积量为 77.7 万 m^3，平均淤积强度为 0.303m。

此外，还利用了该数学模型计算西滩极限围垦对伶仃西航道的影响。该计算根据珠江水利委员会提出的伶仃洋治导线总体规划，对西滩极限围垦情况下的流场、盐度场、含沙量场进行了数值模拟，并据以分析西滩极限围垦对伶仃西航道的影响，为工程决策提供依据。详细计算此处从略。

3. 伶仃洋波浪数学模型

波浪是水动力条件之一，研究伶仃洋的航道整治，除必须研究其径流、潮流动力条件外，还必须研究波浪动力条件，要了解伶仃洋的泥沙起动情况，确定水体含沙量，计算航道淤积量等，都必须对其波浪场有所了解，为此，须建立波浪数学模型。

关于波浪场的数学模型，近 20 多年来国内外学者做了大量的研究工作，获得了不少成果，但绝大多数都局限于对规则波联合折射绕射数学模型的研究，而海洋上的波浪是由多数频率不同、振幅不等、方向各异和相位杂乱的组成波组成的复杂的随机波动，着眼于随机波浪传播的数学模型是符合实际情况的，能反映海洋上波浪场的物理实质。最近，蒋德才等为了能把波浪的随机性反映到近岸的传播过程，提出了波浪能量谱的联合折射绕射数学模型，但在模型中没有考虑底摩擦作用下造成的波能衰减，为此，天津水运工程科学研究所在"八五"攻关课题的研究中，提出了考虑随机波浪传播的折射、绕射、底摩擦波能损失及波浪破碎的一个完整的波浪数学模型，用其对伶仃洋的波浪场进行计算。

该所根据1992年4~6月和1992年7~9月在桂山岛和内伶仃岛观测的波浪资料以及收集到的1991年10月~1992年9月大万山测波站1年的观测资料，对伶仃洋的波况进行了分析，得出的认识为：大万山岛附近海区是以涌浪为主的混合浪，波高、周期均较大；受万山群岛、东澳岛、蜘蛛岛等的遮挡，外海涌浪受阻，桂山岛以内海区均以风浪为主，平均波高（$H_{1/10}$）不足1m，平均周期小于3.5s；伶仃洋的主要浪向为偏南向，与经过岛屿绕射后的外海入射波有关。整个伶仃洋从南到北波浪越来越弱，波高、周期越来越小。

在伶仃洋海区，除了南向及偏南向浪以外，其他方向的浪均为由离岸风产生，它的大小与风速、风区、风时等因素有关，与偏南向入射浪相比，力量要弱。（偏）南向S~SSE入射浪可看作是由于地形等的影响的一种变形传播，能传至洪澳岛以北海区，因此，研究波浪数学模型，应着重考虑偏南向入射波传入的波浪场。

关于波浪数学模型的建立及其计算方法，此处从略。这里仅将对伶仃洋南向及偏南向波浪入射后的波浪场计算结果简述如下。

该波浪场数值计算的外海断面取在澳门—大濠岛（纬度线为20°12′26″），计算网格为320m×320m，入射波向根据伶仃洋海区地形特点，选取360°N入射（南向S）、337.5°N入射（南南东向SSE）、315°N入射（东南向SE）、350°N入射（介于S与SSE之间）4个方向作为入射主波向，每一方向均使用两种入射波要素，即近似为桂山岛实测的平均值和最大值，前者为$H_{1/10}=0.53\text{m}$，$T=3.3\text{s}$，后者为$H_{1/10}=2.56\text{m}$，$T=6.5\text{s}$；底摩擦系数依天津港和连云港的经验取为0.01；频率分段间$\Delta\omega$取0.08rad/s。计算得到的结果为：

（1）S~SSE向入射波能传到淇澳岛以北至西滩（对于SSE向，只限小周期波），而SE向入射波及SSE向大周期入射波由于地形影响均传至淇澳岛以南的海岸上而将波能消耗掉，对西滩无直接影响。

（2）波浪传至西滩后，波能均迅速衰减，无论是大浪还是小浪，波高值均小于0.2m，等波高线趋于与岸轮廓线一致。

（3）传至西滩的波浪，350°N入射波要略大于SE向和SSE向，即SE与SSE向之间的入射波浪对西滩来讲为强浪向。

（4）无论是大浪还是小浪入射，波能受地形衰减均较大，波浪无破碎现象发生。

（5）波浪对西滩泥沙的作用做如下分析：偏南向S~SSE入射波进入西滩区域后，波能衰减较大，波高变得较小，加之西滩水深相对较小，传至西滩的波浪对泥沙的掀动作用如何是伶仃洋航道整治工程所关心的问题。现采用线性单频率波的底部水质点最大速度计算公式对波浪作用下滩面水质点的速度予以计算。在水深h处波浪底部水质点最大速度用下式计算：

$$U_m = \frac{\pi H}{Tsh\left(\frac{2\pi}{L}h\right)} \tag{9-13}$$

不同水深下波浪底部水质点速度计算结果见表 9 - 61。

表 9 - 61　不同水深下波浪底部水质点最大速度

水深（m）	波高（m）	周期（s）	U_m(m/s)
1.0	0.10	3.3	0.14
2.0	0.10	3.3	0.08
3.0	0.10	3.3	0.06
4.0	0.10	3.3	0.04
1.0	0.20	3.3	0.27
2.0	0.20	3.3	0.17
3.0	0.20	3.3	0.11
4.0	0.20	3.3	0.08
1.0	0.10	6.5	0.15
2.0	0.10	6.5	0.10
3.0	0.10	6.5	0.08
4.0	0.10	6.5	0.07
1.0	0.20	6.5	0.30
2.0	0.20	6.5	0.21
3.0	0.20	6.5	0.16
4.0	0.20	6.5	0.14

西滩滩面泥沙粒径为 0.005 ~0.006mm，根据环形水槽试验得到临界泥沙起动流速为 0.16m/s，50% 泥沙起动流速为 0.32m/s，100% 泥沙起动流速为 0.46m/s。

由表 9 - 61 可以看出，0.1m 不能使泥沙起动，0.2m 的波浪即能使滩面泥沙发生起动，因此，偏南向入射波对西滩泥沙的起动是有影响的，若和短风区波浪潮流和洪水期径流联合作用，可加剧西滩泥沙的掀起。

4. 伶仃洋三维潮流盐度泥沙数学模型

为了解伶仃洋的流场、盐度场及泥沙浓度场的平面分布特征和空间结构特征，以及为进一步深入研究航道及其附近的潮流、盐度、泥沙平面和空间结构特征的局部模型提供边界条件，以利于对航道的选线、浚深、维护等问题进行研究，须建立伶仃洋三维潮流盐度泥沙数学模型。

关于三维潮流数学模型，国内外已做了不少研究。参照已有的研究成果，天津水运工程科学研究所在研究中使用 σ 坐标变换技术建立了模型，该模型有以下特点：①通过 σ 坐标变换，将三维数学模型的基本方程转换成新坐标系中的微分方程，波动的自由表面和不规则床面转换成新坐标系的表层和底层坐标面，使整个计算区域内垂向具有相同的网格数；②根据分辨率要求，垂向随意分层；③所有未知变量在三维模型中求解；④使用有限差分方法离散方程，数值方法简单；⑤所有变量均布置在同一网格结点上，易于方程离散和编程；⑥可使用垂线平均流速作为三维模型的开边界资料，极方便于二维、三维模型的嵌套。

关于三维潮流盐度泥沙数学模型的建立及其计算方法，此处从略。现仅将计算结果简述如下：

计算结果表明：在潮位方面，计算域内的6个潮位站，枯水期各站潮位绝对误差平均值为7cm，洪水期各站潮位绝对误差平均值为10cm，无论是枯水期还是洪水期，计算值与实测值基本吻合。

在流场方面，14个测站的计算流速的垂向平均值及其流向随潮流过程线与实测值量值相近，相位相符；52h的逐时比较，11层分层流速无论是在垂向分布形式，还是量值均与实测值基本相符。在伶仃洋各层的平面流动中，其涨潮、落潮及其从南到北存在的相位差等流态与天然情况基本相似。

在盐度场方面，无论是本季还是洪水期，盐度随潮流过程线及盐度垂直结构随潮流变化与实测值基本相符。计算盐度场与天然情况基本相似，基本上反映了伶仃洋盐度平面分布特征。

在泥沙浓度场方面，无论是泥沙浓度过程线、泥沙浓度垂直结构、泥沙平面分布特征均与实测值基本相似，泥沙浓度场分层分布基本符合天然情况。

由上可以认为，所建立的三维潮流盐度泥沙数学模型能够复演伶仃洋的潮流盐度泥沙空间场，可以此为基础资料，为伶仃洋航道的局部三维潮流盐度泥沙数学模型提供边界数据。

5. 伶仃洋航道三维潮流盐度泥沙淤积数学模型

伶仃洋三维潮流盐度泥沙数学模型的建立及其数值计算成果，为航道三维潮流盐度泥沙的数值模拟提供了边界条件，可以进一步较准确地模拟计算开挖航道后航槽内水流流速、盐度及泥沙浓度的垂向变化过程，从而研究航道的淤积变化，为方案的优选提供科学依据。

关于航道三维潮流盐度泥沙淤积数学模型的建立及其计算方法，此处亦予以从略，这里仅简述其计算结果。

伶仃洋航道三维潮流盐度泥沙淤积数学模型的计算域如图9-52所示，其中上边界为东西航道的交汇点处，下边界为-17.0m水深附近，长度约为50240m，计算域的左右边界为由航槽主轴线向左右外延560m，总宽约1120m，整个计算水域面积约为56.3km^2。

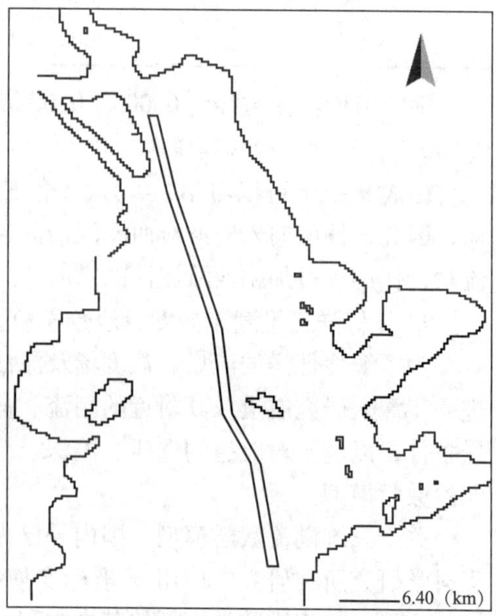

图9-52 计算域示意图

计算网格的划分为根据航道的曲折走向及

开挖航道的特点，采用 x、y、z 坐标变换法，对 x、y、z 向可随意伸缩变形，由此设计的计算网格为不规则四边形网格。空间步长 $\Delta x = 320$m，$\Delta y = 70$m，垂直分为10层，整个计算域内共设计了29546个计算网节点，平面网格分布如图9－53所示。时间步长统一采用 $\Delta t = 8$s，能满足显式差分的稳定条件。

为了检验计算模式，资料的处理及地形概化的合理性，该模型进行了验证计算。在整个域内布置了12个验证点，其位置如图9－53所示，除 A、E、L 3点验证流速、盐度、含沙量和潮位外，其余9点因无潮位实测资料，未做验证。验证计算结果表明，各验证点的计算值与实测值的相对误差均在10%以内，由此认为可以进行方案计算。

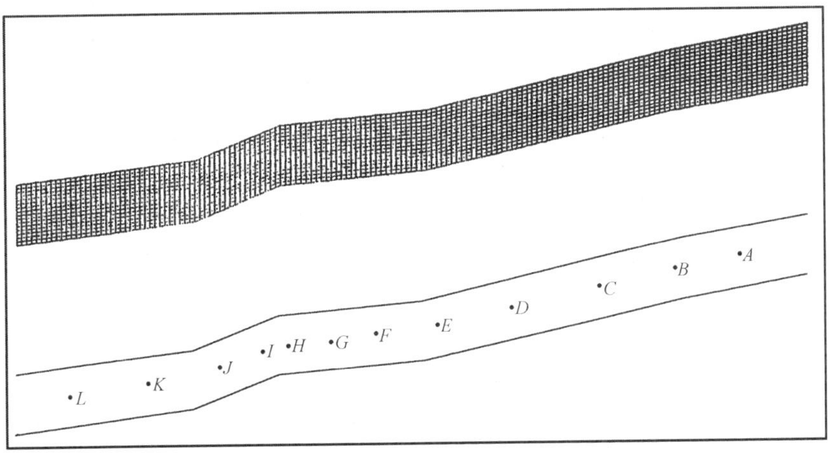

图9－53　计算网格与验证点位图

模拟计算的方案为：

方案1：西航道开挖至－11.5m（理论基面）水深、底宽为160m、边坡为1∶10。

方案2：西航道开挖至－12.5m（理论基面）水深、底宽为160m、边坡为1∶10。

分别进行了航道开挖前后两种方案的潮流、盐度及泥沙淤积，分述如下：

（1）潮流。计算了航道开挖前后航槽中两种方案12个验证点的表层、中层、底层最大涨潮、落潮流速、流向的变化。计算结果表明：在涨潮、落潮过程中，落潮流速大于涨潮流速，表层流速大，中层次之，底层最小，表层、中层、底层流向基本一致；方案1与方案2的涨潮、落潮流速变化基本相同，开挖后表层、中层和垂线平均最大涨潮、落潮流速均为增加，方案1的垂线平均最大流速的增值稍大于方案2，而底层枯水期、洪水期的涨潮、落潮最大流速则为减小，方案2的减小值略大于方案1。

（2）盐度。计算结果表明：枯水期在水平方向有明显的密度比降，垂直方向则甚小，计算域下段垂向分布更加均匀，分层作用消失，咸淡水混合为强混合型；洪水期在咸淡水之间无明显的交界面，底层含盐度比表层大，在水平和垂直两个方向都存在密度比降，咸淡水混合为缓混合型，其含盐度等值线随涨潮、落潮的上下移动而有明显的摆动，涨憩时1‰等值线在 A 点附近，落憩时在 D 点附近，涨急时在 B、C 点之间，落急时在 C 点附近。枯水期落憩时20‰等值线在 B、C 点之间，涨憩时在 A 点附近，落急时在 C 点附近，涨急时在 B、C 点之间。

航槽开挖后，由于底部床面加深，使高盐海水沿深槽向上游入侵，但由于下挖深度有限，入侵长度不大。计算表明，航道开挖后外海 J、K、L 3 点的盐度值几乎无变化，由 I 点向上游含盐度稍有增加；枯水、洪水期表层盐度基本上无变化，中层略有变化，底层则较中层明显；方案 1 枯水期 20‰的含盐度沿底部向上游入侵 960m 左右，洪水期 1‰的含盐度沿底部向上游入侵 640m 左右，而方案 2 则为枯水期 20‰的含盐度沿底部向上游入侵 1280m 左右，洪水期 1‰的含盐度沿底部向上游入侵 960m 左右。

（3）悬沙。航道开挖前，计算水域内枯水期时海相来沙较少，故水流较为清澈；洪水期时泥沙主要来源于陆域，故落潮含沙量大于涨潮含沙量。由于含沙量的变化滞后于流速的变化，故最高含沙浓度场的时刻不是涨落潮流速的最大时刻，而是滞后约近 3h，即在涨憩和落憩时才是水体中含沙量最大，泥沙达到充分悬移扩散的过程。洪水期计算水域下段涨、落憩时水体中含沙量为 0.04～0.06kg/m^3，并且垂向分布比较均匀，中段、上段水中含沙量则较高，为淤积相对严重区，水体相对浑浊。

航道开挖后，计算结果表明，枯水期和洪水期挖槽前后航槽沿程悬沙含沙量几无变化，垂向水沙分布特性和泥沙扩散过程亦基本没有改变，这与开挖前后来沙量不变、涨潮、落潮流速变化不大，航槽下挖深度有限等有关。

（4）航道淤积。表 9－62、表 9－63 为航槽开挖后枯水期和洪水期全航道的平均淤积强度及淤积量计算结果，由表可知，航槽开挖后，枯水期的淤积量占全年淤积总量的 35%左右，洪水期的淤积量占全年淤积总量的 65%左右。其中方案 1 的平均淤积强度为 0.479m/a，淤积量为 324 万 m^3；方案 2 的平均淤积强度为 0.5m/a，淤积量为 343 万 m^3。

表 9－62　方案 1 全航道淤积强度与淤积量

地段	点位	淤积强度（m/a）	平均淤积强度（m/a）	淤积量（万 m^3）	淤积总量（万 m^3）
航道上段	A	0.361		12.85	
	B	0.480		31.57	
	C	0.587		40.50	
	D	0.672		55.80	
	E	0.696		58.32	
	F	0.648		44.76	
	G	0.537		28.12	
	H	0.471		20.26	
	I	0.352	0.568	11.81	304.01
航道下段	J	0.249		9.70	
	K	0.152		9.20	
	L	0.035	0.144	1.48	20.38
全航道			0.479		324.39

表 9－63　**方案 2 全航道淤积强度与淤积量**

地段	点位	淤积强度（m/a）	平均淤积强度（m/a）	淤积量（万 m^3）	淤积总量（万 m^3）
航道上段	*A*	0.401		14.27	
	B	0.514		33.81	
	C	0.618		42.64	
	D	0.697		57.88	
	E	0.719		60.25	
	F	0.665		45.94	
	G	0.573		30.01	
	H	0.512		22.03	
	I	0.381	0.597	12.79	319.61
航道下段	*J*	0.257		10.01	
	K	0.169		10.23	
	L	0.062	0.156	3.15	23.39
全航道			0.500		343.00

综合以上各种数学模拟计算结果，可以归纳为如下几点：

（1）航道浚深后，仅在航道附近局部水域内水流发生变化，对整个水域的流场影响不大。

（2）在航道浚深段内，单宽流量有所增加，但因水深加大，因此流速有增有减。

（3）浚深段航道内的流向均向下游转折，流向与航道轴线间的夹角平均减小约 10%左右。

（4）在航道内，咸淡水混合程度枯水期为强混合型，洪水期为缓混合型。

（5）枯水期，伶仃洋含盐度由外海的 35‰。向内渐减，至舢板洲附近为 20‰，至虎门为 12‰，至墩头基为 3‰；洪水期，含盐度由外海的 35‰向内迅速减小，至舢板洲附近为 1‰，只有枯水期的 1/20。

（6）在垂线上含盐度分布呈上小下大，等值线自水面至海底向内陆倾斜，在洪水期尤为明显，反映出高盐度海水由底部向内陆入侵的趋势。航道浚深后，加强了底部高盐度海水向内陆入侵，当西线由－0.9m 浚深至－11.5m 和－12.5m 后，枯水期含盐度为 20‰的海水由底部上溯入侵分别为 960m 和 1280m；洪水期含盐度为 1‰的海水由底部上溯入侵分别为 640m 和 960m 左右。

（7）含沙量的平面分布与伶仃洋海区的滩槽分布相一致，西滩含沙量较高，可达 0.7kg/m^3，而东、西航道内则较低，一般仅在 0.05kg/m^3左右。西滩出现较高含沙量的时间比洪水期落急约滞后 3h 左右。当西滩出现较高含沙量水体时，西航道内仍维持原有低含沙量水体，西滩与西航道间存在较大的含沙量梯度，其位置约在航道边滩－5m 等深线附近，此处是一个动力平衡面。

（8）西滩较高含沙水体整体运动形成一个输沙带，其方向为自北向南，并逐渐向西南南偏移。西滩围垦全部实现后，动力平衡面及输沙带仍然存在。

（9）经二维和三维模拟计算得出各航道浚深方案的年回淤量如表9－64所示。

表9－64 航道回淤量表

方案	航道尺度（m）		西航道回淤量（万 m^3）						东航道回淤量（万 m^3）		
	深	宽	内伶仃洋岛以内		内伶仃岛以外		合计		矾石段	铜鼓西段	合计
			二维	三维	二维	三维	二维	三维			
一	－11.5	160	317	304	24	20	341	324	223	68	292
二	－11.5	200									
三	－12.5	160	347	320	29	23	376	343	265	78	343
四	－12.5	200									

（10）根据波浪数学模型结果可知，外海波浪传入伶仃洋后，衰减很快，对地貌演变影响不大，只有南向浪可传至西滩，对西滩演变和西航道淤积有一定影响。

9.3.5 航道回淤量的确定

在评价航道时，回淤量是关键参数之一，因此在研究航道整治时必须研究航道回淤量问题。对珠江口伶仃洋航道整治的研究，采用了4种方法估计回淤量：①通过泥沙淤积物理模型确定；②利用泥沙淤积数学模型进行模拟计算；③建立半经验理论公式进行估算；④利用航道内的流速过程线和含沙量过程线逐时计算泥沙沉积量。前两种方法已在前面分别作了简要介绍，现简要介绍后两种方法。

1. 半经验理论公式

目前国内工程界计算航道回淤量时常采用的几个公式，相差较大，为了更合理地计算航道回淤量，采用了天津水运工程科学研究所建立的半经验理论公式进行计算。该公式是在深入进行水流横越航道的水槽、水池的水力模型试验的基础上，配合相应的二维、三维数值模拟计算，以航道水流变化机理为基础，以试验资料为依据建立的航道淤积计算公式，并通过大量已有航道现场实测资料验证，证明其精度较好。

经研究得出航道内平均回淤强度的计算公式为

$$\overline{D} = \frac{U_1 h_1 s_1 \sin\theta_1}{\alpha_h \gamma_c b}\left[1 - \left(\frac{h_1}{\alpha_h h_2}\right)^3 \sin^2\theta_1 - \left(\frac{h_1}{h_2}\right)^{0.6} \cos^2\theta_1\right] \times \left[1 - \exp\left(-\frac{\alpha\alpha_h \omega_s b}{U_1 h_1 \sin\theta_1}\right)\right]t \tag{9-14}$$

式中 U_1 为开挖航道前的流速；h_1 、h_2 分别为开挖航槽前后的水深；s_1 为开挖航槽前的水体含沙量；θ_1 为水流与航槽轴线的夹角，γ_c 为淤积后的床沙干容重；b 为航槽宽度；α_h 为水深折减系数，根据试验得到 $\alpha_h = \left(\frac{h_1}{h_2}\right)0.04\frac{h_2}{h_1}$；$\alpha$ 为悬沙沉降几率；ω_s 为悬沙絮凝沉降速度，根据研究，认为不仅与 d_{50} 、U_1 、s_1 等参数有关，还与航道宽度、槽滩水深、水流与航槽夹角及泥沙粒径分布等多种因素有关；t 为全年时间的秒数。

经选用天津港、连云港、蛇口港、赤湾港、广州港、海南岛及甬江口等几个港口外航道的13个实测资料进行验证，计算结果表明：平均误差为15%，最大误差为30%，可以认为式（9－14）有较好的精度，具有实用价值。

应用上述公式，计算得到东、西航道浚深后回淤量如表9－65所示。

表9－65　东、西航道回淤量表

方案	航道尺度（m）		西线（万 m^3 / a）			东线（万 m^3 / a）		
	深	宽	内伶仃岛以内	内伶仃岛以外	合计	矾石段	铜鼓西段	合计
一	－11.5	160	299	20	319	24.5	60	305
二	－11.5	200	375	26	401	291	71	362
三	－12.5	160	311	25	336	264	69	333
四	－12.5	200	384	32	416	311	83	394

2. 逐时沉降累计法

该方法是利用模型试验中开挖航道内的流速过程线 $U(t)$ 和与流速相应的泥沙沉降速度过程线 $\omega_S(t)$，以及含沙量过程线 $s(t)$，可由下式求得航道内的全年回淤强度为：

$$\rho = \frac{1}{\gamma_c}\sum_{i=1}^{i=N}\int_0^{T_i - t_i} \alpha s_i(t)\omega_{si}(t)\,\mathrm{d}t \qquad (9-15)$$

式中　T_i 为某一个潮（i）的周期；t_i 为1个潮周期内大于不淤流速的时段；N 为全年总潮数；其他符号意义同前。

式（9－15）成立的条件是流速应小于泥沙的不淤流速。利用式（9－15）可算得东、西线航道各种不同开挖方案的回淤量（见表9－66和表9－67）。

表9－66　西线伶仃航道的回淤量表（逐时沉降累计法）

方案	航道尺度（m）		航道回淤量（万 m^3 / a）		
	深	宽	内伶仃岛以内	内伶仃岛以外	合计
一	－11.5	160	330	17	347
二	－11.5	200	413	21	434
三	－12.5	160	337	19	356
四	－12.5	200	421	24	445

表9－67　东线航道回淤量表（逐时沉降累计法）

方案	航道尺度（m）		航道回淤量（万 m^3 / a）		
	深	宽	矾石段	铜鼓西段	合计
一	－11.5	160	252	47	299
二	－11.5	200	315	58	373
三	－12.5	160	267	50	317
四	－12.5	200	334	63	397

3. 航道回淤量的汇总及确定

现将4种方法所得的航道回淤量汇总于表9－68和表9－69，根据表中各种方法得到的结果，认为对于－11.5m×160m方案而言，取西线航道的回淤量为350万 m^3 和东线航道的回淤量为310万 m^3 将是合适的。

表 9－68　　西线航道（伶仃航道）回淤量汇总表　　（单位：万 m^3／a）

方案	航道尺度		内伶仃岛以内					内伶仃岛以外					全航道合计				
	深（m）	宽（m）	物理模型	数学模型		经验公式	逐时沉降累计法	物理模型	数学模型		经验公式	逐时沉降累计法	物理模型	数学模型		经验公式	逐时沉降累计法
				二维	三维				二维	三维				二维	三维		
一	－11.5	160	277	317	304	299	330	21	24	20	20	17	298	341	324	319	347
二	－11.5	200	—			375	413	—			26	21	—			401	434
三	－12.5	160	—	347	320	311	337	—	29	23	25	19	—	376	343	336	356
四	－12.5	200	—		320	384	421	—		23	32	24	—			416	445

表 9－69　　东线航道回淤量汇总表　　（单位：万 m^3／a）

方案	航道尺度		矾石段				铜鼓西段				全航道合计			
	深（m）	宽（m）	物理模型	数学模型	经验公式	逐时沉降累计法	物理模型	数学模型	经验公式	逐时沉降累计法	物理模型	数学模型	经验公式	逐时沉降累计法
一	－11.5	160	212	245	245	252	57	68	60	47	269	292	305	299
二	－11.5	200	—		291	315	—		71	58	—		362	373
三	－12.5	160	—	265	264	267	—	78	69	50	—	343	333	317
四	－12.5	200	—		311	334	—		83	63	—		394	397

9.3.6　综合分析

天津水运工程科学研究所在“八五”攻关项目的研究中，还对疏浚土倾废区（包括水抛区和陆抛区）及抛泥方式的优化、东西线各方案航道理论通过能力的分析，以及综合技术经济效益分析与评价等进行了研究，这里不再一一予以介绍。

通过以上诸问题的综合分析研究，最后将伶仃洋东、西航道对比情况列于表 9－70 以供比选。

分析表 9－70 的结果，不难得出结论：伶仃洋出海航道以选择西线为宜。其理由如下：

（1）从自然条件分析，东、西航道差别不大，其开发在技术上都是可行的。

（2）在疏浚弃土处理上，西线的北段可结合西滩围垦吹填造陆，南段可利用淇澳岛东南等水抛区处理弃土，处理比东线容易。

（3）基建工程西线比东线经济，航道短 5.6km，工程量少 1700 万 m^3，投资省 5.5 亿元，施工期短 1 年。

（4）疏浚维护费用西线比东线便宜。其中航道回淤量虽然西线比东线大，但西线的疏浚弃土运距短、单价低，因此，疏浚维护费用反而比东线少。此外，东线浚深开挖深度比西线大，初期淤积量也比西线大，疏浚维护费也要比西线大。

（5）在航行条件方面，西线航道顺直、折点少、转角小、水流与航道轴线夹角小、里程短，因而西线优于东线。

（6）在航行管制及船舶安全方面，西线比东线有保障。西线为单支航道，为广州港及虎门口沿岸港服务，东线为分岔航道，为广州港和深圳港服务，船舶数量激增，且在深圳港区及危险品港区内穿越，对航行管制及船舶安全十分不利。

（7）航道通过能力西线比东线大。

（8）工程经济效益西线比东线高。

（9）从全面规划长远发展出发，采用西线方案更为合理。因为，目前深圳港西部港区发展迅速，大铲湾及大铲、小铲岛间水域已列为规划港区，势必造成该水域大量船舶繁忙穿梭，广州港航道不宜再选在东线，选为西线则有利于两个港口的发展。

表 9－70　　东西线航道对比表（航道尺度：11.5m×160m）

项目		西线	东线	注
航道线路		经伶仃水道	经矾石水道—铜鼓西	
航道性质		在原航道基础上扩建	新开挖	
自然条件	含沙量	上段：$\bar{\rho}$ =0.09kg/m^3	上段：$\bar{\rho}$ =0.07kg/m^3	全段平均，东线比西线小 7%
		下段：$\bar{\rho}$ =0.02kg/m^3	下段：$\bar{\rho}$ =0.04kg/m^3	
	流速	现状：$\bar{V}$ =0.42～0.46m/s	现状：$\bar{V}$ =0.37～0.41m/s	东线铜鼓浅滩流速小
		挖后：$\bar{V}$ =0.43～0.46m/s	挖后：$\bar{V}$ =0.39～0.42m/s	
	流向	与航道轴线夹角小	与航道轴线夹角大	
	底质	d_{50} =0.0023～0.107mm	d_{50} =0.0016～0.435mm	西线较均匀
	地质	淤泥、淤泥质亚黏土	淤泥、淤泥质亚黏土、另有两处礁石	东线有两处礁石
抛泥	陆抛	西岸浅滩可陆抛	东岸无陆抛区	东线陆抛困难
	水抛	附近有水抛区	附近无水抛区	东线水抛需远抛
基建工程	开挖长度	42.8km	48.4km	西线短 5.6km
	平均挖深	2.5m	4.1m（最大挖深 6.5m）	东线挖深 1.6m
	基建工程量	2700 万 m^3	4400 万 m^3（另有炸礁量 7m^3）	西线少 1700 万 m^3
	工程投资	7.5 亿元*	13 亿元*	西线少 5.5 亿元
	施工期	3a	4a	西线提前 1 年
维护土方	稳定年回淤量	350 万 m^3	310 万 m^3	西线多 40 万 m^3
	稳定年维护费	3745 万元	4894 万元	西线少 1149 万元
	第一年回淤量	441 万 m^3	547 万 m^3	西线少 106 万 m^3
	第一年维护费	4718 万元	8636 万元	西线少 3917 万 m^3
航行条件	航道长度	52.8km	58.5km	西线短 5.7km
	航道转折	4 个转折点	5 个转折点	西线较顺直
船舶安全管制		单支航道，易管理	分岔航道，船舶穿越深圳港区	西线船舶易管理
航道通过能力		9409 万 t	7612 万 t	西线高
经济效益	内部收益率	33.9%*	24.0%*	西线高
	ENPV	8.33 亿元*	3.52 亿元*	西线高
长远开发		广州港和深圳港可各自开发	广州港和深圳港相互干扰	广州港、深圳港宜分别采用西、东航道

*　含虎门以内航道段。

9.4 港口建设研究

从广州至伶仃洋出海口的桂山锚地，其航道长约为140km，在其东、西两岸分布着大、中、小港口20多处，如图9－54和表9－71所示，包括已建、正在建设和计划兴建的港口，除香港港口属于伶仃洋口外海港外，其余均属珠江口的河口港。在这些众多港口中，香港已发展成为国际枢纽港，它是使香港发展成为国际贸易、金融和工业中心的重要因素。改革开放以来，广州港的建设也在迅速发展，已成为我国南方最大的枢纽港，其货物吞吐量居国内第4位，仅次于上海、秦皇岛和大连等港口。随着改革开放的深入发展，伶仃洋沿岸的港口建设也将进一步发展，港口建设的研究工作也将日益迫切。珠江委科研所以及其后改称的珠江水利科学研究院先后研究过伶仃洋沿岸的已建、在建和计划兴建的港口不下10多个，在这一节里，简要介绍具有代表性的重要港口的有关研究工作。

表9－71 广州至伶仃洋各港港址及泊位吨级*

港口	港区	泊位吨级（t）	备注
广州港	新风（黄沙）	1000～3000	珠江干流
	东风（大沙头）	500～3000	前航道
	河南	2000～3000	后航道
	芳村	3000～5000	后航道
	黄埔	10000	前航道
	洪圣沙	10000～20000	前航道
	黄埔新港	10000～35000	墩头基
	新沙	20000～35000	狮子洋
	西大坦		计划中
	虎门	50000	计划中
莲花山港		500	狮子洋西岸
大虎港		35000	西岸　筹建中（煤专用泊位）
威远港		5000～10000	虎门　计划中（现建汽车轮渡）
南沙港		20000	西岸　计划中（现建汽车轮渡）
沙角港		35000	交椅湾口北、虎门口外、煤专用泊位
交椅湾港		30000～50000	计划中
妈湾港		30000～50000	伶仃洋矾石水道下段
赤湾港		10000～30000	计划100000 t
蛇口港		5000～50000	深圳湾内
九洲港		10000	西岸（航道可通航5 000 t船舶）
中山港		5000	横门口内（航道可通航1 000 t船舶）
香　港		35000～100000	暗士顿水道和维多利亚港等
澳　门		1000～5000	内港、外港、九澳港

* 引自罗章仁，等．华南港湾[14]。

9.4.1　澳门高速船客运码头选址技术论证研究❶

香港远东水翼船有限公司委托珠江委科研所进行澳门高速船客运码头选址技术论证，要求论证：①澳门港口及其附近水域的泥沙与水流实况及航道淤积对船只航行的影响；②在澳门国际机场北端附近兴建高速船客运码头后，码头对上游、下游水沙运动的影响及新址和航道可能的淤积状况；③在水域内的其他指定地点兴建高速船客运码头后，码头对上游、下游水沙运动的影响及新址和航道可能的淤积状况。

鉴于澳门附近水域的水流泥沙运动和河床演变十分复杂，为使研究工作可靠、深入地进行，以期获得比较准确、全面的认识，使技术论证建立在科学和坚实的基础之上，采用了实测资料分析、数学模型、物理模型和遥感技术应用等多种手段进行研究的技术路线，以便相互印证，保证技术论证的可靠性和准确性。

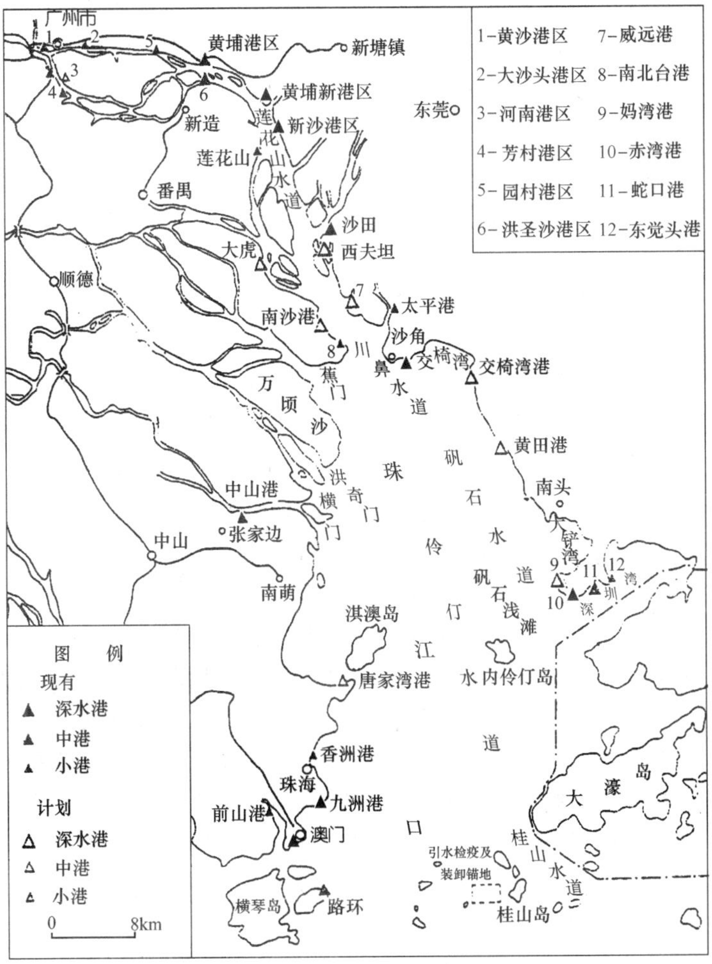

图9-54　广州至伶仃洋沿岸港址分布

❶　珠江水利委员会科学研究所，澳门高速船客运码头选址技术论证研究报告，1998年12月。

1. 基本情况

（1）地理地貌。澳门位于中国南部海岸，濒临南中国海，地处北纬22°10′、东经113°34′，总面积为20.96km^2。由澳门半岛（7.99km^2）、氹仔岛（5.69km^2）和路环岛（7.78km^2）组成，总人口约45万，绝大部分居住在澳门半岛，经济活动主要在澳门半岛。在澳门半岛周围分布着众多岛屿，其中东北部有大九洲、横洲岛，东南部为三角岛、细碌岛和大头洲岛，南部有路环岛、大小横琴岛和三洲岛，西南部为小芒洲岛，中部为氹仔岛。这些众多岛屿将澳门附近水域分割，使径流、潮流水沙运动十分复杂。在澳门半岛的西北部有前山水道汇入，与其西南部西江下游磨刀门水道的支汊洪湾水道在马骝洲附近交汇，形成开阔的汇流区，大部径流水沙经汇流区和澳门水道出海，成为泄洪排沙和出海航道的主要通道；部分径流水沙则经横琴岛和氹仔岛之间的十字门水道分流泄入南海。南海潮流除向北上溯进入伶仃洋海区外，部分由澳门水道进入前山水道和洪湾水道，另一部分从横琴岛和路环岛之间的十字门进入洪湾水道。由于径流和潮流的相互作用和顶托，澳门附近水域又处在输沙量较大的西江河口口门区，加上众多岛屿的分割形成多处汇潮点和回流、缓流区，造成对该水域十分有利的泥沙沉积环境，但对航道、港口的建设却是不利的。

（2）气象。澳门位于北热带区，全年气候温和，平均气温约20℃，11月至次年3月为最低，平均最低值为1月的11.9℃；7~8月为高峰，最高可达39℃，平均最高值约为31℃。

澳门为多雨地区，平均年降雨量为2000mm左右，7~8月为最多，1个月内可达900mm以上。

澳门又是一个多风地区，有正常风和台风两种，后者以7~9月为盛期，多走东南路径。据澳门站观测资料，多年平均风速为3.5m/s，极端最大风速为58.6m/s，风成海浪以九澳角为最高，约7.4m，在深水处台风引起的海浪，其高度可超过最高浪高；在氹仔岛北面海域，浪高较低，一般为1.0~3.4m之间；氹仔岛和路环岛的西部海域，浪高一般不超过1m。风浪掀沙引起的泥沙淤积，对本水域特别是深水海域有较大影响，须予重视。

（3）水文。澳门附近水域属弱潮型河口，潮汐属不规则半日潮，在1个太阴日内（约24小时50分），出现两次高潮两次低潮，一年中夏潮高于冬潮，年内变化是洪水期高于枯水期，遇暴风潮时出现潮位最高值。潮差一般较小，马骝洲站多年平均潮差为1.11m，澳门站为1.07m，一般为落潮潮差大于涨潮潮差，差值在0.2~0.8m之间。

潮流速根据3次实测资料分析，不论是洪水期或枯水期均为落潮流速大于涨潮流速。洪水期落潮流速大于枯水期落潮流速。洪水期落潮流速比涨潮流速大数倍，枯水期则小于1倍。同样，根据3次实测资料分析，洪水期整个澳门水道被洪水所控制，由洪湾水道进入的洪水经澳门水道下泄入海，排洪量占93.1%；枯水期遇大潮时，澳门水道被涨潮流所控制，占涨潮量的80.6%。

（4）泥沙。澳门附近水域泥沙输移以悬移质为主，泥沙主要来自磨刀门上游径流泥沙和伶仃洋外海输沙。根据3次实测资料分析，洪湾水道至澳门水道东口，洪水、中水、枯水期含沙量分别为0.88~1.08kg/m^3，0.25~0.33kg/m^3、0.13~0.14kg/m^3。含沙量随径流的多少而变化，无论是洪水期或枯水期，落潮含沙量大于涨潮含沙量，泥沙主要来自上游径流。

洪水期澳门水道落潮输沙量占水域落潮总输沙量的83.6%～94.2%，枯水期其涨潮输沙量占水域涨潮总输沙量的79.8%。说明洪水期澳门水道是泄洪排沙的主要通道，枯水期则是接纳海域来沙的主要水道。从输沙平衡原理分析，洪水期在澳门水道内有来沙量的35.2%发生淤积，枯水期则为6.3%，可见不论洪水期还是枯水期，澳门水道一般是淤积的。

（5）河道冲淤。澳门附近水域由于近年来兴建河道整治、围垦及国际机场等工程，人类活动频繁，加之口门延伸和河道疏浚等影响，使水域内水沙动力条件发生了变化，水道和海区地形也发生相应变化。根据1991年和1995年水下地形资料分析，从旧澳氹大桥至澳门国际机场外海区18.6km^2范围内，河床纵向冲淤比较复杂，有冲有淤，但以淤为主，一般是深槽加深（与疏浚有关），主槽北移；边滩淤积，逐渐下移。马骝洲以下汇流区年平均淤厚8.5cm，澳门水道南滩为3.5cm。

（6）河道治理。澳门附近水域的西部洪湾水道于1985年1月开始进行整治，自挂定角起至马骝洲出口，全长13km，整治成宽度为500m的规则性水道，全部工程于1992年完成。十字门浅海区于1990年起两岸开始围垦，至1994年已变成长5.75km、宽约300～500m的水道。

随着珠海和澳门等地经济建设的迅速发展，澳门附近水域的澳门浅海区、十字门浅海区和湾仔浅海区等3个浅海区由于河道宽浅、水流分散、泥沙淤积，使其在防洪、潮排、潮灌、通航和环境等方面日益不适应经济建设发展的需要，迫切要求治理。为此，水利部珠江委与澳方磋商，研究编制“珠江河口澳门附近水域综合治理规划”。根据《珠江河口澳门附近水域治导线规划》的推荐方案，澳门浅海区南治导线采用S_2线、北治导线采用N_2线，湾仔浅海区采用W_1线，十字门水道北口西侧维持现状岸线，十字门浅海区实施东、西治导线，将水道整治成宽度为270～320m的较规则的岸线，其南口以西治导线延伸至三洲，以上称为推荐治导线方案（见图9－55）。除此以外，将S_2线往东延伸至澳门机场跑道北端，封堵跑道与氹仔岛之间水道北口，称为封堵治导线方案。以上规划治导线方案当时尚在研究中，尚未获得有关部门认可。

（7）港口建设。澳门港口现有内港、外港和九澳港。内港位于澳门西部前山水道出口段，航道水深3.0～3.5m，宽40m，通行1000t以下船舶，以装卸货物为主，货物量占澳门全港70%～80%；外港位于澳门半岛东部，建有防波堤掩护，主要为客运码头，航道水深4.5～6.0m，宽60m，通行1000～2000t级海轮；九澳港位于路环岛东北部，原为燃油电厂和水泥厂专用港，为5000t深水泊位。根据远东公司提供的有关疏浚资料，从1985年至1997年的13年中，内港航道总疏浚量为1270.44万m^3，年平均为97.73万m^3；外港航道及港池总疏量为1588.69万m^3，年平均为122.21万m^3。可见，泥沙淤积甚为严重，造成通航受阻、经济损失。泥沙问题成为澳门港口建设的关键问题。

2. 数学模型的模拟研究

（1）研究方法。研究方法见第7章7.1节，采用二维不恒定流水流运动基本方程的数值解法中的ADI差分法进行模拟计算。模型模拟范围为西侧上自灯笼山水位站，下至大横琴水位站，东侧至伶仃洋九澳岛以东11km处，上自九洲—大排上游5km，下至三洲岛以下 2km，如图 9－56 所示。根据研究区域水道地形特征，计算的空间步长采用 $\Delta x=\Delta y=50\mathrm{km}$，时间步长接稳定性要求取为 $\Delta t=8\mathrm{s}$。所建立的模型经选用 1994 年 3 月 24 日洪水大潮型、1997 年 9 月 1 日中水大潮型和 1997 年 3 月 25 日枯水大潮型等 3 个径潮流水文组合进行验证计算，结果表明各站特征潮位、流速、流向、潮量的计算值与原型实测值基本一致，符合精度要求，相位吻合，计算得到的流场与卫星遥感影像信息得到的流态十分相似，说明所建立的模型能满足精度要求，可用以进行工程方案计算和预报。

图 9－55 珠江河口澳门附近水域规划范围示意图

（2）港址方案的模拟研究。

1）码头港口的布置型式。码头港口为掩护式港池，码头前沿岸线布置 2 个泊位，其东、西两侧布置 2 条离岸的岛式防波堤，港池尺度为码头前沿岸线长 150m 港池回转水域的直径为 150m，其开挖高程为 －7.5m（即保持 6m 水深）。

图9－56 数学模型模拟范围

2）港址方案的拟订。选择5个方案进行比较，见图9－57。

方案1：远东公司提供的港址方案，位于氹仔岛北岸滩地上，码头靠近机场客运大楼，出港航道长1050m。

方案2：在方案1基础上将码头离岸移动270m，以栈桥连接陆岸与码头，出港航道长780m。

方案3：将方案1向上游移动750m，出港航道长1500m。

方案4：位于机场跑道以西浅海区开发回填成陆地的海岸上，在机场与路环岛之间，与机场客运大楼陆地相连，直线距离为2500m，出港航道长为450m。

方案5：位于澳门半岛南岸，背靠澳门半岛新开发区，码头港口靠近澳门水道主航槽，包括港池、出港航道仅长200m，从码头到机场须经新澳氹大桥，距离约8km。

3）港址方案的计算条件。由于澳门附近水域有现状条件、将来进行治理的推荐治导线方案的条件以及有可能进行的封堵治导线方案的条件等3种情况，不同情况下水流动力条件不同，对各种不同的港址方案必将产生不同的影响，因此计算条件分为如下3种工况：

工况1：研究推荐治导线方案$N_2S_2W_1$形成后各港址方案的通航水力条件及其对澳门水道水流条件的影响，在此条件下因氹仔岛与机场跑道北端之间仍然通过水流，不可能实施方案4，只能研究其他4种港址方案的情况。

工况2：研究封堵治导线方案形成后各港址方案的通航水力条件及其对澳门水道水流条件的影响，在此条件下氹仔岛与机场跑道北端之间已经断流，浅海区可以围垦造陆实施方案4，故需研究5种方案的情况。

工况3：研究现状条件下各港址方案的通航水力条件及其对澳门水道水流条件的影

响，在此条件下，只研究除方案4以外的其他4种方案。

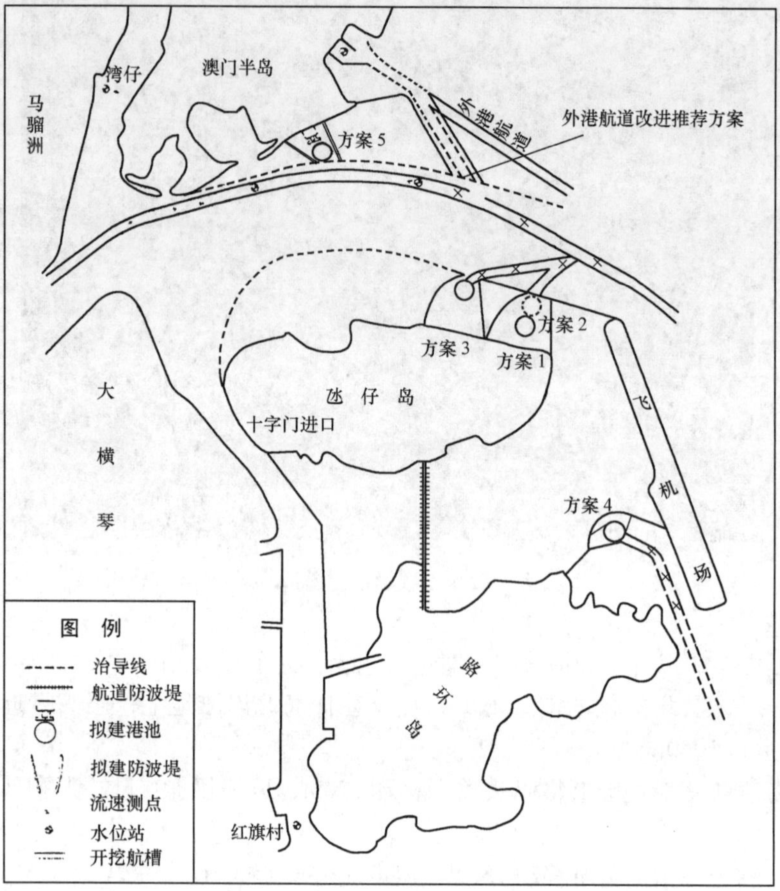

图9-57 码头方案布置及外港航道改建示意图

4）计算成果与分析。将各港址方案的计算成果从对澳门水道水流动力条件的影响及其通航水力条件的优劣等方面进行比较和分析，现简述如下：

a. 工况1条件下的计算成果与分析。从对澳门水道水流条件的影响上看，在推荐治导线方案$N_2S_2W_1$形成后，由于港址方案3及方案5拟建建筑物均在治导线控制范围内，因此，与推荐治导线建港前相比，对澳门水道影响甚微，在各种水文组合条件下各站高潮、低潮位没有变化，其流速和涨潮、落潮量也基本上无变化。至于方案1及方案2，由于其右侧防波堤和部分港池超出了治导线，阻碍了澳门水道水流从机场与氹仔岛之间的水流通道下泄，虽然各站潮位仍基本上无变化，对潮位基本无影响，但对流速和潮量产生了较小的影响。由计算成果可知，在洪水、中水、枯水大潮的水文组合条件下，旧澳氹大桥断面的落潮量分别减少0.96%、1.07%及3.06%，涨潮潮量分别减少6.24%、2.29%及4.28%，净泄量分别减少0.93%、0.90%及1.88%。在澳门水道主航槽上，其落潮平均流速减小0.002~0.01m/s。

从港口的通航水力条件而言，在洪水、中水、枯水大潮的水文组合条件下，由计算成果可知，方案1及方案2的出港航道落潮平均流速分别为0.265m/s、0.210m/s及0.197m/s，港池落潮平均流速分别为0.048m/s、0.027m/s及0.053m/s，水流与航线夹角在42°~69°之间，洪水期最大横向流速为0.59m/s；方案3出港航道落潮平均流速分别为0.272m/s、0.214m/s及0.199m/s，港池落潮平均流速分别为0.041m/s、0.030m/s及0.040m/s，水流与航线夹角在19°~39°之间，洪水期最大横向流速为0.38m/s；方案5出港航道短，船只很快进入澳门水道主航道，出港十分方便，其主航道落潮平均流速分别为0.563m/s、0.339m/s及0.386m/s，港池落潮平均流速分别为0.023m/s、0.013m/s及0.013m/s，水流与航线夹角大部分小于10°，洪水期最大横向流速为0.35m/s。

综上可见，在工况1条件下，从港池、出港航道的通航水力条件以及对澳门水道水流条件的影响而言，以方案5较优于其他方案。

b. 工况2条件下的计算成果与分析。从对澳门水道水流条件的影响上看，由计算成果可知，在封堵治导线方案条件下，除方案4外，其他方案拟建的建筑物均在治导线控制范围内，而方案4则不在澳门水道上。因此，对澳门水道各站的潮位、流速和潮量，建港前后相比，不产生影响，其数值没有变化。

从港口的通航水力条件而言，由计算成果可知，在澳门水道上的4个港址方案与工况1类似，以方案5较好，因其船只出港的水流条件、水流与航线的夹角以及最大横向流速等方面都较其他方案为优。

综上可见，在工况2条件下，从水流动力条件、通航水力条件以及航道维护工程量等方面考虑，以方案5优于其他方案，其次方案4亦具有较好的水流条件。

c. 工况3条件下的计算成果与分析。从对澳门水道水流条件的影响上看，方案1、方案2的拟建建筑物占用河床滩面宽度约700m，占河道过流宽度约40%。因此，码头建筑物在一定程度上阻碍澳门水道水流向机场跑道与氹仔岛之间的水道下泄，使其分流比在洪水、中水、枯水大潮水文组合条件下分别减小1.66%、1.26%及1.16%。受建筑物阻水影响，其上游、下游高低潮位略有变化，抬高值在0.02m以下，降低值在0.01m以下，影响甚微。与其相应，流速和潮量也发生一定的变化，在码头上游河段，落潮平均流速有所减小，但其值在0.0lm/s以内，下游则受码头的挑流作用，落潮平均流速有所增大，其增大值为0.01~0.03m/s；在马骝洲断面落潮潮量分别减少4.42%、2.13%及2.71%，涨潮量中、枯潮型分别减少1.54%及1.06%，洪水期无涨潮量，十字门水道涨潮、落潮潮量则有所增加，其增幅为0.42%~1.95%。

方案3的拟建建筑物占用河床滩面宽度约680m，占河道过流宽度约37%，其对澳门水道水流条件的影响与方案1、方案2相同，但由于方案3位于方案1、方案2的上游约750m处，因而影响的程度有所差别。方案3在洪水、中水大潮水文组合条件下，码头上游高、低潮位一般抬高0.01~0.03m，而枯水大潮则基本不变，影响程度略大于方案1、方案2；码头上游河段落潮平均流速减小0.01~0.02m/s，下游则增大0.03m以内，上游的流速变化值略大于方案1、方案2，下游则基本相同；马骝洲断面落潮潮量分别减少4.53%、2.20%及2.80%，涨潮量中水、枯水潮型分别减少1.11%及0.81%，十字门水道涨潮、落潮量有所增加，增幅为0.33%~2.10%，潮量的变化值也略大于方案1、方案2。

方案5对澳门水道水流条件的影响较方案1、方案2、方案3为小，其附近潮位基本不变，马骝洲断面和十字门水道在洪水、中水、枯水期涨潮、落潮量的变化甚微小，约在1%以内。

从港口的通航水力条件而言，方案1、方案2、方案3都位于澳门水道的南岸滩地上，在天然条件下，此处为弯道的凸岸淤积地带，航道维护工程量大，一般应是港址选择的禁区，并且由于受码头建筑物的挑流影响，在码头前沿产生绕流，而在码头下游则产生局部范围的回流，流态比较紊乱。这种流态不仅对航行不利，也将引起码头附近河床发生冲淤变化，可能造成建筑物的基础遭受淘刷和航道的淤积。方案1、方案2在洪水、中水、枯水大潮水文组合条件下，出港航道的落潮平均流速分别为0.358m/s、0.243m/s及0.259m/s，水流与航线的夹角为50°~62°，洪水期最大横向流速为0.58m/s；方案3出港航道的落潮平均流速分别为0.282m/s、0.203m/s及0.274m/s，水流与航线的夹角为28°~34°，洪水期最大横向流速为0.38m/s；方案5出港的水流条件优于其他方案（见图9-57），水流与航线的夹角为11°~13°，洪水期最大横向流速为0.14m/s，均较其他方案小。

综上分析可见，从对澳门水道水流动力条件的影响、港口的通航水力条件与航行条件，以及航道维护工程量等方面考虑，在3种工况条件下，均为方案5优于其他方案，其次为方案4，也具有较好的水流条件。

（3）外港航道淤积分析及改善措施研究：

1）外港航道淤积分析。在前述基本情况的河道冲淤中已经指出，澳门附近水域具有有利的泥沙沉积环境，澳门水道是一条淤积性的河道，虽然在时间和空间上有冲有淤，但仍以淤积为主。因此，澳门水道和外港航道的泥沙淤积在所难免，尤其是外港航道淤积严重，有其客观原因，乃是势在必然。关于外港航道淤积原因的分析，将在后面物理模型试验研究中详述，这里仅就该水域已建工程对外港航道淤积的影响进行分析。

从澳门内港及外港航道挖泥量统计资料（见表9-72）可知，内港航道的挖泥量逐年减少，而外港航道及港池的挖泥量则逐年增加，且增加的幅度有越来越大的趋势。挖泥量的增加即为淤积增加，二者是一致的。

表9-72　　澳门内港及外港航道挖泥量统计表　　（单位：m^3）

地点	1985~1989年	1990~1992年	1993~1997年
内港航道	1050097	1029807	880910
外港航道及港池	638262	1103334	2177123
合计	1688359	2133141	3058034

产生上述现象的原因是多方面的，但与该水域已建工程造成的影响分不开，并且是主要的。

澳门附近水域自1983年以来先后进行了西江磨刀门内海区、洪湾水道、十字门水道的围垦和治理，以及兴建新澳氹大桥和澳门国际机场等工程的建设，其中磨刀门内海区的整治工程于1989年开始动工，1992年基本完成，形成东西堤距为2300m宽的新岸线；洪湾水道整治工程为1985年开始进行，1992年全部工程完成，整治成宽度为500m的规则性水道；十字门水道则于1990年起两岸开始围垦，至1994年已变成宽度为300~500m的水道；澳门国际机场自1992年开工，1993年完成水下工程施工。对比表9－74内港、外港航道挖泥量的发展情况，可以认为自1990～1992年后外港挖泥量增加是由于磨刀门内海区及洪湾水道进行整治，使河道缩窄、流速加大、挟沙能力增强而将泥沙输往下游的结果，至于内港航道挖泥量有所减少，乃由于十字门水道的围垦，使其落潮量减少，相应加大了澳门水道的落潮量，增强其落潮动力，更多的泥沙被带到下游。

1993年以后，内港航道挖泥量有较大的减少，而外港航道挖泥量则为大幅度的增加，其原因可以认为除上述原因以外，还由于澳门国际机场建成造成的。笔者用数学模型模拟澳门国际机场对澳门浅海区及外港航道影响的水流动力特性，并采用流动仿真模拟水质点的运动过程，可以说明这种现象。其研究成果叙述如下：

从水流流动仿真结果可以看到，澳门国际机场建成后，澳门水道出口落潮流的主动力线及其输沙带田受机场跑道的挑流作用，比建机场前向东移动约100～200m，即更逼近外港航道出口的位置，因而造成泥沙淤积比建机场前加重。当落潮流的输沙带沿着机场外侧向下游输送，而涨潮时涨潮流又将下泄的泥沙沿着机场外侧向上游输送，在憩流附近时段其输沙带正好移到外港出口附近，而这时水流正处于低速，挟沙能力大大减小，造成泥沙大量落淤，而在落潮时，外港外侧滩地落淤的泥沙，受伶仃洋落潮流的挟带而向外港航道的口门区输送，如此不断进行，泥沙不断淤积。

从潮量计算成果亦可看出，机场建成后，涨潮期由于受机场跑道的阻水影响，澳门水道的涨潮量比建机场前有所减少，在外港断面，洪水、中水、枯水大潮水文组合条件下涨潮量分别减少2.1%、0.6%及0.4%。涨潮量有所减少，由涨潮流挟带进入澳门水道的泥沙也相应有所减少，与此同时，输向外港航道及其上游滩地的涨潮量和输沙量有所增加，外港航道的淤积也会因而有所加大。

2）外港航道减淤措施研究。从上述研究可知，外港航道淤积严重的部位主要在防波堤出口附近的航槽，因此，要减少出口航槽的淤积量可从两个方面入手：①采用一些工程措施改变防波堤出口的水流动力特性；②改变外港出港航道的位置，避开淤积区。但在海域大范围内试图用工程措施改变水流动力特性是极为困难的，而且，伶仃洋西侧下泄的落潮流对挟带澳门水道出口的泥沙是十分有利的条件，可以避免口门淤积形成拦门沙，不能顾此失彼，造成澳门水道泄洪排沙不畅和出海主航道淤堵的严重后果。因此，对于外港航道减淤措施的研究，宜采用第二种手段人手。

外港出港航道位置的改变，从上述分析可知，不宜向东侧选址，只能向西侧迁移。现向西侧澳门水道内向上游移动约800m，港池和部分出港航道仍保留不动，其布置如图9－57所示。位置改变后的水流动力特性将发生改变，笔者分别计算了工况1按推荐治导线方案形成新岸线（$N_2S_2W_1$）的情况、工况2按割堵治导线方案形成新岸线的情况，以及工况3现状条件下仅修建了北治导线N_2的情况等3种工况，且3种工况均按3000t级船舶通航开挖澳门水道的航槽。现将计算成果分述如下：

从外港出港航道口门外的水流动力特性看，航道改建后发生了变化。由计算成果可知，在洪水大潮条件下，工况1～工况3的口门外落潮平均流速为0.39～0.49m/s，比改建前的0.24m/s增加了0.15%～0.25m/s，增大62.5%～104.2%；在中水大潮条件下，工况1～工况3为0.26%～0.3lm/s，比改建前的0.15m/s增加了0.11～0.16m/s，增大

73.3%～106.7%；在枯水大潮条件下，工况1～工况3为0.29%～0.36m/s，比改建前的0.17m/s增加了0.12%～0.19m/s，增大70.6%～111.85%。可见，在各种潮型水文条件下，口门外的落潮平均流速均较改建前有较大的增大，水流动力条件有较大的增强，相应地也应加大水流挟沙能力，从而减少泥沙淤积。

在各种潮型水文条件下，门外水流均较为平顺，消除了回流的存在，流态获得极大的改善，由回流引起的泥沙淤积将不复存在。

从通航水力条件上看，计算成果表明，改建后在洪水、中水、枯水大潮水文组合条件和工况1～工况3情况下，水流与航线的夹角为3°～12°，比改建前的18°～22°减小6°～19°；改建后航道最大横向流速为0～0.03m/s，改建前为0.08～0.14m/s，也比改建前为小。可见，改建后的通航水力条件比改建前好。

必须指出，以上成果分析是澳门浅海区已建北治导线N_2或已建推荐治导线方案和封堵治导线方案的条件下进行的。在完全未建治导线即现状条件下航道改建的效果如何？以及改建航道的最佳位置和最佳方位等，还有待做进一步深入的工作。

3. 物理模型的试验研究

（1）试验研究内容。根据研究任务的要求，物理模型试验研究内容可分为定床清水和定床浑水试验，分述如下：

1）定床清水试验。

a. 对各种可选港口与航道工程布置3～4个方案，从水流条件方面进行对比分析，选择2个有利于港口、航道维护，回淤率较小的较优方案。

b. 对选定的较优方案，从有利于港口和航槽维护的角度出发，结合澳门附近水域的治理规划要求，进行减淤工程措施试验。

c. 通过模型试验，分析目前外港航道出口回淤严重、通航困难的原因，提出改善建议。

2）定床浑水试验。对选定的港口与航道工程布置2个方案进行回淤率对比分析试验，提出改善措施，提出有利于航槽稳定、维护量最少的建议方案。

（2）模型设计、制作与试验条件。

1）模型设计。

a. 模型几何比尺。根据试验的目的与任务、试验室的供水能力，结合场地等条件，采用平面比尺$\lambda_L=600$。模型的范围北至九洲大排岛、湾仔水道的石角咀水闸，南至南海－15m等深线处，西至洪湾水道的进口芒洲与大横琴岛的南湾，东至氹仔岛和九澳岛外8～10km的－5m等深线附近，其模型的平面布置见图9－58。

为保证模型水流处于阻力平方区，模型垂直最小比尺由以下公式决定：

$$\lambda_H \leqslant 4.22\left(\frac{V_P H_P}{\mu_m}\right)^{2/11} \lambda_P^{8/11} \lambda_L^{8/11}$$

式中符号含义见第6章。

在本模型试验范围内，水流紊动最弱处是马骝洲附近最浅的一段河道，其河底高程为－2.7m（珠江基面），以该点的水深作为计算水深，用洪水大潮及枯水小潮的资料进行最小垂直比尺的计算，结果为λ_H变化于70～76.8之间，采用$\lambda_H=70$。

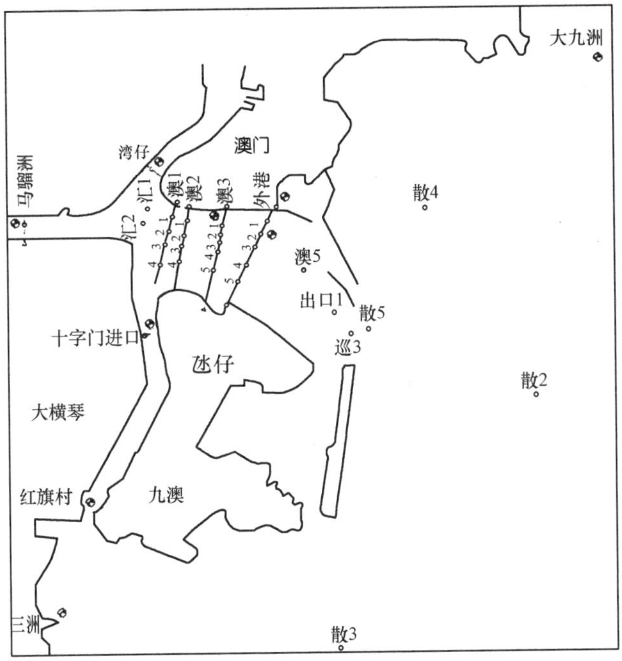

图 9 - 58　澳门附近水域潮汐模型平面布置及测点位置图

b. 水流运动相似条件及比尺。根据必须同时满足重力相似和阻力相似条件的要求，水流流速比尺为

$$\lambda_V = \lambda_H^{1/2} = 8.37$$

糙率系数比尺为

$$\lambda_n = \lambda_H^{1/6}\left(\frac{\lambda_H}{\lambda_L}\right)^{1/2} = 0.693$$

水流时间比尺和流量比尺为

$$\lambda_t = \frac{\lambda_L}{\lambda_V} = 71.68$$

$$\lambda_Q = \lambda_L \lambda_H \lambda_V = 351540$$

c. 泥沙运动相似条件及比尺。模型需进行潮汐定床浑水试验，用以研究港口、航道的淤积问题，因此，模型要考虑满足悬移质运动的相似，此外，还要满足底沙运动的相似。为要达到此相似性，模型沙的选择是悬沙淤积模型试验的关键问题之一，选取的模型沙务使在粒径级配、容重、沉降速度、起动流速、糙率等方面与原型沙各项特性指标，能基本上符合模型设计中各项比尺的要求。

对于定床浑水淤积试验，须满足泥沙沉降相似，亦即淤积部位相似和挟沙能力相似。要求的泥沙沉降速度比尺为

$$\lambda_\omega = \frac{\lambda_V}{\lambda_L} = 0.976$$

挟沙能力相似要求模型含沙量比尺 λ_s 等于挟沙能力比尺 λ_{s*}，即 $\lambda_s = \lambda_{s*}$，挟沙能

力的表达式采用：

$$S = K\frac{\gamma\gamma_s}{\gamma_s - \gamma} \cdot \frac{Vi}{\omega}$$

式中 s_* 为潮流挟沙能力；γ 为水的容重；γ_s 为泥沙颗粒容量；V 为水流流速；i 为水面比降；ω 为泥沙沉降速度；K 为系数。

由上述挟沙能力表达式得挟沙能力比尺为

$$\lambda_{s*} = \frac{\lambda_{\gamma s}}{\lambda_{\gamma s} - \gamma}$$

悬沙淤积的时间比尺为

$$\lambda_{t2} = \lambda_{\gamma_o} \cdot \lambda_L / \lambda_{s*} \cdot \lambda_V$$

模型沙拟采用轻质沙作为试验用沙。首先需确定原型悬沙的粒径：经过洪湾水道进入澳门浅海区悬移质级配根据马骝洲站 1994 年洪水期和 1997 年洪水期与非洪水期实测悬沙级配算术平均作为代表如图 9－59 所示，其中值粒径为 0.019mm。通过九洲—大排进入本水域的悬移质是由珠江口东四门（虎门、蕉门、洪奇门、横门）的来沙经过内伶仃洋的淤积后随落潮流挟带进入本水域，泥沙颗粒较细，据本水域 1994 年和 1997 年巡回观测点取样分析，悬移质颗粒级配中值粒径一般都在 0.004～0.006mm 之间，与 1990 年澳门港务厅在机场、深水港附近采集的多个海底淤积沙样，按常规方法（移液管法），经加入反凝剂分散后的粒径级配如图 9－59 所示的 A 线，其中值粒径为 0.0053mm，两者基本接近，可近似作为九洲—大排的悬沙样本。经测定其颗粒容重为 2.65g/cm^3，考虑到海水的含盐度对泥沙絮凝的影响，据 1997 年枯水期与洪水期水文测验成果，含盐度在洪水期变化于 0‰～16‰，其中在澳门浅海区含盐度为 0.2‰～11.8‰，澳门水道出海口门区及其以东海区为 5‰～16‰。枯水期变化于 0.1‰～1.8‰，其中在澳门浅海区变化于 1.6‰～12‰，澳门水道出海口门区及其以东海区为 9.5‰～18‰，现以 10‰～15‰的含盐度来考虑泥沙的絮凝沉降速度，文献[11]将原型沙样除去杂质后，放在盛天然海水（取自珠海，含盐度为 12.2‰）的沉降筒（直径为 25cm，有效沉降高度为 300cm）作絮凝沉降试验，得到悬沙在天然海水中的颗粒级配曲线如图 9－59 中的 B 线所示，其中值粒径为 0.0215mm，即中值粒径为絮凝前的 4 倍。

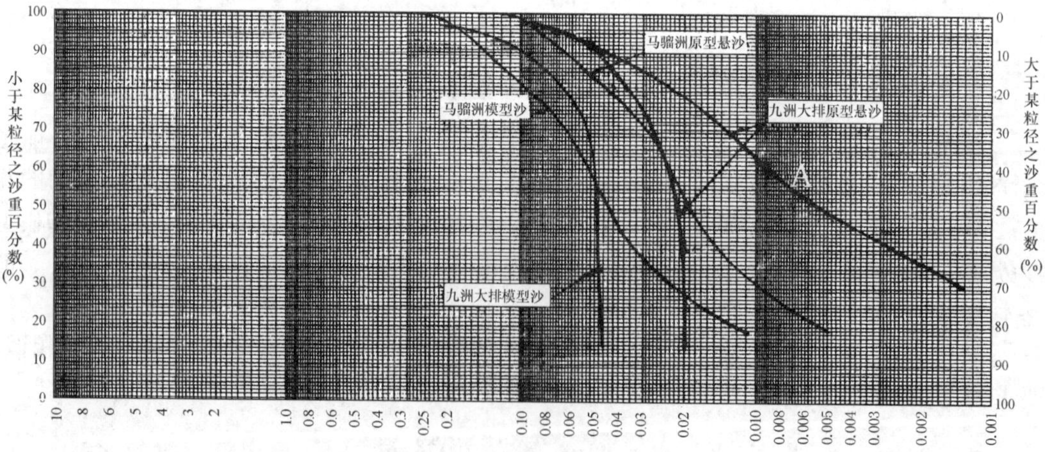

图 9－59　泥沙颗粒分析曲线

模型沙的粒径应符合前述泥沙沉降速度比尺（$\lambda_\omega=0.976$）的要求。因细颗粒泥沙的沉速服从斯托克斯（stokes）公式，故粒径比尺

$$\lambda_d=\left(\lambda_\omega/\lambda_{\frac{\gamma_s-\gamma}{\gamma}}\right)^{0.5}=0.452$$

模型沙的中值粒径为：$d_{50m}=\dfrac{d_{50p}}{\lambda_d}$

如前所述，原型通过洪湾水道马骝洲断面进入澳门浅海区与十字门浅海区悬沙中值粒径为 $d_{50}=0.019$mm，而从九洲—大排断面流入澳门附近水域悬沙当量中值粒径为 $d_{50}=0.0215$mm，按悬沙粒径比尺计算，满足沉降相似的模型悬沙中值粒径分别为0.042mm与0.047mm。此外，模型沙的级配还应与原型沙相似。

含沙量比尺根据原型沙的容重 $\gamma_{sp}=2.65\text{g/cm}^3$，模型沙精煤的容重 $\gamma_{sm}=1.35\text{g/cm}^3$，按上述相似条件计算得 λ_{s*} 为0.415，悬沙冲淤变形的时间比尺依据原型淤积物组成，取原型沙干容重 $\gamma_{0p}=0.05\text{g/cm}^3$，模型沙淤积物干容重根据试验为 $\gamma_{0m}=0.5\text{g/cm}^3$，按上述相似条件计算得到 λ_{t2} 为362.9。

模型沙除满足沉降相似和挟沙能力相似外，还须满足泥沙起动相似。

在天然条件下，床面表层的泥沙处于絮团状态，絮团的干容重约为 1.4g/cm^3，相应的直径 d 可依据试验得到的沉降速度进行推算。前面所述细颗粒泥沙在天然海水中进行沉降试验确定的天然悬沙粒径 d，实际上是假定絮团容重仍等于天然沙单颗粒容重（$\gamma_{sp}=2.65\text{g/cm}^3$）的条件下，由斯托克斯公式求得的所谓当量粒径 d，实际絮团粒径 d'与当量粒径 d 之间存在如下关系：

$$k\frac{\gamma'_s-\gamma}{\gamma}gd'^2/\gamma=k\frac{\gamma_s-\gamma}{\gamma}gd^2/\gamma=\omega$$

于是

$$d'=[(\gamma_s-\gamma)/(\gamma'_s-\gamma)]^{0.5}d=2.04d$$

因此，在计算天然悬沙落淤后产生冲刷时的起动流速，其粒径按絮团的粒径，即马骝洲断面 $d'_{50}=2.04\times0.019=0.039$mm，九洲—大排断面 $d'_{50}=2.04\times0.0215=0.044$mm，采用张瑞瑾的起动流速公式对上述絮团进行计算，其在水深为2～7m时，粒径为0.039mm的起动流速变化于0.48～0.68m/s；以上水深与流速按比尺折算为模型值，水深为2.9～10cm，相应的起动流速为5.75～8.13cm/s。同样，粒径为0.044mm时，起动流速为0.45～0，64m/s，按比尺折算模型起动流速为5.43～7.67cm/s。

根据资料❶的试验结果，本试验采用的马骝洲断面模型沙为煤粉 $d_{50m}=0.042$mm，在水深为2.9～10cm时，起动流速为7.59～9.35cm/s；九洲—大排断面模型沙为煤粉 $d_{50m}=0.047$mm，起动流速为6.83～8.41cm/s。对比上述结果可知：模型沙的起动流速与原型沙的起动流速基本接近，大体上可满足起动流速相似的要求。采用的模型沙级配见图9－59所示。

2）模型制作。模型制作依据的河道地形资料为：洪湾水道马骝洲以上至芒洲采用1993年的1:25000水下地形图；马骝洲至外港、飞机场以东约－5m等深线、十字门水道

❶ 广东省航道勘测设计研究所、海河大学海岸及海洋工程研究所，珠江水系横门出海航道整治工程可行性研究报告，1994年4月。

至大横琴的三洲与石嘴角水闸以下前山水道均采用1995年9月施测的1:25000水下地形图；外海区采用1964年的1:50000水下地形图。

模型制作完成后，对模型汇流区、前山水道、十字门水道、澳门浅海区进行85个抽样点检查，结果为：水平误差平均为0.4cm，最大水平误差为2cm（占抽样点的17%）；垂直误差平均为0.08mm，最大垂直误差为3mm（占抽样点的1.2%）。模型制作的误差满足精度要求，达到了模型与原型的几何相似。

3）模型试验条件。

a. 模型上潮汐过程的控制由3个生潮门同时进行，其中洪湾水道进口潮汐控制门长度为3m，九洲一大排潮汐控制门长度为11m，外海区潮汐控制门长度为15m。所有生潮门均由电子计算机同步控制，水位和流速也由计算机进行实时监测，并进行数据采集和数据处理。

b. 模型试验的水文组合，采用珠江水利委员会水文局近年在澳门附近水域进行的有关水文测验及其成果，包括3个水文组合潮型，即编号为"94.07.27"组合的洪水大潮型、"97.09.01"组合的中水大潮型和"97.03.28"组合的枯水大潮型。

"94.07.24"组合的测验时间为1994年7月23日至8月1日（农历六月十五日至廿四日），进行同步连续16个完整潮流期的测验。测验期间上游西江马口水文站相应流量为26100~41100m^3/s，模型试验选用的洪水大潮型组合为其中7月24~25日的测验资料，相应马口站日平均流量为37600m^3/s，相当于10年一遇洪水。

"97.09.01"组合的测验时间为1997年8月31日至9月4日（农历七月廿九日至八月初三），进行同步连续8个完整潮流期的测验。测验期间上游西江马口水文站平均水位约为2.5m（变幅为2.20~2.86m），相应流量约为12000m^3/s，相当于洪水期平均流量或丰水年的年平均流量，模型试验选用的中水大潮型组合为其中9月1~2日的测验资料。

"97.03.28"组合的测验时间为1997年3月25日至3月30日（农历二月十七日至廿二日），进行同步连续8个完整潮流期的测验。测验期间上游西江马口水文站3月25日流量为4900m^3/s，下游灯笼山站平均流量为1090m^3/s。模型试验选用的枯水大潮型组合为其中3月28日的测验资料。

上述径潮流水文组合的情况见表9-73，模型试验采用表中水文测验资料进行渐位、流速、流向和潮量的验证，并在清水定床模型中对码头选址方案进行比选试验。

表9-73 模型试验径潮流水文组合情况表

序号	水文组合编号	径潮类型	马骝洲潮量（万 m^3）			前山水道潮量（万 m^3）			马骝洲潮位（万 m^3）		湾仔水道潮位（m）	
			涨潮量	落潮量	净泄量	涨潮量	落潮量	净泄量	高高潮位	低低潮位	高高潮位	低低潮位
1	"94.07.24"	洪水大潮	0	13750	13750	460	3228	2768	1.17	-0.50	1.02	-0.82
2	"97.09.01"	中水大潮	183.85	6044	5860.15	239	963	62	0.68	-0.89	0.64	-1.04
3	"97.03.28"	枯水大潮	1782.7	3110	1235.3	241	1618	1377	0.69	-0.85	0.65	-0.97

（3）模型验证。

1）水流运动相似性验证。进行了潮位、流速、流向、潮量与分流比以及流态等方面的验证。验证结果表明：在潮位方面，各站模型与原型的潮位过程线相吻合，潮位特征值的偏差在7cm（原型值）以内；在流速、流向方面，模型上各断面和外海区各散点的表面流速、流向与原型的表面流速、流向在相位和数值上都基本达到了一致；在潮量和分流比方面，水域内各水道的控制断面模型与原型的净泄量与落潮量基本接近，一般误差在10%左右，最大误差在20%以内，涨潮量因流速较小误差较大，一般都在30%以内，通过马骝洲站与湾仔站下泄的净泄量流入汇流区后，进入澳门浅海区与十字门浅海区的分流比和原型基本吻合，误差在3%以内；在流态方面，根据水域内原型实测资料分析、卫星遥感流场信息资料分析以及数学模型计算结果所反映的流场变化情况，都与模型试验流态观测的结果相吻合。

综上所述，模型的验证结果是成功的，达到了水流运动相似，可用以进行定床清水工程方案试验。

2）泥沙运动相似性验证。限于实测资料的不足，验证方法只能采用1993年与1995年两次地形资料计算其年平均冲淤量作为依据进行验证，来水来沙条件则根据天然潮汐的潮位、潮差及周期性变化特点采用上述实测径、潮流水文组合构成洪水期与非洪水期混合潮型作为验证试验的潮型，潮周期平均来水量为0.36亿m^3，来沙量为1.0万t，大致接近1993年、1995年一个潮周期的平均来水量0.5亿m^3和来沙量0.98万t。

表9-74　定床浑水模型淤积量验证表

区域	面积（m^2）	原型		模型	
		淤高（cm）	淤积量（万m^3）	淤高（cm）	淤积量（万m^3）
旧澳氹大桥西边滩地	2615027	6.2	16.21	6.6	17.3
旧澳氹大桥东边滩地	5458401	2.2	12.01	2.9	15.8

据两次地形资料冲淤对比分析，除人类活动影响外，该水域为淤积区，回淤强度为3~6cm/a，鉴于试验所研究的主要问题是航槽开挖以后的回淤问题，故模型泥沙运动相似性验证在于根据1993年与1995年实测地形与水文资料情况选择的试验潮型的条件下，通过调整含沙量比尺进行河床冲淤验证的试验，结果表明（见表9-74），模型在淤积部位和淤积量方面与原型基本一致。因此，可以认为泥沙运动基本上满足了相似性要求，以在模型上进行定床浑水的工程方案试验。

（4）港址方案的试验研究。

1）港址方案试验成果与分析。上述数学模型已对港址5种方案、3种工况的情况进行了模拟计算与分析。这里，物理模型的试验研究，由于费时多、周期长、工作量大，难于全部进行各种方案的试验，一般是在数学模型工作的基础上，选择较优的若干方案进行试验比选。

a. 港址方案出港航道流速的变化。现比较封堵治导线条件下方案1、方案3、方案4的出港航道涨潮、落潮流速的变化。在封堵治导线方案的条件下，码头的布置型式都是有掩护式的港池，并且堤与岸之间不保留缺口，比较的基本条件相同。其中方案1与方案2出港航道是一致的，不同之处只在于方案1在防波堤内除港池之外，还有防波堤内出港航道；方案5距离澳门浅海区主航道很近，出港航道未施测流速。因此，港址方案出港航道涨潮与落潮平均流速的比较只有方案1、方案3和方案4。由表9-75可见，港址的出港航道流速在洪水、中水、枯水大潮水文组合条件下，其涨潮、落潮流速一般具有沿程增加的变化规律，港址方案1的涨潮或落潮平均流速比方案3大，而方案4由于治导线封堵了机场跑道与氹仔岛之间浅海区的水流通道，涨潮、落潮流速只决定于该浅海区容纳的潮量大小，所以方案4的流速为最小。对于港池内流速，因各港址方案两侧防波堤内的面积大小一样，且都是封闭的掩护式港池，其流速值都较小。当潮位抬高时，港外水流进入港内，由于水流进港后，港内存在流速梯度，因而产生回流，港内水流与港外水流存在水体交换，当潮位达到高潮位时，水流充满港池，而当潮位降落时港内表面的水流流向港外。

从各港址方案出港航道的流速变化上看，以方案5较优，因其出港航道短，船只驶出港池后，很快进入澳门水道主航槽。

表9－75　各港址方案出港航道涨潮、落潮流速表（封堵治导线方案）　（单位：m/s）

潮型＼位置＼方案	方案1		方案4			方案3		
	港1－1	港1－2	港4－1	港4－2	港4－3	港3－1	港3－2	港1－2
洪水大潮	0.31/－0.04	0.43/－0.09	0.06/－0.03	0.08/－0.08	0.11/－0.07	0.22/－0.08	0.28/－0.08	0.25/－0.11
中水大潮	0.19/－0.08	0.28/－0.22	0.04/－0.03	0.06/－0.04	0.09/－0.12	0.14/－0.12	0.18/－0.13	0.17/－0.14
枯水大潮	0.11/－0.09	0.26/－0.20	0	0	0.08/－0.05	0.11/－0.13	0.15/－0.12	0.15/－0.12

注　表中＋值为涨潮流速；－值为落潮流速。

b. 港址方案单位面积淤积量的变化。在封堵治导线方案的条件下，各港址方案的港池规划范围、水深和码头布置型式都基本相同，所不同的是港址在水域中的位置有差异，因而水体中的含沙量和水流动力条件有所不同。由表9－76可见，自马骝洲以下澳门浅海区内的含沙量一般是沿程减少的，港址方案3接近外港断面，含沙量为0.06～0.49kg/m³；方案1或方案2位于方案3的下游750m，其含沙量应比方案3的含沙量略为小些；方案5位于旧澳氹大桥以下，比马骝洲站含沙量小而比外港站含沙量大，但其港址位置处于水道的凹岸，与中水、枯水期主槽及滩地垂线平均含沙量比较，凹岸的含沙量比凸岸的含沙量减少约32%；方案4位于机场以西浅海区内九澳码头附近，含沙量较小。含沙量的大小是与港池的回淤率强度密切相关的；通过洪水、中水、枯水大潮组成的混合潮型进行的定床浑水试验，得到各港址方案单位面积淤积量的情况见表9－77。

表9－76　潮期平均含沙量　（单位：kg/m³）

潮型＼位置	马骝洲	湾仔	十字门进口	外港	散5	散4	散2	散1	散3	巡4
中水期	0.19	0.08	0.15	0.11	0.105	0.08	0.08	0.104	0.15	
枯水期	0.06	0.045	0.06	0.06	—	—	0.085	0.06	0.07	
洪水期	0.47	0.075	0.26	0.49（旧澳桥）	0.22（巡3）	—	0.10（巡1）	—	0.064（巡2）	0.18

表9-77 **各港址方案每年单位面积淤积量比较表**（封堵治导线方案） （单位：m^3）

方案 \ 部位	港池	港池内滩	防波堤内航道	防波堤外航道	主航道	滩地
方案1	0.111	0.009	0.117	0.068	0.067	0.035
方案2	0.111	0.009	—	0.068	0.067	0.035
方案3	0.14	0.015	—	0.074	0.074	0.053
方案4	0.0373	0.0277	—	0.048	—	—
方案5	0.1	0.008	—	—	0.082	0.034

注 1. 主航道是指出港航道进入澳门浅海区主航道起至澳门水道出口为止。
2. 滩地是指港口以外附近滩地的淤积，也即建港前的淤积。
3. 港池内滩是指港池与防波堤之间的滩地。

由表9-77可见：

（a）几个港址方案的码头港口都处在滩地上，且都是挖入式的港池，人工开挖港口后，破坏了水道的天然平衡状况，因而改变了水体中含沙量变化的规律和水流的动力条件，使港池的淤积量比建港前的滩地淤积增加2.6~3.2倍，而港池内滩地的淤积量则比建港前滩地淤积减少3.5~4.2倍，表明港池尚未被利用的水域面积，有增加港池回淤强度的作用。因为港内浅滩处于动力平衡之中，落淤在浅滩上的泥沙是不能永久保留的，对港池来说，它起着中转泥沙的作用。实践经验也表明：港口布置时，尽可能减少港内滩地面积，有利于降低港池回淤强度。

（b）港池回淤量较少的方案4，比其他港址方案减少66%~73%，其他港址方案港池回淤量差别不大，相对而言方案5由于处于澳门水道的凹岸，含沙量比其凸岸减少32%，因而淤积量比方案1、方案2、方案3减少10%~29%。

（c）从出港航道轴线与落潮流的夹角大小这一因素比较，在不同径流、潮流水文组合条件下，方案1或方案2平均夹角约为35°，方案3平均夹角约为20°，方案4约为32°，可见方案3夹角较小，有利于减少出港航道挖槽后的回淤量。由表9-77可见，因方案3位于方案1和方案2的上游，其含沙量较大，故防波堤外出港航道淤积量较其他方案为大。但方案3的港池淤积量较方案1或方案2大26%，而防波堤外出港航道的淤积量则仅大10.4%，说明乃由于方案3夹角较小所使然。由此也可以说明，含沙量和夹角的大小，都对出港航道的淤积起着重要的作用，就综合作用的结果而言，以方案4的淤积量较少，但方案5出防波堤就直接进入主航道，其出港航道基本上不存在淤积问题，因而方案5优于其他方案。

（d）从澳门浅海区出海主航道单位面积的淤积量比较，方案5比方案1约增加22%，并且出海航道的长度比方案1增加3300m；方案1与方案3距出海主航道出口约为700m，单位面积的淤积量方案3比方案1约增加10%。因此，在澳门浅海区内的各港址方案从出海主航道的维护量比较来看，方案1比其他方案较好。方案4利用发电厂码头的出海航道出海，也具有较好的出海条件。

（e）对于方案5与方案4两个方案，从目前航道现状和将来规划的条件上比较，各有优劣。

根据目前澳门内港的通航要求，澳门浅海区疏挖至3.5m水深（相当于-5.0m高程），而高速船要求水深为6.0m，两者相差2.5m；方案4所在九澳港航道，目前要求疏挖水深为4.5m，与高速船要求的水深相比仅少1.5m，因此，从便于利用现有航道条件而言，以方案4较为适宜。

但从航道将来规划的条件而言，马骝洲—澳门浅海区航道出口—伶仃洋西航道将辟为3000t级海轮通航的航道，通航尺度为650m×100m×6m，与高速船要求的通航水深一致，而九澳港出海航道与高速船航道结合使用则较差，不如方案5为优。

c. 港口的布置形式与港池回淤强度对比试验在以上港址方案比较试验中，选择方案1与方案4进行港池两侧防波堤的堤与岸之间保留缺口和不保留缺口两种布置形式的回淤强度对比试验，所得结果列于表9-78。

由表9-78可见，港口的布置形式不同，港池和出港航道的回淤强度也不同。保留缺口的回淤强度小于不保留缺口的回淤强度。现将方案1不同布置形式中试验所得涨潮、落潮平均流速的结果列于表9-79。

表9-78　港口的布置形式与回淤强度比较表

方案		每年单位面积淤积量（m^3）			
		港池	港池内滩	防波堤内航道	防波堤外航道
方案1	保留缺口	0.016	0.002	0.037	0.029
	不保留缺口	0.111	0.009	0.117	0.068
方案4	保留缺口	0.026	0.026	—	0.019
	不保留缺口	0.0373	0.013	—	0.048

表9-79　港口的布置形式与水流平均流速比较表（方案1）　（单位：m/s）

位置	布置形式＼潮型	洪水大潮			中水大潮			枯水大潮		
		涨潮	落潮	涨落潮	涨潮	落潮	涨落潮	涨潮	落潮	涨落潮
港池	保留缺口				0.08	0.03	0.07	0.08	0.08	0.08
	不保留缺口	港内回流			港内回流			港内回流		
港1-1	保留缺口	0.19	0.50	0.38	0.11	0.15	0.13	0.17	0.30	0.27
	不保留缺口	0.04	0.31	0.26	0.08	0.19	0.16	0.09	0.11	0.10
港1-2	保留缺口	0.17	0.34	0.28	0.25	0.19	0.22	0.25	0.17	0.21
	不保留缺口	0.09	0.43	0.35	0.22	0.28	0.26	0.20	0.26	0.22

由表9-79可见，对于港池内两侧防波堤保留缺口的情况下，港池内有较小的涨潮、落潮流速，因此，使泥沙落淤较少，回淤强度因而较小；在不保留缺口的布置形式下，港池内存在回流造成港池内泥沙的落淤淤积，因而回淤强度增大。方案1不保留缺口港池的

回淤量比保留缺口的回淤量增加约 6.9 倍，港池内滩地增加 4.5 倍。方案 4 港池约为增加 1.3 倍，港池内滩地增加约为 2 倍。

对于港池的出港航道而言，保留缺口与不保留缺口的布置形式，对水流动力条件的影响十分复杂。表 9－79 显示，涨潮时，在不同径潮流水文组合条件下，保留缺口的出港航道涨潮流速大于不保留缺口的出港航道涨潮流速；落潮时，在靠近港池的港 1－1 断面，除中水大潮外，洪水、枯水期大潮时保留缺口的流速大于不保留缺口的流速，而港 1－2 断面，保留缺口的流速小于不保留缺口的流速。产生这种现象，与港址方案 1 所在地区是涨潮与落潮的交汇区有关，涨潮、落潮两股水流相互作用，水流运动十分复杂。此外，还与不保留缺口时，经港池流入出港航道的水流动力条件减弱有关。由于上述影响因素综合作用的结果，方案 1 不留缺口的防波堤内航道的淤积量比保留缺口的防波堤内航道的淤积量大 3.2 倍，防波堤外的出港航道淤积量也大 2.1 倍，方案 4 的防波堤外出港航道淤积量为大 2.5 倍。综上可见，保留缺口的防波堤布置形式对减小港池和出港航道的回淤强度是较为有利的。

2）潮、波联合作用下港池与航道开挖后回淤强度的预测。以上的试验成果及其分析仅研究了潮流作用下的情况，未考虑波浪掀沙的影响。在潮汐物理模型中同时复演潮流与波浪的共同作用是十分困难的，因此，这里采用计算的方法分析两者联合作用下对港池和航道开挖后的回淤影响。

a. 潮波联合作用下含沙量的计算方法。定床浑水试验采用的含沙量是通过水文测量获得的，但一般海上测量只能在无浪或者小浪天气情况下进行，含沙量仅是潮流作用的结果，其含沙量较小，而波浪和潮流综合作用下，含沙量将大大增加。因此，模型试验没有模拟波浪和大浪作用下掀沙的作用，试验得到的单位面积淤积量并不代表实际的淤积量，它仅反映了工程建设后引起水流流态及泥沙输移可能产生的变化及其带来的影响，可据以对工程布置方案作出评价。对潮、波联合作用下港池与航道开挖后回淤量的预测，还需进行计算分析。目前，对于河口区各种动力因素相互影响及其输沙机理的理论研究还很不成熟，通常采用有一定理论基础、方法简便的挖槽回淤计算经验关系式进行计算，其回淤量比仅考虑潮流作用要接近于实际的淤积量。为此，采用资料❶提出的潮、波联合作用下含沙量的计算方法进行计算，计算公式如下：

$$S = \beta\gamma_s\left(\frac{|V_1| + |V_2|}{\sqrt{gh_1}}\right)^n \qquad (9-16)$$

式中　S 为垂线平均含沙量，kg/m^3；$V_1 = (V_t + V_m)$ 为风吹流和潮流合成的水流流速，m/s，其中 V_t 为潮流时段平均流速，m/s，$V_m = 0.02W$ 为时段风吹流平均流速，m/s，W 为时段平均风速，m/s；$V_2 = 0.2 \times \frac{h_1}{H}C$ 为波动水体的平均水平波动流速，m/s，其中 h_1 为浅滩平均水深，m，H 为波高，m，C 为波速，m/s；γ_s为泥沙颗粒容重，可取为 $2650kg/m^3$；β、n 为系数和指数。

根据澳门港务局提供澳门气象站 1955～1985 年各风向每月风的强度分布资料统计，

❶ 长江委水文局长江下游水文水资源勘测局，横门出海航道观测冲淤分析报告，2006 年 10 月。

本水域东风或东南风主要在3～9月出现，频率约为23.5%，月平均风速为12m/s；西风或西北风主要在9月至次年5月出现，频率为6%，月平均风速为8m/s。对于波浪，据葡萄牙水文学院收集有九澳站的资料统计，年平均波高为0.47m，最高波高的年平均值为1.2m。对涨潮、落潮流的流速，据1977年中水与枯水期进行连续8个完整的潮流期的测验资料统计，澳门浅海区涨潮平均流速变化范围约为0.09～0.15m/s，落潮平均流速约为0.13～0.37m/s。对于β、n的数值，在潮、波综合作用期，其动力因素变化不大或基本不变情况下，根据现场观测的风浪、潮流流速和含沙量求得$\beta=0.0273$；$n=2$。因此式(9－16)可写成：

$$S=0.0273\gamma_s\frac{\left(|V_1|+|V_2|\right)^2}{gh_1}=7.382\frac{\left(|V_1|+|V_2|\right)^2}{h_1} \tag{9-17}$$

$$\left(\text{实用范围 } 0.02\leqslant\frac{|V_1|+|V_2|}{\sqrt{gh_1}}\leqslant 0.25\right)$$

b. 港池回淤强度的计算方法。以悬沙落淤为主的港池回淤强度，采用刘家驹公式进行计算。

c. 航道淤积强度的计算方法。航道淤积强度采用罗肇森公式进行计算。

采用上述计算方法，根据水域中水、枯水期实测涨落潮平均流速和含沙量的分布和澳门观测的风与波浪资料，计算各港池、出港航道、主航道的每年单位面积回淤量结果见表9－80。

表9－80 各方案港池、出港航道、主航道淤积强度预测

计算项目	方案1	方案2	方案3	方案4	方案5	备 注
潮流含沙量（kg/m^3）	0.09	0.09	0.097	0.11	0.075	
潮波作用下含沙量（kg/m^3）	0.26	0.26	0.28	0.32	0.22	
港池滩面水深d_1（m）	2.7	2.7	2.7	2.8	2.0	
港池或航道水深d_2（m）	6.0	6.0	6.0	6.0	6.0	
港池淤积强度（m/a）	0.28 0.40	0.28 0.40	0.29 0.42	0.35 0.50	0.25 0.36	潮流条件下 潮、波综合作用下
出港航道长度（m）	800	500	1500	450	200 （防波堤内）	方案1与水流夹角35° 方案3与水流夹角20°
出港航道淤积强度（m/a）	0.57 0.83	0.57 0.83	0.56 0.65	0.47 0.55	0.25 0.36	潮流条件下潮、 波综合作用下
主航道长度（m）	625	625	625	1000	3750	
主航道开挖前水深（m）	5.6	5.6	5.6	6.0	5.9	
主航道开挖后水深（m）	6.5	6.5	6.5	6.5	6.5	
主航道淤积强度（m/a）	0.20 0.29	0.20 0.29	0.21 0.31	0.19 0.26	0.15 0.22	潮流作用下潮、 波综合作用下

由表可见：

（a）在潮、波综合作用下，各方案港池每年的淤积强度比潮流作用下增加25%～45%，从淤积强度上比较，方案5优于其他方案，仅增加25%，并且，潮、波综合作用下的淤积强度为最小。

（b）由于出港航道基本上在滩地上开挖，故其淤积强度较大，比较各港址方案，仍以方案5为最小，因其出港航道较短，基本上都在防波堤内，故其淤积强度较小，总淤积量也较少。

（c）澳门水道出海主航道每年几乎都要进行疏挖，计算中开挖前水深是按目前的航槽水深考虑，超挖较少，故回淤强度不大。方案5由于从港池出口至新澳氹大桥的疏深开挖较少，加之其含沙量也较少，故方案5的淤积强度比其他方案小15%～29%。

由上述分析可见，各港址方案各有利弊，但从建港后的回淤强度而言，以方案5为较小，其港池、出港航道和出海主航道的回淤强度都小于其他方案，并且其位置处在澳门水道的凹岸，此处水深大而含沙量小，出港航道又最短，对港口、航道的维护最为有利。其次为方案4，其港池、出海航道和出海主航道的回淤强度小于方案1、方案2、方案3。

（5）外港航道的淤积原因分析及改善措施的试验研究。

1）外港航道及港池淤积现状。澳门外港航道及其港池，其长度为3370m，宽度为120m，深度为4.4m，根据港务局提供的澳门外港航道及其港池挖泥量从1985～1997年共13年的资料统计，总挖泥量为1588.69万m^3，年平均挖泥量为122.21万m^3，其挖泥面积约为785079m^2（根据1995年水下地形按－6m高程、长度为3300m计），而港池和防波堤内航道的面积约为637500m^2（不包括防波堤内航道边坡面积），总共挖泥面积为142.30万m^2，其平均淤积厚度为0.86m/a，可见泥沙淤积问题是外港通航的关键问题。

2）外港航道及港池淤积原因分析。外港港池及出港航道位于澳门半岛东面、外伶仃洋西航道的西侧滩地上，滩面高程为－1.3～－2.8m，实践表明，在浅水区开挖港池及航道后，只要有泥沙来源，回淤就不可避免。泥沙的回淤强度不仅与港口、航道的规划范围、深度、码头布置形式及航道走向等因素有关，还与水体中的含沙量、泥沙的粒径和水流动力条件（水流流速和波浪等）有关，因而，为了解外港港池及航道淤积的原因，从而探讨减小回淤强度的改善措施，有必要对上述因素进行分析如下：

a. 从淤积泥沙的来源分析。淤积泥沙来源于如下几个方面：

（a）港口、航道所处位置是伶仃洋西航道的西侧，由于珠江伶仃洋西侧落潮流动力较强，仅横门和洪奇门的来水量占伶仃洋东四口门的36.4%，而来沙量却占东四口门的47.2%，其中大部分泥沙经淇澳岛西侧的金星门和珠海市的大九洲—大排流入本水域。

（b）港口、航道所处位置又是澳门浅海区的出口，来自本水域西侧磨刀门口门的泥沙（占珠江八大口门总输沙量的33%），其中一部分通过洪湾水道流入本水域。

（c）由澳门水道和十字门水道落潮下泄的泥沙和由磨刀门口门下泄的泥沙以及由潮波与风浪掀起的海域泥沙，随着涨潮流的挟带而流入本水域。

由上可见，来自内伶仃洋、西江磨刀门及随涨潮流挟带的泥沙为外港港池及航道的淤积提供物质来源。

b. 从水流动力条件分析：

(a) 水流流态分析。澳门浅海区洪水期径流动力较强，浅海区被径流控制，处于落潮流，而此时外海处于涨潮期间，澳门水道主槽的落潮流由向东转为向南，在外港出港航道的口门区，遭遇涨潮流的顶托，在该处形成回流。当外海区伶仃洋落潮时，靠近外港滩地的落潮流动力较小，它与来自澳门水道的落潮流交汇于外港航道的口门区，两股落潮流的交汇也在该处形成回流。

中水、枯水大潮时，外港及其出港航道口门区的流态大致与洪水大潮时相似，不同之处在于澳门浅海区不完全由径流所控制，特别是枯水大潮，澳门浅海区被潮流所控制，此时该水域为涨潮流，而伶仃洋的落潮流沿着左防波堤进入澳门水道转变为涨潮流，由于受防波堤的挑流作用，在口门区也形成回流。中水大潮时，澳门浅海区落潮流的动力不强，而外海的伶仃洋涨潮、落潮流动力较强，对澳门浅海区的落潮流的制约作用较大，此时在澳门浅海区出口与外港航道的口门区形成了回流。

由上所述，在各种不同径潮流水文条件下，外港航道出口的口门区都产生大小范围不同的回流，这是造成该处严重淤积的主要原因之一。

(b) 水流流速分析。外港出港航道口门位于澳门水道出口的突然放宽处，水流扩散，流速减小，该处又处在伶仃洋西侧的滩地附近，远离涨潮、落潮主流区，因此，属流速较小的水域。

根据中水期“97.09.01”水文组合连续 8 个完整潮流期的测验资料，将外港航道口门区附近的散点 5 和防波堤东侧滩地的散点 4 的涨潮、落潮垂线平均流速 V_{cp}、最大流速 V_m、垂线干均含沙量 S_{cp}和最大含沙量 S_m的数值列于表 9-81。

由表可见：各测点的涨潮、落潮流速都较小，其中落潮流速大于涨潮流速，散点 5 的落潮平均与最大流速大于涨潮平均与最大流速分别为 10% 与 21%，散点 4 的落潮平均与最大流速大于涨潮平均与最大分别为 19% 和 29%。但不论是落潮流速还是涨潮流速，其数值都较小。根据澳门附近水域中水期的实测资料建立的水流挟沙力关系式 $S_* = 1.26 \times \frac{V^{1.271}}{H^{0.635}}$（其中 V 为涨潮、落潮平均流速，m/s；H 为航槽水深，取 6m），计算得到散点 5 和散点 4 的水流挟沙力分别为 0.089kg/m^{3}和 0.062kg/m^3，均小于其落潮和涨潮期的平均含沙量，可见该水域属于淤积的环境，尤其是散点 5 所在的外港出港航道口门区，其涨潮、落潮期平均含沙量比其水流挟沙力大得多（约大 1.7 倍），故该口门区的淤积比其东侧滩地严重。

(c) 波浪掀沙的影响分析。根据澳门港务局提供的澳门附近水域风与波浪资料，对外港产生影响的主要是 3~9 月的东南风，其频率为 23.5%，平均风速为 12m/s，平均波高为 0.47m，涨落潮平均流速为 0.24~0.3m/s，按上述计算方法计算潮、波综合作用下航道的回淤强度，在中水期潮、波综合作用下含沙量为 0.3kg/m^3，比中水期实测含沙量 0.14kg/m^{3}大 2.14 倍，其回淤强度为 0.54m/a，比在潮流作用下的回淤强度 0.38m/a 大 1.4 倍，由此可见，潮、波联合作用加速了外港的淤积。

(d) 在前面数学模型的研究分析中已经指出，澳门附近水域兴建的河道整治工程和澳门国际机场等工程，对加重外港航道的淤积起到了明显的作用，这里不再重述。

表9-81　中水期外港航道附近流速、含沙量表

项目		散点4	散点5
落潮期	V_{cp} (m/s)	0.25	0.32
	V_m (m/s)	0.53	0.76
	S_{cp} (kg/m^3)	0.08	0.14
	S_m (kg/m^3)	0.11	0.25
涨潮期	V_{cp} (m/s)	0.21	0.29
	V_m (m/s)	0.41	0.63
	S_{cp} (kg/m^3)	0.08	0.15
	S_m (kg/m^3)	0.12	0.23

综上分析可知：造成外港出港航道口门区严重淤积的主要原因是该处位于澳门水道出口，河宽突然放宽，水流扩散流速减小，泥沙易于落淤；在各种径潮流水文组合条件下，由于防波堤边界的作用和涨潮、落潮存在的相位差，涨潮、落潮流相互遭遇而顶托使口门区产生回流，造成淤积；口门区临近广阔的海域，波浪掀沙作用显著而加重淤积；以及在附近水域兴建重大工程建设而引起水流动力条件改变造成的淤积加重。

3）外港减淤措施的试验研究。根据外港淤积原因的分析，减淤措施应为尽可能消除造成外港淤积的主要因素，为此，主要措施是保留原有的港池和右防波堤，将目前出港航道移到距新澳氹大桥下游约500m处（见图9-57），目的是避开原出港航道口门区存在回流的不利流态，消除回流造成的淤积；避开出海水流的突然放宽段，以便消除扩散水流，增大水流流速，加大水流挟沙力，减少泥沙落淤；以及远离广阔的海域，减轻风浪掀沙产生的淤积影响，并结合使用目前澳门内港的新澳氹大桥以下的通航航道，减少原出港航道的航道维护量。通过定床浑水试验表明，改建后的港池和出港航道比原来的港池和出港航道缩短600m，其单位面积回淤强度为0.037m/a，减少了25%，减淤效果是明显的。

4. 遥感技术应用研究

（1）遥感资料收集与信息提取处理。该项研究工作收集了美国陆地卫星的MSS影像和TM数据共有12个时相，获取信息的时间范围是1978～1997年，其中包含洪水、中水、枯水期和涨潮、落潮时段，以及不同风力和风向情况；此外，还进行了与卫星同步或准同步的实测水文泥沙数据（包括水深、流速、流向、含沙量等），应用这些遥感信息和数据解译分析在不同水情、潮型及不同水域边界条件下的水沙输移与动态变化，基本能满足研究内容的需要。

卫星遥感信息的提取和处理，是应用电子计算机图像处理系统及其他相关软件进行的。使用的软、硬件设备有TATUANG工作站及V12STA系统、Mapirfo、Potoshop等软件，以及扫描仪、数字化仪、Hp-2500高分辨率（600dpi）大幅面彩色出图仪等。

在处理技术上，采用了波段适度的分级线性拉伸、边缘增强及各种变换处理等，还应用“二值法”技术制作，使影像效果更臻逼真。

（2）水沙输移特征遥感分析。

1）涨潮流及输沙特征。根据1994年1月25日卫星影像图9-60、1992年1月20日

卫星影像图（略）及悬沙分布图9－61及图9－62和图9－63等近期涨潮时段的遥感影像信息资料分析，获得澳门附近水域涨潮流及输沙特征有如下几点：

a. 澳门附近水域涨潮主流流路特点是口外潮水从横琴—路环之东南海面以近北方向上溯，至路环东侧水域改为北北西向，进入外港后逐渐偏转为近西方向，构成以氹仔—路环为轴心的反时针旋转流，整个流路过程，流势从强变弱。在这一带含沙量一般较低，淤积不会严重。

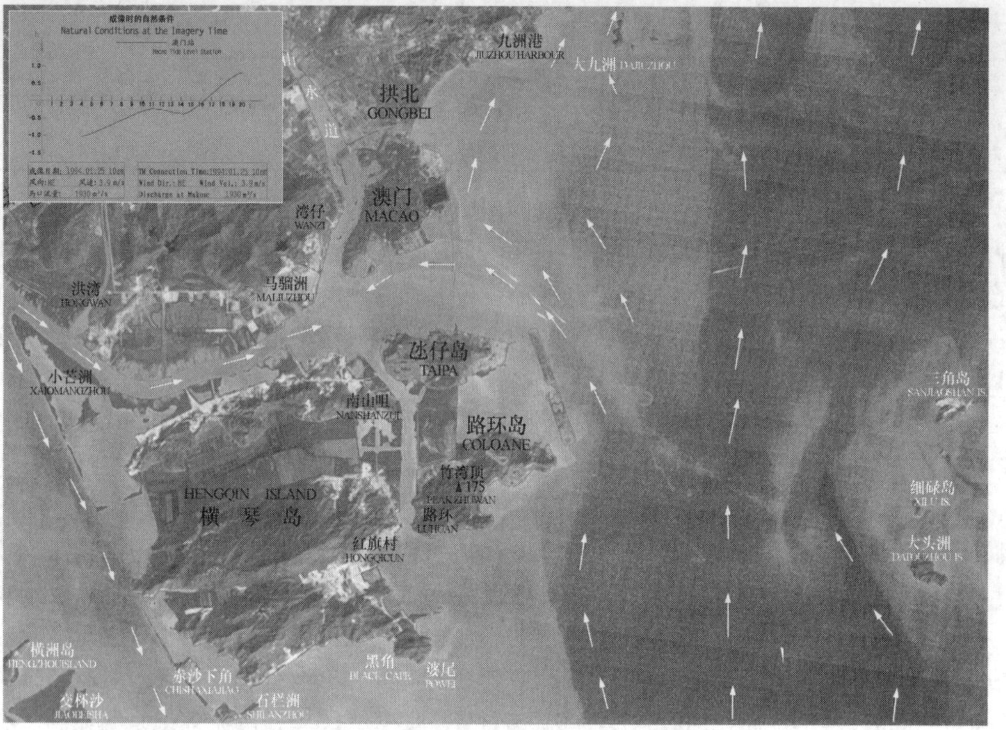

图9－60　澳门附近水域卫星影像水沙流路解译图

b. 涨潮流进入澳门水道后，受洪湾水道下泄径流动力的制约。洪水期，由于洪湾水道分流占磨刀门主干道径流量约17%，因此，涨潮水流与下泄径流相互顶托，形成了潮流、径流相互作用，出现动力削减的滞流区，主要分布在马骝洲以东新澳氹大桥以西水域。枯水期，上游径流来量锐减，水域内主要受潮流动力的作用，涨潮水流自东向西进入汇流区后，因受十字门水道涨潮流的干扰，流态较为紊乱，在十字门北口东侧水域形成缓流区。在上述滞流、缓流区含沙量较高，是严重淤积的水域。

c. 该水域涨潮流态近20年来发生较大的变化，变化的原因除了受天然状态河势发展影响外，人为工程活动也在一定程度上改变其流态。经遥感影像动态对比分析，发现十字门浅海区经两岸围垦工程后，改变了南口浅海区流态，其流势减弱，路环岛南水域出现缓流流态，因而在这一水域出现含沙量较高的浑水，会产生泥沙淤积。此外，澳门机场工程对涨潮流态也产生一定的影响，将涨潮流挑离，使流向发生改变，工程后比工程前偏东约15°，与外港航道轴线成40°交角，比工程前交角增大约20°，其结果是加重外港航道的淤积。

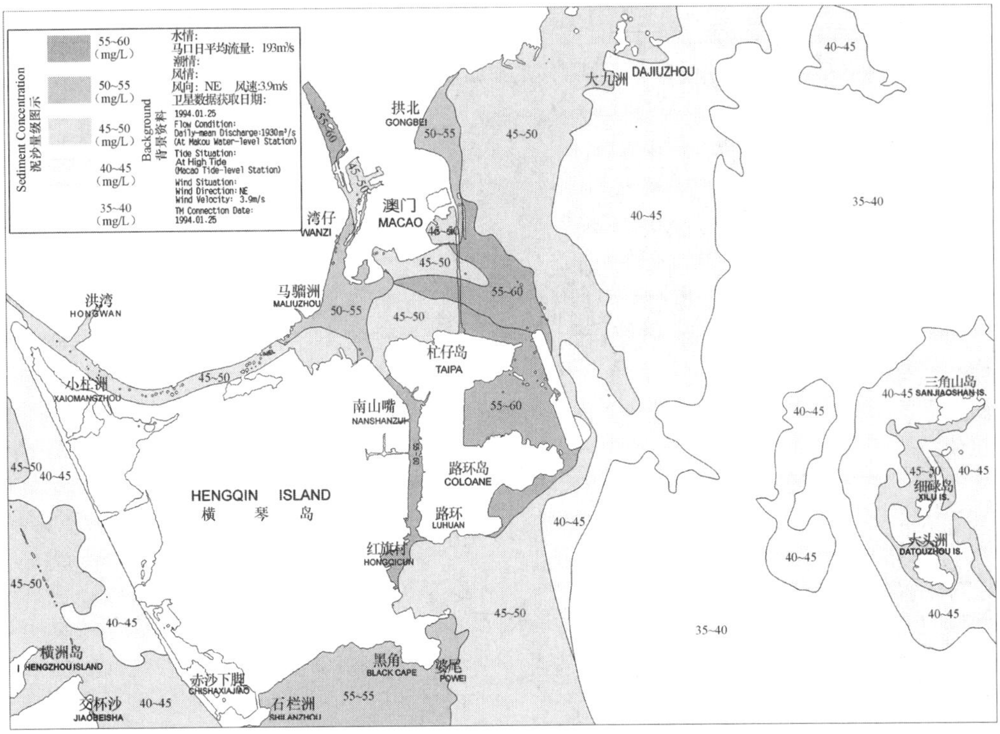

图 9－61　澳门附近水域悬浮泥沙平面分布图

图 9－62　澳门附近水域卫星影像水沙流路解译图

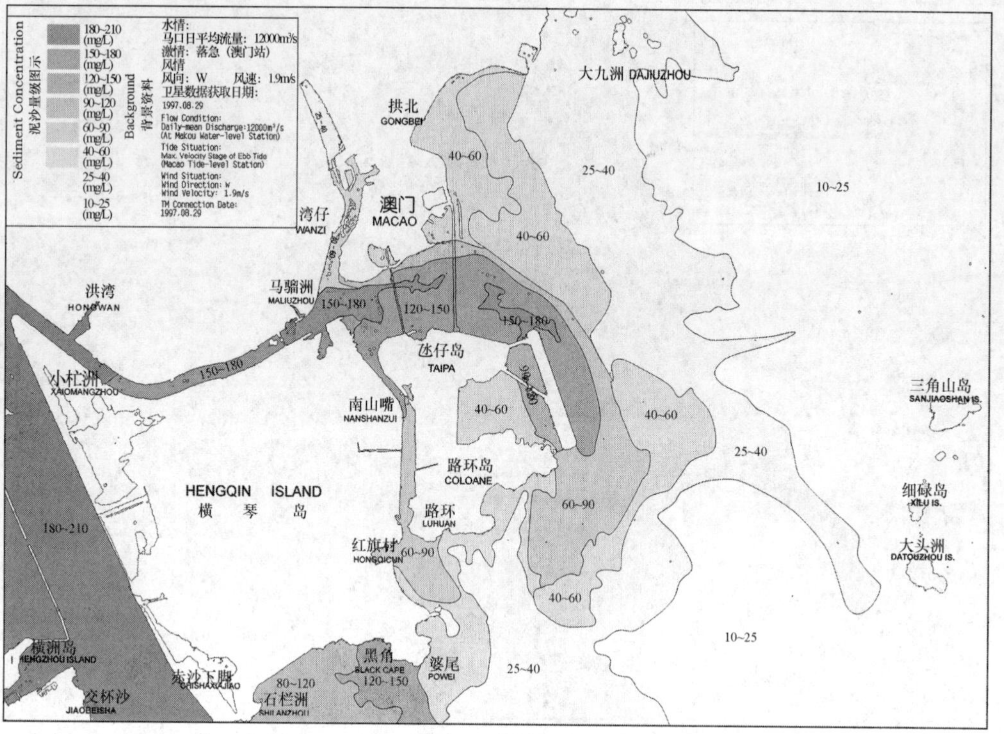

图 9-63　澳门附近水域悬浮泥沙平面分布图

2）落潮流及输沙特征。根据洪水期落潮的卫星影像 1997 年 8 月 29 日影像图 9-64、1993 年 5 月 14 日影像图（略）、1986 年 7 月 30 日影像图（略），及枯水期落潮的卫星影像 1995 年 12 月 30 日影像图（略）、1997 年 11 月 10 日以及悬沙分布图等近期落潮时段卫星遥感信息资料分析，获得落潮流及输沙特征有如下几点：

a. 澳门附近水域落潮流之流路流势差异按平面形态边界和动力因素区分，可以外港防波堤至连接机场跑道为界线，界线以西包括汇流区、澳门浅海区及十字门水道；界线以东包括大九洲以南至路环岛东南海域。界线以西的落潮流变化主要受洪湾水道（洪水期主要为径流）和地形边界的作用与制约；界线以东水域除以洪湾水道水流（洪水期径流）本身动力外，还受珠海大九洲的南向水流和伶仃洋西南向的落潮主流动力的影响以及横琴岛之东南面上溯潮流动力的顶托作用。

b. 界线以西水域，当前的落潮主流线偏移北侧，从马骝洲至旧澳氹大桥段，主流线与近期实测地形 -5m（珠基）以下的深槽基本吻合，表明该深槽的形成与发展主要受东向落潮主流动力的作用，并由于洪湾水道的整治而促使主流北移。在这一水域含沙量较低，一般不会出现泥沙淤积。从旧澳氹大桥至出口段，流路流向变化较大，从北东向南东逐渐偏转，落潮水流流势减弱，且水流向南侧浅滩区扩散，这一水域，流速减小，出现较高含沙量浑水，是严重淤积区。在十字门水道区，因受边界的影响，北口与主流线形成较大的交角，造成北口出现回流流态，是严重淤积的水域。但从近期影像反映的落潮流特征，由于两岸围垦堤的形成，使河道缩窄，根据调查资料，近期水道多次挖泥，使河道加深，这有利于加大汇流区与河道水位的比降，因此，当前仍有部分的水流从十字门水道排出南口。

c. 界线以东水域，从澳门浅海区下泄的水流，在大九洲一带的南向下泄水流和伶仃洋西南向的落潮主流的共同作用下，总的落潮流路流向的变化是从东南→南→西南的顺时针偏转。洪水期，落潮水流以径流为主，因此，东侧近岸水域直接受这股流势强、水流集中的径流的影响，其含沙量相对较高；大九洲南向下泄水流与伶仃洋的西南向落潮流对下泄径流产生一定的制约作用，但较少与澳门水道落潮水流交混，故东侧海域含沙量较低。

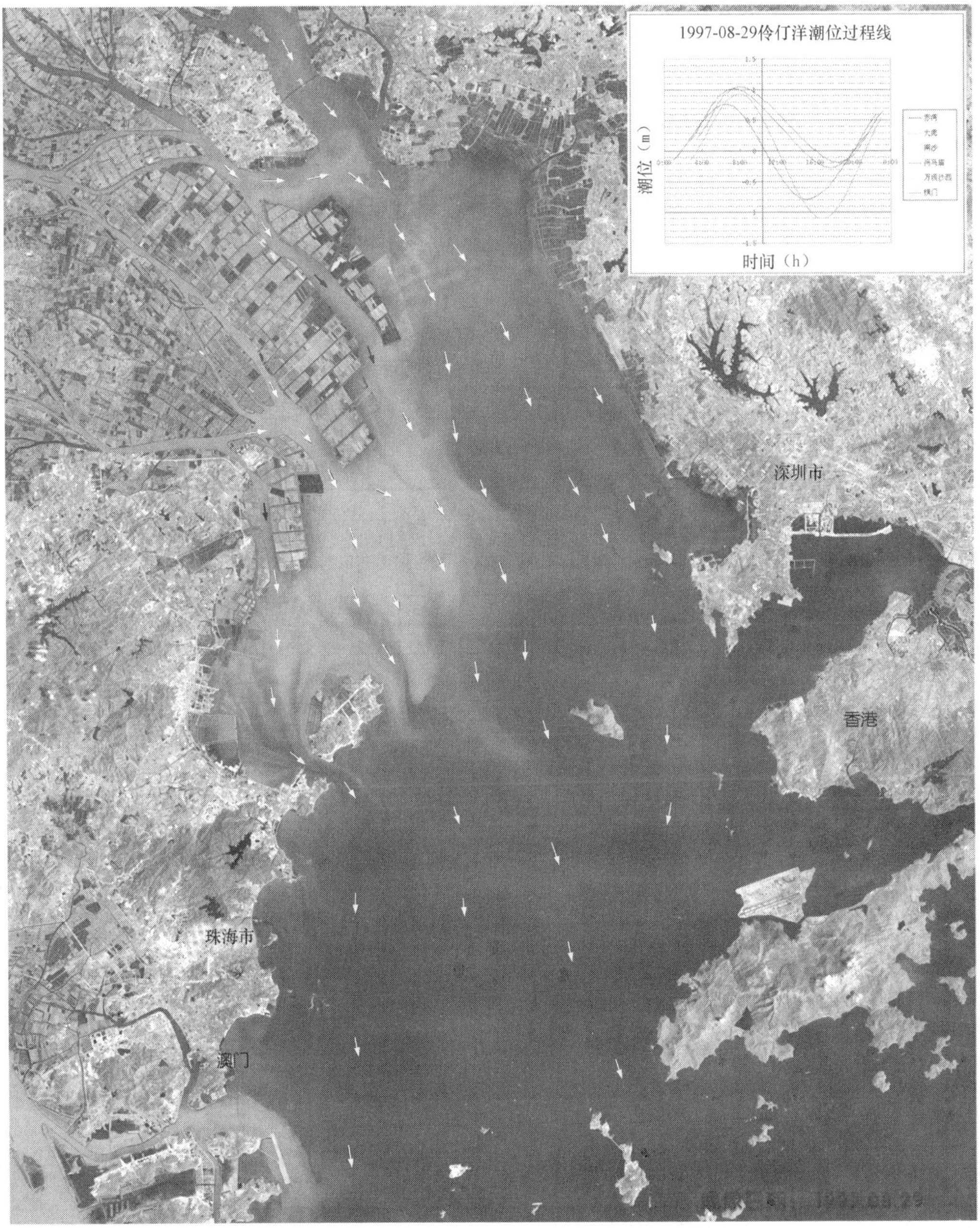

图9-64　伶仃洋中洪水期落潮遥感流势图

（3）岸线演变遥感分析。近20年来，澳门附近水域岸线发生了较大的变化，其原因既有近岸浅滩的自然发展，也有人为的围垦造地工程所使然。笔者利用1978年11月2日、1992年1月20日和1997年11月10日3景卫星遥感影像资料通过计算机图像处理系统进行岸线边界提取和信息复合处理，并统计岸线平面变化及各水域面积变化的数据，制作了澳门附近水域岸线演变及水域面积变化图（图9－65），由图及统计资料获得如下认识：

1）旧澳氹大桥以西的岸线变化主要反映洪湾浅海区治理工程前后的变化和汇流区周边岸线的变化。洪湾浅海区整治后从浅海区变成规则顺畅的河道岸线，而汇流区的周边岸线的变化则是在没有经过规划论证就进行围海造地。上述水域经统计，从1978～1992年水域面积减少68.11%。

2）旧澳氹大桥以东水域岸线的演变主要是澳门半岛南岸和氹仔岛北岸的变化较突出，1978～1995年水域面积减少25%。

3）十字门浅海区的岸线变化最为突出，1992年以前变化较小，1992年以后变化最大，水域面积从1992～1995年减少65%。

4）路环岛东南岸线近20年变化不大，说明由于近岸受潮流动力作用较强，岸滩发展较慢。

5）以上水域从1978～1995年共17年时间，水域面积共减少59.61%，从河口自然发展角度看，说明近代澳门附近水域是严重淤积的水域，有利的一面是增加滩涂资源，不利的一面是妨碍航运和泄洪排涝及影响水质环境。

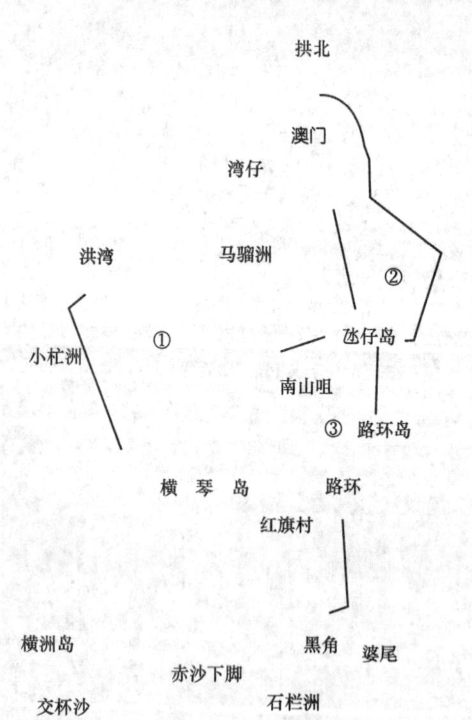

水域面积分区统计表

年份	统计区面积（km²）			
	旧澳氹大桥以西统计区	旧澳氹大桥以东统计区	十字门水道统计区	总计
1978	1.8165	0.8271	1.0765	3.7201
1992	1.1303	0.6655	0.8405	2.6363
1995	0.5793	0.6196	0.3035	1.5024
1978~1992年减少的水域面积	0.6862	0.1616	0.2360	1.0838
1992~1995年减少的水域面积	0.5510	0.0459	0.5370	1.1339
1978~1995年减少的水域面积	1.2372	0.2075	0.7730	2.2177
减少的总面积与1978年的总面积比值	68.11%	25.09%	71.81%	59.61%

图 例

1978年岸线
1992年岸线
1995年岸线
统计分区线
① 旧澳氹大桥以西统计区
② 旧澳氹大桥以东统计区
③ 十字门水道统计区

图9－65 澳门附近水域岸线演变及水域面积变化遥感分析图

（4）对港口建设问题的评价：

1）对港址方案比选的评价。根据前述水沙输移特征遥感分析，对澳门高速船客运码头各港址方案的比选提出评价如下：

a. 从遥感分析获得的澳门附近水域悬沙平面分布上（见图 9－61、图 9－63），可明显看到，不论是洪水期还是枯水期，不论是落潮流还是涨潮流，澳门浅海区的南侧处于弯道的凸岸，水体的含沙量相对较高，是滩地发育的泥沙淤积区；而北侧则是弯道的凹岸，水深较大，水体的含沙量较低，泥沙淤积较少。洪水期南侧含沙量约高于北侧 67%，枯水期约高 20%～50%。由此可见，港址方案 1、方案 2、方案 3 都位于南侧滩地范围，而方案 5 则位于北侧，泥沙淤积会大大减少，航道护维量小。其次，方案 5 靠近澳门水道的主航槽，通航条件较其他方案优越。因此，从航道护维量和通航条件比较，以方案 5 较好。

b. 方案 4 位于机场跑道内侧、路环岛的东北角，从该方案的出海航道平面位置看，根据 1995 年实测水下地形，其平均高程为－6m（珠基）左右，有较好的水深，且掩护条件也较好。不利之处是路环岛东部及东南部海域宽阔，风大浪高，风浪掀沙作用强，在海区刮南风及西南风时，会将风浪掀沙吹进湾内，对码头港口的淤积可能构成威胁。

2）对外港航道淤积的遥感分析及改建的建议。在物理模型试验研究中，已经对引起外港航道严重淤积的原因进行了全面的分析；在数学模型的模拟研究中，又对澳门附近水域兴建河道整治工程和机场工程等对外港航道淤积的影响作了分析，此处仅从遥感影像上获得的水动力特征和悬沙分布特征的信息，对外港航道淤积问题作补充分析。

如前所述，外港航道附近的水动力条件和悬沙分布特征，是有利于在该水域造成淤积的。在落潮时，不论是洪水期还是枯水期，在外港航道附近的含沙量分布，都比其邻近水域为大，洪水期大 1.5 倍，枯水期大 18%。前者是径流挟带的泥沙，后者则是风浪作用的掀沙。这些相对较高的含沙浑水，自澳门水道出口流出后，河道突然放宽，水流扩散，动力减弱，造成这一带水域产生淤积，外港航道正好处在这一水域。

在涨潮期，涨潮流从路环岛—横琴岛东南海面以近正北方向上溯，这股水流的一部分在外港航道附近与澳门水道的落潮流遭遇，相互顶托，在该处形成两股水流能量消耗，并出现局部范围的回流，造成外港航道口门区的严重淤积。

此外，从遥感影像图上量算，得到涨潮流与澳门水道出口槽道走向成 35°交角，与外港航道成 25°交角，也是造成这一水域及外港航道淤积的不利因素。

以上分析，与物理模型及数学模型的分析结果是一致的。在外港航道的改建上，正如物理模型中提出的，采取外港航道移位的措施，避开目前航道所在位置，使其达到减淤的效果，是一种较为有效和简易可行的办法。

5. 港址方案综合评价

（1）港址方案比选应考虑的因素。对澳门客运码头的选址而言，笔者认为港址方案的比选应考虑如下因素：

1）要与城市交通网络相联系，符合交通规划发展的需要。

2）要有利于带动港址所在地区经济建设的发展。

3）要有利于实施澳门国际机场海空联运，方便旅客交通的需要和机场的运作。

4）工程量小、造价低、投资省。

5）水流条件好，港池、航道流速较大，横向流速小，水流与航线的夹角小，有利于航行和安全。

6）港池、航道回淤强度小，维护费用省。

7）要与澳门附近水域的整治规划相协调，有利于整治规划的实施。

8）对澳门附近水域的水动力条件影响小，引起的各站潮位、潮量变化小。

9）要适应澳门附近水域近期、远期水动力条件可能发生的变化，以及因其变化对港址带来的影响。

（2）对港址方案的综合评价。根据上述因素对各港址方案进行综合评价，分述如下。

1）方案1。

a. 优点：

（a）位于氹仔岛北岸，码头港口建成后对带动该岛的经济发展有利，可以避免澳门绝大部分人口和经济活动都集中于澳门半岛上。

（b）距机场客运大楼最近，是海空联运的最佳位置。

（c）可利用国际机场设置的巴士站，方便与城市交通网络的联系。

缺点：

（a）位于澳门水道的凸岸边滩区，泥沙淤积严重，一般应是港口、航道选择的禁区，该处港池、航道的回淤强度大，工程维护量大，费用高。

（b）现状条件下由于防波堤对水流的干扰，产生绕流、挑流、回流等不利流态，局部范围内将产生冲刷或淤积，对工程的安全和通航不利；在推荐治导线或封堵治导线条件下，右防波堤突出于治导线，需加以调整。

（c）出港航道流速小，横向流速大，水流与航线夹角大，通航水力条件较差。

（d）在滩地上开挖港池和航道，工程量大、费用高。

（e）码头港口建成后，对澳门附近水域的水动力条件产生一定的影响，马骝洲断面涨潮量比现状条件下减少1.06%～1.54%，比推荐治导线条件下减少6.38%，居各方案之首。

2）方案2。其优缺点同方案1。除此以外，其出港航道较方案1短，是其优点；但需建栈桥与陆岸连接，工程费用可能增加，又是其缺点。

3）方案3。其优缺点基本上同方案1，不同之处在于：

a. 它距机场客运大楼比方案1远750m，海空联运条件稍逊于方案1；同样，距机场巴士站稍远，城市交通网络也稍逊于方案1。

b. 物理模型试验表明，其港池、航道的回淤强度大于方案1，居各方案之首，工程维护量和维护费用高于各方案。

c. 方案3水流与出港航道航线的夹角及航道横向流速均小于方案1；除现状条件下港池和出港航道的流速基本接近外，推荐治导线和封堵治导线条件下方案3均大于方案1，因此通航水力条件比方案1稍好。

4）方案4。

a. 优点：

（a）码头位置设在海湾内，又有机场跑道掩护，掩护条件好。

（b）水深条件好，只需开挖 1.5m 深即可达到通航要求，在各方案中最少，而且又可以利用发电厂航道出海，其出港航道缩短为 450m，减少了航道开挖量。

（c）物理模型试验表明，港池和航道的回淤强度小，居各方案之末位，因而工程维护量和维护费用少。

（d）码头港口的建设，对加快机场西浅海区的土地开发有利，而且由于填海造陆，将来海岸线将发生变化，它能适应其变化，对发展该地区经济十分有利。

（e）码头港口的建设对澳门附近水域的水动力条件没有影响。

（f）对澳门附近水域整治规划的实施没有影响，与规划治导线没有关系。

（g）距机场客运大楼较近，有利于发展机场客运和货运量，是海空联运的较佳位置之一。

（h）可利用国际机场设置的巴士站，在与城市交通网络的联系方面，仅次于方案 1。

b. 缺点：

（a）码头港口的建设，需在封堵治导线条件下浅海区填海成陆后才能进行，因此需要较长的建设时间。

（b）路环岛东部及东南部海域宽阔，风大浪高，风浪掀沙作用强，在海区刮南风及西南风时，会将风浪掀沙吹进湾内，对码头港口的淤积可能构成威胁。

5）方案 5。

a. 优点：

（a）位于澳门水道的北岸，该处为弯道段的凹岸，水深大，水流动力强，属于水道的冲刷区，除现状条件下北岸浅海区的浅滩会有些淤积外，沿岸深槽部位一般不会有泥沙淤积，若推荐治导线实施后，北岸浅滩已不存在，更不会有泥沙淤积，是港址选择的最佳位置。

（b）出港航道短，整个港池和出港航道仅长约 200m，且凹岸含沙量低（低于凸岸 32%），因此，港池和航道回淤强度小，在潮、波综合作用下淤积强度为 5 个方案中居最小，维护费用少。

（c）出港航道短，船舶进出航行方便；水流与航线夹角小，横向流速也小，通航水力条件好。

（d）在现状条件下，码头防波堤对水流产生绕流和挑流作用，产生对建筑物淘刷和回流淤积，但比方案 1、方案 2、方案 3 稍好；在推荐治导线或封堵治导线条件下，码头港口在治导线控制范围以内，水流平顺，流态良好，与治导线配合协调，不影响整治规划的实施。

（e）靠近澳门半岛南岸孙逸仙大马路，与城市交通网络的联系为最好。

（f）码头港口的建设对澳门附近水域的水动力条件影响最小，各站潮位、潮量基本上无变化。

（g）澳门浅海区北岸滩地高程低于南岸，建港开挖量比方案 1、方案 2、方案 3 少，加上出港航道短，因而工程费用较低。

（h）所处位置离广阔的海区较之方案1、方案2、方案3稍远，风浪掀沙作用有所减弱，可减小回淤强度，对航道维护有利。

b. 缺点：

（a）澳门半岛已有外港作为高速船客运码头，是否有必要再建一个客运码头？必须对客运量方面作充分论证。

（b）与机场相距较远，从码头到机场客运大楼需经过新澳氹大桥，距离约8km，乘车约需10分钟，不便于海空联运。

综上分析，可见各港址方案各有其利弊，从综合评价而言，以方案5为较优，但方案5存在两大致命缺点，值得考虑。其次，方案4亦具有较好的建港条件，方案1、方案2、方案3不宜建港。

6. 结语

（1）澳门附近水域水流泥沙运动和河床演变复杂，对港址选择影响重大，采用实测资料分析、数学模型、物理模型和遥感技术应用等多种手段进行研究，以便相互印证，从而保证技术论证的可靠性和准确性，是十分必要的。

（2）实测资料分析表明，澳门附近水域具有有利的泥沙沉积环境，虽然时间和空间上有冲有淤，但以淤积为主。澳门水道为深槽加深（与疏浚有关），逐年北移；边滩淤积，逐渐下移。泥沙主要来自上游径流，落潮流来沙大于涨潮流，风浪掀沙也有较大影响。由于泥沙淤积，港口、航道遭受淤塞，造成通航受阻，经济损失。泥沙问题已成为澳门港口航道建设的关键问题之一。

（3）经验证证明由数学模型和物理模型分别建立的模型是成功的，能满足精度的要求，可用于工程方案的预报。

由数学模型、物理模型和遥感技术应用等手段对港址方案研究的结果相一致，即各方案有其利弊，从综合评价而言，以方案5较优。但在已有外港作为高速船客运码头的情况下，是否有必要再建一个客运码头，值得考虑；该方案又远离机场，不便于海空联运。其次，方案4亦具有较好的建港条件，方案1、方案2、方案3不宜建港。

（4）用数学模型、物理模型和遥感技术应用等手段对外港航道产生严重淤积的原因进行研究，认为主要有：由于其所处位置为澳门水道出口，宽度突然扩大，流速减缓，水动力减弱，泥沙易于落淤；在各种径潮流水文条件下由于防波堤的挑流作用，使口门区形成回流而产生泥沙淤积；在广阔海域附近波浪掀沙作用显著而加重淤积；由路环岛东南海面以近北方向上溯的涨潮流，与澳门水道的落潮流在口门区附近遭遇而相互顶托，形成局部范围的回流而引起泥沙淤积；以及在澳门附近水域兴建整治、围垦工程和机场工程等引起水流动力条件改变的加重淤积。

对外港航道的减淤措施，建议将其易位，向上游移动约300m，仅保留其港池和部分航道，从而避开其口门区存在回流的不利流态；减小河宽，增大流速，加强水流动力强度和输沙能力；以及远离广阔海域，减轻风浪的掀沙作用。经数学模型和物理模型研究表明，采用这种措施后，口门外水流平顺，消除回流的存在，出港航道缩短600m，流速增大62.5%～111.8%，单位面积淤积量减少25%，减淤效果明显，并且，通航水力条件也较改建前好。

为便于有效提高上述减淤措施的效果，建议对改建航道的最佳位置和最佳方位等作进一步深入的研究，以期获得最佳的方案。

9.4.2　广州港南沙港区规划方案（一期工程）试验研究❶

广州港是我国沿海主要枢纽港之一，目前主要港区分布在虎门以上珠江干流的两岸。长期以来，广州港担负着广州市、珠江流域、珠江三角洲以及邻近省份部分地区的物资集散和外贸进出货物的装卸任务，是广东省对外开放的主要窗口之一。随着广东省特别是珠江三角洲经济建设的高速发展，广州港现有的能力及布局已不适应经济建设发展的需要；同时，为了适应广州市城市南拓发展战略的需要，广州港计划在南沙岛以南的龙穴岛围垦区建设大型深水专业港区，并委托有关设计部门进行港口的总体规划设计，分期实施港口工程的建设。为此，广州港务局委托珠江水利科学研究院利用已建成的珠江河口大型潮汐物理模型为主，并结合数学模型计算和实测资料及遥感信息分析等多种手段研究南沙港区规划方案（一期工程）对珠江口的防洪、防潮、排涝、纳潮及河势稳定等方面的影响，现将主要研究成果分述如下：

1. 研究目的和要求

（1）研究目的。根据《珠江河口管理办法》规定：河口管理范围内的涉水工程建设项目必须论证其对河口泄洪、纳潮、排涝、河势稳定、堤防安全等是否产生影响。工程建设单位必须提供工程建设可能对河道泄洪、纳潮、排涝、灌溉、河势稳定、堤防安全、防汛抢险等方面影响的论证材料及拟采取的补救措施等有关论证报告，向水行政主管部门申办《河道管理范围内建设项目审查同意书》。由于南沙港区规划方案一期工程码头岸线伸入水域约105m（见图9-66），其规划方案对珠江口河势及排洪等方面的影响是一项必须经过充分论证的研究课题。

（2）研究内容。

1）分析珠江口伶仃洋水沙输移基本特性。

2）研究一期工程规划方案实施后珠江口伶仃洋流场的变化。

3）研究一期工程方案实施后对珠江口防洪、防潮、排涝、纳潮和航运的影响。

4）工程附近水域的水流运动对拟建港口的影响。

（3）研究方案。广州港南沙港区一期工程位于珠江口伶仃洋右岸、龙穴岛围垦区东侧岸线上，在东经113°40′、北纬22°40′附近。一期工程布置采用顺岸连片布置形式。码头前沿岸线方位角为160°23′40″~340°23′40″，共设4个5万吨级集装箱泊位，长1400m，码头标高为3.5m，陆域纵深为1200m，高程与码头前沿相同。码头前沿停泊水域宽度为80m，港池宽度为620m，开挖港池宽共700m，其底部高程为-14.9m，随着航道的进一步浚深拓宽，相应的港池也将挖深。港池与广州港出海航道通过长约1km的进港航道相连，走向为147°18′19″~327°18′19″，其底部高程为-14.9m。目前广州港出海航道疏浚工程一期工程已经完工，航道设计底宽为160m，底标高为-13.9m，3.5万吨级船舶可乘潮

❶　珠江水利委员会科学研究所，广州港南沙港区规划方案（一期工程）潮汐物理模型试验研究报告，2003年6月。

进港。一期工程方案布置见图9－67。

图9－66　南沙港一期工程位置示意图

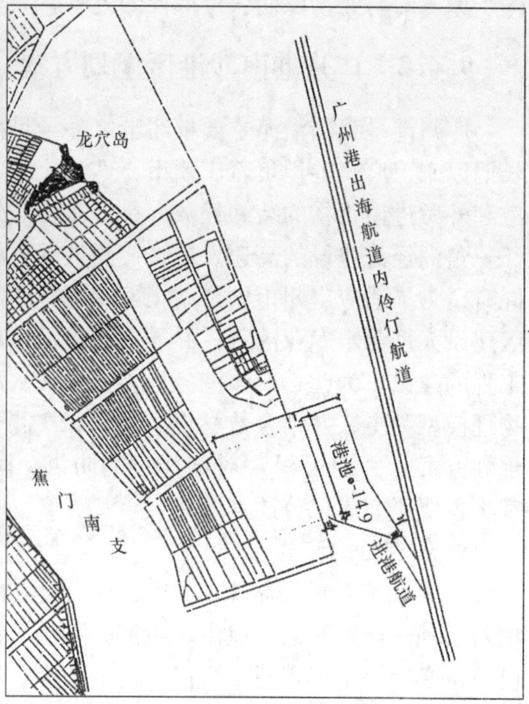

图9－67　一期工程方案布置图（现状边界）

2. 实测资料及遥感信息分析

（1）伶仃洋水域涨潮、落潮流势的遥感分析。伶仃洋水域涨潮时的流势，根据遥感信息获取的影像（见图9－68）分析可知：大濠水道的涨潮流流势最强，其流路清晰，从大濠水道上潮至伶仃西槽，继而川鼻水道及虎门口，形成一条涨潮流轴线。南沙港区水域正好处在轴线边缘，受伶仃西槽涨潮流的影响较大。

伶仃洋水域落潮时的流势，根据伶仃遥感影像（见图9－69及图9－64）分析可知：

1）伶仃洋西部水域存在着水动力相对平衡带。枯水期落潮时，从虎门口下泄的以潮流动力作用为主的落潮流，由于净泄量大、流势强，自虎门口至口外形成一股由东南向转南向再偏转西南向的弧线落潮主流流路；而从西滩下泄的以径流动力作用为主的落潮流，受西部口门含沙量较高的径流和浅滩地形以及风浪作用的影响，以其含沙量较高的浑水从蕉门南支出口下泄，直至淇澳岛东面的水域，也形成一股弧线，两种弧线的水流相汇合，便构成了从虎门口下泄以潮流动力作用为主的落潮流和从蕉门南支、洪奇门和横门等口门下泄以径流动力作用为主的落潮流的水动力相对平衡线（见图9－69），在不同潮型和径流组合的条件下，其位置及形态在一定范围内发生摆动，故实际为一条相对平衡带。由于两种落潮流的含沙量不同，从虎门口下泄的落潮流含沙量小、水体清澈；而从西部9个口门下泄的落潮流含沙量较高，水体浑浊，在其交界面的两侧水体泾渭分明，故又称为清浑水交界的泥沙锋面。

图9-68 伶仃洋枯水期涨潮遥感流势图

2）洪水期西部口门落潮下泄的水沙影响到内伶仃洋中部水域。由图9-64可见，洪水期落潮时，从蕉门凫洲水道下泄的含沙量相对较高的浑水分为两股，一股越过川鼻水道进入内伶仃洋中部；一股则直接汇入川鼻深槽，与虎门落潮流相混合后进入内伶仃洋。凫洲水道的含沙水流随落潮流进行入内伶仃洋，相对减少了凫洲水道水沙对南沙港区水域的影响。从蕉门南支下泄的含沙水体，受围垦后的鸡抱沙、孖沙垦区堤线边界的约束，水流出孖沙尾后，主流从东南向转偏南向下泄进入伶仃西槽，部分水流则进入沙仙尾浅滩区；从洪奇门及横门下泄的含沙水体相汇合后，其主流沿万顷沙、垦区西岸下泄，进入淇澳岛东岸水域后泄入外伶仃洋的青洲水道，部分水流则越过西滩进入伶仃西槽。由于从蕉门南支及洪奇门和横门下泄的主流离南沙港区较远，不会对港区造成影响。

图9－69　伶仃洋枯水期落潮遥感流势图

（2）南沙港区水域水沙输移遥感分析。

1）涨潮时水沙输移特征。图9－70为围垦整治工程初期，洪水期涨潮时南沙附近水域水沙输移特征图。由图可见，洪水期涨潮时，伶仃洋涨潮主流沿伶仃水道向川鼻水道直至虎门口上溯，而凫洲水道和蕉门南支下泄的洪水仍往外输移；至涨平阶段，凫洲水道下泄的含沙水流在其出口处遭受来自川鼻水道上溯的涨潮流的顶托，在鸡抱沙的东北角一带形成一个小范围的缓流、回流区，水流缓慢，水体浑浊，易于泥沙落淤；而由蕉门南支下泄的含沙水流，则在孖沙垦区尾部受到来自伶仃水道上溯的涨潮流的顶托，使其尾部东北角一带形成大范围的缓流、回流区，也是泥沙易于落淤的区域。

图9－71为中、枯水期涨潮时南沙附近水域水沙输移特征图。由图可见，涨潮流十分强劲，涨潮主流不仅沿伶仃水道向川鼻水道和虎门口上溯，而且还向凫洲水道和蕉门南支甚至向南沙以上的蕉门水道上溯，这时有可能将洪水期因缓流和回流引起落淤的泥沙，带入南沙港区的水域。在孖沙以东、舢板洲以北的凫洲水道出口处，由于涨潮流拐弯，进入凫洲水道，阻力增大，水动力弱化，加上在弯道环流的作用下，在该处及水下石堤附近出现一个含沙量较高的三角水域，形成泥沙易于淤积的环境。

2）落潮时水沙输移特征。图9－72为洪水期落潮时南沙附近水域水沙输移特征图。由图可见，凫洲水道下泄的水流自西向东比较集中，流势顺畅，在其出口处受由虎门口下泄的落潮流的顶托，水流折转东南向流入川鼻水道，进而流入伶仃水道，相比之下，虎门口落潮流的动力强于凫洲水道落潮流的动力，制约着凫洲水道的落潮流，使其流向发生向东南向转折，这股落潮流对南沙港区将产生深刻的影响，将是港区水沙的重要来源。此外，由于鸡抱沙围垦石堤的挑流作用，以及凫洲水道下泄落潮流在其出口处的转折，导致鸡抱沙的东北角处形成一个较大的回流、缓流区，泥沙在这一带易于落淤，这对南沙港区可能带来不利的影响。从蕉门南支下泄的落潮流，水流也比较顺畅，流出孖沙垦区后分两股进入内伶仃洋，一股自孖沙尾部越过尾滩流入伶仃水道上段；一股则靠近万顷沙垦区东堤的新尾间向下延伸流入伶仃水道中段、下段；在两股水流的分流处，形成范围较大的回流、缓流区，泥沙易于落淤，实际上是为涨潮流挟带的泥沙提供物质来源，这对南沙港区也是不利的。

图9－73为枯水期落潮时南沙附近水域水沙输移特征图。由图可见，其水沙输移特征与洪水期落潮时相似，所不同的只在于水流强度的差异，上述水沙对南沙港区的影响同样存在。

（3）南沙港区附近水域河床演变分析。将南沙港区附近水域划分为凫洲水道、蕉门南支、蕉门南支出口浅滩区及鸡抱沙、孖沙以东区域等4个部分，分别绘制1984年、1999年（或2000年）河道断面对比图、水下地形等深线对比图、断面深泓点变化和断面平均水深沿程变化图，用于分析各河段或区域的滩槽冲淤变化和河床形态变化。在分析中一般滩槽的分界线取为－2m等深线（国家1985高程基准）。下面分别对各部分进行分析。

1）凫洲水道河床演变分析：

a. 冲淤变化分析。分析凫洲水道断面对比图可见：抛石堤以南部分，无论滩、槽均处于淤积状态，1984～2000年间，年淤积厚度分别为1.95cm和10.04cm；堤线以北槽道为目前凫洲水道的主槽道，其滩、槽均处于冲刷状态，在1984～2000年间，年冲刷厚度分别为2.49cm和7.65cm，上段的冲刷幅度大于下段。

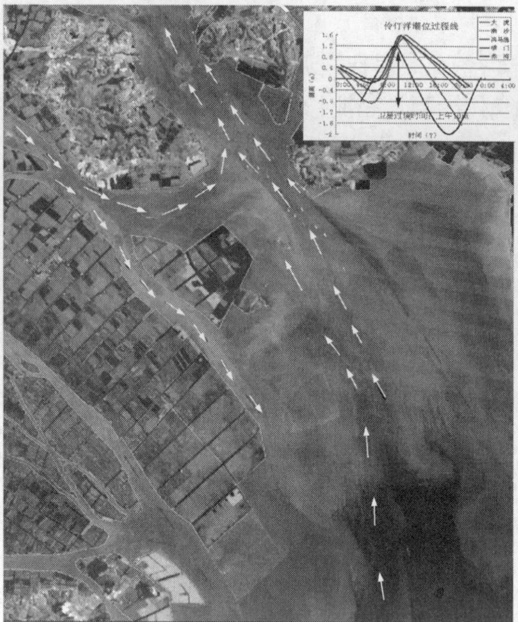

成像日期	资料种类	潮汐情况		上游来水情况（日平均流量 m^3/s）			上游来沙情况（g/l）			风情	
		状态（南沙站）	潮型	马口	三水	博罗	马口	三水	博罗	风向	风速（m/s）
1992.7.30	TM	涨平	大潮	16900	3940	830	0.89	0.5	0.04		

图 9－70　南沙附近水域遥感流势分析图（洪水期涨潮）

成像日期	资料种类	潮汐情况		上游来水情况（日平均流量 m^3/s）			上游来沙情况（g/l）			风情	
		状态（南沙站）	潮型	马口	三水	博罗	马口	三水	博罗	风向	风速（m/s）
1997.7.28	TM	落急	大潮	22100	8300	1570	0.95	0.58	0.048	ENE	4.8

图 9－71　南沙附近水域遥感流势分析图（枯水期涨潮）

成像日期	资料种类	潮汐情况		上游来水情况（日平均流量 m^3/s）			上游来沙情况（g/l）			风情	
		状态（南沙站）	潮型	马口	三水	博罗	马口	三水	博罗	风向	风速（m/s）
2009.9.14	TM	涨急	中潮	5910	1640	907	0.021	0.035	0.046	N	5

图 9－72　南沙附近水域遥感流势分析图（洪水期涨潮）

成像日期	资料种类	潮汐情况		上游来水情况（日平均流量 m^3/s）			上游来沙情况（g/l）			风情	
		状态（南沙站）	潮型	马口	三水	博罗	马口	三水	博罗	风向	风速（m/s）
1995.12.30	TM	落急	小潮	1870	450	432		0.06	0.031	E	3.9

图 9－73　南沙附近水域遥感流势分析图（枯水期涨潮）

b. 河道平面形态变化分析。根据 1984～2000 年水下地形 -2m、-4m 等深线平面变化图（见图 9-74）可见：自 20 世纪 90 年代以来，由于凫洲水道按规划治导线实施了抛石堤工程，使滩槽平面格局发生了明显的变化。在抛石堤线以南的原主泄流汊槽，现已严重淤积，逐渐萎缩；而在抛石堤线以北的水道区，新塑造出一条与蕉门口出流相衔接的 -4m以深的主汊槽，贯通整段凫洲水道，初步形成了有利于泄洪的河床形态。

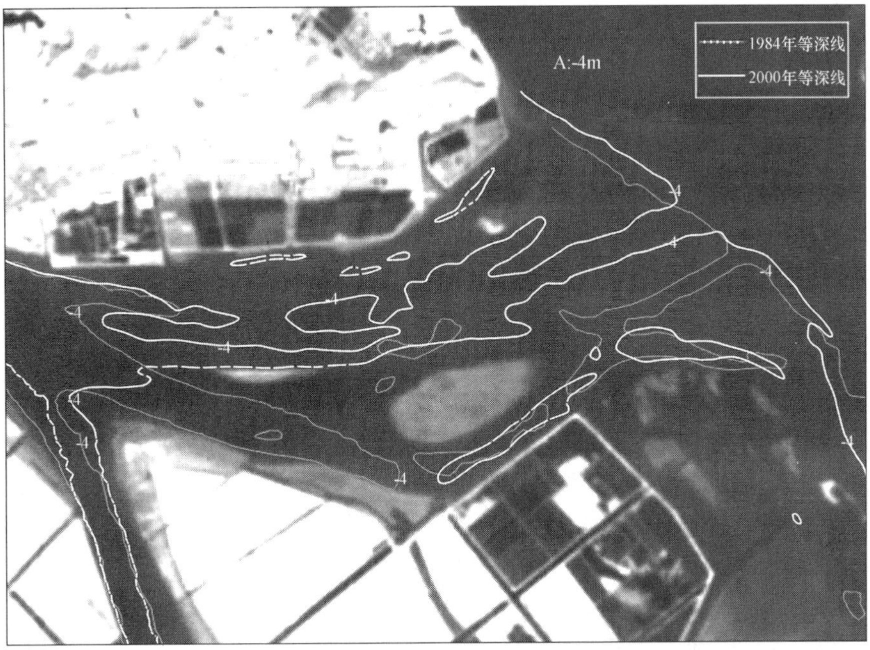

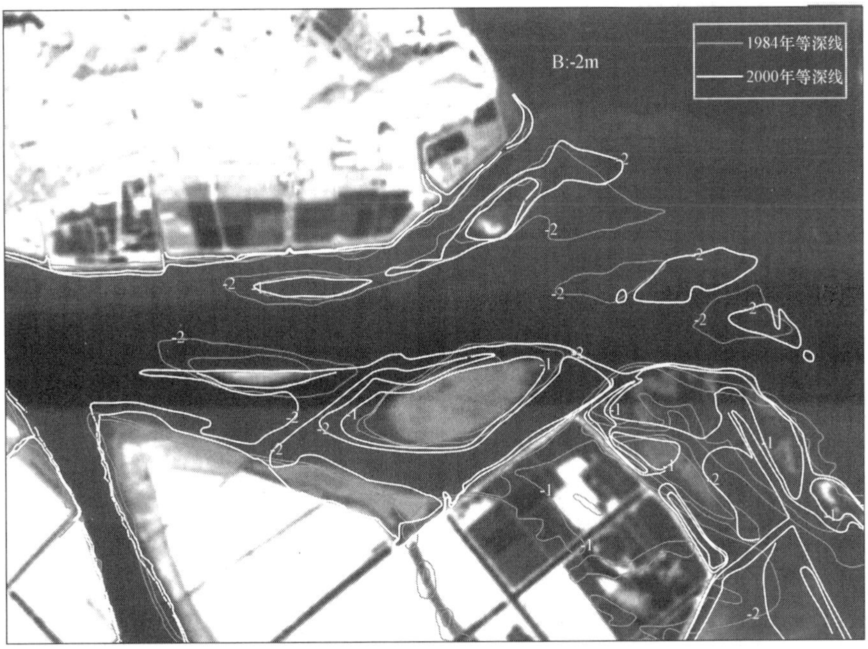

图 9-74　凫洲水道水下地形变化图

2）蕉门南支河床演变分析：

a. 冲淤变化分析。分析蕉门南支水道断面对比图可见：蕉门南支主槽道除了在入口处有局部淤积外，整体上处于冲刷状态，年平均冲刷厚度约为2.78cm。其中沿着槽道的走向冲刷强度逐渐加大，年平均冲刷厚度约为4.89cm；左、右边滩以冲刷为主，但冲刷强度小于主槽道的冲刷强度，年平均冲刷厚度分别约为1.53cm和1.30cm，出口段左侧边滩略有淤积。

b. 河道平面形态变化分析。根据1984～2000年水下地形－1m、－2m和－4m等深线平面变化图（见图9－75）可见：蕉门南支滩槽格局基本无大变化，槽道基本稳定，－4m以深的主槽道已完全贯通；槽道内浅滩位置有所变化，出口段有较大面积的出露浅滩，但并未发展，甚至有冲刷的趋势，左边滩的入口段则略有淤积现象。

3）蕉门南支尾闾河床演变分析。根据1984～2000年水下地形－2m和－4m等深线平面变化图（见图9－76）可见：蕉门南支尾闾滩槽分化明显，浅滩向下游发展、延伸，滩面不断淤高，发展迅速，原尾闾东侧滩面上的涨潮沟逐渐淤浅、消失。与此相应，南支出口深槽不断向下游延伸，出口拦门沙也相应下移，－2m滩面大约向南最远淤长892m的距离。据量算，蕉门南支尾闾－2m以浅滩面积由1984年的11.5km^2增长到2000年的17.29km^2，增幅达到每年0.36km^2。

1）鸡抱沙、孖沙，垦区以东区域河床演变分析：

a. 冲淤变化分析。分析鸡抱沙、孖沙垦区以东区域水道断面对比图可见：凫洲水道进入虎门口外的出口浅滩处于冲刷状态，年平均冲刷厚度约为5cm；鸡抱沙东侧浅滩主要是淤积，年平均淤积厚度约为1.5cm；川鼻水道至伶仃水道深槽为冲深，主槽道年平均冲刷厚度约为6.68cm，其中中段局部冲深达7.0～9.0cm。

b. 平面形态变化分析。对比1984年、2000年断面图及－2m和－4m等深线平面变化图可见：在平面上，舢板洲附近浅滩出现淤浅萎缩；孖沙垦区以东区域的浅滩因受涨落潮流的冲刷及人工开挖的影响，向西收缩；龙穴岛和孖沙被围垦后，在舢板洲以南、它穴岛以东存在的东北向的－4m以深的涨落潮槽沟向南偏移，成为西南方向，出现在孖沙以东浅滩的中部；在孖沙垦区尾端，新出现了一个相对较浅的涨落潮槽沟。

（4）河床演变趋势分析。南沙附近水域近10多年来河道平面形态和滩槽冲淤变化，是由自然演变和人类活动共同作用下引起的，其中，人类活动引起河道边界条件的改变是主要原因。现阶段河道演变处于大规模边界变化后的调整期，预计这种变化趋势仍将维持一个时间。

下面对工程附近河床演变发展趋势做如下初步分析：

1）凫洲水道南侧堤线将逐步形成，堤线南、北侧将分别向淤积和冲刷发展。自20世纪90年代中后期在凫洲水道中实施抛石堤线后，该水道被分成堤线以北和堤线以南两个水域。堤线以南由于进入的流量逐渐减小，水动力逐渐减弱，水道的滩槽都处于不断淤积状态；而堤线以北由于进入的流量相应增大，水动力不断增强，使水道不断冲刷发展。随着凫洲水道的冲刷发展，泄流能力亦随之增大，进入川鼻水道的下泄流量亦因而增大，这对广州港出海航道的畅通是有利的；但另一方面，凫洲水道下泄流量加大后亦使含沙量较大的水流流经南沙港区水域，因而可能增加其维护量，这又是不利的，为此，适当控制和调整凫洲水道的分流量是十分必要的。

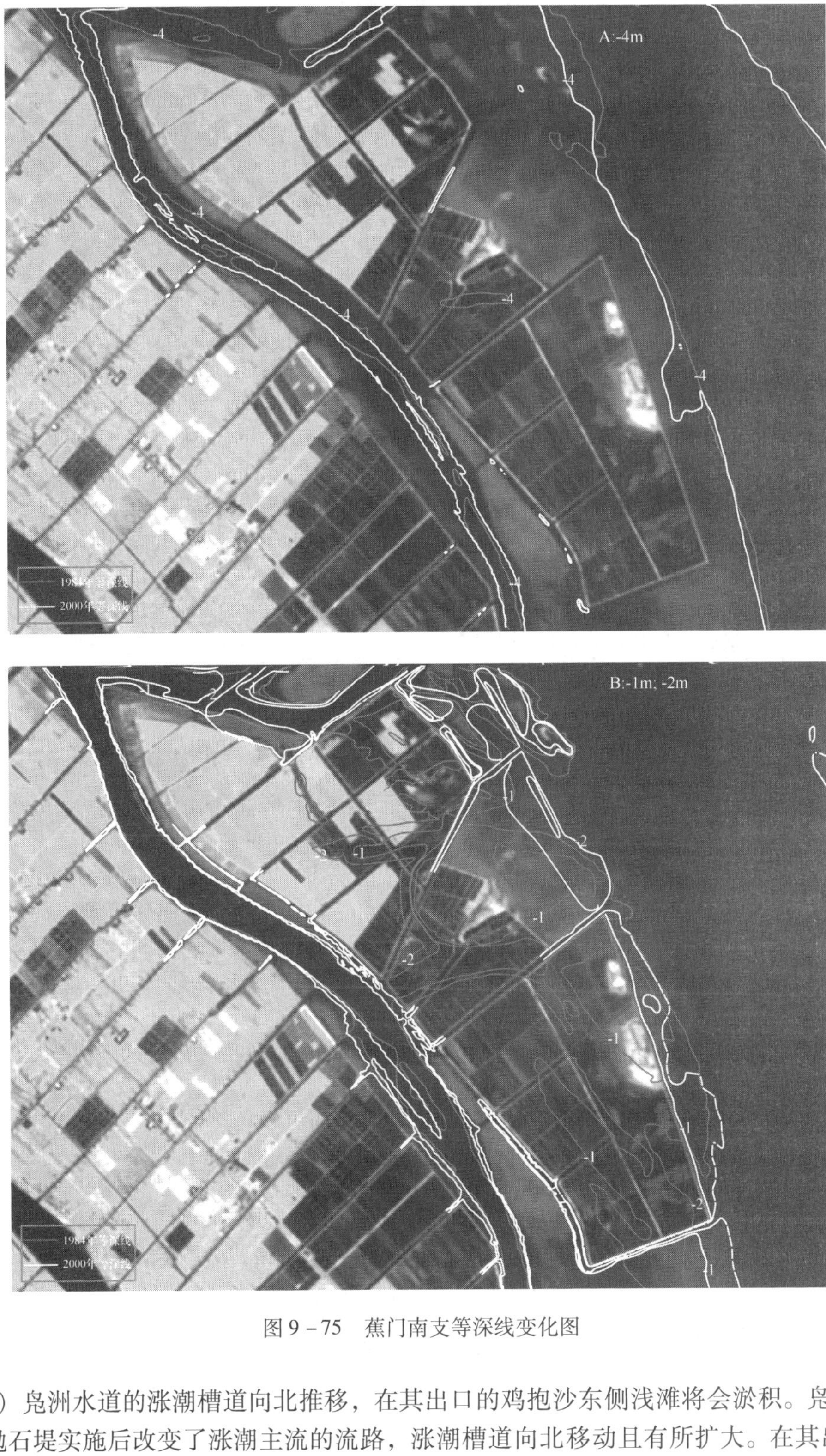

图 9－75　蕉门南支等深线变化图

2）凫洲水道的涨潮槽道向北推移，在其出口的鸡抱沙东侧浅滩将会淤积。凫洲水道由于抛石堤实施后改变了涨潮主流的流路，涨潮槽道向北移动且有所扩大。在其出口段，由于来自虎门—川鼻水道的涨潮、落潮主流与来自凫洲水道的落潮水流之间存在较大的交角，因而形成回流区而出现心滩；另外，由于1997～1998年间在鸡抱沙东北角水域多次超出规划治导线700～900m抛石堤，形成凸形岸线，起着挑流的作用，加大了上述落潮水流的交角，造成回流区的扩大和淤积的加强。为此，有必要削弱凸岸的扩流作用，理顺鸡抱沙东岸线与凫洲水道的岸线，以减小汇流的交角和心滩的淤积强度。

图9－76　蕉门南支尾闾水下地形变化图

3）蕉门南支径流动力加强，河道仍将处于冲刷调整过程。目前蕉门南支河道滩槽平面形态基本保持稳定而河床处于冲刷发展状态。其原因：①自20世纪80年代后期鸡抱沙、孖沙浅滩上的水流逐渐归槽，不再漫滩或从汊沟汇入伶仃水道；②现时的槽道两岸较为顺直，有利于水沙下泄，使其过流能力增大，径流动力增强。因而，整个蕉门南支正处于冲刷调整阶段。

4）蕉门南支出口逐渐延伸，拦门沙区淤积发展。随着鸡抱沙、孖沙垦区堤围的建成，蕉门南支出口逐渐延伸下移，造成南支尾闾不断淤积；其次，南支出口水流过水断面的展宽，拦门沙区水流扩散，径流动力减弱，造成泥沙落淤；此外，由于南支出口尾闾位于虎门落潮流的左侧，受孖沙堤线挑流的作用，在孖沙垦区以南出现流速较低的缓流、回流区，加速了泥沙的落淤；涨潮时沿伶仃水道上潮的涨潮流与南支出口落潮流的顶托，并受孖沙垦区的阻挡，亦会出现缓流、回流区，因而又加重了泥沙的落淤。由此可见，蕉门南支出口淤积的泥沙，在伶仃水道涨潮上溯流的挟带下，可构成对南沙港区十分不利的威胁。

3. 物理模型与数学模型的建立及验证

（1）物理模型的建立及验证。

1）模型的建立。试验是在珠江水利科学研究院的“珠江河口整体潮汐物理模型”上进行的，模型的建立及验证详见第6章6.3、6.6节。在进行南沙港区规划方案试验时，为了确保试验研究的可靠程度和提高试验研究的精度，重新进行了模型验证工作。

2）模型验证。水下地形采用最新实测的资料对模型进行修改：拟建工程周边区域采用中交第四航道勘测设计院提供的2001年12月实测1∶10000最新水下地形图；深圳河出口采用2001年实测的水下地形图；深圳大铲湾采用2002年6月实测的1∶10000水下地形图。

试验的水文组合采用最新实测的水文资料：“1998.6.27”（洪水大潮）、“2001.2.8”（枯水大潮）、“2002.6.26”（中水大潮），见表9－82所示。

表9-82　试验采用的径潮流水文组合表

径潮组合	编号	"1998.6.27"	"2001.2.8"	"2002.6.26"
	类型	洪水大潮	枯水大潮	中水大潮
相应马口流量（m^3/s）		46200	2051	5400
相应三水流量（m^3/s）		16200	674	3600
桂山岛潮位（m）	高高潮位	1.00	1.31	—
	低低潮位	-1.24	-1.18	—
赤湾潮位（m）	高高潮位	1.24	1.28	1.19
	低低潮位	-1.39	-1.43	-1.57

模型验证结果如下：

潮位验证为模型上各潮位站的潮位过程线与原型潮位过程线基本吻合，涨潮、落潮历时及相位基本一致，潮位特征值偏差值一般在10cm（原型值）以内，符合技术规程规定的精度要求。

流速、流向验证为各水文组合的测点流速与原型比较，误差基本在10%以内，流向在±10°以内，模型上各测点流速过程线与原型基本一致，亦基本符合技术规程规定的精度要求。

流路验证为采用遥感影像图与模型试验的水流流态图相比较，基本一致。

由上可见，模型与原型基本满足水流运动相似，符合技术规程规定的精度要求，可以进行清水定床的工程规划方案试验。

（2）数学模型的建立与验证。

1）模型的建立。对南沙港区规划方案的数学模型模拟计算采用珠江水利科学研究院已建立的"珠江三角洲河口区潮流泥沙一、二维联解数学模型"进行，因此，模型的建立与验证详见第7章7.1节。

2）模型的验证。建模采用的地形资料仍用原资料。一维模型验证的水文组合采用："98.6"洪水组合，1998年6月25日20:00~28日21:00；"99.7"中水组合（包括大、中、小潮），1999年7月15日23:00~23日17:00；"2001.2"枯水大潮组合。2001年2月7日17:00~10日18:00。两个洪水典型年的洪峰量及边界条件，见表9-83。

表9-83　"98.7"和"99.7"洪水洪峰流量　（单位：m^3/s）

河道名称	站名	水文条件	
		"98.6"	"99.7"
西江	马口	46200	2680
北江	三水	16200	9220
白坭水道	老鸦岗	2200	1240
增江	麒麟嘴	800	160
东江	博罗	3400	330
甘竹溪	甘竹电站	2780	691
江门水道	北街水闸	600	300
睦洲水道	睦洲水闸	800	400
西南涌	西南水闸	503	0
榄核涌	磨碟头水闸	1200	0

一维模型验证结果为：各水文组合条件下潮位、流量过程线与实测过程线吻合程度良好，相位基本一致，符合技术规程规定的精度要求。

二维模型验证采用的水文组合条件原则上与一维相同，但由于同步的海区实测资料较少，故采用不同步实测资料对二维模型进行验证，且主要对伶仃洋海区进行。3组典型水文组合选取的计算时段如下：

“98.6”组合（洪水大潮），1998年6月25日20:00~28日21:00；

“2002.6”组合（中水大潮），2002年6月9日0:00~20日21:00和6月27日16:00~28日23:00；

“91.12”组合（枯水大潮），1993年12月19日9:00~22日1:00。

二维验证结果为：在3种水文条件下各站和测点的潮位、流速、流向过程与实测过程线符合良好，相位基本一致；流路与遥感影像图相对比，基本吻合，流态合理。基本满足技术规程规定的精度要求。

综上可见，所建立的一、二维模型可用于工程规划方案的计算与分析。

4. 规划方案（一期工程）研究及分析

（1）潮位变化及分析。一期工程前后潮位特征值的变化由表9-84可见：物理模型试验与数学模型计算的结果基本吻合，各种水文组合条件下，工程前后潮位的变化甚微，且仅限于工程附近水域的舢板洲、大虎、南沙等附近。

在洪水大潮条件下，工程区附近水域工程后高高潮位为抬高、低低潮位为降低，抬高和降低值都在1cm以内，工程区以外的上、下游潮位基本不变；在枯水大潮条件下，工程后高高潮位和低低潮位的变化与洪水大潮条件下的变化基本相同；在中水大潮条件下，物理模型与数学模型采用的水文组合条件不同，但所得结果仍基本相同，即工程后高高潮位为抬高，低低潮位为降低，在工程区水域附近，物理模型的抬高和降低值在1cm以内，在其上、下游基本不变，而数学模型则为高高潮位的抬高和低低潮位的降低不限于工程附近水域，在其上、下游仍然存在，高高潮位抬高值最大为0.6cm，低低潮位降低最大为0.2cm。

表9-84（a）　“1998.6.27”工程方案水位特征值变化比较表　（单位：m）

测站	高高潮位			低低潮位		
	现状	一期工程方案		现状	一期工程方案	
		物理模型成果	数学模型成果		物理模型成果	数学模型成果
赤湾	1.29	0	0	-1.54	0	0
淇澳西	1.28	0	0	-1.47	0	0
深圳机场	1.56	0	0	-1.15	0	0
舢板洲	1.59	0.01	0.001	-1.1	-0.01	-0.004
大虎	1.66	0	0.003	-0.91	-0.01	0
南沙	1.77	0	0.002	0.28	-0.01	-0.003
上横沥	2.32	0	0.001	1.31	0	-0.001
下横沥	2.02	0	0.001	0.96	0	-0.001
冯马庙	2.14	0	0	1.08	0	0
横门	1.94	0	0	0.96	0	0

表 9－84（b）　"2001. 2. 8"工程方案水位特征值变化比较表　（单位：m）

测站	高高潮位			低低潮位		
	现状	一期工程方案		现状	一期工程方案	
		物理模型成果	数学模型成果		物理模型成果	数学模型成果
赤湾	1. 47	0	0	－1. 3	0	0
淇澳西	1. 51	0	0	－1. 31	0	0
深圳机场	1. 61	0	0	－1. 21	0	0
舢板洲	1. 69	0. 01	0. 019	－1. 31	－0. 01	－0. 003
大虎	1. 56	0. 01	0. 009	－1. 17	－0. 01	－0. 003
南沙	1. 54	0	0. 012	－0. 78	－0. 01	－0. 003
上横沥	1. 55	0	0. 003	－0. 64	0	0
下横沥	1. 59	0	0. 005	－0. 72	0	0
冯马庙	1. 56	0	0	－0. 61	0	0
横门	1. 55	0	0	－0. 64	0	0

表 9－84（c）　中水大潮水位特征值变化比较表　（单位：m）

高高潮位（物理模型成果）			高高潮位（数学模型成果）		
测点	"2006. 6. 26"		测点	"99. 7"	
	现状	一期工程方案		现状	一期工程方案
赤湾	1. 35	0	黄埔	1. 67	0. 003
淇澳西	1. 34	0	大盛	1. 67	0. 005
深圳机场	1. 4	0	麻涌断面	1. 69	0. 003
舢板洲	1. 52	0. 01	彰澎	1. 51	0. 003
大虎	1. 46	0. 01	三沙口	1. 68	0. 001
南沙	1. 53	0	大虎	1. 52	0. 003
上横沥	1. 46	0	南沙	1. 57	0. 005
下横沥	1. 46	0	凫洲	1. 53	0. 005
冯马庙	1. 51	0	蕉门南支	1. 53	0. 005
横门	1. 5	0	舢板洲	1. 44	0. 006
低低潮位（物理模型成果）			低低潮位（数学模型成果）		
测点	"2002. 6. 26"		测点	"99. 7"	
	现状	一期工程方案		现状	一期工程方案
赤湾	－1. 3	0	黄埔	－1. 36	0
淇澳西	－1. 3	0	大盛	－1. 35	0. 001
深圳机场	－1. 3	0	麻涌断面	－1. 30	0
舢板洲	－1. 2	－0. 01	彰澎	－1. 42	－0. 001
大虎	－1. 2	0	三沙口	－1. 43	－0. 001
南沙	－0. 7	0	大虎	－1. 44	－0. 001
上横沥	－0. 6	0	南沙	－0. 79	－0. 001
下横沥	－0. 5	0	凫洲	－0. 93	－0. 001
冯马庙	－0. 5	0	蕉门南支	－0. 26	－0. 002
横门	－0. 5	0	舢板洲	－1. 46	0

综上可见：一期工程后，洪水大潮的高高潮位的抬高和低低潮位的降低值都甚小，不会对防洪和排涝产生大的影响；中水大潮和枯水大潮的低低潮位降低值甚小，不会对潮排、潮灌和通航带来大的影响。

（2）潮量变化及分析。一期工程后由于工程区附近的边界和地形发生了变化，相应地会引起附近水域水流条件的变化，从而会影响到伶仃洋上游各口门的潮量产生一定的变化，但由于其变化甚微，已超出物理模型试验中仪器检测精度的范围，因此，从物理模型试验成果看，一期工程后对伶仃洋上游口门的潮量基本没有影响。

数学模型的数值计算成果具有较高的精度，可以弥补物理模型试验的不足。表9-85为数学模型的计算成果，由表可见：一期工程对伶仃洋上游口门的潮量影响，在洪水大潮条件下，涨潮量一般增加0.23%以内，中水、枯水大潮条件下，涨潮量增加0.03%以内。从变化趋势看，工程后上游口门各断面的潮量略有增加的趋势。

表9-85（a） 南沙港区一期工程对上游潮量的影响（“98.6”洪水大潮、数学模型成果）（%）

断面	最大落潮流量	最大涨潮流量	落潮量	涨潮量
黄埔右	-0.06	0.06	0.00	0.03
黄埔左	0.03	0.06	0.00	0.03
大盛	0.47	0.05	0.07	0.07
麻涌	0.18	0.04	0.54	0.23
彰澎	-0.02	0.08	0.12	0.12
泗盛围	0.05	0.06	0.01	—
三沙口	0.00	0.03	0.00	—
大虎	0.79	0.69	0.44	—
南沙	0.02	—	0.02	—
凫洲	0.00	—	0.19	—
蕉门南支	-0.59	—	-1.26	—

表9-85（b）南沙港区一期工程对上游潮量的影响（“99.7”中水大潮、数学模型成果）（%）

断面	最大落潮流量	最大涨潮流量	落潮量	涨潮量
黄埔右	0.00	0.02	0.04	0.03
黄埔左	0.00	0.03	0.00	0.01
大盛	0.01	0.01	0.02	0.01
麻涌	0.02	0.03	0.02	0.01
彰澎	0.01	0.01	0.00	0.01
泗盛围	0.01	0.02	0.00	0.01
三沙口	0.02	0.00	0.00	0.00
大虎	0.02	0.05	0.01	0.02
南沙	0.03	0.03	0.01	0.03
凫洲	0.01	—	0.01	—
蕉门南支	0.00	—	0.00	—

表9-85（c）　南沙港区一期工程对上游潮量的影响（"2001.2"枯水大潮、数学模型成果）　（%）

断面	最大落潮流量	最大涨潮流量	落潮量	涨潮量
黄埔右	0.00	0.00	0.01	0.00
黄埔左	0.00	0.00	0.01	0.00
大盛	0.01	0.00	0.01	0.01
麻涌	0.01	0.00	0.02	0.01
彰澎	0.01	0.01	0.03	0.01
泗盛围	0.01	0.01	0.03	0.01
三沙口	0.01	0.01	0.04	0.01
大虎	0.02	0.01	0.02	0.02
南沙	0.01	0.00	0.01	0.01
凫洲	0.01	0.00	0.01	0.01
蕉门南支	0.00	0.00	0.01	0.00

（3）流速变化及分析。根据物理模型和数学模型研究成果表明，一期工程后流速变化主要发生在工程上游、下游3000m范围以内，其影响仅限于局部水域。

1）港池的流速变化。南沙港区一期工程开挖港池的宽度和深度都较大，使局部水域的过水断面明显增加，导致工程后港池区的流速明显减小。枯水大潮时，涨潮最大流速减小0.19m/s，平均流速减小0.18m/s；洪水大潮时，落潮最大流速减小0.29m/s，平均流速减小0.19m/s。

2）港航道的流速变化。南沙港区一期工程的进港航道因靠近伶仃西航道深槽，故航道的开挖深度不大，过水面积增加不多。进港航道与港池以喇叭形相接，然后以20°的锐角与伶仃航道相连。

在涨潮时，来自下游滩地及伶仃航道深槽的水流进入进港航道后，由于过水断面增大，导致流速减小，在各种水文组合条件下最大涨潮流速约减小0.05m/s左右。

在落潮时，受港池与进港航道的喇叭形连接的影响，起到引导港池水流汇集于进港航道的作用，流速有所增大，在各种水文组合条件下最大落潮流速约增大0.05m/s左右，平均流速约增大0.03m/s左右。

3）港池上游、下游滩地的流速变化。港池上游、下游滩地虽未开挖，但由于港池的开挖造成局部水流的汇聚作用，对其带来影响，导致其流速发生一定的变化。

研究成果表明：由于港池的开挖产生水流的汇聚，起到局部减阻作用使港池附近上游、下游滩地的流速均有所增加，落潮最大流速增大幅度约为0.07m/s，涨潮最大流速增大幅度约为0.05m/s。距离港池较远处（上游、下游约3km以外），工程前后的涨潮、落潮流速变化已经甚小，一般在0.02m/s以内。

（4）流态的变化及分析。一期工程实施后，由于港池、进港航道的开挖和码头岸线的局部改变，对工程附近水域局部范围内的水流流态将产生一定的影响，但不会对整体伶仃洋的流态造成影响。根据研究成果显示：

落潮时，初期由于港池流速较小，伸入河道的码头对水流的挑流作用不明显，因而港池水域水流较为平顺，港池内外的流向基本一致。随着落潮流速的增大，码头对水流的挑流作用逐渐加强，落潮水流被挑向港池中部，导致码头中部前沿形成近岸回流，对港口泊位来说是一种不利的水流流态。但是，这种局部不利的流态，随着南沙港后期建设的完成，上游沿岸将出现连续的泊位码头，岸线变得平顺，挑流作用消除，回流将自然消失。

涨潮时，上溯的涨潮水流受到孖沙垦区西南角的挑流作用，在港池位置出现较大范围的回流，这种流态在一期工程前同样存在。

涨潮初期，由于涨潮流速不大，孖沙垦区西南头部对水流的挑流作用不大，港池水域的水流仍比较平顺。随着涨潮流速的增大，挑流作用亦逐渐增强，在孖沙垦区头部产生横向绕流，从而在港池位置形成较大范围的回流，涨急时刻回流强度最大。回流的出现，对船舶进出港池是不利的，但一期工程后下游将有二期等工程的建设，故这种不利的水流流态，在后期工程建设完成后将会消失。

此外，一期工程后流态变化还表现在港池开挖形成的进港水流的汇流现象和出现水流的扩散现象。这种流态可能导致局部滩面上的泥沙向港池汇集，应当做进一步的研究。

（5）对河势的影响分析。一期工程对河势的影响可从以下几个方面进行分析。

1）滩槽变化分析。水域的滩槽分布及河岸变化是影响河势的一个重要因素。一期工程后水域的滩槽及河岸的变化主要是开挖港池降低了局部滩面高程及码头岸线的修建，即限于工程附近水域的局部范围以内，对伶仃洋整体滩槽格局影响不大，因而不会对整体河势产生大的影响。

2）流场及水流动力轴线变化分析。从多通道 PIV/PTV 物理模型流速场测速系统所获得的流场图及流速、流向成果可见，一期工程前后除工程区附近局部水域的流速变化值有 +0.12 ~ -0.34m/s、流向变化值有 +12° ~ -10°（洪水大潮条件）的变化外，其余水域变化甚微，在中水、枯水大潮条件下流速和流向的变化值则更小。由此可见，一期工程后流场基本上变化不大，不会引起河势发生大的变化。

另外，从各种水文组合条件下的流场图及各测点的流速、流向过程线亦可看到，一期工程前后基本上无大的变化，说明水流动力轴线亦无大的变化，河势不会有大的变化。

（6）上游边界整治对南沙港一期工程的影响分析。南沙港区上游的凫洲水道，其下泄水流以东向横切汇入虎门口潮汐通道，由于受虎门口下泄水流的顶托，在汇流区的下游出现回流区，受自然因素及人类活动的影响，回流区淤积形成浅滩并不断发展。由于1997 ~ 1998 年间在鸡抱沙的东北角水域多次抛石筑堤，抛石范围超出规划治导线 700 ~ 900m，形成凸形岸线，起着挑流的作用。另外，又封堵了舢板洲西侧的潮流通道，导致鸡抱沙东岸线沿岸的潮流输沙动力减弱，使该处淤积呈增强的趋势。

根据伶仃洋规划治导线布置方案，蕉门口将形成一主一支的水道格局，即维持凫洲水道及蕉门南支，在进行蕉门口一主一支规划方案的治理时将拆除上述违章石堤，理顺上游岸线。为此，须研究上游边界整治后对南沙港一期工程的影响。

经物理模型和数学模型研究表明：上游边界整治后，凫洲水道中段的落潮最大流速增大约 0.15m/s，涨潮流速变化不大，凫洲水道出口落潮最大流速增大约 0.17m/s，涨潮最大流速增大约 0.05m/s；舢板洲西侧落潮最大流速增大约 0.35m/s；涨潮最大流速增大约 0.21m/s；孖沙垦区大堤的堤边落潮最大流速增大约 0.20m/s;，涨潮最大流速增大约

0.17m/s；港区附近流速变化不大，变化值在 0.03m/s 左右。

5. 结论

通过潮汐物理模型试验，结合数学模型、遥感地理信息分析及原型实测资料分析等多种手段，对广州港南沙港区规划方案（一期工程）进行了综合研究，得到主要结论如下：

（1）南沙港区一期工程方案在洪水期对上游高潮位的影响在 1.0cm 左右，对上游防洪、防潮基本没有影响。

（2）南沙港区一期工程方案在洪水期对上游低潮位的影响仅在 1.0cm 左右，对上游排涝基本没有影响。

（3）南沙港区一期工程方案在枯水期对上游低潮位及高潮位的影响均在 1.0cm 左右，对上游潮排、潮灌基本没有影响。

（4）南沙港区一期工程方案实施后，对虎门的涨潮、落潮量的影响甚微，枯水期大潮时涨潮、落潮量变化仅在 0.02% 以内，不会影响虎门口潮汐通道的稳定。

（5）南沙港区一期工程方案实施后，在各种水文组合条件下，伶仃洋的整体流场、水流动力轴线和滩槽格局基本上无大的变化，不会影响河势的稳定。

（6）南沙港区一期工程方案实施后，伶仃西航道流速略有减小，减幅在 0.07m/s 以下，航道内流速变化甚微，对其通航基本上没有影响。

（7）南沙港区一期工程方案改变了局部水下地形，引起工程附近局部范围内水流流场、流态发生改变：港池开挖后流速普遍减小，涨潮、落潮平均流速减小约 0.10 ~ 0.30m/s；港池上游、下游滩地流速略有增大，涨潮、落潮平均流速增大约 0.20m/s 以内；由于码头上端边界的挑流作用，落潮时港池上、中部出现回流；由于港池下端边界的挑流作用，涨潮时港池下部出现回流。建议在二期工程中考虑如何消除不利流态的出现。

9.4.3　港口建设中的几个问题

以上介绍了珠江委科研所（院）在伶仃洋港口建设中的部分研究工作及其研究成果，今后，随着经济建设的迅速发展，港口建设必将日益发展，港口数量将不断增多，港口规模将不断扩大。为使港口建设能顺利发展，不致造成因建港而对防洪排涝、潮排潮灌以及水环境等带来不利影响，因而，总结在港口建设中的经验与教训，是十分必要的。

根据伶仃洋港口建设研究工作中的体会，就港口建设中的有关几个问题分述如下。

1. 关于港口位置的选择问题

港口位置的选择是关系到港口建设成败的关键问题之一，必须予以足够的重视。若位置选择得当，则水深能保证满足要求，泥沙淤积量小，港口建设工程费和维护费少，有利于港口的发展；否则，港口建设将是失败的，有的港口不能使用，有的降低要求使用，或必须投入巨大资金进行改造和维护才能达到使用的要求。例如，伶仃洋西岸的珠海市九洲港就是这种情况。该港口位于伶仃洋西岸泥沙较多的地区，悬移质多年平均含沙量为 0.31kg/m^{3}左右，较伶仃洋其他地区都大，加上涨潮时经澳门北上的涨潮流与伶仃洋的落潮流在该处形成咸水、淡水交换，造成泥沙大量淤积，建港后头年淤积强度为 1.7 ~ 1.8m/a，远大于其他港口，致使原计划兴建为 3000t 级（远景为 10000t 级）的大港口无法满足要求，被迫降为中、小港口使用，造成极大的浪费。

在感潮河段，就水流泥沙条件而言，港口位置的选择应考虑如下因素：

(1) 港口的位置应选在弯道的凹岸，由于弯道环流的作用，深槽靠近凹岸，水深较大，河槽较稳定，有利于船只停泊和通航；同时，凹岸水流较清，含沙量较小，泥沙淤积不严重，有利于港池和航道的维护。

(2) 在比较顺直的河段上，港口的位置应选在靠近主流和深槽的河岸，并且河槽应比较稳定，在此处水深较大，泥沙淤积相对较少，对船只的停泊和通航，以及港池和航道的维护比较有利。

(3) 港口的位置应选在涨潮流与落潮流的流向比较一致的河段。在这样的河段上，河槽比较稳定，涨潮流带来的泥沙淤积，落潮流可以冲起带走，因而泥沙淤积较少，有利于通航和航道的维护。

(4) 港口的位置应选在不产生咸水、淡水混合的河段。因为在这样的河段上，咸水、淡水相互顶托和交换，水流流速减小，加上咸水的絮凝作用加强，有利于产生泥沙的落淤，造成河槽淤积严重，这对航道的通航和维护是不利的。

2. 关于港口码头的布置问题

港口码头的布置是港口建设中的重要问题之一，若布置得当，则将有利于船只的停泊和通航，减少泥沙淤积，从而减少了维护费用。

港口码头的布置，最重要的是要使其外缘线与涨潮、落潮流的流向相一致。因为，在这种情况下，水流平顺，流态较好，无回流出现。如果码头的外缘线与涨潮、落潮流的流向存在一定的交角，则将出现不同程度的挑流作用而产生大小范围不同的回流或缓流区，将引起泥沙淤积。同时，由于挑流作用将在附近一定范围引起流速增大，水流紊乱，对船只的安全航行不利。

其次，港口码头的外缘线应平顺，不应存在凸出的建筑物，否则，将对水流产生强烈的挑流作用，在挑流的下部将形成较大范围的回流，并引起附近水流的紊乱和流速的增大，这些，对通航条件和航道的维护都是不利的。

在选择人工岛的码头布置形式时，人工岛的形状应选择有规则的椭圆形布置，人工岛与河岸的连接应采用开敞式的栈桥结构，避免采用封闭式连接，这种布置形式能保证水流平顺，流态良好。使回流和缓流的不利流态限制在较小的范围以内，不致对航道的水流和泥沙淤积造成大的影响。

3. 关于港池和航道的回淤量问题

兴建港口码头后，由于破坏了天然条件下水流和泥沙运动相对平衡的条件，将引起港池和航道的泥沙淤积，这是难于避免的。至于如何预测港池和航道的回淤量？成为港口建设中的关键问题之一。因为，它关系到港口维护工作量和费用问题，甚至关系到港口建设的成败。

关于港池和航道的回淤量的预测问题，目前国内普遍采用数学模型模拟计算、物理模型动床加沙试验和半理论半经验的公式进行预测。但是，这些方法都存在一定的局限性，预测的结果难以判断其可靠的程度。因此，往往采用各种方法确定其回淤量，然后进行比较和分析，最后确定作为工程依据的回淤量。

在应用半理论半经验公式计算港池和航道的回淤量时，笔者在众多伶仃洋的港口建设研究中，大都采用刘家驹公式计算港池的回淤，采用罗肇森公式计算航道的回淤，实践证明是比较可靠的，与物理模型的试验结果都比较接近，在工程的规划阶段可以应用该两式计算港池和航道的回淤量，在工程的设计阶段或有条件时可在工程所在河段进行实地的挖槽回淤试验，以求获得确定回淤量的可靠精度。

4. 关于港口建设技术论证中的研究方法问题

港口建设往往都要进行技术和经济论证，在技术论证中通常采用数学模型和物理模型的研究方法进行论证工作，但笔者一般还采用遥感技术应用的研究方法进行，这是因为数学模型和物理模型都需要实测的水文泥沙资料作为依据进行工作，而这些资料一般范围都不大，测次也不多，往往不能满足工作上深入进行的需要，应用遥感技术获取的卫星影像图能在大范围内获得水流泥沙输移和流态的特征，弥补了上述的不足，可以在更大范围内进行宏观分析，以其获得的认识与数学模型和物理模型所获得的结果相互补充和印证，力求认识更全面和可靠，论证更充分，笔者认为对港口建设的技术论证工作是必要的，尤其是对于中型、大型的重要港口以及在水流泥沙运动较复杂的河段上兴建的港口更为必要。

其次，遥感技术应用获取的卫星影像信息还可以为数学模型和物理模型在流态验证上提供依据，使模型的建立获得更佳的相似性效果，从而提高其可信度，这也是必要的。

上述认识在澳门高速船客运码头选址技术论证研究中是很好的说明。笔者利用了遥感技术应用的研究方法，分析了4个港址方案，根据卫星影像提供的信息，发现由沿路环岛上溯的涨潮流和由伶仃洋下泄的落潮流在澳门机场的下端附近产生顶托，必将形成回流、缓流等流态，从而造成泥沙落淤，这对港址方案4是十分不利的，成为否定该方案的重要条件之一。其次，由卫星影像提供的澳门水道出口的涨潮、落潮流流态信息，可作为数学模型和物理模型的验证依据，使模型验证获得了成功，这是水文资料无法提供的。

9.5　已建港口回淤观测分析

在珠江河口区已建设了许多港口，其中有多座港口进行了试挖槽回淤试验或建港后回淤量的观测，对这些观测资料进行分析和概括，推求其回淤的强度，这对今后在珠江河口建设港口、航道后回淤量的估算是有实际意义的。本节收集了以伶仃洋已建港口的回淤观测资料为主，结合磨刀门和黄茅海海区已建港口的回淤观测资料，对其回淤强度进行分析和概括，并对回淤强度的计算结果与实测结果进行对比，以检验计算结果的合理性和可行性。

9.5.1　已建港口回淤强度分析

1. 黄埔新沙港区试挖槽回淤积强度分析❶

试挖槽位于东江麻冲出口石海码头下游约1.5km的新沙滩区，其纵轴线与狮子洋东岸平行，相距约700m（见图9－77）。试坑槽长400m、宽80m。浅滩区平均含沙量为0.074kg/m^3，其中值粒径洪水期d_{50}为0.031～0.054mm，枯水期d_{50}为0.009～0.013mm，

❶　马德山、秦崇仁，黄埔港新沙试挖淤泥测验总结报告，天津大学水利系，1985年11月。

洪水、枯水期平均为0.027mm。该区为淤积区，1928~1965年间淤积率为0.07m/a，1965~1983年间淤积率为0.05m/a。开挖前该处平均水深为3.2m，开挖试坑后，根据水深资料，自1983年9月8日~1985年4月21日，历时591天，试坑底部平均高程由-8.49m淤至-6.5m，淤高1.99m，日均回淤强度为3.37mm/d；自1985年4月21日~6月23日，历时63天，试坑底部平均高程由-6.50m淤至-6.33m，淤高0.17m，日均回淤强度为2.70mm/d。总计自1983年9月28日~1985年6月23日，历时654天，总淤高2.16m（见图9-78），日均回淤强度为3.30mm/d，年均回淤强度为1.2m/a。

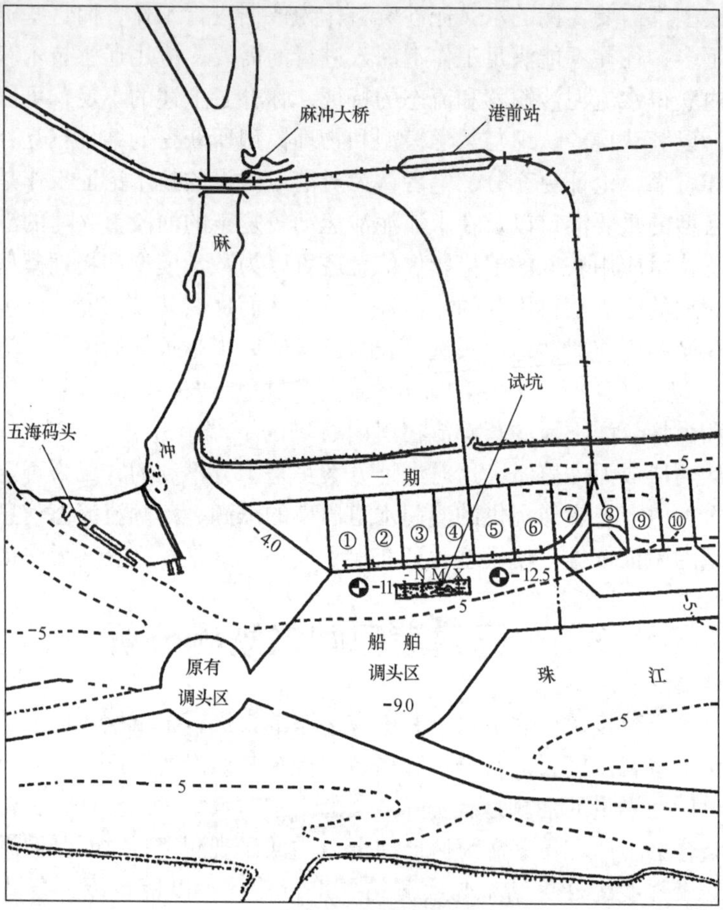

图9-77 新沙试坑位置图

试坑淤积物组成，据92个样品分析，d_{50} 变化范围为0.019~0.05mm，d_{50} 的平均值为0.021mm。

本次测验中从1985年4月28日~9月13日，历时138天，根据湿容量沿垂线的分布曲线，取湿容重为1.2t/m³进行计算，淤泥床面的高程由-6.73m淤至-6.37m，日均回淤强度为2.61mm/d，年均回淤强度为0.95m/a。

工程实施后，新沙港区1#~5#泊位前沿（不包括航道）1996年挖泥量为12.3万m³，1997年挖泥量为10万m³，1998年挖泥量为13.3万m³，1999年挖泥量为14.4万m³，其年均回淤强度为 0.50 ~ 0.60m/a❶，可见多年平均回淤强度约为试坑回淤强度的 42% ~ 50%。

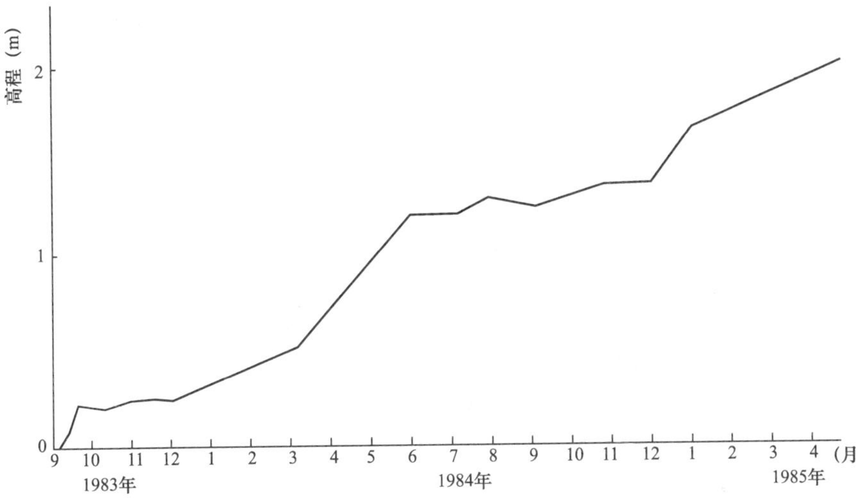

图 9 - 78　试坑淤高累积曲线

2. 广州港南沙港区试挖槽回淤强度分析❷

南沙港试挖槽位于一期工程港池的前缘、伶仃水道西侧的边滩上，水深为 1 ~ 3m 之间，分为 A、B 槽和 C 槽两个区域（见图 9 - 79）。A、B 槽位于上游侧，开挖尺度长约 800m，宽约 400m，A 区槽底基本达到 - 13m，槽形比较完整，B 区呈台阶状，底标高分别为 - 11m 和 - 5m；C 区位于 A、B 槽南端，为部分开挖，槽形不甚规则，底标高分别为 - 5m、 - 7m 和 - 11m。该水域据不同潮期实测含沙量分析，年平均含沙量约为 0.11kg/m^3，悬移质中值粒径为 0.003 ~ 0.009mm。

试验 A、B 槽在洪水期从 2002 年 7 月 8 日开始至 2002 年 9 月 30 日和枯水期从 2002 年 12 月 12 日开始至 2003 年 1 月 10 日，总计进行 4 个月 5 次的观场水下地形测量和 9 次固定断面水深测量。对于 C 槽分别于 2002 年 7 月 4 日和 10 月 1 日进行 2 次水下地形测量，根据天津水运工程科学研究所、广州航道局和天津航道局的洪水期实测资料成果分析；A、B 平均疏深 10m 左右，82 天和 90 天的平均淤厚介于 0.47 ~ 0.51m 之间，枯水期 89 天的累积平均回淤强度为 0.11m，试挖槽 C 区平均疏深 7 ~ 8m，82 天和 90 天的平均淤厚介于 0.23 ~ 0.33m 之间；两槽内的浮泥容重分别取 1.05 ~ 1.25t/m^3 和 1.05 ~ 1.30t/m^3 进行计算，其平均泥层厚分别为 0.04m 和 0.05m 左右；A、B 槽内，在 7 月份现场测量时，宽约 200m 的水深已达 13m 以上，后于 10 ~ 11 月继续挖槽施工，在 10 多艘挖泥船连续施工的情况下，该槽区不仅没有进一步挖深也没有实施维护挖泥，至 2003 年 1 月的半年期间，A、B 槽 - 13m 区域的平均淤厚为 1.5m 左右；根据槽内 AB 区的淤积物取样分析，每次平均中值粒径介于 0.0039 ~ 0.0074mm 之间，平均值约为 0.0052mm；槽内 C 区，每次平均中值粒径介于 0.0046 ~ 0.0085mm 之间，平均值约为 0.0056mm。可见港区淤积

---

❶ 珠江水利委员会珠江水利科学研究院，深圳西部港区泥沙回淤数值模拟分析研究报告，2006 年 7 月。

❷ 澳门政府港务局，MEIO HI' DRICO DE MACAU，1998 年。

集中于洪水期，而枯水期对港区淤积影响较小。

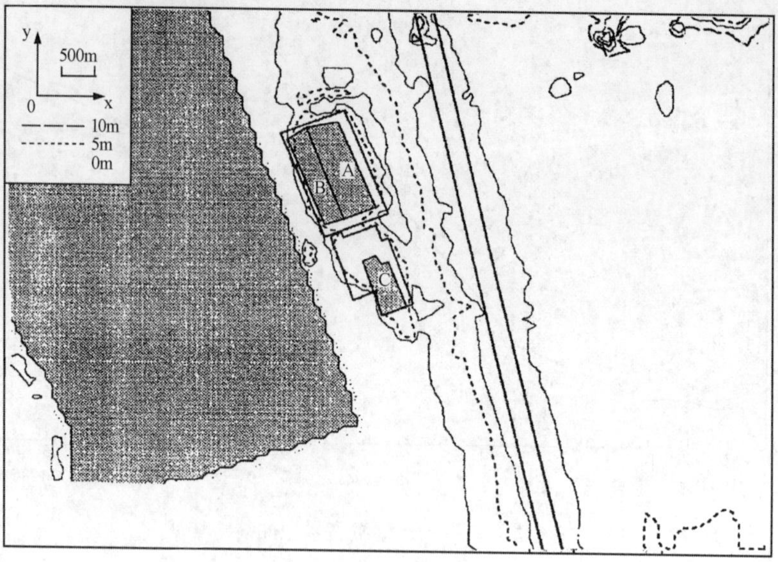

图9－79　试验槽位置及分区示意

按上述成果分析：本次成果适逢上游5年一遇的洪水，并遭台风的边缘影响，A、B槽平均水深约为10m，洪水期淤积强度为0.0057m/d，枯水期89天按淤厚为0.11m计算的回淤强度为0.0012m/d，年均回淤强度为1.26m/a；C槽平均疏深7.5m，洪水期平均回淤强度为0.0032m/d，枯水期按AB槽的成果约为洪水期回淤强度的21%计，约为0.00067m/d，年均回淤强度为0.71m/a。

3. 中船龙穴造船基地试挖槽回淤强度分析❶

龙穴造船基地试挖槽位于舢板洲与龙穴岛附近的鸡抱沙围垦区东侧，自然水深为1～3m，试槽长为500m，底宽为100m，边坡为1∶8，底部高程为8.1m，边坡平均挖深为5.4m，槽内平均挖深为7.0m。

固定断面水深测量从2004年7月2日～12月24日，历时约6个月，包括洪水期3个月和枯水期3个月。在施测期间，虽没有较大洪水发生，但受7月21日台风的影响，根据实测断面水深资料比较，试验槽内，洪水期86天的淤厚介于0.36～0.48m之间，平均值约为0.42m；枯水期89天的淤厚介于0.05～0.15m之间，平均值约为0.11m，按上述试验槽内回淤强度计算，年均回淤强度为1.12m/a。试验槽内的淤积物主要以粉砂和黏土为主，粉砂含量约占51.1%，黏土含量约占40.4%，平均中值粒径介于0.0064～0.0085mm之间，平均中值约为0.0072mm。该水域据实测资料与卫星遥感信息资料分析，洪水、枯水期平均含沙量约为0.12kg/m^3，悬移质中值粒径为0.005～0.009mm。

---

❶ 交通部天津水运工程科学研究所，中船龙穴造船基地试挖槽水域现场测量资料整理及槽内淤积变化规律分析研究报告，2004年12月。

4. 横门北汊烂山浅滩挖槽回淤强度分析[1]

烂山浅滩自蚁洲山北至烂山以北洪奇沥各汊口，主要为河床展宽形成的浅滩，1984年底，挖槽自8#浮标灯以下，全长约2050m（见图9－80）。

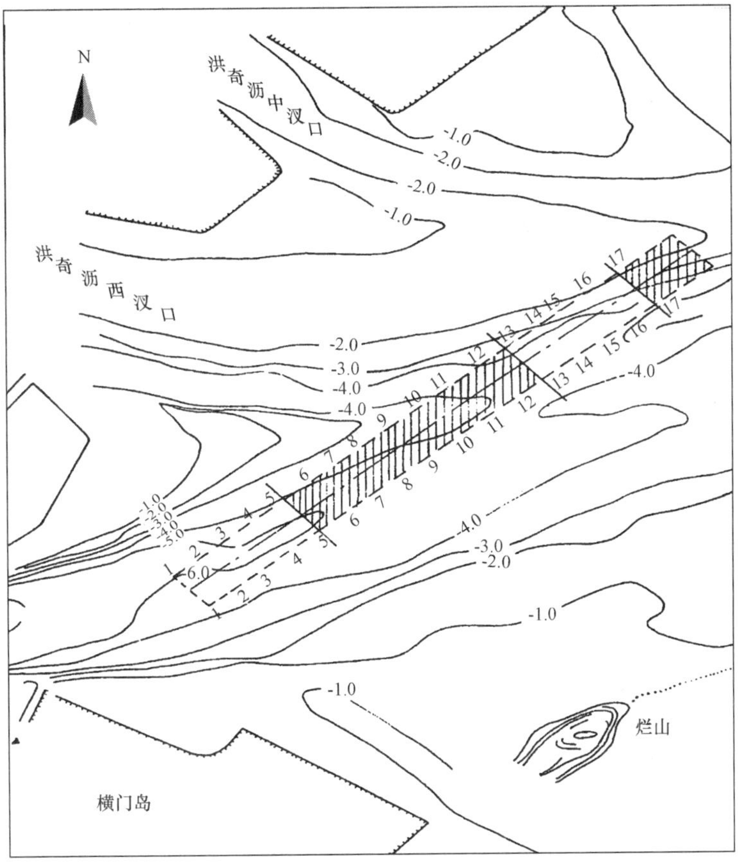

图9－80　烂山浅滩试挖槽位置示意图

试挖槽坑内最浅水深为3.74m，平均水深为4.85m，开挖后平均水深为5.32m，于1985年1月22日竣工，至1985年4月22日，历时为90天，将2次水下地形图的局部试挖槽分为19个断面，断面宽为160m，挖槽平均回淤为0.274m，平均回淤强度为3.04mm/d，按2005年挖槽回淤观测，枯水期平均回淤强度约为洪水期平均回淤强度的56%，按此计算，试挖槽年均回淤强度为1.54m。整个挖槽按回淤强度分布，回淤强度较大的区段为5#～13#断面与18#～19#断面，其中由于挖槽走向与水流夹角为40°，洪奇沥西汊输出泥沙，斜向推移进入挖槽，挖槽轴线以北回淤强度较大，18#～19#断面则由于处于西汊口沙嘴下移部位，相应回淤强度也较大，在历时90天内的平均回淤厚度为0.386m，平均回淤强度为4.29mm/d，按枯水、洪水期回淤强度分配比例计算，年均回淤强度为

[1] 广东省航道勘测设计研究所、河海大学海岸及海洋工程研究所，珠江水系横门出海航道整治工程可行性研究报告，1994年4月。

2.19m/a；0#～5#与13#～17#断面由于处于水流与挖槽交角较小的区段，90天内平均回淤厚度为0.134m，回淤强度为1.49mm/d，按枯水、洪水期回淤强度分配比例计算，年均回淤强度为0.76m。该区域据1989年8月、1990年1月与1993年4月实测资料分析，沉积物中值粒径为0.045mm，悬移质洪水、枯水期年均含沙量为0.15kg/m^3，悬沙中值粒径为0.0071～0.011mm，悬移质最大粒径为0.20mm。

5. 中山港出海航道挖槽回淤观测分析❶、❷

中山港出海航道于2005年12月对疏浚后的航道以横门口外21涌以下约50.0km进行水下地形测量（见图9－81），全线按6.0m水深疏浚，航槽底宽为100m，边坡为1∶10，为观测回淤情况，2006年8月施测长度约为30.4km，两次测图均按间距1.0km划分断面，共计31个断面。经进行断面比较，出海航道断面面积平均减少约为149.5m^2，平均淤厚为0.78m，估算回淤强度为1.18m/a；计算回淤量约为397万m^3，估算回淤强度为1.02m/a，航道轴线地形沿程变化见图9－82，G点以下河段航槽淤积情况见表9－86。由此可见，统计航段内，主槽的平均淤厚为0.89m，其回淤量为205万m^3，包括边坡在内的总淤积量约为342万m^3，即航槽淤积量占总淤积量的60%；淤积具有中段淤积强度大、两头的航段淤积小的分布特点，最大淤积强度在J点附近。为此，对J点上、下游各1km进行重点观测。本区段疏浚前平均水深为3.2～3.5m，浚后平均水深为6.13m，不同时期航槽水下地形见图9－83。航槽经历了洪水、枯水期，并受2006年8月3日"派比安"台风影响，在测量区风力达到9级。航槽回淤观测统计见表9－87。

表9－86 统计航段航槽淤积结果（时段：2005.12～2006.8）

航段	航程（km）	淤积厚度（m）	淤积量（万m^3）
G－H	2.9	0.72	22.7
H－H$_1$	2.8	0.57	16.3
H$_1$－H$_2$	2.8	0.87	24.9
H$_2$－J	2.8	1.84	52.7
J－J$_1$	3.7	1.28	47.9
J$_1$－J$_2$	3.7	0.77	28.8
J$_2$－K	3.7	0.30	11.2
合计	22.6	0.89	204.6

表9－87 航槽回淤观测统计表

区段 \ 淤厚(cm) \ 时段	2005.12～2006.4	2006.4～2006.5	2006.5～2006.6	2006.6～2006.7	2006.7～2006.8
航槽	66.9	27.3	31.1	32.3	29.0
J点上段	67.9	32.0	24.3	39.1	32.4
J点下段	66.4	22.9	37.9	26.1	25.8

❶ 长江委水文局长江下游水文资源勘测局，横门出海航道观测冲淤分析报告，2006年10月。

❷ 珠江水利委员会珠江水利科学研究院，中山港二期扩建工程潮流泥沙回淤分析研究报告，2006年10月。

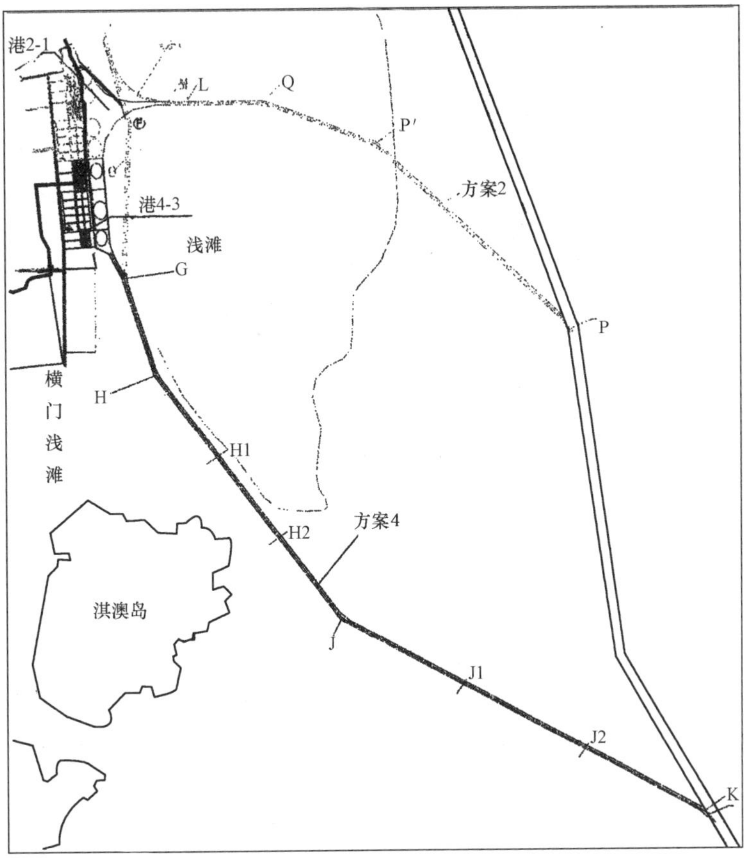

图9－81　中山港出海航道航槽位置图

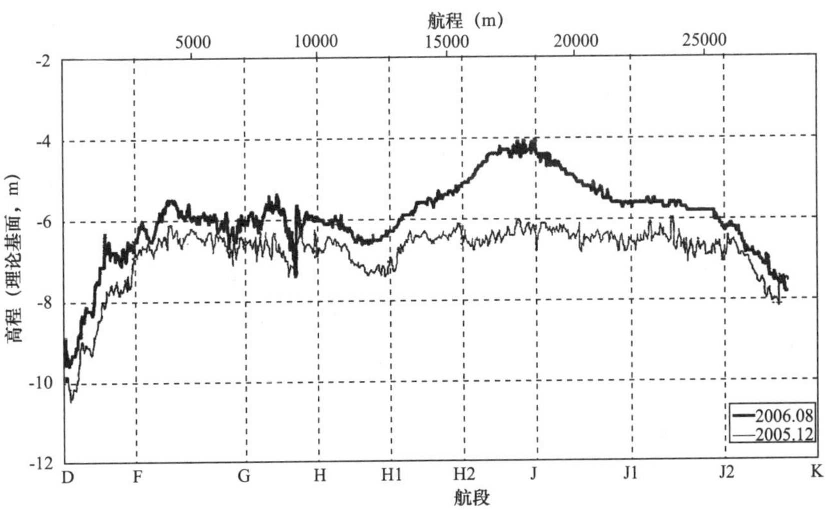

图9－82　2005.12～2006.08航轴线地形沿程变化

由表9－87可见：洪水、枯水期各按4个月计算，观测段航槽月平均淤厚分别为29.93cm和16.73cm，折算回淤强度为2.79m/a，其中上段为2.93m/a，下段为2.69m/a，上段回淤强度略大于下段回淤强度。

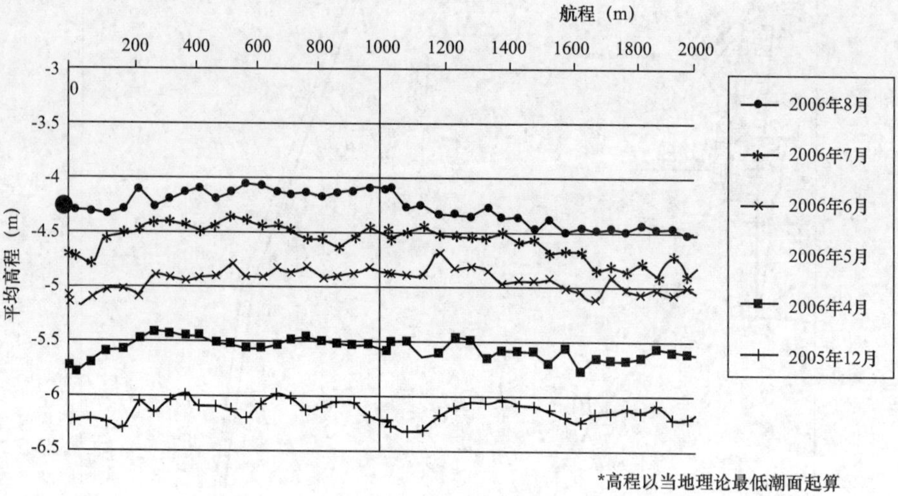

图 9－83 观测航段不同时期水下地形沿程变化

据观测段航槽取样分析，淤积物平均中值粒径为 0.039mm，从横门口附近水域的淤积物取样分析得知，在横门出海航道沿程中值粒径的分布中，横门垦区西北角、二十一涌口、横门垦区东南角及淇澳岛附近浅滩粒径较粗，一般航槽的粒径多数为 0.03mm 左右，个别取样点达到 0.12mm。对于本区域 2005 年的水文泥沙观测成果表明，洪水期平均含沙量为 0.045～0.272kg/m^3，枯水期平均含沙量为 0.05～0.108kg/m^3，悬移质中值粒径为 0.0046～0.0093mm，最大粒径均在 0.125mm 以下；从不同时期卫星影像信息分析，工程附近水域浅滩区洪水期涨潮、落潮平均含沙量为 0.24～0.40kg/m^3，枯水期平均含沙量为 0.06～0.12kg/m^3，多年平均含沙量约为 0.20kg/m^3，出海航道洪水期平均含沙量为 0.10～0.22kg/m^3，枯水期平均含沙量为 0.035～0.03kg/m^3，年均含沙量为 0.11kg/m^3。可见从不同方法进行统计分析，出海航槽的年均含沙量约为 0.11～0.13kg/m^3。

对于挖槽观测重点段航槽底部的淤积量为 33.52 万 m^3，航槽左侧边坡淤积量为 10.1 万 m^3，右侧边坡淤积量为 7.2 万 m^3，航槽的总淤量为 50.82 万 m^3，航槽底部淤积量占总淤积量的 66%。

从航槽横断面变化可见，航槽西侧（右岸）淤积大于东侧（左岸）；右航槽两侧的滩地，洪水期 4 个月淤厚 6～12cm，枯水期同期内，J 点上段东侧发生冲刷，而 J 点下段冲刷则发生在西侧。

6. 伶仃洋西航道疏浚挖槽后的回淤强度分析[11]

伶仃洋西航道在新中国成立初期，航道水深一般为 6.3～7.3m，最浅处为 6.1m。自 1959 年开通后，航道维护尺度为底宽 150m，底标高为 6.9m，边坡为 1∶10，可通航万吨级船舶，至 1974 年已维护到实际水深为 7.6m 左右，1959～1974 年共疏浚土方 536.7 万 m^3，年平均挖泥量为 35 万 m^3，年平均淤积厚度为 0.20～0.30m。

1979 年拓宽浚深至底宽 160m，底标高为 －8.6m，边坡为 1∶10，航深小于 9.0m 的长度为 35km，最浅处为 5～6m，浚深后可通航 2 万吨级船舶。从 1979 年 5 月～1983 年 5 月航道开挖后的回淤量，见表9－88。

表9－88　　伶仃航道开挖后的回淤量

年份	时间	图示淤积量（万 m^3）	挖泥量（万 m^3）	实际淤积量（万 m^3）	平均淤厚（m/a）
第1年	1979.5～1980.5	260.25	302.06	562.31	0.607
第2～4年	1980.5～1981.5	－34.06	62.02	57.96	0.063
	1981.5～1982.5	－27.68	161.71	134.13	0.145
	1982.5～1983.5	243.62	133.66	377.28	0.407
第2～4年平均		60.63	129.13	189.79	0.205

注　1. 计算全长38.6km，宽240m。
2. 挖泥量按船方的50%折算。
3. 本资料由交通部广州航道局设计研究所提供。

由表9－88可见，竣工后第1年淤积较多，平均回淤强度为0.61m/a，从1980年5月～1983年5月平均回淤强度为0.21m/a，最大回淤强度为0.3～0.5m/a，每年维护量为200～400万 m^3 之间。

1989年开始实施3.5万吨级航道工程规划，自1996年6月～1997年12月完成预备工程（底宽为160m，底标高为－10.5m）的施工，从浚工完成后半年时间内，地形检测范围长约40km，桩号为kp0＋000～kp40＋000，见图9－84。其回淤量沿程分布见图9－85，航槽半年的回淤量约为181万 m^3，平均淤厚为0.24m回淤主要集中在kp31＋500～kp39＋500航段，该段的回淤量约占总回淤量的43%，半年平均淤厚为0.60m。

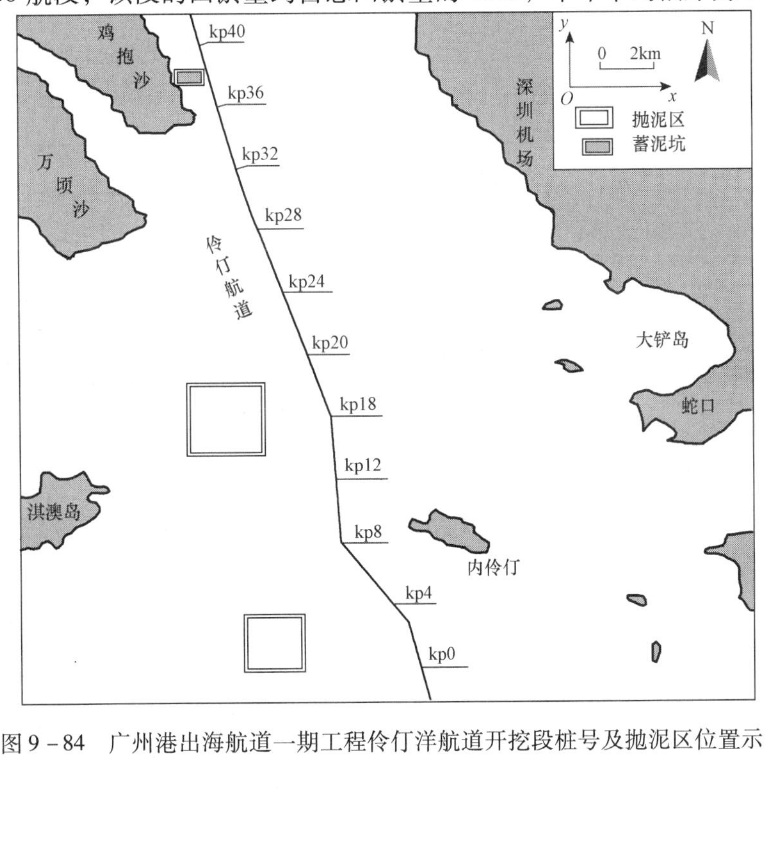

图9－84　广州港出海航道一期工程伶仃洋航道开挖段桩号及抛泥区位置示意图

1999年8月以后，伶仃西航槽一期工程进入扫浅和维护阶段，到2000年8月航槽按底宽为160m、底标高为-11.5m全线贯通。据统计，经过1年时间，航槽的回淤量约为393万m^3，日回淤强度为0.51m/a。航道的回淤量主要发生在洪水期，回淤量约占全年回涨量的2/3。回淤量沿程分布见图9-86，回淤量的50%也主要集中在kp30~kp40航段，回淤量为197万m^3，回淤强度为1.2m/a，kp0~kp7和kp16~kp27航段的回淤量也比较明显，分别占总回淤量的19%和25%，上述3个航段的回淤量占总回淤量的94%。

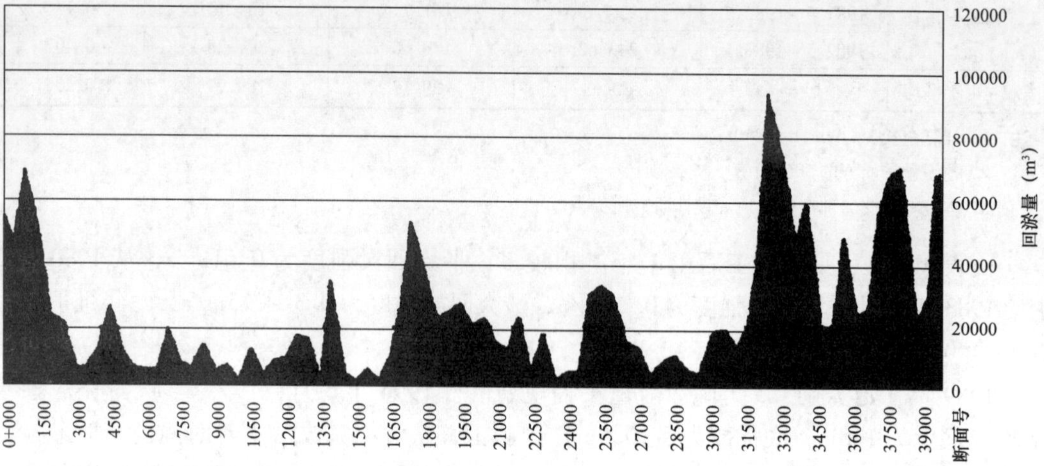

图9-85 伶仃航道预备工程半年回淤量沿程分布（1997.12~1998.6）

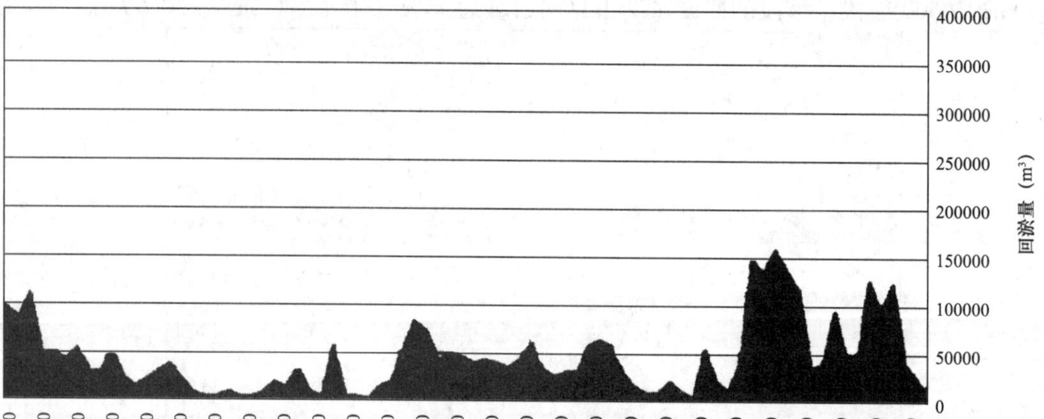

图9-86 伶仃航道一期工程一年回淤量沿程分布（1999.8~2000.8）

在一期工程维护期间选择kp33+500~kp35+500的航段进行了逐月的地形检测，逐月回淤量统计结果见表9-89。

表9-89 **伶仃航道北段（kp33+500~kp35+500）逐月回淤量统计** （单位：万m^3）

时段	1999.09	1999.10	1999.11	1999.12	2000.01	2000.02	2000.03	2000.04	2000.05	2000.06	2000.07	2000.08
回淤	5.54	2.44	0	0	0.22	0.22	2.0	5.98	5.76	2.00	3.99	7.31

由表9-89可见，该段航道的回淤与季节变化关系密切，洪水期4~9月的回淤量明显增加，回淤量占全年回淤量的86.2%，而枯水期11月、12月及次年1月、2月的回淤量较少，回淤量约占全年回淤量的1.2%。

对于伶仃洋西槽含沙量的量值，据交通部天津水运工程科学研究所（2002年2月）在“广州南沙港区深水航道方案二维潮流数据模型及泥沙淤积计算分析研究”报告中提出从1991年、1992年和1999年实测含沙量的统计结果，伶仃洋西航道沿程涨潮、落潮平均含沙量由川鼻水道向外呈逐渐减少的规律，其变化介于0.06~0.10kg/m^{3}之间，即使考虑大风天的影响，年平均含沙量也仅为0.31kg/m^3，淤积物中值粒径1991年12月实测为0.005mm，至1999年9月实测为0.01mm，槽道具有粗化现象。但在20世纪80年代前，据南京水利科学研究院河港所罗肇森、辛文杰于1991年10月提出的“伶仃洋3.5万t级航道开发方案的回淤计算分析”报告中分析1975年同步测验资料，洪水、枯水期的平均含沙量为0.178kg/m^3，底质中值粒径为0.0005mm。珠江水利科学研究院于2003年12月在广州港南沙港区深水航道建设项目的防洪及水动力环境影响评价报告中对1978年以来实测水文泥沙的分析结果，西槽上段、中段、下段多年垂线平均含沙量变化为0.041~0.16kg/m^3，平均含沙量为0.11kg/m^3，悬沙的中值粒径为0.006~0.008mm。可见，各家数据略有出入。

7. 莲花山航道疏浚航槽回淤强度分析[13]

黄埔至虎门的狮子洋水道处于冲刷状态，1964~1996年过水断面面积扩大了6.96%，冲刷速率为3cm/a，位于东江口入口处的莲花山西航道为黄埔港的进出港航道。该航道是逐年扩宽增深，从1954年开始挖，至1973年共疏浚8次，挖方量为334万m^3，疏浚至深度-7.2m，航道底宽为120m；1976年后进行第二次疏浚，挖泥400万m^3，航道拓宽至140m，由平均河底高程-7.2m挖深至-9.0m。将1979年4月至1980年4月两次水深测量图进行对比，在9km长范围内淤积了46万m^3，连边坡计算在内，平均年淤积厚度为0.32m。随后每年的维护挖泥量为20万m^{3}左右。据1985年河床质取样分析，航槽泥沙中值粒径的变化范围为0.26~0.901mm，平均为0.361mm。实测洪水、枯水期含沙量平均值为0.07kg/m^3，洪水、枯水期悬沙中值粒径约为0.027mm。

8. 深圳西部港区各港口回淤强度分析❶

（1）矾石水道（伶仃洋东槽）东侧港口的回淤观测分析。深圳西部港区位于伶仃洋东岸、矾石水道与香港暗士顿水道交汇处，洪水期大潮涨潮平均流速为0.30~0.52m/s，落潮平均流速为0.30~0.48m/s，而小潮涨潮平均流速为0.07~0.30m/s，落潮平均流速为0.32~0.47m/s；枯水期涨潮平均流速为0.19~0.69m/s，落潮平均流速为0.37~0.61m/s。据1975年以来，多次实测含沙量统计结果，西部港区附近海域平均含沙量在涨潮时为0.107kg/m^3，落潮时为0.098kg/m^3，全潮平均为0.102kg/m^3，悬移质中值粒径为0.0037~0.0092mm。据1995年、1996年、2002年、2003年及2006年在大铲湾至深圳湾附近采集的底质表层泥沙分析结果，在沿港口前的槽道淤积平均中值粒径为0.011~0.015mm，其中大部分为黏土质粉沙和粉沙质黏土。

---

❶ 珠江水利委员会水利科学研究院，深圳西部港区泥沙回淤数值模拟分析研究报告，2006年7月。

深圳西部港区自20世纪80年代建港以来，各港口布置如图9－87所示。

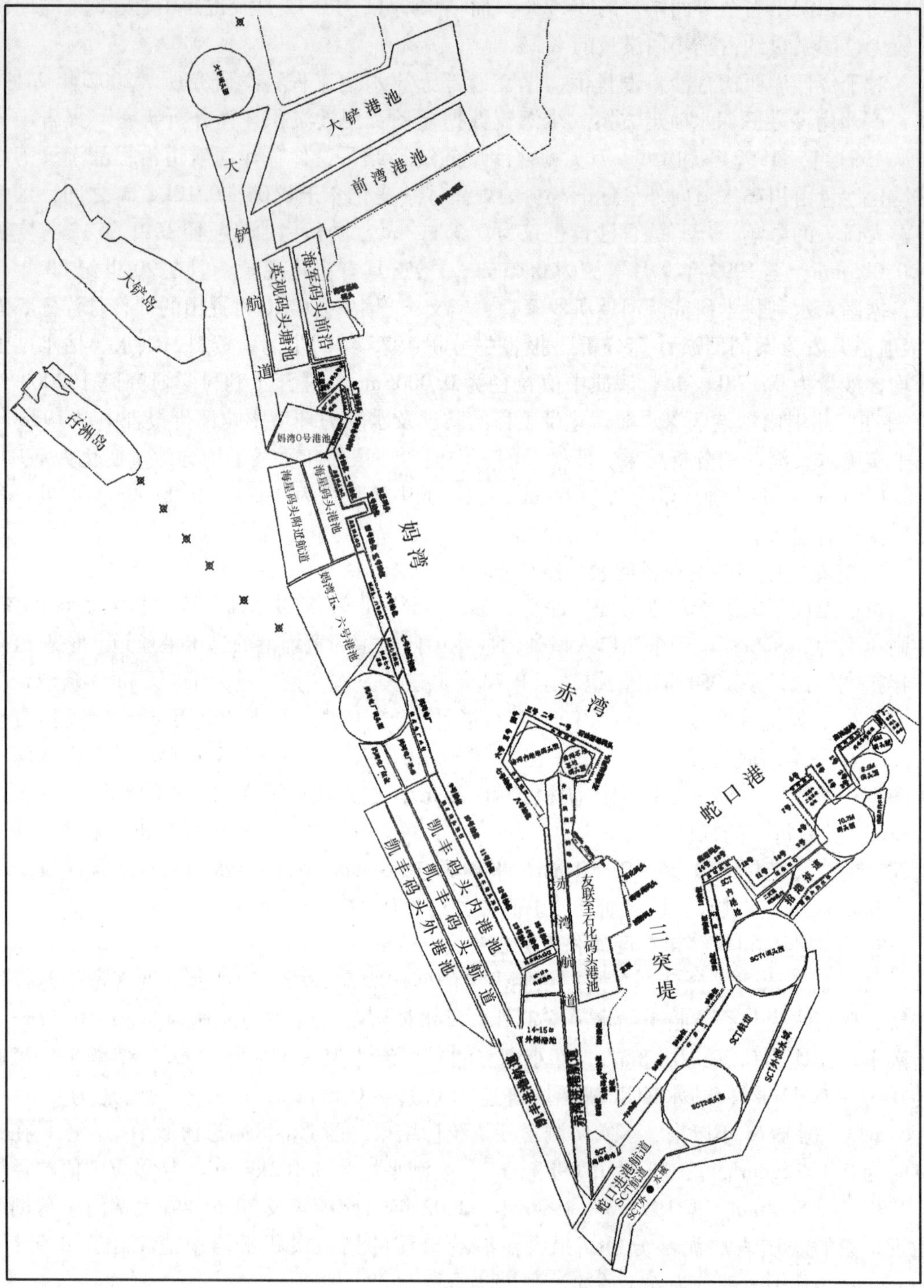

图9－87 深圳西部港区港口布置图

1）赤湾港为挖入式港口，港区含沙量据遥感信息分析，约为0.01～0.04kg/m³，自然平均水深为2.0～3.0m 赤湾深水码头浚深约为11.0m，石油专用码头浚深约为7.0m，平均浚深9.0m。据天津水运工程科学研究所收集的赤湾港区泥沙回淤情况见表9－90，由表可见：赤湾港区航道与港池及调头区平均淤强约为0.11～0.41m/a，多年平均为0.23m/a。

表9－90　　赤湾港区泥沙回淤情况统计表

项目＼年份	1988～1990	1991～1993	1994	1995
回淤量（万 m³/a）	19	45	70	20
平均淤强（m/a）	0.11	0.26	0.41	0.12

据2004年6月10日～2004年12月20日，历时193天的回淤观测，港区浚深为10.91～11.03m，平均浚深为11.0m，港区各区域回淤情况见表9－91所示，港区不同区域回淤强度变化为0.44～0.73m/a，平均回淤强度为0.62m/a。

表9－91　　赤湾港区各部位回淤情况统计表

港口名称	区域	测次时间（年.月.日）	回淤厚度（m）	日淤积率（cm/d）
赤湾	泊位	2004.06.10～2004.12.20	0.387	0.20
	内港池调头圆	2004.06.10～2004.12.20	0.284	0.15
	石油基地调头圆	2004.06.10～2004.12.20	0.412	0.21
	航道	2004.06.10～2004.12.20	0.232	0.12

2）海星码头为顺岸式港口，浚前自然平均水深约为3.0～3.9m，浚后的泊位水深为9.52m，港池为10.6m，港区平均水深为10.1m。港区在2002年10月～2005年12月期间观测港口回淤情况如表9－92所示，由表中的资料可计算得到海星码头泊位日均回淤强度为0.54cm/d，年均回淤强度为1.97m/d；港池日均回淤强度为0.181cm/d，年均回淤强度为0.66m/a；港区日均回淤强度为0.42cm/d，年均回淤强度为1.52m/a。

表9－92　　海星码头回淤情况统计表

港口名称	区域	测次时间（年.月.日）	回淤厚度（m）	日均回淤强度（cm/d）
海星码头	泊位	2002.10～2003.06	0.670	0.25
		2005.09.12～2005.10.10	0.157	0.56
		2003.10.29～2004.09.30	0.597	0.18
		2005.10.10～2005.12.12	0.538	0.85
		2005.08.13～2005.09.12	0.265	0.88
	港池	2002.10～2003.06	0.162	0.061
		2005.09.12～2005.10.10	0.182	0.046
		2003.10.29～2004.09.30	0.426	0.13
		2005.10.10～2005.12.12	0.161	0.26
		2005.08.13～2005.09.12	0.123	0.41

据海星码头公司统计的年回淤、疏浚情况见表9－93所示，由表中数据可分析得到泊位多年平均回淤强度为1.54m/a，港池多年平均回淤强度为0.34m/a，港区多年平均回淤强度为0.71m/a。

根据上述回淤观测结果与码头公司的回淤、疏浚情况的统计结果，可见海星港口的年均回淤强度变化在1.52～0.71m/a之间，取其平均值为1.12m/a。

表9－93 海星码头回淤、疏浚情况表

港口名称	疏浚部位	疏浚时间（年）	疏浚面积（万 m^2）	疏浚土方量（万 m^3）	年平均回淤厚度（m）
海星码头	泊位	2002	9.05	14.6	1.61
		2003	9.05	14.6	1.61
		2004	9.05	13.4	1.48
		2005	9.05	13.2	1.46
	港池	2002	20.4	7.3	0.36
		2003	20.4	7.3	0.36
		2004	20.4	6.7	0.33
		2005	20.4	6.8	0.33

（2）深圳湾的港口回淤观测分析。深圳湾的自然水深一般小于5.0m，海床地形比较平缓，其等深线与湾外伶仃洋的等深线交角约为30°。海区不分风向的多年平均风速为3.9m/s，年平均波高为0.20m，波浪周期为3.2s。海区沉积物主要为淤泥质粉沙，中值粒径为0.0046～0.0069mm。沉积物为悬移质淤积所形成，据1984年交通部广州航道局对蛇口新航道的观测资料、1986年南京水利科学研究院与1989年天津水运工程科研所对蛇口港与六湾的洪水、枯水期大潮测点观测资料、深圳市环境科学研究所于1998年7月与1998年1月的深圳湾观测资料以及珠江水利科学研究院于1993年11月在东角头与小水闸的测验资料进行统计分析，深圳湾年均涨潮流速约为0.29m/s，相应平均含沙量为0.06kg/m^3，落潮平均流速约为0.26m/s，相应平均含沙量为0.058kg/m^3。但由于蛇口港处于宽阔的水深较小的浅滩区，港口的淤积泥沙主要来自湾口外伶仃洋的悬沙，以及风浪作用下掀起的浅滩泥沙。为此，在计算港口回淤强度时，应考虑风浪和潮流共同作用下的年均含沙量。按平均水深4.5m估算，年均含沙量约为0.173kg/m^3。

1）招港位于深圳湾的一突堤与二突堤之间，浚前自然平均水深为1.2～1.6m，浚后的泊位水深为9.91m；港池水深为10.53m；6m调头区水深为6.17m；10.7m调头区水深为11.17m；航道水深为11.90m；港区平均水深为9.9m。

招港在2003年8月18日～2003年11月29日，历时103天，以及2005年3月6日～2005年6月20日，历时106天，进行了回淤厚度的观测，其成果及招港公司统计的回淤、疏浚情况如表9－94和表9－95所示。

据上述成果分析，招港泊位年均回淤强度为0.92～1.20m/a；调头区回淤强度为0.41～0.66m/a；港池回淤强度为0.68～0.80m/a；航道回淤强度为0.55～0.60m/a。招港多年平均回淤强度为0.63～0.71m/a。

表 9-94　招港回淤观测统计表

港口名称	区域	测次时间（年.月.日）	回淤厚度（m）	日均回淤强度（cm/d）	测次时间（年.月.日）	回淤厚度（m）	日均回淤强度（cm/d）
招港	泊位	2003.8.18～2003.11.29	—	—	2005.3.6～2005.6.20	0.346	0.33
	6m 调头圆	2003.8.18～2003.11.29	0.135	0.13	2005.3.6～2005.6.20	0.071	0.067
	10.7m 调头圆	2003.8.18～2003.11.29	—	—	2005.3.6～2005.6.20	0.148	0.14
	航道	2003.8.18～2003.11.29	0.118	0.11	2005.3.6～2005.6.20	0.228	0.22
	港池	2003.8.18～2003.11.29	—	—	2005.3.6～2005.6.20	0.236	0.22

表 9-95　招港公司统计的年回淤、疏浚情况表

港口名称	疏浚部位	时间（年）	疏浚面积（万 m^2）	疏浚土方量（万 m^3）	年均回淤厚度（m）	日均回淤强度（cm/d）
招港	泊位	2003	13	11.5	0.885	0.24
		2004	10.5	10.21	0.972	0.27
		2005	11.3	10.2	0.903	0.25
	调头区	2003	20	17.5	0.875	0.24
		2004	9.07	5.6	0.617	0.17
		2005	29.5	15.9	0.539	0.15
	港池	2003	8.7	6.75	0.776	0.21
		2004	7.6	5.5	0.724	0.20
		2005	6.3	3.49	0.554	0.15
	航道	2003	10.2	6.5	0.637	0.17
		2004	11.1	6.2	0.558	0.15
		2005	5.2	1.8	0.346	0.095

2）蛇口 SCT 港回淤观测。CST2#调头圆与港池位于蛇口港三突堤，浚前自然水深为 1.5～1.9m，平均水深为 1.7m，浚后调头圆水深为 16.4m，港池水深为 12.93m，航道水深为 15.99m。2002 年 12 月 26 日～2003 年 10 月 20 日，历时 358 天，观测回淤成果见表 9-96 所示。可见 SCT2#调头圆年回淤强度为 0.62m/a，港池回淤强度为 0.51m/a。

表 9-96　SCT 港回淤情况统计表

港口名称	区域	测次时间（年.月.日）	回淤厚度（m）	日均回淤强度（cm/d）
SCT	SCT2#调头圆	2002.12.26～2003.10.20	0.610	0.17
	港池	2002.12.26～2003.10.20	0.505	0.14

又据SCT港公司的回淤、疏浚情况统计结果列于表9－97。按2002～2003年疏浚面积与土方量计算，得到港池的年均回淤强度为0.59m/a，与其观测水下地形计算得到的年回淤强度0.51m/a基本一致；航道年均回淤强度为0.49m/a；泊位年均回淤强度为0.93m/a。由此可见SCT港年均回淤强度为0.56m/a。

表9－97　SCT港的年回淤、疏浚情况统计表

港口名称	区域	疏浚时间（年）	疏浚面积（万 m^2）	疏浚土方量（万 m^3）	年回淤厚度（m）	日均回淤强度（cm/d）
SCT	泊位	2002	5.2	5.93	1.14	0.31
		2003	5.2	3.79	0.729	0.20
	港池	2002	57.6	29	0.503	0.14
		2003	57.6	38.9	0.675	0.18
		2004	30（含5.2万 m^2的泊位）	17.04	0.568	0.16
	航道	2002	62.2	30.54	0.491	0.13
		2003	62.2	30.9	0.497	0.14

南京水利科学研究院对于SCT港回淤调查成果列于表9－98。将表中观测的成果与2002～2003年的成果对应分析可见，SCT港淤积率较大的发生在建港初期。不同时段的淤积率也存在着较大的差异，其主要原因是由于受台风的影响所引起的淤积、工程基建性和维护性疏浚引起的淤积，以及来水来沙条件不同引起的淤积程度不同等因素的不同作用的结果。根据该所观测的实测资料得出SCT港多年平均回淤强度为0.86m/a，其中SCT泊位为1.26m/a，港池为0.92m/a，航道为0.72m/a。

表9－98　1992～1994年SCT港区回淤厚度统计表

区域	施测日期（年.月）	回淤厚度（m）	日均回淤强度（cm/d）	区域	施测日期（年.月）	回淤厚度（m）	日均回淤强度（cm/d）	区域	施测日期（年.月）	回淤厚度（m）	日均回淤强度（cm/d）
SCT港池	1991.10～1992.5	0.59	0.28	SCT港池	1992.11～1993.12	2.29	0.58	SCT港池	1994.3～1994.10	1.66	0.29
SCT泊位	1991.10～1992.5	0.4	0.19	SCT泊位	1992.11～1993.12	2.75	0.69	SCT泊位	—	—	—
SCT喇叭口	1991.10～1992.5	0.5	0.23	SCT喇叭口	1992.11～1993.12	1.17	0.30	SCT喇叭口	1994.3～1994.10	0.57	0.26
进港航道	1991.6～1992.11	0.48	0.092	进港航道	1992.11～1993.12	1.34	0.34	进港航道	1994.3～1994.10	0.61	0.29

9. 深圳机场客货码头回淤强度分析

深圳黄田国际机场客货码头（见图9－88）位于珠江口伶仃洋东岸的岸滩，自然水深为0.2～0.8m，据2002年6月与12月取样，淤积物中径粒径为0.0046～0.084mm，据遥感信息分析与实测水文泥沙资料分析，洪水、枯水期多年平均含沙量为0.086～0.095kg/m^3。根据1992年3月疏浚结果，港池浚深为3.1～3.5m，平均水深为3.3m；航道浚深为

2.9 ~3.2m，平均水深为 3.1m，航道水深为 2.7 ~3.2m，平均水深为 2.9m。由此可见，疏浚经历洪水、枯水期 5 个月，由于两侧有防波堤保护港池回淤厚度为 0.20m，日均回淤强度为 0.13cm/a，年均回淤强度为 0.48m/a，航道由于跨越滩区进入矾石水道，航道轴线与水流交角约为 70°，回淤厚度为 0.40m，日均回淤强度为 0.26cm/d，年均回淤强度为 0.95m/a。

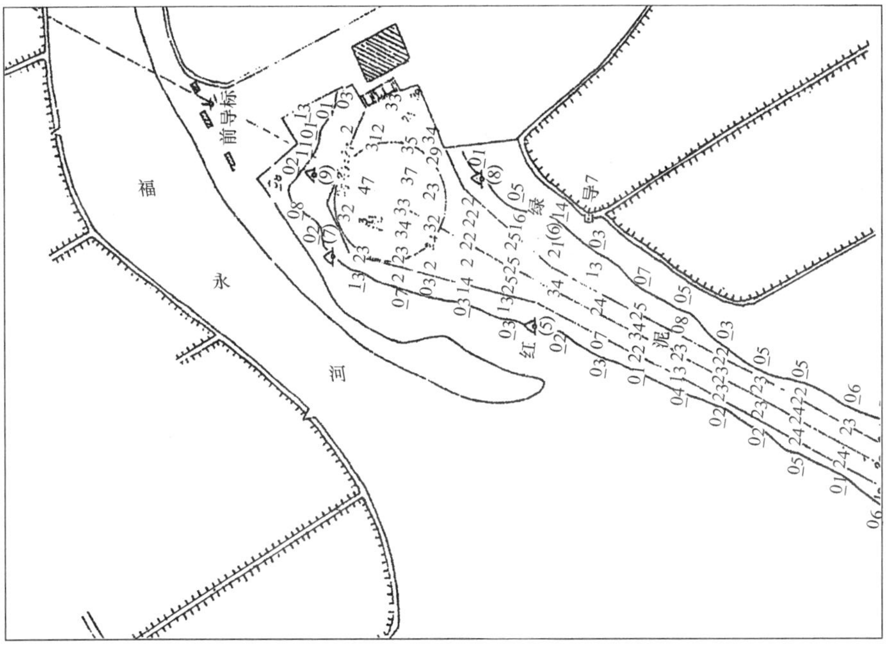

图 9 - 88　深圳机场客货码头

10. 澳门附近水域疏浚区的回淤强度分析❶

（1）澳门九澳疏浚区的回淤强度分析。九澳实验疏浚区（见图 9 - 89）的测量历时有 1.822 年，即由 1973 年 6 月 8 ~9 日至 1975 年 4 月 4 日止，以 13 次可供利用的测量（见表 9 - 99）为分析基础，确定南区、北区的平均深度及两区组合的平均深度，从而分析不同时期的淤积率。

对于疏浚前的自然状况，据 1973 年 3 月 13 ~16 日的测量，北区平均深度为 - 4.50m，南区平均深度为 - 4.14m，南区、北区平均深度为 - 4.32m。与其 1973 年 6 月 7 ~8 日疏浚完成时的平均深度比较，北区平均增深 2.80m，南区平均增深 3.56m，南区、北区平均增深 3.17m。

据实测水深变化表分析，从 1973 年 6 月 8 ~9 日至 1975 年 4 月 4 日的 1.822 年南区、北区淤积厚度为 1.23m，年均回淤强度为 0.68m/a，其中北区回淤强度为 0.49m/a，南区回淤强度为 0.82m/a。

---

❶ 澳门政府港务局，MEIO HI' DRICO DE MACAU，1998 年。

表 9-99 实验疏浚区的水深变化

测量分析		时间（a）	底层的平均深度（海图基面的深度，m）		
			北区	南区	南及北区
A	1973 年 6 月 7~8 日	0	-7.3	-7.7	-7.49
B	1973 年 6 月 28~29 日	0.058	-7.2	-7.4	-7.31
C	1973 年 6 月 19~20 日	0.115	-7.3	-7.6	-7.41
D	1973 年 8 月 8~9 日	0.17	-7.7	-7.6	-7.64
E	1973 年 10 月 4 日	0.323	-6.8	-6.7	-6.79
F	1973 年 10 月 31 日	0.397	-7.0	-6.9	-6.93
G	1974 年 1 月 8 日	0.586	-6.7	-6.6	-6.64
H	1974 年 3 月 2 日	0.732	-7.0	-6.9	-6.93
I	1974 年 4 月 2 日	0.827	-7.0	-6.8	-6.92
J	1974 年 5 月 9 日	0.918	-6.8	-6.6	-6.74
K	1974 年 11 月 20 日	1.452	-6.6	-6.4	-6.48
L	1975 年 1 月 24 日	163	-6.3	-6.0	-6.18
M	1975 年 4 月 4 日	1.822	-6.4	-6.2	-6.26

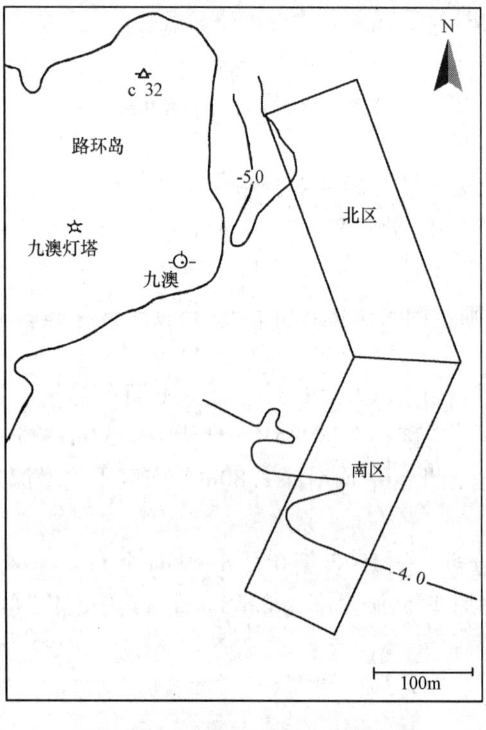

图 9-89 九澳实验疏浚区的位置

(2) 发电厂入口水道回淤强度分析。路环发电厂入口水道长度为1100m，宽为30m，于1976~1977年进行疏浚（见图9-90），经过1976年4月至1980年5月间的测量和疏浚所得数值资料，见表9-100。

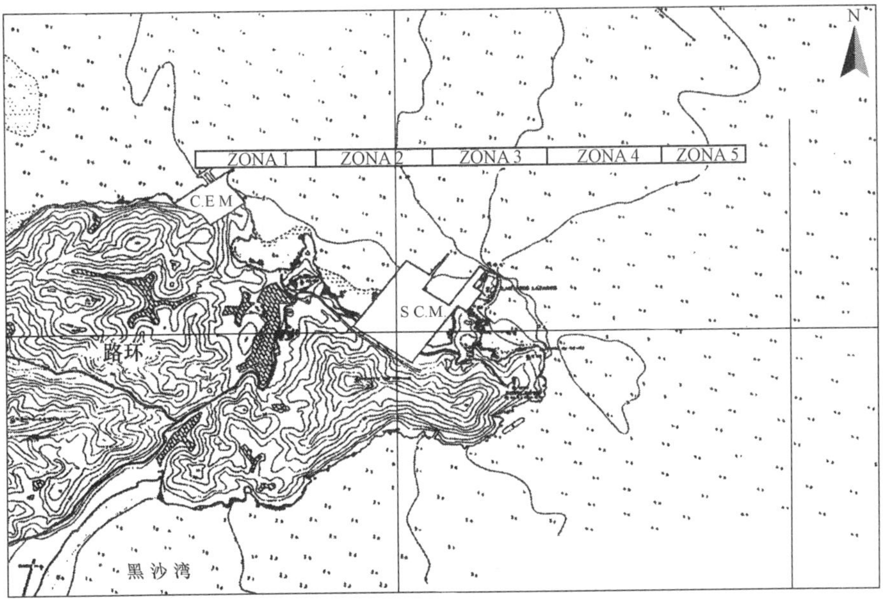

图9-90　路环发电厂入口水道位置图

表9-100　**发电厂入口水道平均深度**

疏浚	水道测量	各区平均深度（m，海图基面）					整体平均深度（m，海图基面）	低于海图基面的容积（m^3）
		1号区（525×50）	2号区（500×50）	3号区（500×50）	4号区（500×50）	5号区（375×50）		
1976年7月~1977年4月	A 76/4/26.27	1.3	1.8	3.0	3.7	4.0	2.69	322824
1976年7月~1977年4月 83900m^3	B 77/8/26.30	2.3	2.8	3.4	3.8	4.1	3.23	387804
1977年9月~1977年11月 25500m^3	C 78/4/12	1.80	2.4	3.0	3.7	4.1	2.92	350232
1978年4月~1978年11月 53120m^3	D 78/9/5	3.2	3.4	3.6	3.7	4.1	3.55	425820
不知曾否在这时期进行疏浚	E 80/5/26.27	1.5	2.0	2.77（Ce）	3.49（Ce）	3.94（Ce）	2.68	321168

从表9-100可知，发电厂入口水道疏浚区域主要为1#区、2#区与3#区，根据测量资料情况，1#区、2#区、3#区浚前各区的平均深度分别为1.3m、1.8m和2.77m。水道的回

淤强度分区计算，即 1977/8/B26.30～1978/4/C12，历时 0.63 年与 1978/9D5～1980/5E26.27，历时 1.75 年。计算表明：

1#区回淤强度分别为 0.78m/a 和 0.93m/a；

2#区回淤强度分别为 0.68m/a 和 0.76m/a；

3#区回淤强度分别为 0.60m/a 和 0.47m/a。

该水道疏浚挖槽时，澳门机场未建，为澳门水道涨潮、落潮流入海口的主要通道，据王文介分析，氹仔—路环岛东侧沉积物的粒径约为 0.016mm，与其 1994 年和 1997 年在该区域取样分析结果基本一致。多年平均含沙量据卫星遥感信息分析约为 0.12kg/m^3。

（3）澳门外港疏浚回淤强度分析。1920～1926 年间竣工的外港，至 1935 年 6 月海底平均深度的变化，见表 9－101。

表 9－101　外港平均深度

日期 （年．月）	平均深度（m，过去的海图基面*）	
	东区	西区
1926.12	5.35	2.39
1927.9	5.02	2.26
1928.11	4.58	1.94
1929.9	4.34	2.75**
1930.6	4.01	2.60
1931.8	3.49	2.28
1932.6	3.21	2.05
1933.11	2.78	1.78
1935.6	2.44	1.58

*　过去的海图基面，现在的海图基面比过去高 0.54m。

**　在测得该数据前曾进行疏浚工作。

外港浚前西区平均深度为 1.2m，东区平均深度为 1.7m，平均含沙量约为 0.16kg/m^3，淤积物中值粒径约为 0.015mm，东区从 1926 年 12 月～1928 年 11 月，历时 23 个月，淤厚 0.77m，回淤强度为 0.40m/a，至 1935 年 6 月，历时 102 个月，淤厚 2.91m，回淤强度为 0.34m/a；西区从 1926 年 12 月～1928 年 11 月，淤厚 0.45m，回淤强度为 0.23m/a，从 1929 年 9 月～1931 年 8 月历时 23 个月，淤厚 0.47m，回淤强度为 0.25m/a，至 1935 年 6 月，历时 69 个月，淤厚 1.17m，回淤强度为 0.20m/a。

（4）澳门机场油码头疏浚回淤强度分析[1]。澳门机场油码头位于澳门水道的友谊桥以东、氹仔岛北侧，临近澳门机场的浅滩区（见图 9－91），自然水深为 0.2～0.6m，航道轴线与水流夹角约为 60°。据卫星遥感信息与实测资料分析，洪水期悬移质含沙量为

[1] 珠江水利委员会水利科学研究所，氹仔客运码头港池及航道研究设计报告，2004 年 12 月。

0.19 ~ 0.22kg/m³，悬沙中值粒径为 0.013mm，枯水期平均含沙量为 0.06 ~ 0.07kg/m³，悬沙中值粒径约为 0.008mm。

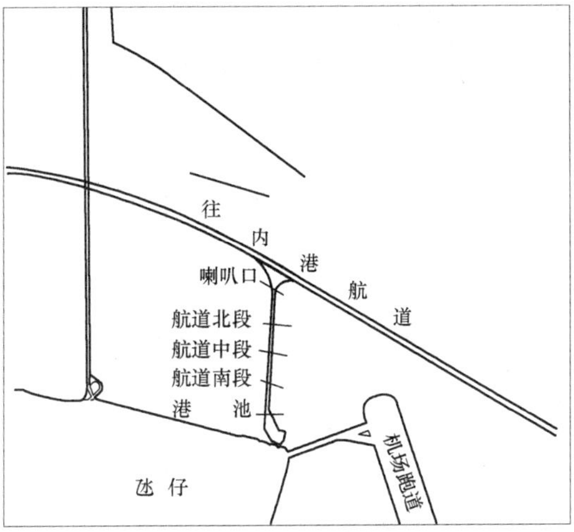

图 9 - 91　机场油码头回淤分析断面位置示意图

根据 1997 ~ 2003 年间机场油码头测量航道水深图计算不同时期的航道平均水深，见表 9 - 102。

表 9 - 102　1997 ~ 2003 年机场油码头港池及航道平均水深变化　（单位：m）

测图时间（年．月．日）	港池	航道南段	航道中段	航道北段	港池航道平均
1997.12.30	-1.22	-1.30	-1.23	-1.04	-1.15
1999.6.16	-2.38	-1.72	-1.93	-1.96	-1.91
2000.1.10	-3.11	-2.04	-1.89	-1.81	-2.40
2000.8.19	-2.02	-1.26	-1.19	-1.17	-1.57
2001.7.13	-0.70	-0.59	-1.13	-2.15	-1.29
2001.9.7	—	-0.68	-1.00	-1.69	-1.07
2002.12.19	-0.55	-0.91	-1.17	-2.04	-1.38
2003.8.21	-2.65	-3.39	-3.49	-3.00	-3.08

注　表中平均水深以澳门海图基面起算。

由表 9 - 102 可见，机场油码头水深变化幅度较大，该航道淤积较为严重，航道疏浚较频繁，对于港池航道而言，2000 年 1 月 10 日 ~ 2000 年 8 月 19 日，历时 212 天，未受疏浚的影响，航道处于疏浚后正常回淤状态，并经历了洪水、枯水期各占一半时间，回淤强度较具有代表性，港池航道日回淤强度为 0.39cm/d，年回淤强度为 1.42m/a。其中港池浚前平均水深为 0.20m，浚后平均水深为 3.11m，日回淤强度为 0.51cm/d，年回淤强度为 1.88m/a；航道南段浚前平均水深为 0.30m，浚后平均水深为 2.04m，日回淤强度为 0.37cm/d，年回淤强度为 1.34m/a；航道中段浚前平均水深为 0.4m，日回淤强度为 0.33cm/d，年回淤强度 1.21m/a；航道北段浚前平均水深为 0.50m，日回淤强度为 0.30

cm/d，年回淤强度为 1.10m/a。沉积物中值粒径约为 0.02mm。

11. 崖门出海航道回淤强度分析❶

（1）崖门出海航道试验槽回淤强度分析。黄茅海出海航道试挖槽起点为北纬 22°00′35″、东经 113°05′17″，约在白排岛东侧，走向为东南向，至北纬 21°57′44″、东经 113°08′00″约在獭洲岛东侧。试挖槽全长 7400m，尺度为 $-4.47m\times60m$，边坡为 1∶6。基建挖方量约为 55 万 m^3。航槽从 1990 年 9 月 1 日开挖，至 10 月 7 日竣工，竣工后的一个水文年内进行了 4 次水下地形测量，经历了枯水、洪水潮及台风季节，试验槽沿程回淤变化见图 9－92。

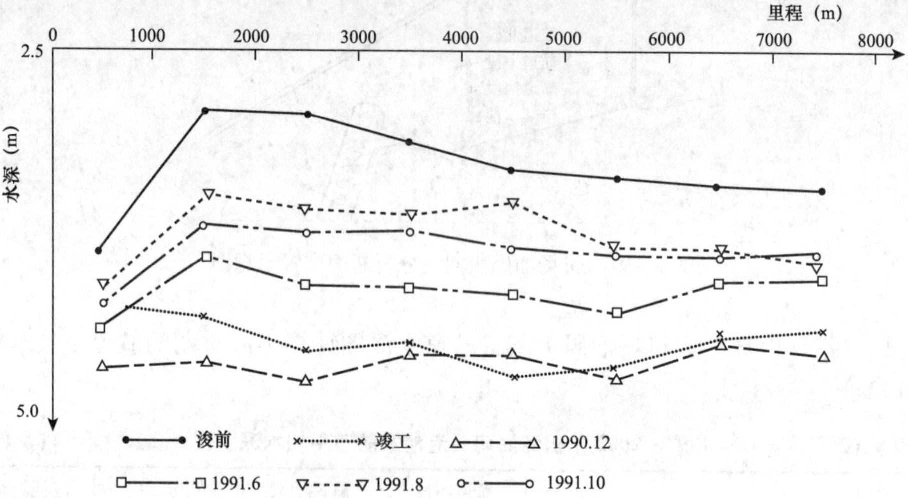

图 9－92 试挖槽沿线回淤变化

由图 9－92 可见，浚前试验槽水深基本小于 3.75m，小于 3.5m 的水深长 2.0km，平均水深为 3.29m；浚后 －4m 等深线全线贯通，实际上浚深至 4.47m，全槽平均浚深 －1.18m。纵观 1 年的试挖槽回淤过程，枯水期试验槽基本处于冲淤平衡状况，洪水期为正常淤积期与台风淤积期，全年平均回淤强度为 0.62m（含台风的骤淤），扣除台风影响，正常回淤强度为 0.39m/a。试挖槽的沉积物由黏土质粉沙、粉沙质黏土组成，中值粒径为 0.00495mm。

（2）黄茅海出海航道 3000t 级航道实测回淤强度分析❷。黄茅海出海航道于 1994 年 10 月全线疏浚，航道全长 40km，设计水深为 6.0m，水深小于 6m 的航道长约 21km。设计底宽为 80m，挖槽边坡为 1∶6，疏浚土方量为 670 万 m^3，于 1995 年 7 月竣工，根据竣工水下地形图与 1996 年 5 月实测水下地形图比较，此期间经 9505、9509 和 9515 三次台风影响，航槽回淤情况如图 9－93 所示。

❶ 河海大学海岸及海洋工程研究所、广东省航道勘测设计科研所，西江崖门出海航道工程可行性研究，1992 年 1 月。

❷ 上海航道勘测设计研究院，崖门 5000t 级出海航道整治工程可行性研究报告，2003 年 12 月。

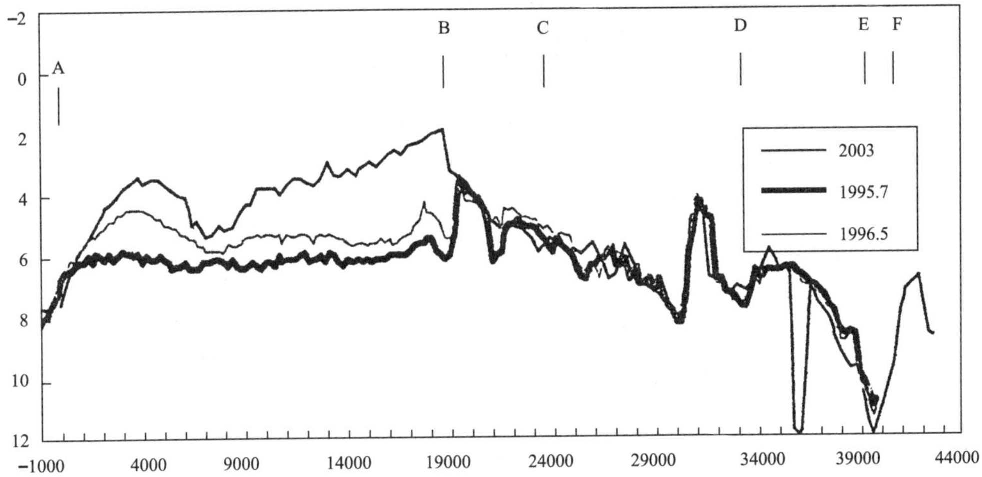

图 9-93　崖门出海航道 1995 年疏浚后航槽位置床面沿程变化及概化

由图 9-93 可见，竣工后 10 个月期间，航槽上游北段 C～E 约 16km 区段水深基本不变或略有冲刷；航槽下游南端 A 点上游约 3km 至 C 点的 21.0km 区段，浚前平均水深为 4.2m，浚后平均水深为 6.1m，最大淤厚约 1.7m，平均淤厚约 0.73m，回淤强度为 0.88m/a。

12. 珠海九洲港航道回淤分析[14]、[15]

珠海九洲港位于伶仃洋西岸的珠海九洲，于 1983 年由疏浚水深为 1～5m 的浅水海湾而形成，据 1980 年与 1981 年洪水、枯水期资料分析，平均含沙量为 0.16kg/m^3，淤积物的中值粒径为 0.005～0.012mm。港池从 1～2m 浚深至 3.5～4.8m。开挖至伶仃洋西槽的航道，长 18.5km，从 2～4m 浚深至 3.8～4.2m，建有 10000t 级泊位，航道轴线与水流方向交角为 60°。港池和航道开挖后，经 5 个月即分别回淤 0.37m 和 0.22m，年回淤强度分别为 0.89m/a 和 0.53m/a。1985 年又将航道浚深至 8m，疏浚量约 844 万 m^3，之后每月平均回淤 40.7 万 m^3，回淤强度为 1.0～1.5m/a，约等于浚深的 1/4～1/3，要维持 10000t 级船舶通航的航道（水深 8m）每年疏浚量达 250 万 m^3，因此 1987 年后改为 1000～2000t 级航道标准。

13. 珠海高栏港区已建港口航道回淤分析❶

高栏港区从 1993 年 7 月 17 日高栏起步工程航道开工至 2000 年 6 月，先后完成的有如下工程（见图 9-94）。

（1）进港航道（主航道）O—M—B 段长 9851m，浚前自然水深为 6.74m，其中 OM 段为 5.71m，MB 段为 7.76m，航道底标高为 -13.4m，航道宽为 160m，边坡为 1∶10，1995 年开工，1998 年 4 月完工。

（2）电厂航道包括 460m 长的电厂港池、调头区、690m 长的喇叭口及 4312m 长的支航道，港池、调头区底标高为 -13.4m，边坡为 1∶6，浚前自然水深为 2.56m；支航道底

❶ 珠江水利委员会珠江水利科学研究所，珠海高栏港航道泥沙回淤计算分析报告，2006 年 6 月。

标高为－13.4m，底宽为160m，边坡为1∶10，浚前自然水深为2.16m，港口自然水深为2.36m。1998年3月竣工。

（3）高栏国码航道包括港池、分航道及转角。分航道及转角约长3100m（其中转角为170m）、底宽为100m、底标高为－8.3m，边坡为1∶6，浚前港口自然水深为1.96m，其中港池自然水深为1.36m，航道为1.66m，转角为2.86m，1999年6月正式投产。

（4）岩谷、九丰航道的港池及支航道底标高为－13.0m，调头区为470m，边坡为1∶10，浚前自然水深为4.36m，2000年6月竣工。

（5）华联航道由分航道、喇叭口、大港池、小港池组成。港池、航道底标高均为－13.4m，分航道尺度为1400m×190m，喇叭口为750m×300m，大港池为825m×540m，小港池为430m×300m，浚前港口自然水深为5.74m，其中港池自然水深为3.26m，喇叭口为5.36m，航道为8.61m，1997年12月完工。

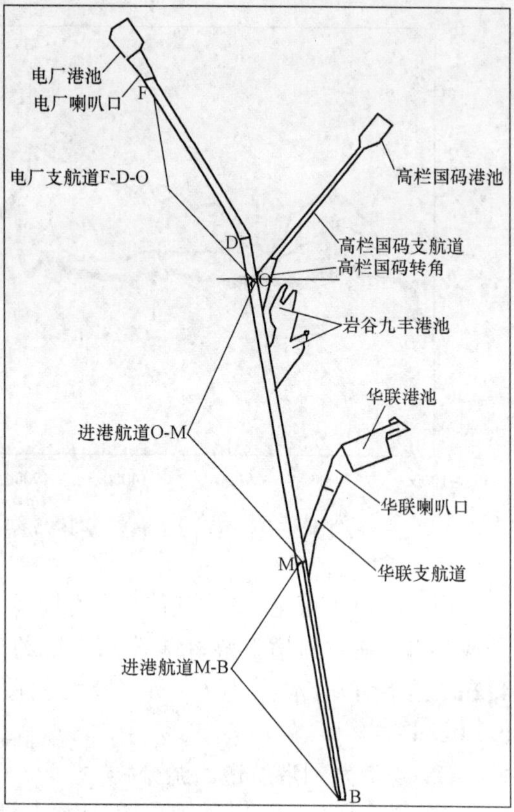

图9－94 高栏港区港池、航道示意图

根据高栏港区已建港口历年观测水下地形图与疏浚量的统计计算，得出各港口的多年平均回淤强度（包括台风的影响），若扣除台风的影响时段，并据实测资料分析，枯水期多年平均回淤强度约为洪水期回淤强度的1/3的比例关系，分别计算枯水期与洪水期的回淤强度，从而可得各港口正常年的回淤强度，其成果见表9－103。

14. 国华台电港口回淤观测❶

国华台山电厂港口位于台山市南部铜鼓湾西部滨海地区，西北靠山，面临南海，东侧为崖门出海水道口门外的大襟岛，西侧为广海湾，西南侧为上川岛（见图9－95）。该水域的港池自然水深约为4.4m，航道的自然水深为5.9～8.7m，平均水深为7.3m；据2005年9月3～4日观测结果，洪水期涨潮、落潮平均流速为0.25m/s，涨潮、落潮平均含沙量为0.01kg/m³；枯水期据2006年2月28日～3月1日观测的涨潮、落潮平均含沙量为0.163kg/m³，涨潮、落潮平均流速为0.31m/s；洪水、枯水期涨潮、落潮平均流速约为0.28m/s，涨潮、落潮流平均含沙量为0.09kg/m³；泥沙淤积物中值粒径为0.009mm；本海域年平均风速为5.0m/s，$h_{1/10}$波高平均为1.12m，多年平均波高为0.55m，按风浪和潮流作用下的淤泥质浅滩在水深为4.4～5.9m，含沙量为0.38～0.49kg/m³。

❶ 广州水运工程设计研究院，国华台山电厂港池航道维护测量工程年度测量及回淤监测报告（2004年10月～2005年9月），2005年10月。

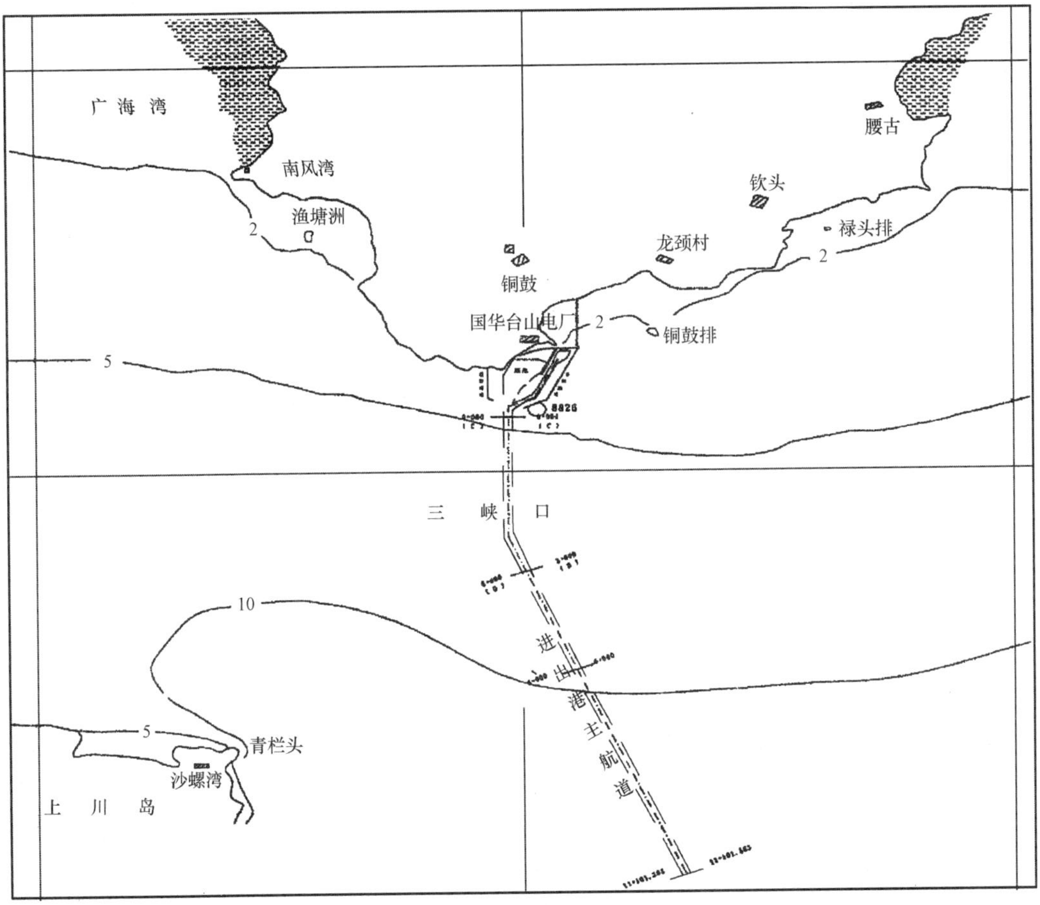

图9-95 国华台电港区港池航道平面示意图

表9-103 珠海高栏港区各港口、航道淤积情况统计表

统计时段（年.月）	区段	平均回淤强度（m/a）	浚前平均水深（m）	浚后平均水深（m）	平均含沙量（kg/m^3）	床沙中值粒径（mm）
1999.6~2005.9	进港航道	1.21（1.04）	6.74	11.50	0.054~0.098（0.17）	0.006~0.027
	OM段	1.07	5.71	1.86	—	
	MB段	0.679	7.26	12.00	—	
1999.6~2005.9	电厂港口	0.876（0.804）	2.36	11.60	0.049~0.099	0.004~0.01
	港池	0.671	2.56	2.71	（0.15）	
	喇叭口	0.764	2.56	12.30	—	
	航道	0.917	2.16	11.09	（0.18）	

续表

统计时段（年.月）	区段	平均回淤强度（m/a）	浚前平均水深（m）	浚后平均水深（m）	平均含沙量（kg/m^3）	床沙中值粒径（mm）
1999.1~2005.9	国码港口	0.726（0.577）	1.96	8.04	0.067~0.087	0.004~0.01
	港池	0.730	1.36	8.06	（0.14）	
	航道	0.830	1.66	7.76	（0.16）	
	转角	1.02	2.86	8.31	—	
2000.6~2005.9	岩谷九丰	1.33（1.17）	4.36	10.30	0.076~0.094（0.19）	0.004~0.01
1999.11~2005.9	华联港口	0.596（0.539）	5.74	10.70	0.078~0.117	0.004~0.01
	港池	0.655	3.26	10.50	（0.10）	
	喇叭口	0.602	5.36	10.79	—	
	航道	0.726	8.61	10.97	（0.13）	

注　表中平均回淤强度括弧内数值为统计时段中扣除台风的影响；表中括弧平均含沙量为采用数学模型计算不同径流、潮流组合条件在潮、波综合作用下的含沙量。

台电港口按5万t级设计，港池及航道设计底标高为-14.0m（当地理论最低潮面），边坡为1:7，航道长约为14km，航槽宽为155m。港口于2003年12月开挖竣工并投入运用。2004年10~12月对港口进行第一次维护测量，中途因2005年1月至3月港口进行维护疏浚而中断，2005年4月维护疏浚竣工后，至9月进行第二次维护测量，并在2005年10月5日对台风“达维”（该台风离台电海域250~300km，连续5天7~9级的东北强风暴，最大风力达到11级）经过后进行扫测；第三次维护测量为2006年2~3月，累计维护测量共12次，其港池、航道的回淤厚度列于表9-104。

表9-104　台电港池、航道逐月回淤厚度统计表

施测日期	2004年		2005年						2006年	
	10月	11月	4月	5月	6月	7月	8月	9月	2月	3月
港池月淤厚（m）	0.54	0.23	0.026	0.08	0.27	0.63	0.26	1.97		
航道月淤厚（m）	0.45	0.47	0.11	0.09	0.25	0.72	0.16	1.10	0.14	0.06

根据回淤厚度观测资料分析，包括台风引起的淤积，港池的洪水期（5~10月）淤积厚度为3.75m，月均淤积厚度为0.625m；枯水期（11月、4月）淤积厚度为0.256m，月均淤积厚度为0.128m。按洪水、枯水期各6个月计算，年均淤积厚度为4.52m。航道的洪水期（5~10月）淤厚为2.77m，月均淤厚为0.46m；枯水期（2月、3月、4月、11月）淤厚为0.78m，月均淤厚为0.195m，按洪水、枯水期各6个月计算，年均淤积厚度为3.93m。

港口未考虑2005年7月底在海南登陆的热带风暴“天鹰”造成上川岛海域有大到暴雨，并连续4天出现东南风6~7级、阵风8~9级对港区淤积的影响，以及“达维”于2005年9月22~27日经过台电港区对港口造成的直接影响。此时，港池的年淤积厚度为

2.498m，航道的年淤积厚度为 2.61m。

9.5.2　河口航道、港池的估算方法及实测回淤强度对比分析

1. 估算方法

港口建设的成败常取决于浚深后的回淤强度及回淤量是否过大，是否达到难以维护的程度，因此，合理可靠地估算回淤强度及回淤量是十分关键的问题。20 世纪 70 年代以后，我国在港口开发论证与工程实践中，积累了丰富的资料和经验，其中以半理论半经验推算的公式应用较多，而河口处于盐、淡水交换和互相掺混的区域，这些含盐的水体对河口水体中含有中径粒径小于 0.03mm 的黏性泥沙，将产絮凝作用，使沉速加快而落淤沉积。其淤积量常采用的计算式[16][17]如下：

$$\rho = \frac{\alpha\omega T\bar{S}}{\gamma_C}\left[1 - \left(\frac{V_2}{V_1}\right)^2\left(\frac{h_1}{h_2}\right)\right]\frac{1}{\cos n\theta} \qquad (9-18)$$

港口开挖前的单宽平均流量为　$q_1 = V_1 h_1$

港口开挖后的单宽平均流量有所增加，即 $q_2 = V_1 h_1 + \Delta q$，则式（9－18）可变为

$$\rho = \frac{\alpha\omega T\bar{S}}{\gamma_C}\left[1 - \left(\frac{h_1}{h_2}\right)^3\left(1 + \frac{\Delta q}{q}\right)^2\right]\frac{1}{\cos n\theta} \qquad (9-19)$$

港口开挖前、后单宽流量不增加时，即 $\Delta q = 0$，此时式（9－19）可变为

$$\rho = \frac{\alpha\omega T\bar{S}}{\gamma_C}\left[1 - \left(\frac{h_1}{h_2}\right)^3\right]\frac{1}{\cos n\theta} \qquad (9-20)$$

上述诸式中　$\bar{S}$ 为水流的挟沙能力，kg/m^3；T 为淤积计算时间，s；ρ 为 T 时间内的回淤强度，m；γ_c 为淤积泥沙的干容重，kg/m^3；$\gamma_c = 1750\, d_{50}^{\ 0.183}$，$d_{50}$ 为中值粒径，mm；h_1 与 h_2 分别为开挖前后的平均水深，m；V_1 与 V_2 分别为港口开挖前后的平均流速，m/s；α 为悬沙沉降几率；θ 为水流流向与航槽轴线的夹角；n 为转向系数；ω 为悬沙沉降速度，m/s。

各项物理量的确定方法如下：

α 值的确定：对于潮汐河口或近海区域，床面为淤泥或粉沙时阻力系数为 70，取水温为 15℃，平均流速为 0.4m/s 和憩流附近的流速为 1cm/s 的沉降几率的平均值作为式中 α 的计算值，其结果如表 9－105。

表 9－105　α 值计算表

粒径 d (mm)	<0.03	0.05	0.10	0.15	0.20	>0.2
a	0.67	0.68	0.72	0.78	0.83	0.84

ω 值的确定：对于粒径 $d_{50} > 0.03$mm 的粉沙质或沙质泥沙，因不存在絮凝作用，ω 采用单颗粒沉降速度。

对于 $d_{50} < 0.03$mm 的悬浮泥沙絮凝沉降速度，与其粒径及含盐度有关，此种淤泥质泥沙在分散状态下，无论粒径多么小，其絮凝沉降的当量粒径约在 0.015～0.03mm 范围，相应 ω 值为 0.01～0.06cm/s。在港口计算中絮凝沉速取常值，即 $\omega = 0.04 \sim 0.05$cm/s。但考虑到河口因有盐度（S_t）的变化，在式（9－16）～式（9－18）中 $\frac{\alpha\omega T}{\gamma_C} = K$ 为以年

计的泥沙淤积系数，给出 K 与悬移质中值粒径 d_{50} 及 S_t 的关系如图 9－96 所示，此时式（9－18）与式（9－20）可变为

$$\rho = K\bar{S}\left[\left(1 - \frac{V_2}{V_1}\right)^2\left(\frac{h_1}{h_2}\right)\right] \quad (9-21)$$

$$\rho = K\bar{S}\left[1 - \left(\frac{h_1}{h_2}\right)^3\right] \quad (9-22)$$

θ 与 n 值的确定：

$n\theta$ 拟线后可简化为：$n\theta = 0.934\theta - 3.61$，由此可见，$\theta$ 对于航槽回淤强度存在一定的影响，当 $\theta < 20°$ 时，$\frac{1}{\cos\theta}$ 接近于 1，在估算港口回淤强度时，可不考虑 θ 对回淤强度的影响。

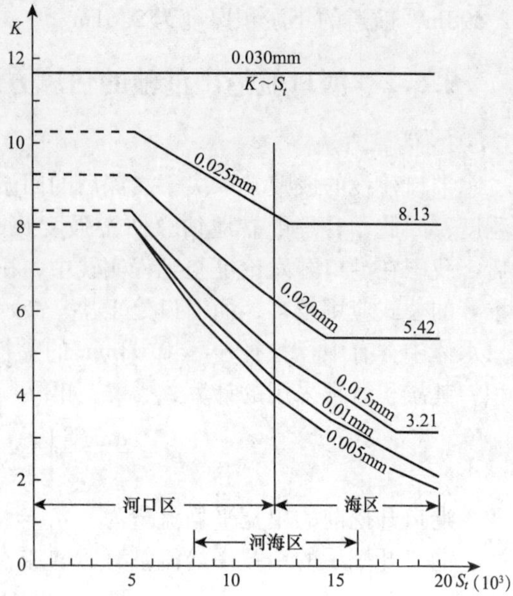

图 9－96 $K - d_{50} - S_t$ 关系

V_1 与 V_2 值的确定：可通过物理模型试验或数学模型计算求得。在未进行物理模型与数学模型前，为预测港口的回淤强度，可采用如下方法确定：

1）在港口初开挖时，可直接采用式（9－20）计算，而开挖后第二年，流速经过调整有所增大，淤积量减少，此时式（9－18）中可令 $V_2 = V_1$ 进行估算。

2）港口开挖后，槽内流速一般为减小，流速减小与其挖槽与流向的交角、增深等因素有关，据文献[18]通过模型试验槽内流速得到的经验关系为

$$V_2 = V_1\left[\left(\beta - \frac{h_2 - h_1}{h_1}\right)(0.27 + 0.0043\theta)\right]^{1/2}$$

也可变成为

$$\frac{V_2}{V_1} = \left[\left(\beta - \frac{h_2 - h_1}{h_1}\right)(0.27 + 0.0043\theta)\right]^{1/2} \quad (9-23)$$

式中 θ 以（°）计；β 为经验系数，由图 9－97 确定。

$\bar{S}$ 的确定：在河口地区开挖前河道比较稳定时，可用年平均含沙量值（包括洪水期和枯水期的平均值），在口外有风浪影响或缺乏实测资料时，可用风浪掀沙潮流挟沙能力公式计算[19]，计算公式可用：

$$\bar{S} = 0.0273\gamma_s\frac{(|V_w| + |V_{bt}|)^2}{gh_1} \quad (9-24)$$

式中 V_w 为波动水体的平均振动速度，m/s，表达式为：$V_w = 0.2C\frac{H}{h}$（C 为波速、H 为波高、h 为水深）；V_{bt} 为潮流时段平均流速，表达式为：$V_{bt} = V_b + V_t$（V_t 为潮流时段平均流速，V_b 为风吹流的平均流速，$V_b = \beta W = 0.0205W$，其中 W 为风速）；γ_s 为泥沙颗粒密度，可取 2650kg/m^3；g 为重力加速度，可取为 9.8m/s^2。

式（9－24）可变成 $\bar{S} = 7.382\frac{(|V_w| + |V_{bt}|)^2}{h_1}$

2. 估算方法与实测回淤强度的对比分析

根据与上述半理论半经验计算式（9－18）与式（9－20），笔者选用了珠江河口地区已建港口的航道与开敞式港池实测年均回淤强度与实测的水文泥沙资料（包括利用卫星遥感信息分析的含沙量）计算港口回淤强度步骤如下：

1）采用工程前的水下地形图与港口的设计尺度确定开挖前后的平均水深 h_1 与 h_2，并依据地形图等深线的平面变化结合水文实测资料分析涨潮、落潮流的流向与航道轴线的夹角 θ。

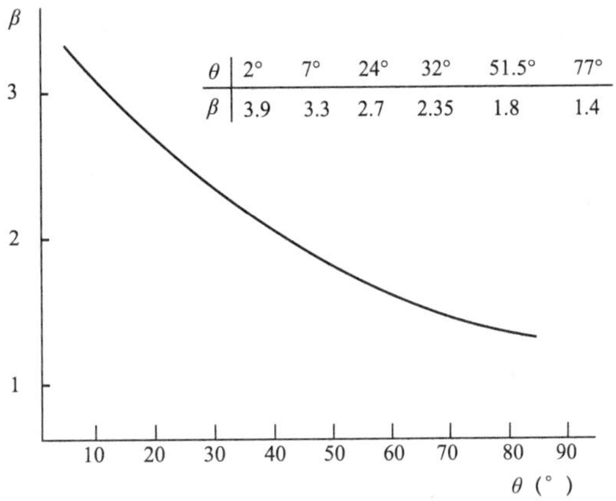

图 9－97　$\theta-\beta$ 关系曲线

2）工程前、后流速 V_1 与 V_2，在没有采用潮流数学模型计算开挖前后流速、流向时，采用式（9－23）确定，对式（9－23）中 $\beta < \dfrac{h_2 - h_1}{h}$ 时，采用 $\beta - \dfrac{h_2 - h_1}{h_1} = 0.1$ 估算。

3）年泥沙淤积系数 $K\left(=\dfrac{a\omega T}{r_c}\right)$ 根据港口当地泥沙特性和港口所在区域的含盐度利用 $K—d_{50}—S_t$ 关系确定。在珠江河口地区，根据洪水、枯水期最大含盐度的平面分布平均值粗略进行分析，八大口门附近区域以上水域，年均含盐度 S_t 均小于 5‰，而在口门附近的口外区域，如深圳西部港区、高栏港区、珠海九洲港，以及澳门九澳港、澳门电厂入口水道、澳门外港等属于河海区，其年均含盐度均取 12‰；对于 $K—d_{50}—S_t$ 关系图（图 9－96）中的泥沙中值粒径关系到悬移质沉速 ω 与淤积泥沙的干容重 γ_c 等数值的大小，从而影响到淤积系数的选择。珠江河口八大口门及口门以内的网河，据 1999 年 7 月洪水期与 2001 年 2 月枯水期大同步实测资料分析，悬移质中值粒径变化分别为 0.011～0.06mm 与 0.0039～0.028mm，洪水、枯水期平均悬移质中值粒径均等于或小于 0.03mm；珠江八大口门外的浅海区根据不同时期的垂线测点泥沙组成资料分析，洪水、枯水期平均悬移质粒径中值为 0.002～0.018mm，已建港口所在水域悬移质最大粒径均为 0.1mm。由此可见珠江河口地区悬移质中值粒径均小于 0.03mm，其沉速 ω 要采用絮凝团的沉速。而干容重 γ_c 的计算采用沉积物分散颗粒（非絮凝当量粒径）的中值粒径。由于珠江河口港口的淤积主要为悬移质淤积，推移质的淤积较少，而沉积物粒径大小决定港口所在水域的水流条件。水流愈强，沉积物粒径愈大，水流愈弱，沉积物粒径愈小，同时考虑到在港口的实测资料观测中，一般没有悬移质粒径的观测资料。为此，采用计算式确定年淤积系数关系图的中值粒径时可用沉积物的中值粒径 d_{50}。在沉积物中粒径大于 0.03mm 时，此时往往最大粒径大于 0.1mm 占一定的比例，需要将级配曲线大于 0.1mm 部分去掉，重新计算中值粒径后，查关系图（图 9－96）确定淤积系数 K 值。

4）平均含沙量 $\overline{S}$ 依据已建港口所在附近水域洪水、枯水期不同径潮组合水文条件下实测含沙量计算年平均含沙量；通过不同时相卫星遥感信息分析得到洪水、枯水期的平均表层含沙量乘以该地区垂线平均含沙量与表层含沙量的比值即得年平均含沙量，其比值据珠江口外浅海区变化为1.1～1.4，取其平均值为1.2；根据港口所在水域平均河底高程与平均潮位可求得平均水深h，并依据实测潮流资料计算洪水、枯水期涨潮、落潮流平均流速V，从而使用公式$\overline{S}=0.0273\gamma_s\frac{V^2}{gh}$（$g=9.8\text{m/s}^2$、$\gamma_s=2650\text{kg/m}^3$）计算年平均含沙量；对于港口所在水域具有水深较小的宽阔浅滩或口外海区港口的含沙量$\overline{S}$的计算，应考虑风浪作用，依据港口所在水域各方向平均风速与频率及相应的波高，从而计算多年平均波高$H\left[=\frac{\sum_{i=1}^{n}P_iH_i^2}{100}\right]^{1/2}$，$P_i$为频率，$H_i$为相应的波高，采用式（9－24）计算年平均含沙量。然后按上述所得含沙量进行综合分析，选择较为合理的年平均含沙量。

根据已建港口所在水域的泥沙特性与含盐度以及选择的含沙量，按式（9－21）与式（9－22）计算年回淤厚度与实测年回淤厚度进行比较列于表9－106。

从计算成果与实测港口回淤成果对比分析表明：对于工程前后平均水深的比值（h_1/h_2）大于0.5时，采用式（9－21）计算回淤强度小于采用式（9－22）计算的回淤强度，其比值愈大，差异愈大，与实测回淤强度比较，采用式（9－21）计算成果与实测回淤成果较接近；对于工程前、后平均水深的比值小于0.5时，其比值愈小，采用式（9－21）与式（9－22）计算的回淤强度愈接近，此时采用两式计算成果与实测回淤强度差异都不大，其误差一般均在30%以内；试挖槽（坑）的实测回淤强度大于采用式（9－21）与式（9－22）计算的回淤强度，计算回淤强度为实测回淤强度的55%～64%。

表9－106　　　　已建港口回淤厚度的计算值与实测值比较

港口名称	区域	h_1（m）	h_2（m）	θ（°）	d_{50}（mm）	$\overline{S}$（kg/m³）	$\rho_{测}$（m/a）	按式(9－19)计算$\rho_{计}$（m/a）	按式(9－20)计算$\rho_{计}$（m/a）
黄埔新沙港	局部挖槽	3.2	8.49	10	0.021	0.074	1.2	0.66	0.75
南沙港一期	挖槽A－B	1.5	10	2	0.0052	0.10	1.26	0.81	0.82
	挖槽C	2.0	7.5	2	0.0056	0.10	0.71	0.74	0.79
南沙港区	中船挖槽	1.5	7.0	2	0.0072	0.12	1.12	0.96	0.97
伶仃洋西航道	出海1959～1974	6.1	6.9	5	0.005	0.178	0.20～0.30	0.22	0.45
	航道1979～1983	6.1	8.6	5	0.005	0.178	0.62	0.52	0.93
	航道1999～2000	6.1	11.5	5	0.01	0.11	0.51	0.62	0.75
横门北汊出海航道	烂山浅滩挖槽	4.85	5.32	21	0.045	0.15	1.54	0.51	1.16
横门北汊出海航道疏浚	淇澳浅滩段	3.4	6.13	60	0.039	0.12	2.4～2.7	2.67	2.94
崖门出海航槽	浅滩部位挖槽	3.29	4.47	5	0.00495	0.14	0.62	0.38	0.67
	3000t级航槽疏浚	4.2	6.1	5	0.0078	0.14	0.88	0.44	0.76

续表

港口名称	区域	h_1 (m)	h_2 (m)	θ (°)	d_{50} (mm)	$\bar{S}$ (kg/m^3)	$\rho_{测}$ (m/a)	按式(9-19)计算$\rho_{计}$ (m/a)	按式(9-20)计算$\rho_{计}$ (m/a)
珠海高栏港区	主航道	4.3	13.4	16	0.017	0.17	1.21	0.87	0.92
	电厂航道	2.5	13.4	6	0.007	0.18	0.92	0.81	0.89
	电厂港池	1.4	13.4	6	0.007	0.15	0.67	0.67	0.67
	国码航道	1.7	8.3	25	0.007	0.16	0.83	0.76	0.83
	国码港池	1.36	8.3	25	0.007	0.14	0.73	0.67	0.73
	岩谷九丰港	4.4	13.4	45	0.007	0.19	1.33	1.07	1.10
	华联港池	3.26	13.4	53	0.007	0.10	0.67	0.64	0.64
	华联航道	4.1	13.4	53	0.007	0.13	0.73	0.84	0.82
澳门九澳疏浚试验区	澳门发电厂入口水道								
	北区	4.5	7.3	40	0.016	0.12	0.49	0.47	0.61
	南区	4.1	7.7	50	0.016	0.12	0.66	0.82	0.76
	1#	1.3	3.2	40	0.016	0.12	0.78~0.93	0.70	0.74
	2#	1.8	3.4	43	0.016	0.12	0.68~0.76	0.57	0.67
	3#	2.8	3.6	46	0.016	0.12	0.47~0.60	0.32	0.46
	澳门外港								
	东区	1.7	5.4	10	0.0083	0.09	0.40~0.34	0.38	0.41
	西区	1.2	2.4	10	0.0083	0.07	0.25~0.20	0.22	0.29
	澳门机场油码头								
	港口	0.40	2.4	60	0.02	0.14	1.42	1.40	1.41
深圳西部港区	赤湾港	2.5	10	20	0.011	0.102	0.23~0.62	0.46	0.48
	海星港池	3.5	10.6	5	0.011	0.102	0.34	0.40	0.45
	招港	1.3	9.9	5	0.0046~0.0069	0.173	0.63~0.71	0.74	0.75
	SCT港	1.7	15.1	5	0.0046~0.0069	0.193	0.86	0.83	0.83
深圳机场客货运港	航道	0.4	3.1	70	0.007	0.095	0.95	0.89	0.90
	港池	0.4	3.3	2	0.007	0.095	0.48	0.42	0.43
黄埔港出海航道	莲花山航道	7.2	9.0	10	0.361 D_{50}=0.026	0.074	0.32	0.21	0.40
台山电厂港口	航道	7.3	14.0	60	0.009	0.38	2.61	2.3	3.1
	港池	4.4	14	2	0.009	0.49	2.50	2.8	2.14
珠海九洲港	港池	1.5	4.2	2	0.012	0.18	0.89	0.65	0.79
	航道	3.0	4.0	60	0.012	0.16	0.53	0.60	0.69
		3.0	8.0	60	0.012	0.16	1.0~1.5	1.18	1.14

参考文献

[1] 陈文彪．伶仃洋口门冲淤特性及治理措施的探讨［J］．水利工程管理技术，1992 (4).

[2] 邓家泉．潮汐河口水流挟沙力研究［J］．热带海洋，1989 (2).

[3] 徐君亮等著．珠江口伶仃洋滩槽发育演变［M］．北京：海洋出版社，1985.

[4] 罗友芳．广州水道模型的电脑潮汐控制与水位采集系统［J］．珠江水电情报，1987 (2).

[5] 罗友芳．新型潮汐河工模型测控系统［J］．人民珠江，1995.6.

[6] 陈文彪．关于虎门口临界涨潮量问题的探讨［J］．人民珠江，1990 (2).

[7] 钟上海等．伶仃洋与东四口门一、二维连接水流数学模型的验证及方案计算［J］．人民珠江，1991 (2).

[8] 许祥向，陈文彪等．遥感技术在伶仃洋治理规划研究中的应用［A］．第二届国际水科学与工程讨论会论文集［C］. 1995.

[9] 李京．水域悬浮固体含量的遥感定量研究［J］．环境科学学报，1986 (2).

[10] 赵太初．悬浮泥沙水体的光谱特性［J］．海洋通报，1983 (4).

[11] 陈志民等．珠江口伶仃洋航道的回淤分析［J］．海洋工程，2002 (3).

[12] 罗肇森等．珠江口伶仃洋 3.5 万吨级航道开发方案的回淤计算分析［D］．南京水利科学研究院河港所，1991.10.

[13] 罗肇森等．珠江黄埔新沙港区泥沙回淤预报［J］．水利水运科学研究，1987 (4).

[14] 罗章仁等．华南港湾［M］．广州：中山大学出版社，1992.

[15] 黄镇国等．珠江三角洲口门近期淤积及其对港口航道的影响［J］．地理与地理信息科学，2005 (1).

[16] 罗肇森．河口航道开挖后的回淤计算［J］．泥沙研究，1987 (2).

[17] 严恺．海岸工程［M］．北京：海洋出版社，2002.

[18] 李安中等．横跨挖槽中流速变化及回淤预报［J］．河海大学学报，1993 (1).

[19] 刘家驹．在风浪和潮流作用下淤泥质浅滩含沙量的确定［J］．水利水运科学研究，1988 (2).

第10章 磨刀门治理开发研究

10.1 口门治理开发工程的研究

10.1.1 概述[1]、[2]

磨刀门是珠江干流西江的主要泄洪排沙干道和入海口门，其泄流量和输沙量居珠江八大口门之首位，是以径流作用为主的弱潮河口。

磨刀门水道流出灯笼山后进入浅海区，在其出海口分布着一系列的山丘、海岛，自东而西有马骝洲、大小横琴、杧洲、鹤洲、横洲和三灶岛等。诸岛环抱的浅海区，水域辽阔，长23km，宽15km，面积为173.08km^2，称为磨刀门内海区（见图10-1）。内海区由东而西分别由洪湾水道、横洲水道、龙屎窟水道、大二门水道与外海相通，各水道径流、潮流不一，涨、落潮相位不同，其中前两条水道以径流作用为主，后两条水道则为潮流作用较强，水动力分布十分复杂。

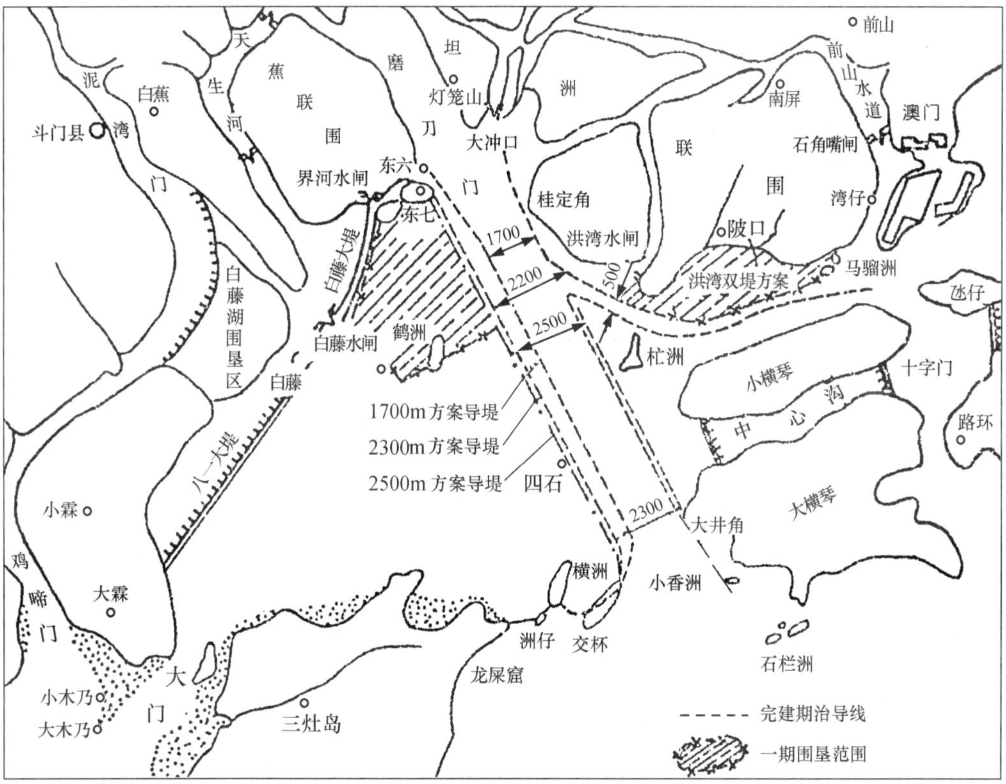

图10-1 磨刀门内海区情势及导堤布置方案示意图

长期以来，由于内海区水域宽浅，水流分散，流速缓慢，加之会潮点多，缓流区、回流区、滞流区广布，造成泥沙严重淤积，沙洲众多，浅滩发育，口门不断延伸。据分析，磨刀门河口在自然演变发展中，口门平均每年向外延伸约100m，河床平均每年淤高约3.39cm，使三角洲附近地区的防洪、排涝、灌溉、航运和水环境等条件日益恶化，严重制约着该地区的经济发展。其主要影响如下。

(1) 河口进入浅海区后，水流扩散和潮汐顶托，中水河槽形成众多浅滩，河道曲折，横洲口滨海部位又出现拦门浅滩，使泄流阻力增大，严重影响泄洪排沙。

(2) 河口下延，使潮汐影响段逐步变为河流段，上游段的高水位和潮谷水位将抬高，即提高了防洪水位和外排水位，对防洪和排涝带来了影响；由于潮汐影响减弱，潮峰将降低，亦影响中枯水期农田灌溉。

(3) 浅海区的普遍严重淤积，使滩地高出老垦区围内基面，而已有排水闸及排水渠道的淤积，都严重影响了老垦区的排水。

(4) 浅海区的横洲水道由于浅滩众多，拦门沙发育，无法通航，洪湾水道便成为华南西部地区沟通港、澳的重要航线。但由于洪湾水道会潮点多，泥沙淤积严重，枯水期航深仅1.2m，乘潮只能通航300t船舶，严重制约着交通运输的发展。

(5) 浅海区水域宽浅，水草丛生，严重影响水环境；由于无计划围垦，垦区凌乱分散，形成众多洲岛，造成防潮线长，引淡困难。

磨刀门口门由于存在以上问题，不能任其自然发展下去，迫切需要进行治理开发。珠江水利委员会根据“统一规划，综合治理和加强管理”的方针，确定治理开发任务为：

(1) 防洪防潮。研究河口发展方向，规划合理的泄洪干道，结合海滩开发保护已有堤围，有计划整治支汊，缩短防潮堤线。

(2) 合理开发利用海滩资源。在满足行洪、纳潮及航运的要求下，充分开发利用口门附近内海区的滩涂资源和淡水资源，有计划地分期围垦开发两岸滩地，并根据自然条件和对外开放的需要，发展农副业、加工业、地产、旅游、贸易及水产养殖业，特别是应发挥临近港、澳交通便利的优势，建设对外贸易基地。

(3) 发展航运。洪湾水道是磨刀门与外海连通的航道，是两广与港、澳客货交往的要津之一，规划时在潮型、流态、流速和输沙方面应有利于航道的发展和维护，减少经常性的疏浚量。

(4) 改善口门附近老垦区的排灌条件。根据上述任务，珠江水利委员会遵循兴利除弊、统筹兼顾、综合治理和充分利用滩涂资源的原则，对磨刀门内海区进行治理开发规划，提出一干一支的治导线规划方案，理顺主干深槽，以利泄洪纳潮；束导洪湾汊道，主要发展航道及分泄部分洪水；干支治导线以外的三灶湾、鹤洲北、鹤洲南、洪湾北（包括洪湾西)、洪湾南和白龙河西等6片开发滩涂资源；白藤—龙屎窟的白龙河辟为西区排水干道通至水深大、潮位低的龙屎窟口。规划方案见图10－2。

磨刀门内海区横洲干道的主干东导堤自桂定角起至石栏洲，堤长9.6km；西导堤自东六围尾起至交杯沙，堤长18.61km。东、西主干导堤间距为1700m、2300m、2500m三种方案进行比选。洪湾汊道治导堤的进口在桂定角与杧洲之间，北导堤东至马骝洲，南导堤东至小横琴北山咀，南北支导堤总长24.3km，堤距宽500m。导堤布置见图10－1。

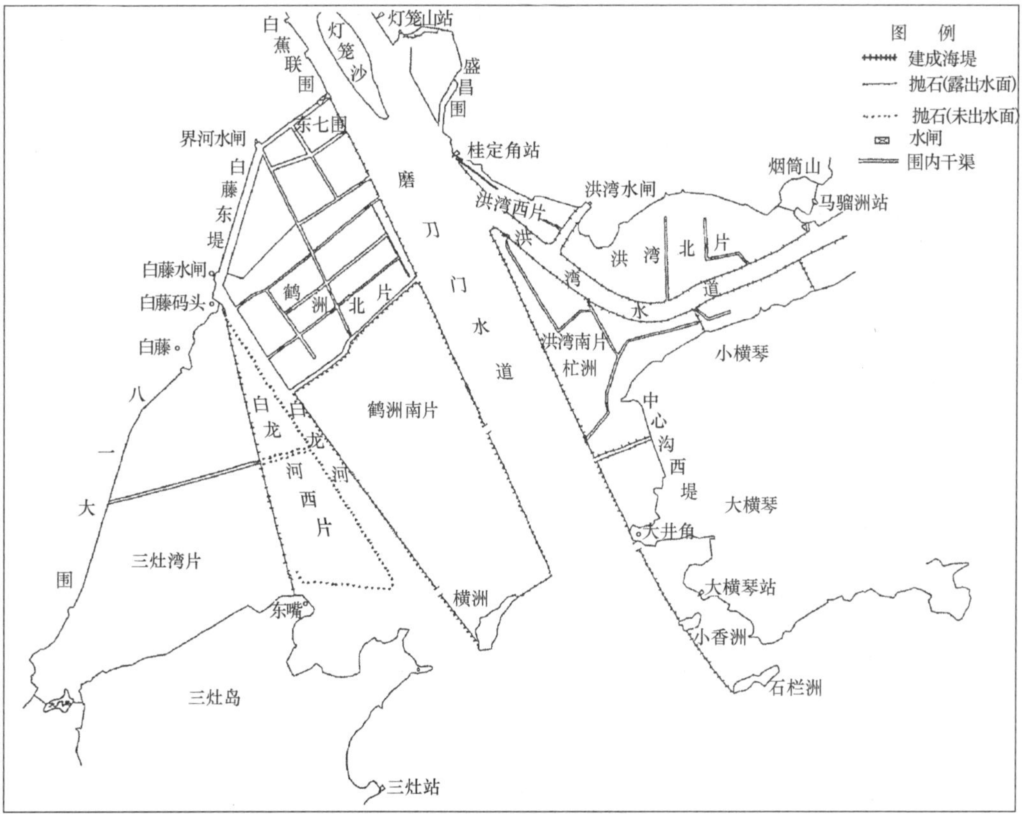

图 10-2 磨刀门口门治理开发工程规划方案及现状图

磨刀门口门治理开发工程规划（阶段报告）经水利电力部水电规划设计院于 1982 年 7 月组织了讨论，讨论纪要指出：磨刀门的整治规划与整个三角洲的规划原则和布局没有矛盾，可以先行一步实施，并同意把洪湾北片和鹤洲北片作为治理开发试验工程。后水利电力部又分别于 1983 年 8 月及 1984 年 9 月批准了鹤洲北片试验工程初步设计和洪湾北片初步设计。1983 年 8 月 30～31 日珠江水利委员会在佛山市主持召开磨刀门治理开发工程协调会议，广东省人民政府办公厅于同年 10 月批准成立了珠江磨刀门治理开发委员会，同时批准成立了鹤洲北片工程指挥部，1983 年 12 月治理开发工程第一期工程正式开工。1984 年由珠江水利委员会、珠海市、斗门县和香港光大公司组成了珠江磨刀门综合开发有限公司，负责工程的施工和经营管理。

一期工程包括鹤洲北片、洪湾北片、洪湾西片和三灶湾片等 4 片；二期工程有鹤洲南片、洪湾南片和白龙河西片等 3 片。各片围垦面积开工日期和合拢日期见表 10-1。目前，除白龙河西片尚未成围外，其他已基本完成。

为研究和论证磨刀门口门治理开发工程规划方案的合理性和可行性，并选择较优方案，珠江水利委员会科学研究所采用了物理模型试验、数学模型模拟计算、实测水文泥沙与河道地形资料及海岸带调查资料进行分析，以及遥感技术应用研究等多种手段开展研究工作，取得丰硕的研究成果，本节在此加以介绍。

表 10-1 磨刀门治理开发工程实施情况表

<table>
<tr><th>项目
工期</th><th>围 名</th><th>堤 名</th><th>长度(km)</th><th>高程(m)</th><th>水闸
(座/总净宽 m)</th><th>船闸
(座/总净宽 m)</th><th>围垦面积
(万亩)</th><th>始建日期
(年.月)</th><th>合拢日期
(年.月)</th></tr>
<tr><td rowspan="8">第一期工程</td><td rowspan="3">鹤洲北片</td><td>东堤</td><td>2.80</td><td>4.0</td><td rowspan="3">4/38.5</td><td rowspan="3"></td><td rowspan="3">2.10</td><td rowspan="3">1984.3</td><td rowspan="3">1985.8</td></tr>
<tr><td>西堤</td><td>3.46</td><td>3.6</td></tr>
<tr><td>南堤</td><td>3.34</td><td>4.0</td></tr>
<tr><td rowspan="2">洪湾北片</td><td>东堤</td><td>0.25</td><td>3.5</td><td rowspan="2">1/24</td><td rowspan="2">1/6.0</td><td rowspan="2">1.59</td><td rowspan="2">1985.1</td><td rowspan="2">1988.12</td></tr>
<tr><td>南堤</td><td>7.75</td><td>2.9~3.3</td></tr>
<tr><td rowspan="2">洪湾西片</td><td>东堤</td><td>1.22</td><td>3.0~3.6</td><td rowspan="2"></td><td rowspan="2">1/6.0</td><td rowspan="2">0.26</td><td rowspan="2">1985.5</td><td rowspan="2">1987.12</td></tr>
<tr><td>南堤</td><td>3.58</td><td>2.8~3.2</td></tr>
<tr><td>三灶湾片</td><td>东堤</td><td>7.80</td><td>4.0</td><td>3/84</td><td>1/8.2</td><td>4.80</td><td>1984.9</td><td>1986.10</td></tr>
<tr><td rowspan="10">第二期工程</td><td rowspan="4">鹤洲南片</td><td>东堤</td><td>8.77</td><td>0.85~3.0</td><td rowspan="4">5/90</td><td rowspan="4">1/8.5</td><td rowspan="4">3.99</td><td rowspan="4">1989.8</td><td rowspan="4">2001.11</td></tr>
<tr><td>西堤</td><td>7.33</td><td>0.3~2.78</td></tr>
<tr><td>南堤</td><td>1.09</td><td>2.6~2.7</td></tr>
<tr><td>北堤</td><td>4.65</td><td>1.0~2.7</td></tr>
<tr><td rowspan="4">洪湾南片</td><td>东堤</td><td>1.00</td><td>3.0</td><td rowspan="4">3/36</td><td rowspan="4">1/6.0</td><td rowspan="4">2.57</td><td rowspan="4">1990.5</td><td rowspan="4">1995.9</td></tr>
<tr><td>西堤</td><td>6.38</td><td>2.3~2.8</td></tr>
<tr><td>南堤</td><td>2.10</td><td>2.5~3.0</td></tr>
<tr><td>北堤</td><td>9.52</td><td>2.3~4.0</td></tr>
<tr><td rowspan="2">白龙河西片</td><td>东堤</td><td>8.11</td><td>未出水面</td><td rowspan="2"></td><td rowspan="2"></td><td rowspan="2">1.20</td><td rowspan="2">1993.3</td><td rowspan="2"></td></tr>
<tr><td>南堤</td><td>2.42</td><td>未出水面</td></tr>
<tr><td>合计</td><td></td><td></td><td>81.57</td><td></td><td>16/272.5</td><td>5/34.7</td><td>16.51</td><td></td><td></td></tr>
</table>

注 表中主要数据引自珠江水利委员会勘测设计研究院《磨刀门整治效果(阶段)分析报告》。

10.1.2 物理模型试验研究

10.1.2.1 试验研究的主要任务

根据磨刀门口门治理开发工程规划的要求,试验研究的主要任务有:

(1)研究治理开发工程在各种不同规划整治方案下,沿程水位和流速的变化情况及其对泄洪及潮排潮灌的影响。

(2)研究治理开发工程实施前后各级流量时,干支河道的泄量、分流比及其变化情况。

(3)研究各种整治方案对洪湾水道通航条件的影响及改善通航条件的措施。

(4)论证比较各整治方案的工程效果,选出有利于防洪、潮排潮灌及航运的最佳方案。

（5）研究优选方案的河床冲淤变化对河道水位的影响过程及对工程的影响，并对堤线的合理性作进一步论证。

根据上述试验研究任务，物理模型试验研究工作分两个阶段进行：第一阶段为定床清水试验，主要进行上述（1）～（4）项试验研究，对各种整治方案进行比选，并从中优选出最佳方案；第二阶段为局部动床试验，包括清水局部动床试验和浑水局部动试验，对定床清水比选试验提出的推荐方案，进行上述第（5）项试验研究工作。

10.1.2.2　模型设计

1. 模型范围及边界的选定

（1）上游边界。根据试验任务的要求，模型的上游边界应选在磨刀门口门的治理开发工程实施后不受影响或影响甚微的范围之外。据新中国成立后多次实测资料分析，西江干流径流当马口站流量在 5000m^3/s 以上时，天河站受潮汐影响很小，分流量比较稳定，平均分流量约占马口流量的 52.5%；当马口站流量在 1000～5000m^3/s 时，天河站平均分流量约占马口站流量的 60.7%。又据数学模型计算成果，磨刀门口门在各种规划整治方案下对天河站水位壅高的影响只有 3～5cm。因此，模型的上游边界取在天河站上游 3km 处，在此以上至潮区界长约 200km 的河道地形用扭曲水道代替。枯水期上游德庆站平均涨潮潮差仅 0.23m，潮汐影响甚弱，因此，取德庆站作为扭曲水道的上边界。

（2）下游边界。西江干流经磨刀门水道流入内海区，分别经横洲口、龙屎窟口、洪湾口和大二门出海，其中经大二门入海的径流仅占 0.2%～1.2%，予以忽略不作模拟。因此，西江干流的模型下边界取在磨刀门口外 -15m 等深线处，口门宽度 15km，生潮尾门方向正对涨潮主流方向；洪湾水道口门取在澳门嘉乐庇大桥下游，距洪湾水道整治段 6km，口门宽度 6.2km，生潮尾门方向亦正对涨潮主流方向。

西江径流自马口以下，经天河、南华、甘竹溪流入西江和北江，其中西江干流自天河以下，沿程向西分流汇入江门河（江门水道）、睦洲河（虎坑水道）、劳劳溪、螺洲溪后分别注入崖门、虎跳门和鸡啼门出海，由于流入崖门的流量已筑闸由人工控制，模型上用北街闸、睦洲闸进行模拟分流，不另模拟作为下边界之一的崖门；其他下边界为虎跳门和鸡啼门，分别取在距西江干流 30km 左右的西炮台站和黄金站，口门宽度分别为 600m 和 365m，生潮尾门方向正对河道主槽方向。

（3）西岸边界。模型模拟范围沿程两岸有 193 个大小水闸，其中净宽大于 100m 的有西河口闸、大冲口闸、白藤闸和石角咀闸，净宽在 50～100m 之间的有北街闸、睦洲闸、拱北闸、联石湾闸、天生河闸和界河闸。除了北街闸和睦洲闸为分洪闸外，其余均为排灌闸，总共泄流宽度为 1878m。这些水闸的过流及管理运用情况，对磨刀门地区水流情况及河道冲淤有一定影响，模型上应尽可能加以模拟。为此，采用大型水闸独立模拟泄流，中小型水闸分河段进行集中泄流的概化模拟方式，在模型上布置了 10 座排灌水闸和 2 座排洪闸，以实现对沿程两岸水闸泄流影响的模拟。

综上所述，磨刀门潮汐河口模型模拟范围为上自天河水位站以上 3km 起，下至磨刀门口外 -15m 等深线处，长约 100km，下边界包括磨刀门的横洲口、龙屎窟、洪湾口以及虎跳门、鸡啼门等口门，模型的平面布置见图 10-3。

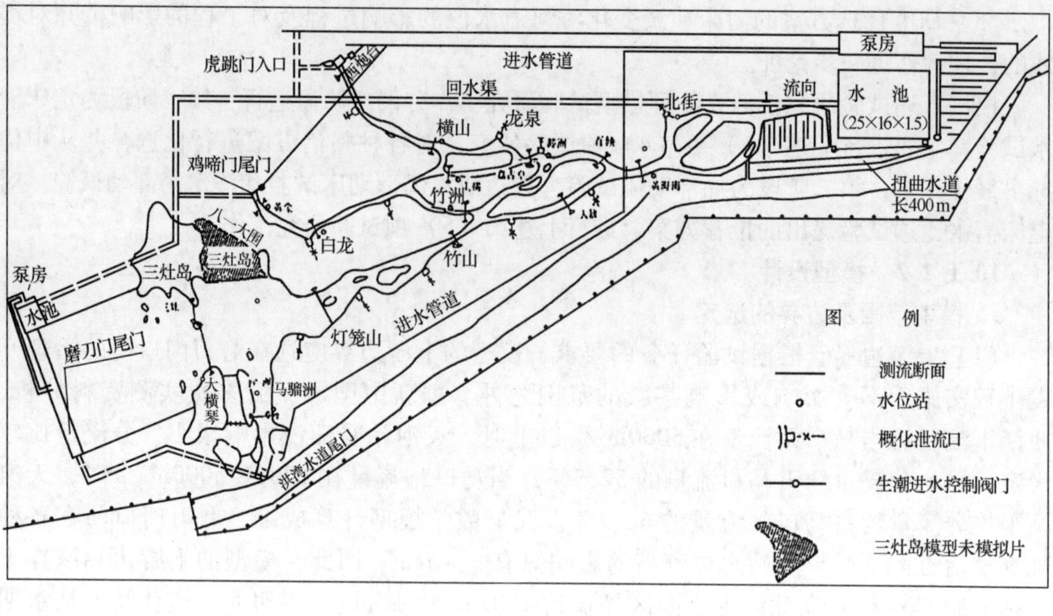

图 10-3 磨刀门河口模型布置图

2. 模型相似条件及比尺的选定

（1）模型相似条件。磨刀门整治主要解决泄洪、潮排、潮灌及通航等问题，对水位精度要求较高，模型中要能测出整治工程实施后沿程水位的变化；内海区修建治导堤后，河道断面形态会发生变化，模型要模拟河床冲淤变化情况，预测工程后的冲淤发展。因此，模型必须满足水流运动相似、泥沙运动相似、河床变形相似和水闸泄水量相似等条件。

模型相似条件的推导见第6章所述，此处不再赘述。在清水定床试验阶段主要考虑水流运动相似和水闸泄水量相似条件。其相似条件如下：

$$\lambda_u = \lambda_v \tag{10-1}$$

$$\lambda_u = \lambda_h^{1/2} \tag{10-2}$$

$$\lambda_n = \lambda_h^{2/3} \lambda_L^{-1/2} \tag{10-3}$$

$$\lambda_t = \lambda_L / \lambda_u \tag{10-4}$$

式中 λ_u 为纵向流速比尺；λ_v 为横向流速比尺；λ_L 为平面比尺；λ_h 为垂直比尺；λ_n 为糙率系数比尺；λ_t 为水流时间比尺。

对于沿河两岸众多的中、小型排灌水闸须满足泄水量相似，即在一个潮周期内，水闸泄水流量应满足模型流量比尺

$$\lambda_Q = \lambda_h \lambda_L \lambda_u = \lambda_h^2 \lambda_t \tag{10-5}$$

式中 λ_Q 为流量比尺，其他符号意义同前。

（2）模型比尺的选定。模型的平面比尺根据试验研究范围和现有试验场地的面积确定 $\lambda_L = 500$；模型的垂直比尺需考虑满足水位精度要求较高的要求、模型的变率不宜超过10的要求、模型中的最小水源必须大于表面张力要求的最小水深1.5cm，以及模型中的

水流必须处于阻力平方区等方面的要求，即模型垂直比尺的选择有所限制。

为保证模型水流处于阻力平方区，应满足：

$$\lambda_h = \left(\frac{u_p \Delta_p}{60 C_{0p} \nu_m}\right)^{1/5} \lambda_L^{7/10} \tag{10-6}$$

式中　u_p 为原型纵向平均流速；Δ_p 为原型床面粗糙的凸起高度，床沙 $d_{50} > 0.5\text{mm}$，取 $\Delta_p = d_{50}$，$d_{50} < 0.5\text{mm}$，取 $\Delta_p \approx 0.5\text{mm}$；$C_{0p}$ 为原型无尺度谢才系数，$C_{0p} = 6.25\left(\frac{H}{\Delta_p}\right)^{1/6}$；$\nu_m$ 为模型流体运动黏滞系数；其他符号意义同前。

以磨刀门内海区水深较浅的洪湾水道主槽枯水期为限制条件（$H = 250\text{cm}$，$V = 22\text{cm/s}$，$\Delta = 0.05\text{cm}$，$\nu = 0.01\text{cm}^2/\text{s}$）代入式（10-6），取垂直比尺 $\lambda_h = 50$ 能满足模型水流处于阻力平方区的要求。

在选定 λ_L、λ_h 后，即可根据上述相似条件计算得到其他比尺为：

流速比尺 $\lambda_u = 7.071$

糙率比尺 $\lambda_n = 0.607$

水流时间比尺 $\lambda_{t1} = 70.71$

流量比尺 $\lambda_Q = 176776.7$

10.1.2.3　模型验证

1. 验证试验条件的选定

由于在试验范围内无完整的同步实测水文资料作为验证的依据，因此，只能采取选时段编组分别验证的办法对模型进行验证，选择的原则是：

（1）尽可能满足治理开发规划所要求的试验条件。

（2）尽可能包括常年发生的流量资料及实测的较大流量级。

（3）选用的验证资料尽可能与制模使用的地形图测绘时间相接近。

（4）尽可能选取包括上、下游及干、支流的水位、流速同步观测资料。

根据上述原则，选取了珠江委测流队 1981 年实测的 79、80 两个组合及 1983 年实测的 85、90 两个组合的同步观测资料作为验证资料，从中选取 4 个时段分别编组为 85（1）、80（1）、79（2）及 90（1），并选用 1983 年 6 月 26 日的大洪水资料作为大洪水条件（简称 6.26 组合）等共 5 组进行验证试验，包括了枯水大潮、枯水中期、大水小潮、大水大潮、洪水大潮等不同径流和潮汐组合情况。海区流态验证选用内海区同步测点较多的海洋同步观测 13、38、39 组合资料。验证试验条件见表 10-2。

2. 验证结果

经检查，模型地形制作的平面误差小于 1cm，高程误差小于 3mm，基本满足技术规程的要求。

模型水流运动相似性验证共进行了 5 组试验，试验水文组合条件如上所述。以两岸水闸不参加运行的中水大潮 85（1）组合为主进行验证，使模型与原型的潮位过程线较好地吻合，潮流过程及主要汊道的分流比也能满足相似。对于两岸排灌参加运行的枯水大潮 90（1）组合和枯水中潮 79（2）组合按水闸概化方式进行验证，使其能基本满足相似性的精度要求。内海区流态验证主要观测涨、落潮流路和同步观测点的流速、流向，使其能基本达到相似性精度要求。

表 10－2 **验证试验条件**

组合	起止日期 （年．月．日 时：分）	天河流量 （m^3/s）	潮型	水位站	测流断面（点）
85（1）	1983.5.30 18:00～ 1983.5.31 18:00	9410	大	天河北街、大敖、竹银、灯笼山、大横琴、三灶、马骝洲、横洲、横山、西炮台、白蕉、黄金	天河、西炮台、黄金、灯笼山、龙屎窟、横洲、马骝洲
6.26	1983.6.26 0:00～ 1983.6.27 6:00	15900	大	天河北街、大敖、竹银、灯笼山、大横琴、三灶、横山、西炮台、白蕉、黄金、马骝洲*	无
79（2）	1981.3.26 18:00～ 1981.3.27 19:00	2470	中	天河北街、大敖、竹银、灯笼山、大横琴、三灶、马骝洲、万顷头、黄海南、盘古皇、横山、上横、西炮台、竹洲、白蕉、黄金	黄海南、百顷头、盘古皇、上横、横山、竹洲、白蕉、灯笼山
90（1）	1983.12.3 12:00～ 1983.10.4 14:00	1950	大	同85（1）组合	无
80（1）	1981.8.9 10:00～ 1981.8.10 10:00	7500	小	同79（2）组合	同79（2）组合
13	1980.11.20 13:00～ 1980.11.21 16:00	1400	中		16、21、22、23、24、25、26、27#
38	1981.5.8 19:00～ 1981.5.9 22:00	6248	大		16、17、20、21、22#
39	1981.5.11 9:00～ 1981.5.12 12:00	6400	中		23、24、25、26、27、16#

* 资料由相关法推求。

根据实测水文资料分析，试验范围内河道糙率一般在0.04以上，采用一般方法加糙难以达到水流阻力相似。为此，在水槽中进行糙率试验的基础上，采用在模型上排布梅花形水泥方块体和在方块体上可调整长短的金属条杆等办法进行加糙，经过反复调试，使模型验证取得满意的结果。

验证结果表明：在各种不同径潮组合条件下，模型与原型的潮位过程的误差一般在2mm（模型值，下同）以内，个别最大为3mm左右；涨、落流量过程基本一致，净泄量相对误差一般在20%以内，个别最大为30%左右；各汊道分流比的偏差一般在5%以内，最大不超过6.3%；流态和流路的比较，模型与原型基本一致。由此，可以认为，磨刀门潮汐河口模型在水流运动方面基本上达到了与原型相似。

10.1.2.4　定床清水工程方案试验

1. 试验条件

根据试验任务选用试验条件见表 10－3，其中防洪（潮）条件选用 68 组合实测大洪水、74 组合台风暴潮遭遇相应洪水及 50 年一遇、100 年一遇设计洪水，下边界按最高潮位控制；潮排条件选用 85（1）、80（1）、80（4）组合，下边界为原型实测潮位过程控制；潮灌及航运条件选用 79（2）、90（1）组合，下边界为原型实测潮位过程控制。

表 10－3　　模型试验条件表

<table>
<tr><th rowspan="2">组次</th><th rowspan="2">模拟时段
（年．月．日　时：分）</th><th rowspan="2">山潮组合
类　型</th><th rowspan="2">天河站
平均流量
（m^3/s）</th><th colspan="4">下游边界控制水位（m）</th><th rowspan="2">试验
目的</th></tr>
<tr><th>三灶</th><th>黄金</th><th>西炮台</th><th>马骝洲</th></tr>
<tr><td>90（1）</td><td>1983.12.3　12:00
～1983.12.4.14:00</td><td>枯水大潮</td><td>1950</td><td colspan="4" rowspan="6">原型实测潮位过程</td><td rowspan="2">灌溉、
航运</td></tr>
<tr><td>79（2）</td><td>1981.3.26　18:00
～1981.3.27　19:00</td><td>枯水中潮</td><td>2470</td></tr>
<tr><td>80（4）</td><td>1981.8.16　13:00
～1981.8.17　14:00</td><td>中水大潮</td><td>4200</td><td rowspan="3">潮排</td></tr>
<tr><td>80（1）</td><td>1981.8.9　10:00
～1981.8.10　10:00</td><td>大水小潮</td><td>7500</td></tr>
<tr><td>85（1）</td><td>1983.5.30　18:00
～1983.5.31　18:00</td><td>大水大潮</td><td>9410</td></tr>
<tr><td>6.26</td><td>1983.6.26　0:00
～1983.6.27　0:00</td><td>洪水大潮</td><td>15900</td><td rowspan="5">防洪</td></tr>
<tr><td>74</td><td>1974.7.22</td><td>台风暴潮</td><td>16700</td><td>1.93</td><td>1.95</td><td>2.09</td><td>1.98</td></tr>
<tr><td>68</td><td>1968.6.27</td><td>大洪水</td><td>20700</td><td>0.90</td><td>1.09</td><td>1.30</td><td>0.91</td></tr>
<tr><td>1/50</td><td>50 年一遇设计洪水</td><td></td><td>23170</td><td>1.47</td><td>1.67</td><td>2.05</td><td>1.50</td></tr>
<tr><td>1/100</td><td>100 年一遇设计洪水</td><td></td><td>24760</td><td>1.47</td><td>1.68</td><td>2.07</td><td>1.50</td></tr>
</table>

2. 工程方案比选试验

磨刀门口门治理开发的工程方案有内海区横洲水道为 1700m、2300m 和 2500m 宽的东、西双导堤与洪湾水道 500m 宽的南、北双导堤相组合的 3 个方案，要求通过定床清水模型试验从中优选推荐方案。试验结果分析如下：

（1）各方案对水位的影响。

1）防洪水位：工程后各方案洪水位均有不同程度的抬高（表 10－4）。一般规律是上游流量越大，抬高值也越大，抬高值向上游逐渐递减。以 100 年一遇洪水为例，1700m、2300m、2500m 方案在灯笼山站洪水位抬高值分别为 33cm、24 cm、22cm（原型值，下同），至天河站已基本不受影响。3 个方案中以 1700m 方案对洪水位影响较大，其他两个方案影响较小，且差别不大。

2）排涝水位：工程后各方案的低低潮位一般都有抬高，上游流量越大，抬高值一般也越大，抬高值向上游逐渐递减。以抬高值最大的大水大潮 85（1）组合为例，3 个方案的灯笼山站低低潮位抬高值分别为 14cm、8cm 和 7cm，至天河已无影响。各方案中以 1700m 方案有些影响，其他两个方案影响不大，二者差别也不大。

表 10－4 工程前后干流各站水位变化表 [单位：cm（原型值）]

组次	类别	潮位	天河			北街			黄海南			大敖			竹银			灯笼山			大横琴			三灶		
			1700	2300	2500	1700	2300	2500	1700	2300	2500	1700	2300	2500	1700	2300	2500	1700	2300	2500	1700	2300	2500	1700	2300	2500
90（1）	枯水大潮	低低潮	0	－2	－3	－2	1	1	2	－2	0	2	－1	－2	4	2	2	6	2	1	2	2	1	6	6	7
		高高潮	－7	－7	－7	－4	－2	－3	－8	－8	－6	－4	－5	－5	－10	－8	－7	－14	－12	－12	4	2	2	3	7	4
79（2）	枯水中潮	低低潮	－1	2	－4	3	3	－1	0	1	0	1	1	－2	6	4	1	7	3	1	5	6	6	－3	1	1
		高高潮	－8	－5	－5	－3	－1	－4	－9	－6	－6	－7	－5	－8	－5	－6	－6	－8	－7	－8	－3	－3	－4	－3	－3	－2
80（4）	中水大潮	低低潮	1	2	3	6	6	4	3	1	1	7	4	2	9	4	5	11	4	4	6	6	5	－11	－9	－10
		高高潮	0	0	0	1	2	1	0	0	2	6	5	4	9	9	8	3	0	0	9	6	5	5	3	2
80（1）	大水小潮	低低潮	2	0	－1	5	4	3	3	－1	1	7	3	2	8	5	3	14	9	7	7	6	4	2	2	－1
		高高潮	0	－1	－1	4	3	1	1	－3	0	4	0	1	2	0	－1	－1	－5	－6	－1	－2	－4	－4	－2	－8
85（1）	大水大潮	低低潮	0	2	－2	3	4	1	1	0	2	4	4	0	10	7	4	14	8	7	8	11	8	－2	2	－4
		高高潮	2	0	－2	3	4	1	0	－2	1	－2	－1	－2	－4	－4	－8	－4	－5	－7	1	5	－1	－6	4	－7
1/100	设计频率（a）	高潮位	4	0	0	10	2	1	11	5	5	7	6	4	20	13	10	33	24	22	7	7	5	1	2	1
1/50		高潮位	2	0	0	4	0	0	3	1	1	6	1	1	17	11	10	28	20	18	8	8	6	4	4	3
68	实测大洪水	高潮位	5	2	2	7	5	1	10	10	7	12	7	3	20	15	15	31	23	19	7	8	6	3	4	3
74	台风暴潮	高潮位	8	3	1	8	7	5	6	4	3	10	6	3	14	12	13	14	9	8	5	4	2	3	3	5

注 1. 表中＋值表示抬高，－值表示降低。
2. 1700，2300，2500 分别代表干道的 3 种不同堤距（m）。

3）灌溉和航运水位：工程后各方案在枯水条件下高高潮位都是降低的，以 1700m 方案降低值为最大，其他两个方案降低值较小，二者几无差别，降低值向上游逐渐递减，可以影响至天河以上；低低潮位则略有抬高或未有变化，至黄海南已不受影响。

（2）各方案对水动力条件的影响。工程后改变了内海区多口门、多流路、多汇潮点的特点，将宽浅的内海区整治成规则的水道，因而引起了水动力条件发生相应的变化。内海区潮流动力作用显著削弱，径流动力作用相对增强，这从表 10－5、表 10－6 及图 10－4 中内海区流速的变化即可看到。以 100 年一遇洪水为例，工程前横洲水道流速小于 0.8m/s，工程后最大可达 1.4m/s，主槽流速增加 45% 以上；横洲口外工程前流速一般小于 0.35m/s，工程后可达 0.65m/s；洪湾水道工程前流速一般在 1.0m/s 以下，工程后可达 1.7m/s。3 个方案中以 1700m 方案流速增大较多，其他两个方案增加较小，且二者差不大。

试验观察亦表明：工程前 5 个组合的验证试验均可观察到横洲水道和洪湾水道均有涨潮流上溯，而工程后仅在枯水大潮组合条件下，洪湾水道有涨潮流上溯，横洲水道的涨潮流则明显减弱，枯水大潮和枯水中潮组合条件下，涨潮流可上溯至灯笼山以上，而大水大潮组合时涨潮流只能达到横洲口附近。

（3）各方案对分流比的影响。工程后各方案都会引起磨刀门水道的干道和支汊以及内海区各口门的分流比发生一定的变化。由表 10－7 及表 10－8 可见，工程后干道的灯笼山站分流比有所减小，上游各支汊的分流比则有所增大，但减小或增大的幅度都不大，其中以 1700m 方案大于其他方案，但相差都不大；工程后内海区横洲水道的分流比有明显增大，其中落潮量增加了涨潮量减少，而洪湾水道的分流比则有所减小，涨潮、落潮量都有减少，且各方案差别都不大。工程后龙屎窟改为白龙河排水渠的出口，故无净泄量。

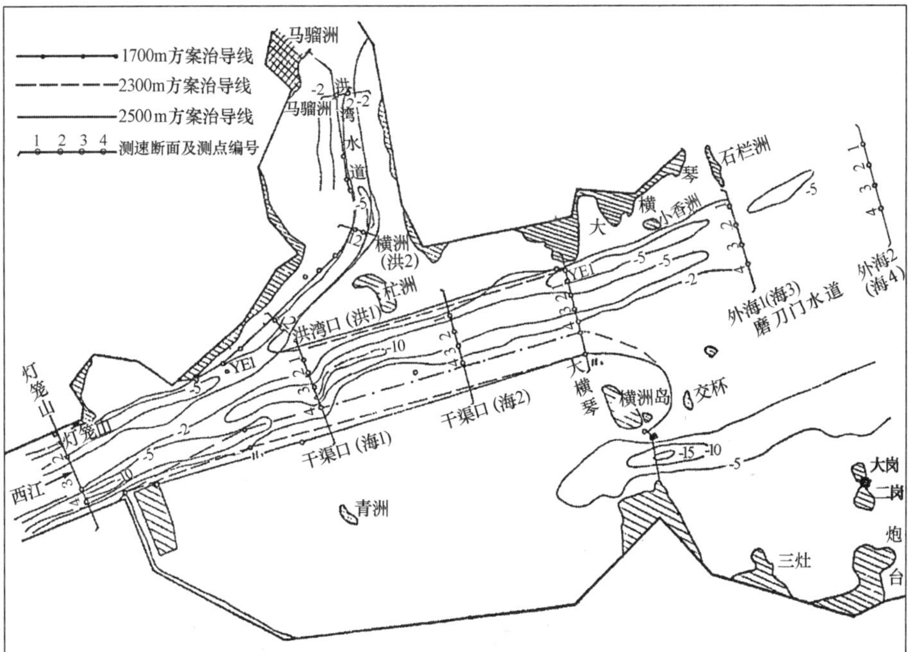

图 10－4　模型海区流速测点布置图

表 10-5　海区流速比较表（1/100 及 74 组合）　（流速单位：m/s）

年型	方案＼位置与测点	干渠口（0.6h 处）				干渠中（0.6h 处）				外海 1（底部）				外海 2（底部）				洪湾口（0.6h 处）		杧洲（洪 2）（0.6h 处）	
		1	2	3	4	1	2	3	4	1	2	3	4	1	2	3	4	1	2	1	2
$p=1\%$	1700m	1.19	1.15	1.13	—	1.16	1.37	1.00	0.72	0.54	0.61	0.65	0.61	0.46	0.41	0.49	0.44	1.42	1.68	1.36	1.41
	2300m	1.01	0.99	1.14	1.34	1.02	1.28	0.93	0.68	0.54	0.60	0.62	0.61	0.45	0.39	0.49	0.44	1.40	1.47	1.17	1.31
	2500m	0.94	0.94	1.06	1.17	0.98	1.20	0.94	0.71	0.55	0.56	0.62	0.57	0.45	0.40	0.47	0.46	1.12	1.39	1.12	1.20
	工程前	0.65	0.56	0.63	0.77	0.58	0.60	0.41	0.41	0.31	0.33	0.33	0.26	0.29	0.16	0.28	0.27	0.88	0.89	0.53	0.41
74 年 7.22	1700m	0.76	0.73	0.75	—	0.73	0.85	0.61	0.48	0.36	0.40	0.38	0.38	0.34	0.27	0.35	0.31	0.83	1.08	0.86	0.98
	2300m	0.66	0.60	0.72	0.78	0.68	0.73	0.53	0.46	0.35	0.38	0.36	0.38	0.32	0.23	0.33	0.27	0.91	0.94	0.78	0.84
	2500m	0.68	0.60	0.71	0.78	0.62	0.77	0.61	0.52	0.32	0.27	0.47	0.42	0.19	0.14	0.25	0.32	0.55	0.65	0.54	0.59
	工程前	0.41	0.31	0.34	0.53	0.33	0.31	0.21	0.33	0.23	0.21	0.25	0.18	0.23	0.16	0.20	0.23	0.54	0.49	0.32	0.24

表 10-6　海区流速比较表［85（1）组合］　（流速单位：m/s）

方案	流速＼位置与测点	干道口（海 1）（0.6h 处）				干道口（海 2）（0.6h 处）				外海 1（海 3）（底部）				外海 2（海 4）（底部）				洪湾口(洪1)（0.6h 处）		杧洲（洪 2）（0.6h 处）	
		1	2	3	4	1	2	3	4	1	2	3	4	1	2	3	4	1	2	1	2
1700m	V_{max}	1.1	1.2	1.1	0.45	1.15	1.6	1.0	0.55	1.3	1.1	1.15	0.9	1.1	1.2	1.05	0.95	1.25	1.3	1.05	1.35
2300m	V_{max}	1.0	1.35	1.05	0.65	1.15	1.6	1.0	0.55	1.2	1.05	1.1	0.9	1.2	1.3	1.2	0.95	1.3	1.25	0.9	1.2
2500m	V_{max}	0.9	1.3	1.05	0.55	1.15	1.65	1.05	0.55	1.15	1.0	1.25	0.9	1.2	1.3	1.15	0.95	1.1	1.25	1.0	1.2
工程前	V_{max}	0.9	1.35	1.25	0.65	0.9	1.5	0.9	0.6	1.15	1.05	1.0	0.8	1.15	1.2	1.1	0.9	1.35	1.4	0.65	1.2

综上所述定床清水模型试验结果表明：1700m 方案对泄洪水位影响相对较大，2300m 和 2500m 方案的影响相对较小，而后两者之间差别不明显；在潮排、潮灌、通航方面，3 个方案之间差别不大。考虑到灯笼山河段最高水位时，河宽为 2030m 时河道尚有沙洲发育，故河宽应不宜过大；又从磨刀门是西江泄洪的主干道考虑，远景泄洪量可能还要增加，应留有一定余地；此外，从工程经济效益出发，应留有一定余地；此外，从工程经济效益出发，建议采用 2300m 方案作为较优的推荐方案。

表 10－7　　工程前后各方案分流比变化表

组次	项目 站名 方案	干道与各支汊相对于总净泄量的百分比（%）					内海区净泄量占三门总的百分比（%）		
		灯笼山	盘古皇	竹洲	闸	灯＋盘＋竹＋闸	马骝洲	大横琴	龙屎窟
85（1）	工程前	63.6	20.5	14.5	（1）1.3	100	12.2	65.8	22.0
	2500m	60.7	23.0	15.0	1.3	100	10.5	89.5	0
	2300m	60.4	23.0	15.3	1.3	100	10.8	89.2	0
	1700m	59.5	23.0	16.4	1.1	100	13.8	88.2	0
80（1）	工程前	68.4	22.2	14.8	（2）－5.2	100	—	—	—
	2500m	67.4	22.9	15.0	－5.2	100	13.4	86.6	0
	2300m	64.9	23.1	16.6	－4.8	100	13.6	86.4	0
	1700m	64.5	23.1	17.4	－5.0	100	13.7	86.3	0
80（4）	工程前	79.9	20.5	18.0	－18.4	100	—	—	—
	2500m	78.1	21.0	17.5	－16.6	100	18.3	81.7	0
	2300m	72.5	23.1	19.2	－14.8	100	18.7	81.3	0
	1700m	71.9	23.6	20.1	－15.6	100	18.7	81.3	0
79（2）	工程前	56.5	14.0	10.8	18.7	100	—	—	—
	2500m	53.2	17.3	11.4	18.1	100	33.3	66.7	0
	2300m	52.8	17.4	12.0	17.8	100	34.1	65.9	0
	1700m	51.6	19.2	12.5	17.7	100	32.2	67.8	0
90（1）	工程前	64.6	10.8	10.8	13.8	100	—	—	—
	2500m	57.8	18.2	12.5	11.5	100	24.2	75.8	0
	2300m	57.2	18.8	12.4	11.6	100	23.3	76.2	0
	1700m	55.7	20.6	12.9	10.8	100	25.6	74.4	0
1/100	工程前	59.6	22.1	15.2	3.1	100			
	2500m	58.0	23.4	15.6	3.0	100			
	2300m	57.0	24.0	16.0	3.0	100			
	1700m	54.8	25.1	17.1	3.0	100			

注　1. 闸分流比为正，相当于原型的灌溉，即有水量排出模型。
　　2. 闸分流比为负，相当于原型的排水，即有水量注入模型。

表 10-8 工程前后内海区涨、落潮量变化百分比（%）

组次 \ 断面	横洲		马骝洲	
	涨潮	落潮	涨潮	落潮
85（1）大水大潮		+24		-54
80（1）大水小潮		+55		-44
80（4）中水大潮	-43	+26	-87	-63
79（2）枯水中潮	-24	+1		-64

注 1. 正值表示潮量增加，负值表示潮量减少。

2. 工程方案为洪湾水道宽500m、横洲水道宽2300m组合。

10.1.2.5 局部动床模型试验

1. 局部动床模型设计

（1）泥沙运动相似条件。局部动床模型设计是在已完成的定床清水整体模型试验的基础上进行的。定床清水模型试验优选了横洲水道干道双导堤堤距为2300m、洪湾水道双导堤堤距为500m的工程方案作为推荐方案，需进一步研究推荐方案实施后内海区治导堤内水道的冲淤情况及其对工程的影响，以及内海区冲淤变化给上游河道带来的影响。局部动床模型是在整体模型上选择内海区一定范围改成动床进行试验，模型除需满足水流运动相似外，还需满足泥沙运动相似及河床变形相似。关于水流运动相似在定床清水模型上已进行了验证，达到了相似性要求，在局部动床模型上还需要通过模型沙的选择（必要时配以调整糙率）使其达到阻力相似，为此，也需要进行动床模型验证。验证内容包括两个方面：一为动床阻力相似；另一为河床变形相似。

局部动床模型试验主要研究规划双导堤内的冲淤变化，因此，主要考虑悬移质中的床沙质运动和床沙中的推移质运动两部分。确定这两部分泥沙运动相似的基本条件为必须满足泥沙起动相似、输沙量相似和冲淤时间相似。为此，对于沙质河床，底沙单宽输沙率采用包括上述两部分泥沙的窦国仁公式进行计算，即

$$q_{sb} = \frac{K}{C_0^2}\frac{\gamma_s \cdot \gamma}{\gamma_s - \gamma}(V - V_c)\frac{V^3}{g\omega} \tag{10-7}$$

式中 K为综合系数；C_0为无尺度谢才系数；V为水流平均流速，m/s；V_c为底沙的起动流速，m/s；γ_s为泥沙的比重，kg/m^3；γ为水的比重，kg/m^3；g为重力加速度，m/s^2；ω为底沙的沉速，m/s。

河床变形方程为

$$\frac{\partial q_{sb}}{\partial L} = -\gamma_0 \frac{\partial H}{\partial t_2} \tag{10-8}$$

式中 L为纵向距离，m；H为垂直高程，m；γ_0为底沙的干容重，kg/m^3；t_2为河床变形时间，s。

由此得到满足泥沙运动相似条件为：

泥沙起动相似 $$\lambda_{vc} = \lambda_v \tag{10-9}$$

输沙率相似
$$\lambda_{q_{sb}}=\frac{\lambda_{\gamma_s}}{\lambda_{\gamma_s}-\lambda}\ \frac{\lambda_v^4}{\lambda_{c0}^2\lambda_\omega} \tag{10-10}$$

冲淤时间相似
$$\lambda_{t2}=\frac{\lambda_{\gamma_0}\lambda_H\lambda_L}{\lambda_{q_{sb}}} \tag{10-11}$$

（2）模型沙选择。根据内海区横洲水道和洪湾水道在不同时期原型床沙中值粒径的平均值分别为0.13mm和0.0135mm，采用沙玉清公式分别计算其泥沙起动流速，得横洲水道为58.4cm/s（平均水深为6.5m），洪湾水道为98cm/s（平均水深为2.5m）。按照起动相似条件 $\lambda_{v_c}=\lambda_v=7.071$，要求模型沙的起动流速分别为8.26cm/s和13.86cm/s。

模型沙采用广州西村电厂的煤灰，经试验得到其中值粒径为0.03mm，比重为2100kg/m³，干容重为750kg/m³，个别起动时断面平均流速为7～10cm/s（水深为13cm），可作为横洲水道的模型沙。另从上述煤灰中水选出中值粒径为0.02mm的煤灰，作为洪湾水道的模型沙，其个别起动时断面平均流速为12～15cm/s（水深为5cm）。以上两种模型沙均能满足泥沙起动相似要求。原型沙与模型沙的级配曲线见图10-5所示。

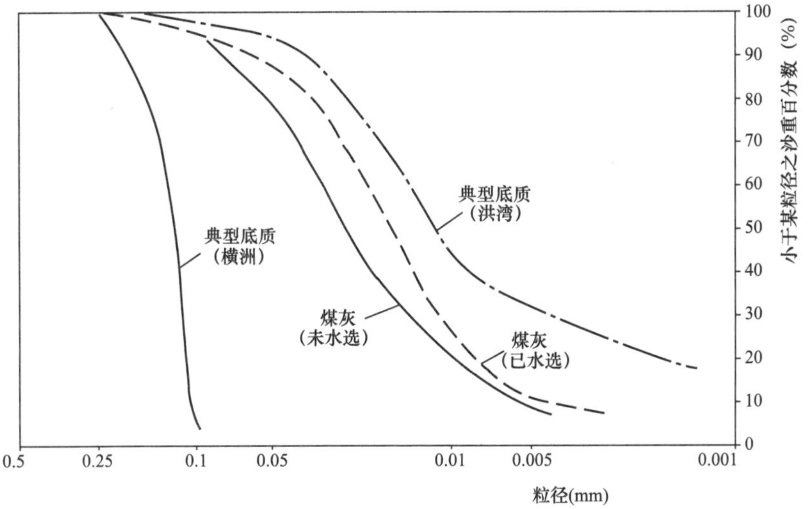

图10-5　原型沙与模型沙的级配曲线

上述选用的模型沙能否同时满足悬浮相似？现采用如下泥沙的悬浮相似条件进行分析：

$$\lambda_\omega=\lambda_H\lambda_v/\lambda_L=0.707$$

原型沙的沉降速度按照《水文测验试行规范》（1975年）规定，粒径小于0.1mm时采用斯托克斯公式计算；粒径大于0.1mm而小于1.5mm时采用冈查洛夫公式计算。据此，分别算得横洲水道床沙的沉速为1.19cm/s，洪湾水道床沙的沉速为0.0154cm/s。根据上述悬浮相似条件要求，横洲水道和洪湾水道的模型沙沉速应分别为1.68cm/s和0.022cm/s，经试验，洪湾水道的模型沙采用中值粒径为0.02mm的煤灰在水温为18℃时的沉速为 0.0226cm/s，能满足悬浮相似要求；但横洲水道的模型沙采用中值粒径为 0.03mm 的煤灰在水温为 18℃时的沉速为 0.168cm/s，则悬浮相似有所偏离，模型试验结果的河床冲刷将会偏大，即偏于安全。

模型沙选定后，输沙率比尺和冲淤时间比尺即可由式（10-10）和式（10-11）分别计算得到，其值分别为

$$\lambda_{q_{sb}} = 29.1$$

$$\lambda_{t_2} = 1435$$

2. 模型验证

（1）动床糙率的调整。在定床清水模型试验阶段，已对定床模型进行加糙调整糙率，使其满足阻力相似要求；在局部动床试验阶段，因动床的床面上不能采用加糙的方法调整糙率，采用了水中加糙的方法。即在定床的床面上去掉加糙石块，代之以水中横拉尼龙线，线上夹塑料夹子，配以少量边长为 2.5cm 的小正方体木块，间距为 12~15cm，横向拉挂在水中，反复调整加糙线及塑料夹子的数量，使模型的水位、流速和分流比都与定床基本相同，然后改成动床地形，再放水并对加糙线略作调整，使动床试验与定床试验基本一致，即可满足动力阻力基本相似。

（2）地形验证。根据实测的情况，地形验证时段采用 1977~1983 年，以 1977 年施测的水下地形制作模型地形。模型上边界流量过程取 1977~1983 年各月的平均流，并简化为梯级流量，考虑到洪水造床作用较强，在洪水期（5~8 月）梯级流量上加洪峰梯级，洪峰流量为各年最大流量的平均值。模型下边界潮位过程采用 1977~1983 年洪水期和枯水期代表平均情况的大、中、小潮典型潮位过程，与上边界梯级流量相配合。验证试验流量过程与潮型组合见图 10-6。

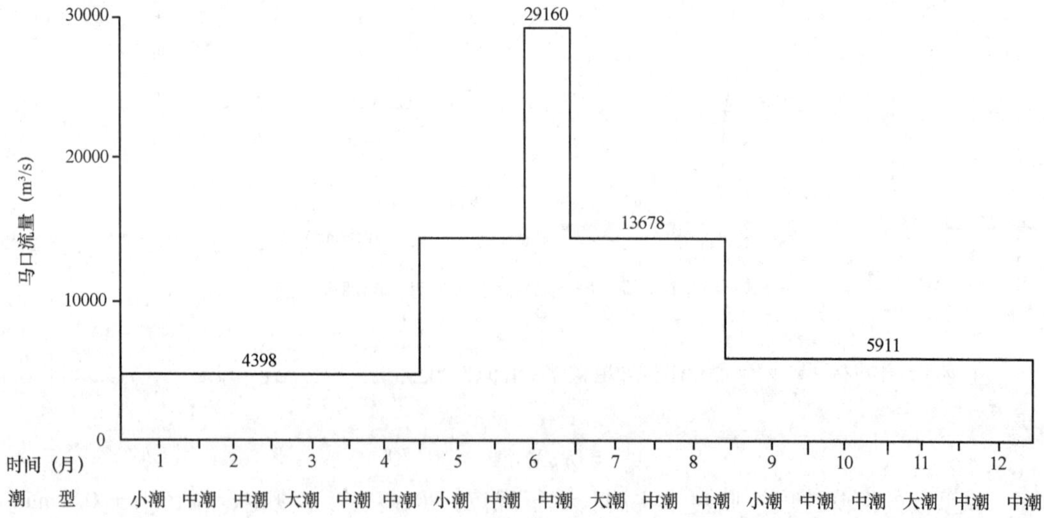

图 10-6 验证试验流量过程与潮型组合

模型地形验证的加沙量考虑到河床地形冲淤的泥沙来源主要为上游径流输沙，但缺乏实测资料。因此，采用上述式（10-7）进行估算，并取综合系数 K 初值为 0.1 分别

计算各潮时的单宽推移质输沙率作为加沙量的控制依据，式中的断面平均流速由动床模型测出。

根据上述验证试验的径潮组合条件和加沙量的控制依据进行试验，施测验证试验前后水下地形，计算年平均冲淤厚度与原型实测资料进行比较，反复修改 K 值进行加沙试验，直至模型年平均淤积厚度与原型基本一致（见表 10－9），即可达到泥沙运动基本相似。

表 10－9　模型与原型年平均冲淤厚度沿程分布

断面位置	断面名称	模型	原型
横洲水道	鹤　洲	0.07	0.05
	杧　洲	0.07	0.04
	小横琴	0.09	0.09
	大井角	0.10	0.12
	三　灶	0.05	0.08
	平　均	0.078	0.077
洪湾水道	洪　1	0.056	0.032
	上　沟	－0.0059	－0.002
	小　沟	0.023	0.023
	连　屏	0.020	0.025
	马骝洲	0.020	0.002
	平　均	0.019	0.015

3. 工程方案试验

（1）清水局部动床试验。试验目的是研究推荐方案实施后，由于工程的水道受导堤缩窄影响，流速显著增大，工程生效初期，渠化后内海区水道可能冲刷，需检验工程方案的安全和合理性。

试验条件是在较不利条件下尽可能获得水道的冲刷情况。为此，试验分别采用洪水大潮组合 4 个潮周期循环控制（相当于原型 80 天）和大水大潮组合 9 个潮周期循环控制（相当于原型 180 天），前者选用 1968 年 6 月 27 日实际洪水（相当于 20 年一遇）碰 1981 年 3 月 16 日大潮，简称 68.80(4) 组合；后者选用 85(1) 组合。

试验结果表明（见表 10－10）：两种试验条件下，推荐方案实施后，横洲水道和洪湾水道都发生冲刷，前者断面平均冲深 7～21cm，最大冲深 70cm；后者断面平均冲深 8～26cm，最大冲深在弯道段为 50cm，其中洪水大潮冲深大于大水大潮。由于清水局部动床未考虑上游来沙参与造床作用，因而模型冲刷量偏大，但这个结果从定性上说明整体工程方案是基本安全和合理的。

表 10－10 清水局部动床试验各断面冲刷深度

位置	组次 / 断面号	断面平均冲深（cm）		最大冲深（cm）	
		68.80（4）	85（1）	68.8（4）	85（1）
横洲主槽	桂定角	6.7	5.3	40	40
	鹤洲（干渠口）	21.0	15.4	40	30
	小横琴	14.8	6.9	50	30
	小横琴（干渠中）	11.2	7.0	30	20
	大横琴（大井角）	10.4	8.0	25	30
	三　灶	17.0	7.9	70	50
洪湾水道	洪　1	13.0	14.7	25	35
	杧洲东	164.0	9.8	20	50
	上　沟	25.9	10.9	40	25
	下　沟	17.6	9.2	35	25
	连　屏	16.2	8.2	35	15
	马骝洲	10.9	10.5	35	25

（2）浑水局部动床试验。试验目的是研究推荐方案实施后，在长系列水文条件下，内海区的冲淤变化对工程的影响，以及上游水位的变化过程，以进一步研究推荐方案的合理性。

试验的水文条件采用1960～1964年、1966～1968年共7年系列的上游流量作为典型，其7年的年内流量分配为1～4月、9～12月按多年统计相应枯水期月平均流量考虑，5～8月按多年统计相应洪水期月平均流量考虑，另在6～7月的其中20天，1968年、1962年及1966年型按最大洪峰过程8天峰段平均流量施放，其余4年仍为洪水期月平均流量。下边界选取4个典型潮（见表10－11）与上游流量过程相组合（见图10－7）。

表 10－11 各组合潮型特征值 （单位：m）

潮型	组合	高潮位	低潮位	潮差
洪水大潮	80（4）	1.09	－1.1	2.19
枯水大潮	90（1）	0.78	－1.21	1.99
中　潮	79（2）	0.64	－0.68	1.32
小　潮	80（1）	0.48	－0.34	0.82

试验结果表明：

（1）磨刀门治理规划围堤工程实施后，在一般潮型水流条件下，因围堤使灯笼山分流比有所减少，从而使内海区横洲水道最大流速仅增大10%～15%，仅在洪湾水道弯顶段流速有显著的增大，因而工程后初期冲刷也不强烈，围堤是基本安全的。只有大洪水条件下，内海区流速才明显增大，发生冲刷，但最大冲深亦不致影响导堤安全。

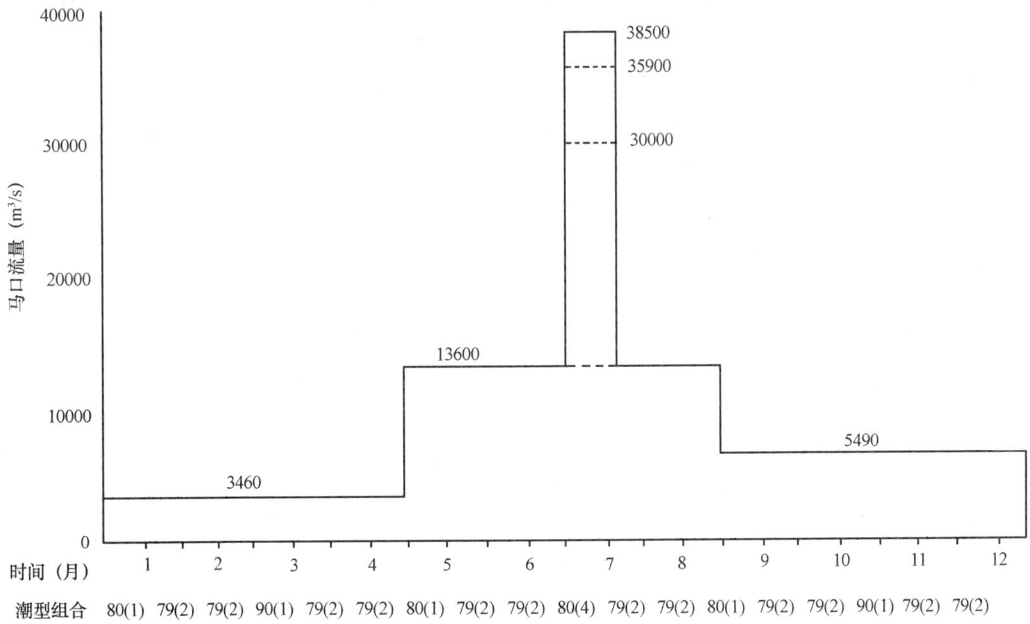

图 10－7　模型试验上边界流量过程与下边界潮型组合

（2）因工程后内海区流速增大不多，工程段上段先冲后淤，冲刷不明显；下段开始淤的少，后来有所增加，但淤积量比工程前大为减少。横洲水道每年平均淤积厚度由 7.85cm 减为 0.3cm，洪湾水道由 1.9cm 减为 0.65cm（见表 10－12）。

表 10－12　　工程前后年平均冲淤厚度变化表

断面位置	断面名称	冲淤厚度（cm）		变化值（cm）
		工程前	工程后	
横洲水道	鹤　洲	7.93	0.78	－6.61
	杧　洲	7.24	－0.52	－7.76
	小横琴	8.92	1.06	－7.86
	大井角	10.71	－0.04	－10.75
	三　灶	4.69	0.44	－4.25
	平　均	7.85	0.3	－7.55
洪湾水道	洪　1	5.63	1.23	－4.4
	上　沟	－0.59	0.13	0.72
	小　沟	2.3	0.38	－1.93
	连　屏	2.04	1.29	－0.75
	马骝洲	1.89	0.59	－1.3
	平　均	1.9	0.65	－1.25

注　表中数据＋号为淤积；－号为冲刷。

（3）西江干道水位为先降后升，7 年系列中变化小于 10cm。内海区水位变化不大，流速变化也不大。

（4）系列水文过程试验中灯笼山左槽流速逐渐减小，右槽有所增大，使分往洪湾水道的流量有所减少，净泄量减少的结果使洪湾水道的淤积量略大于横洲水道。

由上可见，浑水局部动床试验表明工程后内海区河床冲淤变化不大，水位和流速变化亦不大，工程推荐方案基本是合理可行的。

10.1.3 数学模型研究

为了与物理模型试验结果相印证，以使磨刀门口门治理开发的工程方案能获得更为可靠和合理可行的成果，笔者研究了一种非恒定流一、二维联解的数学模型计算方法，对工程方案进行了计算[4]。数学模型采用的范围和边界条件与物理模型相同，以便于相互比较和印证。

由于文中计算方法与第 7 章所介绍的数学模型有所不同，故在此略加详述。

10.1.3.1 数学模型的建立与验证

1. 模型的建立

（1）基本方程式。

一维非恒定流基本控制方程式为

$$B\frac{\partial Q}{\partial x}+\frac{\partial H}{\partial t}=0 \tag{10-12}$$

$$\frac{\partial u}{\partial t}+u\frac{\partial u}{\partial x}+g\frac{\partial H}{\partial x}+g\frac{u|u|}{C^2R}=0 \tag{10-13}$$

式中 B 为河宽；Q 为流量；H 为水位；u 为纵向流速；R 为水力半径；g 为重力加速度；C 为谢才系数。

二维非恒定流基本控制方程式为

$$\frac{\partial H}{\partial t}+u\frac{\partial}{\partial x}(hu)+\frac{\partial}{\partial y}(hv)=0 \tag{10-14}$$

$$\frac{\partial u}{\partial t}+u\frac{\partial u}{\partial x}+v\frac{\partial u}{\partial y}+g\frac{\partial H}{\partial x}+R_x=0 \tag{10-15}$$

$$\frac{\partial v}{\partial t}+u\frac{\partial v}{\partial x}+v\frac{\partial v}{\partial y}+g\frac{\partial H}{\partial y}+R_y=0 \tag{10-16}$$

其中

$$R_x=\frac{g}{C^2}\frac{u\omega}{h}-fv$$

$$R_y=\frac{g}{C^2}\frac{v\omega}{h}-fu$$

$$h=H+D$$

$$\omega=\sqrt{u^2+v^2}$$

式中 h 为水深；D 为基准面以下水深；u 为 x 方向流速；v 为 y 方向流速；f 为柯氏系

数；其他符号意义同前。

（2）定解条件。定解条件包括：一维网河的边界条件和汊口条件；二维的边界条件以及一、二维连接条件。

1）一维定解条件。

已知水位边界：

$$h_i = \bar{h}_i(\text{已知值}) \tag{10-17}$$

已知流量边界：

$$Q_i = \bar{Q}_i(\text{已知值}) \tag{10-18}$$

汊口条件：汊口须满足水位连续和流量连续。水位连即各河道在同一点的水位相等：

$$H_1 = H_2 = H_3 = \cdots = H_n \tag{10-19}$$

流量连续即流进汊点的流量与流出汊点的流量之和为零。

$$\sum_{i=1}^{n} Q_i = 0 \tag{10-20}$$

2）二维定解条件。

已知水位边界：

$$h_i = \bar{h}_i(\text{已知值}) \tag{10-21}$$

已知流速边界：

$$u_i = \bar{u}_i(\text{已知值}) \tag{10-22}$$

$$v_i = \bar{v}_i(\text{已知值}) \tag{10-23}$$

固定边界：固定边界要求水域与陆地没有水量交换，即流速在法线方向上的分量为零。

$$N_i = 0 \tag{10-24}$$

3）一、二维连接点条件。一、二维连接点要求满足水位连续条件和流量连续条件。

水位连续条件：

$$H_1 = H_2 \tag{10-25}$$

式中　H_1为一维在连续点的水位；H_2为二维在连续点的水位。

流量连续条件：

$$Q_1 + Q_2 = 0 \tag{10-26}$$

式中　Q_1为由一维流进连接点的流量；Q_2为由二维流进连接点的流量。

其表达式采用 G. GRAY 计算公式计算。

（3）一、二维联解方法。一维采用隐式差分格式，二维用 Галеркии 加权余量法，非线性方程用 Newton – Ru – phson 法处理成线性迭代方程。一、二维连接点是计算域内的内点，在建立一、二维联解方程组时，由于连接点变量在一维和二维方程组中都有出现，该点多了两个未知变量，利用一、二维在连接点处的水位连续和流量连续两个条件，增加了两个方程，在给定边界条件及初始条件下即可求解，计算中采用三点等距外插公式取迭代初值，大大减少迭代次数，节省大量机时。

计算中网河按一维概化，计有 73 个断面，海区用三角形单元概化，计有节点 161 个，单元 261 个，一、二维连接点选在灯笼山站附近，见图 10－8 所示。

2. 模型的验证计算

验证计算范围为上边从西江干流天河水位站起至下边界磨刀门口外－15m 等深线长约 100km，包括磨刀门、虎跳门、鸡啼门和洪湾水道口，口门宽度为 15km。验证的水文资料采用 1983 年 12 月 3 日 16 时至 12 月 4 日 16 时枯水大潮（简称 90（1）组合）。除边界水位站外，网河及内海区还有北街、大敖、竹银、灯笼山、楼山、白蕉、大横琴和三灶等站有水位或流量过程线可供验证。结果表明：各站水位的高高潮及低低潮的偏差在 10cm 以内，相位差偏差不大；流量最大偏差在 20% 以内；一、二维连接点上游河道及下游海区的水面线是连续、光滑的。验证结果令人满意，说明所提出的一、二维联解潮流计算方法能较好地模拟河口的水流运动。

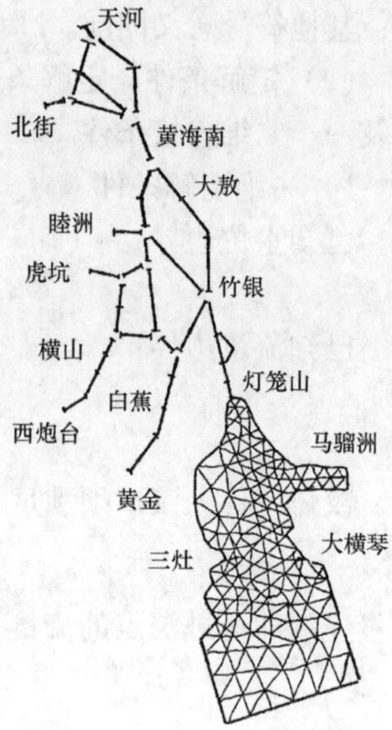

图 10－8　一、二维联解数学模型概化图

3. 工程方案计算

共计算了大水大潮、大水小潮、枯水中潮、枯水大潮和设计洪水为 100 年一遇、50 年一遇水文条件的三种方案的情形，计算结果表明（见表 10－13）：

表 10－13　磨刀门治理工程各方案水位影响值表

研究目的	年型、潮型及代表站流量	下边界潮位（m）		模型类别	工程前后潮位变化值（m）								
		高高潮	低低潮		1700	2300	2500	1700	2300	2500	1700	2300	2500
防洪	$P=1\%$ 洪水大潮 $Q_{马}=49300m^3/s$	1.47		数学	5	2	2	21	14	14	34	24	23
				物理	4	0	0	20	13	10	33	24	32
	1968.6.27 实测大洪水 $Q_{马}=40700m^3/s$	0.90		数学	6	5	5	26	21	20	45	37	36
				物理	5	2	2	20	15	15	31	23	19
	1974.7.22 洪水暴潮 $Q_{马}=32700m^3/s$	1.95		数学	3	2	2	10	6	6	15	9	9
				物理	8	3	1	14	12	13	14	9	8
排涝	1981.8.9 大水小潮 $Q_{马}=14300m^3/s$	0.48	－0.54	数学	2	1	1	6	3	3	12	7	7
				物理	2	0	－1	8	5	3	14	9	7
	1981.8.16 中水大潮 $Q_{马}=8000m^3/s$	1.09	－1.10	数学	－1	－2	－2	3	1	1	5	2	2
				物理	1	2	3	9	4	5	11	4	4
灌溉	1981.3.26 枯水中潮 $Q_{马}=5440m^3/s$	0.64	－0.68	数学	－6	－6	－6	－7	－7	－7	－9	－9	－8
				物理	－8	－5	－5	－5	－6	－6	－8	－7	－8
	1983.12.4 枯水大潮 $Q_{马}=3300m^3/s$	0.78	－1.21	数学	－6	－6	－6	－8	－7	－7	－16	－15	－15
				物理	－7	－7	－7	－10	－8	－7	－14	－12	－12

注　1. 正值为比工程前水位提高值，负值为降低值。

2. 下边界潮位为三灶潮位。

3. 工程前后潮位变化值中防洪、灌溉为高潮位，排涝为低潮位。

（1）工程后各种方案的洪水位都有不同程度的抬高，以灯笼山站抬高值最大，向上游逐渐递减，至天河已基本上不受影响1700m方案抬高值大于其他两个方案，而后两个方面则差别不大，计算结果与试验结果相一致，抬高值也十分接近。

（2）工程后灯笼山以上网河各潮位站的高高潮位都下降，而低低潮位则抬高，但变化值都不大，对排灌和航运影响不大，计算结果与物模试验结果相吻合。

10.1.4　口门冲淤分析

根据历史文献资料，历年河道地形图和珠江口海岸带水文调查资料等，对磨刀门口门的历史和近期演变特点及其发展趋势进行分析，据以探讨合理的口门治理方案。

1. 磨刀门口门的历史变迁

根据历史文献记载，大约在7世纪，西江河口在天河附近，宋初（公元960年）才发展到外海，明初（公元1368年）下移到竹洲，17世纪到达大排沙，18世纪末发展到竹排沙附近，1900年灯笼沙出露，1962年发展到第十围，这样，西江河口到了20世纪中期才移到现今的磨刀门位置（见图10-9）。磨刀门水道20年内由北向南延长7.5km，平均每年107m，海湾向东成围1.7km，平均每年85m，大约50年期间围田向西扩展约8km，平均每年160m。

2. 磨刀门口门的近期演变

对比1938、1946、1964年和1971年等深线的变化（见图10-10），可见口门演变的基本趋势是：

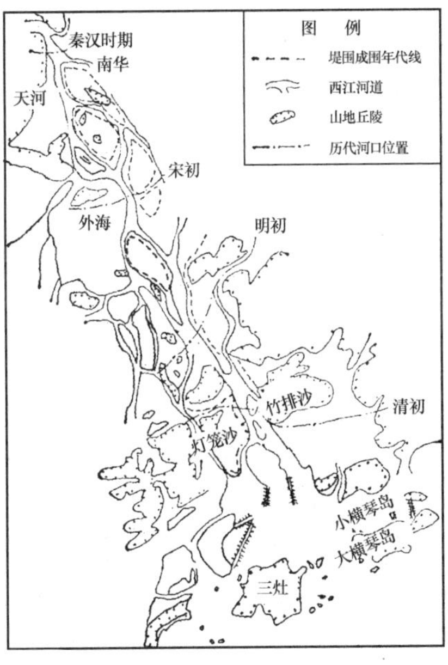

图10-9　西江河口历史变迁图

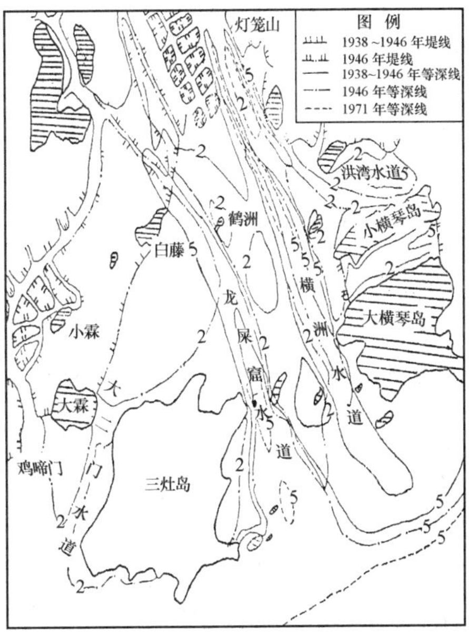

图10-10　磨刀门口门等深线变化图

（1）海区浅滩面积不断扩展，在内海区，2m等深线以浅的浅滩，1946年出露的只有灯沙尾和西后浅滩，到了60年代，浅滩面积扩展到约占内海区面积的72%，70年代则发展到约占

83%，年淤厚率为 1～3cm。与此同时，外海的淤积也不断增强，在 10m 等深线范围内，1946 年浅滩面积只占总面积的 1.7%，1964 年扩展至 10%，1971 年又发展到 22.7%。

（2）内海区入海水道 -5m 等深线以深的深槽不断地萎缩，横洲水道深槽在缩窄，向外海方向的长度也缩短，但始终保持一条较顺直的深槽；龙屎窟水道深槽不断地萎缩，已接近衰亡；洪湾水道深槽在淤高变浅。

（3）拦门沙前缘不断向口外延伸，从 -5m 和 -10m 等深线变化可见，拦门沙外延速率以 1964～1971 年比 1946～1964 年有明显的加快。

3. 冲淤原因及其发展趋势分析

磨刀门为强径流弱潮流河口，其口门的冲淤变化决定于径流的动力作用，也受海洋的动力影响，而上游挟带的悬移质则为口门淤积的主要物质来源。

西江干流进入磨刀门水道后，河道宽浅，沙洲众多，将河道分为两汊，由于 1961 年后相继围垦大排沙，导致左汊河道分流比减小，河道淤积；右汊则分流比增大，河道冲刷。这种变化对内海区的冲淤有着直接的影响。

洪湾水道主槽和靠磨刀门一侧杧洲浅滩的淤积，一是由于磨刀门水道主流偏右，使位于左汊的洪湾水道分流量减少；二是由于横洲北涨潮的一分支，几经转折后返西流入磨刀门在杧洲的东北汇潮，造成杧洲滩向东北方向淤长扩大，并导致洪湾水道分流量减少。

西部浅滩的淤积是由于该地区常处于汇潮区域，来自各方面的水流在此会合，水流又为横向漫滩流，加之横洲水道下泄余流与龙屎窟上溯余流也在此交汇，这些条件都有利于促使泥沙淤积，使西部浅滩迅速发展。磨刀门两岸滩地的围垦和白藤堵海大堤的兴建，也加速了该地区滩地的淤积。

随着内海区浅滩的不断淤高扩大，杧洲浅滩的不断淤长，将使洪湾水道分流减少，横洲水道则流量增大，这对稳定横洲水道是有利的。与此同时，随径流带到外海的泥沙将会逐渐增加，其淤积也将会增强。内海区将演变成河道，磨刀门口门也将延伸至小香洲—石拦洲一带。

根据以上分析，可以认为磨刀门治理工程的方案布置是符合因势利导的规划原则的。工程实施后将改变内海区多口门、多流路、多汇潮点的特点，径流动力将增强而潮流动力将相对减弱，横洲和洪湾水道流速将有所增大，刷深趋势将会加强，航道可望得到改善。

10.1.5 应用航空遥感技术分析口门的冲淤

1980 年笔者在磨刀门河口区开展航空遥感实验，实验区域为北纬 21°50′00″～22°14′00″(南北约 33km)、东经 113°18′00″～113°30′00″（东西约 20km)，飞行内容有多光谱扫描、黑白红外摄影、红外扫描；地面观测内容有海流、悬浮泥沙、水温、盐度、水色、透明度、风速、风向、海水波谱特性、水深等项目。利用航空遥感所获得的大量信息，采用 IPOS/101 计算机数字图像处理系统进行分类，得到河口航空遥感分类图及推算出的海滩、水下地形线划图（见图 10－11），结合水文、地貌特征、实地踏勘、并搜集地方县志、地形图、航空相片以及引进卫星负片等，对该区域进行解译，为磨刀门口门治理开发规划提供比较直观、详尽和可靠的图像及数据。

根据解译和分析得到如下结果：

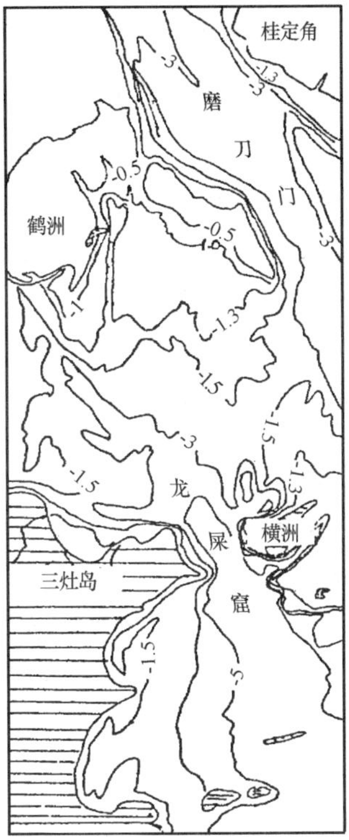

图 10－11　1990 年航空遥感分类线划图

（1）磨刀门口门的冲淤情势。磨刀门水道在近口门段发展形成的三排沙把水道分布左右两汊，其洲头冲、洲尾淤，右岸冲、左岸淤，近 20 年来沙洲延伸发展甚快。以杧洲为淤积核心的滩地，由于杧洲的西北处为汇潮点，促使泥沙淤积，使杧洲浅滩不断向西北方向延伸。以上冲淤特点与前述口门的近期演变分析是一致的。

（2）磨刀门河口水下深槽特征。磨刀门河口水下深槽主要有两条：一条是自桂定角东南方向发育的水下深槽，高程在 $-5\sim-10$m 之间，相对比较稳定；一条是在三灶岛和横洲之间的深槽，是由潮流动力作用发育形成的，由于 1959 年白藤堵海后径流动力作用消失，使深槽不断向外海方向退缩。以上特征与前述口门的近期演变分析也是一致的。

（3）鹤洲—横洲沙脊的淤积情势。总的趋势是鹤洲以北是淤积最高的滩地，高程在 -0.5m 以上，地形平坦，面积约 3 万亩；鹤洲以南、西石以北属潮间带，高程在 $-1\sim-2$m 之间，地势较平坦；西石以南、横洲以北，由于受龙屎窟进潮时越滩水流的影响，水下地形较为破碎。上述沙脊带已发育成为现代河口三角洲平原的成熟阶段，是近期有利的围垦地区。

综上分析可见，磨刀门口门右侧为一大片不断淤长的浅滩，适宜于围垦开发；桂定角东南方为水道的稳定深槽，是西江泄洪的主要通道，应予以维持。磨刀门口门治理方案的布置与上述情势基本适应，符合因势利导的规划原则和自然的发展规律。

通过物理模型、数学模型、实测资料分析及遥感技术应用等手段，对珠江口磨刀门口门治开发的规划方案进行研究和论证，得出如下主要认识：

（1）磨刀门口门范围广阔，内海区口门多、流路多、汇潮点多，径流、潮流相互作用，水流泥沙运动十分复杂，因而治理工程规模大、技术性强，应认真、深入地进行研究。为此，采用物理模型、数学模型、实测水文泥沙和河道地形资料进行口门演变分析，以及应用遥感技术对口门冲淤趋势进行分析等多种手段开展研究工作，这是十分必要的，实践表明也是可行的。

（2）由物理模型和数学模型所获得的结果基本一致，磨刀门口门治理开发工程方案实施后，以 1700m 方案对防洪影响较大，2300m 和 2500m 方案影响较小，二者差别不大；3 个方案对潮排、潮灌和航运会不会有不利影响，根据工程经济效益论证，以采用 2300m 方案为优。

（3）由实测资料进行的口门演变分析和由航空遥感技术进行的口门冲淤分析所获得的结果相吻合，并表明磨刀门口门治理开发工程方案符合因势利导的规划原则和自然的发展规律。

10.1.6 治理开发工程方案实施后的效果分析

磨刀门治理开发工程方案自1983年12月第一期工程正式开工以来，至今除规划的鹤洲片和白龙河西片围垦面积为7.71万亩尚未开发，以及规划的主干道（横洲水道）中水河床整治尚未实施外，磨刀门口门内海区经整治已基本形成通畅的磨刀门主干排洪通道和500t级的洪湾水道航运通道及白龙河排水通道，治理开发工程已基本完成。现对其治理开发工程的效果分析如下。[2]、[4]、❶

10.1.6.1 治理开发工程后水流动力条件变化的分析

1. 工程后潮位的变化

表10-14为工程后灯笼山站用实测资料分析其潮位变化的结果，并与物理模型和数学模型的研究成果相比较。其中对防洪潮位的影响分析是以马口站大于20000m^3/s日平均流量作参数，分别建立三灶站、灯笼山站工程前、后高高潮位的关系曲线，从曲线上求得其潮位的变化值；灌溉潮位的影响分析是以马口站枯水期平均流量为3340m^3/s作参数，因为此时口门一带水质较咸，必需利用高潮位偷淡灌溉，且多集中于3月份，故分别建立三灶站、灯笼山站工程前、后3月份高高潮位的关系曲线，从中求得其潮位的变化值；排涝潮位的影响主要是分析中等洪水以下低低潮位的抬高对沿岸在回自流排涝的影响，以马口站流量为6000~15000m^3/s范围内的三灶站落潮潮差作参数，分别建立工程前后三灶站、灯笼山站低低潮位的相关关系，从中求得其潮位的变化值。

从表10-14中可见，由实测资料分析得到工程后的潮位变化值与物理模型和数学模型的研究结果基本接近，定性则完全一致，说明研究成果的精度较高。工程后中水条件下低低潮位仅抬高9cm左右，枯水条件下高高潮位仅降低10cm左右，其潮位的变化对潮排、潮灌的影响不大；对防洪虽然在洪水条件下高高潮位抬高24cm左右，会有一定不利影响，但由于双导堤的建成，河道束窄而规则化，水流畅通，河床冲深，泄洪量将会增大，因而总体而论对防洪是有利的。

2. 工程后分流比的变化

（1）灯笼山站占马口站分流比的变化。根据1998年6月28日至7月4日和1994年6月20日洪水期磨刀门同步测流资料，点绘马口站与灯笼山站日平均流量关系曲线，查得工程后各级洪水流量灯笼山站占马口站日平均流量的分流比如表10-15，与工程前比较，灯笼山站占马口站的分流比变化幅度不超过±1.5%。当马口站流量小于4000m^3/s时，工程后分流比稍小于工程前；而马口站流量大于4000m^3/s，工程后分流比略大于工程前。对比磨刀门治理规划阶段物理模型试验和数学模型计算成果，工程后灯笼山站占马口站分流比将略有减少，减少幅度不大（物理模型成果减少不超过2%，数学模型计算成果减少不超过3%）。

由上所述，工程后实测资料分析的结果与规划阶段模型试验的预测成果略有差异，其原因之一是由于近年来西江天河站的分流比随马口站流量的增加而减少，导致西部网河区的分流量减少2%~3%。在此条件下，磨刀门水道整治工程后泄量增加，因此，仍能保持工程前灯笼山站流量占马口站流量的分流比，并略有增加。其次是由于灯笼山站分流比

❶ 水利部珠江水利委员会勘测设计研究院，磨刀门整治效果（阶段）分析报告，2001年6月。

除了和上游径流的大小与河道的冲淤变化有关外，还与不同的潮型关系密切，而模型研究主要反映在定床条件下，特定径潮水文组合的成果。除此之外，模型中河道两岸的小河汊及其水闸等也进行了概化。因此，模型预测成果与实际情况有所差异，但由于差异数值不大，可以认为治理开发工程对灯笼山站占马口站分流的影响不大。

表 10-14　治理开发工程后潮位变化比较表

研究目的	年型潮型	代表站马口流量（m^3/s）	三灶站潮位		灯笼山潮位变化值（m）		
			高高潮	低低潮	资料来源	潮位特征	变化值
防洪	$P=1\%$ 洪水高潮	49300	1.47		物理模型	高潮位	0.24
					数学模型	高潮位	0.24
					实测资料分析	高潮位	0.17
	1968 年 6 月 27 日 实测洪水	40700	0.94		物理模型	高潮位	0.23
					数学模型	高潮位	0.37
					实测资料分析	高潮位	0.24
	1974 年 7 月 22 日 洪水暴潮	32700	1.95		物理模型	高潮位	0.09
					数学模型	高潮位	0.07
					实测资料分析	高潮位	0.11
排涝	1981 年 9 月 9 日 中水小潮	14300	0.48	-0.54	物理模型	低潮位	0.09
					数学模型	低潮位	0.07
					实测资料分析	低潮位	0.08
	1981 年 8 月 16 日 中水大潮	8000	1.09	-1.10	物理模型	低潮位	0.02
					数学模型	低潮位	0.02
					实测资料分析	低潮位	0.05
灌溉	1981 年 3 月 26 日 枯水中潮	5440	0.64	-0.68	物理模型	高潮位	-0.07
					数学模型	高潮位	-0.09
					实测资料分析	高潮位	-0.06
	1983 年 12 月 4 日 枯水大潮	3300	0.78	-1.21	物理模型	高潮位	-0.12
					数学模型	高潮位	-0.15
					实测资料分析	高潮位	-0.07

注　表中潮位为珠江基面。

表 10-15　灯笼山站占马口站流量分流比统计表

马口站流量（m^3/s）		35000	4000	45000	50000
灯笼山站流量（m^3/s）	工程后	11300	14100	16300	17700
	工程前	11800	13700	15700	17600
灯笼山站分流比 $Q_{灯}/Q_{马}$（%）	工程后	32.3	35.3	36.2	35.4
	工程前	33.7	34.3	34.9	35.2

（2）马骝洲站占灯笼山站分流比的变化。根据1998年6月28日至7月4日灯笼山站与马骝洲站的实测资料相关分析，得工程后马骝洲站占灯笼山站流量分流比见表10-16。

表10-16 工程后马骝洲站占灯笼山站流量的分流比

灯笼山站流量（m^3/s）	8000	10000	12000	14000	16000
马骝洲站流量（m^3/s）	900	1240	1520	1730	1850
$Q_{马}/Q_{灯}\times100\%$	11.30	12.40	12.70	12.40	11.60

由表10-16可见，工程后当灯笼山站流量小于12000m^3/s时，马骝洲站的分流比随着灯笼山站流量的增加而增大；当灯笼山站流量大于12000m^3/s时，马骝洲站的分流比随着灯笼山站流量的增加而减少。与磨刀门治理规划阶段应用1964年、1965年、1972年的巡回测流资料结合数学模型计算成果，推算洪水期洪湾水道占灯笼山站流量的分流比（见表10-17）对比分析可见，马骝洲站与灯笼山站流量的分流比，工程后比工程前减少4%左右。相应地，支汊洪湾水道分流比的减少，将促使横洲水道分流比的增加。

表10-17 洪湾水道与灯笼山站分流比的关系

年型	马口站流量（m^3/s）	灯笼山站流量（m^3/s）	洪湾水道流量（m^3/s）	$Q_{洪}/Q_{灯}\times100\%$
1%	51800	18327	3171	17.3
2%	48700	17255	2976	17.5
5%	44800	16107	2805	17.4
1974.7.22	32700	11811	2206	18.7
1968.6.27	40700	14057	2359	16.8
1965.5.3	13900~15800	7587	1280	16.9

3. 工程后潮量的变化

工程后磨刀门水道向海口延伸了15km，灯笼山站的涨潮量将会有明显减少。根据1981年8月16日中水大潮的实测资料表明，工程后灯笼山站涨潮量减少约11.9%；根据数学模型计算成果，在中水大潮和枯水大潮水文条件下，马口站流量为8000m^3/s、5440m^3/s、3300m^3/s时，工程后灯笼山站涨潮潮差分别减少11~23cm，涨潮量相应地减少12.8%~36.6%，二者的结果基本一致。

10.1.6.2 治理开发工程后河床冲淤变化的分析

试验与研究结果表明：工程后将改变内海区多口门、多流路、多汇潮点的特点，内海区将变成规则的水道，径流动力将增强，潮流动力将相对减弱，横洲与洪湾水道流速将有所增大，因而将引起河床产生冲淤变化。根据历史实测水下地形资料的对比，分析其冲淤变化如下。

1. 横洲水道的冲淤变化

横洲水道从灯笼山至横洲口全长15.59km，根据1977年、1983年、2000年实测水下地形图及1998年大断面实测资料的对比，分析其工程前、后的冲淤变化。分析表明：工程前的1977~1983年6年间，0m高程以下年均淤积200.98万m^3，年均淤厚5.6cm，其中灯笼山—洪湾口段年均淤积 52.6 万 m^3，年均淤厚 3.5cm；洪湾口—横洲口段年均淤积 148.36 万 m^3，年均淤厚 7.1cm，下段淤积速率比上段大 2 倍左右。工程后河床转为冲刷发展，在 1983 ~ 2000 年 17 年间，在东、西两治导堤内的 0m 高程以下，年均冲刷量为 225.66 万 m^3，年均冲深 6.4cm。其中灯笼山—洪湾口段，年均冲刷 103.04 万 m^3，年均冲深 7.3cm；洪湾口—横洲口段年均冲刷 122.62 万 m^3，年均冲深 6.0cm，上段冲刷率大于下段冲刷率约为 1.2 倍。根据工程前、后灯笼山—横洲口河道特性变化表明（见表 10 - 18）：随着河段的冲刷，平均水深增加及过水断面面积加大，河段的平均宽深比减少，河道向窄深方向改变。

表 10 - 18　工程前后灯笼山—横洲口河道特性变化表（0m 高程）

河段		年份	平均河宽（m）	平均水深（m）	平均过水面积（m^2）	宽深比 $\left(\frac{B}{H}\right)$
灯笼山—横洲口（15.49km）		1977	2305	3.74	8610	12.84
		1983	2294	3.41	7832	14.05
		1998	2166	4.57	9894	10.18
		2000	2160	4.73	10213	9.83
其中	灯笼山—洪湾口（6.69km）	1977	2232	3.87	8633	12.21
		1983	2208	3.70	8161	12.7
		1998	2010	5.18	10408	8.66
		2000	2015	5.35	10779	8.39
	洪湾口—横洲口（8.8km）	1977	2360	3.64	8593	13.35
		1983	2359	3.21	7582	15.13
		1998	2285	4.16	9504	11.49
		2000	2270	4.31	9782	11.05

河段的滩、槽变化采用 1983 年水下地形图与 1998 年大断面测量资料进行分析，15 年间桂定角至洪湾口的 -2.0m 高程以上滩面淤积主要集中于中滩，淤积量约为 168 万 m^3，年均淤积厚度为 3cm；其中杧洲附近 2km 东边滩范围内河段产生淤积，年均淤厚 1.3cm，其余边滩部分则为冲刷，但总的趋势是西边滩略有冲刷而趋于稳定。对于河段深槽 -5.0m 高程以下断面深泓线变化表明：工程后深槽沿程冲刷加深，1998 年深泓线比 1983 年刷深了 1.0 ~ 2.5m，而在小杧洲以上河段由于人为采沙的原因，个别地段深泓线下切 6 ~ 7m。在深泓线的平面变化中，-5m 高程以下深槽宽度变化不大，深槽轴线虽有向右或向左移动，但移动幅度均不大，表明工程后已较好地控制了主槽的河势。河段在 1998 年 0m 以下容积为 15326 万 m^3，与 1983 年比较增加 29%，年均增加 1.9%；2000 年与 1998 年对比，河段的容积仍然增加 3%，年均增加 1.5%，河段仍处在不断的冲刷状态。

2. 横洲口外海区的冲淤变化

横洲口外深槽在工程前据1977年与1983年实测水下地形资料对比，大井角—石栏洲河段深槽长为4.42km；0m高程以下淤积量为639.3万m^3，年均淤积量为106.4万m^3，年均淤厚8.8cm。工程后，据1994～2000年实测水下地形资料对比，深槽由淤积转为冲刷，0高程以下大井角—交杯四沙东河段冲刷量为786.7万m^3，年均冲刷量为131.1万m^3，年均冲刷厚度为4.8cm。其中，上段大井角—石栏洲段年均冲刷量为102.3万m^3，年均冲刷厚度8.8cm，下段石栏洲—交杯四沙东，长为4.57km，年均冲刷量为28.8万m^3，年均冲刷厚度1.8cm（见表10－19）。由此可见，工程后，横洲口外深槽变化基本呈冲深趋势，冲刷幅度上段大于下段。深槽主槽轴线摆动不大，出口处深槽走向有明显的向西南延伸趋势。－5m以下深槽宽度由约320m扩宽至370m，并向外海推进500m左右，年均向外海推移83m。拦门沙坎淤高，内坡变陡，坎顶高程由1994年的－2.7m淤高到2000年的－2.54m，淤高0.16m。

横洲口外深槽两侧的浅滩，工程后在不同高程以上浅滩面积均有不同程度的变化（见表10－20）。深槽以西的交杯沙浅滩（中滩），－3m高程以上浅滩面积1994年为22.35km^2，与2000年比较，浅滩面积增加了5.87km^2，年均淤厚2.86cm，为1977～1994年的2.78倍，淤积速度明显加快，并向西发展，其发展幅度由西北向东南逐渐加强，使龙屎窟深槽趋向萎缩；－3.0m高程以上的浅滩面积，2000年为15.15km^2，与1994年比较，增加1.44km^2，年均淤积厚度约为0.39cm。深槽东侧的沉船沙浅滩（东滩）面积呈减少趋势变化，－3.0m高程以上浅滩面积1994年为16.24km^2，而2000年的面积为15.47km^2，浅滩面积减少0.77km^2。

表10－19　工程前后横洲口外深槽冲淤变化表

河段	对比年份	不同高程下冲淤变化						年均冲淤厚度（cm/a）		
		冲淤总量（万m^3/a）			年均冲淤量（万m^3/a）					
		0m	－2m	－5m	0m	－2m	－5m	0m	－2m	－5m
大井角—交杯四沙东	1994年与1977年	297.13	125.46	84.07	17.48	7.38	4.95	0.6	0.4	1.4
	2000年与1977年	－489.53	－598.65	－462.69	－21.28	－26.03	－20.12	－0.8	－1.3	－5.8
	2000年与1994年	－786.66	－724.11	－546.75	－131.11	－120.69	－91.13	－4.8	－6.2	－25.6
其中　大井角—石栏洲	1983年与1977年	638.30	454.77	141.63	106.38	75.79	23.61	8.8	11.9	8.2
	1994年与1977年	308.22	170.09	94.05	18.13	10.01	5.53	1.5	1.6	1.9
	2000年与1977年	－305.64	－449.73	－337.38	－13.29	－19.55	－14.67	－1.1	－3.1	－5.1
	1994年与1983年	－330.08	－284.68	－47.58	－30.01	－25.88	－4.33	－2.5	－4.1	－1.52
	2000年与1994年	613.86	－619.81	－431.43	－102.31	－103.30	－71.90	－8.8	－15.6	－26.8
其中　石栏洲—交杯四沙东	1994年与1977年	－11.09	－44.63	－9.98	－0.65	－2.63	－0.59	0.0	－0.2	－1.0
	2000年与1977年	－183.89	－148.93	－125.31	－8.00	－6.48	－5.45	－0.50	－0.50	－9.10
	2000年与1994年	－172.80	－104.30	－115.33	－28.80	－17.38	－19.22	－1.80	－1.40	－21.90

注　表中＋值为淤积，－值为冲刷。

表 10－20 工程前后横洲口外浅海区滩面面积变化表

浅滩名称	滩面高程（m）	滩面面积（km^2）		
		1977 年	1994 年	2000 年
西滩	－1	0	0.64	1.1
	－2	0.96	2.62	3.76
	－3	6.97	13.71	15.15
交杯沙浅滩（中滩）	－1	1.39	3.72	3.39
	－2	11.96	12.74	14.74
	－3	19.89	22.35	28.22
沉船沙浅滩（东滩）	－1	0	0.21	0.68
	－2	3.41	4.05	3.59
	－3	12.38	16.24	15.47

3. 洪湾水道的冲淤变化

洪湾水道从同益围至马骝洲，全长 9.83km。根据不同年代的实测水下地形资料进行计算，分析其水道特性如表 10－21。

表 10－21 洪湾水道特性表（0m 高程）

年份	平均河宽（m）	平均水深（m）	平均过水面积（m^2）	宽深比
1977	2791	1.36	3784	38.85
1983	2772	1.13	3133	46.59
1993	499	3.61	1798	6.19
1996	495	3.76	1861	5.92

洪湾水道在工程前，水道宽 1.5～3.5km，深槽宽约 300m，0m 高程以下水深为 1.13～1.36m，深槽两侧滩地的高程约为－0.6～－1.2m。据 1983 年与 1977 年的水下地形资料对比，0m 高程以下淤积量约为 640 万 m^3，淤积厚度为 23cm，年平均淤积 107 万 m^3，年均淤厚 3.8cm（见表 10－21），河道处于不断淤积状态，宽深比由 38.85 增加至 46.59；随着治理开发工程的实施，洪湾水道采用南、北导堤及疏浚整治措施（1991 年 8 月至 1993 年 4 月疏浚挖槽 775.5 万 m^3），水道缩窄，水流流速增大，水道由工程前的淤积状态转为冲刷状态，据 1996 年与 1993 年的水下地形资料对比分析，0m 高程以下水道冲刷量为 62 万 m^3，平均水深为－3.61～－3.76m，比工程前增加 2.6m，宽深比减小至 5.92。深槽主流基本稳定，仅局部河段槽轴线向右岸移动 100m 左右，－3m 高程水面宽扩宽 5～140m 之间，平均扩宽 36m。

从上述磨刀门治理开发工程后河道冲淤变化的分析成果表明：工程后在双导堤的作用下，河口延伸了 15km，横洲水道与洪湾水道深槽被冲刷，横洲口外拦门沙被冲开，疏通了尾闾，深槽呈加深的变化趋势，其方向转为西南方向发展。上述结果与物理模型和数学模型的研究结果基本一致。

10.1.6.3 治理开发工程的效果分析

治理开发工程实施后的效果主要有如下几个方面：

1. 提高防洪（潮）的能力

工程后，磨刀门出口宽阔的内海区已整治成一主（横洲水道）一支（洪湾水道）的泄洪水道，涨、落潮流路顺畅，汇潮点多的散乱流态得到彻底改善，水流归槽，泄流能力加强。如横洲水道过水面积增加，平均增幅大于30%，深槽普遍刷深，轴线较稳定，治理工程较好地控制行洪主槽的河势；横洲口外拦门沙被冲开，出海深槽已向外海深水区延伸，深槽主流转向西南，拦门沙脊向西南方向发展，并呈继续延伸的趋势，出口泥沙随着西南沿岸流输向深水区，使尾闾将进一步畅通，泄洪能力将逐渐加大。

2. 提高防台风暴潮的能力

磨刀门水道的海堤，过去是按照10年一遇高潮水位和10级台风的风浪爬高加安全超高设计的，治理开发工程实施后，经1989年的改建，海堤的防台风暴潮能力大为加强，经1993年几次10~12级台风暴潮的正面袭击，改建后的海堤仍能安然屹立；此外，干堤加固后，使六围冲两岸堤围和红旗、八一等海堤变成内堤，缩短防台风暴潮的堤线约30km，相应提高了11333hm^2农田面积的抗台风暴潮的能力。

3. 提高通航能力

工程后洪湾水道的水流动力增强，输沙能力加大，水道处于冲刷状态，航深增加，航槽稳定，通航能力从工程前的候潮才能通航300t级提高到工程后可通航2000~3000t级的船舶，使两广地区与港澳之间的运输量增加，促进外贸及旅游业的发展。

4. 改善灌溉及供水的水质

工程后涨潮流量明显减少，落潮流动力相应加强，咸界下移，河水变淡，灌溉及供水水质得到改善。据珠江委勘测设计研究院利用珠海澳门供水公司的桂定角、灯笼山同步测咸资料建立桂定角与灯笼山的相关关系，用此关系及1991年以来桂定角的含氯度资料查算工程后灯笼山枯水年平均超标（超过200mg/L）历时及各年最大一次连续超过历时与工程前统计的灯笼山超标历时相比较（见表10－22），可见：灯笼山站年平均水质超标历时由工程前的108h缩短为63h，它不但弥补了工程后高高潮位降低的影响，而且还延长了取水时间，改善了口门附近两岸17万hm^2农田的灌溉水质，并使对澳供水工程年平均“偷淡”取水量达2085万m^3。

表10－22 灯笼山站工程前、后含氯度超标历时统计表

项　目	工程前（1962~1983年）	工程后（1991~1997年）
年最长超标历时（h）	234（1967年）	119（1996年）
年平均超标历时（h）	108	63

5. 拓展了国土，为珠海经济特区提供了大量的建设用地

磨刀门治理开发工程结合滩涂围垦开发，把多个孤岛和陆地连成一片成为半岛，据统计工程后计划建成的围垦面积为75.45km^2（不包括鹤洲南片和白龙河西片抛石的面积34.6km^2），现已基本成围的陆地面积为64.55km^2，为珠海经济特区的建设提供了大面积的农业用地和交通、城建用地，如珠海市滨海开发区、珠海机场、广珠铁路等都是在垦区

内建设。磨刀门内海区的围垦开发工程为社会创造了大量物质财富，造福于社会，造福于人民和子孙后代，为珠海经济特区的发展繁荣做出了重要贡献。

6. 水环境有明显的改善

工程前磨刀门内海区水流分散、潮汐顶托、航道淤浅、排洪道淤塞、河槽断面不稳定；工程后水流归槽、流速增大、水动力增强、河槽冲刷、水道的环境容量有所增加，根据资料分析，1980～1999年灯笼山以上至竹洲头长24.1km，0m高程以下河床年均冲深7.7cm，年均增加容积228.2万m^3；灯笼山以下浅海区，横洲水道1983～2000年，年均冲深6.4cm，年均增加容积216.9万m^3；洪湾水道1993～1996年年均冲深4.2cm，年均增加容积20.5万m^3。由于容积的增加和流速的增大，使水道的自净能力和水环境容量明显提高，在工业和生活污水排放量成倍增加的条件下使河口水质仍能控制在保护目标以内，说明水环境有明显的改善。

10.1.6.4　需进一步研究的问题

磨刀门治理开发工程实施后，取得了明显的成效，但口门治理开发是一项复杂的系统工程，需在工程实践中加强观测和分析，在总结经验的同时，还有必要研究工程实施后出现的新问题，以使口门治理开发工作不断取得完善。

1. 灯笼山左右汊道冲淤变化与分流口下浅滩发展对主干道泄流的影响

灯笼山左、右汊道工程实施后的冲淤和工程前比较，变化的特征为0m高程以下，平均河宽均为减少，平均水深均呈增加趋势，且左汊增幅大于右汊；过不面积均呈增加趋势，但右汊过水面积占灯笼山工程前过水面积的57%减少至工程后的53%，而左汊则由43%增加至47%，表明工程后右汊道的泄流能力仍大于左汊道，但左汊水流动力有所增强，右汊则有所减弱；与此同时，位于磨刀门主干道与洪湾水道分流口的灯笼山下浅滩－2m高程以上向下游延伸了2.9km，已延伸到洪湾水道分流口以下200m，形成一条水下沙堤，洪湾水道进口处的杧洲浅滩也有所淤高。上述动力条件的改变以及河势的变化，对洪湾水道和横洲主干道的分流比的影响及其滩槽的变化，是需进一步深入研究的问题。

2. 鹤洲冲口西滩向东扩展对河势的影响

鹤洲冲口西滩处于磨刀门水道横洲段的进口，工程前平均高程为－0.5m左右，其特点为上游高（－0.4m左右）下游低（－0.6m左右）；工程后西滩中部高（0m左右），周边低（－0.4m左右），－1m高程以上滩的面积工程前为3.11km^2，而工程后由于滩的首部与尾部均缩窄，滩的面积减少0.68km^2，但滩的中部向深槽扩宽了100m左右。西滩的淤高和扩展对横洲段滩槽稳定的影响是需进一步深入研究的问题。

3. 横洲口外拦门沙治理的研究

随着磨刀门河口浅滩的治理，径流集中下泄，水流动力加强，口门向下游延伸。自1983～1994年横洲口外的水下深槽及拦门沙向海外推移了2100m，出现了多条支汊，其深槽主流摆向西南，拦门沙脊向西南方向发展，与此同时，拦门沙坎顶高程约淤高0.16m，而与主深槽交角10°～15°的次汊道出口则有向东南变化的趋势。为此，需进一步研究横洲口外水沙运动规律及河床演变趋势，从有利于泄洪排沙和维持洪湾水道的分流比及口门稳定出发，确定泄洪主槽的延伸方向，规划口外治导线的平面布置，对拦门沙进行治理，使磨刀门治理开发工程趋势于完善。

10.2　澳门附近水域治理规划方案研究

10.2.1　水域概况

10.2.1.1　水域组成

澳门附近水域地处珠江口伶仃洋西侧，但于广东省珠江口东南部。水域范围西起洪湾水道出口的马骝洲，东至伶仃洋西侧岸滩水域，北起珠海市的大九洲岛和石角咀水闸，南至横琴岛南侧的三洲岛，水域面积为95km^2，根据水域的不同特点可分为澳门浅海区、湾仔浅海区、十字门浅海区和汇流区（见图10－12）。

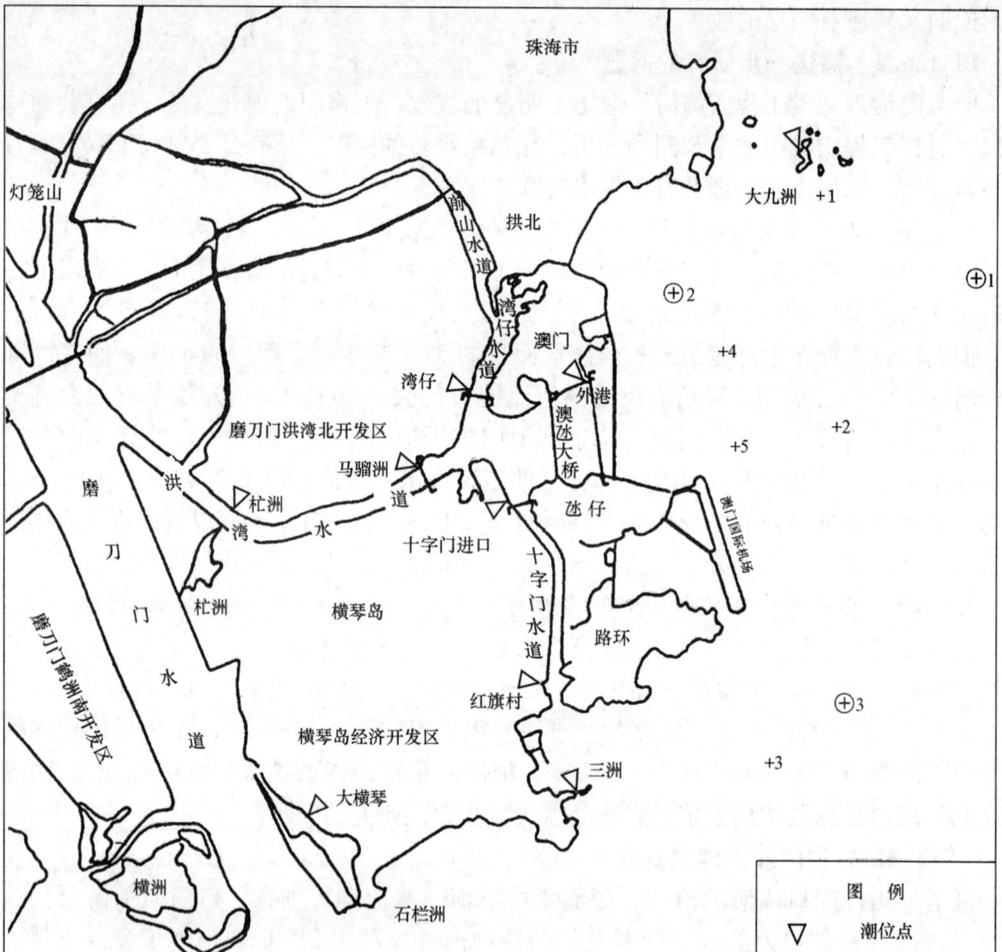

图10－12　珠江口澳门附近水域示意图

澳门浅海区西起洪湾水道出口，东至澳门外港，长4km，宽2.5km。它是广东、广西部分地区沟通港、澳的主要航道，也是澳门附近水域泄洪、排涝、输沙和纳潮的主要通道。在澳门浅海区中，西起洪湾水道出口，东至嘉乐庇大桥，长1.9km，宽0.75～1.75km的汇流区，为水域3个浅海区水流的相汇之处，其岸线极不整齐，过水断面过于宽阔，水流在此相互顶托，流速很小，随径流下泄的泥沙大部分在此落淤，是影响泄洪排沙、阻碍通航的关键区段。

十字门浅海区位于洪湾水道出口南侧，处于大横琴、小横琴和氹仔、路环四岛之间。该浅海区北起小横琴的北口咀、南至大横琴岛的夹马口，长约为5.8km。海区内海岛环抱，南北两端形成狭长的进出口，水流受上下卡口的限制，上口宽为600m，下口宽度约为350m，中间部分则宽达约3km。由于浅海区具有调蓄涨落潮流的作用，其流态十分复杂，对与其相连作为泄洪通航主干道的澳门浅海区产生着不利影响。1993年后由于两岸围垦，十字门浅海区现已变为长5.75km、宽仅300～500m的十字门水道。

湾仔浅海区位于洪湾水道出口北侧，属珠海市湾仔镇和澳门的内港区，是承泄中珠联围经石角咀水闸排出的洪水、涝水及澳门半岛西侧的涝水和污水。海区内已形成南北流向的湾仔水道，水道北起石角咀水闸，南至洪湾水道出口，全长约4.4km，宽约0.5～0.9km。

10.2.1.2　气象水文特性

1. 气象特性

澳门位于北热带区，全年气候温和，平均气温约20℃。由于受地理和其他因素的影响，一年中主要有冬、夏两季。10月至次年3月的冬季，季风联同亚洲大陆上空的西伯利亚高压入侵本地，气候较干燥、寒冷；4～9月的夏季，季风则受印度支那上空的热低压影响，大多伴有雷暴和阵雨。气温最低值出现在12月至次年3月期间，平均最低值为1月的11.9℃；夏季以7～8月为高峰，气温最高可达39℃，平均最高值约为31℃。

澳门相对湿度较高，一般在80%～90%之间，甚少低于70%。澳门为多雨地区，平均年降雨量为2000mm左右，其中7～8月的降雨量最高，1个月内可达900mm以上。

澳门是一个多风地区，一年内无风期平均不超过20～30天。风型有正常风及台风两种，前者的风向一般是北和东象限的，而南及西象限的风则较少且微弱，在旱季尤甚；后者出现于夏季，以7～9月为盛期，多走东南路径。据澳门站1901～1982年观测资料，多年平均风速为3.5m/s，极端最大风速为58.6m/s（1964.9.5，风力超过12级）。近年来以8309、8908、9316三次台风最为强烈，特别是9316台风，过境时澳门最高阵风达46m/s，引发风暴潮增水，河口出现百年实测最高潮位，造成多处海堤决裂、漫顶，市区低洼地区水浸，经济损失严重。

2. 径流特性

澳门附近水域的径流来自洪湾水道和湾仔水道。根据资料分析，洪湾水道分流量约占磨刀门水道的17%左右，多年平均径流量和输沙量分别为157亿m^3和398万t；湾仔水道的径流来自中珠联围13万亩农田的排洪和排涝，低潮时经石角咀水闸排入水域。

径流以洪湾水道来水为主，据两次在洪水期和枯水期的同步实测水文资料分析，洪湾水道与湾仔水道汇入的径流占水域径流总来量的百分比为：洪水期洪湾水道占88%，湾仔水道占12%；枯水期洪湾水道占61%，湾仔水道占39%。

3. 潮汐特性

澳门附近水域位于不规则半日周期弱潮河口，日潮不等现象明显，具有潮位洪水期高于枯水期、平均潮位的年际变化不大、涨落潮差别不大、涨落潮历时大致相等的特性。据统计洪湾水道出口的马骝洲站，多年平均高潮位为2.33m，低潮为1.22m；多年平均涨、落潮差为1.11m；涨潮历时为6h17min，落潮历时为6h23min。位于澳门内港的澳门潮位站，多年平均潮差为1.07m，一般情况下落潮潮差大于涨潮潮差，差值在0.2~0.8m之间；涨、落潮历时均为6h15min；风暴潮引起增水，内港站实测最高潮位为4.78m。

4. 潮流特性

（1）潮流流态。澳门附近水域处于以径流作用为主的磨刀门水道与潮流较强的伶仃洋之间，水域内水道纵横交错，各水道的涨、落潮存在相位差，具有多股水流进出、径潮流相互作用和相互顶托、潮流相互交汇、流态复杂等特征。

根据水域内实测水位、流速资料和遥感潮流信息资料分析，澳门浅海区落潮时，十字门水道、机场以西→路环与氹仔岛之间通道先后由涨潮流转变成落潮流，氹仔岛北浅滩西侧部分涨潮流转向十字门水道成为落潮流，机场东侧一部分涨潮流也成为西侧通道的落潮流。随着落潮流动力的加强，澳门浅海区由涨潮流转向落潮流，而在澳门水道出口，由于受外港防波堤的导流及伶仃洋落潮主流的制约，在洪水期形成一股流势较强的东南偏南向的水沙输移带；在枯水期落潮主流则靠近澳门半岛，出外港防波堤后与珠海近岸的南向水流交汇形成了东南→南→偏西南的落潮流。涨潮时，横琴→路环南面的涨潮流向北上涨，受近岸陆地周边地形的影响分为两股，涨潮流最先从十字门水道南端的夹马口上溯进入汇流区，在洪湾水道治理前，此股涨潮流由北转向西进入洪湾水道的右岸浅滩，而洪湾水道治理后，涨潮流则由北转向东，成为澳门水道右侧边滩的落潮流；另一股涨潮流又分为两股，一股水流先从机场以西→路环与氹仔之间的通道汇入澳门水道浅海区，部分水流由北转向东成为主通道的落潮流，部分水流由北转向西与澳门浅海区落潮流交汇于氹仔北侧浅滩。另一部分水流为近正北方向进入珠海九州一带浅海区，随着涨潮流的加强，部分水流转向从机场东侧沿澳门半岛南主槽上溯，此时澳门浅海区径潮流互相顶托，逐渐由落潮流变成涨潮流，并与十字门水道的涨潮流汇合，上溯进入洪湾水道与湾仔水道。涨潮流与来自洪湾水道、湾仔水道的径流交汇于汇流区，潮水是否进入洪湾水道马骝洲以上，取决于径潮流组合的条件。一般在洪水期，澳门附近水域基本上被洪水所控制，马骝洲断面均为落潮流；中水期，水域内东西向的澳门水道内以径流作用为主，而南北向的十字门水道则是潮流作用占优；枯水期，水域内以潮流作用为主，其中十字门水道的潮势最强。

（2）潮流速。澳门附近水域的潮流速变化较大，视不同径潮流组合情况而异。表10-23为洪水、中水、枯水期在不同潮型情况下各断面代表垂线的潮流速实测资料统计，由表10-23可见：

1）洪湾水道和澳门水道洪水期落潮平均流速大于中水期，中水期落潮平均流速大于枯水期。

2）在同一来水条件下，一般是大潮落潮平均流速大于中潮落潮平均流速，而中潮落潮平均流速又大于小潮落潮平均流速。

表10-23　各断面代表垂线潮流速统计表　（单位：m/s）

潮型	断面位置	测点	洪水期				中水期				枯水期			
			涨潮		落潮		涨潮		落潮		涨潮		落潮	
			V_{max}	V_{cp}	V_{max}	V_{cp}	V_{max}	V_{cp}	V_{max}	V_{cp}	V_{max}	V_{cp}	V_{max}	V_{cp}
大潮	马骝洲	V2	0.00	0.00	1.30	0.80	0.47	0.22	0.81	0.50	0.81	0.31	0.82	0.40
	湾仔	V2	0.34	0.10	0.51	0.18	0.20	0.13	0.24	0.09	0.27	0.11	0.44	0.16
	十字门北口	V2	0.50	0.21	0.88	0.53	0.59	0.34	0.64	0.39	0.76	0.35	0.90	0.46
	嘉乐庇大桥	V1					0.23	0.11	0.37	0.19	0.37	0.12	0.51	0.19
		V2	0.00	0.00	0.92	0.52	0.31	0.15	0.94	0.43	0.43	0.14	0.93	0.42
		V3					0.32	0.14	0.57	0.32	0.39	0.14	0.94	0.34
		V4					0.25	0.11	0.46	0.16	0.31	0.11	0.71	0.21
		V5					0.32	0.18	0.57	0.21	0.33	0.14	0.66	0.25
		V6	0.17	0.08	0.48	0.22								
中潮	马骝洲	V2	0.00	0.00	1.12	0.77	0.46	0.17	0.85	0.51	1.04	0.42	0.82	0.33
	湾仔	V2	0.21	0.06	0.37	0.16	0.18	0.10	0.21	0.10	0.28	0.12	0.56	0.18
	十字门北口	V2	0.33	0.19	0.69	0.41	0.63	0.36	0.62	0.44	0.80	0.35	0.87	0.41
	嘉乐庇大桥	V1					0.19	0.12	0.29	0.20	0.22	0.09	0.58	0.22
		V2	0.00	0.00	0.77	0.49	0.25	0.15	0.94	0.42	0.39	0.12	1.00	0.26
		V3					0.25	0.12	0.70	0.35	0.31	0.14	0.87	0.32
		V4					0.16	0.10	0.43	0.13	0.27	0.09	0.66	0.18
		V5					0.30	0.15	0.57	0.22	0.46	0.13	0.61	0.19
		V6	0.06	0.05	0.44	0.18								
小潮	马骝洲	V2	0.00	0.00	0.83	0.62	0.18	0.08	0.88	0.48	0.61	0.23	0.84	0.34
	湾仔	V2	0.07	0.04	0.26	0.12	0.24	0.07	0.21	0.08	0.30	0.09	0.48	0.14
	十字门北口	V2	0.27	0.12	0.66	0.34	0.54	0.34	0.50	0.30	0.68	0.31	0.85	0.47
	嘉乐庇大桥	V1					0.54	0.13	0.53	0.21	0.20	0.05	0.44	0.12
		V2	0.00	0.00	0.73	0.47	0.29	0.14	0.93	0.43	0.35	0.10	1.10	0.34
		V3					0.12	0.08	0.70	0.36	0.33	0.11	0.78	0.27
		V4					0.15	0.09	0.48	0.21	0.35	0.13	0.70	0.26
		V5					0.29	0.14	0.52	0.20	0.44	0.08	0.61	0.19
		V6	0.042	0.016	0.30	0.14								

注　表中 V_{max} 为最大流速；V_{cp} 为垂线平均流速。

3）澳门浅海区在不同径潮流组合条件下，落潮流速均大于涨潮流速。洪水期，嘉乐庇大桥或外港断面实测最大落潮流速变化约为0.94～0.30m/s，相应垂线平均流速为0.52～0.14m/s，涨潮最大流速变化为0.17～0.042m/s，相应垂线平均流速为0.078～0.016m/s；

中水期，实测最大落潮流速为0.94~0.36m/s，相应垂线平均流速为0.43~0.13m/s，涨潮最大流速为0.32~0.15m/s，相应垂线平均流速为0.17~0.09m/s；枯水期，实测最大落潮流速为1.1~0.51m/s，相应垂线平均流速为0.34~0.18m/s，涨潮最大流速为0.46~0.20m/s，相应垂线平均流速为0.14~0.084m/s。根据潮位与流速变化过程分析，最大落潮流速出现在低潮附近，约在1.31~1.01m之间，而涨潮流速大于0.3m/s时，其潮位在2.36~2.40m之间。

4）澳门浅海区洪水期被径流所控制，主槽均处在落潮状态，其最大流速平均值为0.8m/s，平均流速为0.49m/s。而滩地仍有涨、落潮流，最大流速平均值分别为0.09m/s与0.41m/s，平均流速分别为0.047m/s与0.18m/s，主槽流速大于滩地流速，最大流速平均值为滩地的2倍，平均流速为滩地的2.7倍。中水、枯水期，滩槽涨潮平均流速均在0.13m/s左右，滩地落潮平均流速均为0.20m/s左右，主槽落潮平均流速中水期（0.38m/s）略大于枯水期平均流速（0.32m/s），中水、枯水期主槽落潮平均流速大于滩地落潮平均流速。

5）十字门水道北口位于水道卡口处，同时又受潮流控制，涨潮流速一般比澳门浅海区大，枯、中水期涨潮平均流速为0.12~0.19m/s，洪水期，水域虽受径流控制，但十字门水道北口仍有涨潮流，其最大流速为0.50m/s，平均流速为0.12~0.21m/s。湾仔水道断面流速受石角咀水闸控制，关闸时涨潮流速较开闸时大，因开闸时受较大的落潮流速所顶托，使涨潮流速有所减小。洪水、中水、枯水期，涨潮平均流速为0.04~0.10m/s，落潮平均流速为0.12~0.18m/s。

（3）潮量。澳门附近水域的潮量变化，根据洪水、中水、枯水期进行包括大潮、中潮、小潮型的连续8个以上完整潮流期的同步实测资料统计，其涨、落潮量及净泄量列于表10-24，由表可见：

1）洪水期。洪湾水道处于泄洪状况，经澳门浅海区的泄洪量占水域上游来量的93.1%，是水域的主要泄洪通道，而汇入十字门水道的泄洪量仅占上游来量的6.9%。此时，澳门浅海区基本上受径流所控制，净泄量为110709万m^3，而涨潮量仅为2083.5万m^3。在涨潮量中，通过嘉乐庇大桥进入泄流区涨潮量占该区总涨潮量的5.9%，而从十字门北口进入汇流区的涨潮量却占该区总涨潮量的94.1%，因此，在该处局部范围内将会出现洪潮交汇和相互顶托的状态。

2）中水期。澳门浅海区仍是径流作用为主，经澳门浅海区泄流量占上游来流量的98.6%，而经十字门水道的泄流量不足2%，汇入水域内的涨潮量，约有70%来自澳门水道外港断面，约有30%来自十字门北口断面，但从径潮量比较，十字门水道则为潮流作用占优。

3）枯水期。水域内以潮流作用为主，澳门浅海区成为涨潮流的主要通道，其涨潮量约占下边界涨潮量的80.6%，净泄量占上游来流量的94.1%，而十字门水道北口进入汇流区的涨潮量则占19.4%，净泄量占上游来量的5.9%。4个测流断面控制水域内的浅海区，从下边界进入的涨潮量有约56%经马骝洲断面进入洪湾水道，约有18%进入湾仔水道，因此水域内浅海区约有26%的潮蓄量。

表10－24 各断面潮量统计表 （单位：万 m^3）

测验日期	断面名称	涨潮量	占上（下）边界（%）	落潮量	占上（下）边界（%）	净泄量	占上（下）边界（%）
洪水期 1994.7.23～7.31	马骝洲	0	0	102416	86.4	102416	88.2
	湾　仔	2485	100	16127	13.6	13642	11.8
	上边界	2485	100	118543	100	116058	100
	嘉乐庇大桥	122.5	5.9	103228	91.5	103106	93.1
	十字门北口	1961	94.1	9564	8.5	7603	6.9
	下边界	2083.5	100	112792	100	110709	100
中水期 1997.8.31～9.4	马骝洲	1823	48.3	21964	87	20141	93.8
	湾　仔	1948	51.7	3285	13	1337	6.2
	上边界	3771	100	25249	100	21478	100
	嘉乐庇大桥	7734	71.6	26607	88.9	18873	98.6
	十字门北口	3073	28.4	3335	11.1	261	1.4
	下边界	10807	100	29942	100	19134	100
枯水期 1997.3.25～3.29	马骝洲	8381.6	75.4	12442	70.2	4060.8	61.5
	湾　仔	2730.2	24.6	5276.7	29.8	2546.5	38.5
	上边界	11111.8	100	17719.1	100	6607.3	100
	嘉乐庇大桥	12042.6	80.6	1926.1	85.4	7683.5	94.1
	十字门北口	2899.1	19.4	3377.9	14.6	478.8	5.9
	下边界	14941.7	100	23104	100	8162.3	100

（4）泥沙。澳门附近水域缺乏长期的泥沙观测资料，根据1994年7月洪水期、1997年9月中水期及1997年3月枯水期连续8个以上完整潮周期的同步实测资料统计列于表10－25，由表可见：

1）澳门附近水域的泥沙主要来源于洪湾水道，洪水、中水期最大含沙量约为0.85kg/m^3，平均含沙量约为0.2～0.49 kg/m^3，悬沙中值粒径约为0.022mm；枯水期最大含沙量约为0.13 kg/m^3，平均含沙量约为0.12 kg/m^3，悬沙中值粒径约为0.013mm。湾仔水道洪水、中水期最大含沙量为0.19 kg/m^3，平均含沙量为0.074～0.08 kg/m^3，悬沙中值粒径约为0.012mm；枯水期最大含沙量为0.13 kg/m^3，平均含沙量为0.044 kg/m^3，悬沙中值粒径约为0.008mm。洪湾水道在洪、中水期汇入澳门附近水域径流输沙量约占总径流输沙量的97.8%～98.2%，而来自湾仔水道的径流输沙量仅约占1.8%～2.1%。

2）水域内洪水期含沙量大于中水期，中水期含沙量大于枯水期。十字门北口由于中、小潮流作用较强，汇入汇流区时涨潮含沙量一般大于落潮含沙量；湾仔水道由于受石角咀水闸下泄含沙量较低的水流的影响，汇入汇流区时涨潮含沙量也大于落潮含沙量；洪湾水道和澳门水道无论洪水期还是枯水期，落潮含沙量均大于涨潮含沙量。可见水域含沙量的变化与径流的大小关系密切，同时水道还受潮流强弱作用的影响，根据遥感获取的信息，并结合该水域约40多个时相的洪水、枯水期同步或准同步实测水体表层含沙量资料分析，得到洪水、枯水期多时相悬沙平均含沙量分布（见图10－13、图10－14），可见洪水期悬沙分布的特征为：

表10－25　　澳门附近水域内浅海区实测断面含沙量及输沙量统计表

（单位：输沙量t，含沙量kg/m^3）

径潮组合	断面位置	涨潮输沙量	落潮输沙量	净泄（＋）净进（－）输沙量	涨潮		落潮		潮期平均含沙量
					S_{max}	S_{cp}	S_{max}	S_{cp}	
洪水期	马骝洲	0	497700	497700	0.00	0.00	0.85	0.49	0.49
	湾　仔	2538	13707	11169	0.20	0.10	0.19	0.08	0.08
	嘉乐庇大桥	165	425575	425410	0.19	0.13	0.62	0.41	0.41
	十字门北口	5188	26246	21058	0.48	0.16	0.78	0.27	0.28
中水期	马骝洲	1858	43030	41172	0.16	0.10	0.68	0.20	0.20
	湾　仔	1688	2426	738	0.13	0.09	0.13	0.07	0.06
	嘉乐庇大桥	7461	34830	27369	0.14	0.10	0.23	0.13	0.15
	十字门北口	4719	4499	－220	0.29	0.15	0.16	0.13	0.08
枯水期	马骝洲	4251	9171	4920	0.10	0.05	0.13	0.07	0.12
	湾　仔	1302	2410	1108	0.09	0.05	0.10	0.05	0.04
	嘉乐庇大桥	8479	13674	5195	0.11	0.07	0.14	0.07	0.07
	十字门北口	2144	2056	－84	0.13	0.07	0.10	0.06	0.02

注　表中S_{max}为最大含沙量；S_{cp}为平均含沙量。

洪水期澳门水域泥沙主要来源于洪湾水道径流挟沙，悬沙的高值区出现在洪湾水道出口及十字门北口东侧，其值为0.25～0.28kg/m^3；次高值区出现在汇流区及氹仔岛北侧，为0.22～0.25 kg/m^3，由氹仔岛北侧至机场跑道附近，自西向东，含沙量沿程降低，至出口位置的伶仃洋西侧湾口已降至0.02～0.05 kg/m^3。自外港防波堤向外的东南水域，较高含沙量相对集中在外港防波堤内侧，悬沙含量为0.16～0.19 kg/m^3；由外港防波堤内侧水域经机场跑道东侧至路环岛东南侧水域，悬沙含量由北向南略有递减。

枯水期悬沙分布的特征为：枯水期，由于径流来量小，从洪湾水道进入澳门水域的悬沙也较少，含沙量明显低于洪水期。该水域内，从洪湾水道至澳门水道出口，自西向东有递增的趋势，洪湾水道出口至澳门水道北侧为含沙量低值区，其值为0.04～0.06 kg/m^3；机场跑道以北、外港防波堤以南为次低值区，其值为0.06～0.07 kg/m^3；较高含沙量区主要分布在氹仔岛北侧浅滩区，其值为0.09～0.10 kg/m^3，次高区在东部近岸水域，其值为0.08～0.09 kg/m^3。浅滩水体含沙量较高的原因，主要是由于冬季盛行东北风浪对浅滩底质泥沙的掀扬作用，加之潮流进退的扰动而发生泥沙再迁移；东部近岸水域出现较高含沙量是与珠海大九洲南向落潮流及伶仃洋西南向落潮主流的作用有关。

3）澳门附近水域各水道的输水量变化为落潮输沙量一般大于涨潮输沙量。洪水期，澳门浅海区为泄洪排沙通道，落潮输沙量占水域排泄输沙量的94.2%，而汇入澳门浅海区的涨潮输沙量则以十字门水道为主，占汇入浅海区涨潮输沙量的96.6%；枯水期，涨潮输沙量以澳门水道为主，占进入澳门浅海区涨潮输沙量的 79.8%，十字门水道则占 20.2%（表 10－25）。

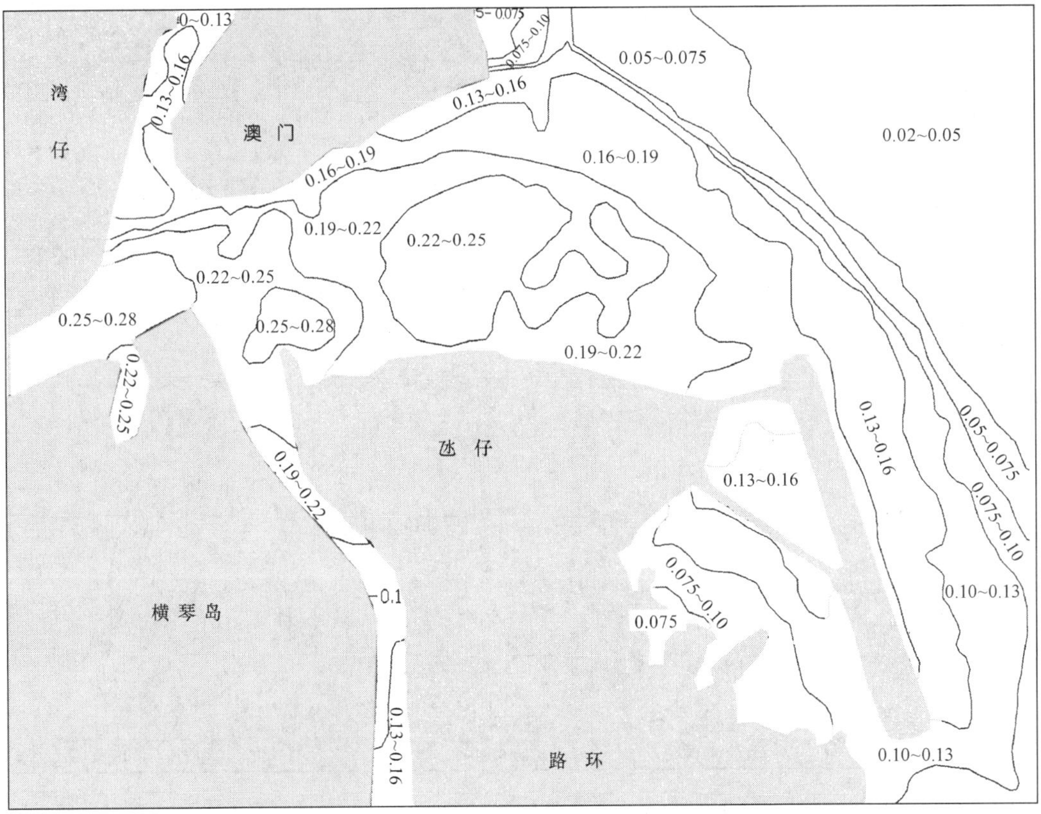

图 10－13　澳门附近水域洪水期悬沙平面分布图

4）根据马骝洲、湾仔、十字门北口及嘉乐庇大桥或外港等控制断面的输沙量，可粗略估算出在实测期间的淤积量为：洪水期汇流区内淤积量为 62401t，占进入汇流区输沙量的 12.1%，平均每天淤积量为 6933t；中水期汇流区淤积量为 14761t，占进入汇流区输沙量的 25.6%，平均每天淤积量为 2952t；枯水期汇流区淤积量为 921t，占汇流区输沙量的 4.1%，平均每天淤积量为 184t。可见澳门附近水域内汇流区洪水、中水、枯水期均处于淤积状态，洪水期大淤，枯水期小淤。淤积物中值粒径汛期与枯水期分别约为 0.024mm 与 0.022mm。

（5）含氯度。澳门附近水域含氯度的大小与上游径流及南海潮流的强弱有密切关系。洪水期澳门水道和十字门水道大部分受径流控制，枯水期整个水域均为潮流控制。据 1997 年 3 月的实测资料分析，外港和十字门进口断面的含氯度最高，其垂线平均含氯度最大达到 11.0‰～12.3‰，马骝洲和湾仔断面的含氯度较小，但大部分超过 2‰。

（6）海浪。澳门附近水域的九澳波浪站位于路环岛九澳角（北纬 22°56′，东经 113°43′），距澳门机场跑道南端以东 1.3km，据 1986～2001 年波浪观测资料（期间有个别年份和月份缺测）分析，波浪代表高度介于 0.09～2.86m 之间，其平均值为 0.47m，标准偏差为 0.25m。并据其资料进行不分方向年极值频率分析，采用 P－Ⅲ型曲线，按最小二乘法拟合经验频率曲线，得到不同重现期波高如表 10－26 所示。

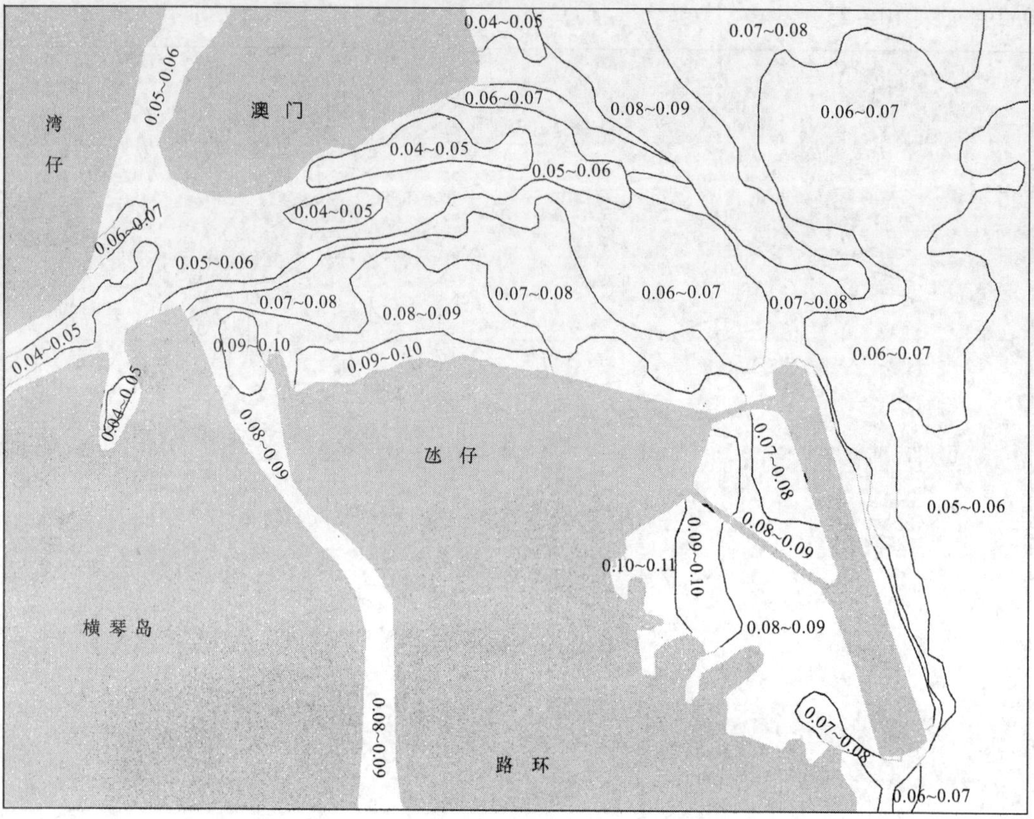

图 10－14　澳门附近水域枯水期悬沙平面分布图

表 10－26　　澳门九澳站不同重现期波高

重现期	300	100	50	20	10	5	2
有效波高 H_s（m）	3.72	3.38	3.16	2.85	2.60	2.32	1.89

氹仔岛北岸处于西至东北偏东风区，根据 1957 年和 1977 年台风期间观测资料，其风速不会超过 90km/h，波浪高一般在 1.0～3.4m 之间。

（7）冲淤变化。以 1998 年实测地形图为标准，将其他年代的地形图经校正后，统一到同一个坐标系统，分析澳门附近水域的岸线变化；选择特征等深线进行对比和面积量算，分析澳门附近水域的平面形态变化；选择不同年代横断面进行对比分析，计算澳门附近水域的容积与滩槽的冲淤变化，得到的结果如下：

1）岸线变化。从 70 年代至 2000 年的卫星影像信息和历年地形资料进行岸线叠加，进行对比分析后得图 10－15，由图可见，澳门附近水域岸线变化较大的十字门浅海区，在 70 年代以前，大、小横琴岛与氹仔岛、路环岛等四岛之间均有水道连通，到 70 年代初期，形成了东至氹仔—路环岛大堤，北至北山咀，西至大、小横琴间的浅滩区围垦堤，南至夹马口，浅海区的面积为 17km^2。随着氹仔岛西部水域扩建跑马场、十字门北口东侧填海与横琴开发区的填海造陆，至1992年浅海区的面积减为9.11km²。从1993起为澳门与珠海各自对浅海区迅速筑堤造陆，至1998年浅海区已形成长约为5.75km、宽为300~500m的水道，水域面积减少到2.02km²。其他浅海区的岸线变化使其水域面积减少的岸段，有由于澳门半岛南侧填海造地、氹仔岛东北部飞机场的填海工程、洪湾水道出口与十字门水道北口西侧的围垦工程以及湾仔水道西侧岸滩的围垦等，2000年水域的面积与1978年比较，减少了4.61km²，其中澳门浅海区减少2.55km²，汇流区减少1.65km²，湾仔浅海区减少0.41km²。

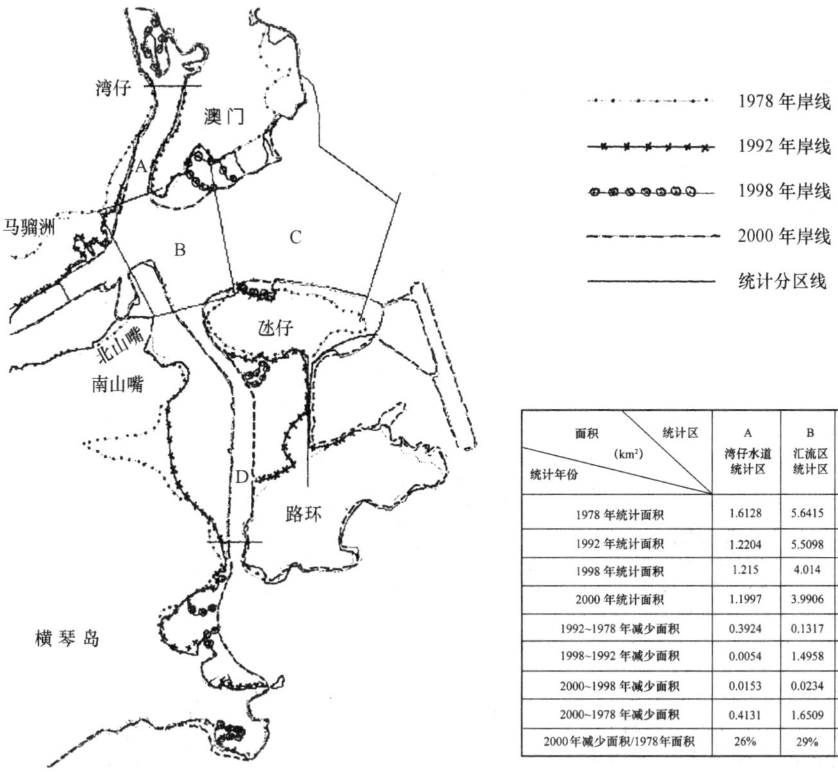

统计区 / 面积(km²) / 统计年份	A 湾仔水道统计区	B 汇流区统计区	C 澳门水道统计区	D 十字门水道统计区
1978年统计面积	1.6128	5.6415	11.9493	11.0133
1992年统计面积	1.2204	5.5098	9.9288	9.1143
1998年统计面积	1.215	4.014	9.7875	2.0196
2000年统计面积	1.1997	3.9906	9.3998	1.9872
1992~1978年减少面积	0.3924	0.1317	2.0205	1.899
1998~1992年减少面积	0.0054	1.4958	0.1413	7.0947
2000~1998年减少面积	0.0153	0.0234	0.3877	0.0324
2000~1978年减少面积	0.4131	1.6509	2.5495	9.0261
2000年减少面积/1978年面积	26%	29%	21%	82%

图10-15 澳门附近水域岸线演变及水域面积变化遥感分析图

2）平面形态变化。从1954、1988、2001年澳基0m等深线（相当于珠基-1.94m）变化表明（见图10-16）：十字门浅海在50年代前基本上是一片浅滩，只有一条由小横琴北山咀穿经氹仔岛与路环岛之间出海的深槽，称氹仔水道。70年代初路氹公路通车及氹仔水道和大、小横琴之间的中心沟垦区竣工，截断了东、西之间的通道，封闭了浅海区，使涨、落潮流原来分别经氹仔岛南侧、北侧进出改为从路环岛西侧、北侧进出，随着水道两岸的围垦，至80年代后期，十字门浅海区缩窄成300~600m宽的规则水道，称为十字门水道；湾仔浅海区的西岸明显向东推出，岸边滩涂被围用，上段缩窄了100~200m，下段缩窄了300~400m，使浅海区出口从900m缩窄为500m；汇流区在50年代是一片宽阔的浅海区，到了80年代末，从洪湾水道进入汇流区的进口段，已发育了两条深槽夹心滩的地形格局，其中北槽与澳门水道深槽已基本衔接，南槽与十字门槽道也基本衔接。但进入90年代中期，由于十字门水道北口西侧围垦等人类活动的影响，使南槽与十字门水道槽道的衔接从原来的向北偏西方向改为向北偏东方向而形成新的槽道；澳门水道浅海区对比1954年与1988年等深线的变化，其槽道向南侧有明显扩宽，0m以浅的滩面积从2.58km^{2}缩小为1.03km^2。但洪湾水道整治后，径流动力加强，潮流动力减弱，以2001年与1988年对比，澳门浅海区槽道缩窄，南滩向北扩淤，嘉乐庇大桥以东0m以浅的面积从0.61km^{2}扩大到2.47km^2，而北滩向南扩展的幅度则较小，2m以深（相当于珠基-3.94m）深槽的平面形态变化不大，基本稳定。

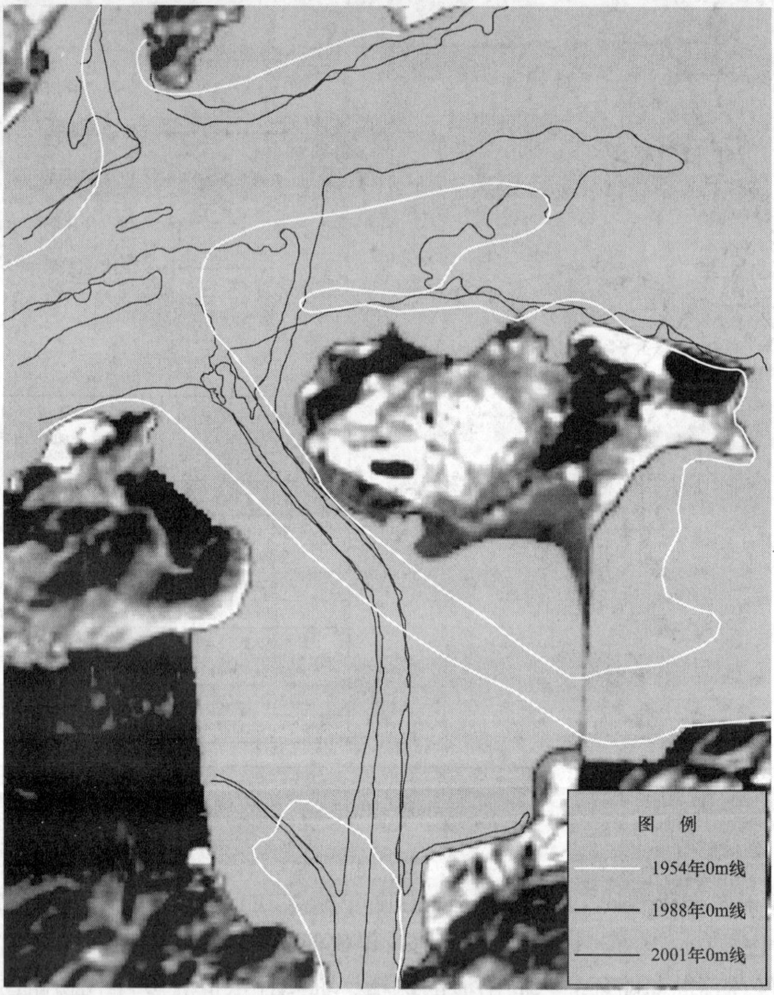

图10-16 澳门浅海区历年0m线对比图

3）滩、槽冲淤变化。根据现代沉积物的厚度推测[5]，自冰后期海平面相对稳定后的6000~7000年以来平均沉积率为0.2~0.8cm/a，但随着珠江三角洲的向海伸展，沉积率有愈来愈大的趋势，近百余年来（1861~1883年以后水深资料对比）湾仔水道、洪湾水道和澳门半岛南侧水域为1~2cm/a，十字门水域为3cm/a。

自从 1958 年修建石角咀水闸和 20 世纪 70 年代建成嘉东庇大桥与氹路海堤后，水流状态有所改变，其淤积形势也有些变化，主要体现在湾仔水道、十字门水道东侧（即氹路海堤西侧）淤积加剧，沉积速率为 3cm/a，其局部原有深槽沉积率为 30cm/a；澳门半岛南侧和氹仔岛北侧浅滩明显扩宽，沉积率为 20cm/a；但十字门南向水道却有所冲深。随着洪湾水道的整治与澳门附近水域的围垦造陆，水域的平面边界发生明显的变化，导致径潮流动力条件的变化，引起水域的冲淤变化。根据 1988—1994—1998—2001 年的地形资料进行冲淤计算，其成果如表 10 - 27 所示，由表可见：汇流区从洪湾水道整治工程实施过程及工程后主槽主要为冲宽，年均冲刷厚度初期为 13cm，随后冲刷强度有所减缓，年均冲刷厚度为 9cm，近 3 年主槽从冲刷转为淤积，年均淤积厚度为 10cm，总体上处于冲刷趋势，年均冲刷量为 0. 24 万 m^3，冲刷厚度为 0. 22m/a；主槽北侧近岸浅滩（左滩）有冲有淤，以冲刷为主，年均冲刷厚度为 9cm，而主槽南侧的浅滩（右滩），初期为淤积，年均淤积厚度为 14cm，随后则从淤积转为冲刷，冲刷的部位集中在十字门水道北口东侧的近主槽处，但总体上处于淤积状态，年均淤积厚度约为 1. 1cm。十字门水道近 10 年来，右滩处于淤积状态，年均淤积厚度为 21cm，左滩则处于冲刷状态，年均冲刷厚度为 5cm。而槽道前 5 年是淤积，为 12cm/a，后 3 年却转淤为冲，年均冲刷厚度为 10cm，总体上处于淤积状态，年均淤积为 1. 1cm。湾仔水道的主槽处于冲刷状态，年均冲刷厚度为 6cm；浅滩则有冲有淤，右滩冲刷大于淤积，年均冲刷厚度为 6cm，左滩淤积大于冲刷，年均淤积厚度为 7cm。澳门水道从 20 世纪 80 年代末至 90 年代中期，滩、槽均处于淤积状态，年均淤积厚度为 5. 0 ~ 9. 3cm，淤积严重的为南侧浅滩区，90 年代中期以后，随着治理的进程，冲淤环境发生较大的变化，槽与左滩均发生不同程度的冲刷，右滩则有淤积，但淤积强度呈较大的降低，其主要原因是受洪湾水道整治走向边界的控制，洪湾水道出口落潮主流动力靠近东偏北一侧，而氹仔岛之北、西北侧浅滩区为缓流区域，加之受十字门水道上溯潮流的干扰作用，使这一带产生回流和十字门北口西侧的围垦抛石，使十字门水道与汇流区水道的衔接从原来的北偏向改变为北偏东向，以及澳门往内港航道疏浚扩宽（据 1985 ~ 2002 年挖泥量统计为 1623. 51 万 m^3，年均挖泥量为 90. 20 万 m^3），落潮流更为集中地沿主槽下泄，从而促使涨潮流从主槽南侧以近西方向沿右滩进入水域等因素的综合作用，使澳门附近水域总的冲淤发展趋势是氹仔岛北、西北浅滩向北扩展，并逼近主槽，而主槽则逼近澳门半岛近岸。

10. 2. 2　水域的治理规划方案研究

澳门附近水域由 3 个浅海区交汇而成，自然汇流条件复杂，既有潮流的往复，又有径流的汇流与分流，还有径流、潮流的相互顶托，流态相当紊乱；以及在缺乏统一规划的情况下任意兴建缩窄水域、堵截流路的工程，使水域内水流不畅；加之洪湾水道经整治后，增强了水流动力与输沙能力，汇入未经整治的水域时，水流扩散、流速骤减等因素的综合作用，导致水域的严重淤积，影响洪湾水道和水域的泄洪、输沙、排涝与通航。为了制止乱围乱占水域，控制水域内泥沙的大量落淤，保证有足够的泄洪纳潮通道，确保周边地区防洪（潮）及排涝的安全，以及进一步提高水域的通航能力，兴建码头、桥梁、水利及环境保护等涉水建筑物，以适应周边地区社会经济发展的需要，需制定合理的治导线方案

表 10-27 澳门附近水域滩、槽冲淤变化表

水道名称	对比年代（年）	冲淤变化						冲淤厚度					
		冲淤总量（万 m^3）			年均冲淤量（万 m^3/a）			冲淤总厚度（cm）			年均冲淤厚度（cm/a）		
		左滩	槽	右滩	左滩	槽	右滩	左滩	槽	右滩	左滩	槽	右滩
汇流区	1988~1994	-80.25	-67.23	181.96	-13.38	-11.20	30.33	-70.41	-75.62	83.28	-11.74	-12.60	13.88
	1994~1998	7.78	-30.87	-75.19	1.95	-7.72	-18.80	10.40	-34.80	-33.27	2.60	-8.70	-8.32
	1998~2001	-26.75	26.92	-31.27	-8.92	8.97	-10.42	-37.88	30.63	-14.84	-12.63	10.21	-4.95
	1988~2001	-31.49	-11.06	11.06	-7.32	-0.24	2.33	-33.94	-12.29	5.08	-8.60	-0.22	1.08
十字门水道	1994~1998	-34.72	40.93	33.90	-8.68	10.23	8.48	-25.73	47.52	138.70	-6.43	11.88	34.67
	1998~2001	-10.59	-23.03	8.03	-3.53	-7.68	2.68	-8.33	-28.92	19.11	-2.78	-9.64	6.37
	1994~2001	-22.65	8.95	20.97	-6.10	1.28	5.58	-17.03	9.30	78.91	-4.60	1.12	20.52
湾仔水道	1988~1994	-3.40	-45.33	-27.22	-0.57	-7.56	-4.54	-18.71	-47.25	-43.27	-3.12	-7.88	-7.21
	1994~1998	-7.35	-5.95	12.24	-1.84	-1.49	3.06	-82.72	-5.15	24.68	-20.68	-1.29	6.17
	1998~2001	4.46	-26.54	-16.63	1.49	-8.85	-5.54	79.95	-22.27	-34.71	26.65	-7.42	-11.57
	1988~2001	-0.46	-26.09	-12.05	0.14	-6.68	-3.14	14.61	-24.24	-22.00	7.37	-6.00	-6.04
澳门水道	1988~1994	51.77	116.77	253.44	8.63	19.46	42.24	30.12	44.09	55.80	5.02	7.35	9.30
	1994~1998	-3.33	-16.67	52.64	-0.83	-4.17	13.16	-1.89	-11.24	9.81	-0.47	-2.81	2.45
	1998~2001	-67.03	-9.74	-52.34	-22.34	-3.25	-17.45	-42.31	-6.38	-9.86	-14.10	-2.13	-3.29
	1988~2001	-21.41	20.15	50.35	-9.22	2.20	5.13	-14.10	5.02	11.47	-5.92	0.07	1.29

注 1. +值为淤积，-值为冲刷。

2. 澳基 1.0 为滩、槽分界，相当于珠基 2.94m。

与治理规划和措施。根据水域的水沙运动规律与河床冲淤变化及其发展趋势，规划中提出的各个治理方案，能否达到预期的目的，需要采用物理模型试验与数学模型计算分析进行研究和论证，并从中选择最优方案。本节是这方面研究工作的总结和分析。

10.2.2.1　治理规划方案简述

（1）澳门浅海区治导线规划方案在南、北两侧布置不同束窄规模的方案来规范远景水道平面形状，控制占用滩涂，以保证将来有足够的水域和合理的水道形状，满足泄洪、纳潮、输沙和通航条件。北治导线考虑了泄洪纳潮要求，同时根据水流条件和岸边冲淤情况，将过度向内弯曲的岸线理顺，使水流集中于微弯的主干道内流动，加强主槽内的水流动力。为此，在浅海区北侧分别布置两条不同曲率半径和不同出口的治导线，称为 N_1、N_2线（见图 10－17）。两线均始于西湾口，其中 N_1线与外港防波堤的顺坝相接，全长 4.2km，线后水域面积为 1.56km^2；N_2线则与外港防波堤南端相接，全长 4.6km，线后水域面积为 1.77km^2。出口处 N_2线比 N_1线缩窄水面宽约为 150m。浅海区南侧治导线目的在于控制将来南岸滩涂的利用，使之不会影响水域的泄洪输沙，并希望改善流态。南治导线布置有三个方案，分别为 S_1线、S_2线和 S'_2线（见图 10－17）。三线均始于氹仔西侧码头，其中 S_1线以弧线伸至嘉东庇大桥断面与 N_2线相距 650m，与澳门国际机场北端相接，全长为 6.9km，线后水域面积为 5.28km^2；S_2线在嘉东庇大桥与 N_2线相距 1000m，再以弧线与氹仔岛东北角相连，全长为 5.9km，线后水域面积为 3.08km^2；S'_2线是在 S_2线的基础上，将东端与氹仔岛东北端相连改为与澳门国际机场跑道北端相接，全长为 6.4km，线后水域面积为 3.59km^2。

图 10－17　珠江河口澳门附近水域治导线规划比较方案示意

(2) 湾仔浅海区治导线规划方案必须控制两岸码头、围垦等占河工程，确保石角咀水闸的安全运用及两岸的排水，治导线布设以维持1995年的码头及岸线现状为原则，同时，调整出口段治导线，使出口水流与主干道的汇流夹角减小，尽可能消除水流的顶托，加快浅海区水流的排泄，并与洪湾水道北治导线平顺衔接。为此，在浅海区出口西岸拟定W_1、W_2两条治导线（见图10－17）。两线均始于澳门特别行政区政府船厂对面的湾仔码头，止于洪湾水道出口马骝洲避风港，其中W_1线全长为2.1km，减少水域面积为$0.28km^2$，W_2线全长为4.1km，减少水域面积为$0.48km^2$。

(3) 十字门浅海区治导线规划方案的重点是对无序的围垦工程加以控制，同时，通过合理布置治导线的走向，使从十字门水道汇入澳门浅海区的水流对澳门浅海区下泄水流的顶托得以减弱，并维持其作为潮流通道的功能；同时，在主干水道遇中、小水时减少对主干的分流以削支强干。治导线规划分为中段、北口和南口三部分。十字门浅海区中段治导线根据水道1995年的现状及功能，规划治导线基本沿现状深槽走向（见图10－17）；西治导线北起小横琴山咀以东滩面，至深槽拐弯处，以圆弧向南拐，再以直线延伸到夹马口，全长为5.23km；东治导线北起澳门氹仔西码头向南延伸至夹马口，全长为5.14km。东、西治导线间水面宽在270～330m之间。十字门浅海区南口治导线分为单治导线（由夹马口延伸至三洲，沿西侧岸湾走向即基本上沿珠基－2.0～－3.0m等高线布置，呈微弯形）和双治导线（除单治导线外，再在东侧－2.0～3.0m等高线布置治导线）。两治导线间距为300～500m。十字门浅海北口规划治导线要使十字门浅海区中段的东、西治导线与澳门浅海区南治导线及洪湾水道出口的汇流区南治导线平顺衔接，确保在线后水域被利用后，不会加重十字门水道水流对澳门水道水流的干扰，同时有利于控制其对主干道的分流作用，并避免其出口与湾仔水道出口相正对。为此，拟定了4个方案（见图10－7），分别为：偏东方案、偏西方案、向北方案与西岸维持1995年岸线方案。

综上所述，澳门附近水域各浅海区的规划治导线拟定了9组基本方案：

方案1为$N_2S_1W_2$；

方案2为$N_2S_2W_2$；

方案3为$N_1S_1W_2$；

方案4为$N_2S_2W_1$；

方案5是在方案2的基础上增加澳门浅海区主槽开挖；

方案6是在方案1的基础上增加澳门浅海区主槽开挖；

方案7是在方案4的基础上，十字门北口采用留有通航余地的西岸维持现状方案；

方案8是在方案7的基础上增加澳门浅海区主槽开挖；

方案9是在方案8的基础上，封堵氹仔岛与机场跑道之间的水流通道。

10.2.2.2 水域治导线整体规划方案比选

水域治导线规划方案比选以数学模型计算和物理模型试验结果为依据，计算与试验均假定治导线实施后水域全部被围垦而不能过水，由此得出的成果反映了在治导线控制下因占用水域而可能产生的最大影响。

(1) 数学模型计算是采用磨刀门水道与澳门附近水域联网的一、二维连接水动力数学模型进行的，模型的建立详见第7章珠江口潮流泥沙及含盐度耦合联解数学模型。在计算中，一维数学模型的上边界取自磨刀门水道灯笼山站，下边界在磨刀门水道出口横洲口和洪湾水道出口马骝洲站；海区二维数学模型上边界在大九洲和前山水道的石角嘴水闸、下边界至三洲，东至澳门国际机场以东的海域，一、二维连接断面取马骝洲断面。一维数学模型时间步长为60s，二维数学模型空间步长为50m，时间步长为15s。

数学模型采用的地形以1995年测绘的1∶25000水下地形为主，其他部分则尽量采用新测的水下地形图，验证的水文组合为“94.07.24”洪水大潮与“94.07.29”洪水小潮组合（见表10-28）。

表10-28　各洪潮组合情况统计表

序号	洪潮组合编号	日期（月.日）		洪潮组合类型	相应马口流量（m^3/s）	马骝洲站潮位	
		公历	农历			最高（m）	最低（m）
1	“94.07.24”	7.24	6.16	洪水大潮	37600	1.10 (3.04)	-0.43 (1.51)
2	“83.05.31”	5.31	4.19	中水大潮	16700	0.67 (2.61)	-1.26 (0.68)
3	“80.12.06”	12.06	10.29	枯水大潮	2010	0.94 (2.88)	-0.90 (1.04)
4	“94.07.29”	7.29	6.21	洪水小潮	29400	0.47 (2.41)	-0.23 (1.71)
5	“97.03.28”	3.28	2.20	枯水大潮	4900	0.69 (2.63)	-0.82 (1.12)
6	“97.09.01”	9.1	7.30	中水大潮	12000	0.68 (2.62)	-0.85 (1.09)

注　括号内潮位为澳门海图基面计算的潮高。

验证成果表明，马骝洲站、湾仔站、红旗村站、杧洲西站以及十字门北口站的计算潮位、流速过程与实测值基本吻合，相位基本一致，潮位误差在0.04～0.08m范围以内，流速最大误差为0.28m/s，潮量误差在25%以内，计算误差满足《水利工程水利计算规范》要求的验证精度。

（2）物理模型的北边界在九洲—大排岛、前山水道的石角嘴水闸；南边界至南海-15m等深线；西边界至洪湾水道的进口杧洲与大横琴岛的南湾；东边界至澳门半岛～路环岛外8～10km的-5m等深线附近水域。

根据试验的目的和任务、试验系统供水能力与场地条件等，物理模型采用平面比尺为$\lambda_L=600$，为保证模型水流处于阻力平方区，垂直比尺采用$\lambda_H=70$。依据水流运动与泥沙运动相似条件（详见第6章珠江口物理模型试验研究），经计算得出下列模型比尺：

水流运动相似比尺为流速比尺$\lambda_v=8.37$；糙率比尺$\lambda_n=0.693$；水流时间比尺$\lambda_{t1}=71.71$；流量比尺$\lambda_Q=351397.21$。

泥沙运动相似比尺为泥沙沉降速度比尺$\lambda_\omega=0.976$；粒径比尺$\lambda_d=0.452$；模型沙的比选，选用$\gamma_{sm}=1.35g/cm^3$的株洲精烟煤粉，悬沙采用煤粉$d_{50}=0.042mm$，在水深

2.9～10cm时起动流速为7.59～9.35cm/s，床沙采用煤粉 d_{50} =0.055mm，原型沙与模型沙的干容重分别为 $\gamma_{0p}=1.05g/cm^3$，$\gamma_{0m}=0.5g/cm^3$，由此可计算挟沙能力比尺为 λ_{s*} = 0.415；底沙输沙量比尺为 λq_{sb} =242.8；悬沙与底沙冲淤时间比尺为 $\lambda_{t2}=\lambda_{t3}$ =362.9。

模型采用"94.07.24"洪水大潮、"97.09.01"中水大潮与"97.03.28"枯水大潮（见表10－28）等水文组合进行验证，验证成果表明，马骝洲站、湾仔站、红旗村站、三洲站、十字门北口站、外港站的模型与原型潮位过程线吻合良好，涨潮、落潮历时和相位与原型相接近，潮位特征值的偏差在±7cm以内；浅海区各测点的涨潮、落潮表面流速、流向过程的趋势和相位均与原型基本一致；水域内各水道控制断面模型的净泄量、落潮量与原型基本接近，一般误差在10%左右，最大误差在20%以内，涨潮量误差较大，在30%以内，净泄量进入澳门水道和十字门水道的分流比误差在3%以内；物理模型的水流流态与数学模型计算的流场及遥感信息分析涨、落潮流路都十分相似；选择人类活动影响较小、而淤积强度较大的嘉乐庇大桥附近东、西两侧的南滩进行对比，原型年平均淤积量为33.1万 m^3、年均淤积厚度为4.1cm，而模型的年平均淤积量为28.22万 m^3、年均淤积厚度为3.5cm，可见二者的误差不大，且淤积部位与原型亦相符合。

综上所述，物理模型基本上满足了水流和泥沙运动相似条件，模型验证精度基本满足技术规程的要求。

（3）方案比选试验。方案比选是以代表洪水、中水、枯水期典型的"94.07.24"、"83.05.31"、"80.12.06"组合（见表10－28）对上述9个方案进行计算和试验的成果作为分析的依据。对治导线规划方案进行优选的要求是：①要能保证防洪（潮）安全，在"94.07.24"洪潮组合时，洪湾水道出口（马骝洲站）的高高潮位抬高值不大于0.10m；②要能保证受影响地区两岸的灌溉与自流排水，在"83.05.31"径潮组合时，高高潮位的到降低值与低低潮位的抬高值均不大于0.10m；③工程方案要有利于澳门浅海区落潮流单宽动力的加强及各浅海区水流在汇流区的平顺交汇。根据上述要求，采用工程前后潮位、潮流速、潮流量和流态等方面的研究成果，对各治导线方案做综合比较与分析，选择方案8作为较优方案，即以方案4（$N_2S_2W_1$）为基础，十字门北口采用留有通航余地的西岸线维持现状（1995年岸线并将直角状抛石堤改为圆弧状），以及加上澳门浅海区主槽开挖。

根据物理模型动床浑水试验观测，滩、槽、边坡都有不同程度的回淤，滩的回淤大于槽的回淤，其中各水道交汇的汇流区淤积最为严重；深槽淤积左边大于右边，深泓线呈右移趋势，但深槽基本上保持稳定。为此，可作为治导线规划推荐方案。至于十字门北口的东治导线如何与澳门水道南治导线相衔接，需要根据汇流区整治要求和澳门特别行政区的发展计划做进一步的研究。

（4）十字门北口东治导线规划方案专题研究❶。

1）研究的内容。因社会发展的需要，澳门特别行政区决定在十字门水道北口附近修建联通澳门半岛和氹仔岛的新大桥，需重新设计往内港航道段，包括澳门水道、洪湾水道、十字门水道和湾仔水道之间的平顺衔接，以便船舶能安全通过通航桥孔航行，为此，

❶ 水利部珠江水利委员会科学研究所，十字门水道北口整治规划方案专题研究报告，2002年8月。

需进行十字门北口整治规划专题研究。本研究是以前述推荐的治导线规划方案为基础，考虑到澳门水道为连接洪湾水道的出海主航道，近期维持通航 1000t 级，远景通航 3000t 级；湾仔水道维持 1000t；十字门水道近期规划通航为 300t 级，并为远景提高到 3000t 级留有余地，提出两个方案进行比选（见图 10－18）：

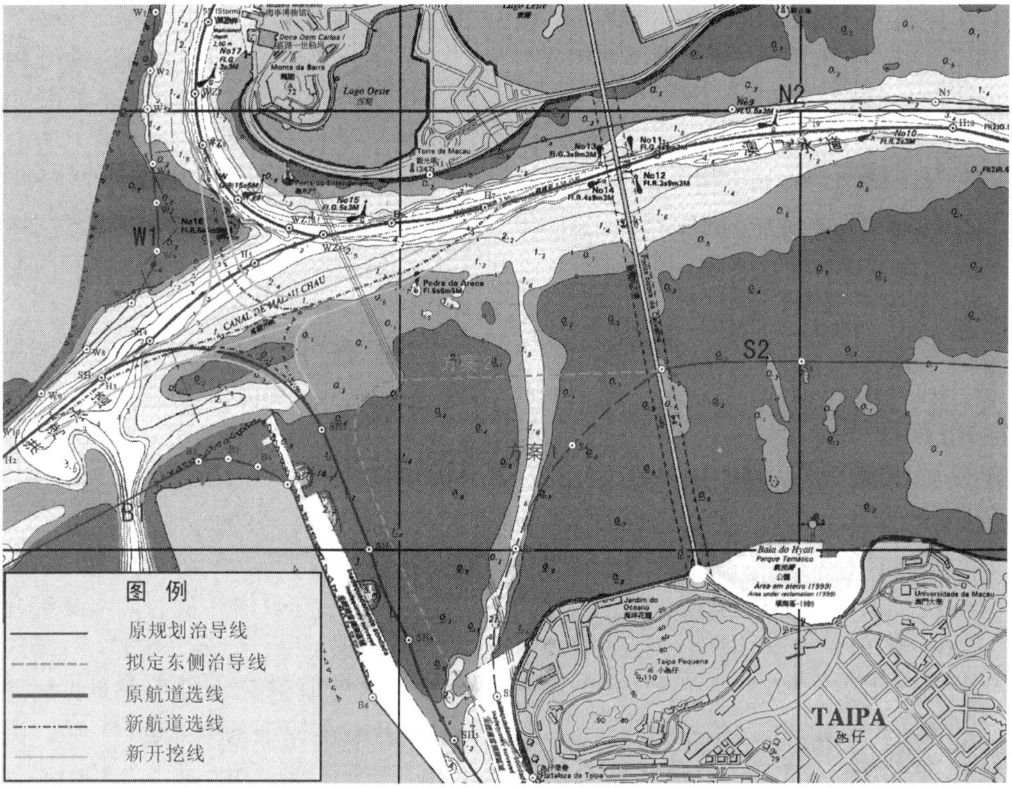

图 10－18　十字门水道北口东侧治导线布置方案

方案 1：以澳门浅海区南侧治导线 S_2 与嘉乐庇大桥的交点 S_5 和十字门水道东侧治导线的 SE_1 点以圆弧平顺衔接，保持其北口为大喇叭口（即前述的推荐方案 8）。

方案 2：以澳门浅海区南侧治导线 S_5 与 S_6 点的延长线保持 21.5% 的扩宽率，而从十字门水道东侧治导线的 SE_1 点起，以大致平行于十字门水道西侧治导线进行延伸，保持宽度约为 350m 左右，以圆弧与澳门水道南侧治导线（S_2）延长段衔接，使十字门水道北口从大喇叭口变成为小喇叭口。

由于方案 1 和方案 2 都是以推荐方案 8 为基础进行研究，研究的范围包括整个澳门附近海域不限于十字门北口，因此，本专题研究实际上是治理规划方案的进一步完善的研究。

2）模型研究范围与采用的基本资料。本专题研究与治导线推荐方案所采用基本条件的不同有如下几个方面：

a. 模型的研究范围。

（a）数学模型研究范围为：上边界西起磨刀门水道灯笼山站，东至伶仃洋的淇澳岛以下；下边界至大万山附近 -20m 等深线；东边界至澳门国际机场以东 10km；西边界至三灶岛珠海机场，其中上边界的潮位、流速是通过包括珠江三角洲和珠江八大出海口门在内的一、二维潮流数学模型计算确定。

（b）物理研究范围为：上边界为洪湾水道进口处，以及湾仔水道的石角咀水闸；下边界为十字门水道出口红旗村站及澳门水道出口的外港防波堤末端。

b. 模型采用的基本资料。水下地形资料方面，嘉乐庇大桥—澳门国际机场采用 1995 年实测水下地形，洪湾水道采用 1996 年水下地形，洪湾水道出口—嘉乐庇大桥采用 2001 年水下地形，其他均为 1998 年与 2000 年水下地形；水文资料方面，模型的验证与方案试验均用“94.07.24”、“97.03.28”、“97.09.01”径潮水文组合（见表 10-29）。

3）模型设计及验证。

a. 模型采用平面比尺 $\lambda_L=300$，垂直比尺 $\lambda_H=60$，根据模型满足水流运动相似条件的比尺计算，水流流速比尺 λ_v 为 7.75；水流时间比尺 λ_{t1} 为 38.73；糙率系数比尺 λ_n 为 0.885；流量比尺 λ_Q 为 139427。此次研究目的主要为疏浚挖槽淤积问题，模型需进行潮汐定床浑水试验，经模型沙比选分析，选择南京生产的 100~120 目木粉，其中值粒径为 0.06~0.07mm，容重为 1.1t/m^3，沉积干容重为 0.4t/m^3，沉降速度为 0.032cm/s，起动流速为 6~8cm/s，根据满足泥沙运动相似条件的比尺计算，泥沙沉降速度比尺 λ_ω 为 1.55，挟沙能力比尺 λ_{S*} 为 0.065mm，悬沙淤积的时间比尺 λ_{t2} 为 696。

b. 模型验证。

（a）水流运动相似性验证：物理模型与数学模型均进行了 3 种不同径潮水文组合条件下，6 个潮位站（马骝洲、湾仔、十字门北口、嘉乐庇大桥、外港（友谊桥）、红旗村）的潮位过程吻合良好，潮位特征的误差在 10cm 以内（原型值），个别站最大误差为 13cm；流速验证对上述水位站的断面各垂线的流速过程线与原型基本上达到一致，流向的偏差小于 10°，模型涨潮、落潮平均流速与原型值相比较，两者相差最大为 10cm/s，相对误差为 28%；水域内各水道的控制断面模型与原型涨潮、落潮量和净泄量及分流比基本接近，一般误差在 10% 左右，最大误差在 28% 以内；物理模型的流态与数学模型的流场以及遥感影像解译的流势十分吻合。由此可见，研究水域内的潮流运动基本达到相似。

（b）泥沙运动相似性验证：采用上述洪水、中水、枯水期组合的混合潮型，通过选择不同含沙量比尺进行淤积验证，验证结果表明，采用含沙量比尺 λ_S 为 0.22 时，处于澳门水道以南、嘉乐庇大桥以西、十字门水道北口以东的滩地，原型（1988~1998 年）年平均淤积厚度为 7.81cm，而模型年平均淤积厚度为 7.80cm；处于澳门水道以南，嘉乐庇大桥以东和友谊大桥以西之间的滩地，原型年平均淤积厚度为 4.9cm，而模型年平均淤积厚度为 4.3cm。可见物理模型基本上满足了泥沙运动相似性要求。

4）数学模型计算及物理模型试验成果及其分析。根据数学模型计算和物理模型试验成果（见表 10-29、表 10-30）进行分析如下：

a. 潮位变化分析。在洪水、中水、枯水期三种径潮流水文组合条件下，工程前后潮位变化（见表 10-29），在洪水、中水期高高潮位和低低潮位均为抬高，枯水期高高潮位一般为降低，而低低潮位则为抬高；洪水期潮位的抬高值大于中水期，中水期又大于枯水期；汇流处的潮位值较大，越往上游的马骝洲和下游的外港，抬高值逐渐减小。

表10-29　　澳门附近水域治导线规划方案潮位特征值变化表

潮型	站名	特征值	方案				
			原规划方案+澳门水道开挖		方案1+澳门水道开挖	方案2+澳门水道开挖	
			物理模型	数学模型	数学模型	物理模型	数学模型
洪水大潮	马骝洲	*H*	0.01	0.06	0.00	0.02	0.00
		L	0.02	0.04	0.02	0.03	0.04
	湾仔	*H*	0.01	0.02	0.00	0.01	0.01
		L	0.10	0.08	0.04	0.01	0.07
	十字门	*H*	0.00	0.02	0.00	0	-0.01
		L	0.10	0.14	0.09	0.02	0.02
	嘉乐庇大桥	*H*	0.00	0.01	0.01	0.00	0.00
		L	0.13	0.18	0.03	0.02	0.03
	外港	*H*	0.00	0.02	0.00		0.00
		L	0.12	0.17	0.02		0.02
中水大潮	马骝洲	*H*	0.01	0.04	0.01	0.02	0.01
		L	0.01	0.03	0.02	0.03	0.03
	湾仔	*H*	0.02	0.01	0.02	0.01	0.02
		L	0.04	0.02	0.03	0.01	0.03
	十字门	*H*	0.02	0.02	0.02	0.00	0.01
		L	0.02	0.05	0.06	0.02	0.02
	嘉乐庇大桥	*H*	0.03	0.02	0.01	0.00	0.01
		L	0.05	0.09	0.02	0.02	0.01
	外港	*H*	0.02	0.02	0.02		0.01
		L	0.07	0.12	0.01		0.01
枯水大潮	马骝洲	*H*	-0.02	0.00	-0.01	-0.03	-0.02
		L	0.03	0.00	0.00	0.01	0.02
	湾仔	*H*	-0.02	0.00	-0.01	-0.05	-0.02
		L	0.04	0.02	0.01	-0.01	0.01
	十字门	*H*	-0.02	0.01	0.02	-0.04	-0.03
		L	0.03	0.02	0.01	0.00	0.01
	嘉乐庇大桥	*H*	-0.02	0.01	0.01	-0.04	-0.02
		L	0.05	0.01	0.00	0.01	0.01
	外港	*H*	-0.02	0.01	-0.02		0.00
		L	0.04	0.01	0.00		0.00

注　1. *H*为高高潮位，*L*为低低潮位。

2. +值为抬高，-值为降低。

3. 数学模型计算中，原规划方案+澳门水道开挖的中水大潮采用830531水文组合，枯水期采用801206水文组合。

表 10－30　　澳门附近水域治导线规划方案流速变化表

潮型	站名	特征值	方案				
			原规划方案＋澳门水道开挖		方案 1＋澳门水道开挖	方案 2＋澳门水道开挖	
			物理模型	数学模型	数学模型	物理模型	数学模型
洪水大潮	马骝洲	V_{1cp}	－0.04	－0.04	－0.05	－0.05	－0.05
		V_{2cp}	0.00	0.00	0.00	0.00	－0.00
	湾仔	V_{1cp}	－0.02		－0.04	－0.06	－0.02
		V_{2cp}	0.01		0.01	0.00	0.00
	十字门北口	V_{1cp}	0.05		0.05	0.08	0.06
		V_{2cp}	0.00		0.00	0.00	0.00
	嘉乐庇大桥	V_{1cp}	－0.08	－0.06	0.15	0.16	0.03
		V_{2cp}	－0.01	0.00	0.00	0.00	0.01
	外港	V_{1cp}	－0.06	0.09	0.14	0.15	
		V_{2cp}	－0.06	－0.02	－0.06	－0.07	
中水大潮	马骝洲	V_{1cp}	－0.04	－0.01	－0.02	－0.02	0.00
		V_{2cp}	－0.01	－0.03	－0.02	－0.01	－0.02
	湾仔	V_{1cp}	－0.02		－0.04	－0.03	－0.03
		V_{2cp}	－0.02		－0.05	－0.06	－0.01
	十字门北口	V_{1cp}	0.03		0.08	0.10	0.06
		V_{2cp}	0.00		0.00	0.02	0.10
	嘉乐庇大桥	V_{1cp}	－0.05	－0.06	－0.02	0.01	
		V_{2cp}	－0.01	0.07	0.02	0.03	
	外港	V_{1cp}	0.06	0.05	0.08	0.08	0.06
		V_{2cp}	0.03	0.04	0.05	0.05	
枯水大潮	马骝洲	V_{1cp}	－0.04	－0.08	0.00	－0.01	0.00
		V_{2cp}	－0.04	－0.08	－0.01	0.00	－0.03
	湾仔	V_{1cp}	0.01		－0.03	－0.04	0.00
		V_{2cp}	0.00		－0.03	－0.03	0.03
	十字门北口	V_{1cp}	0.02		0.05	0.08	0.03
		V_{2cp}	0.02		0.00	0.02	0.03
	嘉乐庇大桥	V_{1cp}	－0.03	－0.05	－0.03	－0.01	
		V_{2cp}	0.00	0.03	0.00	0.01	
	外港	V_{1cp}	0.07	0.04	0.02	0.08	－0.02
		V_{2cp}	0.01	0.02	0.01	0.01	－0.01

注　1. V_{1cp}为落潮平均流速，V_{2cp}为涨潮平均流速。

2. ＋值为增加，－值为减小。

3. 数学模型计算中，原规划方案＋澳门水道开挖的中水大潮采用 830531 水文组合。

方案1与方案2引起高高潮位的抬高值差别不大，且抬高值较小（在2cm以内），对防洪（潮）而言，不会有大的影响；在低低潮位方面，方案2在十字门北口处，洪水、中水期的抬高值小于方案1约4～7cm，而在其他地区（马骝洲、湾仔、外港），方案2的抬高值则大于方案1约1～2cm，枯水期两者差别不大。可见，两种方案对排涝会有一定程度的影响，相对而言方案2优于方案1。

原治导线规划方案与方案1相比较，在各种水文组合条件下，前者高、低潮位的抬高值一般均大于后者，主要由于原治导线规划方案的计算与试验均采用1995年实测地形，而本次专题研究则是以2001年实测水下地形为依据，而且根据滩槽演变分析表明，近年来汇流区主槽南侧发生冲刷，河槽有所下降，河道容积增加，与1995年比较，增大约149万m^3，相应澳门水道容积增加约为96万m^3。因而产生潮位变化值有所减少。

b. 流速变化分析。洪水、中水、枯水期各方案工程后，涨潮、落潮流速均有不同程度的变化（见表10-30）。一般情况是洪水期涨潮、落潮流速的变化值大于中水期，中水期也大于枯水期；落潮流速的变化值大于涨潮流速的变化值。

方案1与方案2相比较，不同径潮组合下，在汇流区以上的马骝洲与湾仔断面落潮流速均为减小，但两者差别不大；在十字门北口、嘉乐庇大桥和外港断面，落潮流速均为增加，方案2落潮流速最大增加值一般是方案2略大于方案1，但两者差别不大。由此可见，方案2略优于方案1。

方案2与原治导线规划方案相比较，马骝洲与湾仔断面在不同径潮组合时，涨潮流速变化值甚小，可认为基本不变；落潮流速均为减小，方案2的流速减小值略大于原规划治导线方案约为2cm/s左右，但在十字门水道北口、嘉乐庇大桥和外港断面，落潮流速前者最大增值为0.08～0.16m/s，后者最大增值为0.05～0.06m/s，嘉乐庇大桥与外港甚至为减小，可见方案2在洪水、中水、枯水期汇流区段以下的澳门水道落潮流速有所加大，对减少深槽的泥沙淤积有利，而在汇流段以上的洪湾水道和湾仔水道，落潮流速则有所减小，但减小值不大，可认为方案2优于原治导线规划方案。

c. 潮量变化分析。根据各方案工程前后水位、流速的变化计算得到潮量的变化，结果表明：各工程方案在洪水、中水、枯水期三种径潮组合条件下，除了十字门水道北口的涨、落潮量为增加外，其余的马骝洲、湾仔与外港断面潮量均为减少。以落潮量的变化为例，马骝洲站方案1与方案2在洪水期分别减少1.9%与3.2%，中水期分别减少3.2%与4.2%，枯水期分别减少0.5%与1.4%；湾仔站在洪水期分别减少7.1%，中水期分别减少9.2%与11.3%，枯水期分别减少1.5%与2.6%；外港站在洪水期分别减少3.1%与4.0%，中水期分别减少16.2%与17.0%，枯水期分别减少9.4%与10.1%；十字门水道北口站在洪水期分别增加14.8%与13.8%，中水期分别增加12.1%与7.9%，枯水期分别增加15.4%与5.8%。由此可见两个方案潮量的变化有所差异，但差别不大。

d. 流态变化分析。采用物理模型试验观测的洪水大潮落急流态与中水大潮涨急流态以及数学模型计算不同径潮组合在汇流区涨、落潮流态变化的特征为：洪水、中水期落潮时，洪湾水道的水流进入汇流区，方案2与方案1的流向相比较，方案2的流向和深槽轴线的夹角较小，在5°~20°之间，平均约为10°，最大的横向流速约为0.17m/s，有利于船舶安全通过新大桥的通航孔，并有利于加强澳门水道的水流动力；中水、枯水期涨潮时，十字门水道涨潮流进入汇流区后，其流向偏西，转向洪湾水道，有利于减小对澳门水道涨潮流进入洪湾水道的干扰；洪水、中水、枯水期在涨、落潮时，十字门水道北口东侧，方案1都明显存在缓流区或回流区，而方案2的缓流区范围大大减小，水流较为平顺汇入十字门水道。由此可见，方案2优于方案1。

e. 淤积量的变化对比分析。采用物模定床浑水试验得到的淤积分布，以方案2的淤积量与方案1的淤积量的比值来表示各部位相对淤积的多少，其比值为0.9~1.1时，表示两种方案的淤积量基本接近；其比值大于1.1时，表示方案2的淤积量大于方案1；其比值小于0.9时，表示方案2的淤积量小于方案1。由图10-19可见，嘉东庇大桥以西、氹仔岛以北的浅滩为较严重的淤积区，方案2的淤积量大于方案1；洪湾水道出口与汇流区以及十字门水道深槽区，方案2的淤积量较方案1大为减少；其余部位两个方案的淤积量基本接近。由此可见，方案2对减少汇流区的淤积较为有利。

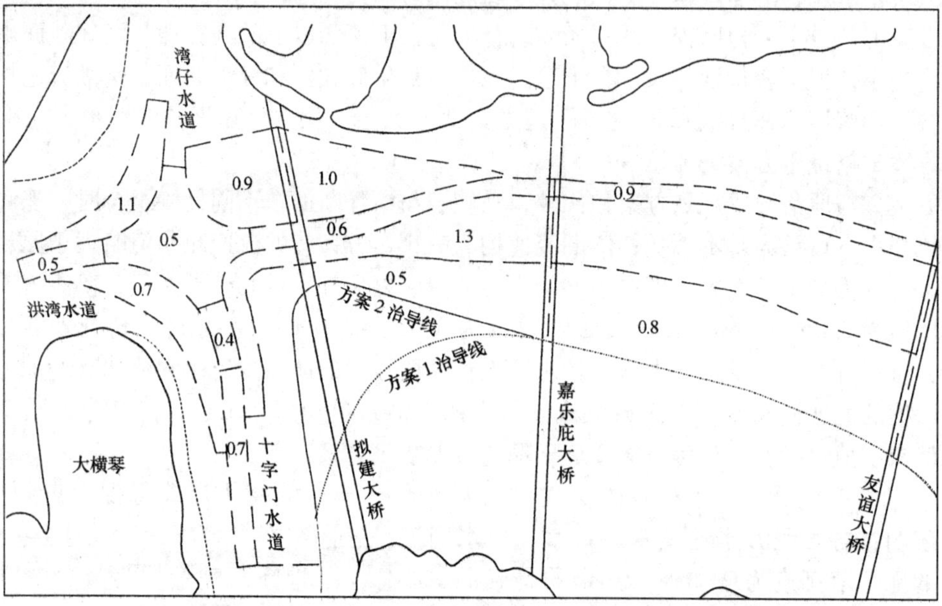

图10-19　澳门附近水域治导线规划方案淤积分布曲线图

综上所述，根据数学模型计算和物理模型试验成果分析，澳门附近水域十字门北口东治导线规划方案2与方案1相比较，在潮位的变化上，两个方案对防洪（潮）的高高潮位影响不大，两者差别亦不大；对排涝的低低潮位的变化，相对而言，方案2略优于方案1；在涨、落潮流速的变化上，洪水期方案2优于方案1，中水、枯水期差别不大，方案2略优于方案1；在汇流区的流态与深槽横向流速的变化上，方案2优于方案1；在汇流区淤积量对比方面，方案2优于方案1。综合而言，方案2比方案1较优。

10.3　横洲口外治导线规划方案研究[1]

在磨刀门口门治理开发工程的研究中，提出了磨刀门水道的双导堤治理方案，其中的东治导堤最初为截止于大井角，以后延伸至石栏洲；西治导堤截止于横洲岛，而横洲口外的治导线规划方案则未作研究。随着磨刀门口门治理开发工程的实施，导致口门的泥沙不断下移，使横洲口外的拦门沙坎不断淤高，影响着水道的泄洪排沙；横洲口外交杯沙附近扩大围垦，侵占行洪河道成为河口的新河障；以及由于白龙河西片未成围，河道淤积，造成暴潮位升高，两岸排涝困难，等等。因此，必须对横洲口外治导线规划方案进行研究，以便逐步完善口门治理开发工程的研究。

10.3.1　研究内容

主要研究内容如下：

1）研究横洲口外治导线规划方案对上游灯笼山站水位的影响。

2）研究横洲口外治导线规划方案对磨刀门主槽、洪湾水道分流的影响。

3）研究横洲口外治导线规划方案对磨刀门主槽、龙屎窟、洪湾水道涨潮、落潮量的影响。

4）研究横洲口外治导线规划方案对横洲断面等主要控制点涨潮、落潮流速的影响。

5）论证比较横洲口外各治导线规划方案，推荐较优方案。

10.3.2　研究方案

根据中水珠江规划勘测设计有限公司的研究，提出了以下两个治导线规划方案（见图 10－20）：方案 1：从大井角按磨刀门西治导线向南延伸，至交杯岛与地方现状堤线相交，然后与顺延方向向西偏转 6°，向南直线延伸 750m，再与以 O_2 为圆心的圆弧相切，切点为 T_2，圆弧向西转后与龙屎窟以西 －2m 等高线相切连接。圆心 D_2 的坐标（1954 年北京坐标系）为 X_2 ＝38443220m，Y_2 ＝2440050m，半径 R_2 ＝1050m。

方案 2：从大井角按磨刀门西治导线向南延伸，至交杯岛与地方现状堤线相交（A 点），然后与顺延方向向西偏转 6°，向南直线延伸至方案 1 圆弧相切点（T_2），从该点至方案 2 圆弧相切点（T_4）采用弧线平顺连接，再西转以 O_4 为圆心的圆弧与龙屎窟西 －2m等高线相切连接。圆心 O_4 的坐标（1954 年北京坐标系）为 X_4 ＝38444070m，Y_4 ＝24437990m，半径 R_4 ＝330m。

以上两个方案均对超出治导线的地方现状堤围进行拆除，并对堤围底部进行开挖，使拆除堤围后的底部高程降为 －1m（珠基）。

[1] 水利部珠江水利委员会科学研究所，磨刀门横洲外治导线规划方案物理模型试验研究报告，2004 年 8 月。

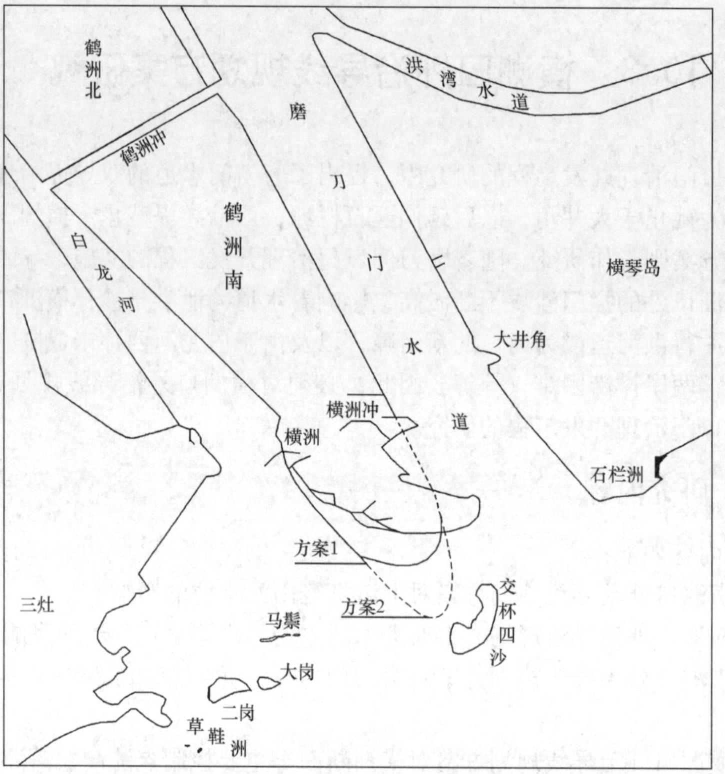

图 10-20 磨刀门横洲外治导线规划方案示意图

10.3.3 物理模型研究成果及其分析

横洲口外治导线规划方案的研究是利用珠江河口整体潮汐物理模型进行的。该模型详见第6章，这里从略。试验研究分析采用洪水、中水、枯水期不同水文组合的条件进行（见表10-31），现对试验研究成果分析如下。

表 10-31 试验径潮组合水文条件

径潮组合		"98.6"（大洪水大潮）	"92.7"（中水大潮）	"2001.2"（枯水大潮）
上游流量（m^3/s）	马口	46030	15992	2080
	三水	15932	5063	660
	泗盛	1372	393	131
	彰澎	1250	345	123
	大盛	1578	246	233
	石嘴	295	273	0
	老鸦岗	1186	232	117
三灶潮位（m）（珠基）	最高潮位	1.09	0.86	1.36
	最低潮位	-1.21	-1.18	-1.19

1. 潮位变化及分布

表10－32为两种方案在不同水文组合条件下工程后潮位特征值的变化。由表可见，两个方案在各种不同水文条件下，各站的高高潮位和低低潮位都基本上没有变化，说明两种治导线规划方案对潮位的变化不会产生影响。对工程附近的大横琴站和三灶站而言，潮位变化的影响值仅在±1cm左右，不会造成不利影响。

2. 流速变化及分析

表10－33为两种方案在不同水文组合条件下工程后涨、落潮流速的变化。对表中数据的分析，可得如下认识：

1）工程后对流速变化的影响主要发生在工程附近（4#、5#、6#流速测点），离开工程较远处基本上不受影响。

2）落潮时洪水期的流速变化值大于中水期，中水期又大于枯水期；涨潮时则呈相反的变化趋势。

3）落潮流速的变化值大于涨潮流速的变化值。

4）方案2的流速变化值大于方案1，且方案2在涨潮、落潮时工程附近的流速变化均为减小，而方案1在洪水、中水期则为增大，枯水期基本不变，可见方案1优于方案2。

表10－32　潮位变化值统计表　（单位：m）

水文组合	站名	方案1		方案2	
		高高潮位	低低潮位	高高潮位	低低潮位
"98.6"	灯笼山	0.00	0.00	0.00	0.00
	桂定角	0.00	0.00	0.00	0.00
	大横琴	0.00	－0.01	0.00	0.01
	白　藤	0.00	0.00	0.00	0.00
	三　灶	0.00	0.00	0.00	0.00
"92.7"	灯笼山	0.00	0.00	0.00	0.00
	桂定角	0.00	0.00	0.00	0.00
	大横琴	0.00	－0.01	0.01	0.00
	白　藤	0.00	0.00	0.00	0.00
	三　灶	0.00	0.00	0.00	0.00
"2001.2"	灯笼山	0.00	0.00	0.00	0.00
	桂定角	0.00	0.00	0.00	0.00
	大横琴	0.00	0.00	0.00	0.00
	白　藤	0.00	0.00	0.00	0.00
	三　灶	－0.01	0.00	－0.01	0.00

表 10－33　　各方案工程前后流速特征值变化统计表　　（单位：m/s）

潮型	测点	落潮平均		涨潮平均		落潮最大		涨潮最大	
		差值 1	差值 2	差值 1	差值 2	差值 1	差值 2	差值 1	差值 2
"98.6"洪水大潮	1#	-0.01	0.01	0.00	—	-0.03	0.04	0.00	—
	2#	0.00	0.02	—	—	0.00	0.04	—	—
	3#	-0.01	0.04	—	—	-0.03	0.08	—	—
	4#	0.03	-0.27	—	—	0.06	-0.47	—	—
	5#	0.02	-0.16	—	—	0.04	-0.28	—	—
	6#	0.00	-0.05	0.00	0.00	0.00	-0.09	0.00	0.00
	7#	0.01	0.02	0.00	-0.01	0.03	0.05	-0.02	-0.03
	8#	0.02	0.02	0.00	-0.01	0.04	0.04	-0.01	-0.02
	9#	0.00	0.00	0.00	0.00	0.01	0.01	0.01	0.00
	10#	0.00	0.00	0.00	0.00	0.00	0.00	0.00	0.00
"92.7"中水大潮	1#	0.00	0.00	0.00	0.00	0.00	0.00	0.00	0.00
	2#	0.00	0.01	0.00	-0.01	0.00	0.02	0.00	-0.02
	3#	0.00	0.02	0.00	-0.01	-0.01	0.05	0.00	-0.03
	4#	0.01	-0.14	0.01	-0.01	0.02	-0.25	0.02	-0.02
	5#	0.01	-0.07	0.01	-0.01	0.02	-0.14	0.02	-0.02
	6#	0.00	-0.03	0.0	0.00	0.00	-0.06	0.00	0.01
	7#	0.00	0.01	-0.01	-0.02	0.01	0.03	-0.02	-0.04
	8#	0.01	0.01	-0.01	-0.02	0.02	0.03	-0.02	-0.03
	9#	0.00	0.00	0.00	0.00	0.00	0.00	0.00	0.00
	10#	0.00	0.00	0.00	0.00	0.00	0.00	0.00	0.00
"2001.2"枯水大潮	1#	0.00	0.00	0.00	0.00	0.00	0.00	0.00	0.01
	2#	0.00	0.00	0.00	-0.02	0.00	0.01	0.00	-0.04
	3#	0.00	0.01	0.01	-0.03	0.00	0.03	0.03	-0.06
	4#	0.00	-0.06	0.02	-0.02	0.01	-0.13	0.04	-0.05
	5#	0.00	-0.02	0.01	-0.03	0.01	-0.07	0.02	-0.06
	6#	0.00	-0.01	0.00	0.01	0.00	-0.03	0.00	0.02
	7#	0.00	0.01	-0.02	-0.03	0.01	0.02	-0.04	-0.06
	8#	0.00	0.00	-0.02	-0.02	0.01	0.01	-0.04	-0.05
	9#	0.00	0.00	0.00	0.00	0.00	0.00	0.01	0.01
	10#	0.00	0.00	0.00	0.00	0.00	0.00	0.00	0.00

注　差值 1 = 方案 1—工程前；差值 2 = 方案 2—工程前。

3. 潮量变化及分析

表 10－34 为两种方案在不同水文组合条件下工程后涨潮、落潮量的变化；表 10－35 为两种方案在洪水大潮和中水大潮水文组合条件下磨刀门水道和洪湾水道净泄量分流比的

变化。从以上二表中可见：

（1）两种方案对涨潮、落潮量的影响都不大，落潮时方案 1 对落潮量的影响值在 0.56% 以内，方案 2 在 0.41% 以内；涨潮时方案 1 对涨潮量的影响值在 0.18% 以内，方案 2 在 0.22% 以内。

（2）方案 1 使磨刀门水道主槽的净泄量增大，其增值在 0.08% 以内，而洪湾水道的净泄量则相应减小；方案 2 则相反，磨刀门水道主槽的净泄量为减小，其减小值在 0.06% 以内，洪湾水道的净泄量为相应增大。虽然其增、减值甚为微小，但磨刀门水道主槽朝净泄量增大的方向发展，对维护其泄洪排沙功能和水道的稳定是有利的。就这一点而言，方案 1 稍优于方案 2。

表 10－34　　工程后各断面潮量变化统计表

水文组合	流速断面	落潮量（%）		涨潮量（%）	
		差值 1	差值 2	差值 1	差值 2
“98.6”（洪水大潮）	杧洲西	0.13	－0.09	—	—
	洪　湾	－0.56	0.41	—	—
	鹤洲冲	－0.50	0.33	—	—
	龙屎窟	－0.47	0.32	－0.10	－0.15
“92.7”（中水大潮）	杧洲西	0.11	－0.07	0.10	－0.11
	洪　湾	－0.53	0.35	－0.15	0.13
	鹤洲冲	－0.46	0.22	－0.09	－0.11
	龙屎窟	－0.31	0.10	－0.14	－0.20
“2001.2”（枯水大潮）	杧洲西	0.09	－0.05	0.11	－0.13
	洪　湾	－0.19	0.09	－0.18	0.15
	鹤洲冲	－0.20	0.05	－0.10	－0.12
	龙屎窟	－0.18	0.04	－0.17	－0.22

注　差值 1＝（方案 1－工程前）×100/工程前；差值 2＝（方案 2－工程前）×100/工程前。

表 10－35　　工程后汊口净泄量分流比变化统计表

水文组合	汊口名称	分　流　比　（%）				
		工程前	方案 1	差值 1	方案 2	差值 2
“98.6”（洪水大潮）	磨刀门主槽	85.80	85.88	0.08	85.74	－0.06
	洪　湾	14.20	14.12	－0.08	14.26	0.06
“92.7”（中水大潮）	磨刀门主槽	87.70	87.77	0.07	87.66	－0.04
	洪　湾	12.30	12.23	－0.07	12.34	0.04

注　差值 1＝（方案 1－工程前）×100/工程前；差值 2＝（方案 2－工程前）×100/工程前。

4. 流态变化及分析

由于两种方案都拆除横洲岛东侧磨刀门水道岸线的凸堤，理顺磨刀门水道的岸线，增大其过水面积，减小水流阻力，使磨刀门水道下泄、分流及上溯涨潮流都较工程前水流顺畅。

在横洲岛的西侧及南侧，由于方案1进行了填海围垦，使横洲岛至交杯四沙的过水面积略有缩小，但对附近的流态影响不大，仍与工程前基本一致；在3种水文组合条件下，落潮时在横洲岛南侧，产生较强的回流，其范围及强度较工程前有所减小；横洲岛西侧水域流态仍与工程前基本相似。方案2在方案1的基础上，横洲岛南侧的填海围垦继续向南推进，导致横洲岛至交杯四沙之间的过水面积明显缩小，使其过流能力显著降低；在3种水文组合条件下，落潮时在横洲岛南侧仍同样产生回流，其范围与强度均较方案1明显减小；西侧水域的流态仍与方案1相同。

综合上述试验研究成果，可以认为两种方案对上、下游及工程附近水域的潮位、流速、潮量及流态都影响不大，都是可行的，两种方案亦无明显的差别，仅从有利于维护磨刀门水道的泄洪排沙和水道稳定的功能而言，方案1稍优于方案2。

参考文献

[1] 陈文彪等．珠江口磨刀门口门治理的研究．泥沙研究［J］．1989（4）．
[2] 戴良生等．珠江磨刀门口门治理开发工程效益显著［J］．人民珠江，1996（2）．
[3] 张二骏，顾再仁，姚志坚．不恒定流一、二维联解潮流计算［J］．人民珠江，1986（5）、（6）．
[4] 王琳，陈上群．磨刀门口门治理研究及工程实践效果分析［J］．人民珠江，2001（5）．
[5] 王文介．澳门附近水域的现代沉积［J］．热带海洋，1991，10（4）．

第 11 章 黄茅海与鸡啼门治理开发研究

11.1 黄茅海综合治理规划方案研究

11.1.1 概述

黄茅海位于珠江三角洲的西侧，是崖门、虎跳门水道入海的漏斗形河口湾浅海区。湾顶为崖门水道和虎跳门水道的汇合口，宽约为 1.8km，至湾口长约 36.0km，湾口前沿分布有大襟岛、大杧岛、三角山岛和南水岛。湾口岛屿间水域总宽约为 16.0km，浅海区面积约为 403.0km^2。海湾内还嵌有赤鼻岛、独崖山、二崖山、黄茅岛、青洲、白排、獭洲等小岛，湾口外有荷包岛、高栏岛等（见图 11－1）。

从崖门、虎跳门进入黄茅海的年径流量为 398 亿 m^3，占珠江入海总径流量的 12.2%，悬移质年输沙总量为 872 万 t，占珠江入海总输沙量的 12.3%。由于黄茅海毗邻西江的鸡啼门、磨刀门出海口，因此，从出海口输出的泥沙，有一部分将随西南向的沿岸流从湾口外进入黄茅海。浅海区年平均淤积量约 1062 万 m^3，海区的泥沙淤积提供了丰富的滩涂资源，1978 年 −2m 以浅的滩涂面积为 59.5km^2，至 1988 年滩涂面积增加到 139.5km^2。但淤积影响海湾的潮汐吞吐，引起潮型的变化，对崖门口内的银洲湖水道和虎跳门水道带来不利影响。

银洲湖水道承泄潭江和西江支流的径流，自崖门口至三沙口全长 25km，平均宽度为 1.5km，平均水深达 7m 左右。来自黄茅海的潮汐对银洲湖作用显著，年平均涨潮量达 636 亿 m^3，多年平均山潮比为 0.31，年平均潮差为 1.23m，是潮流型河口。为此，崖门宣泄的径流虽小但由于潮汐的作用，使银洲湖保持宽深的水道，成为附近 48 万亩耕地排水的理想承泄区，也有利于发展航运。虎跳门涨落潮量较小，但受黄茅海潮汐作用，使水道的水深保持 2.5～3.5m，成为沟通西江和粤西海区的重要航道。由此可见，维护黄茅海潮汐通道，对于充分发挥银洲湖和虎跳门水道的排水和通航作用具有重要意义。

黄茅海浅海区的淤积结果也导致形成三槽四滩：深槽包括主槽、西沟槽和峡间深槽；浅滩包括西边滩、东边滩（含大海环）、拦门浅滩和岛间浅滩。加之近年来两岸无计划盲目围填造陆，使水流条件恶化，再不进行规划治理，将影响泄洪、纳潮、排涝以及出海水道的发展。

鉴于上述存在的问题，1990 年珠江委提出要求制订《黄茅海规划任务书》，但由于当时规划所需的水文资料和地质资料不足，物理模型试验条件尚未具备，难以满足是地区综合规划的要求，仅以数学模型计算为手段，于 1992 年 6 月提出了《黄茅海及鸡啼门治导轮廓线规划报告》。黄茅海治理规划从 1993 年开始，1996 年提出《黄茅海及鸡啼门治理规划报告》。上述轮廓线规划与治理规划报告对河口治理与管理及地区社会经济发展起到了积极的促进作用，但由于20世纪90年代以来，人类活动加剧，河口区的水情与地形条件发生了变化，加之限于历史条件、资料积累情况，有关规划工作分口门、分区域进行，而未能进行统一的、系统性的河口综合治理规划。为此，珠江委于2003年以来，采用1999~2000年测绘的珠江三角洲主要水道的和珠江河口水下地形资料，以及涵盖珠江三角洲主要水道的1999年7月和2001年2月同步水文测验资料，利用珠江三角洲和口门外浅海区的一、二维联解数学模型和整体物理模型以及遥感技术应用等多种技术手段，对规划方案进行总体复核计算和试验研究。

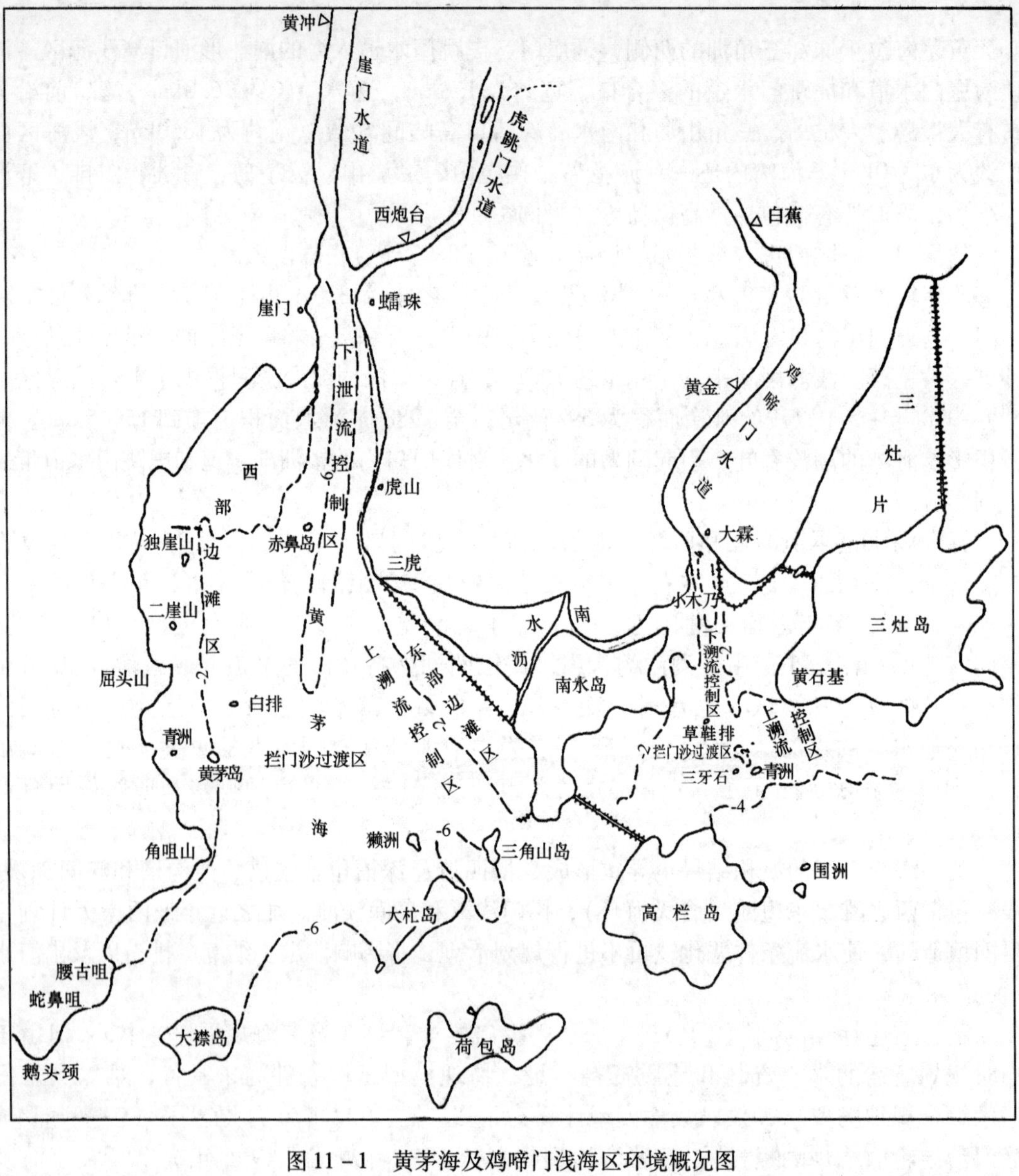

图11-1 黄茅海及鸡啼门浅海区环境概况图

11.1.2　黄茅海综合治理规划方案

根据当前存在的主要问题，黄茅海治理规划的主要任务为：

（1）研究黄茅海浅海区洪潮规律和冲淤规律，因势利导制定东、西两岸合理的规划治导线，确定出海水道的路线及方向，提高河口的泄洪输沙能力。

（2）整治拦门沙，改善海区水流状态，确定深槽走向，减少航道淤积，提高通航能力，促进航运事业发展。

（3）在不影响河口泄洪纳潮的前提下，合理开发利用浅海区两岸滩涂资源，为发展港口码头、交通运输、工业、农业、副业、水产养殖业提供土地后备资源。

（4）防潮拒咸，利用河口延伸的有利条件，改善新老垦区生产和生活用水问题，改善和提高水环境质量。

黄茅海浅海区治导线规划方案，是在原规划轮廓治导线的基础上进行深一步的规划工作。黄茅海是以潮汐动力维持的浅海区，治导线规划方案应维护或尽量减少对潮汐动力的影响，维持黄茅海潮汐通道，按“顺其自然，因势利导”的原则布置，采用喇叭形的河口格局，形成河口潮差自湾口向湾颈逐步增加的河势，以利于保持河口湾和银洲湖的稳定；而浅海区的自然淤高和两岸的围垦成陆，将会对潮波产生阻力，造成潮波变形、潮差减小，潮汐动力减弱，采用喇叭形河口将能形成潮波积聚的边界条件，有利于抵消阻力影响，使水流动力分布比较均匀，利于保持河口和航道的稳定。

根据浅海区的水文动力分析，规划以宽阔的大杧西口为黄茅海的主要出海口门，与海湾的主槽相衔接形成行洪纳潮的水流纵轴，在轴线两侧布置对海区水域不同束窄度的治导线，再组成黄茅海浅海区的治导线规划方案。包括东岸的 E_1、E_2线和西岸的 W_1、W_2、W_3线（见图 11－2）。

E_1线：从虎跳门出口左岸蠕蛛一围开始，经蠕蛛 2、3 围，顺－2.0m 滩面向南伸至三虎码头，即改善蠕蛛垦区 2～3 围间堤围的弧度，将堤围外推至－2.0m 滩面，然后再沿－1.5m 等高线至南水岛十八螺嘴。本线以东是东部浅滩区、大海环的浑水区，治导线长 27.6km，控制东滩 3730hm^2的面积。

E_2线：从虎跳门出口左岸开始，经蠕蛛顺－2.0m 滩面向南至三虎码头后，然后再沿－2.5m 等高线至三角山西咀，即封堵南水岛—三角山岛的峡口，拟增强作为东槽出口的三角山西峡口的水流动力，该线以东是东部浅滩区，亦是上溯流部分控制区，治导线长 28.7km，控制东滩 5210hm^2的面积。

W_1线：从崖门口西侧验潮站开始、沿旧石堤尾向西南延伸，西距独崖山 1500m、二崖山 1200m、屈头山 1700m，东距黄茅岛 600m，延至角咀山，再从角咀山的东南咀开始向西南延伸与腰古咀北连接，该线以西为西部浅滩区－2m 高程以浅的滩区，治导线长 36.4km 控制西滩 7700hm^2的面积。

W_2线：从崖门口西侧验潮站开始，沿旧石堤尾向西南延伸，东距白排 750m，然后穿过黄茅岛与角咀山东南咀连线，再向西南与蛇鼻咀连接。该线大部分落在－2.5m 等高线浅滩上，中段线位比 W_1线东移 2km，该线保持从湾颈开始自上而下逐步平顺扩宽的海湾外形。该线以西亦属于西部浅滩区，滩区面积为 10590 hm^2，治导线长 37.3 km。

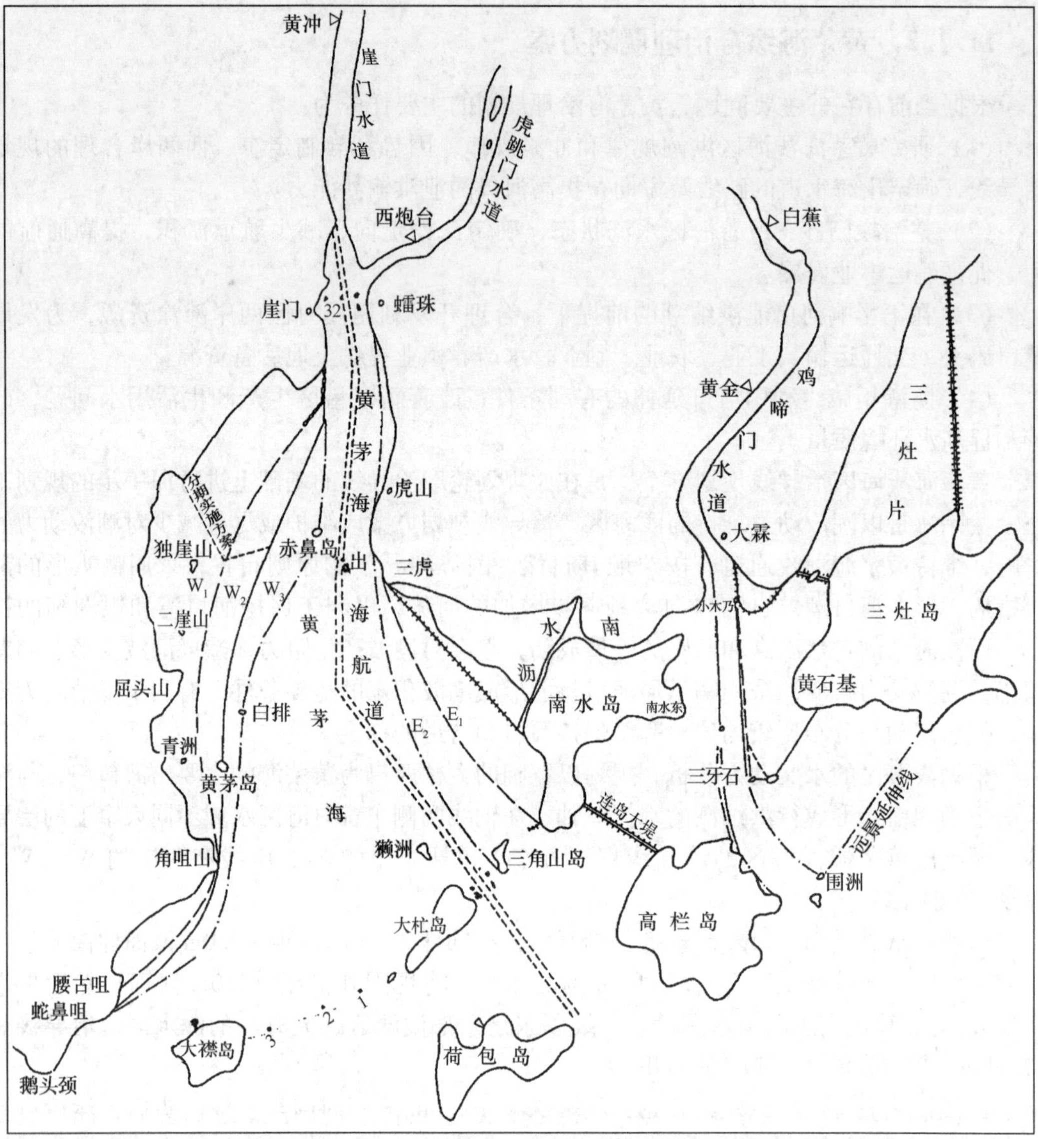

图 11－2 黄茅海及鸡啼门浅海区规划治导方案示意图

W_3线：从崖门口西侧验潮站开始，沿旧石堤尾向南，穿过赤鼻岛至三虎断面，然后拐向西南形成漏斗状河口湾，该线考虑了地方的意见，旨在增加开发面积，将浅海区湾颈向南延伸了12 km，治导线继续向西南，穿过白排岛，西距黄茅岛500m、距角咀山东南咀600m，然后与蛇鼻咀连接，该线大部分落在－3.0m高程的滩面上，中段线位比W_2线再东移了1.1 km。该线是西部浅滩区的边缘线，控制西滩面积13490 hm^2，该线上段东临下泄流控制区、中段经拦门沙区，治导线长37.92 km。

以布置在西滩的W_1、W_2、W_3线和布置在东滩的E_1、E_2线组成以下6个治导线规划方案：

方案Ⅰ：由E_1、W_1组成，称为E_1W_1方案，该方案旨在尽量少改变海区形态，只减少

西滩 -2.0m、东滩 -1.5m 以浅的 11430hm²海域，占海区面积的 28.0%。

方案Ⅱ：由 E_1、W_2线组成，称为 E_1W_2方案，该方案旨在使海区水流更集中，减少西滩 -2.5m、东滩 -1.5m 以浅的 1432hm²的海域，占海区面积的 35.5%。

方案Ⅲ：由 E_1W_3线组成，称为 E_1W_3方案，此方案考虑了地方的意见，崖门口的河口向南延伸了 12 km，旨在增加开发面积，该方案减少西滩 -3.0m、东滩 -1.5m 的 17220 hm²的海域，占海区面积的 42.7%。

方案Ⅳ：由 E_2、W_1线组成，称为 E_2W_1方案，该方案的 E_2线围堵了南水西口，拟增强东槽三角山西口的水流动力，该方案减少西滩 -2.0m、东滩 -2.5m 以浅的 12910hm²的海域，占海区面积的 32.0%。

方案Ⅴ：由 E_2、W_2组成，称为 E_2W_2方案，该方案缩窄海区，束水归槽，与方案Ⅱ相似，只是围堵了南水西口，似增强东槽的水流动力，该方案减少东、西滩 -2.5m 以浅的 15800hm²的海域，占海区面积的 39.2%。

方案Ⅵ：由 E_2、W_3组成，称为 E_2W_3方案，该方案崖门口的河口向南延伸了 12 km，还封堵了南水西口，拟增强东槽的水流动力，该方案减少东滩 -3.0m、西滩 -2.5m以浅的 18700 hm²的海域，占海区面积的 46.4%，是减少海域面积最多的方案。

水力计算和河工模型试验以上述 6 个方案作为比选基础，用不同的洪潮组合进行计算或试验。6 个方案的基本情况见表 11 -1。

表 11 -1　黄茅海规划治导线方案一览表

项　目	单位	方案Ⅰ E_1W_1	方案Ⅱ E_1W_2	方案Ⅲ E_1W_3	方案Ⅳ E_2W_1	方案Ⅴ E_2W_2	方案Ⅵ E_2W_3
东治导线长度	km	27.6	27.6	27.6	28.7	28.7	28.7
西治导线长度	km	36.4	37.3	37.9	36.4	37.3	37.9
控制东滩面积	hm²	3730	3730	3730	5210	5210	5210
东滩高程	m	-0.5 以浅	-1.5 以浅	-1.5 以浅	-2.5 以浅	-2.5 以浅	-2.5 以浅
控制西滩面积	hm²	7700	10590	13490	7700	10590	13490
西滩高程	m	-2 以浅	-2.5 以浅	-3 以浅	-2 以浅	-2.5 以浅	-3 以浅
东西治导线长度	km	64.0	64.9	65.5	65.1	66.0	66.6
控制东西滩面积	hm²	11430	14320	17220	12910	15800	18700

11.1.3　模型计算与试验的水文组合

模型验证以 1992 年实测洪水、枯水期水文资料为准。模型上游边界采用流量控制，根据实测资料，结合西江马口流量与各口门之间的流量分配关系，并考虑潭江径流的影响，确定模型流量控制条件如表 11 -2。下游以荷包岛实测潮位过程线作为下边界控制过程线（见图 11 -3）。

表 11-2 验证试验上游各控制站流量分配

潮型编号	实测时间	马口站流量 (m^3/s)	崖门		虎跳门	
			天然 (m^3/s)	模型 (L/s)	天然 (m^3/s)	模型 (L/s)
Ⅰ	1992.7.15~7.16	19800	1875	2.34	1150	1.44
Ⅱ	1992.11.16	2190	207	0.26	127	0.16

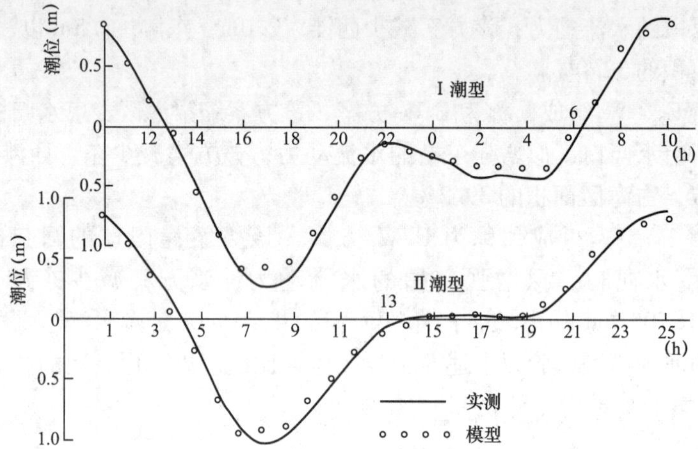

图 11-3 荷包岛实测潮位与控制过程线比较

模型方案试验的水文组合见表 11-3，但在方案比选试验与计算时，以"68.06.27"、"92.11.16"、"92.07.15"水文组合为方案的基本试验与计算组合，对黄茅海浅海区西滩 3 条控制线和东滩 2 条控制线所组成的 6 个治导线方案（见图 11-2）进行计算与试验，并以下列条件确定优选方案：

表 11-3 水文洪潮组合情况表

水文组次	洪潮组合	目的	重点项目	马口流量 (m^3/s)	荷包岛潮差 (m)
"94.06.20"	50 年一遇洪水	防洪	水位、流速	46300	2.20
"68.06.27"	洪水大潮	防洪	水位、流速	40700	2.05
"74.07.22"	台风暴潮	防潮、防洪	水位、流速	33178	1.56
"92.07.15"	中水大潮	潮排、潮灌	高潮位、低潮位、涨落潮量	17300	2.62
"92.11.16"	枯水中潮	潮灌	高潮位	1840	2.76

（1）在 1968 年大洪水和 1974 年洪水暴潮典型的情况下，方案实施后黄冲、西炮台的高高潮位抬高值不大于 0.1m。

(2) 中水大潮和枯水中潮组合时，黄冲和西炮台站的高高潮位降低值不大于0.1m，以保证灌溉水位。

(3) 中水大潮组合时，黄冲和西炮台站的低低潮位抬高值不大于0.1m，以保证受影响地区自流排水。

(4) 中水大潮组合时，崖门黄冲站落潮量减少值不大于5%，以保证银洲湖的稳定。

(5) 要求浅海区流态较好，从流向和流速情况分析，不致造成新的回流淤积区，建筑物附近不会造成剧烈冲刷，航道水深条件有所改善。

11.1.4 模型的建立与验证

模型计算与试验主要任务是分析不同规划方案在不同径潮组合条件下，对上游网河区及附近海域的泄洪、纳潮、排水、灌溉及航运等方面的影响，为规划治导线方案的优选提供科学依据。

水力计算采用一、二维不稳定流联解数学模型（详见第七章珠江口潮流泥沙及含盐度耦合联解数学模型研究中数学模型的建立）。模型的范围见图11－4。

物理模型利用南京水利科学研究院为“八五”攻关研究崖门出海航道问题而制作的黄茅海整体物理模型，进行治导线方案的清水定床试验。该模型平面比尺为800，垂直比尺为100，模型按1989年实测1:10000和1:5000水下地形制作。模型制模地形上边界分别至潭江与银洲湖的连接处（熊海口），虎跳门河段上边界至横坑，制模边界的上游则以扭曲水道代替，模型的下边界在荷包岛以南－15m水深处，包括了高栏岛、荷包岛和大襟岛以内的全部海域。边界为长28m、宽5m的气压式潮水箱。由计算机根据给定值控制潮水箱内的气压变化，使模型上形成潮汐水流（见图11－5）。

模型验证成果表明[1]、[2]，在有实测潮位的荷包岛、大襟岛、黄茅岛、三虎、西炮台和黄冲等站中，其模型潮位过程和原型实测过程线符合良好，潮位特征值除个别站误差较大（为0.14m）外，误差均小于0.10m，满足模型测验精度要求；黄茅海浅海区除在测流控制断面（黄冲、西炮台、高栏西、荷包西、大襟西）布置有12条垂线外，还在海区布置6条散点垂线观测流速、流向资料，模型流速、流向过程线与原型实测过程线基本符合，总的趋势、幅度、相位与原型实测值基本一致。由此可以认为模型的验证是成功的，基本上满足水流运动相似的要求，可进行治导线方案的比选试验。

11.1.5 数学模型计算成果分析[1]、[2]

在不同径潮组合条件下，数学模型计算治导线规划方案实施前后潮位、涨潮、落潮最大流速，涨潮、落潮量及湾口各口门占湾口的总涨落潮量百分比变化值的规律基本一致。为此，以中水大潮组合（“92.07.15”）的成果（见表11－4、表11－5、表11－6、表11－7）为主进行分析。

---

[1] 水利部、交通部、电力工业部南京水利科学研究院河港研究所，黄茅海治理规划清水定床河工模型试验研究报告，1996年3月。

[2] 水利部珠江水利委员会，黄茅海及鸡啼门水利计算报告，1996年11月。

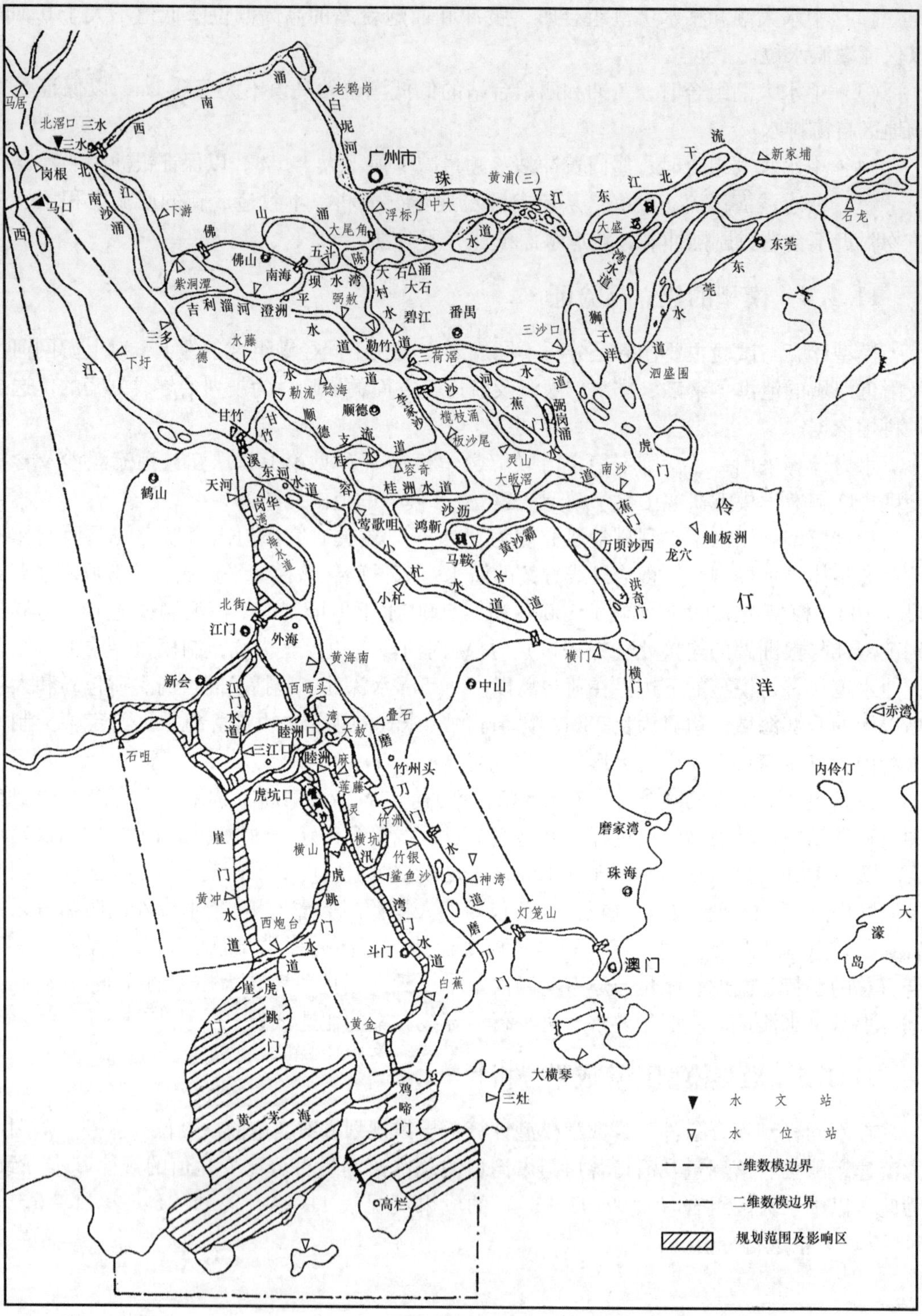

图 11－4　黄茅海及鸡啼门治理规划范围及一、二维数学模型边界图

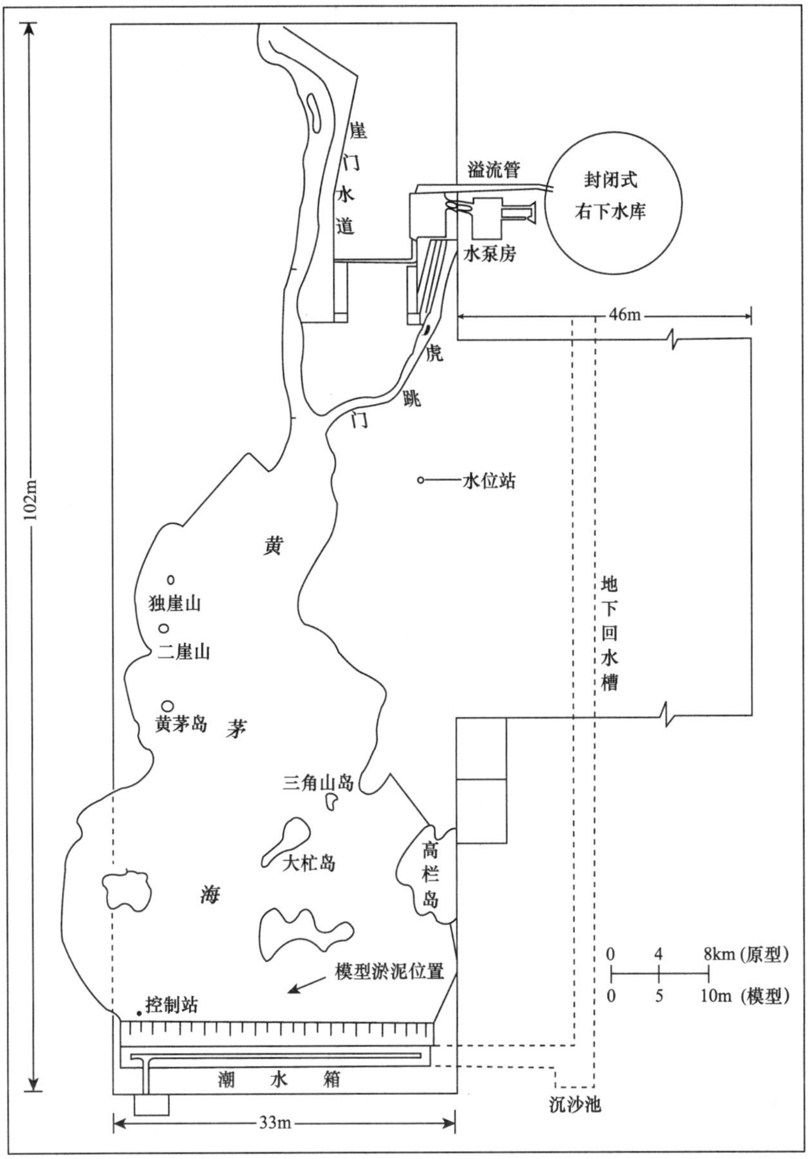

图 11－5　崖门口黄茅海潮汐模型布置图

1. 治导线方案对上游河道潮位的影响

总的变化趋势是高高潮位降低、低低潮位抬高、潮差减小，且高高潮位的变化幅度比低低潮位大，而影响值随西治导线的外移而增加（见表 11－4）。

对比 E_1W_1 与 E_2W_1 和 E_1W_2 与 E_2W_2 的潮位变化值可见，东治导线 E_1 与 E_2 线对上游潮位的影响差异不大，E_2 线比 E_1 线抬高或降低值为 0.01～0.02m。而西治导线的影响值则较大，以潮流动力为主的崖门水道黄冲站，W_3 线的方案高高潮位影响值达 0.14m，虎跳门西炮台的潮位影响值也在 0.10m 以上。治导线方案对低低潮位影响较大为 E_2W_3 治导线方案的黄冲站，在洪水大潮时抬高值达 0.11m，其他站低低潮位抬高值均在 0.10m 以下。

表 11－4　　中水大潮各方案特征潮位变化表（“92.07.15”）　　（单位：m）

站点	潮别	现状特征潮位	特征潮位变化值					
			E_1W_1	E_1W_2	E_1W_3	E_2W_1	E_2W_2	E_2W_3
西炮台	高高潮	1.17	−0.04	−0.07	−0.01	−0.04	. −0.07	−0.12
	低低潮	−0.89	0.02	0.03	0.07	0.04	0.04	0.08
黄冲	高高潮	1.23	−0.06	−0.08	−0.14	−0.06	−0.09	−0.14
	低低潮	−1.00	0.03	0.03	0.07	0.04	0.05	0.09
崖门口	高高潮	1.14	−0.05	−0.07	−0.10	−0.05	−0.08	−0.11
	低低潮	−1.06	0.02	0.03	0.08	0.03	0.04	0.10
虎山	高高潮	1.14	−0.09	−0.11	−0.15	−0.09	−0.11	−0.15
	低低潮	−1.16	0.00	0.01	0.07	0.02	0.03	0.09
白排东	高高潮	1.06	0.01	0.00	0.00	0.01	0.00	0.00
	低低潮	−1.35	−0.02	−0.01	−0.01	−0.01	−0.01	0.00
角咀山东	高高潮	1.03	0.00	0.00	0.00	−0.01	−0.01	0.00
	低低潮	−1.36	0.00	0.00	−0.01	0.00	0.00	−0.01
大杧西	高高潮	0.97	−0.01	−0.01	0.00	−0.01	−0.01	−0.01
	低低潮	−1.35	0.00	0.00	0.00	0.00	0.00	0.00
三角山西	高高潮	1.01	−0.01	−0.01	−0.01	−0.03	−0.03	−0.03
	低低潮	−1.35	−0.01	−0.01	−0.01	−0.01	−0.01	−0.01
西滩	高高潮	1.06	0.02	0.01	0.02	0.01	0.00	0.01
	低低潮	−1.35	−0.02	−0.02	−0.02	−0.01	−0.01	−0.01

注　现状是崖门口无抛石坝。

表 11－5　　中水大潮各方案 V_{max} 变化值表（“92.07.15”）　　（单位：m/s）

站点	潮别	现状 V_{max}	V_{max} 变化值					
			E_1W_1	E_1W_2	E_1W_3	E_2W_1	E_2W_2	E_2W_3
西炮台	涨潮	0.16	−0.03	−0.05	−0.07	−0.04	−0.05	−0.06
	落潮	0.86	0.03	0.04	0.02	0.03	0.04	0.02
黄冲	涨潮	0.94	0.04	0.03	0.02	0.01	0.02	0.02
	落潮	0.89	0.01	0.00	−0.03	0.00	0.00	−0.03
崖门口	涨潮	0.77	0.00	0.00	−0.03	−0.02	−0.03	−0.03
	落潮	0.92	0.02	0.02	−0.02	0.01	0.01	−0.20
虎山	涨潮	0.48	0.06	0.05	0.02	0.06	0.05	0.02
	落潮	0.80	0.09	0.11	0.14	0.09	0.10	0.13
白排东	涨潮	0.70	−0.19	−0.24	−0.26	−0.17	−0.21	−0.24
	落潮	0.88	−0.13	−0.19	−0.22	−0.12	−0.18	−0.20

续表

站点	潮别	现状 V_{max}	V_{max} 变化值					
			E_1W_1	E_1W_2	E_1W_3	E_2W_1	E_2W_2	E_2W_3
角咀山东	涨潮	0.76	-0.23	-0.27	-0.30	-0.19	-0.24	-0.27
	落潮	0.84	-0.13	-0.19	-0.23	-0.12	-0.18	-0.22
大杧西	涨潮	0.62	-0.16	-0.20	-0.23	-0.15	-0.19	-0.21
	落潮	0.78	-0.11	-0.15	-0.20	-0.10	-0.16	-0.20
三角山西	涨潮	0.75	-0.10	-0.12	-0.15	-0.06	-0.09	-0.14
	落潮	0.67	-0.20	-0.24	-0.26	-0.16	-0.21	-0.22
西滩	涨潮	0.70	-0.21	-0.27	-0.31	-0.19	-0.25	-0.29
	落潮	0.76	-0.11	-0.20	-0.25	-0.09	-0.18	-0.24

2. 治导线方案对浅海区潮位的影响

由于海区在平面上为喇叭状，各方案在地形与动力条件上有一定差别，因而各方案对潮位的影响亦有明显的差异，以虎山为界，靠近湾口的海区南部，高高潮位一般为降低，变化值较大者为枯水组合；低低潮位亦以降低为主。潮位降低变化值均在 0.05m 以下。靠近湾顶的北部海区，治导线方案对潮位影响的变化趋势与治导线方案对上游水道的潮位影响是一致的，不同之处是高高潮位降低的幅度比上游水道大，而低低潮位的抬高值比上游水道小。如虎山站 E_1W_1 方案高高潮位降低 0.09m，与西炮台、黄冲站比较，降低值增加 0.04～0.05m，E_1W_3 方案影响值最大为 0.15m，低低潮位只有 W_3 线时抬高 0.07～0.09m，而在 W_1W_2 线方案则抬高 0.00～0.03m。E_2 线方案对低低潮位的影响略大于 E_1 线方案，而对高高潮位的影响值则没有明显的差异。

3. 治导方案对流速的影响

治导线作为河口治理外缘控制线，但在模型计算或试验时作为不过流的边界处理，为此治导线方案表示了浅海区宽度缩窄，使过水面积减少，导致流速增加，同时浅海区由于缩窄占用水域，从而减少了纳潮容积，使浅海区纳潮量减少，相应减小了潮流速。此外，治导线方案使潮波进一步变形，潮波的相应提前，前坡变陡，后坡更加趋于平缓，导致涨潮历时缩短、落潮历时相应延长，其结果可能使涨潮流速增加，落潮流速减小，治导线方案使高低潮位增减，引起过面积增加或减少，也使潮流速的增减，同时也由于涨落潮历时的变化，使分流口或水道的涨、落潮流量的分配比发生变化，从而导致潮流速的改变。因此，治导线方案实施前后的流速增大或减小是上述影响因素的综合作用结果的反映。

表 11-5 为治导线方案在中水大潮条件下，涨落潮最大流速（V_{max}）的变化值。由表可见：

(1) 治导线方案对上游水道 V_{max} 的影响不大，一般 V_{max} 变化值的增减都在 0.05m/s 以下。虎跳门水道西炮台站涨潮流速 V_{max} 是减小的变化趋势，减小值随着西滩治导线外移而增加；落潮流速 V_{max} 则以增大为主。实施 E_1 或 E_2 线涨、落潮流速 V_{max} 差别不大。而以潮汐作用为主的崖门水道黄冲站的变化则不相同，涨潮流速 V_{max} 增大，落潮流速 V_{max} 变化不大，采用 W_3 线时，V_{max} 也只减小 0.03m/s。

（2）治导线方案对浅海区 V_{max} 的影响亦以虎山为界，虎山以北的河宽由于西滩治导线的外移而缩窄，特别是虎山断面，河宽减小约为30%～65%，所以涨落潮流速 V_{max} 均为增大，以落潮流速增大较大。具有涨潮流速增大值随着河宽的缩窄而减小，涨潮流速 V_{max} 增大值最小为 W_3E_2，约为0.02m/s，落潮流速则随河宽的缩窄而增大，落潮流速 V_{max} 增大值为 E_1W_3，约为0.14m/s。虎山以南浅海的 V_{max} 由于潮量吞吐较大幅度的减少，涨落潮流速 V_{max} 均都减小，而且变化幅度较大，约在0.10～0.31m/s之间，并随西治导线的外移而减小的幅度有所增大，E_1W_1 方案涨、落潮流速 V_{max} 的减小值最大分别为0.23m/s和0.23m/s，而 E_1W_3 方案涨落潮流速 V_{max} 的减小值最大分别为0.31m/s和0.25m/s。东滩治导线 E_1 与 E_2 在同一条西治导线条件下相对比，两者之间影响差别不大，相差0.01～0.03m/s，E_2 线影响较小。

4. 治导线方案对涨落潮量的影响

治导线方案在不同径潮组合条件下的计算成果表明，潮量的变化主要与两个因素有关：一是治导线方案进占水域的规模越大，涨潮量减少越多；二是上游下泄径流越大，涨潮量减少越多，而落潮量减小则较少。

下面以中水大潮的治导线方案涨落潮量变化率成果为主进行分析（见表11－6）。

由表11－6可见，治导线方案对上游河道涨、落潮量的影响不大，其中以实施西治导线影响较大。崖门水道黄冲站由于 W_3 线使湾颈由现状的崖门口推移至赤鼻岛，约下移12km，对银洲湖的纳潮量影响较大。为此，除了 E_1W_3、E_1W_3 方案外，其他方案的变化值均在4%以下。中水大潮条件下 E_1W_3 与 E_2W_3 的涨潮量减小6%～7%，落潮量减小8%～9%。以径流控制的虎跳门水道，西炮台站现状涨潮量较小，涨潮变化率较大，而落潮量一般影响甚微，约为1%。

治导线方案在不同程度上减少了浅海区水域面积，从而减小了纳潮的容积，为此，对于海区涨落潮影响较大，采用 E_1、E_2 线对海区北部影响差别不大，而对海区南部及湾口进出潮量则有较大的差别。在不同径潮组合条件下，三虎断面涨潮量减少率达25%～49%，落潮率的减少在20%以下。湾口涨潮量的减少变化在24.5%～44.7%之间，落潮量的减少变化在16.6%～40.1%之间。涨落潮量减少变化率随着西治导线的外移而增加，以 E_1W_3、E_2W_3 方案对潮量影响较大，实施 E_2 线 E_1 线再减少3%～5%。

表11－6　　中水大潮各方案涨落潮量变化率表（"92.07.15"）

断面	潮别	现状潮量（万 m^3）	潮量变化率（%）					
			E_1W_1	E_1W_2	E_1W_3	E_2W_1	E_2W_2	E_2W_3
西炮台	涨潮	83	－35	－78	－99	－53	－88	－98
	落潮	11306	1	1	1	1	1	1
黄冲	涨潮	13601	－3	－4	－6	－3	－4	－7
	落潮	29706	－2	－3	－8	－3	－4	－9
崖门口	涨潮	14202	－6	－8	－12	－7	－9	－13
	落潮	41710	－2	－3	－7	－3	－4	－8

续表

断面	潮别	现状潮量（万 m^3）	潮量变化率（%）					
			E_1W_1	E_1W_2	E_1W_3	E_2W_1	E_2W_2	E_2W_3
三虎	涨潮	31691	-29	-31	-40	-29	-32	-39
	落潮	49423	-11	-8	-9	-11	-8	-9
大襟西	涨潮	9092	-34	-49	-66	-33	-49	-67
	落潮	16197	-11	-22	-40	-12	-23	-41
大杧西	涨潮	71475	-25	-32	-40	-24	-31	-39
	落潮	96365	-19	-24	-29	-19	-25	-31
三角山西	涨潮	16306	-21	-25	-28	-13	-17	-21
	落潮	15730	-32	-40	-47	-27	-37	-44
南水西	涨潮	9375	-24	-27	-29	-100	-100	-100
	落潮	9274	-35	-42	-47	-100	-100	-100
湾口总计	涨潮	106248	-25.3	-32.1	-39.5	-29.7	-36.2	-44.1
	落潮	137565	-20.3	-27.2	-33.6	-24.4	-31.5	-38.2

注　湾口总计为大襟西、大杧西、三角山西、南水西之和。

11.1.6　物理模型试验成果分析

物理模型试验对方案的选择主要以中水大潮条件作为主要的水文试验组合（模型试验时段为 92.07.15 10:00～16 10:00），为了解治导线对洪水时潮汐要素的影响，增加洪水大潮水文组合（模型试验时段为 98.06.27 1:00～28 1:00），模型试验方案前为现状地形条件，即崖门口有抛石坝的情况（见图 11－2）。其试验成果❶、[1]分述如下：

1. 潮位变化

治导线方案在中水大潮与洪水大潮组合时的潮位和无治导线时的变化值统计见表 11－7，由表可见呈漏斗状的黄茅海海区，两侧蓄潮浅滩流速缓慢，潮流往复运动的主流区大致位于 E_1、W_2线之间，处于主流区以外的治导线对潮波在湾顶附近发生辐聚的动力条件改变不大，对湾内潮位的影响较小。随着治导线的外移，主流区被侵占，湾顶口门下移，如 E_2W_3治导线方案使口门由崖门口移至赤鼻岛，既增加了潮波上溯的阻力，又改变了潮波辐聚的位置，使潮汐动力环境发生较大的变化。在中水大潮组合条件下，虎山以上各潮位站具有高高潮位降低、低低潮位抬高、潮差减小，且高潮位的变化幅度大于低潮位的变化幅度，降低和抬高的幅度与治导线侵占海湾的面积成正比，这与数模计算成果的变化趋势基本一致。

---

❶　水利部、交通部、电力工业部南京水利科学研究院河港研究所，黄茅口治理规划清水定床河工模型试验研究报告，1996 年 3 月。

表 11－7　潮位变化值统计表（“92.07.15”）　（单位：m）

流量	测站	类别	E_1W_1	E_1W_2	E_1W_3	E_2W_2	E_2W_3
中水大潮 17300m^3/s	黄冲	高潮增减	-0.02	0.00	-0.01	-0.04	0.04
		低潮增减	-0.01	0.00	0.00	0.01	0.06
	崖门	高潮增减	0.01	-0.01	-0.03	-0.04	-0.08
		低潮增减	0.01	0.01	0.03	0.04	0.05
	虎山	高潮增减	0.06	0.02	-0.07	-0.01	-0.05
		低潮增减	0.01	-0.01	0.01	0.03	0.04
	荷包岛	高潮增减	0.02	0.02	-0.03	0.01	-0.01
		低潮增减	-0.02	-0.03	0.00	0.02	0.02
洪水大潮 40700m^3/s	黄冲	高潮增减	0.03	0.00	-0.02	0.01	0.03
		低潮增减	0.02	-0.04	-0.03	-0.06	0.02
	崖门	高潮增减	0.02	0.00	-0.05	-0.02	-0.06
		低潮增减	0.04	0.00	-0.01	-0.05	0.01
	虎山	高潮增减	0.00	-0.04	-0.09	-0.09	-0.02
		低潮增减	-0.01	0.01	-0.01	—	0.06
	荷包岛	高潮增减	0.02	0.00	-0.03	-0.04	-0.03
		低潮增减	0.01	0.00	-0.01	-0.04	-0.03

注　表中－值为实施治导线工程后潮位降低，＋值为抬高。

2. 流速变化

表 11－8 为不同治导线方案下湾顶的崖门断面和上游黄冲断面的流速特征值的变化。由表可见，不同径潮组合条件下，涨落潮平均流速均为有所减小的趋势，减小幅度随治导线外移而递增。以崖门断面为例，洪水大潮时，E_1W_2与E_1W_3和无工程相比，其涨潮平均流速分别减小 7.5% 和 17.5%，落潮平均流速分别减小 6.2% 和 8.3%。黄冲站的涨潮平均流速分别减小 14.6% 和 17.1%，落潮平均流速分别减小 5.5% 和 6.9%。中水大潮情况下，两个断面的流速变化趋势与洪水大潮基本一致。涨落最大流速的变化与其平均流速有所差异，涨潮最大流速与工程前相比，只有E_1W_1方案的涨潮最大流速明显增大了 0.01～0.03m/s。其他方案则由于涨潮流量的减少，引起流速减小的作用大于治导线使河宽的减小，水流集中使流速增大的作用，最大流速明显减小，减小的幅度随治导线外移而增大。而落潮最大流速由于治导线减少河宽，过水面积减少，水流集中为主要作用的结果使流速明显增大，并随治导线外移而递增。综上所述，物模试验成果的变化趋势与数模计算成果基本一致。

表 11-8　黄冲、崖门断面潮流速工程前后比较表

径潮组合	测站	类别	无工程	E_1W_1	E_1W_2	E_1W_3	E_2W_2	E_2W_3
中水大潮 17300m³/s	黄冲	涨潮最大	0.67	0.68	0.63	0.62	0.63	0.65
		涨潮平均	0.33	0.32	0.31	0.30	0.30	0.31
		落潮最大	0.79	0.84	0.86	0.84	0.85	0.82
		落潮平均	0.45	0.48	0.47	0.44	0.40	0.44
	崖门	涨潮最大	0.72	0.75	0.74	0.69	0.76	0.68
		涨潮平均	0.34	0.35	0.34	0.32	0.32	1.32
		落潮最大	1.27	1.31	1.33	1.30	1.31	0.35
		落潮平均	0.68	0.66	0.65	0.62	0.65	0.61
洪水大潮 40700m³/s	黄冲	涨潮最大	0.86	0.89	0.82	0.73	0.77	0.71
		涨潮平均	0.41	0.38	0.35	0.34	0.33	0.34
		落潮最大	1.22	1.24	1.24	1.26	1.25	1.26
		落潮平均	0.73	0.71	0.69	0.70	0.71	0.68
	崖门	涨潮最大	0.75	0.78	0.70	0.71	0.70	0.68
		涨潮平均	0.40	0.37	0.33	0.33	0.31	0.31
		落潮最大	1.62	1.64	1.63	1.68	1.67	1.70
		落潮平均	0.96	0.96	0.90	0.88	0.89	0.84

3. 潮量变化

表 11-9 为湾顶崖门断面在不同治导线方案时潮量变化的统计。由表可见，在中水大潮组合条件下，物模试验与数模计算成果的变化基本一致，治导线方案使其落潮量均有不同程度的减少，其减少幅度与治导线的进占规模成正比，其中涨潮量减幅较大，而落潮量的减幅较小。洪水大潮条件下该断面的潮量变化与中水大潮条件下的变化基本一致，所不同的是由于洪水大潮的上游径流量增加，使其落潮流势增强，涨潮流势减弱，在同样工况条件下，涨潮量的减幅大于落潮量的减幅。

表 11-9　崖门断面潮量变化表

潮型	方案	涨潮总量（亿 m³）	增减（%）	落潮总量（亿 m³）	增减（%）
中水大潮	无工程	1.08		3.60	
	E_1W_1	1.08	0.00	3.57	-0.83
	E_1W_2	1.02	-5.55	3.50	-2.78
	E_1W_3	0.98	-9.26	3.38	-5.32
	E_2W_2	0.99	-8.33	3.48	-3.33
	E_2W_3	0.89	-17.59	3.34	-7.22

续表

潮型	方案	涨潮总量（亿 m^3）	增减（%）	落潮总量（亿 m^3）	增减（%）
洪水大潮	无工程	0.97		5.23	
	E_1W_1	0.91	-6.18	5.19	-0.76
	E_1W_2	0.87	-10.31	5.17	-1.15
	E_1W_3	0.78	-19.59	5.15	-1.53
	E_2W_2	0.78	-19.59	5.12	-2.10
	E_2W_3	0.67	-30.93	5.08	-2.87

11.1.7 治导线方案的比选

黄茅海治导线规划方案，通过上述数学模型计算和物理模型试验成果的综合分析，可以认为在黄茅海浅海区6个治导线方案中，包含 W_3线的 E_1W_3和 E_2W_2方案，由于 W_3线使湾颈由现状的崖门口下移至东鼻岛约12km，抑制了潮流上溯，崖门口的潮量减少率在中水大潮时达到9.3%～17.6%，洪水大潮时达到19.6%～30.9%。湾口涨潮量在中水大潮时涨潮量减少39.5%～44.1%，相应落潮量减少33.6%～38.2%，这对于以潮汐动力维护黄茅海潮汐通道与银洲湖的稳定将受到影响。同时由于 W_3线侵占较大的水域面积，虎山断面河宽减少达65%，在遭遇中水大潮组合时，崖门口低低潮位抬高0.08～0.10m，不利于自流排水。为此，E_1W_3、E_2W_3方案不宜采用。

在 E_1、E_2线与 W_1、W_2线组成的 E_1W_1、E_1W_2、E_2W_1、E_2W_2 4个方案中，以 E_1W_1、E_2W_1或 E_2W_2与 E_1W_2对比，可看出 E_1、E_2线对上游潮位、流速及潮量的影响差别不大，以具有 E_2线的影响略大于 E_1线。但 E_2线封堵了以上溯流占优势的南水西口（三角的东口），对黄茅海浅海区南部及湾口涨、落潮量则有较大的差别，一是改变了湾口涨、落潮流格局。由于峡口封堵使该口的部分涨、落潮量从三角山西口与大杧西口吐纳。大杧西在不同径潮组合条件下，现状的涨、落潮量占湾口总潮量分别为64.8%～67.2%与69.3%～70.1%，而 E_2线封堵峡口后，占湾口涨、落潮量的百分比分别达到69.1%～72.9%与74.5%～75.9%；三角山西现状涨、落潮量分别为14.7%～16.9%与11.4%～11.9%，E_2线封堵峡口后，占湾口涨、落潮量的百分比分别为18.5%～19.9%与11.0%～12.2%。可见涨、落潮量有所增加，落潮量变化不大，但具有中水大潮减少、枯水大潮增加的变化趋势。为此，E_2线减少了东滩水域面积和封堵了南水西口，使海区东槽水流集中，流速增大，有利于东槽的维护，但高栏港内及荷包岛—高栏西峡口涨、落潮流速明显减小，对港区有所影响。基于上述的分析，E_2线不宜考虑，但 E_2线尚能改善目前东槽的动力条件，所以 E_1线的北段不变，仅将 E_1线南段与南水岛现有抛石堤的堤头相连，封堵南水西口水面宽的1/3，该线全长28.1km，控制东滩面积4550hm^2。考虑到原 E_1W_1与 E_1W_2线对潮位、流速与潮量的影响，以及滩涂的开发利用及其扩宽率不宜过大，又不占用主流区等因素将拟定的 E_1线与 W_2线组合为黄茅海浅海区的优选方案（见图11-6）。

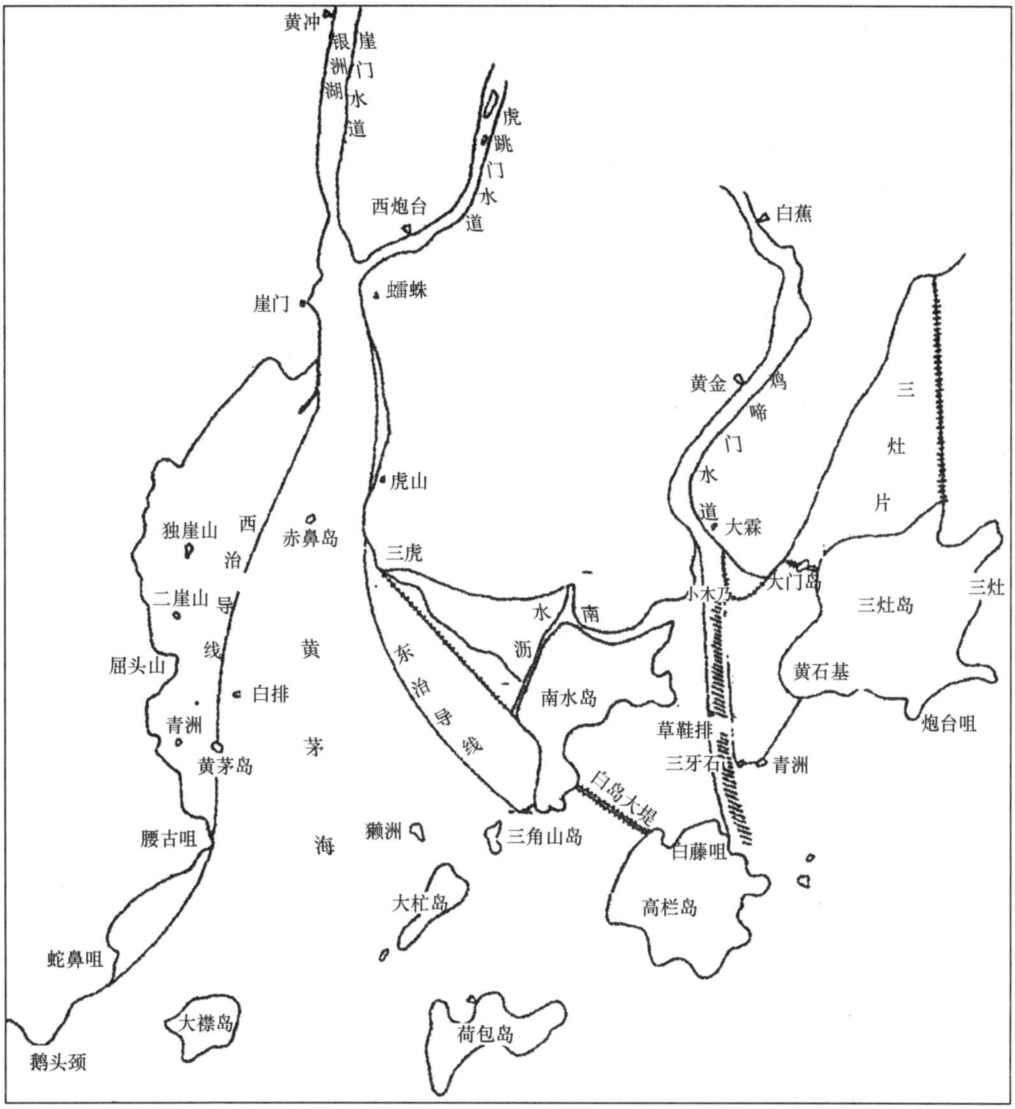

图 11－6　黄茅海及鸡啼门浅海区规划治导线选定方案示意图

11.1.8　选定方案试验成果分析

1. 模型的建立与验证

黄茅海河口湾治导线方案形成后，河口湾也由不规则的漏斗形态变成规则的喇叭口形态，湾顶为崖南断面，宽度为 2400m，湾口为南水—角嘴山，宽度为 15160m，湾顶至湾口纵深 24.1km，放宽率为 53%，东、西潮滩地水域面积减少 73.43km^2，约占黄茅海水域面积的 30%；相比之下，伶仃洋东西治导线形成后，湾顶为沙角断面，宽度为 3750m，湾口为内伶仃断面，宽度为 25050m，湾顶至湾口纵深 38.35km，放宽率为 55%，东、西潮滩面积减少 250.36km^2，约占内仃洋水域面积的 27%，可见两者河口湾治理后形态近似。本节选定方案主要采用在珠江河口整体物理模型❶，试验成果对选定的治导线规划方案进行复核。该模型的平面比尺为700，垂直比尺为100，模型的下边界取在珠江八大出海口门外海区 -25m 等深线，并延长5km左右的过渡段；模型的上边界为：西江的马口、北江的三水、广州水道的老鸦岗、银洲湖河道上的游的石嘴，并分别向上游延伸长2km的过渡段；东江的泗盛、彰彭、麻涌、大盛，并在上游留有2km左右的过渡段。上边界以上都用扭曲水道相连接，用以模拟潮区界段的长度和容积，所有上、下边界的过渡段都要模拟地形，以保证进、出口试验水流和试验段水流的相似。模型的总长度为200m（不包括生潮系统），模拟的原型长度为140km，模型宽度为150m，模型平面布置见第6章6.2节图6-1。

数学模型采用珠江河口一、二维联解整体模型，详见第7章7.1节，数学模型范围与物理模型基本一致，不同之处在于东江水系，东江干流取在博罗站，增江支流取在麒麟咀。

模型大部分水域以1999~2001年地形资料进行模型制作，制作精度基本满足规范的规定要求。模型验证与试验的水文组合见表11-10。

表11-10 试验径潮组合水文条件

流量 \ 径潮组合		“98.6”（大洪水大潮）	“92.07.15”（中水大潮）	“2001.2”（枯水大潮）
上游流量（m^3/s）	马口	46030	15992	2080
	三水	15932	5063	660
	泗盛	1372	393*	131
	彰澎	1250	345*	123
	大盛	1578	246*	233
	石嘴	295	273*	0
	老鸦岗	1186	232*	117
分洪闸流量**（m^3/s）	甘竹电站	2780	开	开
	北街水闸	600	开	开
	睦洲水闸	800	开	开
	磨碟头水闸	600	开	开
	西南闸	503	关	关

* 数模计算结果，计算水文条件包括了大、中、小潮型。

** 分洪闸流量是根据水闸运用管理规定及水闸调查结果得出。

模型验证结果表明，模型与原型比较，潮位误差除个别测站外一般在10cm以内：测点流速误差大部分小于±10%，流向偏差一般在10°左右；模型流量过程线与原型趋势基本一致，量值偏离一般小于±10%，各河道分流比偏离一般在5%以内，上述各验证项目

❶ 水利部、珠江水利委员会水利科学研究所，珠江河口整体物理模型设计与验证试验研究，2003年8月。

均基本满足技术规范的精度要求。流态流路与数模和遥感信息分析的结果基本一致，外海复杂的沿岸流现象也得到了初步模拟。可以认为，珠江河口八大出海口门整体物理模型基本满足水流运动相似性要求。

2. 模型试验成果分析

（1）潮位变化。黄茅海浅海区的选定治导线规划方案在不同径潮组合水文条件下，西炮台与官冲站的高高潮位和低低潮位的变化值见表 11－11。

由表可见，治导线规划方案对上游口门水道潮位的影响呈高潮位降低、低潮位抬高、潮差减小的变化趋势，与以往边界和相应水文组合条件下，潮位的变化基本一致，以中水大潮（92.7.15）相同的水文组合而边界不同的成果对比：本次物理模型试验成果西炮台与官冲站高潮位降低约为 0.08m，而以往数模计算成果为 0.07～0.08m，本次物理模型低潮位抬高 0.01～0.02m，而以往数模计算成果约为 0.03m，可见两次成果差异不大。

（2）潮量变化。治导线规划方案引起上游口门水道涨、落潮量的变化（见表 11－12）与以往成果比较均为减少，涨潮量的减幅大于落潮量的减幅。涨、落潮量减少幅度以中水大潮官冲断面对比，在目前边界条件下，涨、落潮量的减幅分别为 3.7% 和 2.2%，与以往边界条件不同，但水文组合条件相同的数模成果相比，涨、落潮量减少幅度分别为 4.0% 和 3.0%，可见差别也不大。在同样的条件下对于湾口涨、落潮量减少约为 18.6% 和 17.9%，而以往成果分别减少 32.1% 和 27.2%。

表 11－11　　潮位特征值变化表

潮型 / 潮位(m) / 断面	洪水大潮				中水大潮				枯水大潮			
	高潮位		低潮位		高潮位		低潮位		高潮位		低潮位	
	物理模型	数学模型	物理模型	数学模型	物理模型	数学模型	物理模型	数学模型	物理模型	数学模型	物理模型	数学模型
西炮台	－0.08	－0.02	0.04	0.001	－0.08	－0.03	0.02	0.01	－0.02	－0.02	0.02	0.01
官冲	－0.09	－0.01	0.06	0.01	－0.08	－0.02	0.01	0.01	－0.02	－0.02	0.01	0.01

注　中水大潮数学模型为“93.9.17”台风暴潮组合；数学模型成果计算时段包括大、中、小潮。

表 11－12　　潮量变化统计表

潮型 / 潮位(m) / 断面	洪水大潮				中水大潮				枯水大潮			
	落潮		涨潮		落潮		涨潮		落潮		涨潮	
	物理模型	数学模型	物理模型	数学模型	物理模型	数学模型	物理模型	数学模型	物理模型	数学模型	物理模型	数学模型
西炮台	3.7	－0.2	—	—	－1.9	－2.1	－7.9	－2.6	－7.7	－0.7	－10.9	－4.5
官冲	－2.2	－1	－10.9	－4.2	－2.2	－1.2	－3.7	－1.3	－6.2	－1.5	－6.4	－2.9

由上述可见，治导线规划方案潮位的降幅与抬高幅度和潮量的减少幅度均比以往边界条件减少的幅度小。从水流条件的角度着眼，仍不失为较好的规划方案。

11.2 黄茅海航道整治研究

黄茅海是地处珠江三角洲西部由虎跳门和崖门两个口门汇入的河口湾，地理位置优越，自然条件优良，蕴藏着巨大的开发潜力。虎跳门水道上游直通西江，治理后可通航3000吨级海轮；崖门水道内的银洲湖长为30km，宽为1.5~2km，水深为8~15m，两岸具备建万吨级泊位的条件，其上游通潭江，江口已建和拟建3000~5000吨级泊位，潭江的支流还通西江干流，建有内河泊位与黄茅海东南部万吨至10万吨级泊位大型海港——高栏港区组成海港群，是江海联运的中转枢纽。为此，研究黄茅海出海航道整治方案，实现江海联运，是西江流域和珠江三角洲西部地区经济发展的当务之急。本节主要依据广东省航道局从1988年起会同多家研究单位，对黄茅海海区的冲淤变化及试验性挖槽以及数学模型计算和物理模型试验等成果进行分析的基础上，探讨航道工程建设方案的可行性。

11.2.1 黄茅海海床演变分析

1. 海床的平面变化

根据历史测图，1861年（见图11-7）崖门水道和虎跳门水道汇流后，口门外有一沙滩，汇流水道深槽走向为SW向，沿虎跳门水道走向下泄；大虎、二虎、三虎为海湾中的岛屿，尚未与陆地相连，南水岛北侧为潮汐通道，大杧岛西侧为岛影浅滩，拦门沙体在三虎附近，其范围较小，河口湾湾口在大虎—二虎—黄茅岛一线。而至1936年（见图11-8），黄茅海二槽三滩格局已基本形成。东槽-3m等深线（基面为珠基以下1.6m）

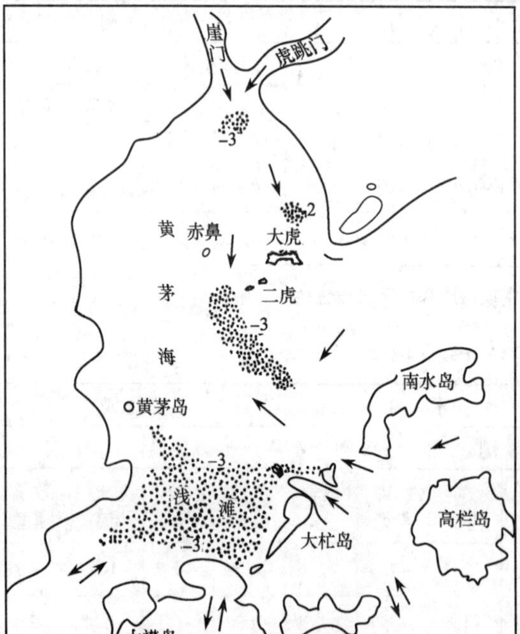

图11-7 1861年黄茅海拦门沙位置示意图

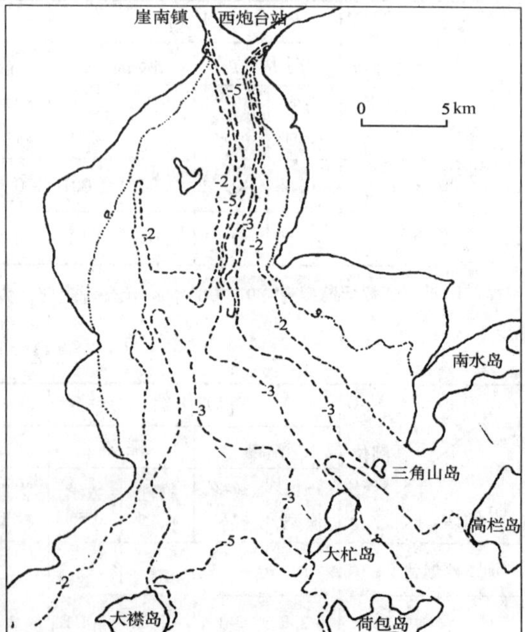

图11-8 1936年黄茅海海图

已贯通，崖门水道和虎跳门水道的汇流口即为汇流深槽，深槽走向已逐渐东移，沿着崖门水道走向，长约为 22km，尔后 -3m 等深线折向东南，穿越三角山与大杧岛之间的峡口和荷包岛与高栏岛之间的峡口，进入南海，统称为东槽，全长约为 40 余 km；大虎、二虎、三虎已与陆地相连。南水岛北侧潮汐通道已淤浅，大海环浅滩也已形成。河口湾出海口门下移至南水岛—三角山岛—大杧岛一线，汇流槽与东槽以东的浅滩统称为东滩；黄茅海西北部已形成大面积浅滩，自大襟岛与大杧岛之间的峡口起，-3m 等深浅向北凸入至独崖山，称大襟岛深槽，此深槽超过中滩连接汇流深槽，统称西槽；汇流深槽与西槽以西为西滩；东槽与西槽之间的浅滩为中滩。

1936~1964 年间，由于虎跳门和崖门下泄水流所挟带的泥沙不断在黄茅海淤积，西槽向南退缩，-5m 等深线南移至大襟岛与荷包岛之间，-10m 等深线外移至荷包岛以南，-2m 等深线面积扩大，中滩面积增加，深槽宽度减小，西槽呈萎缩趋势；东槽的三角山岛深槽，受口外沿岸流输沙的影响，-5m 等深线南退 7.5km，至达高栏岛—荷包岛一线附近，仅在三角山与大杧岛之间留有深潭（见图 11-9）。

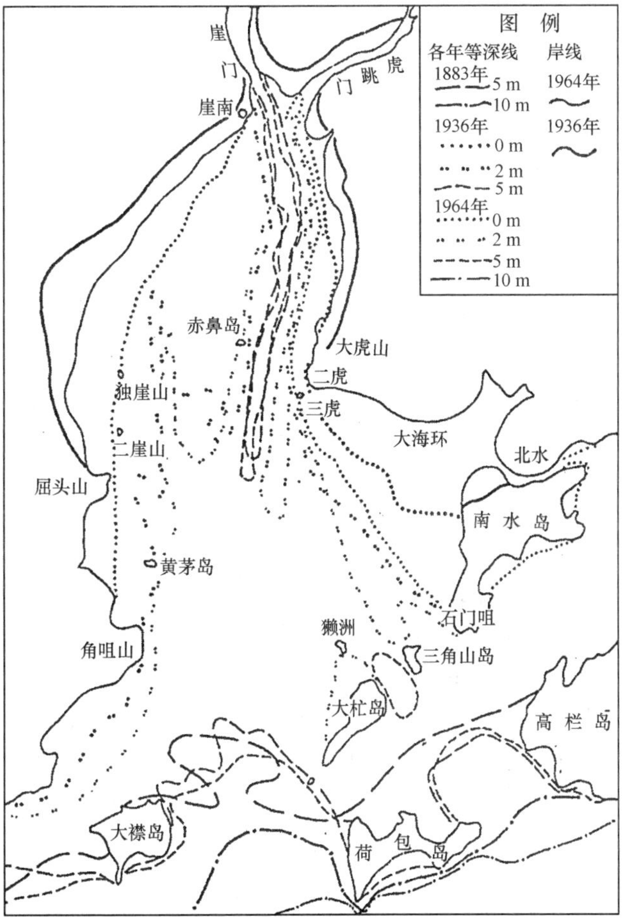

图 11-9　1883~1964 年黄茅海地形对比

1964～1977年、1989年、2003年，不同等深线变化分别见图11－10、图11－11。由图可见，黄茅海深槽平面位置变化不大，相对较为稳定。但西槽－5m等深线则不断向南退缩，东槽－5m等深线则不断向上游方向延伸，而汇流深槽－5m等深线则向下游发展。深槽间－5m等深线被中滩切断，水深普遍较浅，为拦门沙体中的黄茅浅滩（见图11－10）。

西滩－2m等深浅向东发展，西滩淤积呈东南扩展趋势；东滩从虎跳门出口至虎山段－3m等深线平面变化不大，原来的大海环浅滩已淤积为顺直边滩，具有向西南方向扩展的趋势（见图11－11）。

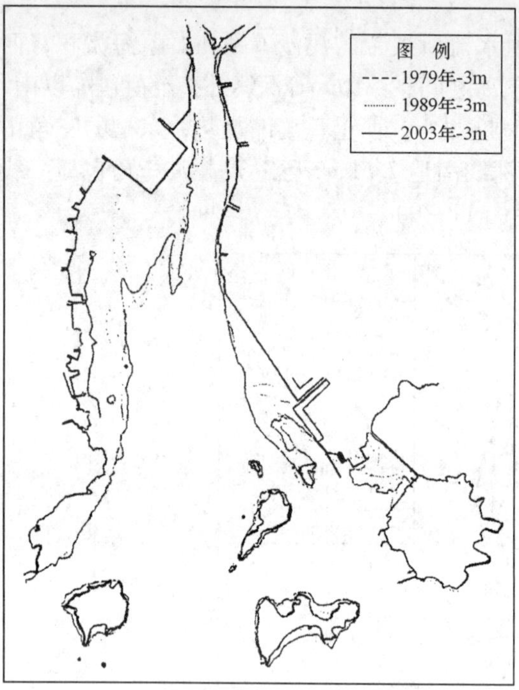

图11－10　黄茅海不同年代等深线平面变化图

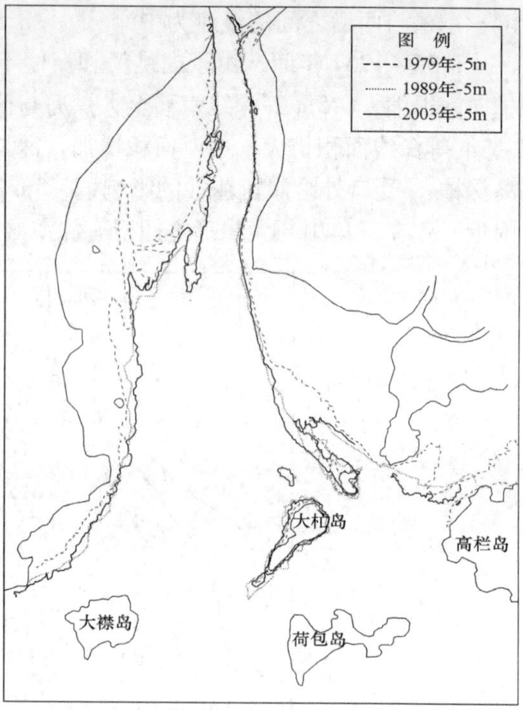

图11－11　黄茅海不同年代等深线平面变化图

2. 海床的冲淤分析

据1938～1940年和1977年海图对比❶，黄茅海海床38年间淤积量达2800万m^3，年平均淤积量为737万m^3，淤积速率为1.38cm/a，1977～1989年淤积率为1.28cm/a，1989～2003年对比，淤积率为1.4cm/a。与珠江口其他口门海湾淤积速率比较，内伶仃洋1954～1975年的淤积量约为2000万m^3，淤积率为2.0cm/a；磨刀门1964～1977年淤积量约为450万m^3，淤积率为2.5cm/a；鸡啼门1964～1977年淤积量约为160万m^3，淤积率为1.5cm/a。可见黄茅海的淤积速率是较小的，这与径流输沙较少、潮流作用较强有关。但由于海区不同区域所处的边界、动力环境的及泥沙来源的差异，因而不同区域的冲淤强度有所不同[2]、❷［见图11－12（a）、（b）、（c）］，现分述如下：

❶　河海大学海岸及海洋工程研究所，广东省航道勘测设计科研所，西江崖门出海航道工程可行性研究，1992年1月。
❷　水利部珠江水利科学研究院，珠江河口滩涂资源调查与演变分析，2005年1月。

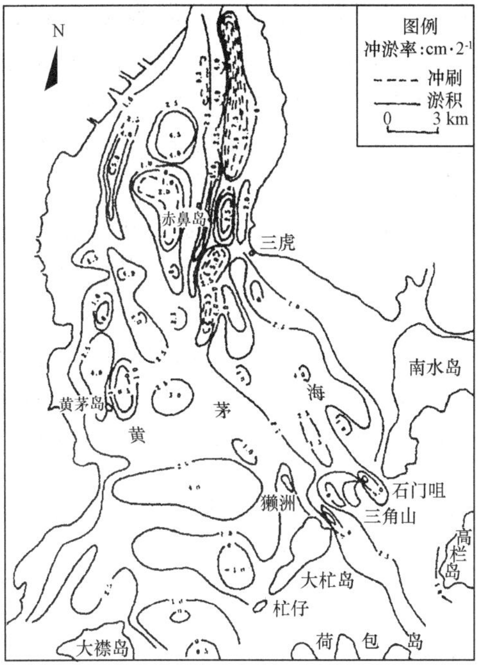

(a) 1939～1977年黄茅海河口湾冲淤率分布图

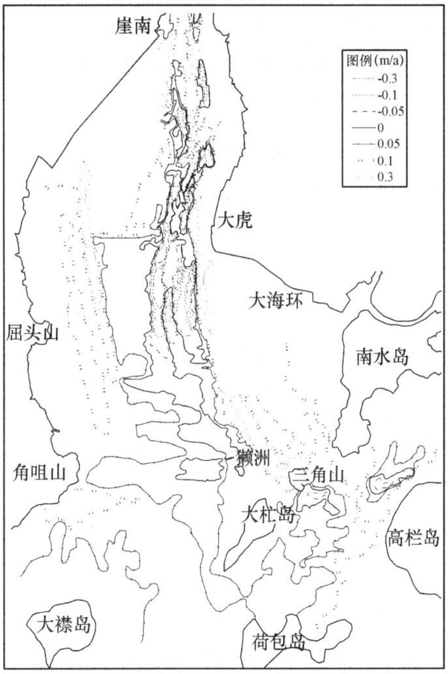

(b) 1977～1989年黄茅海河口湾冲淤率分布图

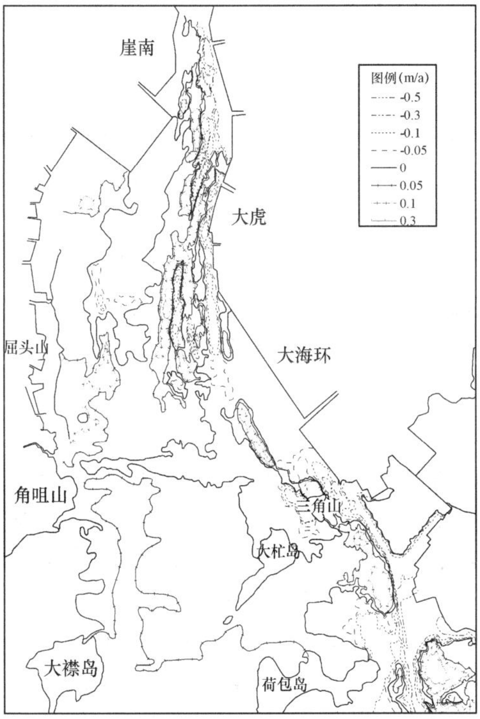

(c) 1989～2003年黄茅海河口湾冲淤率分布图

图 11－12　1989～2003 年黄茅海河口湾分阶段冲淤率分布图

（1）崖门水道与虎跳门水道的汇流深槽，1939～1977 年，－5m 等深线向外推进 87m/a，深槽及东侧滩坡显著冲刷，最大冲刷率为 8cm/a；1977～1989 年间，由于受西滩抛石和东滩围垦的影响，汇流深槽与东侧滩坡冲刷强烈，冲刷率达 4.5～18cm/a，随着西滩的围垦，1989～2003 年汇流深槽冲刷更为强烈，冲刷率达到 21cm/a，局部大于 21cm/a，并表现出深槽东为侵蚀及纵深冲刷的演变过程。

（2）三角山深槽（三角山以西深槽）和石门咀沟槽（三角山以东沟槽）虽然峡口断面狭窄有利于冲刷，但实际上从 1939～1977 年两槽均处于淤积状态，淤积率为 2.5～5.0cm/a，边坡最大达 8cm/a；1977～1989 年，三角山深槽淤积率锐减，甚至冲刷，平均淤积率为 2cm/a，局部达 5cm/a，石门咀沟槽略有缓慢冲刷，冲刷率小于 1cm/a；1989～2003 年，三角山深槽部分区域处于微淤状态，淤积率小于 1.4 cm/a，而近三角山侧则有局部冲刷，冲刷率最大为 7 cm/a，石门咀沟槽上段明显冲刷，冲刷率小于 7 cm/a，局部大于 7cm/a，下段淤积，淤积率小于 3.6 cm/a。

（3）高栏岛—荷包岛之间槽道，1977～1989 年淤积明显，淤积率为 1.7～8.3cm/a，局部大于 8.3cm/a。1989～2003 年，受珠海港深水航道的开挖等人类活动的影响，其水深大于 5m 以上。

（4）西滩在 1939～1977 年 0m 等深线附近淤积率为 1 cm/a，最大淤积率为 5 cm/a；1977～1989年西滩以西槽沟以淤积为主，淤积率为 1.7～8.3 cm/a，而西滩的上部淤积率为4.1 cm/a，中部为 3.8 cm/a，下部为 3.6 cm/a；1989～2003 年，西滩的上部已围垦造陆，淤积较少，淤积率为 0.21 cm/a，中部为 1.1 cm/a，下部（包括西槽沟）淤积率为1 cm/a。

（5）东滩在 1939～1977 年汇流深槽以东上部滩地淤积率为 1～3 cm/a，中部大海环浅滩区淤积率为 1～2.5cm/a，最大淤积率为 5 cm/a；1977～1989 年东滩仍以淤积为主，淤积厚度在 1m 以内，上部平均淤积率为 4.8 cm/a，但边坡局部有扩大性侵蚀，冲刷率高达9 cm/a，中部淤积率为 7.6 cm/a，下部南水—高栏岛之间的岸滩淤积率为 3.4 cm/a；1989～2003 年由于黄茅海围垦规模不断扩大，从 1978～2003 年间在黄茅海西滩围垦造陆为 53.9km^2，东滩为 69.4km^2，致使过水面积减少，水流集中，水动力加强，使深槽向东发展，造成东滩冲刷加剧，上部平均冲刷为 2.1 cm/a，中部冲刷为 0.86 cm/a，下部则淤积 0.86 cm/a。

（6）中滩的拦门沙浅滩区在 1939～1977 年淤积率为 1～2.5cm/a，外坡高达 4 cm/a；1977～1989 年东、西侧和内坡显著冲刷，最大达 4.5cm/a，滩顶和外坡以淤积为主，约为 1～2 cm/a，内坡东槽以淤积为主，平均为 3cm/a，而槽沟则冲淤基本平衡；1989 年后略有淤积，其淤积厚度小于 1cm/a。受汇流深槽流势增强的影响，滞流区的位置比围垦前径流、潮流交汇形成滞流区的位置向南、东南偏移，淤积较多区域位于西滩下部，即黄茅海附近深槽西侧，拦门沙呈缓慢淤积并向外海方向发展的趋势。

3. 黄茅海演变趋势分析

从 1861 年至今的测图对比分析，黄茅海演变特点是东、西两侧滩地淤长，随着围垦工程的实施，尤其是 1989 年以后大规模的围垦工程，使得两侧岸线向外延伸加剧，西滩的崖南镇附近岸线的延伸，起着挑流与导流作用，阻挡下泄水流往西滩输排，浅滩上水流动力减弱，西滩下部淤积增加（包括西槽沟），淤积趋势是向东南方向扩展，由滩地向深槽方向淤积增强。东滩在围垦工程实施前为凹型的弧形边滩，从东槽上溯的涨潮流减弱，形成缓流区，有利于泥沙淤积。但 1990 年以后，南水岛—高栏岛连岛大堤的建成，切断了自鸡啼门下泄直接进入黄茅海区域的水沙，减少了部分泥沙的淤积来源，同时大海环浅滩的围垦由凹型边滩逐渐转变成为平直边滩，加之西滩上部围垦使潮流动力向东偏移，高栏港区主航道的开挖，使其潮流动力增强，在此动力环境及边界条件下，东侧边滩成为潮流的必经路径，因而出现淤积速率减慢，甚至发生冲刷，浅滩发展趋缓。由于上述原因，自 20 世纪 30 年代起，汇流深槽的发展趋势是逐渐缩窄、冲深和向南延伸，而拦门浅滩则以向外淤长为主，整个滩体逐渐南移，东槽（大杧岛与三角山岛之间的深槽）则向上游发展，其走向已与涨潮流方向基本一致，西槽则逐渐退缩，湾口自大虎、三虎一线向南推进到南水岛—三角山—大杧岛一线。根据黄茅海滩槽演变特征与发展趋势，出海航线以选择东槽为宜。

11.2.2　挖槽回淤成果分析

黄茅浅滩是拦门沙体顶部浅滩，不但滩顶水深浅，而且滩长较大，据 1964 ~ 1977 年、1989 年、2003 年实测资料分析，浅于 5m 浅滩的滩长变化范围为 13.81 ~ 16.5km，滩顶水深变化范围为 2.1 ~ 3.1m，是出海航道碍航最严重的浅滩，对其治理是开发深水航道的关键突破口，准确掌握拦门沙疏浚开挖的回淤量和分析航道的稳定性成为一个首先要解决的关键技术问题。为此，广东省航道局在崖门出海航道进行了挖槽回淤试验。

1. 试验性挖槽试验

试验性航槽疏浚工程在三虎南约 4km 下游的拦门沙滩顶附近进行。试挖槽底宽为 60m，设计深度为 4.0m，边坡为 1:6，全长为 7.4km，与上、下游 -4.0m 等深线相衔接。挖槽起点为 N22°00′35″、N113°05′17″，走向为东南向（方向角为 141.4°），至 N21°57′44″、E113°08′00″，航槽从 1990 年 9 月 1 日动工开挖，10 月 7 日竣工，在试挖槽竣工后的 1 个水文年内，对其进行 4 次水深测量，其成果见表 11 - 13。该成果经历了枯水、洪水与台风季节，其中洪水径流与往年相比略偏低，但较集中，台风频率与往年持平，但强度较高，1991 年第 8 号台风（1991.7.25）对黄茅海影响时出现最大风速为 32m/s，该最大风速的重现期为 5.6 年。

从观测成果分析，经 1 个水文年洪水、枯水期和台风暴潮的影响，试挖槽具有洪淤枯冲的特性，淤积大于冲刷，年回淤厚度为 0.59m。由柱状采样结果表明：1990 年 10 月至 1991 年 6 月平均淤厚为 0.54m；1991 年 6 ~ 8 月平均淤厚为 0.41m；1991 年 10 月平均冲厚为 0.23m。扣除冲刷及 1990 年 10 ~ 12 月槽底冲深 0.15m 后，年均淤厚为 0.62m。上述水深测量与柱状取样所得结果基本吻合。

与竣工图比较，试挖槽走向不变，受台风影响槽口东移，南北段断面由 U 形变为弯月形，槽肩东、西边滩普遍冲刷，增深 0.2 ~ 0.5m，为此槽长为 6.8km，缩短了 0.6km，顶宽增大 0 ~ 20cm。但横断面形态仍然轮廓清晰，全线槽型稳定。

表 11－13　　7.4km 试挖槽冲淤情况

时间段	测次	一般水深（m）	平均水深（m）	最大水深（m）	冲淤幅度（m）	槽长（km）
1990.10～1991.10	1990.10 竣工	4.5～4.7	4.47	5.0～5.2		7.4
	1997.12.14～12.20	4.0～4.3	4.62	4.4～4.5	－0.15	7.4
	1991.6.8～6.30	3.6～3.7	4.13	3.8～3.9	0.49	7.4
	1991.8.21～8.26	3.8～3.9	3.74	4.0～4.2	0.39	6.8
	1991.10.22～11.4		3.88		－0.14	6.8
	全年				0.59	
1991.10～1992.10					0.17	

2.3000 吨级挖槽回淤成果分析

1994 年 10 月广东省航道局曾对出海航道全线疏浚，全长约为 40.7km，设计水深为 6m，设计底宽为 80m，挖槽边坡为 1:6，疏浚土方量为 670 万 m^3，于 1995 年 7 月竣工，图 11－13 为航道竣工和 1996 年 5 月航道测图水深沿程变化的比较，由图可见，在挖槽 10 个月期间内，经历洪水期与枯水期，以及 3 场台风如 9505 号（1995.8.12）台风（极大风速为 18.8m/s，最大风速为 9.3m/s）、9508 号（1995.8.27）台风（极大风速为 20.6m/s，最大风速为 13m/s）、9515 号（1995.10.3）台风（极大风速为 25.4m/s，最大风速为 16.7m/s）等的影响，航槽北 C 点至 E 点长 16km 的区段，水深变化不明显或略有冲刷；B 点至 C 点长 5.9km 的区段略有淤积；A 点至 B 点长 18.8km 的区段处于拦门沙部位，最大淤积达 1.7m，平均淤积 0.73m，月平均淤积 0.073m，折算出年均淤积 0.88m。

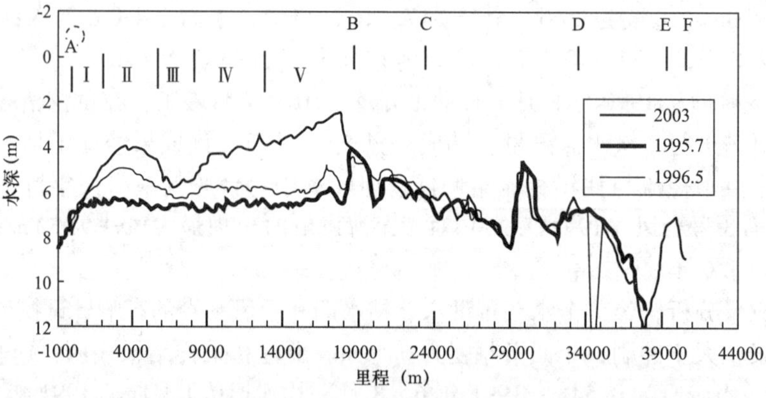

图 11－13　崖门出海航道 1995 年疏浚后航槽位置床面沿程变化及概化

根据 A～B 区段的回淤与航槽增深情况，分为 5 个区段统计回淤成果如表 11－14 所示，可见回淤严重的部位在Ⅱ段及其紧邻以下各段，位于毗邻高栏港区，可能由于在此期间由于高栏港区的电厂码头、港池航道基建开挖施工，以及由于吹填围垦未完成，改在大杧岛海域抛泥的影响有关。

表 11－14　A～B 区段航槽回淤情况

计算段	Ⅰ	Ⅱ	Ⅲ	Ⅳ	Ⅴ
实测淤厚（m）	0.50	1.27	0.55	0.77	0.59
增　深（m）	0.50	2.27	1.14	2.09	2.97

1995 年 7 月竣工的 3000 吨级航道，一直未进行维护，到 1999 年底拦门沙浅滩上水深变浅很大，但拦门沙上航槽仍存在，至 2003 年基本淤平，而在航道北 B～E 区段则仍处于冲淤平衡状态。

由上述可见，通过疏浚手段开挖二次不同深度槽道的回淤成果表明：1990 年试挖槽后年均淤积为 0.59m，第 2 年回淤强度约为 0.20m；1995 年 7 月竣工的 3000 吨级航槽，平均回淤强度为 0.73m/a，淤积量为 136 万 m^3，折算年均回淤约为 0.88m。后者大于试挖槽的淤积强度的主要原因不仅是受 3 次台风的影响，而且与高栏港电厂码头、航道基建疏浚和在附近乱抛疏浚弃土的影响有关。可见总体回淤量不大，靠疏浚尚能维持航道的正常通航。

11.2.3　崖门出海航道回淤预测与比较

1. 航道布置方案

崖门出海航道上口分别由崖门、虎跳门水道汇流入海。其中虎跳门水道的规划等级为 3000 吨级海轮航道，其上游西江为不大于 3000 吨级海轮可通过虎跳门水道及崖门出海航道出海；崖门水道内的银洲湖区港口目前为 1000～5000 吨级船舶可通过崖门及崖门出海航道出海。根据银洲湖区自然条件已完全具备兴建万吨级以上港口的建设条件，因此，崖门出海航道由目前的 3000 吨级航道，通过整治提高至全潮通航 5000 吨级船舶、乘潮通航 10000 吨级船泊，即可为银洲湖港区或中转服务。

根据黄茅海水下地形呈两槽三滩之势，其中两槽即指大杧岛与三角山之间的东槽和大襟岛与大杧岛之间的西槽。两槽上端与汇流深槽相连。因此，崖门出海航道平面布置有东线、西线，即东航道和西航道（见图 11－14）两个方案。根据代表船型、航道轴线走向、通航要求及潮流情况，单向通航要求航道宽度为 90m，双向通航要求航道宽度可取 160m，边坡为 1∶8，航道设计深度为 7.7m❶。

2. 方案计算成果分析

根据研究问题的需要，采用二维水沙数学模型进行研究，模型的西边界取在东经 112°55′处，东边界至东经 113°15.5′处，南边界至－30m 等深线，北边界包括崖门和虎跳门。开边界采用潮位控制，初始条件采用流速和潮位为零的条件。整个计算区域采用正交曲线坐标系统进行离散，网格节点数为 200×300＝60000 个，计算网格单元数为 30552 个。最小网格步长为 32.5m，最大网格步长为 687m，计算域包括荷包岛、大襟岛、大杧岛等大小岛屿 12 个。

❶　上海航道勘测设计研究院，崖门 5000 吨级出海航道整治工程可行性研究报告，2003 年 12 月。

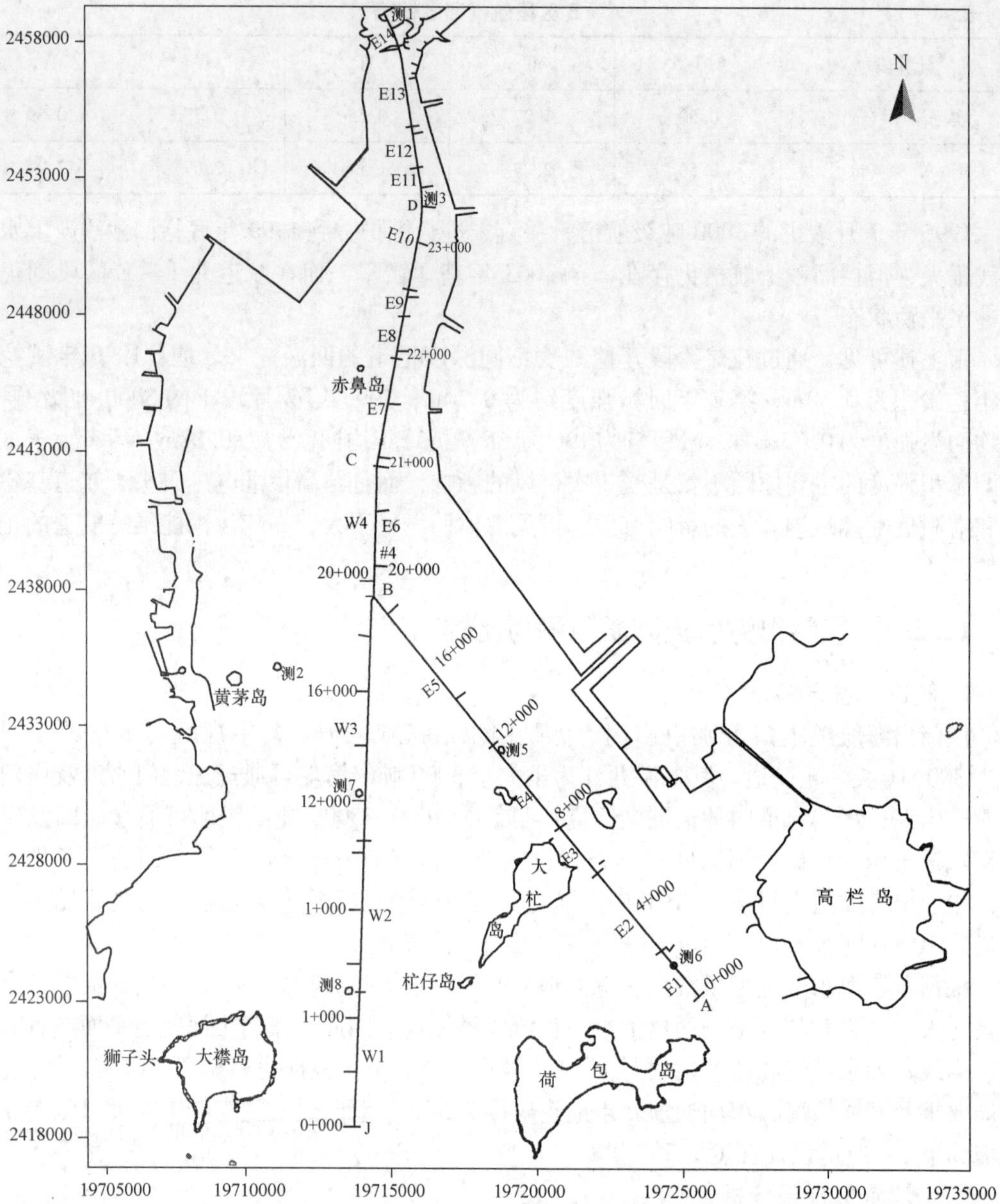

图 11－14　崖门 5000 吨级出海航道平面布置图

模型采用 2003 年水下地形和 2003 年 4 月 18 日 18:00～19 日 22:00 的大潮与 2003 年 4 月 26 日 12:00～27 日 16:00 的小潮实测的 $1^{\#}\sim8^{\#}$ 水文站点（见图 11－15）的潮位、流速、含沙量过程及荷包、虎山潮位站进行验证，计算结果与实测结果相当吻合，无论大潮还是小潮，进入黄茅海的潮波由于受地形和径流的影响，潮波发生变形，涨潮历时缩短，落潮历时延长，其潮差变化也呈由湾口至湾腰沿程递增，再由湾腰向湾顶递减的空间分布趋势，潮流运动形式呈南北向的往复流，但在湾腰以南的拦门沙浅水区，水流分散并形成东、西两条主流带，落潮流速由湾顶向湾口递减，涨潮流速由湾口向湾顶递增，模型的流态也基本相似；对于模型的泥沙运动相似，除了进行实测站悬移质含沙量过程验证外，还根据1995年7月和1996年5月崖门出现海航道沿航道中轴线的水深资料（见图11－13）进行冲淤计算，其中在计算时将2003年5月航道水深用1995年7月的航道水深代替。模型计算结果表明：A、B、C、D、E位置的水深与原型相比较，绝对误差为0.1～0.4m，相对误差为1.1%～6.6%，可见模型基本上达到水流和泥沙运动相似，可用于工程方案的计算分析。

（1）流速变化分析。模型采用实测的2003年大、小潮型计算方案实施后的流速与实施前的流速进行比较，流速增加或减少的百分数见表11－15－1～表11－15－2。由表可见，浚深工程实施后，在大、小潮型计算条件下，无论是单航道还是双航道，其东航道（E_1～E_5）涨潮流速特征值的增幅大于落潮流速特征值的增幅，而西航道（W_1～W_3）与汇流航道（E_6～E_{14}）则为涨潮流速特征值的增幅小于落潮流特征值的增幅；东航道流速特征值普遍呈现大于西航道相应的流速特征值。为此，选择东航道有利于航道的维护。

（2）回淤计算成果分析。航道整治方案的回淤分析❶，据河海大学《崖门5000吨级出海航道整治工程可行性研究阶段数学模型研究》（2003年9月）水沙数学模型专题的成果，对航道方案只计年内一般风浪（指6级以下）对航槽回淤影响的正常年回淤量、一次8级大风作用下的骤淤量、考虑大风（8级大风为黄茅海常见的大风，重现期约为1.7年）影响的常年回淤量（即为上述正常年回淤量与一次8级大风作用的骤淤量之和），以及二碰头（5年一遇东南向大风，风速为31m/s，加之大潮相遇）和三碰头（12级东南风，风速为40m/s，加之大潮、大汛相遇）条件下的骤淤量（见表11－15－3）。

回淤计算成果表明：

1）东航道方案底宽为90m和160m时，常年回淤量分别为163.2万m^3和260.2万m^3，而西航道方案为186.6万m^3和292.6万m^3。可见东航道方案常年回淤量较西航道方案约小23.4万m^3和32.4万m^3，为西航道方案回淤量的12.5%和11.1%。

2）东航道方案底宽为90m时，“二碰头”与“三碰头”的骤淤量分别为75.5万m^3和120.6万m^3，西航道方案骤淤量分别为117.8万m^3和185.5万m^3，东航道方案的骤淤量较西航道方案约小为42.3万m^3与64.5万m^3，为西航道方案骤淤量的35.9%和35.0%；而底宽为160m时，“二碰头”与“三碰头”的骤淤量东航道方案较西航道方案小，分别小64.9万m^3和98万m^3，均为西航道方案骤淤量的55.0%和52.8%。由上可见，东航道方案的骤淤量较西航道方案明显小，是由于西航道滩面广阔，滩顶处流速和水深较小，并与SE强风向有约45°的交角，以及大风浪易造成较大的淤积所致。

从减少航道回淤量出发，东航道方案比西航道方案较佳。

❶ 河海大学海岸及海洋工程研究所，崖门5000吨级出海航道整治工程可行性研究阶段数学模型研究，2003年9月。

表 11-15-1 大潮单、双航道潮流速变化表

点位	工程前涨急流速(m/s)	单航流速变化值(%)	双航流速变化值(%)	工程前涨潮平均流速(m/s)	单航流速变化值(%)	双航流速变化值(%)	工程前落急流速(m/s)	单航流速变化值(%)	双航流速变化值(%)	工程前落潮平均流速(m/s)	单航流速变化值(%)	双航流速变化值(%)
$E_1 \sim E_5$	0.89	0.62	0.23	0.57	0.78	0.26	0.91	0.43	-0.3	0.56	0.02	-0.73
$W_1 \sim W_3$	0.75	0.85	-0.19	0.48	-0.24	-2.44	0.72	4.67	4.13	0.42	0.03	-1.42
$E_6 \sim E_{14}$	1.11	4.92	9.01	0.65	4.79	8.97	0.92	9.6	17.8	0.59	7.77	14.39

表 11-15-2 小潮单、双航道潮流速变化表

点位	工程前涨急流速(m/s)	单航流速变化值(%)	双航流速变化值(%)	工程前涨潮平均流速(m/s)	单航流速变化值(%)	双航流速变化值(%)	工程前落急流速(m/s)	单航流速变化值(%)	双航流速变化值(%)	工程前落潮平均流速(m/s)	单航流速变化值(%)	双航流速变化值(%)
$E_1 \sim E_5$	0.52	-1.79	-3.5	0.27	-1.75	-3.07	0.67	-0.14	-0.84	0.39	0.82	0.41
$W_1 \sim W_3$	0.45	1.07	-0.30	0.26	-0.25	-2.42	0.46	1.79	0.50	0.28	-3.11	-4.12
$E_6 \sim E_{14}$	0.75	5.85	11.79	0.43	5.52	9.48	0.74	6.47	11.86	0.44	3.81	9.27

注 表11-15-1、表11-15-2中$E_1 \sim E_5$为东航道，$W_1 \sim W_3$为西航道，$E_6 \sim E_{14}$为汇流航道；表中-值为流速减小百分数，+值为流速增加百分数。

表 11－15－3　不同工况航道方案回淤量

工况 \ 航段 / 底宽	东航道		西航道		汇流水道	
	90m	160m	90m	160m	90m	160m
正常年回淤量（万 m^3）	113.6	179.4	117.7	182.1	23.5	39.3
一次 8 级大风作用骤淤量（万 m^3）	23.0	36.4	42.3	66.1	3.1	5.1
常年回淤量（万 m^3）	136.6	215.8	160.0	248.2	26.6	44.4
二碰头骤淤量（万 m^3）	60.8	96.1	103.1	161.0	14.7	24.5
三碰头骤淤量（万 m^3）	88.4	139.8	152.5	237.8	23.2	38.9

11.2.4　黄茅海出海航道方案的评价

（1）从黄茅海的演变特征与发展趋势分析，以选择东航道方案为佳。黄茅海海床演变分析表明：西滩淤积增加，并向东南方向扩展；东滩淤积减慢，甚至岸坡发生冲刷；汇流深槽具有向东偏移的趋势；－5m 等深线向下游延伸，槽道有刷深的发展趋势；东槽处于冲刷状况，－5m 等深线不断向上游方向发展，而西槽处于淤积状态，－5m 等深线向南退缩；拦门沙浅滩内坡冲刷、外坡淤积，浅滩长度缩短，整个滩体逐渐南移。据 2003 年测图显示，水深小于 3m，东航道的长度为 1.7km，西航道为 7.7km。从演变特点可见，选择东航道方案较优。

（2）从疏浚挖槽的稳定性与回淤强度分析，选择东航道方案作为深水航道是可行的。通过试验性挖槽和 3000 吨级东航道挖槽回淤观测成果表明，经过约为 1 年的洪水期与枯水期及台风暴潮的考验，挖槽仍保持完整，稳定程度较好，平均淤积厚度小于 0.90m/a，淤积强度较大部位在拦门沙浅滩，总体淤积量不大，靠疏浚能维持航道的正常通航。

（3）从东、西航道回淤预测和比较，选择东航道方案为佳。黄茅海出海航道的东、西航道方案，在底宽为 90m、通航深度为 7.2m 的同一航道尺度，东航道的基建土方量为 1315 万 m^3，比西航道（1421 万 m^3）减少 7.5%；航道的挖槽回淤量的计算成果表明，在同一航道尺度时，东航道方案的常年回淤量为 163.2 万 m^3，西航道方案为 186.6 万 m^3，东航道的“二碰头”骤淤量（75.5 万 m^3）与“三碰头”骤淤量（120.6 万 m^3）明显小于西航道方案，大约为西航道骤淤量的 52% ~55%。为此，从减少基建工程量与航道的维护量角度出发，也应选择东航道方案。

11.3　黄茅海港口建设研究

11.3.1　港区规划概况

高栏港区位于珠江三角洲西部黄茅海湾口东侧，处于珠海市西区的崖门、虎跳门出海口，是 20 世纪 90 年代新开发点建设的深水港区，为珠海港的主体港区，以外贸集装箱和干散货、油气等大宗物资运输为主，相应发展临海工业、仓储、保税业务，逐步成为多功能、综合性的深水港区。根据珠海港总体布局规划❶，高栏港区由南水、南迳湾、黄茅海、荷包岛和蠕蛛等5个作业区组成（见图11－15）。各作业区的布局规划分述如下：

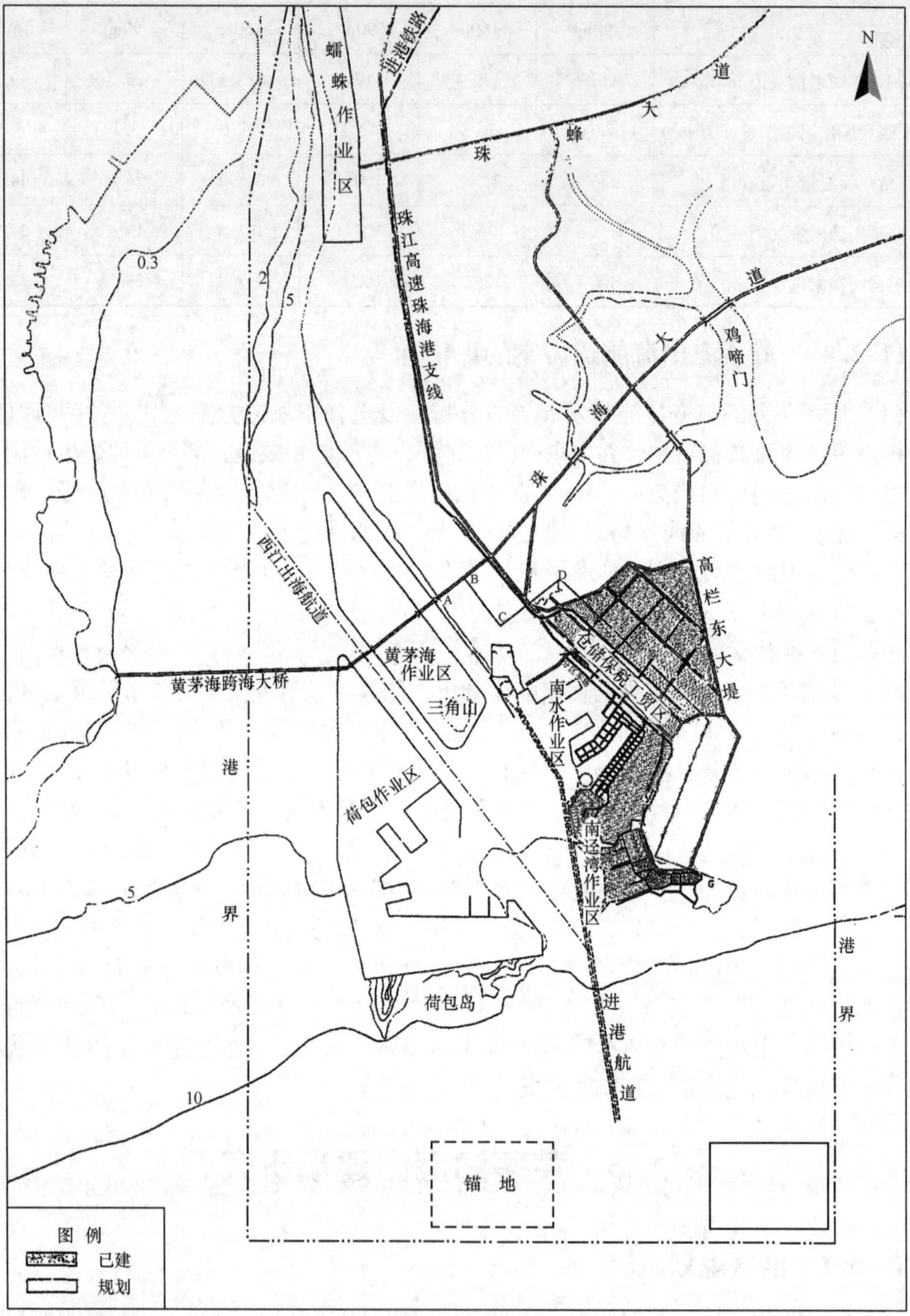

图11－15 高栏港区规划图

❶ 珠江市港务管理局，珠海港总体布局规划，2000年10月。

（1）南水作业区位于南水岛和高栏岛之间的连岛大堤西部，由南、北顺岸岸线与一、二突堤形成三个港池组成，其中一港池与二港池之间的一突堤规划宽度为1000m，为集装箱码头区；二港池与三港池之间的二突堤规划宽度为900m，为集装箱和杂货堆场。

一港池纵深较长，港池布置呈喇叭形，根部宽500m，口门宽1000m，南顺岸长2870m，北侧长2560m，是近期建设的重点，具体规划布局为：南顺岸自杂货泊位向外依次布置2万～3.5万吨级杂货及多用途泊位8个，端部规划5万吨级散化肥泊位和8万吨级散油泊位各1个，堤头布置3000～5000吨级粮食中转泊位2个，根据建设的可操作性，近期集装箱码头可在南顺岸建设，随着集装箱运输的发展及一突堤的形成，今后集装箱码头可调整到一港池的北岸；北岸可布置7个3万～5万吨级集装箱泊位，码头岸线长2220m，陆域纵深600m，集装箱拆装库、铁路、公路及辅助建筑物均布置在本港后方；港池根部布置1000～3000吨级驳船泊位4个，供西江驳船作水中中转作业；支持系统岸线布置3000吨级粮食中转泊位在东南侧，岸线长300m。

二港池宽520m，南、北两侧岸线长分别为1200m和900m，共形成码头岸线2620m，规划为远景预留集装箱码头岸线。

三港池宽为430m，南、北两侧岸线长分别为940m和1900m，共同形成码头岸线长3270m，规划为远景预留杂货码头岸线。

此外，规划在南水—高栏岛连岛大堤以东，再建南水岛东岸—高栏岛东侧的连岛大堤，两堤之间回填33km^{2}陆域，开发港口配套服务设施。

（2）南迳湾作业区北起打浪灭船咀，南至铁炉湾，为危险品、油品和大宗干货中转作业区。危险码头规划在该作业区北部的打浪灭船咀以南，岸线长为820m，拟建4个5万吨级泊位，罐区位于码头后方蒸笼山北侧；南迳湾中部规划为大宗干散货装卸区；油品及化工码头布置在防波堤北侧，岸线长为1200m，可规划建设8万吨级和5000吨级成品油及化工泊位9个；消防船、工作船等港口支持系统岸线安排在该作业区南部顺岸处，规划岸线长为250m。

（3）黄茅海作业区位于南水岛和三角山岛之间的人工回填区，陆域纵深800～1000m，为临海工业区、仓储区、保税区，其作业区为人工形成的矩形港池，南北岸线长23000m，可建港岸线长9000m。

（4）荷包岛作业区为荷包岛、大杧岛、獭洲岛围海造陆约360万m^2，由黄茅海大桥与陆上相通，为石化、重工、修造船等重工业的建设形成的工业港区。该作业区形成码头岸线长14550m，其中大杧岛南岸东部长1500m岸线为造船厂使用岸线，船厂以西长350m作为支持系统岸线，其余岸线为石化工业码头以及油品储存中转码头布置岸线，长度为12700m。

（5）蠕蛛作业区位于大冲口以北与虎跳门口门之间，沿崖门、虎跳门山海航道东岸码头岸线长为11km，其中北部长5km为企业专用码头，南部长6km为公用码头区。港区陆域纵深1.5km，为规划的工业区和仓储区。

（6）航道规划。高栏港区航道包括主航道和通至各作业区的分航道，起步工程的转折点为主航道与分航道的分界点。规划主航道全长12.2km，其中自进港航道口门至南迳湾作业区的转折点长为7.6km、宽210m、底标高－17.2m（以当地理论深度基面起算、下同)，可通航10万吨级大船泊；自南迳湾至南水作业区，长4.6km、宽180m、底标高-14.5m，可通航8万吨级船泊。

各作业区分航道规划为：南迳湾作业区规划最大船型为10万吨级散货船，分航道长1.8km、宽210m、底标高为-17.2m；珠海电厂码头分航道按5万吨级船舶设计，长4.312km、宽160m、底标高-13.4m。

11.3.2 规划方案研究概述

《珠海港总体布局规划》于1995年委托交通部水运规划设计院编制，1997年10月组织规划审查，2000年5月经交通部和广东省人民政府批准实施。在这过程中，对于高栏港区的研究工作分为几个阶段进行。

11.3.2.1 高栏港区起步工程方案的研究

在编制港口总体布局规划的前期，根据高栏港的初步规划确定，起步工程是修建南水至高栏岛的连岛堤，连岛堤西侧是港区，分期建散、杂货和集装箱码头，电厂煤码头建在南水岛端西侧（见图11-16）。为从泥沙淤积角度选择布置方案[3]，根据现场实测的潮流资料和荷包岛的波浪观测资料，通过潮流数值计算和波浪折射、绕射联合运算，求得了潮流流速场及SE、S和SW三个方向的平均波高（$H_{1/10}$）分布场，按交通部《海港水文规范》（JTJ213—98）波浪和潮流综合作用下的水体平均含沙量由下式计算[4]：

$$S = 0.0273\gamma_s \frac{\left(|\vec{V}_1 + \vec{V}_2|\right)^2}{gd} \tag{11-1}$$

式中 $\vec{V_1} = \vec{V_{吹}} + \vec{V_{潮}}$ 为风吹流平均速 $\vec{V_{吹}}$ 和潮流平均流速 $\vec{V_{潮}}$ 之和，在涌浪为主的海域，$V_1 = V_{潮}$；$\vec{V_2} = 0.2\dfrac{H}{d}C$，其中 H，C，d 分别代表波高，波速和水深；γ_s 为泥沙的颗粒容量；S 为水体平均含沙量。

由式（11-1）计算出港区水域内各点的平均含沙量（见图11-17），由图可见含沙量较大的区域在中部，愈向东则含沙量愈小。这一变化特征对于航道的选择有着重要的参考作用；同时根据其含沙量场的变化，以及实测的水下地形、海床表层淤积物的中值粒径和港区航道、港池与泊位的开挖尺度等，采用交通部《海港水文规范》附录N推荐的如下淤泥质海岸航道和港池的淤积强度计算公式计算其回淤强度。

航道淤积按下式计算：

$$\rho = \frac{\omega S_1 t_0}{\gamma_0}\left\{K_1\left[1-\left(\frac{d_1}{d_2}\right)^3\right]\sin\theta + K_2\left[1-\frac{1}{2}\left(\frac{d_1}{d_2}+\frac{d_1^2}{d_2^2}\right)\right]\cos\theta\right\} \tag{11-2}$$

$$\gamma_0 = 1750 d_{50}^{0.183}$$

式中 d_1，d_2 分别为浅滩平均水深和航道平均水深，m；θ 为水流与航道轴线相交的锐角，(°)；ω 为海水中悬浮泥沙的絮凝沉降速度，m/s；S_1 为浅滩水深 d_1 的平均含沙量，kg/m^3；t_0 为淤积时间，s；γ_0为淤积物干容重，kg/m^3；d_{50} 为淤积物中值粒径以mm计；K_1，K_2 分别为横流淤积常数和纵流淤积常数，根据现场资料确定为 $K_1 = 0.35$，$K_2 = 0.13$；ρ 为时间 t_0 内的淤积强度，当 t_0 为1年时，就称年回淤强度，m/a。

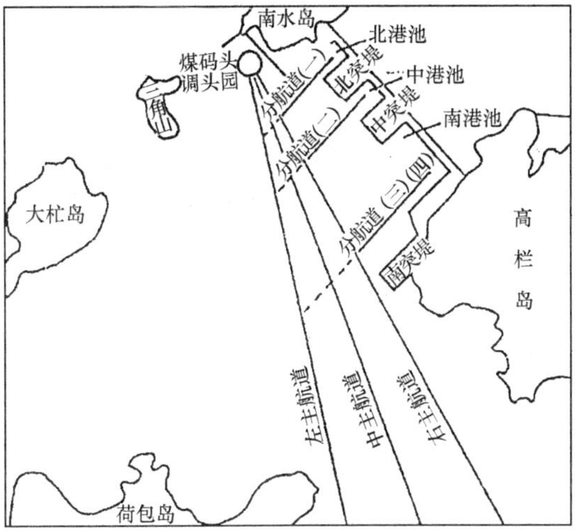

图 11-16　主航道、分航道工程布置示意图

图 11-17　高栏港海区年平均含沙量分布图

港池、泊位的淤积按下式计算：

$$\rho = \frac{K_0 \omega S_1 t_0}{\gamma_0}\left[1 - \left(\frac{d_1}{d_2}\right)^3\right]\exp\left[\frac{1}{2}\left(\frac{A}{A_0}\right)^{1/3}\right] \tag{11-3}$$

式中　d_1 为港池外浅滩的平均水深；d_2 为计算港池淤积时代表港池水深，计算泊位淤积时代表泊位水深；A 为计算港池淤积时是港内水深小于港池水深部分的水域面积；A_0 为港池内总水域面积（包括港池，泊位及水下浅滩）；S_1 为进入港池的港外浑水含沙量；K_0 为等于 0.17 的系数；其他符号意义同前。

计算结果表明[3]：在主航道开挖宽度为 120m 和 140m 的条件下，航道的平均水深为 10.8～13.8m 时，左航道的年平均淤积强度变化为 0.72～0.80m，是右航道的 1.9 倍，中航道年平均淤积强度在左、右航道之间；对于与不同主航道连接的各分航道年平均淤积强度，由于水流与航道轴线交角均大于主航道水流与航道轴线的交角，其淤积强度大于主航道，达到 1.23～1.66m/a，其中淤积强度最大的在港区较大含沙量的中部分航道，淤积强度较小的是中港池与主航道连接的分航道；各分航道与右主航道连接的淤积强度小于与其左主航道连接的分航道，约为 7%～14%；对于不同起步工程方案为：方案 1 为靠南水岛的北突堤北侧，此时凸堤修建 400m 岸线，2 个万吨级泊位，岸线和连岛堤形成的港池与泊位的水域面积分别为 9.6 万 m^2 和 2.0 万 m^2；方案 2 为连岛堤和高栏岛形成的角隅，也是 400m 岸线和 2 个万吨级泊位，港池与泊位水域面积与方案 1 相同，计算结果在港池、泊位水深分别为 11.8m 和 12.8m 时，方案 1 港池、泊位淤积强度分别为 1.23～1.28m/a，均大于方案 2 的淤积强度 1.00～1.02m/a。随着港口全部建成后，原来港池周围的浅滩有的全部挖除，有的部分挖除，这样港内浅滩引起的淤积作用也随之消除或减轻，因而淤积强度也相应降低。方案 1 港池的淤积强度为 0.77m/a，小于方案 2 港池的淤积强度（0.92m/a），但泊位的淤积强度（1.26m/a）仍大于方案 2 的淤积强度（0.98m/a）。

通过港池、航道回淤计算分析，高栏港的淤积问题是存在的，但与国内类似港口相比不算突出。随着港口全部建成，港池、泊位与航道的回淤强度会有所减小，高栏港的建设前景是良好的。

11.3.2.2 高栏港区规划方案的研究

在港口总体布局规划编制期间，1997 年水利部珠江委水利科学研究所受珠海港务局的委托，通过物理模型试验确定既符合黄茅海规划治导线，也能妥善解决对高栏港区总体布局规划要求的最佳建港方案。然后于 2000 年根据确定的优选建港方案进行了悬沙淤积试验研究❶❷。

1. 模型设计、制造和验证

根据模型试验研究的要求，确定模型范围上边界北自崖门口上游 28km 的银州湖天马农场附近汇流口、虎跳门口门上游 20km 的横山、鸡啼门口门上游 33km 的白坭河口；下边界南至 -25m 等深线；东至三灶岛长沙湾；西至铜鼓海以西的鹅头颈。模型平面比尺为 700，垂直比尺为 70。模型东西边界宽为 83m，南北长度为 130m。模型制造采用 1988 ~ 1989 年实测高栏岛—荷包岛—大襟岛上游海区和河道的 1/10000 地形图，口外海区采用 1977 年实测的 1/30000 地形图。

模型试验水文条件如表 11 - 16 所示，模型验证以黄茅海海区实测的中、枯水大潮进行定床验证，其结果表明：模型沿程潮位过程、流速、流向过程均与原型较好地相似，高、低潮位误差值一般为 3 ~ 5cm，流速误差一般在 5% 以内，个别点稍大，模型基本满足阻力和重力相似条件。对于悬沙淤积验证试验，采用 1997 年 4 月珠海电厂航道挖槽实测资料作为验证的依据，挖槽底部高程为 - 14m（原航槽底部高程为 - 4 ~ - 6m）、底宽为 200m、边坡为 1∶10。比较同年 9 月地形测图可知，航槽普遍回淤 0.6m 左右，淤积严重的航道为 0.8 ~ 1.0m。在此期间遭遇两次台风，对开挖航槽后的回淤会产生一定的影响。而水文条件依据 1997 年 4 ~ 9 月马口与三水水文站日平均流量过程线，选择西江和北江各出现一次洪水过程，将两组流量过程线分成 3 个梯级，按相应分流比确定崖门和虎跳门分流量，分级流量施放时间按其占总日数比例确定；下游口外采用 1992 年洪期实测大潮综合潮型控制。验证试验中在三角山的东、西航道上游和高栏西断面下游各布置加沙断面，原型平均含沙量采用 0.2kg/m^3，同时为模拟滩地泥沙输移对航道淤积的影响，在航道附近滩地预铺 2 ~ 3mm 模型沙。模型沙的选择根据海床多次实测表层沉积物的分析，中值粒径在 0.007 ~ 0.024mm 之间，其絮凝当量粒径沉速为 0.05cm/s。在 3 ~ 6m 水深条件下，其起动流速为 0.7 ~ 0.9m/s，要求模型沙的沉降速度为 0.06cm/s（λ_ω = 0.837），起动流速为 8.0 ~ 11.0cm/s（λ_{V_0} = 0.837），选用南京木粉厂生产的 60 ~ 80 目木粉，其沉降速度为 0.055cm/s，起动流速为 5.0 ~ 8.0cm/s，基本满足沉降相似和起动相似要求。经过多次验证试验，最后确定施放 46 个全潮水流，得到含沙量比尺为 0.22，冲淤时间比尺为 637，悬沙淤积成果见图 11 - 18。可见模型淤积量及淤积分布与原型相似，模型总淤积量（189.54 万 m^3）误差为 5.6%，分段淤积误差一般在 5% ~ 20% 以内，最大误差为 24.4%。由上述可见，模型基本上达到了水流和泥沙运动相似性要求。

---

❶ 水利部珠江水利科学研究所，珠海高栏港悬沙淤积试验研究报告，2000 年 6 月。

❷ 水利部珠江水利科学研究所，珠海高栏港区建港规划影响物理模型试验研究报告，1998 年 9 月。

表 11－16　**模型试验条件**

水文组合	上游径流量（m^3/s）			潮差（m）
	崖门	虎跳门	鸡啼	荷包西
枯水大潮（1992.11.16）	220	111	144	1.80
中水大潮（1992.7.14）	2565	1290	1674	2.36
洪水大潮（1968.6.27）	6096	2896	3736	2.89

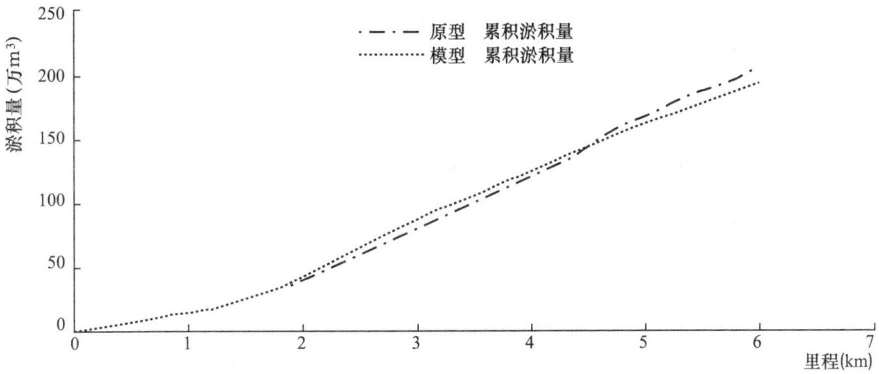

图 11－18　地形验证试验沿程淤积量分布图

2. 工程方案比选试验

工程方案以《珠海港总体布局规划》所拟定的珠海港高栏港区规划方案为基础（见图 11－18）。该方案封堵大杧岛—荷包岛峡口，实施大杧岛大围和三角山大围垦工程：大杧岛以北围填延伸 4.6km 左右，三角山沿西北向上游围填到 11km 左右。三角山东航槽宽 700m，开挖水深为 10.7m，三角山西航槽宽 1000m，开挖水深为 8.0m（简称为方案 1）；方案 2 工程布置同方案 1，但封堵三角山东航槽，港池长度为 4500m；方案 3 为三角山东、西航槽宽度和开挖深度同方案 1，但对大杧岛和三角山岛实施小围填工程，即大杧岛以北围填延伸 3km 左右，三角山沿西北向上游围填 3km 左右，三虎附近东部岸线向东移（见图 11－19）。

试验成果表明：在现状边界条件下，方案 2 封堵大杧岛—荷包岛峡口，实施大杧岛与三角山岛大围填工程的同时，又封堵三角山东航道，加之受高栏西口门 1.4km 长的防波堤的影响，方案 2 工程实施后，上游口门黄冲站与西炮台站高潮位降幅和低潮位的增幅都较大。中水、枯水时，高潮位的降低幅度为 4～9cm，低潮位的抬高值幅度为 5～10cm，高栏西口门在中水时落潮平均流速减小 0.04～0.06m/s，涨落潮平均流速减小 0.05～0.10m/s。治导线加方案 2 实施后，中水、枯水时，高潮位降低 9～17cm，低潮位抬高值 2～5cm，涨潮、落潮流速进一步减小，在中水条件下黄冲站与西炮台部涨潮量分别减少 23.2% 和 32.5%，落潮量分别减少 6.2% 和 5.1%，而高栏西口门涨潮、落潮量分别减少 45.1% 与 26.5%。方案 1 涨潮、落潮量减少值较方案 2 略小，高、低潮位的变化值与方案 2 差异不大。方案 3 由于大杧岛与三角山岛实施小围，约为 38.3 km^2，其围填面积约为方案1和方案2的围填面积的62.9%，在现状条件下，工程后潮位影响值较小。中水、枯水时，高潮位降低值为3～8cm，低潮位变化不明显。高栏西口门在中水时，落潮平均流速减小0.02～0.06m/s，涨潮平均流速减小0.04～0.05m/s。治导线加方案3实施后，中水、枯水时，上游口门的高潮位降低值为10～13cm，低潮位抬高值为1～4cm。涨潮、落潮流速在中水时减小约为0.01～0.02m/s。黄金站和西炮台站相应涨潮、落潮量减少13.1%与18.5%和4.2%与3.2%。高栏西口门在中水时，涨潮、落潮流速减小约为0.02～0.07m/s，涨潮、落潮量则分别减少20.8%和1.5%。

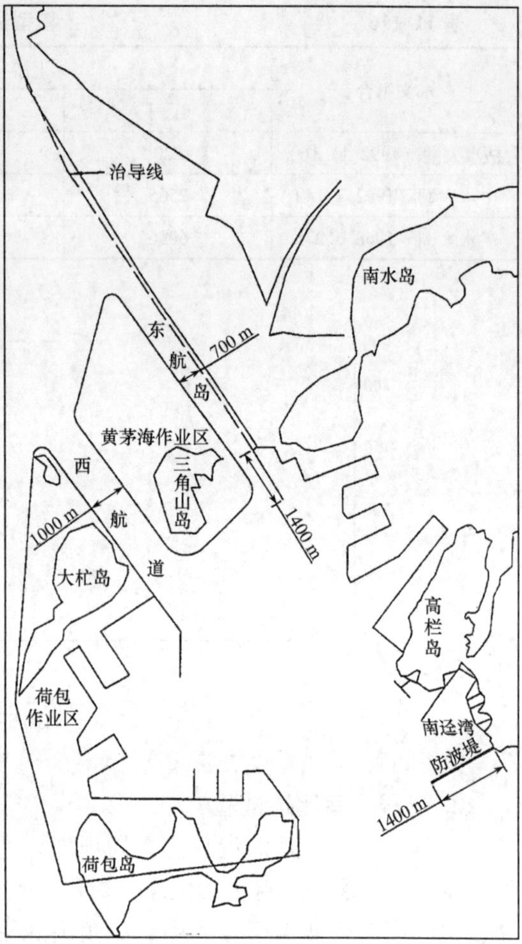

图11－19　模型试验规划方案1示意图

根据模型试验工程方案实施前后潮位、流速和涨潮、落潮量的变化，以及工程对流态的影响分析，结合黄茅海治导线规划的综合考虑，方案3的岸线与黄茅海治导线规划比较协调，高栏港区规划方案的优选以方案3为基础，针对方案3的存在问题，对优选方案采取以下改进措施：

（1）缩小三角山头部围填范围，改变头部和尾部形状，以便改善东、西航槽进、出口水流条件；围填头部左侧缩短3.5km，右侧缩短1.5km，头、尾部改成规划的圆弧形。调整后三角山的围填面积与方案3比较减少36%。

（2）消除三角山东槽出口丁坝挑流的影响，在丁坝坝头部位沿防波堤方向向上游延伸，修改三角山围填尾部左侧岸线，使其与防波堤平行，保持堤距700mm。

（3）为增加三角山西槽涨、落潮量，将西槽宽度从1000m拓宽至1200m。

优选方案工程布置见图11－20。

3. 优选方案试验

（1）定床试验结果表明：优选方案工程后，三角山围填头部回流范围减小，东、西航道进、出口水流平顺，高栏港荷包港区和南水港区主航道轴线方向基本上与涨潮、落潮流方向一致，流态比较平稳，上游口门高潮位在洪水时降幅为2～3cm，中水、枯水时高潮位降幅为2～5cm，低潮位变化不明显，但在湾腰至下游口门高、低潮位降幅一般为3～4cm，最大降幅为5～7cm。涨潮、落潮流速从上游口门至下游口门区，除东航道外，都有所减小，上游口门落潮平均流速减小0.02～0.04m/s，涨潮平均流速减小0.03～0.06m/s；下游口门落潮平均流速减小0.01～0.03m/s，涨潮平均流速减小0.01～0.06m/s；流速减小幅度较大为西航道，落潮平均流速减小 0.09～0.18m/s，涨潮平均流速减小 0.06～0.17m/s；而东航道落潮平均流速增大 0.11～0.17m/s，涨潮平均流速增大 0.06～0.08m/s。潮量的变化与流速变化相对应，主要影响在高栏西口门和高栏港区，越向上游影响越小，在中水、枯水期，上游口门黄金站与西炮台站落潮量减少 3.0%～11.0%，涨潮量减少 10.0%～13.8%；下口门高栏西断面落潮量增加 2.5%～3.8%，涨潮量则减少 18.2%～21.5%；东航道涨潮、落潮量增加，而西航道则减少，二者综合结果，东、西航道减少 10.7%～13.0%；荷包西口门涨潮、落潮量稍为减少约 0.9%～1.5%。

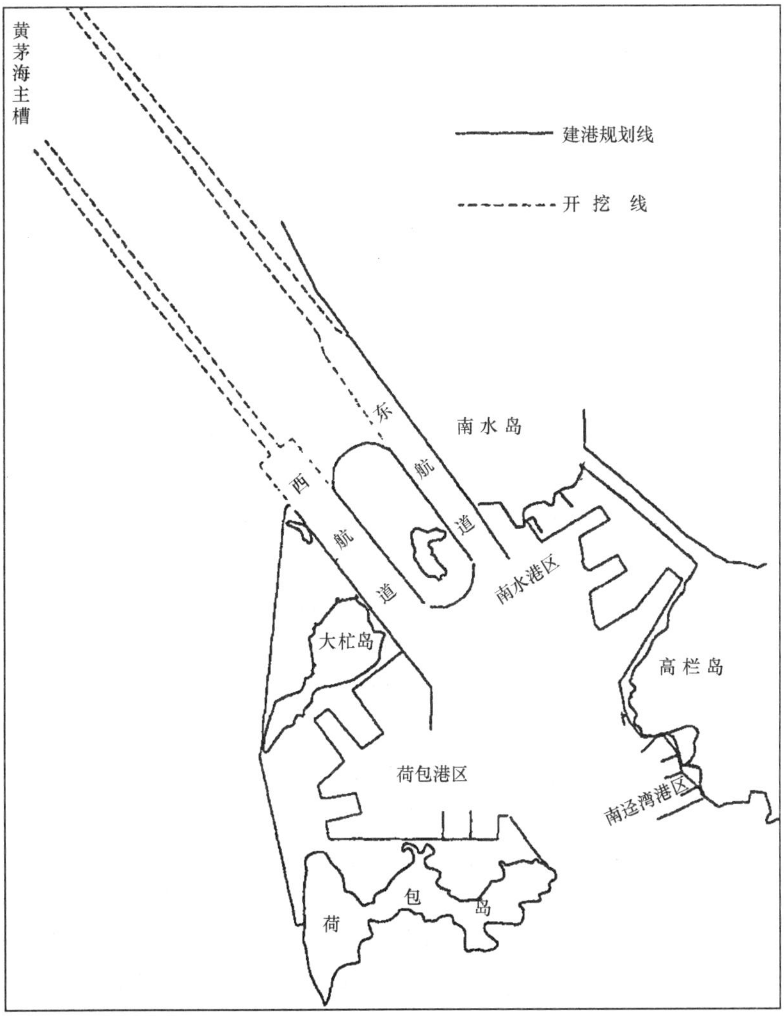

图 11－20　珠海港优选建港方案平面布置图

涨潮、落潮量的减少，除了治导线与港区围填造陆减少了纳潮容积之外，更重要的原因是由于防浪和港口掩护的需要，在高栏岛和荷包岛之间口门外，建有 1.4km 长的防波堤，约占高栏西口门宽度的 30%。在优选方案的建港条件下，对比有、无防波堤进行试验结果表明，建防波堤后，高栏西口门右侧涨潮、落潮流速稍有增大，左侧则明显减小，口门涨潮、落潮量在枯水时减少10%，中水时减少8%；西航道在枯水、中水时，涨潮、落潮量分别减少6%和7%，东航道分别减少9%与11%。港区的疏浚扩宽使其涨潮、落潮量增加。西航道扩宽前后试验成果对比分析表明，扩宽后的西航道涨潮、落潮流速都有所增大，在中水、枯水时，涨潮、落潮流速增大约4%～7%，与此同时，高栏西断面涨潮、落潮量增加2%～5%；为了对比港区开挖深度对涨潮、落潮量的影响，在优选方案条件下，南迳湾港区水深从19.3m改为15.5m，其他港区水深从14.0m改为10.0m，纳潮容积减少，经计算，高栏港区开挖深度减少后，口门过水面积减少12.6%，试验成果表明，高栏西口门涨潮、落潮量在中水时分别减少18.1%和16.2%，西航道减少6%～7%，东航道减少11%～13%。港区开挖深度对涨潮、落潮量的影响是显著的，建港方案港区开挖水深不宜过小。由上述可见，港区的围填使其涨潮、落潮量减少，港区的疏浚、扩宽使其涨潮、落潮量增加，港区涨潮、落潮量的减少程度决定于两者综合作用的结果。

（2）悬沙淤积模型试验表明，高栏港区淤积分布以航道淤积较多，港池淤积较少；南水港区淤积较多，荷包港区淤积较少。南水港区主航道平均淤积强度为1.4～1.8m/a，其中主航道上半段淤积强度为1.6～1.8m/a，下半段淤积强度为1.2～1.4m/a，港池平均淤积强度为1.2～1.6m/a；荷包港区主航道平均淤积强度为1.2～1.6m/a，港池淤积强度为0.8～1.0m/a；西航道比东航道淤积稍多，分别为1.8m/a和1.6m/a；南迳湾出口航道淤积强度最大，为1.8～2.0m/a。由上述淤积结果可见，港区淤积分布主要与开挖深度有关，而建港前后涨潮、落潮流速和流向变化也是影响港区淤积的重要因素。南水港区由工程前的3～5m水深挖深到14m，且主航道与出口航道有一定交角，因而淤积强度较大；南迳湾出口航道与水流交角较大，特别是出口航道轴线与涨潮流向几乎成直角相交，因而淤积强度最大；荷包港区主航道挖深较小，且航道顺直，涨潮、落潮流路比较顺畅，因而淤积强度相对较少。三角山东航道从3.0m水深挖深至10.7m，而三角山西航道从4.0m水深挖至8.0m，挖深较小，但西航道淤积强度大于东航道，其主要原因是由于工程后东航道涨潮、落潮流速都有所增大，而西航道涨潮、落潮流速都明显减小所致。此外，悬沙淤积试验是在实测挖槽回淤资料验证基础上进行的，该回淤资料遭遇过两次台风的作用，因此，试验结果实际上反映了原型风浪掀沙因素的影响。

综上所述，高栏港优选建港方案的港区水流条件较好，航道进、出口水流平顺，流态较好，淤积量不太大，依靠疏浚尚能维持通航水深，且建港方案对上游泄洪和潮排、潮灌的潮位影响较小。港区东部岸线布置都在治导线范围以内，既能满足港区规划建设要求，又有利于黄茅海海区的综合治理和开发，因而是较为合理的规划建港方案。但建港后涨潮量减少比较明显，尤其是西航道涨、落潮量减少较大，为了维护黄茅海潮汐通道的稳定和减少港口航道的维护量，建议以优选方案为基础，尽量减少三角山和大杧岛的围填范围，在建港初期，不进行围填工程实施，对两岛围填工程的可行性还应进一步进行深入的研究和论证。

11.3.2.3 高栏港区规划调整后方案试验研究

珠海港总体布局规划的编制并批准实施后，高栏港区已建成具有一定规模的港口，对港区的建设起着促进与指导作用。但随着珠江河口西部地区经济的发展，港区的建设规模、发展规划及货运量的预测需进行相应修改，崖门出海航道从3000吨级提高为5000吨级的整治工程规划。2005 年以来，珠江水利科学研究院受珠海市港务局的委托。承担了《珠海高栏港区规划防洪评论的研究》，《珠海高栏港区南迳湾和南水作业区规划方案回淤问题专项研究》与《珠海高栏港区减少工程措施研究》等多个项目。上述研究均以以往研究成果为基础，采用实测资料及遥感技术应用分析、数学模型和物理模型试验等多种手段综合论证高栏港区规划对防洪、纳潮、潮排、潮灌、河势稳定、堤防安全等方面的影响，研究港区规划方案实施后对已建港口、航道、港池的回淤强度。通过研究确定既能满足黄茅海上游防洪的要求，又能满足对高栏深水港区总体布局规划要求的最佳规划方案。

1. 调整后高栏港区规划

高栏港区规划依据 2005 年修改的《珠海港总体布局规划》，高栏港为珠海港的主体和综合性枢纽港区，以油气化工品和干散货等大宗物资运输为主，积极发展集装箱运输，重点建设大型专业化深水码头，并为临港工业、物流园区的发展服务。港区规划除原有 5 个作业区外，增加鸡啼门作业区。高栏港区规划与其原港区规划比较，改变较大的作业区为：

（1）南水作业区改为由 2 个港池、1 个长突堤和 2 段顺岸岸线组成［见图 11－21（a）］。一港池纵深较长，两侧码头前沿线相平行，规划为集装箱码头岸线，其中南顺岸为近期建设重点。考虑到大型集装箱船舶掉头的实际需要，港池宽度为 880m。该港池共形成码头岸线长 6577m，其中南顺码头岸线长 3007m，港池根部码头岸线长 880m，北侧码头岸线长 3690m。具体布置如下：

南顺岸全部为集装箱泊位，从现有 2 个万吨级集装箱码头向西布置 5 万～10 万吨级集装箱泊位 6 个，陆域纵深 450～800m；港池根部规划为 1000 吨级集装箱泊位，港池北侧岸线规划 10 万吨级集装箱泊位 7 个，该段岸线位于宽 1400m 的长突堤上，其中集装箱堆场占用陆域纵深为 800m。

二港池南侧岸线即长突堤的北侧部分，长度为 2214m，港池根部岸线长为 272m，港池北侧岸线长度为 1800m。港池北侧为大宗散货作业区，以接卸矿石、煤炭等散货为主，自西向东依次布置 3 个大型干散货泊位、2 个深水通用泊位，码头前沿线距钢厂南侧边界为 480m；港池根部即东侧布置 2 个通用泊位；南侧岸线从港池根部开始向西顺序布置 8 个 1 万～10 万吨级深水通用泊位，陆域纵深 600m。今后根据高栏港区南水作业区向珠江三角洲地区中转运输的需要，二港池根部留有小船港池建设以及安排支持系统岸线的可能。

在上述平面布置的前提下，将钢厂现有的两个 5000 吨级原料泊位改造为非金属矿石泊位，同时在现有泊位向南顺序布置 5000 吨级泊位、10000 吨级泊位各 1 个，形成主要为钢厂服务的非金属矿石作业区，规划岸线长度为 620m。

（2）航道规划。高栏港区进港航道考虑 15 万吨级散货船和 10 万吨级集装箱船不乘潮进港，规划航道尺度为宽 210m、底标高－18m，航道轴线方位为 350°～170°。进入各作业区支航道根据相应船型浚深：南水作业区一港池主要是 10 万吨级集装箱码头，港池水深 16m，支航道为宽 200m，水深 16m；二港池主要为 15 万吨级散货码头，港池水深 18m，支航道为宽 240m，水深 18m；珠海电厂港池水深为 13.4m，支航道为宽 160m，水深为13.4m。南迳湾作业区主要为5万~8万吨级油气化工码头，港池水深为16m，支航道为宽190m，水深16m。黄茅海作业区为远期预留的江海联运作业区，东侧规划布置2万吨级泊位，支航道为宽90m。水深9m。荷包岛作业区主要为石化码头和修船厂，在三角山以下，按照10万~15万吨级航道考虑，航道为宽210m，水深18m，三角山以上为5万吨级航道，宽为160m，水深为13.4m。雷蛛作业区远期规划主要是按5万吨级泊位布置，航道为宽160m，水深13.4m。

2. 高栏港区规划方案研究

（1）规划方案简述。根据珠海港总体布局规划及高栏港区已有研究成果，提出高栏港区规划工程方案如下：

规划方案1是以《珠海港总体布局规划》所拟定的高栏港区规划方案的基础上［见图11-21（a）］，以不超越治导线为原则，引进局部岸线调整的方案，该方案围填面积为60.9km^2，占黄茅海水域面积（上边界为官冲与西炮台，下边界为高栏西、荷包西、大襟西）的11.8%。

规划方案2是1998~2000年珠江委水利科学研究所在“珠海高栏港建港规划影响物理模型试验研究报告”中提出的珠海港优选建港方案［见图11-21（b）］；此方案与规划方案1均封堵大杧岛—荷包岛之间的峡口，差异之处在于对大杧岛与三角山围垦的规模，规划方案1在大杧岛以北围填延伸至4.6 km，方案2围填至3km左右；方案1中三角山沿西北向上围填至11km，而方案2围垦至3km左右，并将围填的头、尾部由折线型改为圆弧形，方案2的围填面积为38.3km^2，占黄茅海水域面积的7.5%。

规划方案3是在规划方案2的基础上，从理顺三角山上、下游掩护区的流态，并兼顾港区规划的跨海大桥桥墩位置的调整而优化成的方案，与其规划方案2不同之处在于三角山沿西北向上围填到1.6km^{2}左右，同时沿东南向下围填到2.5 km左右［见图11-21（c）］。方案3的围填面积为36.6km^2，占黄茅海水域面积的7.1%。

规划方案4是在规划方案3的基础上，对三角山不进行围填。方案4的围填面积为33.2km^2，占黄茅海水域面积的6.4%。

规划方案5是在规划方案4的基础上，对大杧岛—荷包岛之间的峡口不完全封堵［见图11-21（d）］。方案5的围填面积为30.0km^2，占黄茅海水域面积的5.8%。

（2）模型的建立与验证。

1）数学模型的建立与验证。高栏港区规划工程位于黄茅海水域，工程方案所占水域的面积在5.8%~11.8%之间，其工程对潮位、潮量以及水动力的影响不仅涉及黄茅海海区，而且可能影响到珠江三角洲网河区。因此，工程方案的论证采用珠江三角洲及黄茅海海区一、二维联解整体潮流数学模型。模型的建立详见第7章7.1节。在计算中，一维数学模型的上边界为马口（西江干流）、三水（北江干流）、老鸦岗（广州水道）、麒麟嘴（增江）、博罗（东江）、石嘴（潭江）等水文站，下边界为大虎（虎门）、南沙（蕉门）、冯马庙（洪奇门）、横门（横门）、灯笼山（磨刀门）、黄金（鸡啼门）、西炮台（虎跳门）及官冲（崖门）等潮位站；模型在东江采用1997年与1998年测量的1:5000河道地形资料，狮子洋采用1995年测量的1:10000河道地形资料，其余采用1999年珠江三角洲1:5000河道地形资料，计算河道总长度为1630km，计算断面为3511个，计算河段为333

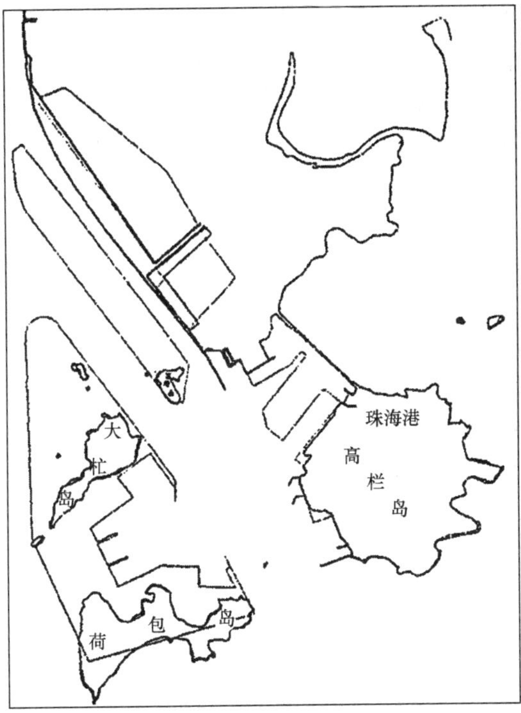

(a) 规划方案 1

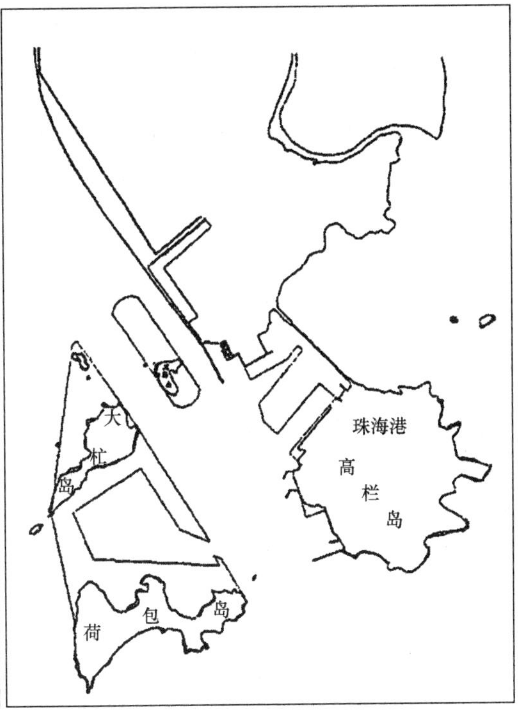

(b) 规划方案 2

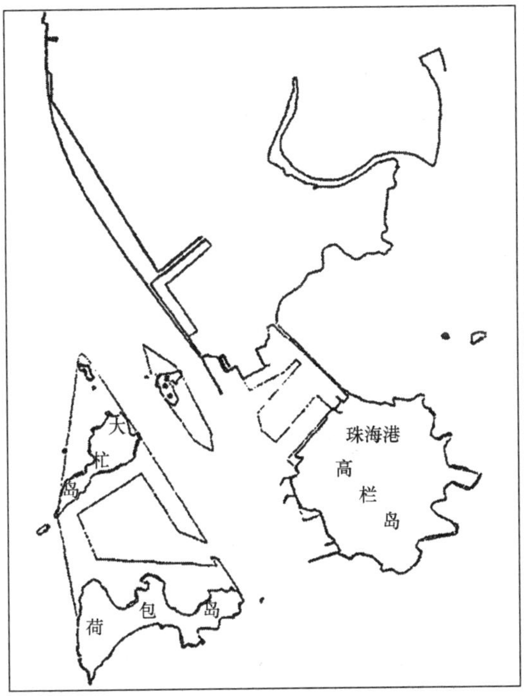

(c) 规划方案 3

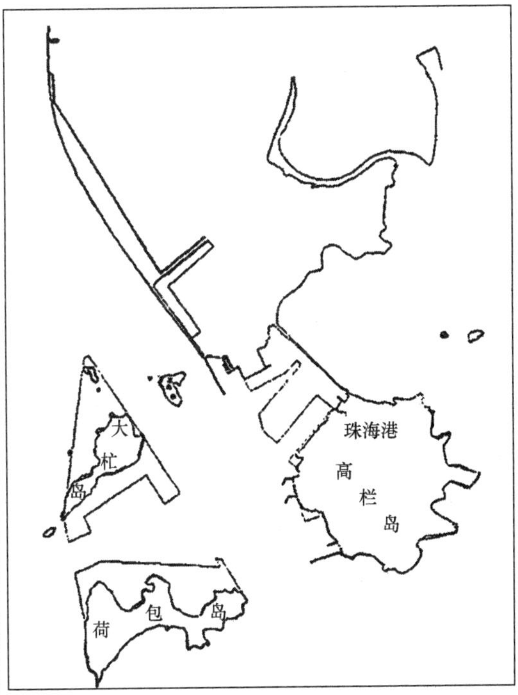

(d) 规划方案 5

图 11－21　珠海港整治规划方案

条，计算节点为244个，模型断面间距为80～4000m不等；模型验证水文条件为1997年7月15日23:00至23日18:00的“99.7”中水组合、1998年6月25日20:00至28日21:00的“98.6”洪水组合，以及2001年2月7日14:00至15日22:00的“2001.2”枯水组合。二维数学模型的上边界为上述珠江口西部四大口门—崖门、虎跳门、鸡啼门及磨刀门的水文控制站，下边界取至外海-30m等深线，模型研究范围包括黄茅海浅海区、鸡啼门浅海区、磨刀门浅海区，研究区域宽约为98km，长102km，控制水域面积约为9996km^2，生成的网格约为843×624个，在外海区最大网格尺寸约为293m×1588m，口门区域最小网格尺寸约为10m×20m，高栏港区水域网格尺寸约为30m×40m；模型在黄茅海浅海区采用2003年实测的1:10000水下地形图，高栏港区采用2005年3月实测的1:2000水下地形图，磨刀门浅海区采用2000年与2001年实测的地形图，鸡啼门浅海区采用1990年实测的1:10000水下地形图，外海采用现有最新海图；模型验证的水文条件为1992年7月14日16:00至17日17:00的“92.7”洪水期大潮组合、1992年11月15日16:00至19日18:00的“92.11”枯水期大中潮组合及2003年4月18日18:00至19日19:00的“2003.4”枯水期大潮组合和2003年4月26日13:00至27日19:00的“2003.4”枯水期小潮组合。

数学模型验证成果表明，一维数学模型在不同径潮组合条件下，网河区30～40个断面的潮位过程与实测潮位过程基本吻合，计算流量与实测流量过程线的形态基本一致，潮位与流量特征值有90%以上的误差均在《海岸与河口潮流泥沙模拟技术规程》的精度要求以内，少数断面的潮位、流量特征值的误差偏大的原因：①由于地形资料与水文资料不匹配；②由实测资料的误差所引起；③河段糙率因实际情况复杂而未能全部准确给定。二维数学模型在验证的径潮组合条件下，各潮位站模型与原型潮位过程线吻合较好，潮位特征值误差小于±0.01m；黄茅海浅海区各测点的流速、流向过程线，模型与原型基本一致，涨、落潮平均流速偏差在±10%以内。由上述可见，数学模型验证是成功的，可用于进行工程潮流计算研究。

2）物理模型的建立与验证。物理模型试验在水利部珠江水利科学研究院珠江河口整体潮汐物理模型上进行，模型的范围与数学模型基本一致，该模型的平面比尺为700，垂直比尺为70，流速比尺为8.37，水流时间比尺为83.67，流量比尺为409963，潮量比尺为34300000，糙率比尺为0.64；模型的设计详见第6章6.1节；模型验证的水文组合与珠江三角洲及黄茅海海区一、二维联解整体数学模型相同。模型验证结果表明，通过多次反复调整糙率及生潮控制曲线，在不同水文组合条件下，模型潮位过程与原型吻合较好，相位偏差一般在0.5 h以内，高、低潮差误差在0.1m以内；模型流速、流向过程与原型一致，相位偏离一般在0.5h以内，涨、落潮平均流速偏差一般小于在±0.10m/s以内，涨、落潮流向偏差一般小于±10°；模型采用遥感影像分析成果对高栏港区附近水域的特征流态进行验证，得到模型的涨、落潮流态、流路与原型基本吻合。由此可见，模型验证的精度基本满足技术规程的精度要求，可进行工程方案的试验研究。

（3）研究成果分析。

1）工程方案比选成果分析。在工程方案比选研究中，数学模型计算采用“98.6”洪水组合（包括大、中、小潮）、“2001.2”枯水组合（包括大、中、小潮）和“93.17”

风暴潮组合；物理模型试验采用“98.6”洪水大潮与“2001.2”枯水大潮组合。试验的边界条件为现状水下地形根据围填范围布置规划方案。

规划方案物模试验和数模计算成果表明：

a. 不同径潮组合条件下，规划方案对上游潮位的影响趋势为高高潮位降低、低低潮位抬高、潮差均为减小。崖门、虎跳门的高高潮位的降低值为 0.001 ~0.027m，低低潮位的抬高值为 0.002 ~0.058m，方案 1 对潮位的影响值最大，其他 4 个方案的影响值较小，有方案 2 的影响值大于方案 3、方案 3 大于方案 4、方案 4 大于方案 5 的变化趋势。在各个规划方案中，高高潮位降低值最大发生在“93.7”风暴潮组合，低低潮位抬高值最大发生在“98.6”洪水组合。工程对上游潮位的影响值是越往上游，影响值越小，其影响范围至虎跳门水道劳劳溪站附近。方案 1 高高潮位的最大降低值为 0.008m，低低潮位的最大抬高值为 0.01m，其他方案对上游网河区高、低潮位的影响值均在 0.005m 以内。工程对黄茅海浅海区潮位的影响仍然是方案 1 影响值较大，主要范围在三角山、三虎一带，其他方案的影响范围相对较少，各方案的变化值如下：方案 1 高、低潮位的变化值分别在 0.035m 和 0.05m 以内；方案 2 高、低潮位的变化值分别在 0.034m 和 0.028m 以内；方案 3 高、低潮位的变化值分别在 0.033m 和 0.022m 以内；方案 4 高、低潮位的变化值分别在 0.029m 和 0.02m 以内；方案 5 高、低潮位的变化值均在 0.02m 以内。

b. 规划方案实施后，工程上游各断面涨、落潮量均有所减少，涨潮量的减幅大于落潮量的减幅。各方案中，以方案 1 的减幅为最大，方案 5 的减幅为最小，方案 3 的减幅略小于方案 2，方案 4 的减幅略小于方案 3。“98.6”洪水组合条件下，官冲站的落潮量方案 1 减幅约为 1.2%，涨潮量减幅为 8.9%，其他方案落潮量的减幅在 0.8% 以内，涨潮量的减幅在 2.8% 以内；西炮台站方案 1 落潮量的减幅约为 1.3%，其他方案的减幅在 0.8% 以内。“2001.2”枯水组合条件下，官冲站方案 1 涨、落潮量的减幅分别约为 1.15% 和 0.95%，其他方案的减幅分别约为 0.17% 和 0.07%；西炮台站方案 1 涨、落潮量减幅分别约为 4.4% 和 2.2%，其他方案的减幅均在 0.48% 以内。在“93.7”风暴潮条件下，官冲站方案 1 涨、落潮量的减幅分别约为 2.8% 和 1.7%，其他方案的减幅分别约为 0.15% 和 0.1% 以内；西炮台站方案 1 涨、落潮量的减幅分别约 7.0% 和 1.4%，其他方案的减幅约在 1.1% 以内。

c. 工程附近潮量在不同的径潮水文组合条件下，工程上游三虎断面，除方案 1 涨潮量降幅为 12.5%、落潮量降幅为 10.1% 外，其他方案涨、落潮量的减幅均在 5.3% 和 3.9% 以内；在工程附近，三角山东、西航道及高栏西断面变化最为明显，三角山东断面方案 1 至方案 5 涨潮量减小幅度在 43.58% ~2.22% 之间，落潮量减小幅度在 35.86% ~0.19% 之间，方案间变化明显；在三角山西断面，方案 1 至方案 5 涨潮量减小幅度在 25.59% ~3% 之间，落潮量减小幅度在 2.3% ~19.82% 之间，方案间变化不及三角山断面方案间变化明显，说明三角山的围填对三角山东航道的影响比三角山西航道的影响敏感，因而三角山的围填对东航道的影响较大；在高栏西断面，方案 1 至方案 5 涨潮量的减幅在 38.34% ~1.9% 之间，落潮量的减幅在 23.97% ~0.6% 之间。比较方案 3 与方案 4，三角山围填对高栏西涨潮量的影响在 1% ~3.96% 之间，对落潮量的影响在 0.5% ~

3.64%之间，因而对高栏西断面的影响主要在于大杧岛—荷包岛之间的封围；在大杧西断面，除方案1涨潮、落潮量都减少外，其他各方案都略有增加，这与方案1三角山和大杧岛往上游大面积围填有关。大襟西断面各方案在不同径潮水文组合下涨潮量均有所增加，对于落潮量，不同的方案在不同的水文条件下有增有减，总体上看该断面在“98.6”洪水时落潮量大于涨潮量，在“93.17”风暴潮及“2001.2”枯水时涨潮量大于落潮量。荷包西断面各方案在不同的径潮水文组合下涨潮、落潮量均有不同程度的减少，方案1至方案5涨潮量减少值在11.61%～0.27%之间，落潮量减少值在14.17%～0.6%之间。

d. 规划方案的实施，改变局部水域的边界条件，引起水域局部流场的变化，由于各方案形状较为相似。因此，对水域的影响也较相似，但由于方案边界的长度不同，对水流所产生的影响程度及范围也有所差异，主要表现在流速、流向的变化上。变化较为明显的是在三角山、高栏西及大杧岛—荷包岛之间峡口附近的区域，其他区域流速、流向变化不大。

方案1实施后，在不同径潮水文组合条件下，三角山东、西航道、三角山下游十字海区及黄茅海西槽局部区域流速均有一定程度的增大，在工程附近涨潮平均速度增加0.07～0.23m/s，落潮平均流速增加0.08～0.29m/s，流速增加较大；与此相反，在高栏岛—荷包岛口门（南口门）间紧邻荷包岛附近涨潮平均流速减小0.20～0.29m/s，落潮平均流速减小0.23～0.31m/s，三角山西与大杧岛间流速降低较大，涨潮平均流速减小约为0.04～0.11m/s、落潮平均流速减小约为0.07～0.10m/s；方案2实施后，流速影响区域比方案1小，流速变化较大的区域集中在三角山及高栏西附近一带。三角山上游两侧及下游局部区域流速增大，涨潮平均速度增加0.09～0.10m/s、落潮平均流速增加0.12～0.17m/s，三角山东西两侧及高栏西紧邻荷包岛附近流速降低较大，其中三角山东水道涨潮平均流速减小0.05～0.08m/s，落潮平均流速减小约为0.06～0.09m/s；三角山西北水道涨潮平均流速减小约为0.07～0.16m/s，落潮平均流速减小约为0.05～0.08m/s；高栏西紧邻荷包岛附近涨潮平均流速减小约为0.18～0.23m/s，落潮平均流速减小约为0.17～0.25m/s。方案3实施后，流速增大区域位于三角山下游及大杧岛西北侧附近，涨潮、落潮平均流速约增加0.05～0.06m/s，流速减小较大区域在高栏西紧邻荷包岛附近，涨潮、落潮平均流速减小约为0.17～0.25m/s、三角山一带水域，涨潮平均流速减小约为0.07～0.15m/s，落潮平均流速减小约为0.07～0.15m/s，相对方案2来说，对三角山东及以上东航道的水动力条件影响微小；方案4实施后，与方案3变化趋势基本一致，流速增大区域主要在三角山下游、大杧岛西、北侧部分区域，其涨潮、落潮平均流速的增加与方案3差异不大，流速减小较大区域在高栏西紧邻荷包岛，涨潮、落潮平均流速减小约为0.17～0.24m/s，三角山西（三角西V1，V2采样点）附近区域，涨落潮平均流速减小约为0.04～0.09m/s。对三角山东航道基本没有影响。方案5实施后，流速增大区域在三角山下游及大杧岛西、北侧部分区域，涨潮平均流速增加约为0.02～0.04m/s，落潮平均流速增加约为0.05～0.06m/s，流速减小较大的区域在高栏西紧邻荷包岛，涨潮平均流速减小约为0.15～0.21m/s，落潮平均流速减小约为0.18～0.23m/s、三角山西航道涨潮平均流速减小约为0.05～0.09m/s，落潮平均流速减小约为0.04～0.07m/s。其他区流速变化不大。

工程方案的实施对于流态的影响主要表现在涨潮、落潮流的流向有所变化。数模计算结果表明：各规划方案在不同径潮组合条件下，对黄茅海西部的流态影响较小，涨潮、落潮急，流向的变化在 0°～1°之间；对崖门出海航道靠近工程围填区域流向变化较大，在十字海区中部涨急流向变化约为 6°～121°，落急流向变化约为 8°～37°，三角山西附近，涨急流向变化约为 6°～97°，落急流向变化约为 9°～32°，越往上游对流向的影响越小，在三虎附近，涨急流向变化约为 0°～33°，落急流向变化约为 0.1°～1.1°，至湾顶涨潮、落潮急流向的变化约为 0°～0.9°；对三角山东航道，涨潮、落潮急流向的变化约在 1°～121°之间；在各方案中，方案 1 实施后，对流态的影响范围较大，方案 2 与方案 1 相比，前者对流态的影响仅限于局部范围，而方案 3 在三角山处围填的东西岸线的布置沿着东、西航道的走向，航道的流态较为平顺，三角山上、下游的围填布置基本处于三角山岛的掩护区附近水域，减少了三角山上、下游的滞流区，方案 2～方案 4 的主要区别在于三角山附近的流速、流态变化不同，方案 2 对三角山东、西航道有明显影响，方案 3 对三角山西航道有一定影响，对三角山东航道的影响微小，方案 4 对三角山西航道影响不大，对三角山东航道基本没有明显影响；方案 5 与其他方案不同之处在于大杧岛—荷包岛之间留有开口，使荷包岛作业区的涨、落潮流进入半封闭的水域回旋流动。

2）优选方案的选择。通过上述方案 1 至方案 5 对高、低潮位、潮量、流速及流向的影响分析，选择影响较小，并考虑三角山上、下游掩护区对三角山实施岸线平顺、两侧围填岸线占用水域面积不大，而且保持三角山东、西航道流态的平顺以减小三角山上下游水域的滞流区，以及上、下游的围填区为交通、运输等设施的建设提供空间等方面着眼，方案 3 是一个较为适宜的建港规划方案。其次为方案 2。在此方案 3 的基础上实施高栏港区远期规划，即主航道、各港口的港池、支航道按照调整后的规划所确定的开挖宽度、深度进行疏浚扩宽，崖门出海航道按 5000 吨级进行疏浚，分析其对潮位、潮量的影响。表 11－17 和表 11－18 分别为优选规划方案 3 及港区远期规划开挖边界条件下工程实施前后潮位、潮量相比较的变化值。由表 11－17 可见，优选方案在高栏。港区远期规划实施条件下，港区的主航道、各港口的港池、支航道等的疏浚深度和宽度均有较大的增加，为此，潮位的变化值与优选方案在现状边界条件下的变化值相比较，在不同径潮组合水文条件下，其变化值均为减小，但变化规律有所不同，黄茅海浅海区及上游口门，在现状条件下优选方案实施后引起高潮位降低、低潮位抬高、潮差减小，而优选方案在远期规划实施后则引起高潮位抬高、低潮位降低、潮差增大。优选方案在远期规划与现状条件下实施后，在不同径潮水文组合条件下，三虎、官冲、西炮台站的涨、落潮量从均有所减少转变为均有所增加，尤其是涨潮量的增加明显。在工程附近区域，高栏西断面涨、落潮量减少的变化值明显减小，相应荷包西的涨、落潮量减少的变化值则有所增加，三角山东、西航道涨潮量相应减少的变化值明显减小，落潮量则由减少转变为增加。由此可见，优选方案在远期规划条件下，对潮位、潮量的影响幅度与在现状条件相比较，潮位、潮量的变化值有较大幅度的减小。相应黄茅海浅海区，尤其是东部海区，涨、落潮量明显增加，有利于河口的泄洪纳潮，保持潮汐通道的稳定，有利于提高黄茅海东槽的排泄能力与崖门 5000 吨级航道的维护及高栏港区深水港的建设。

表 11－17 **潮位统计** （单位：m）

水文组合	站点	潮位	现状	优选方案变化值	优选方案＋规划开挖变化值
“98.6”	官冲	高高潮位	1.710	－0.003	0.003
		低低潮位	－0.606	0.005	－0.013
	西炮台	高高潮位	1.646	－0.002	0.001
		低低潮位	－0.324	0.003	－0.002
	三虎	高高潮位	1.482	－0.006	0.001
		低低潮位	－1.217	0.016	－0.007
	三角山	高高潮位	1.358	－0.020	0.002
		低低潮位	－1.364	0.022	－0.007
	荷包岛东	高高潮位	1.222	0.005	0.000
		低低潮位	－1.278	－0.002	－0.002
	荷包岛西	高高潮位	1.280	0.005	－0.002
		低低潮位	－1.320	－0.003	0.000
“93.17”	官冲	高高潮位	1.985	－0.004	0.002
		低低潮位	－0.979	0.003	－0.001
	西炮台	高高潮位	2.010	－0.004	0.010
		低低潮位	－0.982	0.007	－0.007
	三虎	高高潮位	1.719	－0.008	0.007
		低低潮位	－1.062	0.009	－0.008
	三角山	高高潮位	1.658	－0.034	0.007
		低低潮位	－1.081	0.010	－0.008
	荷包岛东	高高潮位	1.584	0.010	－0.003
		低低潮位	－1.044	－0.007	0.002
	荷包岛西	高高潮位	1.528	0.019	－0.002
		低低潮位	－1.000	－0.002	－0.002
“99.7”	官冲	高高潮位	1.405	－0.003	0.003
		低低潮位	－1.022	0.003	－0.008
	西炮台	高高潮位	1.436	－0.002	0.002
		低低潮位	－0.972	0.002	－0.002
	三虎	高高潮位	1.269	－0.005	0.002
		低低潮位	－1.172	0.013	－0.008
	三角山	高高潮位	1.192	－0.015	0.004
		低低潮位	－1.254	0.021	－0.008
	荷包岛东	高高潮位	1.920	0.005	0.000
		低低潮位	－1.238	－0.005	－0.002
	荷包岛西	高高潮位	1.038	0.003	－0.001
		低低潮位	－1.277	－0.007	－0.003
“2001.2”	官冲	高高潮位	1.354	－0.003	0.004
		低低潮位	－1.267	0.002	－0.001
	西炮台	高高潮位	1.373	－0.003	0.004
		低低潮位	－1.267	0.001	－0.002
	三虎	高高潮位	1.576	－0.005	0.004
		低低潮位	－1.337	0.011	－0.010
	三角山	高高潮位	1.500	－0.011	0.007
		低低潮位	－1.426	0.022	－0.009
	荷包岛东	高高潮位	1.404	0.005	0.001
		低低潮位	－1.322	－0.009	－0.003
	荷包岛西	高高潮位	1.445	0.001	0.000
		低低潮位	－1.393	－0.011	－0.006

表 11－18（1）　　潮量统计（“98.6”水文组合）

采样点	潮量	现状（万 m^3）	优选方案变化值（%）	优选方案＋规划开挖变化值（%）
官冲	落潮量	159308	－0.1	0.4
	涨潮量	23214	－0.7	5.9
西炮台	落潮量	74047	0.0	0.2
	涨潮量	0	0.0	0.0
三虎	落潮量	281907	－0.2	1.7
	涨潮量	69268	－0.9	9.3
三角山东	落潮量	39084	－2.8	5.5
	涨潮量	24921	－6.4	－0.2
三角山西	落潮量	105995	－15.4	6.0
	涨潮量	54264	－17.7	－1.5
大杧西	落潮量	299377	4.5	0.7
	涨潮量	157599	3.3	4.6
高栏西	落潮量	206251	－13.5	－4.4
	涨潮量	156947	－29.8	－15.1
荷包西	落潮量	351615	－3.0	－5.9
	涨潮量	187576	－5.4	－9.7
大襟西	落潮量	40960	1.7	－1.9
	涨潮量	31669	5.6	3.8

表 11－18（2）　　潮量统计（“93.17”水文组合）

采样点	潮量	现状（万 m^3）	优选方案变化值（%）	优选方案＋规划开挖变化值（%）
官冲	落潮量	127572	－0.1	0.4
	涨潮量	89227	0.0	0.1
西炮台	落潮量	22008	－0.3	3.0
	涨潮量	10769	－0.9	2.7
三　虎	落潮量	252775	－0.4	2.5
	涨潮量	199763	－0.2	3.6
三角山东	落潮量	43730	－6.5	1.3
	涨潮量	41021	－8.8	－1.5
三角山西	落潮量	113128	－18.6	1.7
	涨潮量	87894	－16.9	1.5
大杧西	落潮量	329665	5.7	2.8
	涨潮量	316178	2.7	2.0
高栏西	落潮量	235118	－13.1	－3.6
	涨潮量	217025	－21.3	－8.3
荷包西	落潮量	414648	－5.9	－7.5
	涨潮量	352620	－1.6	－4.1
大襟西	落潮量	58213	－0.9	－3.2
	涨潮量	68764	2.7	0.9

表 11－18（3） 潮量统计（“2001.2”水文组合）

采样点	潮量	现状（万 m^3）	优选方案变化值（%）	优选方案+规划开挖变化值（%）
官冲	落潮量	179852	－0.1	0.3
	涨潮量	172034	－0.2	1.7
西炮台	落潮量	31743	－0.3	0.3
	涨潮量	24635	－0.4	1.2
三虎	落潮量	373670	－0.5	2.5
	涨潮量	356668	－0.3	4.2
三角山东	落潮量	77822	－4.1	4.4
	涨潮量	75138	－6.5	－1.6
三角山西	落潮量	199333	－16.8	3.5
	涨潮量	166007	－16.4	－1.0
大杧西	落潮量	512243	5.4	2.5
	涨潮量	546518	3.1	2.6
高栏西	落潮量	448057	－17.1	－8.6
	涨潮量	427936	－25.5	－10.8
荷包西	落潮量	661403	－2.9	－4.8
	涨潮量	607003	－3.0	－8.0
大襟西	落潮量	77872	1.7	－1.2
	涨潮量	110659	4.2	2.0

表 11－18（4） 潮量统计（“99.7”水文组合）

采样点	潮量	现状（万 m^3）	优选方案变化值（%）	优选方案+规划开挖变化值（%）
官冲	落潮量	134893	－0.1	0.4
	涨潮量	94139	－0.4	3.6
西炮台	落潮量	101205	－0.2	0.3
	涨潮量	8	－0.2	0.7
三虎	落潮量	316589	－0.4	2.2
	涨潮量	172054	－0.6	6.6
三角山东	落潮量	43202	－3.5	4.9
	涨潮量	48600	－6.5	－1.0
三角山西	落潮量	106107	－16.2	4.6
	涨潮量	114832	－17.0	－1.2
大杧西	落潮量	437903	5.0	1.7
	涨潮量	283070	3.2	3.5
高栏西	落潮量	165845	－15.5	－6.7
	涨潮量	340296	－27.4	－12.7
荷包西	落潮量	574805	－2.9	－5.3
	涨潮量	289727	－4.1	－8.8
大襟西	落潮量	90088	1.7	－1.5
	涨潮量	47719	4.8	2.8

3. 高栏港区规划方案回淤计算分析

高栏港区规划方案回淤计算是通过分析高栏港区多项涉水工程相继建成后的冲淤变化的基础上，采用二维潮流泥沙数学模型，复演上述不同径、潮组合的验证的水文条件下，潮位、流速、流向及测点垂线平均含沙量过程均能基本满足技术规程规定的精度要求下进行的回淤计算，其中海床冲淤验证考虑了风浪的影响，选择具有台风影响实测水下地形的时段。计算成果表明，各区域淤积沿程分布与天然淤积状态相似，然后计算分析规划方案实施后港区航道的回淤程度，从而论证规划方案的合理性。

（1）高栏港区已建港口航道历年回淤分析。

1）进港主航道（见图 11－22）从高栏国码支航道出口至华联支航道出口为 *OM* 段，从华联支航道出口至外海为 *MB* 段。该航道长为 9851m，航道底标高为－13.4m，（理论最低潮位，下同）底宽为 160m，边坡为 1∶10，1995 年 5 月开工，1998 年 4 月竣工。根据历年测图，计算主航道淤积成果见表 11－19。

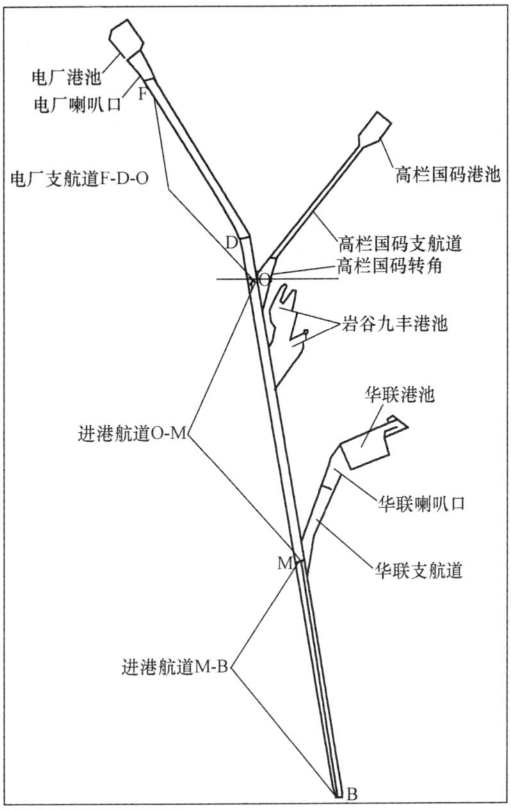

图 11－22　现状港池、航道分布示意图

2）电厂港口包括 460m 长的电厂港池、调头区，690m 长的喇叭口段及 4312m 长的支航道。支航道底标高为－13.4m，底宽为 160m，边坡为 1∶10，1998 年 3 月竣工。据历年测图统计计算成果见表 11－20。

表 11－19　主航道淤积成果统计表

施测时段	区　段	淤积厚度（m）	月均淤积厚度（m）
1999.6～9**　（3 个月）	*OB*	0.543	0.181
	OM	0.560	0.187
	MB	0.520	0.173
1999.9～2000.5　（8 个月）	*OB*	1.007	0.126
	OM	1.280	0.160
	MB	0.690	0.086
2000.5～12　（7 个月）	*OB*	0.400	0.057
	OM	0.500	0.071
	MB	0.290	0.041
2000.12～2002.6（18 个月）	*OB*	1.09	0.06
	OM	0.840	0.047
	MB	0.510	0.028

续表

施测时段	区段	淤积厚度（m）	月均淤积厚度（m）
2002.6.1~10.10** （4.23个月）	OB	0.645	0.152
	OM	0.814	0.199
	MB	0.446	0.105
2000.10.10~2003.1.24（3.53个月）	OB	0.117	0.0501
	OM	0.179	0.0507
	MB	0.038	0.0108
2003.1.24~5.24（4个月）	OB	-0.03	-0.0075
	OM	-0.503	-0.126
	MB	-0.152	-0.038
2003.5.24~8.6** （2.47个月）	OB	0.715	0.289
	OM	1.154	0.467
	MB	0.208	0.0842
2003.8.6~11.25* （3.7个月）	OB	0.151	0.0408
	OM	0.252	0.0681
	MB	0.035	0.00946
2003.11.25~2004.2.18（2.83个月）	OB	0.139	0.049
	OM	0.057	0.02
	MB	0.23	0.0813
2004.2.18~5.20（3.03个月）	OB	0.0091	0.003
	OM	0.315	0.104
	MB	0.095	-0.0314
2004.5.20~8.18（3个月）	OB	0.479	0.160
	OM	0.635	0.212
	MB	0.298	0.0993
2004.8.18~12.17（4个月）	OB	0.266	0.066
	OM	0.306	0.0759
	MB	0.221	0.0548
2004.12.17~2005.3.10（2.73个月）	OB	0.565	0.207
	OM	0.325	0.119
	MB	0.843	0.309
2005.3.10~6.13（3.17个月）	OB	0.201	0.0634
	OM	0.315	0.0994
	MB	0.063	0.0199
2005.6.13~9.8* （2.9个月）	OB	0.296	0.102
	OM	0.393	0.136
	MB	0.186	0.0641

注 1. 表中月均淤积厚度考虑疏浚量。

2. 表中数值有“-”符号者表示计算时段港口航道为疏浚。

* 受1次台风的影响。

** 受2次台风的影响。

表 11－20　　电厂港口冲淤统计表

施测时段	区域	冲淤厚度（m）	月均厚度（m）	施测时段	区域	冲淤厚度（m）	月均厚度（m）
1999. 6～9**（3 个月）	总区域	0. 316	0. 105	2003. 8. 6～11. 25*（3. 7 个月）	总区域	0. 27	0. 073
	港池	0. 20	0. 067		港池	0. 027	0. 0073
	喇叭口	0. 391	0. 13		喇叭口	0. 24	0. 0649
	航道	0. 343	0. 114		航道	0. 359	0. 097
1999. 9～2000. 5（8 个月）	总区域	0. 607	0. 076	2003. 11. 25～2004. 2. 18（2. 83 个月）	总区域	0. 127	0. 045
	港池	0. 102	0. 013		港池	1. 47	0. 52
	喇叭口	0. 125	0. 016		喇叭口	1. 65	0. 584
	航道	0. 873	0. 109		航道	－0. 625	－0. 221
2000. 5～12（7 个月）	总区域	0. 139	0. 02	2004. 2. 18～5. 20（3. 03 个月）	总区域	0. 224	0. 074
	港池	－0. 125	－0. 018		港池	0. 0636	0. 021
	喇叭口	－0. 03	－0. 004		喇叭口	0. 0212	0. 007
	航道	0. 263	0. 038		航道	0. 318	0. 105
2000. 12～2002. 6（18 个月）	总区域	0. 862	0. 048	2004. 5. 20～8. 18（3 个月）	总区域	0. 432	0. 144
	港池	0. 442	0. 025		港池	0. 347	0. 116
	喇叭口	0. 671	0. 037		喇叭口	0. 348	0. 116
	航道	1. 045	0. 058		航道	0. 477	0. 159
2002. 6. 5～10. 10**（4. 23 个月）	总区域	0. 677	0. 16	2004. 8. 18～12. 17（4 个月）	总区域	0. 572	0. 127
	港池	0. 095	0. 023		港池	0. 336	0. 0834
	喇叭口	0. 135	0. 032		喇叭口	0. 301	0. 0747
	航道	0. 655	0. 155		航道	0. 612	0. 152
2002. 10. 10～2003. 1. 24（3. 53 个月）	总区域	0. 106	0. 030	2004. 12. 17～2005. 3. 10（2. 73 个月）	总区域	－0. 111	－0. 0407
	港池	－0. 027	－0. 0076		港池	－0. 065	－0. 0238
	喇叭口	－0. 029	－0. 0082		喇叭口	－0. 070	－0. 0256
	航道	0. 177	0. 0501		航道	－0. 135	－0. 0495
2003. 1. 24～5. 24（4 个月）	总区域	0. 06	0. 015	2005. 3. 10～6. 13（3. 17 个月）	总区域	0. 450	0. 142
	港池	0. 023	0. 0058		港池	0. 32	0. 101
	喇叭口	0. 065	0. 0163		喇叭口	0. 376	0. 119
	航道	0. 072	0. 018		航道	0. 509	0. 161
2003. 5. 24～8. 6. **（2. 47 个月）	总区域	0. 764	0. 309	2005. 6. 13～9. 8（2. 9 个月）	总区域	0. 088	0. 0303
	港池	1. 057	0. 428		港池	－0. 038	－0. 0131
	喇叭口	0. 766	0. 31		喇叭口	－0. 147	－0. 0507
	航道	0. 662	0. 252		航道	0. 175	0. 0603

注　同表 11－9。

3）高栏国码港口包括港池、支航道及转角。支航道及转角长约 3100m，底宽 100m，底标高为－8. 3m，边坡为 1:6，1999 年 6 月正式投产。冲淤计算成果见表 11－21。

表 11 - 21 国码港口冲淤统计表

测图时段	区域	冲淤厚度（m）	月均厚度（m）	测图时段	区域	冲淤厚度（m）	月均厚度（m）
1999. 1 ~ 2000. 7 * （18 个月）	总区域	0. 739	0. 041	2003. 8. 6 ~ 11. 25 * （3. 7 个月）	总区域	0. 215	0. 058
	港池	0. 789	0. 044		港池	0. 207	0. 056
	航道	0. 644	0. 036		航道	0. 223	0. 06
	转角	0. 83	0. 046		转角	0. 213	0. 058
2000. 7 ~ 2001. 1 （6 个月）	总区域	0. 101	0. 0168	2003. 11. 25 ~ 2004. 2. 18 （2. 83 个月）	总区域	-0. 212	-0. 075
	港池	0. 42	0. 070		港池	-0. 226	-0. 080
	航道	0. 09	0. 015		航道	-0. 112	-0. 040
	转角	-0. 191	-0. 0318		转角	-0. 337	-0. 119
2001. 1 ~ 7 （6 个月）	总区域	0. 373	0. 062	2004. 2. 18 ~ 5. 20 （3. 03 个月）	总区域	0. 394	0. 130
	港池	0. 231	0. 038		港池	0. 621	0. 205
	航道	0. 332	0. 055		航道	0. 173	0. 057
	转角	0. 603	0. 101		转角	0. 445	0. 147
2001. 7 ~ 12 （5 个月）	总区域	0. 164	0. 033	2004. 5. 20 ~ 8. 18 （3 个月）	总区域	0. 264	0. 088
	港池	0. 161	0. 032		港池	0. 162	0. 054
	航道	0. 161	0. 032		航道	0. 429	0. 143
	转角	0. 172	0. 034		转角	0. 153	0. 051
2001. 12 ~ 2002. 6 （6 个月）	总区域	0. 60	0. 10	2004. 8. 18 ~ 12. 17 （4 个月）	总区域	0. 473	0. 117
	港池	0. 295	0. 0492		港池	0. 425	0. 106
	航道	0. 522	0. 092		航道	0. 565	0. 140
	转角	0. 928	0. 155		转角	0. 398	0. 099
2002. 6. 5 ~ 10. 10 ** （4. 23 个月）	总区域	1. 083	0. 256	2004. 12. 17 ~ 2005. 3. 10 （2. 73 个月）	总区域	-0. 253	-0. 093
	港池	1. 104	0. 261		港池	-0. 238	-0. 087
	航道	1. 155	0. 273		航道	-0. 343	-0. 126
	转角	0. 956	0. 226		转角	-0. 143	0. 052
2002. 10. 10 ~ 2003. 1. 24 （3. 53 个月）	总区域	-0. 001	0. 00	2005. 3. 10 ~ 6. 13 （3. 17 个月）	总区域	0. 465	0. 147
	港池	-0. 163	-0. 046		港池	0. 371	0. 117
	航道	0. 0523	0. 015		航道	0. 520	0. 164
	转角	0. 114	0. 032		转角	0. 492	0. 155
2003. 1. 24 ~ 5. 24 （4 个月）	总区域	0. 092	0. 023	2005. 6. 13 ~ 9. 8 （2. 9 个月）	总区域	0. 006	0. 002
	港池	0. 032	0. 008		港池	0. 015	0. 005
	航道	0. 043	0. 011		航道	-0. 151	-0. 052
	转角	0. 232	0. 058		转角	0. 219	0. 076
2003. 5. 24 ~ 8. 6 ** （2. 47 个月）	总区域	0. 381	0. 154				
	港池	0. 423	0. 171				
	航道	0. 362	0. 147				
	转角	0. 360	0. 146				

注 同表 11 - 19。

4）岩谷九丰港口位于高栏港区的中部，紧邻主航道。港口由港池、调头区及支航道组成。底标高为 -13.4m，边坡为 1:10，2000 年 6 月竣工。淤积统计见表 11-22。

表 11-22　岩谷九丰淤积统计表

测图时段	淤厚（m）	月均淤积厚度（m）
2000.6~2000.8（2 个月）	0.758	0.379
2000.8~2001.3（7 个月）	1.064	0.152
2001.3~11（8 个月）	0.659	0.0824
2001.11~2002.6（7 个月）	0.699	0.10
2002.6.5~10.10**（4.23 个月）	1.08	0.255
2002.10.10~2003.1.24（3.53 个月）	-0.035	-0.01
2003.1.24~5.24（4 个月）	0.146	0.0365
2003.5.24~8.6**（2.47 个月）	0.545	0.221
2003.8.6~11.25*（3.7 个月）	0.245	0.066
2003.11.25~2.18（2.83 个月）	0.115	0.041
2004.2.18~5.20（3.03 个月）	0.033	0.011
2004.5.20~8.18（3 个月）	0.015	0.005
2004.8.18~12.17（4 个月）	1.084	0.269
2004.12.17~2005.3.10（2.73 个月）	-0.17	-0.064
2005.3.10~6.13（3.17 个月）	0.517	0.163
2005.6.13~9.8（2.9 个月）	0.301	0.104

注　同表 11-19。

5）华联港口位于高栏港区的南端，该处自然水深较大，约为 10m。港口南侧建有防波堤。港口由支航道、喇叭口以及大、小港池组成。港口底标高为 -13.4m，航道尺度为 1400m×190m，喇叭口尺度为 750m×300m，大港池尺度为 825m×540m，小港池尺度为 430m×300m，1997 年竣工。港口淤积计算成果见表 11-23。

表 11-23　华联港口淤积统计表

测图时段	区　域	淤厚（m）	月均淤积厚度（m）
1999.11~2000.3（4 个月）	总区域	0.408	0.102
	港池	0.59	0.148
	喇叭口	0.499	0.125
	航道	0.18	0.045
2000.3~10（7 个月）	总区域	0.251	0.0359
	港池	-0.36	0.0514
	喇叭口	-0.35	0.050
	航道	1.142	0.163

续表

测图时段	区域	淤厚（m）	月均淤积厚度（m）
2000.10~2001.11（13个月）	总区域	1.237	0.095
	港池	1.835	0.141
	喇叭口	1.743	0.134
	航道	0.45	0.035
2001.11~2002.2（3个月）	总区域	0.113	0.038
	港池	0.171	0.057
	喇叭口	0.207	0.069
	航道	0.029	0.01
2002.2~6（4个月）	总区域	0.146	0.037
	港池	-0.242	-0.061
	喇叭口	-0.45	-0.113
	航道	0.79	0.198
2002.6.5~10.10**（4.23个月）	总区域	0.243	0.057
	港池	0.229	0.054
	喇叭口	0.353	0.083
	航道	0.182	0.043
2002.10.10~2003.1.24（3.53个月）	总区域	0.073	0.0207
	港池	0.003	0.001
	喇叭口	0.217	0.061
	航道	0.074	0.021
2003.1.24~5.24（4个月）	总区域	-0.152	-0.038
	港池	-0.228	-0.057
	喇叭口	-0.20	-0.050
	航道	0.012	0.003
2003.5.24~8.6**（2.47个月）	总区域	0.272	0.110
	港池	0.379	0.153
	喇叭口	0.167	0.068
	航道	0.178	0.072
2003.8.6~11.25*（3.7个月）	总区域	0.445	0.121
	港池	0.337	0.091
	喇叭口	0.525	0.142
	航道	0.577	0.156
2003.11.25~2004.2.18（2.83个月）	总区域	0.016	0.006
	港池	0.119	0.042
	喇叭口	-0.102	-0.036
	航道	-0.050	-0.018

续表

测图时段	区　域	淤厚（m）	月均淤积厚度（m）
2004.2.18~5.20 （3.03 个月）	总区域	0.0061	0.002
	港池	−0.127	−0.042
	喇叭口	0.0545	0.018
	航道	0.170	0.056
2004.5.20~8.18 （3 个月）	总区域	0.496	0.165
	港池	0.574	0.191
	喇叭口	0.507	0.169
	航道	0.366	0.122
2004.8.18~12.17 （4 个月）	总区域	−0.220	−0.056
	港池	−0.10	−0.025
	喇叭口	−0.262	−0.065
	航道	−0.391	−0.09
2004.12.17~2005.3.10 （2.73 个月）	总区域	−0.100	−0.037
	港池	−0.155	−0.057
	喇叭口	−0.065	−0.024
	航道	−0.042	−0.015
2005.3.10~6.13 （3.17 个月）	总区域	0.434	0.137
	港池	0.453	0.143
	喇叭口	0.393	0.124
	航道	0.434	0.137
2005.6.13~9.8 （2.9 个月）	总区域	0.310	0.107
	港池	0.377	0.130
	喇叭口	0.307	0.106
	航道	0.171	0.059

注　同表 11－19。

由上述高港区已建港口冲淤统计成果可见：

1）各港口区域的月均淤积强度较大者均含洪水期在内，枯水期的淤积强度较小。月均淤积强度最大者，主航道为 0.289m/月、电厂为 0.309m/月、国码为 0.256m/月、岩谷九丰为 0.379m/月、华联为 0.165m/月，大都为受不同程度的台风影响和前时段港口进行了较大规模的疏浚开挖所引起的结果。

2）各港口区域多年平均淤积强度，据表中实测资料的统计计算，岩容、九丰港口淤积强度最大，约为 1.33m/a；其次为主航道，约为 1.21m/a；华联港口淤积强度最小，约为 0.596m/a；电厂与国码港口淤积强度大于华联淤积强度，但小于主航道淤积强度，分别为 0.876m/a 与 0.726m/a。各港口区域多年平均淤积强度不同，主要是与各港区的含沙量在平面上的分布不同有关，在平面上的分布特征是中部含沙量较大，而两端含沙量较小，其中北端含沙量又大于南端，东部含沙量小于西部含沙量；其次是与港区工程建设和港口疏浚的深度对其港口的影响程度有所不同，各港口航道轴线与潮流流向的夹角有所不同，以及不同方向的台风对港口引起骤淤量的不同等因素的综合作用有关。

3）港口中不同部位的淤积强度存在明显的差异：进港区主航道上段（*OM*）的多年平均淤积强度大于下段（*MB*）的多年平均淤积强度，*OM*段约为1.07m/a，而*MB*段约为*OM*段的63.5%；电厂港口区域，航道淤积强度较大，约为0.917m/a，港池的淤积强度较小，约占航道淤积强度的73.2%，喇叭口段介于二者之间，约为0.764m/a；国码港口以转角段淤积强度最大，约为1.02m/a；港池淤积强度最小，约为0.73m/a，航道介于二者之间，约为0.83m/a；华联港口以航道的淤积强度较大，约为0.726m/a，较小的是喇叭口，约为0.602m/a，港池的淤积强度为0.655m/a，介于二者之间。

4）根据各港口实测资料的历时，若将台风影响的时段加以扣除后进行统计分析，得出不受台风影响时期的总淤积厚度与总月数，从而可计算常年淤积强度，但由于台风均发生于洪水期，在计算时期中，枯水期所占月数较多时，所得的常年回淤强度偏小，根据实测资料分析，枯水期多年平均淤积强度约为洪水期淤积强度的1/3，也即枯水期2个月的淤积强度相当于洪水期1个月的淤积强度。因而根据统计时期的洪水期与枯水期的月数和总淤积厚度，按上述比例关系，分别计算枯水期与洪水期的淤积强度，从而可得正常年回淤强度。统计计算结果表明：主航道正常淤积强度约为1.04m/a，淤积量约为199.92万m^3/a，而常年淤积量为232.6万m^3，可见主航道常年淤积量中，台风引起的骤淤量为32.68万m^3，约占正常淤积量的16.3%；电厂港口正常淤积强度约为0.804m/a，淤积量约为108.2万m^3，而常年淤积量为117.9万m^3/a，台风引起骤淤量约占常年淤积量的9.0%；国码港口正常淤积强度约为0.577m/a，淤积量约为42.30万m^3/a，而常年淤积量为53.22万m^3/a，台风引起的骤淤量占常年淤积量的25.8%；岩谷、九丰港口正常淤积强度约为1.17m/a，淤积量约为101.6万m^3，而常年淤积量为115.6万m^3/a，骤淤量占常年淤积量的13.8%；华联港的正常淤积强度约为0.539m/a，淤积量约为69.11万m^3，而常年均淤积量为76.44万m^3/a，骤淤量占常年淤积量的10.6%。由此可见，从台风引起各港口的骤淤量占该港口正常回淤量的百分比而言，以国码港口为最大，约为25.8%，其次为主航道与岩谷、九丰港口，分别占16.3%和13.8%，电厂与华联港口差别不大，分别为9.0%和10.6%。台风引起骤淤量的差别不仅与台风的强度和方向有关，而且与港口所在位置滩地面积的差异，以及岛屿、防波堤的掩护作用的不同等多种因素有关，是多种因素综合影响的结果。

高栏港区已建港口多年，平均常年淤积量为595.49万m^3/a，淤积强度为0.968m/a，若用不考虑台风影响的时段进行统计计算，正常淤积量约为489.68万m^3/a，淤积强度为0.796m/a，可见台风引起骤淤量为105.8万m^3/a，约占正常淤积量的21.6%。

（2）规划方案对港区冲淤的影响分析。高栏港区淤积泥沙的来源主要为：上游径流挟带的泥沙经黄茅海东部，通过三角山两侧峡口流入港区；由磨刀门、鸡啼门等口门下泄的泥沙，随西南向的沿岸流入黄茅海海域后，随涨潮流经高栏岛～荷包岛之间峡口进入港区；港区浅滩与附近水域的浅滩，在风浪的作用下掀起的泥沙随潮流进入港区。为此，规划方案对港区冲淤的影响采用了包括大、中、小潮型的“92.7”与“92.11”水文组合，考虑包括潮流、风（风速小于 17.1m/s 的 8 级风以下）及波浪综合作用下的港区不同规划方案在工程前、后含沙量的变化，据以计算在现状地形条件下和规划方案在已建港口按设计通航深度开挖的条件下，正常年的回淤结果见表 11－24。

表 11－24　　规划方案实测正常回淤统计表　　（单位：m/a）

<table>
<tr><th colspan="2">区域</th><th>工程前</th><th>方案 2</th><th>方案 3</th><th>方案 3＋开挖</th></tr>
<tr><td rowspan="3">电厂</td><td>港池</td><td>0.72</td><td>0.44</td><td>0.44</td><td>0.45</td></tr>
<tr><td>航道</td><td>0.95</td><td>0.78</td><td>0.81</td><td>0.90</td></tr>
<tr><td>合计</td><td>0.86</td><td>0.69</td><td>0.71</td><td>0.79</td></tr>
<tr><td rowspan="3">主航道</td><td>OM 段</td><td>1.05</td><td>1.27</td><td>1.27</td><td>1.49</td></tr>
<tr><td>MB 段</td><td>0.56</td><td>0.74</td><td>0.74</td><td>0.96</td></tr>
<tr><td>合计</td><td>0.83</td><td>1.02</td><td>1.02</td><td>1.24</td></tr>
<tr><td rowspan="3">国码</td><td>港池</td><td>0.83</td><td>0.43</td><td>0.42</td><td>0.41</td></tr>
<tr><td>航道</td><td>0.79</td><td>0.70</td><td>0.71</td><td>0.72</td></tr>
<tr><td>合计</td><td>0.80</td><td>0.60</td><td>0.61</td><td>0.61</td></tr>
<tr><td rowspan="2">岩谷</td><td>港池</td><td rowspan="2">0.82</td><td rowspan="2">0.78</td><td rowspan="2">0.81</td><td rowspan="2">0.96</td></tr>
<tr><td>航道</td></tr>
<tr><td rowspan="3">九丰</td><td>港池</td><td rowspan="2">1.09</td><td rowspan="2">1.03</td><td rowspan="2">1.06</td><td rowspan="2">1.14</td></tr>
<tr><td>航道</td></tr>
<tr><td>合计</td><td>0.94</td><td>0.89</td><td>0.92</td><td>1.04</td></tr>
<tr><td rowspan="3">华联</td><td>港池</td><td>1.14</td><td>0.97</td><td>0.97</td><td>1.01</td></tr>
<tr><td>航道</td><td>0.55</td><td>0.68</td><td>0.67</td><td>0.82</td></tr>
<tr><td>合计</td><td>0.87</td><td>0.83</td><td>0.83</td><td>0.92</td></tr>
<tr><td>全港区</td><td>共计</td><td>0.86</td><td>0.84</td><td>0.85</td><td>0.96</td></tr>
</table>

由表 11－24 中成果可见：

1）规划方案实施前全港区正常淤积强度为 0.86m/a，淤积量为 529 万 m^3，与其港区的多年实测资料分析相比较，正常淤积强度为 0.80m/a，淤积量为 490 万 m^3/a，两者差别不大，约为 8%。各港口淤积强度分布趋势基本一致。

2）规划方案对港区淤积的影响，与其方案前比较，全港区淤积强度均有所减少，但减少的幅度不大，约为 0.01～0.02m/a，相当淤积量为 6.2 万～12.3 万 m^3/a，规划方案 2 的淤强略小于方案 3 的淤强 0.01m/a。

3）规划方案的实施，在现状地形条件下，改变了港区平面边界条件，使潮流场、风浪场发生变化，引起各港口的流速与含沙量不同程度增加或减小。流速除了三角山两侧航槽及大杧岛西北侧部分区域流速增加外，港区其他区域流速均为减小，主航道流速减小值最大为 0.23～0.25m/s，国码航道最大减小值为 0.17m/s，岩谷、九丰最大减小值为 0.12～0.13m/s，华联航道最大减小值为 0.20～0.21m/s，而含沙量的增加在主航道及与主航道交接处的电厂、国码支航道的含沙量略为增加，其他各港口的航道与港池含沙量均有不同程度的减少。为此，主航道淤积增加约为0.19m/a，其他港口淤积强度则有不同程度减少，其中淤强减少幅度较大为国码减少0.19~0.20m/a、电厂减少0.15~0.17m/a，淤积强度减少幅度较小的岩谷、九丰为0.02~0.05m/a、华联为0.01~0.02m/a，规划方案2与方案3的平面位置的差异在于三角山的围填位置与型式。为此，两个方案对于流态与流速变化差别在于三角山两侧航槽，而对于已建港口流速、含沙量的影响差异不大，表11-24反映的两个方案淤积强度的差别是表示含沙量与流速差异的作用的结果。

4）规划方案实施，对现状地形按已建港口设计通航深度疏深，全港区淤积强度与开挖前相比较，淤积增加0.11m/a，但由于各港口增深程度不同，增深后流速场、风浪场发生了变化，引起流速与含沙量的改变不同，造成淤积强度较大的仍为主航道与岩谷、九丰，淤强分别增加0.22m/a与0.12m/a，其次为华联与电厂港口，淤强分别增加0.09m/a与0.08m/a，对于国码港口基本没有明显的差别。

11.4 鸡啼门治理规划方案研究

11.4.1 概述

鸡啼门是西江分支鸡啼门水道的出口，位于斗门县大霖，1959年泥湾门堵海工程完成后，泥湾门水道水流全部经鸡啼门出海。鸡啼门外口是三灶岛、南水岛和高栏岛环绕，构成鸡啼门浅海区，1991年南水岛与高栏岛之间建连岛大堤完成后，鸡啼门浅海区自成一体，只有南水沥与黄茅海相通（见图11-1）。

鸡啼门水道自文鱼沙至大霖，长32.9km。据该水道黄金站1965~2000年实测资料分析，潮汐类型判别数约为1.35，属不正规半日混合潮。历年最高与最低潮位分别为2.28m（1993年9月17日）与-1.57m（1979年1月13日），相应历年最高潮位与最低潮位的平均分别为0.44m与-0.60m；历年最大潮、落潮潮差分别为2.90m（1993年9月17日）与2.71m（1976年12月22日），涨、落潮潮差多年平均约为1.03m；历年涨、落潮最长历时（h:min）分别为18:20（1996年2月28日）与15:45（1990年7月31日），多年平均涨、落潮历时（h:min）分别为5:48与6:44。资料分析还表明，20世纪80年代前，鸡啼门多年平均涨潮量为67亿m^3，占八大口门涨潮量的1.8%，落潮量为246亿m^3，占八大口门落潮量的3.89%，净泄量为197亿m^3，占八大口门净泄量的6.1%，山潮比为2.91，属于以径流动力作用为主的河口。

鸡啼门浅海区的潮流向大体为南—北向，涨潮流流向为北偏西，落潮流流向为南偏东。青洲以东水域的涨潮流为北偏西，汇入主槽后向北上溯进入口门为涨潮流的主通道，而青洲以西水域的涨潮流先向西流，遇到连岛大堤阻挡后拆向东北，再向口门上溯，涨潮流速从口外向内沿涨程增大；落潮流经口门向南流，至青洲北分为三股，一股从青洲以西下泄为落潮流为主的通道，一股从青洲以东下泄，另一股从南偏西方向流至连岛堤后，再拆向东南，沿高栏岛、蚊洲西与青洲西的落潮流汇合下泄，落潮流速从口内向口外沿程递增大，无论洪水期还是枯水期，落潮流速均大于涨潮流速。

浅海区呈浅碟状，处于径潮相互作用的区域，由于多股涨、落潮流路，水流分散流速较小，浅海区呈淤积状态，据 1977 ~ 1990 年水下地形相比较，淤积量为 1983.4 万 m^3，年平均淤积量为 152.6 万 m^3淤积强度为 1.32cm/a；其中南水东—横石基以上漏斗区淤积量为 1525.2 万 m^3，年平均淤积量为 117.3 万 m^3，淤积强度为 3.36cm/a，而南水东—横石基以下湾外区淤积强度为 0.43cm/a；1990 ~ 2000 年间，由于 2000 主要测绘了漏斗湾区，浅海区年均淤积量为 248.04 万 m^3，年均淤积强度为 3.2cm ，呈现滩淤槽冲状态，主槽冲深 6.7cm/a，浅滩淤积 3.9cm/a。

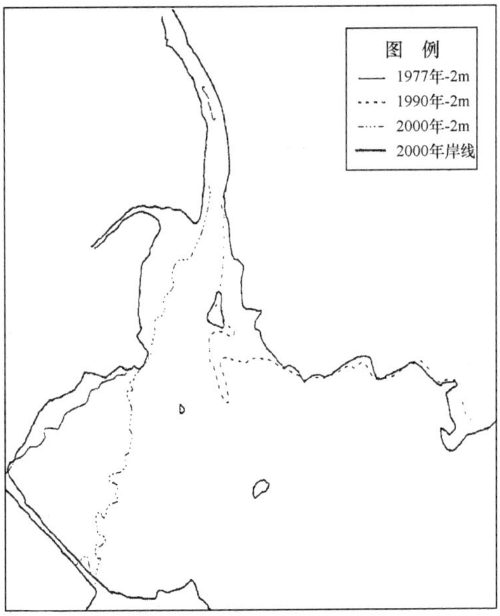

图 11 - 23　鸡啼门历年 - 2m 等深线变化图

鸡啼门浅海区冲淤的平面分布(见图 11 - 23 ~图 11 - 27)。具有如下特征：

(1) 鸡啼门出口，由于口门西侧不断围垦后，水流集中，径流动力作用增强，- 3m、- 5m 等深线均为向前和两侧扩展，槽道西移，平均冲刷 6.7cm /a。

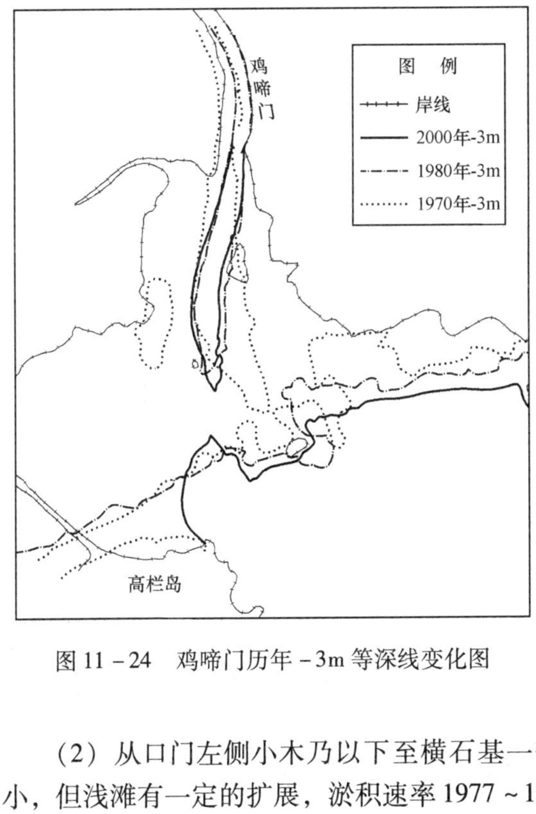

图 11 - 24　鸡啼门历年 - 3m 等深线变化图

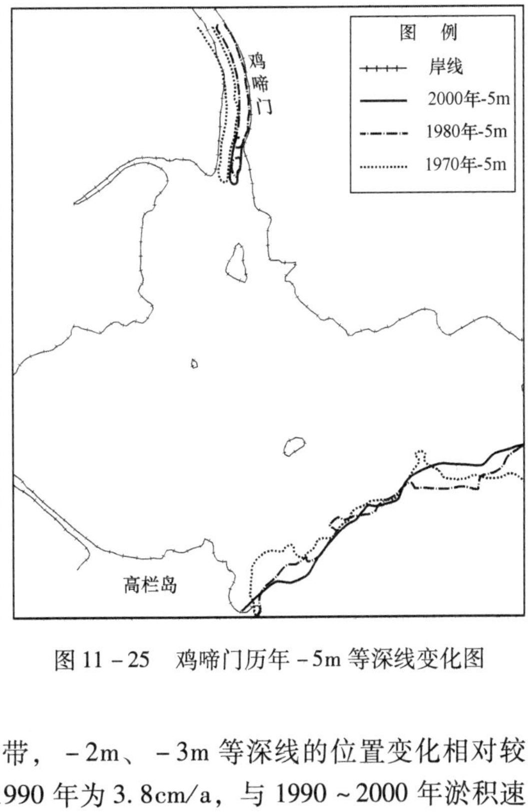

图 11 - 25　鸡啼门历年 - 5m 等深线变化图

(2) 从口门左侧小木乃以下至横石基一带，- 2m、- 3m 等深线的位置变化相对较小，但浅滩有一定的扩展，淤积速率 1977 ~ 1990 年为 3.8cm/a，与 1990 ~ 2000 年淤积速率（2.2cm/a）相比较，有所减少；而从口门右侧以下至草鞋排以西，沿连岛大堤延伸至高栏北一带，-2m、-3m 等深浅变化较大，浅滩向东南方向大幅度扩展，受连岛堤的影响，泥沙向下游淤积明显增大，但 1900～2000 年淤积速率（3.4cm/a）小于 1977～1900 年的淤积速率（4.5cm/a）。

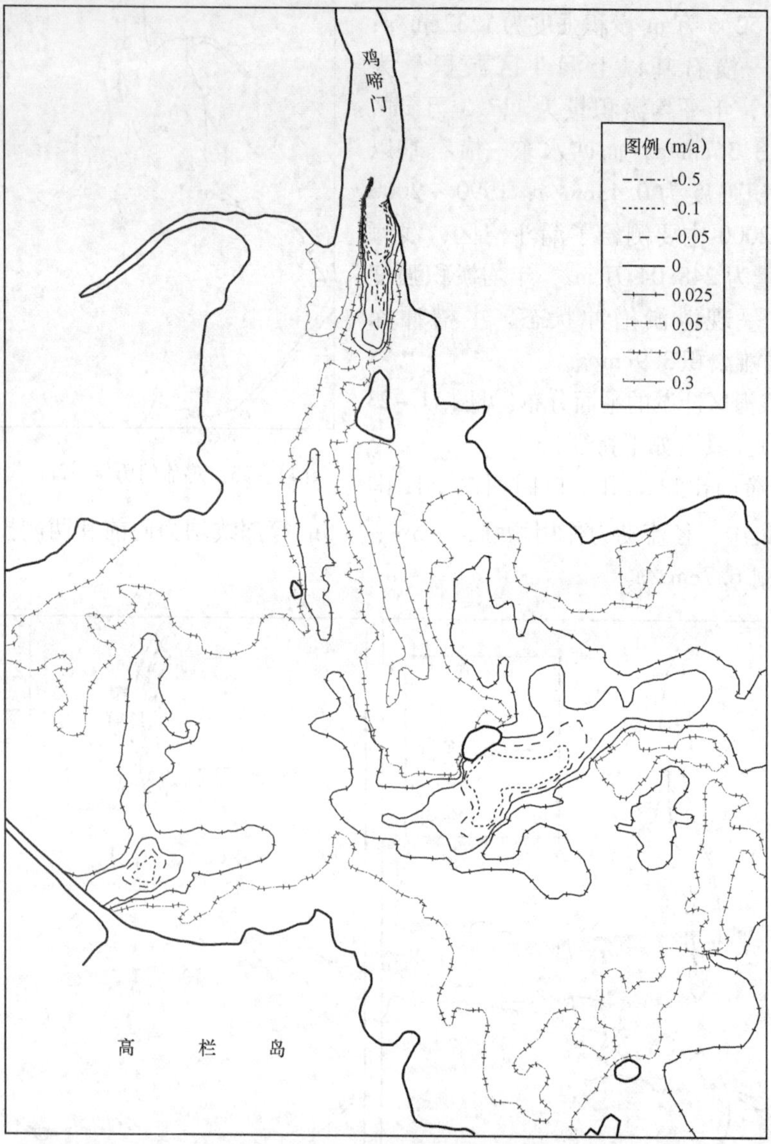

图 11-26 1977～1990 年鸡啼门冲淤率变化图

（3）鸡啼门浅海区在草鞋排、三牙石一带形成拦门沙浅滩，1977 年拦门沙坎高程为 -2.3m，至 1900 年为 -2.0m，淤高 0.3m。-2.4m 高程纵向的长度为 1.8km，至 1900 年纵向长度为 5.8km，延伸了 4.0km，至 2000 年，测图未能包括拦门沙，但拦门沙坎高程降低了 0.25m。但在青洲以西的 -3m 等深线的拦门沙浅滩区仍处在淤积状况，1977～

1990 年淤积速率（3.2cm/a）大于 1900～2000 年的淤积速率（2.2cm/a）。

综上所述，鸡啼门属径流动力作用为主的河口，浅海区以淤积为主，主槽呈南北向，经小木乃、草鞋排东与三牙石西出海，明显的深槽局限于小木乃附近，最深达 8.9m，小木乃—草鞋排深槽一般为 3.0m，槽宽 340～500m，南水—高栏岛连岛建成后，封堵了鸡啼门浅海区与黄茅海浅海区的天然联系通道，加之鸡啼门湾顶两侧岸滩的围垦，加速了两侧浅滩的淤积与拦门沙浅滩的发育。针对浅海区存在的问题，以有利于鸡啼门尾闾的稳定与畅通，减轻上游的洪涝灾害，改善两岸排灌条件与通航条件，迫切需要开展鸡啼门浅海区治导线规划方案的研究。

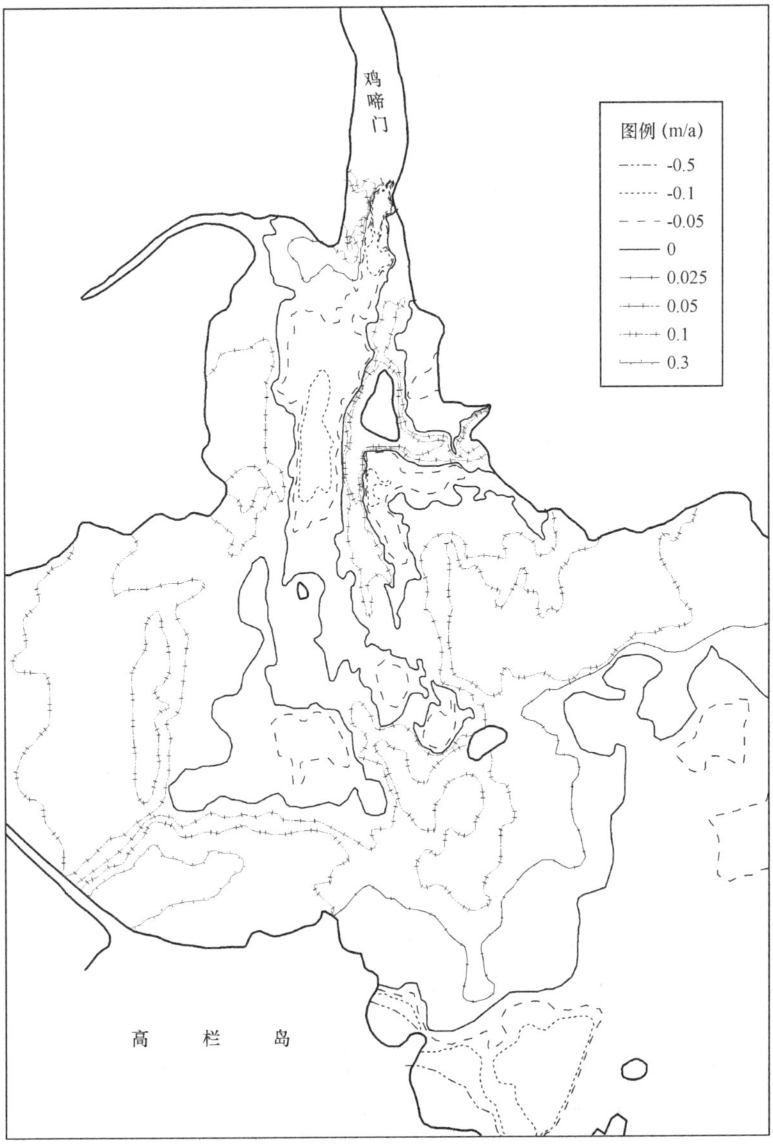

图 11－27　1990～2000 年鸡啼门冲淤率变化图

11.4.2 鸡啼门浅海区治导线规划方案的研究

11.4.2.1 治理规划方案的拟定

鸡啼门浅海区东侧有三灶岛，西侧有南水岛、高栏岛环抱，湾口有园洲、蚊洲岛，浅海区水域中有青洲、草鞋排与三牙石等岛屿。根据海区岛屿的分布情况，治理规划方案的平面布置出口选择在三灶—青洲岛之间的海区。由于三灶岛与青洲岛之间的海区在1938~1940年存在出海深槽，深槽由外海连贯大门岛。到1964年磨刀门三灶湾的围垦，封堵了大门及泥湾门西侧进行围垦开发，切断了大门口潮量，随之浅海区东部深槽发生了萎缩，形成了高程为-1.1~-2.6m的连片东滩，目前东滩已成为上溯流控制区，但流势不强，下泄流动力较弱，且与涨潮流的交角较大，均为20°，形成较大范围的滞流区，在此区域布置规划方案的出口，需开挖主槽，工程量与维护量均较大，不利于口门泄洪排沙；规划方案布置的出口选择在三牙石与青洲岛之间，由于两岛之间水面宽约为800m，而且岛间有几处礁石出露，是上溯流与下泄流交汇的滞流区，淤积严重，不宜选为出海通道；治理规划方案的出口选择在三牙石与高栏岛之间的海区，由于1957年白藤堵海工程封堵了泥湾门，1975年的白藤湖—鸡啼门河湖分治，均加大浅海区西部海区的径潮流动力，主槽较深且较宽，且主槽的走向与落潮流流向基本一致，这对泄洪排沙有利，是鸡啼门浅海区治理规划平面布置的较优方案。

对于治理规划方案的平面形态，以径流下泄为主的河口宜采用河道窄深形式，考虑到河口的纳潮因素，延伸段应采用一定的扩展率为宜。鸡啼门水道从白蕉—河口，长为21.49km，平均河宽为635m，河宽在315~1570m之间，自然扩宽率为2.44%，对比径流型河口延伸段的扩宽率，磨刀门山潮比为5.78，延伸段扩宽率采用1%，横门山潮比为2.75，延伸段扩宽率采用3%，而鸡啼门山潮比为2.91，且自然扩宽率为2.44%，考虑到鸡啼门水道两岸地势低洼，对低水位的抬高较为敏感，为此，选用留有余地的3%和5%扩宽率两个方案进行比较。

治理规划方案的出口处于拦门沙段，河床高程较高，同时由于河道延伸需将几公里宽的海域缩窄为1km的出口，过水面积骤然减少，势必导致上游洪潮水位抬高，为此需要开挖河槽，增加过水面积。参照小木乃断面的现状河床过水面积，延伸段河床高考虑按现状河床和开挖断面从小木乃开始，-4.0m方案挖至三牙石以下1600m，与海区-4.0m等深线相接，以及-5.0m方案挖至三牙石以下4000m，与海区-5.0m等深线相接。开挖断面底宽为500m，边坡均为1:15。

根据上述治理规划方案的平面布置、规划治导线的扩宽率与河床开挖方案，并考虑浅海区青洲以南的东部海区水面宽阔，水深浪大，近期难以淤积成陆的情况，规划治导线以大霖为起点，宽度采用自然河宽600m，以3%与5%扩宽率沿三牙石和草鞋排之间深槽，向南延伸，东治导线近期延伸至三牙石，然后向东与青洲连线，再向东北与三灶岛横石基山咀连接，远期延伸至园洲然后向东北与三灶岛炮台咀连接；西治导线向南延伸至三牙石后，近期将西治导线适当延伸至高栏岛白藤咀，远期延长至高栏岛蟹蚶咀与东治导线相应。延伸段河床高程考虑现状河床、挖至-4.0m、-5.0m等3种情况，组合成近期6个方案（见图11-2、表11-25）。

表 11 - 25　　鸡啼门浅海区规划治导方案

项　　目		3%扩宽率	5%扩宽率	备注
东治导线长（m）		12100	11950	小木乃—三灶
西治导线长（m）		13700	14000	大霖—白藤嘴
东滩面积（hm^2）		2075	1975	
西滩面积（hm^2）		4333	4320	
东西滩面积（hm^2）		6408	6277	
开挖至 - 4m	开挖长度（m）	9550	9500	
	挖方量（万 m^3）	385. 27	385. 27	
开挖至 - 5m	开发长度（m）	11900	11900	
	挖方量（万 m^3）	950. 17	950. 17	
三牙石出口河宽（m）		1050	1150	

11. 4. 2. 2　治理规划方案的研究成果及分析

治理规划方案的研究采用数学模型和物理模型两种手段进行，以便相互补充、相互比较和相互印证。两种手段的研究成果分述如下：

1. 模型的建立与验证

数学模型计算采用一、二维联解不稳定流潮流数学模型进行，模型的范围与计算的径潮组合水文条件与黄茅海治理规划方案相同（见图 11 - 4、表 11 - 3）。物理模型的上边界取在泥湾门水道入口的白蕉水位站以上约 10km 处，制模边界的上游以扭曲水道代替，用量水堰控制鸡啼门水道上游下泄流量；下边界设置在 - 25m 等深线位置，生潮设备采用平拉式活动尾门；模型的东侧固定边界取在三灶岛中间，西侧固定边界取在高栏岛中间，海区宽约为 15km，模型平面布置见图 11 - 28；模型的平面比尺为 700，垂直比尺为 70；模型验证是采用南水—高栏岛连岛已建成后的“92. 11. 16”枯水中潮、“92. 07. 15”中水大潮实测的黄金、白蕉站的潮位、流速过程，以及“95. 09. 12”中水大潮实测的黄金、白蕉站及南水东的潮位过程和在南水东施测两个测点的流速资料，模型边界所需不足资料采用数学模型计算成果作为参考，模型的流路采用模型水流的拍照与利用卫星遥感影像所显示的涨、落潮流路进行对比，由以上所得到的验证成果表明❶，模型的潮位、流速过程与原型实测的潮位、流速过程吻合良好，潮位特征误差一般在 ±4cm 之内，流速特征值误差小于 ±10%，除憩流时段外，流向角误差小于 ±10°；模型的水流流路与遥感影像显示的流路也基本一致。为此，可认为模型达到了与原型水流运动相似的要求，可进行工程方案比选试验研究。

2. 方案比选成果与分析

（1）现状条件治理规划方案对潮位的影响。在河床不开挖时，选用不同洪潮组合进行不同扩宽率的对比试验成果见表 11 - 26，由表可见，在 3% 与 5% 扩宽率和河床不开挖的条件下，潮位的变化趋势是：中水、枯水期时，上游河道的高高潮位降低，低低潮位抬

❶　水利部珠江水利科学研究所，鸡啼门治理规划清水定床河工模型试验报告，1996 年 5 月。

高，洪水大潮时，高低潮位均抬高，而且低低潮位的抬高幅度远比高高潮位抬高幅度大。数模计算成果的潮位变化趋势与物模试验成果基本一致，不同的只是潮位的变化值略小于物模试验的结果（见表11－27），如黄金站洪水大潮时物模试验的高高潮位抬高0.04～0.06m，低低潮位抬高0.40～0.45m，而数模计算结果为高高潮位抬0～0.02m，低低潮位抬高0.28～0.32m；中水大潮时，物模试验的高高潮位降低0.05～0.06m，低低潮位抬高0.32～0.33m，而数模计算结果为高高潮位降低0.02m，低低潮位抬高0.25～0.29m。由此可见，无论是3%或5%扩宽率和河床不开挖的条件下，对潮位的变化都满足不了黄金站低低潮位抬高值不大于0.10m的规划方案优选要求。低低潮位的大幅度抬高与规划方案使浅海区槽道过水面积减少，导致泄流能力不够有关，从而对河道两岸低沙田的自流排水影响太大，因此，治理规划治导线方案必须采取开挖浅海区的拦门沙以增加槽道的泄流能力，从而减小低低潮位的抬高值。

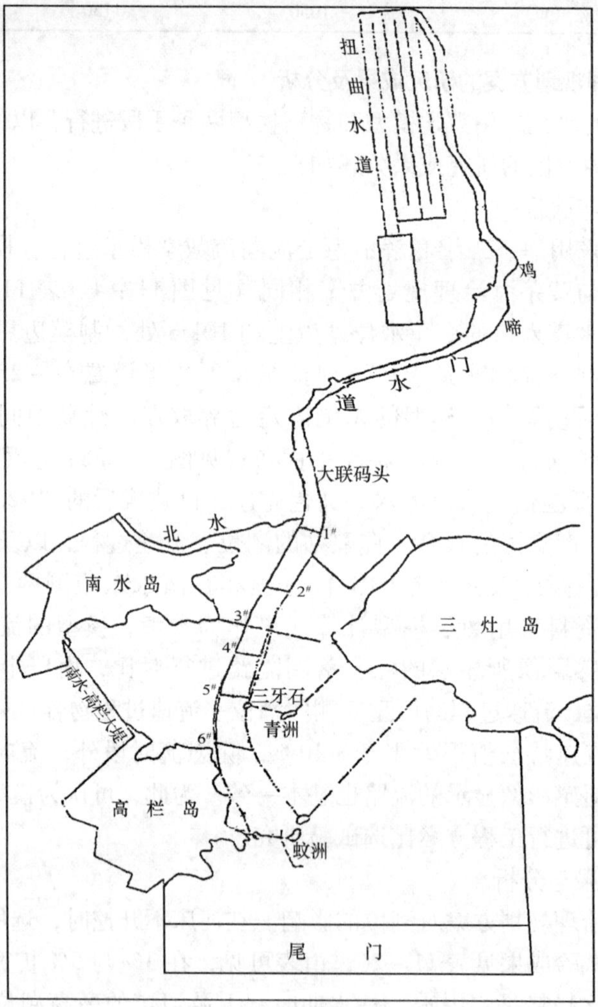

图11－28 鸡啼门模型平面布置图

表11－26　鸡啼门规划治导线不同扩宽率方案潮位变化值表（物理模型试验）　（单位：m）

站名	特征潮位	洪水大潮		中水大潮		枯水中潮	
		3%	5%	3%	5%	3%	5%
白蕉	高高潮位	0.06	0.04	－0.10	－0.09	－0.01	－0.01
	低低潮位	0.26	0.22	0.20	0.19	0.09	0.09
黄金	高高潮位	0.06	0.04	－0.06	－0.05	－0.03	－0.03
	低低潮位	0.45	0.40	0.33	0.32	0.10	0.09
大霖	高高潮位	0.07	0.04	－0.04	－0.03	－0.03	－0.03
	低低潮位	0.52	0.45	0.39	0.38	0.10	0.09
南水	高高潮位	0.03	0.02	－0.03	－0.03	－0.06	－0.06
	低低潮位	0.60	0.50	0.35	0.30	0.08	0.70
赤鱼头	高高潮位	0.01	0.01	－0.01	－0.01	0.00	0.00
	低低潮位	0.01	0.01	0.01	0.01	0.00	0.00

（2）3%与5%扩宽率河床开挖方案成果分析。两种扩宽率均拟定河床开挖至－4.0m与－5.0m方案，试验与计算成果对潮位的影响见表11－27与表11－28，对流速的影响见表11－29、表11－30。

表11－27　鸡啼门规划治导线近期各方案潮位变化值表（物理模型试验）　（单位：m）

站名	潮别	"92.07.15"（中水大潮）						
		现状潮位	扩宽率3%			扩宽率5%		
			不开挖	挖至－4m	挖至－5m	不开挖	挖至－4m	挖至－5m
白蕉	高高潮位	1.24	－0.10	－0.06	－0.06	－0.09	－0.05	
	低低潮位	－0.25	0.20	0.08	0.01	0.19	0.07	0.01
黄金	高高潮位	1.10	－0.06	－0.04	－0.04	－0.05	－0.03	－0.02
	低低潮位	－0.78	0.33	0.12	0.03	0.32	0.11	0.02
大霖	高高潮位	0.98	－0.04	－0.03	－0.03	－0.03	－0.02	－0.02
	低低潮位	－0.88	0.39	0.13	0.04	0.38	0.12	0.03
南水东	高高潮位	0.87	－0.03	－0.02	－0.02	－0.03	－0.02	－0.02
	低低潮位	－1.00	0.35	0.06	0.03	0.30	0.05	0.02
赤鱼头东	高高潮位	0.87	－0.01	0.01	－0.05	－0.01	0.01	0.01
	低低潮位	－0.95	0.02	0.01	0.01	－0.01	0.01	0.01

注　南水东、赤鱼头东为海区深槽测点。

表 11-28 鸡啼门规划治导各方案潮位变化值表（数学模型计算） （单位：m）

站名	潮别	"92.07.15"（中水大潮）							"68.06.27"（洪水大潮）						
		现状潮位	扩宽率3%			扩宽率5%			现状潮位	扩宽率3%			扩宽率5%		
			不开挖	挖至 -4m	挖至 -5m	不开挖	挖至 -4m	挖至 -5m		不开挖	挖至 -4m	挖至 -5m	不开挖	挖至 -4m	挖至 -5m
白蕉	高高潮位	1.24	-0.02	-0.01	-0.01	-0.02	-0.01	-0.01	1.43	0.01	0	-0.01	0	0	-0.01
	低低潮位	-0.25	0.07	0.03	0.02	0.06	0	-0.04	0.46	0.12	0.05	0.05	0.09	0.04	0.01
黄金	高高潮位	1.12	-0.02	-0.01	-0.01	-0.02	-0.01	-0.01	1.18	0.02	0	-0.01	0	0	-0.01
	低低潮位	-0.70	0.29	0.12	0.03	0.25	0.08	0.03	-0.42	0.32	0.15	0.05	0.28	0.11	-0.02
大霖	高高潮位	0.95	-0.03	-0.02	-0.03	-0.02	-0.03	-0.03	1.04	0.02	0	0	0	0	-0.01
	低低潮位	-0.99	0.31	0.13	0.03	0.26	0.09	-0.02	-1.12	0.59	0.34	0.08	0.53	0.28	0.05
南水东	高高潮位	0.97	-0.05	-0.04	-0.03	-0.05	-0.04	-0.03	0.99	0.05	0.03	0.03	0.03	0.03	0.03
	低低潮位	-1.15	0.36	0.18	0.05	0.32	0.16	0.04	-1.27	0.53	0.30	0.11	0.54	0.27	0.09
赤鱼头东	高高潮位	0.95	-0.02	-0.02	-0.02	-0.02	-0.02	-0.02	0.98	-0.01	-0.01	-0.01	-0.01	-0.01	0
	低低潮位	-1.28	0	0	0	0	0	0	-1.34	-0.02	0.02	0.02	0.02	0.02	0.01
高栏东	高高潮位	0.92	-0.02	-0.02	-0.01	-0.02	-0.01	-0.01	0.95	0.01	0.01	0.01	0.01	0.01	
	低低潮位	-1.28	0	0	0	0	0	0	-1.35	-0.02	-0.01	-0.01	-0.01	-0.01	0

表 11－29　“92.7”组合中水大潮河床开挖－5m 不同扩宽率工程前后落潮流速对比

（物理模型试验）

断面	点号	平均流速（m/s）					最大流速（m/s）				
		现状流速	3%扩宽率		5%扩宽率		现状流速	3%扩宽率		5%扩宽率	
			$\overline{V}$	$\Delta\overline{V}$	$\overline{V}$	$\Delta\overline{V}$		V_{max}	ΔV_{max}	V_{max}	ΔV_{max}
黄金	Ⅰ	1.10	1.03	－0.07	1.05	－0.05	1.52	1.50	－0.02	1.51	－0.01
	Ⅱ	0.90	0.90	0.00	0.89	－0.01	1.42	1.39	－0.03	1.39	－0.03
大霖	Ⅰ	0.65	0.64	－0.01	0.64	－0.01	1.05	1.05	0.00	1.05	0.00
	Ⅱ	1.16	1.10	－0.06	1.10	－0.06	1.87	1.86	－0.01	1.85	－0.02
1#	Ⅰ	0.82	0.78	－0.04	0.77	－0.05	1.20	1.20	0.00	1.20	0.00
	Ⅱ	0.58	0.58	0.00	0.56	－0.02	0.98	0.97	－0.01	0.96	－0.02
2#		0.55	0.65	0.10	0.60	0.05	1.20	1.20	0.00	1.18	－0.02
3#	Ⅰ	0.51	0.62	0.11	0.55	0.04	0.88	1.28	0.40	1.20	0.32
	Ⅱ	0.41	0.65	0.24	0.56	0.15	0.78	1.20	0.42	1.25	0.37
4#		0.36	0.69	0.33	0.60	0.24	0.88	1.28	0.40	1.26	0.38
5#		0.39	0.73	0.34	0.63	0.24	0.88	1.39	0.51	1.35	0.47
6#		0.34	0.42	0.06	0.41	0.07	0.66	0.98	0.32	0.98	0.32
7#	Ⅰ	0.32	0.32	0.00	0.32	0.00	0.43	0.44	0.01	0.44	0.01
	Ⅱ	0.29	0.30	0.01	0.29	0.00	0.44	0.44	0.00	0.44	0.00

由表 11－29 和表 11－30 可见：

在 3% 或 5% 扩宽率条件下，河床开挖至－4.0m 高程时，物理模型与数学模型的潮位变化趋势完全相同，变化数值亦相差不大。中水大潮组合时，黄金站低低潮位的抬高值还有 0.11～0.12m；洪水大潮组合时，黄金站亦有 0.11～0.15m 的升幅，而大霖断面低低潮位仍升高 0.28～0.34m；枯水中潮的变化规律与中水大潮的变化规律相同，即高高潮位降低，低低潮位抬高，但其潮位的变幅比中水大潮的变幅要小。可见河床开挖至－4.0m 的规划方案对上游河道两岸的排涝影响较大，满足不了低低潮位的抬高值小于 0.10m 的规划要求值。而对于河床开挖至－5.0m 高程时，物理模型与数学模型成果均显示，在各种洪潮组合条件下，两种不同扩宽率的高高潮位变化不大，但低低潮位抬高值明显减小，以黄金站为例，中水大潮时，低低潮位的抬高值为 0.02～0.03m，其他潮型最大抬高值为 0.05m，由此可见，两种扩宽率在河床开挖至－0.50m 时，对潮位的抬高幅度均小于规划方案的允许值。

从两种扩宽率在河床开挖至－5.0m 时的流速对比可见，物理模型与数学模型成果显示，大霖断面以上河道，由于治理规划方案使涨潮量减少，相应落潮量也减少，使得各种径潮组合条件下，涨、落潮流速均为减小，但减小幅度不大，如中水大潮，涨潮最大流速减小幅度为 0.01～0.06m/s，落潮最大流速减小幅度为 0.01～0.08m/s，而在大霖断面以

表 11-30　　鸡啼门规划治导线各方案 V_{max} 变化值表（数学模型计算）　　（单位：m/s）

站名	潮别	"92.07.15"（中水大潮）							"68.06.27"（洪水大潮）						
		现状 V_{max}	扩宽率 3%			扩宽率 5%			现状 V_{max}	扩宽率 3%			扩宽率 5%		
			不开挖	挖至 -4m	挖至 -5m	不开挖	挖至 -4m	挖至 -5m		不开挖	挖至 -4m	挖至 -5m	不开挖	挖至 -4m	挖至 -5m
白蕉	涨潮	0.04			-0.03		-0.03	-0.02							
	落潮	0.87	-0.05	-0.01	-0.01	-0.04	0.00	-0.01	1.38	-0.06	-0.02	-0.01	-0.06	-0.01	-0.01
黄金	涨潮	0.39	-0.03	-0.02	-0.02	-0.01	-0.01	-0.01							
	落潮	1.14	-0.11	-0.02	-0.02	-0.09	-0.01	0.00	1.69	-0.12	-0.05	-0.03	-0.12	-0.03	-0.03
大霖	涨潮	0.41	-0.10	-0.07	-0.06	-0.08	-0.07	-0.05							
	落潮	1.10	-0.19	-0.13	-0.08	-0.16	-0.11	-0.03	1.56	-0.17	-0.12	-0.03	-0.13	-0.09	-0.01
南水东	涨潮	0.23	0.17	0.15	0.10	0.13	0.11	0.07							
	落潮	0.56	0.44	0.50	0.38	0.36	0.40	0.30	0.79	0.76	0.74	0.58	0.50	0.60	0.46
赤鱼头东	涨潮	0.48	-0.20	-0.14	-0.13	-0.18	-0.14	-0.16							
	落潮	0.70	0.06	0.05	0.03	0.07	0.05	-0.01	0.71	0.19	0.11	0.09	0.13	0.12	0.09
高栏东	涨潮	0.23	0.05	0.11	0.11	0.09	0.10	0.11	0.20	0.05	0.09	0.07	0.09	0.08	0.08
	落潮	0.46	0.16	0.15	0.15	0.16	0.15	0.15	0.59	0.24	0.28	0.27	0.36	0.28	0.27

下的治理延伸段虽涨、落潮量均减少，但由于河宽缩窄、河槽顺直、水流集中，涨、落流速还是以增大为主。3%扩宽率方案落潮平均流速约为0.62～0.73m/s，比方案前增加0.10～0.34m/s；5%扩宽率方案落潮平均流速约为0.55～0.63m/s，比方案前增加0.05～0.24m/s；3%扩宽率方案流速增幅一般大于5%扩宽率方案的流速增幅，且均具有越往下游流速增幅越大的变化规律。

上述试验与计算成果分析表明，河床开挖至－5.0m高程的方案，无论是3%或5%扩宽率对于潮位的变化值均能满足规划方案的要求，但从减轻河槽淤积从而维护河槽的稳定而言，显然以3%扩宽率方案比5%扩宽率方案为好，因此，采用3%扩宽率配合河床开挖至－5.0m是较为合理的治理规划优选方案。

3. 优选方案成果分析

采用洪水大潮与中水大潮选定近期规划治导线的优选方案还需进行其他径潮组合条件的试验与计算，综合其成果加以论证，并需在优选方案的基础上进行远期方案的试验研究。

（1）规划治导线近期方案成果分析。表11－31与表11－32分别为不同径潮组合条件下，物理模型试验与数学模型计算近期方案的潮位、流速及潮量的变化成果，由表可见：

潮位的变化从上游河道至浅海区整治段，在洪水条件下，高高潮位和低低潮位均有所抬高；在中水、枯水期时，则有高高潮位降低和低低潮位抬高的变化趋势。但潮位变化值不大，80%以上的潮位变化值均小于0.03m；高潮位变化值最大为0.06m，低潮位变化值最大为0.09m；整治段的潮位变化幅度大于上、下游河段。由此可见，在各种径潮组合水文条件下，高低潮位变化幅度均小于规划要求的允许值±10cm。

表11－31 鸡啼门规划治导线近期选定方案各水文组合潮位、流速、潮量变化值表（物理模型试验成果）

站点	潮别	50年一遇洪水			台风暴潮			洪水大潮			中水大潮			枯水中潮		
		潮位（m）	流速（m/s）	潮量（%）	潮位（m）	流速（m/s）	潮量（%）	潮位（m）	流速（m/s）	潮量（%）	潮位（m）	流速（m/s）	潮量（%）	潮位（m）	流速（m/s）	潮量（%）
白蕉	涨潮	0.01			0.01			0			－0.06			－0.01		
	落潮	0			0.01			0			0.01			0.01		
黄金	涨潮	0.02			0.01			0.01			－0.04		－72.5	－0.01		－8.48
	落潮	0.01	0	0	0.02	0	0	0.01	－0.01	0	0.03	0	－2.44	0.02	－0.02	－5.74
大霖	涨潮	0.03			0.03			0.01			－0.03			－0.02		
	落潮	0.02	－0.1		0.05	0		0.01	－0.03		0.04	－0.01		0.02	0	
南水头	涨潮	0.02		－100	0.05		－100	－0.02		－100	－0.02		－86.3	－0.03		－53.75
	落潮	0.03	0.59	2.74	0.05	0.54	－4.3	0.02	0.61	－16.4	0.03	0	－30.8	0.02	0	－47.45
赤鱼头东	涨潮	0			0			－0.01			－0.01			－0.01		
	落潮	0.01	0.57		－0.01	0.72		0.01	0.66		0.01	0.32		0.01	0.04	
高栏东	涨潮	0			0.01			0.03			－0.01			0		
	落潮	0.02			0.01			0.03			0.02			－0.02		

注 表中流速为最大流速。

表 11－32　鸡啼门规划治导线近期方案

不同洪潮组合潮位、流速、潮量变化值表（数学模型计算成果）

站点	潮别	50 年一遇洪水			台风暴潮			洪水大潮			中水大潮			枯水中潮		
		潮位（m）	流速（m/s）	潮量（%）	潮位（m）	流速（m/s）	潮量（%）	潮位（m）	流速（m/s）	潮量（%）	潮位（m）	流速（m/s）	潮量（%）	潮位（m）	流速（m/s）	潮量（%）
竹洲头	涨潮	0			-0.01			0			0			-0.02	-0.01	-2.1
	落潮	0	0	-0.7	0	-0.03	-0.2	0	0	-0.1	0	0.05	-0.1	0.01	0	-3.2
鲨鱼沙	涨潮	0			0.01			0.01			0			-0.02	-0.08	-3.6
	落潮	0.04	-0.01	-0.7	0.03	0.01	0.01	0.04	-0.01	-0.2	0.01	-0.01	-0.7	0.03	0	-0.1
白蕉	涨潮	0.02			0.02			0.01			-0.01	-0.03	-68.6	0.01	-0.01	-3.8
	落潮	0.04	-0.03	-0.7	0.04	-0.01	-0.2	0.05	-0.01	-0.3	0.02	-0.01	-0.6	0.04	0	-0.6
黄金	涨潮	0.01			0.01			0.01			-0.01	-0.02	-14.0	-0.02	-0.01	-8.0
	落潮	0.06	-0.07	-0.7	0.05	-0.01	-0.1	0.05	-0.03	-0.3	0.03	-0.02	-0.2	0.05	-0.02	-1.2
大霖	涨潮	0.06			0.01	-0.06	-65.8	0			-0.03	-0.06	-12.0	0	-0.02	-9.1
	落潮	0.08	-0.10	-0.6	0.07	-0.11	-1.1	0.08	-0.03	-0.2	0.03	-0.08	-0.7	0.09	-0.01	-2.9
南水头	涨潮	0.01			0.04	0.07	-95.7	0.03			-0.03	0.10	-76.8	0.01	0.13	-54.8
	落潮	0.09	0.81	-3.4	0.09	0.54	-12.1	0.11	0.58	-7.7	0.05	0.38	-16.5	0.04	0.30	-30.0
赤鱼头	涨潮	0			-0.01			-0.01			-0.02	-0.13		0	-0.11	
	落潮	0.03	0.06		0.02	-0.04		0.02	0.09		0	0.03		0.02	0.07	
高栏东	涨潮	0.01	-0.04		0.01	0.04		0.01	0.07		-0.01	0.11		0.01	0.13	
	落潮	-0.02	0.04		-0.01	0.21		-0.01	0.27		0	0.15		0.01	0.08	

注　表中流速为最大流速。

流速的变化为大霖以上河道流速均为减小，由于其涨潮量为减少，相应落潮量也减少所致。最大流速减小幅度为0.01～0.10m/s，其减幅自下而上沿程减小。整治段虽然潮量均为减少，但由于河宽缩窄，水流集中，涨潮、落潮流速以增大为主。在洪水组合条件下，整治前潮流界一般在南水东附近，而整治后，潮流界下移到高栏岛附近，整治段基本上由落潮流所控制。落潮最大流速增大0.54～0.81m/s，增幅约为原落潮最大流速的50%～70%；在中水、枯水期，整治前潮流界在黄金站上游2km以上河道，整治后潮流界约在黄金—白蕉附近，此时整治段为涨、落潮流相互作用的区域，落潮流速大于涨潮流速，落潮动力大于涨潮动力，为此，涨潮流速增大的幅度小于落潮流速增大的幅度，数学模型计算成果显示南水东河段涨潮最大流速增大0.10～0.13m/s，落潮最大流速增大0.30～0.38m/s，增幅约为原落潮流速的67%。

在水流的流态方面，从物理模型试验和数学模型计算所得到成果可以看到：在治理前当下游下泄枯水流量时，上溯潮流先补充湾内，然后从草鞋排进入口门；当上游下泄洪水时，草鞋排上游的内海区，因受下泄主流的影响，涨潮流沿两侧浅滩上溯，径流沿主槽下泄，而落潮时水流归槽，并在三牙石—青洲下游产生小范围的回流。治理工程实施后，涨潮时，在三牙石上方、东治导线西侧，个别时段产生局部回流；落潮时，水流流出治导线后突然扩散，在三牙石—青洲治导线的下方产生约为3km^{2}范围的逆时针回流，出现青洲至三灶一带流速几乎为零的静水区。

上述流速、流态变化成果分析表明，鸡啼门浅海区的东西两侧以规划治导线加以控制，水道内涨潮、落潮流态平顺、流势集中、流速均有所增大，水流动力增强，消除了浅海区自然发展所形成的水流分散、流态紊乱、淤积严重的局面，有利于维护开挖后槽道的稳定和畅通；既提高了泄洪能力，又改善口门通航，低潮位保证率为 95% 时水深为 3.8m，可航行 1000 吨级船舶，成为珠海港沟通内陆的捷径通道。

（2）远期规划方案的成果分析。表 11－33 与表 11－34 分别为鸡啼门远期规划治导线方案在不同径潮组合水文条件下，物理模型试验与数学模型计算成果。由表可见：

表 11－33　鸡啼门规划治导线远期方案潮位、流速、潮量变化值

（物理模型试验成果）

站点	潮别	50 年一遇洪水			洪水大潮			台风暴潮			中水大潮			枯水中潮		
		潮位（m）	流速（m/s）	潮量（%）	潮位（m）	流速（m/s）	潮量（%）	潮位（m）	流速（m/s）	潮量（%）	潮位（m）	流速（m/s）	潮量（%）	潮位（m）	流速（m/s）	潮量（%）
白蕉	涨潮	0.02			0.02			0.01			-0.06			-0.01		
	落潮	0.01			0.01			0.01			0.01			0.01		
黄金	涨潮	0.03			0.02			0.02			-0.04		-74.0	-0.02		-10.42
	落潮	0.02	0	0	0.03	0	0	0	-0.01	0	0.03	0	-2.49	0.02	-0.04	-7.06
大霖	涨潮	0.03			0.03			0.02			-0.04			-0.02		
	落潮	0.02	-0.11		0.06	0		0.01	-0.03		0.04	-0.01		0.02	-0.05	
南水	涨潮	0.03		-100	0.06		-100	-0.01		-100	-0.03		-87.5	-0.03		-56.82
	落潮	0.04	0.59	2.74	0.05	0.54	-4.3	0.02	0.61	-16.4	0.03	0	-31.3	0.03	0	50.17
赤鱼头	涨潮	0.01			0.03			-0.05			-0.05			-0.05		
	落潮	0.03	0.67		0.02	0.88		0	0.72		0.04	0.32		0.02	0.08	
高栏东	涨潮	-0.01			-0.01			-0.03			-0.01			0.01		
	落潮	0.02			0.01			0.03			0.02			0.01		

注　表中流速为最大流速。

在潮位变化方面，高、低潮位的抬高与降低的变化趋势与近期规划治导线方案基本一致，但由于远期方案与近期方案的不同之处仅在于向海区延伸，河口向南延伸移动了 7.0km，因此，远期方案引起涨潮量的减少比近期方案要大。导致远期方案高、低潮位的变化值大于近期方案高低潮位的变化值。物理模型试验成果表明：远期方案比近期方案潮位的变化值约大 0.01m，而数学模型计算成果同样表明：在洪水、中水期，远期方案实施后高低潮位都抬高，如洪水大潮时黄金站的高高潮位比近期方案抬高达 0.09m，大霖站亦抬高 0.08m，低低潮位虽然亦有抬高，但幅度较小。可见河口延伸后，物理模型和数学模型成果都表明潮位的变化对上游河道的防洪排涝有所影响。

表 11－34　鸡啼门远期规划治导线方案潮位、流速、潮量变化值表

（数学模型计算成果）

站点	潮别	洪水大潮			中水大潮		
		潮位（m）	流速（m/s）	潮量（%）	潮位（m）	流速（m/s）	潮量（%）
竹洲头	涨潮	0.01			0.01		
	落潮	0	0	－0.6	0	－0.04	0.7
鳖鱼沙	涨潮	0.02			0.02		
	落潮	0.01	0.01	－0.5	0	0.03	－1.0
白蕉	涨潮	0.04			0.03	0.01	－36.4
	落潮	0.01	0.01	－0.5	0.02	0.04	－1.0
黄金	涨潮	0.07			0.02	－0.07	－3.2
	落潮	0	0.04	－0.5	0.01	0.02	－1.4
大霖	涨潮	0.07			0	－0.07	－4.4
	落潮	0.08	－0.33	－0.3	0.06	－0.21	－1.8
南水东	涨潮	0.10		－100	0	0.03	－80.6
	落潮	0.10	0.57	－8.6	0.01	0.39	－18.3
赤鱼头	涨潮	0.08			0	－0.30	
	落潮	0.02	－0.05		0.04	－0.04	
高栏东	涨潮	0.08	－0.18		0.02	－0.17	
	落潮	－0.03	0.23		0.02	0.01	

注　表中流速为最大流速。

远期方案在各种径潮组合条件下，潮流界比近期方案略为下移，涨潮量也小于近期方案。以枯水中期为例，南水断面方案实施前后比较，涨潮量减少56.8%，而与近期方案比较，约减少3.1%；落潮量方案实施前后比较减少50.2%，与近期方案比较，约减少2.7%，可见远期方案进一步削弱了潮流动力。为此，对于整治段的上游河道潮流速具有减小的趋势，中水大潮时，方案前后比较，涨潮最大流速减小0.04～0.07m/s，与近期方案比较，流速减幅约为0.01～0.06m/s；整治段涨潮量减少引起流速降低，而河宽缩窄，过水面积减小，水流集中使流速增加，二者综合作用使整治段的上段，潮流速在方案前后比较，仍为增大，如中水大潮时，南水东涨、落潮最大流速增加分别为0.03m/s和0.39m/s，而近期方案分别增加0.11m/s和0.43m/s，流速减幅分别为0.08m/s和0.04m/s，涨潮流速减幅大于落潮流速幅度；整治段的下段以潮流速减少作用为主，涨潮、落潮流速在方案前后比较，赤鱼头断面涨潮、落潮最大流速减小0.30m/s和0.04m/s，而近期方案分别增加0.01m/s和0.04m/s，远期方案与近期方案比较涨潮流速的减幅大于落潮流速的减幅，潮流动力减弱。物理模型试验成果也说明这一点，远期方案河口延伸至园洲岛，口门有蚊洲岛和礁石鸦爪横卧，使出口流态非常混乱，有利于拦门沙的形成发育。为此，对于鸡啼门远期方案要视近期方案实施情况及延伸段和浅海区的动力变化趋势，以及及时观测原型海区的水文、地形资料后，再对远期规划治导线方案做进一步的研究。

11.4.3　近期方案优化调整试验研究

1. 优化方案的拟订

针对鸡啼门浅滩存在的主要问题，从有利于鸡啼门尾闾的稳定与畅通，减轻上游的洪涝灾害，改善两岸排灌条件着眼，经多种方案比选，近期方案选择沿小木乃—三牙石西深槽两侧布置，起点为大霖，河宽为 600m，以 3% 的拓宽率延伸，西治导线延伸至高栏岛的藤咀，长 13.7km，东治导线延伸至三牙石，向东与青洲岛连线，再向北与三灶岛、横石基山咀连接，长 12.1km。河床开挖自大霖开始，沿中轴线开挖至 -5.0m 高程，与其外海以 1∶500 的坡度和 -5.0m 高程衔接，底宽为 500m，边坡为 1∶15，长约为 13.0km（见图 11-29）。但近年来随着鸡啼门西滩临珠海高栏港区的工业开发建设，西边滩涂被围垦侵占，使主槽上段有向西移动、而主槽下段则向东移动的趋势，并且试验成果还表明，青洲岛附近涨、落潮流态不佳，潮流进出流路弯度过大，青洲南侧和西侧存在回流区，可能会加速该区域的滩涂发育，而且远期方案出口的蚊洲附近，流态较为混乱，此外鸡啼门东侧海区的发展还有待于观察。为此，保持选择方案的西治导线，而东治导线应作优化调整。经数学模型计算比选拟定 2 条东治导线方案分别与原治导线的西治导线组成 2 个治导线调整方案，并与原治导线方案进行对比（见图 11-29），即：

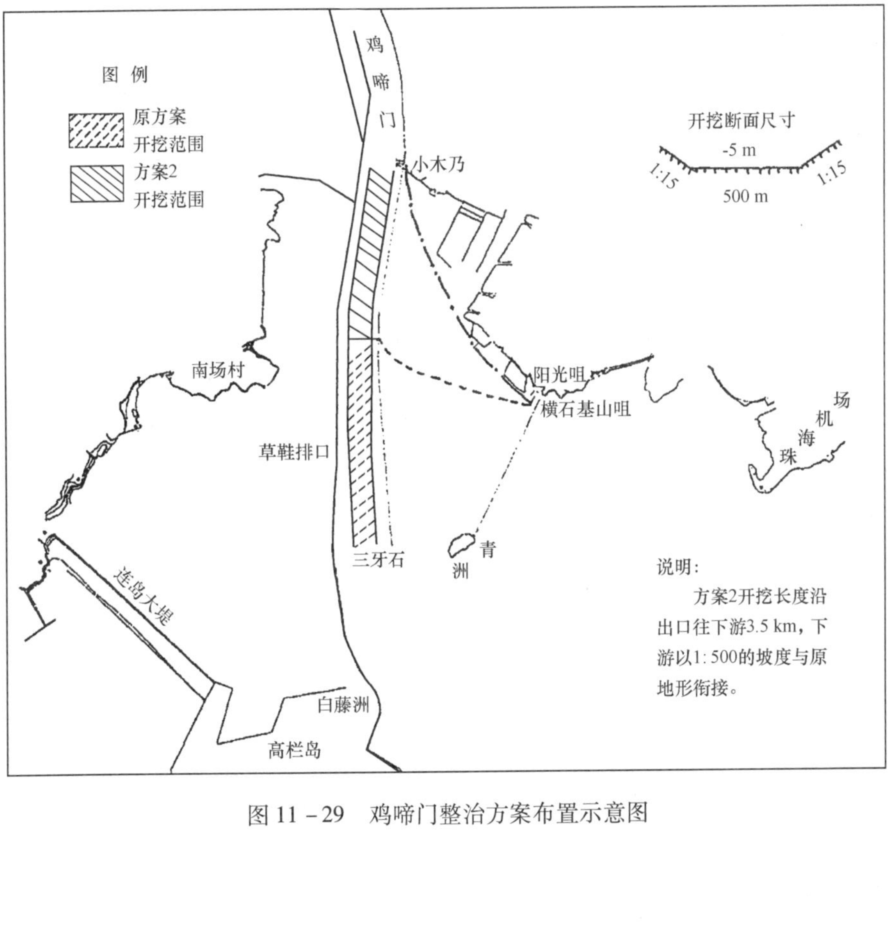

图 11-29　鸡啼门整治方案布置示意图

方案1：东治导线从小木乃的堤防开始，以圆弧线沿三灶岛西侧现有涉水建筑物的外缘沿东南向至横石基的阳光嘴抛石堤，长6.2km，西治导线仍采用原治导线，该方案的放宽率达63%，利用现有的深槽，不考虑深槽开挖。

方案2：西治导线不变，东沿导线从小木乃以3%扩宽率向南延伸约3km后，以弧线与三灶岛阳光嘴抛石堤头相连，疏浚小木乃以下延伸段出口3.5km长的河槽，开挖断面与原规划方案相同。

2. 优化方案的比选试验研究

本次方案优化比选试验研究与1996年进行的鸡啼门浅海区治导线规划方案的研究有所不同，模型的研究范围包括珠江三角洲的网河与八大口门区及外海区的珠江河口整体模型，模型以1999~2000年岸线及水下地形为现状边界；模型采用的水文组合为20世纪90年代发生不同的典型洪潮组合，包括1998年6月的洪水大潮组合、1997年7月的中水大潮组合、2001年2月的枯水大潮组合；鸡啼门的优化方案是在其他口门治导线方案已确定的基础上进行的。

数学模型计算成果表明，洪水大潮时，3个工程方案的上游水道潮位与工程前比较，其变化值均较小，方案间差异不大，原治导线方案与方案2均可使黄金站低潮位降低0.10m，而方案1因主槽未开挖，低潮位则抬高0.06m；中水、枯水条件下，上游潮位变化趋势基本相同。原治导线方案与方案2均可使黄金站的落潮量增加，而方案1则有所减少；对于涨潮、落潮量3个工程方案均为减少，减少值在1.7%~4.5%之间，以原治导线方案最大。整治段主槽的涨潮流速沿程均有所降低，原治导线方案流速变化值相对较大；主槽落潮流速一般呈增加趋势，而整治段外海区均有所减少，方案间比较，原治导线方案影响稍大，其次为方案2。

物理模型试验与数学模型计算成果（见表11-35）表明，方案2与原治导线方案比较，不同径潮组合条件下，低潮位降低值为0.01~0.02m，高潮位在洪水大潮时降低0.01m，中水、枯水组合则抬高0.01m；整治段主槽落潮流速呈增大趋势，洪水大潮时增大0.12~0.54m/s，中水大潮时增大0.07~0.28m/s，枯水大潮时增大0.03~0.26m/s，而涨潮流速虽然是增大的，但除枯水大潮外增幅小于落潮流速的增幅，在洪水大潮时增幅为0.01~0.10m/s，中水大潮时为0.08~0.15m/s，枯水大潮时为0.13~0.31m/s；方案2与原方案在流态方面也有明显的差异(见图11-30~图11-33)，原治导线方案落潮时，水流出治导线后突然扩散，并在三牙石—青洲岛治导线的下方产生约为3km范围的逆时针回流，青洲—三灶一带水域潮流流速极小，几乎为静水区，而涨潮时，受东治导线转向形成折线的影响，在三牙石上方，东治导线的西侧形成局部回流；方案2由于东治导线出口处以圆弧与下游治导线连接，涨潮时东治导线南侧滩地先涨，此时主槽仍处于落潮流，随着主槽的涨潮流逐渐增加，而东治导线南侧涨潮流沿西北方向上溯，在整治段出口处与主槽涨潮流受西治导线的制约，转向北，在出口段的东治导线西侧基本未形成回流，落潮初期，由于潮位高，青洲岛东侧过水面积较大，导致东治导线南侧滩地落潮流势强于主槽，随着潮位的降低，滩地阻力增加，落潮主流归槽。由此可见方案2比原治导线方案对洪水位的降低和潮流动力的增强作用更为明显，整治段出口及口外水域涨、落潮流态也比原方案有明显改善。

表 11－35　推荐方案黄金站各水文要素变化值统计表

组合	高高潮位（m）		低低潮位（m）		落潮流速（m/s）		落潮量（%）	
	计算	试验	计算	试验	计算	试验	计算	试验
洪水大潮	-0.02	-0.01	0.04	-0.01	-0.02	0.02	0	1
中水大潮	0	0.01	0.05	-0.01	0.01	0.01	0	0.8
枯水大潮	0	0.01	0.03	-0.02	0.02	0.01	0	0.6

注　变化值是与原治导线方案比较。

综合分析以上数学模型计算和物理模型试验成果，可见 3 个方案在潮位、潮流速及流态等方面存在一定的差异，考虑到延伸段的远期方案还需观察浅海区演变与发展趋势，然后再确定其出口的方向和在位置上留有余地，为此，推荐方案 2 作为原治导线方案的近期替代的优化方案。

图 11－30　原方案涨急流态

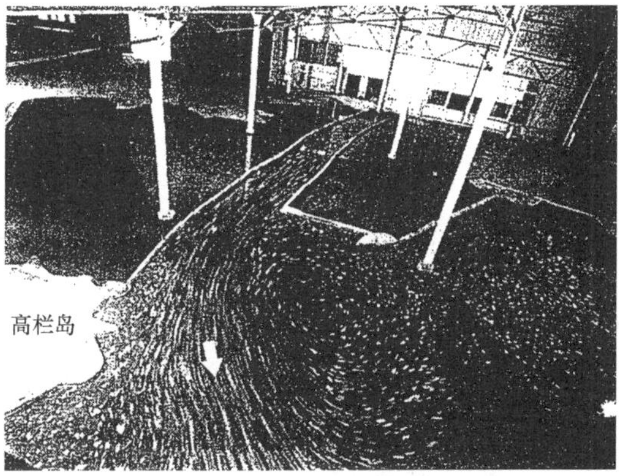

图 11－31　原方案落急流态

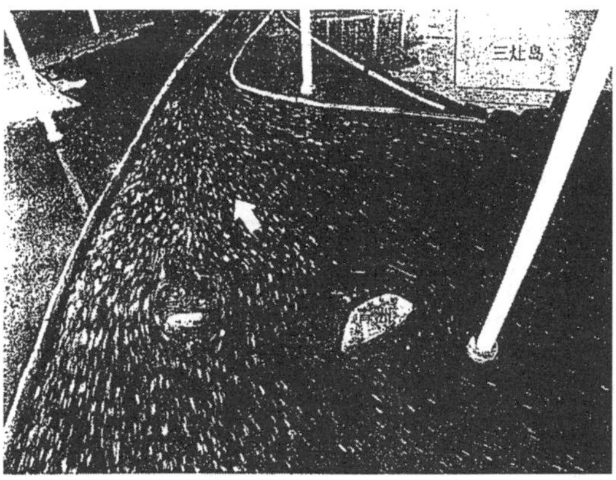

图 11－32　方案 2 涨急流态

图 11－33　方案 2 落急流态

参考文献

[1] 陈永平，马启南等．黄茅海治导线对潮汐要素影响试验研究［J］．海洋工程，2002（2）．

[2] 杨雪舞．黄茅海河口湾现代动力地貌体系和冲淤过程分析［J］．热带海洋，1997（1）．

[3] 刘家驹等．高栏港泥沙淤积问题研究［J］．海洋工程，1993（3）．

[4] 交通部．JTJ213—98 海港水文规范．北京：交通出版社，1998．

第12章　珠江河口堤围建设

珠江河口筑堤防洪，发展农业生产，保障人民的生命财产安全，具有悠久的历史。据史料记载，大规模的筑堤，始于宋至道二年（公元996年），其后经历元、明、清、民国，筑堤的范围和规模不断扩大和延伸，至今已筑有江海防洪防潮干堤约7900km，沿主要河流两岸修筑，也伸延到支流及河汊两岸，堤防常呈环形，故又称堤围。自清代起开始出现将小围合并成大围，以增强抵御洪水的能力，称为联围工程。新中国成立前的1947年和1949年珠江三大水系先后出现大洪水，珠江河口的堤围大多溃决，新中国成立后以恢复生产、争取国民经济根本好转为首要目标，进行了大规模的堵口复堤，接着进行了联围筑闸、缩短堤线、简化河系、控支强干、疏浚河道、加固险段、稳定河槽等整治工程，提高了防洪能力，减少了洪（潮）涝灾损失，保障了河口地区经济建设的发展。

12.1　珠江河口的联围筑闸工程

12.1.1　工程概况[1]

珠江河口地区的联围筑闸工程是新中国成立后，自20世纪50年代初至60年代初期大范围、大规模地兴起的。在此期间，人们为了提高抗御洪水的能力，将小堤围合并成大堤围，对堤围加高培厚，整理堤系，塞支强干，简化河系，整险护岸，稳定河道，整理围内灌、排体系，大力兴建电力排灌站。并筑闸控制，以利防洪排涝，发展农业生产。至60年代中期以后，虽然联围筑闸工程仍在继续进行，但已进入一个缓慢发展的阶段，除1977～1979年兴建江新联围的两个主要枢纽工程——睦洲水闸和北街水闸外，已无大的联围筑闸工程。

有关珠江河口地区5万亩以上的堤围情况见表12－1，大、中型水闸情况见表12－2。

珠江河口区主要堤围的基本情况如下：

1. 西北江三角洲的主要堤围

（1）佛山大堤。佛山大堤干堤堤线起自南海小塘农药厂岗边，上接北江大堤，下沿北江干流入紫洞口，经沙口枢纽，沿潭洲水道北岸，至登洲头转入平洲水道北岸，至平洲镇以北的沙尾桥与佛山涌、三山河交会口止，全长43km。包括花木洞、朱山、芝安、存院、金钗、五福、石角、永厚、镇水、盐联和四乡联围11个围。大堤承担防护佛山市城区（即汾江区）和石湾区（包括石湾、澜石、张槎、环市区）及南海的小塘、罗村、平洲、大沥、盐步5个区（镇），集水面积276.1km^2，耕地23.18万亩（其中甘蔗1.26万亩，鱼塘1.79万亩），人口55.6万，其中农业人口26.7万。

表 12－1　　珠江河口地区 5 万亩以上堤围基本情况表

堤围名称	所属河流	所属市县	起止地点	堤长（km）	防护		防御标准（a）		装机容量（kW）		
					耕地（万亩）	人口（万人）	设计	现达	合计	排涝	灌溉
新江围	新兴江	高要	河华—象山	9.15	5.01	5.82	50	40	4914	4454	460
联安围	西江	高要	百有农场—羚羊峡口	6.00	15.9	13.33	50	40	12170	11007	1163
丰乐围	西江			29.24	11.52	5.82					
		高要	横槎涌口—青岐涌口	18.80	9.75	4.81	20	20	10112	9352	760
		四会	陶冶口—龙湾	10.44	1.77	1.01	50	12	793	583	210
金安围	西江	高要	牛眠山—长坑	17.73	12.75	7.36	50	30	12023	11324	699
十四围	西江 高明河	高明	大顶岗—沧江水闸—煤炭岗	44.87	10.57	9.03	50	20	6990	6805	185
清东围	北江	清远	峡口—大燕口—三棵竹	44.02	9.31	8.68	50		7578	4600	2978
清西围	北江	清远	花陂—茅舍岭—三坑	36.23	11.95	10.76	50		8349	7560	789
大旺围	绥江	大旺农场		22.50	11.20	2.50	20				
北江大堤	北江			63.34	100.00	600.00	100	100			
	石角围	清远	骑背岭—长江村	18.34	6.22	2.52	100	100			
榕塞大围		三水	芦苞涌口—西南涌口	44.0	20.08	15.21	20	20	13606	3999	9607
九爪南围		三水	柴枝岗—鹰咀	22.1	5.60	3.40	20	20	4811	2275	2536
							24.40	6.32	4.44		
南花围		南海	狗眠岗—沙洲冲	10.70	2.42	1.40	20	20	2116	1125	991
		花县	平岭头—峡石	13.70	3.90	3.04	20	20	3018	1635	1383
马安围	东江	惠阳	三山—二圣宫	30.80	9.00	5.00	50	20	5644	5185	459
永良围	西枝江	惠阳	大湖洋—永胡	23.00	5.10	3.70	20	5	4692	4145	547
潼湖围	东江	惠阳东莞	窑头沥—麦场	13.60	20.00	11.00	50	50	5886	4780	1106
东莞大堤	东江	东莞	常平新围—篁村同溪	63.66	23.70	53.40	50	50			
桥头围	石马河	东莞	九江水—虾公山	8.10	6.22	5.76	100	100			
福燕洲围	东江	东莞	金较椅—坐头横	16.70	5.80	7.00	100	50	1180	1180	
天河围	西江	新会	天河—北街	19.80	6.40	20.40	50	20	4564	4564	
礼东围	西江	新会江门	外海—滘头	36.10	8.20	6.47	50	20			
中顺大围	小榄水道			117.00	51.10	87.50	50	50	26755		
			江尾—东河口	51.29	46.82（中山）	55.60（中山）	50	20	18368	15548	2820
			江尾—西河口	62.67	4.28（顺德）	5.68（顺德）	100	50			

续表

堤围名称	所属河流	所属市县	起止地点	堤长（km）	防护		防御标准（a）		装机容量（kW）		
					耕地（万亩）	人口（万人）	设计	现达	合计	排涝	灌溉
白蕉联围	磨刀门 泥湾门	头门	螺洲码头—良潭冲	33.45	10.82	4.16	10级台风	6~7级台风	72695	72560	135
中珠联围	磨刀门			22.49	45.46	18.40	20	20级台风	2810	2810	
		中山	马角—广昌	11.00	10.46	6.40	10级台风	9级台风	5439	3986	1453
		珠海	猪乸涌—企人石—拱北—石角咀	9.7	2.24	1.65	10级台风	10级台风			
江新联围	西江	江门新会		94.4	33.27	63.00	50	50	9153	9153	
礼西围	江门河	新会	礼东—三江	37.80	5.19	4.95	50		1449		
乾务联围	鸡啼门	斗门	红旗上围—大海环	15.97	5.53	0.57	10级台风	8级台风	3427	3252	175
赤坎联围	虎跳门	斗门	蠕蛛山—斗门石场	35.43	6.93	4.47	10级台风	8级台风	4216	3487	729
佛山大堤				43.00	27.80	83.60	50	50			
樵北大围	西江 北江				52.80	15.05	9.47				
		三水	思贤滘—风果南下	28.20	6.62	4.15	50	20	8556	4470	4086
		南海	界牌—官山闸	24.60	8.43	5.32	50	50	13714	10255	3459
南顺桑园围	西江顺德水道			63.20	19.97	22.65					
		南海	扣口闸—石龙闸	38.30	13.18	15.16	100	50	5982	4610	1372
		顺德	甘竹—西安亭	24.90	6.79	7.49	50	40	809	775	34
顺德第一联围	容桂水道	顺德	勒流—板尾	74.30	15.99	22.72	50	50	6777	6589	188
南顺第二联围	潭洲水道 顺德水道			73.10	14.75	14.09					
		南海	吉利—平流	15.20	2.31	2.32	50	30	440	440	
		顺德	小布—大沙尾	57.90	12.44	11.77	50	30	5095	5095	
齐杏联围	顺德支流	顺德	南华—新涌	54.84	10.83	10.17	50	30	2594	2594	
容高围	容桂水道	顺德中山	龙涌—眉焦尾	36.50	5.36	10.80	50	50	2033	2033	
番顺联围	蕉门			73.19	11.24	8.16					
		番禺	九比—上横沥出口	69.09	9.97	7.96	10级台风	9级台风	3623	3623	
		顺德	渡口—文有围	4.10	1.27	0.65	50	50			

续表

堤围名称	所属河流	所属市县	起止地点	堤长（km）	防护		防御标准（a）		装机容量（kW）		
					耕地（万亩）	人口（万人）	设计	现达	合计	排涝	灌溉
市石围	市桥河	番禺	石龙围—莲花围	32.63	6.53	11.4	10级台风	9级台风			
万顷沙围	蕉门	番禺	下横沥—十鸦涌	77.35	11.03	4.88	10级台风	9级台风	4647	4647	
五乡联围	鸡鸦小榄水道	中山	莺歌咀—雀尾 莺歌咀—横径	43.80	7.05	11.00	50	30	7881	7881	
文明围	鸡鸦、容桂水道	中山	黄圃—鲤鱼嘴	25.80	5.42	7.10	20	30	2867	2867	
民三联围		中山	乌沙—正冲	60.70	18.22	11.65	10级台风	10级台风	8065	8068	
鱼窝头围	骝岗涌	番禺	西樵口—百洲尾	52.10	5.26	3.25	20	10			
苏礼龙围	东江	博罗	苏村—马嘶	18.20	7.29	6.00	50	20	4489	3688	801
增博大围	东江			62.20	12.98	8.05					
	增江	增城	江口—孙家埔—初溪	42	5.88	3.55	50	50	4135	4080	55
		博罗	茅岭—石湾	20.10	7.10	4.50	50	20	3538	3483	55
挂影洲围	东江南支流	东莞	北铁桥—南铁桥	36.0	5.67	5.22	50	50	1860	1860	
古劳围	西江	鹤山	石岩头—杰洲	15.36	5.49	8.32	50		4544	3288	1256

注 本表主要摘自《珠江志》第三卷；各项数据以1985年为准。

佛山大堤分为三段：上段从小塘农药厂至佛山涌的沙口，长为14.18km；中段从沙口至石啃水闸，长为19.92km；下段从石啃水闸至三山河交会口，长为8.9km。1960年建成沙口限流堰和奇槎水闸、石啃水闸，将三段连结，联成“佛山大围”，其后加入石啃水闸至三山河口段，定名为佛山大堤。

佛山大堤近百年来常遭洪水频繁的侵袭，据史载：

清嘉庆二十二年（1818年），大富围（存院围的一段）决，佛山尽成泽国，祖庙浸至石阶第四级。

乙卯年（1915年）西北江大水，“大富围决口6处，其中张槎岳庙决口宽约87m，石角围过面，洪涛倒泻，水平祖庙门首，佛山镇内，未淹者仅十数街，其害较嘉庆年间为大。郊区尽成泽国，受淹范围之广，灾情之重，前所未有”。洪水持续40天，受浸田38万亩、人口32万，损失稻谷6.15万t。

1931年6月29日北江发洪，7月12日上塱北围决口约100多m，灾情之重为乙卯大水以后所未有，广三铁路停开，富文里一带街道水深盈尺。

表 12－2　珠江河口地区堤围的大型水闸基本情况表

水闸名称	所在河流	所属县（市）	主要用途	设计流量（m^3/s）	水闸规模				水闸结构	受益面积（万亩）	建设年月
					闸底高程（m）	孔数（个）	净高（m）	净宽（m）			
芦苞	北江芦苞闸	三水	防洪分洪	1200	2. 34	6	7. 4	10	实用断面堰	防洪 100	1923 年 9 月 建成 1956 年 3 月加固 1984～1987 年重建
西南	北江西南涌	三水	防洪分洪	1100	1. 80	9	4	10	宽顶堰	防洪 100 排涝 17	1957 年 4 月
磨碟头	沙湾水道 榄核涌	番禺	防洪防潮	1200	－4. 0	12	9	5. 5	钢筋混凝土 重力式	防洪 6. 25 排涝 4. 0	1975 年 3 月
南顺尾	蕉门水道 大岗沥	番禺	防洪防潮	1152		24～10	7. 5 7. 5 7. 5	3 7. 5 5	钢筋混凝土 重力式		1968 年
甘竹溪	西江甘竹溪	顺德	分洪、发电、航运	3820		26		6			1974 年
东河口	鸡鸦水道东河	中山	防潮 排水、灌溉	1020	－5. 2	32	7. 3	5	钢筋混凝土 空箱式	排涝 19. 66 灌溉 7. 65	1974 年 5 月
西河口	磨刀门水道 石歧河	中山	防潮 排水、灌溉	1075	－4. 2	30	5. 2	5	钢筋混凝土 空箱式	排涝 13. 25 灌溉 2. 86	1972 年 10 月
大涌口 （大冲口）	磨刀门水道 大涌	中山	防潮 排水、灌溉	1654	3. 5	24～9	6. 5 6. 5 7	5 6 5	浆砌石重力式	排涝 4. 0 灌溉 6. 86	1960 年 7 月旧闸 1966 年 7 月扩建
石角咀	前山水道	珠海	防潮排水	1720	－3. 5	38 8 1	7 7. 5 7	3 5 7	混凝土、浆砌 石重力式	排涝 9. 22	1959 年 7 月旧闸 1975 年 8 月扩建
白藤	鸡啼门水道 友谊河	珠海	防潮排水	1140	－3. 05	30	4	6（1 孔） 5（29 孔）	钢筋混凝土 空箱式	排涝 7. 06	1975 年 2 月
沧江	西　江 高明河	高明	防洪 灌溉	1400	－0. 5	11	6	10	钢筋混凝土、 浆砌石多孔拱式	防洪 16 灌溉 8	1973 年 5 月
北街	西江 江门水道	江门	防洪 排水	600	－4. 0	4 1（通航）	5. 5	12	胸墙式		1978 年
睦洲	荷麻溪	新会	防洪 排水	800	－3. 5	5	4. 5	10	胸墙式		1980 年

续表

水闸名称	所在河流或堤围	所属县（市）	设计流量（m^3/s）	水闸规模				建设年月
				闸底高程（m）	孔数或净宽（个、m）	净高（m）	总净高（m）	
田基沙	民三联围	中山	612	-4.5	18		90	1976 年
铺锦	小榄水道 中顺联围		200	-2.4	5		36.2	
正涌	横门水道 民三联围		156	-2.62	5		27	1985 年
上浪	横门水道 民三联围		164	-2.4	5		26	1960 年
鸦雀尾	鸡鸦水道 五乡围		107	-3.2	5		21	1957 年
大南尾	鸡鸦水道 大南围		150	-3.0	3		20	1991 年
冲口门	横门水道 丰埠湖围		200	-2.5	5		40	1996 年
小隐	横门水道			-3.0	8		58	1966 年重建
三宝	洪奇沥水道			-3.5	12		90	1990 年旧闸 2000 年新闸
二滘口	鸡鸦水道			-3.35	6		32	1960 年
三灶冲	三灶湾海堤	珠海	286	-1.5	5		36	
三灶 2 号	三灶联围		384	-3.0	6		48	
三灶 3 号	三灶联围		192	-3.0	6		24	
大门口	三灶联围		486	-3.0	6		60	
沙龙冲	蠕蛛—五山联围		492	-3.0	4.8		60	
大冲	蠕蛛—五山联围		407	-3.0	4.8		48	
江湾冲	蠕蛛—五山联围		207	-3.0	4.8		36	

续表

水闸名称	所在河流或堤围	所属县（市）	设计流量（m^3/s）	水闸规模				建设年月
				闸底高程（m）	孔数或净宽（个、m）	净高（m）	总净高（m）	
南水沥	平沙联围	珠海	480	-3.0	4.2		60	
十字沥	平沙联围		288	-3.0	4.2		36	
连湾	平沙联围		655	-3.0	4.2		74	
高涉	挂影洲围	东莞	130	-2.1	7.5		20.5	
漳澎	四乡联围		105		6.5		15	
石鼓	东莞大围		180	-2.4	6		34	
峡口	东莞大围		300	-1.3			34	
鳌台	沙田围		103	-2.5	6.5		21	
进埔口	潢新围		117	-2.0	6		26	
卢村	挂影洲围		125	-1.5	7.5		20.5	
太阳洲	鰈沙联围		218		6.5		41.5	
福禄沙	沙田围		140	-3.0	6		20	
新基	东莞大围		223		9		22	
运河口	四乡联围		105		6		20	
豆鼓洲	潢新围		108		6		18	
围垦	沙田围		222	-3.0	3.9		57	
金牛头	环城联围	新会	250	-2.5	7		53	
耙冲	天河围		268		2		29	
白沙	天河围		307		7		30	
龙泉河	江新联围		228	-3.5	7		40	

注　本表主要摘自《全国大型水闸》下册及《珠江流域防汛资料汇编》。

1949 年，西江、北江发洪，存院围基身 10 余处陷裂，经抢救脱险，因三水西南决堤致内堤均漫顶，堤围多崩决，佛山市区永安、升平等地水深过膝，郊区尽成泽国，稻田浸 2m 多，广三铁路附近一片汪洋。

1959 年西北江发洪水，6 月 11 日澜石站洪峰水位为 4.8m，佛山站为 4.36m，6 月 24 日出现第二次洪峰，佛山站水位为 4.50m，各堤发生险段 78 处，存院围多处塌裂，四乡联围文沙段漫顶。佛山市郊积水严重，受浸面积为 2.3 万亩，受灾人口为 16288。

1962 年，西江、北江同时发洪水，加上大潮顶托，连续出现 3 次洪峰，7 月 3 日，沙口水位为 6.72m，澜石水位为 5.78m。大堤上段小塘、圩口、朱山尾 3 处塌坡决堤成灾，决口总长 249m，受灾 8000 多亩，中段澜石至白蛇漩 7km 范围，多处出现裂缝渗漏、牛皮胀，奇槎南窦至单基塘有 400 余 m 漫顶，耐酸厂附近发生塌坡决堤。郊区受灾面积为 2.51 万亩。

1968 年发生新中国成立后最大洪水，沙口水位为 6.66m，澜石水位为 5.71m，相当 20 年一遇洪水，高水位持续 57 天。大堤上段花木洞围江湄沙决口两处，受灾 600 余亩。奇槎水闸至石啃水闸 3km 范围内，到处出现裂缝、牛皮胀；屈尤角至播阳南之间沿线告急，内坦大量喷沙。五福围在三棵树涌口发生漏水塌坡。

佛山大堤经过几次大培修，顶宽一般为 3 ~ 5m，堤高为 6 ~ 8m，迎水坡一般为 1∶2.5，背水坡为 1∶2.5 ~ 1∶3，部分堤段内坡有一个戗台。1982 年经有关部门鉴定，佛山大堤的防洪能力为 10 ~ 20 年一遇，现已达 50 年一遇防洪标准。

（2）樵桑联围。“樵桑联围”是“樵北大围”和“桑园围”的总称。两围实已相连。

樵北大围地跨南海、三水两市，捍卫金本、白坭、东风、丹灶、西樵 5 个区，北端为思贤滘，南为西樵山，与桑园围相接，西临西江干流，东临北江支流南沙通，南北长约 28km，东西宽约 9km。全围集水面积为 238km^2，捍卫耕地 15.81 万多亩、人口 9.85 万多。干堤全长 52.56km，其中，东干堤自南岸的崩岗头起至官山大闸，全长 28.6km；西干堤自思贤滘三圣堂起经五顶岗闸至太平，全长 23.96km。

全围地势自西北向东南倾斜，围内主要河涌有樵北涌、官山涌和自太平至民乐东西向的太平运河，是该围向北江排水的主流，也是水路运输的干道。

樵北大围是 1953 年将南海县的大良、大栅、上桑园、巾子、蚬壳、仙迹、大有、孝墩、闩门和三水县的大路、白坭、豁陵、蚬塘、银洲、雄旗、黄家塘 16 条围联合而成。原有各围堤身单薄，防洪能力低，险段众多，经常溃决，内涝积水严重。大围于 1952 年 12 月 12 日动工，1953 年 5 月 9 日基本建成。完成的工程有：新建官山排水闸、船闸，新建用里节制闸，疏浚排水河道 38.56km，整治龙湾基险段长 800m，全围培修、除险加固 10 余段等。工程完成后，实现了联围，提高了防洪能力，理顺了围内排水系统。嗣后对龙湾基、黄家、杨家、国泰、大岸、果基等历史险段进行了整治。1960、1968、1983 年进行了大培修，防洪能力不断提高，经历了 1959、1962、1968 年较大的洪水考验。1982 年经有关部门鉴定，大围防洪能力为 20 年一遇。现干堤顶宽为 5m，外坡为 1∶3，内坡为 1∶2 ~ 1∶2.5，堤高 5m 以上者，设一级戗台，7m 以上者设二级戗台。

樵北大围联围之前，堤围分散，堤身单薄，险段众多，防洪能力很低。据史载：明万历十四年（1586 年）洪水，九水岗决堤，洪水“延及百余里，凡数万家”；1641 年洪水，决大路窦堤段，洪水“水势莫御”，“一泻千里”，“荡芦没稼，淹浸直抵南海、顺德、九江、龙江等”；1915 年大洪灾，樵北堤围决堤 40 多处，全围淹没；1944 年 6 月洪水，河洲岗崩决，决口长 184m；1949 年西江大水，三水站水位 9.17m，闩门、大路、蚬塘、蚬壳、徐步等围崩决。从明代到民国止，水灾 62 次，其中大灾 4 次（1641、1644、1915、1949 年）。

樵北地区往昔内涝也很严重，1957 年的一次内涝，受灾面积 10.25 万亩，占总耕地面积的 72%。新中国成立后修建了官山大闸、用里节制闸，整治官山涌，发展机械排水，到 1959 年，排水总动力 3522kW。1960 年建成官山电排站，总装机 3310kW。1979 年建成官山大泵站，总装机 14 台共 6410kW，排水流量 90.7m^3/s，受益面积 10.2 万亩。到 1985 年，樵北大围电排装机 103 台，共 18589kW，其中南海地域内装机 75 台、14596kW，三水地域内装机 28 台、4020kW。

桑园围位于南海的西南部，顺德的西北部，西临西江干流，东临顺德水道，北为西樵山与樵北大围相接，南临甘竹溪和勒流河。

东干堤自官山水库下的山岗边起，经人字水闸、歌滘闸，至勒北，长 17.5km；西干堤自太平起，经河清窦，吉水里窦到沙口闸至左滩，长 30.48km；南干堤自左滩，经里海至东海闸到勒北接东堤，15.15km。干堤总长 63.13km，其中南海境内 38.3km，顺德境内 24.9km。东西宽约 10km，南北长约 20km，全围集水面积约 200km^2，包括九江、沙头、龙江三区的全部和西樵、勒北两区的一部分。捍卫耕地 20 万亩，其中南海 13.18 万亩、顺德 6.79 万亩；人口 22.8 万，其中南海 15.31 万人，顺德 7.49 万人。桑园围内“鱼塘密布，果树遍地”，是典型的“桑基鱼塘”格局。全围 20 万亩耕地中，除围内西北有水田约 4 万亩之外，鱼塘、桑基、蔗地有 15 万亩，占耕地总面积的 3/4。

桑园围是珠江三角洲最早兴建的堤围之一，建于北宋末年徽宗年间（1101～1125 年），包括东西两基及吉赞横基。东基自南海吉赞晾罟墩起，至龙江河澎围尾止；西基自三水飞鹅翼起至甘竹牛山交界止，共长 48.5km。至明、清年间，陆续筑保安围等 14 个小围。至清末，基本联成现有的桑园围。其中顺德龙江段，至民国初期明显加高，并联成围。1924 年，增建歌滘、龙江、狮领口 3 座水闸后，成为完整的桑园围。

历史上的桑园围矮小单薄，每遇洪水，险象丛生，时有崩决。据史载：明洪武二十八年（1395 年）决吉赞横基，明永乐八年（1410 年）决李村段，永乐十三年（1415 年）决李村段和海舟段，明成化十八年（1482 年）决河清段，成化二十一年（1485 年）决河清和海舟段，明弘治元年（1488 年）决海舟段，明万历十四年（1586 年）和二十五年（1597 年）吉赞横基段两决，万历三十五年（1607 年）决沙头段，万历四十年（1612 年）决海舟，清顺治四年（1647 年）决吉赞横基，清康熙三十一年和三十三年（1692 年和 1694 年）吉赞横基两决，康熙三十六年（1697 年）冬东、西基决，康熙四十年（1701 年）吉赞基决，乾隆八年和十八年（1743 年和 1753 年）吉赞横基两决，乾隆四十四年和四十九年，五十九年（1799 年和 1784 年，1794 年）吉赞横基、李村段、九江内围等处决，嘉庆十八年（1813 年）五月初五大水南海许多堤决，桑园围的东西基也多处溃决，嘉庆二十二年（1817 年）海舟及顺德等处决，道光九年（1829 年）五月初五大水，南海许多堤决，桑园围的吉赞基等堤段决，道光十三年（1833 年）五月、七月发生两次特大洪水，桑园东、西基、罗格、金钗等主要堤围溃决，道光十四年和二十四年、二十八年（1834 年和 1844 年、1848 年）决骕阜段，东、西基两次决，同治九年（1870 年）桑园围十堡横基档基，陷数尺，坍入江中，民国 2 年和 3 年（1913 年和 1914 年）苏万村段两决,乙卯年（1915 年）特大洪水，南海顺德各堤相继溃决，桑园围亦决。桑园围自 1395 ~ 1949 年的 554 年间共决堤 73 次，约 7.6 年一次。

新中国成立后全堤先后培修加固，整治险段，改建、新建水闸和船闸，安全渡过多次大洪水，现有堤段能抗御 20 年一遇洪水，并改善了围内的排灌和交通运输条件。

桑园围以养殖和种植经济作物为主，排灌条件要求高，历史上已有机械排灌设施，新中国成立后建成大批电排站，其中西樵区 7 座，共装机 3545kW，受益 4.03 万亩（包括樵北大围一部分）；九江区 6 座，装机 1475kW，受益 1.87 万亩；沙头区 2 座，装机 1560kW，受益 9.05 万亩；龙江和勒北区亦建有电排站。在大力整治堤围的同时，开展了农田基本建设，疏浚河涌，既为桑蔗施肥，又方便了水上交通，促进了农业生产的发展。

（3）中顺大围。中顺大围位于西江下游出口、珠江三角洲中心地带，东以马宁水道、小榄水道和横门水道为界，西以西江干流、磨刀门水道为界，南以五桂山为屏障，地势自西北向东南倾斜，包括顺德市的均安区，中山市的古镇、小榄、横栏、沙溪、大涌、板芙、坦背、沙蓢、港口、环城、郊区、张家边等区及中山市驻地石岐城区。由中山的小榄、四沙、榄都、古镇和顺德的连城、玉带、大有、乐成、联成等围联合而成，是广东省十大联围之一。全围集水面积 709.36km^2，围内土地面积 73.6 万亩，其中耕地面积 51 万亩（水稻 33.6 万亩、鱼塘和蚕桑、甘蔗、水果等经济作物面积 17.4 万亩），人口 125 万（其中居民人口 87.5 万多，外来人口 37.5 万）。

大围干堤长 113.96km，其中东干堤从均安的江尾零号桩起至石岐河的东河口止，长 51.29km；西干堤也自江尾零号桩起至石岐河的西河口止，长 62.67km。沿东西干堤有防洪闸 46 座，共有 106 孔，总净宽 677.75m（其中东河闸总净宽 160m，西河闸总净宽 150m）；暗窦 37 宗，总净宽 37m，船闸两座（西河口船闸净宽 12m，东河口船闸净宽 13m），简易船闸 8 座，全围电动排灌站 710 座，共 806 台，总装机 19569kW。

新中国成立前这一地区有大小堤围 420 多个，堤系零乱，堤身低矮单薄，鼠洞蚁穴，百孔千疮，渗漏严重，防洪能力低，每遇西江洪水或台风暴潮，即遭决堤漫顶之灾。1943 年指南决堤，洪水泛滥，饿死者众。1945、1947、1949 年 3 年洪患，决堤成灾，全围各年失收禾田超过 17.8 万亩，田园荒芜。同时，涝患严重，受涝面积在 20 万亩以上，基中十年九失的 8 万亩左右。

新中国成立后，人民政府组织堵口复堤，生产救灾。1953 年 1 月 10 日动工兴建中顺大围，1957 年 5 月 4 日初步完成，主要工程为培修干堤，堵塞支汊，联围筑闸，整理水系，开挖东部和西部排水渠。1958 ~ 1959 年春，对东、西干堤作进一步培修。1959 年冬至 1974 年进行续建配套，于 1972 年 10 月建成西河口水闸和船闸，1974 年 5 月建成东河口水闸和船闸，至此中顺大围工程全部建成，形成完整的堤防体系。现东西干堤堤身高4 ~ 6m，顶宽 3m，迎水坡 1∶2.5，背水坡 1∶3，部分堤段兼作公路，宽 5 ~ 7m，可防御 10 年一遇洪水，经受了几次较大洪水或台风暴潮的考验。同时，联围后堵塞了凫洲河、百花头、拱北、铺锦、太平等处河口，新挖了东、西排水渠，将积水引向横门及磨刀门水道排泄，解除了围内 14.07 万亩稻田的涝害；建设了电动排水站（55kW 以上）119 宗，总装机 26755kW，受排涝效益 16.13 万亩，其中东河排涝站总装机 6 台 10800kW，是广东省目前最大的排涝泵站；围内利用潮灌 27.4 万亩，电灌站 63 座，装机 1432kW，解决高沙田 10 万亩的灌溉。大围内工业、交通发达，经济繁荣，有广州—珠海、中山—江门等公路干线；有石岐至广州、江门、澳门、珠海、深圳和香港等地的水运干线。改革开放以来，乡镇企业蓬勃发展，经济蒸蒸日上，2001 年围内工农业总产值达 800 多亿元。

（4）江新联围。江新联围位于西江干流水道的右侧，包括江门市、新会县城以及新会县 6 个镇和鹤山县雅瑶镇，干堤长 91.4km，集水面积 545.6km^2，捍卫耕地 33.27 万亩、人口 44.94 万。

江新联围一带筑堤防洪始于明代，先是小围，逐渐由小拼大，自 1950 年开始将 200 多个小围，联成睦洲围；1951 年将江门河以南，西江以西，礼乐河以东 8.2 万亩联成礼东围；1952 年将礼乐、三江、九子沙等地 200 多个小围联筑成礼西围。在此基础上，自 1953 年开始，全面开展筑闸联围工程，到 1975 年，联成天河、礼东、礼西、睦洲、梅大、龙泉、三江、环城 8 个万亩以上的堤围，万亩以下的有白洲、三联、江会以及江门市郊 3 个围，合共 11 围。1975 年将上述 11 处堤围联成“江新联围”。1978 年建成北街枢纽，1980 年建成睦洲枢纽，两枢纽建成后，初步发挥了防洪、排涝效益。

江新联围工程完成后有干堤 91.4km，包括：①西江大堤，长 49.5km，含原来天河、礼东、睦洲及江门 4 个堤段，其中天河、礼东两段为 20 年一遇防洪标准，堤顶 3m，内外边坡均为 1∶3；睦洲堤段，堤顶宽 1.5m，内外边长均为 1∶1.5，标准较低；②濒临荷麻溪和虎坑河的梅大涌、龙泉堤段，长 9.5km，堤顶宽 2m，内外边坡 1∶1～1∶1.5，标准较低；③三联、三江、环城、会城的海堤长 32.4km，实现了石堤化，基本达到防御标准。

江新联围农业以水稻为主，并有甘蔗、桑、柑、葵、蔬菜等经济作物。新中国成立前防洪能力低，加上旱、涝、风、咸等自然灾害，水稻亩产 300 多 kg。新中国成立后经过联围筑闸，整理农田排灌系统，大量兴建电动排涝站，以及改进耕作技术，使农业生产大大发展，成为珠江三角洲商品粮食基地之一；同时，围内工业也得到迅速发展。

（5）十三围。十三围位于高明县境的东北部，东北面临西江，与南海市隔江相望，南沿高明河，西北面倚凌云、泰康山与高要县接壤，西面与高明县明城区的城北围隔堤相连，堤长 44.87km，其中：西江干堤从富湾大顶岗侧起接罗秀岗、渡头岗、南蓬山至沧江水闸止，长 17.48km。高明河支堤从明城煤炭岗起沿高明河到沧江水闸止，长 27.39km。全围集水面积 173.37km^2，总人口 90346 人，耕地 10.57 万亩。

十三围内含原始小围 17 个，包括原属高要县泰和乡（1952 年划归高明辖）的横桐、罗岸、柏树、大演、榕村、罗秀、白石、赤塘、陈村、马宁 10 个小围和高明县属的南岸、霄凌、白鹤、俊州、崇步、秀丽、陶筑 7 个小围。这些小围从始建演变到联围，历 900 年沧桑，遂成今日十三围。

十三围常遭洪患灾害。1949 年 7 月 2 日，西北江洪水暴涨，除上泰和、陶筑两围堤外，其余围堤漫决，决堤 16 处，围内 7.3 万多亩早稻失收。1962 年 6～7 月，西北江连续出现大范围降雨，酿成洪水，造成秀丽围的七甲堤段塌决，决口长144m，最大冲深23m，洪水涌入，溢破内堤，冲入阮涌，又漫决高明河左岸各围内堤，全围除上泰和围外均受淹浸，受灾面积9万多亩。1968年6月，西北江发洪水，下游受大潮顶托，高明河水位持续上涨，超警戒水位持续33天，经防守抢险，安全度汛。十三围经历年培修，至1985年堤顶高程为西江干堤10.6m，高明河堤高程为8.2m。

十三围地势平坦、低洼，每逢高明河及西、北江洪水上涨，围内降水不能自流排出，形成内涝，内涝面积10.07万亩。新中国成立后不断完善治涝排渍工程，如兴建了官迳、潭黎、荷村坑3座水库，总集水面积为18.51km^2，总库容为446万m^3；兴建电动排涝站共装机50台、6805kW，排水量为73.5m^3/s；兴建泰康山环山排洪工程，将官迳、潭黎两水库溢洪之水及区间洪水拦截，引入高明河，截洪渠全长8.8km，拦截集水面积15km^2，计排洪流量为15m^3/s（该工程留下潭黎水库溢洪道下320多m未挖，经潭黎水库的洪水不能入渠排出）。至此，十三围初步形成蓄、截、提相结合的排水系统，工农业生产得到保障。

（6）南顺第二联围。南顺第二联围地处珠江三角洲网河地带，位于顺德西北部，东、北面沿北江支流的吉利涌和东平水道及潭洲水道，与南海的罗格围、佛山大堤、南顺联安围、顺德的陈镇围、群力围隔河为界，西面、南面沿顺德水道与樵北大围、南顺桑园围及第一联围隔河分界，堤长为73.1km，保护南海南庄区、顺德乐从区、北滘区3个区，人口为14.09万，耕地为14.75万亩，集水面积为146.97km^2。现有堤顶高程为7.19m，一般顶宽为3m，内坡为1∶2，外坡为1∶2.5，能防御20年一遇洪水。

南顺第二联围为1955年将顺德和南海的17个堤围加高培厚，合并联围而成，1957年新建水闸5座，修理水闸19座，并进行护岸整险，遂成联围。联围后缩短堤线102km，减少旧闸66座，解决易涝耕地2.5万亩。

南顺第二联围常遭洪患灾害。1962年7月大水，甘竹、小布出现特大洪峰，7月2日晚于沙滘上中石磡尾处决口，宽170m，农业损失570万元。汛后连年对堤围加高培厚，堤顶高程修至7m。1968年6月29日，出现历史上最高洪峰，洪水在警戒线上持续34天，堤围经受考验，安全度汛。

南顺第二联围耕地地面多在1.2～2.0m，常有内涝，一般积水1.6～2m，1942年围内最高积水位2.4m。在联围筑闸的同时，开展了初步的排灌系统整治，疏挖河涌，兴建和扩建电力排灌站，基本解决了内涝灾害。

1976年为扩大联围效益，又将翁花沙、现龙围、三丰围和滩地1000多亩并入第二联围，新建干堤9km、船闸1座，1978年12月竣工。扩大联围后，减少堤线11.5km，对10座水闸进行了维修，扩大受益耕地6700亩。

（7）顺德第一联围。顺德第一联围位于顺德的中部，北界北江主流顺德水道南岸，南临西江分流甘竹溪下的顺德支流及沿德胜海与容桂水道，下游横靠李家沙水道。堤长74.3km，围内有大良镇及大良、伦教、勒流3区52个乡、4个农场，防护人口22.72万、耕地15.99万亩，集水面积187km^2。

顺德第一联围最早修筑的堤围是清乾隆十二年（1747年）黄连堡的扶闾村围，后陆续修筑一些堤围，至新中国成立前，筑有119个堤围，堤线长400.7km。新中国成立后，

1951 年将大良、伦教、勒流 3 个区 119 个堤围合并联围。1952 年春开始加高培厚和新筑部分堤围，堵塞部分涌口，堤围按防御 1949 年洪水为标准，堤顶要求达到 4.85m 高程。1952 年冬开始建闸，共建水闸 15 座、涵洞 2 座，至 1955 年汛前，联围工程完成。1955 年冬至 1967 年又先后续建了漕渔等 3 座水闸，加培堤围至上游堤顶高 6.0m，下游 4.85m，堤顶宽 3m，迎水坡 1∶2.5，背水坡 1∶2，堤高高于 4m 时加戗台，共筑新堤 57km，培修旧堤 17km，新建水（船）闸、涵洞 20 座，维修加固旧闸 22 座。

顺德第一联围内地势西北高东南低，地面高程西北部一般为 2.2 ~ 2.8m，东南部为 0.5 ~ 1.1m。60 年代开始兴建电动排灌站以解决旱涝威胁，至 1985 年形成南以桂畔海排灌站为主的麻江—桂畔海排灌区（共 90 台机组，2035kW，总排水流量 40.7m^3/s），北以大洲排灌站为主的伦教排灌区（共 25 台机组，2303kW，总排水量 37.14m^3/s），全围农业生产产量逐步提高。

1980 年为扩大联围效益，将忠合围及大戈沙围、百丈围并入第一联围，缩短堤线 14km，减少 10 座防洪闸的管理维修，提高 1 万亩耕地防洪标准。

改革开放以后，围内工业发展迅速，大良、伦教两镇已成为有一定规模的工业城镇。

2. 东江三角洲的主要堤围

（1）东莞大堤。东莞大堤位于东江三角洲东北部，包括东江左岸桥头围、五八围、福燕洲围、京西鳌围，大堤干堤依次连接，唇齿相依。大堤西北濒东江下游和东江南支流左岸，堤线东北起自广东东莞常平镇新围，沿东江而下，至篁村镇同溪止，集水面积 740km^2，干堤全长 60.9km，捍卫范围为东莞市辖区，防护农田 21 万亩，人口 25 万。

东莞大堤受东江洪水直接威胁。自清顺治十八年至民国 36 年（1661 ~ 1947 年）的 287 年间，洪水在今东莞大堤范围内决堤受灾 16 次。新中国成立后决堤受灾有 1953、1955 年和 1959 年。其中 1959 年 6 月，东江下游出现 100 年一遇大洪水，东莞大堤的五八围、福燕洲围、京西鳌围先后溃决，洪水冲入堤防区，造成近 5 万人被洪水围困多天，低洼地域洪水淹没水深达 3m 多，受淹农田 10 多万亩，倒塌房舍无数，人民财产、工矿企业亦蒙受重大损失。

新中国成立后，东莞大堤经多次培修加固，干堤全长 60.9km，有水闸 12 座，堤顶宽一般为 5 ~ 6m，其中京西鳌是堤路结合的堤段，堤顶宽 11m，堤身高 7 ~ 8m，迎水坡 1∶2 ~ 1∶2.5，内坡为 1∶3 ~ 1∶4，堤内坡一般有 1 个 2m 面宽的戗台。堤防防洪能力为 20 年一遇，其中福燕洲、京西鳌堤段防洪能力较强，可达 20 ~ 50 年一遇。

自 20 世纪 60 年代起，在东江上游干支流先后建成新丰江、枫树坝、白盆珠 3 座水库，与堤防结合构成东江堤库结合的防洪工程系统，东江流域洪水得到基本控制。3 库联合调度运用，可将东莞大堤防洪标准提高 10 年一遇，东江下游博罗站 100 年一遇洪峰流量削减 2500m^3/s，相应石龙北站 100 年一遇洪峰水位降低 0.8m，自 1960 年至今，东莞大堤再未有决堤受灾。改革开放以后，堤防区内工业迅速发展，东莞市已成为广东经济发展中的四小龙之一。

（2）挂影洲围。挂影洲围位于东江下游的石龙洲，三面环水，为东江从石龙头分流的北干流与南支流相夹，东与石龙围相邻，联成一条完整的闭合围。围内地势南北高、中间低，集水面积63km²，干堤长36km，防护穿围而过的广深铁路和石碣、高步两个区69个自然村，人口5.22万，耕地5.67万亩。

挂影洲围始于明洪武二十六年（1393年）由石碣、水南、南浦三村居民合力修筑的“三圩村”堤，以后陆续兴建一些小围，至民国期间将各围联并，形成挂影洲围的雏形。1947年大水，塘厦、长码头等处决口，几乎全围淹没，受灾面积4.4万亩，受灾人口2.7万。

新中国成立后的1950年秋，将包括三村圩在内的74条小围联围加固，堵口复堤，筑成干堤36km的挂影洲围。1955年8月动工兴建高步闸（5孔，净宽共20.5m）、芦村闸（3孔，净宽共10.7m），至1956年春建成，至此挂影洲围成为一个闭合围。

1959年6月16日，挂影洲围抗御了东江出现历史最大洪水，汛后按最高洪水位加高1.0~1.5m、顶宽6m、内外边坡1:2.5、堤内高度超过3.5m的加设2m戗台的标准，培修加固堤围，使全围能抵御50年一遇洪水，相应石龙北站水位7.33m，堤顶高程为上游8.62m、中游7.8m、下游5.31m。1960年以来经历年洪水考验，均安全度汛。

3. 口门区的主要堤围

珠江出海八大口门的河口岸线由东至西长450km，沿海及河口滩涂分块围垦修筑了大量堤围，这些堤围主要防御潮水及因台风引致的潮水暴涨，具有防海潮和风浪的功能，一般称为海堤。珠江河口的海堤有135条，堤线总长1661km，捍卫面积21.8万亩，人口130.64万。主要的有：

（1）白蕉联围。白蕉联围位于斗门县东部、磨刀门水道右岸，东与中山市的神湾、坦洲隔河相望，西界螺洲及泥湾门水道，北起六乡的银潭冲口，南至白蕉东六围尾，全围总面积129km²，其中围田面积92.9 km²，山地面积19.2 km²，河涌面积16.1 km²，海堤长33.45km，防护人口3.81万、耕地8.43万亩。1961年白藤堵海工程完成后，白蕉联围海堤兼有防护白藤湖垦区及白藤湖农场的作用，联围实际防护人口4.16万、耕地10.82万亩。

白蕉联围在清朝中叶开始围垦，筑成福就围、m围，光绪十七年（1891年）已围垦至磨刀门外的桅夹沙，约每隔3~6年筑一小围，东、西一围和东、西二围在清末（1904~1907年）成围，约隔二三年筑小围两个。民国期间，在滩涂上继续圈筑小围，至新中国成立前，白蕉联围基本上全部垦筑成围。但堤身低矮单薄，常遭洪水冲决。

新中国成立后，即开展抢修堤围险段工作，1956年6月进行五乡联围（白蕉联围前身）工程，兴建东南卡水闸；1959年将独立成围的桅夹片、灯笼片并入，并建成新环四围闸，全联围基本完成，共新建防洪（潮）海堤33.45km（其中砌石21.2km），堤顶高程3.8~3.9m；建外江防洪（潮）闸22座，总净宽268.6m；围内节制闸63座，总净宽241.6m；船闸4座，闸首总净宽21.5m。

白蕉联围围内除西北部有低矮小山丘外，其余均为冲积平原，地势平坦低洼，田面高程一般在-0.2至-0.60m之间，排灌矛盾较突出。60年代初着手兴建电动排灌站，至今全围有固定电动排灌站90座，装机122台共5886kW，排涝面积7.16万亩，提灌面积3000亩，另有众多的临时泵站，农业产量逐年提高。围内建有围垦而成的白藤湖旅游区。

（2）中珠坦洲联围。中珠坦洲联围位于中山市南部、磨刀门左岸，东南与澳门半岛相邻，南临洪湾水道，西南与斗门县白蕉联围隔河相望，北接五桂山和凤凰山，地跨中山、珠海两市。围内地势自东北向西南倾斜，地形开阔平坦，集水面积 328.18km^2，其中山地面积 161.86 km^2。堤围全长 20.70km，防护人口 6.34 万（其中珠海市 1.65 万人）、耕地 12.80 万亩（其中珠海市 2.25 万亩）。

中珠坦洲联围于清初雍正至乾隆年间（1723～1795 年）开始在今坦洲区的占涌、孖洲一带修筑小围，到 20 世纪初，筑成小围 500 多个，长 513km，小围堤身低矮单薄，不能抗御洪、潮、风灾害。

新中国成立后，1958 年 4 月成立中山珠海防咸堵海工程指挥部，将 500 多个小围进行联围，至 1963 年建成 20.70km 干堤和石角咀、大冲口、洪湾 3 座水闸，总净宽 285m。

1965 年重建洪湾水闸（8 孔净宽 40m）。1966 年建成联石湾水闸（14 孔净宽 70m）和船闸（净宽 9m）及灯笼山水闸（4 孔总净宽 20m），扩建大冲口水闸（9 孔净宽 45m）。1967 年建成猪母咀水闸（4 孔净宽 20m），1973 年扩建石角咀新闸（8 孔净宽 40m）及船闸（净宽 12m）。1974～1976 年进行石堤化及堤防养护，逐年巩固海堤。其中珠海市洪湾段堤顶高程为 3～4m，中山市磨刀门段堤顶高程为 2.8～3.3m，迎水坡砌石，并设有高 0.7m、顶宽 0.6～0.8m 的防浪墙。

中珠坦洲联围，围内农田高低不一，高程为 -0.2m 以下的有 4500 亩，-0.2～0.2m 的有 4.47 万亩，0.2m 以上的有 2.87 万亩。联围建成后，到 1975 年止，先后兴建电动排灌站 333 座，总装机容量 6656kW，受益面积 13 万亩；1981～1985 年又兴建了坦洲东、西排灌渠道，分别长 9km 和 9.4km，建成龙塘枢纽工程泄洪闸 1 座、船闸 1 座，马角引水闸 1 座，以及沿渠兴建泄洪闸 5 座，基本解决了洪、潮、风、咸的威胁。

（3）民三联围。民三联围位于中山市北部，在洪奇门和横门水道出海口交汇处，南面向南海。围内河涌纵横交错，主要有三宝沥、田基沙沥、三角新涌、乌沙涌。全围集水面积 158.4km^2，干堤长 60.7km，防护人口 10.10 万、耕地 18.22 万亩。

民三联围是新中国成立后于 1957 年开始将民众、三角、浪网 3 个区的小围联并，至 1966 年合拢而成的。在此以前，最早为自清雍正年（1723 年）开始陆续兴建许多小围，但堤围分散、低矮单薄，常遭洪、潮、台风破坏，联围后干堤全长 60.7km，堤面宽为 3m，堤顶标高为 4.5m，迎水坡为干砌石墙，边坡为 1:0.3，背水坡为 1:2。建成干堤水闸 39 座，总净宽 565.6m，船闸 2 座，围内水闸 5 座。为解决围内地势北高南低的旱涝问题，1961～1986 年先后共兴建电动排灌站，装机 172 台，总容量 3962kW，基本解决内涝和灌溉问题。

（4）万顷沙围。万顷沙围为番禺最南端的一条堤围，北起下横沥，东北面为蕉门水道，对岸是鸡抱沙，西南面为洪奇门，南端为伶仃洋。围内包括万顷沙、横沥、新垦 3 个区及国营珠江农场，总面积 90km^2，堤围长 77.35km，其中干堤 53.24km，防护耕地 11.031 万亩、人口 4.88 万，其中珠江农场约占 50%。

万顷沙围开始由宝成、关九顷、冯五顷、顺安、广兴、福安、安隆等 45 个小围组成。约 200 年前在二涌正安围筑基。三涌的福安围始建于清道光十八年（1838 年），经历清末、民国，至 1949 年围垦至十三涌安隆围，其围垦面积为 4.79 万亩。新中国成立后，随着海滩的淤积，围垦继续向南发展，现已围至廿一涌。

万顷沙围地处珠江口，受台风暴潮和西北江洪水威胁，灾害频仍。1835～1949年之间台风暴潮有18次，其中，光绪十八年（1892年）农历六月十九日全围遭受淹浸。民国23年（1934年）农历七月初一洪水加暴潮，水位2.7m，70%的堤围被风浪刮低1～1.2m，40%以上茅房被吹垮。1960年受咸面积有5.89万亩，持续时间8个月，居民及牲畜的食水、用水都发生困难。1964年5月6402号台风袭击，堤围共缺口50多处，当年稻谷减产425万kg。

1966年开始联围筑闸，堤围按1964年水位加10级台风浪高培修，其堤顶高程相应抬高，五涌以东为3.8～4.0m，珠江农场恒生围为3.2m，从一涌至十四涌东西两端的涌口并兴建了水闸。1967年3月建成东十涌无筋空箱底板浮运水闸（3孔、净宽10m），为联围筑闸工程开创新途径。全围水闸39座，其中38座（总净宽529.1m）为浮运水闸。

1983年9月9日，8309号台风袭击联围，五涌西最高暴潮位2.5m，南沙水位2.61m，西南至东南一带海堤严重损毁，决堤137处，长12.58km，被削低堤身1～2m高的堤围40.89km，死4人，受浸农田3.6万余亩。灾后全联围投入堵口复堤工作，修复后的堤围高程为：五涌以东土堤4.5m，石堤4.0m；珠江农场恒生围土堤3.5m，石堤3.0m。

万顷沙围内地势东南高、西北低，田面高程在0.3～－0.7m之间，多数耕地较低，高程在－0.1～－0.6m之间，每年5～8月，外江洪水上涨，加上暴雨，围内严重积水，受涝面积2.27万亩以上，持续时间20余天。至1985年共建成电排站96座，装机6585kW，基本解除低围涝灾。

（5）番顺联围。番顺联围位于番禺西南部、洪奇门和蕉门水道之间，北接沙湾水道，南靠上横沥，集水面积120km^2，干堤总长73.19km（其中番禺69.09km、顺德4.1km），砌石的有58.28km，保护番禺大岗、灵山、榄核3个区的大部分地区及顺德庙贝农场和五沙乡，耕地面积11.24万亩（其中番禺9.97万亩、顺德1.27万亩），人口8.61万（其中番禺7.96万人、顺德0.65万人）。

番顺联围原有南顺、隆生、增沙、玉英、新宫、庙南、庙青、庙贝、三村等48个小围。1958年开始兴建番中顺联围，1959年春建成民生水闸（净宽16.2m）、潭洲水闸（净宽16.2m）、酬劳水闸（净宽24m），后续建下游南顺尾闸（净宽79.4m）。1959年秋番中顺联围改称“番顺联围”，1960年工程基本完成。1964年5月28日联围受6402号强台风袭击，堤围决口13处，长193.4m，全围受浸农田6.87万亩。是年冬堤围按50年一遇洪水加10级台风浪高的标准培修，堤顶高程：榄核三村3.8m，灵山七一围3.5m。1967年动工兴建大滘闸（孔宽12m）、北围闸（孔宽12m）、扩建南顺新闸（加宽至50m），于1968年秋建成，至此番顺联围成一个完整的大围，缩短防洪堤线180km。

1983年9月9日，8309号强台风袭击番顺联围，风力11级，最大12级以上，灵山水位2.56m，南沙水位2.61m，联围决堤119处，长1303.3m，有19.5km干堤被风浪削低1～2m，死亡2人，农田被淹7.58万亩。灾后组织了堵口复堤，至1985年部分干堤顶宽2m，内坡1:2，堤顶高程为榄核三村土堤4.2m，石墙3.5m，灵山七一围土堤4.0m，石墙3.5m。

番顺联围围内田面高程在 -0.2m 以下的低田 4.25 万亩，-0.1 ~ +0.5m 高程的中沙田 5.18 万亩，联围成围后，排水不畅，农田易涝。从 1961 年开始，在联围内陆续兴建电力排灌站，至 1985 年共建排灌站 62 座，装机 3568kW，排水受益面积 5.52 万亩，灌溉农田 2000 亩，基本解决旱涝问题。

12.1.2 联围筑闸对水流的影响

珠江三角洲大规模联围筑闸后对网河区的水流将产生影响，主要为引起水位、分流比和潮汐特性发生变化。现分述如下：

1. 水位的变化

大规模联围筑闸工程主要发生在西江、北江地区，现根据实测资料分析其对西江、北江水位变化的影响。选取西江马口站流量为 25000m^3/s 和北江三水站流量为 7000m^3/s 时 1954 ~ 1973 年各站洪水位的历年变化值（见表 12-3 和表 12-4）进行分析，此时可以认为各站洪水位的变化值是在上游同一流量级和受下游潮流影响不大的情况下进行比较的，因而各站洪水位的变化主要为大规模联围筑闸工程所引起。

由表可见，在 20 世纪 50 年代初期至 60 年代初期大规模联围筑闸期间，西江、北江各站洪水位的变化趋势是先逐年上升而后又缓慢回降，一般在 1959 ~ 1961 年上升到最大值，北江各站洪水位的上升值大于西江各站的上升值。

大规模联围筑闸后洪水位先升后降的变化规律表明：在兴建工程的过程中，由于逐年堵塞和控制了一部分河汊，致使工程所在主干河道的流量加大，在与下游上溯的潮流相互顶托下，使洪水位有所上升。工程完成后，随着河床的自动调整作用和水量分配的自然调节，使洪水位又缓慢回降。北江洪水位的上升值大于西江，显然与大规模联围筑闸工程多集中在北江的东平、顺德和容桂等水道有关。西江干流沿岸工程较少，流量也较大，故洪水位上升值较小。

表 12-3　马口站 Q = 25000m^3/s 时西江各站历年洪水位　（单位：m）

站名＼年份	1954	1955	1956	1957	1959	1961	1966	1968	1973
马口	6.81	6.91	7.00	6.88	7.06	6.96	7.03	6.82	7.00
甘竹（一）	—	4.35	4.43	4.27	4.48	4.42	4.42	4.30	4.40
南华	3.65	3.80	3.83	3.76	3.96	3.86	3.84	3.73	3.80
莺哥嘴	2.77	2.91	3.03	2.98	3.11	3.09	—	2.95	3.02
江门（北街）	—	2.98	3.09	2.99	3.61	3.13	3.07	3.01	2.94
迭石	—	1.28	1.45	1.43	1.65	1.58	1.56	1.61	1.54
竹银	—	—	—	—	0.89	0.86	0.83	0.94	0.77
睦洲	—	—	—	—	140	1.33	1.28	1.33	1.20
横山	—	—	3.21	3.09	3.32	3.26	3.32	3.36	3.20
文鱼沙	—	—	0.98	0.94	1.47	1.38	1.24	—	—
白蕉	—	—	-0.19	-0.18	0.53	0.36	0.19	0.20	0.00

表 12-4 三水（二）站 Q=7000m³/s 时北江各站历年洪水位 （单位：m）

站名 \ 年份	1955	1956	1957	1959	1961	1962	1966	1968	1970	1971	1973
三水（二）	7.30	7.25	7.36	7.44	7.39	7.20	7.30	7.30	7.20	7.21	7.35
紫洞	5.07	5.04	5.20	5.29	5.49	5.30	5.32	5.34	5.18	5.11	5.20
澜石（小布）	3.78	3.76	3.85	4.04	4.18	4.00	4.05	4.02	3.88	3.83	3.94
三多	4.78	4.78	4.90	5.04	5.08	5.00	5.02	4.99	4.84	—	4.83
水藤	3.74	3.77	3.86	4.02	4.07	—	4.00	3.95	—	—	—
三善滘	1.30	1.45	1.41	1.61	1.62	—	1.66	1.64	—	—	—
勒流	—	—	3.22	3.38	3.40	—	1.35	3.34	—	—	—
板沙尾	—	—	—	1.31	1.42	—	1.30	—	—	—	—

注 本表数据引自佛山地区水文分站“水文实用手册”1976 年。

1985 年黎子浩研究珠江三角洲联围筑闸对水流及河床演变的影响也得到与上述相同的规律[2]。他选择马口、三水站各年中同一洪峰在波顶日平均流量分别为 25000m³/s、7000m³/s 时下游各站历年潮位与西江灯笼山站和北江南沙站在 1.5m 潮位时的差值进行统计分析（见表 12-5 和表 12-6），同样得到西江、北江三角洲网河区各站水位历年变化都遵循着先上升后回降的规律，20 世纪 50 年代逐年抬升，到 60 年代初期（个别站为中期）抬高到最大值，以后直至 70 年代逐年回降到 1953 年水位的趋势。

表 12-5 马口站流量 25000m³/s 时西江下游各站历年水位变化 （单位：m）

河段	站名	水位和水位差值	年份					
			1953	1957	1961	1964	1970	1974
西江正干	马口	H	6.93	6.92	7.18	7.05	6.72	6.90
		ΔH		-0.01	0.22	0.09	-0.21	-0.03
	下圩	H	5.49	5.49	5.76	5.76	5.58 *	
		ΔH		0	0.27	0.27	0.09	
	甘竹（一）	H	4.38	4.38	4.62	4.48	4.35	4.55
		ΔH		0	0.24	0.10	-0.03	0.17
磨刀门水道	天河	H	4.08	4.08	4.14	4.10	3.89	4.10
		ΔH		0	0.06	0.02	-0.19	0.02
	北街	H	3.02	3.11	3.32	3.20	3.02	3.02
		ΔH		0.09	0.30	0.18	0	0
	迭石	H	2.09	2.09	2.22	2.22	2.12	2.19
		ΔH		0	0.13	0.13	0.03	0.10
东海容桂水道	南华	H	3.88	3.88	4.11	4.03	3.87	4.01
		ΔH		0	0.23	0.15	-0.01	0.13
	莺哥嘴	H	2.96	3.18	3.35	3.31	3.00	3.03
		ΔH		0.22	0.39	0.35	0.04	0.07
	容奇	H	2.19	2.36	2.69	2.55	2.36	2.28
		ΔH		0.17	0.50	0.36	0.17	0.09

注 1. ΔH 是各年水位与 1953 年水位的差值，正值为升高，负值为降低。

2. 表中各年的数据均是灯笼山潮位 1.5m 时的水位和水位差值。

3. * 为 1968 年的数据。

根据表12－5和表12－6计算得出联围筑闸前后平均每年的上升率和回降率（见表12－7和表12－8），同样得到上升率北江比西江大，网河区的中下游较大，越接近三角洲顶部或口门越小，这与这些地区的联围筑闸工程较之中下游地区为少有关。其次，从表中还可看到，上升率快时回降率也快，多数上升率大于回降率。但西江马口、天河的回降率大于上升率，下圩、甘竹则二者几乎相等，可能因西江干流流量分配比加大，纵剖面趋向平夷化，水面比降变缓，促使相应河段水位较迅速下降。

2. 分流比的变化

珠江三角洲网河区的流量实测资料十分缺乏，难于分析大规模联围筑闸前后各河道分流比的变化规律，只能从极有限的实测流量资料中寻找出具有趋向性的变化。

表12－6　三水（二）站流量7000m³/s时北江下游各站历年水位变化　（单位：m）

河段	东平（潭洲）水道														蕉门水道	
站名	三水（二）		紫洞		澜石		三多		北藤		勒流（甘竹溪）		三善滘		灵山	
年份	H	ΔH	H	ΔH	H	ΔH	H	ΔH	H	ΔH	H	ΔH	H	ΔH	H	ΔH
1953	7.16		4.84		3.6		4.58		3.69		3.17		1.98		1.64（1959）	
1957	7.41	0.25	5.20	0.36	3.95	0.35	4.94	0.36	4.01	0.32	3.39	0.22	2.08	0.18		
1961	7.42	0.26	5.41	0.57	4.21	0.61	5.03	0.45	4.14	0.45	3.59	0.42	2.33	0.35	1.80	0.16
1964	7.41	0.25	5.50	0.66	4.33	0.76	5.17	0.50	4.22	0.53	3.56	0.39	2.16	0.18	1.64	0
1970	7.19	0.03	5.16	0.32	3.92	0.32	4.78	0.20	4.05（1968）	0.36	3.37	0.20	2.16	0.18	1.70	0.06
1976	7.03	−0.13	4.97	0.13	3.69	0.09	4.58	0			2.98	−0.19	2.08	0.10	1.64	0

注　1. ΔH是各年水位与1953年水位的差值，正值为升高，负值为降低。
2. 表中各年的数据均是南沙潮位1.5m时的水位和水位差值。

表12－7　联围筑闸前后西江下游各站水位升降率　（单位：m/a）

站名	马口	下圩	甘竹（一）	天河	北街	迭石	南华	莺哥嘴	容奇
上升率	0.028	0.034	0.030	0.008	0.038	0.016	0.029	0.049	0.063
回降率	−0.048	−0.026	−0.030	−0.028	−0.033	−0.011	−0.027	−0.039	−0.032

表12－8　联围筑闸前后北江下游各站水位升降率　（单位：m/a）

站名	三水	紫洞	澜石	三多	水藤	勒流	三善滘	灵山
上升率	0.033	0.060	0.069	0.054	0.048	0.053	0.044	0.032
回降率	−0.026	−0.044	−0.056	−0.049	−0.043	−0.041	−0.017	−0.011

表12－9为西江水系部分站不同年份的几次同步实测分流比值。由表可见，尽管比较基础不完全相同，但仍可看出自20世纪50年代末以后，西江主干河道的分流比值有逐年增大的趋势。

表 12－9 西江水系部分站不同年份的分流比值（占马口站的%）

站名 \ 马口站月平均流量（m^3/s） \ 日期	1959 年 7 月 9～22 日	1964 年 6 月 12～26 日	1970 年 7 月 1～14 日	1981 年 8 月 9～17 日
	Q ＝25900～11400	Q ＝26800～4140	Q ＝26100～10100	Q ＝14300～7880
天河	50.67	—	52.64	—
黄海南	—	50.84	—	52.08
南华	40.18	—	38.78	—
甘竹（邓滘沙）	9.15	—	9.73	—
江门	2.17	—	2.48	—
睦州	3.88	—	4.17	—
连腰	4.61	—	4.68	—
北湾	3.28	—	3.35	—
横山	5.45	—	5.73	6.66
竹银	31.41	31.83	31.90	34.90
竹洲	5.66	5.55	5.41	5.28
灯笼山	—	29.18	28.00	33.60

黎子浩也分析了联围筑闸后网河区分流比的变化趋势。表 12－10 为西江马口站和北江三水站分流比变化的比较，虽然所用的比较数据不十分准确，但从表中也可看出，自 20 世纪 60 年代初期到 70 年代初期，西江的分流比是逐年有所增大的，而北江的分流比则逐年有所减少，其变化趋势是明显的。这一结论与上述相同。从表 12－7 和表 12－8 也可看到，1961 年以前马口站水位上升率为每年 2.8cm，比同年三水站的上升率 3.3cm/a 略小，但 1961 年以后马口站水位回降率为－4.8cm/a，比三水站的回降率－2.6cm/a 几乎大一倍，由此推断，在联围筑闸后，西江往北江的分流量可能减少，而北江往西江的分流量则有所增加，因而加大了西江干流的流量分配比。

表 12－10 马口、三水流量分配比变化比较 （单位：m^3/s）

年份 \ 河流 / 站名	西江	北江		马口占总出量（%）	三水占总出量（%）
	高要	石角	石狗		
1962	2054	482.9	80.78	85.6	14.4
1964	2094	451.4	73.24	86.5	13.5
1967	2050	296.7	63.68	87.6	12.4
1960	1751	369.0	56.70	88.0	12.0
1972	1678	362.8	59.80	89.0	11.0

3. 潮汐特性的变化

兴建联围筑闸工程后，将对其附近河道的潮汐特性产生一定的影响。现以江新联围的睦洲闸和江门北街闸为例加以说明。

睦洲闸建于1980年，北街闸建于1978年，工程兴建前后其附近河道的潮汐的特性变化值列于表12－11、表12－12和表12－13。由上述各表可以看出：

（1）受工程的直接影响，其下游河道工程后的多年平均高低潮位呈现为降低，洪水期的高低潮位也是降低，且降低值更甚；枯水期则呈现为高潮位抬高，低潮位降低。如睦洲站受上游睦洲水闸工程的影响，工程后多年平均高潮位降低0.07m，低潮位降低0.45m，潮差值增大0.37m。而洪水期，高潮位则降低0.16m，低潮位降低0.75m，潮差增大到0.59m。但枯水期高潮位则抬0.01m，低潮位降低0.26m，潮差值增大0.28m。

产生上述变化的原因，是由于下游河道因受工程控制运用的影响，使下泄量减少，因而引起高低潮位降低和潮差增大。而枯水期不同是由于径流作用减弱，潮流作用相对增强，潮流成为主要的控制因素。在下泄量减少下，受潮流上溯的顶托影响，因而造成高潮位抬高、低潮位降低和潮差增大。

（2）受工程间接影响的主干河道的北街站，工程后高低潮位都呈现为抬高和潮差减小。如北街站工程后高潮位抬高0.03m，低潮位抬高0.05m，潮差减少0.02m。

产生上述变化的原因，是由于支汊道受到控制，致使主干河道的径流量增大，因而引起高低潮位抬高和潮差减小。

（3）各站涨落潮历时均无明显的变化，一般仅在14min以下，可以认为潮波的传播基本保持不变。

表12－11　　工程前后睦洲站潮汐特性值

时　段	马口站平均年径流量（亿m^3）	高潮平均潮位（m）	低潮平均潮位（m）	涨潮平均潮差（m）	涨潮平均历时（h:min）	落潮平均历时（h:min）
1974～1976年工程前	2400	0.78	0.06	0.72	4:37	7:53
1977～1979年施工期	2470	0.75	－0.07	0.83	4:33	7:53
1980～1991年工程后	2410	0.71	－0.39	1.09	4:3	7:53

表12－12　　工程前后洪枯水期睦洲站潮汐特性值

时　段		高潮平均潮位（m）	低潮平均潮位（m）	涨潮平均潮差（m）	涨潮平均历时（h:min）	落潮平均历时（h:min）
1974～1976年工程前	洪水期	1.07	0.49	0.58	4:13	8:17
	枯水期	0.53	－0.28	0.80	5:02	7:35
1980～1981年工程后	洪水期	0.83	－0.20	1.09	4:06	8:19
	枯水期	0.54	－0.54	1.08	4:55	7:31

表 12－13 工程前后江门（北街）站潮汐特性值

时　段	马口站平均年径流量（亿 m^3）	高潮平均潮位（m）	低潮平均潮位（m）	涨潮平均潮差（m）	涨潮平均历时（h:min）	落潮平均历时（h:min）
1974～1977 年工程前	2380	1.00	0.57	0.43	4:49	8:12
1979～1982 年工程后	2480	1.03	0.62	0.41	4:53	8:08

12.1.3 联围筑闸对河床冲淤的影响

1. 对三角洲网河区河床冲淤的影响[2]

黎子浩对联围筑闸后三角洲网河区河床冲淤的变化进行了分析，他利用 20 世纪 60 年代初期河道地形图及 70 年代部分水道航道地形图整理分析了西江、北江干流和支流的一些河段在联围筑闸前期（1952～1962 年）及后期（1960～1977 年）的河道冲淤变化，结果列于表 12－14 和表 12－15。从表中可以看出，在联围筑闸前期，除北江干流从思贤滘至紫洞段基本上处于不冲不淤外，其他包括西江干支流和北江一些支流都处于淤积状态，每年淤积厚度约为 0.02～0.05m；而在联围筑闸后期，除西江干流的石山村—天河河段外，西江、北江干支流的河道都处于冲刷状态，冲刷厚度约为 0.01～0.06m。表中数据不一定准确，但能反映一般冲淤变化趋势。

联围筑闸前期河床发生淤积是与水位逐年抬升相对应的。由于水位抬升，受壅水影响，流速必将减小，水流的挟沙能力因而减弱，于是河床便发生淤积；与此同时，河床的淤积反过来又促使水位抬高，这就是联围筑闸前期使河道水位逐年抬升的原因。至于西江干流河道的淤积厚度大于北江，而水位抬升率则小于北江，可能是西江含沙量大于北江的缘故。

表 12－14 联围筑闸前期各主要河道冲淤变化

水道名称	河段名称	长度（km）	对比相隔年数（a）	高水位冲淤量（万 m^3）		冲淤厚度（m/a）
				冲	淤	
北江干流	思贤滘—紫洞	25.02	9	114.4		－0.004
顺德水道	下滘—板沙尾	58.22	10		1102.5	0.03
潭洲水道	紫洞—西海口	35.24	8		251.4	0.021
容桂水道	南华—板沙尾	36.82	10		707.8	0.021
西江干流	思贤滘—南华	55.92	9		2632.7	0.033
西江干流	南华—竹洲山	55.10	9		1856.4	0.049

注　1. 表中为 1952～1962 年资料。

2. $冲淤厚度=\dfrac{冲淤总量}{河宽\times距离\times统计年数}$。

3. 正值为淤积，负值为冲刷。

表 12-15 联围筑闸后期各主要河道冲淤变化

水道名称	河段名称	距离(km)	年平均最大冲淤厚度(m/a)	冲淤量(万 m^3)		冲淤厚度(m/a)	对比年份
				冲	淤		
东平(潭洲)水道	西海口—登洲	17	-0.097				
	登洲—紫洞	18	-0.041	391.34		-0.057	1960 ~ 1971
	紫洞—西南	19	-0.025	203.51		-0.011	1960 ~ 1973
	登洲—西南(全段)	37	-0.033	504.85		-0.034	
西江干流	六沙村—石山村	22	-0.082	702.87		-0.036	1961 ~ 1971
	石山村—天河	8	0.008		37.24	0.005	
	天河—甘竹	4	-0.004	126.04		-0.023	
	六沙村—甘竹(全段)	35	-0.056	791.67		-0.024	
容桂水道	板沙尾—马岗西村	12	-0.065				1962 ~ 1977
	马岗西村—南华	26	-0.004				
	板沙尾—南华(全段)	38	-0.024				

联围筑闸后期河床发生冲刷是由于河流的自动调整作用的结果。众所周知，冲积河流是具有自动调整作用的，当河床淤积到一定程度时，水深减小，比降变陡，水流流速增大，水流挟沙力能力也增强，河床将由淤积转为逐渐少淤直至冲刷；当河床为冲刷时，随着冲刷的发展，水深增大，比降变缓，水流流速减小，水流挟沙力减弱，河床的冲刷将逐渐减弱直至转为淤积。这就是冲积河流的自动调整作用。联围筑闸后期的河道冲刷显然是由这种水流的自动调整作用决定的。从表 12-5 和表 12-6 中可以看到，西江、北江干支流沿程各水位站的历年水位变化趋势一般是：20 世纪 50 年代初期开始大规模联围筑闸，水位开始下降，至 60 年代初期水位下降达到最大值，此后水位又有回升，恢复到接近 50 年代初期的水位。这种水位的变化过程是与水流自动调整作用的淤积—冲刷—淤积息息相应的。

2. 对筑闸后附近河道冲淤的影响[2]

在潮汐河口地区修建水闸后将引起闸下河段淤积，这是十分普遍的现象。珠江三角洲兴起的联围筑闸，其功能是以防洪、涝、旱和咸等综合使用为目的的，数量甚多，每个联围内都有修建，一般分布在网河区的中、下游。有的河汊仅在一头建闸，另一头未建，有的则两头均建闸，如石歧水道的东、西河口水闸，凫洲河上游的凫洲水闸和下游的拱北水闸。不论是一头建闸还是两头建闸，由于是联围，其河汊的水流都属封闭性质，基本上不经常与围外水道连通。

联围筑闸的水闸，一般在闸前都呈现不同程度的淤积，如佛山涌的沙口水闸，闸前淤积十分严重，每年淤高 0.2 ~ 0.3m；石歧水道的东、西河口水闸，闸前也呈现淤积，尤其是西河口水闸，因磨刀门来水来沙较大，造成淤积更为明显，据调查，每次洪水在闸前可淤高 0.3 ~ 0.5m，从 1976 年 9 月复测的地形图比较，闸前淤积比 1972 年建闸时淤高 1.5m 左右，平均每年淤高 0.4m；凫洲河水闸，据调查每年一场洪水即可淤高 1m，大约每 3 年需进行疏浚 1 次，每次疏泥量达 1 万 m^3。

闸前淤积一般发生于洪水期，因为洪水期含沙量高，而联围筑闸的水闸一般都要关闸以防洪水进入，故造成闸前大量淤积。洪水过后，有的水闸开闸，但由于流量过小，难以冲走闸前淤积的泥沙，故闸前的淤积一般是不可避免的。

联围筑闸后，闸后或闸内的淤积也是普遍存在的现象。如佛山涌的沙口闸，根据1976年与1960年河道地形图对比，闸内全河段淤积约6万m^3，平均每年淤积速率为1.5cm/a；石歧水道东、西河口水闸，由于开闸机会较多，不可避免会被洪水挟带一些泥沙进入河道，故闸内河道仍会发生淤积。根据1975年与1962年的河道地形图对比，整个河段淤积约24万m^3，平均每年淤积速率为34cm/a。由于在此期间东河段（石歧镇—东河口段）曾进行河道扩槽疏挖，故估计这个数字可能会比实际的数字有所偏小。

建闸后闸内的河道淤积一般比建闸前有所减少，如佛山涌建闸前的淤积速率为2.1cm/a，建闸后为1.5cm/a；石歧水道建闸前为50cm/a，建闸后为34cm/a。这是因为建闸前洪水期挟带的大量泥沙，可随洪水一起进入河道，而建闸后洪水期关闸，洪水挟带的泥沙绝大部分被拦截，不能进入闸内河道，故建闸后的淤积比建闸前大为减少。

12.2 珠江河口的堵海工程

12.2.1 工程概况[1]、[3]

珠江河口的堵海工程为1958年进行的白藤堵海工程，位于泥湾门河口。泥湾门原为八大出海口门之一，其泄洪量的占思贤滘总量的5.7%，泄洪纳潮能力略大于虎跳门，在八大口门中居第七位。1958年完成白藤堵海工程后，泥湾门被堵塞，水流改道由鸡啼门出海，鸡啼门便成为现今珠江八大出海口门的一个口门，见图12-1和图12-2所示。

泥湾门位于珠海市斗门县城井岸和白蕉下游3.4km的鬼仔角，其东侧是梳挟沙与灯笼沙大片围田，西南面为茫茫一片的白藤海，工程范围的总面积为211km^2，人口4.7万多人，耕地面积20万亩。在“大跃进”高潮的形势影响下，1958年4月，由中山、珠海两县主要领导成立了“白藤堵海工程指挥部”，在没有规划设计，又未经主管部门审批的情况下破土兴建堵海工程，当时主要目的是防咸和防台风暴潮，认为把海口堵住拒咸潮于口外，约10万亩耕地可免遭咸害；同时可阻挡台风暴潮直接冲击乾务、泥湾、白蕉等沿海堤围，避免遭受冲毁。这项堵海工程规模的巨大，为珠江三角洲前所未有，是珠江口门整治的一次尝试。

白藤堵海工程于1958年9月12日动工兴建西堤，堤长1675m，堤顶露出水面0.5m，平均水深3m。同年9月26日兴建东堤，堤长4050m，堤顶高出水面0.8m，平均水深5m，其中460m为泥湾门口水下深槽，平均水深为7.9m，最大水深9m。经过83天日夜施工，白藤堵海大堤初步建成。1961年5月大堤全线加高培厚，堤顶高程2.8m，顶宽5.7m，基底最宽84m，堤身内坡为1:2.5的砌石护坡，外坡为1:1的干砌石斜墙式防浪墙，墙顶标高为3.5m，共完成土砂方196万m^3，石方19.3m^3，投入劳力300多万工日。

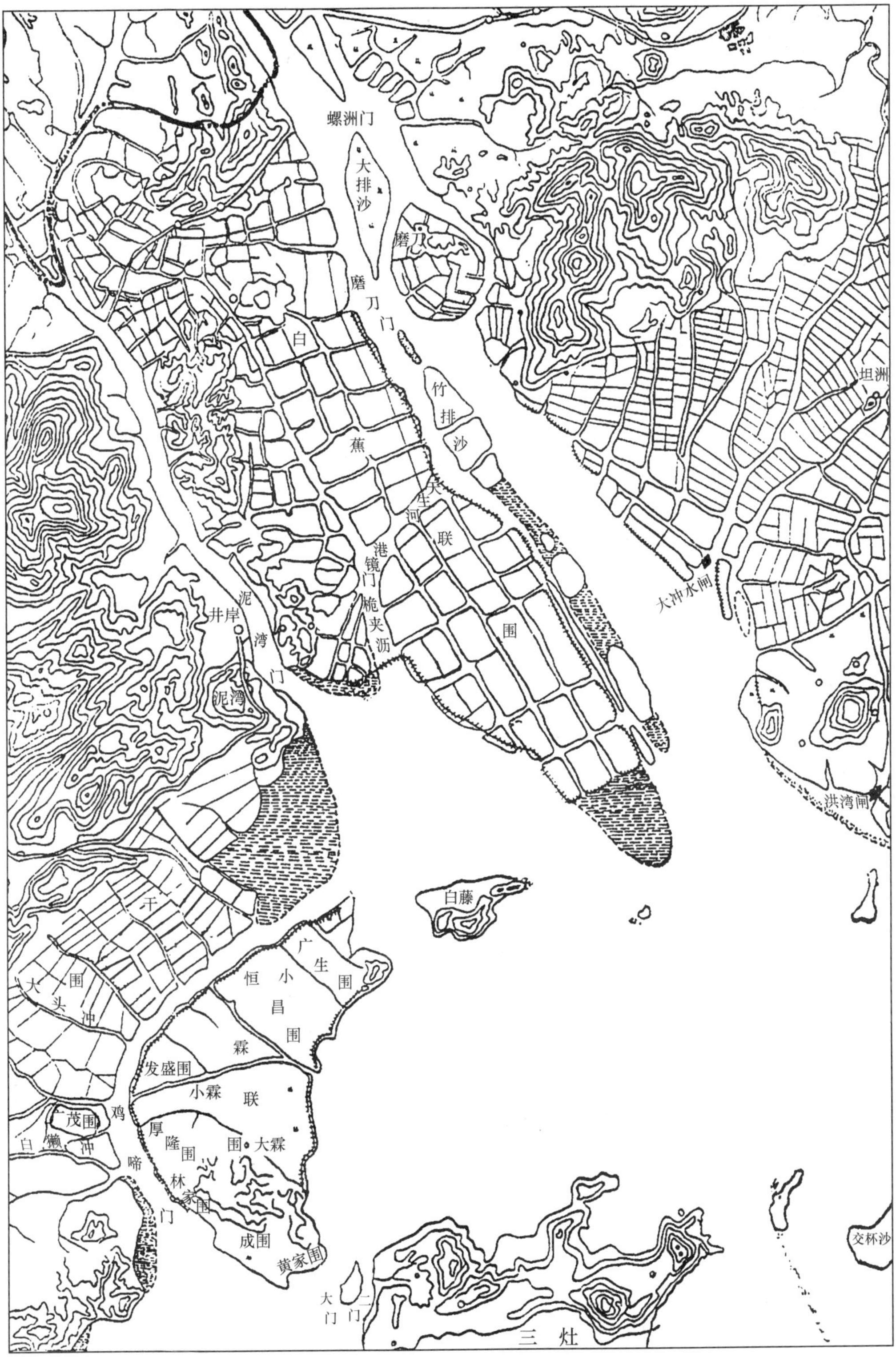

图 12－1　白藤堵海工程前泥湾门口门示意图

图 12－2　白藤堵海工程及河湖分家后口门示意图

白藤海堤建成后，泥湾门口的咸潮来量被堵绝，淡水来量集中向鸡啼门泄出，驱压咸潮下退，增长了乾务、平沙、大霖、小霖和白蕉等地的淡水期 2～4 个月，改善了 13.7 万亩农田的生产条件，产量有显著的提高，同时解决了人畜用水困难，改善了约 4 万人的生活条件。海堤还有防台风暴潮的作用，捍卫白蕉、乾务一带海堤的安全。此外，堤内外的坦地13万亩，加速了淤积，对垦殖有利。由上可见，白藤堵海工程基本上达到了原来的目的。

白藤堵海工程亦带来了一些不利影响。堵海前泥湾门的泄洪纳潮主要由白藤头至灯笼沙的主槽大进大出，堵海大堤建成后，涨潮时原来大进潮量的正道被堵死，潮流改由鸡啼门狭小的水道上溯，进潮量严重减少，且流程增长16km，所进潮量首先填充堤内白藤湖的滞蓄容量，然后才缓慢地向上游推进，因此，白蕉河段在枯水季节，高潮降低约0.15m，严重影响春耕灌溉；当落潮时，须等待白藤湖的滞蓄水量排出后，再从鸡啼门唯一的狭长水道泄出，于是，便延缓了上游潮位退潮的时间，直到下次涨潮时间的到来，造成潮谷水位抬高0.60～0.98m，严重影响堤围开闸自流排水，使大片中低沙田地区失去自流排水的时机，约有84.3万亩耕地受到排涝影响；另外，在洪水期泄洪不畅，使洪水高潮水位有所抬高，大潮遇上大洪水时，泥湾门水道抬高20～30cm，磨刀门水道外海神湾抬高20cm左右，荷麻溪、劳劳溪水道抬高10～20cm，造成水情恶化，对防洪、排涝均带来不利影响；海堤建成后，出海口门被封堵，船只出海须改道鸡啼门航行，亦给航运带来不便，而且，有些水道流速减缓，造成泥沙淤积，对航运亦不利。

由于存在上述问题，且对问题的认识，众说纷纭，莫衷一是。“害多利少”者有之，“利多害少”者亦有之，争论不休。但白藤堵海工程必须进行整治，以发挥其效益，消除其灾害，却是一致的认识。经反复调查研究，采用以河湖分家为主要措施的整治方案。该方案的目的是要彻底消除白藤堵海遗留的问题，取得防洪、排涝、引淡、防咸、防风、围垦造田和交通航运等最大的综合效益。该方案的主要工程有：首期工程为兴建白藤大闸，位于堵海大堤与原泥湾门深槽交会处，大闸总净宽151m，共30孔，其中29孔净宽5m，中孔为6m，用作过往船只通航之用，闸底高程－3.0m，闸顶高程3.5m，主要作用为挡潮排水，设计通过流量为1140m^3/s，工程于1971年2月动工，1974年9月完成；第二项工程为沙头船闸，位于鬼仔角，是白藤湖内与内河航运的咽喉，船闸闸首净宽8.5m，底槛高程－2.5m，闸室宽12.5m，长30m，亦于1974年9月完成；第三项工程为湖西大堤，是河湖分家的主体工程，大堤东北起于沙头船闸，西南至小霖三板头与鸡啼门水道岸线相接，全长5800m，于1975年底完成。

整治工程完成后，河湖分家，白藤湖对径流和潮流的调蓄作用消失，再加上鸡啼门水道经多年洪潮冲刷，其泄洪纳潮能力逐年加大，白藤堵海工程所造成的不良影响基本消除，而其工程的效益得到进一步巩固和提高，同时，还围垦开发了3万亩滩涂，建成了占地7000亩的白藤湖旅游区和经济开发区，白藤堵海的整治工程获得了成功。

12.2.2 堵海工程对水流及河床变化的影响

堵海工程完成后，泥湾门水道的水流改由旁侧的小门鸡啼门进出，原白藤口门变成一个面积约32km^2的内湖，迫使水流进出泥湾门均经白藤湖的调蓄。由于鸡啼门水道的口门狭窄，其宽度仅为泥湾门的一半，而白藤湖的面积又很大，因而水位难以升降，对泥湾门水道的水流下泄和潮流上溯都产生影响，从而引起泥湾门水道的水流和河床发生相应的变化，并将间接影响到虎跳门水道和磨刀门水道的局部河段亦发生变化。

河湖分家后，水流进出泥湾门水道均不再经白藤湖的调蓄，因而水流下泄和潮流上溯的能力随之增强，又引起泥湾门水道的水流和河床发生新的变化，而虎跳门水道和磨刀门水道亦受其影响。

1. 堵海工程完成后对水流和河床变化的影响❶

(1) 对水流的影响。

1) 潮位的变化。为进行堵海前后潮位变化的对比，广东省水利水电科学研究所选取1956年和1958年的资料代表堵海前的情况，1959年和1960年的资料代表堵海后的情况，上边界用马口站日平均流量为对比基础，下边界的对比基础应选取泥湾门附近不受堵海工程影响的潮位，但由于附近无潮位站，故以虎跳门口门附近的西炮台站潮位代替，该站距泥湾门口门约55km，应有一定的潮位差，但作为相对比较还是可以的。根据上述资料，当上游马口站日平均流量相等，下游西炮台站潮位又相同的条件下，各站潮位在堵海工程前后的变化值，应为堵海工程所造成的影响。

表12-16为根据上述资料整理得到的泥湾门水道各站堵海前后高、低潮位的变化值，从表中可见，泥湾门水道直接受堵海工程的影响，进潮量显著减少，引起高、低潮位发生变化。低潮位在马口各级流量下各站均为抬高，抬高值在11~87cm之间，其中以白蕉站为最大，自白蕉以上及以下为逐渐递减。高潮位在马口流量为12800m^3/s以下时，各站均为降低，降低值为2~24cm之间，其中以小霖站为最大，自小霖以上逐渐递减；当马口流量超过24300m^3/s时，除小霖站高潮位仍为降低外，其余各站均为抬高，但抬高值较小，在1~5cm之间。

表12-16　泥湾门水道各站堵海前后高、低潮位变化值

潮别	流量 (m^3/s)	西炮台站潮位 (m)	潮位变化值(cm)				
			睦洲	竹洲头	文鱼沙	白蕉	小霖（黄金）
高潮	1200	33.95	-5	-10	-14	-15	-23
	3460	33.98	-6	-11	-15	-16	-24
	12800	34.28	-2	-6	-9	-9	-21
	24300	34.22	+4	+3	+1	+5	-21
	31150	34.53	+3	+3	-1	+3	-31
低潮	1200	32.10	+23	+42	+45	+53	+54
	3460	32.50	+19	+19	+28	+41	+48
	12800	32.17	+23	+38	+47	+66	+55
	24300	32.40	+16	+24	+52	+78	+46
	31150	32.38	+11	+21	+55	+87	+42

注　表中+值为抬高，-值为降低。

❶ 广东省水利水电科学研究所，泥湾门堵海工程引起水流及河床的变化，1978年9月。

受堵海工程的间接影响，与泥湾门水道相互沟通的磨刀门水道和虎跳门水道的高、低潮位亦发生了变化。表12－17为磨刀门水道和虎跳门水道堵海前后高、低潮位的变化值，从表中可见，磨刀门水道除少数站（如迭石、外海）外，多数站在马口各级流量下堵海后高、低潮位均为抬高，低潮位的抬高值小于泥湾门水道，在迭石、竹银、神湾之间低潮位的抬高值最大，向其上、下游逐渐递减，在上游天河和下游洪湾处影响已基本消失；虎跳门水道的高、低潮位均为抬高，抬高值在3～37cm之间，在西炮台处影响已基本消失。

表12－17　磨刀门、虎跳门水道各站堵海前后高、低潮位变化值　（单位：cm）

潮别	马口站流量（m^3/s）＼站名＼水道名称	磨刀门水道							虎跳门水道	
		天河	外海	迭石	竹银	神湾	灯笼山	洪湾	横山	西炮台
低潮	27400	0	17	22	20	21	11	0	20	0
	20000	0	8	13	17	17	8	0	6	0
	15000	0	4	12	10	6	3	0	20	0
	10000	0	3	8	11	5	1	0	21	0
	5000	0	－2	3	10	3	－2	0	22	0
高潮	27400	0	15	20	10	13	17	0	5	0
	20000	0	10	10	6	10	4	0	3	0
	15000	0	10	8	3	6	2	0	12	0
	10000	0	2	－2	5	4	2	0	26	0
	5000	0	－2	－8	2	1	2	0	37	0

注　表中＋值为抬高，－值为降低。

珠江委科研所也分析了白藤堵海工程前后各站的高、低潮位变化，选取1957～1958年的资料作为堵海前的情况，以1959～1960年的资料作为堵海后的情况，堵海前后各站潮汐特性值见表12－18。从表中可见同样得到与上述相同的结果，即堵海后高潮平均潮位略有降低，降低值为1～4 cm，低潮平均潮位则有不同程度的抬高，抬高值为1～43 cm，其中以泥湾门水道的白蕉站为最大，自白蕉向上游逐渐递减，各站潮差均为减小。虎跳门水道的低潮平均潮位抬高值小于泥湾门水道，与泥湾门水道相反，自上游横山站向下游逐渐递减，至西炮台处影响已基本消失。

2）月潮间隙与潮时的变化。月潮间隙系指潮峰出现时间与月中天的时间差值。广东省水利水电科学研究所用1956年与1957年资料代表堵海前的情况，1959年与1960年的资料代表堵海后的情况，并分别以枯水期和洪水期进行对比，研究了堵海前后月潮间隙的变化，其结果见表12－19。从表中可见，泥湾门水道受堵海大堤工程的直接影响，潮量减少，加上流路增长，又受白藤湖的容蓄作用，使白蕉站的潮峰出现时间比堵海前推迟1:32～3:04（h:min），潮谷推后0:22～7:22（h:min）。磨刀门水道的月潮间隙则比堵海前提前0:17～0:28（h:min），其原因是堵海前潮流沿白藤湖外大片滩地进入磨刀门，流势分散，堵海后受大堤的约束和因滩面迅速淤高，迫使潮流集中于磨刀门正面进入，流路集中后，潮流速加快，相应历时因而提前。

表 12－18 白藤堵海工程不同时段各站潮汐特性值

时段	马口站平均年径流量（亿 m^3）	站名	高潮平均潮位（m）	低潮平均潮位（m）	涨潮平均潮差（m）	涨潮平均历时（h:min）	落潮平均历时（h:min）
1957～1958 年堵海前	—	白蕉	0.46	－0.59	1.04	5:15	7:11
		文鱼沙	1.29	0.29	1.00	5:09	7:16
		横山	3.57	2.49	1.08	4:44	7:42
		西炮台	0.56	－0.68	1.24	5:04	7:23
1959～1960 年堵海后	2310	白蕉	0.44	－0.16	0.60	5:33	7:04
		文鱼沙	1.25	0.64	0.60	5:11	7:20
		横山	3.55	2.65	0.90	4:44	7:41
		西炮台	0.55	－0.67	1.22	5:03	7:24
1970～1974 年河湖分家前	2500	白蕉	0.47	－0.36	0.83	6:10	6:10
		黄金	0.20	－0.77	0.97	6:28	6:10
1975～1979 年河湖分家后	2450	白蕉	0.51	－0.50	1.01	5:14	7:12
		黄金	0.29	－0.83	1.17	5:31	6:57

注 白蕉、文鱼沙站在原泥湾门水道；横山、西炮台站在虎跳门水道；黄金站在鸡啼门水道。

表 12－19 堵海前后月潮间隙的变化

水道名称	站名	$\Delta t'$ 涨潮时差（h:min）					$\Delta t'''$ 落潮时差（h:min）				
		枯水期	洪水期	全年平均	最大	最小	枯水期	洪水期	全年平均	最大	最小
泥湾门水道	白蕉	－1:5	－2:14	－2:02	－3:04	－1:32	－1:38	－2:25	－1:51	－7:22	－0:26
磨刀门水道	灯笼山	0:17	0:28				0:21	0:13			

注 $\Delta t = t_{堵前} - t_{堵后}$，正号为提前，负号为推后。

该所还研究了堵海工程对涨、落潮平均历时的影响，结果见表 12－20，从表中可见，泥湾门、磨刀门、虎跳门等水道在堵海工程前后的涨、落潮平均历时均未有明显的变化，说明工程对潮型的影响不大。

3）分流比的变化。根据一些不完全的资料分析，堵海工程完成后的 1959 年与工程前的 1955 年相比，泥湾门水道的分流比值有所减少，而磨刀门水道竹艮站洪水期分流比值则从占马口站的 31.8%增至 32.4%，枯水期分流比值增至 35%，经睦洲溪流入虎跳门水道的分流比值从 3%增至 4%。造成这种变化的原因，显然是由于堵海工程后形成大面积的白藤湖，受其顶托影响，使进入泥湾门水道的水流不能顺畅排泄，从而影响分流比值有所减少，而相应地流入磨刀门水道和虎跳门水道的分流比值则有所增大。

4）会潮点及潮流向的变化。会潮点系反映各口门及其相互沟通的汊道的径流与潮流势力之间所形成的均势。堵海前泥湾门、磨刀门及虎跳门水道的涨潮时间基本相近，潮流呈齐头并进之势，第一次会潮点在竹洲头、横坑附近，第二次会潮点在三沙围附近，第三次会潮点在江门沙附近。堵海后，原各水道已形成的径、潮流势力之间的均势被破坏，泥湾门水道的进潮量显著减少，潮流势力减弱，相应地径流势力则增强，因而引起潮区界下移，原在横坑附近的会潮点下移至文鱼沙，使螺洲溪的全河段及横坑至文鱼沙河段由涨潮流变成落潮流，于是由磨刀门来的潮流通过螺洲溪、由虎跳门来的潮流通过横坑以下的河段倒灌入泥湾门水道，与受堵海影响而减弱了的泥湾门向上游推进的潮流在文鱼沙处相会，再次形成新的均势，成为堵海后的会潮点。除上述河段在堵海后潮流发生反方向的变化外，其他河段基本保持原来的流势。至于第二、第三次会潮点因处于河口的上段，受堵海影响较小，堵海前后变化不大。

表 12－20　　堵海前后涨落潮平均历时的变化

潮别 \ 季节 \ 站名 \ 水道名称		泥湾门水道		磨刀门水道				虎跳门水道	
		文鱼沙	白蕉	外海	迭石	神湾	灯笼山	横山	西炮台
涨潮历时（h:min）	枯水期	－0:04	0:02	－0:09	0:01	0:00	0:00	0:00	－0:01
	洪水期	－0:11	0:21	0:09	0:16	－0:06	－0:05	0:02	0:02
	全年平均	0:01	0:18	－0:02	0:00	－0:01	－0:01	0:00	0:02
落潮历时（h:min）	枯水期	0:00	－0:14	0:08	0:04	0:02	0:02	0:00	0:02
	洪水期	0:08	－0:01	0:11	0:10	0:06	0:06	－0:02	－0:01
	全年平均	0:04	－0:07	0:07	0:07	0:01	0:01	－0:01	－0:02

注　表中正号为历时延长，负号为缩短。

5）咸潮的变化。广东省水利水电科学研究所分析了堵海前后咸潮的变化，得到堵海后与堵海前相比，泥湾门水道含氯度为 3‰的出现位置在马口流量为 5000m^3/s 时下移 8km，流量为 10000m^3/s 时下移 2km；磨刀门水道含氯度 3‰的出现位置在马口流量为 5000m^3/s 时下移 4 km，流量为 10000m^3/s 时变化不明显；虎跳门水道则与上述两个口门不同，堵海后上移了约 2km。

泥湾门水道堵海后咸潮下移，显然是由于堵海工程直接减少了进潮量，从而削弱了潮流势力和相应增强了径流势力的结果。磨刀门水道的咸潮下移则是由于分流比增大，径流势力增强的缘故。虎跳门水道则相反，咸潮上移是由于潮流向泥湾门水道倒灌所引起。

（2）河床的变化。广东省水利水电科学研究所分析了堵海工程前后河床的冲淤变化，在 3 条水道中，堵海后以泥湾门水道的冲淤变化较大，而磨刀门水道和虎跳门水道则变化不明显，这与其仅受堵海工程的间接影响，堵海后未引起水流条件发生重大变化有关。

泥湾门水道堵海后白蕉以上的河床深泓线普遍淤高，文鱼沙断面淤积最严重，最大淤高约 3m（见图 12－3）；而在白藤湖出口以下的河段，河床的深泓线则呈现为冲刷，最大冲深约 2m（见图 12－3）。

白蕉以上河床淤积的原因，主要是由于堵海工程引起进潮量减少，相应地引起河道断面发生调整，以减小过水断面面积来适应潮量的减少；其次，堵海工程使水道的出海口延长了 16 km，加上白藤湖的顶托作用，使水面比降减小而引起的淤积，也有一定的作用。而白藤湖出口以下河段的冲刷，则是因为鸡啼门水道断面狭窄，为适应增大了的径流和潮流的进出，必然冲刷河床以增大其过水断面；其次，因白藤湖起到容蓄和沉沙的作用，径流、潮流挟带的泥沙在湖内沉积，使从湖内流出的水流含沙量变小，有利于冲刷河床，也有一定的作用。

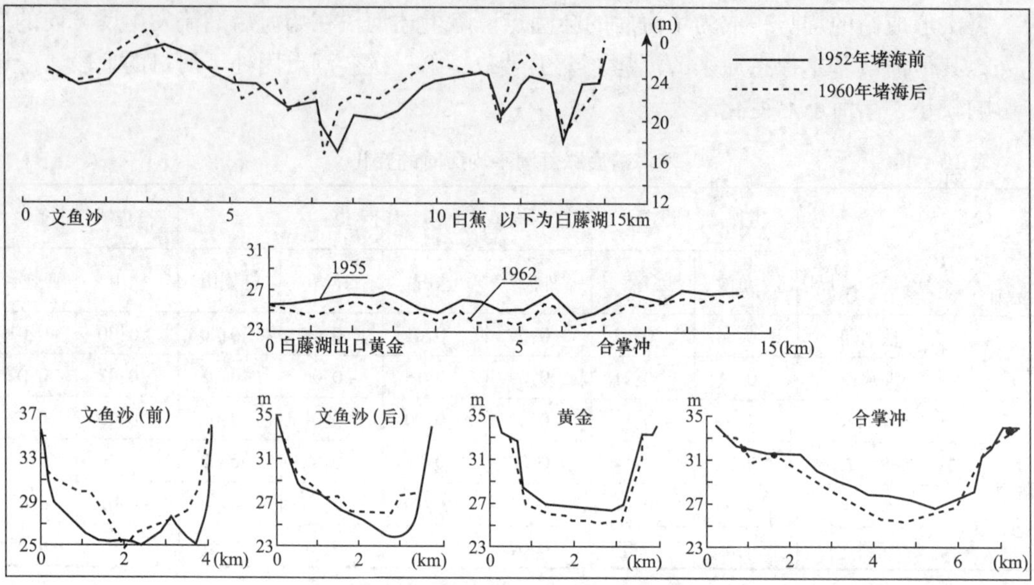

图 12－3 堵海前后泥湾门—鸡啼门水道河床深泓及代表断面的变化

2. 河湖分家后对水流及河床变化的影响

河湖分家后，水流进出均不再经白藤湖的调蓄，水流下泄和潮流上溯随之增强，泥湾门水道的水流特性又发生了新的变化。

现以白蕉、黄金两站为例，并选取 1970～1974 年的资料作为河湖分家前的情况，1975～1979 年的资料作为河湖分家后的情况，其潮汐特性值见表 12－18。从表中可见：河湖分家后两站高潮平均潮位有所抬高，低潮平均潮位有所降低，潮差增大。其中，白蕉站高潮平均潮位抬高 4cm，低潮平均潮位降低 14 cm，潮差增大 18 cm；黄金站高潮平均潮位抬高 9 cm，低潮平均潮位降低 11 cm，潮差增大 20 cm。至于涨、落潮平均历时的变化，与堵海后的变化相比较，则较为明显，涨潮历时缩短了将近 1h，落潮历时则相应延长了将近 1h。

河湖分家后进潮量的增大和潮流上溯能力的增强，不仅使高潮位抬高和涨潮历时缩短，并使泥湾门水道的咸潮及会潮点又复上移，原堵海后下移至文鱼沙附近又回复到堵海前的横坑附近。由于河湖分家后白藤湖的调蓄作用已消失，致使低潮位下降。至于落潮历时的延长，显然与会潮点的上移有关。

河湖分家后河床的变化因无实测地形资料，难于进行分析。从水流的变化上看，预计白蕉以上的河床淤积状态会逐渐转为冲刷，整个泥湾门水道的水流、河床状况将朝着恢复堵海前的方向变化。

12.3　珠江河口的滩涂围垦工程

12.3.1　滩涂资源的分布及其发育[1]、[4]、[5]

珠江口东起九龙半岛的黑咀（东经 114°17′53″），西至台山市赤溪半岛的鹅尾尖（东经 112°54′48″），口门总宽度约 150km，海岸线长 700 多 km，沿岸带宽 10km 范围的陆地面积约 3500 多 km^2。在这广阔的范围内分布着广大的滩涂资源，其中在 -3.0m 高程内分布于赤湾—内伶仃—淇澳—金星门一线以北的内伶仃海域约有 54.32 万亩，在内伶仃南面环岛和深圳湾内，以及金星门外唐家湾一带共约有 6.5 万亩；在横琴—三灶一线以北的磨刀门浅海区约有 24.90 万亩；在鸡啼门口三灶—南水约有 4.5 万亩；在南水—大杧—大襟—腰古咀一线以北的黄茅海浅海区约有 25 万亩，整个珠江口高程在 -3.0m 以上的滩涂面积共约有 114.32 万亩，见表 12-21，其位置见图 12-4。高程在 -2.0m 以上近期能围垦开发的约为 82.10 万亩。

珠江河口的滩涂资源主要是由径流挟带的泥沙沉积形成的。珠江虽属少沙河流，多年平均含沙量只有 0.283kg/m^3，但由于径流量大，多年平均输沙量达 8500 万 t，其中 20% 沉积于三角洲河道，80% 被输往口外滨海。在径流和潮流动力作用下，泥沙在珠江口浅海盆不断淤积，形成广大的滩涂资源。其沉积过程十分复杂，既有较粗颗粒的机械落淤，又有呈胶体或似胶体状态的悬浮物质在盐水楔、异重流或微生物作用下的化学或生物沉积，人为作用也大大加速了沉积的过程。

珠江口滩涂发育的主要形式有如下几种：

（1）沿岸发育。泥沙沿海岸沉积发育成带状的滩地，如伶仃洋东岸浅滩、崖门口外黄茅海西岸浅滩和东岸蠕蛛—三虎浅滩等均属此类。其滩地宽度主要与泥沙来源多寡、海流冲击力大小、岸段原始地形和隐蔽程度等有关。

表 12-21　　珠江口滩涂面积分布表

南海区	地段或片名	所属县（市）	滩涂面积（万亩）		备　注
			-2m 以上	-3m 以上	
伶仃洋海区	茅洲河口以北边滩	东莞	2.79	3.08	根据 1975 年海图量算
	茅洲河口—赤湾边滩	深圳	7.77	9.48	
	南沙嘴—龙穴岛	番禺	3.90	4.18	
	龙穴岛—孖沙尾	番禺	2.73	5.14	
	万顷沙尾	番禺	8.09	14.09	
	横门口—淇澳岛	中山、珠海	8.81	11.34	
	横门南汉—金星门边滩	中山、珠海	4.01	8.11	
	小计		38.1	53.42	
	赤湾—深圳湾	深圳			
	内伶仃岛南面	深圳	3.0	3.7	
	淇澳南及金星门外	珠海	1.0	2.8	
	小计		4.0	6.5	

续表

南海区	地段或片名	所属县（市）	滩涂面积（万亩）		备 注
			-2m 以上	-3m 以上	
磨刀门海区	横琴岛中心沟沟口	珠海	0.6	0.8	“磨刀门口门开发治理规划报告”
	洪湾—横琴	珠海	3.5	4.8	
	灯笼沙尾—石栏洲南	斗门、中山	10.9	11.2	
	泥湾沥西边滩	斗门、中山	1.2	3.0	
	三灶湾	珠海、斗门	4.7	5.1	
	小计		20.9	24.9	
	大小木乸—三灶	珠海、斗门	1.3	2.0	
	鸡啼门西—南水	珠海、斗门	1.0	2.5	
	小计		2.3	4.5	
黄茅海海区	蠕蛛—三虎边滩	斗门	2.6	2.6	
	大海环边滩	斗门、平沙	6.1	9.4	
	崖南边滩	新会	4.4	7.0	
	都斛边滩	台山	2.5	4.0	
	赤溪边滩	台山	1.2	2.0	
	小计		16.8	25.0	
珠江口	合计		82.1	114.32	

注 1. 表中有些地段近年已先后进行围垦。

2. 在十字门一带尚有滩涂约 1 万亩未统计在表中。

3. 本表摘自水利部珠江水利委员会《珠江志》第三卷[1]。

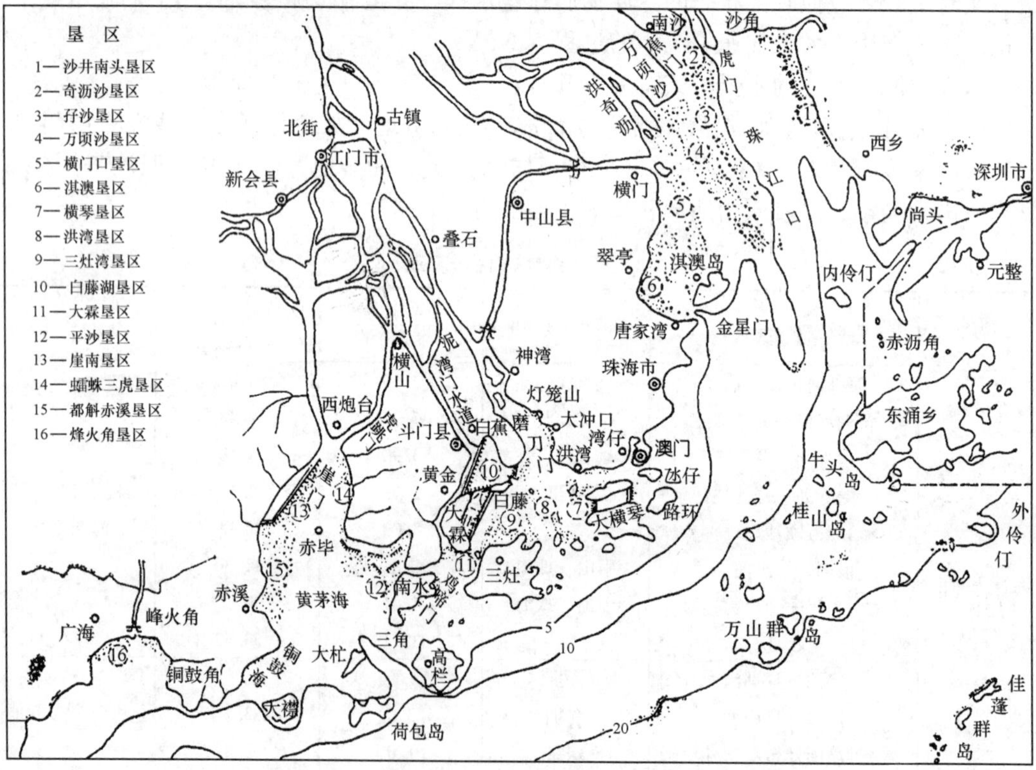

图 12-4 珠江河口滩涂资源与分布垦区示意图

（2）湾头发育。泥沙在海湾顶端由于水流扩散、流速减缓而沉积，或由于隐蔽条件好、水静浪弱而发生沉积，这些地区常发育成片状滩地，面积一般较大，滩面坡度比较平缓，增长速度也较快。如三虎—石门咀的大海环浅滩即属此类。

（3）沙嘴沙拢型发育。泥沙在两股水流主流线之间的地带沉积发育成尖长形滩地。该处侧向流速减小，沉积速度快，规模大。如灯笼沙—鹤洲—交杯石滩地、万顷沙—仙尾滩地等均属此类。

（4）岛核型发育。泥沙在浅海岛屿周围由于水流分离、流速减小而发生沉积，发育成为片状岛洲式滩地。如龙穴岛、淇澳岛、内伶仃岛、横琴岛、三灶岛、大木乃岛、小木乃岛等周围的浅滩均属此类。

（5）沙洲型发育。泥沙在口门外由于水流扩散、流速急剧减缓而沉积，或由于盐水楔入侵造成泥沙沉积，常发育成沙洲型滩地，多呈圆形、椭圆形或新月形。如伶仃洋的矾石浅滩、横门口的横门浅滩、磨刀门外的拦门沙等均属此类。

珠江口滩涂的沉积厚度不大，根据钻孔资料分析，珠江三角洲基底起伏不平，平均沉积厚度为25.1m，最厚处63.6m，远比长江、黄河为小（见表12－22）。滩涂延伸速度为平均每年约40～50m，其中最快的磨刀门、崖门的滩涂平均每年达90～160m，大于长江、黄河的延伸速度（见表12－22）。自唐代（公元618年）以来，滩涂延伸速度明显加快，这与人类活动造成的中上游水土流失和三角洲的不断扩垦有关。

表12－22　　三大河口沉积速度比较表

河口名称	流域面积（km^2）	年平均径流量（亿 m^3）	年输沙量（亿 t）	沉积物平均厚度（m）	平均延伸速度（m/a）
珠江河口	452000	3380	0.8	20～30	75～110
黄河（秦厂以上）	723320	482	4.7	200	48
长江（大通以上）	1700000	9336	4.3	110	20

12.3.2　滩涂资源的质量评价[6]

珠江口的滩涂资源多集中于河口湾内，在这些地区具有大面积而成片的滩涂，其特点是组成物的颗粒细、养分高、盐分低，适宜于农业围垦。在较顺直的海岸边滩，泥沙来源不多，加上受沿岸潮流的综合影响，不利于泥沙落淤，滩涂分布零散，沙粒较粗，肥力不高，不适宜于农业围垦，但宜于作为工业或港口用地，或用于水产养殖。珠江口滩涂颗粒组成见表12－23，主要养分和盐分含量见表12－24。

从表12－23可见，组成物的粒径除各河口出口的天然堤和拦门沙等质地较粗外，一般多为0.05～0.005mm的粉砂质淤泥或淤泥质粉砂，即使像伶仃洋西部的鸡抱沙、横门浅滩北段、进口浅滩或磨刀门的交杯沙、拦门沙等处的细沙、粉砂为主的滩地，一旦人工植荫种草，表层颗粒组成也可迅速得到改善。

从表12－24可见，珠江口滩涂土壤多为水成盐渍沼泽土，质地以中壤和中黏壤为主，土层深厚，营养元素含量丰富，呈中性至碱性反应。例如在0～20cm深的土层中，全氮含量为0.12%～0.16%，全磷为0.14%～0.18%，全钾为2.00%～2.80%，有机质含量为2.09%～3.60%，pH值在6.7～8.4之间。土壤的盐分含量在咸淡水的长期作用下，经过淋溶冲洗，除口外部分岛周和黄茅海两岸滩地达到中盐度（4‰~6‰）外，一般均属轻盐度（2‰~4‰），围垦后脱盐过程所需的时间也比较短。

表 12-23 珠江口海涂颗粒组成状况表

采样地点	测定深度（cm）	粒级组成（%）					质地命名
		砂粒（mm）	粉粒（mm）			黏粒（mm）	
		3.0~0.05	0.05~0.01	0.01~0.005	0.005~0.001	<0.001	
鸡抱沙南部	0~15	86.0	2.0	2.0	4.0	6.0	滨海粗砂质土
横门进口浅滩南部	0~15	47.2	18.0	4.0	13.0	17.8	滨海粉砂质土
磨刀门口西侧自然堤（北段）	0~20	99.0	0	0	0	1.0	滨海砂质土
万顷沙17冲南部	0~15	10.8	40.0	16.0	20.0	13.2	滨海中壤泥坦
鸡啼门木岛	0~20	6.0	34.0	15.0	23.0	22.0	滨海轻黏土
深圳沙井西海岸	0~20	9.9	27.6	11.3	26.6	24.6	滨海轻黏土
平沙农场前锋分扬	0~20	1.0	16.0	14.0	36.0	33.0	滨海轻黏土
磨刀门自然堤中段	0~20	5.0	31.0	8.0	35.0	21.0	滨海轻黏土

注 本表摘自广东省土壤研究所资料。

表 12-24 珠江口海涂主要养分和盐分含量统计表

土壤名称	分布地点	分析深度（cm）	有机质（%）	全氯（%）	全磷（%）	全钾（%）	全盐（%）	pH值
壤质泥坦	宝安沙井沿海	0~60	2.59~2.24	0.098~0.061	0.136~0.337	1.84~1.93	7.4~17.8	8.5~7.2
黏质泥坦	深圳湾沙河口沿岸	0~30	2.05	0.12	0.14	2.83	12.3	8.2
壤质草坦	番禺南沙咀	0~15	2.98	0.15	0.20	2.49	2.3	7.6
滨海砂土	番禺鸡抱沙	0~15	0.33	0.02	0.10	1.19	1.7	8.5
壤质草坦	番禺万顷沙尾	0~20	2.56	0.12	0.17	2.38	3.3	8.8
壤质草坦	中山横门口烂山	0~20	2.92	0.13	0.15	2.25	0.8	8.8
滨海盐渍沼泽土	珠海银坑	0~15	2.26	0.13	0.16	1.86	20.4	8.1
滨海盐渍沼泽土	珠海香洲	0~15	2.14	0.12	0.16	2.02	23.5	8.1
滨海盐渍沼泽土	珠海大横琴西	0~20	2.53	0.12	0.18	2.28	10.8	8.1
滨海草甸盐渍沼泽土	斗门八一大堤外	0~20	2.83	0.17	0.21	2.63	2.5	7.9
滨海盐渍沼泽土	珠海大木迺岛北	0~20	2.34	0.14	0.18	2.33	8.8	8.2
滨海盐渍沼泽土	珠海三灶岛西	0~20	2.19	0.13	0.17	2.64	15.0	8.2
滨海盐渍沼泽土	平沙崩潭南	0~20	2.23	0.12	0.14	2.77	8.2	8.5
滨海盐渍沼泽土	平沙前锋南	0~20	2.50	0.15	0.17	2.48	15.4	8.3
滨海盐渍沼泽土	珠海大杧岛	0~20	2.33	0.13	0.14	2.57	18.2	8.2
滨海盐渍沼泽土	新会崖南三级堤	0~20	2.72	0.12	0.15	2.55	8.4	8.0
滨海盐渍沼泽土	新会赤鼻岛	0~20	2.46	0.12	0.16	2.66	10.2	8.0
滨海盐渍沼泽土	台山黄茅岛	0~13	2.80	0.17	0.16	2.47	14.3	8.9
滨海盐渍沼泽土	台山都斛二崖山	0~20	2.30	0.16	0.17	2.61	7.0	8.2
滨海盐渍沼泽土	台山赤溪东	0~10	2.45	0.19	0.17	2.66	14.8	8.1
滨海草甸盐渍沼泽土	台山都斛东	0~20	3.61	0.24	0.20	2.63	9.5	7.9

注 本表摘自广东省土壤研究所调查报告。

根据各垦区自然条件、滩涂特点以及所处地理位置的不同，在利用价值和利用方向上也存在着较大的差异。例如伶仃洋东岸，滩涂以泥坦占优势，次为草坦和林（红树林）坦，组成物质以淤泥质为主，养分含量高，但历史上由于区内劳动力严重不足，淡水资源也比较缺乏，农业围垦受到一定限制，故多用于养殖牡蛎，驰名的沙井蚝就产于此地。该地区与深圳和香港毗邻，随着经济建设的迅猛发展，对围垦作为工业和港口用地十分有利，则围垦的经济价值将显著提高；而伶仃洋西部浅滩以粉砂质淤泥为主，滩地成片，水源充足，盐分低，养分高，适宜于农业围垦。又如磨刀门内海湾的滩涂，由于多为黏质泥坦、壤质泥坦或草坦，有机质和养分含量甚高，加之西江径流量大，咸潮危害较轻，适宜于发展粮食作物或多种经济作物；而黄茅海两岸咸潮威胁大，咸期长，滩地盐分含量高，所成土壤为强度盐渍沼泽土或中度草甸盐渍沼泽土，质地黏重，对植物根系发育起一定的抑制作用，但速效钾含量特别丰富，适宜于种植甘蔗、莲藕、果蔗等。

由上可见，珠江口滩涂资源面积大、分布广、扩展较快、质量较好，不仅宜农、宜林、宜牧、宜养殖，而且由于地理位置优越，有些滩涂已围垦作为工业用地。今后，随着经济建设的快速发展，工业用地需要量越来越大，工业围垦开发的前景十分广阔。

12.3.3　滩涂资源的围垦开发[1]、[6]

珠江口滩涂的围垦开发事业具有悠久的历史。新石器时代的中、晚期（距今约 3000～5000 年），西江、北江三角洲的滨海岸线约在今九江—大同—西樵—紫洞—石湾—佛山—广州—黄埔一带。秦汉时期，西江、北江三角洲的围垦发展至甘竹滩—杏坛—紫坭—沙湾—石楼（莲花山）一带。唐代西北江三角洲围海造田有较大发展，滨海岸线推进至今南华—桂洲—石基一带，东江下游围田发展大约在中堂—万江—东莞一带。宋代西江、北江三角洲的滨海岸线大致推进至双水—小冈—礼乐—久海—古镇—曹步—小榄—大黄圃—潭洲—乌沙—东涌附近。明代围田发展至上横—西安—石岐—港口—横档—南顺沙（上横沥北岸至黄阁附近）一带，东江三角洲滨海岸线由中堂下移至麻涌厚街一带。清代中叶（1644～1840 年）西江下游围垦发展推进至沙滩—六乡—坦洲附近，横门右侧围垦发展至张家边，左侧达民众一带；洪奇门与蕉门之间的万顷沙围至五涌；蕉门水道左岸由黄阁至南沙基本连成一片；东江下游围垦发展推进至漳彭附近，由石楼（莲花山）至黄阁和由黄阁至南沙大角山的狮子洋及虎门水道西岸线，其轮廓与今日岸线基本近似。1883 年万顷沙围垦发展至七涌，横门口左岸由民众发展至易家围附近，右岸的张家边附近变化不大；宣统三年（1911 年），德安、陆安修筑成围，万顷沙围垦发展至十涌，1930 年至十一涌，1949 年至十三涌。光绪三十年（1904 年）磨刀门东西头围成围，1913 年灯笼沙推进到东西三围，1936 年发展到五围，1946 年东西六围投产。

新中国成立后 20 世纪 70 年代以前，地方群众仅进行小规模围垦，发展缓慢。较大面积的围垦有：1955 年开始平沙农场围垦，1958 年围成平沙大围 4.88 万亩，至 1987 年围垦总面积 10.52 万亩；1962 年中国人民解放军 6856 部队在白藤—大霖闸兴建八一大围，历时 4 年围垦总面积 2.5 万亩，另在桅挟沙同时围垦“军建大围”面积 7000 亩，1969 年冬部队调离后交由地方接管，组建红旗农场进行经营。

20 世纪 70 年代初期，珠江三角洲许多县成立了围垦指挥部，在磨刀门、蕉门、横门一带和伶仃洋东侧从磨碟口至蛇口一带，开展大面积围垦，但由于工程浩大，财力不足，多处地方只抛了基底石就停下来，只有横琴岛的中心沟垦区成围投产，以及70年代后期东莞完成的西大坦围垦。

1979年水利部珠江水利委员会成立后，结合口门整治，对珠江口滩涂围垦开发进行了规划，坚持贯彻"因势利导，统筹兼顾，全面规划，综合治理，治理与开发相结合，以整治促进开发。"的方针，制订了伶仃洋、磨刀门和黄茅海等3个内海区的治导线规划方案，并业已获得水利部的审查批准。在磨刀门海区，自1983年冬开始，结合磨刀门的治导线规划方案，由中国光大集团有限公司、珠江水利水电开发公司、珠海经济特区农业发展总公司、珠海市斗门县围垦公司4家合作成立的"珠江磨刀门综合开发有限公司"，合资进行了大面积的围垦开发，自1984～1999年先后围垦11.68万亩（见表12－25），通过围垦以实施治导线作为口门整治的试验性工程。

表12－25　磨刀门海区（含鸡啼门、白藤湖）历年围垦发展情况表

围　名	面积（亩）	围垦年份	主　办
西七围	750	1960～1962	斗门县
东七围	1500	1960～1962	斗门县
军建围	7000	1963～1965	6856部队
八一大围	25000	1962～1966	6856部队
八　围	8600	1982～1983	斗门县
中心沟	13500	1971～1974	顺德县
红东1～4围	4500	1980～1984	红旗农场
鹤洲北片	21000	1984～1996	磨刀门开发公司
湾洪西片	2600	1985～1993	磨刀门开发公司
洪湾北片	19500	1985～1991	磨刀门开发公司
洪湾南片	25680	1990～1999	磨刀门开发公司
三灶湾片	48000	1984～1991	磨刀门开发公司
小　计	177630		
泥湾红旗上下围	4400	1968～1971	斗门县
白藤湖农场	14000	1960～1976	斗门县
东湖农场	9000	1960～1976	斗门县
白藤湖旅游区	7000	1960～1976	斗门县
小　计	34400		
红西1～4围	2000	1975～1977	红旗农场
红西5～7围	7965	1984～1988	红旗农场
大小木迺	8500	1984～1986	珠海市
小　计	18465		
合　计	196095		新中国成立后至1988年底

注　本表摘自珠江水利委员会《珠江志》第三卷[1]为主。

在伶仃洋海区，1976～1984年东莞市在虎门口内大虎附近的西大坦围垦6030亩，1982～1987年在口外磨碟口围垦6000亩，1980～1987年保安县围垦1.52万亩，1987年改造旧堤缩短堤线后增加围入滩涂6000亩。1987年12月，由东莞市农业委员会、虎门镇企业总公司、珠江水利水电开发公司、中国港湾工程公司等4方合作，成立"珠江虎门综合开发公司"，遵循伶仃洋治导线规划方案进行虎门一带滩涂资源的围垦开发，第一期围垦"威远围"，面积为5320亩，现已成围。

蕉门、洪奇门、横门等3个口门滩涂资源的围垦有：1987年由珠江水利水电开发公司和番禺围垦公司合作成立"蕉门综合开发公司"，对鸡抱沙和孖沙按治导线规划方案进行围垦开发，1989年后由番禺围垦公司开发与经营（见表12－26）；1965～1986年期间珠江农场自六涌东口至九涌口共围垦3855亩，万顷沙公社自九涌至十二涌先后围垦5318亩，1966～1975年十三涌建成投产，1967～1976年十四涌建成投产，1979～1983年十五涌建成，1980～1982年十六涌建成，1985～1986年十七涌建成，至此，万顷沙围垦面积共11.03万亩，1968～1972年在缸瓦沙、沥心沙尾两处共围垦面积5133亩（见表12－26）；80年代中期以后中山市在横门口一带进行围垦，并作出了围垦滩涂13.07万亩的规划；珠海市在淇澳夹沙附近围垦3000亩，并规划围垦下栅湾金星门5万亩。

表12－26　伶仃洋东四口门历年围垦发展情况表

围　名	面积（亩）	围垦年份	主　办
沙仔围	1300	1957～1968	中山市
永宁围	3600	1969～1972	中山市
裕安尾新围	1500	1972～1974	中山市
长沙埔	560	1976～1977	中山市
崖口沙东山	420	1976～1977	中山市
涌口门	1000	1975～1978	中山市
鸡头角	800	1984～1985	中山市
涌口门（大茅上）	3500	1986～1988	中山市
小　计	12680		
淇澳夹洲	3600	1987～1988	珠海市
磨碟口	6000	1982～1987	东莞市
西大堤围	6030	1976～1984	东莞市
伶仃洋东部边滩	15225	1980～1987	深圳市
小　计	30855		
六涌—八涌（东）	2635	1965～1966	珠江农场
八涌—九涌（东）	1220	1985～1986	珠江农场
九涌—十二涌（东）	4950	1966～1981	番禺区
十涌—十二涌（西）	368	1965～1970	番禺区
十二涌—十五涌（东）	17206	1966	番禺区
十五涌—十七涌（西）	11710	1982～1985	番禺区

续表

围 名	面积（亩）	围垦年份	主 办
十五涌—十七涌（东）	9940	1984～1986	番禺区
十七涌—十八涌（西）	4330	1986～1987	番禺区
鸡抱沙	11116	1985～1987	番禺区
鸡抱沙	6481	1986～1988	番禺区
沥心沙尾	3073	1968～1971	番禺区
缸瓦沙尾	2060	1969～1972	番禺区
小 计	75089		
东四口门共计	118624		

注 本表摘自珠江水利委员会《珠江志》第三卷[1]。

黄茅海海区（包括崖门、虎跳门）的滩涂围垦，在新中国成立后的1955年5月建立平沙农场，致力于崖门、虎跳门一带的围海造田，1958年建成平沙大围，面积4.88万亩，经30多年的围垦建设，已建成10.52万亩的富饶田园，成为广东省的国营农场大户。此外，1972～1979年新会县在崖南围成1.4万亩，1986～1988年围垦1万亩；斗门县1983～1986年围成1.04万亩，1987～1988年围垦1.74万亩；台山县1957年在都斛边滩围垦1.6万亩，详见表12－27。

表12－27 黄茅海海区（崖门、虎跳门）历年围垦发展情况

围 名	面积（亩）	围垦年份	主 办
平沙大围	48815	1955～1958	平沙农场
南北水围	16093	1962～1963	平沙农场
东风围	3800	1968～1970	平沙农场
前锋围	10904	1973～1975	平沙农场
南水围	450	1973～1975	平沙农场
前东西围	4100	1977～1979	平沙农场
前东东围	2200	1977～1979	平沙农场
前西围	6200	1977～1979	平沙农场
前南围	3500	1977～1979	平沙农场
连湾大佬欧围	1100	1977～1979	平沙农场
大海环	8000	1985～1987	平沙农场
小 计	105162		
五 山	1800	1983～1984	斗门县
蠕 蛛	8600	1983～1987	斗门县
蠕 蛛	17400	1986～1988	斗门县
小 计	27800		
崖南壹、贰级	14000	1972～1979	新会县

续表

围　名	面积（亩）	围垦年份	主　办
崖南叁级	10000	1986～1988	新会县
小　计	24000		
都斛大围	16000	1955～1957	台山县（现归金星农场）
都　斛	3000	1969、1971	台山县（现归金星农场）
赤溪马洲围	3000	1985～1987	台山县（现归金星农场）
小　计	22000		
合　计	178962		

注　本表摘自珠江水利委员会《珠江志》第三卷[1]。

12.3.4　围垦工程的技术经验[7]

珠江三角洲的劳动人民在具有 2000 多年长期历史的滩涂资源围垦开发过程中，积累了丰富的经验，取得了围垦开发事业的成功。总结这些经验，主要有：

1. 围垦工程要有全面的规划

围垦工程要有全面的规划，紧密结合珠江三角洲及河口的综合治理与开发，有计划、有步骤地实施，反对盲目围垦。珠江河口水系复杂，众多的网河密布如织，纵横交错，终归八大口门流入南海。这些网河相互贯通，具有“牵一发而动全身”的构架，任何一处大面积的围垦，都会影响到三角洲网河区及各口门水沙条件的改变，因而可能会带来不利的后果。其次，围垦开发滩涂资源不仅在农业、水产养殖业和土地利用等方面具有重要意义，而且与珠江三角洲的防洪、潮排、潮灌、航运和生态环境保护等有密切相关，是珠江河口综合治理开发的主要内容之一，必须给予重视。

由此可见，围垦工程必须紧密结合珠江三角洲及河口的综合治理与开发，全面进行规划，并应进行科学试验与论证，有计划、有步骤地进行。

以往历史上的围垦，都未进行全面的规划，大都处于盲目围垦的状态，结果造成口门淤塞，河口延伸，泄洪不畅，引致洪涝灾害，并且航道淤浅，危及航运，有的还造成水环境和生态的恶化。虽然围垦的成功使土地面积拓展，有利于农业、渔业乃至工业等的发展，但却带来了多种灾害，造成了严重的损失，甚至给了大自然的惩罚，这方面的教训是深刻的，应该予以记取。

新中国成立以后，特别是 1979 年 8 月水利部珠水利委员会成立以来，它以制订珠江流域综合治理规划及珠江河口综合治理规划作为自己的主要职责之一，进行了大量的研究工作，先后提出了《珠江流域综合规划报告》和《珠江河口治理规划报告》，并分别获得了国务院和水利部的批准，责令流域内各级人民政府要各负其责，团结治水，认真组织实施规划。要求珠江水利委员会作为国务院的水行政主管部门的派出机构，要切实加强全流域水资源和珠江河口地区的统一管理和保护，强化流域的宏观管理和监督作用。关于珠江河口的治理规划，水利部在批复中指出，经批准的河口治理规划是所在区域进行治理与开发建设的基本依据，各部门、各单位都应严格遵守。

珠江水利委员会所制订的规划是建立在科学研究和充分论证的基础之上的。特别是珠江河口的治理规划，应用了实测资料分析、数学模型模拟计算、物理模型试验及遥感技术应用等多种手段进行研究工作，各种手段获得的研究成果相互补充和相互印证，提高研究成果的可靠性，使对治理珠江河口的认识更臻全面和符合客观。

经水利部批准的珠江河口治理规划已用于指导各地的围垦建设，围垦工程要严格限制在规划的治导线以内，不允许超出治导线范围。水利部在批复中指出："规划的治导线作为治理与开发建设的外缘控制线，在该规划区内进行任何工程建设都必须严格依据已确定的规划治导线，不得以任何理由外伸。"这样，珠江河口的围垦建设便纳入了有指导、有规划的轨道，克服了盲目围垦、一哄而上的无序状态。

珠江河口的治理方针是"因势利导，统筹兼顾，全面规划，综合治理，治理与开发相结合，以整治促进开发。"依据这一方针，遵循治理规划已确定的治导线方案，磨刀门已结合围垦工程进行了整治，围垦面积 11.68 万亩，修建堤防长 49.20km，既实施了规划的治导线，又促进了开发，获得了巨大的经济效益、社会效益和环境生态效益；伶仃洋亦结合围垦工程进行治理与开发，由番禺、中山、东莞三市（区）结合规划治导线的实施，已先后围垦总面积约 12 万亩，修建堤防长约 100 km，亦获得了显著的效益，并使部分区域的治导线得以实施。

2. 围垦工程要抓住有利时机进行

围垦工程要抓住有利时机进行，将会取得事半功倍的效果。珠江三角洲劳动人民在与海争地、沧海变桑田的历史斗争过程中，根据生物标志和人类活动情况，将滩涂发育过程形象化地划分为五个阶段：

（1）鱼游阶段。在低潮时，鱼类群游戏水觅食。一般水深为 1.5～2.0m，水下已形成沙滩或泥滩，即为滩涂的前身。

（2）刺橹阶段。在低潮时小艇仍可通过，但橹尾不时触及滩面，艇过水浊，水深一般为 1.0～1.5m，水下沙滩已局部相连。这是抛石促淤的良好时机。

（3）鹤立阶段。低潮时白鹤能立于其上，捕食鱼虾。水深一般为 0.2～0.3m，背风处已有咸水植物生长，可以人工种草，改良表层土壤结构。

（4）草蒲阶段。低潮一般滩地已露出水面，草滩成片，土壤在生物作用下迅速演化，已开始具备围垦条件。

（5）围田阶段。草滩再经 2～3 年之后，随着滩面的抬高和土壤潜水位的降低，表层通气条件日益改善，土壤氧化和脱盐过程也开始发展。此时即可围垦利用。

以上各阶段实际上并无截然界限，不同地区划分的标准也不完全相同。但这些形象化的称谓则是对滩涂发育演变过程的科学概括，直到目前为止，对指导围垦仍具有实用意义。

滩涂围垦工程必须抓住有利时机进行，才能获得事半功倍的效果，过早进行或错失时机都会带来事倍功半甚至是失败的后果。当围垦工程在鱼游阶段过早抛石促淤时，由于水深较大，抛石量较大，必将增加工程费用，特别是在有的情况下，水下石堤可能会拦截泥沙来源，影响淤积成围效果，甚至无法成围。例如，伶仃洋鸡抱沙北部的围垦，至今已有 10 多年，但仍不能成围，就是由于过早抛石而拦截泥沙来源所造成的结果。

抛石促淤最好的时机是在刺橹阶段，这时水深较浅，有一定泥沙来源，促淤效果最好。如果错失时机，将会失去泥沙的自然淤积机遇，而不得不采用人工吹填，或增加人工吹填的工程量，因而将增加工程费用。

在鹤立和草蒲阶段，应及时种植水草等咸水植物，不仅可以促进表层土壤结构的改善和加快土壤的演化过程，水草也是一种有价值的经济作物，可以作轻工原料、燃料和牲畜饲料等，种植水草可以提高经济效益。

3. 合理布置堤线和设计海堤，确保围垦工程的成功

堤线布置和海堤断面的设计是围垦工程规划的重要内容之一，关系到围垦工程的成败，应予以重视。

（1）堤线布置。堤线布置一般应注意以下几点：

1）堤线布置要考虑综合整治的要求，服从治导线规划方案的布置，尽可能与其结合。因为，对于一个地区的围垦开发，都将会对其上下游、左右岸带来影响，以及在各行业之间也可能产生矛盾，必须予以兼顾，妥善加以解决。河口整治的治导线规划方案一般都经过综合的研究和论证，兼顾了各方面的利益，符合综合整治、全面规划的要求，可以避免出现片面性。

2）堤线的平面形状应力求平顺，避免出现挑流、回流、漩流等不利的流态。一般在自然状态下，滩涂往往不是整齐划一的，有潮沟的分割，也有河流深槽摆动的影响，因此平顺的堤线往往需要通过必要的措施来实现。例如对堤线必须跨越的潮沟，需尽早加以封堵，以利滩面逐渐夷平；对于河流的深槽摆动而引起的滩涂变化，需布置一些必要的护滩措施，使滩涂加以稳定。

3）堤线走向要有利于防风、防浪、防冲刷，以利于堤线的安全。堤线一般应顺径流、潮流方向布置，避免水流顶冲而引起冲刷；在出现天然堤的地方，堤线应顺其延伸方向布置，则水流比较平顺。

4）堤线布置应选择基础较坚实、沉陷量较小的沉积地段。因为，堤线布置在较好的基础上，修筑海堤时可以确保海堤的安全稳定，从而节省工程量和工程费用。如崖门崖南垦区已成围的一、二期围垦工程，其堤线基本上是沿崖门口右侧第一道水下沙脊——明虾沙布置的；第三期围垦的基线又是顺第二道水下沙脊——大浪沙旁经过。又如万顷沙尾垦区东西主干堤也是利用了蕉门水道和洪奇门两侧水下天然堤布置的。灯笼沙和横门口垦区情况亦相类似。

（2）奠基高程的选定。堤线布置方案确定后需通过海中抛石加以实现，奠基高程就是选定适合抛石时机的海底高程。海中抛石的目的除奠定海堤基础之外，就是限流促淤，加速成围。为达到预期的目的，选定一个合适的奠基高程是十分重要的。如果高程选定过低，则由于水深流急，块石损耗率大，施工难、危险多，成围时间拖长，还有遭水流破坏的可能。如果滩面已达到相当高的浅水区，则奠基已失去促淤的意义，不能达到预期的目的。

奠基高程选定的原则，一是要有一定的水深便于船只航行和抛石作业；二是水流流速不宜过大，利于块石的稳定和泥沙的落淤；三是要求能在 3 ~ 5 年左右的时间内达到适合成围的滩面高程。根据珠江口各垦区围垦利用的经验，一般以掌握在珠江基面为 -1.0 ~ -0.5m，即一般低潮位时 0.6 ~ 1.2m 水深为最合适。例如万顷沙尾垦区抛基时控

制在 -0.8 ~1.5m 之间，一般在3~4 年之后，基础就基本不再下沉，基内滩面亦基本淤平，工程上很少有反复，土地利用率可高达90%。而崖南垦区第三期抛石时，相当部分高程低至2.0~ -2.5m，水深较大，结果十余年后仍是滩槽分明，未能成围。

（3）抛基与种草促淤的选定。奠基高程选定后，抛石石基断面的大小和抛石高度亦需选定，一般视所在海区底质条件、高程和海堤设计标准而定。对于主干堤基，高度为1.2~1.8m，顶宽为2~4m，底宽为5~7m，边坡以能够达到抛石的自然稳定为准，大致为1∶1.0~1∶1.5之间。

根据崖南、新垦等垦区实测资料表明，石基在头两年内下沉量较大，3 年之后即渐趋稳定，总沉陷量为0.20~0.50m，故抛石高程在一般底质和滩底高程比较适中的情况下，以抛至微露出低潮水面为佳。为了避免过大沉陷，可采用间歇分层抛石的方法。

在抛基过程中，为减少块石损耗量，可在沿布置线先分段抛出若干个出露于低潮水面的石堆，以作标志，当水位高过石堆时，采用船只抛锚定位的办法进行定向抛石。

抛基后对促淤效果十分明显，泥沙淤速比天然情况下要快，一般可增加一倍以上。如崖南垦区从0.06~0.08m/a增至0.15m/a；万顷沙尾垦区由0.08m/a增为0.22m/a。

除抛基促淤外，种草亦可起到促淤作用，可作为一种重要的补充措施。珠江河口习惯种植咸水草，可耐咸耐淹，又具有阻水防浪促淤护坦和改良土壤的作用，而且经济价值亦非常高，已越来越被珠江口人民所青睐。

种草后滩面淤速可比白坦阶段一般增加0.05~0.07m/a。种草时的滩面高程为 -0.6~ -0.8m/a，即低潮期大部分滩面出露时为宜。为了使草根能迅速发育，相互交织，以增强抵御风浪的能力，提高成活率，可按地形情况分片集中种植，株距一般为30~50cm，不宜过疏，片距一般为20~30m，也不宜过大，然后任其自然繁殖蔓延。切忌在广阔的海滩上稀疏种草，全面开花，结果是事与愿违，草随水飘，造成劳民伤财的后果。

（4）海堤断面设计。关于海堤断面的设计，将在后面专题阐述，这里不作重复。

4. 合理规划围内整治

合理规划围内整治，确保开发利用的正常发挥，以提高垦区的经济和社会效益。围内整治是充分合理利用滩涂资源的关键工程之一，必须十分重视。如果仅搞围垦而不进行围内整治，势必影响垦区的开发与利用效果，甚至是不能正常利用。

围内整治的内容，主要包括大围分小围、围内土地平整、渠道涵闸的配套、水道公路和桥梁的畅通、电力线路的架设和机电排灌设施的完善、堤围的巩固和居民点的修建等。

围内整治首先要进行全面的规划，统筹兼顾，合理布设，力求避免盲目性。具体的整治方法需视垦区的具体情况和不同条件而定，不可能千篇一律。这里提出如下几点值得注意的地方：

（1）应尽量将渠道与水运、开渠与筑堤结合起来，既可作为排灌渠道，又可作为水运的水道，一途多用；既开挖渠道，又可将挖土作为填筑堤防，作到堤成渠通，以节省投资。

（2）在确定排灌涵洞的高程时，不仅要注意一般田面的高程现状，而且还要充分估计成围后的田面压实沉陷量和围基沉陷量，在珠江口前者一般为7~10 cm，后者一般为

15～20 cm。因此，涵洞顶板应比当时一般田面高程再高 25～30 cm 较为合适。排、灌涵洞的设置，对于采用排、灌合一方式时，一般每 80～100 亩设置一个 70cm×70 cm 的双孔涵洞；当采用排、灌分家方式时，每块田的面积较小，可分别设置一个 40cm×40 cm 的单孔涵洞。

（3）垦区内应修建水闸，一般布置在排、灌干渠的首末端，除用于排、灌外，也用于挡潮防洪，并设有船闸，兼顾内外交通。

水闸的规格尺寸视具体需要而定，一般应使闸的尺寸与河渠的大小相适应，不宜产生过大的壅水，以免影响水工建筑物的安全运用和来往船只的安全，也影响围内土地利用率的提高。水闸底板的高程一般应保持低潮时有 80 cm 以上的水深为好。

（4）要重视堤围的巩固，尽管垦区已经成围，并已开发利用，仍应列为围内整治的重要内容之一。因为，由于基础的沉陷，堤身的收缩，泥土的流失，或施工质量欠佳，或堤围未达到设计标准等等原因，造成部分堤段留下隐患，往往是难于避免的，必须严加监视，及时加固维护，以确保安全，任何麻痹大意都可能酿成大祸。

12.4　珠江河口的海堤工程

12.4.1　海堤的地质条件

珠江河口地区已建和规划中将要建设的海堤工程，都位于珠江三角洲冲积平原上。珠江三角洲是由西江、北江和东江所带来的物质在古海湾内堆积复合而成的，其基底地形和沉积物的岩性十分复杂。在冲积平原上广泛分布着第四纪河、海混合沉积的砾砂、淤泥和淤泥质土，厚度一般为 37～51m，最大沉积层厚度达 63m，其表层一般为含泥粉细砂，下层为淤泥，滨海地区则为淤泥夹粉细砂和厚层的均质淤泥，形成口门内呈现一片广阔的软土带。因此，珠江河口的海堤工程主要以软土为堤基，持力层一般以淤泥为主，其次为淤泥质黏土，淤泥质壤土、淤泥夹粉细砂和含泥粉细砂（俗称牛皮砂）[8]。

表 12－28 列出珠江河口口门区一些海堤地基软土工程特性指标，由表可见：含泥粉细砂（牛皮砂）的内摩擦角大于 30°，抗剪强度高，承载力大；压缩性中等，压缩系数小于 0.25MPa^{-1}，沉降量小；天然含水量小于 28.8%，天然密度大于 1.91g/cm^3，孔隙比小于 0.82，土壤密度性较好，是良好的海堤堤基。淤泥的内摩擦角小于 5.5°，抗剪强度和承载力低；压缩系数大于 1.26MPa^{-1}，压缩性强；天然含水量大于 64.6%，甚至高达 83.5%，孔隙比大于 1.74，天然密度小于 1.64g/cm^3，密实性差，呈流塑状，工程特性差，在这种地质条件上修建海堤，稳定性差，困难很大。淤泥夹粉细砂和淤泥质黏土的工程特性指标比淤泥稍好，但也远不及含泥粉细砂为好。

珠江河口口门区的海堤堤基大部分为淤泥和淤泥质黏土，根据以往该地区的筑堤经验，在这类地区上筑堤主要有以下影响：

（1）淤泥是典型的空架结构，其孔隙比大、含水量高、抗剪强度低、极限承载力小，极易滑动失稳，故施工期间只能采取分层加荷的方法进行，加荷速率不可过快，不可加荷过重。否则，一旦结构应力超过结构抗力，空架结构遭到破坏，即发生地基滑动失稳事故。

(2) 淤泥的压缩性高，沉降量大，因而筑堤工程完成后，将产生较大的沉降，沉降时间也长，往往达到数年甚至十数年，沉降量达到数米，故筑堤后须不断加高加固。

(3) 淤泥的渗透系数小，固结时间长。因此，在这类地基上筑堤，如不采取排水固结措施，则抗剪强度提高慢，施工分层加荷所需时间间隔也长，结果施工时间拖长，成堤一般需3~5年。

表12-28 珠江口门海堤地基软土工程特性指标表

位置	工程名称	地基土名称	天然含水量(%)	天然密度(g/cm^3)	干密度(g/cm^3)	土粒密度(g/cm^3)	孔隙比	压缩系数(MPa^{-1})	抗剪强度(天然快剪)		测试时期及位置
									(kPa)	(°)	
虎门	威远围	淤泥夹粉细砂	56.2	1.67	1.06	2.68	1.525	1.01	5	2.55	加荷前填土加荷半年后
		淤泥	83.5	1.53	0.84	2.69	2.238	2.00	3	1.60	
		淤泥	82.9	1.52	0.91	2.70	1.993	2.01	5	2.55	
蕉门	万顷沙一涌	淤泥夹薄层粉细砂	57.2	1.64		2.69	1.59	1.47	4.1	6.7	粉细砂夹淤泥薄层位于洪奇沥出口
	孖沙围垦	砂壤土(牛皮沙)	31.9	1.95	1.49	2.67	0.82	0.25	15	34.3	
	万顷沙尾东堤	淤泥	65.3	1.60	0.97	2.71	1.79	1.65	6	5.5	
	万顷沙尾西堤	淤泥夹粉细砂	50.5	1.80	1.29	2.67	1.24	0.67	4	29.95	
横门	大浪底围垦	淤泥夹粉细砂	51.5	1.70		2.70	1.41	0.90	17	16.95	
		淤泥	82.8	1.54		2.71	2.22	2.14	4	1.52	
磨刀门	鹤洲北片东堤	重砂壤土(牛皮砂)	28.8	1.91	1.48	2.71	0.83	0.15	28	32.9	含泥砂层
		淤泥质黏土	45.6	1.74	1.20	2.71	1.27	0.79	5.4	8.85	
		淤泥	68.6	1.56	0.93	2.72	1.94	1.26			
	白龙河堤	淤泥	64.6	1.64	1.00	2.74	1.74	158	5	4.8	
	三灶湾干堤	淤泥	66.6	1.62	0.98	2.72	1.80	1.50	4.5	2.66	
	洪湾治导堤	淤泥	70.0	1.58	0.93	2.75	1.98	1.40	4	3.03	

12.4.2 海堤的防潮（洪）标准及级别

根据珠江河口地区修建海堤的实践经验，海堤的设计标准，主要考虑抗御暴潮水位和强台风的袭击。广东省水利电力厅总结新中国成立前后的资料和经验，于1963年4月颁布了新的海堤标准，见表12-29，表中波浪计算采用莫立脱（Mloiter）修正后的史蒂文森（StevenSon）经验公式。

表12－29　　广东省现行海堤标准

海堤等级	捍卫面积（万亩）	保证标准	备　注
一	5以上	暴潮水位加10级风浪爬高	1. 各级海堤外坡要求全部砌石护岸，碎石垫底 2. 波浪在堤面上爬高采用经验公式计算，不考虑超高
二	1～5	暴潮水位加9级风浪爬高	
三	0.5～1	暴潮水位加8级风浪爬高	
四	0.5以下	各地根据具体情况确定	

上述海堤标准在多年的实践中反映出存在一些问题，诸如：

（1）珠江口实测暴潮水位年份不长，查测历史最高暴潮水位也较少，在有限的资料中，两者差别往往较大，难于取舍。表12－30为珠江口各站实测最高与查测历史暴潮水位对照表[9]，从表中可见两者一般都有差别，最大者为泥湾门水道的白蕉站，相差达1.48m。此外，实测暴潮水位也将随时间的延续而不同，也影响海堤标准的选定。有人建议采用频率暴潮水位作为海堤标准较为符合实际。例如，南渡河1963年9月8日暴潮水位为3.66m，1980年6月23日为5.97m，二者相差2.36m，堤高设计标准就相差2.36m。若采用频率暴潮水位计算，100年一遇、50年一遇、20年一遇暴潮水位分别为4.90m、4.68m、4.22m，相差就较小些[10]。

表12－30　　珠江口各站实测最高及查测历史暴潮水位对照表

站　名		黄冲	崖南	西炮台	竹洲	白蕉	黄金	竹银	灯笼山	太平	泗盛	大盛
水　道		银洲湖	崖门口	虎跳门	螺洲溪	泥湾门	鸡啼门	磨刀门	磨刀门	虎门口	东江南支	东江北干
实测	潮位（m）	2.26	2.69	2.39	2.18	2.01	1.95	2.46	2.15	—	2.10	2.15
	时间（年．月）	1965.7	1965.7	1965.7	1965.7	1974.7	1974.7	1974.7	1965.7	—	1974.7	1969
查测	潮位（m）	2.73	3.19	2.78	2.86	3.48	3.02	2.74	2.39	2.92	3.00	—
	时间（年．月）	1913	1935	1913	1938.7	1913	1938.7	1938.7	1937.7	1937.7	1937.7	—

（2）未考虑安全超高。有人认为防洪堤有安全超高，而海堤则没有，一旦海堤出事，抢险的难度远远大于防洪堤，特别是台风暴潮时几乎难于进行抢险。因此，考虑安全超高是必要的。同时，目前对波高和风浪爬高的计算，采用不同方法计算往往有较大的出入，刘晋仁曾用相同条件下各家公式计算波高，结果如图12－5所示，由图可见各家公式出入不小，大者相差可达9倍以上，其中以修正后的斯蒂文森公式的计算值为最小[10]。由此认为波高计算结果偏低，也有必要考虑一定的安全超高。有人建议安全超高宜有一定的宽裕幅度，以便根据实际情况选用，例如堤后有市镇或村庄的，应选用高值等[10]。

（3）风速选用偏低。以南渡河为例，1980年第7号台风阵风为44m/s，暴潮水位为5.97m（珠基），造成海堤风浪漫顶崩溃和受损坏共340.58km，占海堤总长的48.6%，使人民财产遭受严重损失。根据该地区气象台提供的1951～1986年平均风速和阵风速进行频率分析，结果如表12－31，若以广东省现行海堤标准的10、9、8级风速分别为28.4m/s、

24.4m/s 和20.7m/s，查对表 12－31 得到相应的重现期如表 12－32。从表 12－32 可见，10 级风速的平均风速频率计算只为 2.2 年一遇，以阵风速频率计算也只为 1.33 年一遇，可见省定的风速显然偏低，以致南渡河海堤标准偏低，造成损失严重[10]。

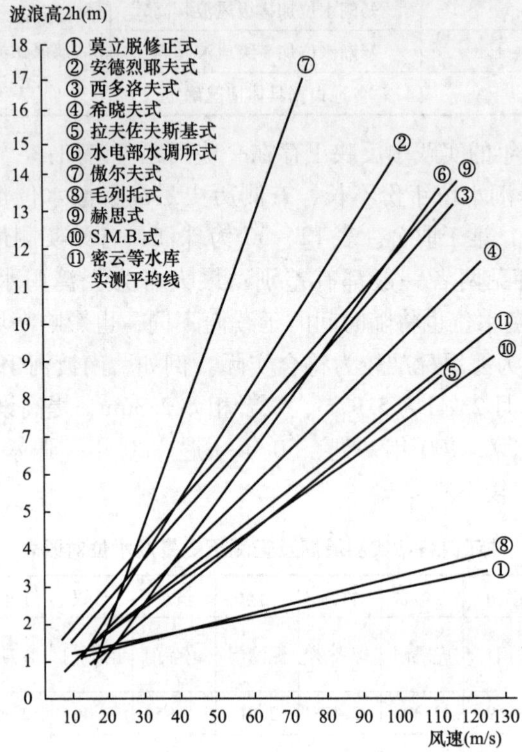

图 12－5 用同一条件各家计算公式计算波高

表 12－31 **1951～1986 年平均风速和阵风频率计算成果表** （单位：m/s）

P（%）	0.1	0.2	0.5	1	2	5	10	45	65	75	83	88	96
平均风速	60.8	57.9	53.7	50.9	47.8	43.0	39.3	28.5	24.4	22.3	20.4	19.0	16.0
阵风	78.2	74.5	69.4	65.8	61.7	55.5	50.8	37.0	31.5	28.9	26.3	24.6	20.0

表 12－32 **广东省现行海堤标准防御 10、9、8 级大风重现期表**

省现行标准	平均风速		阵 风 速	
	P（%）	相应重现期	P（%）	相应重现期
10 级风速	45	2.2 年一遇	75	1.33 年一遇
9 级风速	65	1.54 年一遇	88	1.14 年一遇
8 级风速	83	1.20 年一遇	96	1.04 年一遇

鉴于广东省现行海堤标准不考虑安全超高，设防标准显得偏低。因此，有些地区做了一些补充规定，如佛山地区于 1975 年 9 月对海堤标准提出的具体规定如表 12－33。

表12-33　　佛山地区1975年9月规定海堤防潮标准表

捍卫面积（万亩）	保　证　标　准
>5	历史暴潮水位加10级风浪爬高加0.3~0.5m超高
1~5	历史暴潮水位加9级风浪爬高加0.3~0.5m超高
<1	历史暴潮水位加8级风浪爬高加0.3~0.5m超高

注　具体要求：

1. 海堤位于口门附近，面向海洋，吹程大（3km以上），堤顶高程4.0~4.5m。
2. 近口门，易受风浪袭击，吹程1~3km，堤顶高程3.7~4.0m。
3. 远离口门而风浪较弱，吹程1km以下，堤顶高程3.3~3.7m。

1995年3月，广东省水利厅新颁布了试行江堤防洪标准及海堤防潮标准，分别见表12-34和表12-35。由表可见，新的防洪（潮）标准同旧的海堤标准相比较，在多方面作了修改，诸如在等级划分和等级标准上有所不同，新标准更加合理、明确；防洪（潮）标准改用重现期计算，亦较之旧标准合理；新标准考虑了海堤的安全超高，又对堤顶宽度作了明确规定，提高了海堤的安全度。新标准有待在实践中检验，并不断使之完善。

表12-34　　广东省新颁试行江堤防洪标准（1995年3月）

防护对象	项　目	防护对象的级别和防洪标准				
		特别重要城市	重要城市	中等城市	一般城镇	小镇
城　镇	防护区人口（万人）	≥150	150~50	50~20	20~1	≤1
乡　村	防护区耕地面积（万亩）	≥300	300~100	100~20	20~1	≤1
	防护区人口（万人）	≥250	250~100	100~20	20~1	≤1
工矿企业	主要厂区（车间）	—	特大型	大型	中型	小型
	辅助厂区（车间）生活区	—	—	特大型	大型	中、小型
	防洪标准（重现期）(a)	≥200	200~100	100~50	50~20	≤20
	堤顶超高（m）	2.0	2.0~1.5	1.5	1.5~1.2	1.0
	堤顶宽度（m）	8	8~7	7~6	6~4	4~3

表12-35　　广东省新颁试行海堤防洪标准（1995年3月）

防护对象	项　目	防护对象的级别和防洪标准				
		特别重要城市	重要城市	中等城市	一般城镇	小镇
城　镇	防护区人口（万人）	≥150	150~50	50~20	20~1	≤1
乡　村	防护区耕地面积（万亩）	≥300	300~100	100~20	20~1	≤1
	防护区人口（万人）	≥250	250~100	100~20	20~1	≤1
工矿企业	主要厂区（车间）	—	特大型	大型	中型	小型
	辅助厂区（车间）生活区	—	—	特大型	大型	中、小型
	防潮标准（重现期）(a)	≥200	200~100	100~50	50~20	≤20
	安全超高（m）	1.0	0.8	0.7	0.6	0.5
	堤顶宽度（m）	8	8~7	7~6	6~4	4~3

2004 年 5 月 26 日，广东省质量技术监督局发布了《广东省海堤工程设计导则（试行）》[11]，该导则主管部门为广东省水利厅，主编单位为广东省水利水电科学研究院，并负责对该导则的具体解释工作。该导则自发布之日起施行。

该导则提出的海堤工程防护对象的防潮（洪）标准见表 12 - 36，海堤工程的级别见表 12 - 37。

表 12 - 36　防护对象的等别和防潮（洪）标准（2004 年 5 月）

防护对象的等别		Ⅰ	Ⅱ	Ⅲ	Ⅳ
城镇	重要性	特别重要的城市	重要城市	中等城市	一般城市
	非农业人口（万人）	≥150	150 ~ 50	50 ~ 20	≤20
	防潮（洪）标准［重现期（a）］	≥200	200 ~ 100	100 ~ 50	50 ~ 20
乡村	防护区人口（万人）	≥150	150 ~ 50	50 ~ 20	≤20
	防护区耕地（万亩）	≥300	300 ~ 100	100 ~ 30	≤30
	防潮（洪）标准［重现期（a）］	100 ~ 50	50 ~ 30	30 ~ 20	20 ~ 10
工矿企业	工矿企业规模	特大型	大型	中型	小型
	防潮（洪）标准［重现期（a）］	200 ~ 100	100 ~ 50	50 ~ 20	20 ~ 10
沿海经济发达乡村	防护区人口（万人）	≥150	150 ~ 50	50 ~ 10	<10
	防护区耕地（万亩）	≥100	100 ~ 30	30 ~ 5	<5
	防潮（洪）标准［重现期（a）］	200 ~ 100	100 ~ 50	50 ~ 20	20 ~ 10

表 12 - 37　海堤工程的级别（2004 年 5 月）

防潮（洪）标准［重现期（a）］	≥100	<100，且≥50	<50，且≥30	<30，且≥20	<20，且≥10
海堤工程的级别	1	2	3	4	5

对比表 12 - 36 与表 12 - 35，可见导则在海堤的防潮（洪）标准方面做了一些修改，主要是导则强调了海堤工程应根据防护对象的不同以防御的潮水或洪水的重现期来表示。表 12 - 35 为尽管防护对象不同，但只要属于相同的等级，如特别重要的城市或重要城市，或其他等级，其防潮标准的重现期都是相同的；而表 12 - 36 则为在相同等级条件下，视防护对象的不同，其防潮（洪）标准的重现期亦有所不同，其中城镇的防潮（洪）标准要高于乡村、工矿企业及其他，而乡村为最低。导则根据防护对象的重要程度的不同而加以区别，显然比不加区别要合理。导则根据广东省沿海地区经济较发达、经济建设发展较快的实际情况，提出了相对其他地区较高的防潮（洪）标准，并指出当海堤防护区内的社会经济发展水平较高、按导则规定确定的防（潮）标准与防护区的社会经济发展水平不相适应时，经论证可适当提高其防潮（洪）标准，海堤的级别亦相应提高，显然这也是合理的。此外，导则还提出海堤工程上的闸、涵、泵站等建筑物及其他建筑物的设计防潮（洪）标准，不应低于海堤工程的防潮（洪）标准，并应留有适当的安全裕度。这是出于考虑对建筑物的安全要求更高的需要，是必要和合理的。

有关海堤的设计计算可参阅导则[11]。

关于沿海滩涂农业围垦中海堤的设计标准，沿海各省根据自己的实践经验及具体条件，一般都制定有自己的设计标准，各省的标准并不一致，列举如下，以资参考[12]。

福建省海堤设计标准为：

$$堤顶高程 = 历史最高潮位 + 风浪爬高 + 安全超高 \quad (12-1)$$

其中，设计风力和安全超高由表 12－38 确定。

表 12－38　福建省海堤设计风力和安全超高规定

保护范围	设计风力（风向）		安全超高（m）
	正北、东北向	其余风向	
大于 1 万亩	12	11	0.5
0.1 万～1 万亩	11	10	0.4
小于 0.1 万亩	10	10	0.3

注　1. 对于斜坡式海堤，风浪爬高计算以莆田试验站公式（水工手册，第四册）为好。保护万亩以上海堤，波浪爬高累积频率取 10%；0.1 万～1.0 万亩取 20%；0.1 万亩以下取 50%。对于陡墙式、混合式海堤的波浪爬高，按有关公式计算。

2. 海堤外坡设置平台，其高程应在历史最高潮位以下 0.5m 左右，且宽度应大于 2m，则波浪爬高值可考虑折减 15%～20%。

3. 正北向、东北正的内港海堤，设计风力可降一级。

浙江省海堤设计标准为：

$$Z_p = h_p + R_{F\%} + \Delta h_1 \quad (12-2)$$

式中　Z_p 为堤顶高程，m；h_p 为设计频率的设计高潮位，m；$R_{F\%}$ 为设计频率的波浪爬高值，m，波浪的设计频率采用与设计高潮位同频率；Δh_1 为安全超高，当允许部分越浪时 $\Delta h_1 = 0$，不允许时 $\Delta h_1 = 0.5$m。

设计高潮位的重现期，根据海堤保护范围大小和重要程度而定，见表 12－39。

表 12－39　浙江省海堤设计标准

海堤级别	保护范围及重要程度	设计重现期（a）
Ⅰ	保护范围很大，失事后对国民经济有巨大影响，如钱塘江北岸海堤	50～100 年
Ⅱ	保护田亩在 5 万亩以上或人口在 5 万以上	20～50 年
Ⅲ	保护田亩 1 万亩以上、5 万亩以下或人口在 1 万～5 万者	10～20 年
Ⅳ	保护田亩 1 万亩以下，或人口在 1 万以下	10 年

上海市海堤设计标准为：要求抗御吴淞站最高潮位 5.72m 加 11 级风浪爬高，约相当于 50 年一遇，据此规定堤顶高程不得低于 8m；并规定堤顶宽 5m，内坡 1∶2，外坡 1∶3。

江苏省海堤设计标准为：采用 200 年一遇高潮位加波浪爬高和安全超高，设计风力为 10～12 级，波浪爬高采用 1.5～2.0m，安全超高采用 0.5m。

关于堤防工程的防洪标准问题，水利部于 1993 年 4 月 1 日发布了行业标准《堤防工程技术规范》（SL 51—93），要求自 1993 年 7 月 1 日起施行。规范中提出堤防工程的级别划分 5 级，见表 12－40，相应级别的堤防工程的防洪标准见表 12－41，堤防工程的安全加高，根据堤防工程的级别按表 12－42 的规定采用。

表 12-40 堤防工程的级别

防护对象	项目	堤防工程的级别				
		1	2	3	4	5
城镇	重要程度	特别重要城市	重要城市	中等城市	一般城镇	—
	非农业人口（万人）	≥150	150~50	50~20	≤20	—
乡村	防护区耕地面积（万亩）	≥500	500~300	300~100	100~30	≤30
	防护区人口（万人）	≥250	250~150	150~50	50~20	≤20
工矿企业	主要厂区（车间）	特大型	大 型	中 型	中 型	小 型
	辅助厂区（车间）生活区	—	—	特大型	大型	中、小型

表 12-41 堤防工程的防洪标准

堤防工程的级别	1	2	3	4	5
防洪标准［重现期（a）］	≥100	100~50	50~30	30~20	20~10

表 12-42 堤防工程的安全加高

堤防工程的级别	1	2	3	4	5
安全加高（m）	1.0	0.8	0.7	0.6	0.5

稍后，国家技术监督局和建设部于 1998 年 10 月 8 日联合发布了国家标准《堤防工程设计规范》（GB 50286—98），自 1998 年 10 月 15 日起施行。规范中提出的堤防工程的防洪标准及级别与上述水利部颁发的规范完全相同，仅堤防工程的安全加高值稍有不同，见表 12-43。

表 12-43 堤防工程的安全加高值

堤防工程的级别		1	2	3	4	5
安全加高值（m）	不允许越浪的堤防工程	≥100	100~50	50~30	30~20	20~10
	允许越浪的堤防工程					

综上可见，目前广东省试行的海堤防洪标准及沿海各省制定的海堤防洪标准，与国家标准有一定出入，而国家标准被批准为强制性国家标准。因此，应在不违背国家标准的前提下，根据各地具体情况加以应用。

12.4.3 海堤断面型式的选择[8]

珠江河口地区的海堤一般高 4~6m，堤顶高程为 3~4.5m（珠基），属Ⅳ、Ⅴ级建筑物。常见的海堤断面型式有陡墙式、斜坡式、改进直墙式、改进斜坡式和混合式等，分述如下：

1. 陡墙式断面

陡墙式断面见图 12 - 6 所示，堤身由抛石垫层、石墙和墙后填土组成。石墙有直墙或斜墙两种。这类堤型广泛应用于横门、蕉门、磨刀门口门内和老垦区，其优点是断面较小，占地较少，工程量省，波浪爬高值较一般斜坡式堤型低。缺点是风浪对石墙的动力作用强烈，对堤身破坏性较大；堤前反射波大，水流扰动强，易引起堤脚冲刷；堤身荷载较集中，沉降较大，造成石墙内石块松动而引起堤身失稳。这种断面型式较适用于口门内滩面较高、堤高不大、堤基条件相对较好的地段。

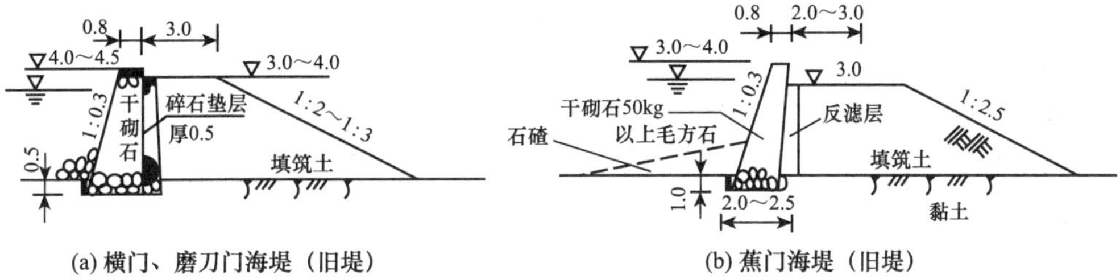

图 12 - 6　陡墙式堤型（单位：m）

2. 斜坡式断面

斜坡式断面见图 12 - 7 所示，堤身由抛石棱体、护坡和填土组成。这类堤型的优点是：石方工程量较小；临水坡较平缓，反射波小，大部分波能可在斜坡上消耗掉，防浪效果好，堤脚冲刷也较轻；施工时抛石棱体可掩护土方填筑；减少潮水引起的土方流失。缺点是土方工程量大，占地较多；波浪爬高值较陡墙式大，堤身因而较高。这类堤型常见于崖门海堤。该地区表层淤泥较薄，淤泥下为砂层，施工时将表层淤泥挖除换砂，成堤后运用情况良好。

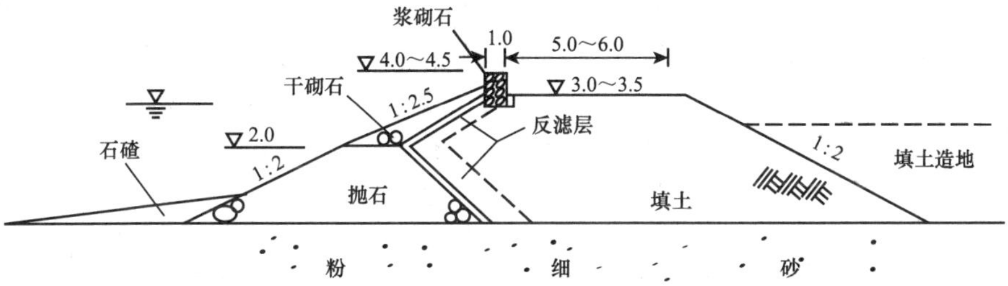

图 12 - 7　斜坡式堤型（崖门海堤）（单位：m）

3. 改进直墙式断面

改进直墙式断面见图 12 - 8 所示，堤身由抛石棱体、石墙、墙后填土和前后压台组成。这种断面型式与陡墙式不同之处，在于堤基上筑有抛石棱体，石墙建在其上，其作用是增大石墙的基础宽度，以分散地基应力，提高石墙的稳定性。另外，在堤的前后建有压载平台，其作用是扩大海堤基础，使地基应力分布较均匀，适应变形能力较强，增加海堤的稳定性，还可削减波浪强度，防止堤脚淘刷。这类海堤适用于堤基较差的淤泥层，磨刀门三灶湾海堤采用了这种堤型。

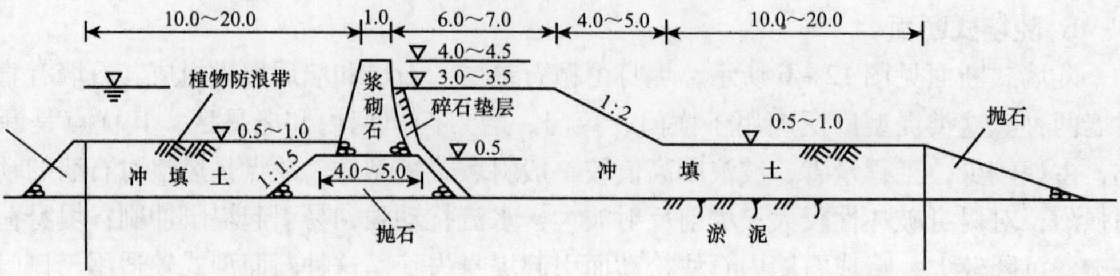

图 12－8 改进直墙式堤型（磨刀门海堤）（单位：m）

4. 改进斜坡式断面

改进斜坡式断面见图 12－9 所示，堤身由抛石棱体、护坡、堤身填土和前后压台组成。这种断面型式除了具有斜坡式断面的优点外，增加了压载平台，从而增加了海堤的整体稳定性。堤前的压台还可作为消浪平台，可削减波浪强度，防止堤脚淘刷。这类海堤仅适用于堤基较差的淤泥地带。

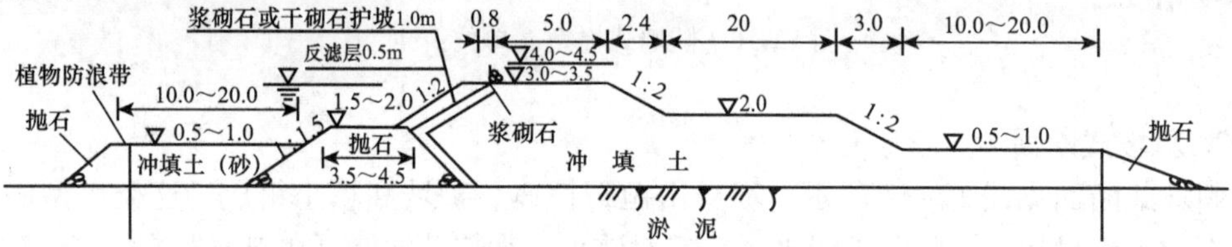

图 12－9 改进斜坡式堤型（单位：m）

5. 混合式断面

混合式断面见图 12－10 所示，这种断面的堤型堤基需大量抛石，且石墙墙体断面较大，抗御台风能力强，不易被台风破坏。缺点是石方量大、造价高，只适用于地皮价值较高的用于发展工商业的地段，如珠海特区的工业发展用地地段采用了这种海堤。

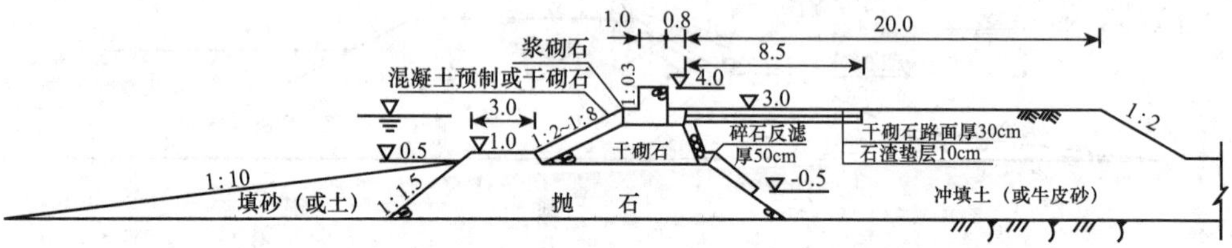

图 12－10 混合式堤型（珠海海堤）（单位：m）

以上几种断面型式的选择，需根据所在地区的地形、地质、潮汐和风浪等自然条件及当地材料、施工条件、工期、运用和管理要求等因素，进行综合分析研究，经技术经济比较后选定。根据珠江河口地区工程实践的经验，概括如下：

（1）在口门区以内，海堤主要持力层为淤泥质黏土、淤泥夹薄层粉细砂、含泥粉细砂等，工程地质条件较好，可承受相对较集中的堤基应力；滩面一般高于小潮低潮位，堤高一般仅 4m 左右，堤前吹程较短，水浅浪小；滩涂围垦的土地作用较广，地价较高。因此，海堤宜采用占地少、工程量少的陡墙式断面，珠江河口网河两岸大部分为此种堤型。

（2）在口门区附近堤前吹程较远，风浪较大的堤段，一般宜采用斜坡式断面，以减小堤前风浪，并在堤前设石渣消浪平台，以保护堤脚免受淘刷。如果堤基工程地质条件较好，堤基承载力较强，沉陷小，则宜采用整体性较好的混凝土护面。

（3）在岛屿附近，一般地基较好，有岩基出露或粗砂地基，而岛屿周围风浪较大，地势陡峭，要求堤外能抗御风浪，堤内能挡土，避免流失，而且占地要尽可能少。据此要求，海堤设计宜采用挡土墙式断面，如图 12－11 所示的深圳南澳海堤断面。此堤堤高 6m，对内挡土高 5m，对外则面对数十公里吹程的海湾。由于地基承载力大，采用了直立式占地少的堤型断面；又因基础变形小，采用了抗风浪能力强的浆砌石刚性结构；对于粗砂地基，采用抛石碴或抛块石护底，以保护堤脚避免淘刷。海堤建成后经受了 12 级台风的考验，在当地大部分海堤遭受破坏的情况下仍保持完好无损[8]。

（4）在口门外的海堤，其主要持力层均为深厚的淤泥，工程地质条件较差，要求采用堤基应力分布均匀，能适应基础变形，或遭受变形破坏后能易于修复的断面型式；口门外滩涂面一般低于小潮低潮位，且堤前吹程远，水深风浪大，需采用较高的堤身、抗风浪能力强的堤型；在施工方面，此处的堤身只能采用吸泥船就近吸泥浆吹填，由于淤泥强度低，承载力弱，只能采用分层间歇抬高的施工方法，通过排水固结提高堤基强度，逐渐抬高堤身。这种用淤泥充填作为堤身填土的作法，恰好与淤泥地基的缓慢加荷特性相适应。基于上述原因，这类地区的海堤宜采用改进斜坡式断面的堤型。

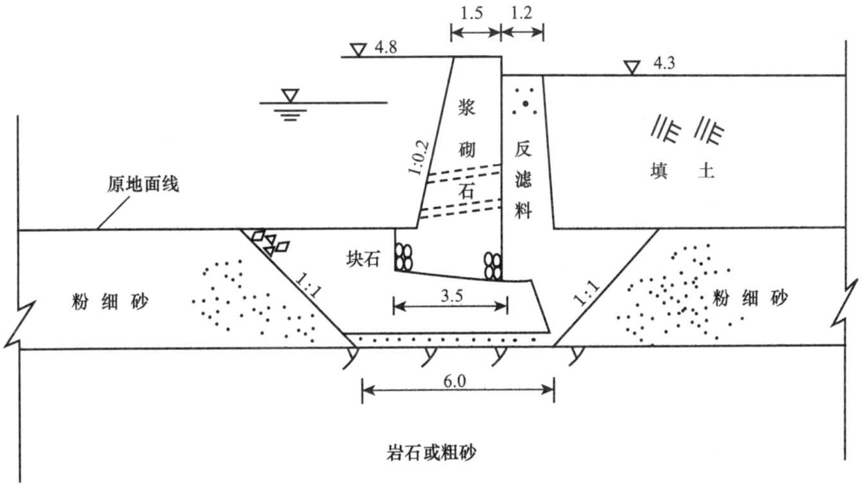

图 12－11　挡土墙式海堤（深圳南澳海堤）（单位：m）

（5）随着珠江三角洲河口地区经济建设的快速发展，城市化的步伐亦随之加快，一座座的城市群已经或即将连成一片，海堤建设的理念亦必须与时俱进，同城市建设的发展相适应。这就是城市堤防建设的理念要更新，城市堤防不但要具有防洪功能，还要具有景观环境功能，必要时具有交通、商业等多种功能，要从单纯的工程水利转变到包含环境水利、资源水利等新的内容。随着人们的环境意识的日益增强，对生态环境的要求越来越高，城市堤防的建设应与城市环境的美化、居民的休闲娱乐和旅游等多种功能有机地结合起来，充分体现人与水、人与自然和谐相处的现代建设理论。例如，在海堤上修建亲水平台，在其周边种植花木，修建花园、娱乐园及商场等。海堤的结构除采用石料、混凝土、钢筋混凝土以外，还应尽可能采用树、草之类的植物，以充分体现人与自然的和谐气象。当今广州、深圳、珠海等滨海城市修建的堤防一般都融贯了这种新的理念。

12.4.4 海堤的施工[13]、[15]

珠江三角洲人民修筑海堤过去多采用传统的人工方法施工，近十多年来随着社会生产和经济的发展，逐渐采用半机械化和机械化施工，人工施工已基本不再采用。现分别介绍如下：

1. 人工方法施工

这是珠江三角洲人民在修筑海堤中已沿用多年的传统方法。其施工过程可归纳为抛石定线、植草促淤、锹瓜叠堤和合拢成围等4个阶段。

抛石定线是一般在低潮水深为1.5m左右时，用10t以下的小木船运来的块石，沿选定的堤线用人工抛入滩内，作为堤基。抛石底宽约7m左右，石基高度约1m，一般是控制在低潮位时石基顶面能微露出水面为准。因为在涨潮时泥沙可大量随潮水涌入围内，退潮时石基可将泥沙拦截下来，从而加速滩地的淤积，对稳定石基也起到良好的作用。

当滩面逐渐露出水面时，即可在滩面种植咸水草，可起拦淤作用，加快海滩的淤积速度，这就是植草促淤阶段，一般每年可淤高20~30cm。草根交织，还可使淤积的土层固结坚实，为以后取土筑堤创造条件。种草还可以增加围垦后土壤的肥力，据老农的经验，草滩成围后，一般10年左右不施肥料仍可获得丰产。种草后一般经4~5年再动工锹土修筑堤身。

锹瓜叠堤即修筑堤身，一般分为锹土、运土、叠筑、拍坡、铺草皮等几个步骤。锹土、运土、叠筑三项要一次连续完成。锹土当地称为锹"泥瓜"，即用锹将淤土切成约0.2m×0.2m×0.4m的长方形土块，重约20~25kg。运土是用"推旁"的方法进行，即用一块长约4m多、宽约40 cm的光滑木板，称之为"旁"，将锹出的泥瓜，抱上"旁"，用力推其滑下，即为"推旁"。运土距离较远时，可用几个"旁"接起来，接力推滑。叠筑就是将泥瓜叠砌起来，使之按海堤设计要求成堤。这样筑堤的方法一般由七八个人组成一组，连续作业的逐段完成。这种施工方法适用于淤泥质滩涂，因为土质处于饱和软塑状态，人行困难，车船又用不上，推泥瓜滑行移动是最好的方法，这也是珠江三角洲人民几百年修建海堤的技术总结。

在进行叠筑时须注意分层填筑，每层填筑1m左右时，停歇一段时间让其自然沉实后，再继续填筑上一层次。否则，若施工中加荷速率过快，会引起堤基的淤泥发生侧向滑动变形的后果，欲速则不达，反面引致堤身坍塌。

修筑海堤时还必须在适当地段留几个缺口，让潮水能自由进出。一般保护面积为1000亩左右的海堤，需留5~6个缺口，每个宽约20m，待堤围都筑至设计高程，再集中力量进行堵口合拢。

2. 半机械化施工方法

这种施工方法即修筑堤身时采用挖泥船在海滩取土进行充填。其作法是先沿石墙基础抛石，高程约控制在0.00m，然后用绞吸式挖泥船从海滩取土充填堤身。充填时分级进行，第一级充填堤身宽度为 40 ~ 50m，高程为 0.5 ~ 1.0m。充填范围需先用人工打下木桩并围以竹围进行拦挡。第二级充填堤身宽度约 10m，充填前先按每层充填高度砌好堤前石墙和堤后土埂，然后进行充填，以免充填土料流失。

施工采用的机械宜用轻型的，大型机械会在海滩上搁浅，不宜采用。如挖泥船通常为生产能力在 80m^3/h 左右，成土比率约为 15% ~25%。对于堤身上部高程较高，断面较小的部位，常用抓斗船抓泥填筑。块石则用机船运输，人工抛投。

充填施工时，必须分层间歇上升，每层充填厚不能大于 0.5m，须待沉降基本稳定后才能继续充填上一层。用抓斗船抓土时，必须在距堤脚 10m 以外取土，以保护堤脚免遭淘刷以及海堤的稳定。

12.4.5　海堤的软基处理

珠江河口的海堤，大都建在淤泥地基上，其基础软弱，沉陷严重，成堤困难，亦难于稳定，一旦遭受台风袭击，极易失稳坍塌，必须严加处理，这是关系到海堤成败的关键之一。

珠江河口海堤地基的处理，一般常采用抛填一层厚约 3 ~ 5m 砂垫层的方法进行，有的为换上块石、小石等垫层，这种换垫层的作法是最简便而又经济的处理方法。因为目前珠江河口的滩涂围垦主要是农业开发，资金不多，很难投入较大的资金对淤泥地基进行工程处理，而且深厚的淤泥地基也很难用挖除换砂的方法进行处理，在技术上和经济上都难以考虑。

为了提高淤泥地基上海堤的抗滑稳定性，在临海一侧必须加上一抗滑反压平台，其宽度为 10 ~ 20m，视地基的软弱程度而定。堤后也要有平台，以加强堤身的稳定。根据本地区的经验，堤身断面其底宽与堤高之比为 8 ~ 10，而现在海堤一般高为 6 ~ 8m，则底宽应为 50 ~ 80m 的范围。这也是一种为适应淤泥软基上建海堤的重要措施。

在淤泥软基上修筑海堤施工时，要严格控制施工的加荷速率和加荷大小，防止发生侧向滑动变形，并要加强堤基沉降和位移观测。一般 1 次充填厚度为 0.5m，边桩观测水平位移宜小于 5mm/d，堤基沉降量小于 10mm/d 为适宜。这又是一种在淤泥软基上筑堤的重要措施。

海堤软基的处理，各地创造了多种多样的办法，积累了丰富的经验，工程实际中须根据地质软弱的程度、施工方法和进度、当地材料来源，以及资金等情况加以选定。例如，珠江口伶仃洋威远围海堤的软基处理，是一个取得成功的例子[14]。该围地处虎门出口水道左侧和太平水道出口右侧交汇处，江面水深而宽阔，水陆交通十分方便，是围垦开发作为港口码头用地的好地方。其堤围周长 4.4km，垦区面积约 3200 亩，堤围位置见图 12－12，海堤断面见图 12－13。海堤地基为淤泥和粉细砂交错沉积物，其天然含水度

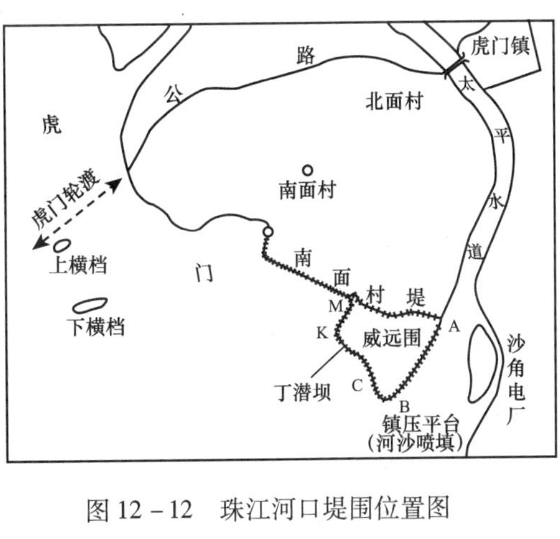

图 12－12　珠江河口堤围位置图

高，孔隙比大，压缩性高，渗透系数小，抗剪强度低，抗滑稳定性低。海堤施工方法采用绞吸式挖泥船与汽车填土进行，在浅水区采用挖泥船喷泥成堤，深水区则采用汽车填土。为使淤泥和填土不致流失，先在土堤外侧抛石，筑成一道足以拦阻海浪将泥土带走的石堤，其顶部高程约为1.2～1.5m，顶宽约2.5～3.0m，边坡约为1:1。施工过程中，浅水区未见有显著变形和沉陷，深水区则发生抛石未达到零高程而两侧出现淤泥隆起的现象，见图12－14所示。隆起达到一定高度和宽度后就趋于稳定，这时继续抛石至既定高程，并随着在石堤内侧填土至＋1m高程时，体身（连石体）便按滑动圆弧规则向外或向内滑动，见图12－15所示，且在自卸汽车的重复振动下使滑动面液化，更加速了堤身的滑动，尤其是在朔望潮期由于外水压力的减小更容易出现。

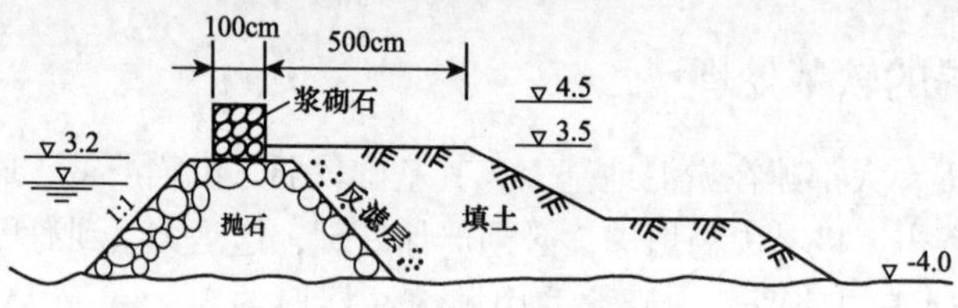

图12－13 海堤断面图

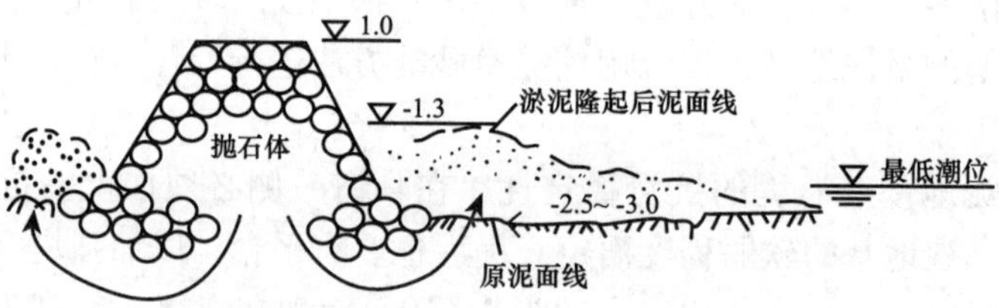

图12－14 深水区抛石出现的淤泥隆起现象

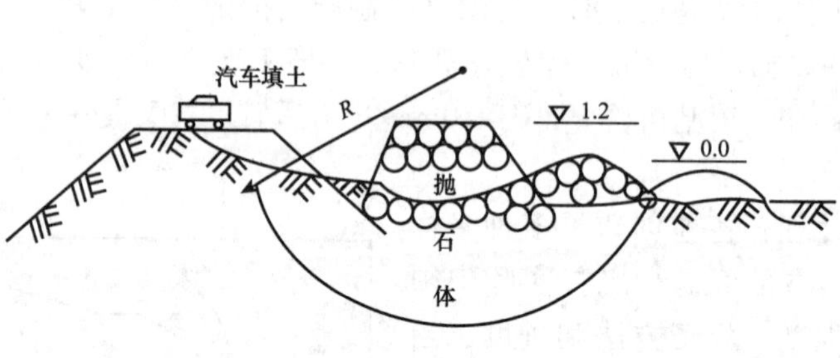

图12－15

为解决淤泥软基在施工中出现的滑动及沉陷问题，采取了如下的综合措施：①降低石堤的抛石高度，以不致因风浪和水流将土堤的土带走而定；②将直立式的外堤改为1:2斜坡式加6m平台，并向围内后移；③在土堤的基底喷填黑砂（俗称牛皮砂），厚度不少于2m，使淤泥与砂混合，起到排水固结作用，改善基底的力学性能；④土堤与石堤之间铺置混合反滤层，以防止海潮与风浪的涨落而将土或砂带走；⑤在土、石堤外侧加镇压平台，并配置了潜坝。镇压平台可用抛石或河砂填筑，其长短视设计要求而定。丁潜堤的作用是将涨落潮水流挑离海堤，以保护镇压平台，又可形成回流，加速堤脚淤积，由抛石筑成，长约25m，宽2m，每隔200～300m设置一条，坝顶高程0～+0.2m，涨潮时淹没水下。以上措施见图12-16所示，经实施后，在施工过程中海堤渐趋基本稳定，未出现较大的沉陷与滑动，收到了较好的效果，保证了海堤的建成。

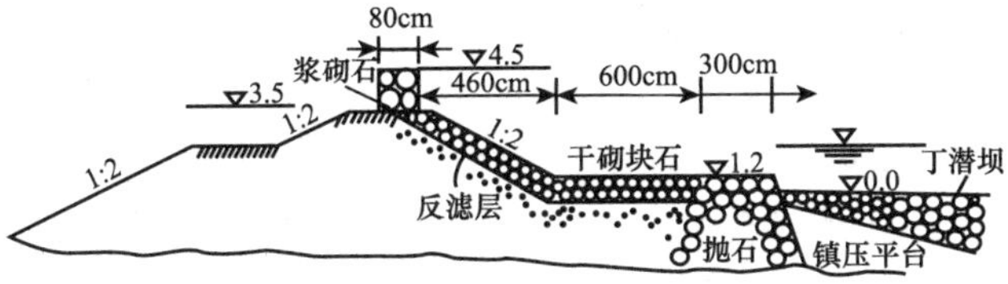

图12-16

海堤的软基处理，目前国内较多采用砂井处理方法[12]，对于淤泥比较深厚、地基条件极差的软基比较适用。图12-17为福建省大官坂围垦工程采用的砂井布置图，该地地基属滨海相沉积淤泥，厚度大，分布均匀，透水性小，压缩性高，强度低，试验得9#堤基的含水量为70%，容重为1.58t/m^3，孔隙比为1.94，塑性指数为20.3，渗透系数为2×10^{-7}cm/s，固结系数为1.97×10^{-4}cm/s，压缩系数为0.021cm^2/N，极限填土高度仅为1.5m。在这样软弱的基础上，要填筑高9～12.4m的海堤，困难很大。经采用了砂垫层加排水砂井固结软基，内外坡加压载的综合措施（见图12-17），并合理安排分期加荷（控制填筑高度）和间歇时间，保证了海堤的顺利建成。

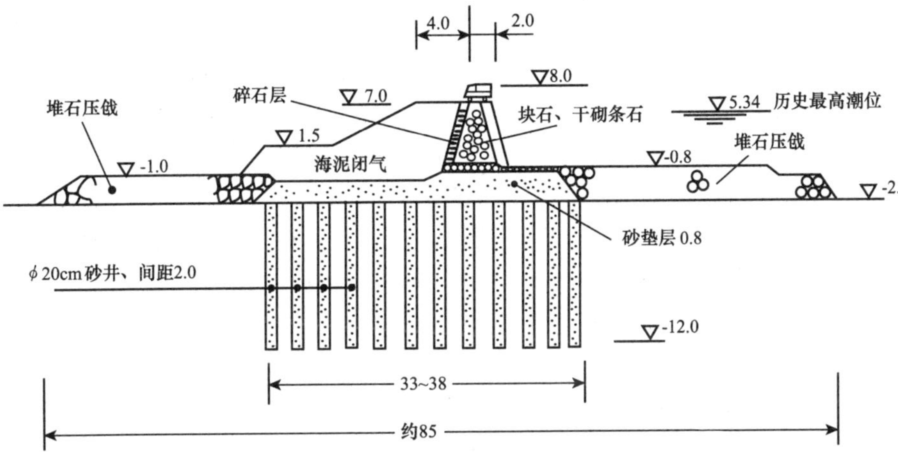

图12-17　大官坂9号海埋下断面图（单位：m）

砂井用射水法施工，砂井直径采用20cm，井距为200cm，浅滩段用梅花形布孔排列，深水段用正方形布孔排列，砂井深度按穿过危险滑弧要求，9#堤段用16m深，1#堤段用11m深，均未穿透整个软土层。处理范围一般只到堤身坡脚附近，浅滩段处理宽33m，深水段宽38m。滩涂表面先铺一层厚0.8m的砂垫层，以方便打井施工和加载后排水的畅通。

以上用砂井处理海堤软基的效果，经现场用十字板剪刀仪测出剪切强度的变化为：在砂井区的地基，当石堤顶达5.0m高程（实际填筑高程为9.2m），内侧土体临时断面达

3.7m 高程，内外压载平均高程为 +0.2m 和 -0.2m，施工填筑历时为603d，地基8m 内平均强度达 20500N/m^2，为天然情况下 7570N/m^{2}的 2.71 倍。而内压载非砂井区地基，在历时608d，荷载条件相同的情况下，强度只从 7570N/m^{2}提高到 9000N/m^2，强度只提高18.5%。可见，砂井处理的效果是显著的。

国内海堤用土工布加固软基，也是目前比较广泛采用的一种方法。其做法如图 12-18 所示，即在一般作常规清理的滩涂表面铺上土工布（常用聚丙烯编织布），在其上覆盖1~2层厚0.8~1.0m 的砂或碎石垫层（有的在垫层上再铺一层土工布），然后在其上面抛石或填土成堤[11]。这种处理软基的方法，有方便施工、增加施工期堤身稳定、加大一次填高、缩短工期、加快地基固结、缩小堤身断面、节省投资等优点。

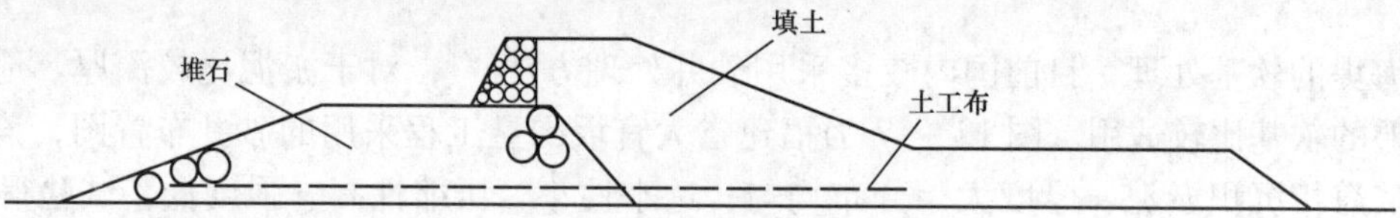

图 12-18 乍浦海堤断面（堤高 7.0m）

海堤软基上使用的土工布，在强度上要求具有较大的拉伸模量，特别是早期模量，$\varepsilon \leqslant 10\%$；其断裂强度及相应的延伸率应满足地基最终固结（即固结度 $U=0.8\sim0.9$）的要求。国内生产的土工布，以聚丙烯编织布比无纺布更容易满足上述要求。其次，土工布要有适当的有效孔径和足够大的渗透系数，以满足软基的排水固结和保土性要求。对滤水性来说，要求 $K_{布}/K_{土}>100$（$K_{布}$、$K_{土}$分别为土工布和软基土的渗透系数），一般土工布都易满足；对保土性来说，要求 $O_{90}/D_{90}<1$（O_{90}、D_{90}分别为土工布的有效孔径和软基土颗粒级配曲线中小于该粒径的土重占总土重的90%）。由于淤泥软基颗粒较细，D_{90}很小，编织布较难满足要求，而无纺布却较易满足。但一般认为在海堤的工作条件下，渗流量很小，不会产生过大的流土，因此，O_{90}/D_{90}可选用较大的比值。浙江省海堤的实践证明，其比值选在 3.5~17.5 时，仍有良好的保滩及排水反滤性能。此外，土工布应尽可能采用磨擦角大的产品；对土工布的老化问题，一般认为问题不大。

土工布的作用，只能是在施工期维持堤身的稳定。在此期间，通过土工布提高软基的排水固结性能，从而提高地基的强度，使海堤建成投入正常运行后，在不考虑土工布的情况下，堤身能自行维持稳定。当此时发生沉陷、蠕变等造成海堤的较大变形时，土工布可能已断裂，不再发挥作用。

广东省三茂铁路（三水至茂名）在路基的软基处理中采用了土工布与砂井结合的综合处理方法，获得了很好的效果，是软基加固处理的一个发展方向。

该铁路有两段落在特软弱地基上，其地质组成为：表层 1~3m 为褐黄色黏砂土，中细砂、砾砂互层；在其下为厚5~7m 夹有大量朽木的泥炭土与淤泥质黏土互层；再下为1~3m的粗砾砂夹卵石层；底层为砂岩与夹砂砾层互层，其上部 1~2m 为严重风化带。对软基的处理原设计为排水砂井加反压平台的处理方案，即两侧平台宽各 15m，高 4m，同时以砂井固结地基，后改用土工布与砂井结合的综合处理方案，其断面如图 12-19 所示。

首先在软基上用射水法打砂井，均打到砂卵石层，然后在其上面铺两层土工布（采用青岛麻纺厂生产的聚丙烯叠丝编织布，宽 0.98m，经向抗拉强度 50kN/m，纬向抗拉强度 36kN/m，延伸率 20%），在土工布上填砂垫层，以保护土工布免遭刺破，并增加其摩擦系数。

采用了上述处理方法后，大大加快了施工速度，节省了工程造价，经通车证明，两段路堤都是稳定的，软基的处理是成功的。

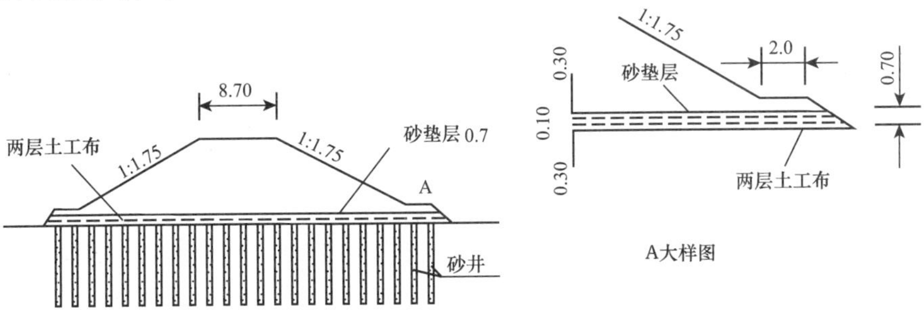

图 12－19　三茂铁路路堤断面图（单位：m）

12.4.6　海堤的防浪措施

珠江河口地区是多台风地区，海堤经常遭受台风袭击，尤其是台风暴潮时风浪的冲击对海堤威胁至为严重，常招致海堤的破坏，故防浪消浪是保证海堤安全的重要环节，也是海堤成败的又一个关键所在。

根据珠江河口地区的经验[13]，主要的防浪措施是在迎水面砌筑石墙，以抗击风浪的冲击。在海堤沉陷达到相对稳定后，石墙的上部高约 0.8～1.0m 要改为浆砌石或混凝土等刚性材料筑成，下部则用水泥沙浆勾缝，把石块连结起来，以免块石被风浪冲走。石墙使用的块石要求单体重量最好超过 100kg，块石之间要堆砌紧密、稳固，迎水面要尽力做到平整，以提高石墙抵抗风浪的能力。

为了减弱风浪对砌石堤坡的冲击，有的地方在堤前种植防浪林带。具体作法有两种：一是在堤前 25m 处种植宽 5m 的林带，种植中华白腊、落叶杉、水柳、桐花树等，株、行距为 50～60cm。树木长至一定高度时砍断树梢，促其多发横枝，以形成一条浓密的林带。此法适合于堤前坦地较高且较平坦的海堤，另外一种是在堤前用人工填筑宽 8～10m 的戗台，既起反压作用，又起消浪平台作用，在其上种莳（茅草）或红树林等防浪林带，可削减波高达 40%。也有滩外种竹防浪的，据观测，堤外种竹宽 3.0m ，可以削刹波浪 0.5m 。

在堤前风浪吹程大、水深浪大的地区，宜选用斜坡式断面的堤型，可以在一定程度上减小风浪的爬高高度和减弱风浪的冲击力。

12.4.7　海堤的堵口合龙

海堤在施工期间必须适当留出缺口，以便潮水进出。所留缺口待海堤全线筑至设计高程后，即集中力量进行封堵。有些地方为了提早收益 ，在海堤筑至设计潮位约达 2.0m

高程时即进行堵口，堵口后即可在围内部分垦地种植一些耐淹作物。

堵口合龙是海堤修筑过程中一个难度较大的环节。根据珠江河口地区的经验，主要作法如下[13][5]：

1. 合理确定预留缺口的宽度、数量和位置

海堤预留缺口的总宽度按滩面高程和潮汐吞吐的大小具体分析确定，一般以涨、落潮内外最大水头差不超过20cm为原则，约相当于每1000亩面积留口总宽度为60～100m。开口数量根据施工条件、工程地质情况等方面决定，原则上以分散些多点开口为好，可以避免排泄流量过大和流速过急，增加堵口工程的难度。留口的具体位置应尽量选在底质基础较好的堤段上，并要方便沙石土料的运输；应避免选在靠近深槽和常年风向首当其冲的堤段。

2. 处理好合龙口的地基基础，提高地基承载力和防冲能力

堵口合龙的施工要求连续作战，一日收口，尽快抢速度完成，才能奏效。因此，堤身往往一日内上升2～3m，这种施工过程是淤泥软基难于承受的。要确保合龙成功，必须对堵口堤段进行基础处理，以提高地其承载力和防冲能力。

珠江河口地区在基础处理上传统的方法是打桩、抛石、垫沙袋等，打桩的缺点是耗木材多，工程量大，施工难和不安全，现已少用，而改为在缺口基础部位内、外抛石。在堤段中间用竹笼作成围胆，围胆深1.0～1.5m，直径2.0m，平面上分成两排呈“品”字形或三排的梅花点形，交错排列，间距为50～70cm，围胆内、外均填石渣和砂，并要求铺垫平整。围胆除了起固基作用外，还具有类似排水砂井的软基处理效果。由于其施工简易，又省木材，已被广泛采用。

为了防止预留口两侧堤身被冲，还须在预留口两侧抛石，以保护两侧堤身，还可达到排水固结的作用。

3. 合理选择堵口时间，充分准备施工材料，集中力量，正确进行施工

堵口合龙的时间应选在12月至次年2～3月的弱潮、无台风季节，并安排在农历初八至十二或二十二至二十七日小潮期低低潮时段为好，因为此时潮水基本退干，施工方便。整个合龙要求在当天高高潮位到来之前数小时结束。

堵口的传统方法是抛投块石、黏土或草袋土进行断流，为了减轻水流对抛投土石的冲刷，也可在缺口外海抛一道弧形石埂，其高度略高出堵口时的潮位，在其保护下进行合龙施工，将能大大提高堵口合龙的成功率。

堵口合龙所需的土石砂料必须事先充分准备好，数量要足够而略有富余，堆放时要按施工用料先后及比例多少按顺序置于缺口两端堤面上，另用若干船只分别载满各种材料停于附近适当地点备用。

堵口时多处缺口必须同时行动，分兵把口。根据一些地方的经验，一般每20m宽的缺口配40～60人即可。必须统一指挥，集中力量，连续作战，一气呵成。

近年来珠江河口建设的堤围规模较大，并有堤闸配套，则多采用先沉闸、后合龙，用闸配合泄流，利用浅滩进行堵口的方法，以降低堵口的难度。

12.5　珠江河口的水闸工程[15]、[16]

12.5.1　工程概况

珠江河口地区的海堤一般都有水闸相配套，这些水闸一般都同时具有挡潮、排水、灌溉、通航等多种功能。除大型水闸外，一般的水闸单跨净宽为 3 ~ 5m，最宽为 8m。船闸闸首净宽一般为 5 ~ 7m，可过 50 ~ 100 吨级船只，最宽为 13m，500 吨级船可以通航。

珠江河口地区的水闸，结构型式多种多样，在 20 世纪 50 年代多为重力式墩墙、实心混凝土底板的水闸，但现在已向轻型、薄壁型发展，梁板式、反拱式、整体空箱式底板、箱格式薄壁墩墙等，已得到广泛的应用。闸门型式也是多种多样，有木质、钢质、钢筋混凝土梁板式的单掩门、双掩门和提升门，也有钢筋混凝土立轴旋转门，钢丝网弧型门等。其中，钢质提升门的结构简单、操作方便、启闭灵活，现已较多采用，并有取代其他型式门的趋势。

本地区建闸的传统方法，都是先修围堰，就地筑闸。由于珠江河口闸址地基都是第四纪沉积物，以淤泥类土、粉细砂类土为主，淤泥层厚度约为 15 ~ 40m，其持力层含水量大、压缩性强、承载力和抗剪力低，在荷载作用下容易引起地基沉陷、滑动，造成水闸破坏。因此，筑闸前必须进行基础处理，以提高地基承载力。根据本地区的经验，20 世纪 50 年代多采用木桩基础，60 年代普遍采用换砂基础，换砂厚 2m 左右，后来亦有采用钢筋混凝土桩、混凝土灌注桩等。上述措施，在保证施工质量条件下，一般都能得到改善地基条件的良好效果。

自 1961 年开始，番禺区技术人员试验成功国内第一批浮运水闸后，现已在珠江河口地区广泛推广应用。这种筑闸方法是先在预制场将闸底板和闸墩下部预制好，然后利用水的浮力拖运至闸址沉放，再继续浇筑闸墩上部和其他上部工程，直至水闸工程全部完成。浮运闸与就地筑闸相比，有其明显的优越性，即不需修筑围堰和开挖引河，一般可节省投资 20% ~45%；施工期不影响农田排灌用水和交通运输；可长年施工，缩短工期。因此，浮运水闸一出现就深受群众欢迎，很快在珠江河口地区得到推广。规模较大的浮运水闸为东河口水闸，共 32 孔，8 组 4m × 5m，总净宽 160m，闸身总宽 200m；最大的单组预制浮运件长度 43.5m（蕉西水闸），最重的单组浮运件达 1880t（白藤水闸）。这种浮运沉装式建筑方法，亦在河口地区的倒虹吸管、桥墩、码头、厂房等得到推广。

浮运水闸在淤泥地基上沉放，同样存在沉陷问题。据观测，一般沉放后的头两三天沉陷量较大，可达 5 ~ 10cm；头一年的累计沉陷量为 10 ~ 20cm；5 年的累计沉陷量为 30 ~ 50cm；5 年后仍有缓慢的微量沉陷。由于受边荷载的影响，沉陷的分布一般是靠两岸沉陷大，中间较小。为此，应设法减轻边荷载，一般是采用设置减压空箱、回填煤渣等办法。

在珠江河口地区已建的浮运水闸中，除少数报废外，多数运行情况良好，特别是一些大、中型浮运水闸，大都经受了超过设计标准的强台风暴潮的袭击，仍安然无恙，说明浮运水闸的修筑是成功的，适用于本地区的水闸工程建设，将取代就地筑闸的传统方法。

12.5.2 浮运水闸的设计

1. 设计要求

河口地区由于受潮汐影响，水位涨落频繁，水闸的上下游水位日内变幅较大，因此，闸室设计时必须在满足地基应力的前提下，应使在平均高潮位平水作用下的闸身合力点对中轴的偏心距接近于零，而在正、反向水头作用下合力偏心距为最小。在考虑挡潮情况正向水头时，外海宜取历史最高潮位加相应工程级别的风浪爬高，相应围内水位一般取围内抬高后的地面高程加0.3~0.5m。因为台风暴潮达到最高值时，围内往往亦会因暴雨形成涝水滞排，抬高涝水位，在此情况下水头约为2~3m。在考虑排水情况反向水头时，以围内发生10年一遇暴雨的渠内达到最高涝水位遭遇外海5年一遇低低潮位作为设计依据，即水头约为1.5~2.5m。

在上述挡潮、排水、平水3种情况中，一般是以挡潮情况控制水闸的稳定性和地基应力。但淤泥地基承载力弱，对荷载作用反应较敏感，故应以其他两种情况的地基应力亦应进行核算。为此，浮运水闸在顺流向的布置上，闸门位置和上部结构要尽量靠近中心轴，才能满足稳定要求。

过去设计水闸时，往往考虑采用外海设计挡潮位来控制水闸合力点位于基底中轴。但这种情况很少出现而且时间短暂，实际上水闸经常处于一般潮位的运行状态，此时水闸的合力点反而偏向外海，造成水闸经常处于向外海倾斜的状态，这对水闸的安全、稳定是不利的。

浮运水闸为了便于浮运，应设计成轻型结构，使之能在较小的吃水深度（一般为2.5~3m）下能够浮运，但水闸又要有足够重量满足抗滑稳定的要求，因此，设计水闸时要处理好“轻”和“重”的矛盾，使之恰当地加以统一。基于这一要求，水闸的底板和闸墩宜采用箱格式薄壁结构，待沉放后再在箱格内回填砂、石渣或低标号混凝土等，这是解决“轻”和“重”矛盾的好办法。

浮运水闸由于不设置截水墙，其抗渗能力取决于闸底板沿流向的长度及埋置深度，故底板的设计要有足够的长度，还要有足够长度的前、后护坦，以增强防渗和防冲能力。在前坦应回填黏土作防渗铺盖，长约8~10m；后坦应布置导渗设施，如在块石护坦下面先抛一层厚约0.5m的石渣等。

浮运水闸的缝墩中应采取止水措施加以封堵，其办法一是在缝墩中回填黏土，由于其塑性大，容易适应地基变形，防渗效果亦较好，一般较多采用；二是浇筑水下混凝土，以增强整体性。亦有两者兼用的，在下部浇筑1m厚的水下混凝土，上部则回填黏土。

浮运水闸的浮游稳定性要进行核算，其浮运体的重心低于浮心10cm左右，可认为安全；若重心高于浮心，还需核算其定倾高度，参照交通部门港口工程规范，其值应大于30cm。

浮运水闸应考虑通航条件，通航孔的大小根据货运量及当地交通要求决定，一般当地农民多用20~40吨级木船，故闸孔宽一般为5~7m，孔顶缘高程一般在4m左右，闸门采用人字式双掩门或钢质提升门，平时敞开过水过船，挡潮或防咸时关闭闸门。

2. 闸身结构型式

浮运水闸的闸身结构型式见图 12－20 所示。在已建浮运水闸中，有一组单孔、一组多孔、多组多孔 3 种。单孔净宽 5～6m，单组构件宽度一般为 25～30m，最宽达 43.5m。其结构型式有：

（1）U 形实心底板水闸，其底板厚 0.4～0.5m，岸墙为梁板式，均为钢筋混凝土结构。这种型式的优点是施工方便，缺点是整体刚度相对较小，渗径短，防渗效果较差，以及用钢筋较多，大型工程已很少采用。

（2）肋形底板水闸，为多条连续工字梁组成，底板高度为 1.5～2.0m，板厚 20cm，肋宽 12～15cm，肋厚 随水闸规模而异，一般为 1.5～2.0cm，墩墙用箱格式钢筋混凝土结构。这种型式主要优点是预制沉装灌水方便，缺点是纵向刚度较小，在闸门附近的不平衡剪力作用下容易造成底板断裂。

（3）空箱式底板和墩墙水闸，其结构和肋形结构不同之处在于底板是钢筋混凝土整体空箱式，墩墙也是空箱式，结构尺寸则基本相同。这种空箱式结构的整体刚性较好，抗滑、防渗和基础处理都比较容易，亦节省钢材，因此，大中型工程较多采用。但这种型式构件较薄，在海水中耐久性较差。图 12－20 所示即为这种结构型式的浮运水闸。

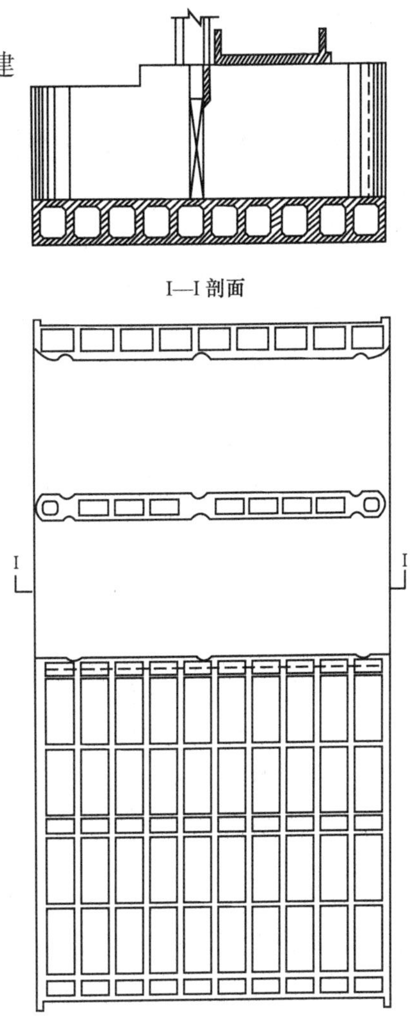

图 12－20　浮运水闸结构图

12.5.3　浮运水闸的施工

浮运水闸的施工主要是抓好水闸预制、闸基开挖和浮运沉装 3 个环节，分述如下：

1. 水闸的预制

浮运水闸比现场浇筑水闸的优越性是不在现场浇筑，不需修建围堰，而选定预制场在陆地上预制施工，可以加快水闸建造的进度，为此，需要选择预制场址。

预制场址应尽量选择离闸址较近和地基土质较均匀而具有一定承载力的地方。预制场基面高程应保证浮运期的高潮位高于浮运构件的最大吃水深度，可按下式确定：

$$Z = Z_1 - Z_2 - \Delta Z \qquad (12-3)$$

式中　Z 为预制场基面高程，m；Z_1 为设计起浮水位，m，根据以往实测日高潮位资料分析确定；Z_2 为浮运构件的吃水深度，m，根据预制构件的规模参照有规范计算确定；ΔZ 为安全超深，m，一般取 0.3～0.5m。

预制场需进行平整处理，需复核预制构件浇筑后地基的荷载和沉陷，避免由此而引起预制构件在浇筑过程中产生裂缝。为防止预制构件的底部与预制场的底面上层粘连，可在预制场底面上先铺一层塑料薄膜隔层。

闸体的预制高程，以沉放后能在水上施工而定，一般高于平均低高潮位 0.5m 以上为宜。

预制场需配备一定的抽水设备，以便排除场内渗水和下雨时的积水，保证施工的正常进行。

预制构件按《水工钢筋混凝土规范》进行施工操作。

2. 闸基开挖及基础处理

在浮运构件沉放前必须开挖闸基，并对淤泥质软基进行处理。

闸基开挖一般按设计范围及设计高程进行控制。现在多采用国产绞吸式挖泥船作业，其生产能力约 $120m^3/h$，先普遍挖至距设计高程 20cm 左右，然后经两次吸挖，最后进行细测一次，控制误差在 ±5cm 以内，不满足要求时局部再吸挖。开挖范围要考虑到水闸沉放时由于水流影响而导致沉放的偏位，一般每边需扩宽 5m 左右的富裕，使水闸沉放时有左右回旋的余地。

珠江河口地区的闸基多为深厚的淤泥层地基，根据本地区的经验，采用以下处理方法：

（1）清挖淤泥层进行换砂，砂层厚度不小于 2m。这种方法是对表层承载力稍有提高，但砂层下的淤泥在荷重下仍有较大的压缩下沉，而且靠人力在海中填砂，由于水选作用使粗细颗粒分离，效果不甚理想。

（2）在淤泥地基上直接沉放浮运水闸，按设计高程抬高基面 40 ~ 50cm，以备日后沉陷。这种方法现在较多采用。有的在淤泥地基上散抛少量碎石，但其作用如何，尚待验证。

（3）在设计浮运水闸时，尽量减轻结构自重，并采取措施使地基荷载控制在 $40000N/m^2$ 以内，以适应淤泥地基的特性。珠江口磨刀门浮运水闸采用了这种方法，至今水闸安然无恙。

3. 浮运水闸的沉装

首先需进行浮运水闸的试浮及拖运。试浮的目的一是观察水闸能否浮起以及其实际的吃水深度，以便分析在拖运途中是否能满足吃水深度要求；二是观察混凝土空箱是否漏水或渗水，以确保拖运途中的安全。试浮前要安装好闸室前后的封堵止水板，使预制构件成为一个敞开的单个或多个组成的大浮箱结构。当检查各项准备工作无误后，即抽水或通过预埋的涵管放水流入预制场内到设计浮水位，使预制浮体自动起浮。试浮成功后，即可进行拖运的各项准备工作。

拖过前的准备工作有：①对浮运期的水文、气象、航道资料进行调查和分析，根据拖运所要求的潮位、流速、风向、风力等计算牵引力和锚定力，以及各阶段作业所需时间，并作出切实可行的施工方案；②落实指挥调度和施工人员，做到分工明确，责任到人；③安设好闸址现场的卷扬机、掣动器、控制闸身定位装置，以及落实抽水泵、拖运驳轮等。

拖运潮位应选择高潮浮运，低潮沉放。根据珠江河口地区情况，起浮水位一般选在 0.8 ~ 1.0m 左右，沉放水位为 0.0 ~ 0.5m。在拖运途中的航道要有足够水深，防止搁浅而造成底板断裂，若航道水深不够，应予疏挖。航道流速不宜过大，浮运时要求小于 0.5m/s，停泊时小于 1m/s，沉放时小于 0.3m/s。拖运过程中风速宜小于 6m/s，约相当于莆氏 4 级风。

拖运船只功率的计算，要考虑水流阻力和风压力等因素。据《港口工程技术规范》，水流阻力由下式计算：

$$F_s = kA\gamma \frac{V_s^2}{2g} \tag{12-4}$$

式中　F_s 为水流阻力，kN；k 为挡水形状系数，矩形用 1.0，流线型用 0.75；A 为浮运水闸受水流阻力的面积，m^2；γ 为水的容重，kN/m^3；V_s 为浮运水闸对水流的相对速度，m/s。

风压力可用下式计算：

$$F_f = \frac{1}{2} C_a \rho_a V_f^{\ 2} (A\cos^2\theta + B\sin^2\theta) \tag{12-5}$$

式中　F_f 为风压力，kN；C_a 为风压系数，根据风向与拖运方向的夹角 θ 查表确定；ρ_a 为空气密度，标准值为 $0.124kg \cdot s^2/m^4$；V_f 为相对风速，m/s；A 为水面上浮体的正面投影面积，m^2；B 为水面上浮体的侧面投影面积，m^2。

浮运水闸的总阻力为

$$F = F_s + F_f \tag{12-6}$$

拖轮马力为

$$N = \frac{F}{0.01} \quad (\text{HP}, 1\text{HP} = 375\text{W}) \tag{12-7}$$

考虑到拖轮起动时需加大牵引力，一般取总阻力的 3 倍计算拖轮的马力，即式（12-5）需乘以 3 倍作为拖轮的最大马力，据此配备浮运时拖轮的功率及所需的拖轮数量。如遇风平浪静和顺流拖运时，实际需用的拖轮功率还可减小。

配备拖轮数量时，要考虑到浮运水闸本身无舵，需要拖轮协助转向和制动。为此，需配置一条主拖轮在船首牵引，而在其左右两旁各配一条拖轮协助转向及制动，有的还配置 1～2 条拖轮在其尾部顶推。根据珠江河口地区的经验，一般 1000t 以上的浮体，可用 80HP（马力）轮船 5 艘（一拖两顶两旁拖），并根据把舵的灵敏度，航线的改变，随时调整船位。

水闸的沉放是当闸组构件定位后，待潮水处于潮谷平流时即行注水，使之下沉。注水时要注意闸体平衡，不断调整四周锚缆及充水量，使闸体保持平整。当下沉至距基面 20～30cm 时，需最后调整位置并即下沉。沉至接触基面时经潜水检查四边着地情况正常后，将所有锚缆一齐卸荷，并立即拆除闸室前后的封水板，减小其挡水面积，以免发生沉后位移，或在水闸周围立即抛投护脚石，以免水闸移动。

闸室和翼墙全部沉放后，应尽快按照设计要求在毗邻的前后坦及左右岸进行抛石或回填土料，防止淘刷。

参考文献

[1] 水利部珠江水利委员会. 珠江志（第三卷）[M]. 广州：广东科技出版社，1993.

[2] 黎子浩. 珠江三角洲联围筑向对水流及13床演变的影响 [J]. 热带地理，1985，5(2).

[3] 戴良生. 白藤堵海工程的问题 [J]. 人民珠江，1981 (2).

[4] 廖远祺等. 珠江口滩涂发育和围垦利用 [J]. 人民珠江，1983 (2).

[5] 董兆英. 珠江口滩涂围垦工程经验 [J]. 人民珠江，1982 (6).

[6] 黄兆英. 珠江口海涂资源及其开发利用方向 [A]. 珠江口海岸带和海涂资源综合调查研究文集（一）[C]. 广州：广东科技出版社，1984.

[7] 董兆英. 珠江口滩涂围垦工程经验 [J]. 人民珠江，1982 (6).

[8] 刘小曼. 珠江口门海堤堤型的选择 [J]. 人民珠江，1998 (5).

[9] 向旭. 关于海堤设计标准的建议 [J]. 人民珠江，1983 (1).

[10] 刘晋仁. 海堤防御标准商榷 [J]. 人民珠江，1992 (4).

[11] 广东省地方标准. 广东省海堤工程设计导则（试行）(DB44/T182—2004) [S]. 北京：中国水利水电出版社. 2004.

[12] 郭子嵩. 海堤的设计和施工问题 [J]. 人民珠江，1991 (2).

[13] 范锦春等. 珠江河口堤防工程（上）[J]. 人民珠江，1986 (2).

[14] 简明新. 威远围海堤的软基处理 [J]. 人民珠江，1992 (2).

[15] 范锦春. 珠江河口堤防工程（下）[J]. 人民珠江，1986 (3).

[16] 曹锦昌. 珠江磨刀门预制浮运水闸的设计与施工 [J]. 人民珠江，1988 (1).